面向新工科的电工电子信息基础课程系列教材

教育部高等学校电工电子基础课程教学指导分委员会推荐教材

河南省“十四五”普通高等教育规划教材

实用深度学习基础

屈　丹　张文林　杨绪魁　主编

牛　铜　闫红刚　邱泽宇　郝朝龙　编著

清华大学出版社

北　京

内 容 简 介

根据深度学习技术发展速度快、理论性与实践性强、应用广泛等特点，结合教学、科研及应用需求，本书按照"原理、技术、应用"三位一体原则，注重基础性、系统性、前沿性和实用性的统一，对深度学习理论与方法进行全面深入阐述。全书分成三部分：第一部分是机器学习与深度学习基础，包括机器学习理论基础、深度学习基础和深度学习网络优化技巧；第二部分是经典深度学习网络与关键技术，主要包括卷积神经网络、循环神经网络、神经网络的区分性训练、序列到序列模型；第三部分是实用高级深度学习技术，主要包括自编码器、迁移学习、终身学习、生成对抗网络、深度强化学习、元学习、自监督学习等。

本书在深入浅出的讲解中将最新理论成果与实际问题解决过程相结合，培养学生的创新思维和解决复杂工程问题能力，适合人工智能、网络安全、通信工程、信息工程等不同专业高年级本科生、研究生教学，适合作为人工智能相关领域的科研人员、工程师的重要参考书。

图书在版编目(CIP)数据

实用深度学习基础/屈丹，张文林，杨绪魁主编. —北京：清华大学出版社，2022.7 (2024.9 重印)
面向新工科的电工电子信息基础课程系列教材
ISBN 978-7-302-60943-8

Ⅰ. ①实… Ⅱ. ①屈… ②张… ③杨… Ⅲ. ①机器学习－高等学校－教材 Ⅳ. ①TP181

中国版本图书馆 CIP 数据核字(2022)第 088980 号

责任编辑：文 怡
封面设计：王昭红
责任校对：李建庄
责任印制：刘 菲

出版发行：清华大学出版社
网 址：https://www.tup.com.cn，https://www.wqxuetang.com
地 址：北京清华大学学研大厦 A 座 **邮 编**：100084
社 总 机：010-83470000 **邮 购**：010-62786544
投稿与读者服务：010-62776969，c-service@tup.tsinghua.edu.cn
质量反馈：010-62772015，zhiliang@tup.tsinghua.edu.cn
课件下载：https://www.tup.com.cn，010-83470236
印 装 者：涿州市般润文化传播有限公司
经 销：全国新华书店
开 本：185mm×260mm **印 张**：33.25 **字 数**：771 千字
版 次：2022 年 9 月第 1 版 **印 次**：2024 年 9 月第 2 次印刷
印 数：2001～2100
定 价：99.00 元

产品编号：087426-01

推荐序

近十年来，以深度学习技术为时代主导的人工智能实现了第三次高速发展浪潮，广泛融入并深刻影响人类社会生产生活，推动着新一轮科技革命与产业变革。

相较于传统机器学习方法，深度学习在当前强大算力和海量数据的支撑下，通过各种复杂的非线性网络模型与学习算法，具备了多层次、分布式、可迁移、多任务的复杂性知识表征与强大推理决策能力，使语音识别、计算机视觉、自然语言处理等诸多领域突破性能边界，人工智能水平达到了全新的历史高度。

尽管如此，当前以深度学习为代表的人工智能仍处于快速发展的弱人工智能阶段。面对复杂多变环境下的真实信号，其行业应用仍面临诸多挑战。标注数据稀缺、环境信道恶劣、干扰噪声多变、非完整数据处理等问题交织在一起，成为现有人工智能技术难以克服的难题。因此，人工智能真正走向实用，还有很长的路要走，需要广大科技工作者不懈努力，回归智能的本质，持续完善基础理论，不断探索未知的科学领域。

在《实用深度学习基础》这本书中，我们能充分感到作者将实验室最新技术与行业深度应用相结合而做的努力。书中不仅对深度学习的基础理论与关键技术做了很好的总结，更针对行业面临困境问题提供了实用高级深度学习技术方法，如利用元学习、自编码、迁移学习、生成对抗网络、深度强化学习、终身学习等技术实现小样本数据拓展与模型构建、已有知识的借鉴与利用、复杂环境匹配建模、环境交互自主智能迭代提升等，同时还对学科前沿和发展趋势进行了深入探讨。

读完本书，感到知识体系全、技术框架新，兼顾了机理与技术、经典与前沿、理论与实践，是一部既见树木又见森林的优秀教材。我相信，本书的出版定会对人工智能的教学与科学研究起到有力推动作用，并对相关学科发展与行业应用做出积极贡献。

可以大胆预见，未来追求通用人工智能的道路，必然如人工智能先前历史一样充满坎坷。也许深度学习并非人工智能的最终奥义或唯一真理，但其所蕴含的数据思维与统计内涵，以及其融合生物学、心理学所构建的思想独特、性能卓越的数学模型与方法，必将为今后人工智能发展与研究范式变革提供有益思想借鉴。这些在本书中也都有相应阐述，诚愿广大读者学有所感、学有所获、学有所悟。

陈左宁

2022 年 4 月

陈左宁：中国工程院原副院长、中国工程院院士。

前言

2018年10月31日，习近平总书记在十九届中央政治局第九次集体学习时深刻指出，人工智能是引领这一轮科技革命和产业变革的战略性技术，具有溢出带动性很强的"头雁"效应。加快发展新一代人工智能是我们赢得全球科技竞争主动权的重要战略抓手，是推动我国科技跨越发展、产业优化升级、生产力整体跃升的重要战略资源。要加强基础理论研究，支持科学家勇闯人工智能科技前沿的"无人区"，努力在人工智能发展方向和理论、方法、工具、系统等方面取得变革性、颠覆性突破，确保我国在人工智能这个重要领域的理论研究走在前面、关键核心技术占领制高点。

2010年以后，人工智能进入全面高速发展期，主要受到三个重要因素驱动：一是摩尔定律和云计算带来的计算能力提升；二是互联网等技术广泛应用带来的数据量剧增；三是深度学习技术的兴起。前两个因素是时代发展所带来的外部牵引，而第三个因素，即深度学习技术，则是此次人工智能技术浪潮本身最核心的内在驱动。在随后的十年时间里，深度学习在各个领域突飞猛进发展。2011年，微软研究院的语音识别研究人员先后采用深度学习技术降低语音识别错误率20%～30%，是该领域当时及其前十多年来最大的突破性进展。2012年，深度学习在斯坦福大学发布的著名图像识别数据库ImageNet上获得重要突破，其识别准确率在2013—2017年逐年攀升，并于2015年超过了人类图像识别的最高水平。2016年，谷歌公司的AlphaGo击败了围棋冠军李世石，成为人工智能史上人机对抗的新巅峰。随后AlphaGo的不同版本相继问世，AlphaGo-Master、AlphaGo-Zero、Alpha-Zero不断冲击人类的认知。随着技术不断进展，深度学习的应用场景也从简单理想的实验室环境向复杂的实用场景不断演进。2017年，世界著名人工智能跨国公司OpenAI的DOTA机器人在"一对一"比赛中以2∶0的比分轻松战胜人类职业玩家Dendi；一年后推出的仿人进阶版OpenAI Five DOTA机器人，在原有的"一对一"对抗赛基础上实现了"五对五"比赛。2019年4月，OpenAI Five决战紫禁之巅，以2∶0的比分战胜DOTA 2世界冠军OG战队。在自然语言处理领域，自2018年起，谷歌公司研究团队相继推出BERT模型、GPT系列模型，在翻译、问答、写作等方面达到惊人的效果。受全球人工智能技术热潮影响，各大科技企业积极抢滩布局，国外以谷歌、元(脸书)、微软、推特等跨国公司为代表，国内以百度、阿里、腾讯和华为等公司为代表，这些公司相继制定人工智能发展系统规划，成立人工智能研发中心，构建新的人工智能生态体系。与此同时，中国、美国、俄罗斯、欧盟、日本等将人工智能上升为国家战略，纷纷制定国家发展规划，大力攻研关键基础技术，推动产业化落地应用，积极培养人工智能人才。因此，系统全面掌握第三次人工智能的核心技术——深度学习的原理和方

前言

法，了解该领域的最新成果、前沿进展和发展动态，对于数字经济时代各行各业发展都具有重要意义。

虽然深度学习在其算法技术突破这个内因及强大算力、海量数据这两个外因的双重作用下，获得了前所未有的巨大发展，具备了多层次、分布式、多任务等知识表征与推理决策能力，在部分领域达到或超越了人类水平。但在更多行业和场景中，由于环境复杂多变、标注数据匮乏、数据缺失等现实痛点问题难以克服，使人工智能的深入应用面临极大瓶颈挑战。因此，人工智能真正走向实用，不仅需要从认知机理与建模方法等理论角度提出创新，而且更需要研究任务场景特性、融合领域多元知识，以行业应用中的共性堵点和关键难题为需求牵引技术研究、开展持久探索。长期研究工作实践也启示我们，把复杂繁乱的应用环境纳入深度学习技术的发展框架中，科学地简化问题、理性地处理复杂应用环境是深度学习实用化的基础。

《实用深度学习基础》就是在这样的背景下成书的，称之为基础，因其涵盖了一些基本理论、概念和方法；称之为实用，因其力图将高级深度学习技术从实验室推向行业深入应用，按照实际问题去整合内容。

全书分为3部分共15章。第1章人工智能技术概览，介绍人工智能的基本概念和原理，人工智能的发展历程，以及人工智能的学术流派和未来发展。第1部分：机器学习与深度学习基础(第2～4章)。第2章机器学习理论基础，详细阐述机器学习的基本定义、组成和分类，并且给出机器学习的可行性学习理论；第3章深度学习基础，给出深度神经网络的基本定义、组成和后向传播优化算法；第4章深度神经网络优化技巧，介绍深度学习网络优化学习的基本过程，给出激活函数选择、优化算法和测试集性能优化方法。第2部分：经典深度学习网络与关键技术(第5～8章)。第5章讨论深度学习领域的一个典型神经网络——卷积神经网络，介绍其基本原理、组成及其与前向全连接网络的关系，并给出近年来典型网络的结构组成；第6章讨论深度学习领域的另外一个典型神经网络——循环神经网络，分析其原理和组成，并给出循环神经网络中的新型改进网络；第7章深度学习的区分性训练准则，介绍典型的最大互信息、最小音素错误率、状态级最小贝叶斯风险等准则，并通过实例分析其效果；第8章讨论序列到序列模型方法，主要包括序列到序列模型定义与构成、连续时序分类准则、注意力机制、Transformer模型、BERT模型与GPT模型、新型序列到序列模型等。第3部分：实用高级深度学习技术(第9～15章)。第9章自编码器，介绍自编码器的通用框架以及几种重要的自编码器方法，包括正则自编码器、变分自编码器等，然后分析自编码器改进算法，最后介绍对抗自编码器；第10章讨论深度学习领域重要新技术之一——迁移学习，主要介绍迁移学习的定义和典型方法，特征迁移学习和模型迁移学习，最后给出迁移学习前沿技术发展；

第 11 章讨论深度学习领域重要新技术之二——终身学习，介绍终身学习的定义、原理和主要方法，并给出一些典型应用；第 12 章讨论深度学习领域重要新技术之三——生成对抗网络，介绍生成式对抗网络的定义、原理和主要方法，并给出一些典型应用；第 13 章讨论自主迭代学习的技术——深度强化学习，首先给出强化学习的基本定义和数学模型，然后介绍三种经典的强化学习方法，包括值函数、策略函数、Actor-Critic 方法，最后给出强化学习技术的新进展；第 14 章元学习，在元学习定义、组成和主要分类基础上，给出三种重要元学习方法，即模型无关元学习方法、自适应梯度更新规则元学习方法和度量元学习方法等；第 15 章自监督学习，在自监督定义、原理和分类的基础上，首先介绍对比式自监督学习的各类方法，然后介绍自监督表示学习方法，重点阐述 wav2vec、HuBERT 等最新方法的原理与应用，最后对自监督学习的科学问题进行总结提升。本书由屈丹、张文林、杨绪魁、牛铜、闫红刚、邱泽宇、郝朝龙编写。其中，第 1、3、4 章由屈丹编写，第 2 章由闫红刚编写，第 5 章由牛铜、郝朝龙编写，第 6、12、13 章由张文林编写，第 7 章由牛铜编写，第 8 章由邱泽宇、屈丹编写，第 9、10、11、15 章由杨绪魁编写，第 14 章由屈丹、郝朝龙编写，全书由屈丹、郝朝龙负责审校和统稿。

作者团队多年来一直从事人工智能与机器学习、音频智能感知与语言认知领域的教学、科研和工程开发工作，深深体会到人工智能技术的巨大发展潜力和应用场景。近年来，作者团队承担多项人工智能领域相关方向的国家“863”课题、国家自然科学基金课题、省部级重点课题，取得了多项研究成果，这些都为本书提供了有力的理论支撑。本书是在“深度学习”课程讲义的基础上，结合多年教学经验和实验室相关科研成果，并参考相关文献资料编写而成的。

本书的编写有幸得到了中国工程院原副院长陈左宁院士的指导与帮助，陈院士高屋建瓴、洞察深刻，启示我们瞄准当前人工智能行业的痛点问题深入研究，她的全局视野和前瞻思维对本书的科学定位起着至关重要的作用。本书的编写也得到战略支援部队信息工程大学各级领导的关心和支持，得到了国内外同行学者的支持和帮助，和很多著名专家进行了有益的交流、研讨，特别是还借鉴了林轩田教授和李宏毅教授网上授课的一些思想，这些都使作者感到受益匪浅。他们的卓越工作与见解提升了本书的理论价值和可用性，在此向他们表示深切感谢。

感谢战略支援部队信息工程大学信息系统工程学院人工智能方向毕业和在读的博硕士研究生，他们是秦楚雄、李真、司念文、常禾雨、杨瑞鹏、刘佳文、李璐君、张昊、陈雅淇、彭思思、郭晓波、袁哲菲、李伟浩、张雅欣、胡恒博、刘雪鹏、唐君、刘桐彤、李宜亭、陈紫龙、李嘉欣、万玉宪、柳聪、魏紫薇、于敏、郑亚杰、杨旭、焦啸林等同学，他们结合自己研究课题开展的实用性研究为人工智能的行业应用提供了颇有见地的见解，也为本书打下了坚实的理论基础，他们卓有成效的工作，使得本书言之有理、言之有物。

最后特别感谢国家自然科学基金委员会“低资源连续语音识别中的集外词处理技术”项目（批准号：61673395）、“基于元学习的少样本低资源连续语音识别技术”项目（批准号：62171470）和军队“端到端语音直接听译技术”项目的资助支持。

从历史发展角度来看，在今后很长一段时间里，人工智能技术必将持续快速发展，推动全社会各领域持续变革进步。虽然很难预期到那时深度学习是否仍然是驱动人工智能的核心，但我们相信，在实践中大放异彩的深度学习技术，其基本思想和技术范式一定可以为人工智能的长远发展提供宝贵的思想借鉴。我们也期望，本书能够成为这条路上的“铺路石”，能让更多人站到我们的肩膀上，看得更高，走得更远，创造人工智能领域新的灿烂辉煌。

屈　丹

2022 年 6 月于战略支援部队信息工程大学

目录

目录

目录

目录

目录

目录

第1章 人工智能技术概览

1.1 人工智能的概念

人工智能(Artificial Intelligence,AI)一词是2017年中国媒体十大流行语之一。如果在十年前,你也许很难想象,这个高深领域会成为老百姓茶余饭后讨论的话题。一个主要原因就是人工智能的发展非常迅速,产品也越来越丰富,已经改变甚至颠覆了我们的日常生活方式,AlphaGo围棋程序、DOTA游戏机器人、自动驾驶汽车、教育机器人,不断充斥人们的眼球和刷新人类的认知。

制造出能够像人类一样思考的机器是科学家们最伟大的梦想之一。1956年,在美国汉诺斯小镇的达特茅斯学院,约翰·麦卡锡(John McCarthy)、马文·明斯基(Marvin Minsky)、纳撒尼尔·罗切斯特(Nathaniel Rochester)、克劳德·香农(Claude Shannon)、艾伦·纽厄尔(Allen Newell)、赫伯特·西蒙(Herbert Simon)等著名科学家聚集在一起,围绕"用机器模仿人类学习和其他方面的智能"这个主题展开了激烈的讨论。会议召开了很长时间,学者们对于这个领域的研究千差万别,包括对这个领域的名字也见地不同。但当时这个研讨会的名称被定为"人工智能夏季研讨会"(Summer Research Project on Artificial Intelligence),因此1956年也就成为人工智能的元年。

1.1.1 智能的基本概念

在了解人工智能的概念之前,首先要了解什么是智能[1]。21世纪初,智能的发生与物质的本质、宇宙的起源、生命的本质一起被列为自然界四大奥秘。关于智能的定义,最早可以追溯到英国科学家艾伦·图灵在20世纪40年代提出的图灵机模型。图灵在1950年发表文章《计算机器与智慧》,提出问题"机器能思考吗?"并且认为如果一台机器能够通过图灵测试,就认为其具有智能。所谓图灵测试,即如果试验者在对受试物外观未知情况下,无法区别其行为是机器行为还是人类行为,则认为机器具有智能。一般认为智能是知识和智力的总和,前者是智能的基础,后者是获取和运用知识求解的能力。智能对人类非常重要,人类一直试图理解我们是如何思考的,仅仅少量的物质怎能感知、理解、预测和操纵一个远大于自身且比自身复杂得多的世界。

智能的认识可以从多种角度展开,包括宏观和微观层面[2]。在微观层面,智能是人类大脑神经活动产生的结果;在宏观层面,智能一方面是心理或思维活动的认知过程,另一方面是人类与某些动物特有的解决问题时表现的智力或行为能力的外在表现。从知识工程的角度,智能的内涵是知识和思维的有机融合,智能外延的意义则是发现规律、运用规律能力和分析问题、解决问题的能力,或者说是获取知识、处理知识和运用知识的能力。在科技领域,智能特指机器所具有的自动控制能力和根据环境自我调节的能力或者应激性,其智能至少包括三个方面的能力:一是理解、分析、解决问题的能力;二是归纳总结能力和演绎推理能力;三是自适应环境而生存发展的能力。

1.1.2 人类智能的度量

要了解智能的本质,还需要了解人类智能如何度量。人类对自身智能能力划分的方法研究有着较长的历史。1916 年,德国心理学家丹尼尔·斯特恩(Daniel N. Stern)提出了“智商”的概念。智商即智力商数,它是用数值来表示智力水平的重要概念。1935 年,亚历山大第一次提出“非智力因素”这个概念。“非智力因素”是指记忆力、注意力、观察力、想象力、思维力等智力因素之外一切心理因素,主要包括动机、兴趣、情感、意志、性格等,他指出,这些非智力因素都是直接影响和制约智力因素发展的意向性因素。1967 年,美国哈佛大学教育研究生院创立“零点项目”,由美国著名哲学家尼尔森·古德曼(Nelson Goodman)主持。“零点项目”的主要任务是研究在学校中加强艺术教育,开发人脑的形象思维问题。在这以后的二十年间,美国对该项目的投入达上亿美元,参与研究的科学家、教育家超过百人,多元智能理论就是这个项目在 20 世纪 80 年代的一个重要成果。1983 年,美国哈佛大学教育研究生院的心理发展学家霍华德·加德纳(Howard Gardner)出版《心智的架构》(*Frames of Mind*)一书,并在该书中提出多元智能理论[3]。加德纳从研究脑部受创伤的病人受到启发,并且发觉到他们在学习能力上的差异而提出该理论。加德纳认为,过去对智力的定义过于狭窄,未能正确反映一个人的真实能力,人的智力应该是一个量度他解决问题能力的指标。

1. 多元智能理论构成

多元智能理论描述人类的智能是多元化而非单一的,多元智能理论指出,人类多元智能是由语言文字智能、数学逻辑智能、视觉空间智能、身体运动智能、音乐旋律智能、人际关系智能、自我认知智能、自然观察智能和存在智能九项组成,如图 1-1 所示。

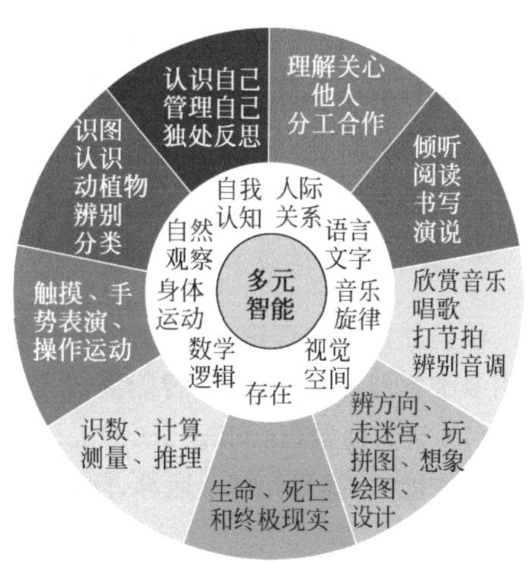

图 1-1 加德纳多元智能理论

(1) 语言文字智能:是指有效地运用口头语言或及文字表达自己的思想,并理解他人的意图,灵活掌握语音、语义、语法功能,具备用言语思维、用言语表达和欣赏语言深层内涵的能力。

(2) 数学逻辑智能:是指有效地计算、测量、推理、归纳和分类方法,并进行复杂数学运算的能力。这项智能包括对逻辑的方式和关系,陈述和主张,功能及其他相关的抽象概念的敏感性。

(3) 视觉空间智能:是指准确感知视觉空间及周围一切事物,并且能把所感觉到的形象以图画等形象化形式表现出来的能力。

(4) 身体运动智能：是指善于运用整个身体来表达思想和情感，灵巧地运用双手制作或操作物体的能力。这项智能包括特殊的身体技巧，如平衡、协调、敏捷、力量、弹性和速度以及由触觉所引起的能力。

(5) 音乐旋律智能：是指人能够敏锐地感知音调、旋律、节奏、音色等能力。这项智能对节奏、音调、旋律或音色的敏感性强，与生俱来就拥有音乐的天赋，具有较高的表演、创作及思考音乐的能力。

(6) 人际关系智能：是指能很好地理解别人和与人交往的能力。这项智能善于察觉他人的情绪、情感，体会他人的感觉感受，辨别不同人际关系的暗示以及对这些暗示做出适当反应的能力。

(7) 自我认知智能：是指自我认识和善于自知之明并据此做出适当行为的能力。这项智能能够认识自己的长处和短处，意识到自己的内在爱好、情绪、意向、脾气和自尊，喜欢独立思考的能力。

(8) 自然观察智能：是指善于观察自然界中的各种事物，对物体进行辨别和分类的能力。这项智能有着强烈的好奇心和求知欲，有着敏锐的观察能力，能了解各种事物的细微差别。

(9) 存在智能：是指人们表现出的对生命、死亡和终极现实提出问题，并思考这些问题的倾向性。

其中前七项智能是在《心智的架构》书中提出，1995 年加德纳将自然探索智能补充到多元智能理论中，即著名的加德纳八大智能；后来加德纳又将存在智能也纳入多元智能理论。

综上所述，智能包括了感知与理解、思维与联想、学习与记忆、适应与调整等多种能力。由于智能涉及意识、自我、思维等活动，而且人类对自身的智能了解十分有限，加之对其他生物智能知之甚少，科学界对智能的理解存在较多不确定性，因而目前对智能也一直没有统一的定义。

2. 智能商数学说

根据加德纳的理论，多元智能理论描述人类的智能是多元化而非单一的，为此，可以采用多维智能商数来描述，智能商数主要包括如下九类：

(1) 智力商数(Intelligence Quotient，IQ)：是对人智力水平的一种表示方式，它代表一种潜在能力，提供记忆、运算、问题解决等生存必备的能力，也就是智力测验所测出的数值。

(2) 情绪商数(Emotion Quotient，EQ)：是指面对多元的社会变化冲击情绪的稳定程度。商数越高者表示承受变动的能力越强，不但顺应变化的环境，同时可以调适环境，进而创造环境的一种积极面情绪。情绪商数由美国心理学家约翰·梅耶(新罕布什尔大学)和彼得·萨洛维(耶鲁大学)于 1990 年首先提出，但没有引起全球范围内的关注，直至 1995 年，由时任《纽约时报》的科学记者丹尼尔·戈尔曼出版了《情商：为什么情商比智商更重要》一书，才引起全球性的 EQ 研究与讨论，因此，丹尼尔·戈尔曼被誉为“情商之父”。

(3) 判断商数(Judgment Quotient,JQ):好的分析将会有好的判断,否则就变成妄断或赌注。因此,要培养好的判断商数,需从分析能力培养起。如果有好的判断,决策较不易出错。未来是与时间竞赛,因此要做出好的决策,就须依赖高的判断商数。

(4) 逆境商数(Adversity Quotient,AQ):该商数是由美国职业培训师保罗·斯托茨于1999年在《AQ逆境商数》中提出。逆境商数就是当个人或组织面对逆境时,以其方式对逆境的不同反应。一个人AQ越高,越能弹性地面对逆境,积极乐观,接受困难及挑战,越挫越勇,终究表现卓越;相反,AQ低的人,则会感到沮丧、迷失,处处抱怨,逃避挑战,缺乏创意,往往半途而废,终究一事无成。

(5) 创意商数(Creation Quotient,CQ):与众不同皆创意,生活中的各种事务处理、工作中各种问题的解决,能有新方式、新思路,且处理的效果优于其他已有方式。这种新思想、新方法产生的能力称为创意商数。

(6) 健康商数(Health Quotient,HQ):由加拿大学者谢华真(wah Jun Tze)于2001年出版的《健商HQ》(*Health Quotient*)提出。健康商数包括身心状态,对健康知识的了解与生活习惯的适当性等,即身心健康程度越高者,商数越高。健康知识认知越正确者商数越高,生活习惯佳者商数越高。此三项常会交互影响,任何一项朝正向发展,将可影响其他两项往正向发展。要维持高的健康商数,需时时检验身心状态,多吸收相关知识并维持良好的习惯。

(7) 理财商数(Finance Quotient,FQ):不同的人有不同追逐财富的方式,但如何衡量一个人的理财能力呢?理财商数提供了一个新的方向,来衡量一个人的理财能力和创造财富的智慧。它是指一个人在财务方面的智力,是理财的智慧。理财商数包括两方面的能力:一是正确认识金钱及金钱规律的能力;二是正确使用金钱及金钱规律的能力。

(8) 精神商数(Spiritual Quotient,SQ):人除了以肉体方式存在之外,还有心理、情绪、社交、智性等层面的存在,最重要的是精神的存在。一个人快乐不快乐、成功不成功、健康不健康,跟IQ往往关系不大,跟EQ的关系也不一定密切(EQ爆棚者未必都快乐、成功、健康),但是跟SQ的关系最直接,SQ高,生命最快乐、最成功、最健康。

(9) 发展商数(Development Quotient,DQ):发展代表开发与展现,是一种生成演变的能力,发展商数则表示,一个人促使物态或事态转变的能力,这种能力也是人类社会进步的源泉。事态物态不断转化与变化,可以交织出新的社会环境,所以发展商数越高的人越有办法去改变环境进而创造环境。

1.1.3 人工智能的概念

“人工智能”一词最初是在1956年美国计算机协会组织的达特茅斯(Dartmouth)会议上提出。人工智能自诞生之日起,科学界对人工智能的理解与定义就存在着多样性。

1. 业界不同角度的人工智能定义

人工智能就字面意义而言,可以分解成“人工”和“智能”两个部分。随着人类相关领域研究的不断发展，人工智能的概念也随之扩展。人工智能的定义可以从多种角度来阐述：

(1) 从智能机器角度而言，人工智能是能够在各类环境中自主地或交互地执行各种拟人任务的机器。

(2) 从学科角度而言，人工智能是计算机科学中涉及研究、设计和应用智能机器的一个分支，它的近期目标在于研究应用机器来模仿和执行人脑的某些智力功能，并开发相关理论和技术。美国斯坦福大学人工智能研究中心尼尔逊教授从学科角度对人工智能的定义为"是关于知识的学科——怎样表示知识以及怎样获得知识并使用知识的科学。"

(3) 从能力角度而言，人工智能是智能机器所执行的通常与人类智能有关的智能行为，如判断、推理、证明、识别、感知、理解、通信、设计、思考、规划、学习和问题求解等思维活动。

(4) "维基百科"定义"人工智能就是机器展现出的智能"，即只要某种机器具有某种或某些"智能"的特征或表现，都应该算作"人工智能"。

(5)《大英百科全书》则限定人工智能是数字计算机或者数字计算机控制的机器人在执行智能生物体才有的一些任务上的能力。

(6) "百度百科"指出，人工智能是研究、开发用于模拟、延伸和扩展人的智能的理论、方法、技术及应用系统的一门新的技术科学。"百度百科"的定义是目前最通用、引用最广的人工智能定义。

2. 不同学者给出的人工智能定义

纵观历史，很多从事人工智能领域的学者也对人工智能给予了不同的定义[4]。下面列举学术界著名学者给人工智能所做的一些定义：

定义 1-1 人工智能是那些与人的思维、决策、问题求解和学习等有关活动的自动化(Bellman，1978)。

定义 1-2 人工智能是一种使计算机能够思维，使机器具有智力的激动人心的新尝试(Haugeland，1985)。

定义 1-3 人工智能是用计算模型研究智力行为(Charniak 和 McDermott，1985)。

定义 1-4 人工智能是研究那些使理解、推理和行为成为可能的计算(Winston，1992)。

定义 1-5 人工智能是一种能够执行需要人的智能的创造性机器的技术(Kurzwell，1990)。

定义 1-6 人工智能研究如何使计算机做事让人过得更好(Rick 和 Knight，1991)。

定义 1-7 人工智能是一门通过计算过程力图理解和模仿智能行为的学科(Schalkoff，1990)。

定义 1-8 人工智能是计算机科学中与智能行为的自动化有关的一个分支(Luger 和 Stubblefield，1993)。

斯图尔特·罗素(Stuart Russell)教授在《人工智能》一书中对人工智能的若干定义

从双重维度进行解释：一种维度关注思维过程是推理还是强调行为；另一种维度衡量准则不同，即用与人类表现的逼真度差异或采用合理性的理想表现量来衡量。按照双重维度可以将人工智能定义细化为拟人思维、合理思维、拟人行为和合理行为，如图 1-2 所示。其中，定义 1-1 和定义 1-2 涉及拟人思维；定义 1-3 和定义 1-4 与合理思维有关；定义 1-5 和定义 1-6 涉及拟人行为；定义 1-7 和定义 1-8 与合理行为有关。

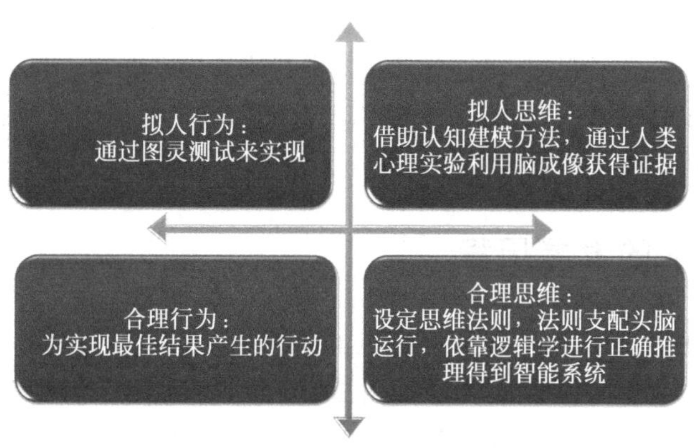

图 1-2　人工智能定义的双重维度

(1) 拟人行为：通过艾伦·图灵提出的图灵测试来实现，图灵测试旨在为智能提供一个令人满意的可操作的定义。谷歌原技术总监库兹韦尔(Kurzweilt)提出创造能执行一些功能的机器的技艺，当由人来执行这些功能时需要智能。伊莱恩·里奇(Elaine Rich)和凯文·奈特(Kevin Knight)研究如何使计算机能做那些目前人比计算机更擅长的事情。计算机需要的能力包括：自然语言处理，使之能成功地用语言交流；知识表示，以存储它听到或知道的信息；自动推理，运用存储的信息来回答问题并推出新结论；机器学习，以适应新情况并检测和预测模式；计算机视觉，以感知物体；机器人学，以操纵和移动对象。领域目标更注重研究智能的基本原理而非简单的复制样本。

(2) 拟人思维：借助认知建模方法，通过人类心理实验，利用脑成像获得证据实现。艾伦·纽厄尔和赫伯特·西蒙更关心比较程序推理步骤的轨迹与求解相同问题的人类个体的思维轨迹。认知科学将人工智能的计算机模型和心理学的实验技术相结合，试图构建一种精确的且可以测试的人类思维理论。有三种办法可以实现认知建模的途径：通过内省——试图捕获我们自身的思维过程；通过心理实验——观察工作中的一个人；以及通过脑成像——观察工作中的头脑。只有具备人脑足够精确的理论，我们才能把这样的理论表示成计算机程序。

(3) 合理思维：通过设定思维法则，支配头脑运行，依靠逻辑学进行正确推理得到智能系统。逻辑学家为关于世上各种对象及对象之间关系的陈述制订了一种精确的表示法，原则上可以求解用逻辑表示法描述任何可解问题。人工智能中的逻辑流派希望依靠这样的程序来创建智能系统。这种“思维法则”的途径存在两个障碍：一是获取非形式的知识并用逻辑表示法要求的形式术语来陈述是不容易的，特别是在知识不是百分之百肯定时；二是可解一个问题与实际上解决一个问题之间存在巨大的差别，甚至求解只有几百条事实的问题就可耗尽任何计算机的计算资源。

(4) 合理行为：合理行为是一个为了实现最佳结果产生的行动。期望计算机能够做更多的事情，如自主的操作、感知环境、长期持续、适应变化并创建与追求目标。合理行为比合理思维更有优势，因为合理思维可以是合理行动的部分，也可以不是。

随着时代的发展，人工智能的内涵不断得到丰富，不过总体而言目前人工智能的定义仍然比较局限，单纯让计算机单向模拟人的智能不能满足日益发展的社会需要，目前的人工智能领域应赋予更深的内涵，并且和人类智能的循环联动。作为该领域创始人之一的尼尔斯·尼尔森(Nils Nilsson)写道："人工智能缺乏通用的定义。"而且，确实不存在被实践者普遍接受的单一定义。

1.2 人工智能的发展历程

正如同人类历史一样，随着各种时代思潮的变化及相关基础的不断成熟，人工智能技术的发展过程一直在曲折中前进，正如图 1-3 所示，经历了三起两落，发展经过三个阶段：第一阶段(1956—1980 年)、第二阶段(1980—2010 年)和第三阶段(2010 年至今)[1]。

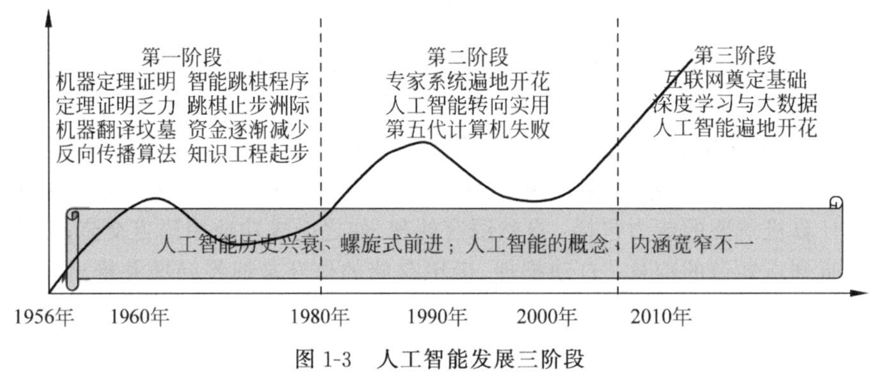

图 1-3 人工智能发展三阶段

1.2.1 人工智能诞生前的 50 年

人工智能、基因工程和纳米科学被认为是 21 世纪的三大尖端技术。人工智能能够诞生，来源于一批 20 世纪最伟大的数学家、计算机科学家的贡献，他们的研究为人工智能诞生奠定了基础。

1. 希尔伯特的两个数学问题

早在 1900 年，著名的数学家大卫·希尔伯特(David Hilbert，图 1-4)在巴黎召开的数学家大会上发表了题为《数学问题》演讲。他根据 19 世纪数学研究的已有成果和发展趋势，向世界宣布了 23 个未解决的世界难题。这 23 个问题通称为希尔伯特问题，成为很多数学家重点攻关的目标。这些问题的研究对现代数学发展产生了深刻影响和推动。

这 23 个问题道道经典，其中两项与人工智能密切相关，即第 2 个问题和第 10 个问题，并最终促进了计算机的发明。

第 2 个问题：算术公理的相容性。欧几里得几何的无矛盾性可以归结为算术公理的无矛盾性。希尔伯特证明算术公理的相容性的设想，后来发展为系统的 Hilbert 计划（“元数学”或“证明论”）。数学系统中应同时具备一致性和完备性，这是希尔伯特提出的一个伟大目标。希尔伯特的伟大雄心激励着很多人，其中包括年轻的数学家库尔特·哥德尔（Kurt Godel，图 1-5）。他起初是希尔伯特的忠实粉丝，并致力于攻克第 2 个问题。然而他很快发现，希尔伯特第 2 个问题的断言根本就是错的，即任何足够强大的数学公理系统都存在着瑕疵，一致性和完备性不能同时具备。他于 1931 年提出了被美国《时代周刊》评选为 20 世纪最有影响力的数学定理：哥德尔不完备性定理。该“不完备定理”指出了用“元数学”证明算术公理的相容性之不可能。虽然在 1931 年人工智能学科还没有建立，计算机也没有发明，但是哥德尔定理似乎已经为人工智能提出了警告。如果我们把人工智能也看作一个机械化运作的数学公理系统，那么根据哥德尔定理，必然存在着某种人类可以构造但机器无法求解的人工智能的“软肋”。数学无法证明数学本身的正确性，人工智能也无法仅凭自身解决所有问题。所以，存在着人类可以求解但是机器却不能解的问题，人工智能不可能超过人类。当然，问题并不是这样简单描述，上述命题成立的一个前提是人与机器不同，不是一个机械的公理化系统。然而，这个前提是否成立迄今为止科学界仍在争论之中。

图 1-4　大卫·希尔伯特

第 10 个问题：丢番图方程（Diophantine Equation）的可解性。如果能求出一个整系数方程的整数根，称为式(1.1)所示的丢番图方程可解。

$$a_1x_1^{b_1}+a_2x_2^{b_2}+\cdots+a_nx_n^{b_n}=c,\quad a_i,b_i,c\in\mathbb{Z} \tag{1.1}$$

希尔伯特的问题是，能否用一种由有限步构成的一般算法判断一个丢番图方程的可解性。但在当时，人们还不知道“算法”是什么。实际上，当时数学领域中已经有很多问题都是跟“算法”密切相关的，因而需要对“算法”进行科学的定义。20 世纪 30 年代，著名学者艾伦·图灵（Alan Turing）和丘奇分别提出了精确定义算法的方法。1936 年，图灵发表了一篇文章《论可计算数及其在判定问题中的应用》（*On Computable Numbers With an Application to the Entscheidungs Problem*），提出了图灵机模型，由于图灵机直观易于理解，被学术界普遍接受。图灵机模型后，才产生了计算理论，诱发了冯·诺依曼（John von Neumann）计算机的发明。

图 1-5　库尔特·哥德尔

2. 图灵和图灵机

艾伦·图灵（图 1-6）是英国数学家、逻辑学家，计算机逻辑的奠基者，被称为计算机科学之父、人工智能之父，提出了“图灵机”和“图灵测试”等重要概念。为纪念他在计算机领域的卓越贡献，美国计算机协会于 1966 年设立“图灵奖”，此奖项被誉为计算机科学界的诺贝尔奖。

图 1-6　艾伦·图灵

图灵于 1912 年 6 月 23 日出生在伦敦近郊，父亲曾是英国在印度的一名官员。1931 年图灵进入剑桥大学国王学院，毕业后到美国普林斯顿大学攻读博士学位，第二次世界大战爆发后回到剑桥大学，后曾协助军方破解德国的著名密码系统 Enigma，帮助盟军取得了第二次世界大战的胜利。2012 年是图灵 100 周年诞辰，为了纪念他对计算机科学的伟大贡献，2012 年被命名为图灵年(Alan Turing Year)。

图灵机是一个抽象的计算模型，形象地模拟了人类进行计算的过程。如图 1-7 所示，该装置由下面几部分组成：

(1) 一个无限长的纸带(符号集合)；

(2) 一个读写头(读、改写，左移、右移)；

(3) 内部状态(有限状态机)；

(4) 一个程序对这个盒子进行控制。

其工作过程：读写头在纸带上读出一个方格的信息；根据它当前的内部状态开始对程序进行查表，得出一个输出动作(是否往纸带上写信息，还是移动读写头到下一个方格)；程序也会告诉它下一时刻内部状态转移到哪一个。图灵机的实质是根据每一时刻读写头读到的信息和当前的内部状态确定它下一时刻的内部状态和输出动作。

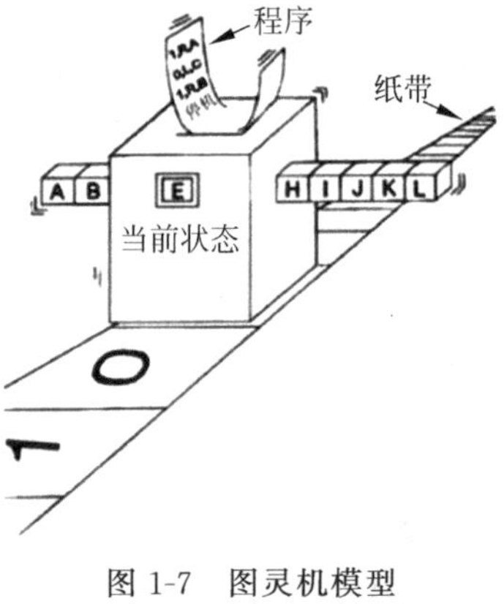

图 1-7　图灵机模型

下面具体分析图灵机的基本原理，如图 1-8 所示。假设：

(1) n 个符号 $S=\{s_1,s_2,\cdots,s_n\}$，其中有空格符号 $b\in S$；

(2) m 个状态 $Q=\{q_1,q_2,\cdots,q_m\}$，其中有初始状态 $q_1\in Q$；

(3) 一条两个方向或一个方向是潜在无穷长的由格子组成的带子；

(4) 每个格子可存放一个符号；

(5) 带子边附有一个读写头，读写头处于某个状态并指向某个格子，可以读写所指格子上的符号，并在带子上左右移动。

图灵机有一组有穷条规则，其规则如下：

$$s_i,q_j \rightarrow s_k,q_l,d,\quad d=H,L\text{ 或 }R$$

执行开始时，在图灵机带子的一串格子上放上由符号(除 b 外)组成的初始字。读写

头处于初始状态 q_1，并指向初始字的第一个格子，然后按照如下执行：

如果所指的符号是 s_i，读头的状态是 q_j，那么在所指格子上写符号 s_k，读头变换状态为 q_l；根据 d（$d=H,L$ 或 R）的值读头位置保持不动（H）、左移（L）或右移（R）一格。图 1-9 给出了按照 $s_i,q_j \to s_k,q_l,d$ 规则后的图灵机变化，其中图 1-9(a)中 $d=H$，图 1-9(b)中 $d=L$，图 1-9(c)中 $d=R$。

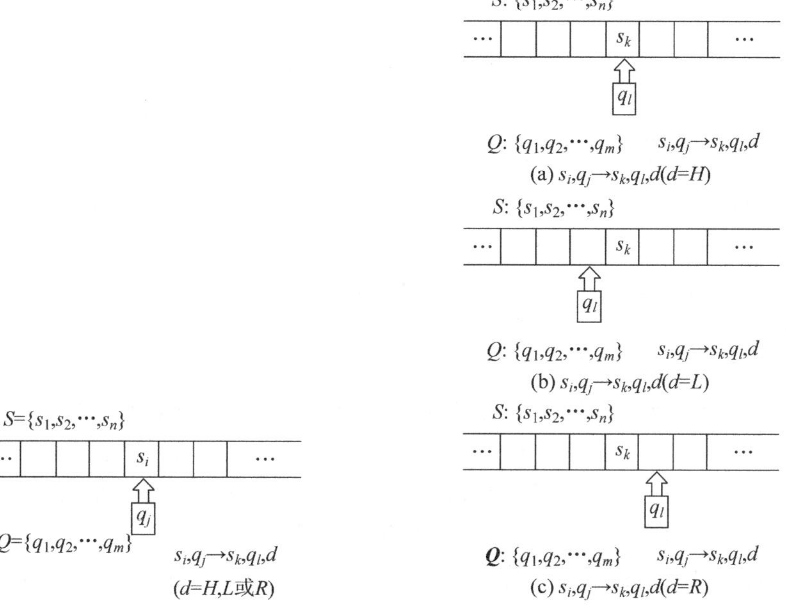

图 1-8　图灵机模型原理图

图 1-9　图灵机经过规则后变化示意

上面一步做完后，如果所指的符号和读头状态刚好又是规则组中某个规则的左侧，则图灵机按照此规则继续执行。以此类推，直到所指的符号和读头状态不能同所有规则的左端匹配时，图灵机停机，执行终止。一般将执行终止时带子上的字作为相对于初始字的计算结果。

如果执行中每次只可能有一个规则匹配，也就是说所有规则的左端都不完全相同，则图灵机的执行是唯一确定的，这样的机器称为确定性图灵机；反之，有两个或更多的规则左侧完全相同时，图灵机的执行就不是唯一确定的，这样的机器称为非确定性图灵机。

图灵的伟大贡献不仅仅是提出了图灵机的概念，更重要的是还提出了通用图灵机的概念。对任给的图灵机 A，只要把它的规则和初始字并列起来作为通用图灵机 T 的初始字让通用图灵机 T 运行，运行结果就是图灵机 A 的运行结果，把上述构造的图灵机 T 称为通用图灵机（Universal Turing Machine）。通用图灵机思想奠定了 10 年后通用电子计算机出现的理论基础。

3. 冯·诺依曼与计算机体系结构

冯·诺依曼（图 1-10）是美籍匈牙利数学家、计算机科学家、物理学家，是 20 世纪最著名的数学家之一。冯·诺依曼是布达佩斯大学数学博士，在现代计算机、博弈论、核武器和生化武器等领域内的科学全才之一，被后人称为“现代计算机之父”“博弈论之父”。

冯·诺依曼先后执教于柏林大学和汉堡大学，1930 年前往美国，后入美国籍。历任普林斯顿大学教授、普林斯顿高等研究院教授，入选美国原子能委员会会员、美国国家科学院院士。早期以算子理论、共振论、量子理论、集合论等方面的研究闻名，开创了冯·诺依曼代数。冯·诺依曼在第二次世界大战期间曾参与曼哈顿计划，为第一颗原子弹的研制做出了贡献。

图 1-10　冯·诺依曼

1944 年，冯·诺依曼与奥斯卡·摩根斯特恩合著《博弈论与经济行为》，这是博弈论学科的奠基性著作。晚年，冯·诺依曼转向研究自动机理论，著有对人脑和计算机系统进行精确分析的著作《计算机与人脑》(1958)，为研制电子数字计算机提供了基础性的方案。其余主要著作有《量子力学的数学基础》(1926)、《经典力学的算子方法》和《连续几何》(1960)等。

众所周知，1946 年第一台电子数字计算机——电子数字积分计算机(Electronic Numerical Integrator And Computer，ENIAC)诞生于美国宾州大学莫尔学院。ENIAC 是一台为各种炮火计算弹道的专用计算机，程序是用外界电路板输入。ENIAC 证明电子真空技术可以极大地提高计算能力，不过，ENIAC 本身存在两大缺点：一是没有存储器；二是它用布线接板进行控制，甚至要搭接几天，计算速度也就被这一工作所抵消。ENIAC 研制组的莫克利和埃克特两位学者也意识到这个问题，也想尽快着手研制另一台计算机。

1945 年，冯·诺依曼对 ENIAC 的设计提出建议，发表了一个“存储程序通用电子计算机(Electronic Discrete Variable Automatic Computer，EDVAC)方案”。EDVAC 由他设计，数据、程序都可存储在计算机中，且数据可变、程序也可变，即“存储程序式”通用计算机。虽然该计算机由于工程进度问题在 1952 年才完成，但冯·诺依曼的思想对后来计算机的设计有决定性的影响，特别是确定计算机的结构，采用存储程序以及二进制编码等，至今仍为电子计算机设计者所遵循。

第一台“存储程序式”计算机——电子延迟存储自动计算机(Electronic Delay Storage Automatic Calculator，EDSAC)由伦敦一家公司在 1949 年试运行成功，1951 年投入市场。该计算机的设计者是英国剑桥大学的威尔克斯(M. V. Wikes)。但他的设计思想完全来自 EDVAC 的设计。电子计算机的发明，大大促进了科学技术和社会生活的进步。鉴于冯·诺依曼在发明电子计算机中所起到关键性作用，他被西方人誉为“计算机之父”。

速度超过人工计算千万倍的电子计算机，不仅极大地推动数值分析的进展，而且在数学分析本身的基本方面刺激着崭新方法的出现。其中，由冯·诺依曼等制定的使用随机数处理确定性数学问题的蒙特卡洛法的蓬勃发展就是突出的实例。

4. 图灵测试

1949 年,图灵成为曼彻斯特大学(University of Manchester)计算实验室的副院长,致力研发运行 Manchester Mark 1 型号储存程序式计算机所需的软件。1950 年他发表论文《计算机器与智能》(*Computing Machinery and Intelligence*),为后来的人工智能科学提供了开创性的构思。他提出著名的"图灵测试"并指出,如果第三者无法辨别人类与人工智能机器反应的差别,就可以论断该机器具备人工智能。

1956 年,图灵的这篇文章以《机器能够思维吗?》为题重新发表,此时,人工智能也进入了实践研制阶段。图灵的机器智能思想无疑是人工智能的直接起源之一,而且随着人工智能领域的深入研究,人们越来越认识到图灵思想的深刻性,如今它仍然是人工智能的主要思想之一。

图灵提出了一种测试机器是不是具备人类智能的方法。即假设有一台计算机,运算速度非常快,记忆容量和逻辑单元的数目也超过了人脑,而且为这台计算机编写了许多智能化的程序,并提供了合适种类的大量数据,那么,是否就能说这台机器具有思维能力? 图灵肯定机器可以思维的。他还对智能问题从行为主义的角度给出了定义,由此提出一个假想:一个人在不接触对方的情况下,通过一种特殊的方式和对方进行一系列的问答,如果在相当长时间内他无法根据这些问题判断对方是人还是计算机,就可以认为这台计算机具有同人相当的智力,即这台计算机是能思维的。这就是著名的"图灵测试"(Turing Testing)。

图灵预言,在 20 世纪末一定会有计算机通过"图灵测试"。2014 年 6 月 7 日,在英国皇家学会举行的"2014 图灵测试"大会上,举办方英国雷丁大学发布新闻稿,宣称俄罗斯人弗拉基米尔·维西罗夫(Vladimir Veselov)创立的人工智能软件"尤金·古斯特曼"(Eugene Goostman,图 1-11)通过了图灵测试。按照大会规则,如果在一系列时长为 5min 的键盘对话中,某台计算机被误认为是人类的比例超过 30%,这台计算机就被认为通过了图灵测试。虽然"尤金·古斯特曼"软件还远不能"思考",但它也是人工智能乃至计算机史上的一个标志性事件。

中国科学院自动化所研究员王飞跃在"关于人工智能九个问题"中也对图灵测试存在的问题进行了讨论,他认为有两点值得关注。一是人类的智能并不是单一的对象,而是由多个类别组成,同样人工智能相应也是由多类别组成。图灵测试究竟测试的哪些类别并不明确,从实践上看,目前图灵测试仅仅局限在语言智能等特定小领域里,不具备代表性。二是图灵测试并不是考官对一台计算机测试后就可以宣布其是否拥有智能,图灵测试的本意是指一个广义的人类作为整体的考官,其测试的时间段也不是具体的一段时间而是广义的时间段,即所有人类在所有时间都分辨不出人与机器之后,才算其人类智能与人工智能等价。

从上述讨论可以看出,图灵实验只对人工智能系统是否具有人类智能回答"是"或"否",并不对人工智能系统的发展水平进行定量分析,而且测试的智能或智力种类还过于单一;在测试方法上存在漏洞,容易被测试者找到漏洞从而产生作弊行为。总的来说,图灵实验目前还无法满足定量分析智能系统智力发展水平的需求。

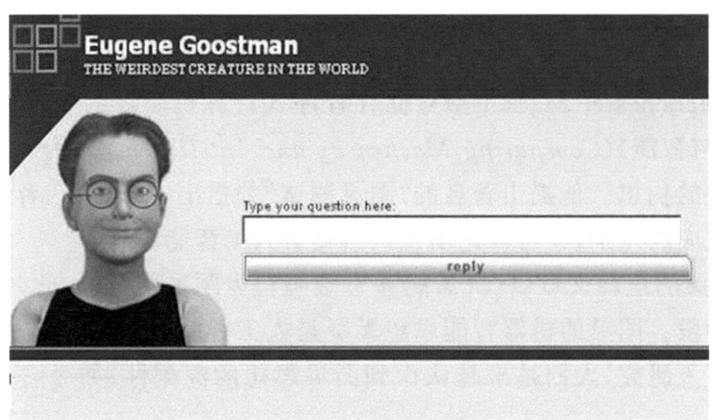

图 1-11　通过图灵测试的软件“尤金·古斯特曼”

5. 诺伯特·维纳及其控制论

1894 年 11 月 26 日，诺伯特·维纳(Norbert Wiener，图 1-12)出生在美国密苏里州哥伦比亚市的一个犹太人家庭，父亲莱奥·维纳(Leo Wiener，1862—1939)只有初中学历，18 岁从白俄罗斯孤身一人来到美国，不仅靠着自己双手生存，还自学成才，维纳出生时，他父亲已是哈佛大学的一名语言学教授。

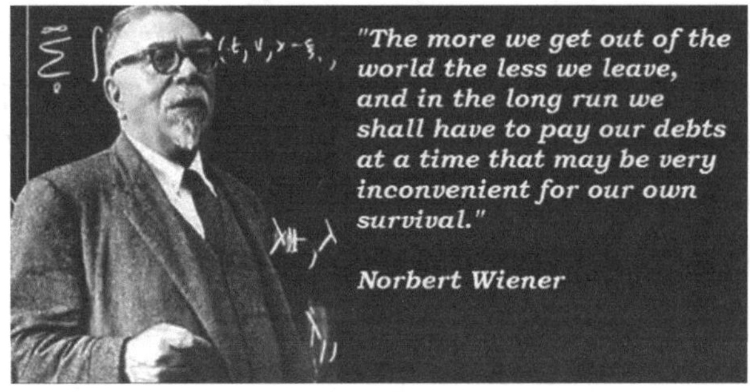

图 1-12　诺伯特·维纳

依靠父亲高压的天才式培育，维纳直接跳过了初等教育阶段，9 岁时便进入了高中就读，未满 12 岁就进入塔夫茨大学，14 岁获得数学学士学位。维纳不仅在所学的数学专业上有所建树，在生物、物理、逻辑、哲学等领域的素养也非常高。获得学士学位之后，维纳首先在哈佛大学读了一年动物学研究生，随后转到康奈尔大学研修哲学，一年之后又回到哈佛大学攻读数理逻辑，这期间还抽空跑到英国剑桥大学师从罗素学习逻辑与哲学，又到德国哥廷根大学跟随希尔伯特学习数学，最后，18 岁的维纳在哈佛大学选择以哲学博士的学位毕业。维纳的聪明与才华无可置疑，但因为性格等多方面原因，他留校的申请没有得到批准，只能转去麻省理工学院(Massachusetts Institute of Technology，MIT)求职。1919 年起，维纳开始在麻省理工学院任教，从此正式开始了他的学术生涯，并在那里工作和生活，直至去世。

维纳在50年的科学生涯中，先后涉足哲学、数学、物理学和工程学，最后转向生物学，各个领域中都取得了丰硕成果，称得上是20世纪多才多艺和学识渊博的科学巨人。他一生发表论文240多篇、著作14本，主要著作有《控制论》(1948)、《维纳选集》(1964)和《维纳数学论文集》(1980)。维纳的重要学术贡献主要包括建立维纳测度、引进巴拿赫-维纳空间、阐述位势理论、发展调和分析、发现维纳-霍普夫方法、提出维纳滤波理论、开创维纳信息论、创立控制论等。

维纳对科学发展所做出的最大贡献是创立控制论，这是一门以数学为纽带，把研究自动调节、通信工程、计算机和计算技术以及生物科学中的神经生理学和病理学等学科共同关心的共性问题联系起来而形成的边缘学科。

1947年10月，维纳写出划时代的著作《控制论》，1948年出版后立即风行世界。维纳的深刻思想引起了人们的极大重视：它揭示了机器中的通信和控制机能与人的神经、感觉机能的共同规律，为现代科学技术研究提供了崭新的科学方法；它从多方面突破了传统思想的束缚，有力地促进了现代科学思维方式和当代哲学观念的一系列变革。维纳也是最早注意到心理学、脑科学和工程学应相互交叉的人之一，这促使了后来认知科学的发展。

希尔伯特、哥德尔、图灵、冯·诺依曼、维纳等一批数学家和计算机科学家的不懈努力和杰出贡献，为人工智能诞生奠定了理论和工程基础。

1.2.2 人工智能发展的第一阶段

1956—1980年被认为是人工智能发展深耕细作的30年，它为人工智能产业化奠定了基础。

1956年8月，在美国汉诺斯小镇宁静的达特茅斯学院中，约翰·麦卡锡(人工智能学家)、马文·明斯基(人工智能与认知学专家)、克劳德·香农(信息论创始人)、艾伦·纽厄尔(计算机科学家)、赫伯特·西蒙(诺贝尔经济学奖得主)等科学家聚在一起，讨论用机器来模仿人类学习以及其他方面的智能。

会议开了两个月的时间，虽然大家没有达成共识，却为会议讨论的内容起了一个名字：人工智能。因此，1956年也就成为了人工智能元年。

1. 人工智能发展黄金期

达特茅斯会议之后，人工智能获得了井喷式的发展，好消息接踵而至。在数学领域，机器定理证明是最先取得重大突破的领域之一，即用计算机程序代替人类进行自动推理来证明数学定理。在1956年达特茅斯会议上，纽厄尔和西蒙展示了他们的程序"逻辑理论家"，可以独立证明出《数学原理》第二章的38条定理；而到了1963年，该程序已能证明该章的全部52条定理。1958年，美籍华人王浩在IBM704计算机上3～5min证明了《数学原理》中有关命题演算部分的全部220条定理。而就在这一年，IBM公司还研制出了平面几何的定理证明程序。

1976年，凯尼斯·阿佩尔(Kenneth Appel，1932—2013)和沃夫冈·哈肯(Wolfgang Haken，1928—)等利用人工和计算机混合的方式证明了一个著名的数学猜想——四色猜想(现在称为四色定理)。这个猜想表述起来非常简单易懂：对于任意的地图，仅用四种颜色就可以染色该地图，并使得任意两个相邻的国家不会重色；然而证明起来却异常烦琐。配合着计算机超强的穷举和计算能力，阿佩尔等成功证明了这个猜想。

此外，机器学习领域也获得了实质的突破。在1956年的达特茅斯会议上，阿瑟·萨缪尔(Arthur Samuel)研制了一个跳棋程序，该程序具有自学习功能，可以从比赛中不断总结经验提高棋艺。1959年，该跳棋程序打败了它的设计者萨缪尔，过了3年后，该程序已经可以击败美国州级的跳棋冠军。

1956年，奥利弗·萨尔夫瑞德(Oliver Selfridge)研制出第一个字符识别程序，开辟了模式识别这一新的领域。1957年，纽厄尔和西蒙等开始研究一种不依赖于具体领域的通用问题求解器(General Problem Solver，GPS)。1963年，詹姆斯·斯拉格(James Slagle)发表了一个符号积分程序SAINT，输入一个函数的表达式，该程序就能自动输出这个函数的积分表达式。4年以后，他们研制出了符号积分运算的升级版SIN，SIN的运算已经可以达到专家级水准。

2. 人工智能的第一次寒冬

人工智能的迅速发展冲昏了人工智能科学家们的头脑，他们开始盲目乐观起来。1958年，纽厄尔和西蒙就自信满满地说，不出10年计算机将会成为世界象棋冠军，证明重要的数学定理，谱出优美的音乐。照这样的速度发展下去，2000年人工智能就可以超过人类。

然而1965年，机器定理证明领域遇到了瓶颈，计算机推导了数十万步也无法证明两个连续函数之和仍是连续函数。萨缪尔的跳棋程序也没那么神气了，它停留在州冠军的层次，无法进一步战胜世界冠军。

最糟糕的事情发生在机器翻译领域，对于人类自然语言的理解是人工智能中的硬骨头。计算机在自然语言理解与翻译过程中表现得极其差劲，一个最典型的例子就是著名的英语句子The spirit is willing but the flesh is weak.(心有余而力不足。)当时，人们让机器翻译程序把这句话翻译成俄语，再翻译成英语以检验效果，得到的竟然是The wine is good but the meet is spoiled.(酒是好的，肉变质了。)很多人工智能反对派认为，政府花了2000万美元为机器翻译挖掘了一座坟墓。

总而言之，越来越多的不利证据迫使政府和大学削减了人工智能的项目经费，使得人工智能第一次进入了寒冷的冬天。来自各方的事实证明，人工智能的发展不可能像人们早期设想的那样一帆风顺，必须静下心来冷静思考。

3. 知识工程的兴起

经历了短暂的挫折之后，人工智能研究人员开始痛定思痛。爱德华·费根鲍姆

(Edward A. Feigenbaum)就是新生力量的佼佼者。费根鲍姆认为,传统的人工智能之所以会陷入僵局,就是因为过于强调通用求解方法的作用,而忽略了具体的知识。而对比人类的思考和求解过程,无时无刻不在体现知识的重要作用,因此人工智能也需要引入具体知识。

于是,在费根鲍姆的带领下,一个新的领域专家系统诞生了。专家系统就是利用计算机化的知识进行自动推理,从而模仿领域专家解决问题。第一个成功的专家系统DENDRAL于1968年问世,它可以根据质谱仪的数据推知物质的分子结构。在这个系统的影响下,各式各样的专家系统很快陆续涌现,形成了一种软件产业的全新分支——知识产业。1977年,在第五届国际人工智能大会上,费根鲍姆用“知识工程”一词概括了这个全新的领域。

在知识工程的刺激下,日本的第五代计算机计划、英国的阿尔维计划、西欧的尤里卡计划、美国的星计划和中国的“863”计划陆续推出,虽然这些大的科研计划并不都是针对人工智能的,但是AI都作为这些计划的重要组成部分。

然而,在专家系统、知识工程获得大量的实践经验之后,弊端开始逐渐显现出来,这就是知识获取。面对这个全新的棘手问题,新的“费根鲍姆”没有再次出现,人工智能这个学科却发生了重大转变,它逐渐分化成了几大不同的学派。

1.2.3 人工智能发展的第二阶段

1980—2010年被认为是急功近利的30年,人工智能成功商用但跨越式发展失败。

在专家系统等引导下,人工智能逐渐成为产业。20世纪80年代初期,第一个成功的商用专家系统R1(也称为XCON)为DEC公司每年节约4000万美元左右的费用,这个事件掀起了全世界研究人工智能的热潮,截止到80年代末,几乎一半的“财富500强”都在开发或使用“专家系统”。受此鼓励,日本、美国等国家投入巨资开发第5代计算机——人工智能计算机。

在20世纪90年代初,IBM公司、苹果公司推出的台式计算机进入普通百姓家庭中,奠定了计算机工业的发展方向。由于各国政府计算机计划的技术路线明显背离计算机工业的发展方向,包括日本第五代计算机计划等一系列项目宣告失败,人工智能再一次进入低谷。尽管如此,浅层学习如支持向量机、Boosting和最大熵方法等在20世纪90年代得到了广泛应用。

专家系统、知识工程的运作需要从外界获得大量知识的输入,而知识的采集与获取都是靠人工完成的,极其费时费力,严重阻碍了知识工程流派的发展。于是,在20世纪80年代,基于统计的机器学习从人工智能边缘区域成为学术界关注的焦点和热点。

尽管传统的人工智能研究者也在奋力挣扎,但是人们很快发现,如果采用完全不同的世界观,即让知识通过自下而上的方式涌现,而不是让专家们自上而下地设计出来,其实可以很好地解决机器学习的问题。

事实上,在人工智能界很早有人提出自下而上的涌现智能的方案,只不过从来没有引起大家的注意。一批人认为可以通过模拟大脑的结构(神经网络)来实现,另一批人认为可以从那些简单生物体与环境互动的模式中寻找答案。他们分别称为连接学派和行为学派。与此相对,传统的人工智能统称为符号学派。20 世纪 80 年代到 90 年代,这三大学派形成了三足鼎立的局面。

1. 符号学派的人机大战

早在 1958 年,人工智能的创始人之一西蒙就曾预言,计算机会在 10 年内成为国际象棋世界冠军。然而,如前所述,这种预测盲目乐观,现实是比西蒙的预言晚了 40 年。

1988 年,IBM 公司开始研发可以与人下国际象棋的智能程序"深思",它是一个每秒走 70 万步棋的超级程序。1991 年,"深思Ⅱ"已经可以战平澳大利亚国际象棋冠军达瑞尔·约翰森(Darryl Johansen)。1996 年,"深思"的升级版"深蓝"开始挑战著名的国际象棋世界冠军加里·卡斯帕罗夫(Garry Kasparov),却以 2∶4 比分失败。1997 年 5 月 11 日,"深蓝"最终以 3.5∶2.5 的成绩战胜了卡斯帕罗夫(图 1-13),成为人工智能的一个重要里程碑。

图 1-13 "深蓝"战胜卡斯帕罗夫

人机大战终于以计算机的胜利画上了句号,但这能够说明计算机已经超越人类了吗?我们都知道,计算机通过超级强大的计算和搜索能力险胜了人类——当时的"深蓝"已经可以在 1s 内算 2 亿步棋。而且,"深蓝"也有人类已有的一些知识作铺垫,它存储了 100 年来几乎所有的国际特级大师的开局和残局下法。另外,还有四位国际象棋特级大师亲自"训练""深蓝"。所以,最终的结果很难说是计算机战胜了人,更像是一批人战胜了另一批人。重要的是,国际象棋上的博弈是在一个封闭的棋盘世界中进行的,而人类智能面对的则是一个复杂得多的开放世界。

2011 年,另外一场 IBM 公司的超级计算机和人类之间的人机大战刷新了纪录,也使得科学界必须重新思考机器是否能战胜人类这个问题。这场人机大战的游戏称为《危险》(Jeopardy),是美国一款著名的电视节目。在节目中,主持人通过自然语言给出一系列线索,参赛队员要根据这些线索用最短的时间把主持人描述的人或者事物猜出来,并且以提问的方式回答。例如,当节目主持人给出线索"这是一种冷血的无足的冬眠动物"

的时候，选手应该回答"是什么蛇?"而不是简单地回答"蛇"。由于问题会涉及各个领域，所以一般知识渊博的人类选手都很难获胜。这次的比赛不再是相对较窄领域的下棋，而是自由形式的"知识问答"。这种竞赛环境比国际象棋开放得多，因为提问的知识可以涵盖时事、历史、文学、艺术、流行文化、科学、体育、地理、文字游戏等多个方面。在2月14日到16日的《危险》比赛中，IBM公司的超级计算机"沃森"(Watson)战胜了人类选手(图1-14)。因此，这次的机器胜利至少证明了计算机同样可以在开放的世界中表现得不逊于人类。

图1-14 "沃森"战胜人类选手

下面分析下"沃森"的主要特点：首先，它是一个自然语言处理的高手，因为它必须在短时间内理解主持人的提问，甚至还必须理解语言中隐含的意义；其次，必须充分了解一些特殊的语言现象，如字谜、双关语、莎士比亚戏剧的独白等，而且内容范围非常广，如全球主要的河流和各国首都等知识等，所有知识并不限定在某个具体的领域。所以，"沃森"的胜利的确是人工智能界的一个标志性事件。

人机大战是人工智能符号学派1980年以来最出风头的应用。当然，这种人机大战也难逃成为噱头的嫌疑，因为历史上每次吸引眼球的人机大战似乎都必然伴随着IBM公司的股票大涨。尽管如此，20世纪80年代以后，符号学派的发展势头已经远不如从前，其他流派的发展也逐渐凸显。

2. 基于数据的连接学派风靡一时

人类的智慧主要来源于大脑的活动，而大脑则是由1万亿个神经元细胞通过错综复杂的相互连接形成的。于是，人们很自然地想到，是否可以通过模拟大量神经元的集体活动来模拟大脑的智力呢?

对比物理符号系统假说不难发现，如果将智力活动比喻成一款软件，支撑这些活动的大脑神经网络就是相应的硬件。于是，主张神经网络研究的科学家实际上在强调硬件的作用，认为高级的智能行为是从大量神经网络的连接中自发出现的，因此，他们又被称为连接学派。

连接学派的发展也是一波三折。最早的神经网络研究可以追溯到1943年计算机发明之前。当时，沃伦·麦卡洛克（Warren McCulloch）和沃尔特·匹兹（Walter Pitts）提出了一个单个神经元的计算模型，如图 1-15 所示。

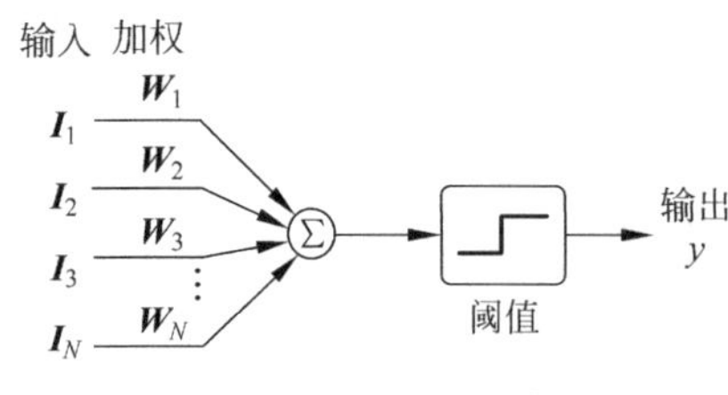

图 1-15 麦卡洛克-匹兹的神经元模型

在这个模型中，$I_1, I_2, \cdots, I_N$ 为输入单元，可以接收其他神经元的输出，然后将这些信号经过加权（$W_1, W_2, \cdots, W_N$）传递给当前的神经元并完成汇总。如果汇总的输入信息强度超过了一定的阈值 T，该神经元就会发出一个信号 y 给其他神经元，或者直接输出到外界。后来该模型称为麦卡洛克-匹兹模型，可以说它是第一个真实神经元细胞的模型。

1957 年，弗兰克·罗森布拉特（Frank Rosenblatt）对麦卡洛克-匹兹模型进行了扩充，即在麦卡洛克-匹兹神经元上加入了学习算法，扩充后的模型称为感知机（Perception Machine）。感知机可以根据模型的输出 y 与希望模型的输出 y^* 之间的误差，调整权重 $W_1, W_2, \cdots, W_N$ 来完成学习。后面会在机器学习理论基础部分介绍感知机的基本原理，由于感知机是由符号函数通过阈值进行类别判定的，因此感知机是一种线性分类器。虽然感知机提出后解决了很多问题，获得了较好的学习效果，甚至有些学者错误地夸大感知机的作用，认为感知机可以学习任何问题，但实际上这种好景不长。

1969 年，马文·明斯基在与西蒙·派珀特合著的《感知机》中指出，感知机不能解决简单的异或问题。马文·明斯基是麻省理工学院媒体实验室名誉教授、数学家、计算机科学家、人工智能领域先驱，作为最早联合提出“人工智能”概念和参加达特茅斯会议的学者，被业界尊为“人工智能之父”。作为人工智能领域首位图灵奖的获得者，虚拟现实的最早倡导者，世界上第一个人工智能实验室——MIT 人工智能联合实验室的联合创始人，他的这一问题引发了学界很长一段时间的研究反思。

异或问题即判断一个两位的二进制数是否仅包含 0 或者 1（XOR）问题，可以简单认为异或问题是将长方形对角线上的两个点分成一类的分类问题。由于神经元是线性分类器，因此单一神经元无法解决异或问题。

纵观整个连接学派的发展历史，杰夫·辛顿（Geoffrey Hinton，图 1-16）和他团队提出过四个伟大的思想，改变了连接学派发展的轨迹。第一次是 1974 年，由于单个神经元解决不了非线性分类问题，辛顿提出了一个简单而朴素的思想“多则不同”，只要把多个感知机连接成一个分层的网络，它就可以圆满地解决明斯基的问题。如图 1-17 所示，多个感知机连接成为感知机网络，最左面为输入层，最右面为输出层，中间的神经元位于隐含层，右侧的神经元接收左侧神经元的输出。

由于神经网络模型是基于统计学习的思想，靠数据来驱动的，因此能够自动从数据中捕捉重要信息形成模型来完成分析判决。因而，感知器网络能够在多个领域发挥重要作用。后期感知机网络的规模随着问题复杂度的增加也逐渐增大，但带来了新的问题：这种复杂网络有几百甚至上千个参数需要调节，如何进行网络的训练成为一个核心问题。1986 年，辛顿等发现，哈佛大学博士生阿瑟·布赖森（Arthur Bryson）等在 1974 年

图 1-16 杰夫·辛顿

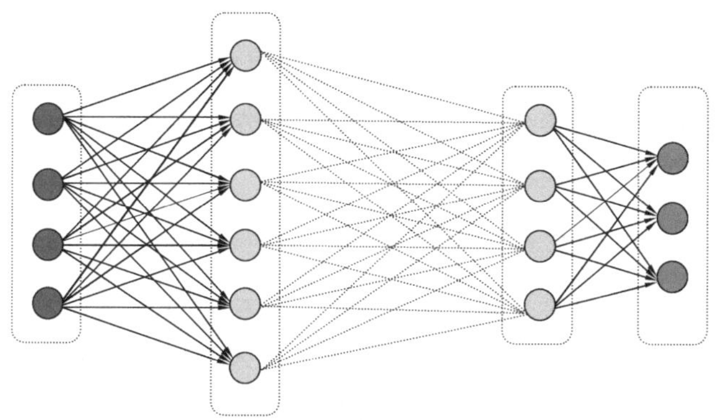

图 1-17 感知机网络

提出来的反向传播(Back Propagation,BP)算法就可以有效解决多层网络的训练问题。反向传播算法就是根据输出逐层向前对神经网络的参数进行优化。很多实验表明,多层神经网络装备反向传播算法之后,可以解决很多复杂的识别和预测等问题。

再后来,很多不同类型的神经网络模型先后被提出,这些模型有的可以完成模式聚类,有的可以模拟联想思维,有的具有深厚的数学物理基础,有的则模仿生物的构造。所有这些大的突破都令连接学派名声大噪、异军突起,尤其是在 20 世纪 80 年代中后期到 90 年代初,神经网络的发展进入了高峰期。

然而,连接学派又陷入了新的困惑。虽然各种神经网络可以解决问题,但也会出现失效情况,如何从理论上分析神经网络的有效性一直是难以解决的问题,因此神经网络能否成功似乎成了运气问题。更为重要的是,对于一些复杂问题需要更复杂的深层网络进行建模,但 BP 算法会由于梯度消失问题无法获得好的效果;而且在数据量不足时,如何提升神经网络效果尚不明确。因此,连接学派需要从理论根基上寻找更加完备的支持。在 20 世纪 90 年代中后期,俄罗斯科学家弗拉基米尔·万普尼克(Vladimir Naumovich Vapnik)和亚历克塞·泽范兰杰斯(Alexey Yakovlevich Chervonenkis)提出了一整套新的理论——《统计学习理论》,使得连接学派进入一个新的发展阶段。统计学习理论的核心思想是模型一定要与待解决的问题相匹配。如果模型过于简单而问题本身的复杂度很高,就无法得到预期的精度;反过来,如果问题本身简单而模型过于复杂,模型就会比较失去泛化能力,无法适应新情况,出现“过拟合”现象。

统计学习理论的精神与奥卡姆剃刀原理有着深刻的联系。威廉·奥卡姆(William Occum)是中世纪时期的著名哲学家,他留下的最重要的遗产就是奥卡姆剃刀原理：如果对同一个问题有不同的解决方案,那么应该挑选其中最简单的一个。神经网络或者其他机器学习模型也应该遵循类似的原理,只有当模型的复杂度与所解决的问题相匹配的时候,模型才能更好地发挥作用。然而,统计学习理论也有很大的局限性,因为理论的严格分析仅仅限于一类特殊的神经网络模型——支持向量机(Supporting Vector Machine, SVM)。尽管如此,由于支持向量机算法具有完整的理论基础,且对于小样本、高维数据建模更为有效；同时,BP 算法和神经网络固有的梯度消失和性能提升有限等问题,使得神经网络逐渐沉寂下去,并被支持向量机替代。因此,在 21 世纪初的 10 年内,支持向量机成为一种主流方法。

统计学习理论仅仅用于支持向量机网络,而对于更一般的神经网络人们还未找到统一的分析方法。连接学派虽然会向大脑学习如何构造神经网络模型,但实际上他们自己也不清楚这些神经网络究竟如何工作。

3. 行为学派也在同步发展

行为学派的出发点与符号学派和连接学派完全不同,该流派的出发点不是具有高级智能的人类,而是关注比人类低级的生物[5]。因为简单动物在与环境互动中也展现了非凡的智能,低等生物一方面能够灵活控制自己身体行进,另一方面能够对外界环境的变化进行快速反应,躲避障碍物和危险。行为学派可以根据时间效应和行为实施者多寡分成个体短期行为模型、进化算法和人工生命。

图 1-18　罗德尼·布鲁克斯

1) 个体短期行为模型

罗德尼·布鲁克斯(Rodney Brooks,图 1-18)是美国麻省理工学院的机器人专家,他的主要研究方向之一是机器昆虫 Walkman,如图 1-19(a)所示。布鲁克斯的主要研究理念就是自下而上与环境的互动,而不是自上而下的复杂设计。机器昆虫没有复杂的大脑,也不会按照传统方式进行复杂的知识表示和推理,它们甚至不需要大脑的干预,仅凭四肢和关节的协调就能很好地适应环境,尤其是遇到复杂地形时,可以快速爬行,也可以巧妙避开障碍物。

(a) 机器昆虫Walkman

(b) 波士顿“大狗”

图 1-19　个体短期行为模型的典型应用

个体短期行为模型的另一个非常成功的应用是美国波士顿动力公司(Boston Dynamics)研制开发的机器人"大狗",如图 1-19(b)所示。"大狗"是一个四足机器人,它能够在各种复杂的地形中行走、攀爬、奔跑,甚至还可以背负重物。"大狗"模拟了四足动物的行走行为,能够自适应地根据不同的地形调整行走模式。

2) 进化算法

上面模型仅仅描述了短期环境互动中的行为,但从更长的时间尺度看,生物体对环境的适应还会迫使生物进化,从而实现从简单到复杂、从低等到高等的跃迁。那么描述长期生物与环境互动发展的模型,称为进化算法。

约翰·亨利·霍兰德(John Henry Holland,图 1-20)是美国密西根大学的心理学、电器工程以及计算机的三科教授。他于 1950 年和 1954 年分别在麻省理工学院获物理学学士和数学硕士学位,后来到了密西根大学师从阿瑟·伯克斯(Arthur Burks,曾是冯·诺依曼的助手)攻读博士学位,并于 1959 年成为全世界首个计算机科学的博士学位获得者。约翰·霍兰德具有较强的创新能力,他在攻读博士学位期间就对如何用计算机模拟生物进化异常着迷,并最终发表了遗传算法。

遗传算法对大自然中的生物进化进行了大胆的抽象,最终提取出两个主要环节:变异(包括基因重组和突变)和选择。为了在计算机中实现遗传算法,霍兰德进行了两个大胆模拟,一是用一堆二进制串来模拟自然界中的生物体;二是用简单的适应度函数来模拟大自然的选择作用——生存竞争、优胜劣汰。这样,就可以在计算机中实现大自然的精简进化过程,即遗传算法。

图 1-20 约翰·亨利·霍兰德

遗传算法在刚发表时并没有引起足够重视。随着时间的推移,当人工智能的焦点逐渐转向机器学习领域时,遗传算法就因其简单而有效的算法而突然家喻户晓。与神经网络不同,遗传算法不需要把学习区分成训练和执行两个阶段,它完全可以指导机器在执行中学习,即所谓的做中学(learning by doing)。同时,遗传算法比神经网络具有更方便的表达性和简单性。

与此同时,美国的劳伦斯·福格尔(Lawrence Fogel)、德国的因戈·雷伯格(Ingo Rechenberg)以及汉斯·保罗·施韦费尔(Hans-Paul Schwefel)、霍兰德的学生约翰·科扎(John Koza)等也先后提出了演化策略、演化编程和遗传编程等,丰富了遗传算法这个理论体系。

3) 人工生命

无论是机器昆虫还是进化计算,科学家关注的焦点都是如何模仿生物来创造智能的机器或者算法。20 世纪 80 年代,人工神经网络再度兴起,出现了许多神经网络的新模型和新算法,这也促进了人工生命的发展。在 1987 年第一次人工生命研讨会上,美国圣塔菲研究所(Santa Fe Institute,SFD)非线性研究组的克里斯托弗·兰顿(Chirstopher Langton)正式提出人工生命的概念,建立起人工生命新学科。人工生命与人工智能非常接近,但是它的关注点在于如何用计算的手段来模拟生命这种更加“低等”的现象。此后,人工生命研究进入一个蓬勃发展的新时期,相关研究机构、学术组织和学术会议如雨后春笋般出现。

人工生命是指用计算机和精密机械等生成或构造表现自然生命系统行为特点的仿真系统或模型系统。自然生命系统的行为特点表现为自组织、自修复、自复制的基本性质,以及形成这些性质的混沌动力学、环境适应和进化。人工生命认为,生命或者智能实际上是从底层单元(可以是大分子化合物,也可以是数字代码)通过相互作用而产生的涌现属性。“涌现”属性强调了一种只有在宏观具备但不能分解还原到微观层次的属性、特征或行为。人工生命的研究可使我们更好地理解涌现特征,个体在低级组织中的集合,通过相互作用常可产生特征。该特征不仅仅是个体的重叠,而且是总体上出现新的特征。这样的现象可见于自然界所有的领域,但在生命系统中更为明显。

生命本身确实有涌现属性,当总体分解为它们的组成部分时,相互作用所产生的涌现属性将全部消失。因而,这个领域还原论或是归因理论是不适用的,必须以系统论的观点,整体考虑所有创造生命的形式,综合对人工生命领域开展研究。例如,单个蛋白质分子不具备生命特征,但是大量的蛋白质分子组合在一起形成细胞的时候,整个系统就具备了“活”性,这就是典型的涌现。同样,假设将智能和生命分成不同等级,则可以说智能是比生命更高一级的涌现,即在生命系统中又涌现出一整套神经网络系统,从而使得整个生命体具备了智能属性。现实世界中的生命是由碳水化合物编织成的一个复杂网络,而人工生命则是寄生于世界中的复杂有机体。

模拟群体行为是人工生命的典型应用之一。1983 年,计算机图形学家克雷格·雷诺兹(Craig Reynolds)开发了一个名为 Boid 的计算机模拟程序,它可以逼真地模拟鸟群的运动,还能够聪明地躲避障碍物。后来,肯尼迪(Kennedy)等于 1995 年扩展了 Boid 模型,提出了粒子群优化(Particle Swarm Optimization,PSO)算法,成功地通过模拟鸟群的运动来解决函数优化等问题。类似地,利用模拟群体行为来实现智能设计的例子还有很多,如蚁群算法、免疫算法等,其共同特征是让智能从规则中自下而上地涌现出来,并能解决实际问题。

然而,行为学派带来的问题似乎比提供的解决方法还多。究竟在什么情况下能够发生涌现?如何设计底层规则使得系统能够以我们希望的方式涌现?行为学派、人工生命的研究人员无法回答。更糟糕的是,虽然经过几十年的发展,人工生命研究还停留在昆虫、蚂蚁等低等生物的模拟,而高级的智能完全没有像预期的那样自然涌现。尤其是在未来复杂网络系统中,每个分布式节点可能是人、计算机算法或者其他节点,而这种突破异构、跨层智能的涌现属性如何发展,目前的研究仍然处于空白。

1.2.4 人工智能发展的第三阶段

从 2010 年至今,量变产生质变。摩尔定律和云计算带来的计算能力的提升,以及互联网和大数据广泛应用带来的海量数据量的积累,使得深度学习算法在各行业得到快速应用，推动语音识别、图像识别等技术快速发展并迅速产业化，人工智能有望实现规模化应用。

2006 年，杰夫·辛顿和他的学生在《科学》(*Science*)上提出基于深度信念网络(Deep Belief Networks，DBN)可使用非监督学习的训练算法，使得深度学习在学术界持续升温。2009 年，杰夫·辛顿将深度神经网络(DNN)应用于语音的声学建模，在德州仪器(Texas Instruments，TI)公司和 MIT 等联合构造的语音数据集 TIMIT(以两家机构的名称命名)上获得了当时最好的结果。2011 年底，微软研究院的俞栋、邓力又把 DNN 技术应用在了大词汇量连续语音识别任务上，大大降低了语音识别错误率。从此语音识别进入深度神经网络-隐马尔可夫(Deep Neural Network-Hidden Markov Model，DNN-HMM)时代。DNN-HMM 主要是用 DNN 模型代替原来的高斯混合模型(Gaussian Mixture Model，GMM)模型对每一个状态进行建模，DNN 带来的好处是不再需要对语音数据分布进行假设，将相邻的语音帧拼接又包含了语音的时序结构信息，使得对于状态的分类概率有了明显提升，同时 DNN 还具有强大环境学习能力，可以提升对噪声和口音的鲁棒性。

在图像领域，哈佛大学的李飞飞团队从 2007 年开始，通过各种方式(网络抓取、人工标注、亚马逊众包平台)收集制作出一个超过 1500 万幅图片、大约 22 000 类的超大图像数据集 ImageNet。从 2010 年国际上开始进行 ImageNet 大规模视觉识别挑战赛(ImageNet Large-Scale Visual Recognition Challenge，ILSVRC)，平常所说的 ImageNet 比赛就是该比赛。比赛使用的数据集是 ImageNet 数据集的一个子集，总共有 1000 类，每类大约有 1000 张图像。具体而言，训练集、验证集和测试集的图片大约分别为 120 万、5 万和 15 万。2012 年，辛顿的学生将深度学习技术应用到图像识别领域，提出经典深度学习网络 AlexNet，并在 ImageNet 评测中取得了非常好的成绩，识别率远远超过第二名(Top 5 错误为 16%，第二名为 26%)。该项比赛一直持续到 2017 年，每年举行一次，极大地促进了深度学习技术的发展，ZFNet、OverFeat、VGG、Inception、ResNet 等一些经典的深度学习网络纷纷被提出，2016 年以后 WideResNet、FractalNet、DenseNet、ResNeXt、DPN 和 SENet 更加复杂的网络也相继出现。

2016 年，随着谷歌公司基于深度学习开发的 AlphaGo 以 4∶1 的比分战胜了国际顶尖围棋高手李世石，深度学习的话题很快风靡全球。后来，AlphaGo 又接连和众多世界级围棋高手过招，均取得完胜。这也证明了在围棋界，基于深度学习技术的机器人已经超越了人类。2017 年，基于强化学习算法的 AlphaGo 升级版 AlphaGo Zero 横空出世。其采用“从零开始”“无师自通”的学习模式，以 100∶0 的比分轻而易举打败了 AlphaGo。除了围棋，它还精通国际象棋等其他棋类游戏，可以说是真正的棋类“天才”。此外，这一年深度学习的相关算法在医疗、金融、艺术、无人驾驶等多个领域均取得了显著的成果。所以，也有专家把 2017 年看作是深度学习甚至是人工智能发展最为突飞猛进的一年。

2018 年以来，以谷歌公司的基于变换的双向编码表示(Bidirectional Encoder Representations from Transformers，BERT)及 OpenAI 公司的通用预训练(Generative Pre-Training 2，GPT-2)等为代表的模型出现，标志着自然语言处理(Natural Language

Processing,NLP)领域取得最重大突破。谷歌公司人工智能团队发布的 BERT 模型,在机器阅读理解顶级水平测试 SQuAD1.1 中表现出惊人成绩:所有两个衡量指标上全面超越人类,并且还在 11 种不同 NLP 测试中创出最佳成绩,由此开启了 NLP 的新时代。OpenAI 公司相继提出 GPT、GPT-2 和 GPT-3 模型,GPT-3 模型参数多达 1750 亿个,通过在互联网获取的 45TB 高质量语料进行无监督训练,最终所得到的模型不仅可以根据给定的文本流畅地续写句子,而且可以形成流畅的文章,就像人类书写文章一样。

总体来说,目前人工智能技术仍处于快速发展时期,不断在各个领域取得新的突破,通过学术界和工业界的联合攻关,层出不穷的技术产品不断走入大众市场,正在逐渐改变着人们的日常生活。

1.3 人工智能的学术流派

对于人工智能的学术流派,不同历史时期业界给出不同的划分方式。

1.3.1 戴维·阿兰格里尔的学术流派划分

戴维·阿兰格里尔将人工智能划分为四类:一是“传统人工智能”,该流派试图构建复制人类行为的计算机系统,其主要关注自然语言翻译、符号推理等问题。第二类是“人机交互”人工智能,相对传统人工智能,该类在实现自己设立的预期目标方面做得较好。第三类是机器学习,该流派并不试图复制人类智能,而是力图开发“在执行某些类任务时能提高性能”的程序。第四类是比较新的领域,其翻转了计算机和人类的关系,人类只是试图处理计算机无法处理的任务,并且利用集体智慧来设计计算系统。这种计算系统发挥人类行为的两个优势,一是人类从难以计算的方式识别出复杂模式;二是集体的知识广度高于个人。这种划分所体现的意图在于:第一类用计算机系统模拟人类智能,第二类增强人类的智能,第三类从自然世界中学习如何高效地执行任务,第四类试图聚合众人的知识与经验。

1.3.2 佩德罗·多明戈斯的学术流派划分

佩德罗·多明戈斯在《终极算法》一书中将人工智能分成五个学术流派[2]:第一类是符号学派,该学派认为所有的信息都可以简化为操作符号。符号学者认为不能从零学习,除了数据还需要原始知识。他们将先前的知识并入学习中,结合动态的知识解决新问题。第二类是连接学派,该学派通过对大脑进行逆向演绎,以及反向传播学习算法,将算法输出与理想目标相比较。第三类是进化学派,该学派认为所有形式的学习都是自然选择。进化主义所解决的问题是学习结构,而不是单单调整参数,该类的主要算法是基因编程。第四类是贝叶斯学派,其关注的问题是不确定性。所有掌握的知识都具有不确定性,学习的过程也是一种不确定的推理形式。采用的解决办法是概率推理,主要算法是贝叶斯定理及衍生定理。第五类是类推学派,该学派认为学习的关键是要在不同场景中认识到相似性,然后由此推导出其他相似性,其主要的代表是支持向量机。

1.3.3 人工智能学术流派的重新划分

综合前面学者的研究,以及从不同的理论视角出发,我们认为人工智能形成了六大学术流派:以约翰·麦卡锡为代表的符号学派,以神经网络科学家为代表的连接学派,以机器昆虫、进化运算为代表的行为学派,以人工生命为代表的群体智能学派,构建统一框架的通用人工智能学派和混合人工智能学派。

1. 符号学派

符号学派源于数理逻辑,是基于逻辑推理的智能模拟方法,又称为逻辑主义、心理学派或计算机学派,其原理主要为物理符号系统(符号操作系统)假设和有限合理性原理,长期以来,一直在人工智能中处于主导地位,其代表人物是艾伦·纽厄尔、赫伯特·西蒙等。

符号学派的思想继承于图灵,注重从功能的角度理解智能,通过知识表示和搜索来解决实际问题。符号学派的典型杰作是1997年的IBM公司"深蓝"和2011年的"沃森";无论是知识表示与推理,或是专家系统,这种框架适合解决特定领域的问题,从方法论角度来说主要是基于启发式算法,而且数据处理能力有限,例如"深蓝"利用启发式搜索(alpha-beta剪枝)来找到最优走棋。而且由于"深蓝"推理算法的高复杂度,几乎不能处理大规模数据(如围棋),也无法用于除象棋外的其他应用场景。

2. 连接学派

连接学派源于仿生学,其试图打开智能系统的"黑箱",从结构的角度来模拟智能系统的操作,而不单单是重现功能,因此连接学派比符号学派更加底层。这样做的优点是较好地解决机器学习问题,并自动获取知识;弱点是知识表达相对晦涩,如利用权值表达学习的知识,因此擅长解决模式识别、聚类等问题,其中代表性理论为人工神经网络和支持向量机。但早期该框架需要专门的领域专家来设计特征,这限制了统计机器学习在大规模数据中的应用,并且不同问题的适用性不同、优劣不一。深度学习的出现克服了专家设计特征和适应性差的问题。

3. 行为学派

行为学派源于控制论,受自然界中低等生物的启发,从简单的昆虫入手来理解智能的产生。它关注更低级的智能行为,它从模拟低级生物身体的运作机制出发,强调进化作用,擅长解决适应性、快速行为反应等问题,以机器昆虫、进化运算为代表。机器昆虫没有复杂的大脑,也不会按照传统方式进行复杂的知识表示与推力,但它们凭借四肢和关节的协调能很好地适应环境。这种设计并不来源自上而下的复杂设计,而是源于自下而上与环境的互动。进化运算的基本思路是来自更长时间的尺度，生物对环境的适应还会迫使生物进化，从而实现从简单到复杂、从低等到高等的跃迁，如人的进化等。遗传算法是进化运算中的典型代表，它对大自然中的生物进化提出两个大胆抽象，提取变异和选择两个环节，遗传算法比神经网络具有更加方便的表达性和简单性。后期，进化运算中出现了演化策略、遗传编程等成员。

4. 群体智能

群体智能学派源于行为学派的人工生命。人工生命认为，生命或者智能实际上是从底层单元通过相互作用而产生的涌现属性。“涌现”强调了一种只有在宏观具备但不能分解还原到微观层次的属性、特征或行为。同样地，智能则是比生命更高一级涌现——在生命系统中又涌现出了一整套神经网络系统，使得整个生命体具备了智能属性。早期群体智能以蚁群算法和免疫算法为代表。著名科学家钱学森在 20 世纪 90 年代曾提出“综合集成研讨厅体系”，强调专家群体以人机结合的方式进行协同研讨，共同对复杂巨系统的挑战性问题进行研究。随着技术的发展，群体智能可以通过互联网组织结构和大数据驱动的人工智能系统吸引、汇聚和管理大规模参与者，以竞争和合作等多种自主协同方式来共同应对挑战性任务，特别是开放环境下的复杂系统决策任务，涌现出来的超越个体智力的智能形态。

无论是行为学派还是群体智能学派，它们都是以生物模拟为基础，但前者更注重低级生物的个体行为，而后者关注多智能体(高级生物和低级生物)的群体行为。

5. 统一人工智能学派

统一人工智能学派在人工智能学术流派群雄争霸、理论体系面临土崩瓦解之时试图为人工智能建立统一模式，其代表是以 MIT 的乔什・特伦鲍姆(Josh Tenenbaum)和斯坦福大学的达芙妮・科勒(Daphne Koller)为代表的贝叶斯学派，以及澳大利亚国立大学的马库斯・胡特为代表的通用人工智能流派。如前所述，前三大学派在高、中、低三个层次，从功能、结构和身体运作机制来实现智能，第四学派分别从多智能体的群体行为来建模。虽然这些流派看似互为补充，然而四个流派在理论指导思想和计算机模型方面存在巨大鸿沟，难以在同一框架下进行描述和应用，因而统一通用人工智能的道路任重道远。

6. 混合人工智能

前面从人工智能自身发展的关系角度进行了分类，但都是单纯地实现模拟生物(或人类)的功能，并没有考虑机器与人类的相互联动。近年来，脑机接口技术日趋成熟，已经能在头皮、硬膜、皮层甚至更深的位点记录各类脑活动的信号，也为生物脑与外部系统之间的交互提出了直接的信息通道。脑信号的神经信号经脑机接口输出，可以直接用于控制计算机和各种外设；同样，外部信息可以编码成电信号或光信号刺激脑部区域，提供信息反馈，诱导大脑产生相应决策。

中国工程院院士、中国自动化学会理事长郑南宁指出，人类的认知能力或人类认知模型引入人工智能系统中，来开发新形式的人工智能，这就是“混合智能”。这种智能体之间的新型交互手段为实现脑机互联的新型混合智能提供了关键技术支撑。同样无处不在的物联网、互联网进一步整合形成机器脑-机器脑、人-机之间的混合智能系统。因此，在经典人工智能技术基础上汲取神经科学、认知科学、心理学等成果，将有助于建立新型智能框架、理论模型和实现方法，构建生物脑-机器脑-人脑混合智能系统。

1.4 人工智能的未来发展

根据斯坦福大学百年人工智能研究（AI 100）报告发布的全球“2018 年人工智能指数”（AI Index）显示，当前人工智能“能力持续飙升”。例如：在计算机视觉领域，对图片进行分类的模型所需要的时间在短短 18 个月内从“大约 1 小时下降到大约 4 分钟”，训练速度提高了 16 倍；在对象分割领域，区分图像的背景和主题，在短短 3 年内精度提高了 72%；在表情识别方面，计算机也可以超越人类，对于真笑和苦笑的实验中，机器学习的成功率是 92%，大幅优于人类。目前，人工智能领域学术论文以每日近千篇的速度发表，社会各行业智能化需求与日俱增，各类技术产业化进程不断加快、落地应用不断成熟，促使人工智能朝着更新、更通、更稳、更全的方向强劲发展。

1.4.1 无监督学习、元学习正在突破通用智能

过去十年，机器学习在图像识别、自动驾驶汽车和围棋等领域取得了前所未有的进步。这些成功在很大程度上是靠监督学习和强化学习来实现的，这两种方法都要求由人工精心设计训练信号并传递给计算机，构成了当前机器学习的主要学习方式，也为机器学习构建了一个极限：人类训练师和数据量决定了机器学习的深度与精度。显然，机器学习如今遇到了瓶颈，无论是人类训练师还是数据量，都难以支撑机器学习更进一步地发展出高水平的人工智能，更不用提通用智能，人类和数据成为通用智能发展的阻碍，无监督学习则是有效解决这一难题的途径[6]。

无监督学习就像是幼儿学习，不仅有指导（监督学习）和鼓励（强化学习），还应该有自由探索世界的能力。无监督学习的收益是巨大的，加州大学伯克利分校（UC Berkeley）人工智能研究院（BAIR）公布的一项研究成果显示，通过机器人在无监督学习的情况下与环境交互，建立一个可预测因果关系的视觉模型，让机器人具备一种“通过模仿及互动模式来学会如何使用工具”的能力，在训练之后，尽管机器人遇到没见过的工具，但是会知道如何使用。

深度增强学习太依赖于巨量的训练，并且需要精确的奖励，对于现实世界的很多问题，比如机器人学习，若没有好的奖励，也没办法无限量训练，就难以实现期望的性能，因此需要机器能够快速学习。人类之所以能够快速学习，关键在于人类具备学会学习的能力，能够充分利用以往的知识经验来指导新任务的学习。目前，元学习技术有望成为解决这一问题的重要方向。元学习也称为学会学习，就是让机器拥有学会学习的能力。

2012年,AlexNet网络建立后,基于卷积神经网络的图像视频及应用速度呈指数增长。而深度增强学习的发展也同样呈现了类似的规律。从2015年DeepMind的深度Q网络(Deep Q Networks,DQN)《自然》(*Nature*)论文发表之后两年间,深度增强学习理论及在决策推荐系统上成功应用。未来若元学习技术能够实现革命性的突破,预计到2025年前后有望实现广泛应用,到2030年拥有第1级智能的机器人可以走进千家万户。这些机器人能够使用多个工具来完成复杂的多对象任务,甚至可以在新场景下即兴使用工具,从而构建建起真正具有通用智能的机器人。

1.4.2 实时强化学习技术趋于成熟

实时机器学习是一项比较前沿的人工智能研究领域,2017年,加州大学伯克利分校教授迈克尔·乔丹(Michaell Jordan)等给出了较为清晰的实时机器学习解决方案。实时强化学习是其中的一个分支,实时强化学习能够为推荐、营销系统带来强大的技术升级,使用户反馈分钟级回流回来,能够在线更新模型[7]。

实时强化学习的应用领域非常广泛,例如,新闻网站或者电商促销,每天都有新资讯、新促销,用户还在不断创造内容,可供推荐的内容既在不断累积,也在不断变化。模型的准确率来自对数据的学习,数据变了,自然模型就要变,否则给出的智能推荐,提供的AI服务,用户肯定不满意。目前,系统10～30min做一次模型更新,实时强化学习技术全面落地后,未来能做到1min内更新一次,将使用户满意度获得极大提高。

随着实时强化学习的逐渐成熟,未来商业领域能够做出效率更高的模型和效益更好的框架。而且,以后这些模型的生成都是机器自动实现的,不需要人工干预。当然,现在的人工智能还只是数据智能,未达到知识智能的阶段,机器的知识推理还很缺乏。

1.4.3 可解释性知识推理技术成为研究重点

随着人工智能研究的深入,深度学习在多个领域不断取得突破性进展。在军事、金融、医学和法律等多方面,智能系统不能只给予人们决策结果,更需要直观地告诉用户其详细决策原因[8]。深度学习的性能虽然远远优于其他方法,但学习和预测过程是不透明的,不可解释的黑盒(Black-Box)系统阻碍了人们对于智能系统的进一步理解和应用深化[9]。深度学习模型称为“Black-Box”有两点原因[10]:一是理论上缺乏严谨的数学推导;二是工程上缺乏合理有效的解释。不可理解和不可解释导致深度学习的安全性一直为外界诟病。

人工智能要进一步发展和应用,深入理解智能系统内部学习过程是一个重要的研究基础。深度学习解释的真正作用是支持用户,通过提供解释,用户可以开始更多地相信系统,并理解它们是如何做出决定的;更关键的是,当系统不能提供容易理解的解释时,用户可以知道哪些结论是不能相信的。目前,针对“可解释”的定义为“Interpretation is the process of giving explanations to human”,是指人能够理解模型在其决策过程中所做出的选择,怎么决策,为什么决策和如何相信决策。美国国防高级研究计划局(Defense Advanced Research Project Agency,DARPA)在2017年已经发起了投入7000万美元的“可解释人工智能(Explainable Artificial Intelligence,XAI)计划”,即可解释性AI项目,旨在建设一套全新的机器学习模型,不仅可以为用户提供决策结果,而且能够说明其决策原因。

可解释性知识推理未来的发展趋势主要体现在三个方面:一是深度神经网络知识表达的可视化,让人能看明白一个神经网络建模了哪些视觉特征。网络中间层滤波器的表征可视化是理解深度神经网络模型最直接的方法,通过可视化来观察每个滤波器的所学到的不同模式。二是深度神经网络表征的方法。基于模型学习的所有信息和知识都是从训练数据中得出的,因此可以通过掌握特定预测受到各种数据点的影响有多大,发现模型脆弱点的规律性影响问题,从而诊断网络的表征问题。三是网络可分离式表征编码。理解深度神经网络中间层特征最直接的方法是采用可视化方法,但其通常作用在预训练后的网络上。因此,可以通过对其合理的改进,直接建立可解释的深度神经网络模型,进行网络表征编码,从模型本身来理解网络所学特征。

1.4.4 开放式持续学习技术受到广泛关注

当前,机器学习基本上还是单任务、一次性学习模式,即提供一些人工标注的数据,用机器学习算法建立一个模型,然后把这个模型用在实际应用中,部署之后模型不会有变化,遇到训练阶段没有见过的情况也不会处理。这与人类的学习模式不同,人是可以进行知识积累的,前面学过的知识可以作为新学习一项技能的基础,学习了新的技术后原来的技术也不会被忘掉。而现在的人工智能算法无法像人一样有知识积累,它需要大量的标注数据,同时存在“遗忘性灾难”现象,即学习新知识后旧知识会被覆盖掉。

开放式持续学习技术就是通过新的学习模式使得机器像人能够把学到的知识积累下来,再用到将来的学习中,做到越学越宽、越学越广、越学越容易。开放式持续学习是一个非常大的领域,目前还有很多问题有待解决。对于开放式持续学习来说,世界是开放式的,学习是终身的[11]。算法需要发现和解决新的问题,而不是只能解决一个给定问题,它学到的知识并不局限于已有的领域,而可以应用到新的领域。实现这一目标,首先要有持续学习的过程,其次知识一直要能够积累,可以应用已有知识自适应新的应用场景。未来的开放式持续学习系统对于任何领域,主动识别出没学过的东西并学习,这样就可以积累越来越多的知识。

1.4.5 不同流派人工智能技术融合认知开辟新的技术路径

人工智能的各流派看似互为补充,然而在理论指导思想和计算机模型方面却存在巨大鸿沟,难以在同一框架下进行描述和应用。因此,如何进行相互的有机融合是一个重要的研究方向。

目前,图神经网络(Graph Neural Network,GNN)可以认为是符号学派和连接学派有机融合的产物[12],因为知识图谱、句法依存图等图中拥有大量丰富信息,属于符号流派的典型技术。它通过图节点之间的消息传递来捕捉图的依赖关系,与标准神经网络不同的是,图神经网络保留了一种状态,可以表示来自其邻域的具有任意深度的信息。实际任务中,大量的学习任务要求处理元素间含有丰富关系信息的图形数据,物理系统的建模、分子指纹的学习、蛋白质界面的预测和疾病的分类都需要模型从图形输入中学习。在其他领域,如文本、图像等非结构数据的学习中,提取结构的推理、句子的依赖树和图像的场景图都是图推理模型的重要研究课题。目前,虽然原始的 GNN 很难为一个固定点进行训练,但是网络结构、优化技术和并行计算的最新进展使它们能够成功地学习,并在很多任务中表现出优异的性能。

1.4.6 应用场景朝小数据量、恶劣环境、非完整数据方向发展

近年来,人工智能在不同领域的优异表现得益于其理想的数据环境和应用场景[13]。例如,AlphaGo 的建模对象就是围棋牌面图像,是相对简单、无噪的理想环境;而且通过设定围棋规则,利用强化学习技术,可以自我博弈产生大量规范数据用于训练。

然而,在很多实际应用中,人工智能将面临非常复杂的场景,面临的问题比需要感知、学习、处理本身还要多。以信号与信息智能处理为例:对于通信信号而言,频段相对开放、民用军用混杂、体制种类众多,还存在其他大量混杂信号;对语音信号而言,既有播音室录制的高保真信号,也有经过电信网络或者其他带噪通道传输的窄带信号。此外,标注数据匮乏使人工智能难以有效发挥作用。例如,目前语音识别对于使用人数较多的汉语、英语大语种,由于标注数据相对充足,部分信道条件下的识别率已经达到 90%;但对于一些小语种或方言,如土耳其语、立陶宛语、格鲁吉亚语等,由于部分语言外语人才有限、标注数据匮乏,这些语言的语音识别研究才刚刚起步。再有,现实世界音频数据不仅有纯语音信号(如新闻播报),也有伴随着背景音乐的语音(如诗词朗诵),以及各种嘈杂环境下的语音(如街头采访)。再如,国家天网系统中的网络在夜间低光照度情况下分辨率低,对信息的捕捉性能很差,存在大量噪声。因此,人工智能发展越深入、越实用化,就一定会面临小数据量、恶劣环境、非完整数据等应用场景问题。这些实践问题,也将对人工智能技术不断提出新的需求,推动人工智能持续发展。

1.5 本章小结

本章首先阐述人工智能的基本概念,介绍人工智能的发展历程,包括人工智能诞生前的 50 年、人工智能发展的三个阶段;然后介绍人工智能的不同学术流派划分,并从不同角度对其进行分析;最后介绍人工智能未来的六个方面发展趋势。

参考文献

[1] 集智俱乐部.科学的极致：漫谈人工智能[M].北京：人民邮电出版社，2015.

[2] 佩德罗·多明戈斯.终极算法[M].黄芳萍，等译.北京：中信出版集团股份有限公司，2016.

[3] 霍华德·加德纳.多元智能新视野[M].沈致隆，等译.北京：中国人民大学出版社，2012.

[4] Russell S J，Norvig P.人工智能——一种现代的方法[M].殷建平，祝恩，刘越，等译.3版.北京：清华大学出版社，2017.

[5] Rahwan I，Cebrian M，Obradovich N，et al. Machine Behaviour[J]. Nature. 2019，568：477-486. https://doi.org/10.1038/s41586-019-1138-y.

[6] 崔昊.发展通用智能需要无监督学习[N].人民网—云栖科技评论，2019-10-1.

[7] 理查德·萨顿，安德鲁·巴图，等.强化学习[M].余凯，等译.2版.北京：电子工业出版社，2019.

[8] Arrieta A B，Díaz-Rodríguez N，Ser J D，et al. Explainable Artificial Intelligence(XAI)：Concepts，Taxonomies，Opportunities and Challenges toward Responsible AI [J]. Information Fusion，2020，58：82-115.

[9] Das A，Rad P. Opportunities and Challenges in Explainable Artificial Intelligence(XAI)：A Survey [J]. arXiv preprint arXiv：2006，11371.

[10] Adadi A，Berrada M. Peeking inside The Black-Box：A Survey on Explainable Artificial Intelligence(XAI) [J]. IEEE Access，2018，6：52138-52160.

[11] Calhoun M P. USAF. DARPA emerging technologies[J]. Air & Space Power. 2016：10(4).

[12] 白铂，等.图神经网络[J].中国科学：数学，2020，50(3)：377-380.

[13] 阿里云研究中心.人工智能应用实践与趋势，2020.

第2章 机器学习理论基础

人工智能的技术体系中，机器学习是其中重要的部分，深度学习也属于机器学习。因此，在了解深度学习之前，需要了解机器学习的基本概念与原理，尤其是机器学习的基本理论，这对于读者学习掌握深度学习非常重要。

本章首先介绍学习与机器学习的概念、机器学习的分类；然后给出机器学习的可行性理论——可能近似正确学习理论，机器学习的 VC 维；再次介绍三个基本的机器学习问题——线性分类、线性回归和逻辑回归；最后给出机器学习的过拟合现象，分析其原因和解决策略。

2.1 机器学习基本概念

2.1.1 学习与机器学习

学习就是人类通过观察、积累经验，掌握某项技能或能力。就好像我们从小学习识别字母、认识汉字，就是学习的过程。机器学习就是让机器（计算机）也能像人类一样，通过观察大量的数据和训练，发现事物规律，获得某种分析问题、解决问题的能力。

机器学习可以定义为"Improving some performance measure with experience computed from data"，也就是机器从数据中总结经验，从数据中找出某种规律或者模型，并用它来解决实际问题[1-2]。

注意这一对比，人类学习是依靠观察，而机器学习是依靠数据（计算机的一种观察），如图 2-1 所示。

这里的技巧相对比较主观，为了定性客观衡量所带来的技巧，通常用性能指标的改善程度来表示。对于具体的问题，性能指标是不同的，例如，图像识别问题通常采用识别率来表示，连续语音识别问题通常用词错误率来衡量，股票预测问题通常用收益来表示。

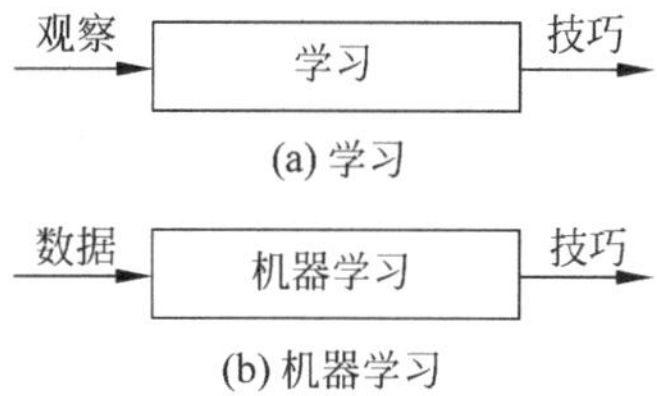

图 2-1 学习和机器学习的定义

为了更加清楚地了解机器学习的含义，通过一种更加严谨的方式来描述机器学习。给出如下定义[1-2]：

(1) 输入样本 $\boldsymbol{x}\in\mathcal{X}$，$\mathcal{X}$是输入样本空间；

(2) 输出样本 $y\in\mathcal{Y}$，$\mathcal{Y}$是输出样本空间；

(3) 输入样本空间到输出样本空间的未知目标函数 f：$\mathcal{X}\rightarrow\mathcal{Y}$，即未知需要学习的模式或规律；

(4) 数据$\mathcal{D}$：训练样本$\mathcal{D}=\{(\boldsymbol{x}_1,y_1),(\boldsymbol{x}_2,y_2),\cdots,(\boldsymbol{x}_n,y_n)\}$；

(5) 假设空间$\mathcal{H}$，一个机器学习模型对应了很多不同的假设 $h\in\mathcal{H}$，通过某种算法$\mathcal{A}$，选择一个最佳的假设函数 g：$\mathcal{X}\rightarrow\mathcal{Y}$，$g$ 在当前条件下能最好地表示事物的内在规律，也是最终想要得到的模型表达式。

因此，对于理想的未知目标函数 f：$\mathcal{X}\rightarrow\mathcal{Y}$，假设拥有训练样本$\mathcal{D}=\{(\boldsymbol{x}_1,y_1),(\boldsymbol{x}_2,y_2),\cdots,(\boldsymbol{x}_n,y_n)\}$，机器学习的过程就是根据先验知识选择模型。该模型对应的假

设空间$\mathcal{H}$包含了许多不同的假设 h。机器学习的本质是，通过演算法$\mathcal{A}$在训练样本$\mathcal{D}$上进行训练，选择出一个最好的假设 g：$\mathcal{X}\rightarrow\mathcal{Y}$。一般情况下，$g$ 能最接近目标函数 f，这就是机器学习的流程，如图 2-2 所示。图中虚线连接代表未知的过程。

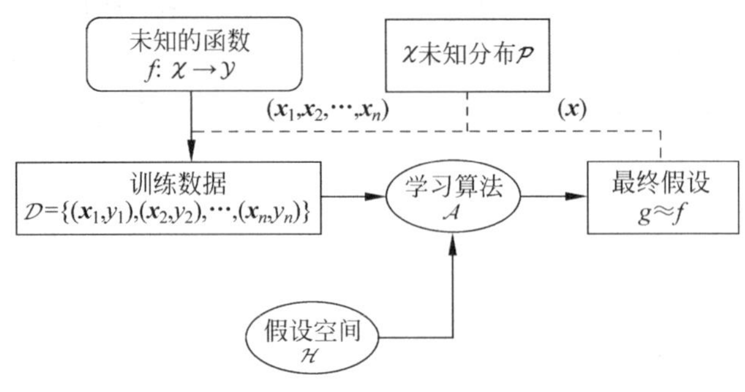

图 2-2　机器学习框图

目前，机器学习的应用非常广泛，应用场合大致可归纳为以下三个条件：

(1) 事物本身存在某种潜在规律，机器学习的目的是根据所获得的数据对内在的规律进行获取与表示；

(2) 某些问题难以使用普通编程方式解决；

(3) 有大量的数据样本可供使用，机器学习的入口就是数据，因此需要有大量数据用于进行模式的学习。

2.1.2　机器学习的分类

前面已经给出了机器学习的定义以及机器学习系统的组成，在实际应用中面临的情况是千变万化的，因此机器学习会衍生出不同的具体形式[3]。下面从四种不同的角度来描述机器学习[2]。

1. 不同输出空间$\mathcal{Y}$的学习

下面通过垃圾邮件分类的引入来研究机器学习问题。邮件已在人们日常工作中广泛应用，是日常办公必不可少的通信工具之一，随着邮件的使用频率越来越高，垃圾邮件也随之而来。垃圾邮件的爆发困扰着每一位邮件使用者，目前各大安全厂商提供非常多的反垃圾邮件系统，可有效保障人们在工作过程中不被垃圾邮件侵扰。假设要根据邮件的信息来判断该邮件是否为垃圾邮件，这是一个典型的二元分类问题。也就是说输出只有两个，一般 $y=\{-1,+1\}$，-1 代表非垃圾邮件(负类)，$+1$ 代表垃圾邮件(正类)。

二元分类的问题很常见，包括信用卡发放、患者疾病诊断、答案正确性估计等。二元分类是机器学习领域非常核心和基本的问题。二元分类有线性模型也有非线性模型，需要根据不同应用选择不同模型。图 2-3 给出了不同的二元分类问题示例。

除了二元分类，也有多元分类问题。多元分类的输出类别多于两个，即 $y=\{1,2,\cdots,K\}$。一般多元分类的应用有数字识别、图片内容识别等。图 2-4 给出了手写体数字识别问题。

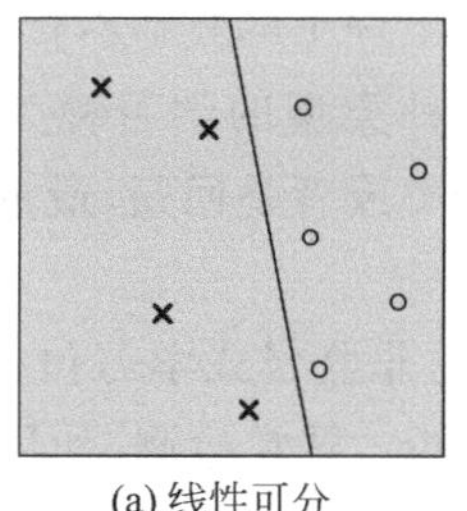

(a) 线性可分

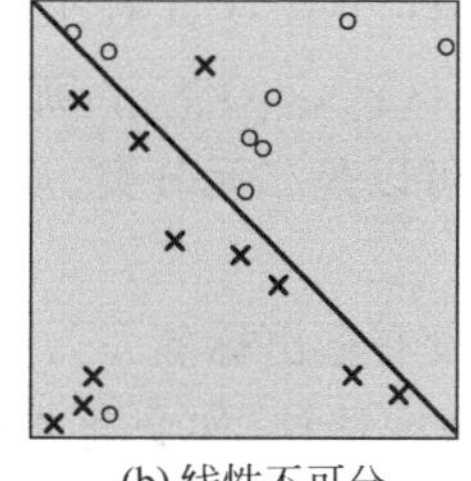

(b) 线性不可分

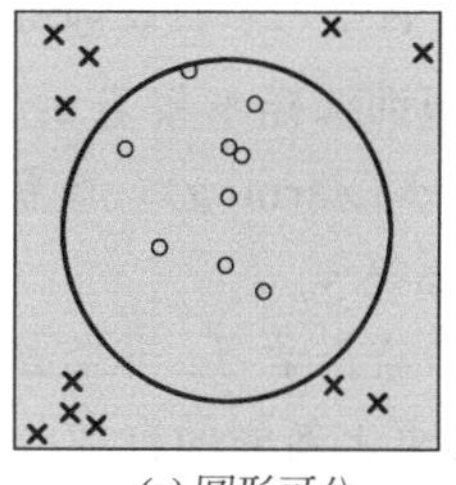

(c) 圆形可分

图 2-3 不同的二元分类问题

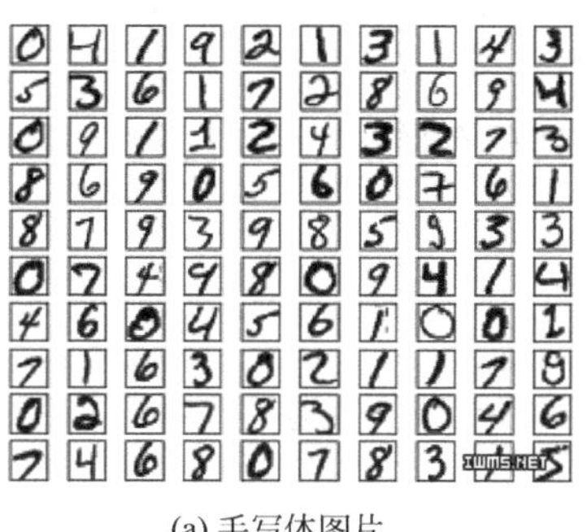

(a) 手写体图片

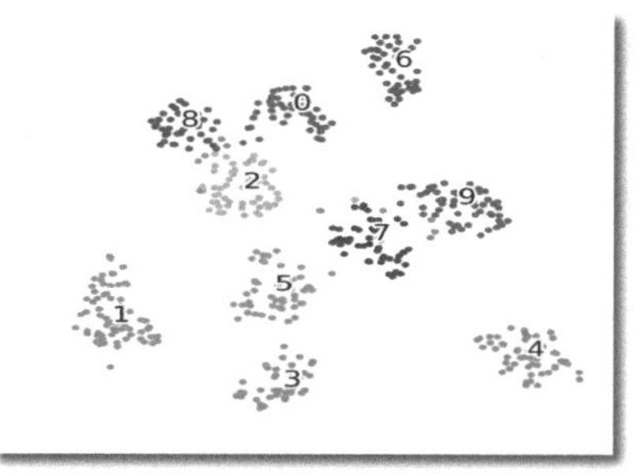

(b) 类别空间

图 2-4 手写体数字识别问题

二元分类和多元分类都属于分类问题，它们的输出都是离散值。对于另外一种情况，如利用训练模型预测房屋价格、股票收益多少等，这类问题的输出 $y=R$，即范围在整个实数空间是连续的，这类问题称为回归。最简单的线性回归是一种典型的回归模型。

除了分类和回归问题，在自然语言处理等领域中还会用到一种机器学习问题——结构化学习。结构化学习的输出空间包含了某种结构，它的一些解法通常是从多分类问题延伸而来的，比较复杂。

2. 不同数据标签 y_n 的学习

前面是根据输出空间$\mathcal{Y}$区分不同的学习问题。除了上述划分方法，还可以从另外一个角度对学习进行分类，即考虑数据标签 y_n 的形式，将其分成监督学习、非监督学习和半监督学习和强化学习(表 2-1)。

表 2-1 不同数据标签 y_n 的机器学习分类

分　类	分类标准
监督学习	所有输入样本 $\boldsymbol{x}_n$ 都有相应的输出标签 y_n
非监督学习	所有输入样本 $\boldsymbol{x}_n$ 都没有对应的输出标签 y_n
半监督学习	所有输入样本 $\boldsymbol{x}_n$ 中只有部分 $\boldsymbol{x}_n$ 具有相应输出标签
强化学习	通过 goodness$(\tilde{y}_n)$给出 y_n 的隐含信息

(1) 监督学习：假设训练样本集$\mathcal{D}$中有 N 个样本，而每个样本既有输入特征 $\boldsymbol{x}_n$ 也有输出 y_n，即训练样本集表示为$\mathcal{D}=\{(\boldsymbol{x}_n,y_n)_{n=1}^{N}\}$，那么这种类型的学习称为监督学习(Supervised Learning)。监督学习可以是二元分类、多元分类或者是回归，最重要的是需知道输出标签 y_n。

(2) 非监督学习：非监督学习没有输出标签 y_n，典型的非监督式学习包括：聚类问题，如对网页上新闻的自动分类；密度估计，如交通路况分析；异常检测，如用户网络流量监测。通常情况下，非监督学习更复杂一些，而且非监督的问题很多都可以使用监督学习的一些算法思想来实现。

图 2-5 给出了监督学习与非监督学习的对比示例，图 2-5(a)为监督多分类问题，因此可以根据图中的样本及标签数据对$(\boldsymbol{x}_n,y_n)$进行训练，其中的 y_n 信息是预先获得的输出标签信息。而图 2-5(b)为非监督多分类问题，即所有样本$\mathcal{D}=\{(\boldsymbol{x}_n)_{n=1}^{N}\}$，通过某种算法自动聚类形成相对的类别信息。

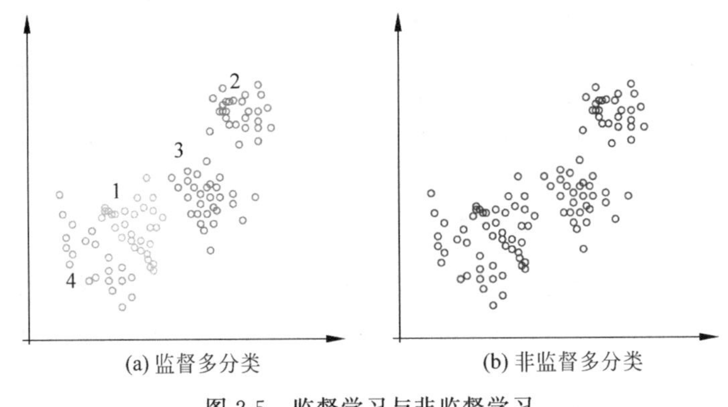

图 2-5　监督学习与非监督学习

(3) 半监督学习：介于监督学习和非监督学习之间的学习。半监督学习是说一部分数据有输出标签 y_n，而另一部分数据没有输出标签 y_n。在实际应用中，半监督学习经常被采用，比如医药公司对某些药物进行检测，考虑到成本和实验人群限制等问题，只有一部分数据有输出标签 y_n。在很多应用中，由于人工标注成本高和时间损耗等影响，往往需要在受限标注数据上进行半监督学习，以期获得比无监督学习更好的性能。

(4) 强化学习：强化学习(增强学习)给模型或系统一些输入，不过模型给不了希望的真实输出 y，因而考虑根据模型的输出反馈获得信息。如果反馈结果良好，更接近真实输出，就给其正向激励；如果反馈结果不好，偏离真实输出，就给其反向激励。不断通过“反馈—修正”这种形式一步一步让模型学习得更好，这就是强化学习的核心所在。强化学习可以类比成宠物训练过程，如要训练狗能够听懂“坐下”这个单词并实施这个动作的过程，但是狗往往无法直接听懂“坐下”指令。在训练过程中，给狗示意或信息，如果它表现得好，就给它奖励，如果它做跟“坐下”完全无关的动作，就给它小小的惩罚。这样不断修正狗的动作，最终能让它按照指令来行动。实际生活中，强化学习的例子也很多，如根据用户点击、选择而不断改进的广告系统。

3. 不同数据获取方式的学习

按照数据获取方式的不同，机器学习可以分为批量学习、在线学习和主动学习。

批量学习是一种常见的类型，其获得的训练数据$\mathcal{D}$是一批一批的，既可以一次性取得整个$\mathcal{D}$，对其进行学习建模；也可以每次得到一定的批量，然后利用这个批量进行训练更新，经过若干次迭代后得到最终的机器学习模型。批量学习在实际应用中最为广泛，例如梯度下降(Gradient Descent，GD)法和随机梯度下降(Stochastic Gradient Descent，SGD)法。梯度下降法是用每次整个数据$\mathcal{D}$进行参数更新，而随机梯度下降法是利用一个批量数据进行更新，可以是一个样本，也可以是一个固定的批量。

在线学习是一种不同的学习模型，即数据是实时更新的，数据按时间顺序进来，利用该数据同步更新当前算法。比如，在线邮件过滤系统根据一封一封邮件的内容，利用当前算法判断是否为垃圾邮件，再根据用户反馈及时更新当前算法。这是一个动态的过程。之前介绍的增强学习都可以使用在线模型。

主动学习是近些年来出现的一种机器学习类型，即让机器具备主动问问题的能力，例如，手写数字识别，机器自己生成一个数字或者对它不确定的手写字主动提问。主动学习的优势之一是，在获取样本标签比较困难的时候，可以节约时间和成本，只对一些重要的标签提出需求。

4. 不同输入空间$\mathcal{X}$的学习

前面三部分介绍的机器学习都是根据输出来分类的，比如，根据输出空间的取值范围进行分类，根据输出 y 的标注信息进行分类，以及根据获取数据和标记的方式进行分类。本小节将从输入 $\boldsymbol{x}$ 的不同类型角度来看机器学习的分类。

输入信号 $\boldsymbol{x}$ 的第一种类型是具体抽象特征。比如，对于语音识别而言，常用的有线性预测倒谱系统(Linear Prediction Cepstral Coefficient，LPCC)、梅尔频率倒谱系数(Mel-Frequency Cepstral Coefficient，MFCC)等；又如，疾病诊断中的病人信息等具体特征。具体抽象特征对机器学习来说最容易理解和使用，而这些具体抽象特征往往是根据已有的人类累积与获取的先验知识，按照特定的算法和步骤进行有目的的提取。

第二种类型是原始数据，即直接将原始信号数据直接输入，如在 ImageNet 图像识别中直接将图片的 $m\times n$ 维像素值直接输入；但在语音处理、文本处理中常常不对原始数据直接处理，语音信号通常在进行滤波器特征或倒谱特征提取后才进行处理，而文本通常经过词嵌入步骤后才进行处理。由于原始数据冗余性大且特征不明显，因此经常需要人或者机器来转换为其对应的抽象特征后再进行处理，这个转换的过程就是特征提取和变换。

第三种类型是抽象特征。比如，某购物网站做购买预测时，提供给参赛者的是抽象加密过的资料编号或者 ID，这些特征完全是抽象的，没有实际的物理含义。所以对于机器学习来说是比较困难的，需要对特征进行更多的转换和提取。

2.1.3 感知机及其学习算法

引入一个例子：某投资机构要根据电影的一些信息，如电影题材、男女主要演员、情节设计、出品方等因素对未来电影是否盈利进行推断。现在有训练样本$\mathcal{D}$，即之前的电影影片及其盈利情况。这是一个典型的机器学习问题，根据数据$\mathcal{D}$，通过算法$\mathcal{A}$，在$\mathcal{H}$中选择最好的h，得到函数g来近似目标函数f，也就是根据先验知识建立电影是否盈利的判别模型。投资机构用这个模型对以后的影片进行判断：盈利（+1），不盈利（−1）。

1. 感知机假设集合

在感知机学习流程中，模型选择是非常重要的一个环节，即合理设定假设集合。选择什么样的模型很大程度上会影响机器学习的效果和表现。为了便于后续分析和举例，首先介绍最简单常用的假设集合——感知机[4-5]。

对于上述投资机构判断影片是否盈利的例子，把影片的多种信息作为特征向量$\boldsymbol{x}$，假设总共有d个特征，即$\hat{\boldsymbol{x}}=[x_1,x_2,\cdots,x_d]^{\mathrm{T}}$；每个特征$x_i$赋予不同的权重$w_i$，表示该特征对输出（是否盈利）的影响大小，则权重向量表示为$\hat{\boldsymbol{w}}=[w_1,w_2,\cdots,w_d]^{\mathrm{T}}$。计算所有特征的加权和，并且将特征加权和与一个设定的阈值进行比较：大于这个阈值，输出为+1，表示盈利；小于这个阈值，输出为−1，表示不盈利。即：

当$\sum_{i=1}^{d} w_i x_i \geqslant \text{threshold}$时，盈利；

当$\sum_{i=1}^{d} w_i x_i < \text{threshold}$时，不盈利。

输出$\mathcal{Y}$：{+1，−1}，其中+1代表盈利，−1代表不盈利。此时$h\in\mathcal{H}$的形式为

$$h(\boldsymbol{x})=\text{sign}\Big(\sum_{i=1}^{d} w_i x_d-\text{threshold}\Big)=\text{sign}(\hat{\boldsymbol{w}}^{\mathrm{T}}\hat{\boldsymbol{x}}-\text{threshold}) \tag{2.1}$$

上述假设称为感知机模型。当特征加权和与阈值的差大于或等于0，输出$h(\boldsymbol{x})=1$；当特征加权和与阈值的差小于0，输出$h(\boldsymbol{x})=-1$。而机器学习的目的就是计算出所有权值$\boldsymbol{w}$和阈值threshold。

为了表示方便，通常将阈值threshold当作w_0，引入一个$x_0=1$与w_0相乘，这样就把threshold也转变成了权值w_0，则$h(\boldsymbol{x})$的表达式变换为

$$\begin{aligned} h(\boldsymbol{x})&=\text{sign}\Big(\sum_{i=1}^{d} w_i x_d-\text{threshold}\Big)=\text{sign}\Big(\sum_{i=1}^{d} w_i x_d+\underbrace{(-\text{threshold})}_{w_0}\cdot\underbrace{(+1)}_{x_0}\Big) \\ &=\text{sign}\Big(\sum_{i=0}^{d} w_i x_i\Big)=\text{sign}(\boldsymbol{w}^{\mathrm{T}}\boldsymbol{x}) \end{aligned} \tag{2.2}$$

式中，$\boldsymbol{w}=[w_0,w_1,\cdots,w_d]^{\mathrm{T}}$，$\boldsymbol{x}=[x_0,x_1,\cdots,x_d]^{\mathrm{T}}$。

为了更清晰地说明感知机模型，假设模型为二维平面上感知机，即假设函数为$h(\boldsymbol{x})=\text{sign}(w_0+w_1x_1+w_2x_2)$。其中，$w_0+w_1x_1+w_2x_2=0$是平面上一条分类直线，直线

一侧是正类(+1),另一侧是负类(−1)。权重 $\boldsymbol{w}$ 不同,对应于平面上不同的直线(图 2-6)。

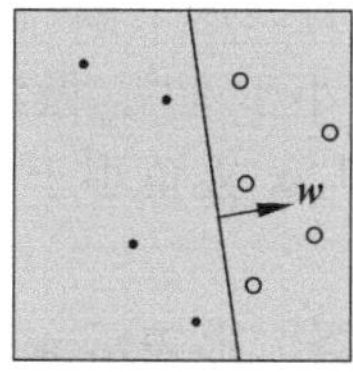

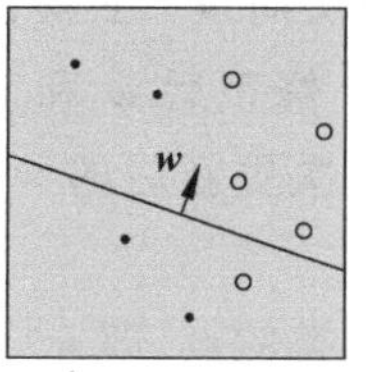

- 影片信息$\boldsymbol{x}$:平面上的点(或者d维空间上的点)
- 标签y:○(+1),×(−1)
- 假设h:直线(或者d维空间上的超平面)
  - 直线一侧的点为正类
  - 另一侧的点为负类
- 不同直线的分类结果不同
- 感知机⇔线性二分类器

图 2-6　感知机示意图

这里的感知机在二维平面上本质上就是一条直线,称为线性分类器。感知机线性分类不限定在二维空间中,在多维空间中线性分类用超平面表示,即只要是形如 $\boldsymbol{w}^{\mathrm{T}}\boldsymbol{x}$ 的线性模型就属于线性分类器。需要注意的是,这里所说的线性分类器是用简单的感知机模型建立的,线性分类问题还可以使用逻辑回归来解决。

2. *感知学习算法*

根据前面介绍,二维平面感知机的假设集合由许多条直线构成。那么此时的一个重要问题是如何设计一个演算法$\mathcal{A}$,来选择一个最好的直线,能将平面上所有的正类和负类完全分开,也就是找到最好的 g,使 $g\approx f$。

找到这样一条最好的直线可以使用逐点错误修正的方法:首先在平面上随意取一条直线,找出有哪些点分类错误;然后对第一个错误点进行修正,即变换分类直线的位置,变换后该错误点变成分类正确点;再次利用第二个、第三个等所有的错误分类点对分类直线进行纠正,直到所有点都完全分类正确。这种逐步修正就是感知学习算法(Perception Learning Algorithm,PLA)思想所在[6-7],如图 2-7 所示。

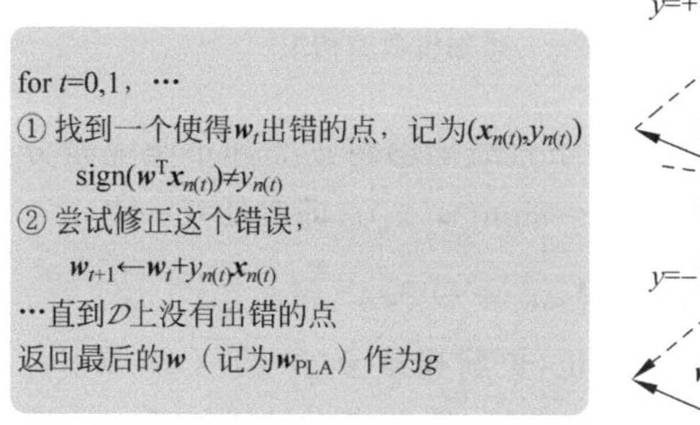

y=+1　$\boldsymbol{w}_{t+1}$　$\boldsymbol{x}$　$\boldsymbol{w}_t$　h_t　h_{t+1}　y=−1　$\boldsymbol{w}_t$　$\boldsymbol{x}$　$\boldsymbol{w}_{t+1}$

图 2-7　感知机 PLA 算法示意图

下面详细介绍 PLA 的过程[1-2]。首先随机选择一条直线进行分类,然后找到第一个分类错误的点，如果这个点表示正类，被误分为负类，即 $\boldsymbol{w}^{\mathrm{T}}\boldsymbol{x}_n(t)<0$，那表示 $\boldsymbol{w}$ 和 $\boldsymbol{x}$ 夹角大于 90°(其中 $\boldsymbol{w}$ 是直线的法向量)，$\boldsymbol{x}$ 被误分在直线的下侧(相对于法向量，法向量的方向即为正类所在的一侧)。修正后 $\boldsymbol{w}$ 和 $\boldsymbol{x}$ 夹角小于 90°。做法是 $\boldsymbol{w} \leftarrow \boldsymbol{w}+y\boldsymbol{x}$，$y=1$，如图 2-7 右上所示，一次或多次更新后的 $\boldsymbol{w}+y\boldsymbol{x}$ 与 $\boldsymbol{x}$ 夹角小于 90°，能保证 $\boldsymbol{x}$ 位于直线的上侧。

同理，如果是误分为正类的点，即 $\boldsymbol{w}^{\mathrm{T}}\boldsymbol{x}_n(t)>0$，那表示 $\boldsymbol{w}$ 和 $\boldsymbol{x}$ 夹角小于 90°(其中 $\boldsymbol{w}$ 是直线的法向量)，$\boldsymbol{x}$ 被误分在直线的上侧。修正后 $\boldsymbol{w}$ 和 $\boldsymbol{x}$ 夹角大于 90°。通常做法是 $\boldsymbol{w} \leftarrow \boldsymbol{w}+y\boldsymbol{x}$，$y=-1$，如图 2-7 右下所示，一次或多次更新后的 $\boldsymbol{w}+y\boldsymbol{x}$ 与 $\boldsymbol{x}$ 夹角大于 90°，能保证 $\boldsymbol{x}$ 位于直线的下侧。

按照这种思想，遇到各错误点就进行修正，不断迭代。注意每次修正直线可能使之前分类正确点变成错误点。虽然发生，但这是一个不断迭代的过程，通过不断修正，最终会将所有点完全正确分类(PLA 前提是线性可分的)。实际算法中，可以逐个点遍历，发现分类错误的点就进行修正，直到所有点全部分类正确。这称为循环 PLA，具体过程如图 2-7 左侧所示。为了便于记忆，可以将 PLA 算法的基本思想描述为“知错就改”。

3. PLA 的收敛条件

对 PLA 需要考虑两个问题：一是 PLA 迭代一定会停下来吗？如果线性不可分怎么办？二是 PLA 停止时，是否能保证 $g \approx f$？若没有停，是否有 $g \approx f$？

根据 PLA 的定义，当找到一条直线能将所有平面上的点都分类正确时，那么 PLA 停止。要达到这个终止条件，必须保证$\mathcal{D}$是线性可分的。若$\mathcal{D}$非线性可分，则 PLA 不会停止。感知机典型情况如图 2-8 所示。

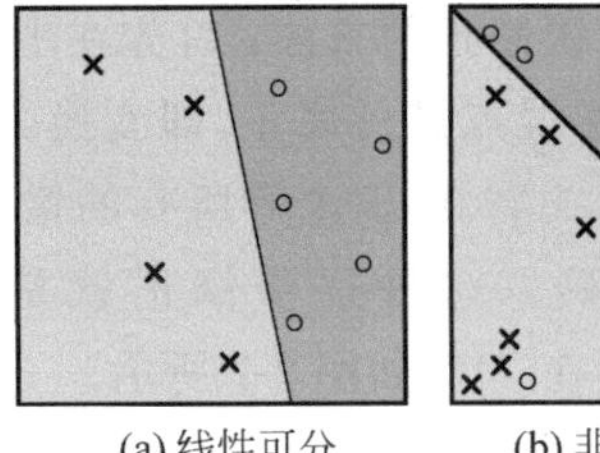
(a) 线性可分

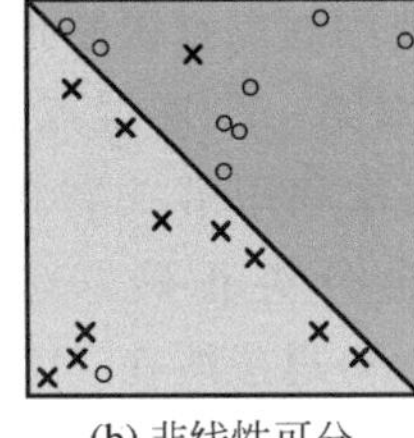
(b) 非线性可分

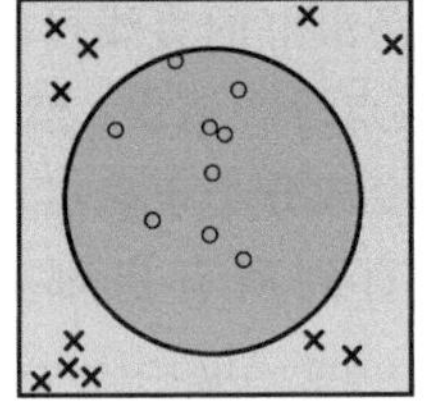
(c) 非线性可分（特例）

图 2-8　感知机典型情况

对于线性可分的情况，如果有一条直线能够将正类和负类完全分开，令这时的目标权重为 $\boldsymbol{w}_f^{\mathrm{T}}$，则对每个点必然满足 $y_n=\operatorname{sign}(\boldsymbol{w}_f^{\mathrm{T}}\boldsymbol{x}_n)$，即对任意一点：

$$y_{n(t)}\boldsymbol{w}_f^{\mathrm{T}}\boldsymbol{x}_{n(t)} \geqslant \min_n y_n\boldsymbol{w}_f^{\mathrm{T}}\boldsymbol{x}_n > 0$$

PLA 会对每次错误的点进行修正，更新权重 $\boldsymbol{w}_{t+1}$ 的值，如果 $\boldsymbol{w}_{t+1}$ 与 $\boldsymbol{w}_f$ 越来越接近，数学运算上就是内积越大，那表示 $\boldsymbol{w}_{t+1}$ 是在接近目标权重 $\boldsymbol{w}_f$，证明 PLA 是有学习效果的。计算 $\boldsymbol{w}_{t+1}$ 与 $\boldsymbol{w}_f$ 的内积：

$$\boldsymbol{w}_f^{\mathrm{T}}\boldsymbol{w}_{t+1}=\boldsymbol{w}_f^{\mathrm{T}}(\boldsymbol{w}_t+y_{n(t)}\boldsymbol{x}_{n(t)}) \geqslant \boldsymbol{w}_f^{\mathrm{T}}\boldsymbol{w}_t+\min_n y_n\boldsymbol{w}_f^{\mathrm{T}}\boldsymbol{x}_n > \boldsymbol{w}_f^{\mathrm{T}}\boldsymbol{w}_t+0 \tag{2.3}$$

从推导可以看出，$\boldsymbol{w}_{t+1}$ 与 $\boldsymbol{w}_f$ 的内积跟 $\boldsymbol{w}_t$ 与 $\boldsymbol{w}_f$ 的内积相比更大，似乎说明了 $\boldsymbol{w}_{t+1}$ 更接近 $\boldsymbol{w}_f$；但是内积更大，可能是向量长度大，不一定是向量间角度更小。还需要证明 $\boldsymbol{w}_{t+1}$ 与 $\boldsymbol{w}_t$ 向量长度的关系。

由于 $\boldsymbol{w}_t$ 是在出现错误时进行修正，即

$$\operatorname{sign}(\boldsymbol{w}_t^{\mathrm{T}}\boldsymbol{x}_{n(t)}) \neq y_{n(t)} \Leftrightarrow y_{n(t)}\boldsymbol{w}_t^{\mathrm{T}}\boldsymbol{x}_{n(t)} \leqslant 0$$

则有

$$\begin{aligned}\|\boldsymbol{w}_{t+1}\|^2 &= \|\boldsymbol{w}_t + y_{n(t)}\boldsymbol{x}_{n(t)}\|^2 \\ &= \|\boldsymbol{w}_t\|^2 + 2y_{n(t)}\boldsymbol{w}_t^{\mathrm{T}}\boldsymbol{x}_{n(t)} + \|y_{n(t)}\boldsymbol{x}_{n(t)}\|^2 \\ &\leqslant \|\boldsymbol{w}_t\|^2 + 0 + \|y_{n(t)}\boldsymbol{x}_{n(t)}\|^2 \\ &\leqslant \|\boldsymbol{w}_t\|^2 + \max_n \|y_n\boldsymbol{x}_n\|^2\end{aligned} \tag{2.4}$$

错误限制了 $\|\boldsymbol{w}_{t+1}\|^2$ 的增长，即使利用最长的 $\boldsymbol{x}_n$ 更新，最终得到的 $\|\boldsymbol{w}_{t+1}\|^2$ 相比 $\|\boldsymbol{w}_t\|^2$ 的增量值不超过 $\max\limits_n \|y_n\boldsymbol{x}_n\|^2$。也就是说，$\boldsymbol{w}_t$ 的增长被限制了，$\boldsymbol{w}_{t+1}$ 与 $\boldsymbol{w}_t$ 向量长度不会差别太大。

令初始权值 $\boldsymbol{w}_0=0$，经过 T 次错误修正后，可得如下结论：

$$\begin{aligned}\boldsymbol{w}_f^{\mathrm{T}}\boldsymbol{w}_{t+1} &= \boldsymbol{w}_f^{\mathrm{T}}(\boldsymbol{w}_t + y_n\boldsymbol{x}_n) = \boldsymbol{w}_f^{\mathrm{T}}\boldsymbol{w}_t + y_n\boldsymbol{w}_f^{\mathrm{T}}\boldsymbol{x}_n \\ &\geqslant \boldsymbol{w}_f^{\mathrm{T}}\boldsymbol{w}_t + \underbrace{\min_n y_n\boldsymbol{w}_f^{\mathrm{T}}\boldsymbol{x}_n}_{\gamma} = \boldsymbol{w}_f^{\mathrm{T}}\boldsymbol{w}_t + \gamma \geqslant \boldsymbol{w}_f^{\mathrm{T}}\boldsymbol{w}_{t-1} + 2\gamma \\ &\geqslant \boldsymbol{w}_f^{\mathrm{T}}\boldsymbol{w}_0 + (t+1)\gamma \\ &= (t+1)\gamma \quad (\boldsymbol{w}_0 = 0)\end{aligned} \tag{2.5}$$

$$\begin{aligned}\|\boldsymbol{w}_{t+1}\|^2 &\leqslant \|\boldsymbol{w}_t\|^2 + \underbrace{\max_n \|y_n\boldsymbol{x}_n\|^2}_{R^2} = \|\boldsymbol{w}_t\|^2 + R^2 \\ &\leqslant \|\boldsymbol{w}_{t-1}\|^2 + 2R^2 \leqslant \|\boldsymbol{w}_0\|^2 + (t+1)R^2 \\ &= (t+1)R^2 \quad (\boldsymbol{w}_0 = 0)\end{aligned} \tag{2.6}$$

式(2.6)可进一步推导为

$$\begin{aligned}&\|\boldsymbol{w}_{t+1}\|^2 \leqslant (t+1)R^2 \quad (\boldsymbol{w}_0 = 0) \\ \Rightarrow &\|\boldsymbol{w}_{t+1}\| \leqslant \sqrt{(t+1)}R \\ \Rightarrow &\|\boldsymbol{w}_T\| \leqslant \sqrt{T}R\end{aligned} \tag{2.7}$$

根据式(2.5)和式(2.7)的结论，可得

$$\frac{\boldsymbol{w}_f^{\mathrm{T}}\boldsymbol{w}_{t+1}}{\|\boldsymbol{w}_f^{\mathrm{T}}\|\,\|\boldsymbol{w}_{t+1}\|} \geqslant \frac{(t+1)\gamma}{\|\boldsymbol{w}_f^{\mathrm{T}}\|\,\|\boldsymbol{w}_{t+1}\|} \geqslant \frac{(t+1)\gamma}{\|\boldsymbol{w}_f^{\mathrm{T}}\|\,\sqrt{t+1}R} = \sqrt{t+1}\left(\frac{\gamma}{\|\boldsymbol{w}_f^{\mathrm{T}}\|R}\right) \tag{2.8}$$

令 $t+1$ 为 T，则有

$$1 \geqslant \frac{\boldsymbol{w}_f^{\mathrm{T}}\boldsymbol{w}_T}{\|\boldsymbol{w}_f^{\mathrm{T}}\|\,\|\boldsymbol{w}_T\|} \geqslant \sqrt{T}\left(\frac{\gamma}{\|\boldsymbol{w}_f^{\mathrm{T}}\|R}\right) \tag{2.9}$$

式(2.9)左边其实是 $\boldsymbol{w}_T$ 与 $\boldsymbol{w}_f$ 夹角的余弦值,随着 T 增大,该余弦值越来越接近 1,即 $\boldsymbol{w}_{\mathrm{T}}$ 与 $\boldsymbol{w}_f$ 越来越接近。则有

$$1 \geqslant \sqrt{T}\left(\frac{\gamma}{\|\boldsymbol{w}_f^{\mathrm{T}}\| R}\right) \Rightarrow T \leqslant \frac{\|\boldsymbol{w}_f^{\mathrm{T}}\|^2 R^2}{\gamma^2} \tag{2.10}$$

可以看出,迭代次数 T 是有上界的,式(2.10)是 PLA 的收敛条件。根据以上证明,最终得到的结论是 $\boldsymbol{w}_{\mathrm{T}}$ 与 $\boldsymbol{w}_f$ 是随着迭代次数增加逐渐接近的。PLA 最终会停止(因为 T 有上界),实现对线性可分的数据集完全分类。

4. 非线性可分数据的感知机学习算法

上面证明了线性可分的情况下,PLA 具有收敛性且能够正确分类。对于非线性可分的情况,$\boldsymbol{w}_f$ 实际上并不存在,那么之前的推导并不成立,PLA 不一定会停下来。所以,PLA 虽然实现简单,但也有缺点。

对于线性不可分数据,假设噪声比较小,对于绝大部分样点 $y_n = f(x_n)$成立。g 在$\mathcal{D}$上近似于 f:对于绝大部分样点 $y_n = \mathrm{g}(\boldsymbol{x}_n)$成立。

那么,能不能令

$$\boldsymbol{w}_g \leftarrow \underset{w}{\operatorname{argmin}} \left[\sum_{n=1}^{N} (y_n \neq \operatorname{sign}(\boldsymbol{w}^{\mathrm{T}} \boldsymbol{x}_n))\right] \tag{2.11}$$

很遗憾,这是一个 NP 难(NP-Hard)问题。为此,可以修正 PLA 算法来实现,该算法称为 Pocket 算法。Pocket 算法的核心就是每次使得更新后的分类器比上次更新错误更小即可,最后的截止条件也不是所有错误都为修正,而是错误不断减小,直到达到迭代次数即可,如算法 2-1 所示。

算法 2-1　Pocket 算法

初始化当前最优权重向量 $\hat{\boldsymbol{w}}$
for $t=0,1,\cdots$
① 随机找到一个使得 $\boldsymbol{w}_t$ 出错的点,记为$(\boldsymbol{x}_{n(t)}, y_{n(t)})$
　　$\operatorname{sign}(\boldsymbol{w}_t^{\mathrm{T}} \boldsymbol{x}_{n(t)}) \neq y_{n(t)}$
② 尝试修正这个错误
　　$\boldsymbol{w}_{t+1} \leftarrow \boldsymbol{w}_t + y_{n(t)} \boldsymbol{x}_{n(t)}$
③ 如果 $\boldsymbol{w}_{t+1}$ 在$\mathcal{D}$上的分类错误少于 $\hat{\boldsymbol{w}}$,令 $\hat{\boldsymbol{w}} \leftarrow \boldsymbol{w}_{t+1}$
… 直到达到足够的迭代次数
返回最后的 $\hat{\boldsymbol{w}}$(记为 w_{POCKET})作为 $\boldsymbol{g}$

2.2　可能近似正确学习理论

前面简单介绍了机器学习的基本原理组成、机器学习的分类,并且给出了最简单的二元分类问题——感知机。监督学习中的二元分类和回归分析是最常见的,也是最重要的

机器学习问题。本节重点讨论机器学习的可行性，讨论问题是否可以使用机器学习来解决。

从前面感知机的介绍可以看出，研究机器学习需要了解假设集合的类型、学习算法的具体实现以及机器学习的收敛边界条件等。本节首先从实例出发来描述不同类型的机器学习问题中遇到的困难，以及不同机器学习算法的能力。本节介绍的学习理论致力于回答两个问题：一是在什么条件下成功的学习是可能的或者可行的；二是在什么条件下以特定的学习算法可保证成功运行。为了分析学习算法，这里考虑了两种框架。在可能近似正确框架下，具体研究了一些假设类别，判断它们能否从多项式数量的训练样例中学习得到。

2.2.1 机器学习的不可行性

九宫格问题示例，如图 2-9 所示，有 3 个输出类别标签为－1 的九宫格和 3 个输出类别标签为＋1 的九宫格[1-2]。根据这 6 个已知样本提取相应标签九宫格的特征，然后预测右边九宫格是属于－1 还是＋1。对于这个问题，不同的人可能给出不同的判决结果。从图中可以看到，上面 3 个标记为－1 的样本是非对称的，而下面 3 个标记为＋1 的样本是对称的，如果依据对称性进行分类，会将右侧的样本归为＋1 类；从另外的角度来观察，可以发现上面的 3 个样本左上角第一个格都是填充颜色的，而下面三个样本都是白色的，如果依据这一特点分类，则会把右侧样本归为－1 类。此外，还有根据其他不同特征进行分类，得到不同结果的情况。而且，这些分类结果貌似都是正确合理的，这是因为对于目前已知的 6 个训练样本来说，选择的模型都有很好的分类效果，都能对训练样本正确分类，即训练样本误差为 0。

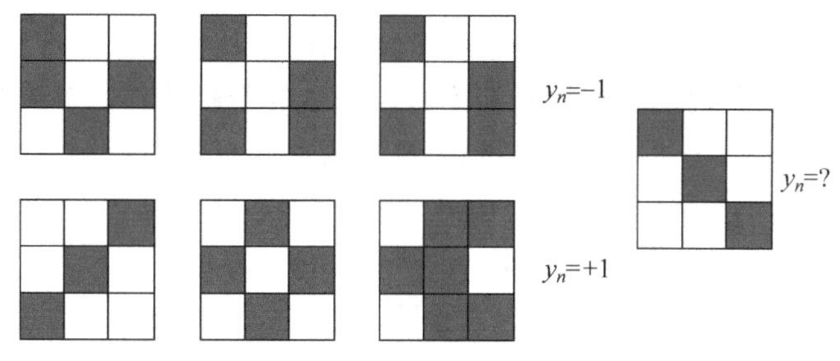

图 2-9　九宫格问题示例

下面从一个简单的二分类问题来说明。假设样本 $\mathcal{X}=\{0,1\}^3$，$\mathcal{Y}=\{○,×\}$，输入特征 $\boldsymbol{x}_n$ 是三维二进制数，对应有 8 种输入，其中训练样本 $\mathcal{D}$ 有 5 个，如表 2-2 所示。

表 2-2　样本及其标签

$\boldsymbol{x}_n$	$y_n=f(\boldsymbol{x}_n)$
0 0 0	○
0 0 1	×
0 1 0	×
0 1 1	○
1 0 0	×

不管采用了什么具体的机器学习算法，总是可以在假设集合$\mathcal{H}$中找到一个假设函数g，它在已知的5个样本点上的表现与目标函数f一模一样，即分类效果完全正确。但是对于未知的3个测试样本点而言，不同的假设函数的性能有好有坏，即在已知训练数据$\mathcal{D}$上，$g\approx f$；但是在$\mathcal{D}$以外的未知数据上，$g\approx f$不一定成立。假设函数g也可以对它们进行分类，但是分类的结果跟目标函数会一样吗？表2-3列出了所有可能的目标函数，总共有8种，从$f_1\sim f_8$。表中前5个为训练已知样本，而后3个为未知样本。哪个是真正的目标函数，机器学习并不能判断，机器学习挑选出来的最优假设在已知数据上表现得跟目标函数一样，对于未知的样本似乎并不能保证最优假设与目标函数一样。而机器学习真实目的是选择的模型能在未知数据上的预测与真实结果是一致的，而不是在已知的数据集$\mathcal{D}$上寻求最佳效果。

表2-3　样本及其标签

$\boldsymbol{x}_n$	y_n	g	f_1	f_2	f_3	f_4	f_5	f_6	f_7	f_8
0 0 0	○	○	○	○	○	○	○	○	○	○
0 0 1	×	×	×	×	×	×	×	×	×	×
0 1 0	×	×	×	×	×	×	×	×	×	×
0 1 1	○	○	○	○	○	○	○	○	○	○
1 0 0	×	×	×	×	×	×	×	×	×	×
1 0 1		?	○	○	○	○	×	×	×	×
1 1 0		?	○	○	×	×	○	○	×	×
1 0 1		?	○	×	○	×	○	×	○	×

实际应用中，更关注是否能准确地推断未知的样点，比如垃圾邮件检测，并不是对已经得到的垃圾邮件进行准确判断，而是期望对没见过的新邮件都能够进行准确检测。因此从这个角度上而言，似乎机器学习不可行，这个现象在机器学习领域称作“没有免费的午餐”(No Free Lunch，NFL)。也就是说，如果机器学习在未知的样本上也能起作用，就必须对目标函数做出一定的假设或限制；否则，机器学习就不可行。

这个例子告诉我们，在训练数据$\mathcal{D}$以外的数据中更接近目标函数似乎是做不到的，只能保证对$\mathcal{D}$有很好的分类结果。这种特性就是“没有免费的午餐”定理。NFL定理表明没有一个学习算法可以在任何领域总是产生最准确的学习器。不管采用何种学习算法，至少存在一个目标函数，能够使得随机猜测算法是更好的算法。平常说的一个学习算法比另一个算法更“优越”、效果更好，只是针对特定的问题、特定的先验信息、特定的数据分布和训练样本数目，或特定代价或奖励函数等而言的。

2.2.2　概率近似正确学习理论

“没有免费的午餐”定理似乎给机器学习进行了终极判决，即无法真正进行学习，即无法对它没见过、未知的样点进行推断。而机器学习的目的是对未知的目标函数进行学习。这种尖锐的矛盾如何解决呢？是否有一些工具或者方法能够对未知的目标函数f

做一些推论，让机器学习模型能够变得有用呢？答案当然是有，可以采用概率统计里面抽样的方法。

1. 可行性学习举例

首先从推断罐子里小球比例问题来进行说明(图 2-10)。假设一个罐子里装满了白色和黑色的小球，由于罐子很大难以把小球全部倒出来进行计数，可采用抽样的方法，从罐子里抓取出一些小球，然后计算黑色小球的比例，利用这个比例来推断真实的比例。如采样得到 100 个小球，其中有 30 个是黑色的，那么就推断说罐子里黑色小球的比例是 30%。

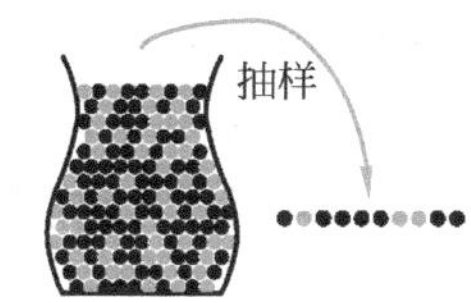

图 2-10 罐子里球颜色分布问题

下面从数学角度对上述问题进行精确描述(图 2-11)。假设罐子里黑色小球的占比为 μ，而白色小球占比为 $1-\mu$，其中 μ 未知；独立采样 N 个小球，统计采样的球中黑色小球的占比为 v，白色小球占比为 $1-v$，其中 v 已知。那么就会产生两个问题：①根据 v 能不能对 μ 进行推断？②如果能够进行推断，v 是如何对 μ 进行推断的？或者说从 v 中能得到 μ 的哪些信息呢？

这种随机抽取的做法能否说明罐子里黑色球的比例一定是 v 呢？答案是否定的。但是，从概率的角度来说，样本中的 v 很有可能接近未知的 μ。

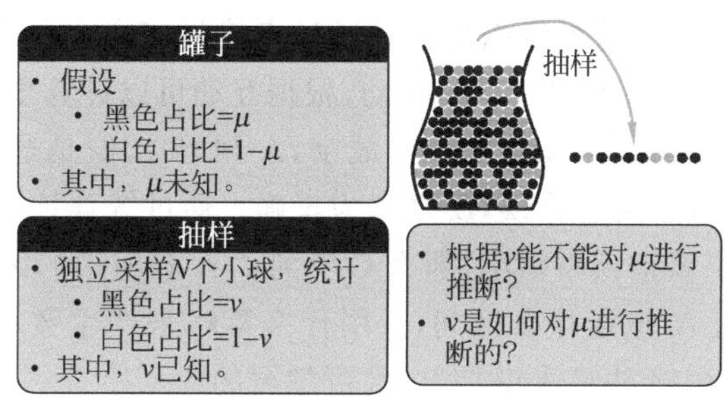

图 2-11 罐子里球颜色分布的推断

首先，v(抽样)并没有说明罐子里一定有多少比例的黑色小球，即使罐子里大部分都是黑色小球，也有可能采样时出现全是白色小球的情况，尽管这种情况出现的概率很小，但还是有可能的。由于这种采样到都是白色小球的事件发生的概率很小，所以很大概率上 v 与 μ 是很接近的。或者说，虽然没有办法确定通过一次抽样得到的比例一定就是真实的比例，但是大部分情况下抽样得到的比例与真实比例是很接近的。

下面从数学上描述上述例子。统计学中有一个重要的不等式 —— 霍夫丁不等式(Hoeffding's Inequality)。假设 $Z_1,Z_2,\cdots,Z_N$ 是 N 个独立同分布的随机变量，并且都服从参数为 μ 的伯努利分布，也就是说，$P(Z_i=1)=\mu$，$P(Z_i=0)=1-\mu$。与上面罐子中小球的例子进行对应，Z_i 就代表小球的颜色，1 表示黑色，0 表示白色，其中 $P(Z_i=1)$ 和 $P(Z_i=0)$ 这两个概率就是罐子中小球的真实比例，但无法直接观测到这个比例。而 Z_1，$Z_2,\cdots,Z_N$ 是可观测到的变量，它对应从罐子里抽出来的小球，因此，设 $v=\sum_{i=1}^{N}Z_i/N$，表

示 N 个抽取的样本中黑色球的比例，已知 μ 是罐子里黑色球的比例，那么对于任意固定的 $\varepsilon>0$，存在霍夫丁不等式：

$$P[|v-\mu|>\varepsilon] \leqslant 2\exp(-2\varepsilon^2 N) \tag{2.12}$$

霍夫丁不等式说明，当 N 很大时，v 与 μ 相差不会很大，它们之间的差值被限定在 ε 之内。结论 $v=\mu$ 称为可能近似正确(Probably Approximately Correct,PAC)。

2. 概率近似正确学习

前面是从概率统计角度给出的描述，但没有说明机器学习到底是否可行。机器学习里有专门的理论来解释机器学习的可行性，即可能近似正确学习理论[4]。该理论由哈佛大学莱斯特·瓦利安特(Leslie Valiant)教授于 1984 年提出，瓦利安特在 2010 年获得了美国计算机的著名奖项——图灵奖。PAC 学习理论开启了人工智能领域的一个新分支——计算学习理论，这个理论主要研究时间复杂性和学习的可行性，如果一个计算能够在多项式时间内完成，则称其为可行的。

下面以猜数字的游戏为例来解释 PAC 学习理论的具体含义。有 A、B 和 C 三个人，A 在脑海里想定一个区间$[a,b]$，B 会不断地说一些数字 x，如果这个数字落在区间内，那 A 就回答 1，否则就说 0；C 观察前两个人的互动，它要猜出 A 脑海中想定的区间端点范围，如果这个区间的端点是实数，并且 B 和 A 的互动是有限次的，那么 C 是没法精确地猜出端点的数值。这个游戏的输赢也不是通过直接将 C 的猜测与 A 的想定比较来判断，而是在 C 给出猜测之后，A 和 B 继续互动，根据互动可以计算出 C 猜测的区间在 B 新产生的数字上的错误率。比如，B 说出一个数字，A 回答 1，但是这个数字并没有落在 C 给出的区间内，那么该数字则为错误，反之则为正确。通过统计该错误率，来判断 C 有没有赢得这个游戏。如果该错误率很小，那么 C 学到了 A 脑海中的区间。如果这三个人不停地玩这个游戏，不论 A 想定什么区间，B 用什么策略来产生数字，C 总能在游戏里获胜，那么这个猜数字的游戏对 C 来说是 PAC 可学习的。

根据 2018 年全国科学技术名词审定委员会公布的计算机科学技术名词，“Probably Approximately Correct”术语的中文翻译是“可能近似正确或概率近似正确”，但是在这里 Probably 是可能的意思，而且表示的是“非常非常非常可能”的意思，所以 PAC 表示的是非常可能近似正确。而在这个猜数字的游戏里，Probably 表示 C 赢的概率很高，Approximately Correct 意味着 C 猜测的区间$[\hat{a},\hat{b}]$与 A 想定的区间是非常相近(图 2-12)。

将这个游戏对应到机器学习上，A 就代表目标函数 f，C 代表学习算法$\mathcal{A}$，B 代表一个未知的分布 P，用来产生训练数据集和测试数据集。由前面机器学习流程中给出，训练样例从目标函数中产生，一般是假设它们是通过一个分布 P 产生的，后面会具体介绍分布 P 的作用。根据这个对应关系，如果在一个任务中，用学习算法$\mathcal{A}$找到一个与目标函数 f 非常近似的假设的概率很大，则认为该任务是 PAC 可学习。

3. 机器学习的 PAC 理论

机器学习算法是不是 PAC 可学习呢？什么条件能够满足 PAC 可学习呢？从 PAC

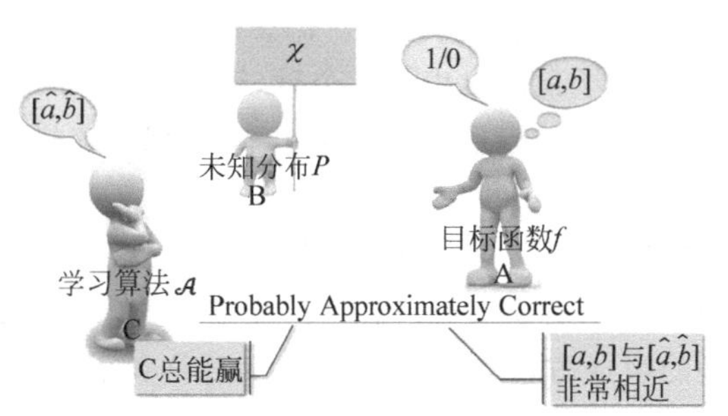

图 2-12 概率近似正确学习

学习理论又能得出什么结论呢？

下面从更一般意义的机器学习上来阐述概率近似正确学习理论。还是从罐子中的小球出发，将罐子与机器学习做一个类比。在罐子里很多独立同分布的小球，那么在机器学习里，获取的是在特征空间中独立同分布的样本。因此，罐子就是特征空间或者说样本空间，而小球就是样本。罐子中黑色小球的占比 μ 未知，在机器学习里是目标函数 f 未知，但是直接估计 f 不是 PAC 学习理论要做的事，那是机器学习算法要做的，在这里感兴趣的是找到的假设是否等于目标函数，当然也是未知的。

1）单一假设的 PAC 学习

已经选择了一个假设 h，在后续讨论里不会改变。将罐子里的小球想象为机器学习特征空间中的样点。那么小球的颜色代表什么含义呢？因为 h 是固定的，因此用黑色小球类比使得 $h(x)$ 与 f 不相等或不一致的样点，即若对于样点 $\boldsymbol{x}$，存在 $h(\boldsymbol{x})\neq f(\boldsymbol{x})$，则它是黑色的。白色的小球代表 $h(\boldsymbol{x})$ 与 f 相等的样点，即在样点 $\boldsymbol{x}$ 上存在 $h(\boldsymbol{x})=f(\boldsymbol{x})$，则它是白色的。从罐子中抽取的 N 个球类比于机器学习的训练样本 $\mathcal{D}$，且这两种抽样的样本与总体样本之间都是独立同分布的。因此，如果样本 N 够大，且是独立同分布的，从样本中 $h(\boldsymbol{x})\neq f(\boldsymbol{x})$ 的概率就能推导出抽样样本外所有样本的 $h(\boldsymbol{x})\neq f(\boldsymbol{x})$ 概率。二者之间的类比如表 2-4 所列。

表 2-4 罐子球颜色分布与机器学习的类比

独立同分布的小球	独立同分布的样本 $\boldsymbol{x}_n$
黑色占比 μ 未知	$h(\boldsymbol{x})$是否等于 $f(\boldsymbol{x})$
小球∈罐子	$\boldsymbol{x}\in\chi$
黑色	$h(\boldsymbol{x})\neq f(\boldsymbol{x})$
白色	$h(\boldsymbol{x})=f(\boldsymbol{x})$
抽样 N 个小球	在$\mathcal{D}=\{(\boldsymbol{x}_n,y_n)\}$上验证 h

这一类比中最关键是将采样中黑色球的概率理解为样本数据集$\mathcal{D}$上 $h(\boldsymbol{x})$错误的概率，以此推算出在所有数据上 $h(\boldsymbol{x})$错误的概率。这就是机器学习能够工作的本质，即在采样数据上得到某个假设就可以推到全局。因为两者的错误率是 PAC 的，只要保证前者足够小，后者也就会很小。

下面根据 PAC 学习理论解释机器学习流程中“特征空间上未知分布 P”的意思。该分布主要用来说明从罐子里抽样的不同方式。仍然用上面的例子，例如对罐子中采样 N 个球：采样方式一，可以从罐子顶部拿出 N_1 个球，罐子中间拿 N_2 球，罐子底部拿 $N-N_1-N_2$ 球；采样方式二，全部从罐子最上面拿出 N 个球。这样不同的小球抽样的方法就对应着不同的分布。

按这个分布产生的抽样会用到两个地方：第一用来产生训练样例；第二用来衡量 h 与 f 是否一样。这个分布并不需要知道，加上“特征空间上未知分布 P”部分只是为了说明训练样例与测试样例的生成方法是一样的。若训练样例和测试样例的生成方法不一样会带来什么后果呢？这里仍以三个人猜数字的游戏为例，在 C 给出其猜测之前，B 给出的数字很随机，在整个数轴上都有；在 C 给出其猜测后，B 给出的数字只在 $(a,\hat{a})$ 和 $(\hat{b},b)$ 区间内，那么即使 C 给出的猜测与 A 想定的区间再接近，只要存在差异，C 就不可能赢，因为其给出猜测后的互动中都是错误的。依据前面说的赢输判断标准，通过 C 给出判断后 A 和 B 之间互动的错误率来衡量，所以要求生成训练样例的分布与生成测试样例的分布必须是一致的，但该分布并不需要已知。

下面讨论机器学习的 PAC 可学习性，为此引入两个值 $E_{\text{in}}(h)$ 和 $E_{\text{out}}(h)$：

$$\begin{cases} E_{\text{in}}(h) = \dfrac{1}{N}\sum\limits_{n=1}^{N} [\![h(\boldsymbol{x}) \neq f(\boldsymbol{x})]\!] \\ E_{\text{out}}(h) = \mathop{\mathbb{E}}\limits_{x \sim P} [\![h(\boldsymbol{x}) \neq f(\boldsymbol{x})]\!] \end{cases} \tag{2.13}$$

式中，$[\![\cdot]\!]$表示计数函数，即当条件满足，则为 1，否则为 0；$E_{\text{in}}(h)$表示在已有抽样样本中 $h(\boldsymbol{x})$与 y_n 不相等的概率；$E_{\text{out}}(h)$表示实际所有样本中 $h(\boldsymbol{x})$与 $f(\boldsymbol{x})$不相等的概率。

其霍夫丁不等式可以表示为

$$P[\,|\,E_{\text{in}}(h) - E_{\text{out}}(h)\,| > \varepsilon] \leqslant 2\exp(-2\varepsilon^2 N) \tag{2.14}$$

该不等式表明，$E_{\text{in}}(h)=E_{\text{out}}(h)$也是 PAC 的。如果 $E_{\text{in}}(h) \approx E_{\text{out}}(h)$，$E_{\text{in}}(h)$很小，就能推断出 $E_{\text{out}}(h)$很小。也就是说，在该数据分布 P 下，h 与 f 非常接近，机器学习的模型比较准确。

那么此时是否证明了机器学习是可行的呢？并没有，因为前面的讨论都是针对一个固定的 h，如果这个 h 对应的 $E_{\text{in}}(h)$很小，那么 $g \approx f$，因为霍夫丁不等式保证了 $E_{\text{in}}(h) \approx E_{\text{out}}(h)$。但是如果 $E_{\text{in}}(h)$很大呢，那么 $E_{\text{out}}(h)$也很大，所以 g 与 f 肯定差别很大。因此，目前能做到还不是真正学习，学习是需要在一个大的假设集合上进行选择，而现在是对一个确定的假设进行讨论。只对一个确定的假设进行处理的过程称为验证。图 2-13 给出机器学习验证流程图。

一般地，如果 h 是固定的，当 N 很大时，$E_{\text{in}}(h) \approx E_{\text{out}}(h)$，但是并不意味着 $g \approx f$。因为 h 是固定的，不能保证 $E_{\text{in}}(h)$足够小，即使 $E_{\text{in}}(h) \approx E_{\text{out}}(h)$，也可能使 $E_{\text{out}}(h)$偏大。所以，一般会通过算法$\mathcal{A}$，选择最好的 h，使 $E_{\text{in}}(h)$足够小，从而保证 $E_{\text{out}}(h)$很小。固定的 h，使用新数据进行测试，验证其错误率值。

2）有限元素假设集合的 PAC 学习

当固定假设时可以进行验证，有很多个假设时就可能出现两个问题：一是能不能认为选出来的假设跟目标函数非常接近？二是可不可以直接套用之前讨论的结果？前面

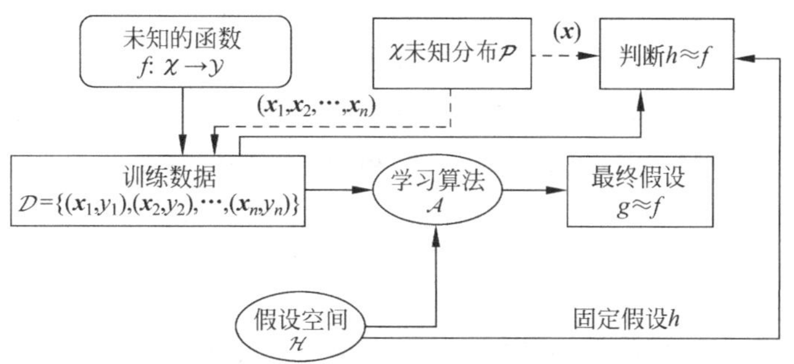

图 2-13 机器学习验证流程图

讨论中，若一个假设的 $E_{\text{in}}(h)$很小，那么其对应的 $E_{\text{out}}(h)$很大的概率也会很小，则其就与 f 十分接近。当有很多个假设 $h_i(i=1,2,\cdots)$时，每一个假设 h_i 都有其对应的罐子，分别从这些罐子里抓一些小球，如果有某个罐子采样的小球全是白色的，即认为该罐子对应的假设在训练样本上表现非常好，全部都能正确分类，那么是否可以认为该假设跟目标函数非常近似呢？

下面具体分析上述问题，假设有 M 个假设(M 个罐子)，分别表示为 $h_i(i=1,2,\cdots,M)$，其对应训练样本误差和真实误差分别为 $E_{\text{in}}(h_i)$和 $E_{\text{out}}(h_i)$，其示意图如图 2-14 所示。

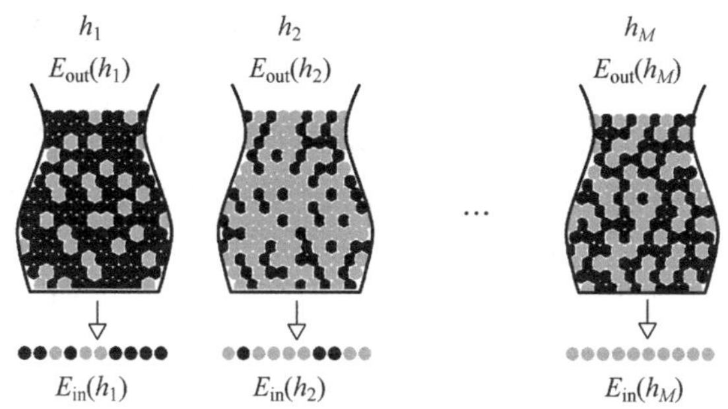

图 2-14 多个假设(或多个罐子)示意图

在讨论刚才提到的特殊假设(采样全部为白色)之前，先来看简单生活中遇到的例子。假设有很多人在抛硬币，每个人抛硬币正面朝上和反面朝上的概率均为 0.5，每个人抛掷多次。那么当 150 个人抛硬币，其中至少有一个人连续 5 次硬币都是正面朝上的概率是多少？

概率为

$$1-\left(\frac{31}{32}\right)^{150} \approx 99.145\% > 99\%$$

由于每个人 5 次正面朝上的概率是 1/32，那么没有出现 5 次都正面的概率是 31/32，而所有 150 人都没有出现 5 次都正面的概率是$(31/32)^{150}$，所以其中至少有一个人连续 5 次都正面朝上的概率为 $1-(31/32)^{150}$。

可见，这个概率是很大的，但是能否说明 5 次正面朝上的这个硬币具有代表性呢？答案是否定的。也不能说明该硬币单次正面朝上的概率很大，因为概率都是 0.5。与此类似，采样抽取全是白色球时，也不能一定说明那个罐子里全是白色球。当罐子数目很多或者抛硬币的人数很多时，可能引发出现“坏”样本，“坏”样本就是 E_{in} 和 E_{out} 差别很大，即选择过多带来的负面影响，选择过多会恶化不好的情形。

定义 2-1 对于假设 h，若在数据集 $\mathcal{D}$ 上 $E_{\text{in}}(h)$ 与 $E_{\text{out}}(h)$ 差别很大，那么称关于假设 h，$\mathcal{D}$ 是“坏”数据集。

根据许多次抽样得到的不同数据集 $\mathcal{D}_j$，霍夫丁不等式保证了大多数的 $\mathcal{D}_j$ 都是比较好的情形（对于某个 h，保证 $E_{\text{in}}(h)\approx E_{\text{out}}(h)$）；但是也可能出现“坏”数据，即 E_{in} 和 E_{out} 差别很大的数据集 $\mathcal{D}_k$，这是小概率事件，如表 2-5 所示。

表 2-5 某个 h 的“坏”数据

	$\mathcal{D}_1$	$\mathcal{D}_2$	…	$\mathcal{D}_{1126}$	…	$\mathcal{D}_{5678}$	…	霍夫丁不等式
h	坏					坏		$P_{\mathcal{D}}(坏 \mid h)$

由霍夫丁不等式可知

$$P_{\mathcal{D}}(坏 \mid h)=\sum_{\mathcal{D}} P(\mathcal{D}) I(\mathcal{D} \mid h) \leqslant 2\exp(-2\varepsilon^2 N)$$

式中

$$I(\mathcal{D} \mid h)=\begin{cases}1, & 对于假设\ h，\mathcal{D}是“坏”数据 \\ 0, & 其他\end{cases}$$

定义 2-2 对于算法 $\mathcal{A}$，若其在数据集 $\mathcal{D}$ 无法进行自由选择，或者说存在 h 使得在数据集 $\mathcal{D}$ 上 $E_{\text{in}}(h)$ 与 $E_{\text{out}}(h)$ 差别很大，那么称关于算法 $\mathcal{A}$，$\mathcal{D}$ 是“坏”数据集。

不同的数据集 $\mathcal{D}_j$，对于不同的假设，有可能成为“坏”数据，也有可能为“好”数据。表 2-6 给出了所有 M 个假设的“坏”数据情况。只要 $\mathcal{D}_j$ 在某个假设上是“坏”数据，$\mathcal{D}_j$ 就是“坏”数据。只有 $\mathcal{D}_j$ 在所有的假设上都是“好”数据时，才说明 $\mathcal{D}_j$ 不是“坏”数据，可以自由选择演算法 $\mathcal{A}$ 进行建模。

表 2-6 假设集合中 M 个假设的“坏”数据

	$\mathcal{D}_1$	$\mathcal{D}_2$	…	$\mathcal{D}_{1126}$	…	$\mathcal{D}_{5678}$	…	霍夫丁不等式
h_1	坏					坏		$P_{\mathcal{D}}(坏 \mid h_1)$
h_2		坏						$P_{\mathcal{D}}(坏 \mid h_2)$
h_3	坏	坏				坏		$P_{\mathcal{D}}(坏 \mid h_3)$
⋮								
h_M	坏					坏		$P_{\mathcal{D}}(坏 \mid h_M)$
全部	坏	坏				坏		?

对于含有 M 个假设的假设集合而言，根据霍夫丁不等式，其“坏”数据的概率上界可以表示为并集形式：

$$P_{\mathcal{D}}(坏)=P_{\mathcal{D}}(坏 \mid h_1 \cup 坏 \mid h_2 \cup \cdots \cup 坏 \mid h_M)$$

$$\leqslant P_{\mathcal{D}}(\text{坏} \mid h_1) + P_{\mathcal{D}}(\text{坏} \mid h_2) + \cdots + P_{\mathcal{D}}(\text{坏} \mid h_M)$$
$$\leqslant 2\exp(-2\varepsilon^2 N) + 2\exp(-2\varepsilon^2 N) + 2\exp(-2\varepsilon^2 N)$$
$$= 2M\exp(-2\varepsilon^2 N)$$

式中：M 为假设集合$\mathcal{H}$中的假设个数；N 为样本$\mathcal{D}$的数量；ε 为参数。

该联合上界表明，当 M 有限，且 N 足够大的时候，"坏"数据出现的概率就很低，即能保证$\mathcal{D}$对于所有的 h 都有 $E_{\text{in}} \approx E_{\text{out}}$。由于满足 PAC 条件，演算法$\mathcal{A}$的选择不受限制，可以选取一个合理的演算法，使 E_{in} 最小的 h_m 作为最终算法获得的假设，一般能够保证 $g \approx f$，即有不错的泛化能力。因此，霍夫丁不等式可以表示为

$$P[\mid E_{\text{in}}(g) - E_{\text{out}}(g) \mid > \varepsilon] \leqslant 2M\exp(-2\varepsilon^2 N) \tag{2.15}$$

如果假设个数 M 是有限的，当 N 足够大时，通过演算法$\mathcal{A}$任意选择一个假设 g，都有 $E_{\text{in}} \approx E_{\text{out}}$ 成立；同时，如果找到的假设 g 满足 $E_{\text{in}} \approx 0$，则 PAC 就能保证 $E_{\text{out}} \approx 0$。至此，证明了机器学习的可行性。因此，就可以得到图 2-2 所示的机器学习框图。

如果 M 是无限的，例如假设空间是平面上的直线分类面，平面上的直线有无数条。对于无数个假设的假设空间而言，这些推论是否成立？机器学习能否正常进行？下面继续回答这些问题。

2.3 VC 维理论

2.3.1 假设的有效数量

下面分析在假设集数量有限时得到的结论，如式(2.15)所示，前面提到寻找的假设近似于目标函数有两个前提条件：一是 $E_{\text{in}}(g) \approx E_{\text{out}}(g)$；二是 $E_{\text{in}}(g)$要很小。当 M 很小时，第一个条件满足，第二个条件不满足(因为 M 太小，可选的假设太少，不能保证选到的假设 $E_{\text{in}}(g)$会很小)。当 M 很大时，第一个条件不满足(因为 M 很大，所以"坏"事情发生的概率就很大，$E_{\text{in}}(g)$与 $E_{\text{out}}(g)$相差很远的概率也很大)，第二个条件可以满足(因为选择足够多，可以从中选到一个 $E_{\text{in}}(g)$很小的假设)。结论是无论 M 太大或者太小都不好。

下面讨论假设数量 M 是无穷的情况。解决问题的思路是找到一个有限的量来替换这个无穷大的 M，如用 $M_{\mathcal{H}}$ 来替换 M，并且 $M_{\mathcal{H}}$ 是一个有限大的量。

首先来看不等式中 M 是如何获取的。若用$\mathcal{B}_m$表示一个"坏"事件，对于假设 h_m，它的 $E_{\text{in}}(h_m)$和 $E_{\text{out}}(h_m)$差别很大。由于很多假设上都存在"坏"事件。为了保证算法$\mathcal{A}$能够自由选择，希望在所有的假设上"坏"事件都不发生。"坏"事件至少发生一次的概率就是所有假设"坏"事件并集的概率 $P(\mathcal{B}_1 \cup \mathcal{B}_2 \cup \cdots \cup \mathcal{B}_m)$，这个概率最差的情况就是所有的"坏"事件之间都没有重叠，即

$$P(\mathcal{B}_1 \cup \mathcal{B}_2 \cup \cdots \cup \mathcal{B}_m) \leqslant P(\mathcal{B}_1) + P(\mathcal{B}_2) + \cdots + P(\mathcal{B}_m)$$

在等号成立时的情形，也就是用布尔不等式缩放的结果。那么在 $M = \infty$ 情况下，用布尔不等式来缩放行不通。因为无限多个非零的项相加，其和值就很可能会大于 1。当不等

式右边大于 1 之后，不等式就不会提供任何信息，因为不等式左边本来就是一个概率，根据概率的定义知道它小于 1。

之所以造成这种结果，是因为这些“坏”事件之间并不是相互独立的。比如，两个假设 h_1 和 h_2，当二者相似度很高时，存在 $E_{\text{out}}(h_1) \approx E_{\text{out}}(h_2)$，且对于训练集$\mathcal{D}$中大多数样本 $E_{\text{in}}(h_1)=E_{\text{in}}(h_2)$，那么它们发生“坏”事件的概率也会非常同步，在这个数据集对 h_1 而言是“坏”集合，则对 h_2 而言很大程度上也是“坏”集合。以二维感知机为例，h_1 和 h_2 都是直线，当 h_2 稍微偏转角度的时候，这两个假设分类结果相差不大，如图 2-15 所示。因此，“坏”事件之间存在重叠，比如三个圆圈分别代表$\mathcal{B}_1$、$\mathcal{B}_2$和$\mathcal{B}_3$发生的概率，三者大部分重合，其联合概率会远小于三者概率和(三个圆的面积之和)。这样用统一标准对“坏”事件发生的概率进行缩放，会过高估计该概率，如图 2-16 所示。既然图 2-15 中的 h_1 和 h_2 非常相似，就可以将其近似为一个假设，这样可以避免“坏”事件重叠而过高估计“坏”事件发生的联合概率。换言之，可以对假设集合的假设进行分类，每个类别的假设有各自对应的“坏”事件，那么“坏”事件个数就不再是无限值，而是有限值，这个有限值则成为假设的有效数量。

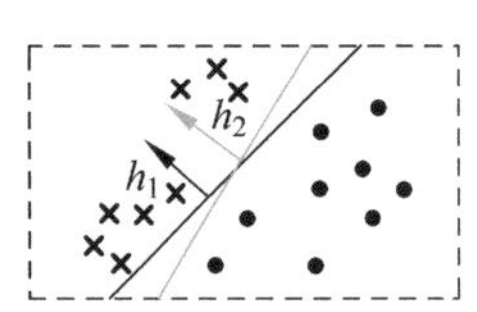

图 2-15　差别不大的两个假设

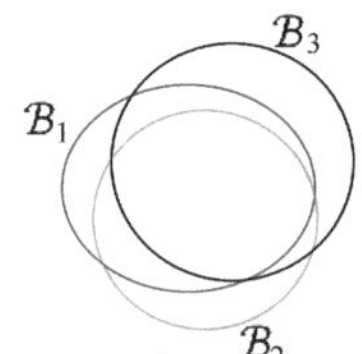

图 2-16　典型“坏”事件示例图

1. *感知机的有效数*

下面以二维感知机学习算法为例，来了解假设的有效数量的基本含义。由于假设集合为二维平面的所有直线，则假设集合为无穷大。下面针对数据的不同情况对其中的假设进行分类。例如，数据集中只有一个样本，那么平面上的直线可以分成两类：一类是将该样本判为正类；另一类是将样本判为负类，如图 2-17(a)所示。即当数据集中只有一个样点时，虽然平面中有无数条直线，但只分成两类。与此类似，若平面上有 $\boldsymbol{x}_1$ 和 $\boldsymbol{x}_2$ 两个点，那么直线的种类共 4 种：$\boldsymbol{x}_1$ 和 $\boldsymbol{x}_2$ 都为$+1$，$\boldsymbol{x}_1$ 和 $\boldsymbol{x}_2$ 都为-1，$\boldsymbol{x}_1$ 为$+1$ 且 $\boldsymbol{x}_2$ 为-1，$\boldsymbol{x}_1$ 为-1 且 $\boldsymbol{x}_2$ 为$+1$，如图 2-17(b)所示。若平面上有 $\boldsymbol{x}_1$、$\boldsymbol{x}_2$ 和 $\boldsymbol{x}_3$ 三个点，那么直线的种类共 8 种，即三个点被完全二分类。但三个点也会出现不能用一条直线划分的情况，即当三点共线时，最多有 6 种。即对于平面上三个点，不能保证所有的 8 个类别都能被一条直线划分，如图 2-18 所示。如果平面上有 $\boldsymbol{x}_1$、$\boldsymbol{x}_2$、$\boldsymbol{x}_3$、$\boldsymbol{x}_4$ 四个点，可以发现，平面上找不到一条直线能将四个点组成的 16 个类别完全分开，最多只能分开其中的 14 类，即直线最多只有 14 种，如图 2-17(d)所示。因为根据直线分类器的能力特点，4 个点中对角线的两点分别属于一类，这种情况无法用线性分类器分开，所以图中画了个“×”。所以 8 种中可能有一种不能实现，而当类标正好相反时，也是如此，故只有 14 种。

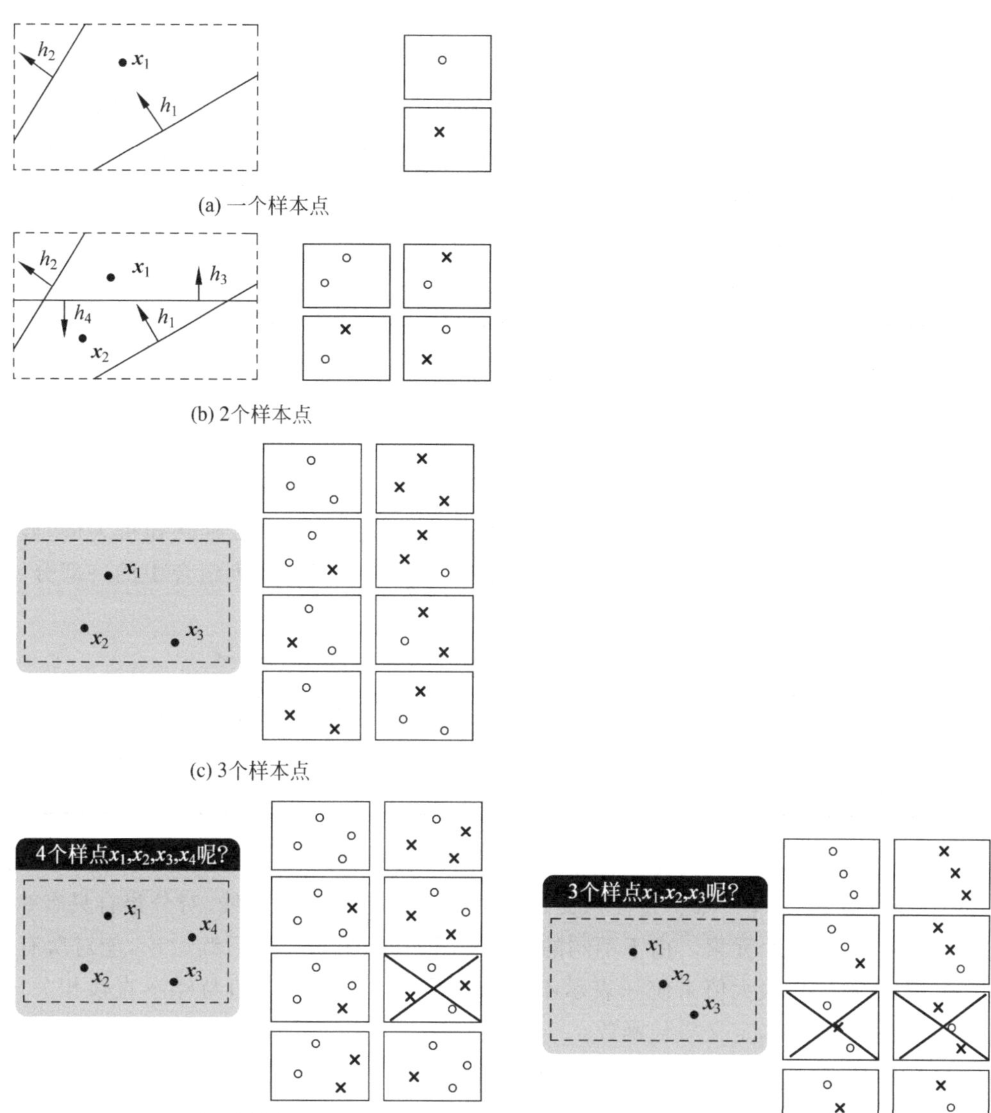

(a) 一个样本点

(b) 2个样本点

(c) 3个样本点

(d) 4个样本点

图 2-17 不同数据样本点时的有限数量

图 2-18 3 个点共线时的有限数

经过分析可以得出结论,平面上线的种类是有限的,1 个点最多有 2 种线,2 个点最多有 4 种线,3 个点最多有 8 种线,4 个点最多有 14(<16)种线,等等。可以发现,有效直线的数量总是满足小于或等于 2^N,其中,N 是点的个数。所以,如果可以用变量 effective(N)代替 M,则霍夫丁不等式可以写为

$$P[\mid E_{\text{in}}(g)-E_{\text{out}}(g)\mid>\varepsilon]\leqslant 2\text{effective}(N)\exp(-2\varepsilon^2N) \tag{2.16}$$

已知 effective(N)$<2^N$,如果能够保证 effective(N)$\ll 2^N$,即不等式右边接近于零,那么即使 M 无限大,直线的种类也很有限,机器学习也是可能的。

2. 泛化假设空间的有效数

前面以二维感知机为例，下面讨论更加一般的假设空间。假如有一个假设集合$\mathcal{H}$，其中的每一个假设都可以将样本分为两类，那么从 N 个样点分类结果的角度来观测假设 h，可以将假设分为多少个类别呢？

为了后续讲述更加清晰，定义一个新概念——对分，$\mathcal{H}$中的假设 h 对$\mathcal{D}$中 N 个样本赋予标记的每种可能结果称为一种对分。

定义 2-3 从样点 $\boldsymbol{x}_1,\boldsymbol{x}_2,\cdots,\boldsymbol{x}_N$ 分类结果的角度观察假设 h

$$h(\boldsymbol{x}_1,\boldsymbol{x}_2,\cdots,\boldsymbol{x}_N)=(h(\boldsymbol{x}_1),h(\boldsymbol{x}_2),\cdots,h(\boldsymbol{x}_N))\in\{\times,\bigcirc\}^N$$

则称其为对分。

定义$\mathcal{H}(\boldsymbol{x}_1,\boldsymbol{x}_2,\cdots,\boldsymbol{x}_N)$为$\mathcal{H}$中所有假设在 $\boldsymbol{x}_1,\boldsymbol{x}_2,\cdots,\boldsymbol{x}_N$ 上的对分集合。

对分不是样本标签的排列组合，因为有些排列组合不会出现在假设的分类结果之中，如 4 个样点的异或问题。下面对比假设集合和对分集合。以二维感知机为例，假设集合是平面上所有的直线，它是无限多的，对分集合是样本标签排列组合中的一部分，它会小于 2^N，二者对比关系如表 2-7 所示。

表 2-7 假设集合$\mathcal{H}$与对分集合$\mathcal{H}(\boldsymbol{x}_1,\boldsymbol{x}_2,\cdots,\boldsymbol{x}_N)$

	假设集合$\mathcal{H}$	对分集合$\mathcal{H}(\boldsymbol{x}_1,\boldsymbol{x}_2,\cdots,\boldsymbol{x}_N)$
举例	$\mathbf{R}^2$ 上所有直线	{○○○○,○○○×,○○××,…}
尺寸	可能无限多	$\leqslant 2^N$

不能用$|\mathcal{H}(x_1,x_2,\cdots,x_N)|$来替代 M，因为对分集合与训练集有关，即$|\mathcal{H}(\boldsymbol{x}_1,\boldsymbol{x}_2,\cdots,\boldsymbol{x}_N)|$与 $\boldsymbol{x}_1,\boldsymbol{x}_2,\cdots,\boldsymbol{x}_N$ 直接相关。前面例子中，三个样点共线，对分集合只有 6 个元素，不共线时有 8 个元素。由于不同的情况数目不同，为了便于后续讨论，能对所有情况都适用，下面采用最大值来统一表示不同的情况。但由于最大值与样本直接相关，为了去掉训练集的影响，定义成长函数。

定义 2-4 假设空间$\mathcal{H}$对 N 个样本所能赋予标记的最大可能结果数

$$m_{\mathcal{H}}(N)=\max_{\boldsymbol{x}_1,\boldsymbol{x}_2,\cdots,\boldsymbol{x}_N\in\boldsymbol{\mathcal{X}}}|\mathcal{H}(\boldsymbol{x}_1,\boldsymbol{x}_2,\cdots,\boldsymbol{x}_N)|$$

为成长函数，其是一个关于 N 的函数。

成长函数其实就是有效量的最大值。根据成长函数的定义，二维感知机空间上成长函数 $m_{\mathcal{H}}(N)$随 N 的变化关系如表 2-8 所示。

表 2-8 $m_{\mathcal{H}}(N)$随 N 的变化关系

N	$m_{\mathcal{H}}(N)$
1	2
2	4
3	max(…,6,8)
4	$14<2^N$

下面通过三个典型例子讨论如何计算成长函数。

例 2-1 一维正射线的成长函数。

如图 2-19 所示，若有 N 个样本点 $x_1, x_2, \cdots, x_N$，则整个区域可分为 $N+1$ 段。规定某个值 a 右侧的点是正类，左侧的点属于负类。由于 a 点右侧是正类，这类问题称为正射线问题。

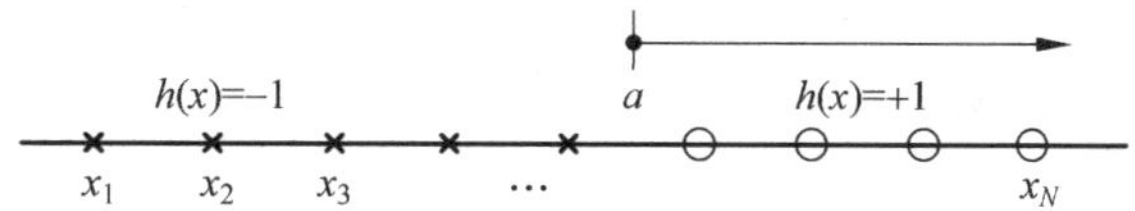

图 2-19 不同数据样本点时的有限数量

由于样本空间 $\mathcal{X}=\mathbb{R}$，则正射线问题的分类函数为 $\forall a, h(x)=\text{sign}(x-a)$。此时 $a \in (x_n, x_{n+1})$ 对应一个对分，则有成长函数 $m_{\mathcal{H}}(N)=N+1$。注意，当 N 很大时，$(N+1) \ll 2^N$。

例 2-2 一维正间隔的成长函数。

如图 2-20 所示，若有 N 个样本点 $x_1, x_2, \cdots, x_N$，则整个区域可分为 $N+1$ 段。规定某两个值之间的点是正类，而间隔外的点属于负类，这类问题称为正间隔问题。假设

$$h(x)=\begin{cases}+1, & x \in [l, r) \\ -1, & \text{其他}\end{cases} \tag{2.17}$$

则成长函数为

$$m_{\mathcal{H}}(N)=C_{N+1}^{2}+1=N^2/2+N/2+1 \tag{2.18}$$

这种情况下，$m_{\mathcal{H}}(N) \ll 2^N$，在 N 很大时，仍然满足。

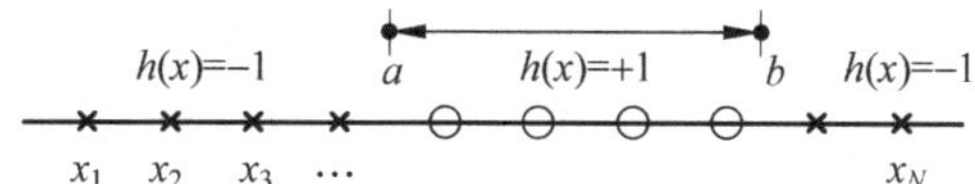

图 2-20 正间隔例子

例 2-3 凸集合的成长函数。

在二维空间里，如果假设是凸多边形或类圆构成的封闭曲线，如图 2-21 所示，左边是凸区域，右侧不是，那么此时成长函数是什么？

当数据集 $\mathcal{D}$ 按照图 2-21(a)所示凸区域边界曲线分布时，很容易计算得到它的成长函数 $m_{\mathcal{H}}(N)=2^N$。即任意假设所有 N 个点的类别，如图 2-22 所示，即此时可以连接所有正类点构成一个多边形，总能找到一个凸集合将所有正类放在内部，所有负类放在外部。这种情况下，N 个点所有可能的分类情况都能够被假设集覆盖，因此把这种情形称为打散。也就是说，如果能够找到一个数据分布集，假设集合对 N 个输入所有的分类情况都做得到，它的成长函数就是 2^N。

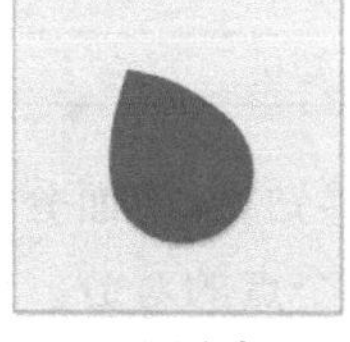

(a) 凸区域

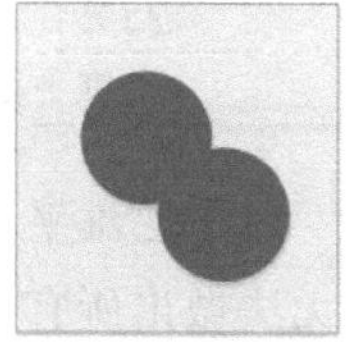

(b) 非凸区域

图 2-21 不同区域

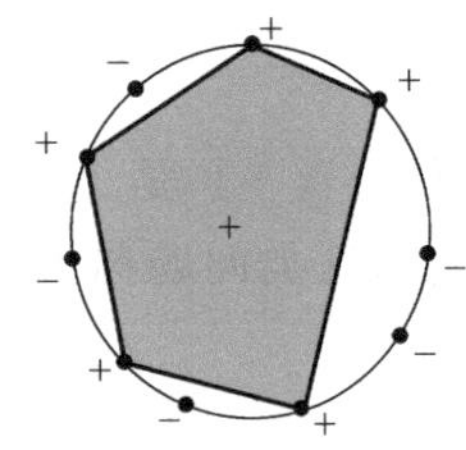

图 2-22　凸区域

有了这个成长函数，就可将假设空间的假设划分成大类，即利用该成长函数 $m_{\mathcal{H}}(N)$ 替换假设集合中的假设数目 M，则霍夫丁不等式变为

$$P(|E_{in}(g)-E_{out}(g)|>\varepsilon)\leqslant 2m_{\mathcal{H}}(N)\exp(-2\varepsilon^2 N)$$

希望 $m_{\mathcal{H}}(N)$ 最好是多项式复杂度，如正射线分类器和正间隔分类器，而指数复杂度则不可用。下面以凸集合分类器为例来说明不可用的原因。

如果 $m_{\mathcal{H}}(N)=2^N=\exp(N\ln 2)$，则霍夫丁不等式为

$$P(|E_{in}(g)-E_{out}(g)|>\varepsilon)\leqslant 2\exp(N(\ln 2-2\varepsilon^2))$$

若 $-\sqrt{\ln 2/2}\leqslant\varepsilon\leqslant\sqrt{\ln 2/2}$，则指数项内部大于 0，有

$$2\exp(N(\ln 2-2\varepsilon^2))\geqslant 1$$

而 $P(|E_{in}(g)-E_{out}(g)|>\varepsilon)\leqslant 1$，所以这个上界没有提供任何有意义的信息。而其实 $-\sqrt{\ln 2/2}\leqslant\varepsilon\leqslant\sqrt{\ln 2/2}$ 这个范围比较大，因为 $\ln 2\approx 0.693$，而 $-0.5887\leqslant\varepsilon\leqslant 0.5887$。因此不能保证 $E_{in}(h)\approx E_{out}(h)$，难以说明学习的可行性。

2.3.2　突破点

前面小节中介绍了正射线分类、正间隔分类、凸集合和平面感知机等类型的成长函数，如表 2-9 所示。其中正射线分类、正间隔分类的成长函数都是多项式的，如果用 $m_{\mathcal{H}}(N)$ 替代假设集合的数量 M，则霍夫丁不等式的右侧样本 N 很大时其值很小，可以保证学习的可行性。而凸集合分类器的成长函数是指数的，并不能保证机器学习的可行性。那么，对于二维平面感知机，它的成长函数 $m_{\mathcal{H}}(N)$ 究竟是多项式形式的还是指数的呢？

表 2-9　$m_{\mathcal{H}}(N)$ 随 N 的变化关系

假设类型	$m_{\mathcal{H}}(N)$
正射线问题	$m_{\mathcal{H}}(N)=N+1$
正间隔问题	$m_{\mathcal{H}}(N)=C_{N+1}^2+1=N^2/2+N/2+1$
凸集合	$m_{\mathcal{H}}(N)=2^N$
二维平面感知机	$m_{\mathcal{H}}(N)<2^N$

对于二维平面感知机，前面分析了 3 个样本点时最多可以得到 8 种对分，而 4 个样本就无法做出所有 16 个点的对分。所以，把 4 称为二维感知机的突破点，当然 5、6、7 等都是突破点。假设有 k 个样本点，如果 k 大于或等于突破点时，它的成长函数一定小于 2 的 k 次方。

定义 2-5　满足 $m_{\mathcal{H}}(k)\neq 2^k$ 的 k 的最小值就是突破点。

表 2-9 所列的四种成长函数，突破点分别如表 2-10 所示。可以看出，成长函数可能与突破点存在某种关系。对于凸集合，没有突破点，它的成长函数是 2 的 N 次方；对于

正射线，突破点 $k=2$，其成长函数是 $O(N)$；对于正间隔，突破点 $k=3$，它的成长函数是 $O(N^2)$。根据这种推论，猜测二维感知机空间的成长函数 $m_{\mathcal{H}}(N)=O(N^{k-1})$。如果成立，就可以用 $m_{\mathcal{H}}(N)$ 代替 M，满足机器能够学习的条件。

表 2-10　$m_{\mathcal{H}}(N)$ 与突破点

假设类型	$m_{\mathcal{H}}(N)$	突破点
正射线问题	$m_{\mathcal{H}}(N)=N+1$	2
正间隔问题	$m_{\mathcal{H}}(N)=C_{N+1}^2+1=N^2/2+N/2+1$	3
凸集合	$m_{\mathcal{H}}(N)=2^N$	无突破点
二维平面感知机	$m_{\mathcal{H}}(N)<2^N$	4

2.3.3　上限函数

1. 突破点的限制

如果 k 是假设集合的一个突破点，可以知道 $k+1, k+2, \cdots$ 都是突破点，那么还可以得出什么结论呢？

假设一种分类情形，若最小的突破点为 2，即 $k=2$。容易获得，当 $N=1$ 时，成长函数 $m_{\mathcal{H}}(N)=2$。

当 $N=2$ 时，成长函数 $m_{\mathcal{H}}(N)<2^2=4$（突破点是 2），因此最大的二分类个数不可能超过 3，假设为 3，如果为 4，则其突破点就不可能为 2。

当 $N=3$ 时，如图 2-23(a)所示，在 3 个样本点时随意选择 1 种二分的情况，这种分类没有任何问题，不会违反任意两个样本点出现 4 种不同的对分情况；如图 2-23(b)所示，在图 2-23(a)的基础上添加不与之前重复的 1 种二分类，出现了 2 种不冲突的二分类；如图 2-23(c)所示，在图 2-23(b)的基础上再添加不与之前重复的 1 种二分类，出现了 3 种不冲突的二分类；如图 2-23(d)所示，在图 2-23(c)的基础上再添加不与之前重复的 1 种二分类，此时出现了一个问题，即样本 $\boldsymbol{x}_2$、$\boldsymbol{x}_3$ 出现了 4 种不同的二分情况，和已知条件中 $k=2$ 矛盾（最多只能出现 3 种二分类），因此将其删去；如图 2-23(e)所示，在图 2-23(c)的基础上再添加不与之前重复的 1 种二分类，可以得到 4 种不同的二分类情况；如图 2-23(f)所示在图 2-23(e)的基础上再添加不与之前重复的 1 种二分类，则又出现了同样的问题，即样本 $\boldsymbol{x}_1$、$\boldsymbol{x}_3$ 出现了 4 种不同的二分情况，和已知条件中 $k=2$ 的条件不符（最多只能出现 3 种二分类），因此

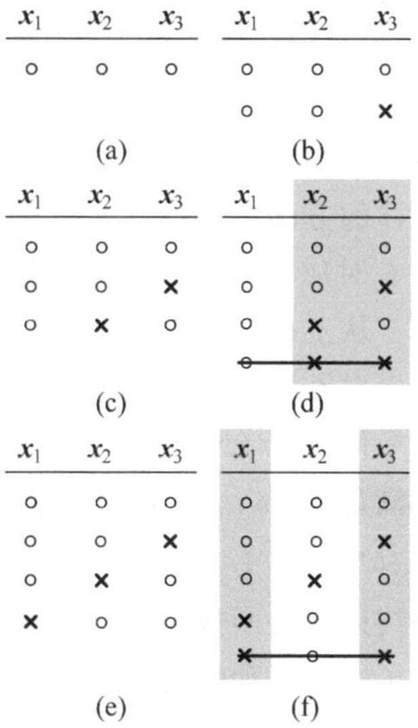

图 2-23　样本数为 3 时的二分类情形

将其删去。

在突破点是 2，样本点为 3 时，最多只能有 4 种二分类情况，而 $4\ll 2^3$。可以发现，当 $N>k$ 时，突破点限制了成长函数的最大值。因此影响成长函数 $m_{\mathcal{H}}(N)$值的大小因素主要有两个：一是数据集 N 的大小；二是突破点 k。因此，如果给定 N 和 k，能够证明其 $m_{\mathcal{H}}(N)$最大值的上界是多项式复杂度，则根据霍夫丁不等式，用 $m_{\mathcal{H}}(N)$代替 M 得到机器学习是可行的。所以，证明 $m_{\mathcal{H}}(N)$的上界是多项式复杂度，是我们的目标。

2. 上限函数

定义 2-6 上限函数表示突破点等于 k、样本数量等于 N 时，成长函数的最大值，记为 $B(N,k)$。

如何理解这个函数呢？可以把样本标签的排列组合看作是一个向量，那么 N 个样本标签的排列组合就是一个维度为 N 的二元向量。现在对这些向量做一个限制，即向量的任意维度为 k 的子向量不能被打散。前面把 3 个样本标签的排列组合都已经列出，然后一个一个地添加，确认新的排列组合后，是否存在两个样本会被打散，如果存在，该排列组合就不能被加进来。

至此，已经定义了对分、对分集合、成长函数，现在又新定义了上限函数。下面分析它们相互之间的关系。对分的概念是为了对假设集合进行分类，期望得到一个有限的量来替换霍夫丁不等式中无穷大的 M。显然，初步想法是用对分集合的大小 $|\mathcal{H}(\boldsymbol{x}_1,\boldsymbol{x}_2,\cdots,\boldsymbol{x}_N)|$ 来当作这个有限量，但是对分集合的大小与样本集合有关，如前面给出的二维感知机例子中，3 个样本共线时有 6 种对分，不共线时有 8 种对分。为了避免后面的讨论受到样本集合的影响，给出了成长函数 $m_{\mathcal{H}}(N)$的概念，它是所有样本集合对应的对分中，最大对分集合的大小，或者说成长函数是所有样本中对分情况的最大值。但成长函数还会与假设集合的形式有关，比如正射线的成长函数和正区间的成长函数，在 N 相同时是不一样的；另外，一维感知机的突破点与正区间分类器相同，也等于 3，那么能否用同样的方法来分析这两种算法呢。为了让讨论更有一般性，定义了上限函数为突破点等于 k 时成长函数 $m_{\mathcal{H}}(N)$的最大值 $B(N,k)$。

从上可知，上限函数的优势在于其与样本集合无关，与假设集合的具体形式也无关，所以对不同的机器学习算法，不同的样本集合，可以用同样的方法来进行分析。

例如，$B(N,3)$可以同时表示一维空间感知机和正间隔分类两种假设空间，因为两者都满足 $k=3$。注意，一维感知机的成长函数 $m_{\mathcal{H}}(N)=2N$，而正间隔分类器的成长函数 $m_{\mathcal{H}}(N)=C_{N+1}^2+1=N^2/2+N/2+1$，$B(N,3)$一定比这两种情况中最大的还要大，才能约束成长函数。回忆上限函数的定义，是成长函数 $m_{\mathcal{H}}(N)$最大值的函数表示，从这个例子中可以理解为何还会出现“最大值”。

下面证明 $B(N,k)$是多项式复杂度，即 $B(N,k)<\mathrm{poly}(N)$。首先观察已知的 $B(N,k)$如何表示，通过直观的列表方式找出规律，如表 2-11 所示。

表 2-11 已知的 $B(N,k)$ 取值

$B(N,k)$		k						
		1	2	3	4	5	6	…
N	1	1	2	2	2	2	2	…
	2	1	3	4	4	4	4	…
	3	1	4	7	8	8	8	…
	4	1			15	16	16	…
	5	1				31	32	…
	6	1					63	…
	…	…						…

在 $N=k$ 的斜线上，所有值都等于 2^N-1。原因是突破点使得不能出现完全对分 2^N 的情况，最大对分数可以是 2^N-1。在斜线的右上角区域所有的点都满足完全二分类的，因此值为 2^N。而在斜线左下角已给出数值的点都是在上一节中已求出答案的点，空白地方的值则是下节需要介绍的内容。

3. 上限函数归纳法证明

下面讨论如表 2-11 中空白位置的数值计算。从已有的数据可以看出，似乎存在一种关系，即每个值等于它正上方与左上方的值相加，如下式所示：

$$B(N,k)=B(N-1,k)+B(N-1,k-1) \tag{2.19}$$

单从观察无法证明式(2.19)是成立的，下面来验证式(2.19)的正确性。

首先通过计算机求出 $N=4,k=3$ 的所有对分情况(自己编写程序加上限制条件，在 16 个二分类中找出符合条件的)，其结果如图 2-24 所示。

图 2-24 中的排列缺乏规律性，因此对这 11 种情况做一次重新排序，将 $\boldsymbol{x}_4$ 与 $\boldsymbol{x}_1\sim\boldsymbol{x}_3$ 分开观察，如图 2-25 所示可以分成两组，一组是横条底纹部分，一组是竖条底纹部分。横条底纹部分为 $\boldsymbol{x}_1\sim\boldsymbol{x}_3$ 两两一致、$\boldsymbol{x}_4$ 成对出现的二分类，共 4 组，如 1 和 5、2 和 8、3 和 10、4 和 11。竖条底纹部分为各不相同的 $\boldsymbol{x}_1\sim\boldsymbol{x}_3$，如 6、7、9 三种。更泛化表示，假设横条底纹部分一共 α 对二分类，即 2α 种对分；设竖条底纹部分一共 β 种，则可得

$$B(4,3)=11=2\times4+3=2\alpha+\beta \tag{2.20}$$

	x_1	x_2	x_3	x_4
1	○	○	○	○
2	×	○	○	○
3	○	×	○	○
4	○	○	×	○
5	○	○	○	×
6	×	×	○	×
7	×	○	×	○
8	×	○	○	×
9	○	×	×	×
10	○	×	○	×
11	○	○	×	×

图 2-24 $N=4,k=3$ 的所有对分

注意：$k=3$，意味着在样本点为 3 时不能满足完全对分。需要观察在样本数为 3 时，这 11 种分类会有何变化，不妨假设三个样本 $\boldsymbol{x}_1\sim\boldsymbol{x}_3$，则得到如图 2-26 所示的 7 种二分类情形。其中横条底纹部分，原本两两成对出现的二分类，在去掉 $\boldsymbol{x}_4$ 所属的那列样本之后，就合并成了 4 种对分情况($\alpha=4$)，竖条底纹部分不变依然为 3 种对分情况($\beta=3$)。因为已知 $N=4,k=3$，在样本数为 3 时，图 2-26 中即表示样本数为 3 的情况，其一定不能满足完全二分，因此 α 与 β 一定满足

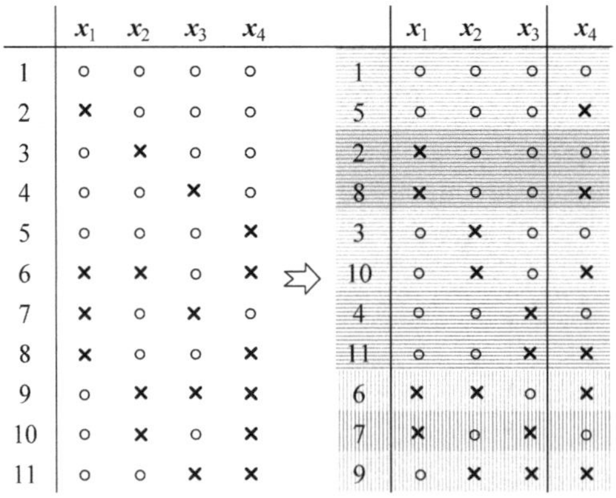

(a) 单个表示的对分

	x_1	x_2	x_3	x_4
1	○	○	○	○
2	×	○	○	○
3	○	×	○	○
4	○	○	×	○
5	○	○	○	×
6	×	×	○	×
7	×	○	×	○
8	×	○	○	×
9	○	×	×	×
10	○	×	○	×
11	○	○	×	×

⇨

(b) 成对形式表示的对分

	x_1	x_2	x_3	x_4
1	○	○	○	○
5	○	○	○	×
2	×	○	○	○
8	×	○	○	×
3	○	×	○	○
10	○	×	○	×
4	○	○	×	○
11	○	○	×	×
6	×	×	○	×
7	×	○	×	○
9	○	×	×	×

图 2-25　以成对和单个的形式展示

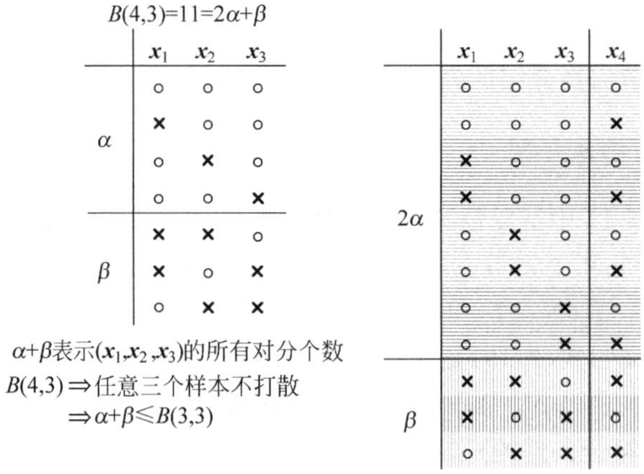

$B(4,3)=11=2\alpha+\beta$

	x_1	x_2	x_3
α	○	○	○
	×	○	○
	○	×	○
	○	○	×
β	×	×	○
	×	○	×
	○	×	×

$\alpha+\beta$表示(x_1,x_2,x_3)的所有对分个数

$B(4,3)\Rightarrow$任意三个样本不打散

$\Rightarrow\alpha+\beta\leqslant B(3,3)$

	x_1	x_2	x_3	x_4
2α	○	○	○	○
	○	○	○	×
	×	○	○	○
	×	○	○	×
	○	×	○	○
	○	×	○	×
	○	○	×	○
	○	○	×	×
β	×	×	○	×
	×	○	×	○
	○	×	×	×

图 2-26　3 个样本时缩减之后的二分类

$$\alpha+\beta\leqslant B(3,3) \tag{2.21}$$

继续观察横条底纹部分的区域(图 2-27),可得

$$\alpha\leqslant B(3,2) \tag{2.22}$$

式(2.22)采用反证法来证明。假设 3 个样本 $\boldsymbol{x}_1\sim\boldsymbol{x}_3$ 在图 2-27 所示的 4 种二分类情况下,满足任意 2 个样本都可完全二分类,则将 $\boldsymbol{x}_1\sim\boldsymbol{x}_3$ 中任意两列取出,同之前被删除的 $\boldsymbol{x}_4$ 列相结合,可得到 3 个样本都满足完全二分类的情形(因为不论是哪两列与 $\boldsymbol{x}_4$ 相结合都会得到 8 种对分,每一行对分都对应两个不同标记的 $\boldsymbol{x}_4$,因此为 8 种)。但此结论和已知任意 3 个样本不能完全对分相冲突,因此假设不成立,即在图 2-27 中一定存在某两个样本点不能完全二分的情况,因此得出如式(2.22)所示的结论。

由式(2.20)~式(2.22)推导出

$$B(4,3)=2\alpha+\beta=(\alpha+\beta)+\alpha\leqslant B(3,3)+B(3,2) \tag{2.23}$$

最终推导出如下式所示的通用结论:

$$B(N,k)=2\alpha+\beta=(\alpha+\beta)+\alpha\leqslant B(N-1,k)+B(N-1,k-1) \tag{2.24}$$

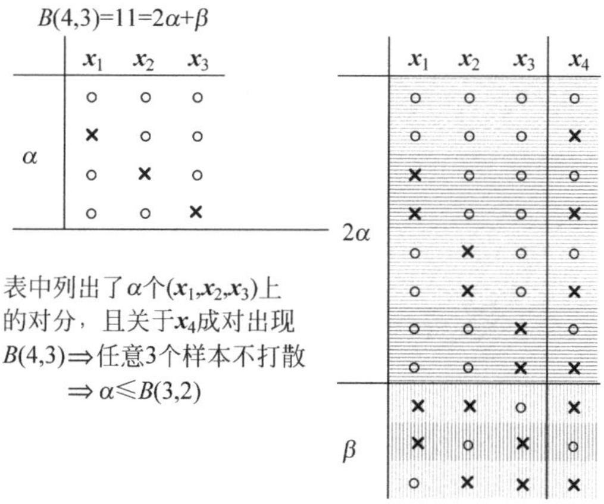

$B(4,3)=11=2\alpha+\beta$

表中列出了 α 个 (x_1,x_2,x_3) 上的对分，且关于 x_4 成对出现

$B(4,3)\Rightarrow$ 任意3个样本不打散

$\Rightarrow \alpha\leqslant B(3,2)$

图 2-27　3 个样本时横条底纹区域的二分类

即验证式(2.19)的猜想。

根据这一结论将表 2-11 补齐，得到结果如表 2-12 所示。

表 2-12　补齐后的上限函数

$B(N,k)$		k						
		1	2	3	4	5	6	…
N	1	1	2	2	2	2	2	…
	2	1	3	4	4	4	4	…
	3	1	4	7	8	8	8	…
	4	1	≤5	11	15	16	16	…
	5	1	≤6	≤16	≤26	31	32	…
	6	1	≤7	≤22	≤42	≤57	63	…
	…	…						…

下面，证明下式成立：

$$B(N,k)\leqslant\sum_{i=0}^{k-1}C_N^i \tag{2.25}$$

首先需要预先了解组合中的一个定理，如下式所示：

$$C_N^k=C_{N-1}^k+C_{N-1}^{k-1} \tag{2.26}$$

容易证明，$k=1$ 情况下，式(2.25)成立，如下式所示：

$$B(N,1)=1=C_N^0\leqslant\sum_{i=0}^{1-1}C_N^i \tag{2.27}$$

上节已经给出了证明，不仅满足不等号条件，而且满足等号条件。再使用数学归纳法证明在 $k\geqslant 2$ 的情况，式(2.25)成立。

假设式(2.25)成立，则可以得到在 $k\geqslant 2$ 的情况下式成立：

$$B(N-1,k)\leqslant\sum_{i=0}^{k-1}C_{N-1}^i \tag{2.28}$$

同时结合

$$B(N-1,k-1) \leqslant \sum_{i=0}^{k-2} C_{N-1}^{i} = \sum_{i=1}^{k-1} C_{N-1}^{i-1} \tag{2.29}$$

可推导出

$$\begin{aligned} B(N,k) &\leqslant B(N-1,k)+B(N-1,k-1) \leqslant \sum_{i=0}^{k-1} C_{N-1}^{i} + \sum_{i=1}^{k-1} C_{N-1}^{i-1} \\ &= C_{N-1}^{0} + \sum_{i=1}^{k-1} C_{N-1}^{i} + \sum_{i=1}^{k-1} C_{N-1}^{i-1} \\ &= C_{N-1}^{0} + \sum_{i=1}^{k-1} (C_{N-1}^{i} + C_{N-1}^{i-1}) \\ &= 1 + \sum_{i=1}^{k-1} C_{N}^{i} \\ &= C_{N}^{0} + \sum_{i=1}^{k-1} C_{N}^{i} \\ &= \sum_{i=0}^{k-1} C_{N}^{i} \end{aligned} \tag{2.30}$$

这一结果意味着，成长函数 $m_{\mathcal{H}}(N)$的上限函数 $B(N,k)$的上限为 N^{k-1}。成长函数的上限是上限函数，上限函数的上限是一个多项式，这个多项式的最高次项是 $k-1$，k 是突破点。只要成长函数有突破点，它就是多项式复杂度的量，即

$$m_{\mathcal{H}}(N) \leqslant B(N,k) \leqslant \sum_{i=0}^{k-1} C_{N}^{i} \leqslant N^{k-1} \quad (N \geqslant 2, k \geqslant 3) \tag{2.31}$$

可以将上限值代入霍夫丁不等式，当 N 足够大时，E_{in} 和 E_{out}相似的概率非常大，机器学习可行。

表 2-13 给出了上限函数取值与 N^{k-1} 值的比较，从表中底纹数字看出，在 N 和 k 相同时，右边表中的数字比左边表的数字大，而且随着 N 和 k 的增大，差距越来越明显。因此，可以对成长函数进一步缩放，用 N^{k-1} 作为成长函数的上限，这样就可以用一个简单的式子来替代复杂的多项式。当然，这个缩放只在 $N \geqslant 2, k \geqslant 3$ 的时候才成立。

表 2-13　上限函数与 N^{k-1} 的值对比

$B(N,k)$		k					N^{k-1}		k				
		1	2	3	4	5			1	2	3	4	5
N	1	1	2	2	2	2	N	1	1	2	2	2	2
	2	1	3	4	4	4		2	1	3	4	8	16
	3	1	4	7	8	8		3	1	4	9	27	81
	4	1	5	11	15	16		4	1	5	16	64	256
	5	1	6	16	26	31		5	1	6	25	125	625
	6	1	7	22	42	57		6	1	7	36	216	1296

4. VC 界

前面通过分析成长函数 $m_{\mathcal{H}}(N)$上限 $B(N,k)$的上限，利用霍夫丁不等式说明机器学习的可行性。但在实际应用中采用的霍夫丁不等式略有区别，即从原有的霍夫丁不等式

$$P[\exists h \in H \quad \text{s.t.} \ |E_{\text{in}}(g)-E_{\text{out}}(g)|>\varepsilon] \leqslant 2m_{\mathcal{H}}(N)\exp(-2\varepsilon^2 N) \tag{2.32}$$

变为

$$P[\exists h \in H \quad \text{s.t.} \ |E_{\text{in}}(g)-E_{\text{out}}(g)|>\varepsilon] \leqslant 2\times 2m_{\mathcal{H}}(2N)\exp\left(-2\times\frac{1}{16}\varepsilon^2 N\right) \tag{2.33}$$

比较式(2.32)和式(2.33)发现，在不等式的右侧三个不同位置多了三个常数，分别是前面多了一个 2 倍，成长函数变量从 N 变成 $2N$，指数函数中多了一个 1/16。实际上，该不等式在机器学习中称为 VC 界(Vapnik-Chervonenkis bound)。从上面看出，VC 界并不是直接把 $m_{\mathcal{H}}(N)$代入霍夫丁不等式中，但其形式跟霍夫丁不等式也很类似，多了上面提到的三个常数。

VC 界的证明比较复杂，本书不再进行细致证明和讨论。需要注意，发生 E_{in} 和 E_{out} 相差很大的概率会小于 4 倍的成长函数再乘上一个指数，此时成长函数是在 $2N$ 上。当突破点存在时，该成长函数是一个多项式复杂度的量，最高次项为 $k-1$。因此可以得到结论，当训练样本集足够大时，无论机器学习算法选出来哪个假设当作最优假设，都可以认为该假设 g 在未知样本上与在训练集上性能不一致的概率非常小，4 倍的$(2N)^{k-1}$ 乘以 $\exp\left(-\frac{1}{8}\varepsilon^2 N\right)$，即使 N 足够大，该值也很小。霍夫丁不等式可以表示为

$$\begin{aligned} P_{\mathcal{D}}[|E_{\text{in}}(g)-E_{\text{out}}(g)|>\varepsilon] &\leqslant P_{\mathcal{D}}[\exists h \in H \quad \text{s.t.} \ |E_{\text{in}}(g)-E_{\text{out}}(g)|>\varepsilon] \\ &\leqslant 4m_{\mathcal{H}}(2N)\exp\left(-\frac{1}{8}\varepsilon^2 N\right) \\ &\leqslant 4N^{k-1}\exp\left(-\frac{1}{8}\varepsilon^2 N\right)(\text{若 } k \text{ 存在}) \end{aligned} \tag{2.34}$$

式(2.34)的意义是在输入样本 N 很大时，VC 限制一定成立，同时等式的左边也一定会在 $k\geqslant 3$ 的情况下被以多项式形式(N^{k-1})所约束(注意这里没有 $N\geqslant 2$ 的约束，因为 VC 限制是样本 N 很大的情况下产生，因此一定满足该条件)。而在 $k<3$ 的情况下有其他的限制可以满足，如正射线分类器不需要多项式形式的限制也可以约束成长函数。

至此得知，满足以下几个条件，机器便可以学习：

(1) 假设空间的成长函数 $m_{\mathcal{H}}(N)$有一个突破点 k，该条件意味着有好的假设空间$\mathcal{H}$；

(2) 输入数据样本 N 足够大，该条件意味着有好的输入样本集$\mathcal{D}$。

(1)和(2)通过 VC 界共同得出结论，即 E_{in} 和 E_{out} 有可能很接近。

一个算法$\mathcal{A}$能够找出一个使 E_{in} 足够小的 g，这意味着算法$\mathcal{A}$是一个好的算法；再结合(1)和(2)得出的结论就可以进行机器学习。

2.3.4 VC维

1. VC维的定义

VC维是假设空间的一个性质，其与突破点有很大关系[8-9]。

定义 2-7 VC维：数据样本可以被完全二分的最大值，表示为 d_{VC}。

假如突破点存在，即最小的突破点减去1，如下式所示：

$$d_{\mathrm{VC}} = \text{“最小的 } k\text{”} - 1 \tag{2.35}$$

若不存在突破点，则VC维为无限大。

由VC维的定义可知，如果输入数据量 N 小于 d_{VC}，则输入数据$\mathcal{D}$有可能会被完全地二分类，这里不一定，只能保证存在。如果输入数据量 N 大于 d_{VC}，则存在 k 一定是假设空间$\mathcal{H}$的突破点。

使用 d_{VC} 对式(2.31)进行重写，即当 $N \geqslant 2$ 且 $d_{\mathrm{VC}} \geqslant 2$ 时，有

$$m_{\mathcal{H}}(N) \leqslant N^{d_{\mathrm{VC}}} \tag{2.36}$$

对于表2-9提到的几种分类，使用VC维取代突破点，表示VC维与成长函数的关系，如表2-14所示。

表 2-14 VC维与成长函数的关系

正射线分类	$d_{\mathrm{VC}}=1$	$m_{\mathcal{H}}(N)=N+1$
一维空间感知机	$d_{\mathrm{VC}}=2$	$m_{\mathcal{H}}(N)=2N$
正间隔分类	$d_{\mathrm{VC}}=2$	$m_{\mathcal{H}}(N)=C_{N+1}^2+1=N^2/2+N/2+1$
凸集合分类	$d_{\mathrm{VC}}=\infty$	$m_{\mathcal{H}}(N)=2^N$
二维平面感知机	$d_{\mathrm{VC}}=3$	当 $N \geqslant 3$ 时，$m_{\mathcal{H}}(N)<N^3$

上节中提到，成长函数 $m_{\mathcal{H}}(N)$有一个突破点 k 意味着有好的假设空间$\mathcal{H}$，这里对好的假设空间重新做一个定义，即有限的VC维。一个有限的VC维总是能够保证寻找到的近似假设 g 满足 $E_{\mathrm{in}}(g) \approx E_{\mathrm{out}}(g)$，即VC维可应对任意的假设空间、任意的数据分布情况及任意的目标函数。

2. 感知机的VC维

前面已经得出结论，即只要 d_{VC} 是一个有限数，就可以使用VC限制的霍夫丁不等式(2.34)来保证 $E_{\mathrm{in}}(g) \approx E_{\mathrm{out}}(g)$。

前面研究了感知机分类器问题，可知：对于一维空间感知机，$d_{\mathrm{VC}}=2$；对于平面二维空间感知机，$d_{\mathrm{VC}}=3$。那么考虑更一般的情况，当维数大于二维时，感知机的VC维如何表示？能否表示成一个有限数值？根据规律，容易想到 d 维感知机的 $d_{\mathrm{VC}}=d+1$。但这只是一种设想，接下来对此设想进行证明，首先证明 $d_{\mathrm{VC}} \geqslant d+1$，其次证明 $d_{\mathrm{VC}} \leqslant d+1$。

证明 $d_{\mathrm{VC}} \geqslant d+1$ 的思路是证明存在 $d+1$ 数量的某一数据集可以完全二分；证明

$d_{VC} \leqslant d+1$ 的思路是证明任何 $d+2$ 数量的数据集都不可以完全二分。

(1) 证明 $d_{VC} \geqslant d+1$

证明 $d_{VC} \geqslant d+1$，只需要存在 $d+1$ 数量的某一数据集可以完全二分。因为只需要证明存在即可，不妨构造一个输入样本集，假设样本为 d 维行向量，其中第一个样本为 0 向量，第二个样本是其第一个分量为 1 其他分量为 0 的向量，第三个样本是其第二个分量为 1 其他分量为 0 的向量，以此类推，第 $d+1$ 个样本是其第 d 个分量为 1 其他分量为 0 的向量，如 $\boldsymbol{x}_1=[0,0,\cdots,0]$，$\boldsymbol{x}_2=[1,0,\cdots,0]$，$\boldsymbol{x}_3=[0,1,\cdots,0]$，$\cdots$，$\boldsymbol{x}_{d+1}=[0,0,\cdots,1]$。在感知机中样本为

$$\boldsymbol{X}=\begin{bmatrix}1 & \boldsymbol{x}_1\\ 1 & \boldsymbol{x}_2\\ 1 & \boldsymbol{x}_3\\ \vdots & \vdots\\ 1 & \boldsymbol{x}_{d+1}\end{bmatrix}=\begin{bmatrix}1 & 0 & 0 & 0 & \cdots & 0\\ 1 & 1 & 0 & 0 & \cdots & 0\\ 1 & 0 & 1 & 0 & \cdots & 0\\ \vdots & \vdots & \vdots & \vdots & & 0\\ 1 & 0 & 0 & 0 & \cdots & 1\end{bmatrix} \tag{2.37}$$

式中每一个样本加上默认的第 0 个分量，其值为 1(从阈值 b 变成 w_0 所乘的样本分量)。

容易证明 $\boldsymbol{X}$ 矩阵可逆。除了第一行之外的每一行都减去第一行得到一个对角矩阵，因此该矩阵为满秩、可逆。需要证明的是 $\boldsymbol{X}$ 可以完全二分，关注的重点为输出标记向量 $\boldsymbol{y}^{\mathrm{T}}=[y_1,y_2,\cdots,y_{d+1}]$。只要找出各种权值向量 $\boldsymbol{w}$ 能将上述输入样本集 $\boldsymbol{X}$ 映射到全部的二分情况下的 $\boldsymbol{y}$ 上即可。已知感知机可以使用 $\mathrm{sign}(\boldsymbol{X}\boldsymbol{w})=\boldsymbol{y}$ 表示。而只要权值向量使得 $\boldsymbol{X}\boldsymbol{w}=\boldsymbol{y}$ 成立，就一定满足 $\mathrm{sign}(\boldsymbol{X}\boldsymbol{w})=\boldsymbol{y}$ 的需求。

假设其中输入矩阵如式(2.37)所示，即 $\boldsymbol{X}$ 是可逆矩阵，输出向量 $\boldsymbol{y}$ 的任意一种二分类情况，则存在假设函数 $\boldsymbol{w}$，使得

$$\boldsymbol{w}=\boldsymbol{X}^{-1}\boldsymbol{y} \tag{2.38}$$

则有

$$\boldsymbol{w}=\boldsymbol{X}^{-1}\boldsymbol{y} \Leftrightarrow \boldsymbol{X}\boldsymbol{w}=\boldsymbol{y} \Rightarrow \mathrm{sign}(\boldsymbol{X}\boldsymbol{w})=\boldsymbol{y} \tag{2.39}$$

即任何一种二分类情况 $\boldsymbol{y}$ 都会有一个权向量 $\boldsymbol{w}$ 与之对应，即存在 $d+1$ 个样本 $\boldsymbol{X}$ 可以被打散，因此 $d_{VC} \geqslant d+1$ 成立。

(2) 证明 $d_{VC} \leqslant d+1$

证明 $d_{VC} \leqslant d+1$ 的思路与 $d_{VC} \geqslant d+1$ 不太一样，不是证明存在性，需要证明任何大于 $d+1$ 数量的数据集都不可以完全二分。

假设一个 2 维空间，观察 2+2 个输入数据量，不妨假设这 4 个输入样本分别是 $\boldsymbol{x}_1=[0,0]$，$\boldsymbol{x}_2=[1,0]$，$\boldsymbol{x}_3=[0,1]$，$\boldsymbol{x}_4=[1,1]$。输入数据集为

$$\boldsymbol{X}=\begin{bmatrix}1 & \boldsymbol{x}_1\\ 1 & \boldsymbol{x}_2\\ 1 & \boldsymbol{x}_3\\ 1 & \boldsymbol{x}_4\end{bmatrix}=\begin{bmatrix}1 & 0 & 0\\ 1 & 1 & 0\\ 1 & 0 & 1\\ 1 & 1 & 1\end{bmatrix} \tag{2.40}$$

可以想象，在标记 $y_1=-1$，$y_2=y_3=1$ 时，y_4 不可以为 -1，如图 2-28 所示。

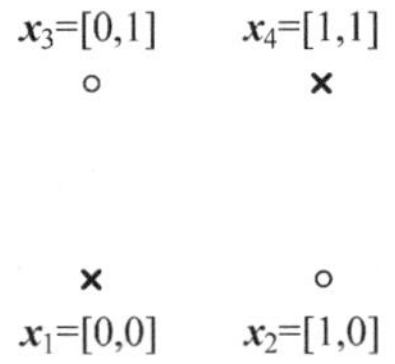

x_3=[0,1]　　x_4=[1,1]

○　　×

×　　○

x_1=[0,0]　　x_2=[1,0]

图 2-28　2 维数据样本不可二分的情况

根据样本值可得

$$x_4 = x_2 + x_3 - x_1 \tag{2.41}$$

式(2.41)等号两边同时左乘权值向量 $\boldsymbol{w}$ 依旧成立；但在满足 y_1 为-1，y_2 与 y_3 为$+1$ 条件时，式(2.41)左边一定大于 0，即

$$\boldsymbol{w}\boldsymbol{x}_4 = \underbrace{\boldsymbol{w}\boldsymbol{x}_2}_{y_2} + \underbrace{\boldsymbol{w}\boldsymbol{x}_3}_{y_3} - \underbrace{\boldsymbol{w}\boldsymbol{x}_1}_{y_1} = 3 > 0 \tag{2.42}$$

这种样本间线性依赖的关系导致了无法二分，因为 y_2、y_3 和 y_1 决定了 y_4 值。类似地，在高维空间同样有这样的结果。

假设在 d 维空间中取 $d+2$ 个样本(可取 0 向量样本)，其输入样本集如下：

$$\boldsymbol{X} = \begin{bmatrix} 1 & \boldsymbol{x}_1 \\ 1 & \boldsymbol{x}_2 \\ 1 & \boldsymbol{x}_3 \\ 1 & \vdots \\ 1 & \boldsymbol{x}_{d+2} \end{bmatrix} \tag{2.43}$$

样本间具有线性依赖关系，可得

$$\boldsymbol{x}_{d+2} = a_1\boldsymbol{x}_1 + a_2\boldsymbol{x}_2 + \cdots + a_{d+1}\boldsymbol{x}_{d+1} \tag{2.44}$$

式中：$a_i(i=1,2,\cdots,d+2)$表示系数，可正可负，也可以等于 0，但是不可以全为 0。

这里采用反证法进行证明。假设存在如下式这样的二分情况，即

$$\boldsymbol{y}^{\mathrm{T}} = [\mathrm{sign}(a_1), \mathrm{sign}(a_2), \cdots, \mathrm{sign}(a_{d+1}), -1] \tag{2.45}$$

在式(2.44)的等号两边左乘权值向量 $\boldsymbol{w}$，可得

$$\begin{aligned} \boldsymbol{w}^{\mathrm{T}}\boldsymbol{x}_{d+2} &= a_1\boldsymbol{w}^{\mathrm{T}}\boldsymbol{x}_1 + a_2\boldsymbol{w}^{\mathrm{T}}\boldsymbol{x}_2 + \cdots + a_{d+1}\boldsymbol{w}^{\mathrm{T}}\boldsymbol{x}_{d+1} \\ &= a_1\mathrm{sign}(a_1) + a_2\mathrm{sign}(a_2) + \cdots + a_{d+1}\mathrm{sign}(a_{d+1}) > 0 \end{aligned} \tag{2.46}$$

因为 a_i 和 $\boldsymbol{y}^{\mathrm{T}}$ 的第 i 个分量 $\mathrm{sign}(a_i)$同号$(i=1,2,\cdots,d+1)$，所以左项必然为正，式(2.45)假设不成立。因此，在任何 $d+2$ 个输入数据集中必然存在不能满足的二分类，即 $d_{\mathrm{VC}} \leqslant d+1$。

从前面证明分别得到 $d_{\mathrm{VC}} \geqslant d+1$ 和 $d_{\mathrm{VC}} \leqslant d+1$，所以可得 $d_{\mathrm{VC}} = d+1$。因此可以得出，对于任意 d 维空间的感知机，其 VC 维为 $d+1$。

3. VC 维的解释

前面通过实例给出了 VC 维，它如何与物理世界中的模型去关联，下面从直观和间接两个方面来解释 VC 维的本质[10]。

1) VC 维的直观解释

从感知机分类器研究中可以发现，感知机数据的维度和 VC 维是关联的。之所以称为 VC 维，也是由于其与数据的维度相关。在感知机中，数据样本的维度又与权值向量的维度一致，不同的权值向量对应着不同的假设函数，因此称假设函数的参数 $\boldsymbol{w}^{\mathrm{T}} = [w_0, w_1, \cdots, w_d]$是假设空间上的自由度。如果从假设空间的数量$|\mathcal{H}|$角度上描述，自由度是

无限大的；但是从感知机在二元分类上这一限制条件入手，则可以使用VC维作为自由度的衡量。

下面通过前面的两个例子来更具体地看待VC维和假设空间参数之间的关系，如图2-29所示。图2-29(a)中$d_{VC}=1$时，假设空间有1个参数，即阈值；图2-29(b)中$d_{VC}=2$时，假设空间有2个参数，即左、右两个边界点。因此，在大部分情况下，d_{VC}大致等于假设空间参数的个数。

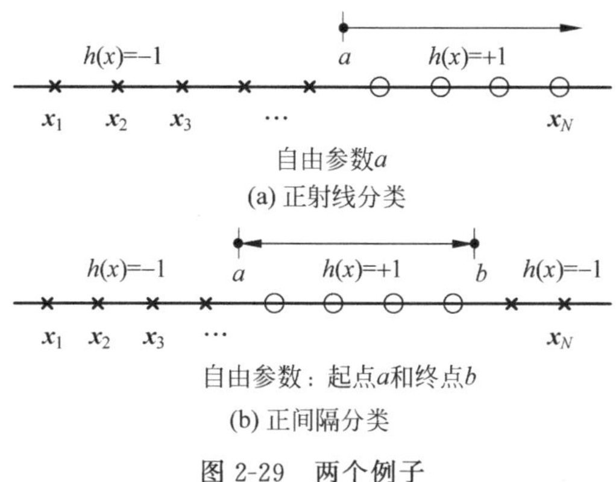

(a) 正射线分类

(b) 正间隔分类

图2-29 两个例子

在前面研究机器学习的可行性时，提出机器学习包含的两个基本问题：一是能否满足$E_{in}(g)\approx E_{out}(g)$；二是找到的假设$g$能否使得$E_{in}(g)$很小。这里采用VC维替代假设空间假设数$M$来描述与这两个问题的关系，如表2-15所示。

表2-15 VC维与两个条件的关系

	d_{VC}很小	d_{VC}很大
第一个问题：$E_{in}(g)$与$E_{out}(g)$是否近似相等	满足，$P_{\mathcal{D}}[坏\ \mathcal{D}]\leqslant 4(2N)^{d_{VC}}\cdot\exp\left(-\frac{1}{8}\epsilon^2N\right)$ d_{VC}很小，不好情况出现的概率变小	不满足，$P_{\mathcal{D}}[坏\ \mathcal{D}]\leqslant 4(2N)^{d_{VC}}\cdot\exp\left(-\frac{1}{8}\epsilon^2N\right)$ d_{VC}很大，不好情况出现的概率变大
第二个问题：$E_{in}(g)$是否很小	不满足，在d_{VC}变小时，假设数量变小，算法选择变小，可能无法找到$E_{in}(g)$很小或接近0的假设	满足，在d_{VC}变大时，假设数量变大，算法选择变大，找到$E_{in}(g)$接近0假设的概率变大

在很多机器学习书籍中，参数较多的模型都称为复杂模型，但很少给出解释。本书在此进行解释，即在很多情况下模型参数的个数大致等于VC维的个数。参数越多或者说模型越复杂，越有可能找出使$E_{in}(g)$最小的假设函数g。但是，这需要大量训练样本的支持，因为只有在训练样本数量N足够大时，才能使更复杂(参数更多或VC维更大)的模型出现不好情况的概率变小，如表2-15的右列。

2）VC 维的深入解析

前面给出了基于 VC 界的霍夫丁不等式(2.34)。下面从模型复杂度和样本复杂度两个角度深入了解 VC 维的本质。

假设式(2.34)右边用符号 δ 表示，则“好”事情 $|E_{in}(g)-E_{out}(g)|\leqslant\varepsilon$ 发生的概率一定大于或等于 $1-\delta$。$E_{in}(g)$ 与 $E_{out}(g)$ 接近程度可以使用含有 δ 的公式表示，即

$$\delta=4(2N)^{d_{VC}}\exp\left(-\frac{1}{8}\varepsilon^2N\right)$$

$$\frac{\delta}{4(2N)^{d_{VC}}}=\exp\left(-\frac{1}{8}\varepsilon^2N\right)$$

$$\frac{4(2N)^{d_{VC}}}{\delta}=\exp\left(\frac{1}{8}\varepsilon^2N\right)$$

$$\ln\left(\frac{4(2N)^{d_{VC}}}{\delta}\right)=\frac{1}{8}N\varepsilon^2$$

$$\varepsilon=\sqrt{\frac{8}{N}\ln\left(\frac{4(2N)^{d_{VC}}}{\delta}\right)} \tag{2.47}$$

其中，$E_{in}(g)$ 与 $E_{out}(g)$ 接近程度，即 $E_{in}(g)-E_{out}(g)$ 称为泛化误差。通过式(2.47)可知该误差等于 $\sqrt{\frac{8}{N}\ln\left(\frac{4(2N)^{d_{VC}}}{\delta}\right)}$。因此 $E_{out}(g)$ 的范围可以表示为

$$E_{in}(g)-\sqrt{\frac{8}{N}\ln\left(\frac{4(2N)^{d_{VC}}}{\delta}\right)}\leqslant E_{out}(g)\leqslant E_{in}(g)+\sqrt{\frac{8}{N}\ln\left(\frac{4(2N)^{d_{VC}}}{\delta}\right)} \tag{2.48}$$

其中最左边的公式一般不去关心，重点是右边的限制，表示错误的上限。$\sqrt{\frac{8}{N}\ln\left(\frac{4(2N)^{d_{VC}}}{\delta}\right)}$ 又被写成函数 $\Omega(N,\mathcal{H},\delta)$，称为模型复杂度。

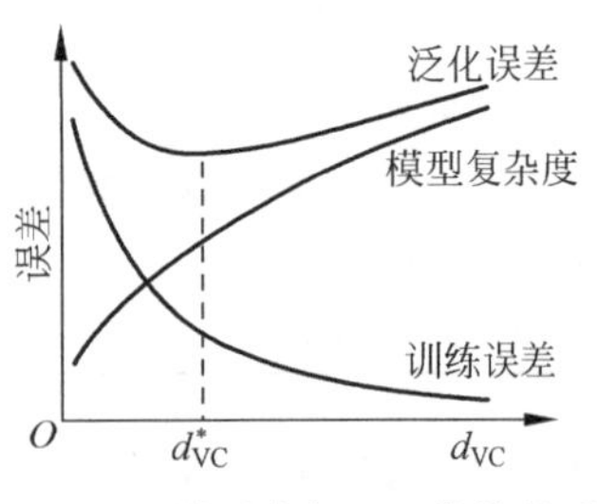

图 2-30　错误率与 VC 维的关系

通过一个图表来观察 VC 维给出了哪些重要信息，如图 2-30 所示。图中最下方曲线表示训练误差 E_{in} 随 d_{VC} 的变化，中间曲线表示模型复杂度 $\Omega(N,\mathcal{H},\delta)$ 随 d_{VC} 的变化，最上方曲线表示泛化误差 E_{out} 随 d_{VC} 的变化。其中，E_{out} 可以用 E_{in} 与 $\Omega(N,\mathcal{H},\delta)$ 表示，即 $E_{out}(g)\leqslant E_{in}(g)+\sqrt{\frac{8}{N}\ln\left(\frac{4(2N)^{d_{VC}}}{\delta}\right)}$。

图中 E_{in} 随着 d_{VC} 的增加而减小，不难理解，d_{VC} 越大，可以选择的假设空间就越大，就有可能选择到更小的 E_{in}。模型复杂度 $\Omega(N,\mathcal{H},\delta)$ 随 d_{VC} 的增加而增加也不难理解，从 $\Omega(N,\mathcal{H},\delta)=\sqrt{\frac{8}{N}\ln\left(\frac{4(2N)^{d_{VC}}}{\delta}\right)}$ 就能得出关系。而 E_{out} 因为这前两者的求和，因此出现了一个先降低后增加的过程，使其最小的取值为 d_{VC}^*。使得 E_{out} 最小才是学习的最终目的，因此寻找 d_{VC}^* 很重要。

VC 维除了表示模型复杂度之外,还可以表示样本的复杂度。假设给定需求 $\epsilon=0.1$、$\delta=0.1$ 和 $d_{\mathrm{VC}}=3$,N 为多少,即输入样本多大时才可以满足这些条件。将 N 的各个数量级代入公式 $4(2N)^{d_{\mathrm{VC}}}\exp\left(-\frac{1}{8}\epsilon^2 N\right)$,与 $\delta=0.1$ 进行比较,得到表 2-16。

表 2-16　N 的取值与 δ 的关系

N	VC 界
100	2.824×10^{7}
1000	9.168×10^{9}
10000	1.193×10^{8}
100000	1.653×10^{-38}
29300	9.993×10^{-2}

从表 2-16 可以得出,在 $N=29300$ 时,才可以训练出满足条件的模型。这是一个很大的数字,即数据的复杂度和 VC 维存在一个理论上的关系,$N\approx10000d_{\mathrm{VC}}$。但在实际应用中,由于这个约束过于严格,难以实现,因此选择 $N\approx10d_{\mathrm{VC}}$。造成这一现象是因为 VC 界本身也是一个非常宽松的约束。宽松的原因主要来自四个方面:一是霍夫丁不等式不需要知道未知的 E_{out},VC 限制可以用于各类分布、各种目标函数;二是成长函数 $m_{\mathcal{H}}(N)$取代真正的二分类个数本身就是一个宽松的上界,VC 界可以用于各种数据样本;三是使用二项式 $N^{d_{\mathrm{VC}}}$ 作为成长函数的上界使得约束更加宽松,VC 界可以用于任意具有相同 VC 维的假设空间;四是联合界并不是一定会选择出现不好事情的假设函数,VC 界可以用于任意算法。

2.4　三个最基本机器学习模型

2.4.1　线性分类

在机器学习分类中指出,二元分类是机器学习领域非常核心和基本的问题,可用于银行信用卡发放、医疗领域患者疾病诊断、垃圾邮件的判别、答案正确性估计等[3,11]。2.1.3 节对线性分类问题已进行详细描述,这里简单进行总结描述。以文本情感判断为例,输入集合是用户的输入句子,其中包括了对某个特定事件的评论词汇,可以通用化表示为 $\boldsymbol{x}^{\mathrm{T}}=[x_0,x_1,\cdots,x_d,\cdots]$,而线性分类问题可以表示为

$$\tilde{y}=\operatorname{sign}(\boldsymbol{w}^{\mathrm{T}}\boldsymbol{x}) \tag{2.49}$$

其误差函数是 0-1 误差,即

$$\mathrm{err}_{0/1}=[\![\operatorname{sign}(\boldsymbol{w}^{\mathrm{T}}\boldsymbol{x})\neq y]\!] \tag{2.50}$$

式中:〚·〛函数为 0-1 函数,当变量为真,〚·〛输出为 1;否则,为 0。

2.4.2　线性回归

线性回归问题与二元分类问题最大的不同是输出空间:二元分类的输出空间为二元

标记，要么是+1，要么是-1；而回归问题的输出空间是整个实数空间，即 $y \in \mathbb{R}$ 。

1. 线性回归问题的描述

以垃圾邮件分类为例，输入集合是特征空间，如发件人地址、广告词等，即 $\boldsymbol{x}^{\mathrm{T}}=[x_0, x_1, \cdots, x_d]$。因为输出集合的转变导致回归问题的假设函数与二元分类中的有所不同，但思想一致，仍需考虑对每个输入样本的各个分量进行加权求和，因此最终目标函数 f（含有噪声，用 y 表示）表示为

$$\tilde{y}=\sum_{i=1}^{d} w_i x_i \tag{2.51}$$

假设函数的向量表示为

$$h(\boldsymbol{x})=\boldsymbol{w}^{\mathrm{T}} \boldsymbol{x} \tag{2.52}$$

从式(2.52)的表示方式可以看出，与二元分类假设函数的表示只差了一个取正、负号的函数 sign。线性回归问题如图 2-31 所示。

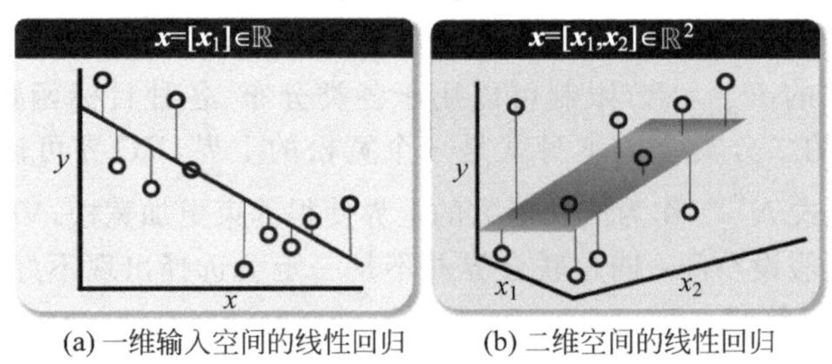

(a) 一维输入空间的线性回归　(b) 二维空间的线性回归

图 2-31　线性回归

图 2-31(a)是输入空间为一维的线性回归表示，其中圆圈"○"表示输入样本点，直线表示假设函数 $h(\boldsymbol{x})=\boldsymbol{w}^{\mathrm{T}} \boldsymbol{x}$，连接圆圈与直线之间的线段表示样本点到假设函数的距离，称为剩余误差。图 2-31(b)为二维空间的回归问题，同样圆圈"○"代表输入样本点，平面为假设函数，点到平面的距离为误差，而设计算法的核心思想是使总体剩余误差最小。回归使用的错误衡量是平方误差，即

$$\operatorname{err}(\tilde{y}, y)=(\tilde{y}-y)^2 \tag{2.53}$$

式中：y 为真实值；$\tilde{y}$ 为预测值。

因此，$E_{\text{in}}(h)$可表示为

$$E_{\text{in}}(h)=\frac{1}{N} \sum_{n=1}^{N}(h(\boldsymbol{x}_n)-y_n)^2 \tag{2.54}$$

在线性回归问题中，假设函数 h 与权值向量 $\boldsymbol{w}$ 存在着一一对应的关系，因此式(2.54)通常表示为权值向量 $\boldsymbol{w}$ 的形式，即

$$E_{\text{in}}(\boldsymbol{w})=\frac{1}{N} \sum_{n=1}^{N}(\boldsymbol{w}^{\mathrm{T}} \boldsymbol{x}_n-y_n)^2 \tag{2.55}$$

同理，$E_{\text{out}}(\boldsymbol{w})$可表示为

$$E_{\text{out}}(\boldsymbol{w})=E_{(\boldsymbol{x}, y) \sim P}(\boldsymbol{w}^{\mathrm{T}} \boldsymbol{x}_n-y_n)^2 \tag{2.56}$$

注意：这里使用的是含有噪声的形式，因此$(\boldsymbol{x},y)$服从联合概率分布$\boldsymbol{P}$。

VC限制可以约束各种情况的学习模型，当然回归类型的模型也受此约束，想要学习到知识，只需要寻找$E_{\text{in}}(\boldsymbol{w})$足够小，便可以满足$E_{\text{out}}(\boldsymbol{w})$够小的需求。

2. 线性回归算法

此部分重点是如何寻找最小的$E_{\text{in}}(\boldsymbol{w})$，为了表达的简便，将求和公式转化成向量与矩阵的形式，且将向量$\boldsymbol{w}$与向量$\boldsymbol{x}$位置交换，将式(2.55)转换为

$$E_{\text{in}}(\boldsymbol{w})=\frac{1}{N}\sum_{n=1}^{N}(\boldsymbol{w}^{\mathrm{T}}\boldsymbol{x}_n-y_n)^2=\frac{1}{N}\sum_{n=1}^{N}(\boldsymbol{x}_n^{\mathrm{T}}\boldsymbol{w}-y_n)^2 \tag{2.57}$$

$$=\frac{1}{N}\left\|\begin{matrix}\boldsymbol{x}_1^{\mathrm{T}}\boldsymbol{w}-y_1\\ \boldsymbol{x}_2^{\mathrm{T}}\boldsymbol{w}-y_2\\ \vdots\\ \boldsymbol{x}_N^{\mathrm{T}}\boldsymbol{w}-y_N\end{matrix}\right\|^2 \quad \text{（平方求和转换成矩阵平方形式）}$$

$$=\frac{1}{N}\left\|\begin{bmatrix}-\ \boldsymbol{x}_1^{\mathrm{T}}\ -\\ -\ \boldsymbol{x}_2^{\mathrm{T}}\ -\\ \vdots\\ -\ \boldsymbol{x}_N^{\mathrm{T}}\ -\end{bmatrix}\boldsymbol{w}-\begin{bmatrix}y_1\\ y_2\\ \vdots\\ y_N\end{bmatrix}\right\|^2 \quad \text{（拆解成矩阵}\boldsymbol{X}\text{和向量}\boldsymbol{w}\text{、}\boldsymbol{y}\text{形式）}$$

$$=\frac{1}{N}\left\|\underset{N\times(d+1)}{\boldsymbol{X}}\ \underset{(d+1)\times 1}{\boldsymbol{w}}-\underset{N\times 1}{\boldsymbol{y}}\right\|^2$$

式中：$\boldsymbol{X}\in\mathbb{R}^{N\times(d+1)}$表示$N$个$d+1$维向量构成的样本矩阵。

由于目标是寻找一个最小的$E_{\text{in}}(\boldsymbol{w})$，即

$$\min_{\boldsymbol{w}}E_{\text{in}}(\boldsymbol{w})=\min_{\boldsymbol{w}}\frac{1}{N}\|\boldsymbol{X}\boldsymbol{w}-\boldsymbol{y}\|^2 \tag{2.58}$$

求解此问题，需要了解左式，其一维示意图如图2-32所示。可以看出，该函数为连续、可微的凸函数。从微积分知识可知，寻找的最佳$E_{\text{in}}(\boldsymbol{w})$便是曲线的谷点，即对应图中的黑点，以数学的形式来表示，即梯度为0的点。

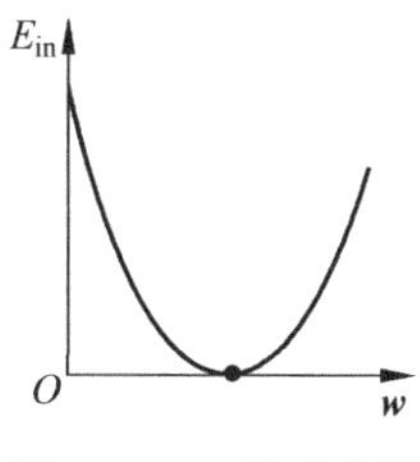

图2-32 一维示意图

因此，对目标函数$E_{\text{in}}(\boldsymbol{w})$求梯度，可得

$$\nabla_{\boldsymbol{w}}E_{\text{in}}(\boldsymbol{w})=\begin{bmatrix}\dfrac{\partial E_{\text{in}}(\boldsymbol{w})}{\partial w_0}\\ \dfrac{\partial E_{\text{in}}(\boldsymbol{w})}{\partial w_1}\\ \vdots\\ \dfrac{\partial E_{\text{in}}(\boldsymbol{w})}{\partial w_{d+1}}\end{bmatrix}=\begin{bmatrix}0\\0\\0\\0\end{bmatrix} \tag{2.59}$$

式中∇表示梯度,需要寻找的是 $\boldsymbol{w}_{\mathrm{LIN}}$,该向量满足$\nabla_{\boldsymbol{w}} E_{\mathrm{in}}(\boldsymbol{w}_{\mathrm{LIN}})=0$,这里 $\boldsymbol{w}_{\mathrm{LIN}}$ 的下标表示线性。下面来进行求解$\nabla_{\boldsymbol{w}} E_{\mathrm{in}}(\boldsymbol{w}_{\mathrm{LIN}})=0$ 来获得 $\boldsymbol{w}_{\mathrm{LIN}}$。

根据式(2.57)可以推得

$$E_{\mathrm{in}}(\boldsymbol{w})=\frac{1}{N}\|\boldsymbol{X}\boldsymbol{w}-\boldsymbol{y}\|^2=\frac{1}{N}(\boldsymbol{w}^{\mathrm{T}}\underbrace{\boldsymbol{X}^{\mathrm{T}}\boldsymbol{X}}_{A}\boldsymbol{w}-2\boldsymbol{w}\underbrace{\boldsymbol{X}^{\mathrm{T}}\boldsymbol{y}}_{b}+\underbrace{\boldsymbol{y}^{\mathrm{T}}\boldsymbol{y}}_{c}) \tag{2.60}$$

式中:$\boldsymbol{X}^{\mathrm{T}}\boldsymbol{X}$ 用矩阵 $\boldsymbol{A}$ 表示;$\boldsymbol{X}^{\mathrm{T}}\boldsymbol{y}$ 用向量 $\boldsymbol{b}$ 表示;$\boldsymbol{y}^{\mathrm{T}}\boldsymbol{y}$ 用标量 c 表示。紧接着对 $E_{\mathrm{in}}(\boldsymbol{w})$ 求梯度,令其梯度结果为 0 的点使得 $E_{\mathrm{in}}(\boldsymbol{w})$最小。

因此,$\nabla_{\boldsymbol{w}} E_{\mathrm{in}}(\boldsymbol{w})$可以写为

$$\nabla_{\boldsymbol{w}} E_{\mathrm{in}}(\boldsymbol{w})=\frac{2}{N}(\boldsymbol{X}^{\mathrm{T}}\boldsymbol{X}\boldsymbol{w}-\boldsymbol{X}^{\mathrm{T}}\boldsymbol{y}) \tag{2.61}$$

梯度计算如图 2-33 所示。

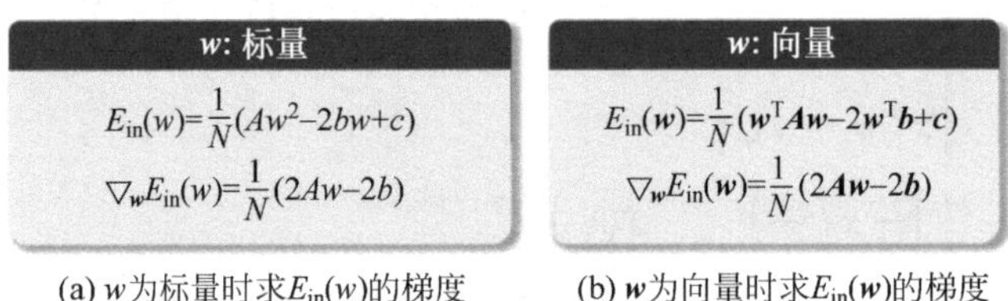

(a) w为标量时求$E_{\mathrm{in}}(w)$的梯度　　(b) $\boldsymbol{w}$为向量时求$E_{\mathrm{in}}(\boldsymbol{w})$的梯度

图 2-33　梯度计算

令式(2.61)求梯度结果为 0,即使 $E_{\mathrm{in}}(\boldsymbol{w})$最小。在输入空间 $\boldsymbol{X}$ 与输出向 $\boldsymbol{y}$ 都为已知的情况下,如何求解最佳的假设函数 $\boldsymbol{w}_{\mathrm{LIN}}$ 呢?

求解该问题分为两种情况:一种是 $\boldsymbol{X}^{\mathrm{T}}\boldsymbol{X}$ 可逆。求解该问题很简单,将式(2.61)右边的部分设为 0,则按下式求解即可:

$$\boldsymbol{w}_{\mathrm{LIN}}=\underbrace{(\boldsymbol{X}^{\mathrm{T}}\boldsymbol{X})^{-1}\boldsymbol{X}^{\mathrm{T}}}_{\boldsymbol{X}^{\dagger}}\boldsymbol{y} \tag{2.62}$$

式中:$\boldsymbol{X}^{\dagger}$ 表示矩阵 $\boldsymbol{X}$ 的伪逆,注意此处输入矩阵 $\boldsymbol{X}$ 在很少的情况下才是方阵($N=d+1$ 时)。而这种伪逆矩阵的形式和方阵中的逆矩阵具有很多相似的性质,因此才有此名称。还有一点需要说明,$\boldsymbol{X}^{\mathrm{T}}\boldsymbol{X}$ 在大部分的情况下是可逆的,原因是在进行机器学习时,通常满足 $N\gg d+1$,即样本数量 N 远远大于样本的维度 $d+1$,因此在 $\boldsymbol{X}^{\mathrm{T}}\boldsymbol{X}$ 中存在足够的自由度使其可以满足可逆的条件。

另一种是 $\boldsymbol{X}^{\mathrm{T}}\boldsymbol{X}$ 不可逆。实际上可以得到许多满足条件的解,只需要通过其他的方式求解出 $\boldsymbol{X}^{\dagger}$,选择其中一个满足 $\boldsymbol{w}_{\mathrm{LIN}}=\boldsymbol{X}^{\dagger}\boldsymbol{y}$ 条件的解即可。

线性回归算法的求解过程:首先通过已知的数据集构建输入矩阵 $\boldsymbol{X}$ 与输出向量 $\boldsymbol{y}$:

$$\boldsymbol{X}^{\mathrm{T}}=\underbrace{\begin{bmatrix}-\boldsymbol{x}_1^{\mathrm{T}}-\\-\boldsymbol{x}_2^{\mathrm{T}}-\\\vdots\\-\boldsymbol{x}_N^{\mathrm{T}}-\end{bmatrix}}_{N\times(d+1)},\quad \boldsymbol{y}=\underbrace{\begin{bmatrix}y_1\\y_2\\\vdots\\y_N\end{bmatrix}}_{N\times 1} \tag{2.63}$$

通过式(2.63)可求得伪逆 $\underbrace{\boldsymbol{X}^{\dagger}}_{(d+1)\times N}$，通过式(2.62)求得假设函数，即

$$\underbrace{\boldsymbol{w}_{\mathrm{LIN}}}_{(d+1)\times 1}=\boldsymbol{X}^{\dagger}\boldsymbol{y} \tag{2.64}$$

2.4.3 逻辑回归

可以使用二元分类分析电影票房盈利问题，其输出空间只含有两项$\{+1,-1\}$，分别表示盈利和亏损。但现实生活中往往由于实际需求，要对二分类问题进行概率判断，而不仅仅是做0-1判断，这种软二分类问题就是逻辑回归问题。

1. 逻辑回归问题的描述

在含有噪声的情况下，目标函数 f 可以使用目标分布 P 来表示：

$$f(\boldsymbol{x})=\operatorname{sign}\left(P(+1\mid\boldsymbol{x})-\frac{1}{2}\right)\in\{+1,-1\} \tag{2.65}$$

但是通常情况下，不会确切知道某部电影是否盈利，而是以概率的方式告知投资人盈利的可能性。例如，某电影满足表2-17所示的要素，该部电影盈利的可能性为80%。

表2-17　某电影以80%概率盈利的要素

题　　材	动作、犯罪
男演员	当红影视男演员刘某
女演员	当红影视女演员倪某
情节设计	紧凑、多次反转设计
出品方	某知名影视集团

此种情况称为软二元分类，目标函数 f 的表达式为

$$f(\boldsymbol{x})=P(+1\mid\boldsymbol{x})\in[0,1] \tag{2.66}$$

其输出是概率的形式，值在0～1之间。

面对如式(2.66)的目标函数，理想的数据集$\mathcal{D}$(输入加输出空间)如图2-34所示，所有的输出都应以概率的形式存在，如 $y_1'=0.9$。用电影盈利的例子来说明，电影上映后只有盈利和亏损两种情况，而不可能在历史数据中记录某个电影的盈亏概率，现实中的训练数据如图2-35所示。

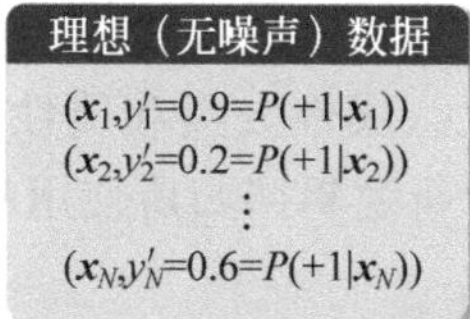

图2-34　理想的数据集$\mathcal{D}$

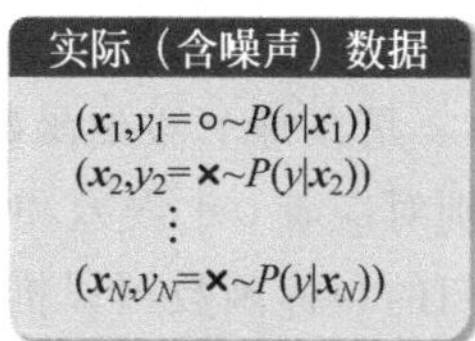

图2-35　实际训练数据$\mathcal{D}$

可以将实际训练数据看作含有噪声的理想训练数据。问题是如何使用图 2-35 所示的实际训练数据来解决软二元分类的问题，即假设函数如何设计。

问题最终的判定可以用输入 $\boldsymbol{x}=(x_0,x_1,\cdots,x_d)$各属性的加权总分数来表示，即

$$s=\sum_{i=0}^{d} w_i x_i=\boldsymbol{w}^{\mathrm{T}}\boldsymbol{x} \tag{2.67}$$

如何把该得分从在整个实数范围内转换成为一个 0～1 之间的值？可以采用逻辑函数 $\theta(s)$表示。分数 s 越大，概率越高，分数 s 越小，概率越低。假设函数为

$$h(\boldsymbol{x})=\theta(\boldsymbol{w}^{\mathrm{T}}\boldsymbol{x}) \tag{2.68}$$

逻辑函数 $\theta(s)$函数曲线如图 2-36 所示。

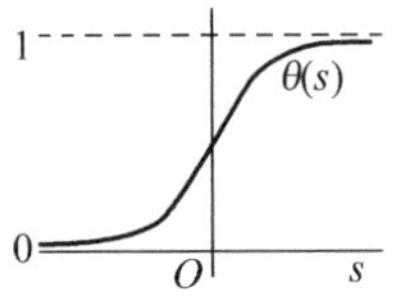

图 2-36　逻辑函数 $\theta(s)$ 曲线

逻辑函数的数学表达式为

$$\theta(s)=\frac{1}{1+\mathrm{e}^{-s}} \tag{2.69}$$

由式(2.69)可知，$\theta(-\infty)=0$；$\theta(0)=1/2$；$\theta(+\infty)=1$。$\theta(s)$将整个实数集上的值映射到 0～1 区间。从图 2-36 可以看出，逻辑函数是一个平滑(处处可微分)、单调的 s 形函数，它又被称为 Sigmoid 函数。软二元分类的假设函数表达式

$$h(\boldsymbol{x})=\frac{1}{1+\mathrm{e}^{-\boldsymbol{w}^{\mathrm{T}}\boldsymbol{x}}} \tag{2.70}$$

利用 $h(x)$就可以近似目标函数 $f(\boldsymbol{x})=P(y|\boldsymbol{x})$。

2. 逻辑回归误差

逻辑回归与二元分类和线性回归对比如图 2-37 所示。

(a) 线性分类　(b) 线性回归　(c) 逻辑回归

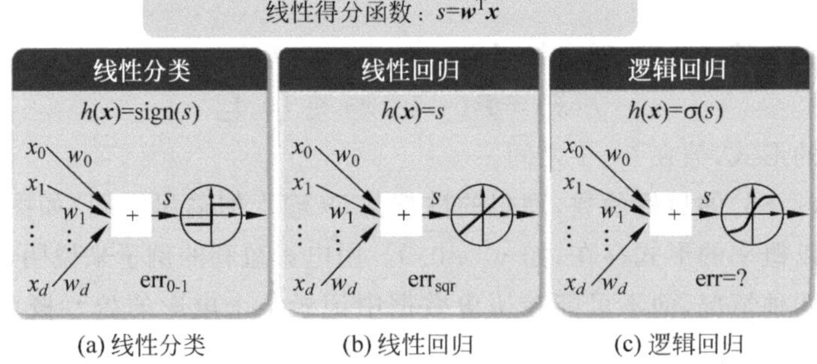

图 2-37　二元分类、线性回归与逻辑回归的对比

其中，分数 s 是在每个假设函数中都会出现的 $\boldsymbol{w}^{\mathrm{T}}\boldsymbol{x}$，线性分类和线性回归学习模型的错误衡量分别对应着 0-1 误差和均方误差，下面来分析逻辑回归所使用的误差函数。

从逻辑回归的目标函数可以推导出式(2.71)成立。

$$f(x)=P(+1 \mid x)\Leftrightarrow P(y \mid x)=\begin{cases} f(x), & y=+1 \\ 1-f(x), & y=-1 \end{cases} \tag{2.71}$$

其中，花括号上半部分不难理解，是将目标函数等式左右对调的结果，而下半部分的推导也很简单，因为+1与-1的概率相加需要等于1。

假设存在一个数据集$\mathcal{D}=\{(\boldsymbol{x}_1,\bigcirc),(\boldsymbol{x}_2,\times),\cdots,(\boldsymbol{x}_N,\times)\}$，则通过目标函数产生此种数据集样本的概率可以表示为

$$P(\mathcal{D})=P(\boldsymbol{x}_1)P(\bigcirc \mid \boldsymbol{x}_1)\times P(\boldsymbol{x}_2)P(\times \mid \boldsymbol{x}_2)\times\cdots\times P(\boldsymbol{x}_N)P(\times \mid \boldsymbol{x}_N) \tag{2.72}$$

即概率为各输入样本产生对应输出标记概率的连乘，而从式(2.71)可知，式(2.72)可以写成

$$P(\mathcal{D})=P(\boldsymbol{x}_1)f(\boldsymbol{x}_1)\times P(\boldsymbol{x}_2)(1-f(\boldsymbol{x}_2))\times\cdots\times P(\boldsymbol{x}_N)(1-f(\boldsymbol{x}_N)) \tag{2.73}$$

但函数f是未知的，已知的只有假设函数h，可以将假设函数h取代式(2.73)中的f。这样做意味着假设函数h产生同样数据集样本$\mathcal{D}$的可能性的大小。替代之后的公式为

$$P(\mathcal{D})=P(\boldsymbol{x}_1)h(\boldsymbol{x}_1)\times P(\boldsymbol{x}_2)(1-h(\boldsymbol{x}_2))\times\cdots\times P(\boldsymbol{x}_N)(1-h(\boldsymbol{x}_N)) \tag{2.74}$$

假设函数h和未知函数f很接近(误差很小)，那么h产生数据样本$\mathcal{D}$的可能性(或称似然)和f产生同样数据$\mathcal{D}$的可能性也很接近。函数f既然产生了数据样本$\mathcal{D}$，那么可以认为函数f产生该数据样本$\mathcal{D}$的可能性很大。因此，可以推断出最好的假设函数g应该是似然最大的假设函数h，即

$$g=\arg\max_h \text{likelihood}(h) \tag{2.75}$$

在当假设函数h使用式(2.70)的逻辑函数，可以得到如下特殊性质：

$$1-h(\boldsymbol{x})=h(-\boldsymbol{x}) \tag{2.76}$$

因此，式(2.74)可以写成

$$\text{likelihood}(h)=P(\boldsymbol{x}_1)h(\boldsymbol{x}_1)\times P(\boldsymbol{x}_2)(h(-\boldsymbol{x}_2))\times\cdots\times P(\boldsymbol{x}_N)(h(-\boldsymbol{x}_N)) \tag{2.77}$$

注意，计算最大的likelihood(h)时，所有的$P(\boldsymbol{x}_i)$对大小没有影响。因为所有的假设函数都会乘以同样的$P(\boldsymbol{x}_i)$，即h的似然只与函数h对每个样本的连乘有关，即

$$\text{likelihood}(h)\propto\prod_{n=1}^{N}h(y_n\boldsymbol{x}_n) \tag{2.78}$$

式中：y_n表示标记，将标记代替正、负号放进假设函数中使得整个式子更加简洁。

寻找的是似然最大的假设函数h，因此可以将式(2.78)代入寻找最大似然的公式中，并通过一些变换得到式(2.83)。

假设函数h与加权向量$\boldsymbol{w}$一一对应，则有

$$\begin{aligned}&\max_h \text{likelihood}(h)\propto\prod_{n=1}^{N}h(y_n\boldsymbol{x}_n)\\&\max_{\boldsymbol{w}} \text{likelihood}(\boldsymbol{w})\propto\prod_{n=1}^{N}\theta(y_n\boldsymbol{w}^{\mathrm{T}}\boldsymbol{x}_n)\end{aligned} \tag{2.79}$$

为了便于运算，求其对数，则有

$$\max_{\boldsymbol{w}} \ln\prod_{n=1}^{N}\theta(y_n\boldsymbol{w}^{\mathrm{T}}\boldsymbol{x}_n) \tag{2.80}$$

之前都是在求最小问题，因此将最大问题通过负号转换成最小问题，即

$$\min_{\boldsymbol{w}} \frac{1}{N}\sum_{n=1}^{N} -\ln\theta(y_n \boldsymbol{w}^{\mathrm{T}} \boldsymbol{x}_n) \tag{2.81}$$

$$\min_{\boldsymbol{w}} \frac{1}{N}\sum_{n=1}^{N} \ln(1+\exp(-y_n \boldsymbol{w}^{\mathrm{T}} \boldsymbol{x}_n)) \tag{2.82}$$

由于

$$\mathrm{err}(\boldsymbol{w},\boldsymbol{x},y)=\ln(1+\exp(-y\boldsymbol{w}^{\mathrm{T}}\boldsymbol{x}))$$

则有

$$\min_{\boldsymbol{w}} \frac{1}{N}\sum_{n=1}^{N} \ln(1+\exp(-y_n \boldsymbol{w}^{\mathrm{T}} \boldsymbol{x}_n)) = \min_{\boldsymbol{w}} \underbrace{\frac{1}{N}\sum_{n=1}^{N} \mathrm{err}(\boldsymbol{w},\boldsymbol{x}_n,y_n)}_{E_{\mathrm{in}}(\boldsymbol{w})} \tag{2.83}$$

式中：误差 $\mathrm{err}(\boldsymbol{w},\boldsymbol{x},y)$是交叉熵误差。

下面具体分析为何该误差称为交叉熵误差？首先根据概率论知识，假设两个概率分布函数 $\boldsymbol{p}$ 和 $\boldsymbol{q}$，其中 $\boldsymbol{p}$ 为真实分布，$\boldsymbol{q}$ 为非真实分布。则二者的交叉熵函数为

$$H(P,Q)=\sum_i p_i \log\frac{1}{q_i} \tag{2.84}$$

由于 $\boldsymbol{p}$ 为真实分布，所以是独热向量，其中的某个值为 1，其余为 0；因此对应标签的独热向量与预测分布的 $\theta(s)=\dfrac{1}{1+\mathrm{e}^{-\boldsymbol{w}^{\mathrm{T}}\boldsymbol{x}}}$的交叉熵。

3. 梯度下降法

由式(2.83)推导出逻辑回归的总误差 $E_{\mathrm{in}}(\boldsymbol{w})$，下一步的工作是寻找使得 $E_{\mathrm{in}}(\boldsymbol{w})$最小的权值向量 $\boldsymbol{w}$。$E_{\mathrm{in}}(\boldsymbol{w})$的表达式为

$$E_{\mathrm{in}}(\boldsymbol{w})=\frac{1}{N}\sum_{n=1}^{N}\mathrm{err}(\boldsymbol{w},\boldsymbol{x}_n,y_n) \tag{2.85}$$

由式(2.85)可以得出，该函数为连续、可微的凸函数，因此其最小值在梯度为零时取得，即$\nabla E_{\mathrm{in}}(\boldsymbol{w})=0$。求解$\nabla E_{\mathrm{in}}(\boldsymbol{w})$即对权值向量 $\boldsymbol{w}$ 的各个分量求偏微分，根据梯度链式求导法则，将式(2.85)中复杂的表示方式用临时符号表示，为了强调符号的临时性，不使用字母表示，而是使用○和□，具体如式(2.86)。

$$E_{\mathrm{in}}(\boldsymbol{w})=\frac{1}{N}\sum_{n=1}^{N}\mathrm{err}(\boldsymbol{w},\boldsymbol{x}_n,y_n)=\frac{1}{N}\sum_{n=1}^{N}\underbrace{\ln(1+\exp(\underbrace{-y_n\boldsymbol{w}^{\mathrm{T}}\boldsymbol{x}_n}_{\bigcirc}))}_{\square} \tag{2.86}$$

对权值向量 $\boldsymbol{w}$ 的单个分量求偏微分过程如下：

$$\begin{aligned}\frac{\partial E_{\mathrm{in}}(\boldsymbol{w})}{\partial \boldsymbol{w}_i}&=\frac{1}{N}\sum_{n=1}^{N}\left(\frac{\partial\ln(\square)}{\partial\square}\right)\left(\frac{\partial(1+\exp(\bigcirc))}{\partial\bigcirc}\right)\left(\frac{\partial-y_n\boldsymbol{w}^{\mathrm{T}}\boldsymbol{x}_n}{\partial\boldsymbol{w}_i}\right)\\&=\frac{1}{N}\sum_{n=1}^{N}\left(\frac{1}{\square}\right)(\exp(\bigcirc))(-y_n\boldsymbol{x}_{n,i})\end{aligned}$$

$$=\frac{1}{N}\sum_{n=1}^{N}\left(\frac{\exp(\bigcirc)}{1+\exp(\bigcirc)}\right)(-y_n\boldsymbol{x}_{n,i})$$

$$=\frac{1}{N}\sum_{n=1}^{N}\theta(\bigcirc)(-y_n\boldsymbol{x}_{n,i}) \tag{2.87}$$

式中：θ 函数为逻辑函数。

$E_{\text{in}}(\boldsymbol{w})$的梯度可以写为

$$\nabla E_{\text{in}}(\boldsymbol{w})=\frac{1}{N}\sum_{n=1}^{N}\theta(-y_n\boldsymbol{w}^{\mathrm{T}}\boldsymbol{x}_n)(-y_n\boldsymbol{x}_n) \tag{2.88}$$

求出 $E_{\text{in}}(\boldsymbol{w})$的梯度后，由于 $E_{\text{in}}(\boldsymbol{w})$为凸函数，令$\nabla E_{\text{in}}(\boldsymbol{w})$为零，求出的权值向量 $\boldsymbol{w}$，即使函数 $E_{\text{in}}(\boldsymbol{w})$取得最小的 $\boldsymbol{w}$。

观察$\nabla E_{\text{in}}(\boldsymbol{w})$，发现该函数是一个 θ 函数作为权值，关于$(-y_n\boldsymbol{x}_n)$的加权求和函数。

假设一种特殊情况，函数的所有权值为零，即所有 $\theta(-y_n\boldsymbol{w}^{\mathrm{T}}\boldsymbol{x}_n)$都为零，可以得出 $-y_n\boldsymbol{w}^{\mathrm{T}}\boldsymbol{x}_n$ 趋于负无穷，即$-(-y_n\boldsymbol{w}^{\mathrm{T}}\boldsymbol{x}_n)=y_n\boldsymbol{w}^{\mathrm{T}}\boldsymbol{x}_n\gg 0$，也意味着所有的 y_n 都与对应的 $\boldsymbol{w}^{\mathrm{T}}\boldsymbol{x}_n$ 同号，即线性可分。排除这种特殊情况，当加权求和为零时，求该问题的解不能使用类似求解线性回归时使用的闭式解的求解方式，此最小值又该如何计算？回顾前面提到的感知机 PLA 求解方法，可以将 PLA 的求解方式写成

$$\boldsymbol{w}_{t+1}=\boldsymbol{w}_t+[\![\operatorname{sign}(\boldsymbol{w}^{\mathrm{T}}\boldsymbol{x}_n)\neq y_n]\!]y_n\boldsymbol{x}_n \tag{2.89}$$

当 $\operatorname{sign}(\boldsymbol{w}^{\mathrm{T}}\boldsymbol{x}_n)=y_n$ 时，向量不变；当 $\operatorname{sign}(\boldsymbol{w}^{\mathrm{T}}\boldsymbol{x}_n)\neq y_n$ 时，加上 $y_n\boldsymbol{x}_n$。使用一些符号将式(2.89)更一般化地表示，即

$$\boldsymbol{w}_{t+1}=\boldsymbol{w}_t+\underbrace{1}_{\eta}\cdot\underbrace{[\![\operatorname{sign}(\boldsymbol{w}^{\mathrm{T}}\boldsymbol{x}_n)\neq y_n]\!]y_n\boldsymbol{x}_n}_{v}$$

$$=\boldsymbol{w}_t+\eta\boldsymbol{v} \tag{2.90}$$

其中多乘以一个1，用 η 表示，表示更新的步长，PLA 中更新的部分用$\boldsymbol{v}$ 来代表，表示更新的方向。这类算法称为迭代优化方法。如何设计该公式中的参数 η 和$\boldsymbol{v}$ 是算法的核心点。

回忆 PLA，其中参数$\boldsymbol{v}$ 来自修正错误，观察逻辑回归的 $E_{\text{in}}(\boldsymbol{w})$，针对其特性，设计一种能够快速寻找最佳权值向量$\boldsymbol{v}$ 的方法。图 2-38 为逻辑回归的 $E_{\text{in}}(\boldsymbol{w})$关于权值向量 $\boldsymbol{w}$ 的示意图，它是一个平滑可微的凸函数，其中谷点对应着最佳 $\boldsymbol{w}$，使得 $E_{\text{in}}(\boldsymbol{w})$最小。如何选择参数 η 和$\boldsymbol{v}$ 可以使得更新公式快速到达该点？

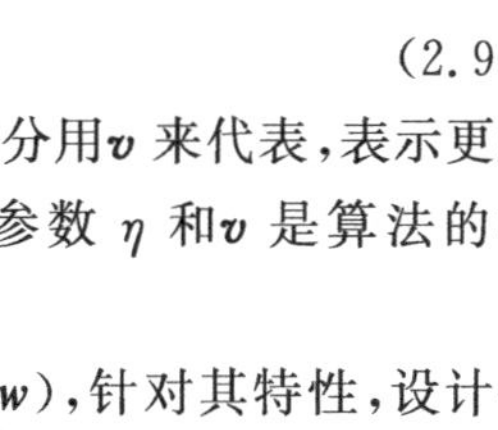

为了了解不同参数的影响，设$\boldsymbol{v}$ 作为单位向量仅代表方向，η 代表步长，表示每次更新改变的大小。在 η 固定的情况下，如何选择$\boldsymbol{v}$ 的方向保证更新速度最快？很容易想到是按照 $E_{\text{in}}(\boldsymbol{w})$最陡峭的方向更新，即在 η 固定，$|\boldsymbol{v}|=1$ 的情况下，以最快的速度找出使得 $E_{\text{in}}(\boldsymbol{w})$最小的 $\boldsymbol{w}$，即

$$\min_{|\boldsymbol{v}|=1}E_{\text{in}}\underbrace{(\boldsymbol{w}_t+\eta\boldsymbol{v})}_{\boldsymbol{w}_{t+1}} \tag{2.91}$$

图 2-38　逻辑回归的 $E_{\text{in}}(\boldsymbol{w})$ 示意图

以上是非线性带约束的公式，寻找最小 $\boldsymbol{w}$ 仍然非常困难，考虑将其转换成一个近似公式，通过寻找近似公式中最小 $\boldsymbol{w}$ 达到寻找原公式最小 $\boldsymbol{w}$ 的目的。采用泰勒级数展开来近似，即

$$f(\boldsymbol{x})=f(\boldsymbol{x}_0)+\frac{f'(\boldsymbol{x}_0)}{1!}(\boldsymbol{x}-\boldsymbol{x}_0)+\frac{f^{(2)}(\boldsymbol{x}_0)}{2!}(\boldsymbol{x}-\boldsymbol{x}_0)^2+\cdots+\frac{f^{(n)}(\boldsymbol{x}_0)}{n!}(\boldsymbol{x}-\boldsymbol{x}_0)^n+R_n(\boldsymbol{x}) \tag{2.92}$$

式中：$R_n(\boldsymbol{x})$表示 $\boldsymbol{x}$ 的 n 阶高次项。

那么，在 η 很小时，将式(2.91)写成多维泰勒展开的形式，并只保留线性项，忽略高次项，即

$$\begin{aligned}\min_{|\boldsymbol{v}|=1}E_{\text{in}}\underbrace{(\boldsymbol{w}_t+\eta\boldsymbol{v})}_{\boldsymbol{w}_{t+1}}&\approx\min_{|\boldsymbol{v}|=1}\left\{E_{\text{in}}(\boldsymbol{w}_t)+(\boldsymbol{w}_t+\eta\boldsymbol{v}^{\mathrm{T}}-\boldsymbol{w}_t)\frac{\nabla E_{\text{in}}(\boldsymbol{w}_t)}{1!}\right\}\\&\approx\min_{|\boldsymbol{v}|=1}\{E_{\text{in}}(\boldsymbol{w}_t)+\eta\boldsymbol{v}^{\mathrm{T}}\nabla E_{\text{in}}(\boldsymbol{w}_t)\}\end{aligned} \tag{2.93}$$

式中：$\boldsymbol{w}_t$ 相当于式(2.92)中的 $\boldsymbol{x}_0$；$\nabla E_{\text{in}}(\boldsymbol{w}_t)$相当于 $f'(\boldsymbol{x}_0)$。

通俗解释，就是将原 $E_{\text{in}}(\boldsymbol{w})$曲线看作多小段线段拼接而成，即 $E_{\text{in}}(\boldsymbol{w}_t+\eta\boldsymbol{v})$的曲线可以看作 $E_{\text{in}}(\boldsymbol{w}_t)$周围一段很小的线段。

因此，求解式(2.94)最小情况下的 $\boldsymbol{w}$，可以认为是近似的求解式(2.91)最小状况下的 $\boldsymbol{w}$：

$$\min_{|\boldsymbol{v}|=1}\left(\underbrace{E_{\text{in}}(\boldsymbol{w}_t)}_{\text{已知}}+\underbrace{\eta}_{\text{正实数}}\boldsymbol{v}^{\mathrm{T}}\underbrace{\nabla E_{\text{in}}(\boldsymbol{w}_t)}_{\text{已知}}\right) \tag{2.94}$$

式中：$E_{\text{in}}(\boldsymbol{w}_t)$已知，而 η 为给定的大于零的值。

因此，求式(2.94)最小的问题又可转换为求式(2.95)最小的问题：

$$\min_{|\boldsymbol{v}|=1}\underbrace{\eta}_{\text{正实数}}\boldsymbol{v}^{\mathrm{T}}\underbrace{\nabla E_{\text{in}}(\boldsymbol{w}_t)}_{\text{已知}} \tag{2.95}$$

式(2.95)中，当两个向量方向相反时内积最小。又因$\boldsymbol{v}$ 是单位向量，因此方向$\boldsymbol{v}$ 如下：

$$\boldsymbol{v}=-\frac{\nabla E_{\text{in}}(\boldsymbol{w}_t)}{\|\nabla E_{\text{in}}(\boldsymbol{w}_t)\|} \tag{2.96}$$

在 η 很小的情况下，将式(2.95)代入式(2.90)可得

$$\begin{aligned}\boldsymbol{w}_{t+1}&=\boldsymbol{w}_t+\eta\boldsymbol{v}\\&=\boldsymbol{w}_t-\eta\frac{\nabla E_{\text{in}}(\boldsymbol{w}_t)}{\|\nabla E_{\text{in}}(\boldsymbol{w}_t)\|}\end{aligned} \tag{2.97}$$

该更新公式表示权值向量 $\boldsymbol{w}$ 每次向着梯度的反方向移动一小步，按照此种方式更新可以较快速度找到使得 $E_{\text{in}}(\boldsymbol{w})$最小的 $\boldsymbol{w}$。由于该方法是沿着梯度反方向进行移动，故称作梯度下降法。该方法是一种常用且简单的方法。

了解参数$\boldsymbol{v}$ 的选择后，再观察参数 η 取值对梯度下降的影响，如图 2-39 所示。

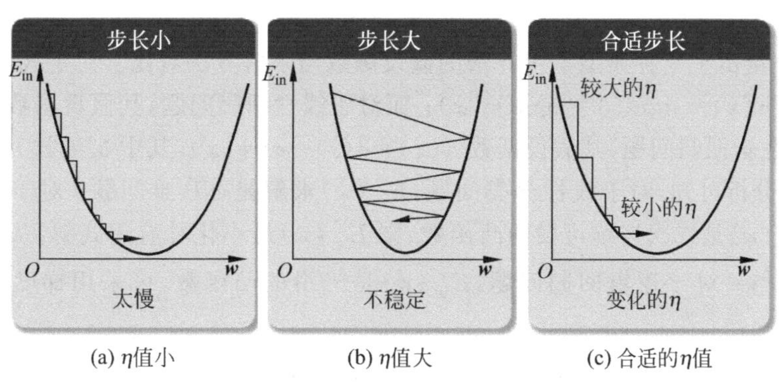

(a) η值小　　(b) η值大　　(c) 合适的η值

图 2-39　参数 η 的大小对梯度下降的影响

如图 2-39(a)所示，η 值小时下降速度很慢，因此寻找最优 $\boldsymbol{w}$ 的速度很慢；如图 2-39(b)所示，当 η 值大时，下降不稳定，甚至可能出现误差不下降反升的情况；合适的 η 值使得误差随着梯度的减小而减小，如图 2-39(c)所示，即参数 η 是可变的，且与梯度模值 $\|\nabla E_{\text{in}}(\boldsymbol{w}_t)\|$ 成正比。

根据 η 与梯度 $\|\nabla E_{\text{in}}(\boldsymbol{w}_t)\|$ 成正比的条件，可以将 η 重新给定：

$$\eta_{\text{new}}=\frac{\eta_{\text{old}}}{\|\nabla E_{\text{in}}(\boldsymbol{w}_t)\|} \tag{2.98}$$

式(2.97)可写为

$$\boldsymbol{w}_{t+1}=\boldsymbol{w}_t-\eta\,\nabla E_{\text{in}}(\boldsymbol{w}_t) \tag{2.99}$$

式中：η 为固定的学习速率。式(2.99)即固定学习速率下的梯度下降。至此，完成了逻辑回归梯度下降法的公式推导。

逻辑回归的算法步骤如算法 2-2 所示。

算法 2-2　逻辑回归算法

初始化：权值向量 $\boldsymbol{w}$ 初始值为 $\boldsymbol{w}_0$，设迭代次数为 $t=0$；
for $t=1$ 到 T
　　计算梯度 $\nabla E_{\text{in}}(\boldsymbol{w})=\dfrac{1}{N}\sum_{n=1}^{N}\theta(-y_n\boldsymbol{w}^{\text{T}}\boldsymbol{x}_n)(-y_n\boldsymbol{x}_n)$；
　　对权值向量 $\boldsymbol{w}$ 进行更新，$\boldsymbol{w}_{t+1}=\boldsymbol{w}_t-\eta\,\nabla E_{\text{in}}(\boldsymbol{w}_t)$；
　　判断 $\nabla E_{\text{in}}(\boldsymbol{w})\approx 0$，则退出；
end

2.4.4　三种基本机器学习算法对比分析

从前面的分析可知，线性二元分类、线性回归、逻辑回归算法都是基于线性分数来构建的分类器，假设线性得分为

$$s=\boldsymbol{w}^{\mathrm{T}}\boldsymbol{x} \tag{2.100}$$

图 2-40 给出了三种典型学习算法的假设函数与求解方法对比。对于线性分类问题，其假设函数 $h(\boldsymbol{x})=\operatorname{sign}(s)=\operatorname{sign}(\boldsymbol{w}^{\mathrm{T}}\boldsymbol{x})$；而对于线性回归问题，其假设函数 $h(\boldsymbol{x})=s=\boldsymbol{w}^{\mathrm{T}}\boldsymbol{x}$；对于逻辑回归问题，其假设函数 $h(\boldsymbol{x})=\sigma(s)=\sigma(\boldsymbol{w}^{\mathrm{T}}\boldsymbol{x})$，其中 σ 函数为 Sigmoid 函数。从前面分析可知，对于线性分类问题，$E_{\text{in}}(\boldsymbol{w})$求解是 NP 难问题；对于线性回归问题，由于 $E_{\text{in}}(\boldsymbol{w})$是二次连续可微的凸函数，则 $E_{\text{in}}(\boldsymbol{w})$最小化具有闭式解，从前面分析可知 $\boldsymbol{w}_{\text{LIN}}=\boldsymbol{X}^{\dagger}\boldsymbol{y}$；对于逻辑回归问题，$E_{\text{in}}(\boldsymbol{w})$是光滑的凸函数，可采用梯度下降法进行求解。

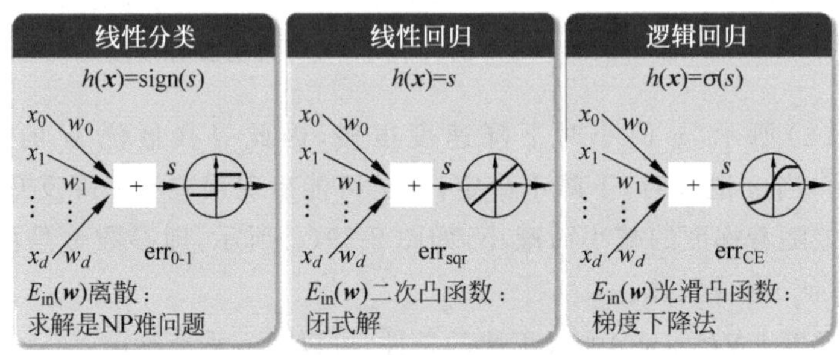

图 2-40　三种典型学习算法的假设函数与求解方法对比

图 2-41 给出了三种算法的误差函数对比。从前面分析可知，线性二元分类问题是采用 0-1 误差，$\text{err}_{0\text{-}1}(s,y)=[\![h(\boldsymbol{x})\neq y]\!]=[\![\operatorname{sign}(s)\neq y]\!]$；线性回归问题采用的是均方误差，即 $\text{err}_{\text{sqr}}(s,y)=(h(\boldsymbol{x})-y)^2$；逻辑回归问题采用的是交叉熵误差，$\text{err}_{\text{CE}}(s,y)=-\ln h(y\boldsymbol{x})=\ln(1+\mathrm{e}^{-ys})$，其中 y 是代表真实的分类标签，而 ys 代表分类的正确度得分。

线性分类	线性回归	逻辑回归
$h(\boldsymbol{x})=\operatorname{sign}(s)$	$h(\boldsymbol{x})=s$	$h(\boldsymbol{x})=\sigma(s)$
$\text{err}_{0\text{-}1}(s,y)$	$\text{err}_{\text{sqr}}(s,y)$	$\text{err}_{\text{CE}}(s,y)$
$=[\![h(x)\neq y]\!]$	$=(h(\boldsymbol{x})-y)^2$	$=-\ln h(yx)$
$=[\![\operatorname{sign}(s)\neq y]\!]$	$=(s-y)^2$	$=\ln(1+\mathrm{e}^{-ys})$
$=[\![\operatorname{sign}(ys)\neq 1]\!]$	$=(ys-1)^2$	

图 2-41　三种典型学习算法的误差函数对比

(ys)—分类的正确度得分。

为了便于分析三者之间的关系，将误差进行详细分析，如图 2-42 所示。

0-1 误差：$\text{err}_{0\text{-}1}(s,y)=[\![\operatorname{sign}(ys)\neq 1]\!]$

均方误差：$\text{err}_{\text{sqr}}(s,y)=(ys-1)^2$

交叉熵误差：$\text{err}_{\text{CE}}(s,y)=\ln(1+\exp(-ys))$

规整交叉熵误差：$\text{err}_{\text{SCE}}(s,y)=\log_2(1+\exp(-ys))$

从图 2-42(a)可以看出，交叉熵和 0-1 误差、均方误差有交叠，不容易进行判断，为此重新变换增加了规整交叉熵(Scaled Cross Entropy，SCE)的定义，变换后的 SCE 与 0-1

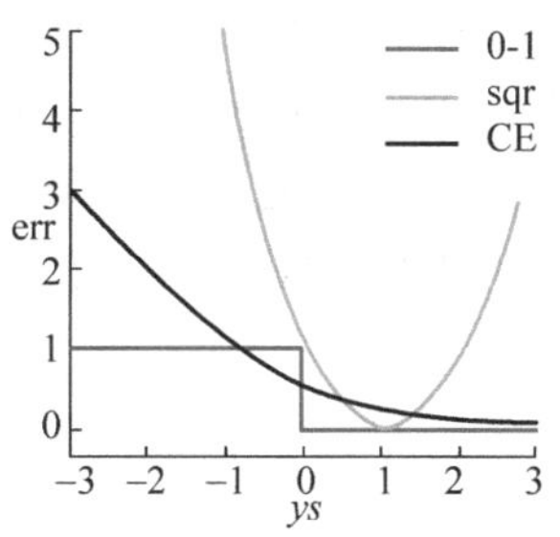

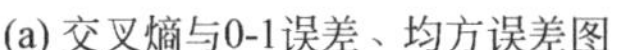

(a) 交叉熵与0-1误差、均方误差图

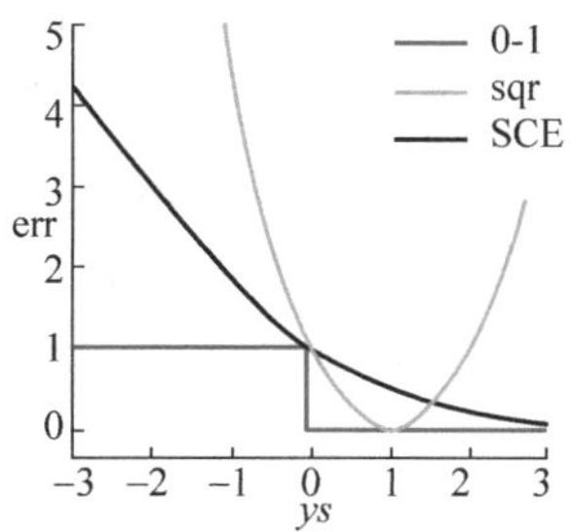

(b) 规整交叉熵与0-1误差、均方误差图

图 2-42 误差函数对比

误差、均方误差图如图 2-42(b)所示，三者之间不会出现大小交叠的情况。从图中可以看出：对于 0-1 误差，当 $ys \leqslant 0$ 时，$\text{err}_{0\text{-}1}=1$；对于均方误差，当 $ys \ll 1$ 或 $ys \gg 1$ 时，err_{sqr} 很大，由于 $\text{err}_{\text{sqr}} > \text{err}_{0\text{-}1}$，可以推断若 err_{sqr} 很小，则 $\text{err}_{0\text{-}1}$ 很小。对于交叉熵误差，err_{CE} 与 ys 成反比，且 $\text{err}_{0\text{-}1}\downarrow \leftrightarrow \text{err}_{\text{CE}}\downarrow$；另外，$\text{err}_{\text{SCE}}$ 是 0-1 误差的上界（$\text{err}_{\text{SCE}} > \text{err}_{0\text{-}1}$），因此 err_{SCE} 很小$\Leftrightarrow \text{err}_{0\text{-}1}$ 很小。

这种误差上界直接带来的影响是可学习问题。对于任意的 ys（其中 $s=\boldsymbol{w}^{\mathrm{T}}x$），有

$$
\text{err}_{0\text{-}1}(s,y) \leqslant \text{err}_{\text{SCE}}(s,y) = \frac{1}{\ln 2}\text{err}_{\text{CE}}(s,y)
$$

$$
\Rightarrow \begin{cases} E_{\text{in}}^{0\text{-}1}(\boldsymbol{w}) \leqslant E_{\text{in}}^{\text{SCE}}(\boldsymbol{w}) = \dfrac{1}{\ln 2}E_{\text{in}}^{\text{CE}}(\boldsymbol{w}) \\ E_{\text{out}}^{0\text{-}1}(\boldsymbol{w}) \leqslant E_{\text{out}}^{\text{SCE}}(\boldsymbol{w}) = \dfrac{1}{\ln 2}E_{\text{out}}^{\text{CE}}(\boldsymbol{w}) \end{cases} \tag{2.101}
$$

所以可以得到 0-1 误差的 VC 界，即

$$
\begin{aligned} E_{\text{out}}^{0\text{-}1}(\boldsymbol{w}) &\leqslant E_{\text{in}}^{0\text{-}1}(\boldsymbol{w}) + \Omega^{0\text{-}1} \\ &\leqslant \frac{1}{\ln 2}E_{\text{in}}^{\text{CE}}(\boldsymbol{w}) + \Omega^{0\text{-}1} \end{aligned} \tag{2.102}
$$

同理，可得到交叉熵误差的 VC 界，即

$$
\begin{aligned} E_{\text{out}}^{0\text{-}1}(\boldsymbol{w}) &\leqslant \frac{1}{\ln 2}E_{\text{out}}^{\text{CE}}(\boldsymbol{w}) \\ &\leqslant \frac{1}{\ln 2}(E_{\text{in}}^{\text{CE}}(\boldsymbol{w}) + \Omega^{\text{CE}}) \end{aligned} \tag{2.103}
$$

可以得出结论：当 $E_{\text{in}}^{\text{CE}}(\boldsymbol{w})$ 很小时，$E_{\text{out}}^{0\text{-}1}(\boldsymbol{w})$ 很小。同理，当 $E_{\text{in}}^{\text{sqr}}$ 很小时，$E_{\text{out}}^{0\text{-}1}$ 很小。即线性回归模型和逻辑回归模型可用作二元分类。

2.5 本章小结

本章在详细介绍学习与机器学习概念的基础上，从不同输出空间$\mathcal{Y}$、不同数据标签、不同数据获取方式、不同输入空间四个方面介绍机器学习的分类，并介绍经典的机器学

习算法——感知机学习；然后给出机器学习的可行性理论，从实例出发，让读者对可行性学习有更为直观的感受，又系统介绍可能近似正确学习理论；再从假设空间的有效数出发，给出突破点、上限函数、VC 界、VC 维等重要概念，并详细阐述这些抽象概念的实际物理意义；最后分析线性分类、线性回归和逻辑回归三个基本的机器学习问题，并从假设函数、求解方式、误差等方面进行对比。

参考文献

[1] 林轩田. 机器学习基石[OL]. https://www.bilibili.com/video/BV1Cx411i7op,2017.

[2] Abu-Mostafa Y S,Magdon-Ismail M,Lin H T. Learning from Data[M]. AMLBook.com,2012.

[3] 周志华. 机器学习[M]. 北京：清华大学出版社,2006.

[4] Mitchell T M. 机器学习[M]. 曾华军,等译. 北京：机械工业出版社,2003.

[5] Bishop C M. Pattern Recognition and Machine Learning[M]. Berlin：Springer,2001.

[6] 刘建伟,等. 感知机学习算法研究[J]. 计算机工程,2010,36(07)：190-192.

[7] Gallant S I. Perceptron-based learning algorithms[J]. IEEE Transactions on Neural Networks. 1990,1(2)：179-191.

[8] Blumel A. Ehrenfeucht A,Haussler D,et. al. Learnability and the Vapnik-Chervonenkis dimension [J]. Journal of the Association for Computing Machinery. 1989,36(4)：929-965.

[9] Abu-Mostafa Y S. The Vapnik-Chervonenkis dimension：Information versus complexity in learning [J]. Neural Computation,1989,1(3)：312-317.

[10] Vapnik V N. Statistical Learning Theory[M]. Wiley-Interscience,1998.

[11] Valiant L. A theory of the learnable[J]. Communications of the ACM,1984,27(11)：1134-1142.

第3章 深度学习基础

人工智能技术经历了三起两落，目前处于第三次人工智能浪潮期。这一浪潮中，既有计算机算力增长、互联网大数据剧增等外部因素影响，也有人工智能技术本身迅猛发展的因素，而其中的核心就是深度学习技术。因此，了解深度学习的基本概念与原理，了解深度学习网络的关键问题至关重要。

本章首先介绍神经元概念，在此基础上给出深度学习的基本定义和特点；然后给出深度学习网络设计的三个核心问题，即网络结构的定义、深度学习网络的目标函数以及网络的优化算法；最后针对网络优化算法中的关键技术——后向传播算法进行重点阐述与推导。

3.1 深度学习的基本定义和特点

3.1.1 神经元与生物神经网络

在了解人工神经元之前，先要了解人脑学习的机制。人脑在学习、思考和认知事物时，原理比较简单，首先通过感觉器官接收信息，如通过视觉、听觉、触觉、嗅觉和味觉等感知外面世界；其次将接收的信息在脑内进行信息加工，然后将输出信息以某种反应的形式输出，这个过程不断交叉重复，逐渐累积知识或能力，从而形成创造力。而信息加工的主体就是人脑中的生物神经网，生物神经网络是由很多神经元相互连接而构成的极为庞大而又错综复杂的系统，神经元是生物神经系统结构和功能的基本单位[1]。生物神经元和生物神经网络分别如图 3-1 和图 3-2 所示。神经元的形状和大小差异比较大，但具有一些共同结构。神经元主要包括细胞体和突起两部分，细胞体中央有细胞核，细胞核是细胞的能量中心。细胞体向外伸出两种胞体：呈树枝状的称为树突，它接收其他神经元的信息并传至本细胞体；一根细长的突起称为轴突，它把神经冲动由胞体传至远处，传给与之连接的其他神经元的树突或者肌肉与腺体。

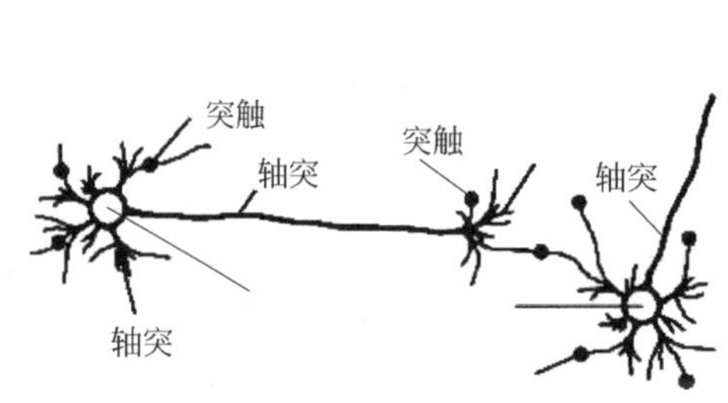

图 3-1 生物神经元的结构

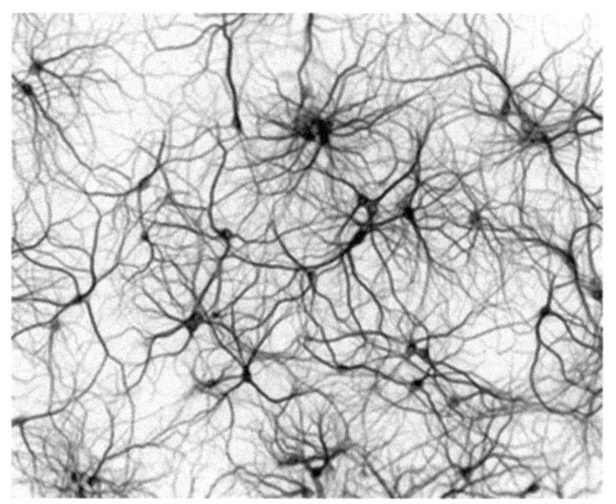
图 3-2 生物神经网络

神经元之间的连接不是固定不变的，在人类成长过程中，一些新连接会逐渐被建立，一些连接可能会消失。研究表明，人类在 8 岁左右神经元达到相对比较稠密的峰值状态，随后神经网络会变得稀疏。

3.1.2 人工神经元及其分类能力

人工神经元是对生物神经元的功能模拟模型，前面讲神经元模型时，重点强调了树突、轴突和细胞体。因此一个简单的人工神经元构造如图 3-3 所示，同时接收其他神经元传递过来的 D 个信号，分别为 $x_1, x_2, \cdots, x_D$，由于各个信号的强度不同，反应刺激也不同，因此将其赋予了不同的权值 $w_1, w_2, \cdots, w_D$ 后进行求和叠加，然后利用一个非线性函数 g 来模拟输出的反应。神经元可以表示为两个部分，一是神经元的线性输入 $a(\boldsymbol{x})$，二是神经元的非线性输出 $h(\boldsymbol{x})$，其中：

$$a(\boldsymbol{x}) = b + \sum_{i=1}^{D} w_i x_i = \boldsymbol{w}^{\mathrm{T}}\boldsymbol{x} + b \tag{3.1}$$

$$h(\boldsymbol{x}) = g(a(\boldsymbol{x})) = g\left(b + \sum_{i=1}^{D} w_i x_i\right) = g(\boldsymbol{w}^{\mathrm{T}}\boldsymbol{x} + b) \tag{3.2}$$

式中：b 为神经元偏置；g 为激活函数。

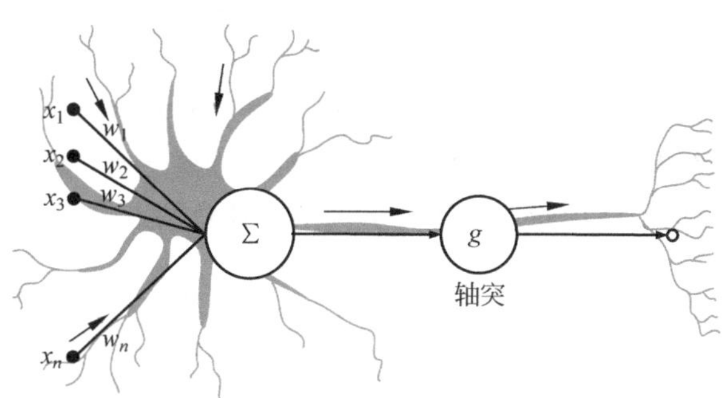

图 3-3 神经元的结构

常用的非线性激活函数有六种，如表 3-1 所示。

表 3-1 激活函数

函数名称	映射关系	表示图	说明
线性函数	$f = g(a) = a$		输入即输出
step 函数	$f = g(a) = \begin{cases} 1, & a \geqslant 0 \\ 0, & a < 0 \end{cases}$		输入信号大于或等于 0 时，输出为 1；否则，为 0

续表

函数名称	映射关系	表示图	说明
sign 函数	$f=g(a)=\begin{cases}1, & a\geqslant 0\\ -1, & a<0\end{cases}$		输入信号大于或等于0时，输出为1；否则，为-1
Sigmoid 函数	$f=g(a)=\dfrac{1}{1+\exp(-a)}$		有界函数，将输入信号变换到(0,1)区间内
tanh 函数	$f=g(a)=\dfrac{\exp(a)-\exp(-a)}{\exp(a)+\exp(-a)}$		有界函数，将输入信号变换到$(-1,1)$区间内
ReLU 函数	$f=g(a)=\begin{cases}a, & a\geqslant 0\\ 0, & a<0\end{cases}$		半波整流函数，当输入信号大于或等于0时，信号直接输出；否则，为0

下面以 g 函数为 sign 函数时来了解下神经元的基本能力[2]。sign 函数将空间分成两类，一是$+1$，另一类是-1；分类面如图 3-4 中所示悬崖立面，具体表示为 $\boldsymbol{w}^{\mathrm{T}}\boldsymbol{x}+b=0$，而权重向量 $\boldsymbol{w}$ 是分类面的法向量。对于分类面上的任意两点 $\boldsymbol{x}_1$ 和 $\boldsymbol{x}_2$，有

$$\begin{cases}\boldsymbol{w}^{\mathrm{T}}\boldsymbol{x}_1+b=0\\ \boldsymbol{w}^{\mathrm{T}}\boldsymbol{x}_2+b=0\end{cases}\Rightarrow \boldsymbol{w}^{\mathrm{T}}(\boldsymbol{x}_1-\boldsymbol{x}_2)=0 \tag{3.3}$$

由于 $\boldsymbol{w}$ 与分类面上的任意两点 $\boldsymbol{x}_1$ 和 $\boldsymbol{x}_2$ 都垂直，因此 $\boldsymbol{w}$ 是分类面的法向量。原点到平面的距离为 $b/\|\boldsymbol{w}\|$。

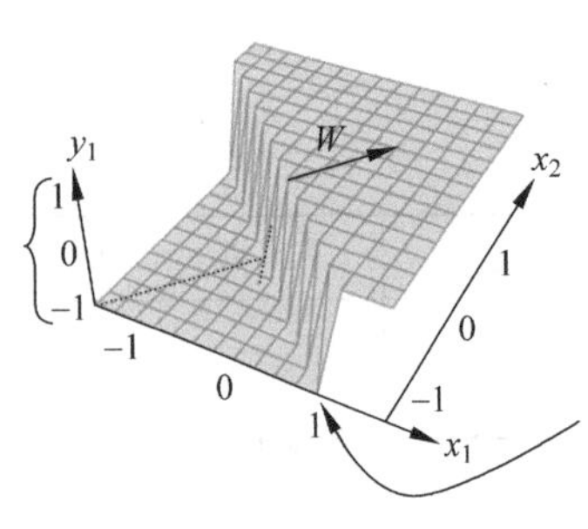

图 3-4　神经元的分类面

利用单个神经元进行二分类问题，当采用 Sigmoid 函数时，可以用单个神经元模拟二分类的概率 $P(y=1|\boldsymbol{x})$，这个分类器通常也称为逻辑回归分类器。若 $P(y=1|\boldsymbol{x})\geqslant 0.5$，则判决为类别 1；否则，为类别 0。因此，单个神经元的分类能力是线性的。单个神经元构成的分类器也称为感知机，该分类器可以解决线性可分问题。如图 3-5 所示的三个例子，图 3-5(a)是 x_1 或 x_2 问题，图 3-5(b)是 x_1 非与 x_2 问题，图 3-5(c)是 x_1 与 x_2 非问题，其中 x_1 和 x_2 的取值都只有 0 和 1 两种。由于都是线性可分问题，单个神经元构成的感知机分类器是可以进行分类的。

1969 年，著名的人工智能学家马文·明斯基提出异或问题，如图 3-6(a)所示，即对角的两个点类别标签相同[3]。由前面所述可知，单个神经元的分类能力是线性的，无法实

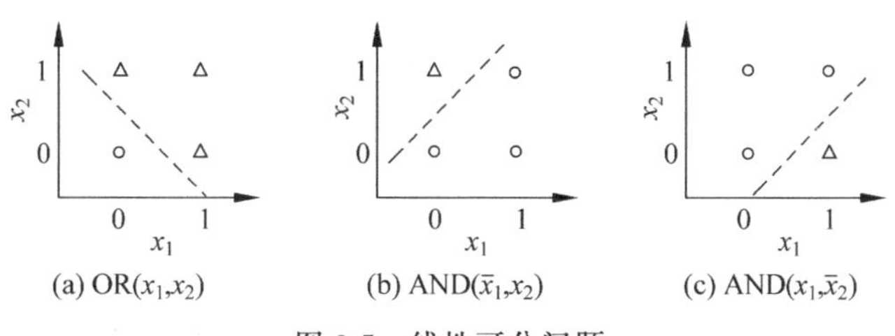

图 3-5　线性可分问题

现线性不可分问题。1974 年，加拿大著名学者辛顿提出感知机网络，他的思想非常简单，“多则不同”，即单个神经元无法解决，通过多个神经元构成的网络来共同完成。由于 $\text{XOR}(x_1, x_2) = \text{OR}(\text{AND}(\bar{x}_1, x_2), \text{AND}(x_1, \bar{x}_2))$，因此，根据图 3-5，单个神经元可以完成 $\text{AND}(\bar{x}_1, x_2)$，也可以完成 $\text{AND}(x_1, \bar{x}_2)$，再通过一个线性分类器 OR 就可以对 $\text{AND}(\bar{x}_1, x_2)$ 和 $\text{AND}(x_1, \bar{x}_2)$ 的分类，从而通过 2 层分类器实现对 XOR 问题的分类。

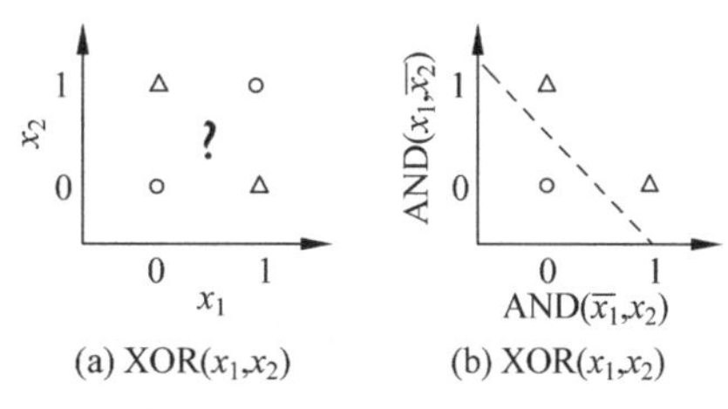

图 3-6　异或问题的实现

图 3-7 给出了感知机网络的分类面，一个神经元无法完成异或问题的分类，但是两个神经元组合后就可以完成异或问题的分类，即对角的两点就可以分成一类。需要说明的是，图 3-7 中的神经元都采用 sign 激活函数。更多的神经元组合成的神经网络可对更加复杂的非线性问题进行描述。图 3-8 给出了 4 个神经元映射后的分类面，可以看出，神经元个数越多，可以描述的情形就越复杂。

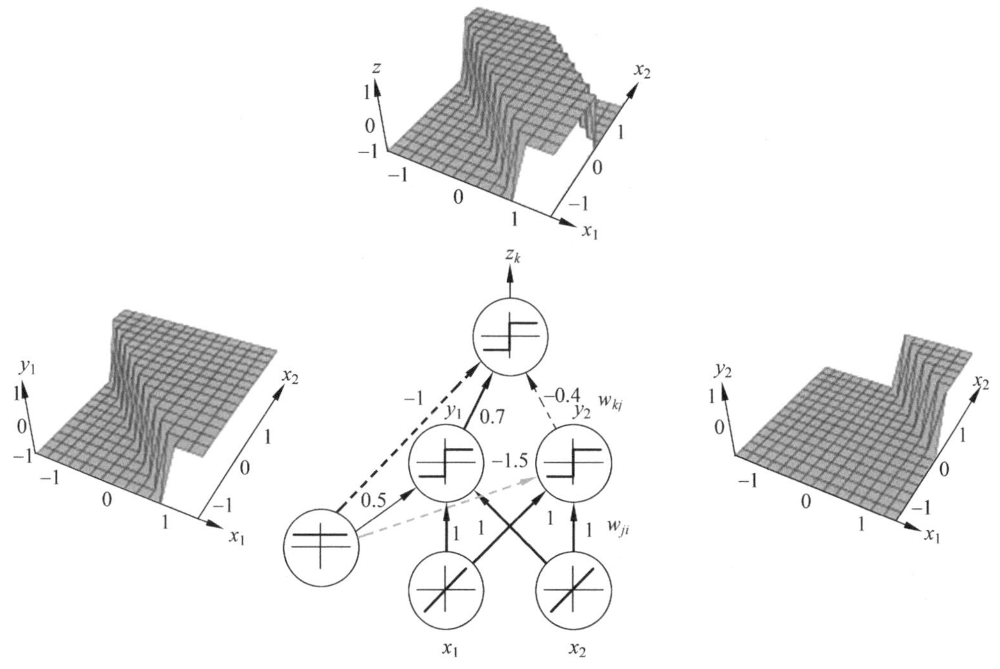

图 3-7　感知机网络的分类面

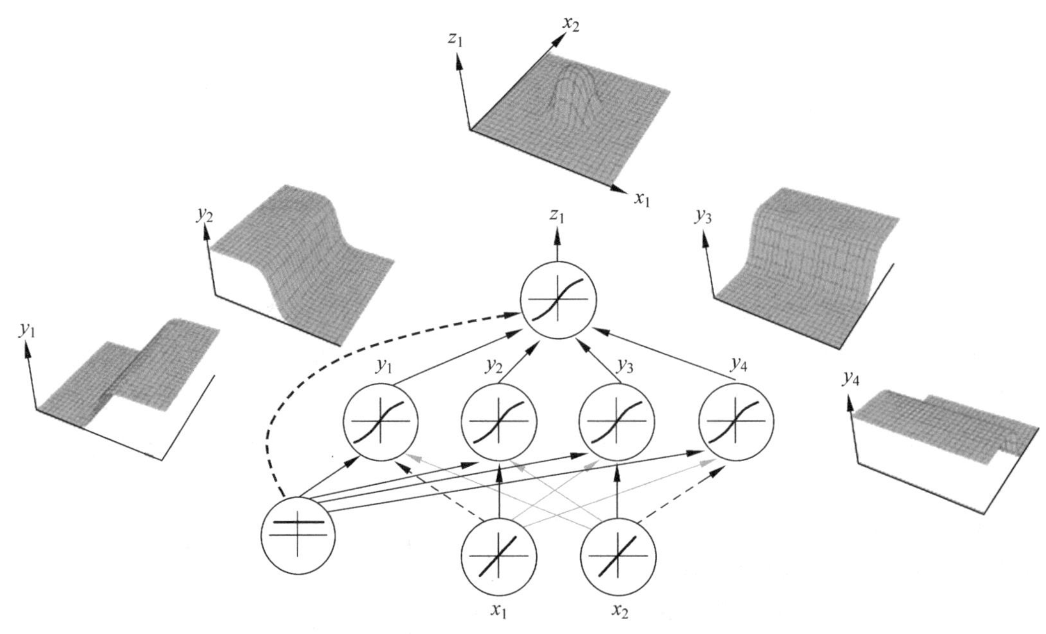

图 3-8　感知机网络的分类面

人工神经网络就是将多个人工神经元连接起来构成的神经网络，图 3-9 是典型神经网络。其中第一层是输入层，直接跟输入信号或特征相连，最后一层是网络输出层，中间内部的节点是隐含层，图 3-9 所示的隐含层数为 2 层。

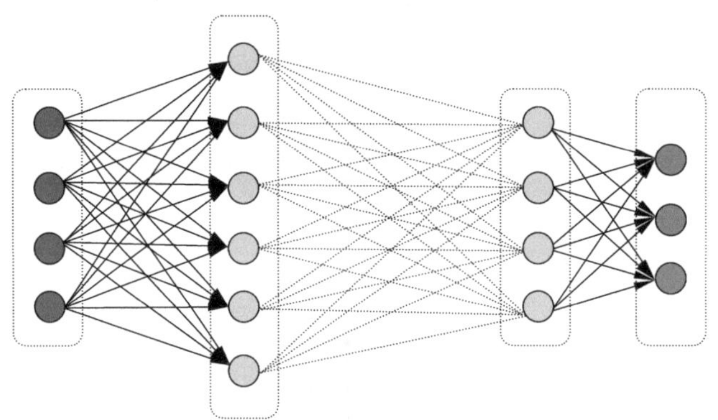

图 3-9　人工神经元示意图

3.1.3　单隐含层神经网络的能力

下面讨论单隐含层的神经网络的能力。根据 3.1.2 节的讨论，当隐含层节点数增多时，能够实现更加复杂的非线性分类能力，如图 3-10 所示。单隐含层神经网络可对任意复杂的非线性问题进行描述。

人工神经网络中存在一个非常有价值的定理——通用近似定理(也称为万能逼近定理)[4],可以在理论上证明“一个包含线性输出层和至少一层隐含层的前馈神经网络,只要给予足够数量的神经元,就能以任意精度逼近任意预定的连续函数”。

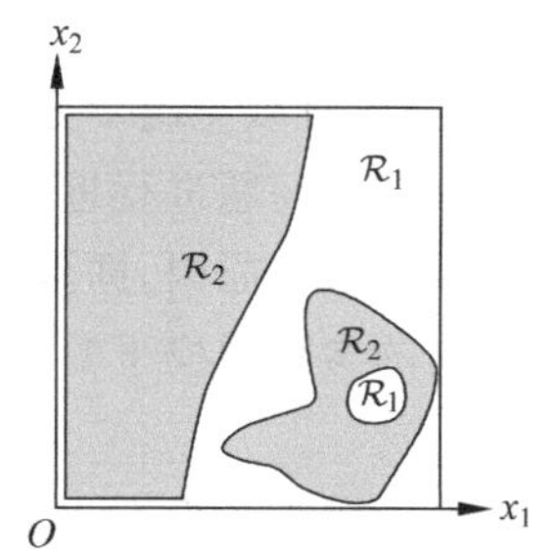

图 3-10　复杂的非线性分类能力

由通用近似定理可知,不管函数 $f(\boldsymbol{x})$ 在形式上有多复杂,总能确保找到一个神经网络,对任何可能的输入 $\boldsymbol{x}$,以任意高的精度近似输出 $f(\boldsymbol{x})$,即使函数有多个输入和输出,即 $f(\boldsymbol{x}_1,\boldsymbol{x}_2,\cdots,\boldsymbol{x}_n)$,通用近似定理的结论仍然成立[5]。应用该定理时需要注意三点,一是可以通过神经网络的结构和参数设计尽可能逼近某个特定函数,而非“准确”描述该函数,其实质是通过增加隐含层神元的个数来提升近似的精度;二是被近似函数必须是连续函数或平方可积函数,否则,神经网络就不再适用;三是虽然神经网络能够近似,但找到这样的近似函数并不容易,定理是给出了一个理论界。生成对抗网络(Generative Adversarial Network,GAN)的提出者伊恩·古德费洛(Ian Goodfellow)曾指出:“仅含有一层的前馈网络的确足以有效地表示任何函数,但是,这样的网络结构可能会格外庞大,进而无法正确地学习和泛化。”这也进一步说明了寻找理论界的困难性。

3.1.4　深度学习

前面提到了人工智能、机器学习等概念,这里阐述人工智能、机器学习和深度学习的关系。简而言之,人工智能在于打造智能机器的学科,而机器学习就是让机器变得更智能的方法和手段,而深度学习是人工智能连接学派的典型代表,也是机器学习中的一种重要方法。

深度学习作为机器学习的一个分支,其目的是在一整套算法的基础上,通过构建非线性和线性变换组成的多个处理层所构成的深度图,实现数据的高层抽象表示与建模。简而言之,当图 3-9 中隐含层超过两层时,就可以认为是深度学习网络。深度学习网络不是一个新概念,在人工神经网络诞生之后,很多学者开始用单个隐含层的神经网络来解决问题,在 20 世纪 80 年代,很多学者就想到扩展隐含层的层数,可以采用两层、三层或者是任意层,但网络隐含层扩展后,神经网络的参数增多,导致需要的数据量增大,且由于层数扩展后模型的优化越来越困难,在实际中得不到想要的结果,因此深度学习网络就相对沉寂。而基于统计学习理论的支持向量机(Support Vector Machine,SVM)非常适合解决小样本高维实际问题,获得了巨大的发展。因此,深度学习网络不是人工智能第三次浪潮才提出的新概念。

通用近似定理已经告诉我们,只要神经网络中神经元的数目足够多,即使只有一层隐含层,也能够对任意复杂实际问题进行模拟。既然单隐含层能够解决这些问题,为何还要把浅层网络往神经网络拓展呢?其实,深度学习的发展、壮大主要基于两点[6]:一是仅含有一层的前馈网络的确足以有效地表示任何函数,但是隐含层神经元数目的过于庞大,导致难以正确学习和优化。这意味着,对于复杂的问题,虽然理论上存在这样的网络能够对该问题进行近似,但实际中优化得到这样的网络参数非常困难。二是最重要,也是最本质的原因,即深度学习网络相对于浅层网络而言,是更紧致的模型。紧致模型在相同的参数规模下具有更强的表现力,或者在同等参数规模下对复杂模式表现得更充分。

下面以语音识别为例给出具体说明[7],如图 3-11 所示。表 3-2 给出了浅层网络和深层网络的实验对比图。表中给出了当隐含层数为 1、2、3、4、5、7 时连续语音的词错误率结果。可以看出,当隐含层数增加时,连续语音识别系统的性能不断提升。这是因为在充足的训练语料下,隐含层数目增加,意味着模型的参数增加,模型的表现力更强。但是,这种对比不能说明深度学习网络的优势。为此,研究人员进行了相同参数规模下的同等对比,即为了匹配同等参数规模下的深度网络,单隐含层的浅层网络的节点数需要大量增加。表 3-2 中给出了隐含层数为 5 和 7 时的深度网络性能,以及相同参数规模下的浅层网络的性能。从表中可以看出,当隐含层为 5 时,深层网络的词错误率为 17.2%,而浅层网络的词错误率为 22.5%;7 层网络时,深度网络的词错误率为 17.1%,而浅层

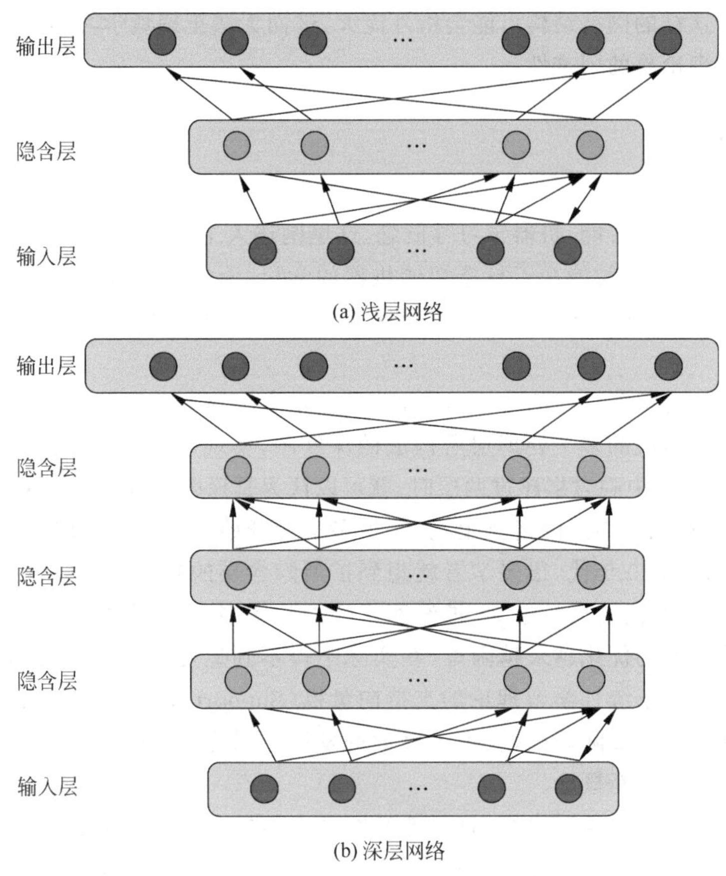

图 3-11　浅层网络和深层网络对比

网络的性能为22.6%。从表中进一步说明，当深层网络从单层扩展到5层时，系统词错误率从24.2%降低为17.2%，而浅层网络达到同样参数规模，其错误率从24.2%降低为22.5%，可以看出，深度网络在同等参数规模下，相较于浅层网络具有更好的模型表现力，因此深度网络是一种更紧致的模型。

表 3-2 浅层网络与深层网络语音识别对比

深层网络		浅层网络	
层数×层节点数	词错误率/%	层数×层节点数	词错误率/%
1×2k	24.2	—	—
2×2k	20.4	—	—
3×2k	18.4	—	—
4×2k	17.8	—	—
5×2k	17.2	1×3772	22.5
7×2k	17.1	1×4634	22.6
—	—	1×16k	22.1

3.2 深度学习网络设计的三个核心问题

设计一个深度学习网络的三个核心问题如图3-12所示[8]，主要包括三部分：一是定义网络结构，即决定采用什么样的网络结构，从数学角度而言，定义网络结构相当于定义了一套函数，设定了问题求解的范围。二是网络目标函数选择，目标函数的选择决定了前一步设定的函数集合内，什么样的函数是最终需要寻找的好函数。目标函数选择与任务密切相关，但同一类型的任务也可以从不同角度来进行表征。三是优化算法，就是根据第二步确定的准则，如何找到最优的函数，其中包括优化算法选择和数据训练两个子部分。

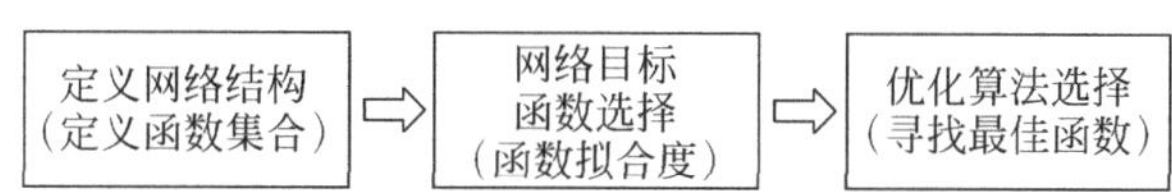

图 3-12 DNN 设计的三个核心问题[8]

下面以Keras框架下的设计为例，简单展示三个核心问题的基本思想和设计步骤[8]。

3.2.1 定义网络结构

图3-13给出了一个简单的神经网络示例，图3-13(a)所示两个输入分别为1和−1，假设神经网络的权重和偏置也给定，激活函数选择Sigmoid函数，因此可以计算第一个隐含层的两个输出分别为0.98和0.12，以此类推，同样可以计算第二个隐含层的输出为0.86和0.11，以及第三个隐含层的输出0.62和0.83。图3-13(b)所示两个输入分别为0

和 0,最终输出为 0.51 和 0.85。

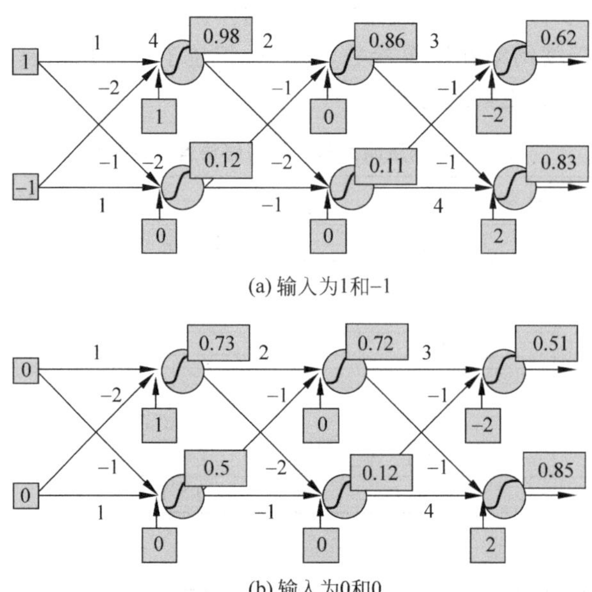

图 3-13 神经网络示例

由前面可知,神经网络本质上就是一个函数映射,因此图 3-13(a)、(b)可以表示为

$$f\left(\begin{bmatrix}1\\-1\end{bmatrix}\right)=\begin{pmatrix}0.62\\0.83\end{pmatrix}\quad f\left(\begin{bmatrix}0\\0\end{bmatrix}\right)=\begin{pmatrix}0.51\\0.85\end{pmatrix}$$

因此,给定网络结构和参数,神经网络就是一个具体的函数;只给定网络结构,而没有给定参数,相当于是一个函数集合。

图 3-14 给出含有 L 个隐含层的前向全连接神经网络,输入层有 D 个节点,x_1,x_2,…,x_D,每一隐含层线性输入分别为 $\boldsymbol{a}^{(1)}$,$\boldsymbol{a}^{(2)}$,…,$\boldsymbol{a}^{(L)}$,非线性输入表示为 $\boldsymbol{h}^{(1)}$,$\boldsymbol{h}^{(2)}$,…,$\boldsymbol{h}^{(L)}$;网络的输出为 $y^{(1)}$,$y^{(2)}$,…,$y^{(M)}$。下面分析该网络的具体表示形式。

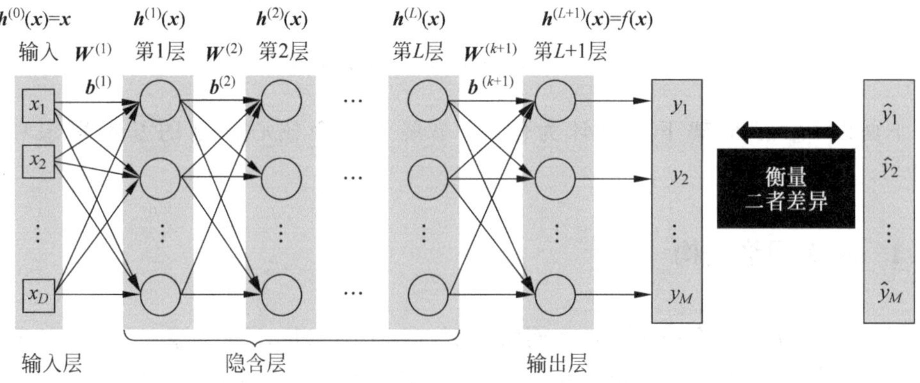

图 3-14 L 个隐含层的神经网络

为了更加通用表示，令 $\boldsymbol{h}^{(0)}(\boldsymbol{x})=\boldsymbol{x}=[x_1,x_2,\cdots,x_D]^{\mathrm{T}}$，那么第 k 层的线性输入 $\boldsymbol{a}^{(k)}(\boldsymbol{x})$ 和非线性输出 $\boldsymbol{h}^{(k)}(\boldsymbol{x})$ 分别表示为

$$\boldsymbol{a}^{(k)}(\boldsymbol{x})=\boldsymbol{W}^{(k)}\boldsymbol{h}^{(k-1)}(\boldsymbol{x})+\boldsymbol{b}^{(k)} \tag{3.4}$$

$$\boldsymbol{h}^{(k)}(\boldsymbol{x})=g(\boldsymbol{a}^{(k)}(\boldsymbol{x})) \tag{3.5}$$

输出层表示为

$$\boldsymbol{h}^{(L+1)}(\boldsymbol{x})=o(\boldsymbol{a}^{(L+1)}(\boldsymbol{x}))=f(\boldsymbol{x}) \tag{3.6}$$

式中：o 为输出激活函数。

整个网络可以表示为

$$\begin{aligned}f(\boldsymbol{x})&=o(\boldsymbol{a}^{(L+1)}(\boldsymbol{x}))=o(\boldsymbol{W}^{(L+1)}\boldsymbol{h}^{(k)}(\boldsymbol{x})+\boldsymbol{b}^{(k)})\\&=o(\boldsymbol{W}^{(L+1)}\underline{g(\boldsymbol{W}^{(L)}\boldsymbol{h}^{(L-1)}(\boldsymbol{x})+\boldsymbol{b}^{(L)})}+\boldsymbol{b}^{(L+1)})\\&=o(\boldsymbol{W}^{(L+1)}g(\boldsymbol{W}^{(L)}\underline{g(\boldsymbol{W}^{(L-1)}\boldsymbol{h}^{(L-2)}(\boldsymbol{x})+\boldsymbol{b}^{(L-1)})}+\boldsymbol{b}^{(L)})+\boldsymbol{b}^{(L+1)})\\&=o(\boldsymbol{W}^{(L+1)}g(\boldsymbol{W}^{(L)}\cdots(\boldsymbol{W}^{(2)}\underline{g(\boldsymbol{W}^{(1)}\boldsymbol{h}^{(0)}(\boldsymbol{x})+\boldsymbol{b}^{(1)})}+\boldsymbol{b}^{(2)})\cdots+\boldsymbol{b}^{(L)})+\boldsymbol{b}^{(L+1)})\end{aligned} \tag{3.7}$$

因此，进一步说明整个神经网络就是一个关于 $\boldsymbol{W}^{(1)},\boldsymbol{W}^{(2)},\cdots,\boldsymbol{W}^{(L+1)}$ 以及 $\boldsymbol{b}^{(1)},\boldsymbol{b}^{(2)},\cdots,\boldsymbol{b}^{(L+1)}$ 的复杂非线性函数。当给定网络结构和所有 $\boldsymbol{W}^{(1)},\boldsymbol{W}^{(2)},\cdots,\boldsymbol{W}^{(L+1)}$ 和 $\boldsymbol{b}^{(1)},\boldsymbol{b}^{(2)},\cdots,\boldsymbol{b}^{(L+1)}$ 参数时，该网络就是一个具体函数；而当只给定网络结构未给定参数时，它是一个函数集合。

3.2.2 目标函数选择

如图 3-14 所示，如何衡量一个神经网络模型参数的好坏？需要设定一个网络的目标函数[9]。由机器学习知识可知，通常选择两种目标函数：

(1) 拟合问题：

$$l=(\boldsymbol{y}^{(n)}-\hat{\boldsymbol{y}}^{(n)})^2 \tag{3.8}$$

式中：l 为单样本损失函数；$\boldsymbol{y}^{(n)}=[y_1^{(n)},y_2^{(n)},\cdots,y_M^{(n)}]^{\mathrm{T}}$ 为神经网络得到的样本值，M 为输出样本维度；$\hat{\boldsymbol{y}}^{(n)}=[\hat{y}_1^{(n)},\hat{y}_2^{(n)},\cdots,\hat{y}_M^{(n)}]^{\mathrm{T}}$ 为相应样本真实值。

(2) 多分类问题：

$$l^{(n)}=-\sum_{m=1}^{M}\hat{y}_m^{(n)}\log y_m^{(n)} \tag{3.9}$$

式中：l 为单样本损失函数，该损失函数是样本类别标签 $\boldsymbol{y}^{(n)}=[y_1^{(n)},y_2^{(n)},\cdots,y_M^{(n)}]^{\mathrm{T}}$ 和相应样本标签 $\hat{\boldsymbol{y}}^{(n)}=[\hat{y}_1^{(n)},\hat{y}_2^{(n)},\cdots,\hat{y}_M^{(n)}]^{\mathrm{T}}$ 之间的交叉熵，$\hat{\boldsymbol{y}}^{(n)}=[\hat{y}_1^{(n)},\hat{y}_2^{(n)},\cdots,\hat{y}_M^{(n)}]^{\mathrm{T}}$ 为独热向量，真实类别标签位置为 1，其他为 0。

神经网络优化时采用总损失函数，总损失函数定义为

$$J=\sum_{n=1}^{N}l^{(n)} \tag{3.10}$$

式中：$l^{(n)}$ 为第 n 个样本的损失函数；J 为总损失函数。其具体过程如图 3-15 所示。

也可以根据其他的任务设置相对类型的类别函数。对于多分类问题，除了采用经典的

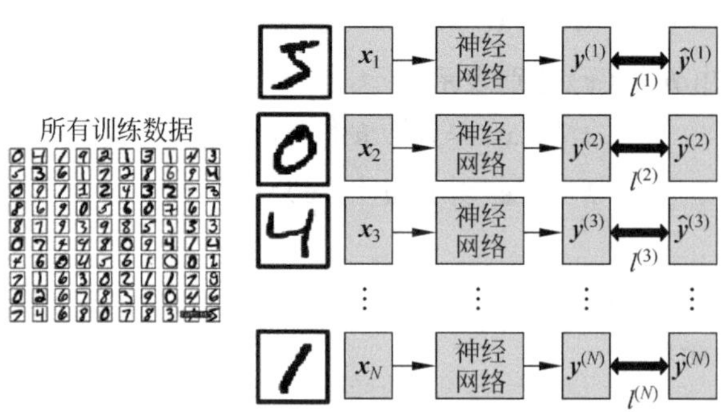

图 3-15 神经网络的总损失函数

交叉熵函数外，还可以采用很多的区分性函数来进一步提升分类性能，具体介绍见第 7 章。

3.2.3 优化算法选择

为了简单起见，假设网络只有参数 θ_0、θ_1，并假设损失函数是非常理想的，如图 3-16 所示，损失函数是凸函数，具有唯一极小值。图中 A 点和 B 点为不同方法得到的初始化权重参数。那么如何获得损失函数极小值点，以及极小值所对应的参数呢？

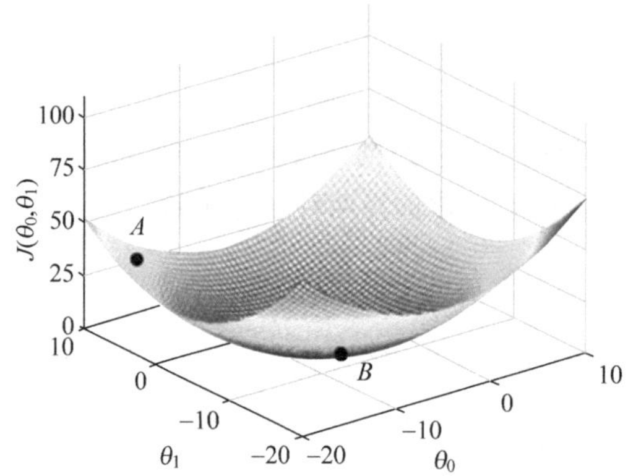

图 3-16 神经网络的总损失函数随参数变化

第 2 章机器学习理论中已经介绍过，当从损失误差很大的初始点寻找最优极小值点时，沿梯度反方向是到达极小值最快的方向，因此这种方法也称为梯度下降法。反之，如果寻找极大值点，则采用梯度上升法。一般采用迭代方法逐渐逼近极小值，具体公式为

$$\boldsymbol{\theta}_{t+1} = \boldsymbol{\theta}_t - \alpha \nabla_{\boldsymbol{\theta}_t} J(\boldsymbol{\theta}) \tag{3.11}$$

式中：$\boldsymbol{\theta}_{t+1}$ 为第 $t+1$ 步更新后的参数；θ_t 为更新前的参数；$J(\boldsymbol{\theta})$为目标函数；α 为步长。

对于图 3-14 所示的任意神经网络，网络参数$\boldsymbol{\theta} = \{\boldsymbol{W}^{(1)}, \boldsymbol{W}^{(2)}, \cdots, \boldsymbol{W}^{(L+1)}; \boldsymbol{b}^{(1)}, \boldsymbol{b}^{(2)}, \cdots, \boldsymbol{b}^{(L+1)}\}$，因此需要计算目标函数对于参数的梯度，即

$$\nabla_{\boldsymbol{\theta}_t} J = \begin{bmatrix} \dfrac{\partial J}{\partial \boldsymbol{W}_1} \\ \dfrac{\partial J}{\partial \boldsymbol{W}_2} \\ \vdots \\ \dfrac{\partial J}{\partial \boldsymbol{b}_1} \\ \dfrac{\partial J}{\partial \boldsymbol{b}_2} \\ \vdots \end{bmatrix} \tag{3.12}$$

将式(3.12)代入式(3.11)可以进行迭代更新,迭代到指定次数,或者是当损失函数达到指定阈值,则停止参数更新。具体过程如图3-17所示[10]。

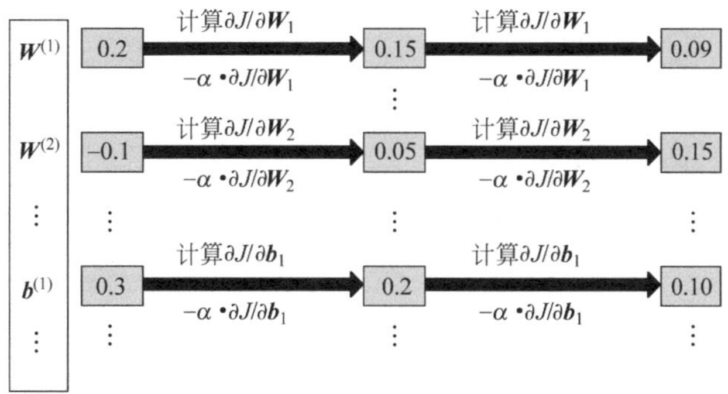

图3-17 梯度下降法示意图

由此看来,深度学习网络优化的基本思想并不像我们想象的那么复杂,采用梯度下降法就可以得到。然而,还有一个问题没有解决,如何获取式(3.12)的参数梯度?后向传播(Back Propagation,BP)是获取参数梯度的一种有效算法[11]。

3.3 后向传播算法

下面以一个多分类问题为例,对后向传播算法进行具体分析[12]。由于是多分类问题,神经网络的目标函数采用式(3.9)所示的交叉熵,则有

$$J = \sum_{n=1}^{N} l(f(\boldsymbol{x}^{(n)}), \hat{\boldsymbol{y}}^{(n)}) = \sum_{n=1}^{N} l(\boldsymbol{y}^{(n)}, \hat{\boldsymbol{y}}^{(n)}) = -\sum_{n=1}^{N}\sum_{m=1}^{M} \hat{y}_m^{(n)} \log y_m^{(n)} \tag{3.13}$$

因为真实类别标签向量是一个独热向量,只有真实类别标签维度为1,其他为0,当样本$\boldsymbol{x}^{(n)}$属于第c类样本时,则有

$$J = \sum_{n=1}^{N} l(\boldsymbol{y}^{(n)}, \hat{\boldsymbol{y}}^{(n)}) = -\sum_{n=1}^{N}\sum_{m=1}^{M} \hat{y}_m^{(n)} \log y_m^{(n)} = -\sum_{n=1}^{N} \log y_c^{(n)} \tag{3.14}$$

为了清晰了解BP算法的原理,以图3-18所示的神经网络为例进行推导,其中隐含

层为两层。

可以从不同角度对 BP 算法进行推导，下面给出一种常用的方法——计算流图法。图 3-19～图 3-22 给出了一条路径、两条路径、n 条路径以及复杂流程图的链式准则。图 3-18 所示的神经网络就是一个复杂流程图的实例。

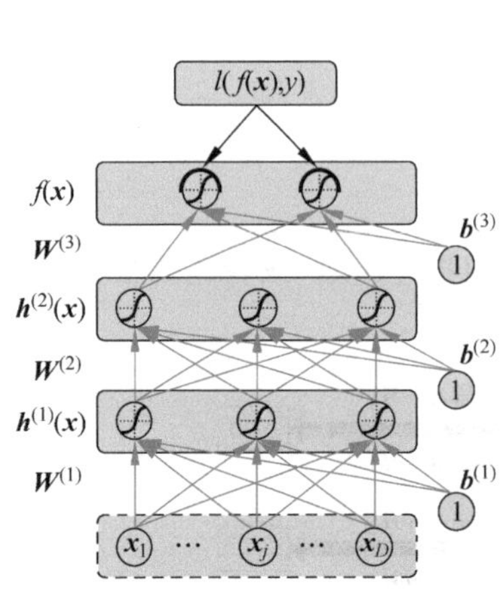

图 3-18　BP 算法推导网络结构图

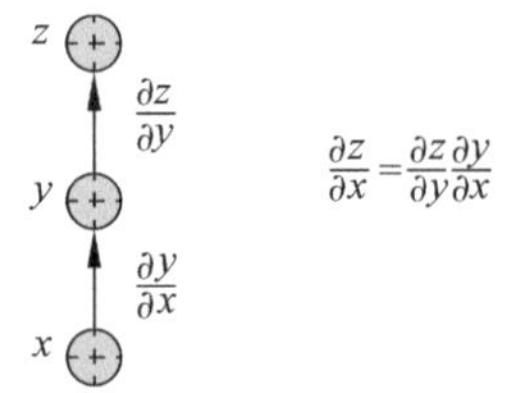

图 3-19　一条路径链式关系

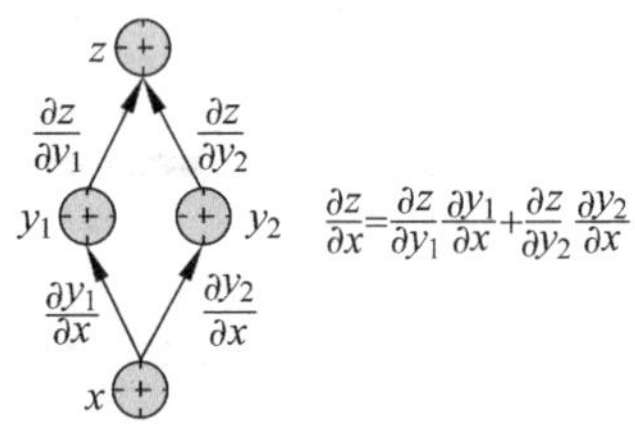

图 3-20　两条路径链式关系

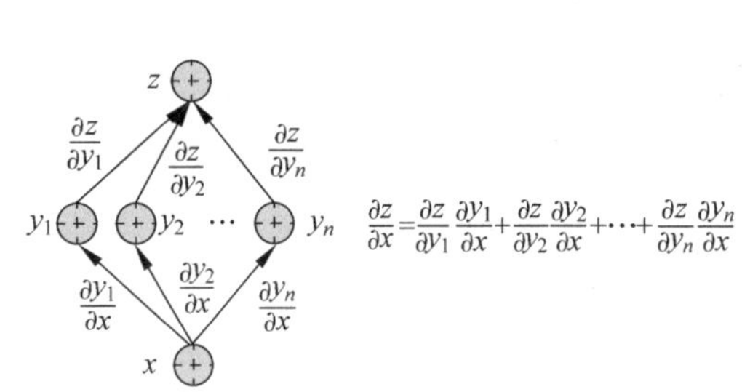

图 3-21　n 条路径链式关系

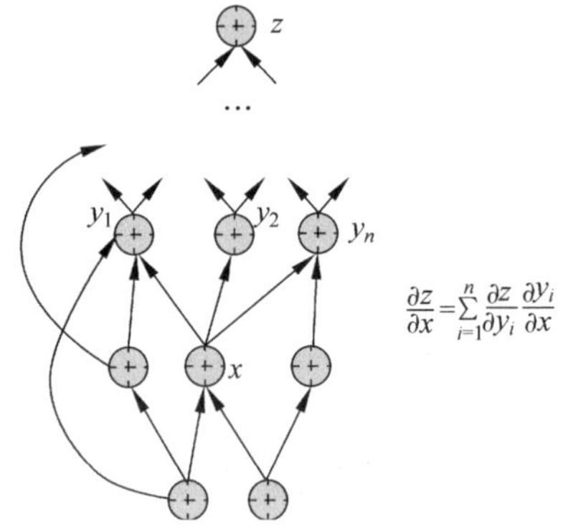

图 3-22　更加复杂的流程图

在计算流图中包括如下两种运算：

(1) 前向传播：给定前续节点计算每个节点的值。

(2) 后向传播：初始化输出梯度为 1，然后逆序访问每个节点，最后计算每个节点的梯度。

3.3.1　输出端的损失梯度

下面计算输出层的损失梯度值。首先计算第 n 个样本 $\boldsymbol{x}^{(n)}$ 的损失函数 $l(\boldsymbol{y}^{(n)},\hat{\boldsymbol{y}}^{(n)})$

对输出 $y_c^{(n)}$ 的偏导数，即

$$\frac{\partial}{\partial y_m^{(n)}}[-\log y_c^{(n)}]=-\frac{1_{(c=m)}}{y_c^{(n)}}=\begin{cases}-\frac{1}{y_c^{(n)}}, & m=c\\ 0, & m\neq c\end{cases} \tag{3.15}$$

所以损失函数 $l(\boldsymbol{y}^{(n)},\hat{\boldsymbol{y}}^{(n)})$对输出层激活输出 $\boldsymbol{y}^{(n)}$ 的梯度为

$$\frac{\partial}{\partial \boldsymbol{y}^{(n)}}[-\log y_c^{(n)}]=-\frac{1}{y_c^{(n)}}\begin{bmatrix}1_{(c=1)}\\ \vdots\\ 1_{(c=M)}\end{bmatrix} \tag{3.16}$$

式中：$1_{(c=m)}$代表当 $c=m$ 成立时，该值为 1；否则，为 0。

假定输出端激活函数选择 Sigmoid 函数，下面的推导中会用到 Sigmoid 函数求导的便捷形式，即

$$g(x)=\frac{1}{1+\mathrm{e}^{-x}}$$

$$g'(x)=g(x)(1-g(x))$$

读者可按照求导准则自行验证。

因此，损失函数 $l(\boldsymbol{y}^{(n)},\hat{\boldsymbol{y}}^{(n)})$对输出层线性输入端第 m 个元素的偏导数为

$$\frac{\partial}{\partial a^{(L+1)}(\boldsymbol{x})_m}[-\log y_c^{(n)}]=-(1_{(c=m)}-y_m^{(n)}) \tag{3.17}$$

输出层线性输入端的损失梯度为

$$\nabla_{\boldsymbol{a}^{(L+1)}(\boldsymbol{x})}[-\log y_c^{(n)}]=-(\boldsymbol{e}(c)-\boldsymbol{y}^{(n)})$$

$$=-\left(\begin{bmatrix}1_{(c=1)}\\ 1_{(c=2)}\\ \vdots\\ 1_{(c=M)}\end{bmatrix}-\begin{bmatrix}y_1^{(n)}\\ y_2^{(n)}\\ \vdots\\ y_M^{(n)}\end{bmatrix}\right) \tag{3.18}$$

其具体梯度传导的过程如图 3-23 所示。需要重点说明的是，在理解 BP 算法过程中，梯度值沿反向传递，可以把每个神经元看成两个部分：一个是上半部分的非线性输出，如实线半圈所示；另一个是下半部分的线性输入，如虚线半圈所示。

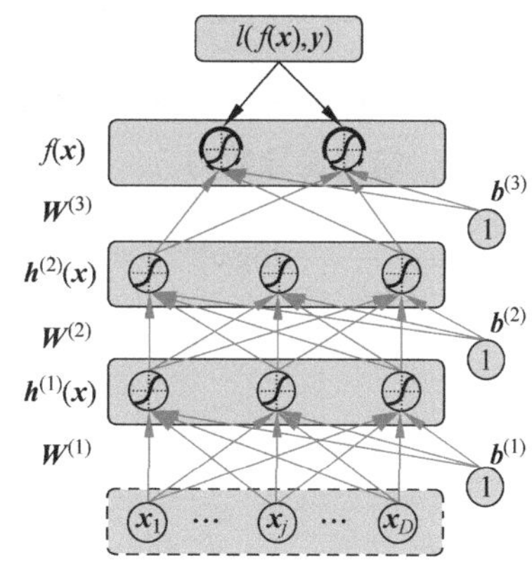

图 3-23　BP 算法推导输出层梯度计算示意图

3.3.2　隐含层的损失梯度

下面获取隐含层的梯度，即图 3-24 中所示的实线路径到达节点的梯度。这里梯度的计算更加复杂，因此需要简化问题。根据图 3-22 所示流程图的链式准则，如果函数 $p(a)$ 是中间变量 $q_i(a)$的函数，则可得

$$\frac{\partial p(a)}{\partial a}=\sum_i \frac{\partial p(a)}{\partial q_i(a)}\frac{\partial q_i(a)}{\partial a} \tag{3.19}$$

那么可以进行对应假设，a 是某个隐含层中的某个节点，$q_i(a)$代表上一层的线性输入部分（虚线半圈），如图 3-25 所示，图中所示 $q_i(a)$个数为 2，即上一层节点个数，也是输出层节点个数。

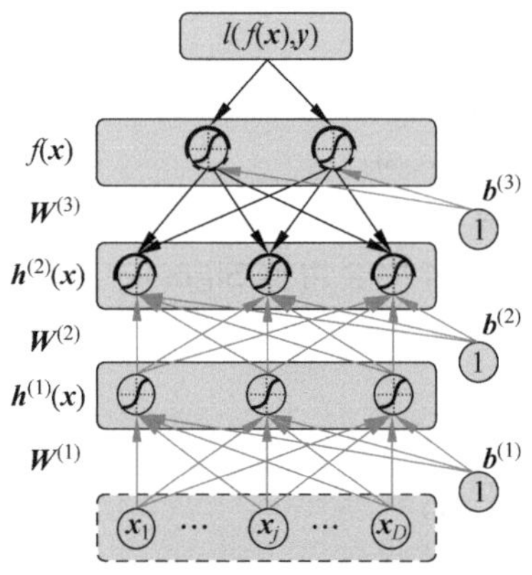

图 3-24　BP 算法推导隐含层非线性输出端梯度计算示意图

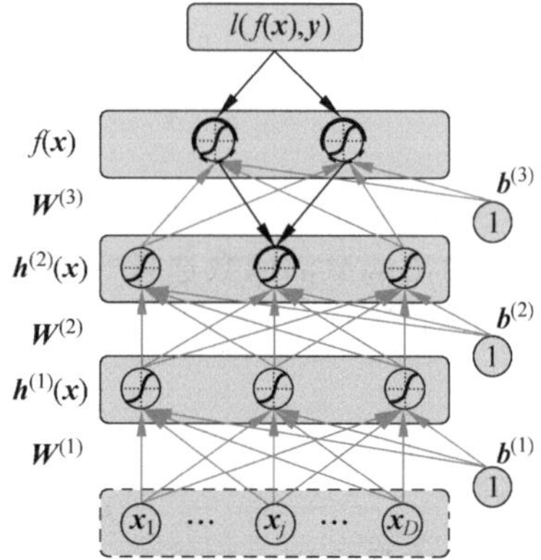

图 3-25　BP 算法推导隐含层非线性输出端梯度计算示意图（特定节点）

1. 损失函数对隐含层非线性输出端的梯度

第 n 个样本 $\boldsymbol{x}^{(n)}$ 的损失函数 $l(\boldsymbol{y}^{(n)},\hat{\boldsymbol{y}}^{(n)})$对第 k 个隐含层第 j 个节点的非线性输出 $h^{(k)}(\boldsymbol{x})_j$ 端的偏导数为

$$\begin{aligned}\frac{\partial}{\partial h^{(k)}(\boldsymbol{x})_j}[-\log y_c^{(n)}]&=\sum_i \frac{\partial[-\log y_c^{(n)}]}{\partial a^{(k+1)}(\boldsymbol{x})_i}\frac{\partial a^{(k+1)}(\boldsymbol{x})_i}{\partial h^{(k)}(\boldsymbol{x})_j}\\&=\sum_i \frac{\partial[-\log y_c^{(n)}]}{\partial a^{(k+1)}(\boldsymbol{x})_i}W_{i,j}^{(k+1)}\\&=(\boldsymbol{W}_{\cdot,j}^{(k+1)})^{\mathrm{T}}(\nabla_{\boldsymbol{a}^{(L+1)}(\boldsymbol{x})}[-\log y_c^{(n)}])\\&\left(\begin{aligned}&\text{前向递推公式：} a^{(k+1)}(\boldsymbol{x})_i=b_i^{(k)}+\sum_j W_{i,j}^{(k+1)}h^{(k)}(\boldsymbol{x})_j\\&\boldsymbol{a}^{(k+1)}(\boldsymbol{x})=\boldsymbol{b}^{(k+1)}+\boldsymbol{W}^{(k+1)}\boldsymbol{h}^{(k)}(\boldsymbol{x})\end{aligned}\right)\end{aligned} \tag{3.20}$$

则第 k 个隐含层非线性输出端的梯度为

$$\nabla_{\boldsymbol{h}^{(k)}(\boldsymbol{x})}[-\log y_c^{(n)}]=(\boldsymbol{W}^{(k+1)})^{\mathrm{T}}\ \nabla_{\boldsymbol{a}^{(L+1)}(\boldsymbol{x})}[-\log y_c^{(n)}] \tag{3.21}$$

2. 损失函数对隐含层线性输入端的梯度

同样根据链式准则，损失函数对第 k 隐含层第 j 个节点线性输入端的偏导数可以变成两个连乘项的积，一项是损失函数对相应节点非线性输出端的偏导数，另一项是该节

点非线性输出对线性输入的偏导数，即

$$\begin{aligned}\frac{\partial}{\partial a^{(k)}(\boldsymbol{x})_j}[-\log y_c^{(n)}] &= \frac{\partial[-\log y_c^{(n)}]}{\partial h^{(k)}(\boldsymbol{x})_j}\frac{\partial h^{(k)}(\boldsymbol{x})_j}{\partial a^{(k)}(\boldsymbol{x})_j} \\ &= \frac{\partial[-\log y_c^{(n)}]}{\partial h^{(k)}(\boldsymbol{x})_j}g'(a^{(k)}(\boldsymbol{x})_j) \\ &\begin{pmatrix}\text{前向递推公式：} h^{(k)}(\boldsymbol{x})_j = g(a^{(k)}(\boldsymbol{x})_j) \\ \boldsymbol{h}^{(k)}(\boldsymbol{x}) = g(\boldsymbol{a}^{(k)}(\boldsymbol{x}))\end{pmatrix}\end{aligned} \tag{3.22}$$

其具体示意图如图 3-26 所示。

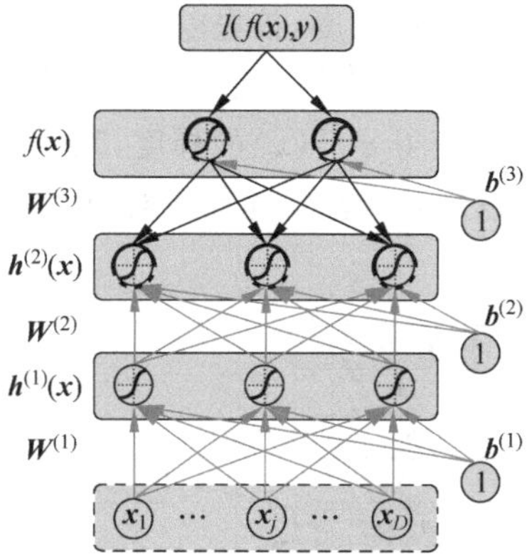

图 3-26 BP 算法推导隐含层线性输入端梯度计算示意图

则损失函数对隐含层线性输入端的梯度表示为

$$\begin{aligned}\nabla_{\boldsymbol{a}^{(k)}(\boldsymbol{x})}[-\log y_c^{(n)}] &= (\nabla_{\boldsymbol{h}^{(k)}(\boldsymbol{x})}[-\log y_c^{(n)}])^{\mathrm{T}}\,\nabla_{\boldsymbol{a}^{(k)}(\boldsymbol{x})}\boldsymbol{h}^{(k)}(\boldsymbol{x}) \\ &= (\nabla_{\boldsymbol{h}^{(k)}(\boldsymbol{x})}[-\log y_c^{(n)}])\odot[\cdots,g'(a^{(k)}(\boldsymbol{x})_j),\cdots]\end{aligned} \tag{3.23}$$

3.3.3 神经网络参数的损失梯度

利用上面的结果可以得到权重参数 $W_{i,j}^{(k)}$ 的偏导数，即

$$\begin{aligned}\frac{\partial}{\partial W_{i,j}^{(k)}}[-\log y_c^{(n)}] &= \frac{\partial[-\log y_c^{(n)}]}{\partial a^{(k)}(\boldsymbol{x})_i}\frac{\partial a^{(k)}(\boldsymbol{x})_i}{\partial W_{i,j}^{(k)}} \\ &= \frac{\partial[-\log y_c^{(n)}]}{\partial a^{(k)}(\boldsymbol{x})_i}h_j^{(k-1)}(\boldsymbol{x})\end{aligned} \tag{3.24}$$

则损失函数对权重参数的梯度为

$$\nabla_{\boldsymbol{W}^{(k)}}[-\log y_c^{(n)}] = (\nabla_{\boldsymbol{a}^{(k)}(\boldsymbol{x})}[-\log y_c^{(n)}])\boldsymbol{h}^{(k-1)}(\boldsymbol{x})^{\mathrm{T}} \tag{3.25}$$

同理，可得损失函数对参数 $b_i^{(k)}$ 的偏导数，即

$$\frac{\partial}{\partial b_i^{(k)}}[-\log y_c^{(n)}] = \frac{\partial[-\log y_c^{(n)}]}{\partial a^{(k)}(\boldsymbol{x})_i}\frac{\partial a^{(k)}(\boldsymbol{x})_i}{\partial b_i^{(k)}}$$

$$= \frac{\partial[-\log y_c^{(n)}]}{\partial a^{(k)}(\boldsymbol{x})_i} \tag{3.26}$$

则损失函数对偏置向量的梯度为

$$\nabla_{\boldsymbol{b}^{(k)}}[-\log y_c^{(n)}] = (\nabla_{\boldsymbol{a}^{(k)}(\boldsymbol{x})}[-\log y_c^{(n)}]) \tag{3.27}$$

得到式(3.25)和式(3.27),就可以按照梯度下降法进行参数优化更新。

3.3.4 算法整理流图

图 3-27 给出了 BP 算法完整的流程图,可以清晰地看到梯度计算的依赖关系。为了获取目标函数 $l(\boldsymbol{y}^{(n)},\hat{\boldsymbol{y}}^{(n)})$对参数的梯度,首先前向计算出各个节点的取值,再按照上节所示求 $l(\boldsymbol{y}^{(n)},\hat{\boldsymbol{y}}^{(n)})$对参数 $a^{(3)}(\boldsymbol{x})$、$a^{(2)}(\boldsymbol{x})$和 $a^{(1)}(\boldsymbol{x})$的梯度,获得 $a^{(3)}(\boldsymbol{x})$的梯度,就能得到参数 $\boldsymbol{W}^{(3)}$和 $\boldsymbol{b}^{(3)}$的梯度,获得 $a^{(2)}(\boldsymbol{x})$的梯度,就能得到 $\boldsymbol{W}^{(2)}$和 $\boldsymbol{b}^{(2)}$的梯度,同理得到 $\boldsymbol{W}^{(1)}$和 $\boldsymbol{b}^{(1)}$的梯度。可以看出,整个过程中梯度的计算正好与前向计算的路径相反。

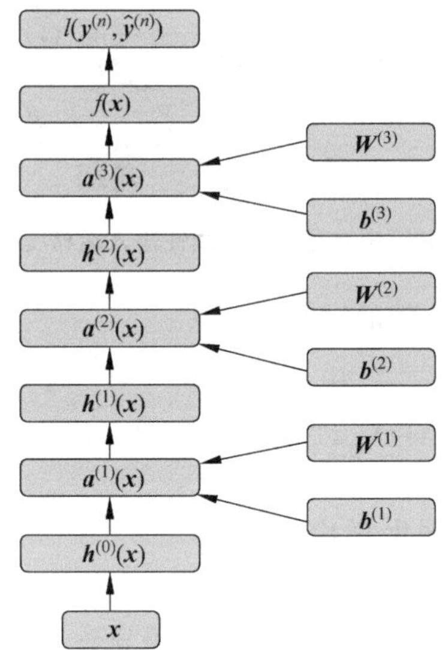

图 3-27 BP 算法推导隐含层线性输入端梯度计算示意图

3.4 本章小结

本章在介绍学习与机器学习概念的基础上,阐述深度学习和机器学习的区别与联系;然后系统介绍深度学习的基本定义和特点;指出深度学习网络设计的三个核心问题,即定义网络结构、设定网络目标函数以及优化算法,并且详细分析三个基本问题的内涵;最后针对网络优化算法中的核心关键技术——后向传播算法进行重点阐述与推导。

参考文献

[1] Ian Goodfellow, Yoshua Bengio. Deep Learning[M]. MIT Press, 2016.

[2] Lrochelle H. 蒙特利尔大学神经网络课件（前向神经网络部分）[EB/OL]. http://info.usherbrooke.ca/hlarochelle/ift725/1_03_capacity_of_single_neuron.pdf.

[3] Minsky M L, Papert S A. Perceptrons[M], MIT Press, 1969.

[4] Hornik K, Stinchcombe M, White H. Multilayer feedforward networks are universal approximators [J]. Neural Networks, 1989, 2(5): 359-366.

[5] Nielsen M A. A visual proof that neural nets can compute any function: Neural networks and deep learning[EB/OL]. http://neuralnetworksanddeeplearning.com/chap4.html.

[6] Boney R. Theoretical motivations for deep learning[EB/OL]. http://rinuboney.github.io/2015/10/18/theoretical-motivations-deep-learning.html, 2015-10-18.

[7] Seide, Frank, Li G, et al. Conversational speech transcription using context-dependent deep neural networks[C]. Proceedings of The 12th Annual Conference of the International Speech Communication Association(INTERSPEECH), 2011: 437-440.

[8] 李宏毅. 台湾大学机器学习课程课件（深度学习介绍）[EB/OL]. http://speech.ee.ntu.edu.tw/~tlkagk/courses/ML_2016/Lecture/DL%20(v2).pdf.

[9] 李宏毅. 台湾大学机器学习课程课件（深度学习部分）[EB/OL]. https://speech.ee.ntu.edu.tw/~hylee/ml/ml2021-course-data/classification_v2.pdf.

[10] Lrochelle H. 蒙特利尔大学神经网络课件（神经网络训练部分）[EB/OL]. http://info.usherbrooke.ca/hlarochelle/ift725/2_11_optimization.pdf.

[11] Werbos P. Beyond Regression: New Tools for Prediction and Analysis in the Behavioral Sciences [D]. Harvard University, Cambridge, MA, 1974.

[12] Rumelhart D E, Geoffrey E H, Ronald J W. Learning representations by back-propagating errors [J]. Nature, 1986, 323: 533-536.

第4章 深度学习网络优化技巧

深度学习网络如何进行训练是一个十分重要的问题。在实际过程中,相同的基本网络参数配置条件下,不同学者在处理不同问题得到的结果往往差异很大。有些情况下,即使在训练集上表现良好,但在实际应用中仍然得不到想要的结果。究其根本原因,就是深度学习网络训练过程中存在很多实际应用的技巧。

本章首先以深度网络优化学习过程步骤为例[1],介绍深度学习网络优化的基本步骤,给出检查深度学习算法的方法;然后根据方法过程将深度学习网络的优化过程分成训练过程优化和测试过程优化两部分,并分别介绍优化技巧。针对训练优化部分主要介绍两种方法:一是激活函数的选择方法;二是多种目标函数的优化算法,包括基本优化算法、梯度方向调整优化算法、自适应学习率优化算法、步长和方向联合优化算法。针对测试集性能优化方面介绍三种方法:一是提前终止策略;二是正则化方法;三是丢弃法。

4.1 深度学习网络优化学习

4.1.1 定义网络结构

图 4-1 给出了一个手写体识别网络结构。由于输入是 28×28 像素的图片,所以网络的输入节点为 784 个(28×28)。首先给定输入维度是 28×28,输入层激活函数采用 Sigmoid,然后定义 3 个隐含层,隐含层节点数为 500,同样采用 Sigmoid 函数;输出层输出维度为 10,采用 Softmax 激活函数。输出层维度设置与手写体类别数相同,输出为 10,分别代表手写体 0~9,共 10 类。相应的 Keras 代码如表 4-1 所示。

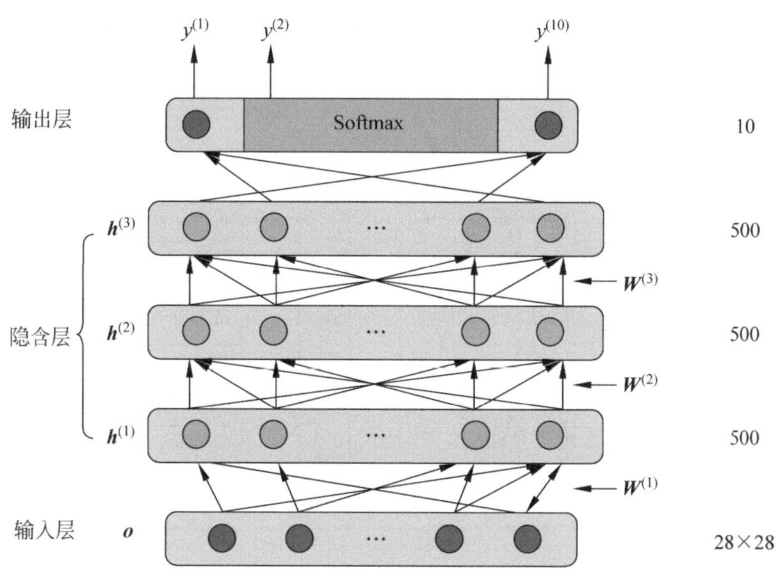

图 4-1 手写体识别网络结构示例

表 4-1　DNN 设计的三个问题

```
Model = sequential()
model.add(Dense(input_dim = 28 * 28,output_dim = 500))
model.add(Activation('sigmoid'))
model.add(Dense(output_dim = 500))
model.add(Activation('sigmoid'))
model.add(Dense(output_dim = 500))
model.add(Activation('sigmoid'))

model.add(Dense(output_dim = 10))
model.add(Activation('softmax'))
```

4.1.2　目标函数选择

网络的目标函数是衡量定义的网络是否适合从事任务的指标。从机器学习相关理论可知：对于一个拟合问题，通常选择均方误差最小化准则来衡量；而对于多分类问题，通常选择交叉熵函数作为目标函数。

图 4-2 给出了手写体识别中的交叉熵示例，即用网络输出和真实类别计算交叉熵，并给出相应 Keras 代码。下面语句不仅给出了损失函数选择交叉熵，而且选择了优化方法 Adam，4.3 节将给出 Adam 优化算法的原理。

```
model.compile (loss = 'categorical_crossentropy',
               optimizer = 'adam',
               metrics = ['accuracy']);
```

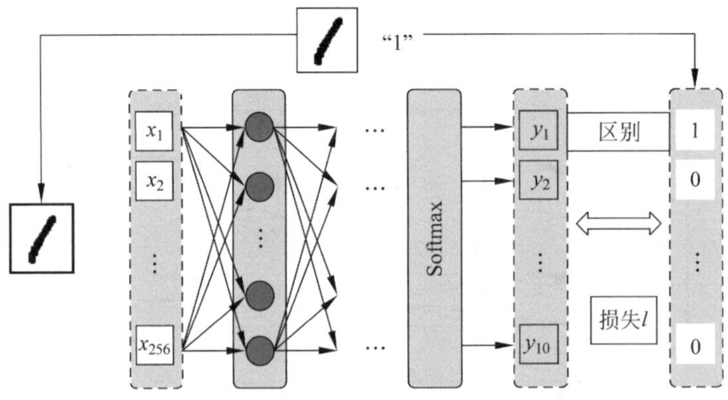

图 4-2　目标函数选择

4.1.3　优化算法选择

下面给出深度神经网络参数优化过程的两个步骤，一是对优化方法进行配置，采用

“Adam”优化算法,后面在 4.3.4 节中会有具体介绍;二是给定训练数据,设定优化迭代次数和 batch_size 大小,进行优化。

步骤 1:配置。

```
model.compile(loss='categorical_crossentropy',
              optimizer='adam',
              metrics=['accuracy'])
```

这里选择了“Adam”算法,在 Keras 中还有多种方式可供选择,如 SGD、RMSprop、Adagrad、Adadelta、Adam、Adamax 或 Nadam。这些方法的具体含义将在 4.3 节给出。

步骤 2:找到网络最优参数。

```
model.fit(x_train,y_train,batch_size = 100,nb_epoch = 20)
```

其中,x_train 是所有训练集合的手写体图片,y_train 是每个手写体图片对应的标签;batch_size 是梯度优化中的训练批块的样本数量,nb_epoch 是迭代次数,这两个参数将在 4.3 节具体描述。

4.1.4 深度学习算法检查

1. 算法检查

前面给出了一个深度学习网络构造的三个步骤,执行完三个步骤后,就可以获得一个神经网络。下面需要检查所得到的模型,并根据检查结果采取相应措施。在给出检查步骤之前,先介绍一个典型的例子,2 个不同层数网络在测试集上的性能曲线如图 4-3 所示,本例参考 2016 年计算机视觉与模式识别顶会最优论文 *Deep Residual Learning for Image Recognition*[1]。从图中给出的测试集上表现,很多人会直觉地认为“56 层效果这么差,估计就是过拟合了,根本用不到那么多参数”。

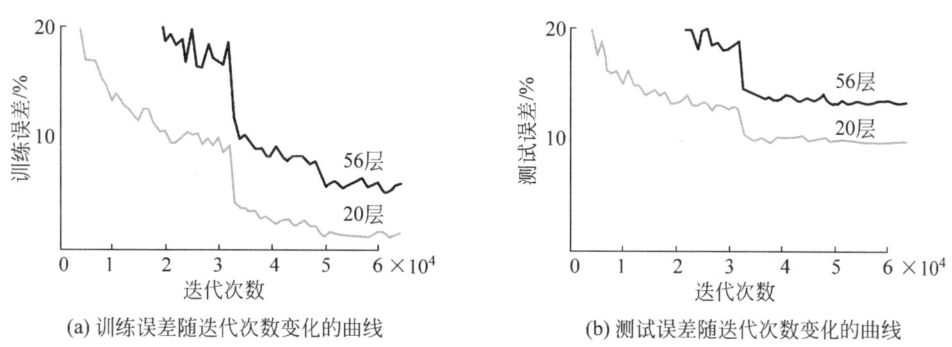

(a) 训练误差随迭代次数变化的曲线

(b) 测试误差随迭代次数变化的曲线

图 4-3 一个典型例子的训练集和测试集性能

但是在下结论之前，再看看这两个模型在图 4-3 所示的训练集上的表现。结果发现，56 层的网络在训练集上表现也是比较差的。也就是说，56 层的网络本身连训练都没做好，测试更无从谈起。造成这种现象的原因很多，可能神经网络没有优化到最优点，陷入局部最小、鞍点或者停滞点。

对于深度学习网络而言，过拟合往往不是首先会遇到的问题，很多情况下训练过程就很难得到满意的结果，即可能训练集上的准确率就一直很低。如果训练集上准确率很高，但在测试集上准确率低，才是过拟合，因此需要了解神经网络是否在训练集合上得到了比较理想的结果。深度学习网络检查步骤，如图 4-4 所示[2]。首先判断在训练集合上是否得到较为理想的效果；如果没有，需要从深度学习的三个步骤的角度考虑如何进行改进；如果训练集已经得到较好效果，那么验证是否在测试集上得到较好性能；如果测试集合没有得到较好效果，说明此时出现了过拟合，那么需要按照克服过拟合的方法来进行解决。

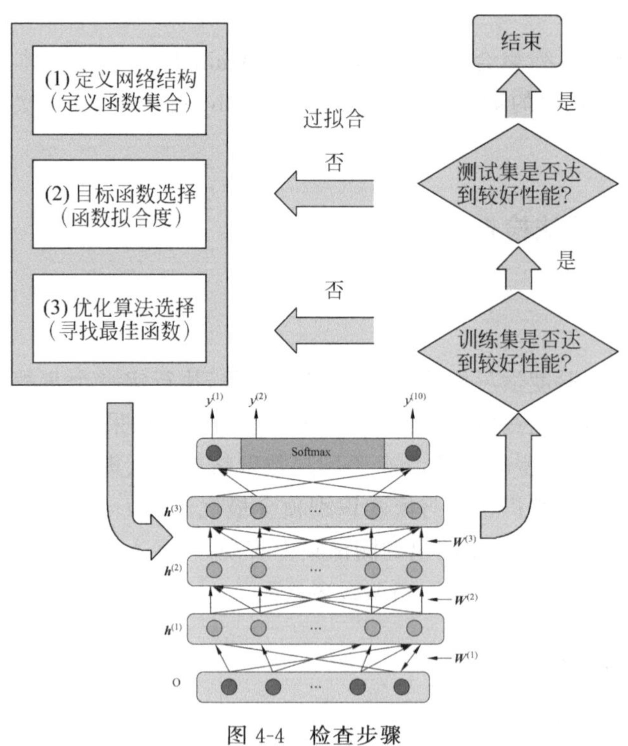

图 4-4　检查步骤

2. 过拟合

为了得到一致假设，而使假设变得过度严格，称为过拟合。

严格定义：给定一个假设空间$\mathcal{H}$，一个假设 h 属于$\mathcal{H}$，如果存在其他假设 h'属于$\mathcal{H}$，使得在训练样例上 h 的错误率比 h'小，但在整个实例分布上 h'比 h 的错误率小，就称假设 h 过度拟合训练数据。

判断方法：一个假设在训练数据上能够获得比其他假设更好的拟合，但是在训练数据外的数据集上不能很好地拟合数据，此时认为这个假设出现了过拟合的现象。出现这种现象的主要原因是训练数据中存在噪声或者训练数据太少。

仍然以图 4-3 所示的示例进行分析，这种现象不太可能是欠拟合问题，因为欠拟合一般是指模型的参数不够多，所以其不能很好地描述所遇到的问题。但是从图 4-3 中可以看出，相比 56 层网络而言，20 层网络可以在训练集上达到更好的效果，所以不应是欠拟合/模型的能力问题。

一般学习算法是要解决训练集上的准确率和测试集上的准确率问题，因此后续方法的研究也一般是针对这两个问题。如图 4-6 所示，测试集优化和训练集优化方法不同，比如丢弃法手段是用来提升模型在测试集上的准确率的，如果在训练集上准确率低，用丢弃法就是背道而驰，因此需要对具体问题进行具体分析。

下面通过两个具体示例来分析过拟合产生的原因。

例 4-1 手写体数字识别问题。

假设有如下两类训练数据：

训练集样本1： 1 1 1 1 1 1 （黑色）

训练集样本2： 2 2 2 2 2 2 （灰色）

那么利用上述训练数据训练一个神经网络识别器，其可能学习到的认知模式是遇到黑色的手写体判断为 1，灰色手写体判断为 2，此时的训练误差为 0。

而当测试数据出现如下样例时，神经网络会出现误判，将灰色的 1 判断为第二类 2，而将黑色的 2 判断为第一类 1。

1 （灰色） 2 （黑色）

例 4-2 数据拟合问题。

图 4-5 中实心圆点“·”是训练样本，“×”点为测试样本，现在要对数据进行拟合。图中给出了采用了一次曲线、二次曲线和三次曲线拟合的情况，从图中可以看出，二次曲线和三次曲线都出现了过拟合现象，即训练样本的误差很小，而测试样本误差较大。尤其是三次曲线，训练样本的误差为 0，测试误差却非常大。

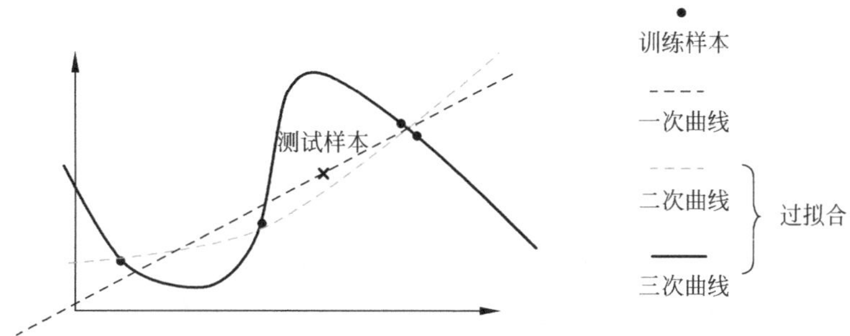

图 4-5 一个典型例子的训练集和测试集性能

从这两个例子中分析过拟合产生的原因：例 4-1 中，训练数据不足造成网络难以学习到本质特征，网络只根据所见到的数据学习依据颜色进行分类；例 4-2 中，由于网络模型过于复杂，引入了过多的噪声。

针对上面两个典型的深度学习问题采取一定的解决方法(见图 4-6)：首先对训练集的性能进行调整，采用的方法包括选择不同的激活函数和优化方法；而后当训练集性能已经达到较为理想程度时，采用新的技术对测试集合的性能进行调整，常用的方法主要包括提前终止策略、正则化方法和丢弃法。通过不同集合的优化，达到最终性能提升和泛化性能的提升。

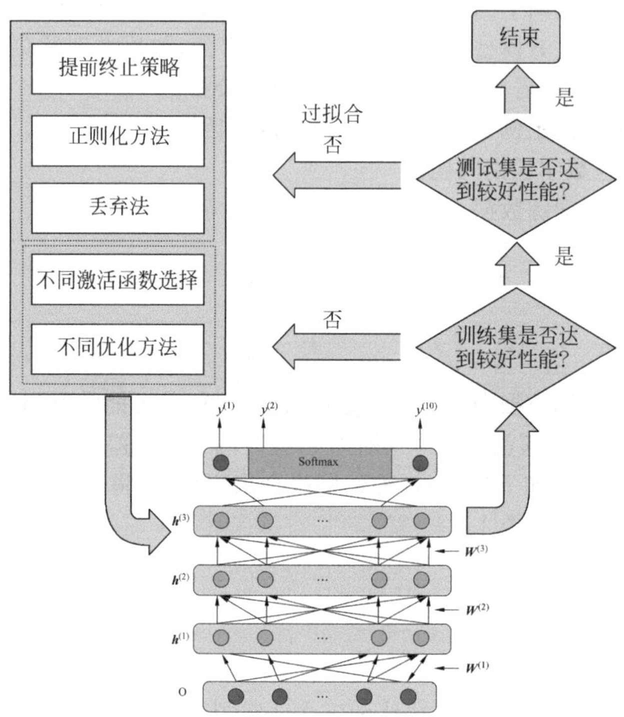

图 4-6　测试集优化和训练集优化方法不同

4.2 新激活函数选择

根据上面所提到的方法，首先评估训练集性能，验证训练集合上的性能是否达到期望结果，如果训练集上的效果比较差，则可以采用两种方法进行优化[3]。

图 4-7 给出了 MNIST 数据集手写体识别的结果，此时深度神经隐含层采用的非线性激活函数是 Sigmoid 函数。图中结果表明，当网络层数增多时，识别准确率随着层数的增多越来越差，尤其是当层数变化到 9 层或者 10 层时，往往很多人认为出现过拟合效应。但是从前面的论述可知，过拟合是指训练集性能好而测试性能很差，而图 4-7 中所示的只是训练集的性能，因此这个结果并不是过拟合，只是当层数增多时，算法参数优化出了问题。

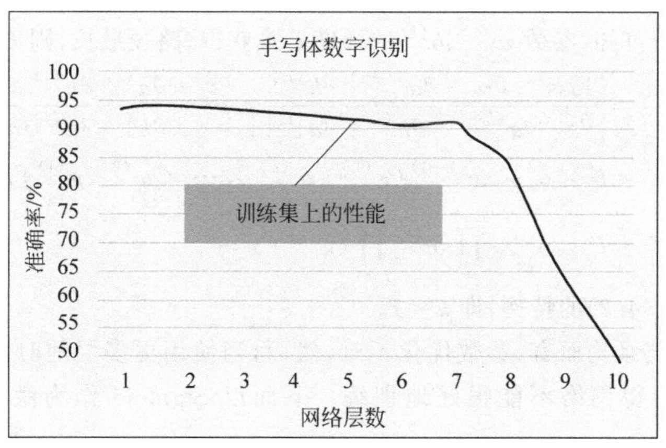

图 4-7　MNIST 上的网络性能随层数变化情况

4.2.1　梯度消失问题

梯度消失也称为梯度弥散，是指梯度值太小使得参数更新很小，导致参数优化不准确的问题[4]。

1. 梯度消失的数学描述

下面以一个最简单的网络来说明梯度消失问题。假设一个具有 L 个隐含层的深度神经网络，每一层都只有一个神经元，则相应的关系如图 4-8 所示。

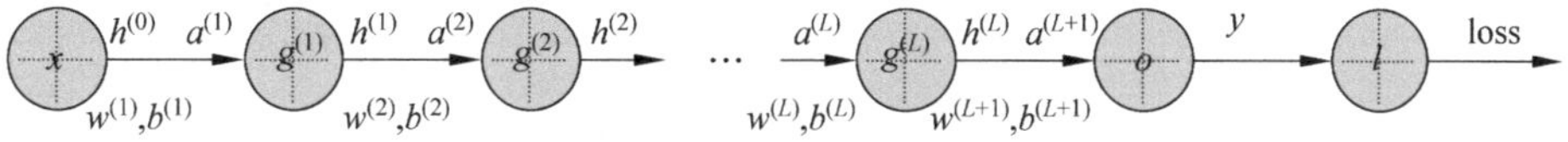

图 4-8　单节点深度神经网络

由图 4-8 可得以下关系：

$$\begin{cases} h^{(0)}=x \\ a^{(k)}=w^{(k)}h^{(k-1)}+b^{(k)}, & k=1,2,\cdots,L+1 \\ h^{(k)}=g^{(k)}(a^{(k)}), & k=1,2,\cdots,L \\ y=o(a^{(L+1)}) \\ \text{loss}=l(y,\hat{y}) \end{cases} \tag{4.1}$$

根据式(4.1)，可以得到损失函数对 $w^{(k)}$ 的梯度为

$$\begin{aligned} \frac{\partial \text{loss}}{\partial w^{(k)}} &= \frac{\partial \text{loss}}{\partial y}\frac{\partial y}{\partial a^{(L+1)}}\frac{\partial a^{(L+1)}}{\partial h^{(L)}}\frac{\partial h^{(L)}}{\partial a^{(L)}}\times\cdots\times\frac{\partial a^{(k+1)}}{\partial h^{(k)}}\frac{\partial h^{(k)}}{\partial a^{(k)}}\frac{\partial a^{(k)}}{\partial w^{(k)}} \\ &= l'\times o'\times w^{(L+1)}(g^{(L)})'w^{(L)}\times\cdots\times w^{(k+1)}(g^{(k)})'h^{(k-1)} \\ &= l'\times o'\times\prod_{i=k+1}^{L+1}w^{(i)}\prod_{j=k}^{L}(g^{(j)})'h^{(k-1)} \end{aligned} \tag{4.2}$$

从 BP 算法的分析可知，参数 $w^{(1)}$、$b^{(1)}$ 的梯度最难获得，路径最长，则 $w^{(1)}$ 的梯度为

$$\begin{aligned}\frac{\partial \text{loss}}{\partial w^{(1)}}&=\frac{\partial \text{loss}}{\partial y}\frac{\partial y}{\partial a^{(L+1)}}\frac{\partial a^{(L+1)}}{\partial h^{(L)}}\frac{\partial h^{(L)}}{\partial a^{(L)}}\times\cdots\times\frac{\partial a^{(2)}}{\partial h^{(1)}}\frac{\partial h^{(1)}}{\partial a^{(1)}}\frac{\partial a^{(1)}}{\partial w^{(1)}}\\&=l'\times o'\times w^{(L+1)}(g^{(L)})'w^{(L)}\times\cdots\times w^{(2)}(g^{(1)})'h^{(0)}\\&=l'\times o'\times\prod_{i=2}^{L+1}w^{(i)}\prod_{j=1}^{L}(g^{(j)})'x\end{aligned}\tag{4.3}$$

式(4.3)相当于式(4.2)的特例，即 $k=1$。

对于浅层网络结构而言，参数优化不难，然而，当使用更多层的时候，可能会造成梯度太小或太大，使得网络不能很好地训练。下面以 Sigmoid 作为激活函数时的情形说明。

当隐含层所有的激活函数都采用 Sigmoid 函数时，即

$$g^{(k)}(a)=g(a)=\text{Sigmoid}(a)=\frac{1}{1+\mathrm{e}^{-a}}\tag{4.4}$$

则 $g^{k}(a)$的导数为

$$\begin{aligned}(g^{(k)}(a))'=(g(a))'&=\frac{\mathrm{e}^{-a}}{(1+\mathrm{e}^{-a})^2}=\frac{1}{(1+\mathrm{e}^{-a})}\frac{\mathrm{e}^{-a}}{(1+\mathrm{e}^{-a})}\\&=\frac{1}{(1+\mathrm{e}^{-a})}\left[1-\frac{1}{(1+\mathrm{e}^{-a})}\right]\\&=g(a)[1-g(a)]\end{aligned}\tag{4.5}$$

由于 Sigmoid 函数介于 0 和 1 之间，则有

$$g(a)[1-g(a)]\leqslant 0.25\tag{4.6}$$

原因如下：

$$\begin{aligned}g'(a)&=\frac{1}{(1+\mathrm{e}^{-a})}\left[1-\frac{1}{(1+\mathrm{e}^{-a})}\right]\\&=\frac{1}{2+\mathrm{e}^{-a}+\dfrac{1}{\mathrm{e}^{-a}}}\leqslant\frac{1}{4}=0.25\quad\left(x+\frac{1}{x}\geqslant 2,x>0\right)\end{aligned}\tag{4.7}$$

2. 梯度消失问题的饱和性分析

为了便于阐述梯度消失问题，首先引入饱和相关定义[5]。

定义 4-1 饱和(Saturation)：当激活函数 $g(a)$的导函数 $g'(a)$满足 $a\to\infty$(或者 $a\to-\infty$)时值为 0，则称其为右(左)饱和。当激活函数同时满足左、右饱和时，就称其为饱和。

定义 4-2 硬/软饱和(Hard/Soft Saturation)：对于任意的 a，如果存在常数 c，满足 $a>c$ 时 $g'(a)=0$ 和 $a<c$ 时 $g'(a)=0$，则称这种激活函数为硬饱和。而定义 4-1 中极限状态下偏导数等于 0 的函数称为软饱和。

下面以 Sigmoid 激活函数和双曲正切激活函数为例，分析其饱和性。Sigmoid 函数

的导函数为 $g'(a)=g(a)(1-g(a))$，双曲正切函数的导函数为 $g'(a)=1-(g(a))^2=1-(\tanh(a))^2$，分别如图 4-9(a)和(b)所示。可以看出，二者都具有软饱和性，因此这种激活函数也称为软饱和函数。

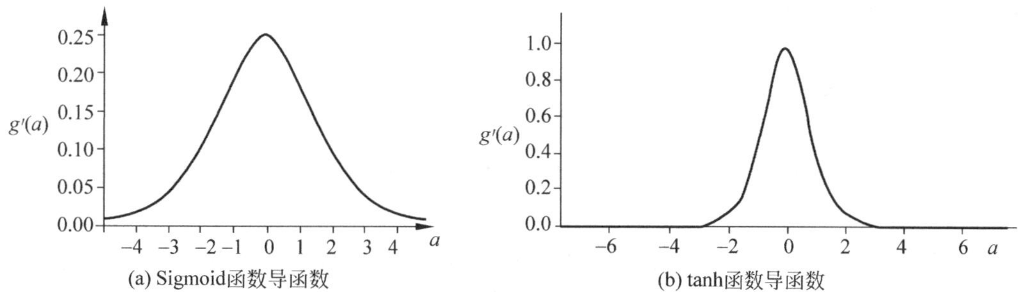

图 4-9 激活函数导函数图

因此，当深度网络激活函数为 Sigmoid 或 tanh 等软饱和函数时，当输入较小或较大时，输出会快速饱和，梯度则迅速变小，由此带来梯度消失后的问题，使得训练的收敛更加缓慢，或者收敛到较差的局部最优。

从求导结果可以看出，Sigmoid 导数的取值为 0～0.25，而初始化的网络权值通常小于 1，因此，当层数增多时，小于 0 的值不断相乘，最后导致梯度消失。而一个小的梯度意味着初始层的权重和偏差不会在训练中得到有效更新。由于 $w^{(1)}$ 等初始层通常对识别输入数据的核心元素至关重要，因此有可能导致整个网络不准确。

3. 梯度消失的直观解释

假设深度神经网络有 L 个隐含层，其输入和输出分别为 $\boldsymbol{x}=[x_1,x_2,\cdots,x_D]$ 和 $\boldsymbol{y}=[y_1,y_2,\cdots,y_M]$，如图 4-10 所示。神经网络对应的理想输出为 $\hat{\boldsymbol{y}}=[\hat{y}_1,\hat{y}_2,\cdots,\hat{y}_M]$，第 i 个隐含层的线性输入和非线性输出分别为 $\boldsymbol{a}^{(i)}$ 和 $\boldsymbol{h}^{(i)}$。在靠近输入的地方梯度较小，在远离输入的地方梯度较大，因此，靠近输入的参数更新慢、收敛也慢，远离输入的参数更新快、收敛得也很早。

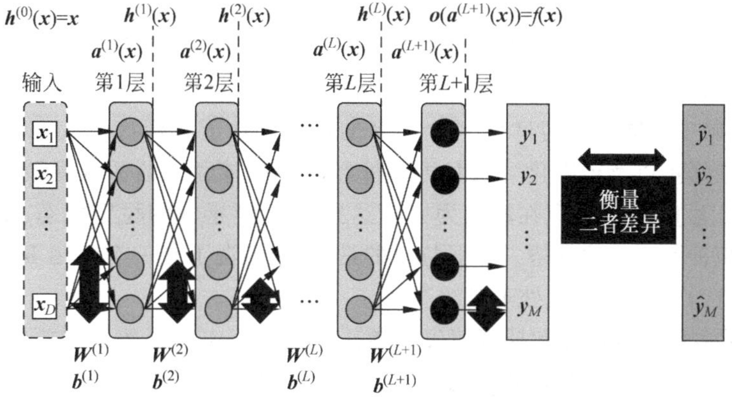

图 4-10 梯度消失的直观解释

直觉上可以理解：某个参数的下降梯度取决于损失函数对参数的偏导，而偏导的含义是当该参数变化很小时，对应的损失函数相应变化的幅度。假设对第一层的某个参数加上 Δw，看它对损失函数值的影响。那么，当 Δw 经过一层 Sigmoid 函数激活时，它的影响就会衰减一次，Sigmoid 会将负无穷到正无穷的值都压缩到(−1,1)区间。

4.2.2 ReLU 函数

解决梯度消失的一个重要方法是选择更好的激活函数，"更好"是要求新的激活函数不会出现连乘导致的过小问题。

在深度神经网络中，通常使用修正线性单元(Rectified Linear Unit，ReLU)作为神经元的激活函数[6-7]。ReLU 起源于神经科学的研究，2001 年，达扬(Dayan)、阿博特(Abbott)从生物学角度模拟出了脑神经元接收信号更精确的激活模型，如图 4-11 所示。

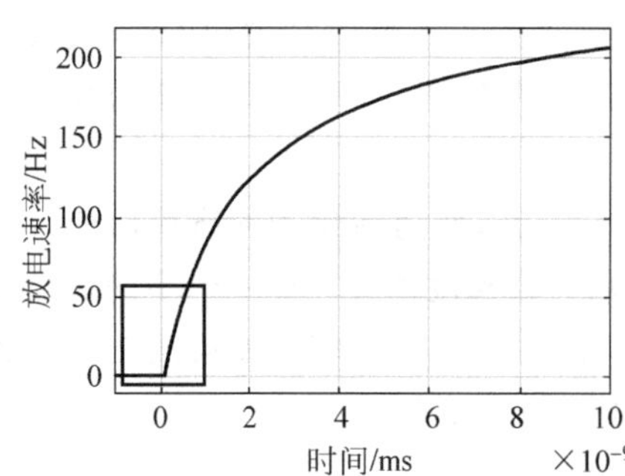

图 4-11 脑神经元接收信号的激活模型

2001 年，阿特韦尔(Atwell)等神经科学家通过研究大脑的能量消耗过程，推测神经元的工作方式具有稀疏性和分布性；2003 年，伦尼(Lennie)等神经科学家估测大脑同时被激活的神经元只有 1%～4%，这进一步表明了神经元的工作稀疏性。

ReLU 激活函数的表现如何，相对于而其他线性函数和非线性函数(如 Sigmoid、双曲正切)又有何优势？都是我们比较关心的问题。

图 4-12 给出了 ReLU 函数图，其公式为

$$g(a)=\begin{cases}a, & a\geqslant 0\\ 0, & a<0\end{cases} \tag{4.8}$$

由于 ReLU 函数是 $a\geqslant 0$，直接输出；$a<0$，输出 0。因此，ReLU 也称为线性整流函数。相比于 Sigmoid 函数和 tanh 函数等传统的神经网络激活函数，ReLU 函数具有以下优势：

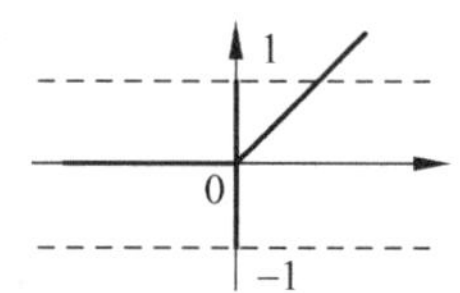

图 4-12 ReLU 函数

(1) ReLU 函数更符合仿生学原理[8]。前面提到，人脑相关研究表明，生物神经元的信息编码通常是比较分散及稀疏的。通常情况下，大脑中在同一时间只有 1%～4%的神经元处于活跃状态。使用线性修正以及正则化可以对机器神经网络中神经元的活跃度(输出为正值)进行调试；相比之下，逻辑函数在输入为 0 时达到 1/2，即半饱和稳定状态，不够符合实际生物学对模拟神经网络的期望。需要指出的是，一般情况下在一个使用 ReLU 函数的神经网络中约有 50%的神经元处于激活态。

(2) 能够避免梯度爆炸和梯度消失问题。这也是 ReLU 函数最主要的贡献，能够更加有效率地梯度下降以及反向传播，避免了梯度爆炸和梯度消失问题。

(3) 简化计算过程。由于不包含指数函数等其他复杂激活函数的影响，ReLU 计算

量较小，同时活跃度的分散性使得神经网络整体计算成本下降。

(4) 近似性。研究表明，ReLU 函数等同于无穷多层的偏差不同的 Sigmoid 函数叠加的结果。

下面通过一个具体的实例来分析 ReLU 函数如何解决梯度消失问题。如图 4-13 所示，假设图中网络所有隐含层节点的激活函数都是 ReLU 函数。当给定网络输入 x_1 和 x_2 时，网络中必然有一些神经元对应的输出是 0，这些节点对于网络的贡献也是 0，如图 4-13(a)所示，故逻辑上可以将这些节点直接从网络中删除，获得一个"更瘦长"的线性网络，如图 4-13(b)所示。梯度下降也是因为 Sigmoid 激活函数的衰减效果，而 ReLU 函数不会对增量进行递减。凡是在网络中非零输出的神经元，其输出都等于输入，相当于线性函数 $y=x$。

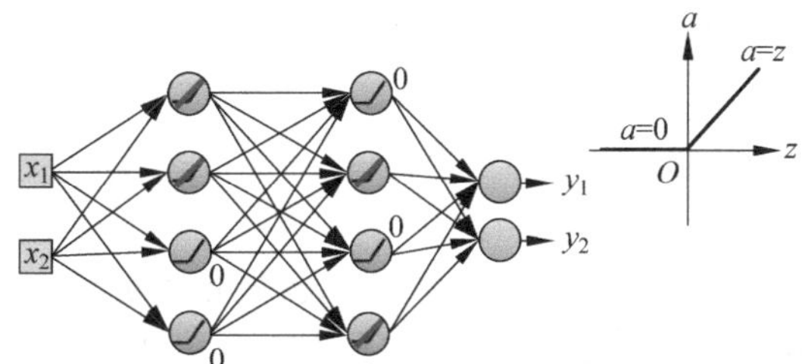

(a) ReLU函数对于网络节点的作用

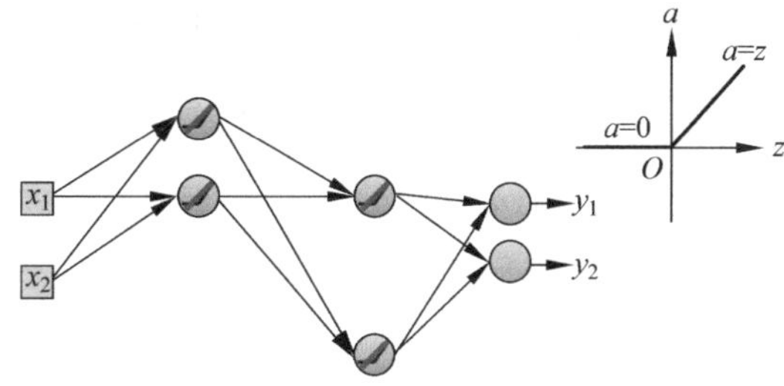

(b) ReLU函数作用后的网络

图 4-13　ReLU 函数作用

由于深度学习网络的所有隐含层的激活函数都选用 ReLU 函数，根据上面对 ReLU 函数的分析，那么整个网络是否变成一个线性网络了呢？如果变成了线性网络，神经网络的性能就变差，和深层神经网络的复杂非线性表示能力相违背。这一问题解释如下：虽然对于特定的输入值，网络变成一个线性的"瘦"网络，但当网络的输入值发生较小改变时，每个神经元的 ReLU 函数输出基本保持不变，此时的网络没有发生变化；但当输入变化范围增大时，每个神经元的作用域发生改变，就会变成一个新的线性"瘦"网络。因此，对于不同输入而言，整个网络仍然是一个非线性复杂网络。

由于 ReLU 函数是一个非连续函数，那么 ReLU 函数本身不可微。而从前面的优化算法可知，需要计算梯度，ReLU 函数不可微这一问题的解决方法是对每个神经元的数据进行判断：当 ReLU 函数的输入 $a \geqslant 0$ 时，ReLU 函数微分为 1；当 $a<0$ 时，ReLU 微分为 0。

与传统的 Sigmoid 激活函数相比，ReLU 能够有效缓解梯度消失问题，从而直接以监督的方式训练深度神经网络，无须依赖无监督的逐层预训练，这也是 2012 年深度卷积神经网络在 ILSVRC 竞赛中取得里程碑式突破的重要原因之一。

注意，ReLU 激活函数也存在两个问题。一是"神经元死亡"，即 ReLU 函数在 $a<0$ 时硬饱和。由于 $a>0$ 时导数为 1，故 ReLU 能够在 $a>0$ 时保持梯度不衰减，从而缓解梯度消失问题。但随着训练的推进，部分输入会落入硬饱和区，导致对应权重无法更新。这种现象称为"神经元死亡"。二是输出偏移现象[9]，即输出均值恒大于零。而"神经元死亡"和"偏移现象"会共同影响网络的收敛性。实验表明[10]，如果不采用批归一化技术，即使采用 MSRA 方法初始化 30 层以上的 ReLU 网络，最终也难以收敛。MSRA 方法是由微软亚洲研究院(Microsoft Research Asia，MSRA)何凯明等提出的，因此该初始化方法也称为何初始化方法或 MSRA 初始化方法[11]。

4.2.3 ReLU 函数的变形

ReLU 函数在参数 $a<0$ 时，因为梯度等于 0，就停止了更新。为了让参数保持更新，可以适当改变 ReLU 函数在负轴的形态，而不是直接采用截止方式。这里给出四种变形 ReLU 函数，分别为渗漏 ReLU(Leaky ReLU，LReLU)函数[12]、参数 ReLU(Parametric ReLU，PReLU)函数[11]、随机 ReLU(Randomized ReLU，RReLU)函数[13]和指数线性单元(Exponential Linear Unit，ELU)函数[9]，公式分别为

$$z=g_{\text{LReLU}}(a)=\begin{cases}a, & a\geqslant 0\\ 0.01a, & a<0\end{cases} \tag{4.9}$$

$$z=g_{\text{PReLU}}(a)=\begin{cases}a, & a\geqslant 0\\ \mu a, & a<0\end{cases} \tag{4.10}$$

$$z=g_{\text{RReLU}}(a)=\begin{cases}a, & a\geqslant 0\\ \tilde{\mu} a, & a<0\end{cases} \tag{4.11}$$

$$z=g_{\text{ELU}}(a)=\begin{cases}a, & a\geqslant 0\\ \mu(\mathrm{e}^a-1), & a<0\end{cases} \tag{4.12}$$

式中：μ 为常数，$\tilde{\mu}$ 为一个服从均匀分布 $U(\tilde{\mu}_{\min},\tilde{\mu}_{\max})$ 的随机变量，即

$$\tilde{\mu}\sim U(\tilde{\mu}_{\min},\ \tilde{\mu}_{\max}),\tilde{\mu}_{\min}<\tilde{\mu}_{\max} \text{ 且 } \tilde{\mu}_{\min},\tilde{\mu}_{\max}\in[0,1) \tag{4.13}$$

四种变形的 ReLU 函数如图 4-14(a)～(d)所示。

从图 4-14 可以看出，ReLU 函数的四个变形只是在负轴的截止方式不同，LReLU 函数采用了较小的斜率，PReLU 函数采用了斜率 μ(μ 是超参数)，RReLU 函数采用了一个区间内随机变化的斜率 $\tilde{\mu}$，ELU 函数在负轴部分采用了指数函数来表示。

注意，对于 RReLU 函数，其训练和测试阶段采用的形式是不同。训练时采用随机变化的斜率 $\tilde{\mu}$，而测试时，其函数形式为

$$z=\frac{a}{\dfrac{\mu_{\min}+\mu_{\max}}{2}}=\frac{2a}{\mu_{\min}+\mu_{\max}} \tag{4.14}$$

除了上述变形外,还存在一种比 ReLU 函数更好的激活函数形式——Maxout 函数,该函数是 Goodfellow 团队于 2013 年提出的[14]。

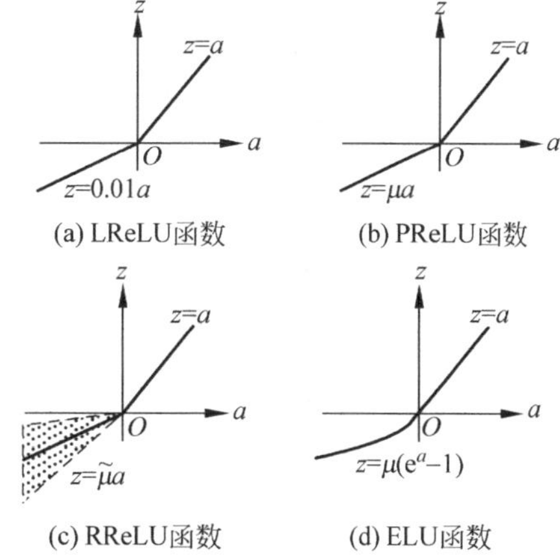

(a) LReLU函数 (b) PReLU函数 (c) RReLU函数 (d) ELU函数

图 4-14 ReLU 函数的变形

下面对 Maxout 函数进行具体说明。图 4-15 给出了 Maxout 函数的示意图。如图中实线方框所示,当输入节点为两个节点,输入值分别为 x_1 和 x_2 时,第一个隐含层的输出节点数并不是直接连接的 4 个节点,而是分组输出后的 2 个节点。因此 Maxout 函数实际上是在一组节点中选择一个值最大的进行连接,也就是得到的 7 和 1 节点。需要指出的是,输入层和隐含层的连接数是 2 倍于原连接数,因为此时每个分组内元素数是 2,将隐含层分为了 2 组。

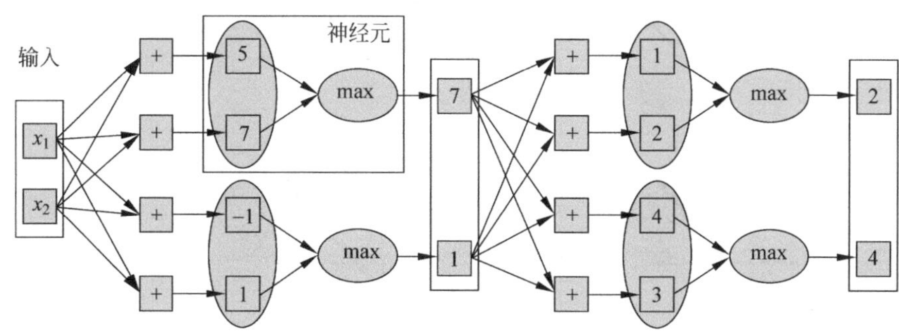

图 4-15 Maxout 函数

现在的问题是 Maxout 函数如何做到和 ReLU 函数一样的效果?图 4-16 给出了 Maxout 函数和 ReLU 函数的关系。假设此时输入为 x,输入到 ReLU 函数节点的连接权重分别为 w 和 b,那么对于 ReLU 函数的输入为 $wx+b$,输出对应于图 4-16(a)所示的虚线;假设对于 Maxout 函数,组内元素为 2,那么输入分别对应着 4 个连接,假设第一组连接权重分别对应 w 和 b,第二组连接权重分别为 0 和 0,那么 $a_1=wx+b$,$a_2=0$,Maxout 函数输出为 $\max(a_1,a_2)=\max(wx+b,0)$,即取图中"点横"线和实线的最大值得到虚线。由分析发现,此时 Maxout 函数就是 ReLU 函数。

注意,上述阐述中假定 Maxout 函数第二组的权重分别为 0 和 0,这是一种非常特殊的情况。为了考虑更一般的情形,假设另外一组权重分别为 w' 和 b',如图 4-17 所示。那么对于 Maxout 函数输出为 $\max(a_1,a_2)=\max(wx+b,w'x+b')$,同样还是"点横"线和实线的最大值,只不过与图 4-16 相比,"点横"线的横轴变成了任意一条 $w'x+b'$ 的直线。

通过上述分析可知,ReLU 函数是 Maxout 函数的一种特例。因而,Maxout 函数可以超越 ReLU 函数,作为一种可学习的激活函数,其参数由分组连接的权重来决定。

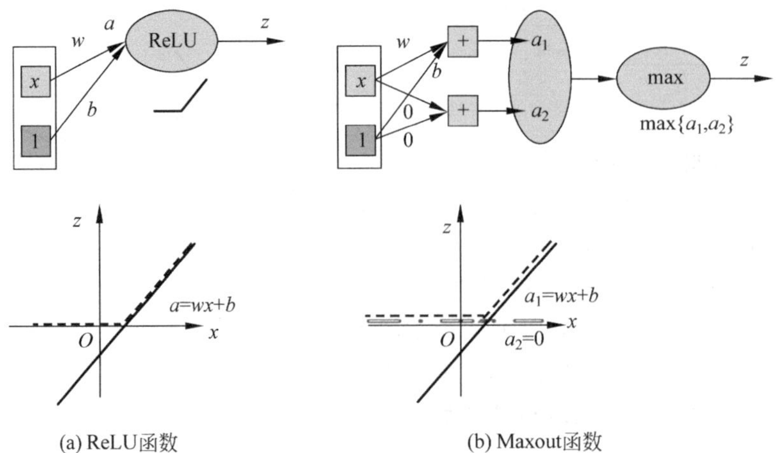

图 4-16　ReLU 函数与 Maxout 函数的关系

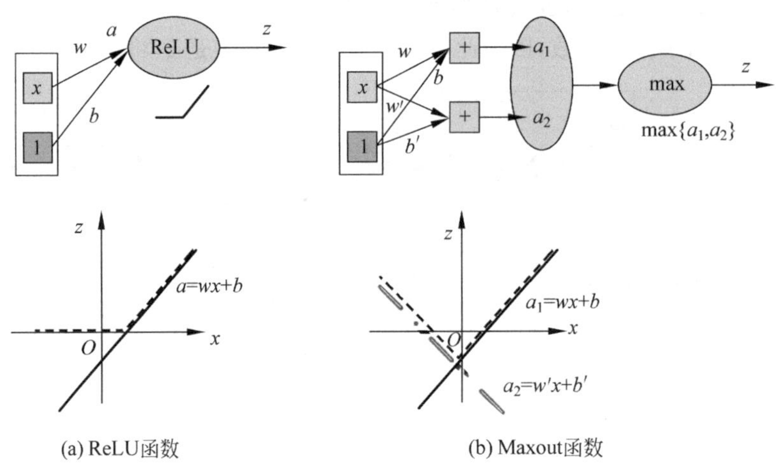

图 4-17　分组元素为 2 时的一般性 Maxout 函数

更一般的情况，Maxout 函数可以是任意分片线性凸函数，分片数量取决于将多少个元素分为一组，如图 4-18 所示。图 4-18(a)是组内元素为 2 时的 Maxout 函数输出；其中第一个是 ReLU 函数，意味着其中一组连接权重都为 0；图 4-18(b)是组内元素为 3 时的 Maxout 函数输出，说明输出是三个折线的最大值。

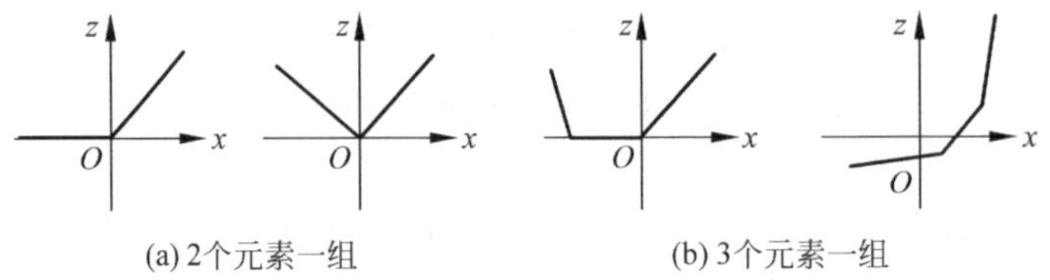

图 4-18　Maxout 函数的可学习性

从上面论述可知，本质上 Maxout 函数是从分组里面选取值最大的元素，未被选中的神经元的贡献可以看作 0。因此，Maxout 函数称为一种类似于线性的激活函数(直接将输入值输出)。这样就可以直接训练去掉未被选中神经元后的“瘦长”网络。

4.2.4 其他激活函数

除了上面提到的 ReLU 变形外，业界还提出了一些其他类型的激活函数，本节主要介绍以下四种。

1. 噪声激活函数

噪声激活函数(Noisy Activation Functions)是由 Bengio 等于 2016 年机器学习大会上提出的[5]，主要解决经典激活函数的饱和问题。该方法是一种较通用的方法，可以用于多种软饱和函数的改进。

1) 激活函数饱和性分析

由 4.2.1 节可知，Sigmoid 函数和 tanh 函数都是软饱和函数。可以对二者在 0 点附近进行泰勒展开，将软饱和函数进行线性近似(只保留到一阶导数)，从而构造硬饱和函数，即

$$\text{sigmoid}(a) \approx u^s(a) = 0.25a + 0.5 \tag{4.15}$$

$$\tanh(a) \approx u^t(a) = a \tag{4.16}$$

式中：$u^s(a)$和$u^t(a)$分别为 Sigmoid、tanh 函数的线性近似函数。对线性近似函数进行截取，可以得到硬 Sigmoid 和硬 tanh 函数，即

$$\begin{aligned}\text{hard-sigmoid}(a) &= \max(\min(u^s(a),1),0) \\ &= \text{clip}(u^s(a),0,1) \\ &= \begin{cases} 0, & a \leqslant -2 \\ 0.25a+0.5 & -2 < a < 2 \\ 1, & a \geqslant 2 \end{cases}\end{aligned} \tag{4.17}$$

$$\begin{aligned}\text{hard-tanh}(a) &= \max(\min(u^t(a),1),-1) \\ &= \text{clip}(u^t(a),-1,1) \\ &= \begin{cases} -1, & a \leqslant -1 \\ a & -1 < a < 1 \\ 1, & a \geqslant 1 \end{cases}\end{aligned} \tag{4.18}$$

式中：$\text{clip}(u(a),\alpha,\beta)$为截取函数，即

$$\text{clip}(u(a),\alpha,\beta) = \begin{cases} \alpha, & u(a) \leqslant \alpha \\ u(a), & \alpha < u(a) < \beta \\ \beta, & u(a) \geqslant \beta \end{cases} \tag{4.19}$$

图 4-19 给出了 Sigmoid、tanh、硬 Sigmoid 和硬 tanh 四个函数的导函数图[5]。硬 tanh 函数在 $a\leqslant-2$ 和 $a\geqslant2$ 的区间内，处于饱和状态，而硬 tanh 在 $a\leqslant-1$ 和 $a\geqslant1$ 的区

间内饱和。令 a_{Th} 为函数饱和边界阈值，对于两种函数阈值分别为 $a_{\mathrm{Th}}=2$(硬 Sigmoid)和 $a_{\mathrm{Th}}=1$(硬 tanh)。

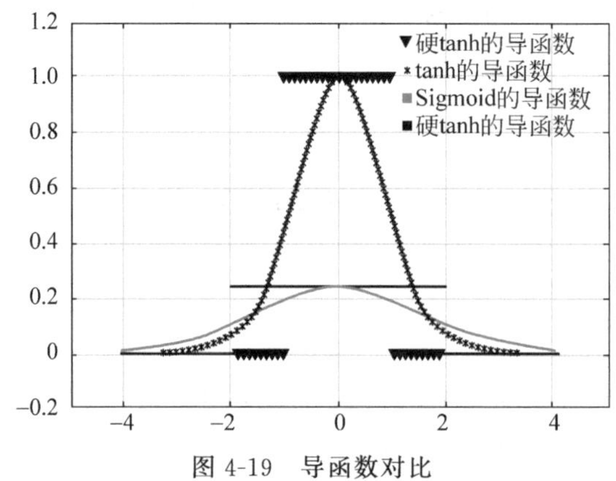

图 4-19　导函数对比

构造式(4.17)和式(4.18)的原因是使靠近 0 时函数具有线性特性，从而在神经单元还未饱和时，梯度流向更加显著，而在饱和部分能获得硬决策。虽然硬 Sigmoid 和硬 tanh 函数能够获得硬决策，但代价却是导致饱和区域的梯度为 0，这会导致训练困难。因此在预激活前引入一些小但不是无穷小的变化可帮助解决梯度消失问题，却不会影响整体的梯度。

2) 噪声激活函数定义和导函数分析

当激活函数发生饱和时，网络参数还能在两种动力下继续更新，即正则项梯度和噪声梯度。噪声激活函数的基本思想就是构造注入噪声 ξ 的函数 $\varphi(a,\xi)$，以代替硬 Sigmoid 和硬 tanh 等类型的饱和非线性函数。

假设 ξ 是从均值为 0，方差为 σ^2 的分布中抽取的独立同分布随机变量，当噪声逐渐退火(从 $\sigma\to\infty$ 向 $\sigma\to 0$ 变化)时会发生什么现象？进一步假设 $\varphi(a,\xi)$ 满足如下条件，即

$$\lim_{|\xi|\to\infty}\left|\frac{\partial\varphi(a,\xi)}{\partial a}\right|\to\infty \tag{4.20}$$

图 4-20 所示示例为一个非凸目标函数，由于该目标函数复杂，采用简单的梯度下降将表现不佳。当噪声很大($|\xi|\to\infty$)时，随机梯度下降法可以通过探索从鞍点和“坏”局部最小值中逃脱。当对噪声进行退火处理($|\xi|\to 0$)时，随机梯度下降法最终会收敛到 a^* 的局部最小值之一。

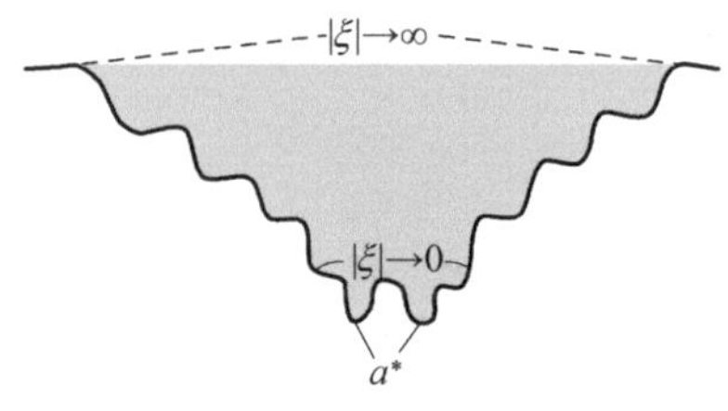

图 4-20　一维非凸目标函数的示例

引入适当的噪声能够扩大随机梯度下降法的参数搜索范围，从而有机会跳出饱和区。在激活函数中引入噪声的研究更早可追溯到 Bengio 等的噪声整流器[6]，但该方法并没考虑噪声引入的时间和大小，即噪声在 ReLU 单元之前添加，且与输入处于线性状态或非线性饱和状态无关。但在噪声激活函数方法中，处于非饱和(通常是线性)状态时保

持训练信号干净，只在饱和区才引入噪声，且噪声量与饱和程度相关，即添加的噪声量与非线性饱和的幅度成正比。假设 hard(a)为硬饱和激活函数(如硬 Sigmoid 或硬 tanh 函数等)的一般形式，则噪声激活函数为

$$\varphi(a,\xi)=\text{hard}(a)+s \tag{4.21}$$

式中：$s=\mu+\sigma\xi$，ξ 是生成分布函数中抽取的独立随机变量，其参数为 μ 和 σ。

可以看出，当神经单元饱和时，将其输出固定到阈值并添加噪声。噪声激活函数的性能取决于噪声 ξ 的类型和参数 μ、σ，可以将其设定为输入变量 a 的函数，以便即使处于饱和状态也能传播一些梯度。希望噪声激活函数 φ 近似满足如下性质：

$$\mathbb{E}_{\xi\sim\mathcal{N}(0,1)}[\varphi(a,\xi)]\approx\text{hard}(a) \tag{4.22}$$

即 φ 在噪声条件下的期望等于硬饱和激活函数。

直观而言，希望在 a 远处于饱和状态时添加更多噪声，因为参数的较大变化才能使 hard 函数脱离饱和区域。相反当 a 接近饱和阈值时，参数的微小变化就足以使其脱离饱和区域。为此，可利用硬激活函数 hard(a)与其线性近似函数 $u(a)$之间的差异来进行表示，即

$$\Delta=\text{hard}(a)-u(a) \tag{4.23}$$

可见，Δ 在非饱和状态下为零；当 hard(a)饱和时，Δ 正比于$|a|$与 a_{Th} 之间的距离。实验表明[5]，参数变化会导致不同的性能，而选择式(4.24)的参数配置性能更好。

$$\sigma(a)=c(\text{sigmoid}(p\Delta)-0.5)^2 \tag{4.24}$$

式中：p 为待学习的自由参数，改变参数 p 可实现噪声幅度的调整，进而影响梯度的方向；超参数 c 改变噪声方差 $\sigma(a)$。

最简单情况下，从无偏的正态分布中抽取 ξ，为了满足式(4.22)条件，则有 $\mu=0$，因此可得

$$\varphi(a,\xi)=\text{hard}(a)+\sigma(a)\xi \tag{4.25}$$

采用上述形式的 $\sigma(a)$，当$|a|\leqslant a_{\text{Th}}$ 时，随机激活函数与线性函数 $u(a)$完全相同。由于 Δ 将为 0，暂时考虑$|a|>a_{\text{Th}}$ 时且 hard(a)饱和的情况，此时 hard(a)的导数精确为 0，但若以采样 ξ 为条件，则

$$\varphi'(a,\xi)=\frac{\partial}{\partial a}\varphi(a,\xi)=\sigma'(a)\xi \tag{4.26}$$

$\varphi'(a,\xi)$几乎肯定是非零的。

在非饱和区间 $\varphi'(a,\xi)=\text{hard}'(a)$，优化可以利用原点附近 hard 函数的线性结构来调整其输出。在饱和状态下，随机性驱动探索，梯度仍然流回 a，因为噪声的规模仍然取决于 a。重申一下，尽管 hard 函数已经饱和，但在每个点上都得到了梯度信息，并且饱和状态下梯度信息的方差取决于 $\sigma'(a)\xi$ 的方差。

图 4-21 示例为线性化激活函数上添加高斯噪声，它使平均值回到硬饱和非线性函数 hard(a)，如图中黑色粗体实线所示，其线性化函数为 $u(a)$，噪声激活是 φ。hard(a)和 $u(a)$之间的差异 Δ，表示线性化函数与噪声被添加到 hard(a)后实际函数之间的差异。注意，在函数的非饱和区域，$u(a)$和 hard(a)完美匹配，Δ 将为 0。

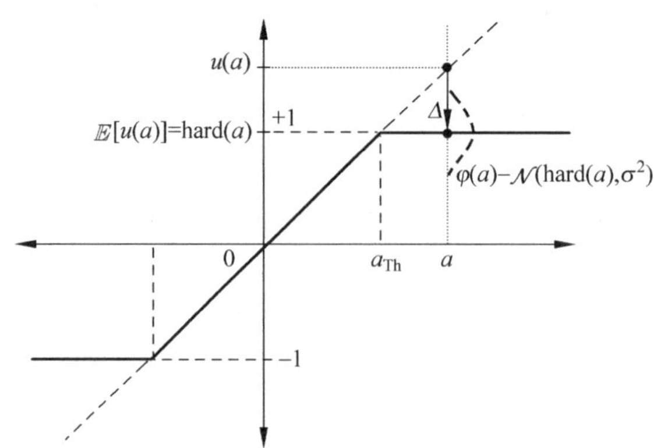

图 4-21　噪声激活函数的典型示例

3）噪声激活函数的改进

式(4.21)所示的噪声激活函数也存在不足，受 ξ 随机性影响，梯度 $\varphi'(a,\xi)$ 会指向错误的方向，即朝着目标函数恶化的方向移动，该方向与 ξ 平均意义对目标函数的影响正好相反。因此希望将饱和单元"推回"到可以安全使用 hard(a)梯度的非饱和状态。

为此，一种简单方法是确保噪声始终为正，并手动调整其符号以匹配 a 的符号。可以采用如下方法，即

$$d(a) = -\text{sign}(a)\text{sign}(1-\alpha)$$
$$s = \mu(a) + d(a)\sigma(a)|\xi| \tag{4.27}$$

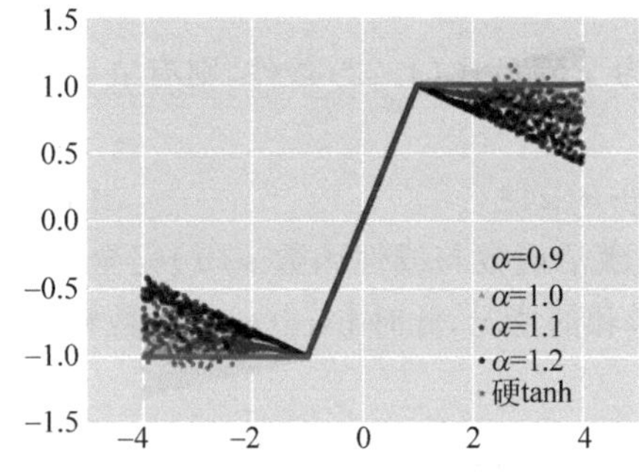

图 4-22　噪声激活函数的随机行为

式中：sign(a)是符号函数，若 a 大于或等于 0，则 sign(a)为 1，否则为 0。

式(4.27)的噪声 s 与 $|\xi|$ 的绝对值相关，以便从半正态分布中采样噪声。由于忽略了 ξ 的符号，因此噪声激活的方向由 $d(a)$ 确定且指向 hard(a)。将噪声的符号与 a 的符号匹配将确保避免噪声与反向传播梯度信息之间的符号抵消。当引入偏差 α 时，需要 sign($1-\alpha$)将激活推向 hard(a)。

超参数 $\boldsymbol{\alpha}$ 影响添加项的均值，这样当 $\boldsymbol{\alpha}$ 接近 1 时近似满足上述条件，如图 4-22 所示。将噪声项 s 进行重新设置，使噪声可以添加到线性化函数或 hard(a)。$u(a)$和 hard(a)之间的关系可表示为

$$\varphi(a,\xi) = u(a) + \alpha\Delta + d(a)\sigma(a)\varepsilon \tag{4.28}$$

将式(4.23)代入式(4.28)可得

$$\varphi(a,\xi) = \alpha\text{hard}(a) + (1-\alpha)u(a) + d(a)\sigma(a)\varepsilon \tag{4.29}$$

从式(4.29)可以看出，梯度可以通过三种路径流过神经网络，线性路径($u(a)$)、非线性路径(hard(a))和随机路径($\sigma(a)$)。通过这些不同路径跨不同层的梯度流使激活函数的优化更容易。在测试时，采用式(4.29)的期望来获得确定性单元，即

$$\mathbb{E}_{\xi}[\varphi(a,\xi)]=\alpha\,\mathrm{hard}(a)+(1-\alpha)u(a)+d(a)\sigma(a)\,\mathbb{E}_{\xi}[\varepsilon] \tag{4.30}$$

若 $\varepsilon=\xi$,则$\mathbb{E}_{\xi}[\varepsilon]=0$,否则若 $\varepsilon=|\xi|$,则$\mathbb{E}_{\xi}[\varepsilon]=\sqrt{\frac{2}{\pi}}$。

实验结果表明,不同的噪声类型性能也有会差异,半分布正态和正态分布噪声更好。如式(4.28)所示,若半正态分布中采样噪声,则 $\varepsilon=\xi$;若从正态分布中采样噪声,则 $\varepsilon=|\xi|$。

为了说明超参数 α 的影响和噪声激活特性,图 4-22 给出了噪声激活函数特性随不同超参数 α 和正态分布采样的噪声的变化曲线,同时图中给出硬 tanh 函数(粗实线)便于对比。从图中可以看出,噪声激活函数近似于硬 tanh 非线性特性,同时引入了随机性,使得神经元单元很容易跳出饱和区域,从而进行更好地优化。

2. 级联整流线性单元

级联整流线性单元(Concatenated Rectified Linear Units,CReLU)是由奥克卢斯虚拟现实公司、NEC 公司以及密歇根大学等机构的研究人员联合提出[15]。在 AlexNet 模型上开展的实验结果显示,CNN 网络前几层可以学习高度负相关的滤波器对,而高层卷积层这种现象并不明显,将这一现象称为配对现象。通常两个向量的余弦距离在 -1 到 $+1$ 之间,余弦距离越接近 $+1$,则两个向量方向越接近;余弦距离越接近于 -1,则两个向量方向越相反;余弦距离为 0,则二者正交。配对滤波器即从所有卷积核中选择余弦相似度最小的卷积核,而 CNN 低层网络中的负相关滤波器配对现象明显,这种配对现象同时说明低层滤波器之间存在冗余性。

假定可利用上述配对先验知识,CReLU 方法提出显式利用正负两种激活,则可以减轻卷积滤波器之间的冗余性,从而更有效地利用可训练参数。CReLU 激活函数实现过程如图 4-23 所示,即简单复制卷积后的线性响应,对其进行取反,将激活的两个部分串联起来,进行变换然后采用 ReLU。CReLU 可表示为

$$\rho_c(a)=([a]_+,[-a]_+),\quad \forall a\in\mathbb{R} \tag{4.31}$$

式中:$[a]_+=\max(a,0)=\mathrm{ReLU}(a)$。

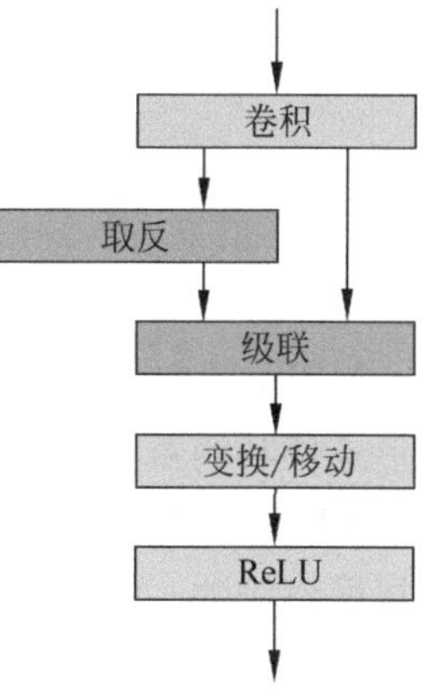

图 4-23 CReLU 实现流程

该激活方案既保留了正相位信息,又保留了负相位信息,同时实现了非饱和非线性。结果表明[15],在 CNN 各种网络结构的低卷积层上将 ReLU 替换为 CReLU 可以显著提高分类性能。

3. 多参数指数线性单元

多参数指数线性单元(Multiple Parametric Exponential Linear Units,MPELU)是由北京邮电大学的研究人员于 2016 年提出的[16]。MPELU 旨在推广和统一 ReLU 类和 ELU 类的激活函数。MPELU 定义为

$$g(a)=\begin{cases}a, & a>0 \\ \alpha_c(\mathrm{e}^{\beta_c a}-1), & a\leqslant 0\end{cases} \tag{4.32}$$

式中：第 c 个特征图($c=\{1,2,\cdots,M\}$)的可学习参数为 α_c 和 β_c，$\beta_c>0$。α_c 和 β_c 控制着 MPELU 函数的饱和值和饱和门限，二者设置可采用频道方式(M 为特征图数量)或信道共享方式($M=1$)。对于 CNN 网络而言，MPELU 激活函数在不同特征图上要采用不同的参数，因此可学习参数以 α_c 和 β_c 来表示。为了更一般性表示，暂时不考虑具体的特征图，可学习参数用 α 和 β 来表示。

图 4-24 所示为 ReLU、PReLU、ELU 和 MPELU 四种激活函数对比图，图 4-24(a)中 PRELU 的参数 $\mu=0.25$，ELU 的参数 $\mu=1$，MPELU 的参数 $\alpha=3$，$\beta=1$。从定义可知，MPELU 是更一般性的激活函数。通过调整，MPELU 可以在整流和指数线性单位之间切换，如图 4-24(b)所示，若 $\alpha=\beta=1$，则 MPELU 退化为 ELU；此情况下减小 β 可使 MPELU 变成 Leakey ReLU；而图 4-24(a)中 $\mu=0.25$ 的 PRELU 相当于 MPELU $\alpha=25.6302$，$\beta=0.01$ 情况；最后当 $\alpha=0$ 时，MPELU 完全等同于 ReLU。

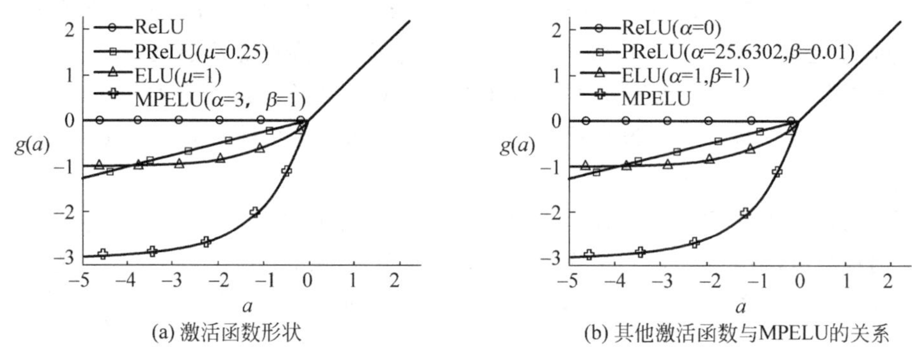

(a) 激活函数形状　　(b) 其他激活函数与MPELU的关系

图 4-24　激活功能可视化

MPELU 的优势在于同时具备 ReLU、PReLU 和 ELU 的优点。一是 MPELU 的灵活形式使其涵盖了多种特殊情况，从而具备了更强大的代表性，其推广能力更强；二是 MPELU 更易于快速学习，MPELU 具备 ELU 的收敛性质，能够在无归一化情况下让几十层网络收敛。实验表明，残差网络只通过调整激活功能(从 ReLU 到 MPELU)就获得显著的性能提升。

4. 缩放指数线性单元

缩放指数线性单元(Scaled Exponential Linear Units，SELU)是由约翰尼斯开普勒大学的研究人员于 2017 年提出[17]的。SELU 定义为

$$g(a)=\lambda g_{\mathrm{ELU}}(a)=\lambda\begin{cases}a, & a\geqslant 0 \\ \mu(\mathrm{e}^{a}-1), & a<0\end{cases} \tag{4.33}$$

式中：λ 为缩放因子。从式(4.33)和式(4.12)可以看出，SELU 和 ELU 的差别就在于多了一个缩放因子 λ。SELU 看似简单的改进，却有着极为神奇之处，因为根据该激活函数

得到的网络具有自归一化功能。

众所周知，在通常的深度学习网络学习中，在每层添加批处理归一化能够使得网络收敛得更快，同时在效果上也有提升。因此业界也在思考是否存在一种激活函数？使得经过该激活函数后的样本分布自动归一化到零均值和单位方差。文献[17]中给出了长达 97 页的证明，证明了在满足以下两个条件的情况下，使用该激活函数后的样本分布满足零均值和单位方差，即

条件 1：按照给定的参数对权重初始化：对于正态分布的初始化，初始化参数为 0 均值，方差为 sqrt(1/n)，其中 n 是输入通道个数；

条件 2：按照给定的参数对样本计算式(4.33)所示激活函数。

文献[17]表明，采用 SELU 激活函数，参数不能随意设定而是通过证明来得到，即

$$\lambda = 1.0507009873554804934193349852946$$

$$\alpha = 1.6732632423543772848170429916717$$

如果需要归一化后得到指定均值和方差，文献中也给出了 λ 和 α 的计算公式。

由于 SELU 函数具有自归一化功能，因此也将利用 SELU 构建的网络称为自归一神经网络(Self-Normalizing Neural Networks)。

4.3 优化算法

这里讨论的优化问题指的是，给定目标函数 $f(x)$，需要找到一组参数 x(权重)，使得 $f(x)$值最小[18]。

4.3.1 基本优化算法

梯度下降法作为机器学习中较常使用的优化算法，在其求解过程中，只需要求解损失函数的一阶导数，计算的代价比较小。

其基本思想可以理解为从空间中某点出发，找一个最陡的坡(即梯度的反方向)前进一步；到达另一点之后再找最陡的坡，再前进一步；不断前进，直到达到目标函数最低点(目标函数收敛点)。

梯度下降法有三种形式，分别为批量梯度下降(Batch Gradient Descent，BGD)、随机梯度下降(Stochastic Gradient Descent，SGD)及小批量梯度下降(Mini-Batch Gradient Descent，MBGD)。小批量梯度下降法常用在深度学习中进行模型的训练。

1. 批梯度下降法

批量梯度下降法是最原始的形式，它是指在每一次迭代时使用所有样本来进行梯度的更新。具体实现过程如算法 4-1 所示。

算法 4-1　批梯度下降法

初始化：学习速率 ε_0，初始参数$\boldsymbol{\theta}_0$；迭代次数 $k=0$

$k=k+1$

提取训练集中的所有数据$\{\boldsymbol{x}_1,\cdots,\boldsymbol{x}_n\}$，以及相关的输出 $\boldsymbol{y}_i$

计算梯度和误差并更新参数：

$$\boldsymbol{g}_k \leftarrow +\frac{1}{n}\nabla_{\boldsymbol{\theta}_{k-1}}\sum_{i=1}^{n}L(f(\boldsymbol{x}_i,\boldsymbol{\theta}_{k-1}),\boldsymbol{y}_i)$$

$$\boldsymbol{\theta}_k \leftarrow \boldsymbol{\theta}_{k-1}-\varepsilon_k\hat{\boldsymbol{g}}_k$$

由全数据集确定的方向能够更好地代表样本总体，能够更准确地朝向极值所在的方向收敛。当目标函数为凸函数时，BGD 一定能够得到全局最优。因此，使用 BGD 时不需要逐渐减小学习速率 ε_k。该算法的缺点是：由于每一步都要使用所有数据，当样本数目 n 很大时，每迭代一步都需要对所有样本进行计算，训练过程很慢。

2. 随机梯度下降法

随机梯度下降法每次迭代使用一个样本来对参数进行更新，使得训练速度加快。具体实现过程如算法 4-2 所示。

算法 4-2　随机梯度下降法

初始化：学习速率 ε_0，初始参数$\boldsymbol{\theta}_0$；迭代次数 $k=0$

$k=k+1$

随机提取训练集中的某一个样本 $\boldsymbol{x}_i$，以及相关的输出 $\boldsymbol{y}_i$

计算梯度和误差并更新参数：

$$\hat{\boldsymbol{g}}_k \leftarrow +\frac{1}{n}\nabla_{\boldsymbol{\theta}_{k-1}}L(f(\boldsymbol{x}_i,\boldsymbol{\theta}_{k-1}),\boldsymbol{y}_i)$$

$$\boldsymbol{\theta}_k \leftarrow \boldsymbol{\theta}_{k-1}-\varepsilon_k\hat{\boldsymbol{g}}_k$$

由于不是在全部训练数据上的损失函数，而是在每轮迭代中随机选择某一条训练数据优化损失函数，这样每一轮参数的更新速度大大加快。

但也存在一些缺点：一是准确度下降，即使在目标函数为强凸函数的情况下，SGD 仍无法做到线性收敛；二是可能会收敛到局部最优，单个样本并不能代表全体样本的趋势；三是不易于并行实现。

3. 小批量梯度下降

小批量梯度下降法是对批量梯度下降法与随机梯度下降法的一个折中办法，其思想是每次迭代使用 batch_size 个样本来对参数进行更新。具体实现过程如算法 4-3 所示。

算法 4-3　小批量梯度下降法

初始化：学习速率 ε_0，初始参数 θ_0；迭代次数 $k=0$

$k=k+1$

随机提取训练集中的 batch_size 个样本 $\{\boldsymbol{x}_1,\cdots,\boldsymbol{x}_m\}$，以及相关的输出 $\boldsymbol{y}_i$

计算梯度和误差并更新参数：

$$\hat{\boldsymbol{g}}_k \leftarrow +\frac{1}{n}\nabla_{\boldsymbol{\theta}_{k-1}}\sum_{i=1}^{\text{batch\_size}} L(f(\boldsymbol{x}_i,\boldsymbol{\theta}_{k-1}),\boldsymbol{y}_i)$$

$$\boldsymbol{\theta}_k \leftarrow \boldsymbol{\theta}_{k-1}-\varepsilon_k\hat{\boldsymbol{g}}_k$$

小批量梯度下降法优点如下：

(1) 通过矩阵运算，每次在一个 batch 上优化神经网络参数并不会比单个数据慢太多。

(2) 每次使用一个 batch 可以大大减小收敛所需要的迭代次数，同时可以使收敛到的结果更加接近批梯度下降的效果。

(3) 可实现并行化。

缺点是：batch_size 的不当选择可能会带来一些问题。

小批量梯度下降法可以利用矩阵和向量计算进行加速，还可以减少参数更新的方差，得到更稳定的收敛。在 MBGD 中，学习速率一般设置得比较大，随着训练不断进行，可以动态地减小学习速率，这样可以保证一开始算法收敛速度较快。实际中，如果目标函数平面是局部凸面，传统的 SGD 往往会在此振荡。因为一个负梯度会使其指向一个陡峭的方向，目标函数的局部最优值附近会出现这种情况，导致收敛很慢。这时候需要给梯度做一些改变，如后面所提到的动量等，使其能够跳出局部最小值，继续沿着梯度下降的方向优化，使得模型更容易收敛到全局最优值。

下面具体分析 batch_size 的选择带来的影响，实际应用中应该对 batch_size 选择综合考虑。

(1) 在合理的范围内增大 batch_size 的好处：

① 内存利用率提高，大矩阵乘法的并行化效率提高。

② 跑完一次 epoch(全数据集)所需的迭代次数减少，对于相同数据量的处理速度进一步加快。

③ 在一定范围内，一般来说 batch_size 越大，其确定的下降方向越准，引起训练振荡越小。

(2) 盲目增大 batch_size 的坏处：

① 内存利用率提高，但是内存容量可能难以满足。

② 跑完一次 epoch(全数据集)所需的迭代次数减少，要想达到相同的精度，其所花费的时间大大增加，对参数的修正显得更加缓慢。

③ batch_size 增大到一定程度，其确定的下降方向已经基本不再变化，容易陷入局部极值点。

4.3.2 梯度方向调整优化算法

优化算法是利用梯度对网络参数进行优化，其中主要关注两个问题，一是优化的方向，二是优化的步长。针对第一个问题来说，负梯度一定是最好的下降方向吗？本节给出其他几种优化算法，对优化方向进行调整。

1. 动量法

无论是随机梯度下降法还是最小批量随机梯度下降法都存在一个共同问题，即每次迭代计算的梯度含有比较大的噪声。动量法可以较好地缓解这个问题，尤其是针对小而连续的梯度但含有很多噪声的情况，可以很好地加速学习。

动量法借用物理中的动量概念，把之前梯度也纳入当前时刻梯度运算中。为了表示动量，引入了一个新的变量$\boldsymbol{v}$ 表示速率。$\boldsymbol{v}$ 是之前的梯度的累加，但是每回合都有一定的衰减。具体实现过程如算法 4-4 所示。

算法 4-4　动量法

初始化：学习速率 ε_0，初始参数$\boldsymbol{\theta}_0$，初始速率$\boldsymbol{v}_0$，动量衰减参数 α；迭代次数 $k=0$

$k=k+1$

随机提取训练集中的 $m=$batch_size 个样本$\{\boldsymbol{x}_1,\cdots,\boldsymbol{x}_m\}$，以及相关的输出 $\boldsymbol{y}_i$

计算梯度和误差，并更新速度$\boldsymbol{v}$ 和参数$\boldsymbol{\theta}$：

$$\hat{\boldsymbol{g}}_k \leftarrow +\frac{1}{m}\nabla_{\boldsymbol{\theta}_{k-1}}\sum_{i=1}^{m}L(f(\boldsymbol{x}_i,\boldsymbol{\theta}_{k-1}),\boldsymbol{y}_i)$$

$$\boldsymbol{v}_k \leftarrow \alpha\boldsymbol{v}_{k-1}-\varepsilon\,\hat{\boldsymbol{g}}_k$$

$$\boldsymbol{\theta}_k \leftarrow \boldsymbol{\theta}_{k-1}+\boldsymbol{v}_k$$

其中，参数 α 表示每回合速率$\boldsymbol{v}$ 的衰减程度。

同时也可以推得，如果每次迭代得到的梯度都是 $\boldsymbol{g}$，那么最后得到$\boldsymbol{v}$ 的稳定值为$\frac{\varepsilon\|\hat{\boldsymbol{g}}\|}{1-\alpha}$。也就是说，动量法最好情况下能够将学习速率加速$\frac{1}{1-\alpha}$，$\alpha$ 一般取 0.5、0.9、0.99。当然，也可以让 α 的值随着时间而变化，开始小一点，后来加大。不过，这样一来又会引进新的参数。

动量法的特点是：当前后梯度方向一致时，能够加速学习；前后梯度方向不一致时，能够抑制振荡。

下面具体分析动量法的基本缘由和出发点[18]。前面提到，没有训练好的神经网络的可能原因有很多，包括局部最小值、鞍点和停滞点。图 4-25 为不同的局部最优示意图。需要指出的是，当目标函数值几乎不再变化时，就会形成平原，在这些点上，任何方向的梯度都几乎为零，使得函数无法逃离该区域。著名人工智能学家雅恩·乐昆(Yann LeCun)指出，局部最优的问题不用太担心，因为一般不会有那么多局部最优，毕竟局部最优是要求所有的损失函数维度在局部最优点都呈现山谷的形状，这个不太常见。

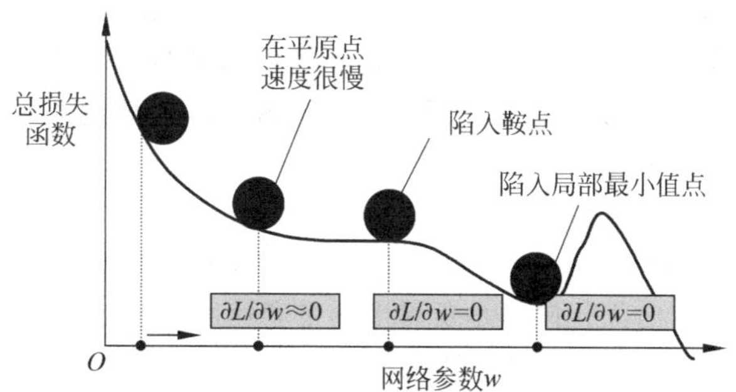

图 4-25　经典梯度下降法不同局部最优示意图

解决最小值和停滞问题可采用动量法。如图 4-26 所示，当一个球从高点滚落到低点，由于惯性，它有能力跨越局部最优的山谷，进而到达更低点，因此算法中能不能借鉴这种思想来解决局部极值点的问题呢？在传统的梯度下降法中，每次的更新方向和大小都是由当时的梯度来决定的，与每一个时刻的动量没有关系。因此，传统梯度下降法和现实世界客观现象不完全匹配。因此，很容易想到在传统梯度下降法中引入动量，使“下山”过程更加合理。图 4-27 给出了引入动量法以后不同点示意图，其中上面实线代表负梯度方向，虚线代表动量方向，双实线代表真实优化方向。从图 4-27 中可以看出：在初始点，由于动量为 0，优化的方向就是负梯度；在平原点(图中第二个位置)，虽然负梯度很小，

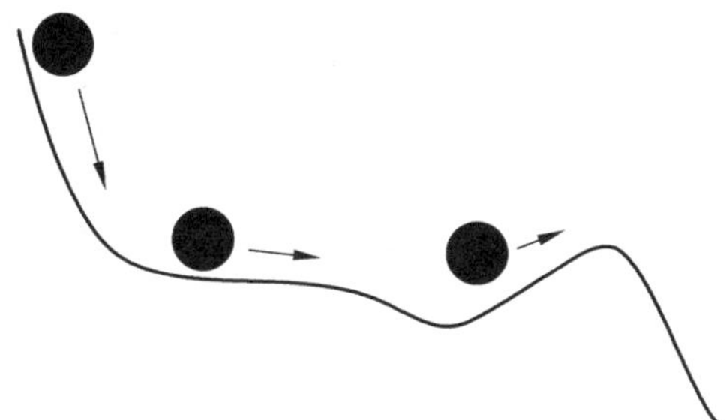

图 4-26　物理世界的现象

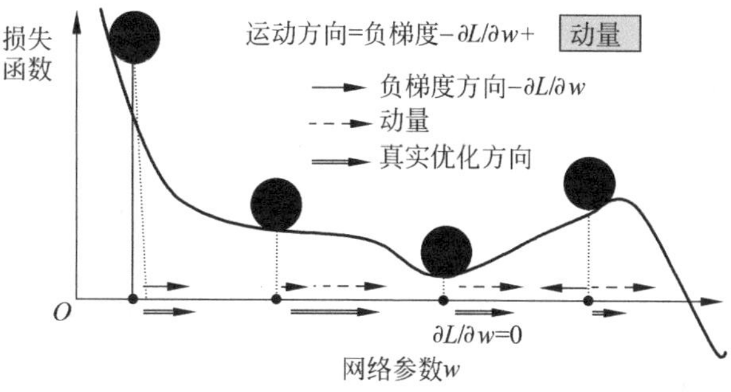

图 4-27　动量法不同局部最优示意图

几乎陷入停滞状态，但由于此时动量有一定累积，因此能够冲破当前平原点；当到局部极小值点(图中第三个位置)时，梯度为0，传统梯度下降法就陷入局部极小值，但由于有虚线所示的动量存在，还可以继续优化；当运行到图中的第四个位置时，需要注意负梯度是反方向，如果动量作用超过负梯度的作用，那么小球可以冲破此时的位置冲向更接近最低点的区域进行优化。

下面具体分析动量法的基本过程，为了更加清晰理解，将传统梯度下降法进行对比分析。图4-28给出了两种算法的对比。从图4-28(a)可以看出优化向量就是负梯度向量，从图4-28(b)可以看出优化向量是负梯度向量和速度向量的和向量，动量法每一次移动都由当前梯度和上一次的移动共同决定。

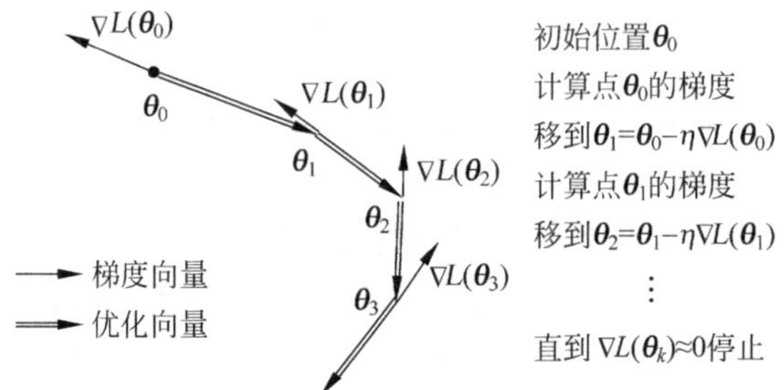

(a) 经典梯度下降法优化过程

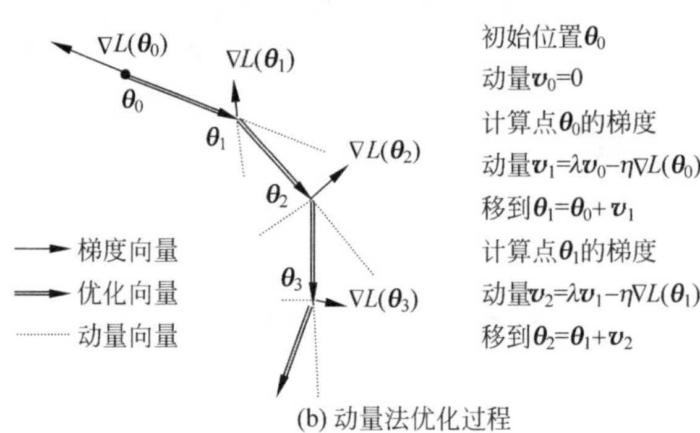

(b) 动量法优化过程

图4-28 优化过程对比

下面具体分析每一时刻速度向量$\boldsymbol{v}$的计算过程：

$$\begin{cases}\boldsymbol{v}_0=0\\ \boldsymbol{v}_1=\lambda\,\boldsymbol{v}_0-\nabla L(\boldsymbol{\theta}_0)\\ \boldsymbol{v}_2=\lambda\,\boldsymbol{v}_1-\nabla L(\boldsymbol{\theta}_1)=\lambda^2\,\boldsymbol{v}_0-\lambda\,\nabla L(\boldsymbol{\theta}_0)-\nabla L(\boldsymbol{\theta}_1)\\ \boldsymbol{v}_3=\lambda\,\boldsymbol{v}_2-\nabla L(\boldsymbol{\theta}_2)=\lambda^3\,\boldsymbol{v}_0-\lambda^2\,\nabla L(\boldsymbol{\theta}_0)-\lambda\nabla L(\boldsymbol{\theta}_1)-\nabla L(\boldsymbol{\theta}_2)\\ \quad\cdots\\ \boldsymbol{v}_k=\lambda\,\boldsymbol{v}_{k-1}-\nabla L(\boldsymbol{\theta}_{k-1})=\lambda^k\,\boldsymbol{v}_0-\lambda^{k-1}\,\nabla L(\boldsymbol{\theta}_0)-\lambda^{k-2}\,\nabla L(\boldsymbol{\theta}_1)-\cdots-\nabla L(\boldsymbol{\theta}_{k-1})\\ \quad=\lambda^k\,\boldsymbol{v}_0-\sum_{i=0}^{k-1}\lambda^{k-1-i}\,\nabla L(\boldsymbol{\theta}_i)\end{cases} \tag{4.34}$$

从式(4.34)可以看出,由于$\boldsymbol{v}_0=0$,$\boldsymbol{v}_k=-\sum_{i=0}^{k-1}\lambda^{k-1-i}\ \nabla L(\boldsymbol{\theta}_i)$实际上就是之前所有梯度的加权。从图4-27可以看出,虽然动量法仍无法保证能够达到全局最优,但相对于传统梯度下降法而言,该方法能够冲破有些局部点的限制,有希望达到更优。

2. Nesterov 动量法

Nesterov 动量法是对动量法的改进,可以理解为在标准动量方法中添加了一个校正因子,即每次计算梯度时采用

$$\hat{\boldsymbol{g}}_k \leftarrow +\frac{1}{m}\nabla_{\boldsymbol{\theta}_k}\sum_{i=1}^{m}L(f(\boldsymbol{x}_i,\boldsymbol{\theta}_{k-1}+\alpha\boldsymbol{v}_{k-1}),\boldsymbol{y}_i) \tag{4.35}$$

Nesterov 动量法具体实现过程如算法4-5所示。

算法 4-5 Nesterov 动量法

初始化:学习速率ε_0,初始参数$\boldsymbol{\theta}_0$,初始速率$\boldsymbol{v}_0$,动量衰减参数α;迭代次数$k=0$

$k=k+1$

随机提取训练集中的$m=$batch_size个样本$\{\boldsymbol{x}_1,\cdots,\boldsymbol{x}_m\}$,以及相关的输出$\boldsymbol{y}_i$

计算梯度和误差,并更新速度$\boldsymbol{v}$和参数$\boldsymbol{\theta}$:

$$\hat{\boldsymbol{g}}_k \leftarrow +\frac{1}{m}\nabla_{\boldsymbol{\theta}_{k-1}}\sum_{i=1}^{m}L(f(\boldsymbol{x}_i,\boldsymbol{\theta}_{k-1}+\alpha\boldsymbol{v}_{k-1}),\boldsymbol{y}_i)$$

$$\boldsymbol{v}_k \leftarrow \alpha\boldsymbol{v}_{k-1}-\varepsilon\hat{\boldsymbol{g}}_k$$

$$\boldsymbol{\theta}_k \leftarrow \boldsymbol{\theta}_{k-1}+\boldsymbol{v}_k$$

其中,参数α表示每回合速率$\boldsymbol{v}$的衰减程度。

算法4-4和算法4-5区别是在估算$\hat{\boldsymbol{g}}_k$时,参数从标准动量法中的$\boldsymbol{\theta}_{k-1}$变成了$\boldsymbol{\theta}_{k-1}+\alpha\boldsymbol{v}_{k-1}$。

图4-29给出了标准动量法和Nesterov动量法的比较,从图中可以看出:传统动量法在当前点计算动量和梯度,然后得到更新梯度。而根据算法4-5中的$\hat{\boldsymbol{g}}_k$更新公式可以看出,新方法是先利用$\boldsymbol{v}_k$来更新参数得到$\boldsymbol{\theta}_{k-1}+\alpha\boldsymbol{v}_{k-1}$,得到新参数后再计算更新梯度$\hat{\boldsymbol{g}}_k$,所以参数是先更新$\boldsymbol{\theta}_{k-1}+\alpha\boldsymbol{v}_{k-1}$,先行一步;而后根据$\boldsymbol{\theta}_k\leftarrow\boldsymbol{\theta}_{k-1}+\boldsymbol{v}_k$,其中$\boldsymbol{v}_k\leftarrow\alpha\boldsymbol{v}_{k-1}-\varepsilon\hat{\boldsymbol{g}}_k$,而$\boldsymbol{v}_k$中的$\alpha\boldsymbol{v}_{k-1}$已经变动了,因此在虚线箭头顶端直接用梯度部分进行更新。

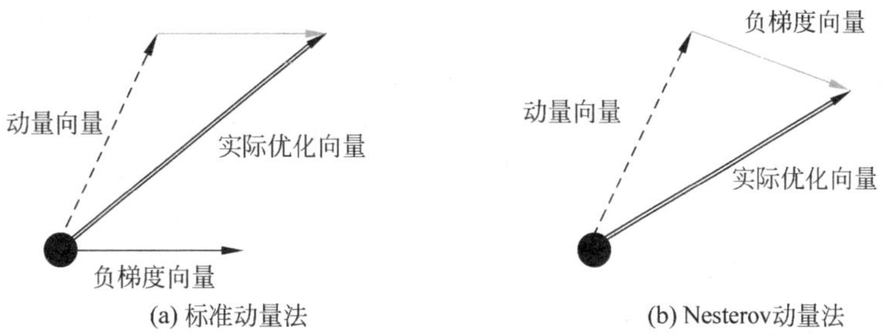

图4-29 标准动量法与Nesterov动量法的比较

4.3.3 自适应学习率

前面提到优化算法中，除了关注优化向量方向，还应该关注优化步长，本节主要讨论步长问题。

1. 自适应梯度算法

自适应梯度(Adaptive Gradient，AdaGrad)算法的主要思想是可自动变更学习速率，假设全局的学习速率 ε，每次迭代的自适应学习率为

$$\varepsilon_n = \frac{\varepsilon}{\delta + \sqrt{\sum_{i=1}^{n-1} \hat{\boldsymbol{g}}_i \odot \hat{\boldsymbol{g}}_i}} \tag{4.36}$$

式中：δ 是一个很小的常量，约为 10^{-7}，作用是防止出现除以 0 的情况；$\odot$ 为点乘，即两个向量的对应项相乘相加。

自适应梯度算法具体实现过程如算法 4-6 所示。

算法 4-6　自适应梯度算法

初始化：全局学习速率 ε，初始参数 $\boldsymbol{\theta}_0$，数值稳定量 δ，梯度累计量 $r=0$；迭代次数 $k=0$

$k=k+1$

随机提取训练集中的 $m=\text{batch\_size}$ 个样本 $\{\boldsymbol{x}_1,\cdots,\boldsymbol{x}_m\}$ 以及对应输出 $\boldsymbol{y}_i$

计算梯度和误差，再根据 r 和梯度计算参数更新量：

$\hat{\boldsymbol{g}}_k = +\frac{1}{m}\nabla_{\theta_{k-1}}\sum_i L(f(\boldsymbol{x}_i,\boldsymbol{\theta}_{k-1}),\boldsymbol{y}_i)$

$r_k = r_{k-1} + \hat{\boldsymbol{g}}_k \odot \hat{\boldsymbol{g}}_k$

$\Delta\boldsymbol{\theta}_k = -\frac{\varepsilon}{\delta+\sqrt{r_k}} \odot \hat{\boldsymbol{g}}_k$

$\boldsymbol{\theta}_k \leftarrow \boldsymbol{\theta}_{k-1} + \Delta\boldsymbol{\theta}_k$

从算法 4-6 可知，自适应梯度算法能够实现学习率的自动更改。从式(4.36)可知，如果梯度大，学习速率衰减就快一些；如果梯度小，那么学习速率衰减就慢一些。前期 $\hat{\boldsymbol{g}}_{k-1}$ 较小时，$\hat{\boldsymbol{g}}_k \odot \hat{\boldsymbol{g}}_k$ 和 r_k 都较小，能够放大梯度；后期 $\hat{\boldsymbol{g}}_{k-1}$ 较大的时候，$\hat{\boldsymbol{g}}_k \odot \hat{\boldsymbol{g}}_k$ 和 r 较大，能够约束梯度。因此，适合处理稀疏梯度。

需要注意，该方法仍然要设置一个变量 ε。经验表明，在普通算法中也许效果不错，但在深度网络训练过程中，层数过深时会造成训练提前结束。而且 ε 设置得过大，会使 r 过于敏感，对梯度的调节太大；训练中后期分母上梯度平方的累加将会越来越大，使梯度趋于 0，使得训练提前结束。

AdaGrad 算法有会变化的学习率，变化的方式是每次的原本学习率除以过去所有更新所用的梯度的平方和的算术平方根。在图 4-30 来看，AdaGrad 算法的含义是：对于梯

度较小的参数，给它较大的学习率；对于梯度较大的参数，给它较小的学习率。

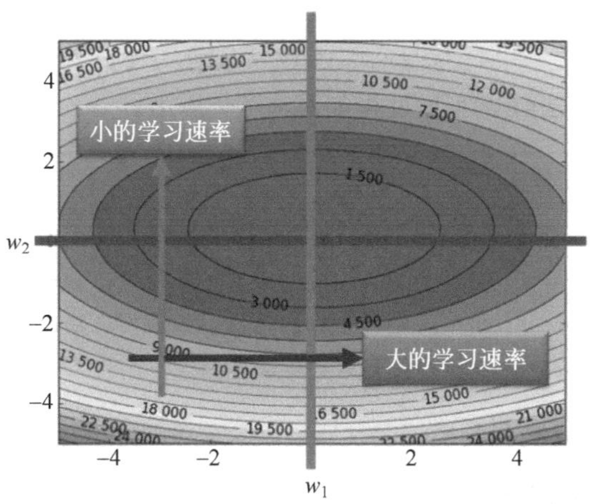

图 4-30　AdaGrad 算法的变化学习率

但是，也可能有 AdaGrad 算法无法处理的问题：通常的逻辑回归问题，损失函数是一个凸函数的形状，但是在深度学习网络中，损失函数大都是各种复杂的非凸形状。

如图 4-31 所示的一种“弯月形”损失函数，对 w_1 更新需要在平坦的区域设置较大的学习率，在较陡峭区域设置较小的学习率，即学习率是动态变化的，但 AdaGrad 算法只能做到单调递减的学习率，因此无法处理这种情况。

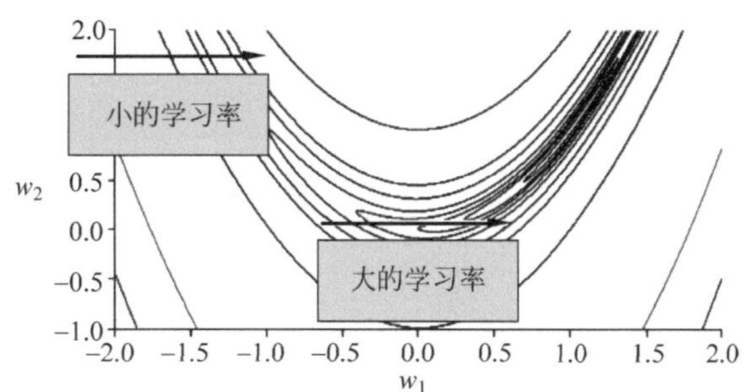

图 4-31　AdaGrad 算法无法处理的情况

另外，AdaGrad 算法需要手动指定初始学习率，而且由于分母中对历史梯度一直累加，学习率将逐渐下降至 0。并且如果初始梯度很大，会导致整个训练过程的学习率一直很小，使学习时间变长。

2. 自适应差分梯度算法

自适应差分梯度（Adaptive Delta Gradient，AdaDelta）算法是自适应梯度算法的扩展，依然是对学习率进行自适应约束，但是进行了计算简化。主要进行了两点改进：一是在一个窗口中对梯度进行求和，而不是对梯度一直累加；二是因为存放窗口之前的梯度

是低效的，所以可以用对先前所有梯度均值(均方根值)的一个指数衰减作为代替的实现方法，即

$$r_k \leftarrow \rho r_{k-1} + (1-\rho)\hat{\boldsymbol{g}}_k \odot \hat{\boldsymbol{g}}_k \tag{4.37}$$

自适应差分梯度算法具体实现过程如算法 4-7 所示。

算法 4-7　自适应差分梯度算法 1

初始化：全局学习速率 ε，初始参数$\boldsymbol{\theta}_0$，数值稳定量 δ，梯度累计量 $r_0=0$；迭代次数 $k=0$

$k=k+1$

随机提取训练集中的 $m=$batch_size 个样本$\{\boldsymbol{x}_1,\cdots,\boldsymbol{x}_m\}$以及对应输出 $\boldsymbol{y}_i$

计算梯度和误差，再根据 r 和梯度计算参数更新量：

$\hat{\boldsymbol{g}}_k \leftarrow +\frac{1}{m}\nabla_{\boldsymbol{\theta}_{k-1}}\sum_i L(f(\boldsymbol{x}_i,\boldsymbol{\theta}_{k-1}),\boldsymbol{y}_i)$

$r_k \leftarrow \rho r_{k-1}+(1-\rho)\hat{\boldsymbol{g}}_k \odot \hat{\boldsymbol{g}}_k$

$\Delta\boldsymbol{\theta}_k=-\frac{\varepsilon}{\delta+\sqrt{r_k}}\odot\hat{\boldsymbol{g}}_k$

$\boldsymbol{\theta}_k \leftarrow \boldsymbol{\theta}_{k-1}+\Delta\boldsymbol{\theta}_k$

式(4.36)和式(4.37)区别是计算积累量的方式不同，而$\hat{\boldsymbol{g}}_k$、$\Delta\boldsymbol{\theta}$ 计算方式相同。下面具体分析式(4.13)的效果：

$$\begin{cases} r_1=\rho r_0+(1-\rho)\hat{\boldsymbol{g}}_1\odot\hat{\boldsymbol{g}}_1=(1-\rho)\hat{\boldsymbol{g}}_1\odot\hat{\boldsymbol{g}}_1 \\ r_2=\rho r_1+(1-\rho)\hat{\boldsymbol{g}}_2\odot\hat{\boldsymbol{g}}_2=\rho(1-\rho)\hat{\boldsymbol{g}}_1\odot\hat{\boldsymbol{g}}_1+(1-\rho)\hat{\boldsymbol{g}}_2\odot\hat{\boldsymbol{g}}_2 \\ \quad\vdots \\ r_k=\rho r_{k-1}+(1-\rho)\hat{\boldsymbol{g}}_k\odot\hat{\boldsymbol{g}}_k \\ \quad=\rho[\rho r_{k-2}+(1-\rho)\hat{\boldsymbol{g}}_{k-1}\odot\hat{\boldsymbol{g}}_{k-1}]+(1-\rho)\hat{\boldsymbol{g}}_k\odot\hat{\boldsymbol{g}}_k \\ \quad\vdots \\ \quad=\rho^l r_{k-l}+\rho^{l-1}(1-\rho)\hat{\boldsymbol{g}}_{k-l+1}\odot\hat{\boldsymbol{g}}_{k-l+1}+\cdots+(1-\rho)\hat{\boldsymbol{g}}_k\odot\hat{\boldsymbol{g}}_k \\ \quad=\rho^k r_0+\rho^{k-1}(1-\rho)\hat{\boldsymbol{g}}_1\odot\hat{\boldsymbol{g}}_1+\rho^{k-2}(1-\rho)\hat{\boldsymbol{g}}_2\odot\hat{\boldsymbol{g}}_2+\cdots+\rho^0(1-\rho)\hat{\boldsymbol{g}}_k\odot\hat{\boldsymbol{g}}_k \end{cases} \tag{4.38}$$

由于 $r_0=0$，所以随着网络的不断迭代，初始时刻到 k 时刻，每次累加的梯度信息所乘的因子是 $\rho^{k-1},\rho^{k-2},\cdots,\rho,1$。因此，只要控制 ρ 的大小，就可以使每次累加的梯度信息的权重减小不同的程度，越接近当前时刻，梯度权重越大，离现在时刻越远，其梯度权重越小，影响就越小，这种方法称为指数加权移动平均。

在此处 AdaDelta1 算法仍然依赖于全局学习率 ε，利用下式进行更新：

$$\Delta\boldsymbol{\theta}_k=-\frac{\varepsilon}{\delta+\sqrt{r_k}}\odot\hat{\boldsymbol{g}}_k \tag{4.39}$$

如果能够将分子中的 ε 换成能够根据梯度信息自动变化的量，就可以不用设置全局学习率，从而也完全实现了学习率的自适应。因此，采用了另外的处理策略：

$$\begin{cases} E[\hat{\boldsymbol{g}} \odot \hat{\boldsymbol{g}}]_k = \rho E[\hat{\boldsymbol{g}} \odot \hat{\boldsymbol{g}}]_{k-1} + (1-\rho)[\hat{\boldsymbol{g}} \odot \hat{\boldsymbol{g}}]_k \\ \Delta \boldsymbol{\theta}_k = -\dfrac{\sqrt{E[\Delta \boldsymbol{\theta}^2]_{k-1}}}{\sqrt{E[\hat{\boldsymbol{g}} \odot \hat{\boldsymbol{g}}]_k} + \delta} \odot \hat{\boldsymbol{g}}_k \\ E[\Delta \boldsymbol{\theta}^2]_k = \rho E[\Delta \boldsymbol{\theta}^2]_{k-1} + (1-\rho)\Delta \boldsymbol{\theta}_k \odot \Delta \boldsymbol{\theta}_k \\ \boldsymbol{\theta}_k \leftarrow \boldsymbol{\theta}_{k-1} + \Delta \boldsymbol{\theta}_k \end{cases} \tag{4.40}$$

此时不依赖全局学习率,这种算法为自适应差分梯度算法 2。具体实现过程如算法 4-8 所示。

算法 4-8　自适应差分梯度算法 2

初始化：初始参数$\boldsymbol{\theta}_0$,数值稳定量 δ,梯度累计量 $r_0=0, r_0'=0$；迭代次数 $k=0$

$k=k+1$

随机提取训练集中的 $m=$batch_size 个样本$\{\boldsymbol{x}_1, \cdots, \boldsymbol{x}_m\}$以及相关输出 $\boldsymbol{y}_i$

计算梯度和误差,再根据 r 和梯度计算参数更新量：

$\quad \hat{\boldsymbol{g}}_k \leftarrow +\dfrac{1}{m} \nabla_{\boldsymbol{\theta}_{k-1}} \sum_i L(f(\boldsymbol{x}_i, \boldsymbol{\theta}_{k-1}), \boldsymbol{y}_i)$

$\quad r_k \leftarrow \rho r_{k-1} + (1-\rho)\hat{\boldsymbol{g}}_k \odot \hat{\boldsymbol{g}}_k$

$\quad \Delta\boldsymbol{\theta}_k = -\dfrac{\sqrt{r_{k-1}'}}{\delta + \sqrt{r_k}} \odot \hat{\boldsymbol{g}}_k$

$\quad r_k' \leftarrow \rho r_{k-1}' + (1-\rho)\Delta\boldsymbol{\theta}_k \odot \Delta\boldsymbol{\theta}_k$

$\quad \boldsymbol{\theta}_k \leftarrow \boldsymbol{\theta}_{k-1} + \Delta\boldsymbol{\theta}_k$

这样就完全摆脱了学习率,可以根据历史参数更新和当前计算的梯度来更新权重参数。

自适应差分梯度算法在训练初中期加速效果不错,很快向最优区域优化；训练后期会反复在局部最小值附近抖动。

3. 均方根传播算法

均方根传播(Root Mean Square Propagation, RMSProp)算法是杰夫・辛顿提出的一种自适应学习率方法,实际上它是自适应差分梯度算法的第一种形式的特例,即

$$\begin{cases} \hat{\boldsymbol{g}}_k \leftarrow +\dfrac{1}{m} \nabla_{\boldsymbol{\theta}_{k-1}} \sum_i L(f(\boldsymbol{x}_i, \boldsymbol{\theta}_{k-1}), \boldsymbol{y}_i) \\ r_k \leftarrow \rho r_{k-1} + (1-\rho)\hat{\boldsymbol{g}}_k \odot \hat{\boldsymbol{g}}_k \\ \Delta \boldsymbol{\theta}_k = -\dfrac{\varepsilon}{\delta + \sqrt{r_k}} \odot \hat{\boldsymbol{g}}_k \\ \boldsymbol{\theta}_k \leftarrow \boldsymbol{\theta}_{k-1} + \Delta \boldsymbol{\theta}_k \end{cases} \tag{4.41}$$

由于在自适应差分梯度算法中已经进行了详细分析,因此这里略过其具体算法。

当 $\rho=0.5$ 时,$E[\hat{\boldsymbol{g}} \odot \hat{\boldsymbol{g}}]_t = \rho E[\hat{\boldsymbol{g}} \odot \hat{\boldsymbol{g}}]_{t-1} + (1-\rho)[\hat{\boldsymbol{g}} \odot \hat{\boldsymbol{g}}]_t$ 就变为求梯度平方和的

平均数。如果再求根，就变成了均方根(RMS)。此时，这个 RMS 就可以作为学习率的一个约束。

4.3.4 步长和方向联合优化算法

如何将梯度方向调整算法和步长优化，即自适应学习率算法，联合进行方向和步长的联合优化是本节重点讨论的内容。

1. 均方根传播与 Nesterov 动量联合优化算法

本节给出的算法就是利用 RMSProp 算法来获得自适应学习率，而利用 Nesterov 动量算法来调整优化的方向，其具体公式为

$$\begin{cases}\boldsymbol{\theta}_k=\boldsymbol{\theta}_{k-1}+\alpha\,\boldsymbol{v}_{k-1}\\ \hat{\boldsymbol{g}}_k=+\dfrac{1}{m}\nabla_{\boldsymbol{\theta}_k}\sum_i L(f(\boldsymbol{x}_i,\boldsymbol{\theta}_k),\boldsymbol{y}_i)\\ r_k=\rho r_{k-1}+(1-\rho)\hat{\boldsymbol{g}}_k\odot\hat{\boldsymbol{g}}_k\\ \boldsymbol{v}_k=\alpha\,\boldsymbol{v}_{k-1}-\dfrac{\varepsilon}{\sqrt{r_k}+\delta}\odot\hat{\boldsymbol{g}}_k\\ \boldsymbol{\theta}_k=\boldsymbol{\theta}_{k-1}+\boldsymbol{v}_k\end{cases} \tag{4.42}$$

可以看出，参数$\boldsymbol{\theta}_k$ 利用 Nesterov 动量算法向前一步，然后用新的$\boldsymbol{\theta}_k$ 获取$\hat{\boldsymbol{g}}_k$；而 r_k 还是梯度累积量，用于计算自适应学习率$\dfrac{\varepsilon}{\sqrt{r_k}+\delta}$；$\boldsymbol{v}_k$ 中既含有 Nesterov 动量算法的先行一步 $\alpha\boldsymbol{v}_{k-1}$，还有新的$-\dfrac{\varepsilon}{\sqrt{r_k}+\delta}\odot\hat{\boldsymbol{g}}_k$ 影响，最后利用新$\boldsymbol{v}_k$ 来更新参数。具体实现过程如算法 4-9 所示。

算法 4-9　均方根传播与 Nesterov 动量联合优化算法

初始化：全局学习速率 ε，初始参数$\boldsymbol{\theta}_0$，数值稳定量 δ，梯度累计量 $r_0=0$，迭代次数 $k=0$

$k=k+1$

随机提取训练集中的 $m=$batch_size 个样本$\{\boldsymbol{x}_1,\cdots,\boldsymbol{x}_m\}$以及对应输出 $\boldsymbol{y}_i$

计算梯度和误差，再根据 r 和梯度计算参数更新量：

$\quad\boldsymbol{\theta}_k=\boldsymbol{\theta}_{k-1}+\alpha\boldsymbol{v}_{k-1}$

$\quad\hat{\boldsymbol{g}}_k=+\dfrac{1}{m}\nabla_{\boldsymbol{\theta}_k}\sum_i L(f(\boldsymbol{x}_i,\boldsymbol{\theta}_k),\boldsymbol{y}_i)$

$\quad r_k=\rho r_{k-1}+(1-\rho)\hat{\boldsymbol{g}}_k\odot\hat{\boldsymbol{g}}_k$

$\quad\boldsymbol{v}_k=\alpha\boldsymbol{v}_{k-1}-\dfrac{\varepsilon}{\sqrt{r_k}+\delta}\odot\hat{\boldsymbol{g}}_k$

$\quad\boldsymbol{\theta}_k=\boldsymbol{\theta}_{k-1}+\boldsymbol{v}_k$

为了更加清晰地了解本算法的具体过程，下面列出 RMSProp 方法和 Nesterov 动量法的公式

Nesterov 动量算法：

$$
\begin{cases}
\hat{\boldsymbol{g}}_k = +\dfrac{1}{m} \nabla_{\boldsymbol{\theta}_{k-1}} \sum_i L(f(\boldsymbol{x}_i, \boldsymbol{\theta}_{k-1} + \alpha \boldsymbol{v}_{k-1}), \boldsymbol{y}_i) \\
\boldsymbol{v}_k = \alpha \boldsymbol{v}_{k-1} - \varepsilon \hat{\boldsymbol{g}}_k \\
\boldsymbol{\theta}_k = \boldsymbol{\theta}_{k-1} + \boldsymbol{v}_k
\end{cases}
\tag{4.43}
$$

RMSProp 算法：

$$
\begin{cases}
\hat{\boldsymbol{g}}_k = +\dfrac{1}{m} \nabla_{\boldsymbol{\theta}_k} \sum_i L(f(\boldsymbol{x}_i, \boldsymbol{\theta}_{k-1}), \boldsymbol{y}_i) \\
r_k = -\rho r_{k-1} + (1-\rho) \hat{\boldsymbol{g}}_k \odot \hat{\boldsymbol{g}}_k \\
\Delta \boldsymbol{\theta}_k = -\dfrac{\varepsilon}{\delta + \sqrt{r_k}} \odot \hat{\boldsymbol{g}}_k \\
\boldsymbol{\theta}_k \leftarrow \boldsymbol{\theta}_{k-1} + \Delta \boldsymbol{\theta}_k
\end{cases}
\tag{4.44}
$$

2. 自适应矩估计算法

自适应矩估计(Adaptive Moment Estimation，Adam)算法本质上是带有动量项的 RMSProp 算法，它利用梯度的一阶矩估计和二阶矩估计动态调整每个参数的学习率。Adam 算法的优点主要是经过偏置校正后，每一次迭代学习率都有一个确定范围，使得参数比较平稳，其主要公式为

$$
\begin{cases}
\hat{\boldsymbol{g}}_k = +\dfrac{1}{m} \nabla_{\boldsymbol{\theta}_{k-1}} \sum_i L(f(\boldsymbol{x}_i, \boldsymbol{\theta}_{k-1}), \boldsymbol{y}_i) \\
\boldsymbol{s}_k = \rho_1 \boldsymbol{s}_{k-1} + (1-\rho_1) \hat{\boldsymbol{g}}_k \\
r_k \leftarrow \rho_2 r_{k-1} + (1-\rho_2) \hat{\boldsymbol{g}}_k \odot \hat{\boldsymbol{g}}_k \\
\hat{\boldsymbol{s}}_k \leftarrow \dfrac{\boldsymbol{s}_k}{1-\rho_1} \\
\hat{r}_k \leftarrow \dfrac{r_k}{1-\rho_2} \\
\Delta \boldsymbol{\theta}_k = -\varepsilon \dfrac{\hat{\boldsymbol{s}}_k}{\delta + \sqrt{\hat{r}_k}} \\
\boldsymbol{\theta}_k \leftarrow \boldsymbol{\theta}_{k-1} + \Delta \boldsymbol{\theta}_k
\end{cases}
\tag{4.45}
$$

具体实现过程如算法 4-10 所示。

算法 4-10　自适应矩估计算法

1　初始化：步进值 ε，初始参数$\boldsymbol{\theta}_0$，数值稳定量 δ，一阶动量衰减系数 ρ_1，二阶动量衰减系数 ρ_2，一般 $\delta=10^{-8}$，$\rho_1=0.9$，$\rho_2=0.999$；

中间变量：一阶动量 $\boldsymbol{s}$，二阶动量 r，$\boldsymbol{s}_0=0$，$r_0=0$

迭代次数 $k=0$

$k=k+1$

随机提取训练集中的 $m=$ batch_size 个样本 $\{\boldsymbol{x}_1,\cdots,\boldsymbol{x}_m\}$ 以及对应输出 $\boldsymbol{y}_i$

计算梯度和误差，再根据 r 和梯度计算参数更新量：

$$\hat{\boldsymbol{g}}_k=+\frac{1}{m}\nabla_{\boldsymbol{\theta}}\sum_i L(f(\boldsymbol{x}_i,\boldsymbol{\theta}),\boldsymbol{y}_i)$$

$$\boldsymbol{s}_k=\rho_1 s_{k-1}+(1-\rho_1)\hat{\boldsymbol{g}}_k$$

$$r_k\leftarrow\rho_2 r_{k-1}+(1-\rho_2)\hat{\boldsymbol{g}}_k\odot\hat{\boldsymbol{g}}_k$$

$$\hat{\boldsymbol{s}}_k\leftarrow\frac{\boldsymbol{s}_k}{1-\rho_1}$$

$$\hat{r}_k\leftarrow\frac{r_k}{1-\rho_2}$$

$$\Delta\boldsymbol{\theta}_k=-\varepsilon\frac{\hat{\boldsymbol{s}}_k}{\delta+\sqrt{\hat{r}_k}}$$

$$\boldsymbol{\theta}_k\leftarrow\boldsymbol{\theta}_{k-1}+\Delta\boldsymbol{\theta}_k$$

该算法主要优点是经过偏置校正后，每一次迭代学习率都有一个确定范围，使得参数比较平稳。该算法特点如下：

(1) 结合了 AdaGrad 算法善于处理稀疏梯度和 RMSProp 算法善于处理非平稳目标的优点；

(2) 对内存需求较小；

(3) 为不同的参数计算不同的自适应学习率；

(4) 适用于大多非凸优化以及大数据集和高维空间。

4.4 测试集性能优化技巧

深度学习网络的优化是首先评估训练集合上性能，如激活函数选择、采用更好的优化算法等。若训练集性能达到期望标准，但测试集上效果差或没有达到期望标准，那么主要采用提前终止策略、正则化、丢弃法三种方式进行优化[19]。

4.4.1 提前终止策略

随着训练过程的逐渐进行，训练集上的损失逐渐降低，但是在测试集上的损失可能先降低再上升(开始出现过拟合)。比较理想的是，知道测试集上损失的变化情况，就把训练停在测试集损失最小的位置。但一般不知道测试集上的损失变化情况，所以经常会构造一个验证集，在验证集上测试损失函数变化。

图 4-32 给出了提前终止策略的示意图。假设可以提前构造验证集，且验证集上所有

数据都是有标签数据，那么就可以计算验证集上的整体损失，在图中所示位置不再迭代，提前终止训练，这就是提前终止策略。

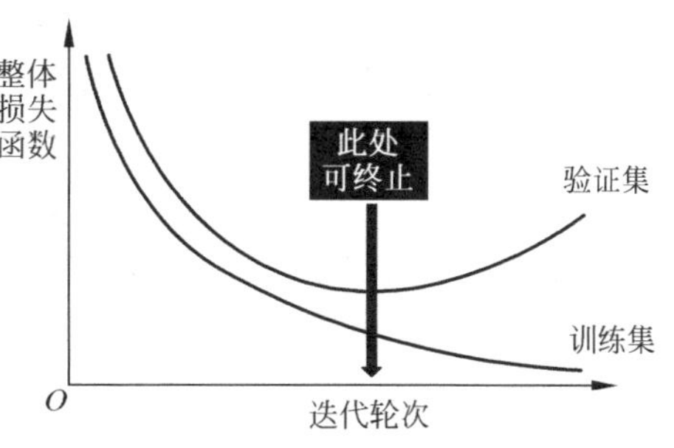

图 4-32 提前终止策略的示意图

上面概述给出了提前终止策略的基本原理，在实际过程中需要采用相应的标准来实施早停法[20]。希望终止策略可以产生最低的泛化错误，同时也可以有最好的性价比，即给定泛化错误下的最小训练时间。

提前终止策略主要有三种。假设 $E_{\text{train}}^{(t)}$、$E_{\text{va}}^{(t)}$ 和 $E_{\text{test}}^{(t)}$ 分别为训练集、验证集和测试集上第 t 次迭代的误差，实际情况下并不能知道泛化误差，因此使用验证集误差进行估计。

1. 停止标准一

假设 $E_{\text{opt}}^{(t)}$ 表示迭代次数 t 时取得最好的验证集误差，则有

$$E_{\text{opt}}^{(t)}=\min_{t'\leqslant t}E_{\text{va}}^{(t')} \tag{4.46}$$

定义新变量泛化损失度，其表示为当前迭代周期 t 中，泛化误差相比较目前最低的误差的增长率，即

$$\text{GL}^{(t)}=100\left(\frac{E_{\text{va}}^{(t)}}{E_{\text{opt}}^{(t)}}-1\right) \tag{4.47}$$

较高的泛化损失显然是停止训练的一个候选标准。因为泛化误差高，代表此时出现了过拟合效应。因此，第一类停止标准是：当泛化损失超过一定阈值时，提前终止训练，表示为：

GL_α：当第一个迭代周期 t，存在 $\text{GL}^{(t)}>\alpha$ 时，停止训练。

2. 停止标准二

当训练的速度很快时，希望模型继续训练。因为如果训练错误依然下降很快，那么泛化损失有大概率被修复。通常假设过拟合会在训练错误降低很慢时出现。引入参数训练周期 k 和周期度量进展。长度为 k 的训练段定义为 k 个迭代次数的序列，用 $n+1, n+2, \cdots, n+k$(其中 n 能被 k 整除)来表示。经过这样一个长度 k 的训练周期，其训练错误可以用周期度量进展来表示，即

$$P_k^{(t)}=1000\left(\frac{\sum_{t'=t-k+1}^{t}E_{\text{train}}^{(t')}}{k\cdot\min_{t'=t-k+1}^{t}E_{\text{train}}^{(t')}}-1\right) \tag{4.48}$$

周期度量进展的意义在于，当前指定迭代周期内的平均训练错误与该期间最小训练错误的比值到底比 1 大多少，该度量表示训练集错误在某段时间内的平均下降情况。注意，当训练过程不稳定时，该度量进展结果可能很大，其中训练错误会变大而不是变小。

实际中,很多算法选择了不合适的大步长而导致训练过程抖动。除非全局都不稳定,否则在较长的训练之后,度量进展的结果趋向于0。因此,给出停止标准二:定义泛化损失与周期度量进展比值PQ,即

$$PQ = GL^{(t)} / P_k^{(t)} \tag{4.49}$$

当PQ大于指定值α时,训练停止,表示为:

PQ_α:当第一个周期t结束后,若$PQ = GL^{(t)} / P_k^{(t)} > \alpha$,则训练停止。

3. 停止标准三

停止标准三完全依赖于泛化错误的变化,当泛化错误在连续s个周期内增长时停止(UP),表示如下:

UP_s:在t次迭代后,当且仅当UP_{s-1}在$t-k$次迭代后且$E_{va}^{(t)} > E_{va}^{(t-k)}$时停止;

UP_1:当第一个周期段结尾迭代t次后,且$E_{va}^{(t)} > E_{va}^{(t-k)}$时停止。

当验证集错误在连续s个周期内出现增长的时候,假设这样的现象表明了过拟合,但这种增长与错误增长的幅度无关。这个停止标准可以度量局部的变化,因此可以用在剪枝算法中,即在训练阶段,允许误差比最小值高很多时候保留。

当然,单凭上述标准中的任意一个都不能保证最好的训练终止效果。因此,可以通过下述规则来补充,即当进度下降到0.1以下或在最多3000个迭代次数后,训练停止。

研究发现,上述GL、UP和PQ三类停止标准中,一般情况下,"较慢"的标准在平均水平上表现略好,可以提高泛化能力。然而,为了达到类似性能提高而花费的训练时间会相当大,而且当使用慢速标准时,也会有很大的差异。总体而言,这些标准在系统性的区别很小。主要选择规则包括:

(1) 使用快速停止标准,除非网络性能的小改进(如4%)值得以大量增加训练时间(如因子4)为代价。

(2) 为了最大可能找到一个好的方案(与最大化解决方案的平均质量相反),使用GL标准。

(3) 为了最大化平均解决方案的质量,如果网络只是稍微过拟合,那么可以使用PQ标准,否则使用UP标准。

4.4.2 正则化

正则化是一种减小测试误差的方法(有时候会增加训练误差)。在构造机器学习模型时,最终目的是让模型在面对未知新数据时仍然可以有很好的表现。当使用比较复杂的模型如神经网络去拟合数据时,很容易出现过拟合现象,导致模型的泛化能力下降,这时需要使用正则化方法来降低模型的复杂度。

首先介绍范数的定义。假设$\boldsymbol{x}$是一个向量,其L^p范数定义为

$$\|\boldsymbol{x}\|_p = \left(\sum_{d=1}^{D} |x_d|^p\right)^{1/p} \tag{4.50}$$

即 $\boldsymbol{x}$ 的 L^p 范数就是向量每一维 x_d 绝对值 p 次幂求和后的 $1/p$ 次幂。式中：p 为任意整数，D 为向量维度。

当 $p-1$ 时，就是 L^1 范数；当 $p=2$ 时，是 L^2 范数。即有

$$\begin{aligned}\|\boldsymbol{x}\|_1 &= \sum_{d=1}^{D} |x_d| \\ \|\boldsymbol{x}\|_2 &= \sqrt{\sum_{d=1}^{D} |x_d|^2}\end{aligned} \tag{4.51}$$

1. L^2 正则化

在目标函数后面添加一个系数的“惩罚项”是正则化的常用方式，为了防止系数过大，从而使模型变得复杂。加了 L^2 正则项后的目标函数为

$$L'(\boldsymbol{\theta})=L(\boldsymbol{\theta})+\lambda \frac{1}{2}\|\boldsymbol{\theta}\|_2 \tag{4.52}$$

此时，不考虑神经网络的偏置参数，则有 $\boldsymbol{\theta}=\{w_1, w_2, \cdots\}$，这里的 w_i 是任意的一个连接系数。则有

$$\|\boldsymbol{\theta}\|_2=(w_1)^2+(w_2)^2+\cdots \tag{4.53}$$

当增加 L^2 正则项之后，任意参数 w 的梯度变为

$$\frac{\partial L'(\boldsymbol{\theta})}{\partial w}=\frac{\partial L(\boldsymbol{\theta})}{\partial w}+\lambda w \tag{4.54}$$

参数更新公式变为

$$\begin{aligned} w^{(k+1)} &= w^{(k)}-\eta \frac{\partial L'(\boldsymbol{\theta})}{\partial w^{(k)}}=w^{(k)}-\eta\left(\frac{\partial L(\boldsymbol{\theta})}{\partial w^{(k)}}+\lambda w^{(k)}\right) \\ &=(1-\eta\lambda) w^{(k)}-\eta \frac{\partial L(\boldsymbol{\theta})}{w^{(k)}} \end{aligned} \tag{4.55}$$

式中：$w^{(k)}$ 和 $w^{(k+1)}$ 为第 k 和 $k+1$ 次迭代后的参数，ε 为步长。

从式(4.55)可以看出，与原始非正则化的参数更新公式相比，区别在于第一项从原来的 $w^{(k)}$ 变为 $(1-\eta\lambda)w^{(k)}$，通常 $1-\eta\lambda$ 是一个大于 0 小于 1 的数，所以参数每次更新会使得参数衰减一些，因此 L^2 正则化方法也称为权重衰减。

2. L^1 正则化

与上面类似，采用 L^1 正则项后的目标函数为

$$L'(\boldsymbol{\theta})=L(\boldsymbol{\theta})+\lambda \frac{1}{2}\|\boldsymbol{\theta}\|_1 \tag{4.56}$$

式中：$\|\boldsymbol{\theta}\|_1=|w_1|+|w_2|+\cdots$。

当增加 L^1 正则项后，任意参数 w 的梯度变为

$$\frac{\partial L'(\boldsymbol{\theta})}{\partial w}=\frac{\partial L(\boldsymbol{\theta})}{\partial w}+\lambda \operatorname{sign}(w) \tag{4.57}$$

参数更新公式变为

$$w^{(k+1)}=w^{(k)}-\eta\frac{\partial L'(\boldsymbol{\theta})}{\partial w^{(k)}}=w^{(k)}-\eta\left(\frac{\partial L(\boldsymbol{\theta})}{\partial w^{(k)}}+\lambda\,\mathrm{sign}(w^{(k)})\right)$$
$$=w^{(k)}-\eta\frac{\partial L(\boldsymbol{\theta})}{\partial w}-\eta\lambda\,\mathrm{sign}(w^{(k)}) \tag{4.58}$$

从式(4.58)可以看出,与原始非正则化的参数更新公式相比,增加了$-\eta\lambda\,\mathrm{sign}(w^{(k)})$。

对比式(4.55)和式(4.58)可以看到,L^1与L^2进行参数更新时的差别:L^1是每次参数多减去一个固定值,L^2是每次对参数进行乘以一个小于1正值的衰减,因此L^1最后会得到比较多的0值(更稀疏),而L^2会得到比较多的较小但非0的值。

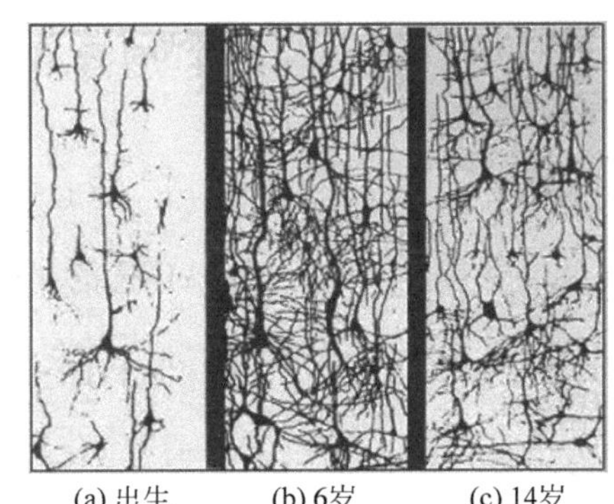

(a) 出生　(b) 6岁　(c) 14岁

图 4-33　人脑中的正则化

3. 人脑中的正则化

前面分析了两个简单的正则化方法,它们是否具有生物学依据?下面通过一个实际数据进行分析说明。图4-33中给出了人脑中神经元连接随年龄变化的示意图,左侧是出生时神经元连接,中间是6岁时的神经元连接,而右侧是14岁时的神经元连接。研究发现,出生时大脑进行高速发育,到8岁时达到连接的高峰期,随后大脑中的神经连接数也是先增加后减少。

对这种现象可以进行引申,即人脑中也在进行正则化。人脑中的神经连接数也是先增加后减少,可以猜测这是因为更精简的模型可以带来更好的表现。

4.4.3　丢弃法

1. 丢弃法原理

丢弃法(Dropout)的基本思想是,训练过程中每一次更新参数前对网络中的每个神经元做一次采样,使每个神经元以$p\%$的概率被丢弃掉,然后只更新剩余神经元的参数,如图4-34所示。图4-34(a)红色"×"是以$p\%$的概率随机丢弃掉的神经元,图4-34(b)表示丢弃神经元后的网络。从图中可以看出,训练时只训练了一个"瘦"网络,网络的整体结构不变,只是在每次更新时只更新存在路径上的权值。

图4-34给出了训练过程中Dropout技术的具体情形,那么在测试时是否采用同样策略,要丢弃同等数量的节点呢?需要注意的是,测试时不做Dropout,只是对网络中的所有参数乘以$(100-p)\%$,如图4-35所示。

下面分析网络所有参数乘以$(100-p)\%$的原因。用Dropout训练时,期望每次会有$p\%$的神经元未得到训练。而在测试集上,每次都是所有的神经元都参与运算,所以在计算输出值时,会是原来训练时的$100/(100-p)$倍,因此需要在测试时乘以$(100-p)\%$。

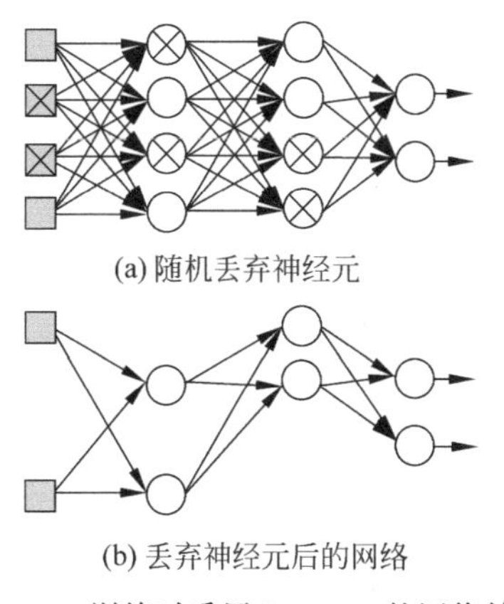

图 4-34 训练时采用 Dropout 的网络结构

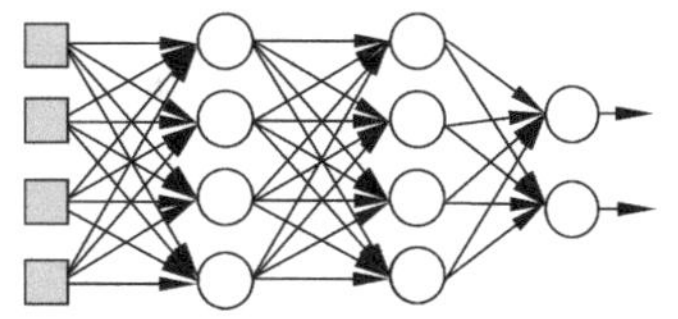

图 4-35 测试时的网络

下面通过图 4-36 所示的例子来说明。图 4-36(a)为训练时采用 Dropout 计算某个节点 z 的情形,其中连接 w_2 和 w_4 由于前面两个对应节点被丢弃不参与 z 的计算;图 4-36(b)为对应训练网络测试时的节点,由于无丢弃,那么测试对应节点 $z'\approx 2z$,因此当测试时的对权重系数做衰减,能够保持对应节点 $z'\approx z$。

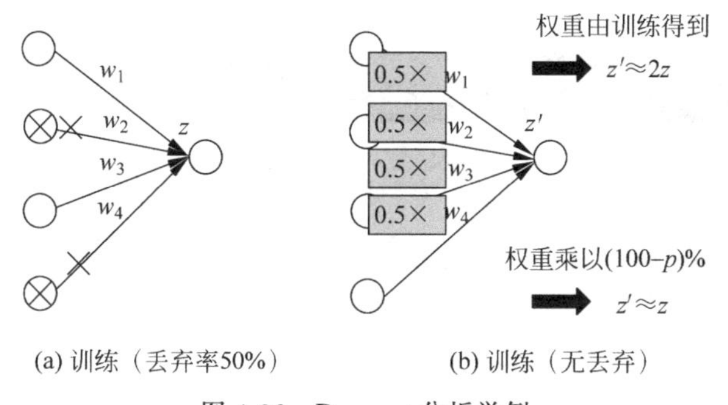

图 4-36 Dropout 分析举例

2. 丢弃法原因分析

第一种从直观类比角度进行说明,有两种理解方式:一是将 Dropout 训练认为一种负重训练技术,运动员为了能够达到赛场上有益成绩,往往会在训练时加大训练量,或者是某种程度的负重训练,因此在赛场去掉负重时能力就会大大显现出来;二是节点间相互作用,训练一个整体神经网络相当于多个节点共同组队,每个节点都期望别的节点能发挥更大作用,然而当知道某个节点放弃指望不上时,其他节点就会做得更好。

第二种从组合角度来理解。图 4-37 给出原理性示意,图 4-38 为更加形象化的示意。因为每次用一个 Minibatch 大小的数据对神经网络进行训练时,由于 Dropout 技术,每次都相当于训练了一个新结构的子网络,那么当整个神经网络中有 M 个神经元时,最多可以训练出 2^M 个可能的子网络(因为每个节点都有保留和丢弃两种可能)。而最终测试时,相当于这些子网络合力给出结果。

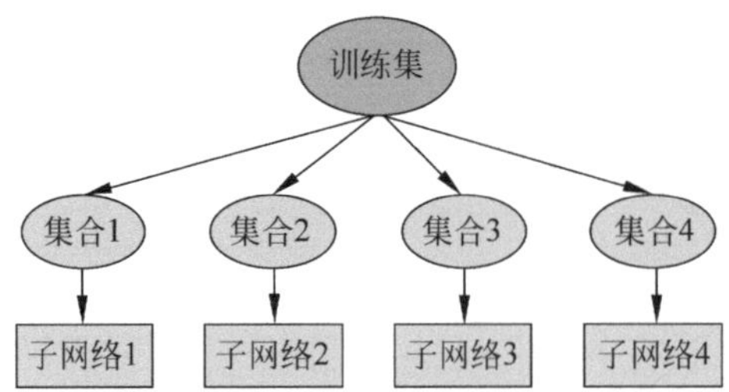

(a) 每次Minibatch更新获得的子网络

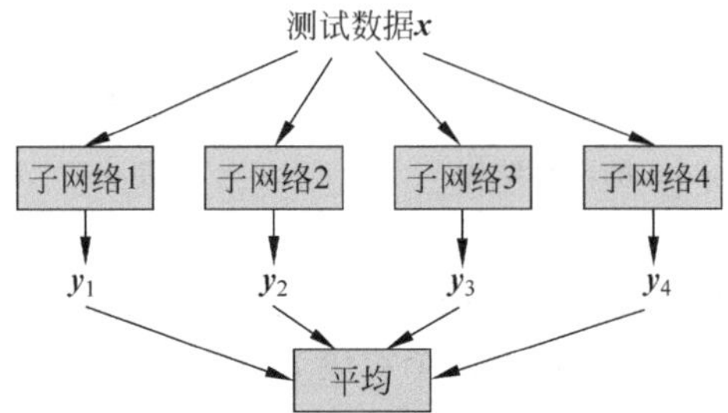

(b) 测试时这些子网络联合作用

图 4-37　丢弃法的组合方式解释

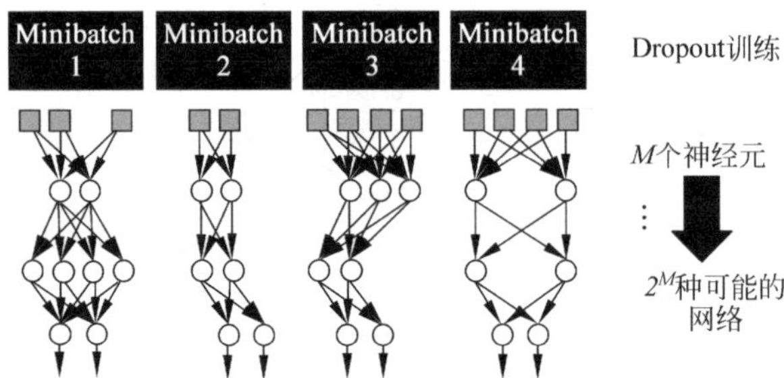

(a) 每次Minibatch更新获得的子网络

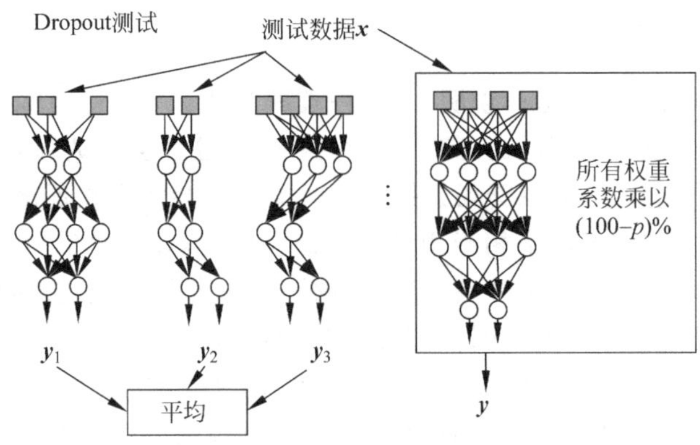

(b) 测试时是这些子网络的联合作用

图 4-38　丢弃法的组合方式解释

有些人可能会担心，一个网络只用一个 batch 来训练，效果会变差。由于神经元参数共享，可以将网络整体看作合力效果，使得彼此的能力都变得更强。理论上来讲，若这样做组合，最后应该把所有的网络都输入测试数据 $\boldsymbol{x}$，再取所有输出的平均作为结果；但是网络数量太多，这样做并不实际。当把所有的网络参数乘以$(100-p)\%$，然后把测试数据 $\boldsymbol{x}$ 输入到原本的网络中，它的输出结果就和所有子网络组合的结果很接近。因此，测试时使用的是参数衰减后的子网络，而不是各个子网络的平均作用结果。

另外，不用担心这样会造成未被选中的神经元参数无法被训练到。因为其实每次输入的训练数据不同时，被选中的神经元也不同，所以整体而言全部的神经元都有可能被训练到。

4.5 本章小结

深度学习优化技巧是网络成功应用并获得良好效果的基础和前提。本章从一个简单深度网络例子出发，介绍了深度学习网络建立的三个基本步骤，并给出检查深度学习算法性能优劣的方法。然后将深度学习网络的优化过程分成两个部分介绍：一是训练过程优化；二是对测试过程优化。针对训练优化部分，主要介绍了两种方法：一是激活函数的选择方法；二是多种目标函数的优化算法，包括基本优化算法、梯度方向调整优化算法、自适应学习率优化算法、步长和方向联合优化算法。针对测试集性能优化方面，介绍了三种方法：一是提前终止策略；二是正则化方法；三是丢弃法。

参考文献

[1] He K, Zhang X, Ren S, et al. Deep residual learning for image recognition[C]. In: Proceedings of the IEEE Conference on Computer Vision and Pattern Recognition(CVPR), 2016: 770-778.

[2] 李宏毅. 台湾大学机器学习课程课件(深度学习网络优化部分)[EB/OL]. http://speech.ee.ntu.edu.tw/~tlkagk/courses_ML17.html/DNN tip.pdf.

[3] 李宏毅. 台湾大学机器学习课程课件 (深度学习部分)[EB/OL]. https://speech.ee.ntu.edu.tw/~hylee/ml/ml2021-course-data/small-gradient-v7.pdf.

[4] Glorot X, Bengio Y. Understanding the difficulty of training deep feedforward neural networks [C]. In: Proceedings of the Thirteenth International Conference on Artificial Intelligence and Statistics(ICAIS), 2010: 249-256.

[5] Gulcehre C, Moczulski M, Denil M, et al. Noisy Activation Functions[C]. In: Proceedings of International Conference on International Conference on Machine Learning (ICML), 2016: 3059-3068.

[6] Vinod Nair, Hinton G E. Rectified linear units improve restricted boltzmann machines[C]. In: Proceedings of International Conference on International Conference on Machine Learning(ICML), 2010: 807-814.

[7] Sun Y, Wang X G, Tang X O. Deeply learned face representations are sparse, selective, and robust [J]. arXiv preprint arXiv: 1412.1265, 2014.

[8] Hahnloser R, Sarpeshkar R, Mahowald M A, et al. Digital Selection and Analogue Amplification

Coexist in a Cortex-Inspired Silicon Circuit[J]. Nature,2000,405: 947-951.

[9] Clevert D A,Unterthiner T,Hochreiter S. Fast and accurate deep network learning by exponential linear units (ELUs) [C]. In: Proceedings of the 4th International Conference on Learning Representations(ICLR), 2016.

[10] Li Y,Fan C,Li Y,et al. Improving Deep Neural Network with Multiple Parametric Exponential Linear Units[J]. Neurocomputing,2016,301(8): 11-24.

[11] He K,Zhang X,Ren S Q,et al. Delving deep into rectifiers: surpassing human-level performance on imagenet classification[C]. In: Proceedings of the IEEE International Conference on Computer Vision(ICCV), 2015: 1026-1034.

[12] Maas A L,Hannun A Y,Andrew Y Ng. Rectifier nonlinearities improve neural network acoustic models[C]. In: Proceedings of International Conference on International Conference on Machine Learning(ICML),2013: 30(1).

[13] Xu B, Wang N, Chen T, et al. Empirical Evaluation of Rectified Activations in Convolutional Network[J]. arXiv preprint arXiv: 1505.00853,2015.

[14] Goodfellow I J,Warde-Farley D, Mirza M, et al. Maxout Networks[C]. In: Proceedings of International Conference on International Conference on Machine Learning(ICML), 2012, 28: 1319-1327.

[15] Shang W,Sohn K,Almeida D,et al. Understanding and improving convolutional neural networks via concatenated rectified linear units[C]. In: Proceedings of International Conference on International Conference on Machine Learning(ICML),2016: 2217-2225.

[16] Li Y,Fan C,Li Y,et al. Improving Deep Neural Network with Multiple Parametric Exponential Linear Units[J]. Neurocomputing, 2016,301(8): 11-24.

[17] Klambauer G,Unterthiner T,Mayr A. Self-normalizing neural networks[C]. In: Proceedings of International Conference on Neural Information Processing Systems(NIPS),2017: 972-981.

[18] 李宏毅.台湾大学机器学习课程课件(深度学习部分)[EB/OL]. https://speech.ee.ntu.edu.tw/~hylee/ml/ml2021-course-data/optimizer_v4.pdf.

[19] 李宏毅.台湾大学机器学习课程课件(深度学习部分)[EB/OL]. https://speech.ee.ntu.edu.tw/~hylee/ml/ml2021-course-data/overfit-v6.pdf.

[20] Prechelt L. Early Stopping—But When?,in Neural Networks: Tricks of the Trade. Lecture Notes in Computer Science 7700, (eds. Montavon G., Orr G. B., Müller K. R.). (Springer, Berlin, Heidelberg). https://doi.org/10.1007/978-3-642-35289-8_5(2012).

第5章 卷积神经网络

卷积神经网络(Convolutional Neural Network,CNN)是一种包含卷积计算的前馈型神经网络,其在大型图像处理方面有出色的表现,目前已经广泛用于图像分类、定位等领域。相比于其他神经网络结构,卷积神经网络需要的参数相对较少,使其能够广泛应用。虽然卷积网络也存在浅层结构,但准确度和表现力等原因很少使用。卷积神经网络学术界和工业界不再进行特意区分,一般指深层结构的卷积神经网络,几层、几十层甚至上百层。

本章首先介绍卷积神经网络的基本概念,包括卷积神经网络的发展历史,以及卷积神经网络的基本构成、组件;其次介绍卷积神经网络和传统前向全连接网络的关系;然后介绍卷积神经网络的可解释性,神经网络的可解释性是力图打开"黑盒"效应的重要方法;最后介绍几种典型的神经网络,对每个典型结构进行详细分析。

5.1 卷积神经网络概述

卷积神经网络是一种处理已知类似格型拓扑数据的神经网络。这种格型可以是一维的,也可以是二维的,例如以时间间隔采样构成的一维时序数据,或二维像素格型构成的图像数据,卷积神经网络在处理这类数据时具有独特的优势。之所以称为卷积网络,是因为该网络采用了卷积算子,而卷积运算是一种特殊的线性运算。从数学角度看,卷积网络就是在网络各层利用卷积运算替代通用的矩阵乘法而构成的神经网络。

卷积神经网络是一种特殊的深层神经网络模型,特殊性体现在两个方面:一方面它的神经元之间是非全连接的;另一方面同一层中某些神经元之间的连接的权重是共享的(相同的)。它的非全连接和权值共享的网络结构使之更类似于生物神经网络,降低了网络模型的复杂度(对于很难学习的深层结构来说这是非常重要的),减少了权值的数量。

5.1.1 卷积神经网络的历史

卷积网络最初是受视觉神经机制的启发而设计,是为识别二维形状而设计的一个多层感知器,这种网络结构对平移、比例缩放、倾斜或者其他形式的变形具有高度不变性。1962年,大卫·胡贝尔(David Hubel)和托斯滕·维塞尔(Torsten Wiesel)通过对猫视觉皮层细胞的研究,提出了感受野的概念[1]。在此概念基础上,日本学者福岛邦彦(Kunihiko Fukushima)仿造生物的视觉皮层提出神经认知机模型[2]。神经认知机是一个具有深度结构的神经网络,并且是最早被提出的深度学习算法之一,其隐含层由S层(Simple-layer)和C层(Complex-layer)交替构成。其中S层单元在感受野内对图像特征进行提取,C层单元接收和响应不同感受野返回的相同特征。神经认知机的S层-C层组合能够进行特征提取和筛选,部分实现了卷积神经网络中卷积层和池化层的功能,因此被认为是卷积神经网络的启发性开创性研究。

1987年,著名学者亚历山大·韦贝尔(Alexander Waibel)等提出第一个卷积神经网络——时间延迟网络(Time Delay Neural Network,TDNN)[3]。TDNN是一个应用于解决语音识别问题的卷积神经网络,使用快速傅里叶变换(Fast Fourier Transform,FFT)预处理的语音信号作为输入,其隐含层由2个一维卷积核组成,用来提取频率域上的平移不变特征[4]。在TDNN出现之前,BP算法取得了突破性进展,用于进行人工神经网络的训练,因此TDNN也通过BP算法进行学习。TDNN提出后,在同等条件下其性能超过了当时最主流的模型——隐马尔可夫模型(Hidden Markov Model,HMM)。

1988年,张伟(Wei Zhang)等提出了第一个二维卷积神经网络——平移不变人工神经网络(Shift-Invariant Artificial Neural Network,SIANN),并将其应用于检测医学影像[5]。与此同时,杨立昆(Yann LeCun)等在1989年也同样构建了应用于计算机视觉问题的卷积神经网络,即LeNet的最初版本[6]。LeNet包含2个卷积层、2个全连接层,共计6万个学习参数,规模远超TDNN和SIANN,且在结构上与现代的卷积神经网络十分接近。杨立昆对权重进行随机初始化后使用了随机梯度下降进行学习,而后期的深度学习研究一直保持该训练策略。此外,杨立昆在论述网络结构时首次使用了"卷积"一词,"卷积神经网络"也因此得名。

1993年,杨立昆在贝尔实验室完成代码开发并部署于美国国家收音机公司(National Cash Register Coporation)的支票读取系统。但总体而言,由于学习样本不足、数值计算能力有限等问题,且同一时期以支持向量机(Support Vector Machine,SVM)为代表的核学习方法的兴起,这一时期为各类图像处理问题设计的卷积神经网络停留在了研究阶段,应用推广非常受限。

在LeNet的基础上,1998年,杨立昆等构建了更加完备的卷积神经网络LeNet-5,并在手写数字的识别问题中取得成功[7]。LeNet-5沿用了杨立昆的学习策略并在原有设计中加入了池化层对输入特征进行筛选。LeNet-5及其变体定义了现代卷积神经网络的基本结构,其构筑中交替出现的卷积层-池化层被认为能够提取输入图像的平移不变特征。LeNet-5的成功使卷积神经网络的应用得到关注,微软公司在2003年使用卷积神经网络开发了光学字符读取(Optical Character Recognition,OCR)系统[8]。后期基于卷积神经网络的应用研究也不断拓展,进入人像识别、手势识别等应用领域。

在2006年深度学习理论被提出后,卷积神经网络的表征学习能力得到了关注,并随着计算设备的更新得到发展。自2012年AlexNet网络开始[9],得到GPU计算集群支持的复杂卷积神经网络多次成为ImageNet大规模视觉识别竞赛(ImageNet Large Scale Visual Recognition Challenge,ILSVRC)的优胜算法,如2013年的ZFNet[10]、2014年的VGGNet[11]、GoogLeNet[12]和2015年的残差网络等[13]。

5.1.2 卷积神经网络的结构

1. 卷积神经网络的一般结构

卷积神经网络作为深度神经网络的一种,也符合其一般的结构特点,即由输入层、隐含层和输出层构成,如图5-1所示。

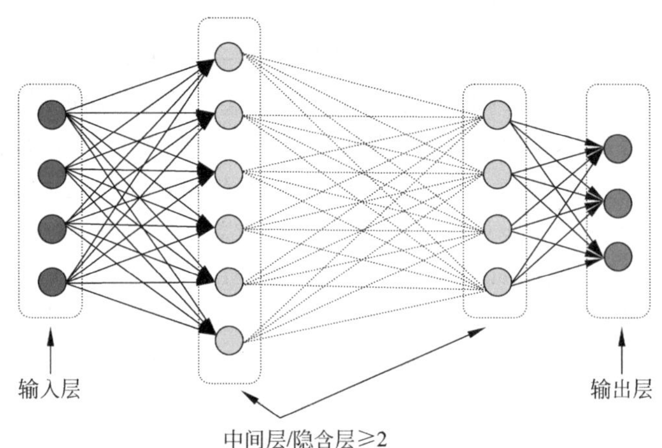

图 5-1 深度神经网络的基本结构

1）输入层

卷积神经网络的输入层可以处理多维数据。常见的，一维卷积神经网络的输入层接收一维或二维数组，其中一维数组通常为时间或频谱采样，二维数组可能包含多个通道；二维卷积神经网络的输入层接收二维或三维数组；三维卷积神经网络的输入层接收四维数组。由于卷积神经网络在计算机视觉领域应用较广，因此许多研究在介绍其结构时预先假设了三维输入数据，即平面上的二维像素点和 RGB 通道。与其他神经网络算法类似，由于使用梯度下降算法进行学习，卷积神经网络的输入特征需要进行标准化处理。具体地，在将学习数据输入卷积神经网络前，需在通道或时间/频率维对输入数据进行归一化，若输入数据为像素，也可将分布于[0,255]的原始像素值归一化至[0,1]区间。输入特征的标准化有利于提升卷积神经网络的学习效率和表现。

2）输出层

卷积神经网络中输出层的上游通常是全连接层，因此其结构和工作原理与传统前馈神经网络中的输出层相同。对于图像分类问题，输出层使用逻辑函数或 Softmax 函数输出分类标签。在物体识别问题中，输出层可设计为输出物体的中心坐标、大小和分类。在图像语义分割中，输出层直接输出每个像素的分类结果。

3）隐含层

卷积神经网络的隐含层包含卷积层、池化层和全连接层三类常见类型神经元结构，在一些更为复杂的模型结构中可能有 Inception 模块、残差块等由卷积层和池化层按一定形式组合构成的网络基本单元。在常见神经网络类型中，卷积层和池化层为卷积神经网络所特有的。

2. 卷积层

1）卷积核

卷积层的功能是对输入数据进行特征提取，其内部包含多个卷积核，组成卷积核的每个元素都对应一个权重系数，加上一个偏差量，类似于一个前馈神经网络的神经元。

卷积层内每个神经元都与前一层中位置接近的区域的多个神经元相连，区域的大小取决于卷积核的大小，称为感受野，其含义可类比视觉皮层细胞的感受野。卷积核在工作时会有规律地扫过输入特征，在感受野内对输入特征做矩阵元素乘法求和并叠加偏差量：

$$\begin{aligned} Z^{l+1}(i,j) &= [Z \otimes w^{l+1}](i,j)+b \\ &= \sum_{k=1}^{K_l}\sum_{x=1}^{f}\sum_{y=1}^{f}[Z_k^l(s_0 i+x, s_0 j+y)w_k^{l+1}(x,y)]+b \end{aligned}$$

$$(i,j)\in\{0,1,\cdots,L_{l+1}\},\quad L_{l+1}=\frac{L_l+2p-f}{s_0}+1$$

式中：求和部分等价于求解一次交叉相关，b 为偏差量；Z^l 和 Z^{l+1} 表示第 $l+1$ 层的卷积输入与输出，也称为特征图；L_{l+1} 为 Z^{l+1} 的尺寸，这里假设特征图长宽相同；$Z(i,j)$ 对应特征图的像素；K 为特征图的通道数；f、s_0 和 p 是卷积层参数，对应卷积核大小、卷积步长和填充点数。

上式以二维卷积核作为例子，一维或三维卷积核的工作方式与之类似，如图 5-2 所示。理论上卷积核也可以先翻转 180°，再求解交叉相关，其结果等价于满足交换律的线性卷积，但这样做在增加求解步骤的同时并不能为求解参数取得便利，因此线性卷积核使用交叉相关代替了卷积。

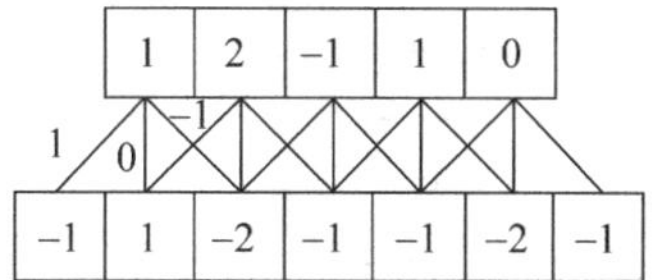

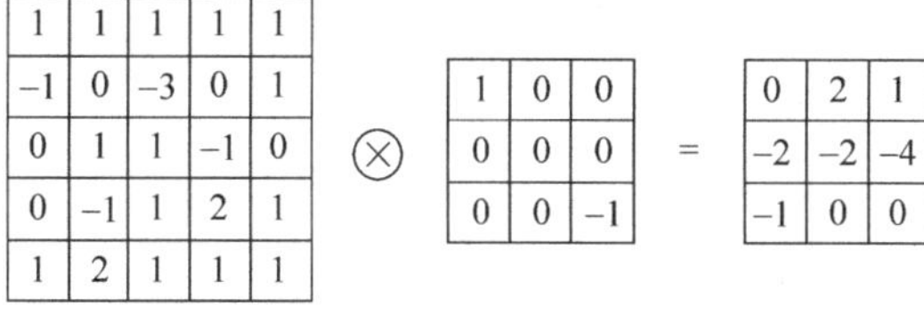

图 5-2　一维和二维卷积运算示例

特殊地，当卷积核是 $f=1, s_0=1$ 且不包含填充的单位卷积核时，卷积层内的交叉相关计算等价于矩阵乘法，并由此在卷积层间构建了全连接网络：

$$Z^{l+1}=\sum_{k=1}^{K_l}\sum_{x=1}^{L}\sum_{y=1}^{L}(Z_{i,j,k}^l w_k^{l+1}+b)=\boldsymbol{w}_{l+1}^{\mathrm{T}}\mathbf{Z}_{l+1}+b,\quad L^{l+1}=L$$

由单位卷积核组成的卷积层也称为网中网(Network-In-Network，NIN)或多层感知器卷积层(multilayer perceptron convolution layer，mlpconv)。单位卷积核可以在保持特征图尺寸的同时减少图的通道数，从而降低卷积层的计算量。完全由单位卷积核构建的卷积神经网络是一个包含参数共享的多层感知器(Multi-Layer Perceptron，MLP)。

在线性卷积的基础上，一些卷积神经网络使用了更为复杂的卷积，包括平铺卷积、反卷积和扩张卷积。平铺卷积的卷积核只扫过特征图的一部分，剩余部分由同层的其他卷积核处理，因此卷积层间的参数仅被部分共享，有利于神经网络捕捉输入图像的旋转不变特征。反卷积或转置卷积将单个的输入激励与多个输出激励相连接，对输入图像进行放大。由反卷积和向上池化层构成的卷积神经网络在图像语义分割领域有应用，也用于构建卷积自编码器(Convolutional AutoEncoder，CAE)。扩张卷积在线性卷积的基础上引入扩张率以提高卷积核的感受野，从而获得特征图的更多信息，在面向序列数据使用时有利于捕捉学习目标的长距离依赖。

2) 卷积层参数

卷积层参数包括卷积核大小、步长和填充，三者共同决定了卷积层输出特征图的尺寸，是卷积神经网络的超参数。其中卷积核大小可以指定为小于输入图像尺寸的任意值，卷积核越大，可提取的输入特征越复杂。

卷积步长定义了卷积核相邻两次扫过特征图时位置的距离，卷积步长为 1 时，卷积核会逐个扫过特征图的元素，步长为 n 时，会在下一次扫描跳过 $n-1$ 像素。

由卷积核的交叉相关计算可知，随着卷积层的堆叠，特征图的尺寸会逐步减小，例如 16×16 的输入图像在经过单位步长、无填充的 5×5 的卷积核后，会输出 12×12 的特征图。为此，填充是在特征图通过卷积核之前人为增大其尺寸以抵消计算中尺寸收缩影响的方法。常见的填充方法为按 0 填充(图 5-3)和重复边界值填充。

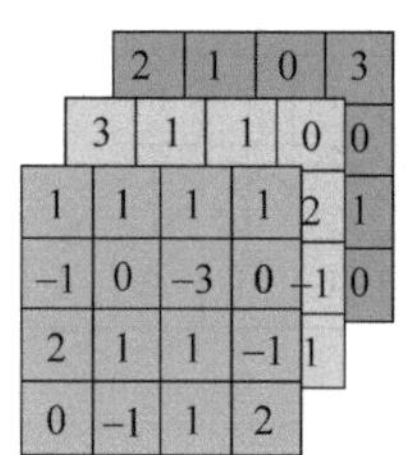

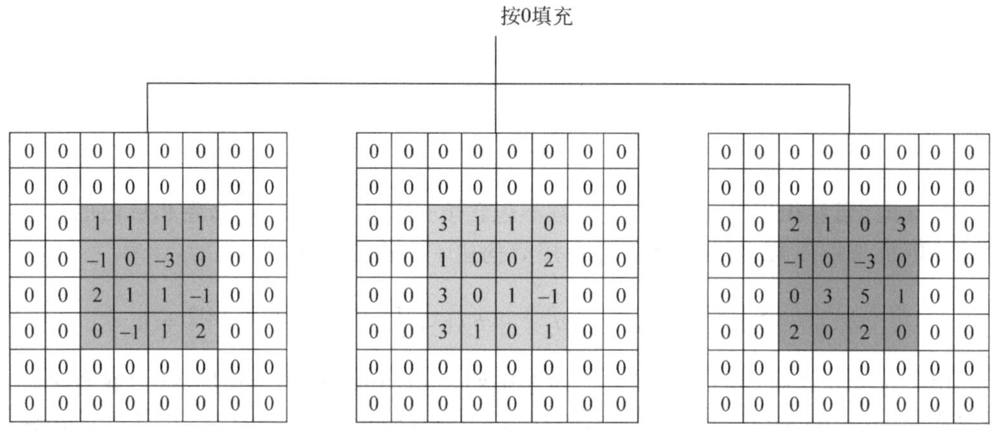

图 5-3 卷积核中 RGB 图像的按 0 填充

填充依据其层数和目的可分为四类：

(1) 有效填充：完全不使用填充，卷积核只允许访问特征图中包含完整感受野的位置。输出的所有像素都是输入中相同数量像素的函数。使用有效填充的卷积称为窄卷积,窄卷积输出的特征图尺寸为$(L-f)/s+1$。

(2) 相同填充/半填充:只进行足够的填充来保持输出和输入的特征图尺寸相同。相同填充下特征图的尺寸不会缩减,但输入像素中靠近边界的部分相比于中间部分对特征图的影响更小,即存在边界像素的欠表达。使用相同填充的卷积称为等长卷积。

(3) 全填充:进行足够多的填充使得每个像素在每个方向上被访问的次数相同。步长为1时,全填充输出的特征图尺寸为$L+f-1$,大于输入值。使用全填充的卷积称为宽卷积。

(4) 任意填充:介于有效填充和全填充之间,人为设定的填充,较少使用。

再看先前的例子,若16×16的输入图像在经过单位步长的5×5的卷积核之前先进行相同填充,则会在水平和垂直方向填充两层,即两侧各增加2个像素($p=2$)变为20×20大小的图像,通过卷积核后,输出的特征图尺寸为16×16,保持了原本的尺寸。

3. 激励函数

卷积层中包含激励函数以协助表达复杂特征,其表达式为

$$A_{i,j,k}^{l}=g(Z_{i,j,k}^{l})$$

类似于其他深度学习算法,卷积神经网络通常使用ReLU,其他类似ReLU的变体包括有Leaky ReLU、参数化ReLU、随机化ReLU、指数线性单元等,具体细节见第4章。在ReLU出现以前,Sigmoid函数和双曲正切函数也有使用。

激励函数操作通常在卷积核之后,一些使用预激活技术的算法将激励函数置于卷积核之前。在一些早期的卷积神经网络研究,例如LeNet-5中,激励函数在池化层之后。

4. 池化层

在卷积层进行特征提取后,输出的特征图会被传递至池化层进行特征选择和信息过滤。池化是卷积神经网络中另一个重要的概念,它实际上是一种形式的降采样。有多种不同形式的非线性池化函数,而其中最大池化和平均池化最为常见,如图5-4所示。最大池化是将输入的图像划分为若干个矩形区域,对每个子区域输出最大值;而平均池化是对每个子区域输出平均值。最大池化是经常采用的方法,在直觉上是有效的,原因在于:在发现一个特征之后,它的精确位置远不及它与其他特征的相对位置重要。池化层会不断地减小数据的空间大小,因此参数的数量和计算量会下降,这在一定程度上也控制了过拟合。

池化层通常会分别作用于每个输入的特征并减小其大小。当前最常用的池化层形式是每隔2个元素从图像划分出2×2的区块,然后对每个区块中的4个数取平均值或池化值,这将会减少75%的数据量。

池化层的引入是仿照人的视觉系统对视觉输入对象进行降维和抽象。在卷积神经网络过去的工作中,研究者普遍认为池化层有如下三个功效:

(1) 特征不变性:池化操作使模型更加关注是否存在某些特征而不是特征具体的

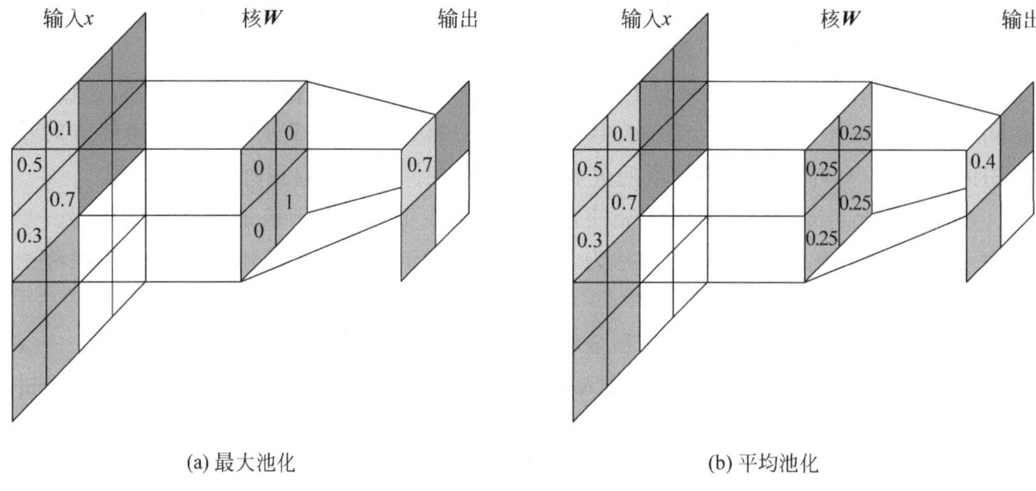

(a) 最大池化　　(b) 平均池化

图 5-4　池化示意

位置。

(2) 特征降维：池化相当于在空间范围内做了维度约减，从而使模型可以抽取更广范围的特征。同时减小了下一层的输入大小，进而减少计算量和参数个数。

(3) 在一定程度上防止过拟合，更方便优化。

5. 扁平化层

卷积层之后是无法直接连接密集全连接层的，需要把卷积层的数据做扁平化处理，然后直接加上全连接层。也就是把三维(height，width，channel)的数据压缩成长度为 height×width×channel 的一维数组，然后再与全连接层连接。其中 height 和 width 分别代表图像的平面尺寸的高度和宽度，而 channel 表示卷积通道数，也就是上一层采用的卷积核个数。

从图 5-5 中可以看到，随着网络的深入，图像块平面尺寸越来越小，但是通道数往往会增大。图中表示长方体的平面尺寸越来越小，这主要是卷积和池化的结果，而通道数由每次卷积的卷积核个数来决定。

6. 全连接层

卷积神经网络中的全连接层等价于传统前馈神经网络中的隐含层。全连接层位于卷积神经网络隐含层的最后部分，并只向其他全连接层和输出层传递信号。特征图在全连接层中会失去空间拓扑结构，被展开为向量并通过激励函数。

按表征学习观点，卷积神经网络中的卷积层和池化层能够对输入数据进行特征提取，全连接层的作用是对提取的特征进行非线性组合以得到输出，即全连接层本身不被期望具有特征提取能力，而是试图利用现有的高阶特征完成学习目标。

在一些卷积神经网络中，全连接层的功能也由全局均值池化(Global Average Pooling，GAP)取代，全局均值池化会将特征图每个通道的所有值取平均。例如，若有

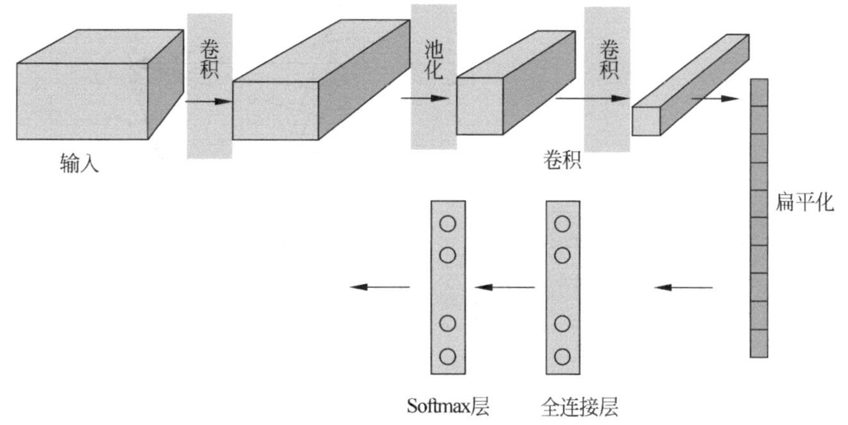

图 5-5　扁平层示意图

7×7×256 维的特征图，全局均值池化将返回一个 256 维的向量，其中每个元素都是 7×7、步长为 7、无填充的均值池化值。

5.2　卷积神经网络与全连接网络的关系

卷积神经网络与前向神经网络没有很大差别，传统神经网络本质上就是多个全连接层的叠加，而卷积神经网络无非是把全连接层改成卷积层和池化层，即把传统的由一个个神经元组成的层变成了由滤波器组成的层。但卷积神经网络有两种独特机制来减少参数量：一是连接稀疏性；二是参数共享。

5.2.1　连接稀疏性

例如，图像尺寸为 8×8，即 64 像素，假设有 36 个单元的全连接层，如图 5-6 所示。这一层需要 64×36＋36＝2340 个参数，其中 64×36 是全连接的权重，每一个连接都需要一个权重 w；而另外 36 个参数对应的偏置项 b，每个输出节点对应一个偏置项。

卷积神经网络的第一个特性是网络部分连通特性，即模拟局部感受野，以图 5-7 所示的 9 个单元滤波器为例来说明。由卷积的操作可知，输出图像中的任何一个单元只与输入图像的一部分有关系。如图 5-7 所示，左侧图像的阴影区域通过滤波器与右侧对应输出单元相连接。而该输出单元与左侧区域的其他单元没有连接，因此连接是稀疏的。而传统前向神经网络中由于都是全连接，所以输出的任何一个单元都要受输入的所有单元影响。这样无形中会降低图像识别效果。从前面的描述可知，滤波器是用来检测特征的，每个滤波器都侧重某一方面特征的描述和发现，因此不同的滤波器能够描述图像的不同模式或特征。因此，期望每一个区域都有自己的专属特征，不希望其受到其他区域的影响。

这种局部稀疏性或者说局部感受野使得每个输出单元只有 9 个连接，因此对应的连

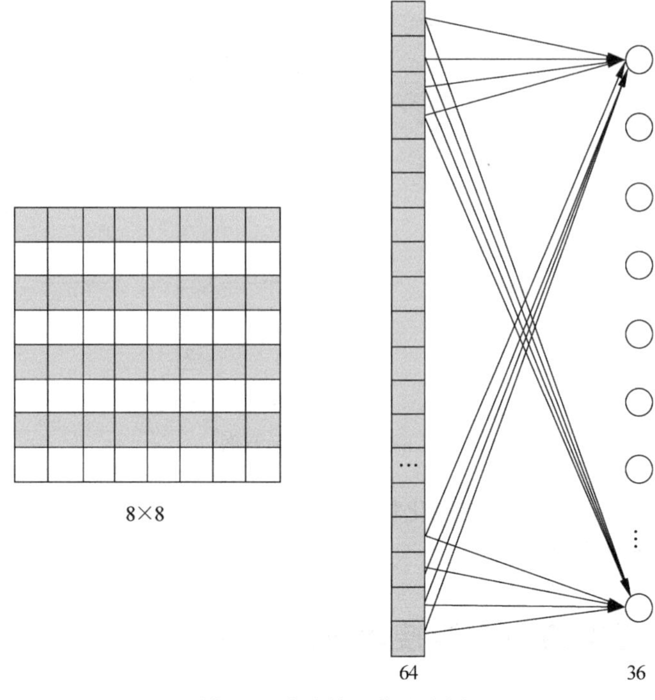

图 5-6　全连接网络示意图

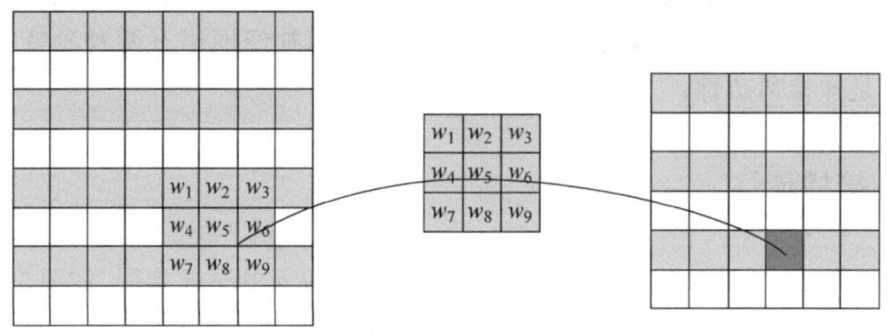

图 5-7　连接的稀疏性示意图

接数就是 9×36,那么参数是不是 9×36+36 呢？答案当然不是,此时参数的个数为 9+1 个,其中 9 个为卷积核参数,1 个为卷积核所对应的偏置量。为什么会出现这种结果,下面进一步剖析其产生原因,即参数共享机制。

5.2.2　参数共享机制

仍然以图 5-7 所示的 9 个单元滤波器为例来说明。滤波器有几个单元就几个参数,所以图中所示总共只有 9 个参数。暂时不考虑偏置项,为什么是 9 个参数,而不是 16×9 个参数呢,这是因为对于不同的区域都共享同一个滤波器,因此共享这同一组参数,如图 5-8 所示。

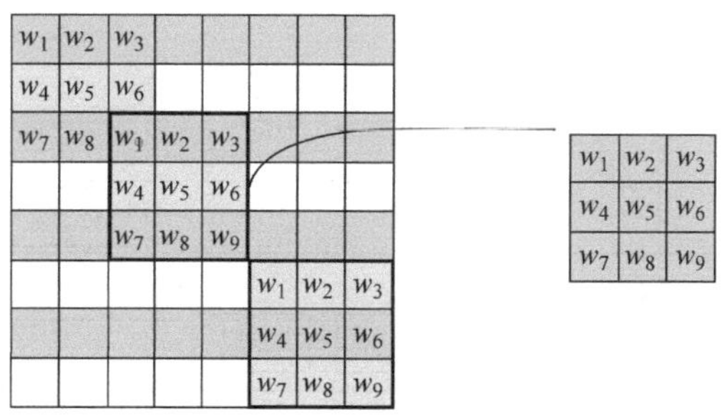

图 5-8 卷积神经网络示意图

如前所述，每个滤波器都侧重某一方面特征的描述和发现，因此不同的滤波器能够描述图像的不同模式或特征。通常情况下，某一个特征很可能在不止一个地方出现，比如"竖直边界"就可能在一幅图中多处出现，鸟的羽毛就可能出现在图像的不同位置，因此共享同一个滤波器有客观存在的合理性作支撑。由于采用这种参数共享机制，使得卷积神经网络的参数数量大大减少。这样，就可以用较少的参数训练出更加好的模型，而且可以有效地避免过拟合。

同样，由于滤波器的参数共享，即使图片进行了一定的平移操作，同样可以识别出特征，这种特性称为平移不变性。因此，模型也会更加稳健。

连接稀疏性使得卷积神经网络的参数减少，而参数共享机制使得网络参数进一步减少，正是由于上面这两大优势，使得卷积神经网络超越了传统神经网络，开启了神经网络的新时代。

5.3 典型的卷积神经网络

CNN 的开山之作是杨立昆提出的 LeNet-5[7]，而其真正的爆发期是在 2012 年 AlexNet[9] 取得 ImageNet 比赛分类任务的冠军之后，当年 AlexNet 的分类准确率远远超过传统方法。该模型能够取得成功主要有三个原因：

(1) 海量有标记的训练数据支撑，也就是李飞飞团队提供的大规模有标记的数据集 ImageNet；

(2) 计算机硬件的支持，尤其是 GPU 的出现，为复杂的计算提供了强大的支持；

(3) 算法的改进，包括网络结构加深、数据增强（数据扩充）、ReLU 激活函数和 Dropout 等。

AlexNet 之后，深度学习发展迅速，分类准确率每年都有很大提高，表 5-1 给出了四种不同模型的结构对比。图 5-9 展示了模型的变化情况，随着模型的变深，Top-5 错误率也越来越低，在 2017 年已经降低到 2.3%左右；同样，对于 ImageNet 数据集，人眼的辨识错误率大概为 5.1%，这说明深度学习在图像识别领域的能力已经超过了人类。

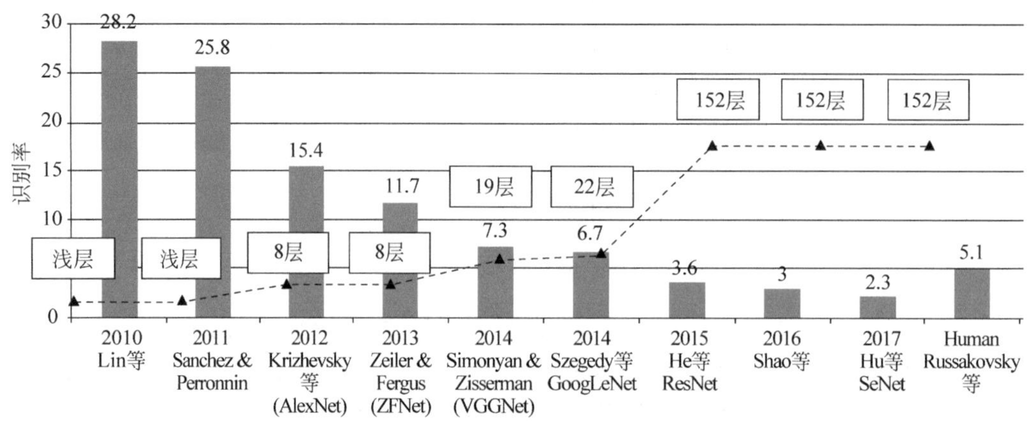

图 5-9 ILSVRC 历年的 Top-5 错误率

表 5-1 四种模型对比[14]

模 型 名	AlexNet	VGGNet	GoogLeNet	ResNet
提出时间	2012 年	2014 年	2014 年	2015 年
层数	8	19	22	152
Top-5 错误率/%	15.4	7.3	6.7	3.57
数据增强	+	+	+	+
Inception	−	−	+	−
卷积层数	5	16	21	151
卷积核大小	11,5,3	3	7,1,3,5	7,1,3,5
全连接层数	3	3	1	1
全连接层大小	4096,4096,1000	4096,4096,1000	1000	1000
Dropout	+	+	+	+
局部相应归一化	+	−	+	−
批归一化	−	−	−	+

5.3.1 LeNet-5 网络

LeNet-5 网络可以认为是目前深度经典卷积神经网络的开创者，该网络共包含 7 层（不包括输入层），如图 5-10 所示。

网络各个层的设置具体如下：

1. C_1 卷积层

C_1 卷积层由 6 个卷积核构成。输入图像大小是 32×32，输入图像首先经过 6 个尺寸为 5×5 的卷积核进行滤波后得到特征图，由于每个卷积核（滤波器）产生一个特征映射图，所以 6 个卷积核共产生 6 个特征图，特征图的大小为 28×28。由于每个卷积核滤波操作对整幅图像处理，以像素步长 1 进行移动，那么水平和垂直方向各有(32−5)/1+

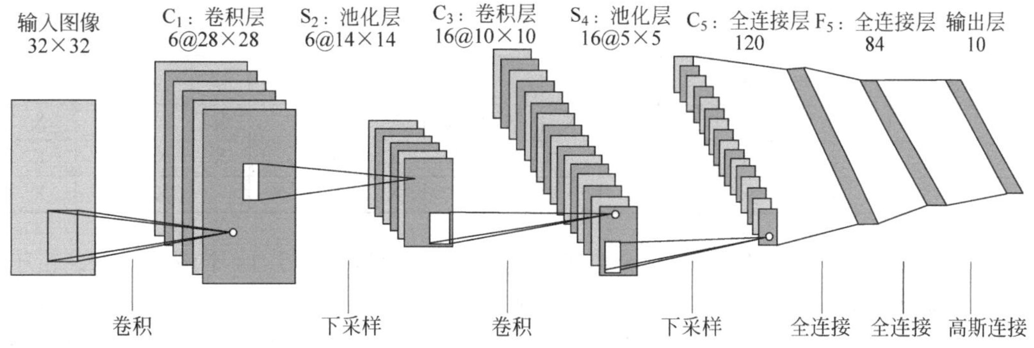

图 5-10 LeNet-5 结构[7]

1=28 次卷积操作，所以得到输出特征图尺寸为 28×28。C_1 有 156 个可训练参数(每个滤波器 5×5=25 个滤波器参数和 1 个偏差参数，共 6 个滤波器，共(5×5+1)×6=156 个参数)；C_1 输出特征图大小为 28×28，因此共产生 156×(28×28)=122304 个连接。

2. S_2 池化层

S_2 池化层生成 6 个 14×14 的输出特征图。S_2 输出特征图中的每个单元与 C_1 中相对应特征图的 2×2 邻域相连接。S_2 层每个单元的 4 个输入相加，乘以一个可训练参数，再加上一个可训练偏置，然后通过 Sigmoid 函数(或其他函数)计算。可训练系数和偏置控制着激活函数的非线性程度。每个单元的 2×2 感受野并不重叠，因此 S_2 中每个特征图的大小是 C_1 中特征图大小的 1/4(行和列各 1/2)。由于每个特征图只需要一个权值和一个偏置项，S_2 层有 6×(1+1)=12 个可训练参数，共形成 14×14×(2×2+1)×6=5880 个连接。

3. C_3 卷积层

C_3 卷积层同样通过 5×5 的卷积核去处理 S_2 层的输出特征图，得到的特征图尺寸为 10×10。(同样每个方向移动步长为 1，那么(14-5)/1+1=10)。C_3 层输出 16 个特征图，但需要注意的是，C_3 中不是由单独 16 个卷积核构成，而是每个特征图由 S_2 中所有 6 个或者其中的 3 个、4 个特征图组合而成。不把 S_2 中的每个特征图连接到每个 C_3 的特征图的原因：第一，不完全的连接机制将连接的数量保持在合理的范围内；第二，也是最重要的一点，通过不同特征图的不同输入来抽取上一层的不同特征。相应地，16 个特征图的组合方式如表 5-2 所示。这是一种稀疏连接的方式，可以减少连接的数量，同时打破了网络的对称性。

表 5-2 S_2 层到 C_3 层的连接方式

	0	1	2	3	4	5	6	7	8	9	10	11	12	13	14	15
0	X				X	X	X			X	X	X	X		X	X
1	X	X				X	X	X			X	X	X	X		X
2	X	X	X				X	X	X			X		X	X	X

续表

	0	1	2	3	4	5	6	7	8	9	10	11	12	13	14	15
3		X	X	X			X	X	X	X			X		X	X
4			X	X	X			X	X	X	X		X	X		X
5				X	X	X			X	X	X	X		X	X	X

虽然原始特征图只有 6 种，但是由于不同的选择方式，构造了 16 个新特征图。由于每种组合里原始特征图需要选择不同的系数，因此也可以将新生成的 16 个特征图看作由 60 个滤波器构成(6 组 3 个特征图进行组合，9 组 4 个特征图进行组合，还有一组是全部 6 个特征图进行组合，则 $3\times6+4\times9+6=60$)，而每个滤波器的参数都是 $5\times5=25$ 个，而最后生成 16 个特征图，每个特征图需要一个偏置项，所以参数为 $60\times5\times5+16=1516$ 个，总连接数为 $1516\times10\times10$ 个。

4. S_4 池化层

S_4 池化层生成输出 16 个 5×5 大小的特征图。特征图中的每个单元与 C_3 中相应特征图的 2×2 邻域相连接，与 C_1 和 S_2 之间的连接一样。S_4 层有 32 个可训练参数(每个特征图需要一个可训练参数和一个偏置，因此有 $16\times(1+1)=32$ 和 $16\times(2\times2+1)\times5\times5=2000$ 个连接。

5. C_5 卷积层

C_5 卷积层输出 120 个特征图。每个单元与 S_4 层的全部 16 个特征图的 5×5 邻域相连。由于 S_4 层特征图的大小也为 5×5(同滤波器一样)，故 C_5 特征图的大小为 $1\times1(5-5+1=1)$，这构成了 S_4 和 C_5 之间的全连接。之所以仍将 C_5 标示为卷积层而非全连接层，是因为本例中输入图像尺寸为 32×32，导致此时输出尺寸为 1；如果 LeNet-5 的输入变大，而其他的保持不变，此时特征图的维数就会比 1×1 大，因此卷积层更符合本身特性。C_5 层有 $120\times(16\times5\times5+1)=48120$ 个可训练连接，由于与全部 16 个单元相连，故只加一个偏置。

6. F_6 全连接层

F_6 全连接层输出有 84 个单元，与 C_5 层全相连。输出层选择 84 个单元的原因是来自输出层的设计。因为在计算机中字符的编码是 ASCII 编码，这些图是用 $7\times12=84$ 大小的位图表示的。F_6 层输出有 $84\times(120\times(1\times1)+1)=10164$ 个可训练参数。如同经典神经网络，F_6 层计算输入向量和权重向量之间的点积，再加上一个偏置，然后将其传递给激活函数函数产生每个单元的一个状态。

7. 输出层

输出层由欧几里得径向基函数单元组成，每类一个单元，每个有 84 个输入。

5.3.2 AlexNet 网络

2012 年著名人工智能学者杰夫·辛顿和他的学生亚历克斯·克里热夫斯基(Alex krizhevsky)等创造了一个“大型的深度卷积神经网络”,赢得了该年度 ImageNet 大规模视觉识别挑战赛(iLsvrc)的冠军,其论文 *ImageNet classification with deep convolutional networks*[9]被引用约 2.7 万次,被业内普遍视为行业最重要的论文之一。ILSVRC 比赛被誉为计算机视觉的年度奥林匹克竞赛,全世界的团队相聚一堂进行技术竞技。2012 年采用 CNN 获得 Top-5 误差率 15.4%(Top-5 误差率是指给定一张测试图像,其标签不在模型认为最有可能的 5 个结果中的概率),远优于当时排名第二模型 26.2%的错误率,震惊了整个计算机视觉界。自 2012 年起,CNN 网络风靡多年。

图 5-11 是 AlexNet 结构,由于采用两台 GPU 服务器进行运算,所以分成上、下两个部分。图 5-12 为 AlexNet 结构分析图。由图中可知,共有 8 个隐含层,包括 5 个卷积层和 3 个全连接层,图中每个卷积层标注下方给出了每层的输入特征图尺寸,其中前两个数字为平面尺寸,后一个数字为通道数。以卷积层 1 为例,输入图像尺寸为 227×227×3,说明原始输入图像是尺寸 227×227 的三通道彩色图像。需要说明的是,图 5-11 与图 5-12 的输入图像尺寸分别是 224 和 227,这是由于作者在 2012 年和 2014 年的文章中就分别给出这 2 种配置。实际上 224 尺寸图像可以通过补 1 个零获得与 227 相同的处理结果。该层在两个 GPU 上各采用了 48 个尺寸为 11×11 的卷积核,步长为 4,采用的非线性激活函数为 ReLU 函数,池化尺寸为 3×3、步长为 2,并且在该层进行了层标准化。首先输入图像经过卷积核作用后,平面尺寸变为 55×55,即(227－11)/4＋1＝55。因此,经过 96 个卷积核作用后,输出特征图为 55×55×96。然后再进入池化,则根据上述设置,池化后的特征图尺寸变为 27×27,即(55－3)/2＋1＝27,而通道数 96 保持不变。因此,经过卷积层 1 的整个作用后,将 227×227×3 的特征图转换为 27×27×96 的特征图。依次类推,图中给出了每层作用的参数分析结果,包括后续的其他 4 个卷积层和 3 个全连接层。

图 5-13 为 AlexNet 的网络结构简图[9]。AlexNet 的结构很简单,只是 LeNet 的放大版,输入是一个 227×227 的图像,经过 5 个卷积层、3 个全连接层(包含一个分类层),输出到最后的标签空间。图中也给出了相应的图像尺寸以及通道数变化的情况。

除了上述结构上的创新外,AlexNet 网络还有很多独到之处:

(1) 非线性激活函数 ReLU。在 AlexNet 之前,一般神经元的激活函数会选择 Sigmoid 函数或者 tanh 函数,然而在研究 AlexNet 网络时,发现在训练时间的梯度衰减方面,这些非线性饱和函数要比非线性非饱和函数慢很多。在 AlexNet 中用的非线性非饱和函数 ReLU。实验结果表明,采用 ReLU 函数后相比原来的 tanh 函数,其训练速度大大加快。

(2) 双 GPU 并行处理。为提高运行速度和提高网络运行规模,AlexNet 网络中采用双 GPU 的设计模式,即每个 GPU 负责 1/2 的运算处理,且规定 GPU 只能在特定的层进行通信交流。如图 5-11 所示,卷积层 1、卷积层 2、卷积层 4 和卷积层 5 仅连接相同 GPU 上的特征图,而卷积层 3 和后面的三个全连接层,连接前面层所有 GPU 的特征图。

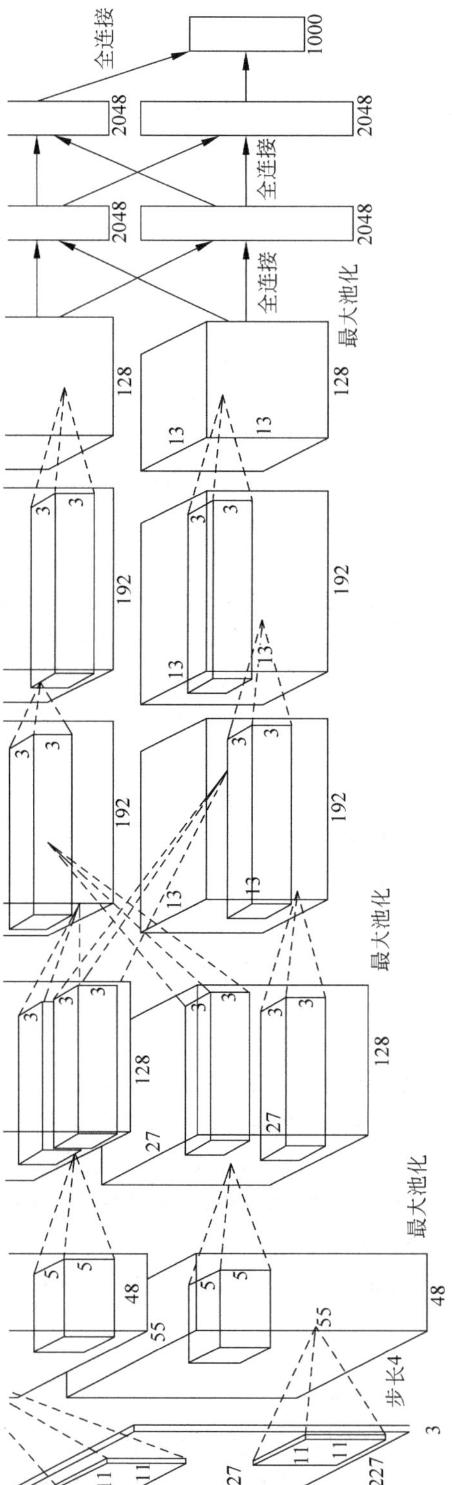

图 5-11　AlexNet 结构[9]

图 5-12　AlexNet 的网络结构分析图

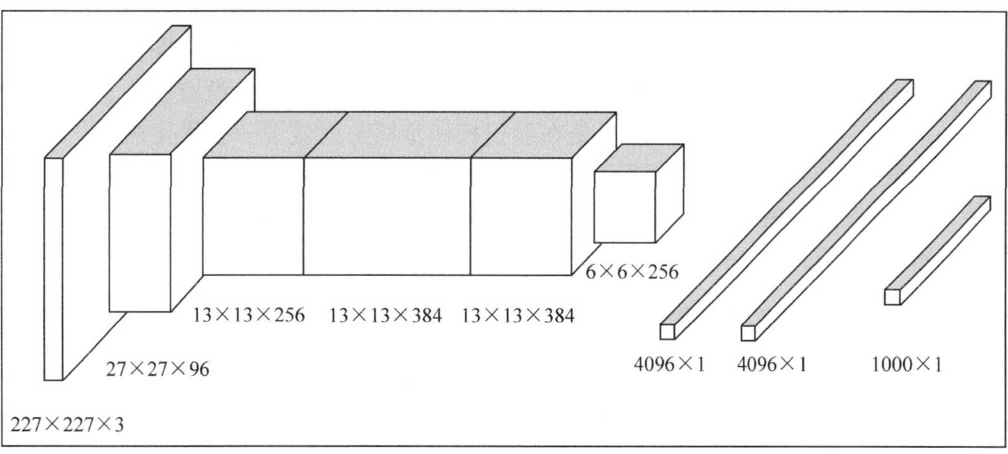

图 5-13　AlexNet 的网络结构简图

(3) 局部响应归一化技术。ReLU 本来是不需要对输入进行标准化，但进行局部标准化能提高性能。局部响应归一化(Local Response Normalization，LRN)实际就是利用临近的数据做归一化，即

$$b_{x,y}^{i}=a_{x,y}^{i}/\left(k+\alpha\sum_{j=\max(0,i-n/2)}^{\min(N-1,i+n/2)}(a_{x,y}^{j})^{2}\right)^{\beta} \tag{5.1}$$

式中：$a_{x,y}^{i}$ 为第 i 个卷积核的输出特征图(x,y)坐标经过了 ReLU 激活函数的输出；n 为相邻的几个卷积核；N 为这一层总卷积核数量；k、n、α 和 β 为超参数，这些超参数值是在验证集上通过实验获取，最终选择 $k=2,n=5,\alpha=10^{-4},\beta=0.75$。

这种归一化操作受真实神经元的某种行为启发，卷积核矩阵的排序是随机任意的，并且在训练之前就已经决定好顺序，因此这种归一化机制实现了某种形式的横向抑制。该策略贡献了约 1.2%的误差率下降。LRN 作为深度学习训练时的一种提高准确度的技术方法，一般在激活、池化后进行。需要说明的是，这种归一化也可在通道内进行，即 i 代表通道序号。

(4) 交叠池化。池化层是对相同卷积核特征图中周围神经元输出进行总结，也可以理解成按一定步长移动对前面卷积层的结果进行分块，对块内的卷积映射结果做总结。在 AlexNet 网络中，使用了重叠的最大池化，而此前 CNN 中普遍使用平均池化。AlexNet 全部使用最大池化，避免平均池化的模糊化效果；而重叠体现了其输入会受到相邻池化单元的输入影响。并且 AlexNet 中提出步长比池化核的尺寸小，池化层的输出之间会有重叠和覆盖，提升了特征的丰富性。实验结果表明，使用带交叠的池化相比于传统方法，其 Top-1 和 Top-5 上分别提高了 0.4%和 0.3%，在训练阶段有避免过拟合的作用。

(5) Dropout 技术。在 AlexNet 网络中，最后的三个全连接层均使用了 Dropout 技术。训练时使用 Dropout 随机忽略一部分神经元，以避免模型过拟合。AlexNet 将 Dropout 实用化，通过实践证实了它的效果。

5.3.3 ZFNet 网络

2013 年，ImageNet 大规模视觉识别挑战赛(ILSVRC 2013)的冠军获胜模型是纽约大学 Matthew Zeiler 和 Rob Fergus 设计的卷积神经网络[10]。该网络以两个作者的名字来命名，即 Zeiler&Fergus Net，简称 ZFNet。ZFNet 模型网络结构没有太大突破，其本质是 AlexNet 架构的微调优化版，只是在卷积核和步幅上面做了一些优化调整。ZFNet 的两个主要贡献：一是该网络使用一个多层的反卷积网络来可视化训练过程中特征的演化情况，并及时发现潜在的问题；二是根据遮挡图像局部对分类结果的影响，来探讨到底哪部分输入信息对分类任务更为重要。

1. 利用反卷积实现特征可视化

为了清楚了解卷积神经网络的机理和性能优越的原因，需要对 CNN 学习到的特征进行分析与解释，为此 ZFNet 网络提出采用反卷积网络技术进行特征可视化[15]。反卷积网络可以看成是卷积网络的逆过程，最早提出用于无监督学习，而在 ZFNet 中，反卷积技术仅用于特征可视化。反卷积可视化是以各层得到的特征图作为输入，通过反卷积网络得到最终结果，用以验证显示各层提取到的特征图。例如，想了解 AlexNet 网络的每层都学习到什么信息，可以对特定层的特征图进行反卷可视化。将 AlexNet 网络的第 3 个卷积层输出特征图后面接一个反卷积网络，通过反池化、反激活、反卷积这样的一系列过程，把本来 13×13 大小的特征图反卷放大（AlexNet 第三个卷积层输出特征图 13×13×384），得到一张与原始输入图片一样大小的图片（227×227），这样就能够了解第 3 个卷积层学习到的信息。图 5-14 给出了利用反卷积实现特征可视化过程。从图中可以看出，右侧部分是图像卷积网络前向识别处理过程，即每层处理后的特征图，先经过卷积层进行卷积和非线性激活，然后进行池化得到池化后的特征图。其中采用 ReLU 函数进行激活，采用最大池化方法进行池化。左侧给出了反卷积实现可视化过程，首先得到上面所有层重建后的信息，然后进行正向处理相反的过程，即反池化、反激活和反卷积三步，得到重建后的图像。需要注意的是，左侧图中的反激活就是激活、而反卷积采用转置卷积滤波器进行反卷。这样处理的原因将在后续反池化、反激活、反卷积的基本思想中进行解释[10]。

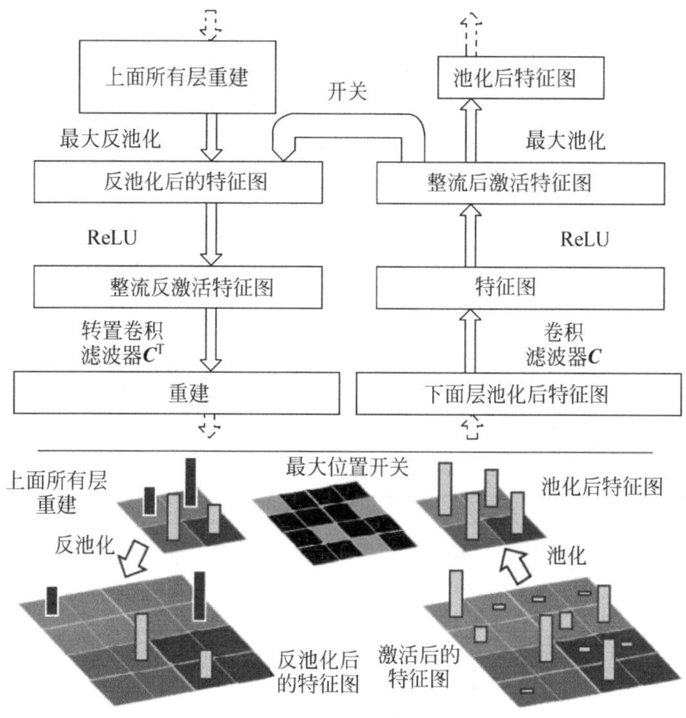

图 5-14 利用反卷积实现特征可视化过程[10]

1）反池化

从前面定义可知，池化过程不可逆。以最大池化为例，为了进行反池化，需要记录池化过程中最大激活值的坐标位置。然后在反池化时，把池化过程中最大激活值所在位置坐标值激活，其他位置的值置为 0。需要注意的是，这种反池化过程只是一种近似过程（因为在正向池化时，其他位置的值并不为 0）。

图 5-15 给出反池化两个示例，每个示例中左侧都是池化过程，右侧是反池化过程。假设池化块的大小是 3×3，采用最大池化后，左侧和右侧示例分别得到输出神经元激活值为 9。池化是下采样过程，因此经过池化后 3×3 大小的像素块就变成 1 个值。而反池化是池化的逆过程，是一个上采样过程，需要将 1 个值恢复成 3×3 大小的像素块。为了使池化可逆，需要记录池化过程中最大值位置坐标（−1，1）和（0，0）。因此，在进行反池

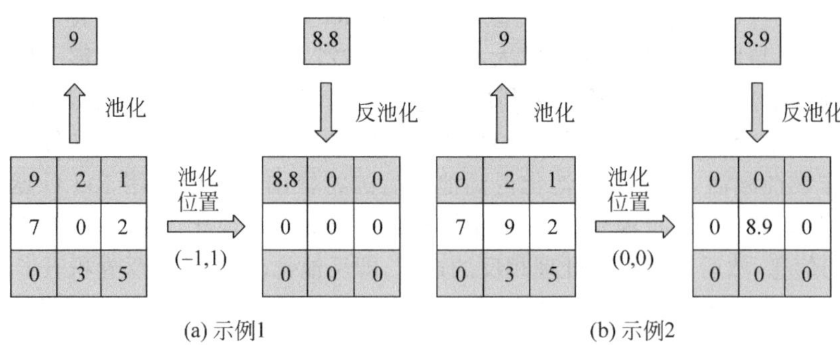

(a) 示例1　　(b) 示例2

图 5-15　反池化示意图

化时，根据记录的位置坐标，把对应的像素值填充回该位置，而其他位置的神经元激活值全部为 0。需要注意的是，本例中给出的坐标位置，是以像素块的中心点(0,0)来记录其他的位置，因此图 5-15(a)池化位置为(−1,1)，而图 5-15(b)池化位置为(0,0)。

2) 反激活

在 AlexNet 中，ReLU 函数是用于保证每层输出的激活值都是正数，因此对于反向过程，同样需要保证每层的特征图为正值，因此反激活过程和激活过程都是直接采用 ReLU 函数。

3) 反卷积

为了说明反卷积原理，下面举例来对比卷积和反卷积的过程。如图 5-16 所示，假设

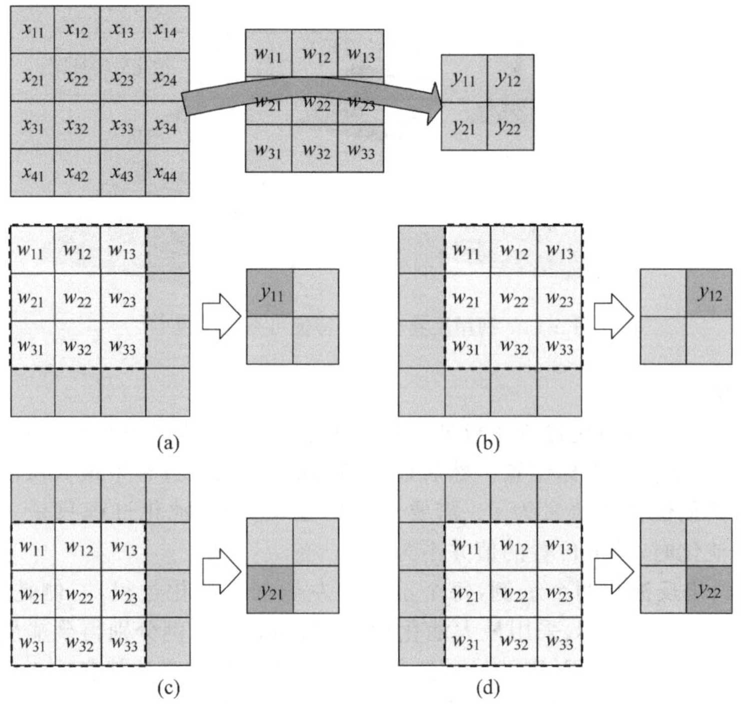

(a)　(b)　(c)　(d)

图 5-16　卷积示意图

输入图片尺寸为4×4，卷积核尺寸为3×3，步长为1，则卷积后的特征图尺寸为2×2。为了便于对应表示，可以将卷积写成矩阵运算形式。由于输入尺寸元素个数为4×4，将其展开成16×1的向量表示为$\boldsymbol{A}\in\mathbb{R}^{16\times1}$，输出图像尺寸为2×2，将其展开成4×1的向量表示为$\boldsymbol{B}\in\mathbb{R}^{4\times1}$，则将卷积核表示为矩阵$\boldsymbol{C}\in\mathbb{R}^{4\times16}$。需要注意的是，矩阵$\boldsymbol{C}$是为了后期矩阵运算而扩展的卷积核矩阵，则卷积运算可以表示为

$$\boldsymbol{B}=\boldsymbol{C}\boldsymbol{A} \tag{5.2}$$

式中

$$\boldsymbol{A}=\begin{bmatrix}x_{11}\\x_{12}\\x_{13}\\x_{14}\\x_{21}\\x_{22}\\x_{23}\\x_{24}\\x_{31}\\x_{32}\\x_{33}\\x_{34}\\x_{41}\\x_{42}\\x_{43}\\x_{44}\end{bmatrix},\quad \boldsymbol{C}=\begin{bmatrix}w_{11}&0&0&0\\w_{12}&w_{11}&0&0\\w_{13}&w_{12}&0&0\\0&w_{13}&0&0\\w_{21}&0&w_{11}&0\\w_{22}&w_{21}&w_{12}&w_{11}\\w_{23}&w_{22}&w_{13}&w_{12}\\0&w_{23}&0&w_{13}\\w_{31}&0&w_{21}&0\\w_{32}&w_{31}&w_{22}&w_{21}\\w_{33}&w_{32}&w_{23}&w_{22}\\0&w_{33}&0&w_{23}\\0&0&w_{31}&0\\0&0&w_{32}&w_{31}\\0&0&w_{33}&w_{32}\\0&0&0&w_{33}\end{bmatrix}^{\mathrm{T}},\quad \boldsymbol{B}=\begin{bmatrix}y_{11}\\y_{12}\\y_{21}\\y_{22}\end{bmatrix} \tag{5.3}$$

可以看出，卷积核矩阵$\boldsymbol{C}$的4行的每一行就对应图5-16(a)、(b)、(c)和(d)四种情况。图5-16(a)中，原卷积核为

$$\boldsymbol{C}_{1,\text{origin}}=\begin{bmatrix}w_{11}&w_{12}&w_{13}\\w_{21}&w_{22}&w_{23}\\w_{31}&w_{32}&w_{33}\end{bmatrix} \tag{5.4}$$

为了后期矩阵计算，将卷积核对应图像尺寸进行拓展成4×4，则拓展后的卷积核为

$$\boldsymbol{C}_1=\begin{bmatrix}w_{11}&w_{12}&w_{13}&0\\w_{21}&w_{22}&w_{23}&0\\w_{31}&w_{32}&w_{33}&0\\0&0&0&0\end{bmatrix} \tag{5.5}$$

将$\boldsymbol{C}_1$矩阵矢量化，则得到式(5.2)和式(5.3)中的卷积矩阵$\boldsymbol{C}$的第一行。同理，图5-16(b)、(c)和(d)所示卷积核分别对应卷积矩阵$\boldsymbol{C}$的第二至第四行。

有了前面卷积的矩阵分析，则很容易理解反卷积的矩阵形式。对于反卷积，若输入尺寸为 2×2 的图像，矢量化后表示为 $\boldsymbol{B}' \in \mathbb{R}^{4\times 1}$，则将反卷积等同于如下矩阵运算，即

$$\boldsymbol{A}' = \boldsymbol{C}^{\mathrm{T}}\boldsymbol{B}' \tag{5.6}$$

其中反卷积后的特征图尺寸 4×4，矢量化后表示为 $\boldsymbol{A}' \in \mathbb{R}^{16\times 1}$，反卷积如图 5-17 所示。

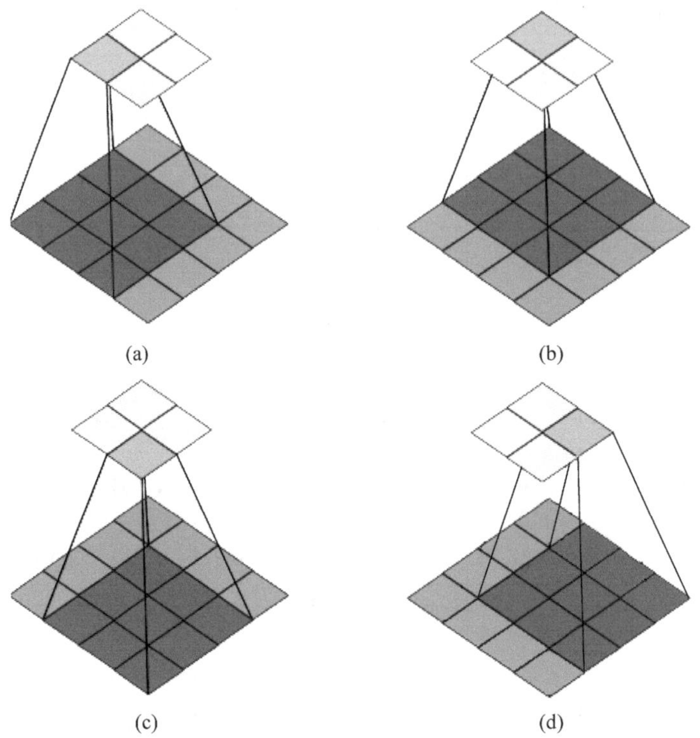

图 5-17　反卷积示意图

经过上面的分析可以看出，反卷积过程非常简单，就是采用卷积过程中转置后的滤波器作为卷积核，直接按照卷积过程运算。因此，反卷积本质上就是转置卷积。

2. ZFNet 网络结构分析

图 5-18 给出了 ZFNet 网络结构简图，网络模型参数配置如表 5-3 所示。表 5-3 给出了每个卷积核和池化层的具体参数配置，以及处理前和处理后的图像尺寸的变化。从图 5-18 和表 5-3 中可以看出，ZFNet 模型包括 5 个卷积层和 3 个全连接层。从图中可以看出，ZFNet 模型网络结构与 AlexNet 网络结构类似，只是在卷积核和步幅上面做了一些优化调整，其本质是 AlexNet 架构的微调优化版。

ZFNet 与 AlexNet 的区别：

(1) ZFNet 网络的第一个卷积层的卷积核尺寸由 11×11 改为 7×7，步长由 4 改为 2。之所以对这些参数进行调整，是由于对特征图可视化而得出的一些结论。通过可视化 AlexNet 第一层和第二层的特征，发现比较大的步长和卷积核提取的特征不理想，所以缩小了第一层的卷积核的尺寸，实验结果也证明了这种尺寸变化提升了图像分类性能。

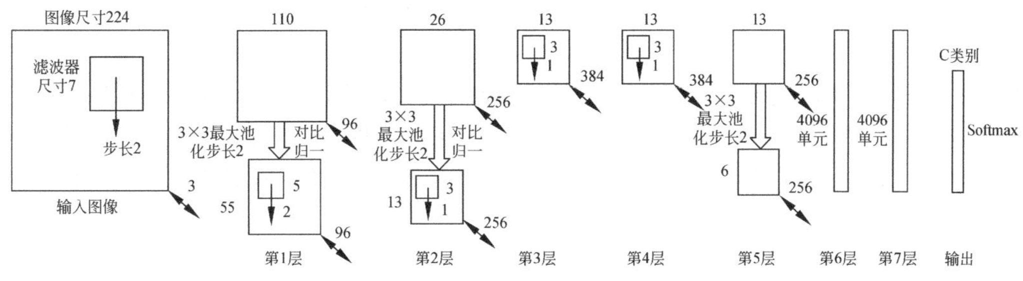

图 5-18 ZFNet 网络结构简图

表 5-3 ZFNet 模型参数配置

类　型	核尺寸(卷积核个数)步长、补零和非线性激活函数	输入特征图尺寸	输出特征图尺寸
卷积层 1 (Conv1)	7×7 卷积核(96 个) stride=2 padding=0 ReLU	224×224×3	110×110×96
池化	3×3 stride=2 padding=0	110×110×96	55×55×96
归一化	对比归一化		
卷积层 2 (Conv2)	5×5 卷积核(256 个)stride=2 padding=0 ReLU	55×55×96	26×26×256
池化	3×3 stride=2 padding=0	26×26×256	13×13×256
归一化	对比归一化		
卷积层 3 (Conv3)	3×3 卷积核(384 个) stride=1 padding=1 ReLU	13×13×256	13×13×384
卷积层 4 (Conv4)	3×3 卷积核(384 个) stride=1 padding=1 ReLU	13×13×384	13×13×384
卷积层 5 (Conv5)	3×3 卷积核(256 个) stride=1 padding=1 ReLU	13×13×384	13×13×256
池化	3×3 stride=2 padding=0	13×13×256	6×6×256
全连接层 1 (FC6)	ReLU	9216	4096
全连接层 2 (FC7)		4096	4096
全连接层 3 (FC8)		4096	分类数

另外,通过特征可视化可以知道,克里热夫斯基(Krizhevsky)的 CNN 结构学习到的第一层特征只对于高频和低频信息收敛,对于中层信息还没有收敛;同时,第二层特征出现了混叠失真,主要是第一个卷积层的步长设置为 4 引起的,为了解决这个问题,不仅将第一层的卷积核的大小设置为 7×7,同时也将步长设置为 2。

(2) ZFNet 网络将第三、四和五层卷积层中卷积核的数量后期进行调整,分别由 384、384、256 调整为 512、1024、512。

卷积神经网络的结构要素，如卷积核尺寸大小、池化步长、卷积核数量选择等方面都是事先人为设定的。这种设定虽然有一定的先验信息或知识作参考，但仍然带有一定的盲目性，因此需要通过多次试验寻求最佳的设计。ZFNet 网络通过可视化网络过程，为卷积神经网络结构要素的选择提供了一个分析方法或依据，虽然还不能确定具体的参数设置，但给出了大致的优化方向。这种方法对于结构要素选择是非常有意义的一种探讨思路。

5.3.4 VGGNet 网络

VGGNet 模型是牛津大学计算机视觉组和谷歌 DeepMind 公司的研究员一起研发的深度卷积神经网络，随后该网络以牛津大学视觉几何组(Visual Geometry Group)的缩写来命名[11]。该模型参加 2014 年的 ImageNet 图像分类与定位挑战赛(ILSVRC 2014)，获得了分类任务上排名第二、定位任务排名第一的优异成绩。

1. VGGNet 网络介绍

该模型的突出贡献在于证明使用尺寸较小的卷积核(如 3×3)，同时增加网络深度有助于提升模型的效果。VGGNet 模型对其他数据集具有很好的泛化能力，到目前为止，VGGNet 依然经常用来提取图像特征。表 5-4 给出了 6 种 VGGNet 模型参数配置。这 6 种参数配置中，比较著名的有 VGG16 和 VGG19，分别指的是 D 和 E 两种配置。表中的黑体部分代表当前配置相对于前面一种配置增加的部分。例如，A-LRN 相对于 A 网络增加了 LRN；而 B 相对于 A 而言增加了 2 个卷积层，均表示为 Conv3-64，Conv3-64 是指采用了含有 64 个 3×3 卷积核的卷积层。为了便于表示，VGGNet 模型中构造了卷积层堆叠块，例如由若干个卷积层堆叠后进行最大池化后构成的结构，可以采用 2 层卷积层、3 个卷积层甚至是 4 个卷积层堆叠后池化。

2. VGG16 典型结构分析

VGGNet 成功探讨了卷积神经网络的深度与其性能之间的关系，通过反复堆叠 3×3 的小型卷积核和 2×2 的最大池化层，VGGNet 成功地构筑了 16～19 层深的卷积神经网络。VGGNet 相比之前主流网络结构，错误率大幅下降。下面以经典的 VGG16 网络结构进行分析。图 5-19 给出了配置 D 情况下 VGG16 的网络结构简图，共包括 13 个卷积层和 3 个全连接层，其中卷积层、池化层和全连接层分别如图中实线、虚线和实线阴影所示，每个卷积堆叠块最后都是池化层。表 5-5 给出了配置 D 情况下 VGG16 模型的主要模型参数。从表中可以看出，采用了 5 段卷积层堆叠第一和第二卷积层段各包括了 2 个卷积层，而第三至五卷积层段各包括了 3 个卷积层，所有的卷积层都采用了 3×3 尺寸的卷积核，卷积核步长为 1；每个卷积层段后跟一个最大池化层，池化尺寸为 2×2，步长为 2，所以池化后图像平面尺寸减半，而通道数保持不变。

表 5-4 VGGNet 模型参数配置

卷积网络配置						
A	A-LRN	B	C	D	E	
11 层	11 层	13 层	16 层	16 层	19 层	
输入图像(224×224 RGB 图像)						
Conv3-64	Conv3-64 **LRN**	Conv3-64 **Conv3-64**	Conv3-64 Conv3-64	Conv3-64 Conv3-64	Conv3-64 Conv3-64	Block 1
最大池化层(Max-pooling)						
Conv3-128	Conv3-128	Conv3-128 **Conv3-128**	Conv3-128 Conv3-128	Conv3-128 Conv3-128	Conv3-128 Conv3-128	Block 2
最大池化层(Max-pooling)						
Conv3-256 Conv3-256	Conv3-256 Conv3-256	Conv3-256 Conv3-256	Conv3-256 Conv3-256 **Conv1-256**	Conv3-256 Conv3-256 **Conv3-256**	Conv3-256 Conv3-256 Conv3-256 **Conv3-256**	Block 3
最大池化层(Max-pooling)						
Conv3-512 Conv3-512	Conv3-512 Conv3-512	Conv3-512 Conv3-512	Conv3-512 Conv3-512 **Conv1-512**	Conv3-512 Conv3-512 **Conv3-512**	Conv3-512 Conv3-512 Conv3-512 **Conv3-512**	Block 4
最大池化层(Max-pooling)						
Conv3-512 Conv3-512	Conv3-512 Conv3-512	Conv3-512 Conv3-512	Conv3-512 Conv3-512 **Conv3-512**	Conv3-512 Conv3-512 **Conv3-512**	Conv3-512 Conv3-512 Conv3-512 **Conv3-512**	Block 5
最大池化层(Max-pooling)						
全连接层(FC-4096)						
全连接层(FC-4096)						
全连接层(FC-1000)						
Softmax 层						

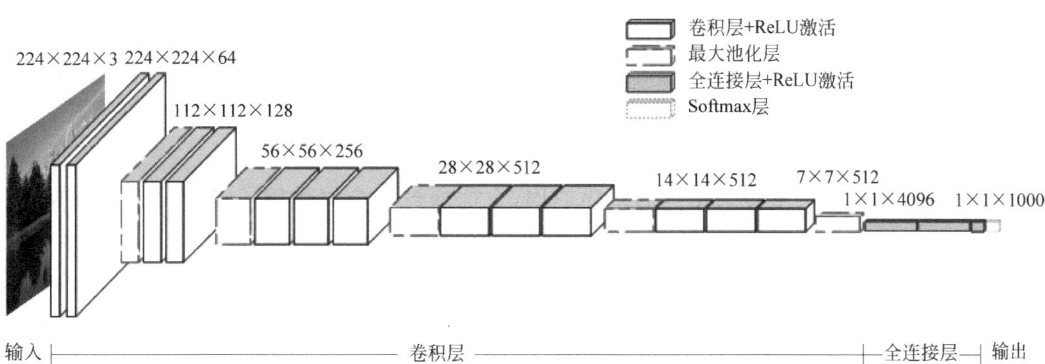

图 5-19 VGG16 网络结构简图

表 5-5 VGG16 模型参数配置

类　型	核尺寸/步长	输入特征图尺寸	输出特征图尺寸
第一段卷积层	3×3/1	224×224×3	224×224×64
	3×3/1	224×224×64	224×224×64
Max-Pooling	2×2/2	224×224×64	112×112×64
第二段卷积层	3×3/1	112×112×64	112×112×128
	3×3/1	112×112×128	112×112×128
Max-Pooling	2×2/2	112×112×128	56×56×128
第三段卷积层	3×3/1	56×56×128	56×56×256
	3×3/1	56×56×256	56×56×256
	3×3/1	56×56×256	56×56×256
Max-Pooling	2×2/2	56×56×256	28×28×256
第四段卷积层	3×3/1	28×28×256	28×28×512
	3×3/1	28×28×512	28×28×512
	3×3/1	28×28×512	28×28×512
Max-Pooling	2×2/2	14×14×512	14×14×512
第五段卷积层	3×3/1	14×14×512	14×14×512
	3×3/1	14×14×512	14×14×512
	3×3/1	14×14×512	14×14×512
Max-Pooling	2×2/2	14×14×512	7×7×512
全连接层 1(FC1)	ReLU	25088	4096
全连接层 2(FC2)		4096	4096
全连接层 3(FC3)		4096	1000

另外，从配置表可以看出，特征图经过卷积层后，尺寸没有发生变化(这是因为采用了补零策略，由于卷积核尺寸为 3×3，卷积后尺寸不发生变换，因而补零个数为 1)，每个卷积层输出特征图的通道数就是每层卷积核的个数。

此外，VGGNet 的另外一种经典配置就是配置 E 情况下的 VGG19。VGG19 包括 16 个卷积层和 3 个全连接层。由于结构非常类似，不再做相应分析，可参考 VGG16。

3. VGGNet 特点分析

从前面的卷积神经网络分析很容易看清 VGG16 的网络结构，下面针对 VGG16 特点进行详细分析。

1) 卷积层堆叠式结构

为了了解卷积层堆叠式结构的产生原因，下面通过一个简单例子进行分析。假设输入图像平面尺寸为 $m\times n$，卷积核的步长为 1，那么采用 5×5 的卷积核做一轮卷积运算，则输出特征图的平面尺寸为$(m-5+1)\times(n-5+1)$，即$(m-4)\times(n-4)$。同理，利用 3×3 的卷积核对上述相同的图像进行卷积，可以得到输出特征图尺寸为$(m-3+1)\times(n-3+1)$，即$(m-2)\times(n-2)$。如果采用两层堆叠式结构，则对平面尺寸为$(m-2)\times(n-2)$图像再采用 3×3 的卷积核进行卷积，则此时输出特征图尺寸为$(m-4)\times(n-$

4)。由上述例子可知,利用步长为1、尺寸为3×3的卷积核构成的卷积堆叠层,可以实现与5×5的卷积核的单卷积层同样的效果,即实现了5×5的感受野。同理,三层3×3卷积层堆叠可以实现7×7的感受野。

因此,VGGNet网络相比于ImageNet的冠军网络AlexNet和ZFNet而言,有两个优势:

(1) 包含三个ReLU卷积层而不是一个,使得决策函数更有判别性;

(2) 卷积层堆叠式结构相比单层卷积层而言,同样感受野的条件下但堆叠式模型参数更少,比如输入与输出都是L个通道,使用平面尺寸为3×3的3个卷积层需要$3\times(3\times3\times L)\times L=27\times L^2$个参数,使用7×7的1个卷积层需要$(7\times7\times L)\times L=49\times L^2$个参数,这可以看作是为7×7的卷积施加一种正则化,使它分解为3个3×3的卷积。

2) 1×1卷积核的运用

从表5-4可以看出,在配置C的网络中,出现了1×1卷积核。使用1×1的卷积层,有两个作用:一是改变通道数;二是若输入通道与输出通道数相同,为了实现线性变换,线性变换后也可增加决策函数的非线性,而不影响卷积层的感受野,虽然1×1的卷积操作是线性的,但是ReLU增加了非线性。

5.3.5 GoogLeNet网络

GoogLeNet是2014年谷歌公司的克里斯蒂安·塞格迪(Christian Szegedy)提出的一种全新的深度学习网络结构[12],该网络在2014年ImageNet的大规模视觉识别挑战赛(ILSVRC14)的分类和检测上取得了最好结果,将错误率降到6.7%。GoogLeNet和VGGNet被誉为2014年ILSVRC14的"双雄",在分类任务和检测任务上,GoogLeNet获得了第一名,VGGNet获得了第二名;而在定位任务上,VGGNet获得第一名。

该网络名字为GoogLeNet而不是GoogleNet,主要原因:该名称命名由两部分组成,一是该网络的提出者克里斯蒂安·塞格迪在谷歌工作,二是研究者为了表达对1989年杨立昆所提出的LeNet网络的致敬,将两部分组合起来命名为GoogLeNet,既体现了谷歌公司的贡献,也表达了对已有重要学者和重要贡献的崇敬。从技术角度而言,该网络模型的核心内容是发明了深度感知模块(Inception Module,IM),因此GoogLeNet还有另外一个名字叫InceptionNet,"Inception"一词蕴含着"深度感知"。

GoogLeNet和VGGNet模型结构的共同特点是层次更深。VGGNet继承了LeNet以及AlexNet的一些框架结构,AlexNet、VGGNet等结构都是通过增加网络的深度(层数)来获得更好的任务精度;但层数的增加会出现过拟合、梯度消失、梯度爆炸等问题。而GoogLeNet则做了更加大胆的网络结构尝试,虽然深度只有22层,但模型参数规模比AlexNet和VGGNet小很多,GoogLeNet参数为500万个,AlexNet参数个数是GoogLeNet的12倍,VGGNet参数是AlexNet的3倍。因此,在内存或计算资源有限时,GoogLeNet是比较好的选择;从模型结果来看,GoogLeNet在较少的参数规模下能获得更加优越的性能,其根本原因在于深度感知模块(Inception Module,IM)的提出。深度感知模块也称为深度感知结构(Inception Architecture,IA),需要说明的是,深度感知模块是本书编者从自身理解角度给出的名称,并不具有通用性,为了阐述方便,后续直接以"Inception 模块"进行表述。

1. Inception 模块提出缘由

通常而言,提高深度神经网络性能最直接的方法是增加网络的尺寸,包括增加网络的深度(网络层数)和网络宽度(每一层的单元数目)两种方式。特别是在可获得大量标记的训练数据的情况下,这种方式是训练高质量模型的一种简单而安全的方法。但是,这个简单的解决方案有三个主要的缺点:一是更大的尺寸意味着更多的参数,参数规模的增加使得网络容易陷入过拟合,特别是在训练集标注样本有限的情况下,而通常情况下标注数据又难以迅速获取。二是当层数增加时,使得网络优化更为困难,更容易出现梯度消失和梯度爆炸问题。三是增加网络尺寸需要更多的计算资源。例如,在一个深度卷积神经网络中,若两个卷积层相连,它们的滤波器数目的任何均匀增加都会导致计算的平方式增加。如果增加容量,则使用率低下(如果大多数权重结束时接近于0),会浪费大量的计算能力。由于在实际中的计算预算总是有限的,因此计算资源的有效分布更偏向于尺寸无差别的增加。

解决上述不足的方法是引入稀疏特性和将全连接层转换成稀疏连接。这个思路来源于两方面:一是生物的神经系统连接是稀疏的;二是有文献指出,如果数据集的概率分布能够被大型且非常稀疏的 DNN 所描述,那么通过分析前面层的激活值的相关统计特性,以及将输出高度相关的神经元进行聚类,便可逐层构建出最优的网络拓扑结构。这种方式说明,复杂冗余的网络可以在不降低性能情况下进行精简。但是,现在的计算框架对非均匀稀疏数据的计算非常低效,主要是因为查找和缓存的开销。因此,GoogLeNet 作者提出了一个思想,既能保持滤波器级别的稀疏特性,又能充分利用密集矩阵的高计算性能。有大量文献指出,将稀疏矩阵聚类成相对密集的子矩阵,能提高计算性能。上述观点便是 Inception 模块的想法来源。

2. Inception 模块结构分析

传统单纯依靠扩大网络规模或者增大训练数据集是迫不得已的解决方法,从本质上提高网络性能,需要引入新型稀疏连接结构,即采用"小"且"分散"的可重复性堆叠模块,构成深度感知网络来完成复杂任务学习。Inception 模块是 GoogLeNet 的核心组成单元,其结构如图 5-20 所示[12]。

如图 5-20(a)所示,原始 Inception 模块基本组成结构有 1×1 卷积、3×3 卷积、5×5 卷积和 3×3 最大池化 4 个部分,最后对 4 个成分运算结果进行通道上组合。Inception 模块的核心思想是通过多个卷积核提取图像不同尺度的信息,最后进行融合,这样可以得到图像更好的表征。Inception 模块的特点如下:

(1) 多感受野感知:采用不同大小的卷积核意味着不同大小的感受野。

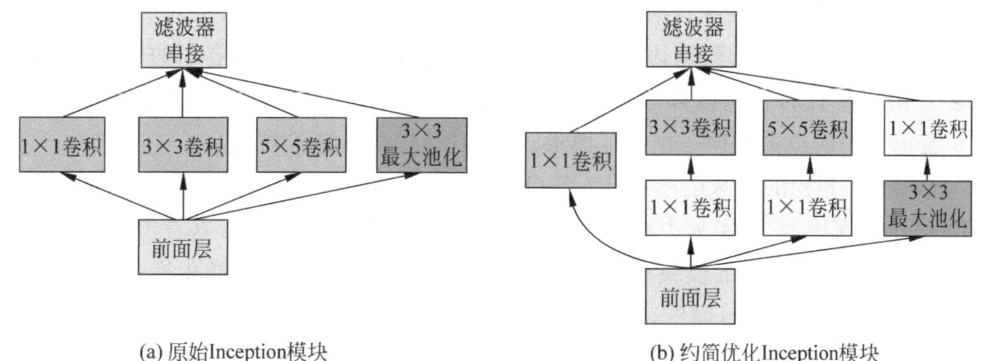

图 5-20 Inception 模块

(2) 池化模块：池化作用比较明显，在 Inception 模块专门嵌入了最大池化。

(3) 特征拼接融合：不同大小的感受野需要进行融合，才能得到更好表示。为了方便对齐，采用尺寸分别为 1×1、3×3 和 5×5 的卷积核，得到相同维度的特征进行拼接。设定步长 stride=1 后，只需要分别设定补零值为 0、1、2，就能得到相同的输出特征图平面尺寸。例如，假设输入特征图平面尺寸为 $m\times n$，利用 1×1 滤波器卷积后，其平面尺寸分别为 $(m-1+0+1)\times(n-1+0+1)$，即 $m\times n$；利用 3×3 滤波器卷积后，其平面尺寸分别为 $(m-3+2\times1+1)\times(n-3+2\times1+1)$，即 $m\times n$；利用 5×5 滤波器卷积后，其平面尺寸分别为 $(m-5+2\times2+1)\times(n-5+2\times2+1)$，即 $m\times n$。因此，得到的输出特征图平面尺寸都是 $m\times n$，只是通道数不同，可以方便拼接。Inception 模块的特征融合如图 5-21 所示，经过设置，前面层的输出特征图经过多尺度卷积后，得出融合后的输出特征图。

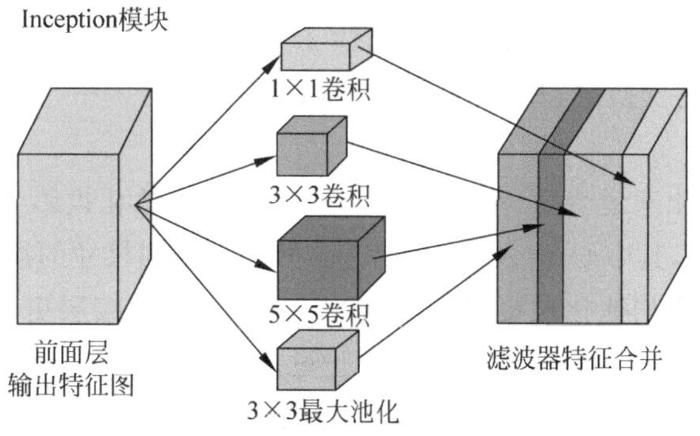

图 5-21 Inception 模块特征融合

可以看出，Inception 模块的提出，使得深层卷积神经网络设定时，不需要人工确定卷积层中的过滤器类型或是否需要创建卷积层和池化层，而是由网络自行决定这些参数，可以给网络添加所有可能值，将输出连接起来，网络自己决定需要学习什么样的参数。

由原始 Inception 模块堆叠起来的网络也存在缺点。由于 Inception 模块是逐层栈式堆叠的，故输出的关联性统计会产生变化，即更高层抽象的特征会由更高层次捕获，而它们的空间聚集度会随之降低(因为随着层次的升高，3×3 和 5×5 的卷积的比例也会随之升高)。由于所有的卷积核都紧接着上一层的输出，而前面特征图是合并得到的，又有 5×5 卷积核的通道数与前一层特征图通道数相同，因此计算量很大。

(4) 1×1 卷积的特殊运用：图 5-20(b)展示了针对上述缺点改进的通道约简后的优化 Inception 模块，它在实际中被广泛使用。对比图 5-20(a)和(b)可以看出，相对于原始模块，约简优化 Inception 模块在每个操作后都增加了一个 1×1 的卷积操作。主要有两点作用：一是对数据进行降维，减少整体参数量；二是由于 1×1 卷积线性变换后要经过 ReLU 函数，因此引入更多的非线性，提高模型的泛化能力。下面通过一个简单例子来分析 1×1 卷积操作数据维度约简和减少参数的作用。例如，上一层的输出为 100×100×128，经过具有 256 个输出的 5×5 卷积层之后(stride＝1，pad＝2)，输出数据的大小为 100×100×256。其中，卷积层的参数量为 5×5×128×256。假如上一层输出先经过具有 32 个输出的 1×1 卷积层，再经过一个 256 个 5×5 核的卷积层，那么最终的输出数据的大小仍为 100×100×256，但采用 1×1 的卷积的参数量为 1×1×128×32＋5×5×32×256。对比而言，使用 1×1 卷积后参数量大致为原来的 1/4。

3. GoogLeNet 网络结构分析

图 5-22 给出了 GoogLeNet 网络结构。GoogLeNet 网络有 22 层，包括 9 个 Inception 模块的堆叠，最后一层使用了 2014 年新加坡国立大学林敏等提出的网中网模型(Network In Network，NIN)中的全局平均池化层，加上全连接层后再输入到 Softmax 函数中。其中，卷积和池化模块下面的数字(如 3×3＋1(S))分别代表卷积核尺寸或池化尺寸、步长，“S”代表特征图大小不变，而“V”代表有效卷积或有效池化。

表 5-6 给出了 GoogLeNet 网络的具体参数配置。从表中可以看出，对于每个 Inception 模块构成的变换层，其输出通道个数是 1×1、3×3 和 5×5 滤波器个数总和加上池化投影个数，即

$$\text{输出通道个数} = C_{1\times1} + C_{3\times3} + C_{5\times5} + \text{池化投影个数}$$

如表 5-6 中黑体所示，其中 $C_{1\times1}$、$C_{3\times3}$ 和 $C_{5\times5}$ 分别为不同尺寸的滤波器个数。

实验证明，引入平均池化层提高了准确率，而加入全连接层更便于后期的微调。此外，GoogLeNet 依然使用 Dropout 技术来防止过拟合。

GoogLeNet 增加了两个辅助的 Softmax 分支，如图 5-22 中最右侧输出部分。这两个 Softmax 分支有两个作用：一是由于 GoogLeNet 层数很多，为了避免梯度消失导致模型难以训练，在中间位置增加分支，用于向前传导梯度(反向传播时如果有一层求导为 0，链式求导结果则为 0)；二是将中间某一层输出用作分类，起到模型融合作用，最后的总损失函数是三个损失函数的加权和，但这只用在模型训练过程中。在实际测试时，这两个辅助 Softmax 分支会被去掉。

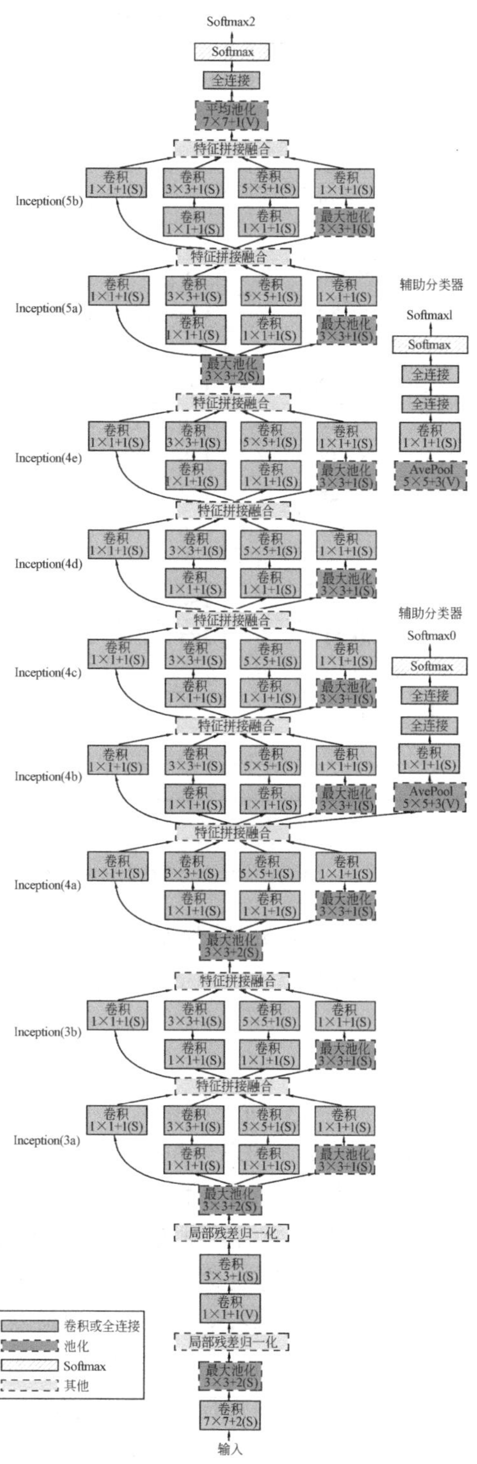

图 5-22　GoogLeNet 网络结构

表 5-6 GoogLeNet 网络参数配置

类型	尺寸/步长	输出特征图	深度	1×1	3×3投影	3×3	5×5投影	5×5	池化投影	参数	运算
卷积	7×7/2	112×112×64	1							2.7K	34M
最大池化	3×3/2	56×56×64	0								
卷积	3×3/1	56×56×192	2		64	**192**				112K	360M
最大池化	3×3/2	28×28×192	0								
Inception(3a)		28×28×**256**	2	**64**	96	**128**	16	**32**	**32**	159K	128M
Inception(3b)		28×28×**480**	2	**128**	128	**192**	32	**96**	**64**	380	304M
最大池化	3×3/2	14×14×480	0								
Inception(4a)		14×14×**512**	2	**192**	96	**208**	16	**48**	**64**	364K	73M
Inception(4b)		14×14×**512**	2	**160**	112	**224**	24	**64**	**64**	437K	88M
Inception(4c)		14×14×**512**	2	**128**	128	**256**	24	**64**	**64**	463K	100M
Inception(4d)		14×14×**528**	2	**112**	144	**288**	32	**64**	**64**	580K	119M
Inception(4e)		14×14×**832**	2	**256**	160	**320**	32	**128**	**128**	840K	170M
最大池化	3×3/2	7×7×832	0								
Inception(5a)		7×7×**832**	2	**256**	160	**320**	32	**128**	**128**	1072K	54M
Inception(5b)		7×7×**1024**	2	**384**	192	**384**	48	**128**	**128**	1388K	71M
平均池化	7×7/1	1×1×1024	0								
Dropout(40%)		1×1×1024	0								
线性		1×1×1000	1							1000K	1M
Softmax		1×1×1000	0								

4. Inception 模块的改进版本 Inception-v2 和 Inception-v3

GoogLeNet 网络中提出的 Inception 模块后来被称为 Inception version1，简称 Inception-v1，后期很多学者也不断提出 Inception 模块的改进版本，包括 Inception-v2、Inception-v3 和 Inception-v4。

1) 设计原则

Inception-v2 和 Inception-v3 出现在同一篇论文中[16]，在了解 Inception-v2 的结构之前，首先来深入了解 Inception-v2 设计的思想和初衷，总结起来是 4 个原则。

(1) 原则一：慎用信息压缩，避免信息表征性瓶颈。

直观上来说，当卷积不会大幅度改变输入维度时，神经网络可能会执行得更好。过多地减少维度可能会造成信息的损失，这也称为"表征性瓶颈"。为了提高模型分类精度，从输入层到输出层特征维度应缓慢下降，尽量避免使用信息压缩的瓶颈模块，尤其是不应当在模型的浅层使用。从图结构角度来看，CNN 模型本质上是一个有向无环图(Directed Acyclic Graph，DAG)，其信息自底向上流动，而每一个瓶颈模块的使用都会损失一部分信息，因此当出于计算与存储节省而使用瓶颈模块时，一定要慎重。前期的信息到后面不可恢复，因此尽量不要过度使用信息压缩模块，如不要用 1×1 的卷积核骤降输出特征图的通道数目，尽量在模型靠后的几层使用。

(2) 原则二：网络局部处理中的高维度特征表达。

高维度特征表达在网络的局部中处理起来更加容易。暂不考虑计算与内存开销增加的负面因素，增加每层卷积核数量可以增强其表达能力。简单理解，可以认为每个卷积核都具有发现不同模式的能力，因此增加卷积核个数，能够从不同角度去描述输入信号，增强其表达能力。另外，增加卷积神经网络每个神经元的激活值会更多地解耦合特征，使得网络训练更快。网络训练快是指整体所需要的迭代次数少，而不是整体训练所需的时间。

(3) 原则三：低维嵌入上的空间聚合。

可以在较低维的嵌入上进行空间聚合，而不会损失很多表示能力。例如，在进行更分散(如 3×3)的卷积之前，可以减小输入表示的尺寸，而不会出现严重的不利影响。之所以这样做，原因在于低维空间降维期间相邻单元之间相关性很强，降维丢失的信息较少。鉴于这些信号应易于压缩，因此降维可以促进更快地学习。

(4) 原则四：平衡网络的深度与宽度。

谷歌公司的研究人员将深度学习网络的设计问题视为一个在计算/内存资源限定情况下的结构优化问题，即通过有效组合、堆加各种层/模块，最终使得模型分类精度最高。后期大量实验表明，CNN 设计一定要将深度与宽度相匹配，换句话说"瘦高"或"矮胖"的 CNN 不如深宽匹配度高的网络。

2) Inception-v2 和 Inception-v3 核心技术

(1) 批归一化技术。

批归一化[17](Batch Normalization，BN)技术在用于神经网络某层时，会对每一个 minibatch 数据的内部进行标准化处理，使输出规范化到 N(0,1)的正态分布，减少了内部神经元分布的改变。BN 技术提出后得到广泛应用。相关文献指出，传统的深度神经网络在训练时，每一层输入的分布都在变化，导致训练变得困难，因此在使用 BN 之前，只能使用一个很小的学习速率解决这个问题。而对每一层使用 BN 后，就可以有效地解决这个问题，学习速率可以增大很多倍，达到之前的准确率所需要的迭代次数减少为原来的 1/10 甚至更少，训练时间大大缩短。因为 BN 某种意义上还起到了正则化的作用，所以可以减少或者取消 Dropout，简化网络结构。

(2) 基于大滤波器尺寸分解卷积。

可以将大尺度的卷积分解成多个小尺度的卷积来减少计算量。比如，将 1 个 5×5 的卷积分解成两个 3×3 的卷积串联，如图 5-23 所示。假设 5×5 和两级 3×3 卷积输出的特征数相同，那两级 3×3 卷积的计算量就是前者的(3×3+3×3)/5×5=18/25。为了便于表示，将图 5-23(b)所示的 Inception 模块表示为 Inception A。

(3) 不对称卷积分解。

上面的卷积分解方案减小了参数数量，同时也减小了计算量。但随后也出现了两个困惑：第一，这种分解方案是否影响特征表达，是否会降低模型的特征表达能力？第二，如果这种方案的目的是因式分解计算中的线性部分，那么是否在第一个 3×3 层使用线性激活？为此，文献[16]进行了对照实验，一组采用两层 ReLU，另一组采用线性+

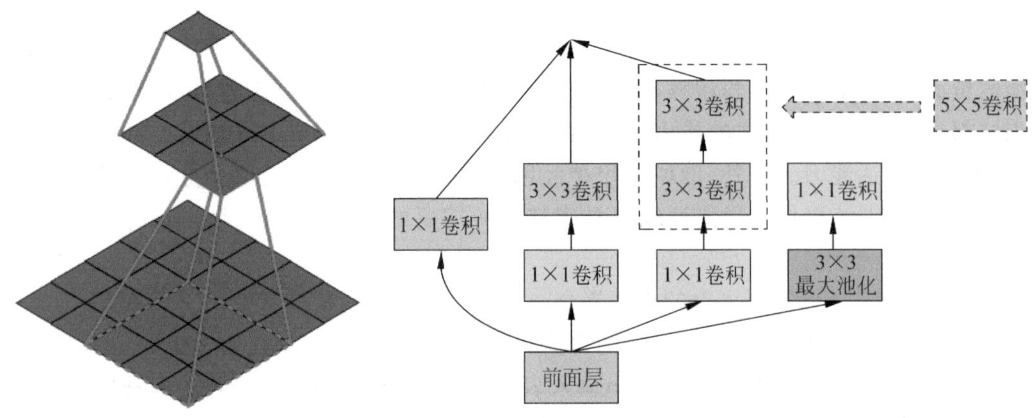

(a) 5×5卷积分解成2个3×3堆叠　　(b) 分解后Inception模块

图 5-23　5×5 的卷积分解

ReLU。结果发现，线性+ReLU 的效果总是低于两层 ReLU。产生这种差距的原因是多一层的非线性激活可以使网络学习特征映射到更复杂的空间，尤其是当对激活输出使用了批归一化技术。

既然大于 3×3 的卷积可以分解成 3×3 的卷积，是否继续考虑将其分解成更小的卷积核？当然很容易想到将 3×3 分解成两个 2×2 的卷积核，实际中没有采用这种对称分解，而是将 3×3 的卷积核分解成 1×3 和 3×1 卷积的串联，这种分解被称为非对称分解。原因在于，采用非对称分解后，能节省 33%的计算量，而将 3×3 卷积分解为两个 2×2 卷积仅节省了 11%的计算量。3×3 卷积分解如图 5-24 所示[18]。为了便于表示，将图 5-24(b)所示的 Inception 模块表示为 Inception B。

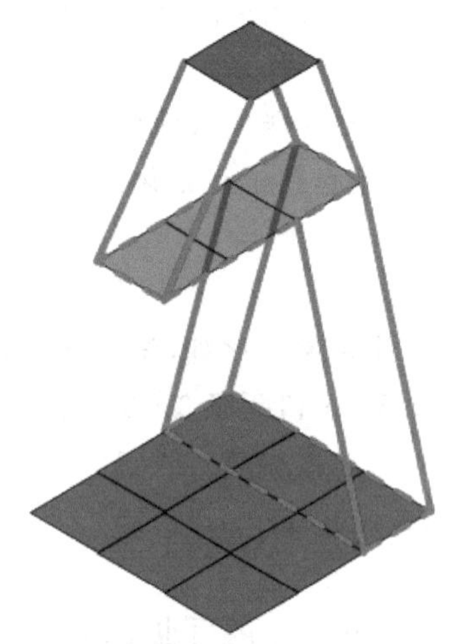

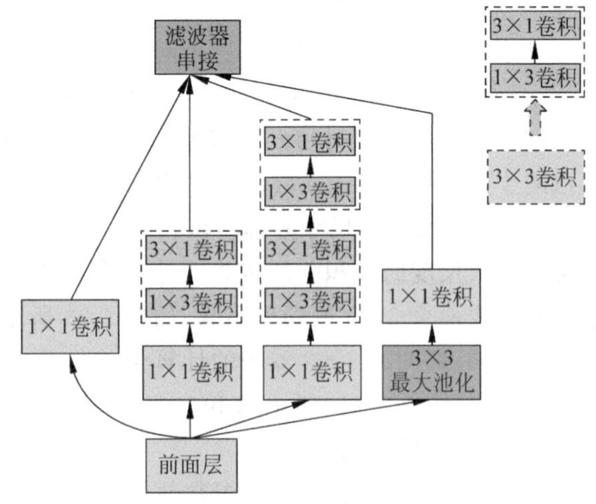

(a) 3×3卷积的非对称分解　　(b) 分解后的Inception模块

图 5-24　3×3 卷积分解

当然，在理论上可以更进一步，任意的 $n\times n$ 卷积都可以被 $1\times n$ 加上 $n\times 1$ 卷积核来代替，而且随着 n 的增大，节省的参数和计算量将激增。研究表明，这种因式分解在网络的浅层似乎效果不佳，但是对于中等大小的特征图有着非常好的效果(12～20 的特征图)。

(4) 宽度扩展卷积分解。

为了便于表示，将图 5-25 所示的 Inception 模块表示为 Inception C。根据前面所述，按照前面三个原则用来构建三种不同类型的 Inception 模块，分别如图 5-23(b)、图 5-24(b)、图 5-25 所示，按引入顺序称为 Inception A、Inception B 和 Inception C，使用"A、B、C"作为名称只是为了叙述方便。

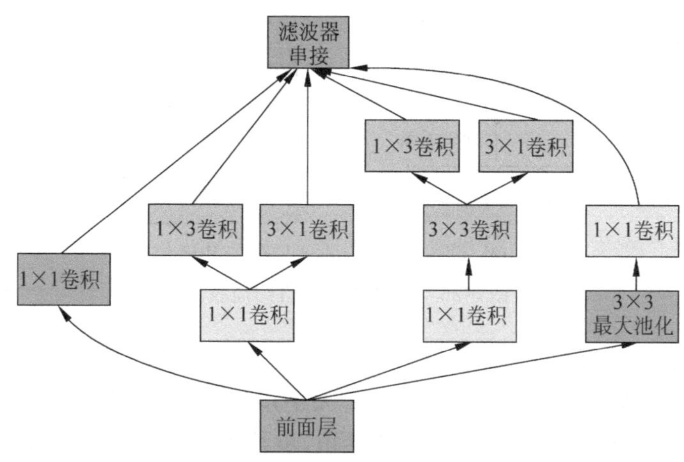

图 5-25 宽度扩展卷积分解

(5) 辅助分类技术。

在 Inception-v1 构建 GoogLeNet 网络中引入了辅助分类器的概念，以改善非常深层网络的收敛性。最初的想法是将有用的梯度推到较低的层，以使它们立即可用，并通过在非常深的网络中解决消失的梯度问题来提高训练期间的收敛性。也有其他学者进一步证实辅助分类器可以促进更稳定的学习和更好的收敛。然而，后期 Szegedy 等发现辅助分类器并未在训练初期改善收敛性：在两个模型都达到高精度之前，有无辅助分类器的网络训练进程似乎相同。在训练快要结束时，带有辅助分支的网络开始超越没有任何辅助分支的网络的精度，并达到略高的平稳期。

研究表明，在网络训练的不同阶段使用两个辅助分类项，但删除下部辅助分支不会对网络的最终质量产生任何不利影响。因此，Szegedy 改变了他们先前的看法，认为可以把辅助分类器充当正则化器。为此，他们在辅助分类损失项对应的全连接层中添加了批归一化和 Dropout，结果获得了一定的提升，这也为批处理归一化能充当正则化作用的想法提供了少量的证据支持。

(6) 网络约简技术。

传统的卷积网络会使用池化操作来减少特征图的大小。为了避免特征表达瓶颈，在进行池化之前都会扩大网络特征图的数量。例如，有 K 个 $d\times d$ 的特征图，如果变成 $2K$

个 $d/2\times d/2$ 的特征图，那么可以采用两种方式：一是先卷积再池化。先构建一个步长为 1、$2K$ 个卷积核的卷积层，再进行池化。这意味着总计算开销将由大特征图上进行的卷积运算所主导，约 $2d^2K^2$ 次操作。二是先池化后卷积。计算量就变为 $2(d/2)^2K^2$，计算量变为第一种方法的 1/4。但第二种方法会引入表达瓶颈问题，因为特征的整体维度由 d^2K 变成了 $(d/2)^2\times 2K$，这导致网络的表达能力减弱。图 5-26 给出了两种经典网络约简技术，其中 $d=35$，$K=320$。

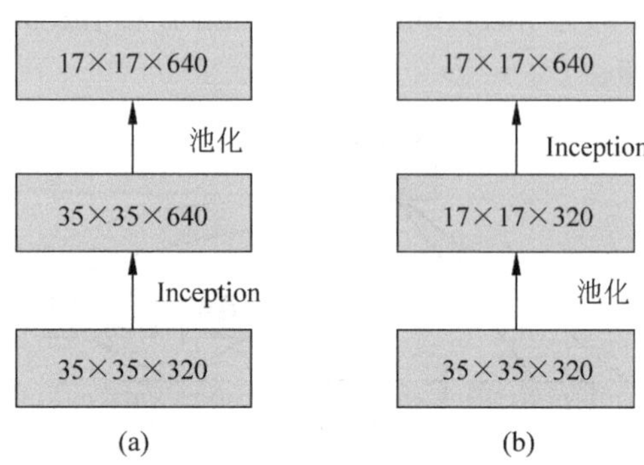

图 5-26　两种经典网络约简技术

为了克服表达瓶颈问题，Inception-v2 采用了一种更高效的数据压缩方式——网格约简技术。为了将特征图的大小压缩为 1/2 大小，同时通道数量变为 2 倍，采用了一种类似 Inception 的约简结构，同时做池化和卷积，步长为 2，再将两者结果堆叠起来，实现了特征图的压缩和通道的扩增。这种方法既能够减少计算开销，也能避免表达瓶颈。新型网络约简技术如图 5-27 所示。

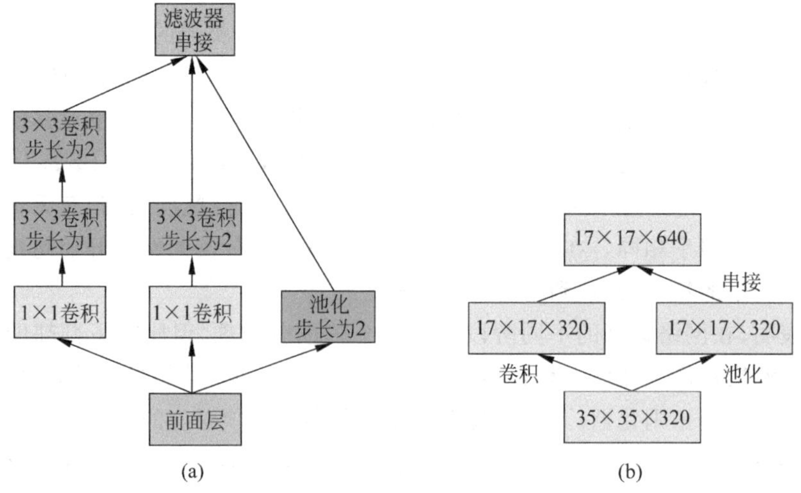

图 5-27　新型网络约简技术

(7) 标签平滑正则。

标签平滑正则(Label-smoothing Regularization，LSR)是一种通过估计标签丢弃的边缘化效应来正则分类器层的机制。

假设 z_i 为未被归一化的对数概率，p 为样本的预测概率，q 为样本的真实类别标签概率。当分类采用 Top-1 进行表示时，样本的真实概率为狄拉克(Dirac)函数，即 $q(k)=\delta_{k,y}$，其中 y 为真实的类别标签。对于每个训练样本 x，网络模型计算其关于每个类别标签 $k\in\{1,2,\cdots,K\}$的概率值，则 Softmax 层输出的预测概率为

$$p(k\mid x)=\frac{\exp(z_k)}{\sum_{i=1}^{K}\exp(z_i)} \tag{5.7}$$

式中：z_i 为未归一化的对数概率值。

假设对该样本关于类别标签 $p(k|x)$的真实分布进行归一化，则有

$$\sum_k p(k\mid x)=1 \tag{5.8}$$

为简单起见，忽略关于样本 x 的 p 和 q 之间的依赖性。

定义样本的损失函数为交叉熵为

$$l=-\sum_{k=1}^{K}q(k)\log(p(k)) \tag{5.9}$$

最小化交叉熵函数等价于最大化特定类别标签的对数似然值，该特定类别标签是根据其真实分布 $q(k)$选定。由于交叉熵损失函数关于 z_i 是可微的，因此可以用于深度模型的梯度训练，其梯度的相对简洁形式为

$$\frac{\partial l}{\partial z_k}=p(k)-q(k),\quad \text{其值区间为}[-1,1] \tag{5.10}$$

假设只有单个真实类别标签 y 的情况，则 $q(y)=1$ 且 $q(k)=0(k\neq y)$时，最小化交叉熵损失函数等价于最大化正确类别标签的对数概率。

对于某个样本 x，其类别标签为 y，对 $q(k)$计算最大化对数概率，$q(k)=\delta_{k,y}$，即 $k=y$ 时，$\delta_{k,y}=1$，$k\neq y$ 时，$\delta_{k,y}=0$。

在采用预测的概率来拟合真实的概率时，只有当对应于真实类别标签的对数值远远大于其他类别标签的对数值时才可行。但其面临两个问题：

① 可能导致过拟合。如果模型学习的结果是对于每个训练样本都将全部概率值分配给真实类别标签，则不能保证其泛化能力。

② 其鼓励最大逻辑回归值和其他逻辑回归值间的差异尽可能大，但结合梯度$\partial l/\partial z_k$的有界性，其削弱了模型的适应能力。

也就是说，只有模型对预测结果足够有信心时才可能发生的情况。

Inception-v3 提出了一种机制，鼓励模型少一点自信。虽然最大化训练标签对数似然度，但不是真正期望的目标，这样做能够正则化模型，并提升模型的适应能力。假设有独立于训练样本 x 的类别标签的分布 $u(k)$，对于真实类别标签为 y 的训练样本，将其类别标签的分布 $q(k|x)=\delta_{k,y}$ 替换为

$$q'(k\mid x)=(1-\varepsilon)\delta_{k,y}+\varepsilon u(k) \tag{5.11}$$

式中：ε 为平滑参数。可以看出 $q'(k|x)$是原始真实分布 $q(k|x)$、固定分布 $u(k)$和权重

ε 的组合。

将类别标签 k 的分布计算可以看作为两点：一是将类别标签设为真实类别标签，$k=y$；二是采用平滑参数 ε，将从分布 $u(k)$ 中的采样值来取代 k。

Inception-v3 采用类别标签的先验分布作为 $u(k)$，如均匀分布，$u(k)=1/K$，则有

$$q'(k \mid x)=(1-\varepsilon)\delta_{k,y}+\varepsilon\frac{1}{K} \tag{5.12}$$

故称为类别标签平滑正则化(Label-Smoothing Regularization，LSR)。LSR 交叉熵变为

$$H(q',p)=-\sum_{k=1}^{K}q'(k)\log(p(k))=(1-\varepsilon)H(q,p)+\varepsilon H(u,p) \tag{5.13}$$

等价于将单个交叉熵损失函数 $H(q,p)$ 替换为损失函数 $H(q,p)$ 和 $H(u,p)$ 的加权和。损失函数 $H(u,p)$ 惩罚了预测的类别标签分布 p 相对于先验分布 u 的偏差，根据相对权重 $\frac{\varepsilon}{1-\varepsilon}$。该偏差也可以从 KL 分歧的角度计算，因为 $H(u,p)=D_{\mathrm{KL}}(u \parallel p)+H(u)$，当 u 为均匀分布时，$H(u,p)$ 是评价预测的概率分布 p 与均匀分布 u 间的偏离程度。

(8) Inception-v2 网络组成。

表 5-7 给出了 Inception-v2 网络结构。由前面知识可知，普通卷积后，输出特征图平面尺寸变为(原平面尺寸-卷积核尺寸)/步长+1；而补零卷积不改变平面尺寸，只是将输入通道数变化变成卷积核个数，因此卷积核个数也就是新通道数。前面的 7 行是经典卷积层、池化层。前三行将传统的 7×7 卷积分解为三个 3×3 卷积串接，并且在第一个卷积处就通过步长为 2 来降低分辨率。而后面的 5～7 行卷积也一样，但分辨率降低时通过本组的第二个卷积来实现。对于网络的 Inception 部分，在 35×35 处有 3 个传统的 Inception 模块(图 5-23(b))，每个模块有 288 个过滤器。采用网格约简技术，将其缩减为具有 768 个滤波器的 17×17 网格。之后是如图 5-24(b)所示的 5 个因式分解 Inception 模块的实例，利用图 5-27 所示的网络约简技术将其缩减为 8×8×1280。在最粗糙的 8×8 级别，有两个图 5-25 所示 Inception 模块，每个图块的串联输出滤波器组大小为 2048。

表 5-7 Inception-v2 网络结构

行号	类　型	输入图像	尺度/步长、滤波器数	输出图像
1	卷积	299×299×3	3×3/2、32 个	149×149×32
2	卷积	149×149×32	3×3/1、32 个	147×147×32
3	补零卷积	147×147×32	3×3/1、64 个	147×147×64
4	池化	147×147×64	3×3/2	73×73×64
5	卷积	73×73×64	3×3/1、80 个	71×71×80
6	卷积	71×71×80	3×3/2、192 个	35×35×192
7	补零卷积	35×35×192	3×3/1、288 个	35×35×288
8	3×Inception	35×35×288	如图 5-23(b)所示，288 个	17×17×768
9	5×Inception	17×17×768	如图 5-24(b)所示	8×8×1280
10	2×Inception	8×8×1280	如图 5-25 所示	8×8×2048
11	池化	8×8×2048	8×8	1×1×2048

续表

行号	类　型	输入图像	尺度/步长、滤波器数	输出图像
12	线性	1×1×2048		1×1×1000
13	Softmax	1×1×1000	分类器	1×1×1000

模型结果与旧的 GoogLeNet 相比有较大提升，如表 5-8 所示。

表 5-8　Inception-v2 识别结果

网　络	Top-1 误差/%	Top-5 误差/%	Bnops 代价
GoogLeNet	29	9.2%	1.5
BN-GoogLeNet	26.8	—	1.5
BN-Inception	25.2	7.8	2.0
Inception-v2	23.4	—	3.8
Inception-v2 RMSProp	23.1	6.3	3.8
Inception-v2 Label-Smoothing	22.8	6.1	3.8
Inception-v2 Factorized-7×7	21.6	5.8	4.8
Inception-v2 BN-auxiliary	21.2	5.6	4.8

(9) Inception-v3 网络组成。

Inception-v3 的结构是 Inception v2 版本的升级，除了上面的优化操作，还使用了四种技术：一是采用了 RMSProp 优化器，这是常用的一种神经网络优化算法，在第二章中有具体细节阐述；二是采用了非对称因式分解的 7×7 卷积，对于将 $n\times n$ 的卷积分解成 $n\times 1$ 和 $1\times n$ 卷积时，发现在网络的前层这样进行卷积分解起不到多大作用，不过在网络网格为 $m\times m$(m 在[12,20]之间)时结果较好，因此这里将 7×7 卷积直接分解成 1×7 和 7×1 的串联；三是辅助分类器使用了批归一化技术；四是将标签平滑技术用于辅助函数的正则化项，如前面技术细节所示，防止网络对某一类别过分自信，出现过拟合现象。

5.3.6　残差网络

1. 残差网络的提出缘由

残差网络(Residual Network，ResNet)于 2015 年提出[13]，在 ImageNet 比赛分类任务上获得第一名，因为它“简单与实用”并存，之后很多方法都建立在 ResNet50 或者 ResNet101 的基础上完成，检测、分割和识别等领域都纷纷使用 ResNet。而且由于其优越的性能，在 AlphaGo-Zero 的版本中也采用残差网络替代经典卷积神经网络。

实际研究过程中发现，随着网络深度的增加，会出现一种模型退化现象。模型退化就是当网络越来越深时，模型的训练准确率会趋于平缓，但是测试误差会变大，或者训练误差和测试误差都变大(这种情况不是过拟合)。换句话说，模型层数的增加并没有导致性能的提升，而是导致模型性能的下降，这种现象称为模型退化。例如，假设一个最优化的网络结构有 10 层。当设计网络结构时，由于预先不知道最优网络结构的层数，假设设计了一个 20 层网络，那么就会有 10 个冗余层，这对建模显然没有好处。很容易想到，能否让中间多余的层数变成恒等映射，也就是经过恒等映射层时输入与输出完全一样。但是，往往模型很难将这 10 层恒等映射的参数学习正确，因此出现退化现象，其核心原因在于冗余的网络层学习了非恒等映射的参数。

为此提出了残差网络。与传统深度学习利用多个堆叠层直接拟合期望特征映射的过程不同，残差网络显式地用多个堆叠层拟合一个残差映射。

2. 残差网络基本原理

残差网络的基本结构如图 5-28 所示，是带有跳跃的结构。可见图中有一个捷径连接或直连，这个直连实现恒等映射。假设期望的特征映射为 $H(\boldsymbol{x})$，而堆叠的非线性层拟合的是另一个量 $F(\boldsymbol{x})=H(\boldsymbol{x})-\boldsymbol{x}$，那么一般情况下最优化残差映射比最优化期望的映射更容易，也就是 $F(\boldsymbol{x})=H(\boldsymbol{x})-\boldsymbol{x}$ 比 $F(\boldsymbol{x})=H(\boldsymbol{x})$ 更容易优化。比如，极端情况下期望的映射要拟合的是恒等映射，此时残差网络的任务是拟合 $F(\boldsymbol{x})=0$，普通网络拟合 $F(\boldsymbol{x})=\boldsymbol{x}$，明显前者更容易优化。通过这种残差网络结构构造的网络层数可以很深，且最终的分类效果也非常好。

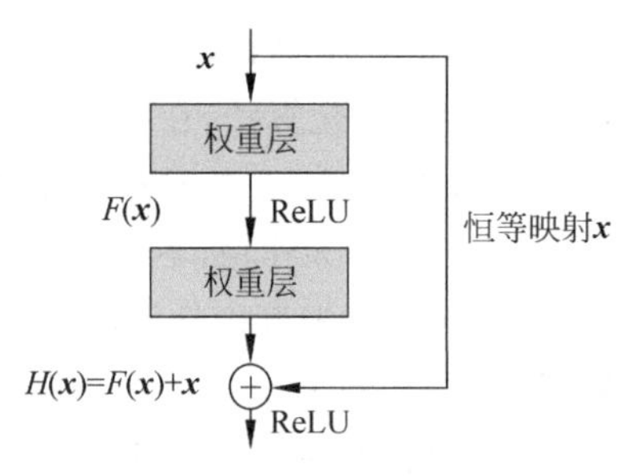

图 5-28　残差网络结构

图 5-29 给出了一个 34 层的残差网络结构图。经过直连后，$H(\boldsymbol{x})=F(\boldsymbol{x})+\boldsymbol{x}$，但图中出现了实线连接和虚线连接的情况。

(1) 实线连接表示通道相同，如图 5-29 中第一个方格底纹矩形和第三个方格底纹矩形，都是 3×3×64 的特征图，由于通道相同，所以采用计算方式为 $H(\boldsymbol{x})=F(\boldsymbol{x})+\boldsymbol{x}$。

(2) 虚线连接表示通道不同，如图 5-29 的第一个斜线底纹矩形和第三个斜线底纹矩形，分别是 3×3×64 和 3×3×128 的特征图，通道不同，采用的计算方式为 $H(\boldsymbol{x})=F(\boldsymbol{x})+\boldsymbol{W}\boldsymbol{x}$，其中 $\boldsymbol{W}$ 是卷积操作，用来调整 $\boldsymbol{x}$ 维度。

除了上面提到的两层残差学习单元，还有三层的残差学习单元，如图 5-30 所示。图中所示两种结构分别针对 ResNet34(图 5-30(a))和 ResNet50/101/152(图 5-30(b))，一般把图 5-30(a)和(b)所示的结构称为一个残差模块，其中图 5-30(a)是普通模块，图 5-30(b)是“瓶颈设计模块”，采用这种结构的目的就是降低参数数量。从图中可以看出，第一个 1×1 的卷积把 256 维的通道数降到 64 维，然后在 64 维通道数上进行卷积，最后再通过 1×1 卷积将通道数进行恢复，图 5-30(b)中用到参数为 1×1×256×64+3×3×64×

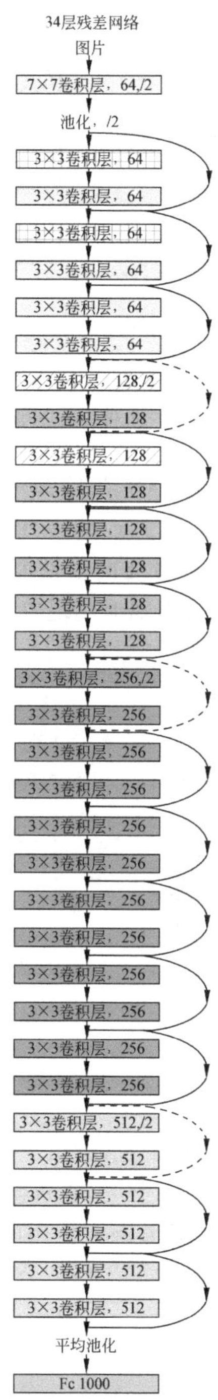

图 5-29 34 层残差网络结构

64+1×1×64×256=69632 个，而不使用“瓶颈”设计模块则是两个 3×3×256 的卷积，参数为 3×3×256×256×2=1179648 个，是降维优化后参数的 16.94 倍。

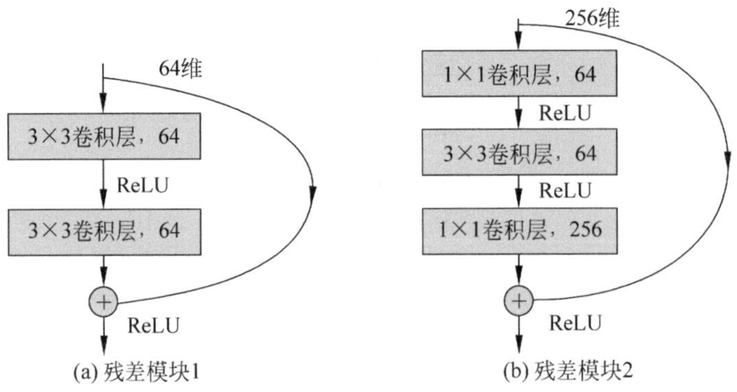

图 5-30　两种 Res 层设计

同样，在由 1000 个类组成的 ImageNet 2012 分类数据集上评估，模型在 128 万训练图像上进行训练，并对 50k 验证图像进行评估，其中分别采用了 18 层和 34 层普通网。图 5-31 给出了性能对比，图 5-31(a)是普通网络性能图，图 5-31(b)是残差网络性能图。从图中可以看出：采用普通网络，网络出现退化现象；采用残差网络，深层网络性能得到优化提升。

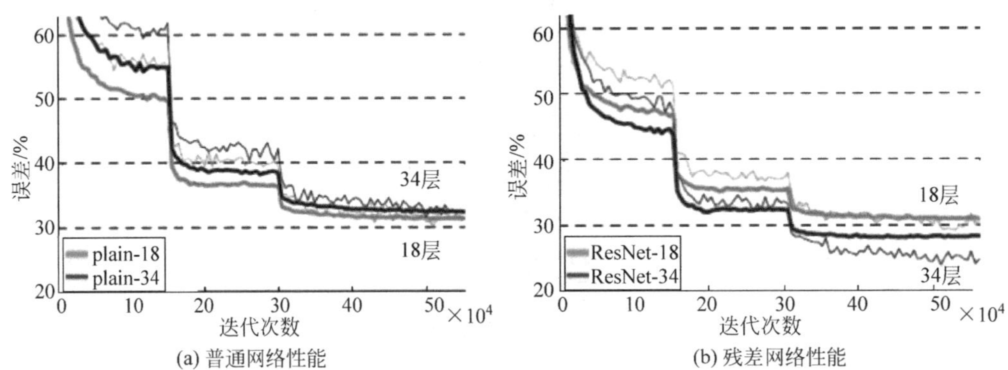

图 5-31　性能对比

表 5-9 列出了不同层数时模型参数配置，给出了不同 5 种残差网络的结构，深度分别是 18、34、50、101 和 152。首先都通过一个 7×7 的卷积层，接着是一个最大池化，之后就是堆叠残差块，其中 50、101、152 层的残差网络使用的残差块是“瓶颈”结构，各网络中残差块个数从左到右依次是 8、16、16、33、50。此外，在网络最后层通常连接一个全局平均池化，好处是使参数不需要最优化防止过拟合，对输入与输出的空间变换更具有鲁棒性，加强了特征映射与类别的一致性。

表 5-9 不同层数时模型参数配置

层　名	输出尺寸	18 层	34 层	50 层	101 层	152 层
卷积层 1	112×112	7×7,64,步长 2				
卷积层 2_x	56×56	3×3 最大池化,步长 2				
		$\begin{bmatrix}3\times3,64\\3\times3,64\end{bmatrix}\times2$	$\begin{bmatrix}3\times3,64\\3\times3,64\end{bmatrix}\times3$	$\begin{bmatrix}1\times1,64\\3\times3,64\\1\times1,256\end{bmatrix}\times3$	$\begin{bmatrix}1\times1,64\\3\times3,64\\1\times1,256\end{bmatrix}\times3$	$\begin{bmatrix}1\times1,64\\3\times3,64\\1\times1,256\end{bmatrix}\times3$
卷积层 3_x	28×28	$\begin{bmatrix}3\times3,128\\3\times3,128\end{bmatrix}\times2$	$\begin{bmatrix}3\times3,128\\3\times3,128\end{bmatrix}\times4$	$\begin{bmatrix}1\times1,128\\3\times3,128\\1\times1,512\end{bmatrix}\times4$	$\begin{bmatrix}1\times1,128\\3\times3,128\\1\times1,512\end{bmatrix}\times4$	$\begin{bmatrix}1\times1,128\\3\times3,128\\1\times1,512\end{bmatrix}\times8$
卷积层 4_x	14×14	$\begin{bmatrix}3\times3,256\\3\times3,256\end{bmatrix}\times2$	$\begin{bmatrix}3\times3,256\\3\times3,256\end{bmatrix}\times6$	$\begin{bmatrix}1\times1,256\\3\times3,256\\1\times1,1024\end{bmatrix}\times6$	$\begin{bmatrix}1\times1,256\\3\times3,256\\1\times1,1024\end{bmatrix}\times23$	$\begin{bmatrix}1\times1,256\\3\times3,256\\1\times1,1024\end{bmatrix}\times36$
卷积层 5_x	7×7	$\begin{bmatrix}3\times3,512\\3\times3,512\end{bmatrix}\times2$	$\begin{bmatrix}3\times3,512\\3\times3,512\end{bmatrix}\times3$	$\begin{bmatrix}1\times1,512\\3\times3,512\\1\times1,2048\end{bmatrix}\times3$	$\begin{bmatrix}1\times1,512\\3\times3,512\\1\times1,2048\end{bmatrix}\times3$	$\begin{bmatrix}1\times1,512\\3\times3,512\\1\times1,2048\end{bmatrix}\times3$
	1×1	平均池化,1000 维的全连接层,Softmax				
FLOP		1.8×10^9	3.6×10^9	3.8×10^9	7.6×10^9	11.3×10^9

3. Inception-v4

Inception-v4 网络中[19],对 Inception 块的每个网格大小进行了统一,结构如图 5-32 所示。图(a)为总结构图,图(b)为 Stem 模块的结构。其中：所有图中没有标记“V”的卷积使用相同尺寸填充原则,即其输出网格与输入的尺寸正好匹配；使用“V”标记的卷积使用有效卷积填充原则,即每个单元输入块全部包含在前几层中,同时输出激活图的网格尺寸也相应会减少。从图 5-32(b)分析可知,输入经过 32 个步长为 2 的有效卷积,则输出特征图尺寸变成 149×149×32,其中(299－3)/2＋1＝149；因此依次进行卷积运算,可以得到级联后的特征图为 73×73×160,其中通道数是 64＋96＝160；在第一个滤波器级联和第二个滤波器级联之间可以看到,左侧先后经过 1×1 和 3×3 有效卷积,尺寸变为 71×71×96,其中平面尺寸 71×71 由 73－3＋1＝71 得来,右侧经过 1×1、1×7、7×1 和 3×3 有效卷积,前三个卷积不改变平面尺寸,而 3×3 有效卷积同样使得平面尺寸变为 71×71,而通道数为 96,因此滤波器级联后的特征图为 71×71×192,经过卷积和池化后尺寸变为 35×35×384。

图 5-33 给出了 Inception-v4 网络中的模块结构,其中图(a)是 35×35 网格块框架(对应图中 Inception-A 块),图(b)是 Inception-v4 网络 17×17 网格块框架(对应图中 Inception-B 块)；图(c)是 Inception-v4 网络 8×8 网格块框架(对应图中 Inception-C 块)。

图 5-34 给出了 Inception-v4 网络中的约简(Reduction)模块结构,其中图(a)将 35×35 网格约简到 17×17 的网格块,图(b)将 17×17 网格约简到 8×8 的网格块。需要注意的是,Reduction-A 模块是一种通用结构。由图中可以看出,k、l、m、n 分别为 1×1 卷积、

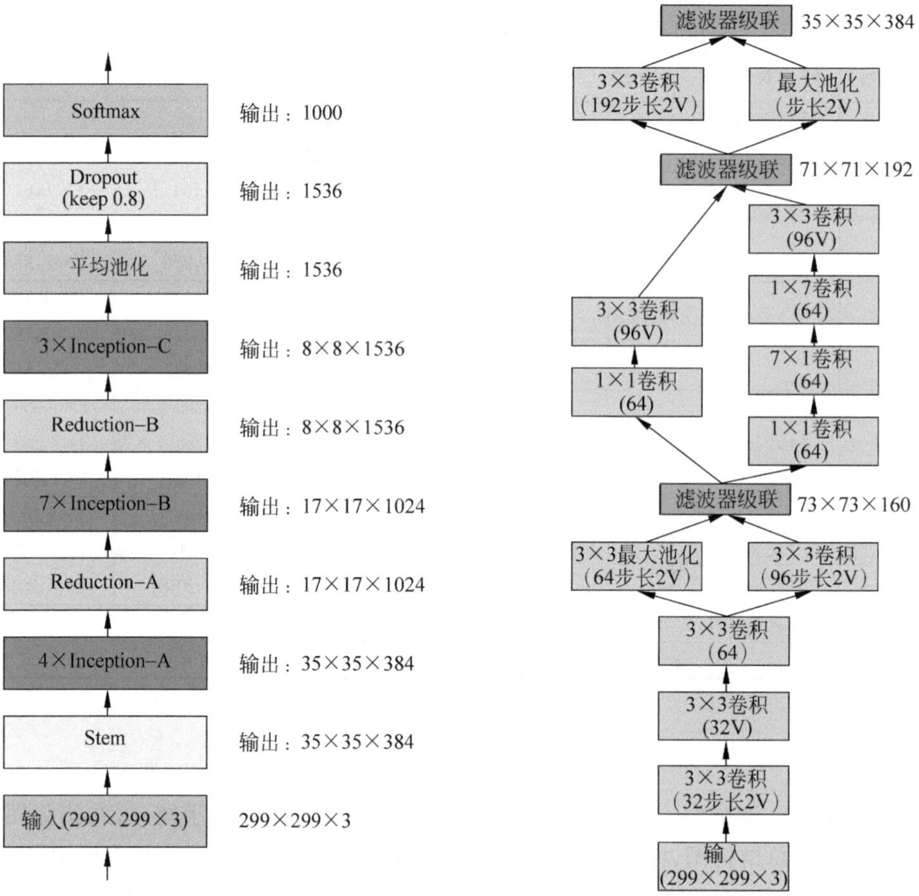

Softmax 输出：1000
Dropout (keep 0.8) 输出：1536
平均池化 输出：1536
3×Inception-C 输出：8×8×1536
Reduction-B 输出：8×8×1536
7×Inception-B 输出：17×17×1024
Reduction-A 输出：17×17×1024
4×Inception-A 输出：35×35×384
Stem 输出：35×35×384
输入(299×299×3) 299×299×3

(a) Inception网络结构

滤波器级联 35×35×384
3×3卷积 (192步长2V)
最大池化 (步长2V)
滤波器级联 71×71×192
3×3卷积 (96V)
1×7卷积 (64)
7×1卷积 (64)
1×1卷积 (64)
3×3卷积 (96V)
1×1卷积 (64)
滤波器级联 73×73×160
3×3最大池化 (64步长2V)
3×3卷积 (96步长2V)
3×3卷积 (64)
3×3卷积 (32V)
3×3卷积 (32步长2V)
输入 (299×299×3)

(b) Stem模块结构

图 5-32　Inception-v4 的结构

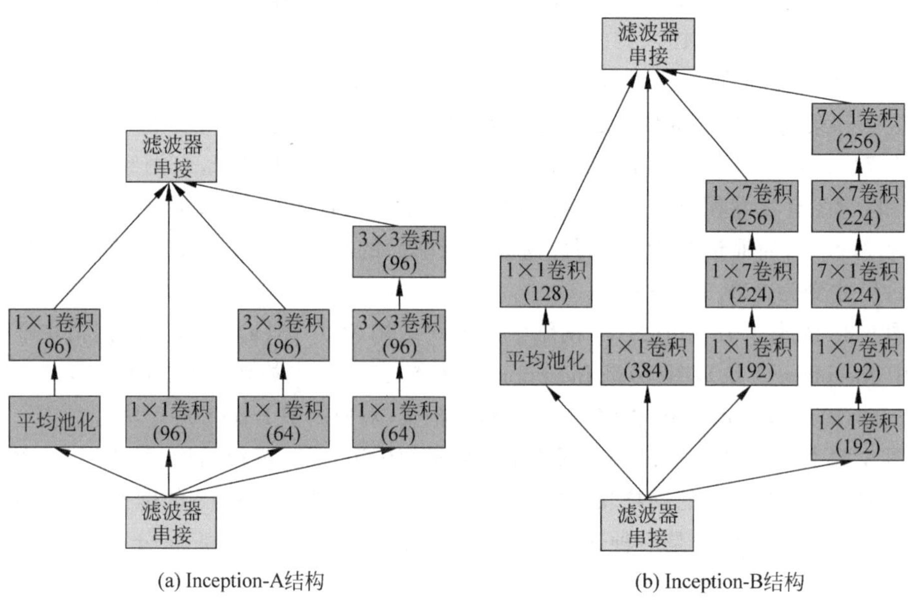

图 5-33　Inception-v4 网络中的模块结构

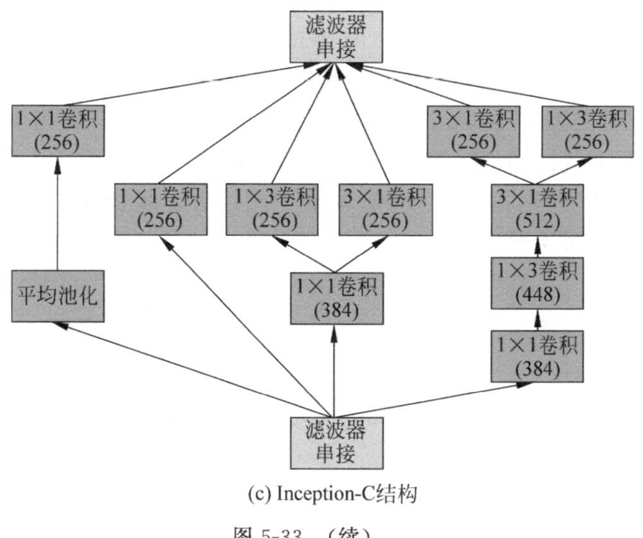

(c) Inception-C结构

图 5-33 （续）

7×1 卷积、3×3 卷积、3×3 卷积的卷积核个数。不同的网络结构中，其参数不同。Inception-v4 网络、后续残差网络 Inception-ResNet 的两种版本都采用了这个 Reduction-A 模块，只是 k、l、m、n 的个数不同。Inception-v4 中 k、l、m、n 分别为 192、224、256 和 384。

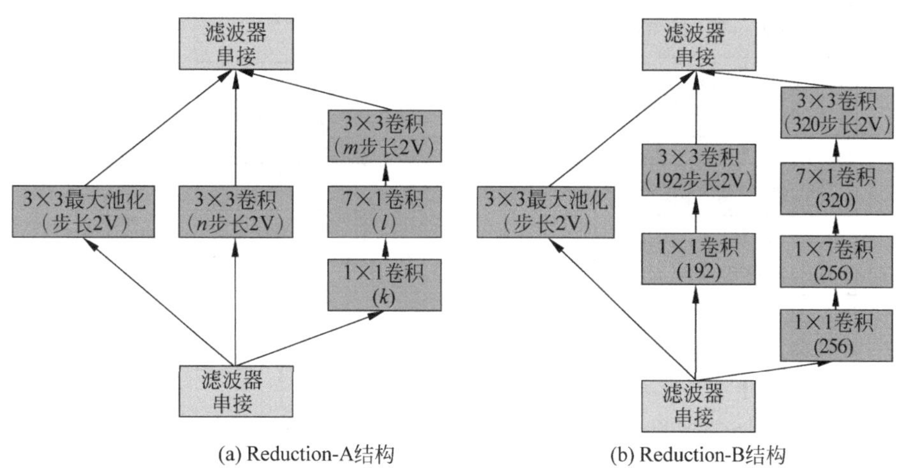

(a) Reduction-A结构　　(b) Reduction-B结构

图 5-34 Inception-v4 中的 Reduction 模块结构

4. Inception-ResNet

相较最初的 Inception 模块，其残差版本采用了更精简的 Inception 模块。每个 Inception 模块后紧连接着滤波层（没有激活函数的 1×1 卷积）以进行维度变换，以实现输入的匹配，这样补偿了在 Inception 块中的维度降低。残差网络在提出后，为了更好验证性能，在残差网络中尝试了不同的 Inception 版本，一个是“Inception-ResNet-v1”，计算代价跟 Inception-v3 大致相同，另一个“Inception-ResNet-v2”的计算代价跟 Inception-v4

网络基本相同。Inception-ResNet 的两个版本结构基本相同，只是细节不同。图 5-35 给出了 Inception-ResNet 的结构图[19]。图 5-35(a)为 Inception-ResNet 结构，其中包括了 Inception-ResNet-A、Inception-ResNet-B 和 Inception-ResNet-C 三种类型的模块，但两个版本的上述三种类型的 Inception 模块细节有差异；图 5-35(b)为 Inception-ResNet-v1 的 Stem 模块，而 Inception-ResNet-v2 的 Stem 模块与 Inception-4 的 Stem 模块相同。这里仍补充说明，图 5-35(b)中的 Stem 模块中的给出了步长和卷积的类型，“V”仍然代表有效卷积，因此尺寸会缩小。

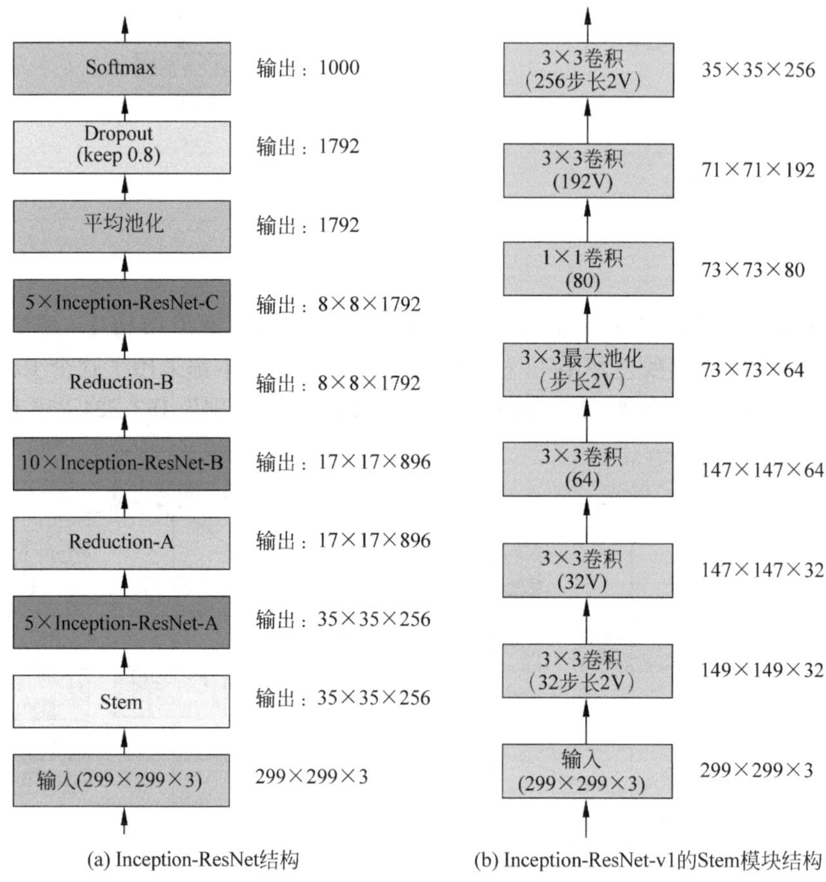

(a) Inception-ResNet结构　　(b) Inception-ResNet-v1的Stem模块结构

图 5-35　Inception-ResNet 网络结构

Inception-ResNet-v1 和 Inception-ResNet-v2 两个版本的网络中对应的 Inception-ResNet-A 模块如图 5-36 所示。其平面尺寸分别为 35×35，经过不同尺寸的卷积后，获得了感知度的特征图，进行级联后再通过 1×1 的无激活的线性卷积变换通道数，分别将通道数变换为 256 和 384。

Inception-ResNet-v1 和 Inception-ResNet-v2 两个版本的网络中对应的 Inception-ResNet-B 模块如图 5-37 所示。其平面尺寸分别为 17×17，经过不同尺寸的卷积后，获得了感知度的特征图，进行级联后再通过 1×1 的无激活的线性卷积变换通道数，分别将通道数变换为 896 和 1154。

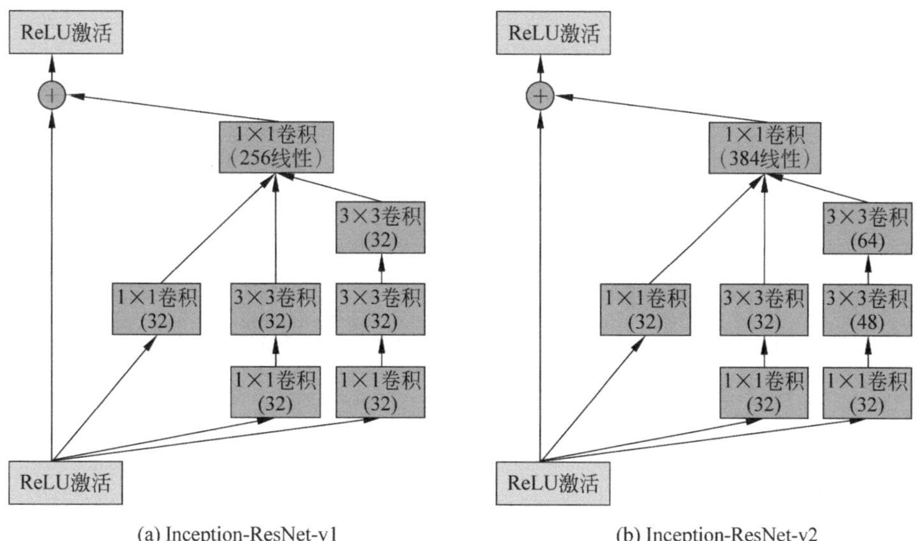

图 5-36 Inception-ResNet 中的 Inception-ResNet-A 模块结构(35×35)

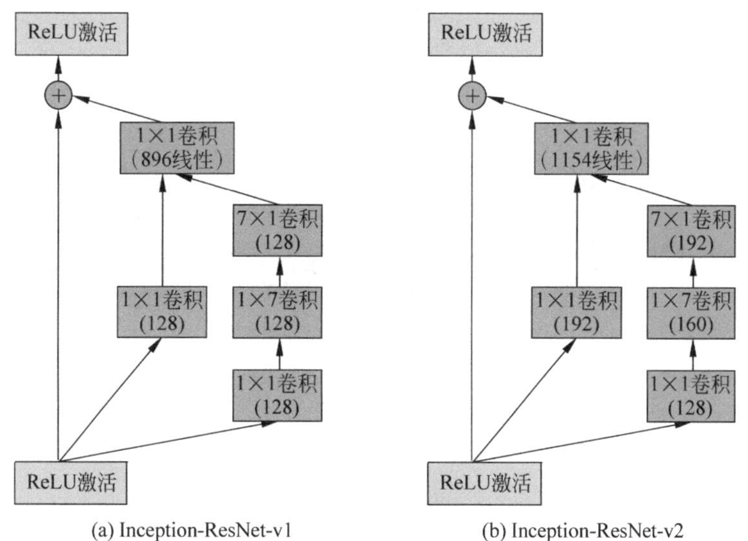

图 5-37 Inception-ResNet 中的 Inception-ResNet-B 模块结构

Inception-ResNet-v1 和 Inception-ResNet-v2 两个版本的网络中对应的 Inception-ResNet-C 模块如图 5-38 所示。其平面尺寸分别为 8×8,经过不同尺寸的卷积后,获得了感知度的特征图,进行级联后再通过 1×1 的无激活的线性卷积变换通道数,分别将通道数变换为 1792 和 2048。

Inception-ResNet-v1 和 Inception-ResNet-v2 对应的 35×35 到 17×17 的 reduction-A 模块与 Inception-v4 中的一样,如图 5-33(a)所示;Inception-ResNet-v1 和 Inception-ResNet-v2 对应的 17×17 变为 8×8 模块,即 Reduction-B 模块,如图 5-39 所示。

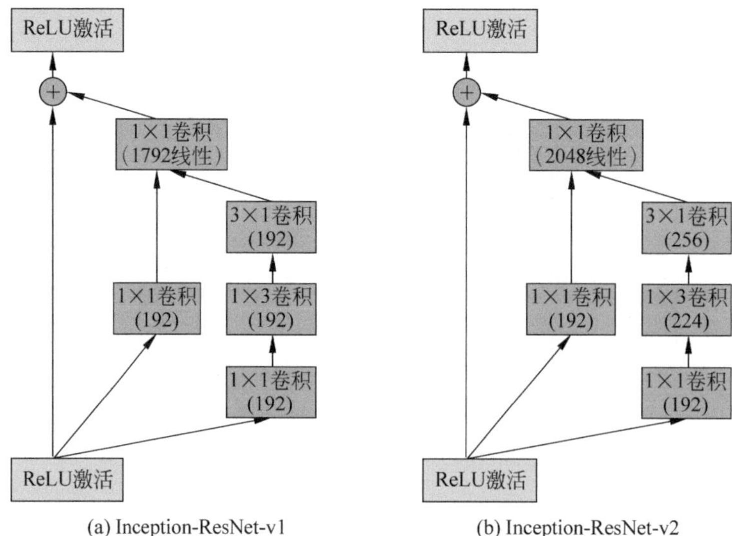

(a) Inception-ResNet-v1　　(b) Inception-ResNet-v2

图 5-38　Inception-ResNet 中的 Inception-ResNet-C 模块结构

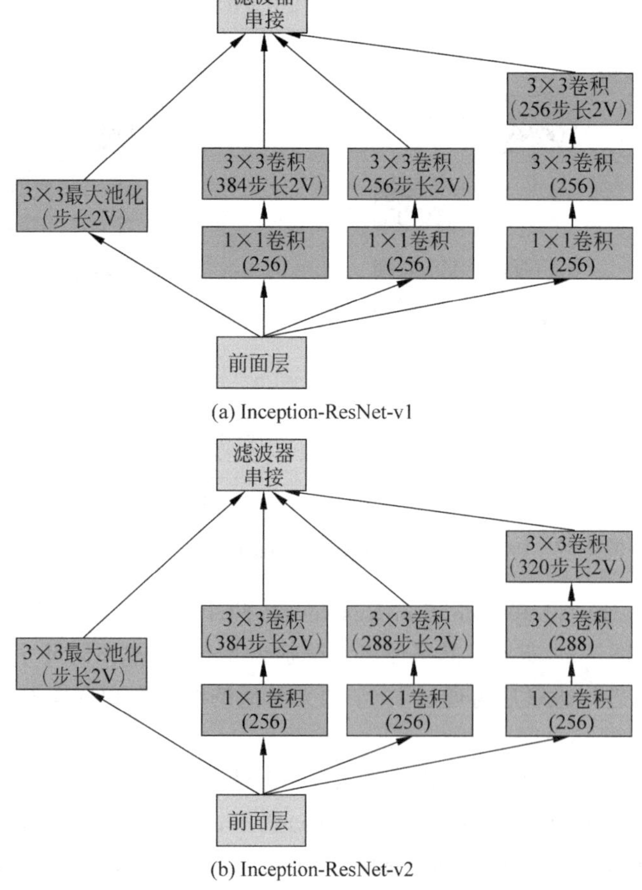

图 5-39　Inception-ResNet 中的 Reduction-B 模块结构

5.3.7 挤压激励网络

2017年,中国科学院软件研究所的胡杰等提出挤压激励网络(Squeeze-and-Excitation Networks,SENet)[20],该网络获得了2017年ILSVR挑战赛的冠军,使得在ImageNet上的TOP-5错误率下降至2.25%。SENet网络的创新点在于关注通道之间的关系,希望模型可以自动学习到不同通道特征的重要程度。

1. SE模块

SE模块首先对卷积得到的特征图进行挤压得到通道级的全局特征,然后对全局特征进行激活学习各个通道间的关系,也得到不同通道的权重,最后乘以原来的特征图得到最终特征[21]。本质上,SE模块是在通道维度上做注意力或者门选操作,这种注意力机制让模型可以更加关注信息量最大的通道特征,而抑制那些不重要的通道特征。另外,SE模块是通用的,这意味着其可以嵌入现有的网络架构中。

如图5-40所示,SE模块主要包括挤压、激活两个操作,可以适用于任何映射 F_{tr}:$\boldsymbol{X}\to\boldsymbol{U}$,$\boldsymbol{X}\in\mathbb{R}^{H'\times W'\times C'}$,$\boldsymbol{U}\in\mathbb{R}^{H\times W\times C}$,卷积核为 $\boldsymbol{V}=[\boldsymbol{v}_1,\boldsymbol{v}_2,\cdots,\boldsymbol{v}_C]$,其中 $\boldsymbol{v}_c$ 表示第 c 个卷积核。那么输出 $\boldsymbol{U}=[\boldsymbol{u}_1,\boldsymbol{u}_2,\cdots,\boldsymbol{u}_C]$ 为

$$\boldsymbol{u}_c=\boldsymbol{v}_c*\boldsymbol{X}=\sum_{s=1}^{C'}\boldsymbol{v}_c^s*\boldsymbol{x}^s \tag{5.14}$$

式中:$*$ 代表卷积操作;而 $\boldsymbol{v}_c^s$ 代表一个 s 通道的2维卷积核,其输入一个通道上的空间特征,它学习特征空间关系,但是由于对各个通道的卷积结果进行求和,所以通道特征关系与卷积核学习到的空间关系混合在一起。而SE模块就是为了抽离这种混杂,使得模型直接学习到通道特征关系。

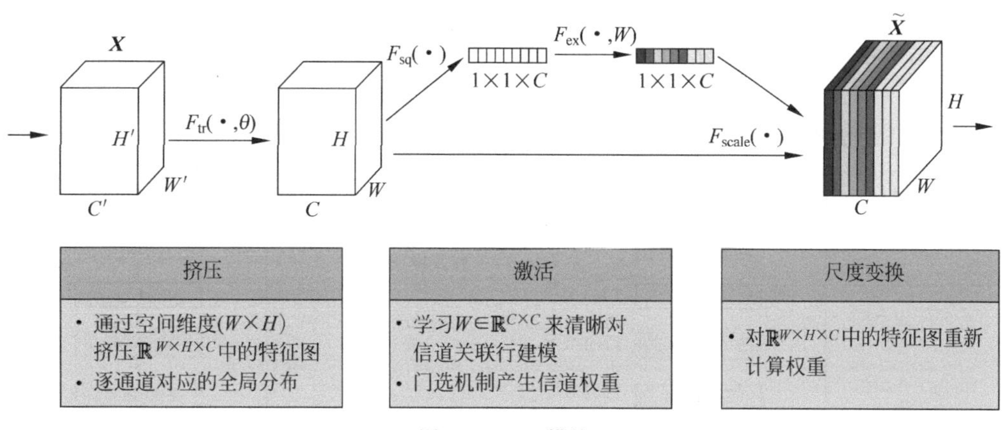

图5-40 SE模块

1)挤压

由于卷积只是在一个局部空间内进行操作,$\boldsymbol{U}$ 很难获得足够的信息来提取通道之间的关系,对于网络中前面的层,这一问题更严重,因为感受野比较小。为了缓解该问题,

在 SENet 中提出挤压运算，将一个通道上整个空间特征编码为一个全局特征，采用全局平均池化来实现(原则上也可以采用更复杂的聚合策略)：

$$z_c = \boldsymbol{F}_{\mathrm{sq}}(\boldsymbol{u}_c) = \frac{1}{H \times W}\sum_{i=1}^{H}\sum_{j=1}^{W} u_c(i,j) \tag{5.15}$$

其中：$\boldsymbol{z}=[z_1, z_2, \cdots, z_C] \in \mathbb{R}^C$。

2) 激活

挤压运算得到全局描述特征，接下来采用另外一种运算来获取通道之间的关系。该运算需要满足两个准则：一是要灵活，可以学习到各个通道之间的非线性关系；二是学习关系不是互斥的，即允许多通道特征，非 one-hot 形式。基于此采用 Sigmoid 形式的门选机制：

$$\boldsymbol{s} = \boldsymbol{F}_{\mathrm{ex}}(\boldsymbol{z}, \boldsymbol{W}) = \sigma(g(\boldsymbol{z}, \boldsymbol{W})) = \sigma(\boldsymbol{W}_2 \delta(\boldsymbol{W}_1 \boldsymbol{z})) \tag{5.16}$$

式中：δ 和 σ 分别为 ReLU 和 Sigmoid 函数，$\boldsymbol{W}_1 \in \mathbb{R}^{\frac{C}{r} \times C}$ 且 $\boldsymbol{W}_2 \in \mathbb{R}^{C \times \frac{C}{r}}$。为了降低模型复杂度以及提升泛化能力，采用包含两个全连接层的瓶颈结构，其中第一个全连接层起到降维的作用，降维系数为 r(是一个超参数)，然后采用 ReLU 激活。第二个全连接层将其恢复为原始维度。最后将学习到的各个通道的激活值 $\boldsymbol{s}$(Sigmoid 激活，介于 0～1 之间)乘以原始特征 $\boldsymbol{U}$ 得到最终输出，即

$$\tilde{\boldsymbol{x}}_c = \boldsymbol{F}_{\mathrm{scale}}(\boldsymbol{u}_c, s_c) = \boldsymbol{s}\boldsymbol{u}_c \tag{5.17}$$

其实整个操作可以看成学习到了各个通道的权重系数 s_c，从而使得模型对各个通道的特征更有辨别能力，这应该也算一种注意力机制。

2. SE 模块在 Inception 和 ResNet 上的应用

SE 模块的灵活性在于它可以直接应用现有的网络结构中，这里以 Inception 和 ResNet 为例进行阐释。对于 Inception 网络直接应用 SE 模块；对于 ResNet，SE 模块嵌入残差结构中的残差学习分支中，具体如图 5-41 所示。

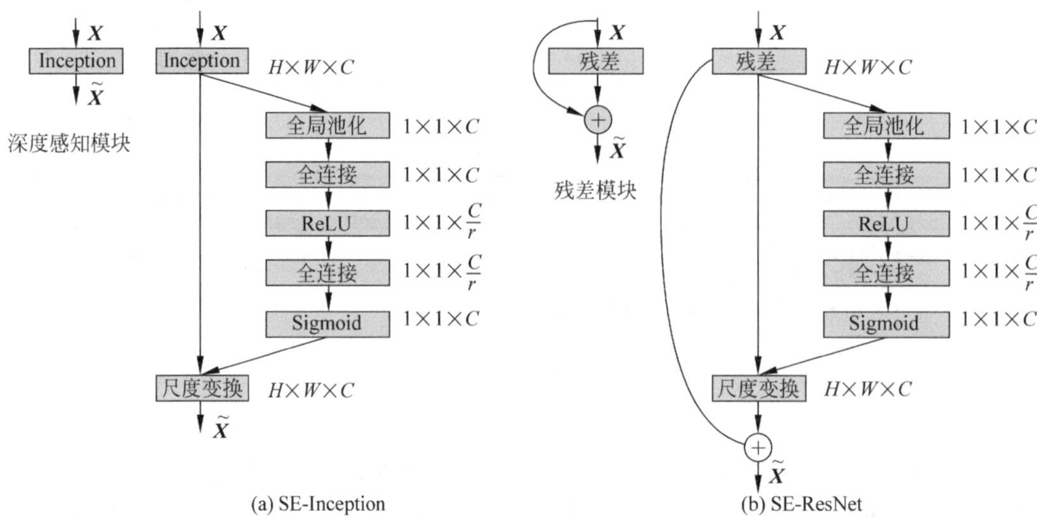

图 5-41 加入 SE 模块的 Inception 和 ResNet 网络

同样地，SE 模块也可应用于其他网络结构，如 ResNetXt、Inception-ResNet、MobileNet 和 ShuffleNet 中。表 5-10 为 SE 模块应用在其他网络的参数配置，这里给出 SE-ResNet-50 和 SE-ResNetXt-50 的具体结构。

表 5-10 SE 模块应用于其他网络的参数配置

输出尺寸	ResNet-50	SE-ResNet-50	SE-ResNeXt-50(32×4d)
112×112	卷积 7×7,64,步长为 2		
56×56	最大池化 3×3,步长为 2		
	[卷积,1×1,64 卷积,3×3,64 卷积,1×1,256] ×3	[卷积,1×1,64 卷积,3×3,64 卷积,1×1,256 全连接,[16,256]] ×3	[卷积,1×1,128 卷积,3×3,128 卷积,1×1,256 全连接,[16,256] C=32] ×3
28×28	[卷积,1×1,128 卷积,3×3,128 卷积,1×1,512] ×4	[卷积,1×1,128 卷积,3×3,128 卷积,1×1,512 全连接,[32,512]] ×4	[卷积,1×1,256 卷积,3×3,256 卷积,1×1,512 全连接,[32,512] C=32] ×4
14×14	[卷积,1×1,256 卷积,3×3,256 卷积,1×1,1026] ×6	[卷积,1×1,256 卷积,3×3,256 卷积,1×1,1024 全连接,[64,1024]] ×6	[卷积,1×1,512 卷积,3×3,512 卷积,1×1,1024 全连接,[64,1024] C=32] ×6
7×7	[卷积,1×1,512 卷积,3×3,512 卷积,1×1,2048] ×3	[卷积,1×1,512 卷积,3×3,512 卷积,1×1,2048 全连接,[128,2048]] ×3	[卷积,1×1,1024 卷积,3×3,1024 卷积,1×1,2048 全连接,[128,2048] C=32] ×3
1×1	全局平均池化,1000 维全连接,Softmax		

增加了 SE 模块后，模型参数以及计算量都会增加，以 SE-ResNet-50 为例，对于模型参数增加量为

$$\frac{2}{r}\sum_{s=1}^{S}N_sC_s^2$$

式中：r 为降维系数，S 为阶段数量，C_s 为第 s 个阶段的通道数，N_s 为第 s 个阶段的重复块数。当 $r=16$ 时，SE-ResNet-50 只增加了约 10%的参数量，但计算量却增加不到 1%。

3. SE 模块的实验效果

SE 模块很容易嵌入其他网络中，为了验证 SE 模块的作用，文献在流行网络如 ResNet 和 VGG 中引入 SE 模块，测试其在 ImageNet 上的效果，如表 5-11 所示。可以看到所有网络在加入 SE 模块后分类准确度均有一定的提升，且计算量基本持平。

表 5-11 ImageNet 实验结果和复杂度

	原始		再现			SENet		
	Top-1 错误率/%	Top-5 错误率/%	Top-1 错误率/%	Top-5 错误率/%	GFLOPs /%	Top-1 错误率/%	Top-5 错误率/%	GFLOPs /%
ResNet-50[13]	24.7	7.8	24.80	7.48	3.86	$23.29_{(1.51)}$	$6.62_{(0.86)}$	3.87
ResNet-101[13]	23.6	7.1	23.17	6.52	7.58	$22.38_{(0.79)}$	$6.07_{(0.45)}$	7.60
ResNet-152[13]	23.0	6.7	22.42	6.34	11.30	$21.57_{(0.85)}$	$5.73_{(0.61)}$	11.32
ResNeXt-50[22]	22.2	—	22.11	5.90	4.24	$21.10_{(1.01)}$	$5.49_{(0.41)}$	4.25
ResNeXt-101[22]	21.2	5.6	21.18	5.57	7.99	$20.70_{(0.48)}$	$5.01_{(0.56)}$	8.00
VGG-16[11]	—	—	27.02	8.81	15.47	$25.22_{(1.80)}$	$7.70_{(1.11)}$	15.48
BN-Inception[17]	25.2	7.82	25.38	7.89	2.03	$24.23_{(1.15)}$	$7.14_{(0.75)}$	2.04
Inception-ResNet-v2[19]	19.9+	4.9+	20.37	5.21	11.75	$19.80_{(0.57)}$	$4.79_{(0.42)}$	11.76

此外，文献[21]还测试了 SE 模块在轻量级网络 MobileNet[23]和 ShuffleNet[24]上的效果，效果也有提升。最终采用了一系列的 SENet 进行集成，在 ImageNet 测试集上的 Top-5 错误率为 2.251%，赢得了 2017 年 ImageNet 竞赛的冠军。其中最关键的模型是 SENet-154，其建立在 ResNeXt 模型基础上。

从前面讨论可知，对于残差网络而言，通过构建不同的版本可以得到两种常用的残差网络结构，即 Inception-ResNet-v1 和 Inception-ResNet-v2。具体而言，残差网络中主要包括 Inception-ResNet-A、Inception-ResNet-B 和 Inception-ResNet-C 三种类型的 Inception 模块，以及 Reduction-A 和 Reduction-B 两类维度约简模块。首先在 Stem 模块，Inception-ResNet-v1 采用了图 5-35(b)中的结构，而 Inception-ResNet-v2 采用了与 Inception-v4 相同的结构；其次 Inception-ResNet-A、Inception-ResNet-B 和 Inception-ResNet-C 在两个版本中都有差异；再次约简模块，Reduction-B 在两种版本中略有差异。总体看来，两个版本的主要差异是 Reduction-A 结构的不同。表 5-12 给出了 Inception-v4 以及 Inception-ResNet-v1、Inception-ResNet-v2 的滤波器参数设置。

表 5-12 Reduction-A 参数配置

网　络	k	l	m	n
Inception-v4	192	224	256	384
Inception-ResNet-v1	192	192	256	384
Inception-ResNet-v2	256	256	384	384

残差和非残差 Inception 的另外一个技术性区别是，Inception-ResNet 网络中，在传统层的顶部而非所有层的顶部中使用批归一化。在全部层使用批归一化是合理的，保持每个模型副本在单个 GPU 上就可以训练。结果证明，使用更大激活尺寸在 GPU 内存上更加耗时。在部分层的顶部忽略批归一化能够充分增加 Inception 块的数量。为了可以更好地利用计算资源，这种折中没有必要。

5.3.8 区域卷积神经网络及其拓展版本

RossGirshick 等于 2014 年提出区域卷积神经网络(Region Convolutional Neural Network，R-CNN)，是利用深度学习算法进行目标检测的开创者[25]。其本质就是来做目标检测和语义分割的神经网络。随后几年，提出了多种 R-CNN 的改进版本，如 Fast RCNN[26]、Faster RCNN[27]等，代表当时目标检测的前沿水平。

1. 图像分类、目标检测与图像分割

从图像中解析出可供计算机理解的信息，是机器视觉的中心问题。图像分类、目标检测、分割是计算机视觉领域的三大任务。下面具体介绍三大任务的内涵和区别。

图像分类即是将图像结构化为某一类别的信息，用事先确定好的先验类别或实例 ID 来描述图片。该任务是最简单、最基础的图像理解任务，也是深度学习算法最先取得突破和实现大规模应用的任务。其中，ImageNet 是最权威的评测集，每年的 ILSVRC 催生了大量的优秀深度网络结构，为其他任务提供了基础。根据不同的应用领域，可以进行人脸识别、场景识别等。由于图像分类通常聚焦于图像中最突出的物体，且将图像划分为单个类别，而现实世界的很多图像通常包含的不只是一个物体，此时如果使用图像分类模型为图像分配一个单一标签相对而言比较粗糙并不准确，因此目标检测应运而生。

由于图像分类任务关心图像的整体信息，给出整张图片的内容描述，难以描述图片中的更精确信息；而目标检测能识别出一张图片的多个物体，关注特定的物体目标，同时获得所关注目标的类别和位置信息。相比分类，目标检测给出的是对图片前景和背景的理解，需要从背景中分离出感兴趣的目标，并确定这一目标的描述(类别和位置)，因此检测模型的输出是一个列表，列表的每一项使用一个数组给出检出目标的类别和位置(常用矩形检测框的坐标表示)。目标检测在很多场景有用，如无人驾驶和安防系统。

图像分割包括语义分割和实例分割[28]，前者是对前背景分离的拓展，要求分离开具有不同语义的图像部分，后者是检测任务的拓展，要求描述出目标的轮廓(相比检测框更为精细)。分割是对图像的像素级描述，它赋予每个像素类别(实例)意义，适用于理解要求较高的场景，如无人驾驶中对道路和非道路的分割。

图 5-42 和图 5-43 给出了三大任务的示例。图 5-42(a)为图像分类，给出了图像中的主题信息表达；图 5-42(b)为图像分类与定位，不仅给出了图像中目标的类别，还将目标的位置信息以矩形框的形式给出；图 5-42(c)为多目标的目标检测，同时给出了所有目标的分类信息和位置信息；图 5-42(d)为多目标的实例分割，将实例的边界标记出来。

(a) 图像分类　(b) 分类+定位　(c) 目标检测　(d) 实例分割

图 5-42　图像分类、目标检测与语义分割

图 5-43 是多目标任务的示意图，图 5-43(a)和(b)分别为图像分类和目标检测，图 5-43(c)和(d)分别为图像分割中的语义分割和实例分割。从图中可以看出，语义分割中对相同的目标类型，例如 cube 采用了相同的颜色表示，对于重叠部分没有给出边界，实例分割中对于相同种类的个体也进行了分别表示。

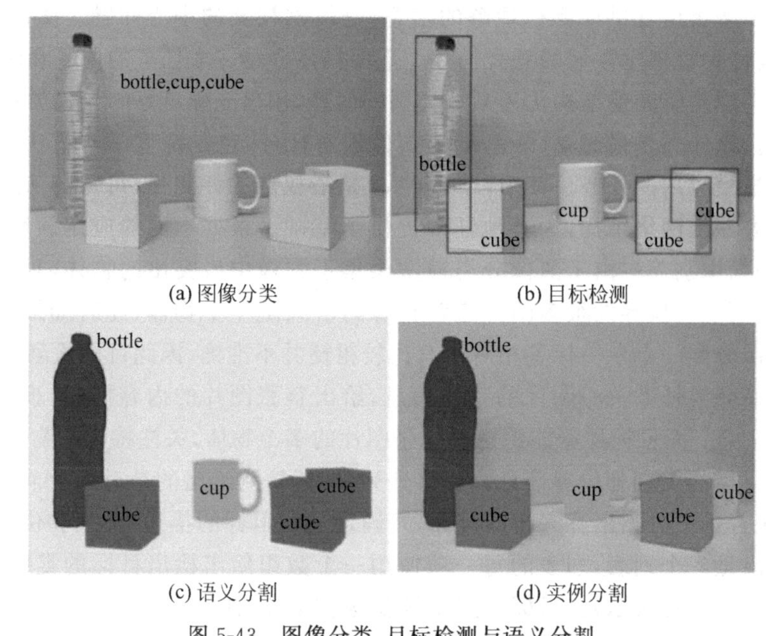

(a) 图像分类　(b) 目标检测

(c) 语义分割　(d) 实例分割

图 5-43　图像分类、目标检测与语义分割

图 5-44 给出了一个更为详细的示例。从图中可以看出，置信度也说明了当前的检测框属于需要查找的目标的一个概率值。为了减少错误检测，通常会给出一个阈值，通过该阈值来过滤掉一些检测错误的目标。图 5-44 检测出非常多的目标区域，不同的目标区域也通过不同颜色的矩形框表示出来。

2. 区域卷积神经网络

区域卷积神经网络是针对图像目标检测任务而提出的，它的目标是解决物体识别的

图 5-44 目标检测的详细示例

难题。在获得特定图像后,希望能够绘制图像中所有物体的边缘。这一过程可以分为区域建议和分类两个部分。

基于 R-CNN 网络的目标检测系统由三个模块组成(图 5-45)[25]:第一个模块生成类别独立候选区域,这些候选区域定义了检测器可用的候选边界框集合,其主要方法就是选择性搜索方法;第二个模块是从各个区域提取固定长度特征向量的大型卷积神经网络;第三个模块是一组类别特定的线性 SVM 分类器。下面将介绍每个模块的设计思路,描述其测试时间使用情况,详细了解其参数的学习方式,并展示在 PASCAL VOC 2010-12 上的结果。

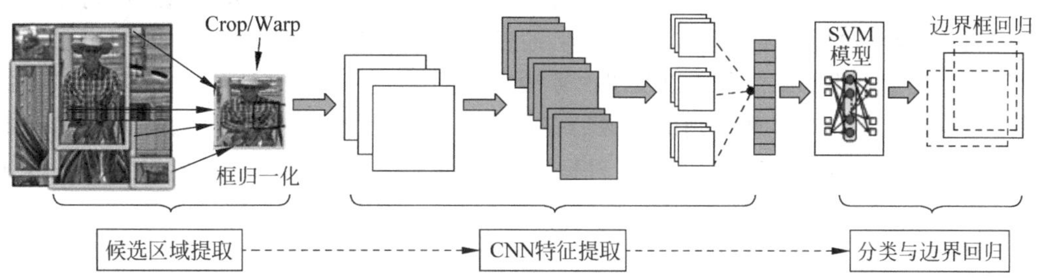

图 5-45 目标检测的 R-CNN 网络模型

训练过程从前到后可分成五个部分:一是构造微调 CNN 网络的训练数据集;二是对 CNN 网络进行微调后,获得候选区域的深度特征表示;三是区域分类算法的数据集构造;四是区域分类算法 SVM 算法的训练;五是进行边界框回归算法提高精度。

1) 独立候选区域生成算法

图像包含的信息非常丰富,其中的物体有不同的形状、尺寸、颜色、纹理,因此很难从图像中识别出一个物体,而找到物体后确定物体在图像中的位置更加困难。图 5-46 给出了四个例子来说明物体识别的复杂性以及难度。图 5-46(a)中的场景是一张桌子,桌子上面放了碗、瓶子和其他餐具等,此时图像中不同物体之间有一定的层次关系,比如要识别“桌子”,可能只是指桌子本身,也可能包含其上面的其他物体。图 5-46(b)中给出了两只猫,可以通过纹理来找到这两只猫,却又需要通过颜色来区分它们。图 5-46(c)中变色龙和周边颜色接近，可以通过纹理来区分。图 5-46(d)中的车辆，很容易把车身和车轮看作一个整体，但它们两者之间在纹理和颜色方面差别都非常大。

图 5-46 复杂场景的图像示例

由于实际情况的复杂性，因此进行目标识别时不能通过单一的策略来区分不同的物体，需要充分考虑图像物体的多样性。此外，在图像中物体布局有一定的层次关系，考虑这种关系才能够更好地对物体的类别进行区分。在详细阐述选择性搜索算法前，先给出选择性搜索算法的设计考虑：一是要适应不同尺度。目标可以在图像以任何比例来出现，且某些目标的边界不如其他目标清晰。穷举搜索通过改变窗口大小来适应物体的不同尺度，选择搜索必须考虑所有对象比例，通过分层算法来实现是很自然的一种选择，因此选择性搜索采用了图像分割以及层次算法来解决这个问题。二是要采用多样化策略。单一的策略无法应对多种类别的图像。正如图 5-46 中所观察到的，虽然可能仅通过颜色、纹理或封闭部件就能将区域形成目标，但是阴影和光色等照明条件很可能影响区域判定。因此，希望采用一套多样化的策略来应对所有情况。三是要能够快速计算。选择性搜索的目的是产生一组可能的对象位置，以用于实际的对象识别框架。该集合的创建不应成为计算瓶颈，因此算法的计算速度也成为考虑的一个重要因素。

针对上述算法的设计考虑，下面介绍选择性搜索算法的具体步骤。

(1) 基于图表示的图像分割方法。

图像分割的主要目的是将图像分割成若干个特定的、具有独特性质的区域，然后从中提取出感兴趣的目标。其中，图像区域之间的边界定义是图像分割算法的关键，研究人员基于图表示给出图像区域之间的边界判断[29]，分割算法就是利用这个判断标准使用贪婪选择来产生分割。该算法在时间效率上基本与图像表示的边数量呈线性关系，而图像的图表示边与像素点成正比，也就说图像分割的时间效率与图像的像素点个数呈线性关系。这个算法有一个非常重要的特性，它能保持低变化区域的细节，同时能够忽略高变化区域的细节。这个性质特别重要，对图像有一个很好的分割效果，即能够找出视觉上一致的区域，换而言之就是高变化区域有一个很好聚合。

(2) 层次合并算法。

根据上述方法获得原始区域，然后进行区域合并，区域的合并方式是层次合并算法(Hierarchical Grouping Algorithm，HGA)，类似于哈夫曼树的构造过程。区域包含的信息比像素丰富，更能够有效地代表物体的特征。层次合并算法如算法 5-1 所示。

算法 5-1　层次合并算法

输入：彩色图片(三通道)
输出：目标定位位置的候选集合 L
采用基于图表示的图像分割方法获得原始分割区域 $R=\{r_1, r_2, \cdots, r_n\}$
初始化相似度集合 $S=\varnothing$
for each 相邻区域对(r_i, r_j)do
　　计算两两相邻区域之间的相似度 $s(r_i, r_j)$
　　将其添加到相似度集合 S 中，即 $S=S\cup s(r_i, r_j)$
End
while $S=\varnothing$ do
　　从相似度集合 S 中找出最大相似度 $s(r_i, r_j)=\max(S)$
　　将最大相似度的两个区域 r_i 和 r_j 合并成为一个区域 r_t，即 $r_t=r_i\cup r_j$
　　从相似度集合中除去所有关于 r_i 区域的相似度，即 $S=S\backslash s(r_i, r_*)$
　　从相似度集合中除去所有关于 r_j 区域的相似度，即 $S=S\backslash s(r_*, r_j)$
　　计算 r_t 与其相邻区域(原先与 r_i 或 r_j 相邻的区域)的相似度 S_t
　　更新相似度集合 S，把区域 S_t 添加到区域集合 S 中，即 $S=S\cup S_t$
　　同时更新区域集合 R，把区域 r_t 添加到区域集合 R 中，即 $R=R\cup r_t$
获取每个区域的边界框，该结果就是物体位置的可能结果 L

从算法 5-1 可知，层次合并算法中的一个关键点是计算两个区域之间的相似度 $s(r_i, r_j)$，计算公式为

$$s(r_i, r_j)=a_1 s_{\text{colour}}(r_i, r_j)+a_2 s_{\text{texture}}(r_i, r_j)+a_3 s_{\text{size}}(r_i, r_j)+a_4 s_{\text{fill}}(r_i, r_j) \tag{5.18}$$

从式(5.18)中可以看出，其相似度采用了多样化的形式，包括颜色相似度 $s_{\text{colour}}(r_i, r_j)$、纹理相似度 $s_{\text{texture}}(r_i, r_j)$、尺寸相似度 $s_{\text{size}}(r_i, r_j)$和吻合相似度 $s_{\text{fill}}(r_i, r_j)$四种形式。

(3) 颜色相似度。

将某个区域 r_i 内的像素值分成 25bins，那么 3 个通道就组成了长度为 75 的特征向量$\boldsymbol{C}_i=\{c_i^1, \cdots, c_i^n\}$，然后对$\boldsymbol{C}_i$ 进行 L_1 归一化(也就是$\boldsymbol{C}_i$ 的每一个值除以区域 r_i 内像素点的个数)，特征向量$\boldsymbol{C}_i$ 实际上表示了像素值的分布，于是区域 r_i 和区域 r_j 的颜色相似度为

$$s_{\text{colour}}(r_i, r_j)=\sum_{k=1}^{n}\min(c_i^k, c_j^k) \tag{5.19}$$

颜色相似度度量了两个区域像素值分布的重叠程度。当两个区域合并之后，新的区域的特征向量$\boldsymbol{C}_t$ 就是合并前各个特征向量之和，但是由于特征向量$\boldsymbol{C}_i$ 进行了 L_1 归一

化，所以没有归一化的特征向量为 $\text{size}(r_i)\times\boldsymbol{C}_i$。因此，合并后的特征向量为

$$\boldsymbol{C}_t=\frac{\text{size}(r_i)\times\boldsymbol{C}_i+\text{size}(r_j)\times\boldsymbol{C}_j}{\text{size}(r_i)+\text{size}(r_j)} \tag{5.20}$$

(4) 纹理相似度。

这里的纹理采用 SIFT-Like 特征，具体做法是对每个颜色通道的 8 个不同方向计算方差 $\sigma=1$ 的高斯微分，每个通道每个颜色获取 10bins 的直方图(L_1-norm 归一化)，这样就可以获取到一个 240 维的向量 $\boldsymbol{T}_i=\{t_i^1,\cdots,t_i^n\}$。区域之间纹理相似度计算方式和颜色相似度计算方式类似，合并之后新区域的纹理特征计算方式和颜色特征计算相同，即

$$s_{\text{texture}}(r_i,r_j)=\sum_{k=1}^{n}\min(t_i^k,t_j^k) \tag{5.21}$$

(5) 尺寸相似度。

尺寸是指区域中包含像素点的个数。使用尺寸相似度计算，主要是为了尽量让小的区域先合并，即

$$S_{\text{size}}(r_i,r_j)=1-\frac{\text{size}(r_i)+\text{size}(r_j)}{\text{size(im)}} \tag{5.22}$$

式中：im 是指整幅图像。

(6) 吻合相似度。

吻合相似度主要是衡量两个区域是否更加“吻合”，其指标是合并后的区域的边界框(能够框住区域的最小矩形(没有旋转))越小，其吻合度越高。如果某一个区域被另一个区域完全包裹，这两个区域就应该融合，或者两个区域几乎不接触，这两个区域应该就属于不同的区域。其计算方式为

$$s_{\text{fill}}(r_i,r_j)=1-\frac{\text{size}(\text{BB}_{ij})-\text{size}(r_i)-\text{size}(r_j)}{\text{size(im)}} \tag{5.23}$$

式中：BB_{ij} 为区域 r_i 和区域 r_j 的外接矩，im 指整幅图像。

2) CNN 微调训练集构造

给定一系列的输入图像，CNN 微调训练集如何构造是一个核心问题。首先用选择性搜索方法在每个图像上生成很多的候选区域，然后在每张图上依次计算每个候选区域与图中目标的真实标注框之间的重叠程度，重叠程度通常用交并比(IoU)来表示。如果重叠程度大于 0.5，则标记这个区域为此目标的正样本；否则，为负样本。对所有的训练图像执行这样的操作，把得到的所有的候选区域保存下来。假如有 20 个目标，对每个目标都有一些属于其类别的样本称为正样本，其他的不属于任何类的区域图像称为负样本。

3) 训练卷积神经网络来抽取候选区域深度特征

提取候选区域的深度特征采用了 AlexNet 结构。AlexNet 结构如图 5-11 所示，中间层配置与 AlexNet 的默认配置相同，这里主要关注其输入和输出。输入是 227×227 大小的图像，提取到的是一个 4096 维度的特征向量，由于是 1000 类的分类任务，因此最后一层的节点数为 1000。需要注意的是，由于提取到的候选区域大小都是不相同的，因此

需要把每个区域调整尺寸到规定大小 227×227，每个区域提取的深度特征的维度依旧是 4096 维。输出层要根据任务的不同做出相应的改变，原本 AlexNet 中输出层数目 1000 是指 1000 类的分类任务，如果是对 VOC 数据集进行处理，则要把输出节点数目设置为 20+1(其中，20 表示有 20 个待识别目标，1 表示背景类)；对 ILSVRC2013 来说，要设置为 200+1。原文[25]采用 AlexNet 网络受限于当时 CNN 的发展，后续的多种 CNN 都可以用于候选区域深度特征的提取。

下面以 VOC 数据集为例进行说明。假设按照第一部分已经构造好训练数据集，其类别共有 21 类，则每个类都有自己对应的样本区域，且这些区域是类别独立的。然后将训练样本输入到改进版的 AlexNet 进行训练，AlexNet 的最后一层依旧是 Softmax 层，即此时有监督地训练一个 21 类的图像分类网络。卷积神经网络的具体训练方法：首先用 ILSCRC2012 数据集对网络进行有监督预训练，然后使用第一部分里面提取的训练集进行微调。微调的时候采用 SGD 的方法，学习率设置为预训练时候的 1/10(具体为 0.001)，这样使得网络慢慢地收敛。mini-batch 的大小为 128，mini-batch 分成两部分，即从第一部分保存下来的候选区域里每次随机抽取 32 个正样本(在所有类别上)、96 个负样本(背景类)。

4) 训练集构造(用于训练多个 SVM 分类器)

前面阐述了如何构造训练集来对预训练后的 CNN 进行微调，与真实标注框之间的 IoU 大于 0.5 的区域都被标定为正样本。此时，CNN 已经训练完成，现在要为每个类别(如猫、狗等)单独训练一个二分类 SVM 分类器，如"SVM_猫"专门检测猫这个目标，"SVM_狗"专门检测狗这个目标，因此需要对每个二分类的 SVM 分类器构造其训练集合。以猫目标为例，其具体做法：首先以每张图像上猫目标的真实标注框作为正样本。然后在图像上生成很多候选区域，考察每个区域与猫目标的真实标注框之间的 IoU，如果 IoU 小于 0.3，就认定这个区域为负样本，IoU 在 0.3～1 之间的不用做训练。可以想象，对于训练"SVM_猫"来说，正样本都是包含猫的区域，负样本有可能是背景，也有可能包含了其他目标，如狗。但无论如何，只要该区域不包含猫，或者只包含了一部分猫，其 IoU 小于 0.3，都会被标记为负样本。

5) 为每个类训练一个二分类 SVM 分类器

假如有 20 个类，那么就要训练 20 个二分类器。上一部分讲述了如何为每一个两分类 SVM 构造相应的训练集，训练集里面的正样本和负样本都要使用上面已经训练好的 CNN 来提取各自的 4096 维度的特征向量，然后再对分类器进行训练。需要说明的是，SVM 非常适合用于高维度小样本的分类任务，这也是在 SVM 之前要用 CNN 将每个图片表示为 4096 维矢量的原因。利用 CNN 将图片映射到高维准线性空间，便于利用 SVM 进行处理。

6) 边界框回归算法

类似于为每个类别训练一个二分类 SVM，还需要为每个类别构造一个边界框回归器来提升检测的准确率。

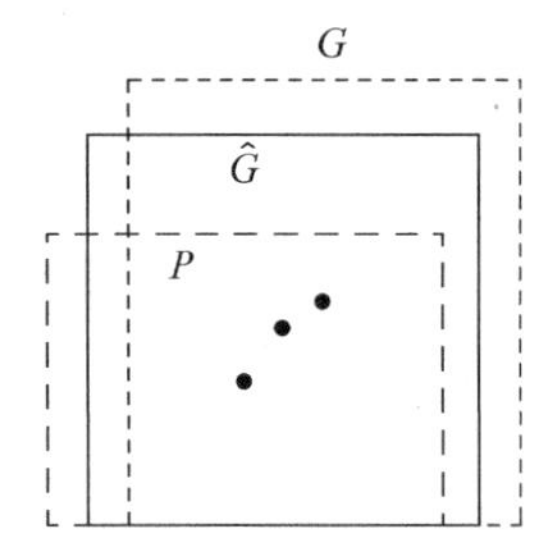

图 5-47　候选目标框 P、预测目标框 $\hat{G}$ 和真实目标框 G

训练算法的输入是 N 个样本对 $\{(P^i, G^i)\}_{i=1,\cdots,N}$，其中 $P^i=(P_x^i, P_y^i, P_w^i, P_h^i)$ 是指候选边界框 P^i 的中心像素坐标以及框的宽度和高度，为了后面方便表示，将上标号 i 省略。同样，将每个边界框的真实标注表示为 $G=(G_x, G_y, G_w, G_h)$，学习算法的目标是学习候选框 P 和真实标注框 G 的变换。

图 5-47 候选目标框 P、预测目标框 $\hat{G}$ 和真实目标框 G 的示意图，分别用长虚线框、实线框和短虚线框来表示，现在的目的就是想学习到一种变换，这个变换可以将 P 映射到 G。变换的过程如下：

$$
\begin{aligned}
&\hat{G}_x = P_w d_x(P) + P_x, \quad d_x(P) = \boldsymbol{w}_x^{\mathrm{T}} \phi_5(P) \\
&\hat{G}_y = P_h d_y(P) + P_y, \quad d_y(P) = \boldsymbol{w}_y^{\mathrm{T}} \phi_5(P) \\
&\hat{G}_w = P_w \exp(d_w(P)), \quad d_w(P) = \boldsymbol{w}_w^{\mathrm{T}} \phi_5(P) \\
&\hat{G}_h = P_h \exp(d_n(P)), \quad d_h(P) = \boldsymbol{w}_h^{\mathrm{T}} \phi_5(P)
\end{aligned}
\tag{5.24}
$$

式中：$d_*(P)$ 是候选样本框 P 用已训练 CNN 计算 pool5 层特征 $\phi_5(P)$ 的线性函数，即 $d_*(P)=\boldsymbol{w}_*^{\mathrm{T}}\phi_5(P)$，其中 $\boldsymbol{w}_*=\{\boldsymbol{w}_x, \boldsymbol{w}_y, \boldsymbol{w}_h, \boldsymbol{w}_w\}$ 是待学习的回归器参数。因此，问题变得很直接：就是通过一定的方法求出变换参数 $\boldsymbol{w}_*=\{\boldsymbol{w}_x, \boldsymbol{w}_y, \boldsymbol{w}_h, \boldsymbol{w}_w\}$，即为回归器，$\boldsymbol{w}_*=\{\boldsymbol{w}_x, \boldsymbol{w}_y, \boldsymbol{w}_h, \boldsymbol{w}_w\}$ 通过正则化的最小均方误差函数（脊回归）来实现，即

$$
\hat{\boldsymbol{w}}_* = \underset{\boldsymbol{w}_*}{\operatorname{argmin}} \sum_{i=1}^{N} (t_*^i - \boldsymbol{w}_*^{\mathrm{T}} \phi_5(P^i))^2 + \lambda \| \boldsymbol{w}_* \|^2 \tag{5.25}
$$

其训练对 (P, G) 的回归目标 t_*^i 表示为

$$
\begin{cases}
t_x = (G_x - P_x)/P_w \\
t_y = (G_y - P_y)/P_h \\
t_w = \log(G_w/P_w) \\
t_h = \log(G_h/P_h)
\end{cases}
\tag{5.26}
$$

作为典型的正则化最小均方误差问题，上述优化可以有效地通过闭式解形式获得。

在执行边界框回归时，有两个细微的问题需要注意：一是正则化很重要，根据验证集将 λ 设置为 1000。二是在选择要使用的训练对 (P, G) 时必须小心。直观地讲，如果 P 远离所有真实标注框，那么将 P 转换为真实标注框 G 的任务就没有意义，因为距离较远时，问题演变成复杂的非线性问题，线性回归假设前提不合理，这种学习问题变成无效学习问题。因此，候选框 P 至少在一个真实标注框附近时才进行学习。当且仅当 IoU 大于阈值（利用验证集将其设置为 0.6）时，通过将 P 分配给最大 IoU（如果 IoU 大于 1）的真实标注框 G 来实现"接近"，所有未分配的投标都将被丢弃。为了学习特定类别的回归问题，应为每个对象类执行一次此操作。

在测试时，会对每个候选框进行评分，并仅预测一次其新的检测窗口。原则上，可以

重复此过程(给新预测的边界框重新打分,然后根据该边界框预测新边界框,依此类推)。但是,发现迭代并不能改善结果。

7) R-CNN 的缺点

R-CNN 利用神经网络进行自底向上的候选区域判定,实现对目标的分类和定位,在 Pascal VOC 2012 的数据集上,将目标检测的验证指标 mAP 提升到 53.3%,相对于之前最好的结果提升了 30%。在 R-CNN 提出的同时,也给出了一个实用的方法策略,当缺乏大量的标注数据时,通过迁移学习可以减少对数据的依赖性,即采用在其他大型数据集训练过后的神经网络,然后在小规模特定的数据集中进行微调。

R-CNN 存在以下缺点:

(1) 重复计算。重复为每个候选框提取特征非常耗时。选择性搜索为每张图像产生大约 2000 个候选框,那么每张图像需要经过 2000 次完整的 CNN 前向传播得到特征,而且这 2000 个候选框有很多重叠的部分,造成很多计算都是重复的,这将导致计算量大幅上升,相当耗时。

(2) 性能瓶颈。由于所有的候选框会被放缩到固定的尺寸,这将导致图像的畸变,不符合物体的常见比例;而且由于重复计算的问题,时间上难以容忍多尺度多比例的数据增强方法去训练模型,使得模型的性能很难有进一步的提升。

(3) 步骤烦琐。整个训练过程分为多个阶段,首先对卷积神经网络微调训练;然后提取全连接层特征作为 SVM 的输入,训练得到目标检测器;最后训练边框回归器。整个过程步骤烦琐不易操作,而且每个阶段分开训练,不利于取得最优的解。此外,每个阶段得到的结果都需要保存,消耗大量的磁盘空间。

(4) 训练占用内存大。每一类分类器和回归器都需要大量的特征作为训练样本。

(5) 目标检测速度慢。由于每次都需要利用获取候选框,并且利用 CNN 进行特征表示,因此目标检测速度较慢,难以适应实时性要求高的场合。

3. 空间金字塔池化网络

前面分析可以看出,R-CNN 候选区域缩放后的畸变问题和提取特征时的重复计算导致了模型性能和速度的瓶颈。何凯明等提出的空间金字塔池化网络(Spatial Pyramid Pooling Network,SPPNet)[30]从两个方面进行改进,有效地解决了传统卷积神经网络对输入图像尺寸的限制,在保证性能的同时,检测速度也有了较大的提升。在 2014 年的 ImageNet 大规模视觉识别挑战赛(ILSVRC)中,该方法在 38 个参赛团队中取得目标检测第二名、图像分类第三名的成绩。

1) SPP-Net 的主要改进

SPP-Net 的改进主要体现在两个方面:一是解决传统 R-CNN 在提取特征前需要变换到特定尺寸的问题;二是解决图片的多个候选框重复计算的问题。

CNN 一般分为两个部分,即卷积层和全连接层。卷积层不要求固定大小的输入,但全连接层在设计时固定了神经元的个数,故需要固定长度的输入。这也就是 CNN 需要固定输入大小的问题所在。SPPNet 的解决办法是使用“空间金字塔变换层”将接收任意大小的图像输入，输出固定长度的向量，这样就能让 SPPNet 可接收任意大小的输入图片，不需要对图像做截断/拉伸操作。

在 R-CNN 中，每个候选区域都要送入 CNN 内提取特征向量，假设一张图片有 2000 个候选区域，那么需要经过 2000 次 CNN 的前向传播，这 2000 次重复计算过程会有大量计算冗余，耗费大量时间。SPPNet 提出了一种从候选区域到全图的特征映射之间的对应关系，通过映射关系可以直接获取候选区域的特征向量，不需要重复使用 CNN 提取特征，从而大幅度缩短训练时间。

2）金字塔池化层

空间金字塔池化层接收任意大小的输入，输出固定的向量。空间金字塔池化(Spatial Pyramid Pooling，SPP)层可以对图片提取特征，图 5-48 给出其原理示意，即将图片分成 1×1、2×2、4×4 大小的 bin 块，然后将图片以三种方式切割并提取特征，这样可以得到一共 1＋4＋16＝21 种特征，即以不同的大小的 bin 块来提取特征的过程就是空间金字塔池化。

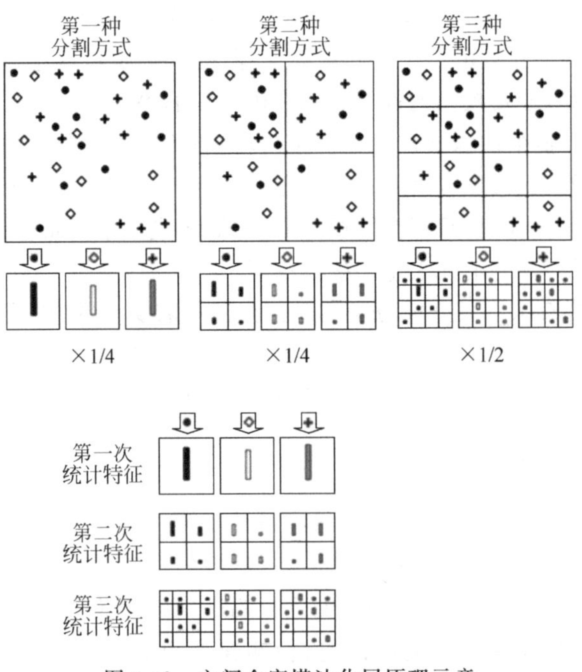

图 5-48　空间金字塔池化层原理示意

空间金字塔池化层与传统的池化层的不同在于空间金字塔池化层由不同尺度的池化层构成，并且池化层的大小与输入的特征图矩阵的通道数成正比。设输入特征图矩阵的尺寸为 $a \times a$，数目为 k，池化层的分割尺度为 $n \times n$，则该池化层的窗口大小为$\lceil a/n \rceil$，移动步长为$\lfloor a/n \rfloor$，输出的池化后的特征向量长度为 $n \times n \times k$ 维。n 可以取多个值，构成多个尺度上的池化层，这样空间金字塔池化层的输出特征向量的维度只与输入特征图矩阵的数目和池化层的分割尺度有关，而不再对网络模型的输入图像有尺寸限制。

下面以具体的例子来说明，根据前面步骤，不同大小候选区域在特征图上映射送入

SPP 层，如图 5-49 所示。图中卷积层特征图通道数为 256，SPP 层尺度分成三种，即分成 1×1（塔底）、2×2（塔中）、4×4（塔顶）三张子图，对每个子图的每个区域做最大池化，再将得到的特征连接到一起，得到（16＋4＋1）×256 维特征向量。因此，无论输入图像大小如何，空间金字塔池化层将该图像变换为固定维度（16＋4＋1）×256 的特征。

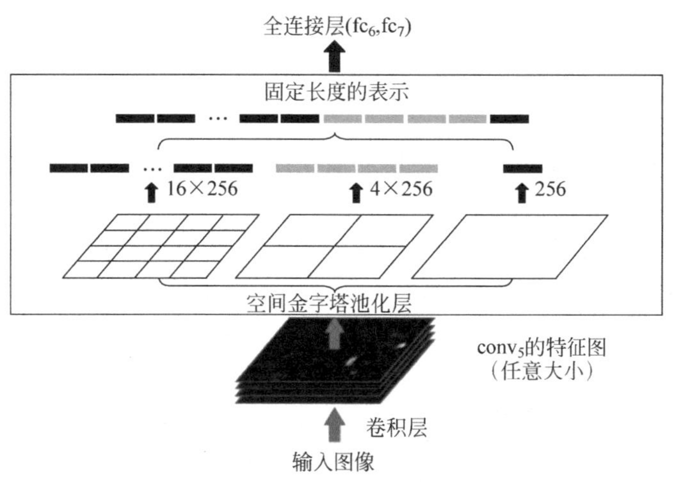

图 5-49　空间金字塔池化层的网络结构

3）候选区域到特征图映射变换

在讲解算法之前，先给出感受野前向变换的具体过程，感受野前向变换是指某一层输出结果中一个元素所对应的上一层的区域大小。

（1）感受野变换。

由卷积神经网络知识可知，在卷积参数计算过程中，卷积层处理后的输出尺寸与输入尺寸、滤波器尺寸、步长和填充大小的关系如表 5-13 所示。

表 5-13　卷积层输出尺寸与其他参数的关系

类　型	大　小
输入尺寸	$W_1 \times H_1$
卷积核	$F \times F$
输出尺寸	$W_2 \times H_2$
步长	S
填充大小	P

则有：

$$\begin{cases} W_2 = \dfrac{W_1 - F + 2P}{S} + 1 \\ H_2 = \dfrac{H_1 - F + 2P}{S} + 1 \end{cases} \tag{5.27}$$

式(5.27)是当前层到下一层的推导,如果已知后层感受野大小,则从式(5.23)可以推导出前一层的感受野计算式为

$$\begin{cases} W_1 = (W_2 - 1)S - 2P + F \\ H_1 = (H_2 - 1)S - 2P + F \end{cases} \tag{5.28}$$

相邻两层的感受野计算公式为

$$r_i = (r_{i+1} - 1)S_i + F_i - 2P_i \tag{5.29}$$

$$r_i = r_{i+1} \tag{5.30}$$

式中:r_i 为感受野。式(5.29)对卷积层和池化层成立,式(5.30)对神经元层(如 ReLU 函数、Sigmoid 等)成立。

图 5-50 给出了从后向前计算感受野的过程。从图中可以看出,特征图 Map3 中的 1×1 区域对应特征图 Map2 中的 7×7 区域,而 Map2 中的 7×7 区域对应于 Map1 中的 11×11 区域。其中 Map1 和 Map2 之间的参数可以为 $F=5, P=0, S=1$ 或 $F=5, P=3, S=2$,而 Map2 和 Map3 之间的参数可以为 $F=7, P=0, S=1$,其相互关系只要满足式(5.27)即可,但不同的参数性能有差异。

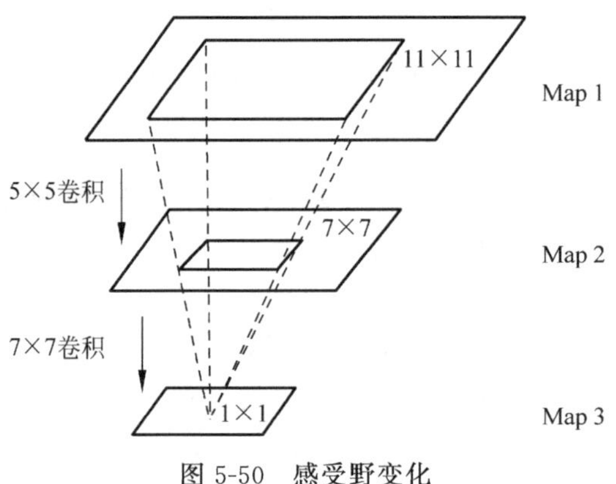

图 5-50　感受野变化

感受野计算时有一些情况需要说明:一是反向第一层卷积层的输出特征图像素的感受野尺寸等于滤波器尺寸;二是深层卷积层的感受野尺寸和它之前所有层的滤波器尺寸和步长有关系;三是计算感受野尺寸时,忽略了图像边缘的影响,即不考虑填充的尺寸。

通常需要知道网络中任意两个特征图之间的坐标映射关系(一般是中心点之间的映射),其计算公式为

$$p_i = s_i p_{i+1} + (k_i - 1)/2 - \text{padding} \tag{5.31}$$

$$p_i = p_{i+1} \tag{5.32}$$

式(5.31)对卷积层和池化层成立,式(5.32)对神经元层(如 ReLU 函数、Sigmoid 等)成立,其中 k_i 表示卷积核尺寸,padding 表示补零。式(5.31)可以计算任意一层输入与输出的坐标映射关系,如果是计算任意特征图之间的关系,只需要用简单的组合就可以得到。图 5-51 是一个简单的例子,其中步长和补零个数已经给出。

则有

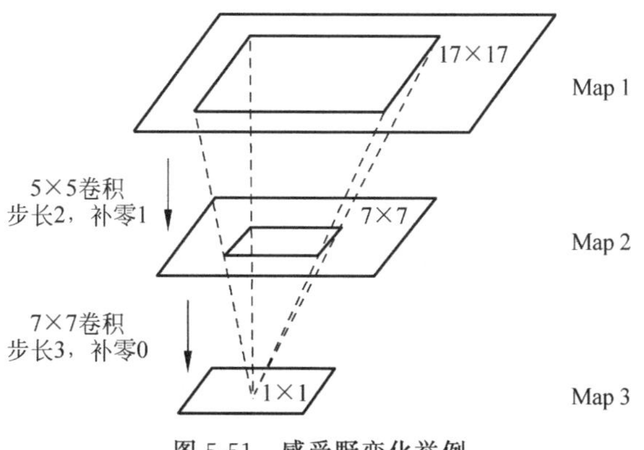

图 5-51 感受野变化举例

$$\left.\begin{aligned} p_1 &= 2p_2 + \left(\frac{5-1}{2} - 1\right) = 2p_2 + 1 \\ p_2 &= 3p_3 + \left(\frac{7-1}{2} - 0\right) = 3p_3 + 3 \end{aligned}\right\} \Rightarrow p_1 = 6p_3 + 7$$

因此获得了网络中任意两个特征图之间的坐标映射关系。何凯明在 SPP-Net 中采用一定的方法化简了公式，假设每一层的补零为

$$\text{padding} = \lfloor k_i/2 \rfloor \tag{5.33}$$

式中：$\lfloor \cdot \rfloor$表示向下取整。

则有

$$p_i = s_i \cdot p_{i+1} + ((k_i - 1)/2 - \lfloor k_i/2 \rfloor) \tag{5.34}$$

当 k_i 为奇数时，$(k_i-1)/2-\lfloor k_i/2 \rfloor=0$，则有 $p_i=s_i \cdot p_{i+1}$；

当 k_i 为偶数时，$(k_i-1)/2-\lfloor k_i/2 \rfloor=-0.5$，则有 $p_i=s_i \cdot p_{i+1}-0.5$。

由于 p_i 是坐标值，因此其值为整数，基本上可以认为 $p_i=s_i p_{i+1}$，那么感受野中心点坐标 p_i 只跟前一层 p_{i+1} 有关。

将式(5.31)进行串接，得到通用的解决方案，即

$$i_0 = g_L(i_L) = \alpha_L(i_L - 1) + \beta_L \tag{5.35}$$

式中：α_L 为所有 L 层的总步长，是所有步长的乘积；β_L 为式(5.31)的第二项串接以后的结果，则可以得到感受野坐标点的变换。并且有

$$\alpha_L = \prod_{p=1}^{L} S_p$$

$$\beta_L = 1 + \sum_{p=1}^{L} \left(\prod_{q=1}^{p-1} S_q\right)\left(\frac{F_p - 1}{2} - P_p\right)$$

(2) 候选区域到特征图变换。

SPP-Net 是把原始感兴趣的区域(RoI)的左上角和右下角映射到特征图上的两个对应点，如图 5-52 所示，特征图上的两对角点就确定了对应的特征图区域(图 5-52(b))。

其映射方法为将左上角的点(x,y)映射到特征图上的(x',y')，使得(x',y')在原始图上感受野((a)图阴影框)的中心点与(x,y)尽可能接近。下面针对对应点之间的映射

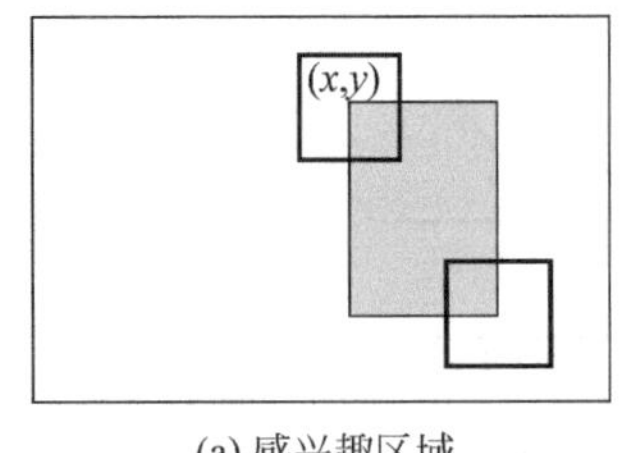

(a) 感兴趣区域

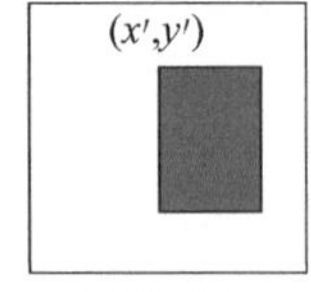

(b) 特征图

图 5-52 映射示意图

作具体说明。将前面每层都填充 $P/2$ 得到的简化公式 $p_i = s_i p_{i+1}$，然后把式进行级联得到 $p_0 = Sp_{i+1}$，$S = \prod_0^i S_i$；对于特征图上的 (x', y')，其在原始图的对应点为 $(x, y) = (S_{x'}, S_{y'})$；最后把原始图片中的 RoI 映射为特征图中的映射区域((b)图阴影框)，则

左上角取：$x' = \lfloor x/S \rfloor + 1$；$y' = \lfloor y/S \rfloor + 1$

右下角取：$x' = \lfloor x/S \rfloor - 1$；$y' = \lfloor y/S \rfloor - 1$

综上，SPP-Net 通过上述两个方面的改进，即解决尺寸变换和 R-CNN 中重复卷积的问题，使得其网络速度提高到 R-CNN 的 20 多倍，并且没有牺牲检测精度(VOC07 mAP=59.2%)。SPP-Net 虽然有效地提高了检测速度，但仍然存在一些不足：一是多阶段训练过程步骤烦琐，仍然需要精调整预训练网络，然后对每个类别都训练 SVM 分类器，最后还要进行边界框回归，且区域候选也是要通过选择搜索来获得；二是 SPP-Net 只对其全连接层进行微调，而忽略了之前的所有层；三是仍然存在 R-CNN 时间和内存消耗比较大的问题。在训练 SVM 和回归的时候需要用网络训练的特征作为输入，特征保存和读取时间消耗较大。

4. Fast R-CNN

2015 年，R. Girshick 提出了 Fast R-CNN 检测器[26]，这是对 R-CNN 和 SPP-Net 的进一步改进。Fast R-CNN 使人们能够在相同的网络配置下同时训练检测器和边界框回归器。在 VOC07 数据集上，Fast R-CNN 将 mAP 从 58.5%(R-CNN)提高到 70.0%，在 VOC2012 上的 mAP 约为 66%。基于 VGG16 的 Fast R-CNN 算法在训练速度上比 R-CNN 快了将近 9 倍，比 SPP-Net 快大概 3 倍；检测速度比 R-CNN 快了 213 倍，比 SPP-Net 快了 10 倍。

图 5-53 给出了 Fast R-CNN 系统流程图，首先进行候选框提取，采用选择性搜索在图片中获得大约 2000 个候选框；然后进行 CNN 特征图提取与候选框 RoI 映射，并进行 RoI 池化。Fast R-CNN 在数据输入尺寸无限制，而实现这个无限制要求的关键所在正是 RoI 池化层，该层的作用是可以在任何大小的特征映射上为每个输入 RoI 提取固定的维度特征表示，然后确保每个区域的后续分类可以正常执行；最后将池化后的 RoI 进行特征提取，进行分类与回归。图 5-53 的简化流程图如图 5-54 所示。

需要说明的是，使用卷积网络提取图片特征。类似于 R-CNN，在获取特征映射之

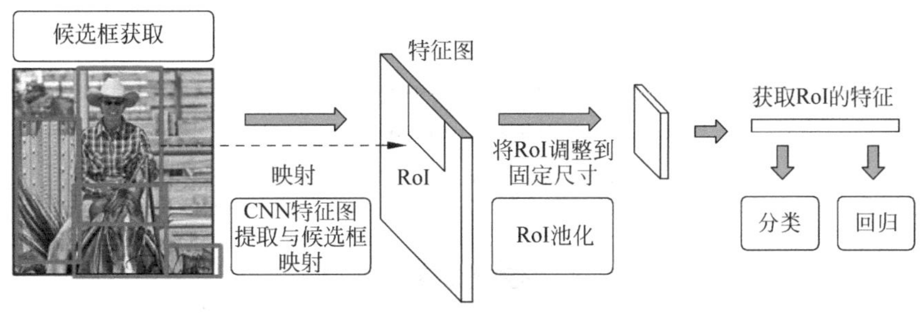

图 5-53　Fast R-CNN 系统流程图

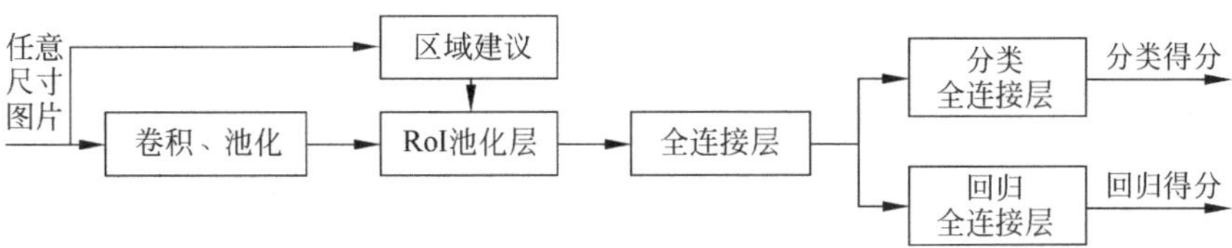

图 5-54　Fast R-CNN 简化流程图

后，需要卷积神经网络来进行卷积操作。在此处 Fast R-CNN 使用的卷积神经网络为普通的全链接层 fc_7，但是有所改动，也有使用 VGG16 的神经网络。

1）RoI 池化层

RoI 是指在选择性搜索完成后得到的“候选框”在特征图上的映射。RoI 池化层将每个候选区域分为 $m \times n$ 个块。针对每个块执行最大池化操作，使得特征映射上不同大小的候选区域被变换为均匀大小的特征向量，然后送入下一层。举例来说，某个 RoI 区域坐标为(x_1, y_1, x_2, y_2)，那么输入尺寸大小为$(y_2 - y_1) \times (x_2 - x_1)$；如果合并输出的大小为池高乘以池宽，即 Pooledheight * Pooledwidth，则每个网格的大小都为

$$\frac{y_2 - y_1}{\text{Pooledheight}} \times \frac{x_2 - x_1}{\text{Pooledwidth}} \tag{5.36}$$

虽然 RoI 池化可以看作是针对 RoI 的特征图像的池化操作，但存在非固定大小输入的问题，故每次池化网格的大小都必须手动计算。因此，首先用选择性搜索等候选框提取算法得到候选框坐标，然后，输入到卷积神经网络中来预测每个候选框中包含的对象。上述步骤中神经网络对 RoI 进行分类，并没有对整个图片进行分类。

在前面介绍的 R-CNN 中，进行卷积操作之前一般是先将图片分割与形变到固定尺寸，这也正是 R-CNN 的缺点之一。因为这会让图像产生形变，或者图像变得过小，使一些特征产生损失，继而对之后的特征选择产生巨大影响。Fast R-CNN 与 R-CNN 不同，Fast R-CNN 在数据的输入上并不对其有什么限制，而实现的关键正是 RoI 池化层。RoI 池化层如图 5-55 所示。该层的作用是可以在任何大小的特征映射上为每个输入 RoI 提取固定维度的特征表示，确保每个区域的后续分类可以正常执行。

对比图 5-49 所示的 SPP-Net 可以看出，RoI 的尺度可以是 4×4、2×2、3×3 等，可以动态调整。不像 SPP 是固定的 4×4、2×2 和 1×1。而 RoI 为单尺度的原因是进行了准

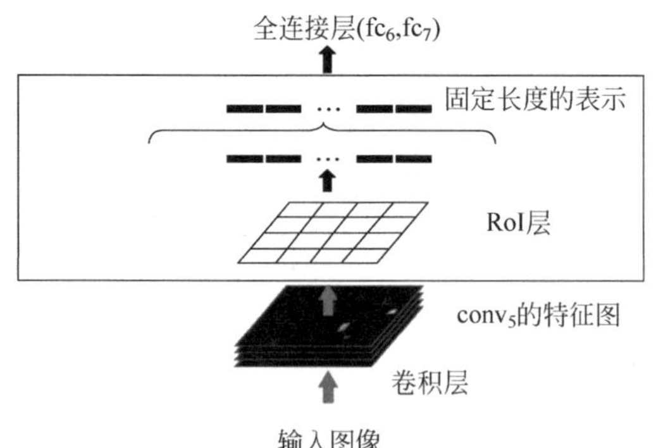

图 5-55 RoI 池化层

确度和时间的折中。通常，单尺度是直接将图像定为某种尺寸，直接输入网络来训练即可；多尺度则要生成一个金字塔，然后在金字塔上找到一个大小与目标比较接近 227×227 的投影版本。与 RoI 池化比，SPP-Net 更准确一些，但是 RoI 时间要省很多，所以实际中大都采用 RoI。Fast R-CNN 比 SPP-Net 快很多原因也在此。

2) 联合多任务建模——联合候选框回归与目标分类

在进行 RoI 池化后就可以直接进行深度图像检测，此时神经网络仍然只是对图像进行分类，只不过不是整幅图像分类，而是 RoI 分类。在 Fast R-CNN 中，输出层不仅仅完成简单分类，而是将候选框目标分类与候选框回归并列放入全连接层，设置两个输出层，形成一个多任务训练模型。

第一个是针对每个 RoI 的分类概率预测，即获得 $\boldsymbol{P}=(p_0,p_1,\cdots,p_K)$，表示属于 K 类和背景的概率(其中 K 为总类别数)，用 $L_{\text{cls}}(\boldsymbol{P},u)$ 表示分类误差，则有

$$L_{\text{cls}}(\boldsymbol{P},u)=-\log p_u \tag{5.37}$$

式中：u 为该 RoI 的真实类别标签。

第二个是候选框回归损失函数，即针对每个 RoI 坐标偏移优化。假设 RoI 中 $t^k=(t_x^k,t_y^k,t_w^k,t_h^k)(0\leqslant k\leqslant K,k$ 是多类检测的类别序号)，对于类别 u，在图片中标注了一个真实坐标 $t^u=(t_x^u,t_y^u,t_w^u,t_h^u)$，而预测值 $t=(t_x,t_y,t_w,t_h)$，二者理论上越接近越好，则将损失函数定义为

$$L_{\text{loc}}(t,t^u)=\sum_{i\in\{x,y,w,h\}}\text{smooth}_{L_1}(t_i,t_i^u) \tag{5.38}$$

式中

$$\text{smooth}_{L_1}(x,x')=\begin{cases}0.5(x-x')^2, & |x-x'|\leqslant 1\\ |x-x'|-0.5, & \text{其他}\end{cases} \tag{5.39}$$

式中：smooth 函数在(−1,1) 之间为二次函数，而其他区域为线性函数，该函数可以增强模型对异常数据的鲁棒性，其具体形式如图 5-56 所示。

总损失为上述两个任务单的损失函数和，即

$$L(P,u,t^u,t)=L_{\text{cls}}(\boldsymbol{P},u)+\lambda\lceil u\geqslant 1\rceil L_{\text{loc}}(t^u,t) \tag{5.40}$$

式中：λ 为常数；$\lceil u \geqslant 1 \rceil$ 为指示函数，当 $u \geqslant 1$ 时值为 1，即表示当为前景时，考虑两种损失，当 $u=0$ 时，即图像为背景时，只考虑分类损失函数。

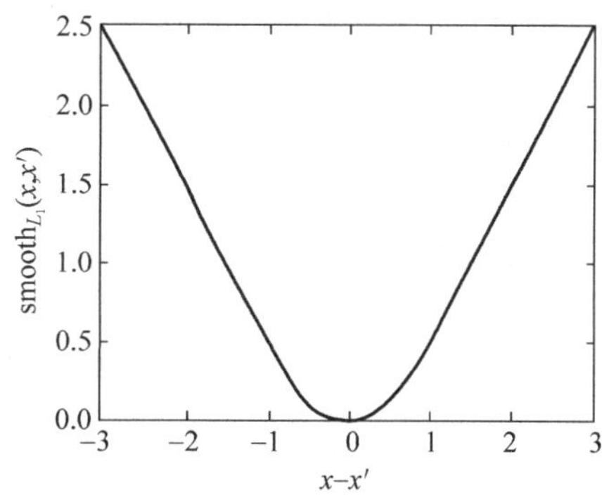

图 5-56 Smooth 函数

3）训练和测试

首先用 ILSVRC 20XX 数据集进行预训练，预训练是进行有监督分类的训练。然后在 PASCAL VOC 样本上进行特定调优，调优的数据集包括 25% 的正样本和 75% 的负样本。其中正样本是指真实框 IoU 在 0.5～1 的候选框，而负样本是指与真实框 IoU 在 0.1～0.5 的候选框。PASCAL VOC 数据集中既有物体类别标签，也有物体位置标签，有 20 种物体；正样本仅表示前景，负样本仅表示背景；回归操作仅针对正样本进行。在调优训练时，每一个 mini-batch 中首先加入 N 张完整图片，而后加入从 N 张图片中选取 R 个候选框。R 个候选框可以复用 N 张图片前 5 个阶段的网络特征，例如 $N=2,R=128$。微调前，需要对有监督预训练后的模型进行三步转化：一是 RoI 池化层取代有监督预训练后的 VGG-16 网络最后一层池化层。二是两个并行层取代上述 VGG-16 网络的最后一层全连接层和 Softmax 层。并行层之一是新全连接层 1，即将原 Softmax 层 1000 个分类输出修改为 21 个分类输出，表示 20 种类＋背景类，并行层之二是新全连接层 2＋候选区域窗口回归层。三是上述网络由原来单输入（一系列图像）修改为双输入（一系列图像和这些图像中的一系列候选区域）。

测试流程图如图 5-57 所示，即输入图片经过 5 个卷积池化块操作后，经过 2 个全连接层获得 4096 维度的向量，然后计算分类损失和回归损失，最后按照总损失进行输出。

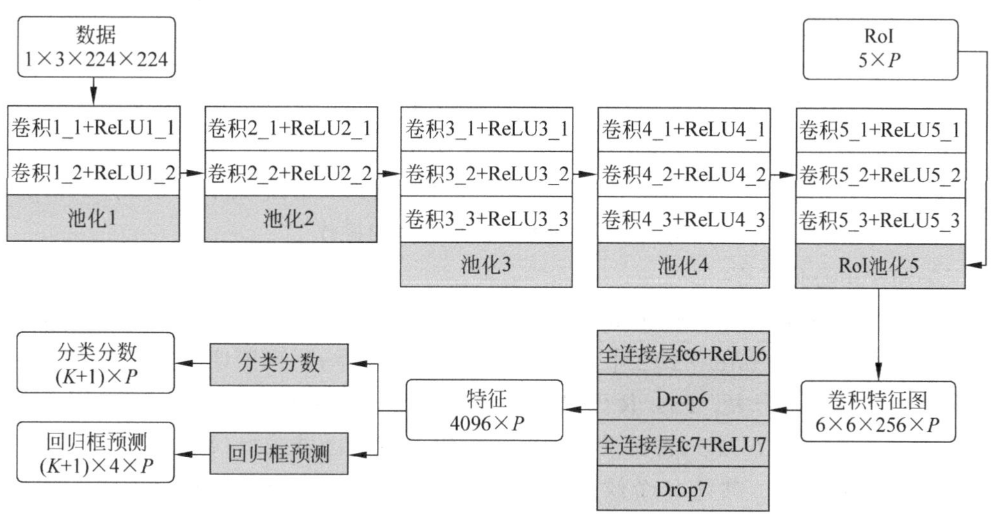

图 5-57 测试流程图

4）SVD全连接层加速网络

图像分类任务中，卷积层比全连接层计算时间长；而在目标检测任务中，选择性搜索算法提取的建议框数目巨大(约 2000 个)，几乎有一半的前向计算时间花费在全连接层。就 Fast R-CNN 而言，由于每个建议框都需要计算分类结果，因此 RoI 池化层后的全连接层需要进行约 2000 次，由此考虑在 Fast R-CNN 中采用 SVD 分解加速全连接层计算。具体实现如下：

(1) 物体分类和窗口回归都是通过全连接层实现，假设全连接层输入数据为 $\boldsymbol{x}$，输出数据为 $\boldsymbol{y}$，全连接层参数为 $\boldsymbol{W}$，尺寸为 $u\times v$，那么该层全连接计算为

$$\boldsymbol{y}=\boldsymbol{W}\boldsymbol{x} \tag{5.41}$$

计算复杂度为 $u\times v$。

(2) 若将 W 进行 SVD 分解，并用前 t 个特征值近似代替，即

$$\boldsymbol{W}=\boldsymbol{U}\Sigma\boldsymbol{V}^{\mathrm{T}}\approx\boldsymbol{U}(u,1:t)\cdot\Sigma(1:t,1:t)\cdot\boldsymbol{V}(v,1:t)^{\mathrm{T}} \tag{5.42}$$

那么原来的前向传播分解成两步，即

$$\boldsymbol{y}=\boldsymbol{W}\boldsymbol{x}=\boldsymbol{U}(\Sigma\boldsymbol{V}^{\mathrm{T}})\boldsymbol{x}=\boldsymbol{U}\cdot\boldsymbol{z} \tag{5.43}$$

其具体实现过程如图 5-58 所示。计算复杂度为 $u\times t+v\times t$，若 $t<\min(u,v)$，则这种分解会大大减少计算量。

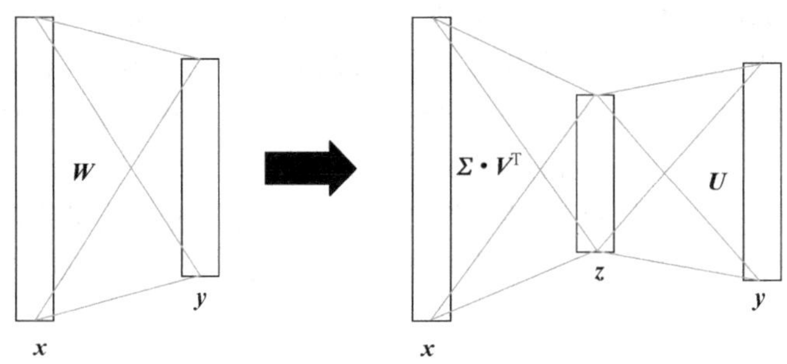

图 5-58　SVD 全连接层分解网络

实现时，相当于把一个全连接层拆分为两个全连接层，第一个全连接层不含偏置，第二个全连接层含偏置。实验表明，SVD 分解全连接层能使 mAP 只下降 0.3%的情况下提升 30%的速度，同时该方法也不必再执行额外的微调操作。

5）图片中心化采样

R-CNN 和 SPP-Net 中采用 RoI 中心采样，即从全部图片的所有候选区域中均匀取样，这样每个 SGD 的 mini-batch 中包含了不同图像的样本，不同图像之间不能共享卷积计算和内存，运算开销大。Fast R-CNN 中采用图片中心化采样：mini-batch 采用层次采样，即先对图像采样(N 个)，再在采样到的图像中对候选区域采样(每个图像中采样 R/N 个，一个 mini-batch 共计 R 个候选区域样本)，同一图像的候选区域卷积共享计算和内存，降低了运算开销。

图片中心化方式采样的候选区域来自同一图像，相互之间存在相关性，可能会减慢训练收敛的速度，但是在实验中并没有明显的表现，反而使用 $N=2,R=128$ 的图片中心

化方式比 R-CNN 收敛更快。

这里解释为什么 SPP-Net 不能更新空间金字塔池化层前面的卷积层，而只能更新后面的全连接层：一种解释卷积特征是线下计算的，无法在微调阶段反向传播误差；另一种解释反向传播需要计算每一个 RoI 感受野的卷积层梯度，通常所有 RoI 会覆盖整个图像，如果用 RoI-中心采样方式，会由于计算太多整幅图像梯度而变得又慢又耗内存。

5. Faster R-CNN 网络

Faster R-CNN 网络[27]是 Ross B. Girshick 在 R-CNN 和 Fast R-CNN 基础上于 2016 年提出的网络。从结构上看，Faster R-CNN 用神经网络生成待检测框，替代了其他 R-CNN 算法通过规则等产生候选框的方法，且将特征抽取、候选框提取、候选框回归和分类都整合在一个网络中实现端到端训练，使得网络的综合性更强，尤其是检测速度得以大幅改善。该网络主要包括骨干网络、区域候选网络（Region Proposal Networks，RPN）、RoI 池化与分类三个部分。Faster R-CNN 的示意图和具体流程分别如图 5-59 和图 5-60 所示。其中，骨干网络由经典网络共享基础卷积层而构成，用于提取整张图片的特征，例如 ZFNet、VGG16 或 ResNet101 等网络去除后面全连接层构成主干网络。主干网络输出下采样后的特征图，送入后续区域候选网络和全连接层进行处理。RPN 用于生成区域候选框，该网络通

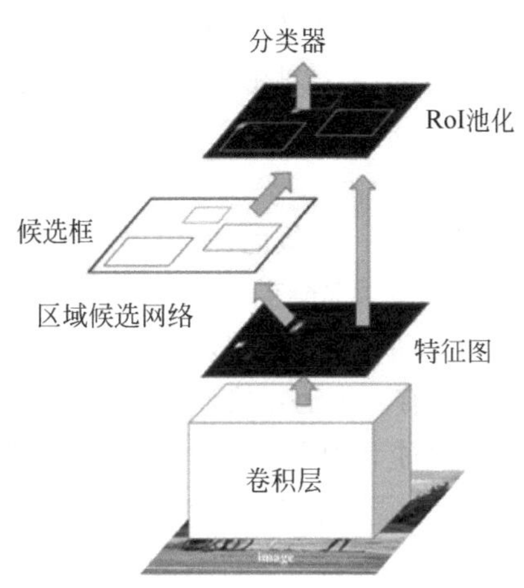

图 5-59　Faster R-CNN 基本结构

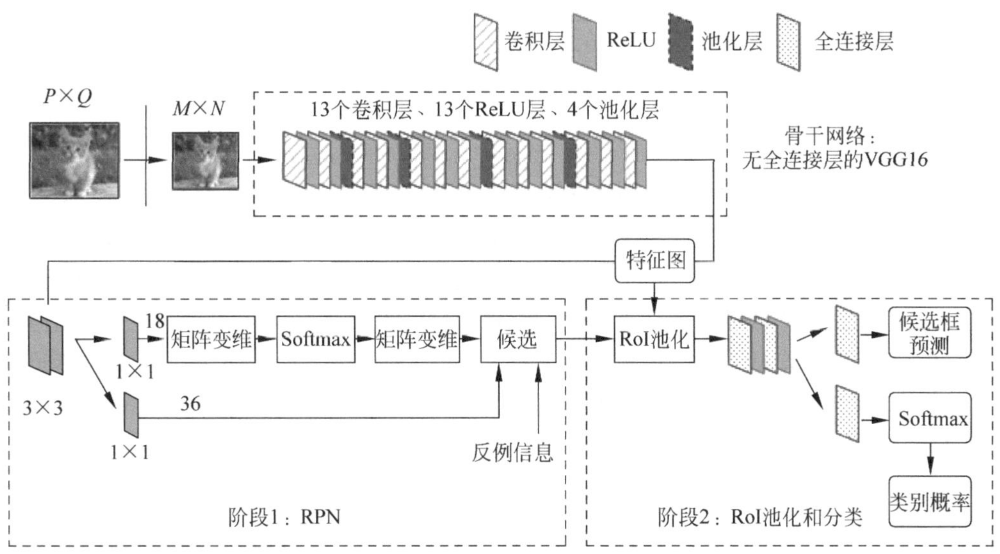

图 5-60　Faster R-CNN 具体流程图

过 Softmax 函数判断锚框属于正类或者负类，再利用候选框回归算法来修正锚框获得精确的候选区域。RoI 池化与分类网络对候选检测框进行分类，并且再次微调候选框坐标。RoI 池化收集输入的特征图和候选区域进行特征提取，分类层利用候选框特征图计算候选框的类别，同时利用候选框回归算法获得检测框最终的精确位置。

1）骨干网络

骨干网络可采用去掉全连接层后 ZFNet、VGG16 或 ResNet101 网络等不同类型，实验中采用了 ZFNet 和 VGG16 两种模型。骨干网络 VGG16 共有 13 个卷积层和 4 个池化层，其中卷积层后过 ReLU 激活函数。骨干网络中所有设置相同，即卷积层尺寸为 3×3、补零尺寸为 1，步长为 1。这意味着在 Faster R-CNN 骨干网络对所有的卷积都做了扩边处理（pad=1，即填充一圈 0），导致原图尺寸变为 $(M+2)\times(N+2)$，再做 3×3 卷积后输出 $M\times N$，如图 5-61 所示。正是这种设置，使得骨干网络中的卷积层不改变输入和输出矩阵大小。类似地，池化层尺寸为 2×2、没有补零，步长为 2。这样每个经过池化层的 $M\times N$ 矩阵，都会变为 $(M/2)\times(N/2)$ 大小。综上所述，骨干网络的卷积层不改变输入与输出大小，池化层使输出长和宽都变为输入的 1/2。因此，对于 VGG16 骨干网络而言，由于有 4 个池化层，一个 $M\times N$ 大小的矩阵经过骨干网络后固定变为 $(M/16)\times(N/16)$。而对于 ZFNet 骨干网络，由于有三个池化层，则一个 $M\times N$ 大小的矩阵经过骨干网络后固定变为 $(M/8)\times(N/8)$。

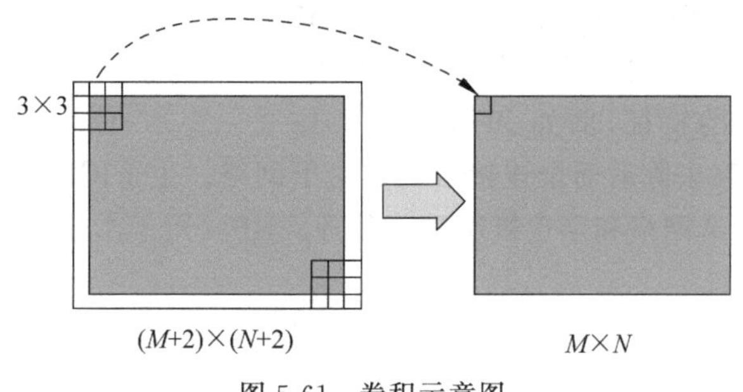

图 5-61　卷积示意图

2）区域候选网络

经典的检测方法生成检测框非常耗时，如 R-CNN 使用选择性搜索方法生成检测框，还有采用滑动窗口方法。而 Faster R-CNN 则抛弃了前面方法，直接使用区域候选网络生成检测框，这也是 Faster R-CNN 的巨大优势，能极大提升检测框的生成速度。从图 5-62 所示可以看出，RPN 实际分为两个路径：一是通过 Softmax 分类函数将锚框分成正类和负类；二是通过计算对于锚框的边界框回归偏移量，获得精确的候选区域。而最后的候选层则负责综合正类锚框和对应边界框回归偏移量获取候选区域，同时剔除太小和超出边界的区域框。其具体处理过程如图 5-62 所示。

经过 RPN 后完成目标的定位。图 5-63 给出了具体的示意图。由图中可以看出，假设锚框个数 $k=9$，假设骨干网络输出的特征图尺寸是 $W\times H\times 512$，经过一个尺寸为 3×3 的滑动窗卷积层，再通过两个参数个数完全相同但不共享参数的两个 1×1 的卷积层（可

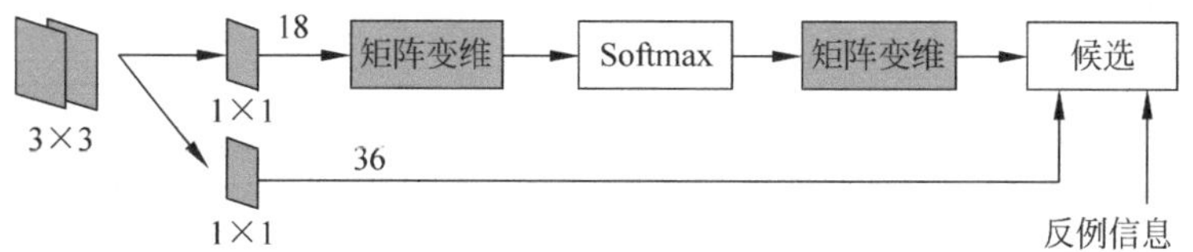

图 5-62 阶段 1：RPN

称为姐妹卷积层)，输出两个特征图，一个为分数特征图 $W\times H\times 2k$，另一个为坐标特征图 $W\times H\times 4k$。实验中主干网络采用了 ZFNet 和 VGGNet 两种配置，而在 ZFNet 和 VGGNet 中最后的卷积层 5 的输出维度分别为 256 和 512，因此经过两种不同主干网络后的特征维度分别为 256 或 512。在卷积层 5 之后，做了 RPN 的 3×3 卷积又融合了周围 3×3 的空间信息，同时保持维度 256 或 512 不变。假设在卷积层 5 的每个点上都有 k 个锚框(默认 $k=9$)，而每个锚框要分正例和负例，所以每个点由 256 维矢量转化为 $2k$ 分类结果；而每个锚框都有(x,y,w,h)对应 4 个偏移量，所以回归参数有 $4k$ 个坐标。全部锚框进行训练导致数据规模巨大，因此随机选取 128 个正类锚框和 128 个负类锚框进行训练。

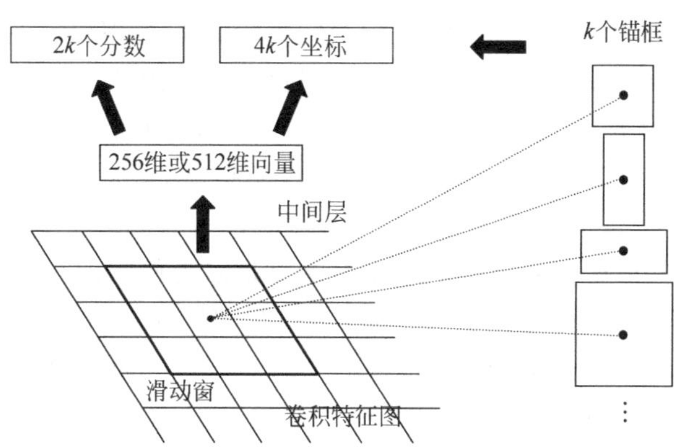

图 5-63 Faster R-CNN 细节信息展示

(1) 锚框定义。

锚框实际上就是一组由向量生成的矩形，如其中每行的 4 个值(x_1,y_1,x_2,y_2)表示矩形左上和右下角点坐标。锚框尺寸根据检测图像设置。例如，可以将任意大小的输入图像矩阵变形为 800×600(即图 5-60 中的 $M=800,N=600$)。下面计算下锚框的个数，由于原图 800×600，VGG 下采样 16 倍后，特征图中每个点设置 9 个锚框，所以有

$$\mathrm{ceil}\lceil 800/16\rceil\times\mathrm{ceil}\lceil 600/16\rceil\times 9=50\times 38\times 9$$

式中：ceil⌈·⌉表示向上取整。因此，VGG 输出的特征图尺寸为 50×38。输出特征图的每个特征点映射回原图感受野的中心点当成一个基准点，然后围绕基准点选取 k 个不同尺度、不同比例的锚框。图 5-64 中采用了 3 个尺度 3 种面积的锚框，面积分别为$\{128^2$、256^2、$512^2\}$，比例尺寸分别为{1∶1,1∶2,2∶1}。9 个矩形共有 3 种形状，长宽比约为{1∶1,1∶2,2∶1}三种。实际上，通过锚框引入了检测中常用的多尺度方法。图 5-65 给

出一组锚框坐标示例。

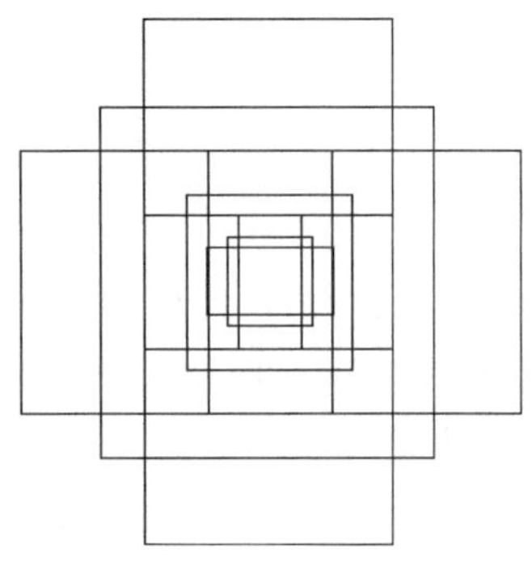

图 5-64　锚框示意图

[[-84. -40. 99. 55.]
[-176. -88. 191. 103.]
[-360. -184. 375. 199.]
[-56. -56. 71. 71.]
[-120. -120. 135. 135.]
[-248. -248. 263. 263.]
[-36. -80. 51. 95.]
[-80. -168. 95. 183.]
[-168. -344. 183. 359.]]

图 5-65　锚框坐标

(2) 矩阵变形。

从图 5-60 可以看出，将 1×1 卷积后的张量先矩阵变形，便于使用 Softmax 层计算，之后再矩阵变形回来。一幅 $M\times N$ 大小的矩阵送入 VGGNet 主干网络后，到 RPN 前变为$(M/16)\times(N/16)$，不妨设宽度 $W=M/16$ 和高度 $H=N/16$。在进入矩阵变形与 Softmax 函数之前，先做了 1×1 卷积，而 1×1 卷积的输出通道数为 18，因此经过该卷积后，该卷积的输出图像尺寸为 $W\times H\times 18$，通道数 18 为 9 个锚框可能出现正类和负类的所有情况相对应。后面按 Softmax 分类获得正类锚框，初步提取了检测目标候选区域边框信息。

在进行 Softmax 前后都要经过矩阵变形主要是因为便于进行二分类。其主要原因是：在一些深度学习框架中，数据存储的格式是 $W\times H\times \text{Channel}=W\times H\times(2\times k)$，这里的通道数 $\text{Channel}=2\times k$，即 2 倍的锚框个数。而在 Softmax 部分要进行正、负二分类，因此会将利用矩阵变形（Reshape 层）将其变成 $W\times H\times \text{Channel}=W\times(H\times k)\times(2)$，就是将某个维度变成二维进行 Softmax 分类，而分类后还要恢复成原来的存储形式。

(3) 锚框正类与负类划分。

不是所有锚框都被选择来进行训练，若对每幅图的所有锚框都去优化损失函数，那么会因为负样本过多导致最终得到的模型对正样本预测准确率很低，因此需要对锚框的正类和负类进行选择。假设训练集中的每张图像（含有人工标定的真实框）的所有锚框$(N\times M\times k)$，则正、负样本的划分规则如下：

① 对每个标定的真实框区域，与其 IoU 最大的锚框记为正样本，保证每个真实框至少对应一个正样本锚框。

② 剩余的锚框，若其与某个标定真实框区域 IoU 大于 0.7，则记为正样本；若其与任意一个标定真实框的 IoU 都小于 0.3，则记为负样本。因此，每个真实标定框可能会对应多个正样本锚框，但每个正样本锚框只能对应一个真实标定框。

③ 前两步还剩余的锚框舍弃不用。

④ 跨越图像边界的锚框舍弃不用。

锚框正类和负类选择如图 5-66 所示。

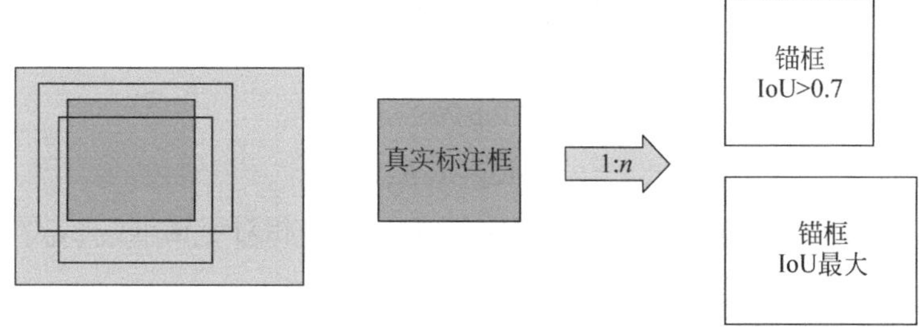

图 5-66 锚框正类和负类选择示意图(一个真实标注框可对应多个锚框)

除了进行上述选择外,锚框的数目也通过下面方式进行压缩:一是对每一个预测为正类锚框的分数进行排序,然后采用非极大值抑制方法,即首先找到分数最高的锚框,然后以此锚框作为基准,计算其他锚框与该锚框的 IoU,如果 IoU 大于阈值(如 0.7),就认为是同一个目标,直接舍弃这个锚框,每个图像剩下的锚框数为 A;二是再次选择,由于 A 个锚框中依然有很多副样本,通过 IoU(大于或等于 0.5 为正样本,否则为负样本),最后选择 B 个正、负样本。

下面通过一个具体例子来说明选择的大致基准。假设原始图片尺寸为 1000×600,那么经过骨干 VGG16 网络下采样后,则特征图尺寸变为(1000/16)×(600/16)×512,即下采样 16 倍,且通道数为 512;经过 RPN 后则变成 63×38×9=21546 个锚框。经过去除跨越图像边界的部分,则剩余 6000 个左右的锚框;然后利用非极大值抑制方法,每幅图像筛选剩下 2000 个左右的锚框;最后再次选择剩余 256 左右的锚框。

3) 边界框回归算法

假设有预测框、锚框和真实标签框三种类型的框,且 x、x_a 和 x^* 分别是 x 的预测值、锚框和真实标签对应值,变量 y、w 和 h 同理。x、y,w、h 分别是预测矩形框的中心点坐标及宽和高,x_a、y_a,w_a、h_a 分别是锚框的中心坐标及宽和高,x^*、y^*,w^*、h^* 分别是真实标签对应框的中心坐标及宽和高。则有预测框到锚框的变换表示为

$$\begin{cases} x = x_a + \nabla x \\ y = y_a + \nabla y \\ w = w_a \cdot \nabla w \\ h = h_a \cdot \nabla h \end{cases} \tag{5.44}$$

而∇部分都是基于 w、h 计算出来的,则有

$$\begin{cases} \nabla x = w_a \cdot t_x \\ \nabla y = h_a \cdot t_y \\ \nabla w = w_a \cdot e^{t_w} \\ \nabla h = h_a \cdot e^{t_h} \end{cases} \tag{5.45}$$

式中：$\{t_x,t_y,t_w,t_h\}$为预测框(x,y,w,h)对于锚框(x_a,y_a,w_a,h_a)的偏移量。

根据式(5.44)和式(5.45)，可得

$$\begin{cases}t_x=(x-x_a)/w_a\\t_y=(y-y_a)/h_a\\t_w=\log(w/w_a)\\t_h=\log(h/h_a)\end{cases}\tag{5.46}$$

而$\{t_x^*,t_y^*,t_w^*,t_h^*\}$表示真实标记框$(x^*,y^*,w^*,h^*)$相对于锚框$(x_a,y_a,w_a,h_a)$的偏移量，即

$$\begin{cases}t_x^*=(x^*-x_a)/w_a\\t_y^*=(y^*-y_a)/h_a\\t_w^*=\log(w^*/w_a)\\t_h^*=\log(h^*/h_a)\end{cases}\tag{5.47}$$

学习目标自然就是让$\{t_x,t_y,t_w,t_h\}$接近$\{t_x^*,t_y^*,t_w^*,t_h^*\}$的值。

上述算法中用 exp 函数和 log 函数，这是因为尺度系数大于零，因此 exp 函数来表示尺度系数可以满足。而利用 log 函数的主要原因是对数函数具有一个很重要的特性——非线性压缩，即压缩较大值，因此采用这种方式计算的损失函数可以减小大的目标的作用，有助于改善模型只能学到大目标的缺点。从式(5.46)和式(5.47)可以看出，对于中心点坐标采用线性变换，而对于宽度和高度采用非线性变换，这种设置也是合理的，对于 log 函数，当自变量较小时可近似为线性变换。

4) 损失函数

Faster R-CNN 的损失主要分为 RPN 的损失和 Fast R-CNN 的损失，并且两部分损失都包括分类损失和回归损失，其总损失函数如下：

$$L(\{p_i\},\{t_i\})=\frac{1}{N_{\text{cls}}}\sum_i L_{\text{cls}}(p_i,p_i^*)+\lambda\frac{1}{N_{\text{reg}}}\sum_i p_i^* L_{\text{reg}}(t_i,t_i^*)\tag{5.48}$$

式中：$\frac{1}{N_{\text{cls}}}\sum_i L_{\text{cls}}(p_i,p_i^*)$为分类损失，包括 RPN 分类损失和 Fast R-CNN 分类损失；$\frac{1}{N_{\text{reg}}}\sum_i p_i^* L_{\text{reg}}(t_i,t_i^*)$为回归损失，也包括 RPN 回归和 Fast R-CNN 回归损失。

(1) 分类损失。

① RPN 分类损失：RPN 的产生的锚框只分为前景和背景，前景的标签为 1，背景的标签为 0。在训练 RPN 的过程中，会选择 256 个锚框，即 $N_{\text{cls}}=256$。真实标注框标签为

$$p_i^*=\begin{cases}0, & \text{负样本}\\1, & \text{正样本}\end{cases}\tag{5.49}$$

$L_{\text{cls}}(p_i,p_i^*)$是两个类别的对数损失，即

$$L_{\text{cls}}(p_i,p_i^*)=-\log[p_i^*p_i+(1-p_i^*)(1-p_i)]\tag{5.50}$$

式中：p_i 为锚框预测为目标的概率。

式(5.50)是经典二分类交叉熵损失，对于每一个锚框计算对数损失，然后求和除以总的锚框数量 N_{cls}。

② Fast R-CNN 分类损失：RPN 的分类损失时二分类的交叉熵损失，而 Fast R-CNN 是多分类的交叉熵损失。在 Fast R-CNN 的训练过程中会选出 N_{cls} 个进行计算。

(2) 回归损失。

这里将RPN和Fast R-CNN的回归损失一起来描述，即 $\lambda \frac{1}{N_{\mathrm{reg}}}\sum_i p_i^* L_{\mathrm{reg}}(t_i,t_i^*)$ 部分。从前面可以知道，$\{t_x,t_y,t_w,t_h\}$ 是预测框 (x,y,w,h) 对于锚框 (x_a,y_a,w_a,h_a) 的偏移量；$\{t_x^*,t_y^*,t_w^*,t_h^*\}$ 表示真实标记框 (x^*,y^*,w^*,h^*) 相对于锚框 (x_a,y_a,w_a,h_a) 的偏移量，则有

$$L_{\mathrm{reg}}(t_i,t_i^*)=\widetilde{\mathrm{smooth}}_{L_1}(t_i,t_i^*) \tag{5.51}$$

式中：$\widetilde{\mathrm{smooth}}_{L_1}(t_i,t_i^*)$ 是式(5.39)所定义的平滑 L_1 函数的拓展，即

$$\widetilde{\mathrm{smooth}}_{L_1}(x,x')=\begin{cases}0.5(x-x')^2\times 1/\sigma^2, & |x-x'|\leqslant 1/\sigma^2\\ |x-x'|-0.5, & \text{其他}\end{cases} \tag{5.52}$$

不同之处在于：RPN 训练中 $\sigma=3$，而原始 Fast RCNN 中 $\sigma=1$。对于每一个锚框计算完 $L_{\mathrm{reg}}(t_i,t_i^*)$ 后还要乘以 p_i^*，如前所述，p_i^* 为正类时值为 1，说明里面有物体时，p_i^* 为负类时值为 0，说明没有物体。这意味着，只有前景才计算损失，背景不计算损失。

对于参数 λ 和 N_{reg} 在 RPN 训练过程中的设置进行解释说明。N_{reg} 为输出特征图尺寸，即经过主干网络下采样后的 $W\times H=63\times 38\approx 2400$，而 $\lambda=10$，这样分类和回归两个损失函数的权重基本相同，即 $N_{\mathrm{cls}}=256$，而 $N_{\mathrm{reg}}/\lambda\approx 240$，二者接近。而代码实现中，往往直接将 N_{reg} 取值为正、负样本的总数 256(批处理量)，然后将 $\lambda=1$，这样直接使得分类和回归的权重相同，均为 1/batch_size，因此不需要额外设置 λ。

5) 候选层

候选层负责综合预测框和前景锚框，计算出精准的候选，送入后续 RoI 池化层。候选层有 3 个输入，分别是前景/背景分类器结果、预测的边界框以及 im_info 信息；另外，还有参数 feat_stride=16。首先解释 im_info，对于一幅任意大小 $P\times Q$ 图像，传入 Faster R-CNN 前首先矩阵变形到固定 $M\times N$，im_info=[M, N, scale_factor]则保存了此次缩放的所有信息；然后经过卷积层，经过 4 次池化尺寸变为 $W\times H=(M/16)\times(N/16)$大小，其中 feature_stride=16 则保存了该信息，用于计算锚框偏移量。

候选层按照以下顺序依次处理：

(1) 生成锚框，利用预测框对所有的锚框做边界框回归；

(2) 按照输入的前景框分数由大到小对锚框进行排序，提取前面若干锚框，即提取修正位置后的前景锚框；

(3) 限定超出图像边界的前景锚框为图像边界；

(4) 剔除非常小(宽度和高度小于阈值)的前景锚框；

(5) 进行非极大值抑制后处理，再次按照前景锚框分数由大到小排序，提取前若干结

果作为候选输出。之后输出候选框坐标$[x_1, y_1, x_2, y_2]$。注意,由于在第三步中将锚框映射回原图判断是否超出边界,所以这里输出的锚框是对应 $M \times N$ 输入图像尺度。

6) Faster R-CNN 训练

Faster R-CNN 训练是在已经训练好的模型(如 ZFNet、VGG16 和 Res101)的基础上继续进行训练。实际中训练步骤如下:

步骤 1:在已经训练好的 ImageNet 模型上训练 RPN,利用训练好的 RPN 收集候选框;

步骤 2:利用已有的 ImageNet 模型,第一次训练 Faster R-CNN;

步骤 3:利用 Faster R-CNN 参数,第二次训练 RPN;

步骤 4:再次利用步骤 3 中二次训练好的 RPN 收集候选框,第二次训练 Faster R-CNN。

训练过程类似于一种"迭代"的过程,循环了 2 次。通过实验发现,即使迭代循环更多次也不会进一步提升。图 5-67 给出了 Faster R-CNN 训练过程。

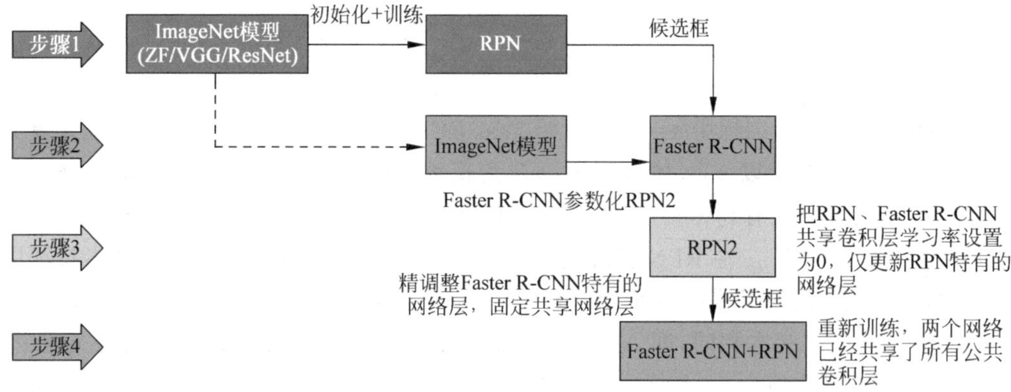

图 5-67 Faster R-CNN 训练过程

5.4 本章小结

卷积神经网络是一类非常重要的神经网络,在深度学习发展历史上具有重要地位。本章系统介绍了卷积神经网络的基本概念、基本原理和关键技术,并选取典型的 CNN 网络 LeNet5、AlexNet、ZFNet、VGGNet、GoogLeNet、ResNet、区域卷积神经网络进行了详细分析与解读。

参考文献

[1] Kandel E R. An introduction to the work of David Hubel and Torsten Wiesel[J]. The Journal of Physiology, 2010, 587(12): 2733-2741.

[2] Fukushima K, Miyake S. Neocognitron: A new algorithm for pattern recognition tolerant of deformations and shifts in position[J]. Pattern Recognition, 1982, 15(6): 455-469.

[3] Waibel A. Phoneme recognition using time-delay neural networks[C]. Meeting of the Institute of Electrical,Information and Communication Engineers(IEICE),1987.

[4] Waibel A,Hanazawa T, Hinton G, et al. Phoneme recognition using time-delay neural networks [J]. IEEE transactions on acoustics,speech,and signal processing,1989,37(3): 328-339.

[5] Zhang W. Shift-invariant pattern recognition neural network and its optical architecture[C]. In Proceedings of annual conference of the Japan Society of Applied Physics(JSAP),1988.

[6] LeCun Y,Boser B,Denker J S,et al. Backpropagation applied to handwritten zip code recognition [J]. Neural computation,1989,1(4): 541-551.

[7] LeCun Y,Bottou L,Bengio Y,et al. Gradient-based learning applied to document recognition[J]. Proceedings of the IEEE,1998,86(11): 2278-2324.

[8] Simard P Y,Steinkrau D,Platt J C. Best practices for convolutional neural networks applied to visual document analysis[C]. In: Proceedings of IAPR International Conference on Document Analysis and Recognition(ICDAR), 2003,3: 958-962.

[9] Krizhevsky A,Sutskever I,Hinton G E. ImageNet Classification with Deep Convolutional Neural Networks [J]. Communications of the ACM,2012,60: 84-90.

[10] Zeiler M D,Fergus R. Visualizing and Understanding Convolutional Neural Networks[C]. In: Proceedings of European Conference on Computer Vision(ECCV),2014: 818-833.

[11] Simonyan K,Zisserman A. Very Deep Convolutional Networks for Large-Scale Image Recognition[C]. In: Proceedings of International Conference on Learning Representations(ICLR),2015: 1-14.

[12] Szegedy C,Liu W,Jia Y,et al. Going Deeper with Convolutions[C]. In: Proceedings of IEEE Conference on Computer Vision and Pattern Recognition(CVPR),2015: 1-9.

[13] He K M,Zhang X Y,Ren S Q, et al. Deep Residual Learning for Image Recognition[C]. In: Proceedings of IEEE Conference on Computer Vision and Pattern Recognition(CVPR),2016: 770-778.

[14] 我爱机器学习. Deep Learning 回顾之 LeNet、AlexNet、GoogLeNet、VGG、ResNet [EB/OL]. https://www.cnblogs.com/52machinelearning/p/5821591.html.

[15] Zeiler M D,Taylor G W, Fergus R. Adaptive deconvolutional networks for mid and high level feature learning[C]. In: Proceedings of IEEE International Conference on Computer Vision (ICCV),2011: 2018-2025.

[16] Szegedy C,Vanhoucke V, Ioffe S, et al. Rethinking the Inception Architecture for Computer Vision[C]. In: Proceedings of IEEE Conference on Computer Vision and Pattern Recognition (CVPR),2016: 2818-2826.

[17] Ioffe S,Szegedy C. Batch Normalization: Accelerating Deep Network Training by Reducing Internal Covariate Shift[C]. In: Proceedings of International Conference on Machine Learning (ICML),2015: 448-456.

[18] Feature Extractor [inception v2 v3][EB/OL]. https://www.cnblogs.com/shouhuxianjian/p/7756192.html.

[19] Szegedy C,Ioffe S,Vanhoucke V,et al. Inception-v4,Inception-ResNet and the Impact of Residual Connections on Learning[C]. In: Proceedings of IEEE Conference on Computer Vision and Pattern Recognition(CVPR),2016: 4278-4284.

[20] Hu J,Shen L,Albanie S,et al. Squeeze-and-Excitation Networks[C]. In: Proceedings of IEEE Conference on Computer Vision and Pattern Recognition(CVPR),2018: 7132-7141.

[21] Hu J,Shen L, Albanie S, et al. Squeeze-and-Excitation Networks[J]. IEEE Transactions on

Pattern Analysis and Machine Intelligence,2020,42(8):2011-2023.

[22] Xie S,Girshick R,Dollar P,et al. Aggregated residual transformations for deep neural networks [C]. In: Proceedings of IEEE Conference on Computer Vision and Pattern Recognition(CVPR), 2017: 5987-5995.

[23] Howard A G,Zhu M,Chen B,et al. MobileNets: Efficient convolutional neural networks for mobile vision applications[J]. arXiv: 1704.04861,2017.

[24] Zhang X,Zhou X,Lin M,et al. ShuffleNet: An extremely efficient convolutional neural network for mobile devices[C]. In: Proceedings of IEEE Conference on Computer Vision and Pattern Recognition(CVPR),2018: 6848-6856.

[25] Girshick R,Donahue J,Darrell T,et al. Rich feature hierarchies for accurate object detection and semantic segmentation[C]. In: Proceedings of IEEE Conference on Computer Vision and Pattern Recognition(CVPR),2014. 580-587.

[26] Girshick R. Fast r-cnn[C]. In: Proceedings of the IEEE International Conference on Computer Vision(ICCV). 2015: 1440-1448.

[27] Ren S Q,He K M,Girshick R,et al. Faster R-CNN: Towards Real-Time Object Detection with Region Proposal Networks[J]. IEEE Transactions on Pattern Analysis & Machine Intelligence, 2015,39: 1137-1149.

[28] Garcia-Garcia A,Orts-Escolano S,Oprea S,et al. A Review on Deep Learning Techniques Applied to Semantic Segmentation[J]. arXiv preprint arXiv: 1704.06857,2017.

[29] Felzenszwalb P F,Huttenlocher D P. Efficient graph-based image segmentation[J]. Internation Jounal of Computer vision,2004,59(2): 167-181.

[30] He K,Zhang X,Ren S,et al. Spatial Pyramid Pooling in Deep Convolutional Networks for Visual Recognition[J]. IEEE Transactions on Pattern Analysis & Machine Intelligence,2014,37(9): 1904-1916.

[31] Simonyan K,Zisserman A. Very Deep Convolutional Networks for Large-Scale Image Recognition [J]. arXiv preprint arXiv: 1409.1556,2014.

本章知识点补充

知识点 1 Hebbian 原理

神经反射活动的持续与重复会导致神经元连接稳定性的持久提升,当两个神经元细胞 A 和 B 距离很近,并且 A 参与了对 B 重复、持续的兴奋时,某些代谢变化会导致 A 将作为能使 B 兴奋的细胞。即"一起发射的神经元会连在一起",学习过程中的刺激会使神经元间的突触强度增加。

受 Hebbian 原理启发,文章 *Provable Bounds for Learning Some Deep Representations* 提出,如果数据集的概率分布可以被一个很大、很稀疏的神经网络所表达,那么构筑这个网络的最佳方法是逐层构筑网络。具体思路是将上一层高度相关的节点聚类,并将聚类出来的每一个小簇连接到一起,如图 5-68 所示。这个相关性高的节点应该被连接在一起的结论,即是从神经网络的角度对 Hebbian 原理有效性的证明。

因此,一个"好"的稀疏结构应该符合 Hebbian 原理,应该把相关性高的一簇神经元

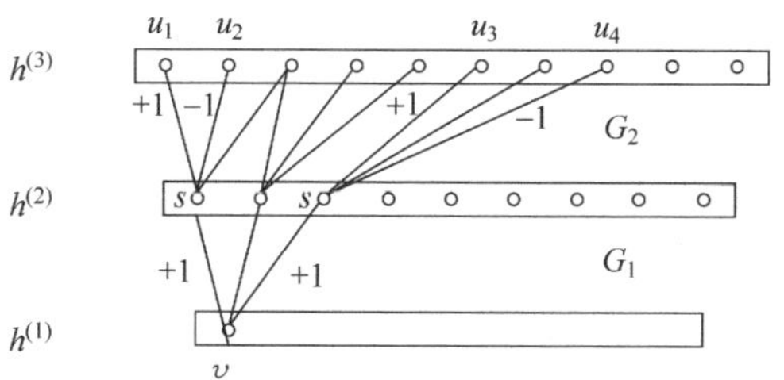

图 5-68 将高度相关的节点连接在一起形成稀疏网络

节点连接在一起。在普通的数据集中，这可能需要对神经元节点聚类，但是在图片数据中，邻近区域的数据相关性高，因此相邻的像素点被卷积操作连接在一起。而实际中可能有多个卷积核，在同一空间位置但在不同通道的卷积核的输出结果相关性极高。因此，1×1 的卷积就可以很自然地把这些相关性很高的、在同一个空间位置但是不同通道的特征连接在一起。这就是 1×1 卷积频繁应用于 GoogLeNet 中的原因。1×1 卷积所连接的节点的相关性最高，而稍大尺寸的卷积，如 3×3、5×5 卷积所连接的节点相关性也很高，因此也可以适当地使用一些大尺寸的卷积，增加多样性。深度感知模块通过 4 个分支中不同尺寸的 1×1、3×3、5×5 等小型卷积将相关性很高的节点连接在一起，就完成了其设计初衷，构建出了很高效的符合 Hebbian 原理的稀疏结构。

知识点 2　交并比

在目标检测当中，有一个重要的概念就是交并比，一般是指代模型预测的候选框和真实标注框之间的交并比。交并比的定义为

$$\text{IoU}=\frac{A \cap B}{A \cup B}$$

集合 A 和集合 B 的并集包括了图 5-69 所示的三个区域，集合 C 是集合 A 与集合 B 的交集。在目标检测当中，IoU 就是上面两种集合的比值。$A \cup B$ 其实就是 $A+B-C$。因此，交并比公式可以写为

$$\text{IoU}=\frac{A \cap B}{A+B-(A \cap B)}$$

因此可以看出，IoU 衡量两个集合的重叠程度。IoU 为 0 时，两个框不重叠，没有交集；IoU 为 1 时，两个框完全重叠。IoU 为 0～1 时，代表两个框的重叠程度，数值越高，重叠程度越高。

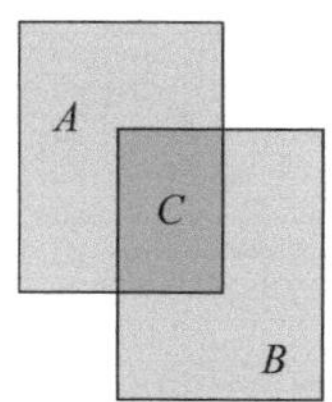

图 5-69 三个集合区域示意

第6章 循环神经网络

深度神经网络无论是全连接网络还是卷积网络，本质上都是一种前馈型神经网络，也就是说从网络的输入到输出是从低层向高层的单向连接。这种前馈型网络是一种静态网络，输出的维数相对固定，且不同样本的输入是相互独立的，输出只依赖于当前的输入。

然而，实际中往往要处理的数据是一种变长序列。如在语音信号处理中，由于不同语音信号的时长通常不同，且语音信号是一种短时平稳信号，相邻帧语音信号之间具有很强的相关性，因此对语音信号进行分帧处理。通常每一帧长为20～30ms，相邻帧之间间隔10ms，对每一帧语音信号进行特征提取，即将1s的语音信号转换为100帧特征向量，故神经网络的输入是一种变长的、具有强相关性的序列数据。对于视频数据和文本数据的处理也面临同样的变长序列问题：对于视频数据来说，网络输入是变长的、具有相关性的图像序列；对于文本数据来说，网络输入是变长的、具有相关性的字符序列。因此，需要设计一种新的网络结构来处理变长序列，即循环神经网络。

6.1 循环神经网络的引入

事实上，全连接网络和卷积网络都是一种简化抽象的神经网络模型，实际中生物神经网络之间的连接关系要复杂得多，没有明显的分层的概念，且具有大量反馈的结构。这种复杂的结构使得生物神经网络具有"记忆"功能。人类记忆可以分为短期记忆和长期记忆。短期记忆是一种持续时间较短的记忆，它可以在头脑中让少量信息保持激活状态，在短时间内可以使用，其持续时间以秒计算。长期记忆是能够保持几天到几年的记忆。从生物学上来讲，短期记忆是神经连接的暂时性强化，生理上的结构是反馈回路，而通过复述等反复巩固后可变为长期记忆。

记忆功能是生物神经网络处理变长序列的关键所在。本章将讨论如何设计深度神经网络结构，以实现记忆功能。主要探讨如何实现短期记忆功能，长期记忆功能需要引入外部存储器实现，如神经图灵机等，感兴趣的读者可以查阅相关资料。

短期记忆功能的实现通常有两种实现方式：一是引入延时单元；二是引入反馈结构。对于第一种实现方式，典型的代表是时延神经网络(Time Delay Neural Network, TDNN)，这种网络在每一个非输出层都添加一个延时器，记录最近几次神经元输出，将其作为网络下一层的输入。如图6-1展示了一个时延神经网络的典型结构。其中$\boldsymbol{h}^{(l)}$表示第l层的输出，令$\boldsymbol{h}_t^{(l)}$表示t时刻第l层的输出，则第$l+1$层的输出$\boldsymbol{h}_t^{(l+1)}$与第l层的输出$\boldsymbol{h}_t^{(l)}$之间的关系为

$$\boldsymbol{h}_t^{(l+1)} = f(\boldsymbol{h}_t^{(l)}, \boldsymbol{h}_{t-1}^{(l)}, \cdots, \boldsymbol{h}_{t-q}^{(l)}) \tag{6.1}$$

式中：q为延时单元个数，图6-1示例中$q=2$。

由于相邻层之间的连接关系f不随时间变化，因此时延神经网络可以视为一种沿时间轴方向的一维卷积网络。对于其中的某一层，每一时刻的输出与q个时间单位内的输入都有关系，因此可以认为它具有一定的短期记忆功能，记忆的时间长度为q。这种时延神经网络的最大优点是结构简单，与卷积神经网络一样，不同时刻的输出可以并行计算，

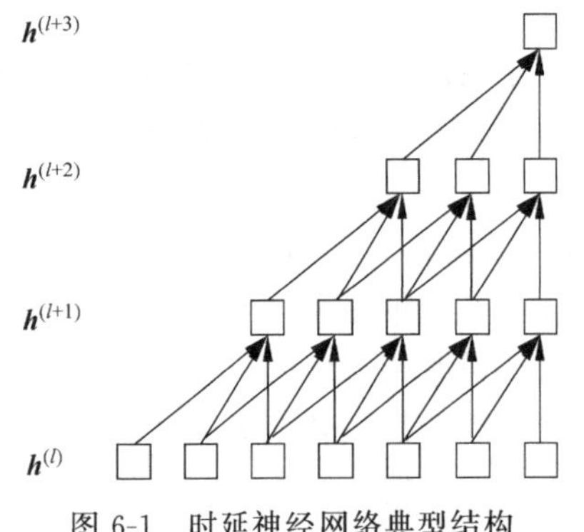

图 6-1　时延神经网络典型结构

计算速度很快，目前在语音识别、光学字符识别(OCR)领域有着广泛的应用。

时延神经网络的主要缺点是记忆长度有限(取决于网络设计时选取的 q 大小)，且不够灵活。事实上，生物神经元更主要的是通过反馈结构实现短期记忆功能，因此本章将重点介绍这种具有反馈的人工神经网络结构，即循环神经网络(Recurrent Neural Network，RNN)。

本章后续内容安排如下：6.2 节介绍循环神经网络的网络结构；6.3 节介绍循环神经网络的训练方法，即依时间反向传播算法，并重点介绍循环神经网络训练过程中的梯度消失与梯度爆炸问题；6.4 节介绍长短时记忆单元和门循环单元两种克服梯度消失问题的循环神经网络单元；6.5 节介绍循环神经网络的两种扩展，即深层循环神经网络和双向循环神经网络；6.6 节通过实例来介绍循环神经网络的几种典型应用模式；6.7 节是本章小结。

6.2　循环神经网络的结构

图 6-2 展示了一个典型的循环神经网络结构，包括输入层、隐含层和输出层。其中，$\boldsymbol{x}_t$ 为输入层，$\boldsymbol{h}_t$ 为隐含层，又称为“循环层”，$\boldsymbol{y}_t$ 为输出层。在隐含层，存在一个反馈的结构，将 $t-1$ 时刻的输出 $\boldsymbol{h}_{t-1}$ 经过时延后，作为 t 时刻的输入，即 t 时刻的隐含层输出 $\boldsymbol{h}_t$ 不仅取决于 t 时刻的输入 $\boldsymbol{x}_t$，还取决于 $t-1$ 时刻的输出 $\boldsymbol{h}_{t-1}$。其关系可以用数学表达式表示为

$$\boldsymbol{h}_t=f(\boldsymbol{h}_{t-1},\boldsymbol{x}_t) \tag{6.2}$$

式中：f 表示一个单层的神经网络。

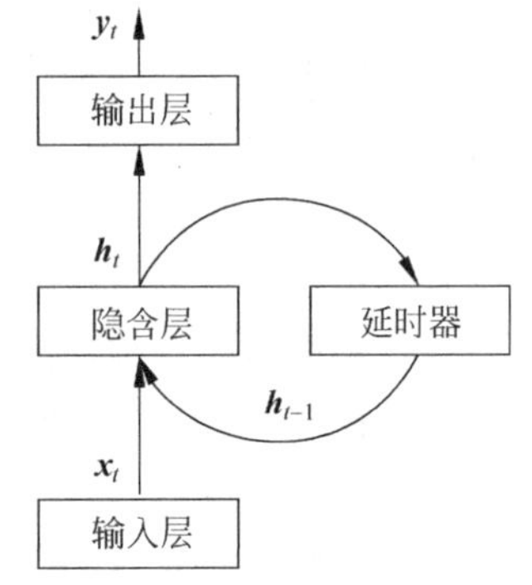

图 6-2　循环神经网络结构

若采用 tanh 作为激活函数，则可以写为

$$\boldsymbol{h}_t=\tanh\left(\boldsymbol{W}\begin{bmatrix}\boldsymbol{h}_{t-1}\\ \boldsymbol{x}_t\end{bmatrix}\right) \tag{6.3}$$

式中：矩阵 $\boldsymbol{W}$ 表示输入 $\begin{bmatrix}\boldsymbol{h}_{t-1}\\ \boldsymbol{x}_t\end{bmatrix}$ 到 $\boldsymbol{h}_t$ 之间的连接权重。

令 $\boldsymbol{W}_{hh}$ 表示 $\boldsymbol{h}_{t-1}$ 与 $\boldsymbol{h}_t$ 之间的连接权重，$\boldsymbol{W}_{xh}$ 表示 $\boldsymbol{x}_t$ 与 $\boldsymbol{h}_t$ 之间的连接权重，则有

$$\boldsymbol{W}=[\boldsymbol{W}_{hh},\boldsymbol{W}_{xh}] \tag{6.4}$$

因此，式(6.3)也可以写为

$$\boldsymbol{h}_t=\tanh(\boldsymbol{W}_{hh}\boldsymbol{h}_{t-1}+\boldsymbol{W}_{xh}\boldsymbol{x}_t) \tag{6.5}$$

事实上，可以将图 6-2 中的循环神经网络按时间展开，得到如图 6-3 所示的网络结构。

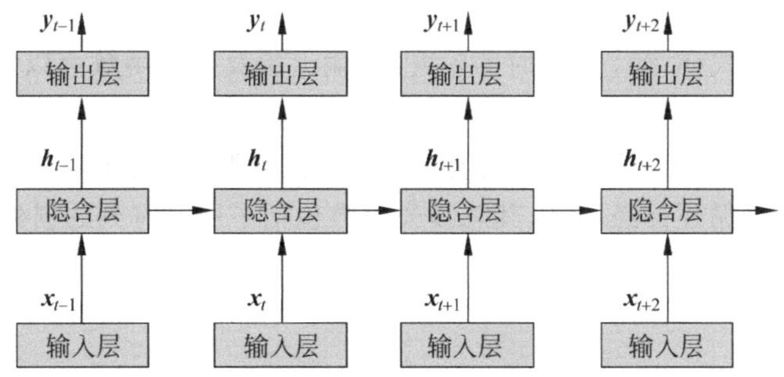

图 6-3 按时间展开后的循环神经网络

由图 6-3 可见,循环神经网络本质上可以看成一个无限长的前向神经网络,只是在每一个时刻网络的权重矩阵均为 $\boldsymbol{W}=[\boldsymbol{W}_{hh},\boldsymbol{W}_{xh}]$,因此是一种权重共享的无限长前向神经网络。

6.3 循环神经网络的训练

深度神经网络的参数学习采用的是随机梯度下降算法,在定义好损失函数后,关键是针对每一小批训练数据,计算损失函数关于网络权重的梯度,通常采用反向传播算法。循环神经网络训练算法也可以采用随机梯度下降算法,只是在计算损失函数对于权重矩阵的导数时需要考虑所有时刻损失函数的导数。

6.3.1 循环神经网络的前向传播

考虑如图 6-2 和图 6-3 所示的循环神经网络结构。不失一般性,假设输出层与隐含层之间为线性关系,即 $\boldsymbol{y}_t=\boldsymbol{W}_{hy}\boldsymbol{h}_t$。对于某个时刻 t,循环神经网络的前向传播计算过程如下:

$$\boldsymbol{h}_t=\tanh(\boldsymbol{W}_{hh}\boldsymbol{h}_{t-1}+\boldsymbol{W}_{xh}\boldsymbol{x}_t) \tag{6.6}$$

$$\boldsymbol{y}_t=\boldsymbol{W}_{hy}\boldsymbol{h}_t \tag{6.7}$$

$$l_t=\text{loss}(\boldsymbol{y}_t,\hat{\boldsymbol{y}}_t) \tag{6.8}$$

$$L=\frac{1}{T}\sum_t l_t \tag{6.9}$$

式中:$\hat{\boldsymbol{y}}_t$ 为网络要求输出的真实值;l_t 为 t 时刻样本的损失函数;T 为总的时间步数。

对于回归问题,loss 函数可以取为平方误差函数,即

$$\text{loss}(\boldsymbol{y}_t,\hat{\boldsymbol{y}}_t)=\|\boldsymbol{y}_t-\hat{\boldsymbol{y}}_t\|_2^2=\sum_i(y_{t,i}-\hat{y}_{t,i})^2$$

对于分类问题,loss 函数可以取为交叉熵函数,即

$$\text{loss}(\boldsymbol{y}_t,\hat{\boldsymbol{y}}_t)=-\sum_i\hat{y}_{t,i}\log y_{t,i}$$

式中：$y_{t,i}$、$\hat{y}_{t,i}$ 分别为 t 时刻网络第 i 维的输出值和真实值。

根据式(6.6)～式(6.9)，$t=1$ 时的隐含层、输出层及损失函数可以用计算图表示，如图 6-4 所示。

对于总的损失函数，包括输入序列所有输出损失函数和，其计算图如图 6-5 所示。从图中可以看出，对于循环神经网络，其总损失函数包括了所有时刻的损失函数。

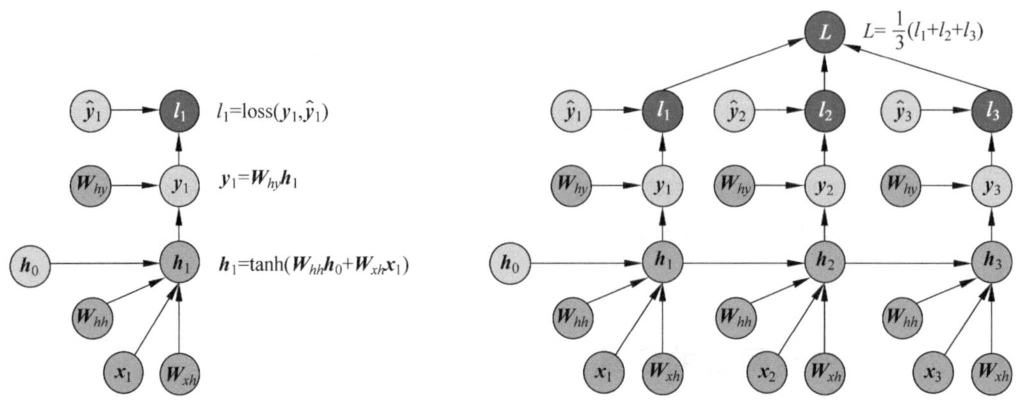

图 6-4　$t=1$ 时，前向传播的计算图　　　图 6-5　$t=3$ 时，总损失函数 L 的计算图

6.3.2　循环神经网络的依时间反向传播

前向传播可以计算每一时刻网络每一层的输出值及最终总的损失函数 L，反向传播则需要计算总损失函数 L 关于某一个权重矩阵 $\boldsymbol{W}$ 的梯度 $\frac{\partial L}{\partial \boldsymbol{W}}$，这里 $\boldsymbol{W}$ 可以是 $\boldsymbol{W}_{hh}$、$\boldsymbol{W}_{xh}$ 或 $\boldsymbol{W}_{hy}$。这一反向传播过程需要将图 6-2 所示的循环神经网络按时间展开为图 6-3 所示的前向神经网络进行，因此称为依时间反向传播。

根据式(6.9)可得

$$\frac{\partial L}{\partial \boldsymbol{W}}=\frac{1}{T}\sum_{t}\frac{\partial l_t}{\partial \boldsymbol{W}} \tag{6.10}$$

式(6.10)表明，总的损失函数的梯度 $\frac{\partial L}{\partial \boldsymbol{W}}$ 等于每一时刻损失函数的梯度 $\frac{\partial l_t}{\partial \boldsymbol{W}}$ 的平均值。下面以权重矩阵 $\boldsymbol{W}_{hh}$ 为例，介绍某一时刻 t 损失函数的梯度 $\frac{\partial l_t}{\partial \boldsymbol{W}_{hh}}$ 的计算。

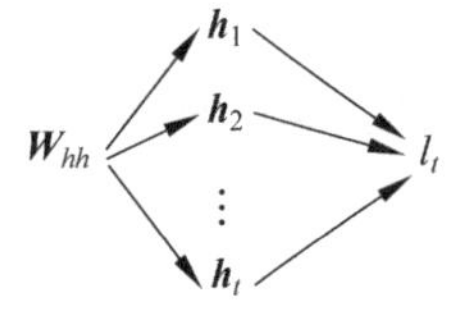

图 6-6　$\boldsymbol{W}_{hh}$ 与 l_t 之间的计算关系

由于权重矩阵 $\boldsymbol{W}_{hh}$ 表示隐含层之间的连接权重，它决定了各时刻隐含层输出值 $\boldsymbol{h}_1,\boldsymbol{h}_2,\cdots,\boldsymbol{h}_t$ 的计算，而这个输出值又共同决定了 t 时刻损失函数 l_t 的计算，这几个变量之间的计算关系可以用图 6-6 表示。

因此,根据复合函数求导法则可得

$$\frac{\partial l_t}{\partial \boldsymbol{W}_{hh}}=\sum_{k=1}^{t}\frac{\partial l_t}{\partial \boldsymbol{h}_k}\frac{\partial \boldsymbol{h}_k}{\partial \boldsymbol{W}_{hh}} \tag{6.11}$$

为计算$\frac{\partial l_t}{\partial \boldsymbol{h}_k}$,需考虑 $\boldsymbol{h}_k$ 与 l_t 之间的计算关系。事实上,由图 6-3 可知,$\boldsymbol{h}_k$ 决定了 $\boldsymbol{h}_{k+1}$,$\boldsymbol{h}_{k+1}$ 决定了 $\boldsymbol{h}_{k+2}$,…,$\boldsymbol{h}_{t-1}$ 决定了 $\boldsymbol{h}_t$,$\boldsymbol{h}_t$ 决定了 $\boldsymbol{y}_t$,$\boldsymbol{y}_t$ 决定了 l_t,上述变量之间的计算关系可以表示为 $\boldsymbol{h}_k\rightarrow\boldsymbol{h}_{k+1}\rightarrow\cdots\rightarrow\boldsymbol{h}_t\rightarrow\boldsymbol{y}_t\rightarrow l_t$。

因此,同样根据复合函数求导法可得

$$\frac{\partial l_t}{\partial \boldsymbol{h}_k}=\frac{\partial l_t}{\partial \boldsymbol{y}_t}\frac{\partial \boldsymbol{y}_t}{\partial \boldsymbol{h}_t}\frac{\partial \boldsymbol{h}_t}{\partial \boldsymbol{h}_{t-1}}\cdots\frac{\partial \boldsymbol{h}_{k+1}}{\partial \boldsymbol{h}_k} \tag{6.12}$$

将式(6.12)代入式(6.11)可得

$$\frac{\partial l_t}{\partial \boldsymbol{W}_{hh}}=\sum_{k=1}^{t}\frac{\partial l_t}{\partial \boldsymbol{y}_t}\frac{\partial \boldsymbol{y}_t}{\partial \boldsymbol{h}_t}\frac{\partial \boldsymbol{h}_t}{\partial \boldsymbol{h}_{t-1}}\cdots\frac{\partial \boldsymbol{h}_{k+1}}{\partial \boldsymbol{h}_k}\frac{\partial \boldsymbol{h}_k}{\partial \boldsymbol{W}_{hh}} \tag{6.13}$$

式(6.13)的正确性可以通过图 6-5 示例来验证,图 6-7 给出了根据图 6-5 进行反向传播计算$\frac{\partial l_3}{\partial \boldsymbol{W}_{hh}}$。

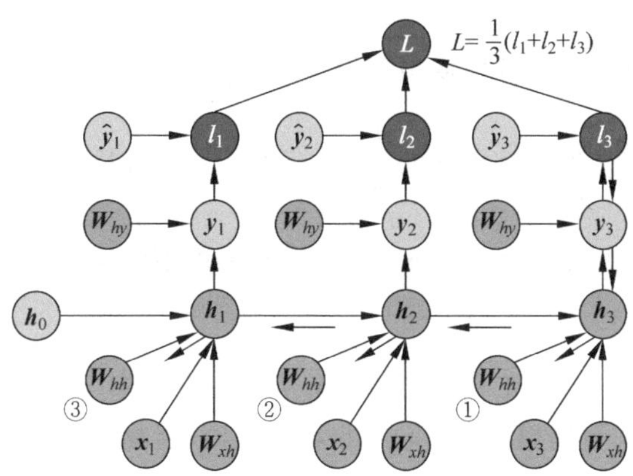

图 6-7 计算 l_3 关于 $\boldsymbol{W}_{hh}$ 导数的计算图

由图 6-7 中可见 $\boldsymbol{W}_{hh}$ 出现在图中①、②、③位置处,因此其导数的计算结果应该包含三项的求和。根据图 6-7 中三个位置处的 $\boldsymbol{W}_{hh}$ 到达 l_3 的路径可知,三项导数分别计算如下:

位置①:$\frac{\partial l_3}{\partial \boldsymbol{W}_{hh}}=\frac{\partial l_3}{\partial \boldsymbol{y}_3}\frac{\partial \boldsymbol{y}_3}{\partial \boldsymbol{h}_3}\frac{\partial \boldsymbol{h}_3}{\partial \boldsymbol{W}_{hh}}$

位置②:$\frac{\partial l_3}{\partial \boldsymbol{W}_{hh}}=\frac{\partial l_3}{\partial \boldsymbol{y}_3}\frac{\partial \boldsymbol{y}_3}{\partial \boldsymbol{h}_3}\frac{\partial \boldsymbol{h}_3}{\partial \boldsymbol{h}_2}\frac{\partial \boldsymbol{h}_2}{\partial \boldsymbol{W}_{hh}}$

位置③:$\frac{\partial l_3}{\partial \boldsymbol{W}_{hh}}=\frac{\partial l_3}{\partial \boldsymbol{y}_3}\frac{\partial \boldsymbol{y}_3}{\partial \boldsymbol{h}_3}\frac{\partial \boldsymbol{h}_3}{\partial \boldsymbol{h}_2}\frac{\partial \boldsymbol{h}_2}{\partial \boldsymbol{h}_1}\frac{\partial \boldsymbol{h}_1}{\partial \boldsymbol{W}_{hh}}$

l_3 关于 $\boldsymbol{W}_{hh}$ 导数为

$$\frac{\partial l_3}{\partial \boldsymbol{W}_{hh}}=\frac{\partial l_3}{\partial \boldsymbol{W}_{hh}}(\text{位置 ①})+\frac{\partial l_3}{\partial \boldsymbol{W}_{hh}}(\text{位置 ②})+\frac{\partial l_3}{\partial \boldsymbol{W}_{hh}}(\text{位置 ③})$$

$$=\frac{\partial l_3}{\partial \boldsymbol{y}_3}\frac{\partial \boldsymbol{y}_3}{\partial \boldsymbol{h}_3}\frac{\partial \boldsymbol{h}_3}{\partial \boldsymbol{W}_{hh}}+\frac{\partial l_3}{\partial \boldsymbol{y}_3}\frac{\partial \boldsymbol{y}_3}{\partial \boldsymbol{h}_3}\frac{\partial \boldsymbol{h}_3}{\partial \boldsymbol{h}_2}\frac{\partial \boldsymbol{h}_2}{\partial \boldsymbol{W}_{hh}}+\frac{\partial l_3}{\partial \boldsymbol{y}_3}\frac{\partial \boldsymbol{y}_3}{\partial \boldsymbol{h}_3}\frac{\partial \boldsymbol{h}_3}{\partial \boldsymbol{h}_2}\frac{\partial \boldsymbol{h}_2}{\partial \boldsymbol{h}_1}\frac{\partial \boldsymbol{h}_1}{\partial \boldsymbol{W}_{hh}}$$

上式结果与式(6.13)中 $t=3$ 的计算结果相同。

6.3.3 循环神经网络的梯度消失与梯度爆炸问题

式(6.10)和式(6.13)共同完成了循环神经网络的梯度反向传播过程,然而这种原始的循环神经网络在实际训练过程往往很不稳定,难以得到一组好的网络参数。其问题根源在于计算$\partial l_t/\partial \boldsymbol{h}_k$ 时是一个连乘积的形式:

$$\frac{\partial l_t}{\partial \boldsymbol{h}_k}=\frac{\partial l_t}{\partial \boldsymbol{y}_t}\frac{\partial \boldsymbol{y}_t}{\partial \boldsymbol{h}_t}\frac{\partial \boldsymbol{h}_t}{\partial \boldsymbol{h}_{t-1}}\cdots\frac{\partial \boldsymbol{h}_{k+1}}{\partial \boldsymbol{h}_k} \tag{6.14}$$

对于实数的连乘积来说,如果乘积的每一项都大于 1,则乘积项个数越来越大时,连乘积将趋于无穷大;如果乘积的每一项都小于 1,则乘积项个数越来越大时,连乘积将趋近于 0。

对于式(6.14)来说,当隐含层输出为矢量时,$\frac{\partial \boldsymbol{h}_t}{\partial \boldsymbol{h}_{t-1}}$为一个矩阵,上述现象仍然存在,前者称为梯度爆炸,将使得计算得到的$\frac{\partial l_t}{\partial \boldsymbol{h}_k}$为无穷大;后者称为梯度消失,将使得计算得到的$\frac{\partial l_t}{\partial \boldsymbol{h}_k}=0$。梯度爆炸和梯度消失问题均将导致梯度下降算法更新梯度失败,网络无法训练[1]。

对于梯度爆炸问题来说,工程上简单的解决方案是对梯度矢量 $\boldsymbol{g}$ 的模长设置一个上限 threshold,当梯度矢量的模长 $\|\boldsymbol{g}\|>$threshold 时,将梯度进行如下缩小:

$$\hat{\boldsymbol{g}}=\frac{\boldsymbol{g}}{\|\boldsymbol{g}\|}\times \text{threshold} \tag{6.15}$$

则更新后的梯度矢量$\hat{\boldsymbol{g}}$ 其模长 $\|\hat{\boldsymbol{g}}\|=$threshold。这种方法称为“范数裁剪(Norm Clipping)”,它通过限定梯度矢量的模长来避免梯度爆炸问题。

对于梯度消失问题,没有一种简单的解决方案,解决其本质是要使得式(6.14)中连接积的每一项都尽量接近于 1,则连接积相乘的结果都不会变小,从而有效避免梯度消失问题。事实上,如果隐含层输出满足

$$\boldsymbol{h}_t=\boldsymbol{h}_{t-1}+F(\boldsymbol{x}_t) \tag{6.16}$$

式中:F 为仅依赖于输入 $\boldsymbol{x}_t$ 的函数。

则

$$\frac{\partial \boldsymbol{h}_t}{\partial \boldsymbol{h}_{t-1}}=1$$

式(6.14)简化为

$$\frac{\partial l_t}{\partial \boldsymbol{h}_k}=\frac{\partial l_t}{\partial \boldsymbol{y}_t}\frac{\partial \boldsymbol{y}_t}{\partial \boldsymbol{h}_t} \tag{6.17}$$

满足式(6.16)的循环神经网络单元称为恒定误差传送(Constant Error Carousel, CEC)单元。

因此,通过将简单的循环单元(式(6.5))替换为满足恒定误差传送单元特性(式(6.16))的单元,可以有效地避免梯度消失问题。

6.4 长短时记忆单元与门循环单元

本节将介绍两种恒定误差传送单元的构造方式,分别是长短时记忆(Long Short Term Memory,LSTM)单元[2]和门循环单元(Gated Recurrent Unit,GRU)[3]。前者引入一个专门的记忆单元,通过门来控制信息的输入、记忆和输出来更新单元的记忆信息;后者将三个门简化为两个门,通过控制信息的输入及记忆单元的更新来实现记忆功能。

6.4.1 长短时记忆单元

长短时记忆单元的构造来源于式(6.16)中恒定误差传送单元的一种简单实现,如图6-8所示。

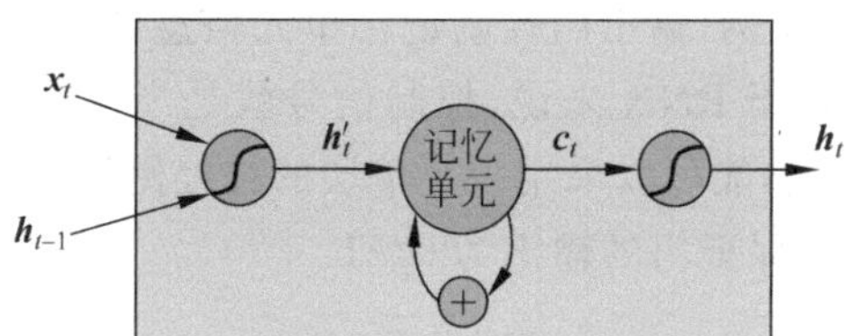

图6-8 恒定误差传送单元的简单实现

图6-8中,$\boldsymbol{h}'_t$的计算与原始RNN中的$\boldsymbol{h}_t$相同,即

$$\boldsymbol{h}'_t=\tanh(\boldsymbol{W}_{hh}\boldsymbol{h}_{t-1}+\boldsymbol{W}_{xh}\boldsymbol{x}_t) \tag{6.18}$$

这里使用新的符号是为了表示$\boldsymbol{h}'_t$并不是网络隐含层的真实输出,只是中间的计算结果,可以视为一种根据当前时刻的输入$\boldsymbol{x}_t$经过某种特征提取后计算得到的“候选信息”。

图6-8中$\boldsymbol{c}_t$为新引入的记忆单元,实现恒定误差传送单元的功能,相邻两个时刻记忆单元$\boldsymbol{c}_{t-1}$与$\boldsymbol{c}_t$之间的关系为

$$\boldsymbol{c}_t=\boldsymbol{c}_{t-1}+\boldsymbol{h}'_t \tag{6.19}$$

式(6.19)表明,$\frac{\partial \boldsymbol{c}_t}{\partial \boldsymbol{c}_{t-1}}=1$,满足式(6.16)的要求。

网络实际的隐含层输出为

$$\boldsymbol{h}_t = \tanh(\boldsymbol{c}_t) \tag{6.20}$$

采用恒定误差传送单元后，式(6.12)可写为

$$\frac{\partial l_t}{\partial \boldsymbol{h}_k} = \frac{\partial l_t}{\partial \boldsymbol{y}_t} \frac{\partial \boldsymbol{y}_t}{\partial \boldsymbol{h}_t} \frac{\partial \boldsymbol{h}_t}{\partial \boldsymbol{c}_t} \frac{\partial \boldsymbol{c}_t}{\partial \boldsymbol{h}_k}$$

$$\frac{\partial \boldsymbol{c}_t}{\partial \boldsymbol{h}_k} = \frac{\partial \boldsymbol{c}_t}{\partial \boldsymbol{c}_{t-1}} \frac{\partial \boldsymbol{c}_t}{\partial \boldsymbol{c}_{t-2}} \cdots \frac{\partial \boldsymbol{c}_{k+2}}{\partial \boldsymbol{c}_{k+1}} \frac{\partial \boldsymbol{c}_{k+1}}{\partial \boldsymbol{h}'_{t+1}} \frac{\partial \boldsymbol{h}'_{t+1}}{\partial \boldsymbol{h}_k} = \frac{\partial \boldsymbol{c}_{k+1}}{\partial \boldsymbol{h}'_{t+1}} \frac{\partial \boldsymbol{h}'_{t+1}}{\partial \boldsymbol{h}_k}$$

可以看出，没有出现若干项随时间连乘的现象。

式(6.18)～式(6.20)实现了如图 6-8 中所示的简单的恒定误差传送单元。对于图 6-8 中方框所示的单元结构，从外部来看，输入为 $\boldsymbol{x}_t$ 与 $\boldsymbol{h}_{t-1}$，输出为 $\boldsymbol{h}_t$，因此输入、输出与原始的 RNN 相同，可以视为一个改进的 RNN 单元，由于完成记忆功能的记忆单元 $\boldsymbol{c}_t$ 满足式(6.19)，因此可以有效避免梯度消失问题。

然而，由式(6.19)可以发现，记忆单元 $\boldsymbol{c}_t$ 本质上是一个累加器，只是盲目地累加每一时刻的候选信息 $\boldsymbol{h}'_t$ 并无实际意义。实际中，希望记忆单元能够像人类的大脑神经元一样，实现有选择性的记忆；并且当之前记忆的信息与当前所要处理的任务不相关时，需要清空之前的记忆信息，即具有一定的遗忘功能。因此，需要对图 6-8 所示的简单累加器单元进行改进，通过引入“门”来控制信息的输入、遗忘和对外展示，从而更好地控制信息的记忆过程。

图 6-9 展示了长短时记忆网络的基本设计原理。图中引入了输入门、遗忘门和输出门来精确控制信息的更新和记忆。其中，输入门控制当前信息的输入，遗忘门控制上一时刻记忆单元信息的记忆比例，输出门控制记忆单元信息的对外输出。三个门均通过相同的控制信号进行控制，对于 RNN 来说，控制信号就是当前的输入 $\boldsymbol{x}_t$ 与上一时刻网络的输出 $\boldsymbol{h}_{t-1}$。“门”的控制功能可以采用一个单层的神经网络来实现，只要将激活函数选择为 Sigmoid 函数，则可以保证门的输出为 0～1。

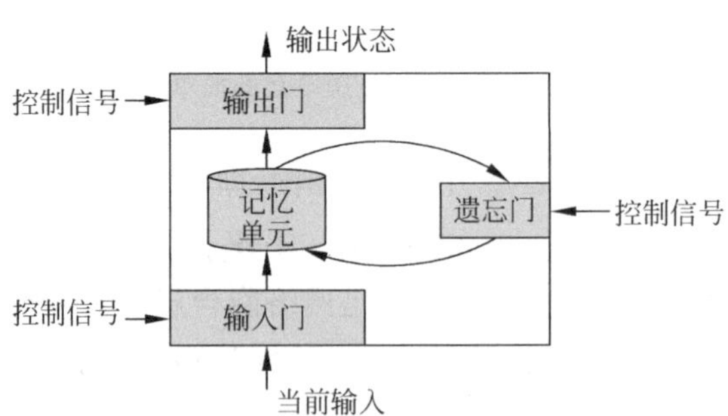

图 6-9　长短时记忆网络设计原理

根据上述设计思想得到的长短时记忆网络结构如图 6-10 所示。

图 6-10 中，$\boldsymbol{i}_t$、$\boldsymbol{f}_t$ 和 $\boldsymbol{o}_t$ 分别表示输入门、遗忘门和输出门，其实现均为激活函数为 Sigmoid 函数的单层全连接神经网络，只是网络参数不同。其具体表达式可以写为

$$\boldsymbol{i}_t = \sigma(\boldsymbol{W}_{hi}\boldsymbol{h}_{t-1} + \boldsymbol{W}_{xi}\boldsymbol{x}_t) \tag{6.21}$$

$$\boldsymbol{f}_t = \sigma(\boldsymbol{W}_{hf}\boldsymbol{h}_{t-1} + \boldsymbol{W}_{xf}\boldsymbol{x}_t) \tag{6.22}$$

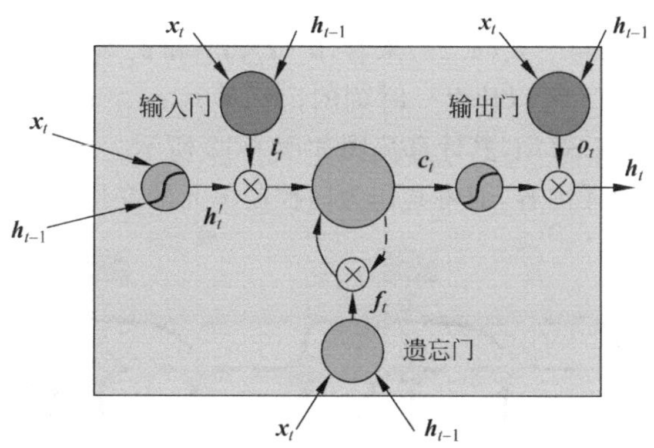

图 6-10　长短时记忆单元的结构示意图

$$\boldsymbol{o}_t = \sigma(\boldsymbol{W}_{ho}\boldsymbol{h}_{t-1} + \boldsymbol{W}_{xo}\boldsymbol{x}_t) \tag{6.23}$$

记忆单元 $\boldsymbol{c}_t$ 的更新公式为

$$\boldsymbol{c}_t = \boldsymbol{f}_t \otimes \boldsymbol{c}_{t-1} + \boldsymbol{i}_t \otimes \boldsymbol{h}'_t \tag{6.24}$$

式中：$\boldsymbol{h}'_t$ 为当前时刻输入的候选信息，其计算公式与式(6.18)相同；"⊗"表示矢量的哈达玛积(Hadamard product)，即其计算结果为输入两个矢量的对应元素相乘。

隐含层的输出计算为

$$\boldsymbol{h}_t = \boldsymbol{o}_t \otimes \tanh(\boldsymbol{c}_t) \tag{6.25}$$

图 6-10 中方框所示的单元结构，从外部来看，输入仍为 $\boldsymbol{x}_t$ 与 $\boldsymbol{h}_{t-1}$，输出为 $\boldsymbol{h}_t$，其输入、输出与原始的 RNN 依然相同，可以视为一种新的 RNN 单元，即 LSTM 单元。

式(6.21)～式(6.25)构成了 LSTM 单元在某个时刻 t 的计算公式。从式(6.24)可见，相邻时刻记忆单元之间的导数取决于 $\boldsymbol{f}_t$：$\boldsymbol{f}_t=1$，表明 $t-1$ 时刻的信息完全被记住，进入 t 时刻的记忆单元，因此在反向传播时，t 时刻误差(梯度)应原封不动回传至 $t-1$ 时刻；$\boldsymbol{f}_t=0$，表明 $t-1$ 时刻的信息完全被遗忘，因此在反向传播时，t 时刻误差(梯度)不应回传至 $t-1$ 时刻，这一点与人类的直觉逻辑是完全相符的。由于这种单元可以实现较长一段时间"短时记忆"的功能，所以称为长短时记忆单元。

图 6-11 给出了 LSTM 单元的计算流图[4]，图中的粗箭头表示经过矩阵或向量相乘后并经过函数后得到的结果。由图可见，从记忆单元 $\boldsymbol{c}_t$ 的角度看，LSTM 单元是一种恒定误差传送单元。

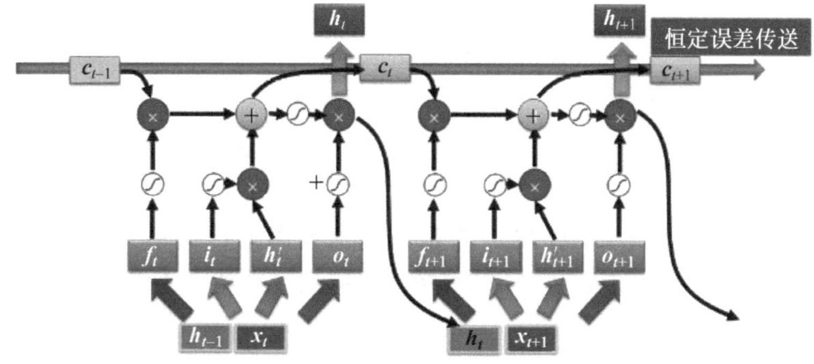

图 6-11　LSTM 单元的计算流图[4]

从式(6.18)、式(6.21)～式(6.23)来看，$\boldsymbol{h}_t'$、$\boldsymbol{i}_t$、$\boldsymbol{f}_t$ 和 $\boldsymbol{o}_t$ 均只取决于 $\boldsymbol{x}_t$ 与 $\boldsymbol{h}_{t-1}$，事实上，在引入记忆单元 $\boldsymbol{c}_t$ 后，可以让上一时刻的记忆单元 $\boldsymbol{c}_{t-1}$ 也参与计算，这样得到的扩展的循环单元称为窥孔 LSTM，其计算流图如图 6-12 所示。之所以如此命名，因为通常 $\boldsymbol{c}_{t-1}$ 是不可见的记忆单元内容，而将其作为门控制单元的变量，好像开启了“窥孔”一样。

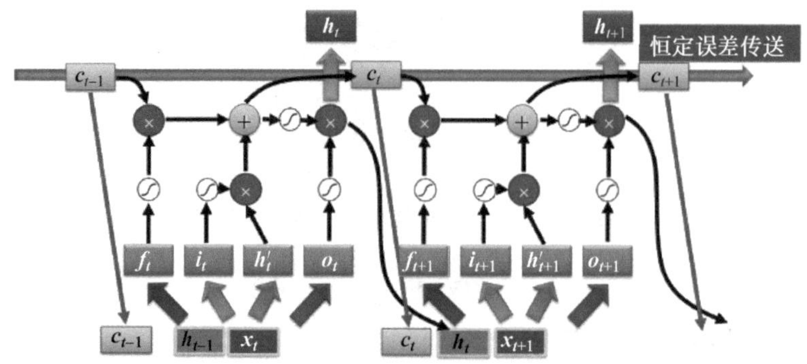

图 6-12　窥孔 LSTM 单元的计算流图[4]

6.4.2　门循环单元

LSTM 单元中通过引入独立的记忆单元 $\boldsymbol{c}_t$ 来实现记忆功能，$\boldsymbol{c}_t$ 的更新取决于输入门、遗忘门与输出门。在门循环单元中，仍然通过隐含层的输出 $\boldsymbol{h}_t$ 实现记忆功能，但是通过将遗忘门和输入门合并为更新门，从而将三个门简化为两个门。其具体结构设计如图 6-13 所示。

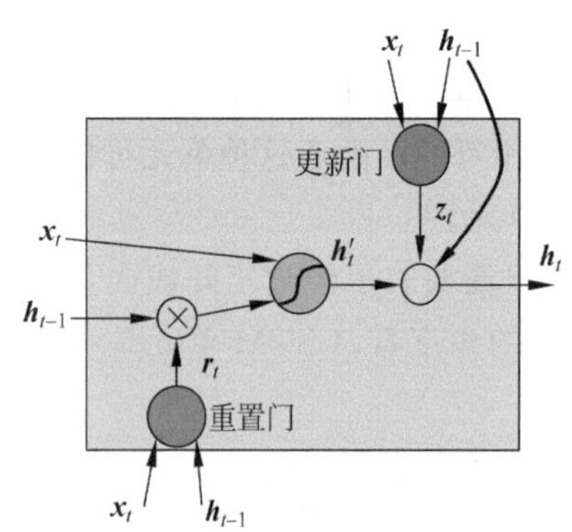

图 6-13　门循环单元的结构示意图

重置门 $\boldsymbol{r}_t$ 和更新门 $\boldsymbol{z}_t$ 的计算公式如下：

$$\boldsymbol{r}_t = \sigma(\boldsymbol{W}_{hr}\boldsymbol{h}_{t-1} + \boldsymbol{W}_{xr}\boldsymbol{x}_t) \tag{6.26}$$

$$\boldsymbol{z}_t = \sigma(\boldsymbol{W}_{hz}\boldsymbol{h}_{t-1} + \boldsymbol{W}_{xz}\boldsymbol{x}_t) \tag{6.27}$$

重置门 $\boldsymbol{r}_t$ 决定了候选信息 $\boldsymbol{h}_t'$ 的计算，表明在计算候选信息 $\boldsymbol{h}_t'$ 时，需要参考多少记忆的信息 $\boldsymbol{h}_{t-1}$。具体计算公式如下：

$$\boldsymbol{h}_t' = \tanh(\boldsymbol{W}_{hh}(\boldsymbol{r}_t \otimes \boldsymbol{h}_{t-1}) + \boldsymbol{W}_{xh}\boldsymbol{x}_t) \tag{6.28}$$

更新门 $\boldsymbol{z}_t$ 决定了记忆信息 $\boldsymbol{h}_t$ 的更新，具体计算公式如下：

$$\boldsymbol{h}_t = (1 - \boldsymbol{z}_t) \otimes \boldsymbol{h}_{t-1} + \boldsymbol{z}_t \otimes \boldsymbol{h}_t' \tag{6.29}$$

由式(6.29)可见，相邻两个时刻隐含层输出的导数 $\frac{\partial \boldsymbol{h}_t}{\partial \boldsymbol{h}_{t-1}}$ 取决于 $1-\boldsymbol{z}_t$。由于理想情况下 $\boldsymbol{z}_t$ 取值为 0 或 1，因此 GRU 也近似是一种恒定误差传送单元。与 LSTM 单元相比，GRU 少了一个门，因此参数数量更少，在某些应用场合优于 LSTM 单元。

6.5 循环神经网络的扩展

6.5.1 深层循环神经网络

以上小节讨论的都是单层循环神经网络，事实上，可以像深度神经网络一样，通过堆叠多个单层循环神经网络来实现层次化的特征提取功能。

图 6-14 为一个按时间展开的 L 层循环神经网络。

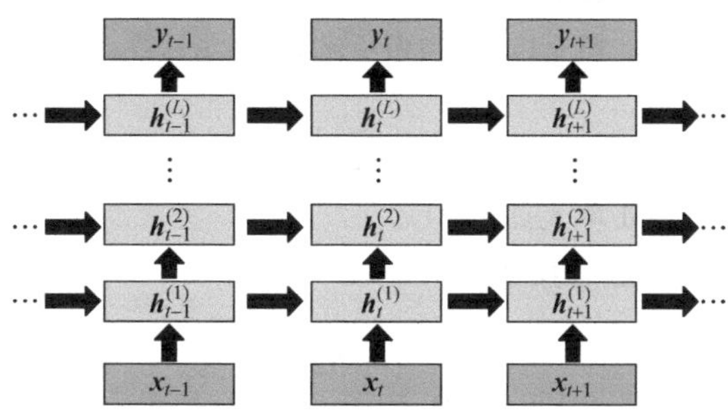

图 6-14　L 层循环神经网络

图 6-14 中，$\boldsymbol{h}_t^{(l)}$ 表示 t 时刻第 l 层的输出，它取决于 t 时刻第 l 层的输入（即 t 时刻第 $l-1$ 层的输出）$\boldsymbol{h}_t^{(l-1)}$ 及 $t-1$ 时刻第 l 层的输出 $\boldsymbol{h}_{t-1}^{(l)}$。具体数学表达式为

$$\boldsymbol{h}_t^{(l)}=f(\boldsymbol{h}_t^{(l-1)},\boldsymbol{h}_{t-1}^{(l)}) \tag{6.30}$$

具体函数关系 f 的实现可以采用 LSTM 单元，也可以采用 GRU。

6.5.2 双向循环神经网络

无论是原始的循环神经网络，还是 LSTM 单元和 GRU，当前时刻隐含层的输出 $\boldsymbol{h}_t$ 只取决于当前时刻 t 及之前的输入 $\boldsymbol{x}_1,\boldsymbol{x}_2,\cdots,\boldsymbol{x}_t$。事实上，对于某些应用，当处理到时刻 t 时，不仅需要知道 t 时刻之前的信息（上文的信息），也需要知道 t 时刻之后的信息（下文的信息）。典型的例子是自动翻译，在翻译到句子中的某个位置时，往往不仅需要看到这个位置之前的单词序列，也需要看到该位置之后的单词序列，才能得到准确的翻译。

为了实现在某个时刻 t 同时得到其上、下文的信息，可以构造一个反向循环神经网络，以处理从后向前的序列信息，再将其与正向的循环神经网络相结合得到完整的上、下文信息，这种网络结构称为双向循环神经网络。如图 6-15 为典型的双向循环神经网络的结构示意图。

图 6-15 中，$\overrightarrow{\boldsymbol{h}}_t$、$\overleftarrow{\boldsymbol{h}}_t$ 分别表示 t 时刻正向 RNN 和反向 RNN 的隐含层输出。其计算表达式分别为

$$\overrightarrow{\boldsymbol{h}}_t=f(\overrightarrow{\boldsymbol{h}}_{t-1},\boldsymbol{x}_t) \tag{6.31}$$

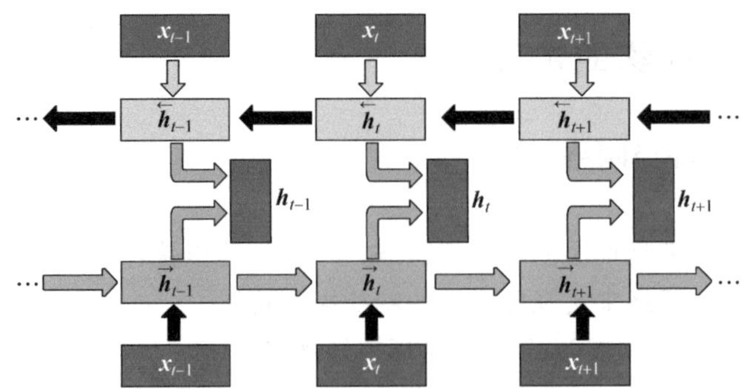

图 6-15　双向循环神经网络示意图

$$\overleftarrow{\boldsymbol{h}}_t = f'(\overleftarrow{\boldsymbol{h}}_{t+1}, \boldsymbol{x}_t) \tag{6.32}$$

式中：f、f'可以采用 LSTM 单元或 GRU。

双向 RNN 在 t 时刻的隐含层输出为

$$\boldsymbol{h}_t = \begin{bmatrix} \overrightarrow{\boldsymbol{h}}_t \\ \overleftarrow{\boldsymbol{h}}_t \end{bmatrix} \tag{6.33}$$

6.6　循环神经网络的应用

由于循环神经网络具有记忆功能，可以用于处理各种变长序列，其典型的应用模式有 4 种，即多到一、一到多、同步多到多与异步多到多模式，如图 6-16 所示。

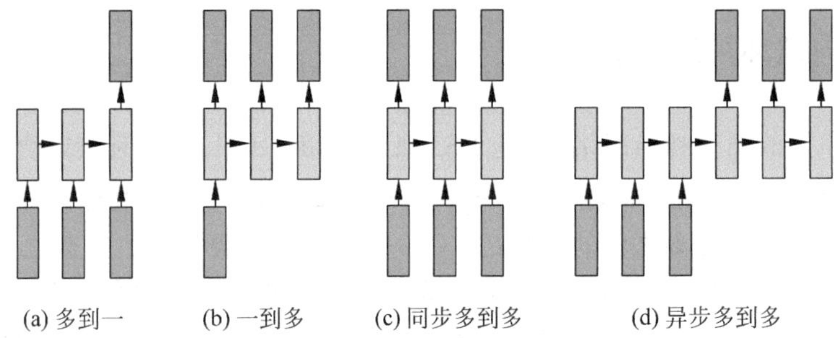

图 6-16　循环神经网络的四种典型应用模式

6.6.1　多到一模式

循环神经网络的多到一模式指的是输入一个矢量序列，网络输出一个矢量。这种应用模式的代表是文本处理中的情感分类问题。在情感分类问题中，输入一个句子（文本序列），要求输出这个句子的情感态度是正面的还是反面的。例如，在电影评论中，“我喜欢这部电影”就是一个正面的情感，“这部电影太差了”对应一种反面的情感。对于这个问题，可以采用图 6-17 所示的循环神经网络实现。

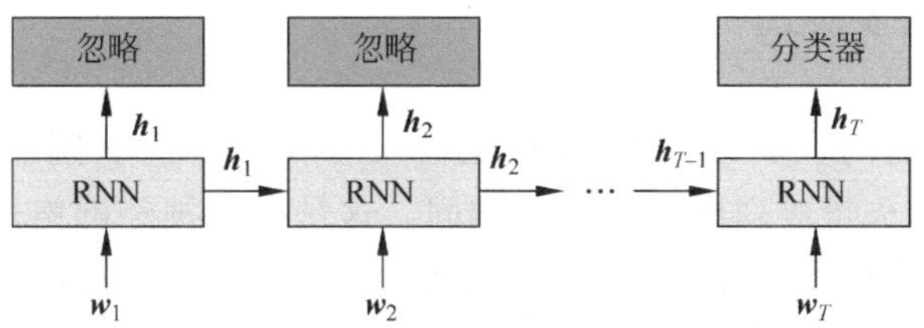

图 6-17 用于情感分类的 RNN 多到一模式

图 6-17 中，$\boldsymbol{w}_1, \boldsymbol{w}_2, \cdots, \boldsymbol{w}_T$ 为输入句子的单词或字序列，将其依次输出一个循环神经网络中，由于最后时刻的 RNN 输出 $\boldsymbol{h}_T$ 与整个句子都相关，因此可以认为它表示了整个句子的语义信息，将 $\boldsymbol{h}_T$ 送入一个二分类器进行分类，就可以输出该句子是正面情感还是负面情感的判断。

6.6.2 一到多模式

循环神经网络的一到多模式指的是输入一个矢量，网络输出一个矢量序列。这种应用模式的代表是图像描述生成问题。

在图像描述生成问题中，要求输入一幅图像、输出一个句子对该幅图像的内容进行描述。图 6-18 为典型的基于 RNN 的图像描述生成神经网络结构[5]。

图 6-18 中，网络的左半部分利用一个深度卷积神经网络对输入图像进行特征提取，得到描述其语义特征的特征图。将该特征图进行展开，可以得到一个描述图像高层语义的矢量表示，将该矢量表示送入一个循环神经网络中以生成一个文本序列描述。

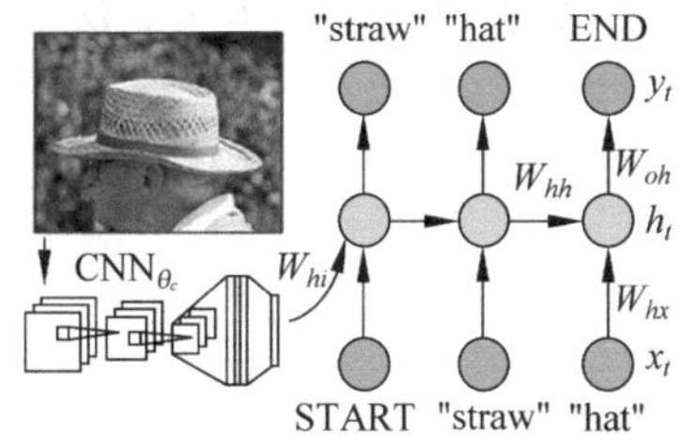

图 6-18 基于 RNN 一到多模式的图像描述生成网络结构

如图 6-18 所示，具体的文本序列生成过程：首先，基于图像语义矢量及一个特殊的起始标志“START”，网络输出层得到某一个词典中单词的概率分布矢量 $\boldsymbol{y}_1$，根据概率最大化原则或直接根据 $\boldsymbol{y}_1$ 进行采样，得到第一个单词“straw”；其次，将单词“straw”作为网络下一个时刻的输入，根据网络当前的隐含层状态，计算得到第二个单词的概率分布 $\boldsymbol{y}_2$，同样地根据概率最大化原则或直接根据 $\boldsymbol{y}_2$ 进行采样，得到第二个单词“hat”。这一过程不断重复，直至根据网络输出得到一个特殊的停止标志“END”，表明整个句子生成过程结束。

注意，这里的两个特殊标志“START”和“END”也需加入词典中。同时，为了得到概率分布矢量 $\boldsymbol{y}_t$，激活函数应取为 Softmax 函数，即隐含层输出 $\boldsymbol{h}_t$ 和输出层输出 $\boldsymbol{y}_t$ 的关系为

$$\boldsymbol{y}_t = \text{Softmax}(\boldsymbol{W}_{hy}\boldsymbol{h}_t) \tag{6.34}$$

6.6.3 同步多到多模式

循环神经网络的同步多到多模式指的是输入一个矢量序列，网络同步地输出一个矢量序列，输入与输出矢量序列的长度完全相同。这是循环神经网络最直接、最简单的应用模式之一。这种应用模型的典型案例是自然语言处理中的词性标注问题。

在词性标注问题[6]中，输入一个词序列，要求输出每个词所对应的词性。此时，输入单词依次送入循环神经网络，每一个时刻网络输出层输出每一个词性的概率分布矢量，最终根据联合概率最大化的原则，利用一个解码算法可以得到该词序列所对应的词性标注序列。

6.6.4 异步多到多模式

循环神经网络的异步多到多模式指的是输入一个矢量序列，网络异步地输出一个矢量序列。与同步多到多模式不同，异步多到多输入与输出矢量序列的长度可以是不一样的。事实上，异步多到多模式是循环神经网络应用最多的一种模式，很多实际问题都可以归结为输入与输出序列长度不同的序列映射问题，如语音识别、机器翻译等。

异步多到多模式可以通过构建两个循环神经网络的级联来实现：一个循环神经网络用于处理输入序列，得到其高层表示；另一个循环神经网络用于根据前者得到的高层表示，生成输出序列。这种应用模式又称为序列到序列(Sequence to Sequence，Seq2Seq)模型[7]。图 6-19 为实现英语到法语翻译的序列到序列模型典型结构。

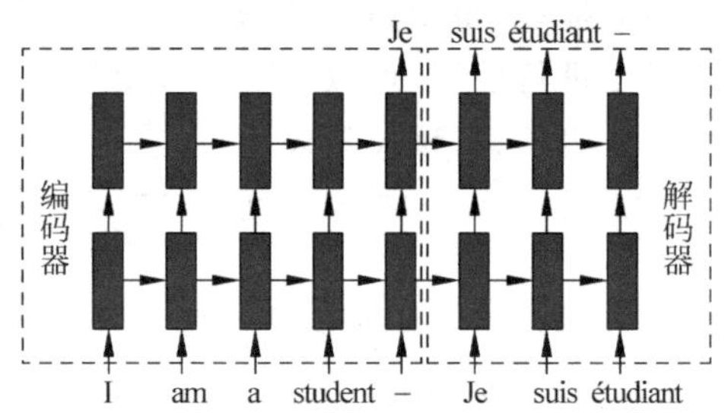

图 6-19 英语到法语翻译的序列到序列模型典型结构

图 6-19 中，输入的英语句子为“I am a student”，处理该输入英语句子的循环神经网络(又称为编码器)是一个两层的结构，将最后一个单词“student”所对应的隐含层状态矢量作为该英语句子的高层表示；根据该高层表示矢量，利用另一个两层的循环神经网络(又称为解码器)来生成法语句子，生成过程与 6.6.2 节中图像描述生成的循环神经网络生成图像标题的过程一样。

6.7 本章小结

实际中常会遇到处理变长序的问题，本章介绍的循环神经网络是一种处理变长序列的有力工具。它通过引入反馈结构使得网络具有短期记忆功能。其训练方法依然是随机梯度下降算法,然而在依时间反向传播过程中容易出现梯度消失与梯度爆炸问题。本章分析了梯度消失与梯度爆炸问题的本质,分别给出了有效的解决方案。具体来说,对于梯度爆炸问题,可以采用范数裁剪算法有效缓解;对于梯度消失问题,则需要构建恒定误差传送单元加以解决。本章介绍了两种构建恒定误差传送特性的单元结构,分别是长短时记忆单元及门循环单元,两种单元均通过构造门结构来有效控制信息的流入、流出及记忆。最后分别介绍了深层循环神经网络、双向循环神经网络,以及循环神经网络的多到一、一到多、同步多到多及异步多到多四种应用模式。

参考文献

[1] Pascanu R, Mikolov T, Bengio Y. On the Difficulty of Training Recurrent Neural Networks[C]. In: Proceedings of International Conference on Machine Learning(ICML), 2013: 1310-1318.

[2] Hochreiter S, Schmidhuber J. Long Short-Term Memory[J]. Neural Computation, 1997, 9(8): 1735-1780.

[3] Cho K, Van Merriënboer B, Gulcehre C, et al. Learning Phrase Representations Using RNN Encoder-Decoder for Statistical Machine Translation[C]. In: Proceedings of the Conference on Empirical Methods in Natural Language Processing (EMNLP), 2014: 1724-1734.

[4] 李宏毅.台湾大学机器学习课程课件(RNN 部分)[EB/OL]. http://speech.ee.ntu.edu.tw/~tlkagk/courses/ML_2016/Lecture/RNN (v2).pdf.

[5] Karpathy A, Li Fei-Fei. Deep Visual-Semantic Alignments for Generating Image Descriptions[J]. IEEE Transaction on Pattern Analysis and Machine Intelligence, 2017, 39(4): 664-676.

[6] Wang P, Qian Y, Soong F K, He L, Zhao H. Part-of-speech Tagging with Bidirectional Long Short-Term Memory Recurrent Neural Network[J]. arXiv preprint arXiv: 1510.06168, 2015.

[7] Sutskever I, Vinyals O, and Le Q V. Sequence to Sequence Learning with Neural Networks[C]. In: Advances in Neural Information Processing Systems 27: Annual Conference on Neural Information Processing Systems, 2014: 3104-3112.

第7章 神经网络的区分性训练

用于分类的深度神经网络训练时常采用最小化交叉熵作为模型训练的准则，该准则等价于最大似然估计（Maximum Likelihood Estimation，MLE），只考虑正确识别结果的优化训练，没有考虑错误识别结果对模型的影响，虽然是对数据分布的最佳建模，但不是对数据分类任务的最佳建模。区分性训练正是针对这些问题，充分考虑不同类别之间的相互影响，在提高正确识别结果的同时降低错误识别结果的影响，专注于调整不同类别模型之间的决策面，有效降低分类错误率。

7.1 最小交叉熵与最大似然估计

深度学习模型本质上是建立了输入 $\boldsymbol{O}$ 和模型输出 $\boldsymbol{y}$ 之间的映射关系

$$\boldsymbol{y}=f(\boldsymbol{O};\theta) \tag{7.1}$$

式中：θ 为映射函数 $f(\cdot)$ 的参数。

在多分类（M 类）问题中，模型输出 $\boldsymbol{y}$ 的物理意义表示在已知模型类别集合 $\boldsymbol{W}=\{w_1,w_2,\cdots,w_M\}$ 的条件下，输入观测向量 $\boldsymbol{O}$ 属于模型 $\boldsymbol{W}$ 的后验概率 $P(\boldsymbol{W}|\boldsymbol{O})$ 估计，因此，映射函数 $f(\cdot)$ 就是计算后验概率 $P(\boldsymbol{W}|\boldsymbol{O})$ 的模型，θ 为 $P(\boldsymbol{W}|\boldsymbol{O})$ 模型的参数，记为 $P(\boldsymbol{W}|\boldsymbol{O};\theta)$，即

$$\boldsymbol{y}=\begin{bmatrix} y_1 \\ y_2 \\ \vdots \\ y_i \\ \vdots \\ y_M \end{bmatrix}=P(\boldsymbol{W}\mid\boldsymbol{O};\theta)=\begin{bmatrix} P(w_1\mid\boldsymbol{O};\theta) \\ P(w_2\mid\boldsymbol{O};\theta) \\ \vdots \\ P(w_i\mid\boldsymbol{O};\theta) \\ \vdots \\ P(w_M\mid\boldsymbol{O};\theta) \end{bmatrix} \tag{7.2}$$

根据交叉熵的定义，深度学习训练的目标函数为

$$\begin{aligned} F_{\mathrm{CE}}(\theta) &= \sum_i -\log y_i=\sum_i\sum_j -\log P(w_i\mid\boldsymbol{o}_j^i;\theta) \\ &= \sum_i\sum_j -\log\frac{p(\boldsymbol{o}_j^i\mid w_i;\theta)P(w_i)}{P(\boldsymbol{o}_j^i)} \\ &= \sum_i\sum_j -[\log p(\boldsymbol{o}_j^i\mid w_i;\theta)+\log P(w_i)-\log P(\boldsymbol{o}_j^i)] \end{aligned} \tag{7.3}$$

式中：y_i 为在给定网络模型参数 θ 的条件下输入观测向量 $\boldsymbol{o}_j^i$（第 i 类观测集合中的第 j 个观测向量）所对应输出的正确分类的后验概率 $P(w_i|\boldsymbol{o}_j^i)$。

从式(7.3)中可以看出，交叉熵的目标函数中包含的 $P(w_i)$ 和 $P(\boldsymbol{o}_j^i)$ 都与网络模型参数 θ 无关，在求取参数 θ 时可以忽略。

因此，在最小化交叉熵准则下，深度学习网络参数的估计 θ_{CE}^* 满足

$$\theta_{\mathrm{CE}}^*=\underset{\theta}{\operatorname{argmin}}\sum_i\sum_j -\log p(\boldsymbol{o}_j^i\mid w_i;\theta) \tag{7.4}$$

式中：$p(\boldsymbol{o}_j^i|w_i;\theta)$ 为参数 θ 条件下类别 w_j 的概率密度函数，也称为似然函数。

最大似然估计是一种用统计理论求估计量的方法，即假设已知某种概率分布模型，利用现有已知样本集数据估计相关概率密度分布函数的参数。

对于已知 M 个模型集合 $\boldsymbol{W}=\{w_1,w_2,\cdots,w_M\}$ 以参数 θ 为变量的似然函数 $p(\boldsymbol{o}|w;\theta)$ 和观测样本集 $\boldsymbol{O}=\{\boldsymbol{O}^1,\boldsymbol{O}^2,\cdots,\boldsymbol{O}^M\}$ 的条件下，其最大似然估计的目标函数为

$$F_{\mathrm{MLE}}(\theta)=\prod_{i=1}^{M}\prod_{j=1}^{N_i}p(\boldsymbol{o}_j^i \mid w_i;\theta) \tag{7.5}$$

式中：$\boldsymbol{O}^i=\{\boldsymbol{o}_1^i,\boldsymbol{o}_2^i,\cdots,\boldsymbol{o}_{N_i}^i\}$ 为第 i 类模型 w_i 的观测样本集合；N_i 为该类样本的个数。

不失一般性，为了计算的简便，将目标函数取对数，式(7.5)等价为

$$\log F_{\mathrm{MLE}}(\theta)=\sum_{i=1}^{M}\sum_{j=1}^{N_i}\log p(\boldsymbol{o}_j^i \mid w_i;\theta) \tag{7.6}$$

根据最大似然估计准则可知，似然函数 $p(\boldsymbol{o}|w;\theta)$ 的参数估计满足

$$\theta_{\mathrm{MLE}}^*=\underset{\theta}{\operatorname{argmax}}F_{\mathrm{MLE}}(\theta)=\underset{\theta}{\operatorname{argmax}}\sum_{i=1}^{M}\sum_{j=1}^{N_i}\log p(\boldsymbol{o}_j^i \mid w_i;\theta) \tag{7.7}$$

式中：$\theta=\{\theta_1,\theta_2,\cdots,\theta_M\}$ 为似然函数 $p(\boldsymbol{o}|w;\theta)$ 的参数，θ_i 为第 i 类模型 w_i 条件概率函数 $p(\boldsymbol{o}_j^i|w_i)$ 的参数。

比较式(7.4)和式(7.7)可知，其最小化交叉熵准则与最大似然函数估计准则等价。从式(7.7)中不难看出，不同模型的参数 θ_i 的估计只与当前类别所对应的观测向量 $\boldsymbol{o}_j^i$ 有关，与其他类别的模型参数和观测向量无关。

最大似然估计方法具有训练方法简单、高效等特点，但也存在以下缺点：

(1) 需要已知条件概率函数形式，并且该假设是正确的；

(2) 当且仅当训练数据趋向无穷多时，才是真实概率密度函数参数的无偏估计。

因此，在现实条件下，尤其是针对多类建模时，当观测数据不足时，通过最大似然得到的分类器往往不是最优的。

7.2 区分性训练准则

对于多分类问题，采用最大似然估计准则分别对每个模型单独建模，没有考虑模型与模型之间的关系，容易对分类结果造成一定的混淆，降低识别率，识别效果不明显。为了在现实条件下能得到较优的分类器，提出区分性训练准则[1]。

最大互信息准则是应用最广泛的区分性训练准则，其核心思想是最大化输入向量 $\boldsymbol{O}$ 的分布与正确输出模型类别 W 分布之间的互信息。根据互信息的定义，输入向量 $\boldsymbol{O}$ 与模型类别 W 的互信息为

$$I(W;\boldsymbol{O})=H(W)-H(W \mid \boldsymbol{O}) \tag{7.8}$$

式中：$H(W)$ 为模型类别的熵，与输入向量 $\boldsymbol{O}$ 无关，在给定类别的条件下，可以认为是固定已知的；$H(W|\boldsymbol{O})$ 为条件熵，根据信息论的知识可知

$$H(W \mid \boldsymbol{O})=-\sum_{W,\boldsymbol{O}}P(W,\boldsymbol{O})\log P(W \mid \boldsymbol{O}) \tag{7.9}$$

式中：$P(W,\boldsymbol{O})$为模型类别和输入向量的联合观测概率。

由于参数为 θ 的深度学习网络输出 $\boldsymbol{y}$ 就是对后验概率 $P(W|\boldsymbol{O})$的估计，记为 $P(W|\boldsymbol{O};\theta)$。因此，条件熵 $H(W|\boldsymbol{O})$的估计为

$$
\begin{aligned}
\hat{H}(W \mid \boldsymbol{O};\theta) &= -\sum_{W,\boldsymbol{O}} P(W,\boldsymbol{O})\log P(W \mid \boldsymbol{O};\theta) \\
&= -\sum_{W,\boldsymbol{O}} P(W,\boldsymbol{O})\log \frac{P(W \mid \boldsymbol{O};\theta)}{P(W \mid \boldsymbol{O})} - \sum_{W,\boldsymbol{O}} P(W,\boldsymbol{O})\log P(W \mid \boldsymbol{O}) \\
&= -\sum_{W,\boldsymbol{O}} P(W,\boldsymbol{O})\log \frac{P(W \mid \boldsymbol{O};\theta)}{P(W \mid \boldsymbol{O})} + H(W \mid \boldsymbol{O}) \\
&\geqslant -\sum_{W,\boldsymbol{O}} P(W,\boldsymbol{O})\left[\frac{P(W \mid \boldsymbol{O};\theta)}{P(W \mid \boldsymbol{O})} - 1\right] + H(W \mid \boldsymbol{O}) \quad (\log x \leqslant x-1) \\
&= -\sum_{W,\boldsymbol{O}} P(W,\boldsymbol{O})\left[\frac{P(W,\boldsymbol{O};\theta)}{P(W,\boldsymbol{O})} - 1\right] + H(W \mid \boldsymbol{O}) \\
&= -\left[\sum_{W,\boldsymbol{O}} P(W,\boldsymbol{O};\theta) - \sum_{W,\boldsymbol{O}} P(W,\boldsymbol{O})\right] + H(W \mid \boldsymbol{O}) \\
&= H(W \mid \boldsymbol{O})
\end{aligned}
\tag{7.10}
$$

从式(7.10)中不难看出，条件熵 $H(W|\boldsymbol{O})$取值的上界[2]是其估计值$\hat{H}(W|\boldsymbol{O};\theta)$。因此，根据式(7.8)中所描述输入观测值与类别之间的互信息和条件熵之间的关系，最小化$\hat{H}(W|\boldsymbol{O};\theta)$，就等价于最大化互信息 $I(W;\boldsymbol{O})$。又由于 $P(W,\boldsymbol{O})$与深度学习网络参数 θ 无关，且仅当观测向量 $\boldsymbol{O}$ 由模型 W 产生时才不为 0，否则为 0。不失一般性，假设观测向量及其对应的正确类别间的联合概率分布服从均匀分布，则有

$$
\begin{aligned}
\hat{H}(W \mid \boldsymbol{O};\theta) &= -\sum_{W_r,\boldsymbol{O}_r} P(W_r,\boldsymbol{O}_r)\log P(W_r \mid \boldsymbol{O}_r;\theta) \\
&= -\frac{1}{R}\sum_{r=1}^{R}\log P(W_r \mid \boldsymbol{O}_r;\theta) \\
&= -\frac{1}{R}\sum_{r=1}^{R}\log \frac{P(\boldsymbol{O}_r \mid W_r;\theta)P(W_r)}{P(\boldsymbol{O}_r)} \\
&= -\frac{1}{R}\sum_{r=1}^{R}\log \frac{P(\boldsymbol{O}_r \mid W_r;\theta)P(W_r)}{\sum_{W'} P(\boldsymbol{O}_r \mid W';\theta)P(W')}
\end{aligned}
\tag{7.11}
$$

式中：W'表示模型集合$\boldsymbol{W}=\{w_1,w_2,\cdots,w_M\}$中的任意一个模型；$R$ 表示观测向量样本集合$\boldsymbol{O}=\{\boldsymbol{O}_1,\boldsymbol{O}_2,\cdots,\boldsymbol{O}_R\}$中观测样本的个数，对于给定的训练集 R 是一个常数；$\boldsymbol{O}_r$ 为观察向量，即以观察向量为单位进行阐述。

根据式(7.8)、式(7.10)和式(7.11)可知，最大互信息准则的目标函数为

$$
F_{\mathrm{MMI}}(\theta) = \sum_{r=1}^{R}\log \frac{P(\boldsymbol{O}_r \mid W_r;\theta)P(W_r)}{\sum_{W'} P(\boldsymbol{O}_r \mid W';\theta)P(W')}
\tag{7.12}
$$

根据最大互信息准则可知，深度神经网络的参数估计满足

$$\theta_{\mathrm{MMI}}^{*}=\underset{\theta}{\operatorname{argmax}} F_{\mathrm{MMI}}(\theta)=\underset{\theta}{\operatorname{argmax}} \sum_{r=1}^{R} \log \frac{P(\boldsymbol{O}_r \mid W_r ; \theta) P(W_r)}{\sum_{W'} P(\boldsymbol{O}_r \mid W' ; \theta) P(W')} \tag{7.13}$$

式中：W'表示模型集合$\boldsymbol{W}=\{w_1, w_2, \cdots, w_M\}$中的任意一个模型，也包含了观测样本$\boldsymbol{O}_r$对应的正确模型$W_r$。

由于以下命题之间相互等价：

$$\underset{x}{\operatorname{argmax}} \frac{f_1(x)}{f_1(x)+f_2(x)} \Leftrightarrow \underset{x}{\operatorname{argmin}} \frac{f_1(x)+f_2(x)}{f_1(x)} \Leftrightarrow \underset{x}{\operatorname{argmax}} \frac{f_1(x)}{f_2(x)} \tag{7.14}$$

因此，式(7.13)等价为

$$\theta_{\mathrm{MMI}}^{*}=\underset{\theta}{\operatorname{argmax}} F_{\mathrm{MMI}}(\theta)=\underset{\theta}{\operatorname{argmax}} \sum_{r=1}^{R} \log \frac{P(\boldsymbol{O}_r \mid W_r ; \theta) P(W_r)}{\sum_{W' \neq W_r} P(\boldsymbol{O}_r \mid W' ; \theta) P(W')} \tag{7.15}$$

在式(7.15)中，目标函数的分子只与正确的类别标注有关，分母只与错误的类别标注有关。而对于大部分非正确类别标注，$P(\boldsymbol{O}_r|W';\theta)$取值较小或者趋近于0，因此，为了减少计算量，一般在计算分母的时候仅考虑容易产生混淆的错误类别。

不难看出，最小化交叉熵准则和最大似然准则仅考虑了正确标注所对应的后验概率值的大小，没有考虑识别错误结果后验概率对正确标注后验概率的影响，而区分性训练则更重视调整模型之间的分类面，在最大化模型正确率的同时，最小化其他模型的错误概率，以更好地根据设定准则对训练数据进行分类。

在深度学习中，也可以采用区分性训练准则作为目标函数，对模型参数进行估计。深度神经网络的参数求解主要以梯度下降法为算法基础，通过后向传播算法计算目标函数的导数。因此，这里主要围绕在最大互信息准则下如何计算目标函数导数进行讨论。

假设类别集合$\boldsymbol{W}=\{w_1, w_2, \cdots, w_M\}$的观测样本集$\boldsymbol{O}=\{\boldsymbol{O}^1, \boldsymbol{O}^2, \cdots, \boldsymbol{O}^M\}$，其中$\boldsymbol{O}^i=\{\boldsymbol{o}_1^i, \boldsymbol{o}_2^i, \cdots, \boldsymbol{o}_{N_i}^i\}$为第$i$类$w_i$的观测样本集合，$N_i$为该类观测样本集合中样本的个数。根据式(7.2)可知，对于给定的观测样本$\boldsymbol{o}_j^i$，参数为θ的深度学习网络模型通过Softmax函数归一化后的输出$\boldsymbol{y}$，即为对后验概率向量$P(\boldsymbol{W}|\boldsymbol{o}_j^i;\theta)$的估计来实现，即$\boldsymbol{y}$中的第$k$维$y_k$表示对类别$w_k$的后验概率$P(w_k|\boldsymbol{o}_j^i;\theta)$估计：

$$y_k(\boldsymbol{o}_j^i ; \theta) \triangleq P(w_k \mid \boldsymbol{o}_j^i ; \theta)=\frac{\exp\{z_k(\boldsymbol{o}_j^i ; \theta)\}}{\sum_{m=1}^{M} \exp\{z_m(\boldsymbol{o}_j^i ; \theta)\}} \tag{7.16}$$

式中：$z_k(\boldsymbol{o}_j^i;\theta)$表示参数为$\theta$的深度学习网络输入观测样本$\boldsymbol{o}_j^i$时，最后一层Softmax层的输入$\boldsymbol{z}(\boldsymbol{o}_j^i;\theta)=[z_1(\boldsymbol{o}_j^i;\theta), z_2(\boldsymbol{o}_j^i;\theta), \cdots, z_M(\boldsymbol{o}_j^i;\theta)]$的第$k$维。

与交叉熵准则相比，在MMI准则下深度学习算法的区别在于目标函数$F_{\mathrm{MMI}}(\theta)$关于参数θ导数不同。根据式(7.15)、式(7.16)可知

$$\begin{aligned}\frac{\partial F_{\mathrm{MMI}}(\theta)}{\partial \theta} &= \sum_{i=1}^{M} \sum_{j=1}^{N_i} \frac{\partial F_{\mathrm{MMI}}(\boldsymbol{o}_j^i, w_i ; \theta)}{\partial \theta} \\ &= \sum_{i=1}^{M} \sum_{j=1}^{N_i} \frac{\partial F_{\mathrm{MMI}}(\boldsymbol{o}_j^i, w_i ; \theta)}{\partial \boldsymbol{z}(\boldsymbol{o}_j^i ; \theta)} \cdot \frac{\partial \boldsymbol{z}(\boldsymbol{o}_j^i ; \theta)}{\partial \theta}\end{aligned} \tag{7.17}$$

不难看出，式(7.17)根据链式法则将导数的计算分为两部分的乘积，第二部分属于深度学习网络内部输入与输出变量之间的导数，与所采用的训练准则无关。具体计算过程已在前面介绍过，这里主要对式(7.17)乘积的第一部分展开详细讨论。

令观测样本 $\boldsymbol{o}_j^i$ 的误差信号为

$$e(\boldsymbol{o}_j^i;\theta)=\frac{\partial F_{\mathrm{MMI}}(\boldsymbol{o}_j^i,w_i;\theta)}{\partial \boldsymbol{z}(\boldsymbol{o}_j^i;\theta)} \tag{7.18}$$

则误差信号的第 k 个元素为

$$\begin{aligned} e_k(\boldsymbol{o}_j^i;\theta)&=\frac{\partial F_{\mathrm{MMI}}(\boldsymbol{o}_j^i,w_i;\theta)}{\partial z_k(\boldsymbol{o}_j^i;\theta)} \\ &=\sum_{m=1}^{M}\frac{\partial F_{\mathrm{MMI}}(\boldsymbol{o}_j^i,w_i;\theta)}{\partial \log p(\boldsymbol{o}_j^i\mid w_m;\theta)}\cdot\frac{\partial \log p(\boldsymbol{o}_j^i\mid w_m;\theta)}{\partial z_k(\boldsymbol{o}_j^i;\theta)}(w_i\in W) \end{aligned} \tag{7.19}$$

下面主要围绕着如何计算式(7.19)中的两项导数展开讨论。

首先，对式(7.19)中的第一项求导，将式(7.15)中的目标函数代入，可得

$$\begin{aligned} &\frac{\partial F_{\mathrm{MMI}}(\boldsymbol{o}_j^i,w_i;\theta)}{\partial \log p(\boldsymbol{o}_j^i\mid w_m;\theta)} \\ =&\frac{\partial\left[\log\dfrac{p(\boldsymbol{o}_j^i\mid w_i;\theta)P(w_i)}{\sum\limits_{r\neq i}p(\boldsymbol{o}_j^i\mid w_r;\theta)P(w_r)}\right]}{\partial \log p(\boldsymbol{o}_j^i\mid w_m;\theta)} \\ =&\frac{\partial\left\{\log p(\boldsymbol{o}_j^i\mid w_i;\theta)+\log P(w_i)-\log\left[\sum\limits_{r\neq i}p(\boldsymbol{o}_j^i\mid w_r;\theta)P(w_r)\right]\right\}}{\partial \log p(\boldsymbol{o}_j^i\mid w_m;\theta)} \\ =&\frac{\partial \log p(\boldsymbol{o}_j^i\mid w_i;\theta)P(w_i)}{\partial \log p(\boldsymbol{o}_j^i\mid w_m;\theta)}-\frac{\partial \log\left[\sum\limits_{r\neq i}p(\boldsymbol{o}_j^i\mid w_r;\theta)P(w_r)\right]}{\partial \log p(\boldsymbol{o}_j^i\mid w_m;\theta)} \end{aligned} \tag{7.20}$$

式(7.20)的第一项导数计算中，由于 $P(w_i)$ 表示类别的先验概率分布，与模型参数 θ、观测向量 $\boldsymbol{o}_j^i$ 无关，因此可得

$$\frac{\partial \log p(\boldsymbol{o}_j^i\mid w_i;\theta)P(w_i)}{\partial \log p(\boldsymbol{o}_j^i\mid w_m;\theta)}=\frac{\partial \log p(\boldsymbol{o}_j^i\mid w_i;\theta)}{\partial \log p(\boldsymbol{o}_j^i\mid w_m;\theta)}=\delta(i,m) \tag{7.21}$$

式中：$\delta(i,m)$ 为狄拉克函数，即

$$\delta(i,m)=\begin{cases}1, & m=i\\ 0, & \text{其他}\end{cases} \tag{7.22}$$

式(7.20)的第二项导数计算中，多次利用构造函数嵌套过程中的中间变量，采用链式法则进行展开，即

$$\frac{\partial \log\left[\sum\limits_{r\neq i}p(\boldsymbol{o}_j^i\mid w_r;\theta)P(w_r)\right]}{\partial \log p(\boldsymbol{o}_j^i\mid w_m;\theta)}$$

$$=\frac{\sum_{r\neq i}\frac{\partial p(\boldsymbol{o}_j^i \mid w_r;\theta)P(w_r)}{\partial \log p(\boldsymbol{o}_j^i \mid w_r;\theta)P(w_r)}\cdot\frac{\partial \log p(\boldsymbol{o}_j^i \mid w_r;\theta)P(w_r)}{\partial \log p(\boldsymbol{o}_j^i \mid w_m;\theta)}}{\sum_{r\neq i}p(\boldsymbol{o}_j^i \mid w_r;\theta)P(w_r)}$$

$$=\frac{\sum_{r\neq i}\frac{\partial \mathrm{e}^{\log p(\boldsymbol{o}_j^i \mid w_r;\theta)P(w_r)}}{\partial \log p(\boldsymbol{o}_j^i \mid w_r;\theta)P(w_r)}\cdot\frac{\partial \log p(\boldsymbol{o}_j^i \mid w_r;\theta)P(w_r)}{\partial \log p(\boldsymbol{o}_j^i \mid w_m;\theta)}}{\sum_{r\neq i}p(\boldsymbol{o}_j^i \mid w_r;\theta)P(w_r)}$$

$$=\frac{\sum_{r\neq i}p(\boldsymbol{o}_j^i \mid w_r;\theta)P(w_r)\cdot\delta(r,m)}{\sum_{r\neq i}p(\boldsymbol{o}_j^i \mid w_r;\theta)P(w_r)}$$

$$=\frac{\sum_{\substack{r\neq i\\ r=m}}p(\boldsymbol{o}_j^i \mid w_r;\theta)P(w_r)}{\sum_{r\neq i}p(\boldsymbol{o}_j^i \mid w_r;\theta)P(w_r)} \tag{7.23}$$

将式(7.21)和式(7.23)代入式(7.20)中,可得

$$\frac{\partial F_{\mathrm{MMI}}(\boldsymbol{o}_j^i,w_i;\theta)}{\partial \log p(\boldsymbol{o}_j^i \mid w_m;\theta)}=\delta(i,m)-\frac{\sum_{\substack{r\neq i\\ r=m}}p(\boldsymbol{o}_j^i \mid w_r;\theta)P(w_r)}{\sum_{r\neq i}p(\boldsymbol{o}_j^i \mid w_r;\theta)P(w_r)} \tag{7.24}$$

接下来,对式(7.19)中的第二项求导。由于 $P(\boldsymbol{o}_j^i)$和 $P(w_m)$均与模型无关,因此根据贝叶斯公式可知

$$\begin{aligned}\frac{\partial \log p(\boldsymbol{o}_j^i \mid w_m;\theta)}{\partial z_k(\boldsymbol{o}_j^i;\theta)}&=\frac{\partial \log[P(w_m \mid \boldsymbol{o}_j^i;\theta)P(\boldsymbol{o}_j^i)/P(w_m)]}{\partial z_k(\boldsymbol{o}_j^i;\theta)}\\&=\frac{\partial \log P(w_m \mid \boldsymbol{o}_j^i;\theta)}{\partial z_k(\boldsymbol{o}_j^i;\theta)}+\frac{\partial \log P(\boldsymbol{o}_j^i)}{\partial z_k(\boldsymbol{o}_j^i;\theta)}-\frac{\partial \log P(w_m)}{\partial z_k(\boldsymbol{o}_j^i;\theta)}\\&=\frac{\partial \log P(w_m \mid \boldsymbol{o}_j^i;\theta)}{\partial z_k(\boldsymbol{o}_j^i;\theta)}\end{aligned} \tag{7.25}$$

式中:$P(w_m|\boldsymbol{o}_j^i;\theta)$表示模型输出的第 m 类后验概率 y_m,其取值是由第 m 个神经元的输出$\partial z_m(\boldsymbol{o}_j^i;\theta)$决定的。

当且仅当 $m=k$ 时,才有

$$\partial \log P(w_m \mid \boldsymbol{o}_j^i;\theta)/\partial z_k(\boldsymbol{o}_j^i;\theta)\neq 0$$

因此,将式(7.24)和式(7.25)代入式(7.19)中,可得

$$\begin{aligned}e_k(\boldsymbol{o}_j^i;\theta)&=\frac{\partial F_{\mathrm{MMI}}(\boldsymbol{o}_j^i,w_i;\theta)}{\partial z_k(\boldsymbol{o}_j^i;\theta)}\\&=\sum_{m=1}^{M}\left[\delta(i,m)-\frac{\sum_{\substack{r\neq i\\ r=m}}p(\boldsymbol{o}_j^i \mid w_r;\theta)P(w_r)}{\sum_{r\neq i}p(\boldsymbol{o}_j^i \mid w_r;\theta)P(w_r)}\right]\cdot\frac{\partial \log P(w_m \mid \boldsymbol{o}_j^i)}{\partial z_k(\boldsymbol{o}_j^i;\theta)}\end{aligned}$$

$$=\left[\delta(i,k)-\frac{p(\boldsymbol{o}_j^i \mid w_k;\theta)P(w_k)}{\sum_{r\neq i}p(\boldsymbol{o}_j^i \mid w_r;\theta)P(w_r)}\right]\cdot\frac{\partial\log P(w_k \mid \boldsymbol{o}_j^i)}{\partial z_k(\boldsymbol{o}_j^i;\theta)} \tag{7.26}$$

当深度网络最后一层采用 Softmax 函数进行得分归一化时，$y_k(\boldsymbol{o}_j^i;\theta)$和 $z_k(\boldsymbol{o}_j^i;\theta)$满足式(7.16)，且模型类别数 M 较大时，有

$$\begin{aligned}\frac{\partial\log P(w_k \mid \boldsymbol{o}_j^i)}{\partial z_k(\boldsymbol{o}_j^i;\theta)}&=\frac{\partial\log y_k(\boldsymbol{o}_j^i;\theta)}{\partial z_k(\boldsymbol{o}_j^i;\theta)}=\frac{\partial\log\left[\mathrm{e}^{z_k(\boldsymbol{o}_j^i;\theta)}/\sum_{m=1}^{M}\mathrm{e}^{z_m(\boldsymbol{o}_j^i;\theta)}\right]}{\partial z_k(\boldsymbol{o}_j^i;\theta)}\\&=\frac{\partial\log\left[\mathrm{e}^{z_k(\boldsymbol{o}_j^i;\theta)}\right]}{\partial z_k(\boldsymbol{o}_j^i;\theta)}-\frac{\partial\log\left[\sum_{m=1}^{M}\mathrm{e}^{z_m(\boldsymbol{o}_j^i;\theta)}\right]}{\partial z_k(\boldsymbol{o}_j^i;\theta)}\\&=1-y_k(\boldsymbol{o}_j^i;\theta)\approx 1\end{aligned} \tag{7.27}$$

将式(7.27)代入式(7.26)中，可得

$$e_k(\boldsymbol{o}_j^i;\theta)=\delta(i,k)-\frac{p(\boldsymbol{o}_j^i \mid w_k;\theta)P(w_k)}{\sum_{r\neq i}p(\boldsymbol{o}_j^i \mid w_r;\theta)P(w_r)} \tag{7.28}$$

根据式(7.17)～式(7.19)和式(7.28)可知

$$\begin{aligned}\frac{\partial F_{\mathrm{MMI}}(\theta)}{\partial\theta}&=\sum_{i=1}^{M}\sum_{j=1}^{N_i}\frac{\partial F_{\mathrm{MMI}}(\boldsymbol{o}_j^i,w_i;\theta)}{\partial\theta}\\&=\sum_{i=1}^{M}\sum_{j=1}^{N_i}\sum_{k=1}^{M}\frac{\partial F_{\mathrm{MMI}}(\boldsymbol{o}_j^i,w_i;\theta)}{\partial z_k(\boldsymbol{o}_j^i;\theta)}\cdot\frac{\partial z_k(\boldsymbol{o}_j^i;\theta)}{\partial\theta}\\&=\sum_{i=1}^{M}\sum_{j=1}^{N_i}\sum_{k=1}^{M}e_k(\boldsymbol{o}_j^i;\theta)\cdot\frac{\partial z_k(\boldsymbol{o}_j^i;\theta)}{\partial\theta}\\&=\sum_{i=1}^{M}\sum_{j=1}^{N_i}\sum_{k=1}^{M}\left[\delta(i,k)-\frac{p(\boldsymbol{o}_j^i \mid w_k;\theta)P(w_k)}{\sum_{r\neq i}p(\boldsymbol{o}_j^i \mid w_r;\theta)P(w_r)}\right]\cdot\frac{\partial z_k(\boldsymbol{o}_j^i;\theta)}{\partial\theta}\end{aligned} \tag{7.29}$$

令

$$\gamma_{ij}^{\mathrm{DEN}}(k)=\frac{p(\boldsymbol{o}_j^i \mid w_k;\theta)P(w_k)}{\sum_{r\neq i}p(\boldsymbol{o}_j^i \mid w_r;\theta)P(w_r)} \tag{7.30}$$

表示观测样本 $\boldsymbol{o}_j^i$ 在模型 θ 上的后验概率 $P(w_k|\boldsymbol{o}_j^i;\theta)$，上标 DEN 表示模型 w_i 的易混淆模型。

式(7.29)可表示为

$$\frac{\partial F_{\mathrm{MMI}}(\theta)}{\partial\theta}=\sum_{i=1}^{M}\sum_{j=1}^{N_i}\sum_{k=1}^{M}\left[\delta(i,k)-\gamma_{ij}^{\mathrm{DEN}}(k)\right]\cdot\frac{\partial z_k(\boldsymbol{o}_j^i;\theta)}{\partial\theta} \tag{7.31}$$

式(7.31)就是深度神经网络在 MMI 准则下梯度更新的公式。

7.3 序列模型的区分性训练

序列模型是监督学习的一种，其特点是输入的观测样本间或输出的类别序列中具有时序关系，因此，在建模时不仅需要对样本所属类别进行建模，而且需要对序列中样本之间的关系进行建模[3]。

语音识别是一个典型的序列分类问题。在传统的语音识别中，区分性训练是提升声学模型建模性能的重要手段之一，主要通过最大化正确识别结果与错误识别结果之间的互信息提高识别率。本章以语音识别为例阐述序列建模中的区分性训练问题。

假设 M 个观测序列样本构成的序列集 $\boldsymbol{O}=\{\boldsymbol{o}^1,\boldsymbol{o}^2,\cdots,\boldsymbol{o}^m,\cdots,\boldsymbol{o}^M\}$，其中序列 $\boldsymbol{o}^m$ 长度为 T_m，$\boldsymbol{o}^m=\boldsymbol{o}_1^m,\cdots,\boldsymbol{o}_t^m,\cdots,\boldsymbol{o}_{T_m}^m$；$\boldsymbol{W}=\{\boldsymbol{w}^1,\boldsymbol{w}^2,\cdots,\boldsymbol{w}^m,\cdots,\boldsymbol{w}^M\}$ 为样本集 $\boldsymbol{O}$ 中的 M 个观察序列所对应的 M 个标注序列，其中 $\boldsymbol{w}^m$ 为与 $\boldsymbol{o}^m$ 对应的模型序列 $\boldsymbol{w}^m=w_1^m,w_2^m,\cdots,w_n^m,\cdots,w_{N_m}^m$，$N_m$ 为 $\boldsymbol{w}^m$ 序列的长度，w_n^m 为序列 $\boldsymbol{o}^m$ 的标注序列 $\boldsymbol{w}^m$ 的第 n 个位置的标注单元。

语音识别的本质是在已知模型参数 θ 的条件下，找到最有可能产生该观测样本集 $\boldsymbol{O}$ 的模型序列集 W，即

$$\boldsymbol{W}^*=\underset{W}{\operatorname{argmax}}P(\boldsymbol{W}\mid\boldsymbol{O};\theta)=\underset{W}{\operatorname{argmax}}\frac{P(\boldsymbol{O}\mid\boldsymbol{W};\theta)P(\boldsymbol{W})}{P(\boldsymbol{O})}\tag{7.32}$$

式中：$P(\boldsymbol{W})$ 与观测 $\boldsymbol{O}$ 无关，只与模型序列 $\boldsymbol{W}$ 中出现的模型类别及顺序有关，描述的是词与词之间的搭配关系，故称为语言模型(Language Model，LM)；$P(\boldsymbol{O}|\boldsymbol{W};\theta)$ 为在已知词序列模型 $\boldsymbol{W}$ 的条件下观测到序列 $\boldsymbol{O}$ 的条件概率，以 θ 为参数的函数来描述模型产生指定观测序列的概率，是声学发音模型，故称为声学模型；$P(\boldsymbol{O})$ 为观测序列的边缘概率，与 $\boldsymbol{W}^*$、θ 无关，对于给定的观测序列 $\boldsymbol{O}$，在计算求解 $\boldsymbol{W}^*$ 和模型参数 θ 的过程中可视为常数，所以经常忽略。

在已知训练数据集 $S=\{\boldsymbol{O},\boldsymbol{W}\}$ 的条件下，语音识别的训练就是寻找在观测样本序列集合 $\boldsymbol{O}$ 条件下，能够使得标签序列模型 $\boldsymbol{W}$ 后验概率最大化的参数 θ，即

$$\theta^*=\underset{\theta}{\operatorname{argmax}}P(\boldsymbol{W}\mid\boldsymbol{O};\theta)=\underset{\theta}{\operatorname{argmax}}\frac{P(\boldsymbol{O}\mid\boldsymbol{W};\theta)P(\boldsymbol{W})}{P(\boldsymbol{O})}\tag{7.33}$$

一般而言，语言模型 $P(\boldsymbol{W})$ 常采用观测数据以外的数据训练语言模型，因此，传统语音识别技术主要就是围绕着对声学模型 $P(\boldsymbol{O}|\boldsymbol{W})$ 建模展开讨论的，主要采用最大似然准则。

目前，深度学习技术已经广泛应用于语音识别中。在基于深度神经网络的语音识别中，常采用交叉熵(Cross Entropy，CE)准则来最小化期望帧错误，本质上就是采用最大似然准则训练。目前，一些区分性训练准则已经在基于序列模型的语音识别中证明了有效性，如最大互信息准则、增强型最大互信息(Boosted Maximum Mutual Information，BMMI)、最小音素错误(Minimum Phone Error，MPE)和最小贝叶斯风险(Minimum Bayesian Risk，MBR)等，将这些准则应用于深度学习网络框架下，可以取得更高的识别

准确率。下面从序列建模的角度来阐述不同的区分性训练准则。

7.3.1 最大互信息准则

在序列模型中，模型输入不再是单一的观测样本 $\boldsymbol{o}_j^i$，而是长度为 T_m 的观测序列 $\boldsymbol{o}^m=\boldsymbol{o}_1^m,\cdots,\boldsymbol{o}_t^m,\cdots,\boldsymbol{o}_{T_m}^m$，模型的输出也不再是单一的类别，而是长度为 N_m 的模型序列 $\boldsymbol{w}^m=w_1^m,\cdots,w_t^m,\cdots,w_{N_m}^m$。注意，观察序列和模型序列可以是不等长的，即 T_m 可以与 N_m 不相等。根据式(7.12)所描述的最大互信息准则，对于一个训练集$\mathbb{S}=\{(\boldsymbol{o}^m,\boldsymbol{w}^m)|0\leqslant m<M\}$，MMI 准则下目标函数为

$$
\begin{aligned}
F_{\mathrm{MMI}}(\theta,\mathbb{S})&=\sum_{m=1}^{M}F_{\mathrm{MMI}}(\boldsymbol{o}^m,\boldsymbol{w}^m;\theta)\\
&=\sum_{m=1}^{M}\log P(\boldsymbol{w}^m\mid\boldsymbol{o}^m;\theta)\\
&=\sum_{m=1}^{M}\log\frac{p(\boldsymbol{o}^m\mid\boldsymbol{s}^m;\theta)^{\mathcal{K}}P(\boldsymbol{w}^m)}{\sum_{\boldsymbol{w}}p(\boldsymbol{o}^m\mid\boldsymbol{s};\theta)^{\mathcal{K}}P(\boldsymbol{w})}
\end{aligned}
\tag{7.34}
$$

式中：θ 为模型参数；$\boldsymbol{s}^m=s_1^m,\cdots,s_t^m,\cdots,s_{T_m}^m$ 为模型序列 $\boldsymbol{w}^m$ 按时间关系的展开，s_t^m 对应声学模型的基本建模单元，可以是词 w_n^m 本身，也可以是对词 w_n^m 分解后的更小建模单元，如音素、音节、字母和字符等；$\mathcal{K}$为声学缩放系数，主要是由于声学模型 $p(\boldsymbol{o}^m|\boldsymbol{s}^m;\theta)$ 和语言模型是通过不同的训练数据得到的，其取值变化范围具有一定的差异性，若声学模型 $p(\boldsymbol{o}^m|\boldsymbol{s}^m;\theta)$取值过大，则目标函数受声学模型影响较大，若声学模型 $p(\boldsymbol{o}^m|\boldsymbol{s}^m;\theta)$取值过小，则目标函数受语言模型 $P(\boldsymbol{w})$影响较大，因此，引入缩放因子$\mathcal{K}$对声学模型进行缩放。

根据最大互信息准则可知，此时深度神经网络声学模型参数估计满足

$$
\theta_{\mathrm{MMI}}^{*}=\underset{\theta}{\operatorname{argmax}}F_{\mathrm{MMI}}(\theta,\mathbb{S})=\underset{\theta}{\operatorname{argmax}}\sum_{m=1}^{M}\log\frac{p(\boldsymbol{o}^m\mid\boldsymbol{s}^m;\theta)^{\mathcal{K}}P(\boldsymbol{w}^m)}{\sum_{\boldsymbol{w}}p(\boldsymbol{o}^m\mid\boldsymbol{s}^w;\theta)^{\mathcal{K}}P(\boldsymbol{w})}
\tag{7.35}
$$

理想情况下，式(7.35)分母中 $\boldsymbol{w}$ 应该遍历所有单词序列，然而对实际情况而言，不同单词组合下形成的词组合数量与单词规模呈指数倍增长，因此对所有单词序列进行遍历并不可取。在实际应用中，该求和是限制在一定范围内的，通常是在预训练模型上通过解码得到的词图上进行的，这样可以减少运算量。

序列模型在 MMI 准则下，目标函数 $F_{\mathrm{MMI}}(\theta,\mathbb{S})$关于参数 θ 导数的计算过程与 7.2 节中相似，即

$$
\frac{\partial F_{\mathrm{MMI}}(\theta,\mathbb{S})}{\partial\theta}=\sum_{m=1}^{M}\sum_{t=1}^{T_m}\frac{\partial F_{\mathrm{MMI}}(\boldsymbol{o}^m,\boldsymbol{w}^m;\theta)}{\partial\boldsymbol{z}_{mt}^L}\frac{\partial\boldsymbol{z}_{mt}^L}{\partial\theta}
\tag{7.36}
$$

式中：$\boldsymbol{z}_{mt}^L$ 为输入序列 $\boldsymbol{o}^m$ 的第 t 时刻样本 $\boldsymbol{o}_t^m$ 时，深度学习网络输出层中 Softmax 激活函数所对应的输入值，其中 L 表示模型建模单元 $R=\{r_i:i=1,2,\cdots,L\}$所包含的类别

个数，如以英文字母为单元建模时，$L=26$，以三音子进行建模时，L 也可以表示三音子的状态数；$\partial \boldsymbol{z}_{mt}^{L}/\partial\theta$ 为深度学习网络内部输入与输出变量之间的导数，与所采用的训练准则无关，可通过后向传播算法计算。

定义观测样本序列 $\boldsymbol{o}^m$ 在时刻 t 时的误差信号为

$$\mathrm{err}_{mt}^{L}=\frac{\partial F_{\mathrm{MMI}}(\boldsymbol{o}^m,\boldsymbol{w}^m;\theta)}{\partial \boldsymbol{z}_{mt}^{L}} \tag{7.37}$$

将式(7.37)代入式(7.36)可得

$$\frac{\partial F_{\mathrm{MMI}}(\theta,\mathbb{S})}{\partial\theta}=\sum_{m=1}^{M}\sum_{t=1}^{T_m}\mathrm{err}_{mt}^{L}\frac{\partial \boldsymbol{z}_{mt}^{L}}{\partial\theta} \tag{7.38}$$

则误差信号 err_{mt}^{L} 的第 i 个元素可表示为

$$\begin{aligned}\mathrm{err}_{mt}^{L}(i)&=\frac{\partial F_{\mathrm{MMI}}(\boldsymbol{o}^m,\boldsymbol{w}^m;\theta)}{\partial \boldsymbol{z}_{mt}^{L}(i)}\\&=\sum_{r}\frac{\partial F_{\mathrm{MMI}}(\boldsymbol{o}^m,\boldsymbol{w}^m;\theta)}{\partial\log p(\boldsymbol{o}_t^m\mid r;\theta)}\cdot\frac{\partial\log p(\boldsymbol{o}_t^m\mid r;\theta)}{\partial \boldsymbol{z}_{mt}^{L}(i)}\end{aligned} \tag{7.39}$$

式中：$r\in\mathbb{R}$ 表示模型的任意一种类别，如三音子状态数或音素数等。式(7.39)中第二项推导与7.2节中的推导过程类似，可知

$$\frac{\partial\log p(\boldsymbol{o}_t^m\mid r;\theta)}{\partial \boldsymbol{z}_{mt}^{L}(i)}=\frac{\partial\log P(r\mid \boldsymbol{o}_t^m;\theta)}{\partial \boldsymbol{z}_{mt}^{L}(i)} \tag{7.40}$$

这里重点围绕如何计算式(7.39)中的第一项导数展开讨论。

将式(7.35)中的目标函数代入第一项导数计算中，可得

$$\begin{aligned}\frac{\partial F_{\mathrm{MMI}}(\boldsymbol{o}^m,\boldsymbol{w}^m;\theta)}{\partial\log p(\boldsymbol{o}_t^m\mid r;\theta)}&=\frac{\partial\log\dfrac{p(\boldsymbol{o}^m\mid \boldsymbol{s}^m;\theta)^{\mathcal{K}}P(\boldsymbol{w}^m)}{\sum_{\boldsymbol{w}}p(\boldsymbol{o}^m\mid \boldsymbol{s}^w;\theta)^{\mathcal{K}}P(\boldsymbol{w})}}{\partial\log p(\boldsymbol{o}_t^m\mid r;\theta)}\\&=\mathcal{K}\frac{\partial\log p(\boldsymbol{o}^m\mid \boldsymbol{s}^m;\theta)}{\partial\log p(\boldsymbol{o}_t^m\mid r;\theta)}-\frac{\partial\log\sum_{\boldsymbol{w}}p(\boldsymbol{o}^m\mid \boldsymbol{s}^w;\theta)^{\mathcal{K}}P(\boldsymbol{w})}{\partial\log p(\boldsymbol{o}_t^m\mid r;\theta)}\end{aligned} \tag{7.41}$$

对于式(7.41)中的第一项导数，由于分子 $p(\boldsymbol{o}^m\mid \boldsymbol{s}^m;\theta)=\prod_{t=1}^{T_m}p(\boldsymbol{o}_t^m\mid s_t^m;\theta)$，所以当且仅当 $r=s_t^m$ 时，有

$$\frac{\partial\log p(\boldsymbol{o}_t^m\mid s_t^m;\theta)}{\partial\log p(\boldsymbol{o}_t^m\mid r;\theta)}=1 \tag{7.42}$$

其他情况都为0，即

$$\mathcal{K}\frac{\partial\log p(\boldsymbol{o}^m\mid \boldsymbol{s}^m;\theta)}{\partial\log p(\boldsymbol{o}_t^m\mid r;\theta)}=\mathcal{K}\frac{\partial\sum_{t=1}^{T_m}\log p(\boldsymbol{o}_t^m\mid s_t^m;\theta)}{\partial\log p(\boldsymbol{o}_t^m\mid r;\theta)}=\mathcal{K}\delta(r=s_t^m) \tag{7.43}$$

对于式(7.41)中的第二项导数,采用链式法则进行展开:

$$\begin{aligned}
&\frac{\partial \log \sum_{\boldsymbol{w}} p(\boldsymbol{o}^m \mid \boldsymbol{s}^w;\theta)^{\mathcal{K}} P(\boldsymbol{w})}{\partial \log p(\boldsymbol{o}_t^m \mid r;\theta)} \\
&= \frac{1}{\sum_{\boldsymbol{w}} p(\boldsymbol{o}^m \mid \boldsymbol{s}^w;\theta)^{\mathcal{K}} P(\boldsymbol{w})} \cdot \frac{\partial \sum_{\boldsymbol{w}} p(\boldsymbol{o}^m \mid \boldsymbol{s}^w;\theta)^{\mathcal{K}} P(\boldsymbol{w})}{\partial \log p(\boldsymbol{o}_t^m \mid r;\theta)} \\
&= \frac{1}{\sum_{\boldsymbol{w}} p(\boldsymbol{o}^m \mid \boldsymbol{s}^w;\theta)^{\mathcal{K}} P(\boldsymbol{w})} \cdot \sum_{\boldsymbol{w}} \frac{\partial \mathrm{e}^{\log p(\boldsymbol{o}^m \mid \boldsymbol{s}^w;\theta)^{\mathcal{K}} P(\boldsymbol{w})}}{\partial \log p(\boldsymbol{o}_t^m \mid r;\theta)} \\
&= \frac{\sum_{\boldsymbol{w}} \left(\frac{\partial \mathrm{e}^{\log p(\boldsymbol{o}^m \mid \boldsymbol{s}^w;\theta)^{\mathcal{K}} P(\boldsymbol{w})}}{\partial \log p(\boldsymbol{o}^m \mid \boldsymbol{s}^w;\theta)^{\mathcal{K}} P(\boldsymbol{w})} \cdot \frac{\partial \log p(\boldsymbol{o}^m \mid \boldsymbol{s}^w;\theta)^{\mathcal{K}} P(\boldsymbol{w})}{\partial \log p(\boldsymbol{o}_t^m \mid r;\theta)} \right)}{\sum_{\boldsymbol{w}} p(\boldsymbol{o}^m \mid \boldsymbol{s}^w;\theta)^{\mathcal{K}} P(\boldsymbol{w})} \\
&= \frac{\sum_{\boldsymbol{w}} \left(p(\boldsymbol{o}^m \mid \boldsymbol{s}^w;\theta)^{\mathcal{K}} P(\boldsymbol{w}) \cdot \mathcal{K} \frac{\partial \log p(\boldsymbol{o}^m \mid \boldsymbol{s}^w;\theta)}{\partial \log p(\boldsymbol{o}_t^m \mid r;\theta)} \right)}{\sum_{\boldsymbol{w}} p(\boldsymbol{o}^m \mid \boldsymbol{s}^w;\theta)^{\mathcal{K}} P(\boldsymbol{w})} \\
&= \frac{\sum_{\boldsymbol{w}} p(\boldsymbol{o}^m \mid \boldsymbol{s}^w;\theta)^{\mathcal{K}} P(\boldsymbol{w}) \cdot \mathcal{K} \delta(r = s_t^w)}{\sum_{\boldsymbol{w}} p(\boldsymbol{o}^m \mid \boldsymbol{s}^w;\theta)^{\mathcal{K}} P(\boldsymbol{w})} \\
&= \frac{\sum_{\substack{\boldsymbol{w} \\ r = s_t^w}} \mathcal{K} p(\boldsymbol{o}^m \mid \boldsymbol{s}^w;\theta)^{\mathcal{K}} P(\boldsymbol{w})}{\sum_{\boldsymbol{w}} p(\boldsymbol{o}^m \mid \boldsymbol{s}^w;\theta)^{\mathcal{K}} P(\boldsymbol{w})}
\end{aligned} \tag{7.44}$$

将式(7.43)、式(7.44)代入式(7.41),可得

$$\frac{\partial F_{\mathrm{MMI}}(\boldsymbol{o}^m, \boldsymbol{w}^m;\theta)}{\partial \log p(\boldsymbol{o}_t^m \mid r;\theta)} = \mathcal{K} \delta(r = s_t^m) - \frac{\sum_{\substack{\boldsymbol{w} \\ r = s_t^w}} \mathcal{K} p(\boldsymbol{o}^m \mid \boldsymbol{s}^w;\theta)^{\mathcal{K}} P(\boldsymbol{w})}{\sum_{\boldsymbol{w}} p(\boldsymbol{o}^m \mid \boldsymbol{s}^w;\theta)^{\mathcal{K}} P(\boldsymbol{w})} \tag{7.45}$$

将式(7.40)、式(7.45)代入式(7.39),可得

$$\mathrm{err}_{mt}^{L}(i) = \sum_{r} \mathcal{K} \left(\delta(r = s_t^m) - \frac{\sum_{\substack{\boldsymbol{w} \\ r = s_t^w}} p(\boldsymbol{o}^m \mid \boldsymbol{s}^w;\theta)^{\mathcal{K}} P(\boldsymbol{w})}{\sum_{\boldsymbol{w}} p(\boldsymbol{o}^m \mid \boldsymbol{s}^w;\theta)^{\mathcal{K}} P(\boldsymbol{w})} \right) \cdot \frac{\partial \log P(r \mid \boldsymbol{o}_t^m;\theta)}{\partial \boldsymbol{z}_{mt}^{L}(i)} \tag{7.46}$$

当且仅当 $r=i$ 时,$\frac{\partial \log P(r \mid \boldsymbol{o}_t^m;\theta)}{\partial \boldsymbol{z}_{mt}^{L}(i)} \neq 0$,因此,式(7.46)可进一步化简为

$$\text{err}_{mt}^{L}(i)=\left(\delta(\boldsymbol{s}_t^m=i)-\frac{\sum\limits_{\substack{\boldsymbol{w}\\ s_t^w=i}}p(\boldsymbol{o}^m\mid \boldsymbol{s}^w;\theta)^{\mathcal{K}}P(\boldsymbol{w})}{\sum\limits_{\boldsymbol{w}}p(\boldsymbol{o}^m\mid \boldsymbol{s}^w;\theta)^{\mathcal{K}}P(\boldsymbol{w})}\right)\cdot\frac{\partial\log P(i\mid \boldsymbol{o}_t^m;\theta)}{\partial \boldsymbol{z}_{mt}^{L}(i)} \tag{7.47}$$

根据式(7.27)可知

$$\frac{\partial\log P(i\mid \boldsymbol{o}_t^m;\theta)}{\partial \boldsymbol{z}_{mt}^{L}(i)}\approx 1 \tag{7.48}$$

不妨令

$$\gamma_{mt}^{\text{DEN}}(i)=\frac{\sum\limits_{\substack{\boldsymbol{w}\\ s_t^w=i}}p(\boldsymbol{o}^m\mid \boldsymbol{s}^w;\theta)^{\mathcal{K}}P(\boldsymbol{w})}{\sum\limits_{\boldsymbol{w}}p(\boldsymbol{o}^m\mid \boldsymbol{s}^w;\theta)^{\mathcal{K}}P(\boldsymbol{w})} \tag{7.49}$$

则有

$$\text{err}_{mt}^{L}(i)=\mathcal{K}(\delta(s_t^m=i)-\gamma_{mt}^{\text{DEN}}(i)) \tag{7.50}$$

根据式(7.49)不难发现,$\gamma_{mt}^{\text{DEN}}(i)$的分子是计算 t 时刻所有途径 $s_t^{\boldsymbol{w}}$ 路径的后验概率的和,分母是所有可能路径后验概率的和,表示在 t 时刻模型为 $s_t^{\boldsymbol{w}}$ 的后验概率。

如果需要对单词级文本序列 $\boldsymbol{w}^m$ 所有可能的参考状态序列进行处理,则可以在词序列上使用前后向算法来得到分子的后验占有率 $\ddot{\gamma}_{mt}^{\text{NUM}}(i)$来替换函数 $\delta(s_t^m=i)$。

7.3.2 增强型 MMI

当模型得到充分训练后,为了进一步提升模型的识别性能,识别错误的样本更值得学习,有助于进一步快速提升识别的准确率。基于该思想,增强型 MMI 对 MMI 目标函数进行了改进。其目标函数为

$$\begin{aligned}F_{\text{BMMI}}(\theta,\mathbb{S})&=\sum_{m=1}^{M}F_{\text{BMMI}}(\theta;\boldsymbol{o}^m,\boldsymbol{w}^m)\\&=\sum_{m=1}^{M}\log\frac{p(\boldsymbol{o}^m\mid \boldsymbol{s}^m;\theta)^{\mathcal{K}}P(\boldsymbol{w}^m)}{\sum\limits_{\boldsymbol{w}}p(\boldsymbol{o}^m\mid \boldsymbol{s}^w;\theta)^{\mathcal{K}}P(\boldsymbol{w})\mathrm{e}^{-bA(\boldsymbol{w},\boldsymbol{w}^m)}}\end{aligned} \tag{7.51}$$

相比 MMI 目标函数,BMMI 在计算不同路径上的似然函数时,引入了加权因子 $\mathrm{e}^{-bA(\boldsymbol{w},\boldsymbol{w}^m)}$对该路径下的似然函数进行加权。其中,$b$ 是增强系数,一般取 0.5,而 $A(\boldsymbol{w},\boldsymbol{w}^m)$是人工标注序列 $\boldsymbol{w}^m$ 和路径 $\boldsymbol{w}$ 准确率的度量。当解码路径的序列 $\boldsymbol{w}$ 越接近人工标注序列 $\boldsymbol{w}^m$,加权因子 $\mathrm{e}^{-bA(\boldsymbol{w},\boldsymbol{w}^m)}$越小,对目标函数贡献度越少;反之,当解码路径的序列 $\boldsymbol{w}$ 与人工标注序列 $\boldsymbol{w}^m$ 差别越大,加权因子 $\mathrm{e}^{-bA(\boldsymbol{w},\boldsymbol{w}^m)}$越大,对目标函数贡献度越大。相当于增加了数据的困惑程度,让深度学习网络在参数学习的过程中加强对错误样例的学习。

类似地，可采用 7.3.1 节中梯度计算方法计算 BMMI 准则下的梯度，观测样本序列 $\boldsymbol{o}^m$ 在时刻 t 时的误差信号 err_{mt}^L 的第 i 个元素为

$$\text{err}_{mt}^L(i) = \frac{\partial F_{\text{BMMI}}(\boldsymbol{o}^m, \boldsymbol{w}^m; \theta)}{\partial \boldsymbol{z}_{mt}^L(i)} = \sum_r \frac{\partial F_{\text{BMMI}}(\boldsymbol{o}^m, \boldsymbol{w}^m; \theta)}{\partial \log p(\boldsymbol{o}_t^m \mid r; \theta)} \frac{\partial \log p(\boldsymbol{o}_t^m \mid r; \theta)}{\partial \boldsymbol{z}_{mt}^L(i)}$$

$$= \mathcal{K}(\delta(s_t^m = i) - \gamma_{mt}^{\text{DEN}}(i)) \tag{7.52}$$

与 MMI 准则不同的是，在 t 时刻模型 $\boldsymbol{s}_t^m$ 的后验概率为

$$\gamma_{mt}^{\text{DEN}}(i) = \frac{\sum\limits_{\substack{\boldsymbol{w} \\ s_t^w = i}} p(\boldsymbol{o}^m \mid \boldsymbol{s}^w; \theta)^{\mathcal{K}} P(\boldsymbol{w}) \mathrm{e}^{-bA(\boldsymbol{w}, \boldsymbol{w}^m)}}{\sum\limits_{\boldsymbol{w}} p(\boldsymbol{o}^m \mid \boldsymbol{s}^w; \theta)^{\mathcal{K}} P(\boldsymbol{w}) \mathrm{e}^{-bA(\boldsymbol{w}, \boldsymbol{w}^m)}} \tag{7.53}$$

如果 $A(\boldsymbol{w}, \boldsymbol{w}^m)$ 能被高效估计，相对于 MMI 来说，BMMI 引入的额外计算量并不多。在前向后向算法中的唯一改动就是分母词图。对分母词图的每条路径上，减去对应的声学对数似然度 $bA(\boldsymbol{w}, \boldsymbol{w}^m)$，该做法与改变每条路径上语言模型的贡献相类似。

7.3.3 最小音素错误/状态级最小贝叶斯风险

最小化交叉熵准则本质上是帧错误率期望最小，而最大互信息和增强型最大互信息则是以序列为单位的句子错误率期望最小化。可以看出，采用不同颗粒度来建立目标函数，可以得到不同的训练准则。

最小贝叶斯风险目标函数族的目标函数旨在最小化不同颗粒度标注下的期望错误。比如，最小音素错误准则旨在最小化期望音素错误，而状态级最小贝叶斯风险(state-level Minimum Bayesian Risk，sMBR)旨在最小化状态错误的统计期望(考虑了 HMM 拓扑和语言模型)。总的来说，MBR 目标方程可写为

$$F_{\text{MBR}}(\theta, \mathbb{S}) = \sum_{m=1}^{M} F_{\text{MBR}}(\boldsymbol{o}^m, \boldsymbol{w}^m; \theta) = \sum_{m=1}^{M} \sum_{\boldsymbol{w}} P(\boldsymbol{w} \mid \boldsymbol{o}^m; \theta) A(\boldsymbol{w}, \boldsymbol{w}^m)$$

$$= \sum_{m=1}^{M} \frac{\sum\limits_{\boldsymbol{w}} p(\boldsymbol{o}^m \mid \boldsymbol{s}^w; \theta)^{\mathcal{K}} P(\boldsymbol{w}) A(\boldsymbol{w}, \boldsymbol{w}^m)}{\sum\limits_{\boldsymbol{w}'} p(\boldsymbol{o}^m \mid \boldsymbol{s}^{w'}; \theta)^{\mathcal{K}} P(\boldsymbol{w}')} \tag{7.54}$$

式中：$A(\boldsymbol{w}, \boldsymbol{w}^m)$是人工标注序列 $\boldsymbol{w}^m$ 和路径 $\boldsymbol{w}$ 两个序列之间的差异。比如，对最小音素错误准则来说，就是正确的音素数量，而对状态级最小风险贝叶斯来说，就是正确的状态数量。

与 MMI/BMMI 类似，可采用 7.3.1 节中梯度计算方法计算梯度，观测样本序列 o^m 在时刻 t 时的误差信号 err_{mt}^L 的第 i 个元素为

$$\text{err}_{mt}^L(i) = \frac{\partial F_{\text{MBR}}(\boldsymbol{o}^m, \boldsymbol{w}^m; \theta)}{\partial \boldsymbol{z}_{mt}^L(i)} = \sum_r \frac{\partial F_{\text{MBR}}(\boldsymbol{o}^m, \boldsymbol{w}^m; \theta)}{\partial \log p(\boldsymbol{o}_t^m \mid r)} \frac{\partial \log p(\boldsymbol{o}_t^m \mid r)}{\partial \boldsymbol{z}_{mt}^L(i)} \tag{7.55}$$

式(7.55)中第二项的求解与 MMI 中求解过程一致，这里主要针对第一项的导数计算展开详细的讨论。这里以音素单元为例，其他建模单元最小贝叶斯风险准则的计算类似。

首先分别将式(7.54)中目标函数的分子和分母的求和分为两部分,分别是 $r\in\boldsymbol{s}$ 和 $r\notin\boldsymbol{s}$:

$$F_{\mathrm{MBR}}(\boldsymbol{o}^m,\boldsymbol{w}^m;\theta)=\frac{\sum_{\boldsymbol{s}}p(\boldsymbol{o}^m\mid\boldsymbol{s};\theta)^{\mathcal{K}}P(\boldsymbol{s})A(\boldsymbol{s},\boldsymbol{s}^m)}{\sum_{\boldsymbol{s}'}p(\boldsymbol{o}^m\mid\boldsymbol{s}';\theta)^{\mathcal{K}}P(\boldsymbol{s}')}$$

$$=\frac{\sum_{\substack{\boldsymbol{s}\\ r\in\boldsymbol{s}}}p(\boldsymbol{o}^m\mid\boldsymbol{s};\theta)^{\mathcal{K}}P(\boldsymbol{s})A(\boldsymbol{s},\boldsymbol{s}^m)+\sum_{\substack{\boldsymbol{s}\\ r\notin\boldsymbol{s}}}p(\boldsymbol{o}^m\mid\boldsymbol{s};\theta)^{\mathcal{K}}P(\boldsymbol{s})A(\boldsymbol{s},\boldsymbol{s}^m)}{\sum_{\substack{\boldsymbol{s}'\\ r\in\boldsymbol{s}'}}p(\boldsymbol{o}^m\mid\boldsymbol{s}';\theta)^{\mathcal{K}}P(\boldsymbol{s}')+\sum_{\substack{\boldsymbol{s}'\\ r\notin\boldsymbol{s}'}}p(\boldsymbol{o}^m\mid\boldsymbol{s}';\theta)^{\mathcal{K}}P(\boldsymbol{s}')}\tag{7.56}$$

当 $r\in\boldsymbol{s}$ 时,导数满足以下关系

$$\frac{\partial p(\boldsymbol{o}^m\mid\boldsymbol{s};\theta)^{\mathcal{K}}}{\partial\log p(\boldsymbol{o}_t^m\mid r)}=\frac{\partial\mathrm{e}^{\mathcal{K}\log p(\boldsymbol{o}^m\mid\boldsymbol{s};\theta)}}{\partial\log p(\boldsymbol{o}_t^m\mid r)}=\mathcal{K}p(\boldsymbol{o}^m\mid\boldsymbol{s};\theta)^{\mathcal{K}}\tag{7.57}$$

当 $r\notin\boldsymbol{s}$ 时,导数等于 0:

$$\frac{\partial p(\boldsymbol{o}^m\mid\boldsymbol{s};\theta)^{\mathcal{K}}}{\partial\log p(\boldsymbol{o}_t^m\mid r)}=0\tag{7.58}$$

将式(7.56)~式(7.58)代入式(7.55),可得

$$\frac{\partial F_{\mathrm{MBR}}(\boldsymbol{o}^m,\boldsymbol{w}^m;\theta)}{\partial\log p(\boldsymbol{o}_t^m\mid r)}=\mathcal{K}\times\frac{\sum_{\substack{\boldsymbol{s}\\ r\in\boldsymbol{s}}}p(\boldsymbol{o}^m\mid\boldsymbol{s};\theta)^{\mathcal{K}}P(\boldsymbol{s})A(\boldsymbol{s},\boldsymbol{s}^m)}{\sum_{\boldsymbol{s}'}p(\boldsymbol{o}^m\mid\boldsymbol{s}';\theta)^{\mathcal{K}}P(\boldsymbol{s}')}-$$

$$\frac{\sum_{\boldsymbol{s}}p(\boldsymbol{o}^m\mid\boldsymbol{s};\theta)^{\mathcal{K}}P(\boldsymbol{s})A(\boldsymbol{s},\boldsymbol{s}^m)}{\sum_{\boldsymbol{s}'}p(\boldsymbol{o}^m\mid\boldsymbol{s}';\theta)^{\mathcal{K}}P(\boldsymbol{s}')}\times\mathcal{K}\times\frac{\sum_{\substack{\boldsymbol{s}\\ r\in\boldsymbol{s}}}p(\boldsymbol{o}^m\mid\boldsymbol{s};\theta)^{\mathcal{K}}P(\boldsymbol{s})}{\sum_{\boldsymbol{s}'}p(\boldsymbol{o}^m\mid\boldsymbol{s}';\theta)^{\mathcal{K}}P(\boldsymbol{s}')}$$

$$=\mathcal{K}\gamma_{mt}^{\mathrm{DEN}}(r)[\bar{A}^m(r=s_t^m)-\bar{A}^m]\tag{7.59}$$

式中

$$\gamma_{mt}^{\mathrm{DEN}}(r)=\frac{\sum_{\substack{\boldsymbol{s}\\ r\in\boldsymbol{s}}}p(\boldsymbol{o}^m\mid\boldsymbol{s};\theta)^{\mathcal{K}}P(\boldsymbol{s})}{\sum_{\boldsymbol{s}'}p(\boldsymbol{o}^m\mid\boldsymbol{s}';\theta)^{\mathcal{K}}P(\boldsymbol{s}')}=\sum_{\substack{\boldsymbol{s}\\ r\in\boldsymbol{s}}}\delta(r=s_t)P(s\mid\boldsymbol{o}^m)\tag{7.60}$$

$$A(\boldsymbol{s},\boldsymbol{s}^m)=\sum_t\delta(s_t=s_t^m)\tag{7.61}$$

$$\bar{A}^m=\frac{\sum_{\boldsymbol{s}}p(\boldsymbol{o}^m\mid\boldsymbol{s};\theta)^{\mathcal{K}}P(\boldsymbol{s})A(\boldsymbol{s},\boldsymbol{s}^m)}{\sum_{\boldsymbol{s}'}p(\boldsymbol{o}^m\mid\boldsymbol{s}';\theta)^{\mathcal{K}}P(\boldsymbol{s}')}\tag{7.62}$$

式(7.62)的分子分母都除以 $P(\boldsymbol{o}^m)$,可得

$$\bar{A}^m=\frac{\sum_{\boldsymbol{s}}P(\boldsymbol{s}\mid\boldsymbol{o}^m)A(\boldsymbol{s},\boldsymbol{s}^m)}{\sum_{\boldsymbol{s}'}P(\boldsymbol{s}'\mid\boldsymbol{o}^m)}=E_{P(\boldsymbol{s}\mid\boldsymbol{o}^m)}\{A(\boldsymbol{s},\boldsymbol{s}^m)\}\tag{7.63}$$

$$\bar{A}^m(r=s_t^m)=\frac{\sum\limits_{\substack{s\\ r\in s}}p(\boldsymbol{o}^m\mid \boldsymbol{s};\theta)^{\mathcal{K}}P(\boldsymbol{s})A(\boldsymbol{s},\boldsymbol{s}^m)}{\sum\limits_{\substack{s'\\ r\in s}}p(\boldsymbol{o}^m\mid \boldsymbol{s}';\theta)^{\mathcal{K}}P(\boldsymbol{s}')}$$

$$=\frac{\sum\limits_{\substack{s\\ r\in s}}P(\boldsymbol{s}\mid \boldsymbol{o}^m)A(\boldsymbol{s},\boldsymbol{s}^m)}{\sum\limits_{\substack{s\\ r\in s'}}P(\boldsymbol{s}'\mid \boldsymbol{o}^m)}$$

$$=\frac{\sum\limits_{s}\delta(r=s_t)P(\boldsymbol{s}\mid \boldsymbol{o}^m)A(\boldsymbol{s},\boldsymbol{s}^m)}{\sum\limits_{s'}\delta(r=s'_t)P(\boldsymbol{s}'\mid \boldsymbol{o}^m)}$$

$$=E_{P(s,s_t=r\mid \boldsymbol{o}^m)}\{A(s,s^m)\}=E_{P(s\mid \boldsymbol{o}^m)}\{A(\boldsymbol{s},\boldsymbol{s}^m)\mid s_t=r\} \tag{7.64}$$

式中：$\gamma_{mt}^{\text{DEN}}(r)$为状态占有率统计；$\bar{A}^m$ 为所有候选路径(词图中所有路径)的平均音素准确率；$\bar{A}^m(i=s_t^m)$为样本 m 在时间 t 经过状态 s_t^m 的所有路径上的平均准确率，是 $A(\boldsymbol{s},\boldsymbol{s}^m)$的均值。

7.3.4 序列区分性训练准则的一般形式

序列区分性训练准则 $F_{\text{SEQ}}(\boldsymbol{o}^m,\boldsymbol{w}^m;\theta)$的形式可以有很多。当目标函数为最大化目标方程(如 MMI/BMMI)时，可通过将目标函数乘以－1 将其标准化为最小化目标方程。这样的损失函数可以被永远形式化为两个词图值的比率，即代表参考标注的分子词图和代表与之竞争解码输出的分母词图。在扩展 Baum-Welch(Expanded BW，EBW)算法中，每个状态 i 的期望占有率 $\gamma_{mt}^{\text{NUM}}(i)$和 $\gamma_{mt}^{\text{DEN}}(i)$是使用前向后向过程在分子和分母词图上分别计算到的。

状态对数似然的损失梯度为

$$\frac{\partial F_{\text{SEQ}}(\theta;\boldsymbol{o}^m,\boldsymbol{w}^m)}{\partial \log p(\boldsymbol{o}_t^m\mid r)}=\mathcal{K}(\gamma_{mt}^{\text{DEN}}(r)-\gamma_{mt}^{\text{NUM}}(r)) \tag{7.65}$$

由于

$$\log p(\boldsymbol{o}_t^m\mid r)=\log P(r\mid \boldsymbol{o}_t^m)-\log P(r)+\log P(\boldsymbol{o}_t^m) \tag{7.66}$$

那么根据链式法则可得

$$\frac{\partial F_{\text{SEQ}}(\boldsymbol{o}^m,\boldsymbol{w}^m;\theta)}{\partial P(r\mid \boldsymbol{o}_t^m)}=\frac{\partial F_{\text{SEQ}}(\boldsymbol{o}^m,\boldsymbol{w}^m;\theta)}{\partial \log p(\boldsymbol{o}_t^m\mid r)}\frac{\partial \log p(\boldsymbol{o}_t^m\mid r)}{\partial P(r\mid \boldsymbol{o}_t^m)}$$

$$=\mathcal{K}(\gamma_{mt}^{\text{DEN}}(r)-\gamma_{mt}^{\text{NUM}}(r))\frac{1}{P(r\mid \boldsymbol{o}_t^m)} \tag{7.67}$$

式中：$P(r|\boldsymbol{o}_t^m)$表示深度学习网络模型在第 r 维的输出。

根据式(7.27)可得

$$\begin{aligned}\mathrm{err}_{mt}^{L}(i) &= \frac{\partial F_{\mathrm{SEQ}}(\boldsymbol{o}^{m},\boldsymbol{w}^{m};\theta)}{\partial z_{mt}^{L}(i)} \\ &= \sum_{r}\frac{\partial F_{\mathrm{SEQ}}(\boldsymbol{o}^{m},\boldsymbol{w}^{m};\theta)}{\partial P(r\mid \boldsymbol{o}_{t}^{m})}\frac{\partial P(r\mid \boldsymbol{o}_{t}^{m})}{\partial z_{mt}^{L}(i)} \\ &= \mathcal{K}(\gamma_{mt}^{\mathrm{DEN}}(i)-\gamma_{mt}^{\mathrm{NUM}}(i))\end{aligned} \tag{7.68}$$

式中：$\gamma_{mt}^{\mathrm{NUM}}(i)$、$\gamma_{mt}^{\mathrm{DEN}}(i)$分别为第 i 个模型在分子词图上和分母词图上的占有率。

7.4 序列区分性训练准则应用实例

在7.3节的讨论中，区分性训练准则与其他准则相比，其差异性是误差信号计算。相比于传统的基于交叉熵的目标函数，区分性训练的误差信号计算显得尤为复杂。在语音识别的应用中，区分性训练中第 m 个序列样本 t 时刻的误差信号计算，是根据所有可能的序列路径和包含有 t 时刻正确标签的序列路径间进行展开计算的。将不同的序列路径以图的形式表示称为词图。其中，图中的节点代表词(或其他的建模单元)，节点之间的弧表示词和词之间的连接关系[4]。根据是否生成词图来获取不同的序列路径，区分性训练可分为词图相关和词图无关两大类方法。

7.4.1 基于词图的序列区分性训练

词图的产生本质上是一个识别问题，词图上的路径表示在当前模型下所有可能的序列。根据区分性训练的原理，序列的标注与其他可能的序列路径越相近，其学习效果越好。因此，词图一般采用性能较优的模型来生成。通过强制对齐生成分子词图，通过识别来生成分母词图。由于词图产生是一个烦琐的过程，词图通常只产生一次并在每轮训练中重复使用。

如果词图产生不合理，那么在计算误差信号时会导致梯度异常。比如，分子词图中标注路径的部分节点未被包含在分母词图中，此时需要对词图进行补偿修正。主要有两种方法，一种是将分子词图中未被包含在分母词图中的节点删除；另一种是将该节点添加到分母词图中。

在实际应用中，区分性准则经常导致过拟合现象。这主要有两方面的原因：一是词图的稀疏性；二是区分性训练往往基于音素、词甚至句子作为目标函数建模的基本单元，颗粒度远远大于帧级建模，增加了建模的维度，导致训练集的后验概率分布与测试集之间存在较大的差异性。可以结合基于序列的区分性训练准则和基于帧的交叉熵准则来定义目标函数，即

$$F_{\mathrm{FS\text{-}SEQ}}(\theta,\mathbb{S})=(1-H)F_{\mathrm{CE}}(\theta,\mathbb{S})+HF_{\mathrm{SEQ}}(\theta,\mathbb{S}) \tag{7.69}$$

式中：$F_{\mathrm{CE}}(\theta,\mathbb{S})$为采用交叉熵准则系统的目标函数；而 $F_{\mathrm{SEQ}}(\theta,\mathbb{S})$为采用区分性训练

准则的目标函数；H 为平滑因子，其值依赖经验设置，取值一般为[4/5,10/11]。

在计算得到词图后，可以分别计算 $\gamma_{mt}^{\text{NUM}}(i)$ 和 $\gamma_{mt}^{\text{DEN}}(i)$，再代入式(7.64)计算误差信号。

以 300h 的 Hub5'00 数据集作为训练集，分别采用语音识别经典模型隐马尔可夫-高斯混合模型(Hidden Markov Model-Gaussian Mixture Model，HMM-GMM)和深度神经网络-隐马尔可夫模型(Deep Neural Network-Hidden Markov Model，DNN-HMM)作为基础模型，其中 HMM-GMM 是利用 HMM 对时序性建模，通常以三音子为单元进行表示，而三音子又可以细化为状态，状态的后验概率采用 GMM 进行建模，因此称为 HMM-GMM。而 DNN-HMM 是在 HMM-GMM 基础上发展起来的，利用 DNN 直接对 HMM 三音子的状态后验概率直接建模。标准的 HMM-GMM 采用最大似然准则训练，DNN-HMM 采用交叉熵准则训练，这些都是普通训练准则。为此，将两个模型分别采用不同的区分性训练准则进行训练，在 Hub5'00 数据集的测试集和 SWB 测试集上进行测试，最终识别的词错误率如表 7-1 所示。表 7-1 中的 HMM-GMM BMMI 表示采用 BMMI 准则的 HMM-GMM 模型，而 DNN-HMM 模型分别采用了 CE、MMI、BMMI、MPE 和 sMBR 五种准则。

表 7-1　不同区分性训练准则识别性能比较[5]

训练准则	Hub5'00 测试集(词错误率)	
	SWB 测试集	所有测试集
HMM-GMM BMMI	18.6	25.8
DNN-HMM CE	14.2	20
DNN-HMM MMI	12.9	18.8
DNN-HMM BMMI	12.9	18.7
DNN-HMM MPE	12.9	18.5
DNN-HMM sMBR	12.6	18.4

从表 7-1 中不难看出，无论是哪种区分性训练准则，在相同的模型结构上，识别效果相比于未使用区分性训练的交叉熵训练准则均有提升。sMBR 准则取得了最优的结果，相比 MMI 准则词错误率平均提升了 0.4%，但计算复杂度上 sMBR 相比 MMI 准则要复杂得多。

7.4.2 词图无关的序列区分性训练

由于词图生成计算代价高，有滞后性，并且无法使用 GPU 加速，使得区分性训练效率较低。以 MMI 准则为例，式(7.35)目标函数中的分母实际上是在考虑词序列的各种可能性，在上面的计算过程中都是通过词图来表示所有可能的序列。在语言模型中常用统计 n 元文法方法表示概率模型，同样地，可以通过统计 n 元文法方法表示目标函数的分母。假设 W 表示为一个和语音识别解码时类似的语言模型 G，并为 MMI 分母构建一个类似 HCLG 的解码图，则该解码图中组合了 MMI 中的声学模型和语言模型的信息。对于任意特征观测 O，将该 HCLG 当作一个巨大的 HMM 拓扑结构，在该拓扑结构上进行动态前向、后向算法计算所需变量。

由于希望 W 是有限的、可枚举的，当 MMI 分母和语音识别解码图一样时，即以词 Word 作为语言模型的单元，一般的语音识别系统词级别在数十万到百万之间，即使做个简单的二元文法，其复杂度也非常非常高，训练代价非常高。为了降低复杂度，考虑更小的单元，如音素、状态等。音素作为语言模型单元，在识别系统中一般几十个到 100 多个，考虑到数据稀疏性，即使做三元文法或者四元文法其复杂度也在合理区间内。以音素作为建模单元时，MMI 的分母图为 HCG(没有词典 L，且 G 的单元是音素)。若以状态作为语言模型建模单元，识别系统中的状态一般在几千个，考虑到数据稀疏性，做三元文法复杂度也在合理区间内。以状态作为建模单元时，MMI 的分母图为 G(G 以状态作为建模单元)，需要指出状态是上下文相关的状态表示。音素和状态的训练语料都可以由语音识别的训练数据通过对齐生成。合理的控制音素和状态的 MMI 分母的大小，可以利用 GPU 完成其前向、后向计算，也就是将 MMI 训练迁移到 GPU，从而大大提高了 MMI 的训练速度。在业界中，音素和状态都有实际应用。Kaldi 的序列模型中，使用音素作为 MMI 分母建模单元。在一些其他工作中也有以状态作为 MMI 分母的建模单元。当使用 n 元文法语言模型表示目标函数的分母时，无须再对训练数据进行解码，也就无须计算词图，故这种方法称为词图无关的 MMI(Lattice Free MMI，LF-MMI)[6]。

对所有训练数据而言，MMI 目标函数的分母词图是一样的，并且由于采用了数量更少的音素单元对语言模型建模，对分母序列的路径进行了限制，此时可以通过前向、后向算法在训练的过程中直接计算。

1. 时延神经网络

模型采用的是时延神经网络。时间延迟神经网络[7]最早在 1989 年由杰夫·辛顿在音素识别中提出，初衷是解决传统方法无法解决语音信号中的动态时域变化，并且该结构参数较少。TDNN 也可以看作一维的 CNN。在 2015 年丹尼尔·波维(Daniel Povey)重新对 TDNN 进行了利用，用于声学模型的建模。相比于原始模型，波维为了降低运算的复杂度，减少训练时间，采用了降采样的方法。实验结果表明，相比于原始的 TDNN 结构，降采样后可以将训练时间降低到原来的 1/5，其结构如图 7-1 所示。

2. 实验结果分析

同样以 300h 的 Hub5'00 数据集作为训练集，分别对采用 DNN-HMM 模型作为基础模型的词图相关区分性训练方法和采用 chain 模型结构的词图无关区分性训练算法，分别采用不同准则进行训练，在 Hub5'00 数据集的测试集和 switchbord 测试集上进行测试，最终识别的词错误率如表 7-2 所列。其中采用了三种不同参数配置的 TDNN 模型：TDNN-A 延续了 Daniel Povey 识别中的配置，且 TDNN-A 模型参数当采用 LF-MMI 准则后模型参数进一步降低；而 TDNN-B 和 TDNN-C 相对 TDNN-A 而言具有更多的层数。表 7-2 给出了 TDNN 的 CE 准则和 sMBR 准则，以及 TDNN-C 的 LF-MMI 和 sMBR 准则的对比。

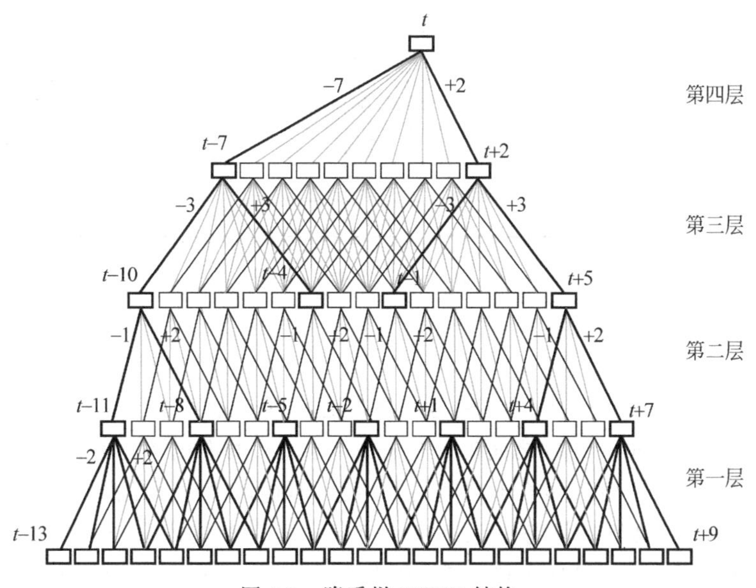

图 7-1 降采样 TDNN 结构

注：实线表示降采样后的连接；实线＋虚线表示原本的 TDNN 结构。

表 7-2 词图无关的区分性训练准则识别性能比较[6]

方法	模型结构(大小)	Hub5'00 测试集(词错误率/%)	
		SWB 测试集	所有测试集
CE	TDNN-A(16.6M)	12.5	18.2
CE→sMBR	TDNN-A(16.6M)	11.4	16.9
LF-MMI	TDNN-A(9.8M)	10.7	16.1
	TDNN-B(9.8M)	10.4	15.6
	TDNN-C(11.2M)	10.2	15.5
LF-MMI→sMBR	TDNN-C(11.2M)	10.0	15.1

从表 7-2 中可以看出，词图无关的区分性训练在不同测试集上性能都要优于词图相关的区分性训练方法和最小化交叉熵准则。

为了验证词图无关的区分性训练准则的泛化性，表 7-3 中给出了在 TDNN-C、LSTM 和 BLSTM 三种不同模型结构下，LF-MMI 训练准则和 CE 训练准则的性能比较。从表中不难看出，LF-MMI 相对于 CE 训练准则，所有模型下性能均有提升。

表 7-3 词图无关的区分性训练在不同模型结构下的识别性能比较[6]

模型	Hub5'00 测试集(词错误率/%)	
	SWB 测试集	所有测试集
TDNN-C＋CE	12.5	18.2
TDNN-C＋LF-MMI	10.2	15.5
LSTM＋CE	16.5	11.6

续表

模　　型	Hub5'00 测试集(词错误率/%)	
	SWB 测试集	所有测试集
LSTM+LF-MMI	15.6	10.3
BLSTM+CE	14.9	10.3
BLSTM+LF-MMI	14.5	9.6

7.5　本章小结

本章主要围绕着深度学习网络模型的区分性训练准则展开讨论。首先通过分析最小交叉熵和最大似然估计准则之间的等价关系，对交叉熵准则下存在的不足之处进行讨论；其次通过计算模型输入和输出之间的互信息，通过最大化互信息，给出了一般深度学习网络模型下 MMI 准则的训练方法；然后结合序列模型输入和输出的特点，以语音识别为例对序列模型中的 MMI 准则、BMMI 准则、MPE/sMBR 准则的训练方法分别进行了推导；最后对语音识别中区分性训练的两大类实现方法和识别结果进行了分析，实验结果表明，区分性训练相对于传统的交叉熵训练准则，能够有效提升系统的识别性能。

参考文献

[1]　Povey D. Discriminative training for large vocabulary speech recognition [D]. Cambridge University, 2005.

[2]　鄢志杰. 声学模型区分性训练及其在自动语音识别中的应用[D]. 合肥：中国科技大学，2008.

[3]　Tilk, Alumae. Bidirectional recurrent neural network with attention mechanism for punctuation restoration [C]. In: Proceedings of the Annual Conference of the International Speech Communication Association(INTERSPEECH), 2016: 3047-3051.

[4]　Francis R, Ash T, Williams W. Discriminative training of RNNLMs with the average word error criterion [J]. arXiv preprint arXiv: 1811.02528, 2018.

[5]　Vesely K, Ghoshal A, Burget L, et al. Sequence-discriminative training of deep neural networks [C]. In: Proceedings of the Annual Conference of the International Speech Communication Association(INTERSPEECH), 2013: 2345-2349.

[6]　Povey D, Peddinti V, Galvez D, et. al. Purely sequence-trained neural networks for ASR based on lattice-free MMI [C]. In: Proceedings of the Annual Conference of the International Speech Communication Association(INTERSPEECH), 2016: 2751-2755.

[7]　Peddinti V, Povey D, Khudanpur S. A time delay neural network architecture for efficient modeling of long temporal contexts [C]. In: Proceedings of the Annual Conference of the International Speech Communication Association(INTERSPEECH), 2015: 3214-3218.

第8章 序列到序列模型

序列到序列模型又称为“编码-解码”模型，是深度学习领域里一种常见的模型框架，该模型最先于2014年由K. Cho等[1]和I. Sutskever等[2]应用在机器翻译问题处理过程。模型的核心思想是，采用编码器将输入序列编码成一个固定长度的序列，采用解码器将其转换成一定长度的输出序列，编码器和解码器都由循环神经网络或其变种组成。这种编译码过程和一种语言到另一种语言的翻译过程类似，因此序列到序列模型广泛应用于机器翻译、语音合成、语音识别、文本摘要生成等领域。随着应用场景的不断拓展，很多具备更强建模能力的新型序列到序列架构相继提出，包括变换器模型、BERT模型等。这些模型摒弃了传统的RNN和CNN单元，利用注意力机制实现序列到序列的建模，成为自然语言处理领域的标志性成果。

本章首先将传统深度学习模型和序列到序列模型进行对比，阐述引入序列到序列模型的现实意义，并给出序列到序列模型的基本架构；其次介绍一个常用的序列到序列建模方法——连续时序分类准则；然后介绍注意力模型的定义和基本原理；再次介绍基于注意力的模型，包括Transformer模型、BERT模型和GPT模型；然后给出一些常用的改进模型；最后介绍序列到序列模型在深度学习领域中的典型应用。

8.1 序列到序列模型基本原理

8.1.1 序列到序列模型的引入

经典机器学习任务通常由数据预处理、特征提取、模型训练、分类预测等若干模块组成，在经典框架下每个模块通常独立进行训练。在训练阶段，根据先验信息提取特征参数，然后利用大量标注数据样本自动学习获得模型参数。在测试阶段，利用学习到的模型对未知数据进行分类或预测。传统方法由人工提取特征，其质量很大程度上决定了整个系统的性能优劣，并且无论特征提取还是模型建立都涉及大量先验领域知识。此外，不同模块的性能会相互影响产生叠加效应。更重要一点，输入序列与输出序列之间无严格的对齐关系。

为了解决上述问题，需要引入无须人工干扰、无须专业领域知识、高性能更可靠的深度学习模型。循环神经网络是通过内部递归结构来处理时序序列数据的神经网络，不同于前向神经网络训练当前时刻的输出只和当前时刻的输入相关，循环神经网络内部包含有向环连接，使得网络对之前的信息具备“记忆性”，因此赋予了网络动态时序建模的能力。普通循环神经网络内部递归结构的特性，可以将输入序列映射成固定大小的向量，但对于像输入序列与输出序列长度不同的语音识别、机器翻译、自动问答等问题，单个网络的解决能力相对有限。

为此，提出了一种新的模型，即序列到序列模型，并应用在机器翻译等领域中[1]，用来解决两种不同的语言之间文本序列的对齐问题，并且对不同长度的文本序列能够自动识别其中的映射关系。序列到序列模型是一种由RNN及其变形组成的编码器和译码器神经网络结构，能够在输入序列与输出序列长度不相同的情况下，实现一个序列到另一个序列之间的转换。编码器将输入序列转换成高层特征序列，而译码器根据高层表达并通过解码算法输出预测特征序列。

与传统的深度学习模型相比，序列到序列模型[2]将数据预处理、特征提取，分类模型等多个模块统一到一个网络架构中，直接连接输入和输出，优化参数更加快捷，既减少了基于特定领域知识的密集工程参数模型，又简化了时序建模的构建过程，与存在错误叠加效应的多阶段模型相比，序列到序列模型更加鲁棒。

8.1.2 序列到序列模型构成

广泛应用在信息处理领域的序列到序列模型主要包括编码和解码两个部分。编码和解码是两个完全相反的过程，输入序列通过编码器可以得到一个具有固定长度的高层特征表达，解码器则起到将高层特征表达还原成输出序列的作用。编码器和解码器中处理的数据，一般为文本、图像、视频、音频等[3]，其基本网络结构如图 8-1 所示[1]。

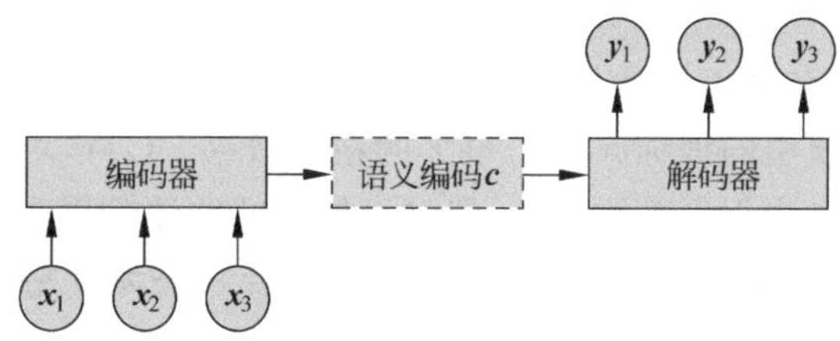

图 8-1 序列到序列模型结构

一般情况下，编码器与解码器使用的都是循环神经网络的组合。循环神经网络的隐含层状态 $\boldsymbol{h}_t$ 受两个参数的影响，分别是当前时刻的网络输入 $\boldsymbol{x}_t$ 以及前一个时刻的网络隐含层状态 $\boldsymbol{h}_{t-1}$，如下式所示：

$$\boldsymbol{h}_t = f(\boldsymbol{h}_{t-1}, \boldsymbol{x}_t) \tag{8.1}$$

在获取每一个时刻对应的网络隐含层状态后，根据这些信息，转换成连接编码器和解码器的桥梁——语义编码 $\boldsymbol{c}$：

$$\boldsymbol{c} = q(\boldsymbol{h}_1, \cdots, \boldsymbol{h}_{T_x}) \tag{8.2}$$

式中：q 表示非线性函数。

通常得到 $\boldsymbol{c}$ 有多种方式，式(8.2)是最一般的情况，即对所有的隐含状态做变换得到 $\boldsymbol{c}$。最简单的方法就是把编码的最后一个隐含状态赋值给 $\boldsymbol{c}$，如式(8.3)所示，还可以对最后的隐含状态做一个变换得到 $\boldsymbol{c}$。

$$\boldsymbol{c} = \boldsymbol{h}_{T_x} \tag{8.3}$$

在解码过程中，为了预测下一个输出序列 $\boldsymbol{y}_t$，需要利用到上述的语义编码 $\boldsymbol{c}$ 以及历史信息 $\boldsymbol{y}_1, \boldsymbol{y}_2, \cdots, \boldsymbol{y}_{t-1}$。换言之，就是把输出序列 $\boldsymbol{y} = \{\boldsymbol{y}_1, \boldsymbol{y}_2, \cdots, \boldsymbol{y}_t\}$ 所对应的联合概率进行分解，变成条件概率形式，即

$$p(\boldsymbol{y}) = \prod_{t=1}^{T} p(\boldsymbol{y}_t \mid \{\boldsymbol{y}_1, \boldsymbol{y}_2, \cdots, \boldsymbol{y}_{t-1}\}, \boldsymbol{c}) \tag{8.4}$$

条件概率 $p(\boldsymbol{y}_t \mid \{\boldsymbol{y}_1, \boldsymbol{y}_2, \cdots, \boldsymbol{y}_{t-1}\}, \boldsymbol{c})$ 也可以表示为

$$p(\boldsymbol{y}_t \mid \{\boldsymbol{y}_1, \boldsymbol{y}_2, \cdots, \boldsymbol{y}_{t-1}\}, \boldsymbol{c}) = g(\boldsymbol{y}_{t-1}, \boldsymbol{s}_t, \boldsymbol{c}) \tag{8.5}$$

式中：$\boldsymbol{s}_t$ 为输出 RNN 中的隐含层状态；$\boldsymbol{y}_{t-1}$ 为前一个时刻的输出；g 为非线性变换。

8.2 连续时序分类准则

8.2.1 连续时序分类准则定义

连续时序分类(Connectionist Temporal Classification，CTC)准则最早由格雷夫斯(Graves)等在处理时序分类问题时提出，是用来解决输入与输出对齐问题的一种算法[4]。与损失函数的作用类似，其优化目标是使得映射到正确标签序列的可能性最大。即对于一个给定的输入序列 $\boldsymbol{X}$，CTC 给出所有可能输出 $\boldsymbol{Y}$ 的分布，根据这个分布可以输出最可能的结果或者给出某个输出的概率。

不同于常规技术中的基于隐马尔可夫模型的声学模型，CTC 在数据帧级别的强制对齐方面要求不高，但要在输出端增加空白标签以达到语音和文本序列的自动对齐目标，整个过程对于端到端模型的训练起到了很大的精简效果。CTC 对于每个时间节点的输出结果与输入序列的对应程度关注不高，但对于模型的整体输出和真实标签序列的匹配度比较关注，因此在语音识别领域最先得到应用，适合解决无严格对齐关系的变长矢量序列的映射问题。

1. 序列对齐

下面以语音识别问题为例描述 CTC 过程[4]。语音识别解决的是一个序列标注问题，但该问题的难点在于输入语音序列的长度远大于输出的文本序列。CTC 模型的构造原理是利用空白标签完成语音序列与文本序列的自动对齐，具有以下优点：①不需要对文本建模单元进行继续分割；②在预测出现困难时，可以增加空白标签，最后对输出结果中不是空白标签进行去重处理，提高标签准确率；③对于序列本身字符相同和预测字符相同的情形有很好的区别能力。下面具体分析 CTC 的对齐方式。

CTC 算法并不要求输入与输出严格对齐。但是为了方便模型训练，需要知道 $\boldsymbol{X}$ 的输出路径和最终输出结果的对应关系，因为在 CTC 中，多个输出路径可能对应一个输出结果。知道输入与输出的对应关系才能更好地理解之后损失函数的计算方法和测试使用的计算方法。为了更好地理解 CTC 的对齐方法，先举一个简单的例子[5]。假设有一段音频长度为 6，希望的输出是 $\boldsymbol{Y}=[c, a, t]$ 序列，一种将输入与输出进行对齐的方式如图 8-2 所示，为每个输入指定一个输出字符，然后将重复的字符删除。

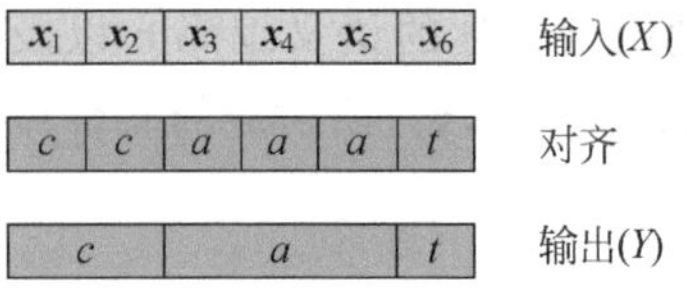

x_1	x_2	x_3	x_4	x_5	x_6	输入(X)
c	c	a	a	a	t	对齐
c		a			t	输出(Y)

图 8-2 CTC 输入与输出对齐示例

上述对齐方式存在两个问题：一是通常这种对齐方式不太合理，比如在语音识别任务中，有些音频片段可能无声音，因此没有字符输出；二是对于一些本应含

有重复字符的输出，这种对齐方式没法得到准确输出，例如输出对齐的结果为 $[h,h,e,l,l,l,o]$，通过去重操作后得到的不是"hello"而是"helo"。

为了解决上述问题，CTC 算法引入的一个新的占位符用于输出对齐的结果。这个占位符称为空白占位符，通常使用符号"∈"来表示。例如，OCR 中的字符间距、语音识别中的停顿均表示为该符号，所以 CTC 的对齐涉及去除重复字母和去除∈两部分。利用这个占位符，输入与输出有了非常合理的对应关系，如图 8-3 所示。

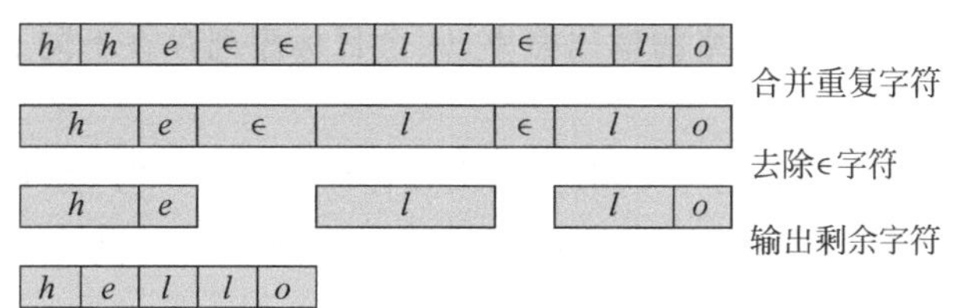

图 8-3 CTC 处理过程

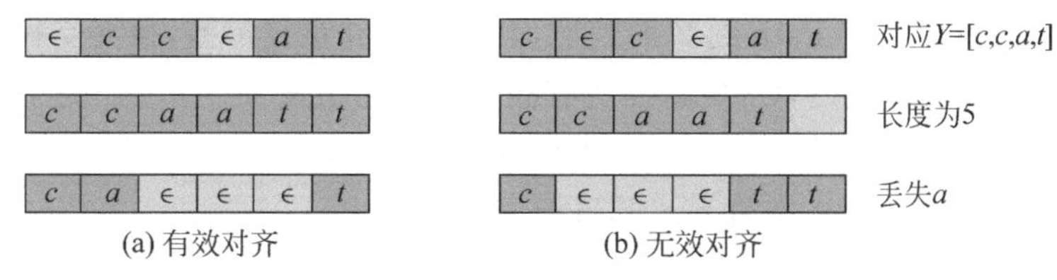

图 8-4 CTC 有效对齐和无效对齐示例

在这个映射方式中，如果在 $\boldsymbol{Y}$ 中有重复的字符，有效的对齐方式必须在两个重复的字符当中插入∈占位符，否则"hello"就会变成"helo"。回到图 8-2 所示的输入 $\boldsymbol{X}$ 长度为 6，输出 $\boldsymbol{Y}=[c,a,t]$ 的例子，图 8-4 中列举了有效的对齐方式和无效的对齐方式，在无效的对齐方式中举了三种例子，即占位符插入位置不对导致的输出不对、输出长度与对齐后的长度不一致、输出缺少字符 a。

CTC 算法的对齐方式具有下列属性：

(1) 输入与输出对齐方式是单调的，即当输入下一个片段时输出会保持不变或者也会移动到下一个字符，而不会移动到上一个字符；

(2) 输入与输出是多对一的关系，一个或多个输入只能对齐到一个输出；

(3) 输出的长度小于或等于输入。

2. CTC 损失函数

如果有一个大小为 K 的标签元素集合 L（该集合可以为字符集或者音素集），假定输入语音序列 $\boldsymbol{X}=(\boldsymbol{x}_1,\boldsymbol{x}_2,\cdots,\boldsymbol{x}_T)$，其对应的预测输出序列 $\boldsymbol{Y}=[\boldsymbol{y}_1,\boldsymbol{y}_2,\cdots,\boldsymbol{y}_U]$。在输入语音序列 $\boldsymbol{X}$ 确定的前提下，CTC 模型的优化目标是通过调整参数，使得输出标签序列的对数概率最大，进而实现预测输出序列 $\boldsymbol{Y}$ 逐步逼近正确标签序列。

CTC 网络的最终输出层是一个具有 $K+1$ 个分类数的输出结点的 Softmax 层，在任一时刻 t，最后的输出层获取的向量为 $\boldsymbol{y}_t$，第 k 个标签对应的后验概率用 $P(\boldsymbol{y}_t^k)$ 来表征。

由于序列 $\boldsymbol{X}$ 和 $\boldsymbol{Y}$ 的长度不相同对于自动对齐的实现有一定难度，进而影响了网络对于预测标签序列似然值的估计准确度。针对上述问题，模型在帧级别上增加一个和输入序列——对照的 CTC 路径 $\text{Path}=(\text{path}_1,\text{path}_2,\cdots,\text{path}_T)$，此路径接受标签的接连反复出现。则 CTC 路径的概率表示为

$$P(\text{Path}\mid\boldsymbol{X})=\prod_{t=1}^{T}P(\boldsymbol{y}_t^{\text{path}_t}) \tag{8.6}$$

式中：$P(y_t^{\text{path}_t})$为当前时刻网络的输出概率，一个目标序列存在不同的输出序列 Path 与之对应。

例如，假设输入序列长度为 4，其对应输出目标序列为“bc”时，其 CTC 输出序列的可能形式有“b-cc”“-b-c”以及“bb-c”等，所以输出序列 $\boldsymbol{Y}$ 的概率用通过所有 CTC 路径的概率来表示：

$$P(\boldsymbol{Y}\mid\boldsymbol{X})=\sum_{\text{Path}\in\beta(Y)}P(\text{Path}\mid\boldsymbol{X}) \tag{8.7}$$

式中：β 表示由 CTC 路径 Path 到 $\boldsymbol{Y}$ 的映射，其具备合并重复标签，摒弃空标签的作用。

当输入序列规模较长时，CTC 路径所有涵盖情况会引发大计算量问题，要利用前向、后向算法提高路径似然度的计算效率。因此，在已知输入序列 $\boldsymbol{X}$ 的情况下，CTC 的优化目标是使得网络输出 $\boldsymbol{Y}$ 的概率最大。其目标函数形式为

$$\text{CTC}(\boldsymbol{X})=-\ln(P(\boldsymbol{Y}\mid\boldsymbol{X}))=-\sum_{\text{Path}\in\beta(Y)}\prod_{t=1}^{T}P(\boldsymbol{y}_t^{\text{path}_t}) \tag{8.8}$$

相同的输出序列 $\boldsymbol{Y}$ 可能存在多条 CTC 对齐后的路径与之对应，因此输出条件概率计算涉及所有可能的 CTC 路径。当遇到对应的路径数量很大时，输出概率的直接计算难以实现。因此，CTC 计算概率的过程和基于隐马尔可夫模型中的前向、后向算法类似，通过动态规划实现所有可能的对齐，对在同一时刻具有相同输出的不同对齐方式进行合并操作。

例如，如果存在某个语音序列，其对应的输出单词为“FEE”，因为对齐中具有标签中不存在的空白字符$\in$，为了对动态规划思想进行简明的分析，在字符之间和字符串的首末位插入空白占位符。其表现形式如下：

$$F=\{\in,F,\in,E,\in,E,\in\} \tag{8.9}$$

根据 CTC 模型对齐方式的主要特性，输入序列存在 9 个时间片，标签信息为“FEE”，$P(\boldsymbol{Y}|\boldsymbol{X})$存在的所有可能合法路径如图 8-5 所示。横轴 $\boldsymbol{X}$ 表示时间刻度，用 t 来表示；纵轴 Z 序列是符号序列，用 s 来表示。

对齐合并后节点的概率用 α 表示，坐标(s,t)处节点的概率用 $\alpha_{s,t}$ 表示，该节点处概率计算需要考虑以下两种情况：

情况 1：

假如 $\alpha_{s,t}=\in$，那么 $\alpha_{s,t}$ 只能通过前一个非空字符概率 $\alpha_{s-1,t-1}$ 或者空字符本身概率 $\alpha_{s,t-1}$ 得到。注意，$\alpha_{s,t}$ 不能由 $\alpha_{s-2,t-1}=\in$ 得到，因为最终输出中会跳过两个空字符间非空字符，导致错误输出。

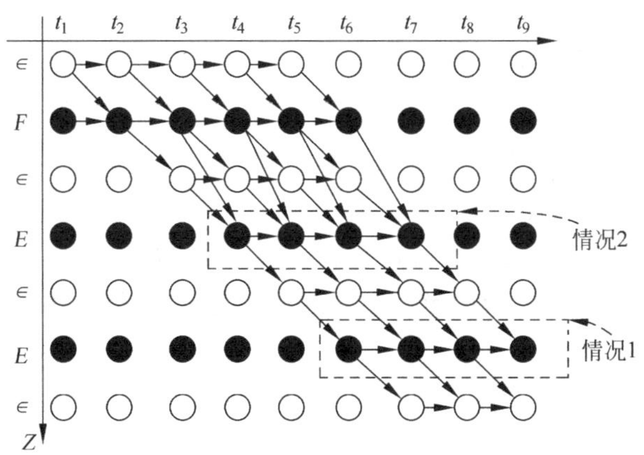

图 8-5 求解“FEE”的合法路径图

假如 $\alpha_{s,t} \neq \in$，但 $\alpha_{s,t}$ 为连续字符的第二个，即 $\alpha_s = \alpha_{s-2}(\alpha_{s-1} = \in)$，那么 $\alpha_{s,t}$ 只能由一个空白符 $\alpha_{s-1,t-1}$ 或其自身 $\alpha_{s,t-1}$ 得到，而不能由前一个字符得到，否则去重时就去掉，因为对连续两个相同的字符进行合并，具体情况如图 8-5 中下面虚线框中所示。

以上情况下，$\alpha_{s,t}$ 的计算形式如下：

$$\alpha_{s,t} = (\alpha_{s,t-1} + \alpha_{s-1,t-1}) p_t(z_s \mid \boldsymbol{X}) \tag{8.10}$$

式中：t 时刻输出字符 z_s 的概率用 $p_t(z_s|\boldsymbol{X})$ 表示。

情况 2：

如果 $\alpha_{s,t} \neq \in$，那么可以通过 $\alpha_{s,t-1}$、$\alpha_{s-1,t-1}$ 及 $\alpha_{s-2,t-1}$ 获取 $\alpha_{s,t}$，计算形式如下：

$$\alpha_{s,t} = (\alpha_{s,t-1} + \alpha_{s-1,t-1} + \alpha_{s-2,t-1}) p_t(z_s \mid \boldsymbol{X}) \tag{8.11}$$

具体情况如图 8-5 中上面虚线框中所示。

图 8-5 中给出的合法路径由两个起始点任一出发，到两个终止点任一结束，可以通过终止点概率的叠加计算输出的条件概率。其中初始点为空字符和“F”，终止点为空字符和“E”。使用这种方法能够高效计算损失函数，提高其运算效率。

3. 预测训练

对含有 N 个样本的训练集 $\{(\boldsymbol{x}_1^n, \cdots, \boldsymbol{x}_{T_n}^n), (\mathrm{path}_1^n, \cdots, \mathrm{path}_{O_n}^n) \mid n \in [1, N], N \in \mathbf{Z}\}$，基于 CTC 的端到端模型采用递归算法计算每个样本 $\boldsymbol{x}_1^n, \cdots, \boldsymbol{x}_{T_n}^n$ 目标音素序列 $\mathrm{path}_1^n, \cdots, \mathrm{path}_{O_n}^n$ 的后验概率 $P(\mathrm{path}_1^n, \cdots, \mathrm{path}_{O_n}^n | \boldsymbol{x}_1^n, \cdots, \boldsymbol{x}_{T_n}^n, \theta)$。与基于注意力的端到端模型相似，该模型把训练样本集合中所有条件概率的负对数和作为损失函数。因为计算目标函数过程中的运算全部可导，所以能够采用梯度下降法最优化损失函数。损失函数如下式所示：

$$\hat{\theta} = \underset{\theta}{\operatorname{argmin}} \frac{1}{N} \sum_{n=1}^{N} -\log P(\mathrm{path}_1^n, \cdots, \mathrm{path}_{O_n}^n \mid \boldsymbol{x}_1^n, \cdots, \boldsymbol{x}_{T_n}^n, \theta) \tag{8.12}$$

8.2.2 连续时序分类准则的解码

模型解码就是计算出最大的后验概率 $P(\text{path}_1,\cdots,\text{path}_O|\boldsymbol{x}_1^n,\cdots,\boldsymbol{x}_T,\theta)$对应的音素序列 $\text{path}_1,\cdots,\text{path}_O$。如果枚举出所有基于帧的音素序列再求和计算,算法耗费的时间和空间将随序列长度的增加呈指数式增长。为了提高解码效率且保证准确率,需要设计算法简化解码过程。CTC 模型的解码算法主要有最佳路径解码算法和前缀搜索解码算法。

1. 最佳路径解码

设 $A=\{c_1,c_2,\cdots,c_m\}$是每帧语音属于的音素集合,$A'=\{c_1,c_2,\cdots,c_m,\in\}$是扩展音素集合,含有空白符号$\in$。定义序列映射函数 Γ: $A_T'\mapsto A_{\leqslant T}'$,其可以把基于帧的音素序列映射成长度较短的实际音素序列。具体操作是先把基于帧的音素序列中连续相同的多个音素合并为一个,再删除所有的空白符,如 $\Gamma(aaa\in bb\in\in c)=abc$。而最佳路径解码是一种贪婪算法,它将后验概率最大的基于帧的音素序列经过 Γ 变换后得到实际音素序列作为解码结果,近似过程如下:

$$(\text{path}_1,\cdots,\text{path}_O)^*=\underset{\text{path}_1,\cdots,\text{path}_O}{\operatorname{argmax}}\sum_{\Gamma(q_1,\cdots,q_T)=\text{path}_1,\cdots,\text{path}_O}P(\boldsymbol{y}_1^{q_1})\times P(\boldsymbol{y}_2^{q_1})\times\cdots\times P(\boldsymbol{y}_T^{q_T})$$

$$\approx\Gamma(\underset{q_1,\cdots,q_T}{\operatorname{argmax}}P(\boldsymbol{y}_1^{q_1})\times P(\boldsymbol{y}_2^{q_2})\times\cdots\times P(\boldsymbol{y}_T^{q_T}))\tag{8.13}$$

基于 CTC 模型假设输出的结果之间互相独立,基于帧的音素序列位置 t 上的音素为

$$q_t=\underset{k}{\operatorname{argmax}}P(\boldsymbol{y}_t^k),\quad k\in\{1,2,\cdots,m+1\}\tag{8.14}$$

解码得到实际音素序列为

$$\text{path}_1^*,\cdots,\text{path}_O^*=\Gamma(q_1,q_2,\cdots,q_T)\tag{8.15}$$

通常,这种启发式的算法很有效,但忽略了一个输出可能对应多个对齐结果。例如$[a,a,\in]$和$[a,a,a]$各自的概率均小于$[b,b,b]$的概率,但是它们相加的概率比$[b,b,b]$概率高。贪婪算法得到结果为 $\boldsymbol{Y}=[b]$,但是实际上 $\boldsymbol{Y}=[a]$更为合理。考虑到这点,采用前缀搜索解码更为合理。

2. 束搜索算法

束搜索(Beam Search)算法是寻找全局最优值和贪婪搜索在查找时间和模型精度的一个折中。一个简单的束搜索算法在每个时间片计算所有可能假设的概率,并从中选出最高的几个作为一组;然后再从这组假设的基础上产生概率最高的几个作为一组假设,依次进行,直到达到最后一个时间片。该算法有个参数称为束搜索宽度,假设束搜索宽度设为 3,在模型的每个时间 t 输出时,不同于贪婪算法只找最高值,而是找最高的三个概率作为下一次的输入,依次迭代,如图 8-6 所示,每次 t 时间都是基于 $t-1$ 输出的最高

三个查找当前概率最高的三个，字典为[a，b，∈]（这里也可以看出，当束搜索宽度设置为1时就是贪婪算法）。

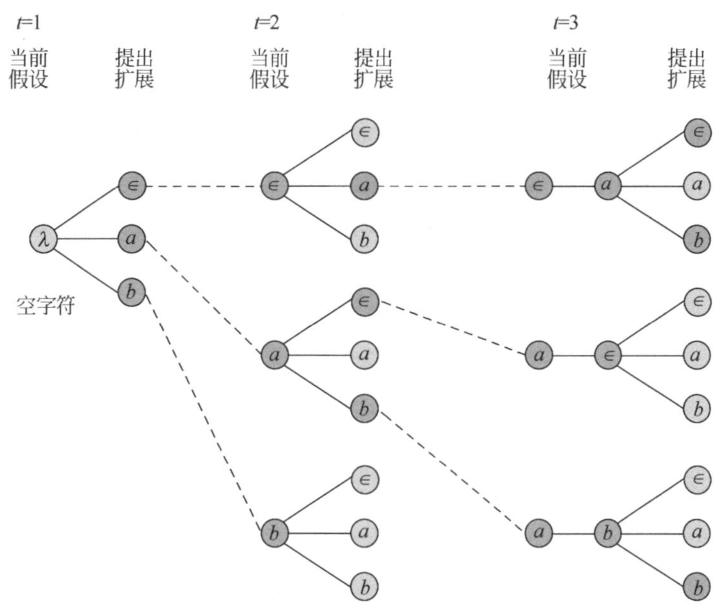

图 8-6 束搜索示意图（束搜索宽度为 3，字典为[a，b，∈]）

3. 前缀束搜索算法

对于普通束搜索算法存在一个明显的问题，有许多不同的路径在多对一匹配的过程中是相同的，但束搜索会将一部分舍去，导致了很多有用的信息被舍弃。例如，在进行束搜索算法过程中，对于"∈a"可能的两个中间结果"a∈"和"aa"，它们在解码之后有着相同的前缀"a"，对于中间结果的计算时，它们其实应该合并为同一条，否则会增加搜索结果的多样性，甚至会导致由于两个相同前缀的结果分摊了概率值，影响声学模型最终的识别率，因此在图 8-6 舍弃"aa"并不明智。这种朴素的想法催生了前缀束搜索算法。

前缀搜索解码算法是一种树形结构下的通用性启发式宽度优先搜索算法。该解码算法把实际音素序列的解码过程转换成求解树形结构中一条从根节点到叶子节的最大代价路径（对应后验概率和最大）。该算法维护一个集合，记录从根节点开始拓展的所有路径，每条路径都对应一个实际音素序列。在每步搜索时从集合中提取代价最大的路径，该路径称为前缀路径，前缀路径对应一个实际音素序列。从前缀路径的终点开始向叶子方向搜索拓展，每个方向对应把一个新的音素添加至解码音素序列中，而后保留拓展后代价最大的路径并加入集合中。每次拓展的路径中有一条特殊的路径通向"终止"，即对应把空白符号加入音素序列中。如果通向"终止"路径新增加的代价大于其他所有路径的新增加代价之和，则解码过程停止。拓展新路径过程中代价的计算还应用到动态规划算法提高计算效率。与传统束搜索算法相比，前缀束搜索算法不再记录原始序列，而是记录去掉空白符号∈和复制的序列。前缀束搜索方法，可以在搜索过程中不断地合并相同的前缀。这种搜索前缀合并,使得算法的搜索束更加多样化,最终也会返回若干个最佳解码结果,然后再通过外接语言模型进一步计算,选取一个最佳的输出结果。前缀搜索算法的时间复杂度为 $O(t\times m\times N)$,其中 t 为时间步的长度,m 为搜索束的最大宽度,N 为字符类别数。

下面以图 8-6 为例给出束搜索算法的具体过程。因为这里想要结合多个对齐方式能够映射到同一输出的这种情况,这时每次 t 时间的输出为去重后以及移除∈的结果,具体如图 8-7 所示。当输出的前缀字符串遇上重复字符时,可以映射到两个输出,如图 8-7 所示,当 $t=3$ 时,前缀包含 a,遇上新∈和 a,则[a]和[a,a]两个输出均有效,而[a,∈]则去掉空白符号,仍然为[a]。

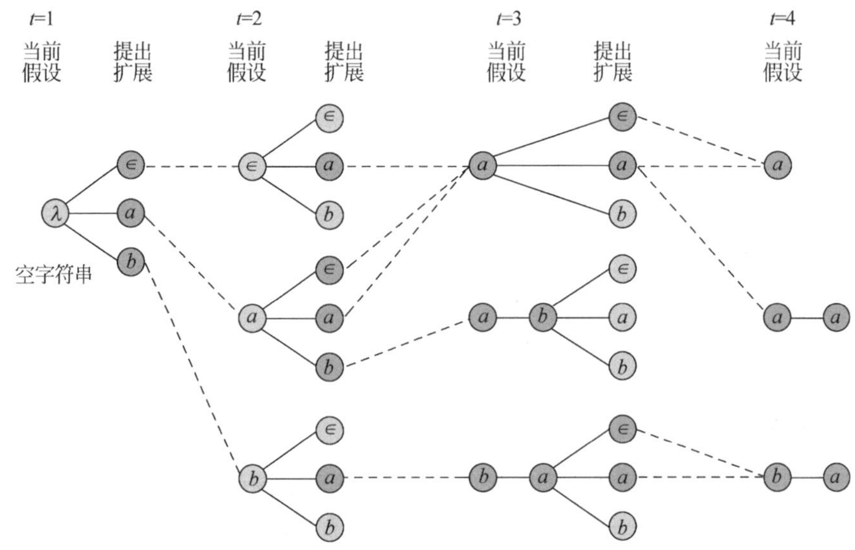

图 8-7 前缀束搜索示意图(多对齐方式映射同一输出、去重)

当将 [a] 扩展为[a,a]时,只需统计上一个时步以空白符号 ∈ 结尾的所有路径的概率(位于字符中间的 ∈ 也要统计),如 $t=2$ 时刻的 [a,∈]。同样,如果不扩展仍然是[a],计算的就是不以 ∈ 结尾的所有路径概率,如 $t=2$ 时刻的 [a,a]。所以每次输出只需要记录空白符号 ∈ 结尾的所有路径的概率和不以 ∈ 结尾的所有路径概率来进行下一次的概率计算。

8.3 注意力模型

领域专家在对人类行为进行研究时发现,人类在观察和阅读时会对目标内容的特定部分进行重点关注,并且在对之前内容的重点产生关注后,人类会形成一种注意力的学习,在对后续内容进行了解时,自动对特定内容投入更大关注。受到人类注意力行为的启发,在机器学习领域引入了注意力机制。注意力机制首先在对神经机器翻译进行处理时提出,并且在各种任务中的推广度很高,广泛应用在自然语言处理[6]、图像识别[7-8]及语音识别等领域，成为序列到序列模型取得突破的重要原因。

8.3.1 注意力模型定义与原理

注意力机制模型的构造基础为一个目标端查询项到源端的键值对的映射[9]。其核心思想是查询项和键项进行相似度计算，并作为值项的权重系数对值项进行加权求和，进而实现注意力的模型效果，其原理如图 8-8 所示。

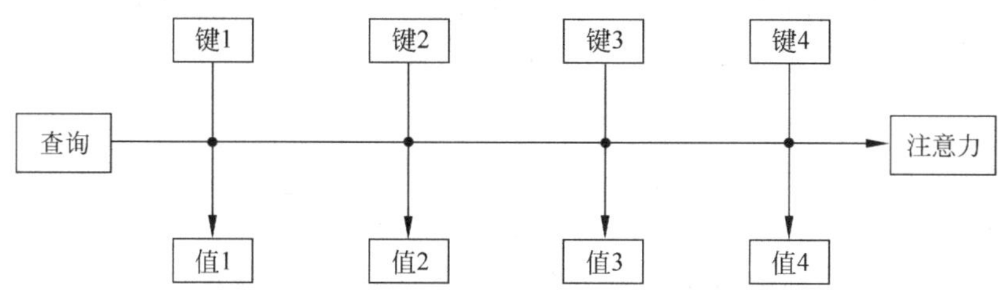

图 8-8 注意力机制原理

注意力值函数的计算公式如下：

$$\text{Attention}(\text{Query},\text{Source}) = \sum_{i=1}^{L_x} \text{Similarty}(\text{Query},\text{Key}_i) * \text{Value}_i \tag{8.16}$$

式中：Key_i 和 Value_i 分别表示第 i 个键项和值项。

注意力计算步骤的三个阶段(图 8-9)如下：

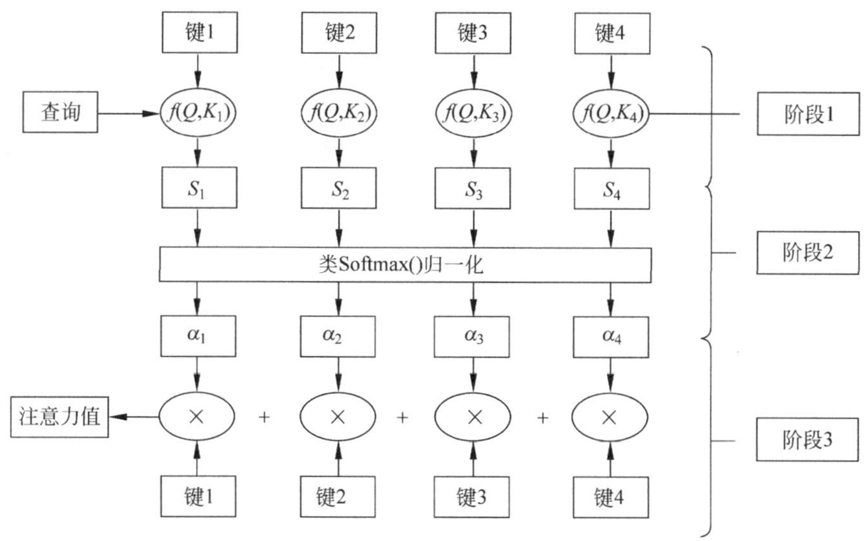

图 8-9 注意力计算流程

阶段 1：利用相似度函数 $f(\boldsymbol{Q},\boldsymbol{K}_i)$ 对目标端的查询和源端的每个键进行相似度计算，相似函数的种类有点积、归纳、拼接、感知机等。$f(\boldsymbol{Q},\boldsymbol{K}_i)$ 的计算公式为

$$f(\boldsymbol{Q},\boldsymbol{K}_i)=\begin{cases}\boldsymbol{Q}^{\mathrm{T}}\boldsymbol{K}_i, & \text{点积}\\ \boldsymbol{Q}^{\mathrm{T}}\boldsymbol{W}_a\boldsymbol{K}_i, & \text{归纳}\\ \boldsymbol{W}_a[\boldsymbol{Q};\boldsymbol{K}_i], & \text{拼接}\\ \boldsymbol{v}_\sigma^{\mathrm{T}}\tanh(\boldsymbol{W}_s\boldsymbol{Q}+\boldsymbol{U}_a\boldsymbol{K}_i), & \text{感知机}\end{cases} \tag{8.17}$$

式中：$\boldsymbol{Q}$ 为查询项，$\boldsymbol{K}$ 为键矩阵，$\boldsymbol{W}$、$\boldsymbol{U}$ 分别为权重矩阵。

在实际操作过程中，相似函数要根据具体情况进行选择，不同的相似函数在某种程度上决定了注意力机制的类别，其中运用较多的是点积方式和感知机方式。

阶段 2：在相似度计算的基础上进行归一化操作，常利用 Softmax 函数达到归一化的目的，即

$$\alpha_i=\mathrm{Softmax}(f(\boldsymbol{Q},\boldsymbol{K}_i))=\frac{\exp(f(\boldsymbol{Q},\boldsymbol{K}_i))}{\sum_j\exp(f(\boldsymbol{Q},\boldsymbol{K}_j))} \tag{8.18}$$

阶段 3：在归一化处理的基础上，获得对应键值的归一化权重，进行加权求和完成注意力机制的整体构造，即

$$\mathrm{Attention}(\boldsymbol{Q},\boldsymbol{K},\boldsymbol{V})=\sum_i\alpha_i\boldsymbol{V}_i \tag{8.19}$$

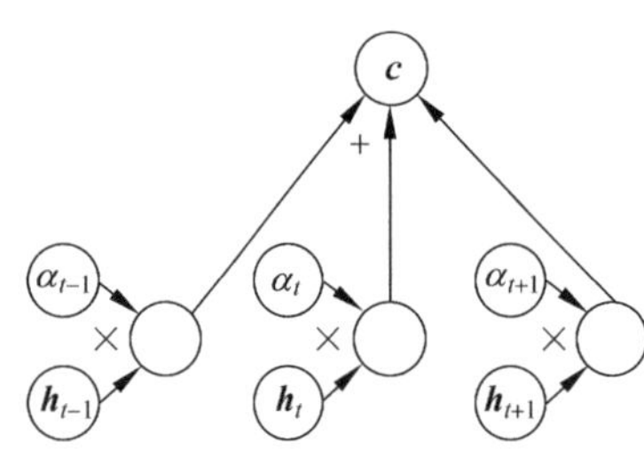

图 8-10　注意力机制结构

序列到序列模型利用中间语义编码表示很好地克服了输入序列和输出序列的长度不相同问题。但是相同的输入序列，由于时态语境的不同，所对应的具体含义是不一样的。序列到序列模型架构在每次指导序列输出时所利用的语义编码都是一样的，无法识别输入数据序列中的侧重点。这一问题通过引入注意力机制可以较好地解决。引入注意力机制后的序列到序列模型内部结构如图 8-10 所示，即利用注意力系数对 $\boldsymbol{h}_t$ 进行加权。

引入注意力机制后的语义编码的计算公式为

$$\boldsymbol{c}=\sum_{t=1}^{T}\alpha_t\boldsymbol{h}_t \tag{8.20}$$

式中：$\boldsymbol{h}_t$ 和 α_t 分别表示编码器输出的权重向量以及特征。α_t 在编码器预测时依据不同的情况实施不同的权重组合，操作形式如下：

$$\alpha_{ij}=\frac{\exp^{(e_{ij})}}{\sum_{k=1}^{T}\exp^{(e_{ik})}} \tag{8.21}$$

式中：e_{ij} 表示编码器在第 j 个输入与解码器在第 i 个输出之间的相关性。

在序列到序列模型的框架下，编码器把输入序列转化成高层语义表达以后，注意力机制会根据关注的重点不同实施不同的权重组合，对解码器的输出进行控制，进而实现调控语义编码的长度[9]。

8.3.2 自注意力机制

自注意力机制可以理解成一种自我目标的共同关注[10]，作为注意力机制模型中的一种特例，又可以称作内部注意力机制。对于常规的序列到序列模型，源端和目标端是不相同的。以法文到德文的机器翻译任务为例，该任务的源端是法语文本，目标端是对应翻译出的德语文本，注意力机制作用于目标端元素和源端所有元素之间。但是，自注意力机制产生作用的区域有所不同，其更像在目标端和源端相同这种特殊场景下的注意力机制计算方法，是在源端元素之间或者目标端元素之间产生作用的一种注意力机制。该类模型在同一样本词与词之间的句法特征以及语义特征的获取方面有一定的优势。

自注意力机制模型中的相似度计算方式与注意力机制略有不同，其相似度函数采用缩放点积来定义，因此这种注意力也称作缩放点积注意力。其需要在键和查询项点积计算后除以一个缩放因子，缩放因子为$\sqrt{d_k}$（d_k 表示键的维度），其他处理基本相同。自注意力计算过程与普通注意力相类似，也是三个步骤（图 8-11），但自注意力的所有 $\boldsymbol{Q}$、$\boldsymbol{K}$ 和 $\boldsymbol{V}$ 都来自同一序列。若计算序列 $\boldsymbol{X}$ 的自注意力，则 $\boldsymbol{X}\boldsymbol{W}^Q=\boldsymbol{Q}$，$\boldsymbol{X}\boldsymbol{W}^K=\boldsymbol{K}$，$\boldsymbol{X}\boldsymbol{W}^V=\boldsymbol{V}$ 且 $\boldsymbol{Q}\in\mathbb{R}^{n\times d_k}$，$\boldsymbol{K}\in\mathbb{R}^{m\times d_k}$，$\boldsymbol{V}\in\mathbb{R}^{m\times d_v}$。

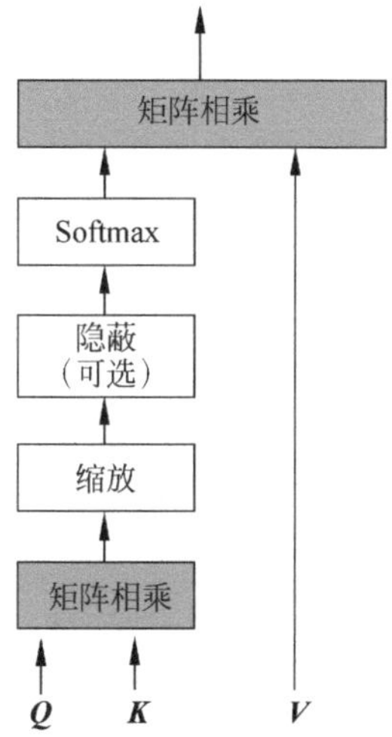

图 8-11 缩放点积注意力原理

步骤 1 用尺度点积相似度函数 $f(\boldsymbol{Q},\boldsymbol{K}_i)$ 对 $\boldsymbol{Q}$ 和 $\boldsymbol{K}$ 之间的相似度进行计算：

$$f(\boldsymbol{q}_t,\boldsymbol{K}_i)=\boldsymbol{q}_t\boldsymbol{K}_i^{\mathrm{T}}\quad(i=1,2,\cdots,m;\ t=1,2,\cdots,n)\tag{8.22}$$

步骤 2 利用 Softmax 函数在相似度的基础上进行归一化操作获得权重系数：

$$\alpha_i=\mathrm{Softmax}\left(\frac{\boldsymbol{q}_t\boldsymbol{K}_i^{\mathrm{T}}}{\sqrt{d_k}}\right)\tag{8.23}$$

步骤 3 在权重系数基础上与所有的键值进行加权求和计算，自注意力的值为

$$\mathrm{Attention}(\boldsymbol{q}_t,\boldsymbol{K}_i,\boldsymbol{V}_i)=\mathrm{Softmax}\left(\frac{\boldsymbol{q}_t\boldsymbol{K}_i^{\mathrm{T}}}{\sqrt{d_k}}\right)\boldsymbol{V}_i\tag{8.24}$$

则所有 $\boldsymbol{K}$、$\boldsymbol{V}$ 的注意力表示为

$$\mathrm{Attention}(\boldsymbol{Q},\boldsymbol{K},\boldsymbol{V})=\mathrm{Softmax}\left(\frac{\boldsymbol{Q}\boldsymbol{K}^{\mathrm{T}}}{\sqrt{d_k}}\right)\boldsymbol{V}\tag{8.25}$$

且输出注意力 $\mathrm{Attention}(\boldsymbol{Q},\boldsymbol{K},\boldsymbol{V})\in\mathbb{R}^{n\times d_v}$。所以可以认为，通过注意力层将 $n\times d_k$ 维的序列 $\boldsymbol{Q}$ 编码成一个维度为 $n\times d_v$ 新序列。

掩蔽是可选项，若能够获取到所有时刻的输入（$\boldsymbol{K}$，$\boldsymbol{V}$），就不使用掩蔽可选项；如果不能获取，就需要使用掩蔽可选项。在后续介绍中将会发现编码器和译码器的注意力机制

中可选项的设置不同,编码器没有使用可选项,而译码器使用了可选项。

8.4 Transformer 模型

8.4.1 Transformer 模型组成

Transformer(变换器)模型是一种全新的深度神经网络模型,与传统处理序列编码问题的深度神经网络(如卷积神经网络、循环神经网络)不同,Transformer 模型[10]摒弃了常规的方式,仅采用注意力机制结构来构造序列模型,而没有使用任何 CNN 或者 RNN 单元[9]。Transformer 模型可以高度并行地工作,所以其整体性能以及训练速度都有较大提升,同时具备关注多个关键点信息的能力,因此广泛应用于序列到序列模型中。Transformer 模型[11]主要包含堆叠编码器和堆叠解码器模块,其结构如图 8-12 所示。

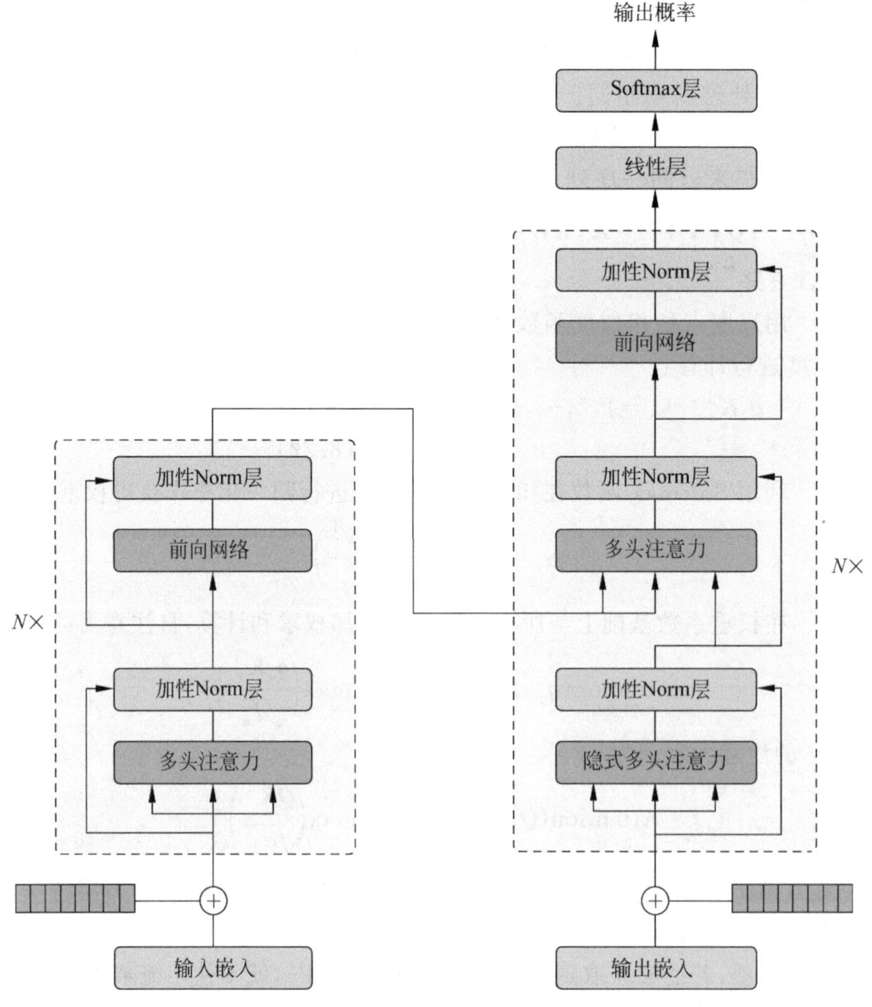

图 8-12 Transformer 模型原理

1. 堆叠编码器

编码器的作用是发现输入文本序列中每个词之间的依赖关系,底层的编码模块对于知识的获取比较笼统,靠近上层的编码模块更关注于对具体知识的学习,善于捕捉输入序列内部的细节信息。堆叠编码器包含 N 个编码器,各个编码器内部组成相同,都是由多头自注意力机制和全连接前馈神经网络组成,模型每层在残差处理后都要进行归一化操作,每层的输出维度均为 d_{model}。全连接前馈神经网络通常采用两层结构,首层激活函数采用 ReLU,第二层为线性激活层。编码器的输出再次输入到下一个编码器中进行重复操作,实现 N 个编码器的堆叠。

2. 堆叠译码器

堆叠译码器由 N 个译码器堆叠而成。对于每个译码器,包括三个子处理层:一是隐式多头注意力模块,计算输出嵌入的自注意力。这里的注意力与编码器自注意力有所区别,称为掩蔽多头自注意力。这是由于译码器是一个序列生成过程,在 i 时刻、大于 i 时刻都没有输出结果,只有小于 i 时刻有输出,因此只对 i 时刻之前的输入进行注意力计算,这也称为掩蔽操作。二是全连接前向神经网络,与编码器相同。三是多头互注意力计算,即利用编码器输出和输出序列的自注意力输出计算互注意力。

8.4.2 Transformer 模型的核心技术

1. 位置编码

识别任务的第一步是进行词嵌入,通过字词融合编码把文本输入转换成词向量。由于 Transformer 模型没有时序单元进行序列建模,因此位置信息在输入序列的上下文信息中起着至关重要的作用,需要记录每个单元在模型中的位置顺序。位置向量编码常通过 sin 函数和 cos 函数实现,无须特殊的训练过程。当一个单词遇到不同的上下文信息时,其具体含义会有差异,所以在初始词向量获取的基础上,还要获取每个词之间的位置关系。在不破坏初始词向量矩阵 **Z** 的情况下,Transformer 模型中构造了一个与 **Z** 规格一致的位置编码矩阵 **PE**,并把它加到 **Z** 上,实现语义和位置信息的联合表示。位置编码矩阵 **PE** 中的元素 $\mathrm{PE}_{(\mathrm{pos},i)}$ 为

$$\begin{cases}\mathrm{PE}_{(\mathrm{pos},2i)}=\sin(\mathrm{pos}/10000^{2i/d_{\text{embedding}}})\\ \mathrm{PE}_{(\mathrm{pos},2i+1)}=\cos(\mathrm{pos}/10000^{2i/d_{\text{embedding}}})\end{cases} \tag{8.26}$$

式中:pos 是位置;i 代表维度;$d_{\text{embedding}}$ 为词向量的维度,位置编码的每个维度都利用式(8.26)来计算。

通过位置编码获得一个 $\boldsymbol{X}=\boldsymbol{Z}+\mathbf{PE}$ 的矩阵作为编码模块的输入,矩阵的大小为 $(\text{input\_length})\times(d_{\text{embedding}})$。在 Transformer 模型中[10],$d_{\text{embedding}}=d_{\text{model}}=512$。若

$2i=d_{\text{embedding}}$，则有 $PE_{(pos,512)}=\sin(pos/10000)$，此时其波长为 $10000\times 2\pi$；式(8.26)中，若 $i=0$，此时函数表示式 $\sin(pos)$，此时波长为 2π。下面回顾 sin 函数的特性，若 $\Psi=A\sin(BX+C)$，则有 $B=2\pi/\lambda$，其中 λ 为波长。因此，位置编码中的波长形成从 2π 到 $10000\times 2\pi$ 的几何级数。

之所以选择这个函数，是因为该模型很容易学会通过相对位置来进行表示。位置嵌入本身是一个绝对位置的信息，但在语言中相对位置也很重要，因此选择该种位置向量作为位置编码方法。主要考虑数学函数的性质，即

$$\begin{cases}\sin(\alpha+\beta)=\sin\alpha\cos\beta+\cos\alpha\sin\beta\\ \cos(\alpha+\beta)=\cos\alpha\cos\beta-\sin\alpha\sin\beta\end{cases}\tag{8.27}$$

可以找到一个不依赖于 t 的变换矩阵 $\boldsymbol{T}^{(k)}$（以二阶为例）：

$$\boldsymbol{T}^{(k)}=\begin{pmatrix}\cos(k/10000^{2i/d_{\text{embedding}}}) & \sin(k/10000^{2i/d_{\text{embedding}}})\\ -\sin(k/10000^{2i/d_{\text{embedding}}}) & \cos(k/10000^{2i/d_{\text{embedding}}})\end{pmatrix}$$

使得

$$\mathbf{PE}_{pos+k}=\boldsymbol{T}^{(k)}\mathbf{PE}_{pos}$$

这表明位置 $pos+k$ 的向量 $\mathbf{PE}_{pos+k}$ 可以表示成位置 pos 向量 $\mathbf{PE}_{pos}$ 的线性变换，为表达相对位置信息提供了可能。

2. 多头注意力机制

如果将单个自注意力机制模块看作一种建模方式，那么多头注意力机制就可以认为是在一个模型中进行多种类型的自注意力机制计算。多头注意力机制在编解码器中起着重要作用，因为该模型可以在不同的权重矩阵基础上实现 H 次注意力运算。这些注意力计算是并行处理的，每一个注意力计算获得的结果均可看作一个头部，参数在各个头部内部不进行共享。多头注意力机制的结构如图 8-13 所示。

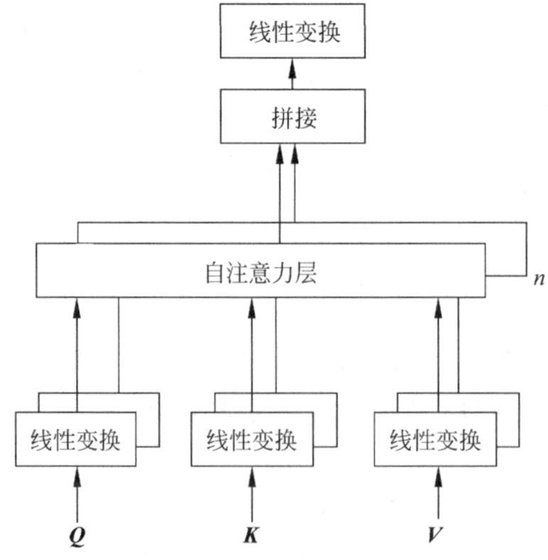

图 8-13　多头自注意力机制结构图

模型首先通过线性变换将矩阵 $\boldsymbol{Q}$、$\boldsymbol{K}$、$\boldsymbol{V}$ 映射到相同的维度空间；进而通过缩放点积进行 H 次 $\boldsymbol{K}$ 和 $\boldsymbol{Q}$ 之间的相似度计算，将每个注意力运算的结果进行拼接，再通过一次线性映射完成最后的多头注意力运算操作。具体计算如式(8.28)和式(8.29)所示。

$$\text{MultiHead}(\boldsymbol{Q},\boldsymbol{K},\boldsymbol{V})=\text{Concat}(\mathbf{head}_1,\cdots,\mathbf{head}_H) \tag{8.28}$$

$$\mathbf{head}_h=\text{Attention}(\boldsymbol{Q}\boldsymbol{W}_h^Q,\boldsymbol{K}\boldsymbol{W}_h^K,\boldsymbol{V}\boldsymbol{W}_h^V),\quad h=1,2,\cdots,H \tag{8.29}$$

式中：$\boldsymbol{Q}\in\mathbb{R}^{n\times d_k}$，$\boldsymbol{K}\in\mathbb{R}^{m\times d_k}$，$\boldsymbol{V}\in\mathbb{R}^{m\times d_v}$；$\boldsymbol{W}_h^Q$、$\boldsymbol{W}_h^K$ 和 $\boldsymbol{W}_h^V$ 分别代表 $\boldsymbol{Q}$、$\boldsymbol{K}$、$\boldsymbol{V}$ 在第 h 个头部的线性变换矩阵，且变换矩阵 $\boldsymbol{W}_h^Q\in\mathbb{R}^{d_k\times\tilde{d}_k}$、$\boldsymbol{W}_h^K\in\mathbb{R}^{d_k\times\tilde{d}_k}$，$\boldsymbol{W}_h^V\in\mathbb{R}^{d_v\times\tilde{d}_v}$，则可知 $\mathbf{head}_h\in\mathbb{R}^{n\times\tilde{d}_v}$，$\text{MultiHead}(\boldsymbol{Q},\boldsymbol{K},\boldsymbol{V})\in\mathbb{R}^{n\times(H\times\tilde{d}_v)}$。$\boldsymbol{Q}$、$\boldsymbol{K}$、$\boldsymbol{V}$ 经过线性变换后矩阵维度分别为 $n\times\tilde{d}_k$、$m\times\tilde{d}_k$ 和 $m\times\tilde{d}_v$，则注意力机制是将 $n\times\tilde{d}_k$ 维的序列 $\boldsymbol{Q}\boldsymbol{W}_h^Q$ 编码成一个维度为 $n\times\tilde{d}_v$ 新序列 $\mathbf{head}_h$。而经过式(8.28)的连接后，变成 $n\times(H\times\tilde{d}_v)$ 的序列 $\text{MultiHead}(\boldsymbol{Q},\boldsymbol{K},\boldsymbol{V})$。将多组随机初始化产生的权重矩阵存在于多头注意力机制模块里，通过模型的训练把输入向量映射到不同的子空间中进行表示，因此多头注意力能够反映出在不同角度认知的能力。为了便于表示取 d_{model} 表示每个时刻的输入维度和输出维度，输入 $\boldsymbol{Q}$、$\boldsymbol{K}$、$\boldsymbol{V}$ 的维度都是 $d_{\text{model}}=d_{\text{embedding}}$，且 $H=8$ 表示 8 次注意力操作，$\tilde{d}_k=\tilde{d}_v=d_{\text{model}}/H$ 表示经过线性变换之后、进行注意力操作之前的维度。那么进行一次注意力之后输出的矩阵维度是 $n\times\tilde{d}_v$，然后进行 $H=8$ 次操作合并之后输出的结果是 $n\times(H\times\tilde{d}_v)$，因此输入和输出的矩阵维度相同，都是 d_{model}。

在图 8-12 所示基于堆叠式编译码器的 Transformer 架构中，有三处多头注意力模块，三者类似，但不完全相同：一是编码器中的自注意力层采用多头注意力，编码器中每层多头注意力子层的输入 $\boldsymbol{Q}$、$\boldsymbol{K}$、$\boldsymbol{V}$ 都是上一层的输出，且编码器中的每个位置都能够获取到前一层的所有位置的输出；二是译码器中的掩蔽多头自注意力，译码器中每层多头注意力子层的输入 $\boldsymbol{Q}$、$\boldsymbol{K}$、$\boldsymbol{V}$ 都是上一层的输出，由于译码器中每个位置都只能获取到之前位置的信息，因此需要后续位置做掩蔽，将其设置为$-\infty$，图 8-14 给出了自注意力和掩蔽自注意力的对比；三是译码器模块中的编译码器间的互注意力，其中 $\boldsymbol{Q}$ 来自之间译码器层输出，而 $\boldsymbol{K}$、$\boldsymbol{V}$ 来自编码器层的输出，这样译码器的每个位置都能够获取到输入序列的所有位置信息。

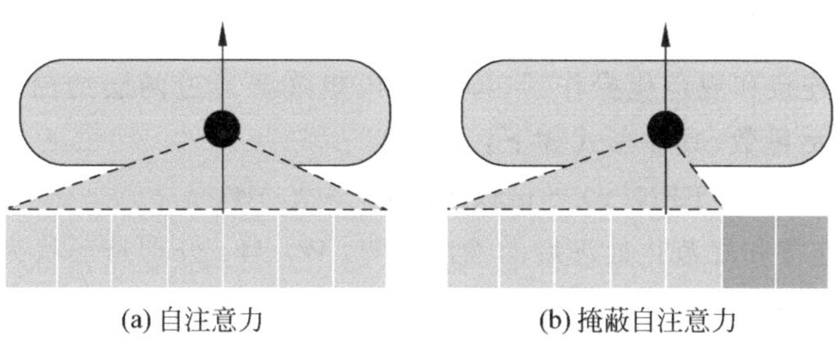

图 8-14　自注意力与掩蔽自注意力的对比

3. 残差连接和层规范化子模块

在多头注意力机制模块中，其子模块的输入和输出的规模是一致的，即输入序列 $\boldsymbol{X}$ 与 MultiHead($\boldsymbol{Q},\boldsymbol{K},\boldsymbol{V}$)是两个形状一致的矩阵。当对两个形状相同的矩阵进行残差链接时，得到的新矩阵为 $\boldsymbol{X}+\text{MultiHead}(\boldsymbol{Q},\boldsymbol{K},\boldsymbol{V})$。

由于编码器要进行多次堆叠，因此用更为一般性的方式对残差连接和归一化进行表示，即 LayerNom($\boldsymbol{X}+\text{SubLayer}(\boldsymbol{X})$)。需要指出的是，$\boldsymbol{X}$ 只是一般性的表示，表示该子编码器层的输入，而对于后面子编码器层，其输入是上一层的输出。SubLayer($\boldsymbol{X}$)表示注意力子层的处理，$\boldsymbol{X}+\text{SubLayer}(\boldsymbol{X})$表示残差建模，LayerNom 表示归一化操作。残差连接的意义：能够将输入序列自身的特征信息和学习后的特征信息进行补充融合，提高特征信息的完整度，降低信息在传递过程中的记忆损失。借用传话游戏进行更加简明的解释，一轮传话游戏结束后，往往出现最后一名玩家复述的信息和第一名玩家提供的信息相差甚远的情况，而残差连接具备纠正信息传递中偏差的能力，能够提升信息传递过程的平滑性和鲁棒性。

归一化操作能够提升训练速度，具体做法如下：

假设需要规范化处理的矩阵为$\widetilde{\boldsymbol{X}}$，根据前面的处理可知输入与输出维度相同，即将一般性定义的 $n\times d_{\text{model}}$ 序列变换成 $n\times(H\times\tilde{d}_v)=n\times d_{\text{model}}$ 的序列，而一般性定义 n 就是输入序列长度，即 $n=\text{input\_length}$。而输入序列维度 $d_{\text{embedding}}=d_{\text{model}}$，因此对于矩阵 $\widetilde{\boldsymbol{X}}\in\mathbb{R}^{n\times d_{\text{model}}}$，则对于行 i 的每个元素$\tilde{x}_{ij}$ 的均值为

$$\mu_i=\frac{1}{d_{\text{model}}}\sum_{j=1}^{d_{\text{model}}}\tilde{x}_{ij} \tag{8.30}$$

对矩阵中的每一行求该行数据的方差 σ_i^2，即此行每个元素都减掉均值，然后标准差对每一行都进行规范化处理，结合两个模型参数 α 和 β 对上述操作丢失信息进行弥补，$\alpha\odot\frac{\tilde{x}_{ij}-\mu_i}{\sqrt{\sigma_i^2+\varepsilon}}+\beta$。式中，“$\odot$”表示矩阵间的逐元素相乘，$\varepsilon$ 是一个很小的数，避免出现分母为 0 情况。

4. 前馈神经网络子模块

在进行残差连接和规范化操作后，模型输出矩阵要通过两层的前馈神经网络，隐含层采用 ReLU 激活函数，具体形式如下：

$$\text{FFN}(\boldsymbol{x})=\max(0,\boldsymbol{x}\boldsymbol{W}_1+\boldsymbol{b}_1)\boldsymbol{W}_2+\boldsymbol{b}_2 \tag{8.31}$$

式中：$\boldsymbol{x}$ 为残差连接和规范化处理后的输出矩阵；$\boldsymbol{W}_1$、$\boldsymbol{W}_2$ 分别是形状为$(d_{\text{model}})\times(d_{\text{F}})$和$(d_{\text{F}})\times(d_{\text{model}})$的权重矩阵，$d_{\text{F}}$ 代表隐含层的神经元数量。

从式(8.31)分析可得，在前馈神经网络子模块的处理后，输出序列的规模是形状为$(\text{input_length})\times(d_{\text{model}})$的矩阵，依旧和原始输入序列 $\boldsymbol{X}$ 保持一致，该输出矩阵会作为编码模块的输入继续进行残差连接和规范化操作。

经过译码后,最后将译码器输出再次经过线性层,然后经过 Softmax 层进行输出。

从上面分析可以看出,Transformer 模型在并行训练方面具备 RNN 难以达到的优势,因为模型自身无法对词单元的顺序信息进行利用,所以在输入序列中引入位置编码显得尤为必要,这也是其和词袋模型的最主要区别。自注意力机制模型在 Transformer 模型中至关重要,操作过程中所需的 $\boldsymbol{Q}$、$\boldsymbol{K}$、$\boldsymbol{V}$ 矩阵在上一步输出的基础上进行线性变化获取。模型里的多头注意力机制模块存在多个自注意力机制,在词单元之间多种维度上的相关系数和注意力权重的获取方面有着一定的优势。

8.5 BERT 模型与 GPT 模型

在 Transformer 模型基础上,谷歌公司和 OpenAI 公司的研究人员提出了两种新的模型,即基于变换器的双向编码表示(Bidirectional Encoder Representation from Transformers,BERT)模型[12]和通用预训练(Generative Pre-Training,GPT)模型[13],这两种方法迅速成为序列到序列建模的主要核心方法。

图 8-15 给出了 Transformer 模型和 BERT、GPT 模型的关系。可以看出,BERT、GPT 模型是 Transformer 模型的延展,二者在模型结构上都没有进行创新,BERT 模型是由 Transformer 模型的编码器部分组成,GPT 模型是 Transformer 的译码器部分组成。BERT 模型可以认为是一种自编码技术,即将输入序列编码成更高层语义的表示形式。GPT 模型是一个语言模型,即根据前面时刻的输入推断当前时刻的输出。

8.5.1 BERT 模型

BERT 模型由谷歌研究人员于 2018 年提出,随后引起了学术界的高度重视。该模型是在 Transformer 模型基础上的延展[12]。与 Transformer 相类似,BERT 模型未采用主流的 CNN 以及 RNN 结构单元,利用 Transformer 模型中的编码结构作为特征提取器,形成了一种能够进行双向深度预训练的语音理解模型,为句子中的词向量和句子向量的表示提供了新的技术。在预先训练好的 Transformer 模型基础上,结合预训练加微调方式,可以得到 BERT 模型,该模型已经被证明在多项自然语言处理任务中具有突破性的成果,尤其是机器翻译领域[14]。

与常规的序列到序列模型有所不同,BERT 模型在 Transformer 模型的基础上去掉所有的解码模块,仅保留编码模块。该模型采用双向 Transformer 的编码结构,其模型结构如图 8-16 所示。由于 BERT 模型并不是提出了一种新的架构,仅仅是 Transformer 模型编码器而已,即没有对标注输出进行有监督训练。因此,该模型最有实际意义的创新在于预训练方法,即采用掩蔽语言模型与邻句预测两种方法分别对词语和句子级别进行表示。

BERT 模型提供了简单和复杂两个模型,对应的超参数分别如下:

$\text{BERT}_{\text{BASE}}$:$L=12,H=768,A=12$,参数总量 110M。

图 8-15　BERT 模型、GPT 模型与 Transformer 模型的关系

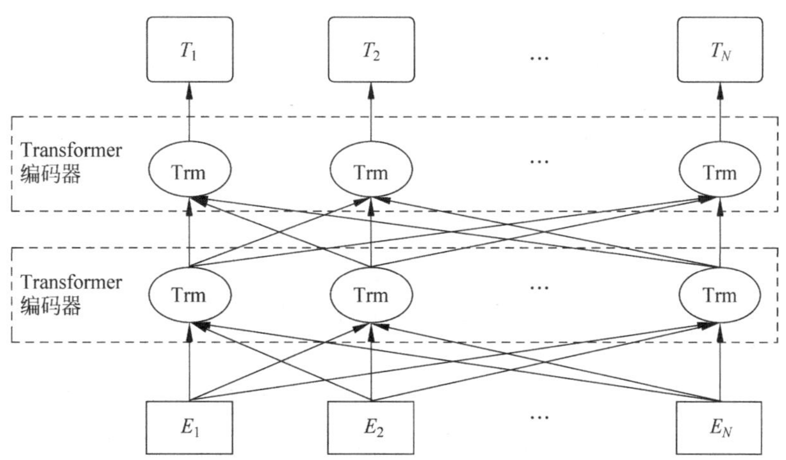

图 8-16 BERT 模型结构

$BERT_{LARGE}$：$L=24$，$H=1024$，$A=16$，参数总量 340M。

在上面的超参数中，L 表示网络的层数(即 Transformer blocks 的数量 $N\times$)，H 表示隐含层大小，A 表示多头注意力中自注意力头的数量，前馈网络的尺寸为 $4H$($H=768$ 时，为 3072)。

BERT 模型本质上是通过在海量的语料的基础上运行自监督学习方法，为单词学习一个好的特征表示。自监督学习是指在没有人工标注的数据上运行的监督学习。在以后特定的 NLP 任务中，可以直接使用 BERT 模型的特征表示作为该任务的词嵌入特征。所以 BERT 模型提供的是一个供其他任务迁移学习的模型，该模型可以根据任务微调或者固定之后作为特征提取器。

1. 输入序列嵌入方式

输入序列能够在一个符号序列中明确地表示单个文本句子或一对文本句子(如[Question，Answer])。对于给定符号序列，其输入表示通过对相应的符号嵌入、分段嵌入和位置嵌入进行求和来构造。图 8-17 是 BERT 模型输入表示。

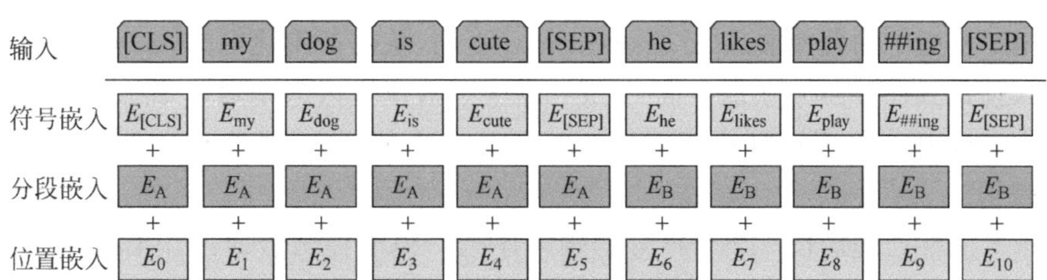

图 8-17 BERT 模型输入表示

1) 符号嵌入层

符号嵌入层是要将各个词转换成固定维度的向量。在 BERT 模型中，每个词会被转换成 $d_{embedding}=768$ 维的向量表示。

输入文本在送入符号嵌入层之前先进行符号化处理。假设输入文本是“my dog is cute he likes playing”,会将两个特殊的符号会插入到符号序列的开头([CLS])和结尾([SEP]),这两个符号为后面的分类任务和划分句子对服务。

通常使用 WordPiece 符号化处理,该方法是数据驱动式方法,旨在权衡词典大小和集外词个数。需要说明的是,很多性能比较优异的 NLP 模型,如 OpenAI 公司的 GPT 模型、谷歌公司的 BERT 模型,在数据预处理的时候都会有 WordPiece 的过程。“WordPiece”顾名思义,即把 word 拆成更小的单元(piece)。WordPiece 的一种主要的实现方式称为双字节编码(Byte-Pair Encoding,BPE)。BPE 过程就是把单词再拆分,使得表示更为精简。例如,不同单词的不同时态、不同后缀意义类似,但不相同,若以单词为单位进行表征,则词表数量巨大,训练速度慢,影响最终性能。例如“loved”“loving”“loves”这三个单词,BPE 算法将其分成“lov”“ed”“ing”“es”四部分,这样可以把词的本身的意思和时态分开,有效减少了词表的数量。

经过处理,句子“my dog is cute he likes playing”被转换成“[CLS] my dog is cute [SEP] he likes play ##ing [SEP] ”,也就是 11 个符号。这样,例子中的 7 词句子就转换成了 11 个符号,然后接着得到了一个(11,768) 的矩阵或者是(1,11,768)的张量,完成符号嵌入过程。

2) 分段嵌入

除了词嵌入和位置嵌入以外,BERT 模型还用在处理多个序列之间语义关系的任务中。例如,语句关系的判断,引入了 Transformer 模型中不存在的分段嵌入。开始处理前,句子对被打包成一个序列,再以两步来区分句子:首先用特殊标记([SEP])将它们分开;其次给每个符号添加一个分段嵌入表示,来表明当前符号是属于句子 A 或者句子 B。如图 8-17 中所示分段嵌入分别为 E_A 或 E_B,E_A 表示为该符号是句子 A 中的符号,而 E_B 表示该符号来自句子 B。假设前一个句子的每个符号都用 0 表示,后一个句子的每个 token 都用 1 表示。如“[CLS] my dog is cute [SEP] he likes play ##ing [SEP]”表示成 11 维的向量“0 0 0 0 0 0 1 1 1 1 1”。如果输入仅有一个句子,则分段嵌入都为 0。该分段嵌入是一个(11,768)维的向量。

3) 位置嵌入

BERT 模型中的位置嵌入与 Transformer 不同,从前面阐述可知,Transformer 中的位置嵌入使用式(8.26)来获取。而 BERT 模型中的位置嵌入是通过训练得到的。加入位置嵌入会让 BERT 理解“I think,therefore I am”中的第一个“I” 和第二个“I”有着不同的向量表示。

BERT 能够处理最长 512 个符号的输入序列。模型提出者通过让 BERT 模型在各个位置上学习一个向量表示,进而实现序列顺序的信息编码。这意味着,位置嵌入层实际上就是一个大小为(512,768) 的查询表,表的第一行代表序列的第一个位置,第二行代表序列的第二个位置,以此类推。因此,如果有两个句子“Hello world” 和“Hi there”,“Hello”和“Hi”会由完全相同的位置嵌入,因为它们都是句子的第一个词。同理,“world”和“there”也会有相同的位置嵌入。

4) 嵌入合成

长度为 n 的输入序列将获得的三种不同的向量表示：

(1) 符号嵌入，维度(1，n，768)，词的向量表示；

(2) 分段嵌入，维度(1，n，768)，辅助 BERT 模型区别句子对中的两个句子的向量表示；

(3) 位置嵌入，维度(1，n，768)，让 BERT 模型学习到输入的顺序属性。

这些表示会被按元素相加，得到一个大小为(1，n，768)的合成表示，这一表示就是 BERT 模型编码层的输入。

2. BERT 模型预训练

BERT 模型的目标函数为 $P(w_i|w_1,\cdots,w_{i-1},w_{i+1},\cdots,w_n)$，以此来训练语言模型。与传统方式不同，BERT 模型不使用从左到右或从右到左的语言模型来预训练 BERT。BERT 模型的训练过程如图 8-18 所示。通过两个新的无监督预测任务对 BERT 模型进行预训练：一是掩蔽语言模型(Masked Language Model，MKM)；二是邻句预测(Next Sentence Prediction，NSP)。

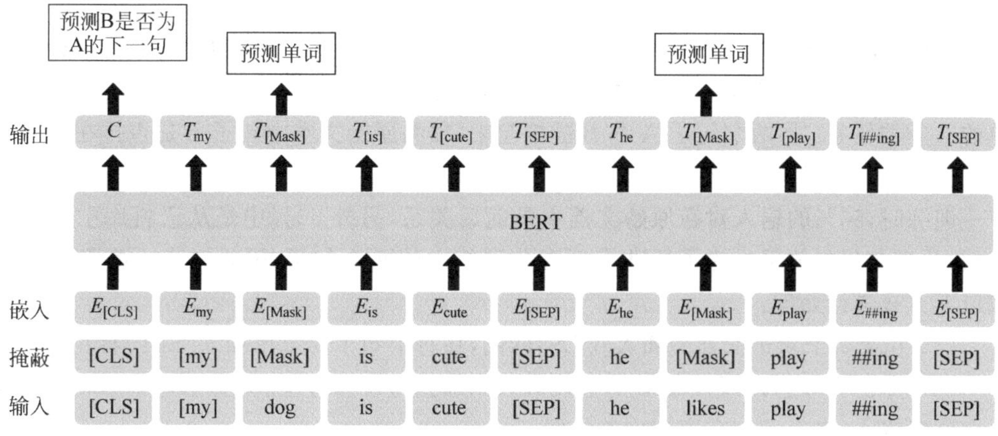

图 8-18　BERT 模型训练过程

1) 掩蔽语言模型

传统的自然语言处理任务中常采用 RNN 和 LSTM 单元，结合某个词的上下文语境对当前词进行估计。因为 BERT 模型大量使用了 Transformer 模型中的多头自注意力机制和多层编码模块堆叠的架构，再采用上述方式进行当前词汇的预测，在考虑上下文语境的情况下，还会对当前词本身进行考虑。因此，该词在最后一层的编码输出前，已经被之前的所有编码层进行重复利用。显然，采用传统方法中的目标函数训练过程会导致“自己对自己进行预测”，严重影响结果的准确性。BERT 模型针对此类问题，为了对双向特征进行训练，在预训练任务中引入了掩蔽语言模型。

BERT 模型通过在输入序列中随机取出 15％的词用作掩蔽候选词，结合一个特殊的词标记[MASK]进行掩蔽完成掩蔽语言模型的初步构建，而后在预训练的过程中对这些被掩蔽的词进行估计。传统自然语言处理任务中的词预测模型属于生成式模型，而BERT模型的词预测方式可以归类为一种分类问题。因为，最后的预训练模型为“[MASK]＝被掩蔽词”时的模型是希望得到的结果。但是，模型在训练过程中把[MASK]当作一个词进行处理，会面临“自己对自己进行预测”的相同问题，造成在最后的输出向量中存在[MASK]本身的特征信息，会影响模型训练的精度。

BERT模型无法将15％的掩蔽候选词掩蔽，为了解决被掩蔽的词不能参与预训练的问题，只能选择以80％的概率用[MASK]实现更换，以10％的概率用随机选取的词实现更换，10％的概率保持掩蔽候选词不变。虽然仍然有10％的概率存在掩蔽候选词不变，但BERT模型可以在此概率基础上获得“考场作弊”的额外奖励，对于模型的稳固有促进作用。

虽然模型有15％的候选掩蔽词，但哪些词被选择掩蔽，哪些词保持不变是模型本身未知的。因为BERT模型的预训练对语料体量的要求很高，所以高频词在训练中被掩蔽、替换、保持不变都是大概率事件，BERT模型在全局语境中对高频词的学习完整度很高，对于和上下文语境相关的词向量获取具有重要意义。

2）邻句预测

掩蔽语言模型无法对句子级的关系进行捕捉，因此在应对问答问题、自然语言推理问题等任务时，需要对上下文序列之间的关系进行整理。为了使得BERT模型具有理解长序列上下文关系的能力，模型增加了邻句预测的预训练方法。邻句预测是一个非常简单的二分类任务：将两个句子A和B链接起来，预测原始文本中句子B是否排在句子A之后。

训练时，50％的输入对在原始文档中是前后关系，另外50％中是从语料库中随机组成的，并且非邻句关系。为了帮助模型区分训练中的两个句子，输入在进入模型之前要按以下方式进行处理：

（1）在第一个句子的开头插入[CLS]标记，在每个句子的末尾插入[SEP]标记。

（2）将表示句子A或句子B的分段嵌入添加到每个符号上，并且给每个token添加一个位置嵌入，来表示它在序列中的位置。

为了预测第二个句子是否是第一个句子的后续句子，用下面几个步骤来预测：

（1）整个输入序列输入给BERT模型用一个简单的分类层将[CLS]标记的输出变换为2×1形状的向量。

（2）用Softmax计算是否为相邻语句的概率。

需要注意的是，在训练BERT模型时，掩蔽语言模型和邻句预测一起训练，目标就是要最小化两种策略的组合损失函数。

3. 模型微调

模型在处理具体的下游任务时，基于训练好的模型基础，利用少量的标注数据对模型进行微调，无须设计特定网络从头开始训练。由于模型微调阶段需要的数据量小，而且学习目标简单，所以训练时长比预训练阶段短。

对于序列级的分类任务，BERT 模型直接取第一个[CLS]符号的最后隐含状态 $\boldsymbol{C} \in \mathbb{R}^H$，其中 H 为隐含层状态数。加一层权重 $\boldsymbol{W} \in \mathbb{R}^{K \times H}$ 后 Softmax 预测符号概率，即

$$\boldsymbol{P} = \text{Softmax}(\boldsymbol{C}\boldsymbol{W}^{\mathrm{T}}) \tag{8.32}$$

其他的预测任务需要进行调整，包括句对分类任务、单句分类任务、问答任务、序列标记任务，分别如图 8-19(a)、(b)、(c)和(d)所示。注意输入和输出要根据不同任务的形式分别设置，或者直接将 BERT 模型不同位置的输出直接输入到下游模型中。具体如下。

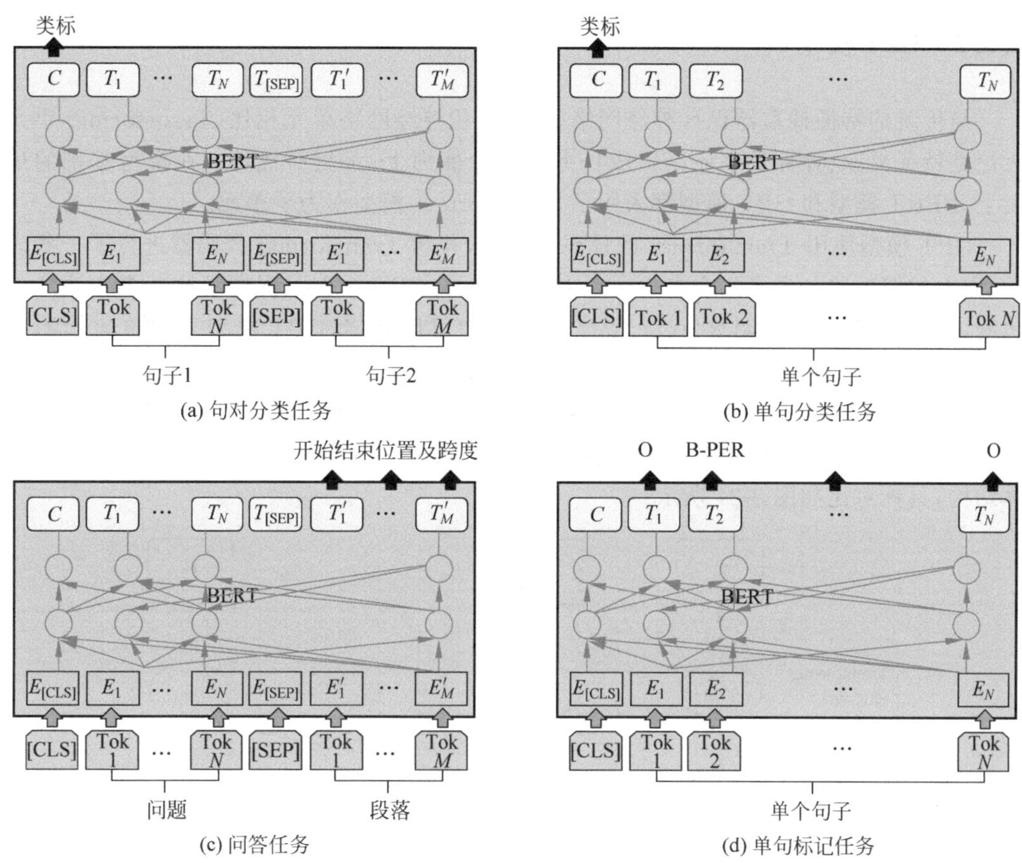

图 8-19　BERT 下游任务

(1) 对于图 8-19(a)所示的句子对分类任务(句子关系判断任务)，需要用[SEP]分隔两个句子输入到模型中，然后同样仅须将[CLS]的输出送到分类器进行分类。

(2) 对于图 8-19(b)所示的情感分析等单句分类任务，可以直接输入单个句子(不需要[SEP]分隔双句)，将[CLS]的输出直接输入到分类器进行分类。

(3) 对于图 8-19(c)所示的问答任务，将问题与答案拼接输入到 BERT 模型中，然后将答案位置的输出向量进行二分类并在句子方向上进行 Softmax(只需预测开始和结束位置即可)。

(4) 对于图 8-19(d) 所示的序列标记任务，对每个位置的输出进行分类即可，如果将

每个位置的输出作为特征输入到 CRF 将取得更好的效果。

对于常规分类任务中,需要在 Transformer 的输出之上加一个分类层。

BERT 作为一种全新的语言模型,并没有采用传统的 CNN 或者 RNN,而是采用了 Transformer 中的编码结构实现了真正意义上的双向模型,具有非常良好的泛化能力。无论是工业还是学术界,BERT 相关的模型结构都实现了巨大的突破,彻底改变了自然语言学习领域的规则。

8.5.2 GPT 模型

与传统的特征抽取器循环神经网络单元、卷积神经网络单元相比,Transformer 单元无论是特征提取、计算效率还是生成任务的综合能力上,都更有优势。在模型基础的角度上,BERT 模型和 GPT 模型都采用了 Transformer 模型作为子单元。

GPT 模型使用 Transformer 的译码器结构,并对 Transformer 译码器进行了一些改动,原本的解码器包含了两个多头注意力机制结构,GPT 模型只保留了掩蔽多头注意力机制,GPT 模型结构如图 8-20 所示[13]。从图中可以看出,GPT 模型采用单向预测方式,与 BERT 模型双向预测方式不同。需要注意的是,虽然 GPT 模型是 Transformer 模型的译码器部分,但 GPT 模型对解码器部分进行了精简,即去掉了中间编译码器之间的互注意力部分,直接利用掩蔽多头注意力、归一化层和前向全连接层构建 GPT 模型的主体结构,具体对比如图 8-21 所示。

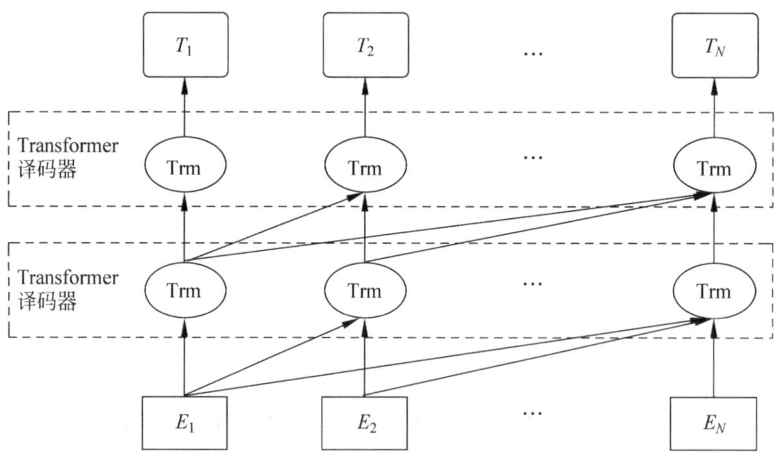

图 8-20 GPT 模型结构

GPT 模型使用句子序列预测下一个单词,因此要采用掩蔽多头注意力机制对单词的下文遮挡,防止信息泄露。例如,给定一个句子包含 4 个单词 [A,B,C,D],GPT 需要利用 A 预测 B,利用 [A,B] 预测 C,利用 [A,B,C] 预测 D。则预测 B 时,需要将 [B,C,D]掩蔽起来。经过掩蔽和 Softmax 操作之后,当 GPT 模型根据单词 A 预测单词 B 时,只能使用单词 A 的信息,根据 [A,B] 预测单词 C 时只能使用单词 A,B 的信息。这样就可以防止信息泄露。

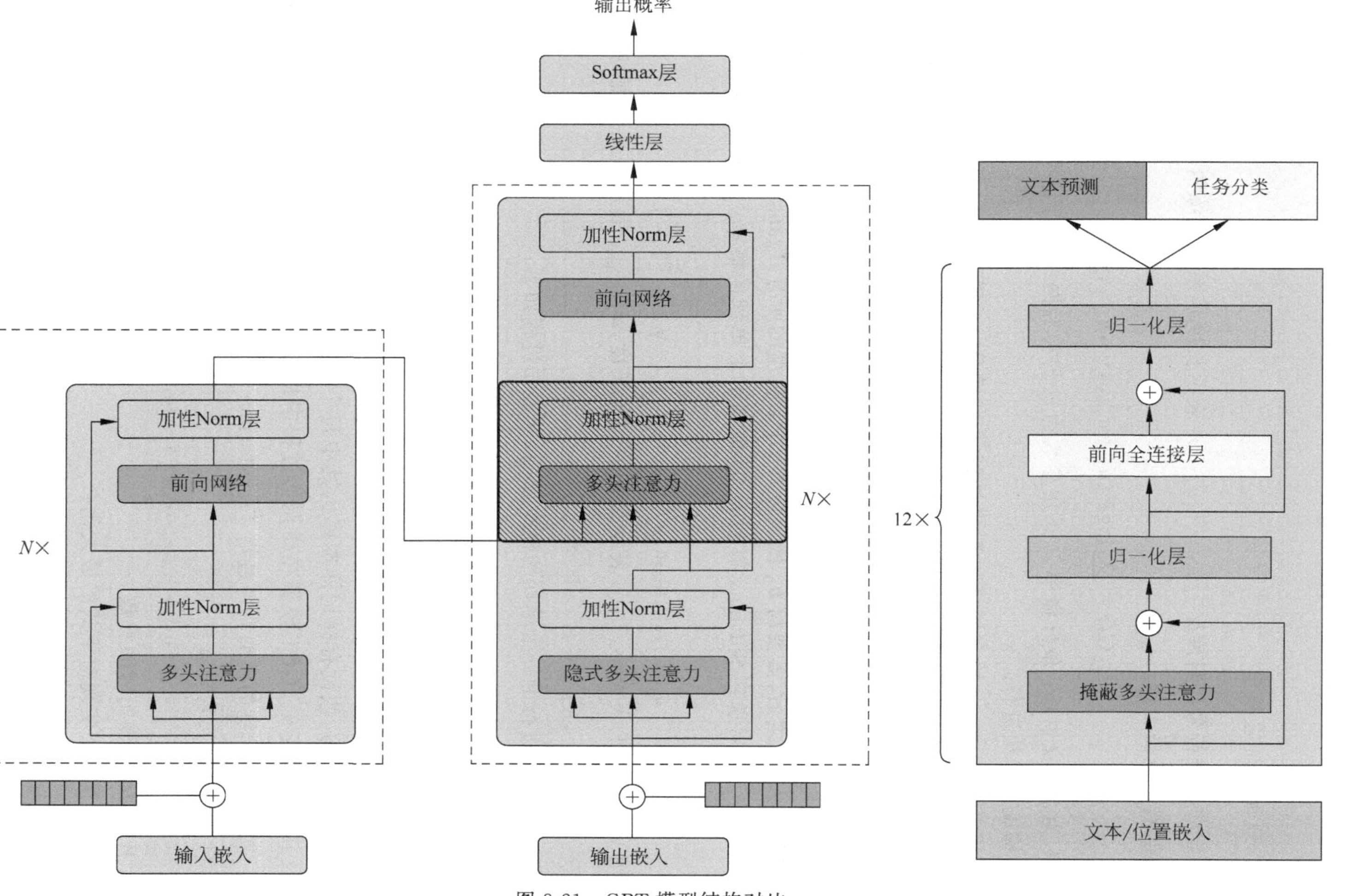

图 8-21　GPT 模型结构对比

GPT 模型训练过程分为两个部分，即无监督预训练语言模型和有监督的下游任务微调。

1. 预训练语言模型

给定非监督符号语料库$\mathcal{U}=[u_1,\cdots,u_n]$($n$ 表示长度)，系统训练语言模型时需要使下式的似然函数最大化：

$$L_1(\mathcal{U})=\sum_i \log P(u_i \mid u_{i-k},\cdots,u_{i-1};\Theta) \tag{8.33}$$

式中：k 为上下文窗长；条件概率 P 采用参数为Θ 的神经网络进行建模，所有参数训练都通过梯度下降法进行。

采用 Transformer 的多层译码器来构建语言模型。GPT 作为一个单向模型，其输入为

$$\boldsymbol{h}_0=\boldsymbol{U}\boldsymbol{E}_{\text{word}}+\boldsymbol{E}_{\text{p}} \tag{8.34}$$

式中：$\boldsymbol{U}=(u_{-k},\cdots,u_{-1})$为符号的上下文向量；$\boldsymbol{E}_{\text{p}}$ 为单词位置嵌入；$\boldsymbol{E}_{\text{word}}$ 为单词嵌入。

得到输入 $\boldsymbol{h}_0$ 之后，需要将 $\boldsymbol{h}_0$ 依次传入 GPT 模型的所有 Transformer 解码单元中，最终得到 $\boldsymbol{h}_t$。最后送到 Softmax 得到 $\boldsymbol{h}_t$ 再预测下个单词的概率。其中各层输出计算如下：

$$\boldsymbol{h}_l=\text{transformer\_block}(\boldsymbol{h}_{l-1}),\quad \forall\, l\in[1,n] \tag{8.35}$$

用 V 表示词汇表大小，$L_{\max}$ 表示最长的句子长度，$d_{\text{embedding}}$ 表示嵌入维度，则矩阵 $\boldsymbol{E}_{\text{p}}\in\mathbb{R}^{L_{\max}\times d_{\text{embedding}}}$，$\boldsymbol{E}_{\text{word}}\in\mathbb{R}^{V\times d_{\text{embedding}}}$。

得到 $\boldsymbol{h}_n$ 后，进行下一个单词的概率预测，其操作过程如下：

$$P(u)=\text{Softmax}(\boldsymbol{h}_n\boldsymbol{E}_{\text{word}}^{\text{T}}) \tag{8.36}$$

2. 下游任务微调

GPT 模型经过预训练之后，会针对具体的下游任务对模型进行微调。微调的过程采用的是有监督学习，假设有标记样本库$\mathcal{C}$，其中每个训练样本包括单词序列 $[x_1,x_2,\cdots,x_m]$及其对应标签 y。GPT 模型在微调的过程中根据单词序列$[x_1,x_2,\cdots,x_m]$预测标签 y。通过预先训练的模型获得最终 Transformer 模块的激活 $\boldsymbol{h}_l^m$，然后将其输入一个附加的线性输出层，实现对 y 的预测：

$$P(y\mid x_1,x_2,\cdots,x_m)=\text{Softmax}(\boldsymbol{h}_l^m\boldsymbol{W}_y) \tag{8.37}$$

式中：$\boldsymbol{W}_y$ 为预测输出时的参数。

微调过程需要实现对下式的最大化：

$$L_2(\mathcal{C})=\sum_{(x,y)}\log P(y\mid x_1,x_2,\cdots,x_m) \tag{8.38}$$

GPT 模型将语言建模作为微调辅助目标能够提高监督模型的泛化能力，加速模型收敛以及提高学习能力。微调时同时考虑了预训练的损失函数，最终优化的目标函数为

$$L_3(\mathcal{C}) = L_2(\mathcal{C}) + \lambda L_1(\mathcal{C}) \tag{8.39}$$

式中：$L_1(\mathcal{C})$为预训练损失函数；λ 为超参数。在微调任务中需要调整的参数是 $\boldsymbol{W}_y$。

3. 特定任务输入转换

针对不同的下游任务，需要对输入数据格式进行相应修改。例如：对于分类问题，不需要做修改；对于推理问题，可以将先验与假设使用一个分隔符分开；对于相似度问题，由于模型是单向的，但相似度与顺序无关，所以需要将两个句子顺序颠倒后两次输入的结果相加来做最后的推测；对于问答问题，则需将上下文、问题放在一起与答案分隔开，然后进行预测。前序研究基于迁移表示的特定学习任务架构，重新引入大量特定于任务的定制，并且没有对这些额外的体系结构组件使用迁移学习。对此，可使用遍历风格的方法，将结构化输入转换为预先训练好的模型可以处理的有序序列，从而避免跨任务对架构进行广泛的更改。图 8-22 简要描述这些输入转换，并提供了一个可视化的说明。所有的转换包括添加随机初始化的开始和结束标记。图 8-22(a)是 GPT 模型结构，(b)是包括文本分类任务在内的多种任务的输入转换。

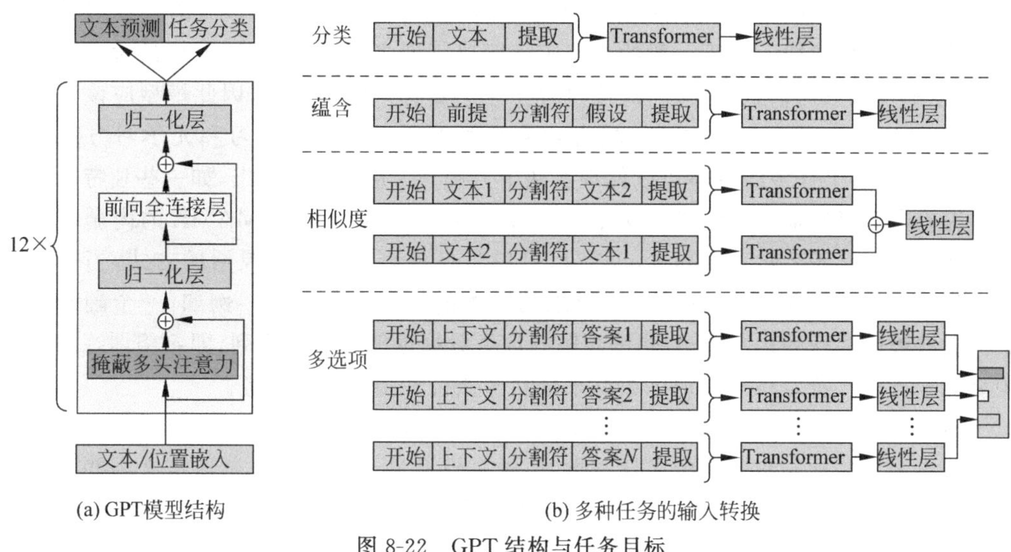

(a) GPT模型结构　　(b) 多种任务的输入转换

图 8-22　GPT 结构与任务目标

4. GPT 模型的扩展 GPT-2、GPT-3

尽管目前很多有监督学习 NLP 模型效果已经很好，但都需要有针对单个任务训练使用大量有标注数据训练，目标的分布稍有变化就不能继续使用，因此只能在小的领域中起作用。目前，主流的机器学习模型都是在指定的任务上用一部分数据来训练模型，再用一部分不相同但同分布的数据来测试其性能。这样的模式在特定场景效果的确不错，但是对于阅读理解等一些复杂任务来说，输入的多样性和不确定性使得系统难以达到期望性能。归结其原因，可以认为，目前普遍采用的单一领域数据来训练单一模型使得模型泛化能力很差，因此构建一个泛化能力更强的模型，需要在多任务和多领域上训练。GPT-2 和 GPT-3 就是这种背景下对 GPT 模型的拓展。

1）GPT-2模型

GPT-2模型的目标是通过海量数据和庞大的模型参数训练出一个类似百科全书的模型，无须标注数据也能解决具体问题[15]。GPT-2模型希望在完全不理解词的情况下建模，以便让模型可以处理任何编码的语言。因此，GPT-2模型提出的初衷主要体现在三个方面：一是将多任务学习思想引入到GPT模型中，通过非监督预训练学习多任务的目标；二是尽量趋向于零样本学习，即不利用该任务的标注样本，也可以实现对该任务的学习；三是仍然通过语言模型实现非监督多任务学习。

GPT-2模型的核心是语言建模，语言建模通常是由一组数据构成的无监督分布估计，每一条数据都是由可变长度的符号序列组成。由于语言具有自然的顺序排列，因此通常将符号上的联合概率分解为条件概率的乘积，即

$$p(x)=\prod_{i=1}^{n}p(s_i \mid s_1,s_2,\cdots,s_{i-1}) \tag{8.40}$$

这种方法方便估算 $p(x)$以及任何条件的 $p(s_{n-k},\cdots,s_n|s_1,s_2,\cdots,s_{n-k-1})$。近年来，可以计算这些条件概率的模型的表达能力有了显著改进，如Transformer模型。

学习某项单一的任务可以用条件概率 $p(\text{output}|\text{input})$来表示，而语言模型其实是对上述条件概率建模。对于一般的系统应该能执行许多不同的任务，即使是对于同样的输入，也不仅仅只对输入有要求，对待执行任务也要有一定的要求，因此模型应该表示为 $p(\text{output}|\text{input},\text{task})$。但这种建模方式通常可以通过多任务学习和元学习方法来实现，在实现细节上任务的调整可以体现在两个方面：一是架构设计上，如一些独特的任务中的编码器和译码器；二是算法设计上，如元学习中最常见算法MAML的内循环和外循环优化框架。著名学者McCann指出，可以将任务表示成更为灵活的方式，当输入与输出都是符号序列时，不同的任务可以采用文本的不同表示形式。例如，一个翻译训练数据能够被改为序列；类似地，阅读理解的训练数据也能改写为序列，即希望训练的单一模型能根据输入特定格式的训练数据来推断并执行许多不同的任务。

语言模型也能学习不同输入与输出的序列任务，而不需要对输出哪一个符号做明确的监督学习。相比于有监督的多任务学习，语言模型只是不需要显示地定义哪些字段是要预测的输出。所以，实际上有监督的输出只是语言模型序列中的一个子集。比如，在训练语言模型时，有一句话"The translation of word Machine Learning in Chinese is 机器学习"，在训练完这句话时，语言模型自然地将翻译任务和任务的输入与输出都进行学习。再如，又碰到一句话"美国的前总统是特朗普"，训练完该句话，就完成一个简单问答任务。通常认为，一个能力足够强的语言模型，不管其训练方式如何，只要它有足够的能力去学习推断、执行自然语言序列的一些任务，那么该语言模型就是好模型。如果一个语言模型能把这些做好，实际上就是在做无监督学习，因此也可以期望在没有增量数据的情况下测试模型多任务上的表现和性能。

虽然监督学习和非监督学习的目标是相同的，但是监督学习只能在子集上进行评估，非监督学习的全局最优解也是监督学习的全局最优解，因此是否能够在训练的过程中让非监督学习的目标能够收敛成为最大的问题。初期的实验表明，足够大的语言模型是能够执行多任务的，但是其训练速度明显比监督学习的方法慢很多。

(1) 输入表示。

通用语言模型应该能够计算并生成任何字符串的概率。当前,大规模语言模型都会包含预处理步骤,如转小写、分词、处理集外词问题,这些步骤限制了可建模字符串的空间。虽然将 Unicode 字符串处理为 UTF-8 字节序列可以很好地解决这一问题,但目前而言,在大规模数据集上字符级别语言模型相比于词级别语言模型并没有更大的竞争力。

BPE 是一种介于字符级和字级之间的实用语言模型,它能有效地在频繁符号序列的字级输入和不频繁符号序列的字符级输入之间进行插值。BPE 实际是在处理 Unicode 编码而不是字节序列,该方法需要包含所有 Unicode 编码以便能对所有 Unicode 字符串建模,在添加任何多符号标记之前,该方法的基本词汇表超过 13 万个。与 BPE 经常使用的 3.2 万～6.4 万个词汇相比,该规模过大令人望而却步。相比之下,字节级别的 BPE 需要的词典大小只有 256 个词汇。然而,因为 BPE 使用贪婪算法来构建词汇表,故直接将 BPE 应用于字节序列会导致合并无法达到最优解。研究发现,BPE 包含了许多像 dog 这样的常用词,因为它们出现在许多变体中,比如 dog,dog? dog! 该结果将会导致词典词槽分配与模型能力受到限制。为了避免这个问题,提出者采取策略防止 BPE 跨字符类别合并任何字节序列,为空格添加了一个异常,它显著地提高了压缩效率,同时只在多个 vocab 标记之间添加了最小的单词碎片。这种输入表示使得字级语言模型的经验好处与字节级方法的通用性结合起来。由于该方法可以为任何 Unicode 字符串分配概率,因此可以任何数据集上评估语言模型,而不管预处理、标记化或词汇表大小。

(2) 模型结构。

GPT-2 模型设置了 4 种类型的版本,即 GPT-2 Small、GPT-2 Medium、GPT-2 Large 和 GPT-2 Extra Large,其结构对比如图 8-23 和表 8-1 所示。这四个版本的译码器层数分别是 12、24、36 和 48,参数规模也存在较大差异,最终采用的模型维度也不同。从表 8-1 可以看出,参数量从 117M 变为 1542M,这里“M”表示 Million。

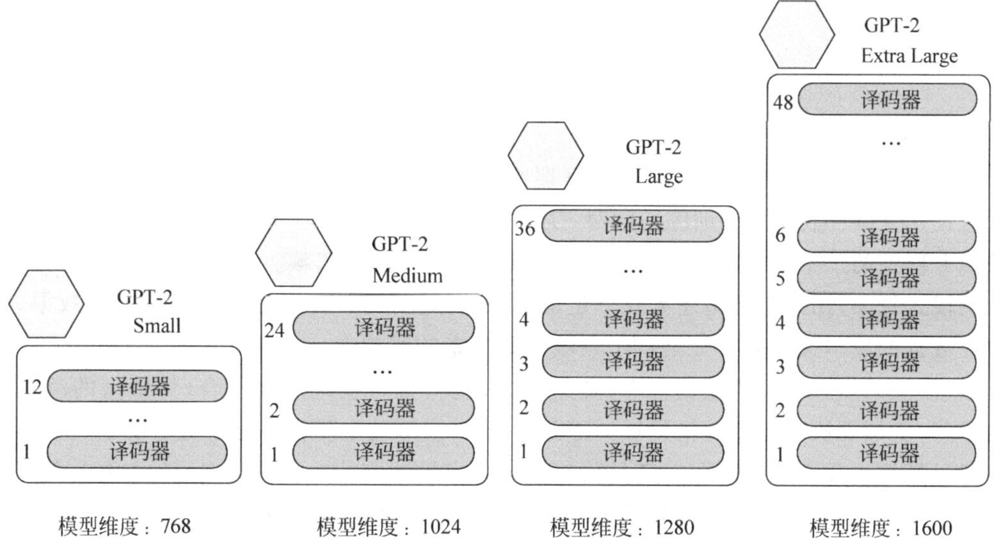

图 8-23　GPT-2 不同规模的模型结构

表 8-1 GPT-2 不同规模的模型结构

模 型	参数量	层 数	d_{model}
GPT-2 Small	117M	12	768
GPT-2 Medium	345M	24	1024
GPT-2 Large	762M	36	1280
GPT-2 Extra Large	1542M	48	1600

语言模型内部采用的是 Transformer 结构，该模型在很大程度上遵循 OpenAI GPT-1 模型，只是在细节上做了一些修改。首先移除每一个子模块的输入归一化层，类似于一个预激活的残差网络，并在最后的自注意力模块中添加了层归一化。采用修正的初始化方法，考虑了模型深度对当前层的影响，在初始化权重时将剩余层的权值乘以 $1/\sqrt{N}$，其中 N 是残缺层的数量，词典大小扩展到 50257，上下文维度从 512 提高到了 1024，并且批量尺寸采用了 512。模型的嵌入矩阵如图 8-24 所示。

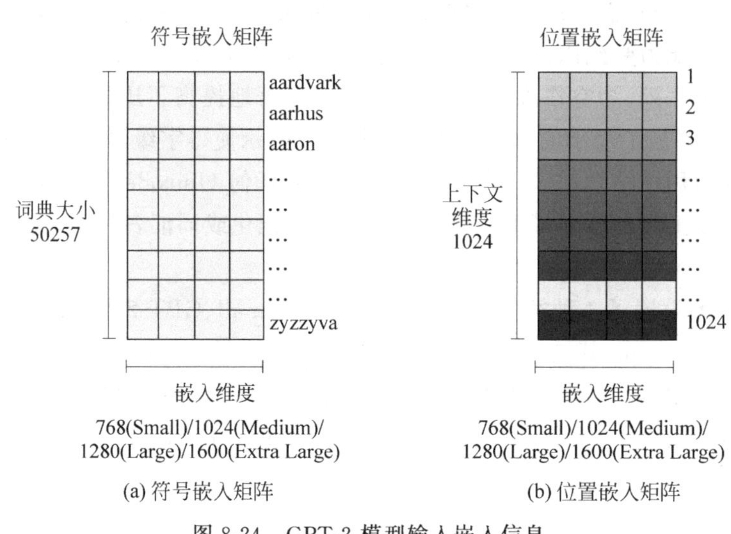

(a) 符号嵌入矩阵　　(b) 位置嵌入矩阵

图 8-24 GPT-2 模型输入嵌入信息

2）GPT-3 模型

GPT-3 模型[16] 延续单向语言模型训练方式，只不过把模型尺寸增大到了 1750 亿，并且使用 45TB 数据进行训练。同时，GPT-3 主要聚焦于更通用的 NLP 模型，解决当前 BERT 模型的三个缺点：一是对领域内有标签数据的过分依赖。虽然有了预训练＋精调的两段式框架，BERT 模型还需要一定量的领域标注数据，否则很难取得不错的效果，而标注数据的成本又很高。二是对于领域数据分布的过拟合。在精调阶段，因为领域数据有限，模型只能拟合训练数据分布，如果数据较少，就可能造成过拟合，使模型的泛化能力下降，更加无法应用到其他领域。因此 GPT-3 模型的主要目标是用更少的领域数据且不经过精调步骤去解决问题。三是仅仅通过语言描述完成一些新任务，不能像人类一样不需要规模监督数据集，仅通过简短的自然语言指令学习大多数语言任务。尤其是第三点，使得 GPT-3 模型具有强适应性，能够与人类无缝地混合在一起或在许多任务和技能之间切换，例如在冗长的对话中进行内容添加。

(1) 模型结构。

GPT-3 模型设置了 8 种版本，即 GPT-3 Small、GPT-3 Medium、GPT-3 Large、GPT-3 Extra Large(GPT-3 XL)、GPT-3 2.7B、GPT-3 6.7B、GPT-3 13B 和 GPT-3 175B，其结构对比如表 8-2 所示。其中：n_{params} 为可训练参数的总数；n_{layers} 为总层数；d_{model} 为每个瓶颈层的单元数(将前馈层设为瓶颈层大小的 4 倍)；d_{head} 为每个注意头的维度；n_{heads} 为注意力模块个数。所有模型都使用 $n_{\text{ctx}}=2048$ 个符号的上下文窗口。沿着深度和宽度维度在 GPU 上划分模型，最小化节点之间的数据传输。基于计算效率和跨 GPU 的模型布局的负载平衡来选择每个模型的精确架构参数。研究表明，验证损失对这些参数在相当宽的范围内并不强烈敏感。

表 8-2　GPT-3 不同规模的模型结构

模　型	n_{params}	n_{layers}	d_{model}	n_{heads}	d_{head}	批尺寸	学习率
GPT-3 Small	125M	12	768	12	64	0.5M	6.0×10^{-4}
GPT-3 Medium	350M	24	1024	16	64	0.5M	3.0×10^{-4}
GPT-3 Large	760M	24	1536	16	96	0.5M	2.5×10^{-4}
GPT-3 XL	1.3B	24	2048	24	128	1M	2.0×10^{-4}
GPT-3 2.7B	2.7B	32	2560	32	80	1M	1.6×10^{-4}
GPT-3 6.3B	6.3B	32	4096	32	128	2M	1.2×10^{-4}
GPT-3 13B	13.0B	40	5140	40	128	2M	1.0×10^{-4}
GPT-3 175B	175.0B	96	12288	96	128	3.2M	0.6×10^{-4}

(2) 使用方法。

精调整(Fine-Tuning,FT)是近年来最常用的方法，它通过面向特定任务的监督数据集的训练来更新预训练模型的权重，通常需要使用成千上万的标记示例。微调的主要优点是在许多基准上均具有出色的性能；主要缺点是每个任务都需要一个新的大型数据集，存在泛化分布不佳的潜在可能性，以及利用训练数据的虚假特征，这可能会导致与人类绩效的不公平比较。因此，在 GPT-3 模型中没有采用精调整算法，而是采用小样本(Few-Shot,FS)、单样本(One-Shot,1S)和零样本(Zero-Shot,0S)三种方法。

小样本设置中，在推理时给模型一些任务演示作为条件，但不允许权重更新。典型数据集的一个示例具有上下文和所需的完成度(如英语句子和法语翻译)，并通过给出 K 个上下文和完成度的示例，再给出一个上下文的最终示例来演示少量例子，并期望模型完成。通常将范围设置为 10～100，因为这取决于模型的上下文窗口的容量($n_{\text{ctx}}=2048$)。小样本的主要优点是大大减少了对特定于任务的数据的需求，并减少了从大型微调数据集中学习过窄分布的潜力。主要缺点是，该方法性能比最新的微调模型差很多，而且仍然需要少量的任务特定数据。

单样本与小样本类似，除了对任务的自然语言描述外，只允许进行一次演示。区分这两种方法的原因是，它与某些任务传达给人类的方式最接近。通过仅有的示例，明确任务的内容和格式。

零样本与单样本相同,不同之处在于:不允许进行演示,并且仅向模型提供描述任务的自然语言指令。这种方法提供了最大便利性、潜在鲁棒性,且避免了虚假的相关性。在某些情况下,如果没有以前的示例,甚至可能很难理解任务的格式,因此,在某些情况下此设置"不公平"。因为没有提供任何示例,可能无法确切知道应采用的格式或应包含的格式。尽管如此,但这是最接近人类执行任务的方式。

8.5.3 与其他模型异同点分析

随着序列模型的不断涌入,深度学习领域中的诸多任务都得到有效解决和改善。传统的基于神经网络的序列到序列模型为解决序列映射问题提供了深厚的理论基础,针对不同的应用场景,更替序列到序列模型架构中的基本单元,可以实现模型性能的提升。RNN 能够学习和挖掘输入序列上下文关联性,具备动态时序建模的能力,使得其成为序列到序列模型中最先得到应用的基本单元,简化了优化问题,被广泛应用在机器翻译、语音识别、语音合成等领域。其缺点是随着序列距离的增加,信息衰减得比较多。基于 CNN 序列到序列模型利用 CNN 单元并行处理的特点,极大地提升了模型的运行效率,但需加入位置编码才能够获取上下文信息。Transformer 模型的架构与序列到序列模型相似,将序列到序列模型中的神经网络单元替换成 Transformer 模块,通过多头注意力机制、前馈网络、残差以及归一化等操作,除了能够并行计算外,还可以捕获不同子空间的信息。由于自注意力层并没有区分元素的顺序,所以一个位置编码层被用于向序列元素里添加位置信息。为了更好地捕获长距离的语义依赖信息,GPT 模型作为一个单向语言模型,其借鉴 Transformer 单元中的编码器架构,能够捕获文本的上文信息。BERT 模型的出现,彻底改变了预训练产生词向量和下游具体自然语言处理任务之间的关系。作为一个强大的特征提取器,其具备双向捕获长距离依赖,解决语义歧义的能力,应用十分灵活,具有强大的灵活性和鲁棒性。但是,它的框架中缺少解码部分,并且过于消耗计算资源,需要进一步改进。

8.6 后 BERT 模型时代的新模型算法

2018 年是自然语言处理领域发展中十分重要的一年,ELMO、BERT、GPT 等强大的预训练模型的出现,大幅度改善了诸多自然语言处理领域任务的效果。但是 BERT 模型从出现以来也存在一定的问题,其架构的特点虽然对自然语言理解任务的处理很适合,但是由于其框架中缺少解码的部分,因此并不太适合于自然语言生成相关的任务。此外,另一个限制 BERT 模型的很重要的问题是其需求的计算资源过于巨大,这对于一般的现实应用是很难实现的。为了解决这些问题,基于 BERT 模型的改进模型也相继出现。下面将对后 BERT 模型时代的几种关键技术进行简述。

8.6.1 XLNet 模型及原理

2019 年，杨(Yang)等在 BERT 模型的基础上进行了改进，提出了 XLNet 模型[17]。XLNet 模型作为一种广义的自回归预训练方法，通过最大化所有可能的因式分解顺序的对数似然，实现双向语境信息的学习，结合自回归模型的优点规避了 BERT 模型的局限性，并把自回归模型 Transformer-XL 的思想融入预训练中[18]。以上设计让 XLNet 模型[17]同时兼具了序列生成以及上下文信息参考能力。

1. 排列语言建模

自回归语言模型存在单向建模的特性，不能理解上下文语义，这对于下游任务来说是致命的缺陷。XLNet 模型为了解决这个缺陷，采用了一种新型的语言建模任务，通过随机排列语序来预测某个位置可能出现的词。排列语言建模需要两个步骤来实现[17]：

第一步：对全排列采样。首先，排列语言模型需对序列顺序进行全排列，以获得不同的语序结构，假设给定序列 $\boldsymbol{x}=[\boldsymbol{x}_1,\cdots,\boldsymbol{x}_T]$，其语序的排列方式为 1→2→3→4，对序列顺序全排列得到 3→2→4→1、2→4→3→1、1→4→2→3 等顺序。根据序列因式分解产生的不同顺序来预测 $\boldsymbol{x}_3$ 的举例如图 8-25 所示。

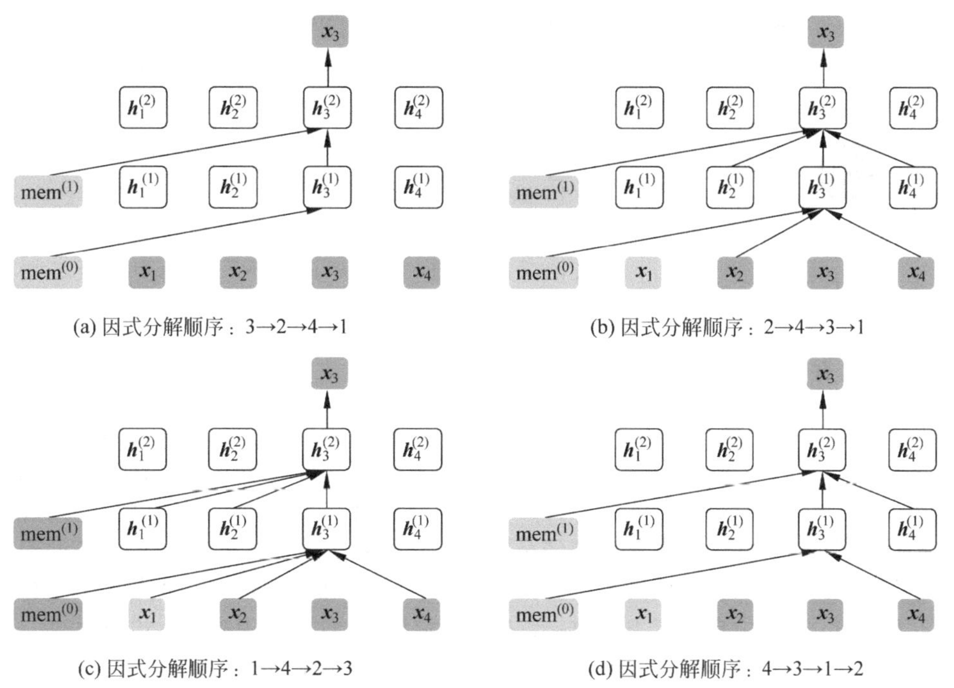

图 8-25 排列语言模型的原理

对于顺序 3→2→4→1 的情况，因 $\boldsymbol{x}_3$ 排在首位，则只能利用其隐藏状态进行预测；对于顺序 2→4→3→1 的情况，可根据 $\boldsymbol{x}_2$ 和 $\boldsymbol{x}_4$ 的信息来预测 $\boldsymbol{x}_3$ 的内容，也就达到了预测过程中获取上下文信息的目的。对于上述全排序的方法,对给定长度 T 的序列 $\boldsymbol{x}$,有 $T!$ 种排序结果,当序列长度过大时会导致算法的复杂度过高,并且也会出现预测词位于首位的情况,显然对模型的训练无益。因此,XLNet 通过下式对序列全排序进行采样优化,去除不合适的序列。

$$\max_{\theta} \boldsymbol{E}_{z\sim Z_T}\left[\sum_{t=1}^{T}\log P_{\theta}(\boldsymbol{x}_{z_t} \mid \boldsymbol{x}_{z_{<t}})\right] \tag{8.41}$$

式中:T 为输入序列长度;Z_T是长度为 T 的序列全排列的集合;$\boldsymbol{z}$ 为从 Z_T 中采样的序列;z_t 为序列 $\boldsymbol{z}$ 中 t 位置上的值;$\boldsymbol{E}_{z\sim Z_T}$ 为对采样结果求期望来减小其复杂度。

当前词的预测通过之前每个词之间的相关性的条件概率实现,同时能够获得当前词概率最大时的参数 θ。

为了模型的优化,输入序列的位置信息仍然保留原始顺序,进而采用注意力掩蔽对句子的每部分重新排列。

第二步:注意力掩码机制。注意力掩码机制的原理是:在 Transformer 的内部把不需要的部分掩蔽,不让其在预测过程中发挥作用。但从模型外部来看,序列顺序与输入时保持一致。

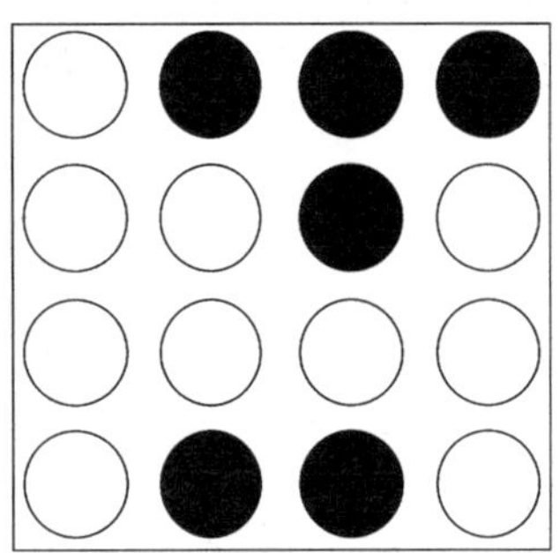

图 8-26 顺序序列 3→2→4→1 掩码矩阵

顺序序列 3→2→4→1 的掩码矩阵如图 8-26 所示,序列真实顺序没有改变,通过掩蔽的操作达到类似随机排序的效果。在掩码矩阵中,其阴影部分为预测时能参考的信息,当预测 $\boldsymbol{x}_3$ 时,由于其在首位无参考信息,因此掩码矩阵第三行无阴影;当预测 $\boldsymbol{x}_2$ 时,可根据 $\boldsymbol{x}_3$ 内容预测,因此掩码矩阵第二行的位置 3 有阴影,预测第四行即预测 $\boldsymbol{x}_4$ 时,已知 $\boldsymbol{x}_3$、$\boldsymbol{x}_2$,因此位置 2 和 3 有阴影,而预测第一行 $\boldsymbol{x}_1$ 时,根据 3→2→4→1,需要已知 $\boldsymbol{x}_3$、$\boldsymbol{x}_2$、$\boldsymbol{x}_4$。

排列语言建模既解决了自回归语言模型不能获取上下文语义的问题,又解决了 BERT 模型中掩蔽之间相互独立的问题。

2. 双流自注意力机制

双流自注意力机制可解决排列语言模型中,全排序序列语序随机打乱使得模型退化为词袋模型的问题。对于某个需要预测的目标词,既需要得到包含它信息以及位置的表征(用来进一步计算其他词的表征),又需要得到不包含它信息,只包含它位置的表征(用来作语境的表征)。一个很自然的想法是同时计算两套表征,这便是 XLNet 模型提出的双流自注意力[17]。双流自注意力机制具有两类注意力机制模块:一是内容流注意力机制,与 Transformer 中自注意力一致;二是查询流注意力机制,用来表示语境通道。

传统的自回归语言模型对于长度为 T 的序列 $\boldsymbol{x}$ 目标函数表示如下:

$$p_{\theta}(\boldsymbol{x}_{z_t}=\boldsymbol{x} \mid \boldsymbol{x}_{z_{<t}})=\frac{\exp[\boldsymbol{E}_{\boldsymbol{x}}^{\mathrm{T}}\boldsymbol{h}_{\theta}(\boldsymbol{x}_{z_{<t}})]}{\sum_{\boldsymbol{x}'}\exp[\boldsymbol{E}_{\boldsymbol{x}'}^{\mathrm{T}}\boldsymbol{h}_{\theta}(\boldsymbol{x}_{z_{<t}})]} \tag{8.42}$$

式中:$\boldsymbol{z}$ 是从长度为T 的序列$\boldsymbol{X}$ 全排列随机采样序列;z_t为采样序列t 位置上的序号;$\boldsymbol{x}$

为预测词；$\boldsymbol{E}_x$ 为 $\boldsymbol{x}$ 的嵌入；内容隐含状态 $\boldsymbol{h}_\theta(\boldsymbol{x}_{\mathbf{z}_{<t}})$既编码 $\boldsymbol{x}$ 的内容又编码其上文信息，但不包含位置信息。$p_\theta(\boldsymbol{x}_{z_t}=\boldsymbol{x}|\boldsymbol{x}_{\mathbf{z}_{<t}})$可以解释为对于排序序列 t 位置上词的预测，由 t 位置前序号对应的词计算其概率。

由于排列语言建模会将序列顺序打乱，需要“显式”地加入预测词在原序列中的位置信息 z_t，式(8.43)可写为

$$p_\theta(\boldsymbol{x}_{z_t}=\boldsymbol{x}\mid\boldsymbol{x}_{\mathbf{z}_{<t}})=\frac{\exp[\boldsymbol{E}_x^{\mathrm{T}}\boldsymbol{g}_\theta(\boldsymbol{x}_{\mathbf{z}_{<t}},z_t)]}{\sum\limits_{x'}\exp[\boldsymbol{E}_{x'}^{\mathrm{T}}\boldsymbol{g}_\theta(\boldsymbol{x}_{\mathbf{z}_{<t}},z_t)]} \tag{8.43}$$

式中：$\boldsymbol{g}_\theta(\boldsymbol{x}_{\mathbf{z}_{<t}},z_t)$表示查询的隐含状态，包含了 t 位置之前的词以及需要预测词 $\boldsymbol{x}$ 的位置信息，它只编码预测词 $\boldsymbol{x}$ 上下文和其位置信息，但不编码 $\boldsymbol{x}$ 的内容信息。在双流自注意力机制的作用下完成内容隐含状态 $\boldsymbol{h}$ 与查询隐含状态 $\boldsymbol{g}$ 的更新。

有很多种可选的模型(或函数)来表示 $\boldsymbol{g}_\theta(\boldsymbol{x}_{\mathbf{z}_{<t}},z_t)$，这里利用位置 z_t 上下文 $\boldsymbol{x}_{\mathbf{z}_{<t}}$ 采用注意力机制来提取需要的信息来预测该位置的词。需要满足两点要求：

(1) 为了预测 $\boldsymbol{x}_{z_t}$，$\boldsymbol{g}_\theta(\boldsymbol{x}_{\mathbf{z}_{<t}},z_t)$只能使用位置信息 z_t 而不能使用 $\boldsymbol{x}_{z_t}$。显然，预测一个词当然不能知道要预测的结果。

(2) 为了预测 z_t 之后的词 $\boldsymbol{x}_{z_{j>t}}$，$\boldsymbol{g}_\theta(\boldsymbol{x}_{\mathbf{z}_{<t}},z_t)$必须编码 $\boldsymbol{x}_{z_t}$ 的信息(语义)。

为了表示两个注意力流，引入两个隐含状态表示两个流：

(1) 内容隐含状态 $\boldsymbol{h}_\theta(\boldsymbol{x}_{\mathbf{z}_{<t}})$，简写为 $\boldsymbol{h}_{z_t}$，该状态与标准的 Transformer 模型一样，既编码上下文也编码 $\boldsymbol{x}_{z_t}$ 的内容。

(2) 查询隐含状态 $\boldsymbol{g}_\theta(\boldsymbol{x}_{z<t},z_t)$，简写为 $\boldsymbol{g}_{z_t}$，该状态只编码上下文和需要预测的位置 z_t，但不包含 $\boldsymbol{x}_{z_t}$。

XLNet 预训练模型能够更加充分学习到上下文语义信息，图 8-27 展示了顺序序列 3→2→4→1 预测时双流自注意力机制的工作原理。对 $\boldsymbol{x}_1$ 进行预测时，模型能得到 $\boldsymbol{x}_2$、$\boldsymbol{x}_3$ 及 $\boldsymbol{x}_4$ 的信息，因此 $\boldsymbol{K}$、$\boldsymbol{V}$ 构建内容流信息时都用到了自身信息。XLNet 模型将双流自注意力机制对 BERT 模型中的掩蔽语言模型进行替换。在预测目标词时，模型既获取了目标词的原本位置信息，又掌握了目标词的内容信息。

按照 3→2→4→1，分别对内容流隐含状态 $\boldsymbol{h}$ 与查询流隐含状态 $\boldsymbol{g}$ 初始化为 $\boldsymbol{e}(x_i)$和 $\boldsymbol{w}$。观测图 8-27(c)中的掩码矩阵，对 $\boldsymbol{x}_1$ 的预测能够参考所有词的语义信息，对 $\boldsymbol{x}_2$ 的预测则只能参考 $\boldsymbol{x}_2$ 及 $\boldsymbol{x}_3$ 的语义信息，以此类推。进行查询流掩蔽操作时，对 $\boldsymbol{x}_1$ 的预测只能参考 $\boldsymbol{x}_2$、$\boldsymbol{x}_3$ 及 $\boldsymbol{x}_4$ 的语义信息，对 $\boldsymbol{x}_2$ 的预测则只能参考 $\boldsymbol{x}_3$ 的语义信息，以此类推。内容流和查询流在利用词自身语义对模型预测提供内容方面完全不同，在内容流中模型可以利用词本身信息进行预测，在查询流中词本身信息无法为模型提供预测参考，所以掩码矩阵对角线在图中的展现形式也不相同。从图中可以看出，两个掩码矩阵也不同，下方的掩码矩阵处理的是位置流，所以不能用自身的内容信息，因而对角线的内容都去掉了。

3. 引入 Transformer-XL 模型

为了降低文本长度对输入序列的影响，XLNet 模型还引入了 Transformer-XL 模型

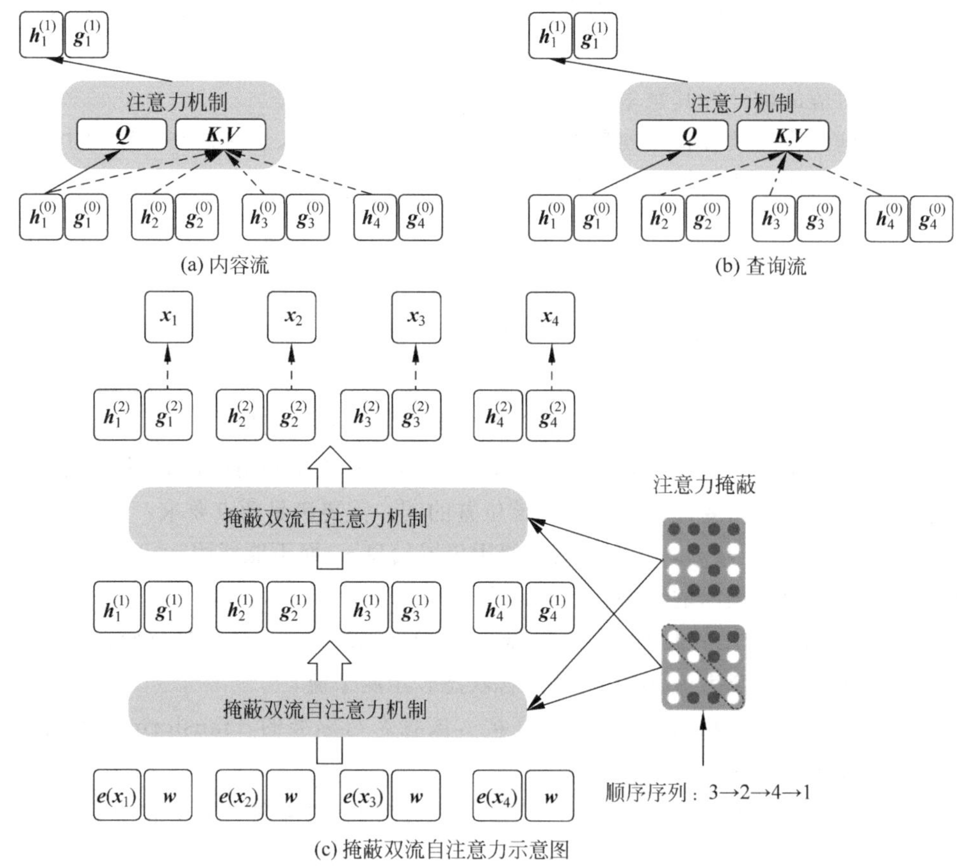

图 8-27　完整的双流自注意力机制的工作原理

的片段循环机制[18]以及相对位置编码。

1）片段循环机制

在训练 Transformer 模型时需要设定文本长度，即把文本按照设定长度分割成一段一段。如 BERT 模型预处理时，先分割成 512 字符长度的样本，但没有对中间结果进行保存，导致段与段之间没有联系，使模型学习不到上下文信息。因此，引入片段循环机制。具体做法是：前一段的计算完后，将计算出的隐藏状态保存下来放入记忆单元，在计算当前分段时，将之前保存下来的隐藏状态和当前段的隐藏状态拼接起来作为注意力机制的键值向量，从而获得更长的上下文信息。

如果存在两个连续且长度均为 L 的文本序列 $S_\tau=[x_{\tau,1},\cdots,x_{\tau,L}]$ 和 $S_{\tau+1}=[x_{\tau+1,1},\cdots,x_{\tau+1,L}]$。在整个模型中，把第 τ 个片段 S_τ 的第 n 层隐向量序列表示为 $\boldsymbol{h}_\tau^{(n)}\in\mathbb{R}^{L\times d}$，$d$ 表示隐藏层向量的维度，那么第 $\tau+1$ 个片段 $S_{\tau+1}$ 第 n 层的隐向量序列数学表达式为

$$\tilde{\boldsymbol{h}}_{\tau+1}^{(n-1)}=[\mathrm{SG}(\boldsymbol{h}_\tau^{(n-1)})\circ\boldsymbol{h}_{\tau+1}^{(n-1)}] \tag{8.44}$$

$$\boldsymbol{q}_{\tau+1}^{(n)},\boldsymbol{k}_{\tau+1}^{(n)},\boldsymbol{v}_{\tau+1}^{(n)}=\boldsymbol{h}_{\tau+1}^{(n-1)}\boldsymbol{W}_q^{\mathrm{T}},\tilde{\boldsymbol{h}}_{\tau+1}^{(n-1)}\boldsymbol{W}_k^{\mathrm{T}},\tilde{\boldsymbol{h}}_{\tau+1}^{(n-1)}\boldsymbol{W}_v^{\mathrm{T}} \tag{8.45}$$

$$\boldsymbol{h}_{\tau+1}^{(n)}=\text{Transformer\_Layer}(\boldsymbol{q}_{\tau+1}^{(n)},\boldsymbol{k}_{\tau+1}^{(n)},\boldsymbol{v}_{\tau+1}^{(n)}) \tag{8.46}$$

式中：SG 表示停止梯度计算，不再对 S_τ 的隐向量做反向传播；$\tilde{\boldsymbol{h}}_{\tau+1}^{n-1}$ 表示对两个隐向量输出 $\text{SG}(\boldsymbol{h}_\tau^{(n-1)})$ 和 $\boldsymbol{h}_{\tau+1}^{(n-1)}$ 沿时间轴上进行拼接，拼接后的维度为 $2L\times d$；$\boldsymbol{W}_q$、$\boldsymbol{W}_k$、$\boldsymbol{W}_v$ 分别表示查询、键以及值矩阵；$\boldsymbol{q}_{\tau+1}^{(n)}$ 的计算仍基于当前片段的隐向量输出 $\boldsymbol{h}_{\tau+1}^{(n-1)}$ 而实现，序列长度也保持不变；$\boldsymbol{k}_{\tau+1}^{(n)}$ 以及 $\boldsymbol{v}_{\tau+1}^{(n)}$ 的计算在拼接序列 $\tilde{\boldsymbol{h}}_{\tau+1}^{(n-1)}$ 的基础上完成，序列长度变为 $2L$。经过标准的 Transformer 模型计算，隐向量的输出长度仍为 L。

通过上述操作，模型对于上下文的接受能力线性增加，缓解了上下文碎片化的问题。而且在循环机制的作用下，模型在评估阶段只需采用在训练时差不多的片段即可，评估效率大大提高。

2) 相对位置编码

在 Transformer 模型中，输入端会对每个符号的输入嵌入一个位置编码，实现对序列中符号时序关系的表示。Transformer 模型中的位置编码通过正弦、余弦函数生成或者学习的方式获得。而在 Transformer-XL 模型中，每个片段嵌入的位置编码相同会导致不同片段之间的位置关系无法区分，将绝对位置编码和循环机制结合显然是不合理的。因此，Transformer-XL 模型摒弃了绝对位置编码的操作，选择相对位置编码，在对当前位置的隐向量进行计算时，考虑与其相关符号的相对位置关系。在对注意力机制进行计算时，只涉及查询向量和键向量的相对位置关系。

接下来对两种模型的位置编码方式进行对比。Transformer 模型中第 i 个符号和第 j 个符号的注意力分数的计算式：

$$\begin{aligned}A_{i,j}^{\text{abs}}&=(\boldsymbol{W}_q(\boldsymbol{E}_{x_i}+\boldsymbol{U}_i))^{\mathrm{T}}(\boldsymbol{W}_k(\boldsymbol{E}_{x_j}+\boldsymbol{U}_j))\\&=\underbrace{\boldsymbol{E}_{x_i}^{\mathrm{T}}\boldsymbol{W}_q^{\mathrm{T}}\boldsymbol{W}_k\boldsymbol{E}_{x_j}}_{(a)}+\underbrace{\boldsymbol{E}_{x_i}^{\mathrm{T}}\boldsymbol{W}_q^{\mathrm{T}}\boldsymbol{W}_k\boldsymbol{U}_j}_{(b)}+\underbrace{\boldsymbol{U}_i^{\mathrm{T}}\boldsymbol{W}_q^{\mathrm{T}}\boldsymbol{W}_k\boldsymbol{E}_{x_j}}_{(c)}+\underbrace{\boldsymbol{U}_i^{\mathrm{T}}\boldsymbol{W}_q^{\mathrm{T}}\boldsymbol{W}_k\boldsymbol{U}_j}_{(d)}\end{aligned} \tag{8.47}$$

式中：$\boldsymbol{E}_{x_i}$、$\boldsymbol{E}_{x_j}$ 分别为第 i 个符号和第 j 个符号的输入嵌入向量；$\boldsymbol{W}_q$、$\boldsymbol{W}_k$ 分别为多头注意力中每个头的查询向量和键向量；$\boldsymbol{U}_i$、$\boldsymbol{U}_j$ 分别为第 i 个符号和第 j 个符号的绝对位置嵌入。

从式(8.47)可以看出，注意力分数分解成(a)～(d)四项，其中：(a)项表示未添加原始位置编码的原始分数，该值与位置向量和位置编码都没关系；(b)项代表基于位置的内容偏置，即相对于当前内容的位置偏置；(c)项代表全局的内容偏置，用于衡量查询项的重要性((b)和(c)项都只有一个位置的向量，所以只包含位置绝对信息而不包含相对位置信息)；(d)项代表全局的位置偏置，同时包含 $\boldsymbol{U}_i$ 和 $\boldsymbol{U}_j$，包含相对位置信息。

Transformer-XL 模型在进行注意力机制的运算时，只关注查询向量以及键向量的相对位置关系，并对这种相对位置关系进行编码添加到每一层 Transformer 单元中的注意力机制计算中，操作形式如下：

$$A_{i,j}^{\text{rel}}=\underbrace{\boldsymbol{E}_{x_i}^{\mathrm{T}}\boldsymbol{W}_q^{\mathrm{T}}\boldsymbol{W}_{k,E}\boldsymbol{E}_{x_j}}_{(a)}+\underbrace{\boldsymbol{E}_{x_i}^{\mathrm{T}}\boldsymbol{W}_q^{\mathrm{T}}\boldsymbol{W}_{k,R}\boldsymbol{R}_{i-j}}_{(b)}+\underbrace{\boldsymbol{u}^{\mathrm{T}}\boldsymbol{W}_{k,E}\boldsymbol{E}_{x_j}}_{(c)}+\underbrace{\boldsymbol{v}^{\mathrm{T}}\boldsymbol{W}_{k,R}\boldsymbol{R}_{i-j}}_{(d)} \tag{8.48}$$

改变模型编码方式的思路如下：

(1) 用相对位置编码 $\boldsymbol{R}_{i-j}$ 替换绝对位置编码 $\boldsymbol{U}_j$，表示键项 x_j 相对于查询项 x_i 的位置。此处的 $\boldsymbol{R}$ 为正弦信号编码矩阵，由原生 Transformer 的三角函数计算而得，无须学习。

(2) 基于相对编码的思路，式(8.47)中(c)和(d)项里 $\boldsymbol{U}_i^{\mathrm{T}}\boldsymbol{W}_q^{\mathrm{T}}$ 表示查询项的绝对位置向量，因为无论查询项在序列中的绝对位置如何，其相对于自身的相对位置都是一样的。这说明注意力分数的计算与查询项在序列中的绝对位置无关，应当保持不变。因此，每个头对应的 $\boldsymbol{U}_i^{\mathrm{T}}\boldsymbol{W}_q^{\mathrm{T}}$ 可以使用一个位置 i 无关的向量来表示，可引入可训练的参数项 $\boldsymbol{u}$ 代替 $\boldsymbol{U}_i^{\mathrm{T}}\boldsymbol{W}_q^{\mathrm{T}}$，引入$\boldsymbol{v}$ 代替 $\boldsymbol{U}_i^{\mathrm{T}}\boldsymbol{W}_q^{\mathrm{T}}$。此时的 $\boldsymbol{u}$ 和$\boldsymbol{v}$ 都是可训练参数。

(3) 键项的内容嵌入和位置嵌入采用了不同的嵌入矩阵，即把 $\boldsymbol{W}_k$ 分解为权重矩阵 $\boldsymbol{W}_{k,E}$ 以及 $\boldsymbol{W}_{k,R}$，其中 $\boldsymbol{W}_{k,E}$ 对应键项内容嵌入的线性映射矩阵，$\boldsymbol{W}_{k,R}$ 对应位置编码的线性映射矩阵。

上述参数化定义后，式(8.48)每一项都有了一个直观上的表征含义，其中(a)项表示基于内容的表征，(b)项表示基于内容的位置偏置，(c)项表示全局内容的偏置，(d)项表示全局的位置偏置。

因为自回归模型对于文本序列建模具有优势，排列语言建模的引入实现了模型对上下文信息的建模，Transformer-XL 模型又在长文本建模方面很实用，所以 XLNet 模型在生成式任务和长文本任务的处理等自然语言理解领域均有很好的表现。实验结果显示，XLNet 模型的测试性能优于 BERT 模型。

8.6.2 ERNIE 模型及原理

BERT 模型采用基于海量无监督文本的深度学习预训练方法在自然语言处理领域取得了重大突破，但其建模单元停留在原始语音层面，对于语义知识的利用很少，很难学习到海量文本中的完整语义表示，特别是对中文进行处理时尤为突出。具体而言，BERT 模型虽然通过大量语料的训练可以经过概率推断一句话是否通顺，但不知道这句话描述什么；虽然通过训练学到上下文单词之间的一些关系，但还不足以构成知识。例如，对于“郑州是河南的省会”这句话，如果把“郑州”二字掩蔽掉，BERT 模型仍然可以通过下文内容正确预测。但是，这并不意味着模型理解“郑州”“河南”和“省会”这些词之间的关系，而这些关系是典型知识信息，它们在自然语言中至关重要。若能够让模型考虑到知识信息，就能让模型不仅在字词、语法层面，还能在知识层面符合人类语言的要求，从而成为一个真正有内涵的模型。

为了解决 BERT 模型以字为单位进行随机掩码没有考虑实体内部关联关系，以及利用语义知识单元建模的问题，提出了知识增强语义表示(Enhanced Representation through Knowledge Integration，ERNIE)模型。清华大学和百度公司都提出了自己的 ERNIE 模型，为了后续阐述方面，将其分别称为清华 ERNIE 模型[19]和百度 ERNIE 模型[20-21]。清华 ERNIE 模型和百度 ERNIE 模型是基于 BERT 模型改进而来[22]，而百度 RENIE 模型完全采用了 BERT 模型。百度 ERNIE 模型不仅在各大数据集上实现了多种任务的 SOTA 结果,而且在实际业务中也得到广泛应用。

1. 清华 ERNIE 模型

清华 ERNIE 模型的基本思想就是在 BERT 模型的语言模型中引入了知识图谱中的命名实体的先验知识[19,22]。以下面这句话为例:

Bob Dylan wrote **Blowin'in the Wind** in 1962, and wrote **Chronicles: Volume One** in 2004.

其中,下画线文本表示该词汇是命名实体,模型的思想是将这些命名实体用知识图谱的方式组表示出来。知识图谱就是概念、实体及其相互关系。为了将实体之间的关系组织起来,对齐文本与知识图谱的实体关系,并且将其引入 BERT 模型,清华 ERNIE 模型用 TransE 对大型知识图谱库"维基百科"进行实体知识嵌入。具体而言,原文采样了 5040986 个实体和 24267796 个事实对,这些实体嵌入在训练过程中保持固定。图 8-28 给出了例句的知识图谱表示,图中箭头上文字为关系或属性名称。

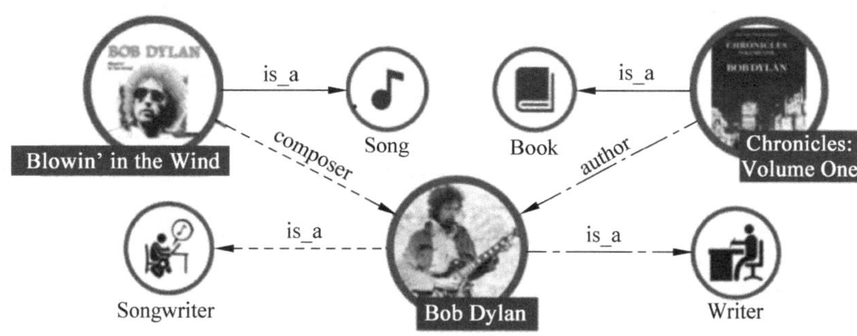

图 8-28 例句的知识图谱表示

具备能够表达实体之间关系的实体嵌入特征,因此需要考虑如何将其引入到 BERT 模型中。清华 ERNIE 模型的网络结构如图 8-29 所示。其中有三大模块:一是 T 编码器,对文本符号输入进行编码;二是 K 编码器,对知识图谱的实体嵌入特征进行编码;三是聚合器,用于对文本特征和实体特征的融合。

T 编码器模块的设计很简单,直接采用了 Transformer 编码器的结构,可表示为

$$\{\boldsymbol{w}_1,\cdots,\boldsymbol{w}_n\}=\text{T-Encoder}(\{w_1,\cdots,w_n\}) \tag{8.49}$$

式中:$\{w_1,\cdots,w_n\}$是符号序列,符号序列长度为 n。

K 编码器模块设计用于对知识图谱实体嵌入特征进行编码。如图 8-29 所示,其主要由两个自注意力模块(MH-ATT)组成。首先分别对符号编码特征和实体编码特征进行多头注意力集成:

$$\begin{cases}\{\tilde{\boldsymbol{w}}_1^{(i)},\cdots,\tilde{\boldsymbol{w}}_n^{(i)}\}=\text{MH-ATT}(\{\boldsymbol{w}_1^{(i-1)},\cdots,\boldsymbol{w}_n^{(i-1)}\}) \\ \{\tilde{\boldsymbol{e}}_1^{(i)},\cdots,\tilde{\boldsymbol{e}}_m^{(i)}\}=\text{MH-ATT}(\{\boldsymbol{e}_1^{(i-1)},\cdots,\boldsymbol{e}_m^{(i-1)}\})\end{cases} \tag{8.50}$$

式中:i 表示第 i 个聚合器。

对两者信息进行互相集成,期望有一个对齐关系 $\boldsymbol{e}_k=f(\boldsymbol{w}_j)$,则有

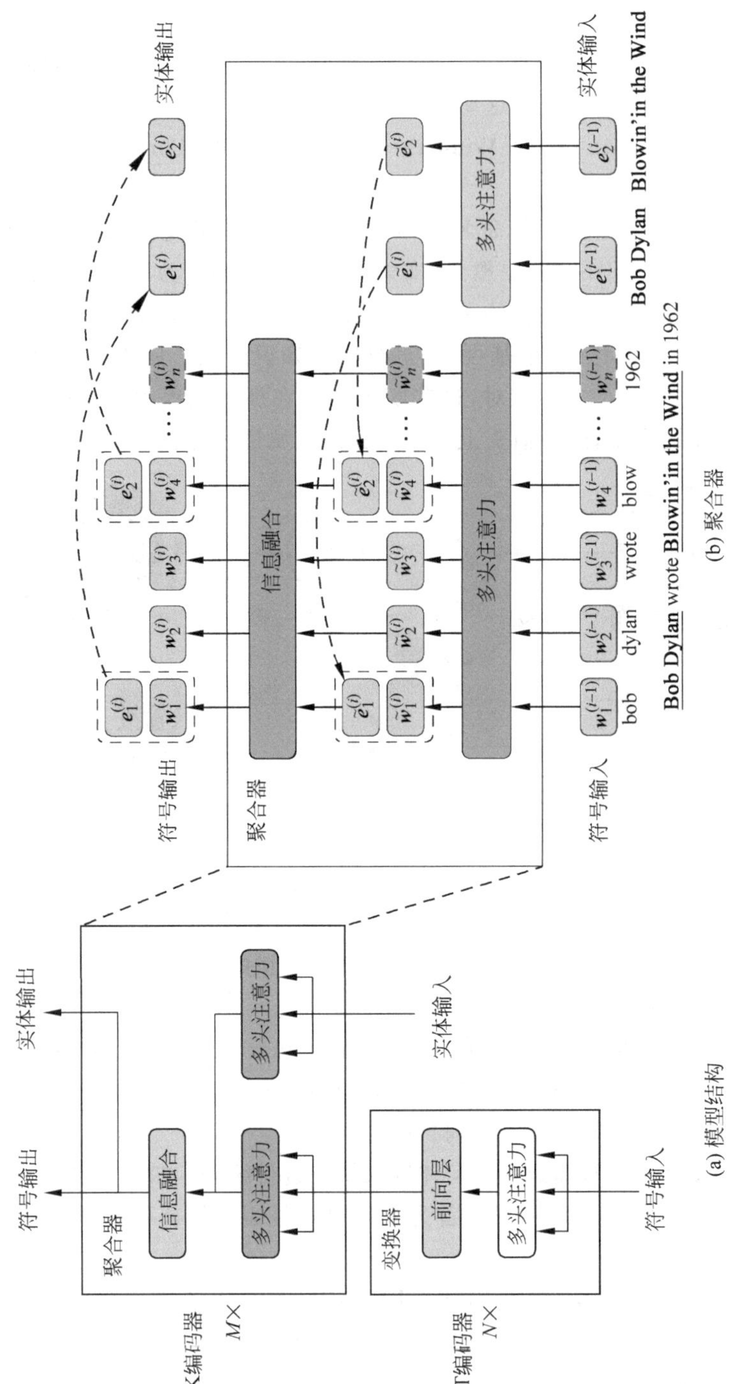

图 8-29　清华 ERNIE 模型的网络结构

$$
\begin{cases}
\boldsymbol{h}_j = \sigma(\widetilde{\boldsymbol{W}}_t^{(i)} \widetilde{\boldsymbol{w}}_j^{(i)} + \widetilde{\boldsymbol{W}}_e^{(i)} \widetilde{\boldsymbol{e}}_k^{(i)} + \widetilde{\boldsymbol{b}}^{(i)}) \\
\boldsymbol{w}_j^{(i)} = \sigma(\boldsymbol{W}_t^{(i)} \boldsymbol{h}_j + \boldsymbol{b}_t^{(i)}) \\
\boldsymbol{e}_k^{(i)} = \sigma(\boldsymbol{W}_e^{(i)} \boldsymbol{h}_j + \boldsymbol{b}_e^{(i)})
\end{cases}
\tag{8.51}
$$

式中：$\boldsymbol{h}_j$ 同时蕴含了符号特征和实体特征的隐含层特征。这个融合特征的方法很容易理解，如图 8-30 所示。将符号编码和实体编码后的注意力表示特征 $\widetilde{\boldsymbol{w}}_j^{(i)}$ 和 $\widetilde{\boldsymbol{e}}_k^{(i)}$ 进行融合得到 $\boldsymbol{h}_j$，然后再将 $\boldsymbol{h}_j$ 分别经过映射矩阵 $\boldsymbol{W}_t^{(i)}$ 和 $\boldsymbol{W}_e^{(i)}$ 再进行分离。

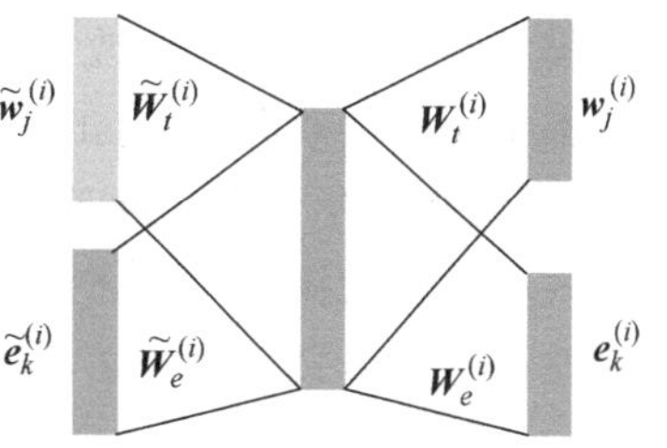

图 8-30　特征融合过程

若对应符号序列不存在实体，则采用下式进行融合，即

$$
\begin{cases}
\boldsymbol{h}_j = \sigma(\widetilde{\boldsymbol{W}}_t^{(i)} \widetilde{\boldsymbol{w}}_j^{(i)} + \widetilde{\boldsymbol{W}}_e^{(i)} \widetilde{\boldsymbol{e}}_k^{(i)} + \widetilde{\boldsymbol{b}}^{(i)}) \\
\boldsymbol{w}_j^{(i)} = \sigma(\boldsymbol{W}_t^{(i)} \boldsymbol{h}_j + \boldsymbol{b}_t^{(i)})
\end{cases}
\tag{8.52}
$$

整个过程可抽象为下式：

$$
\{\boldsymbol{w}_1^{(i)}, \cdots, \boldsymbol{w}_n^{(i)}\}, \{\boldsymbol{e}_1^{(i)}, \cdots, \boldsymbol{e}_m^{(i)}\} = \text{Aggregator}(\{\boldsymbol{w}_1^{(i-1)}, \cdots, \boldsymbol{w}_n^{(i-1)}\}, \{\boldsymbol{e}_1^{(i-1)}, \cdots, \boldsymbol{e}_m^{(i-1)}\})
\tag{8.53}
$$

其中，聚合器将 $\{\boldsymbol{w}_1^{(i-1)}, \cdots, \boldsymbol{w}_n^{(i-1)}\}, \{\boldsymbol{e}_1^{(i-1)}, \cdots, \boldsymbol{e}_m^{(i-1)}\}$ 变成 $\{\boldsymbol{w}_1^{(i)}, \cdots, \boldsymbol{w}_n^{(i)}\}, \{\boldsymbol{e}_1^{(i)}, \cdots, \boldsymbol{e}_m^{(i)}\}$。

整个 K 编码器的公式到此为止。综合之前所述，可以表示为

$$
\{\boldsymbol{w}_1^o, \cdots, \boldsymbol{w}_n^o\}, \{\boldsymbol{e}_1^o, \cdots, \boldsymbol{e}_m^o\} = \text{K-Encoder}(\{\boldsymbol{w}_1, \cdots, \boldsymbol{w}_n\}, \{\boldsymbol{e}_1, \cdots, \boldsymbol{e}_m\})
\tag{8.54}
$$

式中：$\{\boldsymbol{w}_1, \cdots, \boldsymbol{w}_n\}, \{\boldsymbol{e}_1, \cdots, \boldsymbol{e}_m\}$ 为原始输入序列嵌入，$\{\boldsymbol{w}_1^o, \cdots, \boldsymbol{w}_n^o\}, \{\boldsymbol{e}_1^o, \cdots, \boldsymbol{e}_m^o\}$ 将会作为特定下游任务的特征进行处理，其中上标 o 表示输出(output)。

清华 ERNIE 模型设计相对常规，符号和实体的特征分别输入，然后通过编码，融合后再次分开，使得分离开的特征同时融合有对方的信息。考虑到此时需要的是实体与符号之间的对齐关系，借用去噪实体自编码(Denoising Entity Auto-Encoder，DEA)损失，如下所示：

$$
p(\boldsymbol{e}_j \mid \boldsymbol{w}_i) = \frac{\exp(\text{linear}(\boldsymbol{w}_i^o) \cdot \boldsymbol{e}_j)}{\sum_{k=1}^{m} \exp(\text{linear}(\boldsymbol{w}_i^o) \cdot \boldsymbol{e}_k)}
\tag{8.55}
$$

其中 linear(·)为线性层，式(8.55)通过极大似然估计某个符号预测得到某个实体的概率，通过交叉熵进行损失衡量。注意，$\boldsymbol{e}_j$ 表示第 j 个实体的原始输入嵌入特征，因为这样才能度量融合后的符号特征 $\boldsymbol{w}_i^o$ 对应实体的信息量大小。

损失函数同时采用了传统 BERT 模型训练中的文本掩蔽语言模型损失 $\mathcal{L}_{\text{MLM}}$ 和邻句预测损失 $\mathcal{L}_{\text{NSP}}$，总损失为三者的和，即

$$
\mathcal{L} = \mathcal{L}_{\text{DEA}} + \mathcal{L}_{\text{MLM}} + \mathcal{L}_{\text{NSP}}
\tag{8.56}
$$

2. 百度 ERNIE 模型

百度 ERNIE 模型先后出现不同的版本，包括 ERNIE1.0[20] 和 ERNIE2.0[21] 版本。同样是为了引入知识图谱中的实体语义，与清华 ERNIE 模型不同，百度 ERNIE 模型没有对模型结构进行任何修改，采用的是完全的 BERT 模型。百度 ERNIE 模型和 BERT 模型都采用多层双向 Transformer 作为编码器实现特征提取。和 BERT 模型不同的是，ERNIE 模型摒弃了单一的字掩码策略，采用单元级掩码、短语级掩码以及实体级掩码三种方式相结合的掩码策略，对实体属性、实体关系等知识信息进行隐式学习，提高了模型对完整概念的语义表示的学习能力。

1）百度 ERNIE1.0

百度 ERNIE 模型对掩蔽语言模型进行修改，使其能分层次地对符号进行掩蔽。百度 ERNIE1.0 的掩蔽包括以下三种：

（1）单元级掩码：与 BERT 模型的掩码策略类似，ERNIE 模型在第一个学习阶段采用基本单元级掩码，对低级语义进行学习。该策略将句子当作基本语言单位构成的序列，汉语基本语言单位为汉字，英语基本语言单位则为单词。模型进行训练时，对句子中15%的基本语言单元进行随机掩蔽，利用其他基本单元作为输入，开展 Transformer 单元的训练，实现对掩蔽单元的预测。

（2）短语级掩码：少部分单词或字符可以构成词组，进而承担概念单元的作用。针对英语，可以采用词法分析和分块工具的方式敲定句子中短语的边界。对于其他语言（如汉语）的词或短语信息获取，可以通过基于语言的分段工具来实现。在此掩码阶段，基本语言单元用于模型的训练输入。与第一个学习阶段的掩码策略不同，模型对句子中的些许短语随机选择，实现同一短语中的所有基本单元的掩蔽和预测。通过以上过程，短语信息就被编码到单词嵌入中。

（3）实体级掩码：命名实体包括人员、位置和产品等，可以通过专有名称进行表征。其可以为抽象的，也可以为物理存在的。一般情况下，实体承载了句子中的重要信息。与短语掩码阶段相同，实体级别掩码首先分析句子中的命名实体，随后对实体中的所有时隙进行掩蔽和预测。

通过三个阶段的掩码操作，提升了模型的整体表征能力。下面通过简单例子来具体描述掩蔽策略。

例子 1： **Harry Potter** is a series of fantasy novels written by **J. K. Rowling**

例子 2： **哈尔滨**是**黑龙江**的省会，国际冰雪文化名城。

上面两个例子中，Harry Potter 和 J. K. Rowling 是命名实体，哈尔滨和黑龙江也是命名实体。如果掩蔽语言模型将其中某个字符掩蔽掉，例如将“Harry Potter”处理成“[MASK] Potter”显然不合理，我们期望的是对某个实体一并进行掩蔽，要么将“Harry Potter”同时掩蔽，要么都不掩蔽。因此从图 8-31(b)可以看出，将词组“a series of”和“J. K. Rowling”作为整体同时掩蔽。其中“a series of”是短语级掩蔽，而“J. K. Rowling”是实体级掩蔽。图 8-32 是中文例句的掩蔽过程，BERT 模型只是对汉字音节进行随机掩蔽，

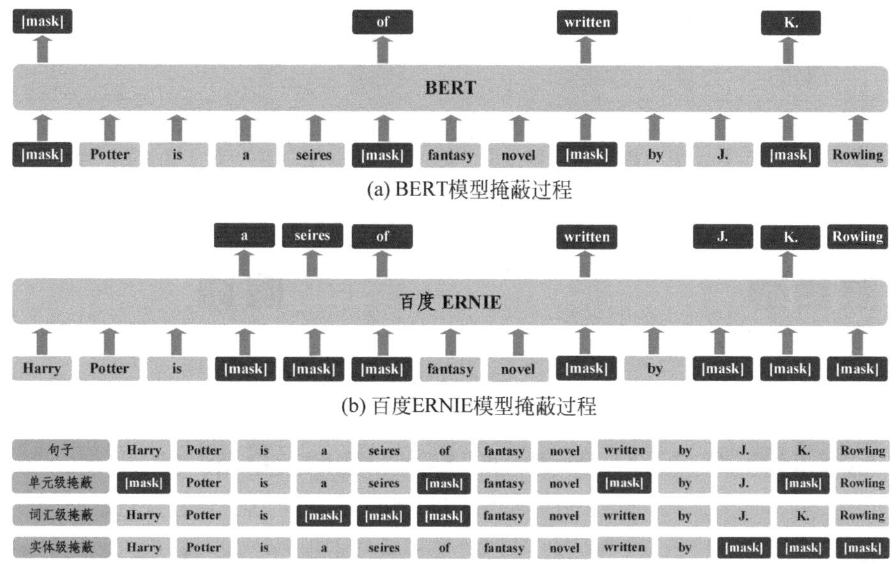

(a) BERT模型掩蔽过程

(b) 百度ERNIE模型掩蔽过程

(c) 百度ERNIE模型三种级别的掩蔽

图 8-31　英文句子的掩蔽过程

而百度 ERNIE 模型进行了三种类型的掩蔽，尤其是进行词级和命名实体的掩蔽，例如将“哈尔滨”和“冰雪”同时进行掩蔽，同样“哈尔滨”是实体级掩蔽，而“冰雪”是词汇级掩蔽。

综上所述，BERT 模型对中文语义进行建模时，更加关注原始词单元的信息，训练时学到的更多是基本单元之间的关系，忽略了对词语实体的学习。该模型采用掩蔽语言模型训练策略进行预训练，被掩蔽掉的词是随机抽取的，模型在进行预测时要对每个词进行关注，才能得到更好的预测效果。整个流程类似于完形填空，各个词的分布式向量输出均包含了上下文的语义关系。

ERNIE 模型在 BERT 模型学习局部语义表示的基础上，增加了词汇级和实体级的表达，因此能够实现不同颗粒度单元的语言模型，且能够从语义、知识等不同层面上进行建模。ERNIE 模型除了能学习到 BERT 模型之间的局部关系，还能够学习到词和实体的表达，将“哈尔滨”和“黑龙江”之间的关系还原出来，能够学习到哈尔滨是黑龙江的省会，并且是冰雪城市。尤其是增加了实体对齐任务，在知识图谱中预训练的实体嵌入与文本中相应的实体相结合，对海量数据中的语义知识进行建模，对真实世界里的语义关系进行捕捉，在词、实体等语义模块掩码的基础上，获得具有完整概念的语义表达。与 BERT 模型学习的内容不同，ERNIE 模型直接建模先验语义知识，使得模型对语义的整体理解能力有所提升。相比于清华 ERNIE 模型，百度 ERNIE 模型没有显性对知识建模，而是通过实体隐性进行知识表示。

其他方面，ERNIE 模型和 BERT 模型大致相同，因此 ERNIE 模型在进行预训练时仍需要大量时间。此外，ERNIE 模型在进行训练时采用的语料种类多样，除了有百科类文章，还有新闻资讯类文章以及论坛对话类数据，进一步地提升了模型语义表示能力。在自然语言推断、情感分析、问答匹配等多个公开数据集上进行测试时，ERNIE 模型相

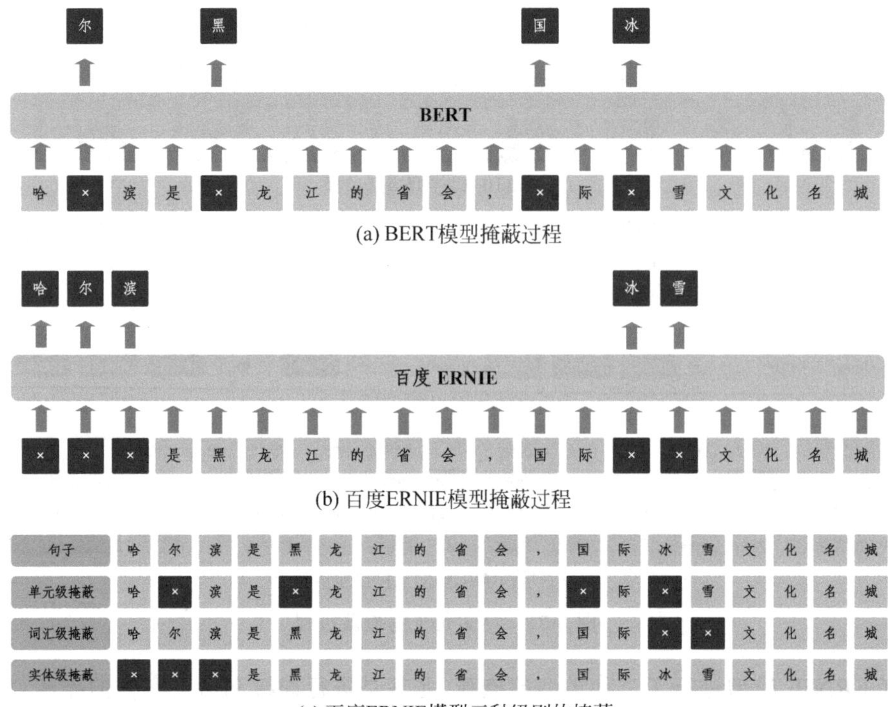

(a) BERT模型掩蔽过程

(b) 百度ERNIE模型掩蔽过程

(c) 百度ERNIE模型三种级别的掩蔽

图 8-32　中文句子的掩蔽过程

较 BERT 模型均取得了更好的效果。

2）百度 ERNIE 2.0

百度 ERNIE 模型最初提出的初衷是“简单可依赖”特点，因此百度 ERNIE 2.0 仍然没有对模型结构进行任何改变，但相比 ERNIE 1.0 版本引入了持续多任务学习的概念，即通过添加粒度从粗到细的一系列任务(可以认为是不同的损失函数)，从而让 ERNIE 2.0 实现了性能上的较大提升。

为了描述复杂的文本语义关系，可以定义很多的任务进行描述，粒度从细到粗包括如下三类：

(1) 词级预训练任务：该类型的任务考虑如何组织单词之间的词法关系；

(2) 结构级预训练任务：该类型的任务考虑如何组织句子之间的句法关系；

(3) 语义级预训练任务：该类型的任务考虑如何组织文本语义块之间的语义关系。

每一类的任务里面可能有很多小类任务，而且可能随时会添加新的任务，为了使得这个过程可控，通常需要用持续学习进行多任务的管理。图 8-33(a)、(b)、(c)分别给出了持续多任务学习、多任务学习、持续学习的基本思想。持续学习通过分阶段地分别训练某个任务达到“可持续”的目的。然而，深度模型训练过程中存在灾难性遗忘效应，后面训练的任务经常会覆盖之前学习到的知识，导致学习新任务之后，对之前学习的任务进行测试，性能会有较大幅度的下降。因此，需要考虑采用多任务学习的方式进行学习，如图 8-33(b)所示，通过联合多个任务同时训练，可以保证模型同时能对多任务的信息进行感知。持续多任务学习是将持续学习和多任务学习结合起来,形成了序贯结构的可持续多任务学习框架。

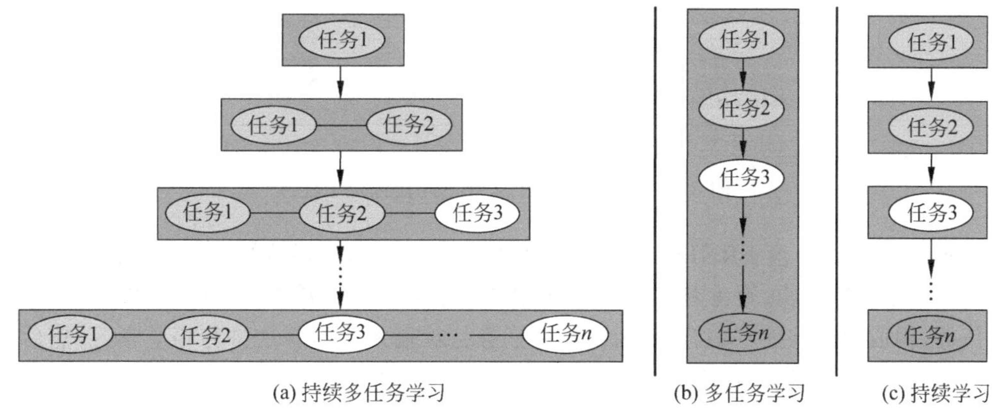

图 8-33 不同学习方式的对比

百度 ERNIE 2.0 的训练任务相对复杂,且在实际系统中进行应用。下面简单分析在持续多任务训练框架下的训练任务。

(1) 知识掩蔽:百度 ERNIE 1.0 中的单元级掩蔽策略。

(2) 符号-文档关系:类似于 TF-IDF,即对于出现在某个片段中的某个符号,统计该符号在原文章中其他部分出现的频次,该方法是一种通过词频统计分析文章主题的工具。

(3) 大写预测:用于判断单词是否是大写,因为大写的单词通常具有特殊含义,比如USA、UK、New York 等,通常对命名实体相关任务中提升性能。

(4) 多句排序:将给定段落随机划分为 1～m 段,然后将其打乱,预测段的正确顺序。

(5) 句对距离:该任务是一个分类任务,若给定两个句子相邻,则判断为 0;若给定句子同属于一篇文章,则判断为 1;若给定句子来自不同文档,则判断为 2。该分类任务可以从句子的角度去判断文章主题。

(6) 段落关系:判断给定句子之间的修辞,语义承接关系。

(7) 信息检索相关性:该任务是一个分类任务,采用了百度自己内部搜索结果的数据,对于某个查询项而言,产生的 DOC 文档的标题,若这两个是匹配的(文档被展示且被用户点击),则判断为 0;如果在搜索引擎上被展示但是用户没点击,则判断为 1;若完全不展示,则判断为 2。信息检索相关性数据是百度独有数据,对于其他研究人员而言,由于无法获取数据,因此很难再现实验结果。

下面从持续多任务训练角度阐述不同任务的关系。图 8-34 给出了词级预训练任务、结构级预训练任务、语义级预训练任务下的子任务归属。从图中可以看出,先进行词级预训练任务,同时完成知识掩蔽、符号-文档关系和大写预测三个子任务的多任务学习;然后进行结构级预训练任务,完成多句排序和句对距离两个子任务;最后进行语义级预训练任务,完成段落关系与信息检索相关性两个子任务。

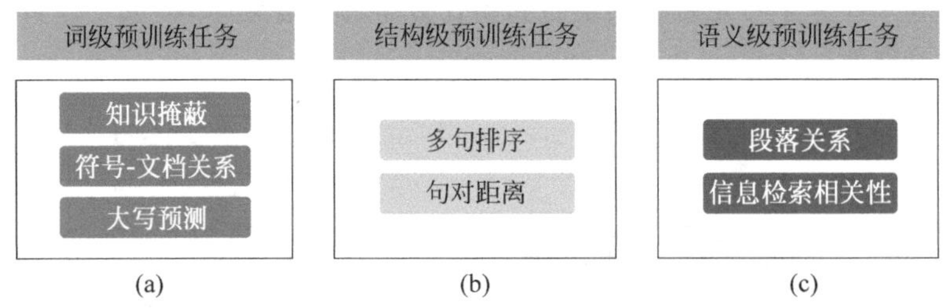

图 8-34　百度 ERNIE 2.0 不同任务及子任务

图 8-35 给出百度 ERNIE 2.0 的整体训练框架。训练包括持续预训练和精调整两部分。从图中可以看出，百度首先根据大数据和先验知识(如实体、分词的结果)构建很多个任务，构成预训练任务集合，而后将这些任务持续输入学习算法进行相应学习，然后将学习得到的预训练模型权重参数返回给下游特定任务进行微调。

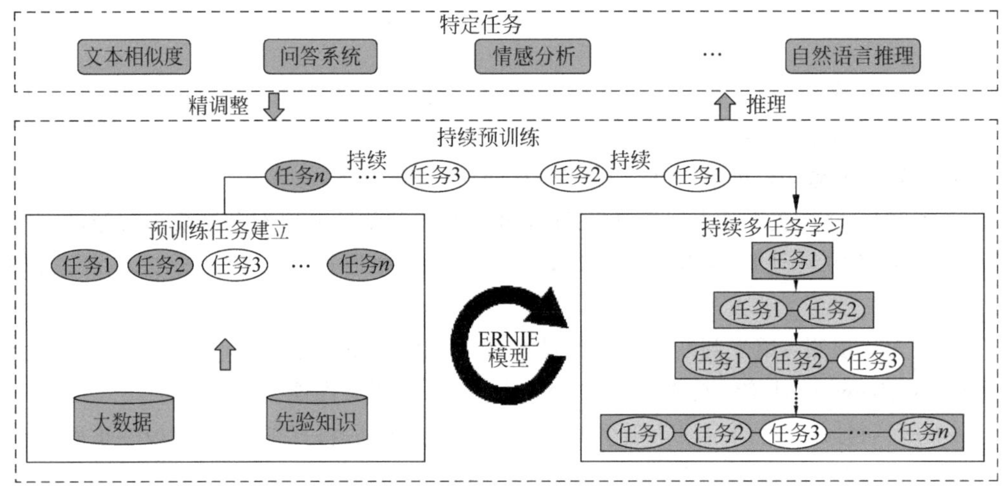

图 8-35　百度 ERNIE 2.0 的框架

持续多任务学习的目的是不遗忘之前的训练结果，由于任务数比较多，模型容易产生灾难性遗忘，即忘记最早训练任务得到的参数。所以，ERNIE 2.0 使用上一个任务的参数训练新任务时，旧任务也加进来一起训练，这样每一轮迭代都带上旧任务，到最后一轮时，同时训练所有的任务。这是一个串行和并行同时进行的框架，多次迭代之间是串行的，每一次迭代的时候多个任务并行计算。多任务之间之所以能进行并行计算，是因为每个任务都有独立的损失函数，可以将句子任务和词级任务一起训练。ERNIE 2.0 的嵌入形式包括符号嵌入、位置嵌入、句子嵌入和任务嵌入，如图 8-36 所示。与 BERT 模型不同的是，句子嵌入不单是二分类形式，而是多分类标签，如图中给出的“AAAAABBBBCCCC”的形式。而任务嵌入标记该样本输入是服务于哪个预训练任务，图 8-36 是服务于任务 3。

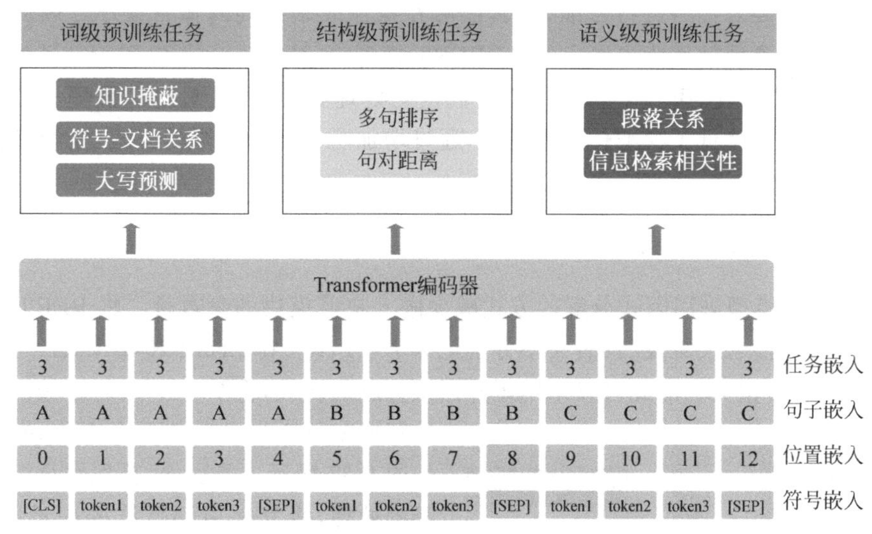

图 8-36　百度 ERNIE 2.0 的输入嵌入形式

3. 两种 ERNIE 模型的比较分析

从前面介绍可以看出，无论是清华 ERNIE 模型还是百度 ERNIE 模型，本质上都是想更多将知识信息引入到模型中来，但二者引入的方式存在较大差异。清华 ERNIE 模型重点在于模型结构的改进，而百度 ERNIE 模型没有对模型结构进行调整，而是对掩码方式以及预训练任务进行调整。百度 ERNIE 模型的两个版本的重心是一致的，都是对训练任务进行调整。那么模型调整和任务调整哪种方式优势更为明显呢？实验数据给出了最终的对比结果，这里不对具体的实验结果进行赘述，但从 GLUE 实验结果可以看出，百度 ERNIE 2.0 结果全任务上碾压了清华的 ERNIE 模型，达到了 SOTA 的结果。文献没有将清华 ERNIE 模型与百度 ERNIE 1.0 进行对比，因为可以认为百度 ERNIE 1.0 版本其实是 ERNIE 2.0 版本的弱化版本，其设计思想是一脉相承的。此外，百度 ERNIE 模型在中文任务上的表现也更为出色。从实验结果似乎可以推断，对于这种大规模预训练模型而言，或许模型结构的调整并没有想象的那么重要。从深层次角度上思考，由于预训练模型参数规模巨大，其模型假设空间巨大，若能控制适合的任务去约束搜索，那么可以将这种任务调整等价于显性的某种形式模型结构修改。因此，对于后续研究而言，应更多从以下四个方面来优化预训练模型：一是如何寻找更合适的预训练任务；二是如何获取高质量的预训练数据；三是如何获得更为精准的预训练标签；四是如何建立更科学的多任务学习框架提升模型的泛化能力。

8.6.3　ALBERT 模型及原理

ALBERT 全称为“A Little Bert”，即“精简版”的 BERT 模型。BERT 模型虽然性能大幅提升，但涉及庞大的模型参数量，很大程度上受硬件设备性能和训练时长制约。在实际应用中,需要对模型进行压缩,使其能够在保证效率的同时体量变小。因此以减少参数冗余,提升参数效率为出发点的 ALBERT 模型[23]被提出。它在 BERT 模型的基础上进行了精简和优化,引入了两种减少参数量的处理方法,并且对语句预测任务的损失函数加以完善,在降低了模型体量的同时,通过增加隐含层和层数的方式,来提升模型的整体效果。

1. 嵌入向量因式分解

ALBERT 模型采用因式分解的方式减少嵌入映射模块的参数量。将 BERT 模型中的词向量维度、隐含层维度、词表大小分别记为 E、H、V。在 BERT 模型中,$E=H$,导致映射的参数数量很大。因此可以采用矩阵因式分解的方式,将 $V\times H$ 维的原始嵌入矩阵分解成 $V\times E$ 和 $E\times H$ 两个矩阵,操作过程如图 8-37 所示。换言之,首先对目标词进行降维处理,将其映射到低维的向量空间 E,随后根据需要再映射到隐藏空间 H。这样把参数量从 $O(V\times H)$ 降低到 $O(V\times E+E\times H)$,当 $E\ll H$ 时,参数量减少的很多。在实际处理中,可以对 $V\times E$ 和 $E\times H$ 两个矩阵进行随机初始化,进而用词的独热向量乘以维度为 $V\times E$ 的矩阵,最后对获取的结果乘以维度为 $E\times H$ 的矩阵。

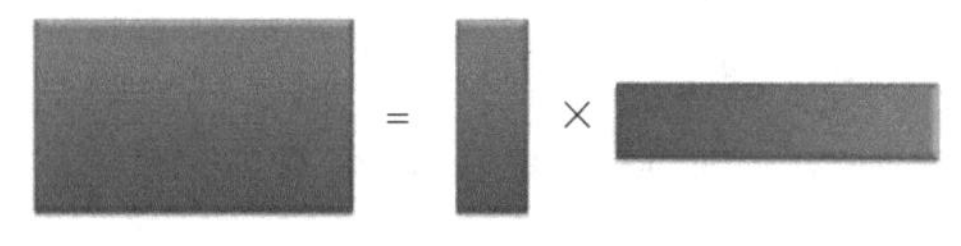

图 8-37　嵌入向量参数化因式分解

2. 跨层参数共享

BERT 模型中的编码结构采用串行连接的方式,因此编码模块之间的参数无法共享,这样的构造会进一步产生参数冗余。所以,ALBERT 模型采用三种参数共享的方式对参数量进行压缩:一是只对前馈神经网络的参数进行共享;二是只对注意力模块的参数进行共享;三是对所有的参数进行共享。在其他参数保持不变时,各层之间的参数共享会造成模型性能的少量损失,当 $E=128$ 时,可认为没有太大差别,而且可以通过增大隐含层和层数的方式来降低影响。研究同时发现,方法一会导致模型整体性能下降,而方法二的选择将促进模型性能提升。参数共享后,模型计算量没有变,性能略有损失,但参数的数量大幅度低于 BERT 模型的参数量,模型空间复杂度大大降低。

3. 语句顺序预测

大量的研究表明,BERT 模型的邻句预测策略无法对参数进行充分训练,并对掩蔽语言建模产生干扰,因此,ALBERT 模型在 BERT 模型基础上引入了句间连贯性预测策略。在邻句预测策略中,对于一个句子,其正例是匹配后面正常连接的句子,反例则是匹配随机抽取的句子。但是,分类任务的过于简单导致了该策略在实际操作中的效果并不好。对于邻句预测进行预测目的细分,存在关系一致性预测和主题预测两种形式。掩蔽语言模型中具备主题预测的作用,但是关系一致性预测又比主题预测的任务复杂。当邻句预测对两个句子主题预测不同时,BERT 模型则更大可能地选择主题预测方式,会导致邻句预测无法发挥其应有作用。因此,ALBERT 模型通过语句顺序预测对 BERT 模型进行改动,为了只保留一致性任务去除主题识别的影响,提出了一个新的任务——句序预测(Sentence Order Prediction,SOP),SOP 的正样本和 NSP 的获取方式是一样的,负样本把正样本的顺序反转即可克服主题的影响。SOP 强于 NSP,该任务的添加给最终的结果提升了一个点。

由于 dropout 对模型精度提升作用很小,在训练阶段有一定的累计后可以移除,移除后可明显减少模型对内存的消耗,进一步提升模型性能。总之,ALBERT 模型通过参数共享和向量矩阵分解的方式减少了参数量,从而降低了计算机内存的消耗量,极大地提升了模型效率。

8.7 序列到序列模型的应用

序列到序列模型简化了传统深度学习模型中的流水线模块,可以看作一个端到端学习模型,该模型为机器翻译、语音识别、语音合成领域的技术和发展提供了新的理论依据参考。

在机器翻译领域,可以把基于序列到序列模型的机器翻译模型当作是将一个句子(段落或篇章)生成另外一个句子(段落或篇章)的通用处理模型,模型可以将源语言文本使用一个非线性神经网络直接映射成目标语言文本。模型中的编码器模块将输入源语句转化成一个固定长度的向量编码,解码器模块将之前生成的固定向量再转化成输出目标句子。源语句和目标句子可以是不同种类的语言。基于序列到序列的翻译模型采用非线性模型取代了统计机器翻译的线性模型,其训练过程都包含在神经网络内部,不再分成多个模块处理,输入端直接到输出端,中间由神经网络作为一个黑盒子自成一体,不再需要词语对齐等预处理以及人为设计的特征。

连续语音识别可以看成是语音特征到音素(字素)的“翻译”,因而可以借助序列到序列模型用于连续语音识别,编码网络将原始语音特征序列转化为高层特征序列,解码网络把目标向量作为输入逐个计算出输出序列每个位置出现各个音素(字素)的后验概率,指导生成音素(字素)序列,该模型在识别过程中既不依赖先验对齐信息,也摆脱了输出音素序列之间的独立性假设。

语音合成技术试图将一份高度压缩的文本源解压缩为语音,能够看作是文本特征到声学特征的“翻译”,因而语音合成系统的设计可以借鉴序列到序列模型。与传统的语音合成系统相比,基于序列到序列模型的语音合成系统把文本分析前端、声学模型和后端生成模块统一到一个网络架构中,可以基于各种属性进行灵活且多样化的调节,比如,不同说话人、不同语言或者像语义这样的高层特征,拟合新数据也将变得更容易。既减少了基于特定领域知识的密集工程参数模型,又简化了语音合成系统的构建过程。此外,序列到序列模型在文本摘要生成,图像生成等方面均有很好的开展和应用,性能相较于传统模型都有一定的提升和改善。

8.8 本章小结

序列到序列模型为深度学习扩展到序列数据提供了一种新的方法,并快速推广应用到多个领域,但是遇到要处理的数据太长,模型会产生梯度消失的问题,而且模型对于数据开头和末端的记忆能力有偏差,远离末端的数据会被逐渐遗忘掉。因此,结合了注意力机制的序列到序列模型得到更进一步的发展,能够高效地解决不同长度的序列到序列映射问题。摒弃了传统神经网络结构,仅采用注意力机制搭建的 Transformer 序列到序列模型架构更是极大地提升了模型的性能。在 Transformer 模型的基础上,BERT 模型、XLNet 模型、ERNIE 模型、ALBERT 模型根据不同的现实任务对模型提出了改进,进一步丰富了模型的优化结构,极大地提升了在自然语言理解任务中的处理能力。总之,序列到序列模型相较于传统的深度学习模型,具有调整灵活、设计简单的多重优点,具有很好的借鉴意义。

参考文献

[1] Cho K, Van Merrienboer B, Gulcehre C, et al. Learning Phrase Representations using RNN Encoder-Decoder for Statistical Machine Translation[C]. In: Proceedings of the Conference on Empirical Methods in Natural Language Processing(EMNLP), 2014: 1724-1734.

[2] Sutskever I, Vinyals O, Le Q V. Sequence to Sequence Learning with Neural Networks[C]. In: Proceedings of Advances in Neural Information Processing Systems(NIPS), 2014(4): 3104-3112.

[3] Gehring J, Auli M, Grangier D, et al. Convolutional Sequence to Sequence Learning[C]. In: Proceedings of the International Conference on Machine Learning(ICML), 2017, 70: 1243-1252.

[4] Graves A, Fernández S, Gomez F, et al. Connectionist Temporal Classification: Labelling Unsegmented Sequence Data with Recurrent Neural Networks[C]. In: Proceedings of the International Conference on Machine Learning(ICML), 2016: 369-376.

[5] Hrain. CTC: 连接时序分类器[EB/OL]. https://www.jianshu.com/p/5e786b0b9c4a.

[6] Bahdanau D, Cho K, Bengio Y. Neural Machine Translation by Jointly Learning to Align and Translate[J]. arXiv preprint arXiv: 1409.0473. 2014.

[7] Mnih V, Heess N, Graves A, et al. Recurrent Models of Visual Attention[C]. In: Proceedings of Advances in Neural Information Processing Systems(NIPS), 2014: 2204-2212.

[8] Chorowski J, Bahdanau D, Serdyuk D, et al. Attention-Based Models for Speech Recognition[C]. In: Proceedings of Advances in Neural Information Processing Systems(NIPS), 2015: 577-585.

[9] Cho K, Courville A, Bengio Y. Describing Multimedia Content using Attention-based Encoder-decoder Networks[J]. IEEE Transactions on Multimedia, 2015, 17(11): 1875-1886.

[10] Vaswani A, Shazeer N, Parmar N, et al. Attention is All You Need[C]. In: Proceedings of Advances in neural information processing systems, 2017: 5998-6008.

[11] 习翔宇. 论文解读: Attention is All You Need[EB/OL]. https://zhuanlan.zhihu.com/p/46990010.

[12] Devlin J, Chang M W, Lee K, et al. BERT: Pre-training of Deep Bidirectional Transformers for Language Understanding[J]. arXiv preprint arXiv: 1810.04805, 2018.

[13] Radford A, Narasimhan K, Salimans T, et al. Improving Language Understanding by Generative Pre-Training[R]. Technical Report, OpenAI. 2018.

[14] NLP学习笔记. 彻底理解 Google BERT 模型[EB/OL]. https://baijiahao.baidu.com/s?id=1651912822853865814&wfr=spider&for=pc.

[15] Radford A, Narasimhan K, Salimans T, et al. Language Models are Unsupervised Multitask Learners[J]. OpenAI blog, 2019, 1(8): 9.

[16] Brown T B, Mann B, Ryder N, et al. Language Models are Few-shot Learners[J]. arXiv preprint arXiv: 2005.14165, 2020.

[17] Yang Z, Dai Z, Yang Y, et al. XLNet: Generalized Autoregressive Pretraining for Language Understanding[C]. In: Proceedings of Advances in Neural Information Processing Systems (NIPS), 2019: 5754-5764.

[18] Dai Z, Yang Z L, Yang Y M, et al. Transformer-XL: Attentive Language Models beyond A Fixed-length Context[J]. arXiv preprint arXiv: 1901.02860, 2019.

[19] Zhang Z, Xu H, Liu Z, et al. ERNIE: Enhanced Language Representation with Informative entities[J]. arXiv preprint arXiv: 1905.07129, 2019.

[20] Sun Y, Wang S, Li Y, et al. ERNIE: Enhanced Representation through Knowledge Integration [J]. arXiv preprint arXiv: 1904.09223v1, 2019.

[21] Sun Y, Wang S, Li Y, et al. ERNIE 2.0: A Continual Pre-training Framework for Language Understanding[C]. In: Proceedings of the AAAI Conference on Artificial Intelligence. 2020, 34 (5): 8968-8975.

[22] FesianXu. "清华 ERNIE"与"百度 ERNIE"的爱恨情仇[EB/OL]. https://blog.csdn.net/LoseInVain/article/details/113859683.

[23] Lan Z, Chen M, Goodman S, et al. ALBERT: A Lite Bert for Self-supervised Learning of Language Representations[C]. In: Proceedings of the International Conference on Learning Representations (ICLR). 2020.

第9章 自编码器

自编码器(Auto-Encode,AE)是一种无监督(或称自监督)的学习方法,它不需要额外的标注信息,而是将训练样本本身作为输出目标,因此它的思路很简单,就是将输入经过一系列的变换得到与其差异最小的输出。由于输入与输出基本一致,所以自编码器的输出并不是我们需要的,一般将变换的中间结果作为原始数据压缩表征或者有用特征提取的结果。利用神经网络来构造自编码器的思想最早是由辛顿(Hinton)等在20世纪80年代提出[1],但是与神经网络一样,受限于当时的计算能力不足和数据资源稀缺,自编码器没有得到广泛应用。直到2006年辛顿提出逐层优化的栈式受限玻耳兹曼机,自编码器这种无监督的学习方法才越来越得到人们的重视。

本章首先给出自编码的定义与基本原理,介绍自编码器的通用框架,并给出栈式自编码器的结构;其次介绍正则自编码器,包括稀疏自编码器、降噪自编码器和收缩自编码器;再次介绍变分自编码器,包括其目标函数定义、优化过程,以及条件变分自编码器的原理;然后介绍变分自编码器的改进算法,即Beta-VAE算法和Info-VAE算法;最后介绍对抗自编码器。

9.1 自编码器的定义与基本原理

9.1.1 自编码器的通用框架

如图9-1所示,自编码器可以理解为一个试图还原其原始输入的系统,该系统首先通过变换 f 将 D_{in} 维输入 $\boldsymbol{x}$ 编码为 D_h 维向量 $\boldsymbol{h}$,然后利用变换 g 将 $\boldsymbol{h}$ 解码为输出 $\boldsymbol{r}$。

用数学表示,对于任意的函数 $f\in\mathcal{F},g\in\mathcal{G}$,自编码器将输入向量 $\boldsymbol{x}\in\mathbb{R}^{D_{\text{in}}}$ 变换为输出向量 $\boldsymbol{r}=g(f(\boldsymbol{x}))\in\mathbb{R}^{D_{\text{in}}}$,其中$\mathcal{F}$和$\mathcal{G}$是函数集合,函数 $f:\mathbb{R}^{D_{\text{in}}}\to\mathbb{R}^{D_h}$ 称为编码器,函数 $g:\mathbb{R}^{D_h}\to\mathbb{R}^{D_{\text{in}}}$ 称为解码器,若训练集为 $\boldsymbol{X}=\{\boldsymbol{x}\mid\boldsymbol{x}_i\in\mathbb{R}^{D_{\text{in}}},i=1,2,\cdots,N\}$,自编码器的目标函数其实就是训练集的重构误差$\mathcal{L}$,即

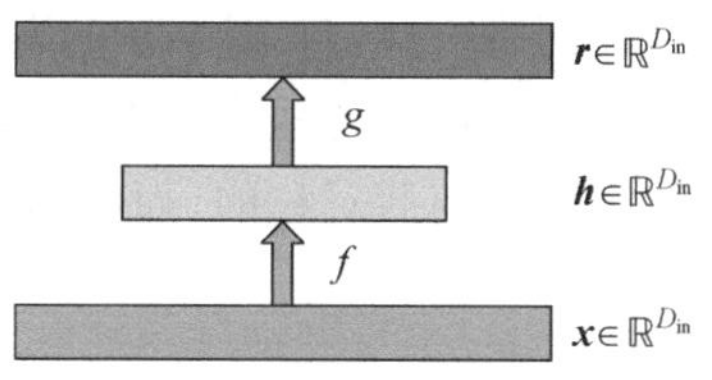

图9-1 自编码器的通用框架

$$\mathcal{L}=E\left[\Delta(\boldsymbol{x},g(f(\boldsymbol{x})))\right]=\sum_{i=1}^{N}\Delta(\boldsymbol{x},g(f(\boldsymbol{x}))) \tag{9.1}$$

式中:E 表示期望;Δ 用于衡量输入向量 $\boldsymbol{x}$ 和输出向量 $g(f(\boldsymbol{x}))$ 的差异度,一般采用 ℓ_2 范数。通过最小化该目标函数$\mathcal{L}$,求得最佳的变换函数 f 和 g,这里的变换函数一般用神经网络来实现。

自编码器的目的是让输出 $\boldsymbol{r}$ 尽可能复现输入 $\boldsymbol{x}$,显然当 f 和 g 为恒等变换时 $\boldsymbol{x}\equiv\boldsymbol{r}$,此时重构误差最小,但是这样的系统并没有从数据中学到任何信息,因此在自编码器中,为了学习到原始数据更有意义的表达,需要对输入、编码器或者中间结果进行一定的约束。图9-2给出了自编码器的分类,自编码器主要用于维度约简或特征表示学习,根据这些约束形式的不同,自编码器可以分为稀疏自编码器(Sparse Auto-Encoder,SAE)、降噪

自编码器(Denoising Auto-Encoder,DAE)以及收缩自编码器(Contractive Auto-Encoder,CAE)等。另外,自编码器可以与隐变量模型结合,或者借鉴生成对抗网络的思想,成为一种最新的生成模型,这就是变分自编码器(Variational Auto-Encoder,VAE)或对抗自编码器(Adversarial Auto-Encoder,AAE)。

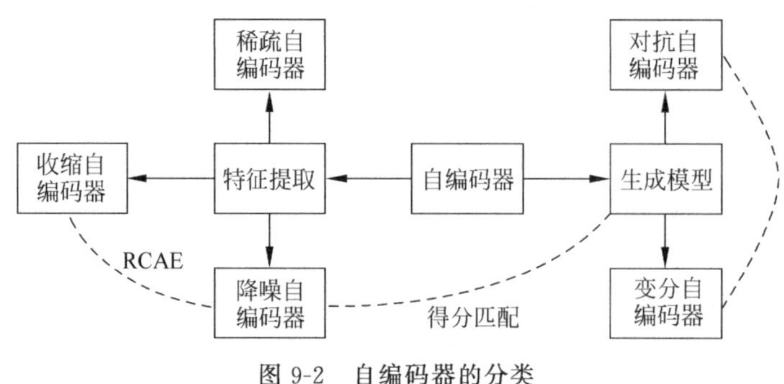

图 9-2 自编码器的分类

9.1.2 栈式自编码器

自编码器中的编码器和解码器可以是任意的变换函数,但最常用的还是神经网络,一方面根据万能近似原理,足够宽的神经网络可以拟合任意的线性或非线性变换;另一方面反向传播算法能够十分方便地对编码器和解码器进行同时训练。当使用神经网络作为变换函数时,自编码器就是一种特殊的自监督学习的神经网络。因此,与其他类型的神经网络一样,自编码器可以进行深度学习,即采用多个隐含层来提升其表达能力,这样的自编码器称为栈式自编码器。如图 9-3 所示,栈式自编码器的结构一般是以中间隐含层为中心前后对称的,而中间隐含层的输出则是人们关心的编码结果,这一层也称作编码层。

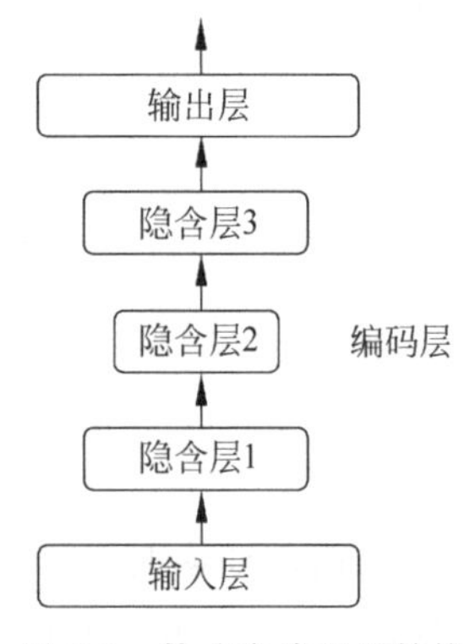

图 9-3 栈式自编码器结构

在栈式自编码器提出之初,采用的是逐层优化的方法进行训练,这种贪婪的层级训练方法[2]能够在训练样本数目较少的情况下,避免过拟合、梯度消失等问题。如图 9-4 所示,贪婪层级训练方法首先利用原始数据集训练第一个自编码器,然后将原始数据通过这个自编码器的编码层得到一个新的训练集,接着用这个压缩过的训练集训练第二个自编码器,最后将这些自编码器的隐含层堆叠起来并对参数进行微调,这样就得到了最终的栈式自编码器。利用这种方法可以构造隐含层更多的自编码器。

随着深度学习技术的发展,可以直接训练一个深层网络,这种逐层优化的训练方法已经很少使用;但是对于一些低资源的学习任务,例如迁移学习或者领域自适应,贪婪层级训练还是一种值得借鉴的思想。

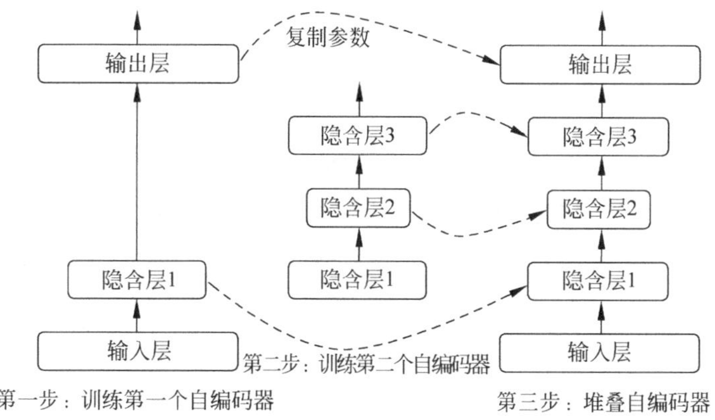

图 9-4　贪婪层级训练方法

9.2　正则自编码器

一般来说，自编码器的输入向量维度会大于编码层的输出维度，即 $D_{\text{in}}>D_h$，这样的自编码器称为欠完备自编码器，它得到的中间结果 $\boldsymbol{h}$ 可以获得训练数据中最显著的特征，因此可以看作是原始输入的压缩降维或者是特征提取。当然，也可以不对自编码器的编码层维度进行限制，当 $D_{\text{in}}\leqslant D_h$ 时，称为过完备自编码。在这种情况下，自编码器中编码器和解码器的表达能力显然不能太强，否则极易导致模型过拟合(如 f 和 g 是恒等变换)，而无法学习到原始数据中任何有用的信息。因此，需要对模型进行一定的限制，保证输出与输入尽可能近似的前提下，能够获得其他优良的性质，如稀疏表达、噪声鲁棒性等。

9.2.1　稀疏自编码器

1. ℓ_1 正则项

稀疏自编码器[3-4]的思想很简单，就是在训练目标函数中增加一个关于编码层输出 $\boldsymbol{h}$ 的稀疏惩罚项 $\Omega(\boldsymbol{h})$，则表示为

$$\mathcal{L}_{\text{SAE}}=\mathbb{E}\left[\Delta(\boldsymbol{x},g(f(\boldsymbol{x})))+\Omega(\boldsymbol{h})\right] \tag{9.2}$$

式中，$\Omega(\boldsymbol{h})$可以简单地理解为正则项，作用是使得编码向量中的非零元素尽可能少，也就是尽可能稀疏。也可以从贝叶斯推断的角度理解 $\Omega(\boldsymbol{h})$，假设自编码器模型的变量包括观测数据 $\boldsymbol{x}$ 和隐变量 $\boldsymbol{h}$，它们的联合概率可以分解为

$$P(\boldsymbol{x},\boldsymbol{h})=P(\boldsymbol{h})P(\boldsymbol{x}\mid\boldsymbol{h}) \tag{9.3}$$

式中，$P(\boldsymbol{h})$可以看作是隐变量的先验分布，而从生成模型的角度看，自编码器的训练就是使得观测数据的边缘概率 $P(\boldsymbol{x})$最大化，而

$$\log P(\boldsymbol{x})=\log\sum_{\boldsymbol{h}}P(\boldsymbol{x},\boldsymbol{h}) \tag{9.4}$$

这个累加项可以用 $\boldsymbol{h}$ 不同取值中联合概率最大的 $P(\boldsymbol{x},\boldsymbol{h})$ 近似替代，因此最大化边缘概率等价于最大化联合概率，即

$$\log P(\boldsymbol{x},\boldsymbol{h})=\log P(\boldsymbol{h})+\log P(\boldsymbol{x}\mid\boldsymbol{h}) \tag{9.5}$$

为了限制隐变量 $\boldsymbol{h}$ 的稀疏性，可以采用拉普拉斯先验，即

$$P(h_j)=\frac{\lambda}{2}\mathrm{e}^{-\lambda|h_j|} \tag{9.6}$$

式中：h_j 为隐变量 $\boldsymbol{h}$ 的第 j 个元素，则有

$$-\log P(\boldsymbol{h})=\sum_j\left(\lambda\mid h_j\mid-\log\frac{\lambda}{2}\right)=\Omega(\boldsymbol{h})+\mathrm{const} \tag{9.7}$$

式中：$\Omega(\boldsymbol{h})=\lambda\sum_j\mid h_j\mid$。

由式(9.7)知道，此时对应的就是 ℓ_1 稀疏约束。从这个角度来看稀疏自编码器的训练，更接近生成模型的训练，而稀疏惩罚项并不仅仅是一个正则项，还与模型隐变量的先验分布相关。这也解释了自编码器的编码层输出是更加显著的特征，因为它是用来解释输入数据生成过程的隐变量。

2. KL 散度

为了保证中间结果 $\boldsymbol{h}$ 的稀疏性，除了在损失函数中加入 ℓ_1 正则项，还可以引入 KL 散度。以 Sigmoid 激活函数为例，当神经元的输出接近 1 时，称神经元被激活；当神经元的输出接近 0 时，称神经元被抑制。那么，稀疏性可以认为是神经元在大部分时间都被抑制，并且各神经元独立同分布，其被激活的概率服从参数为 ρ 的伯努利(Bernoulli)分布，即一个神经元被激活的概率为 ρ，被抑制的概率为 $1-\rho$，而 ρ 是一个接近 0 的数(如 $\rho=0.05$)。

定义隐含层第 j 个神经元对所有 N 个训练样本的平均激活度为

$$\hat{\rho}_j=\frac{1}{N}\sum_{i=1}^{N}h_j^{(i)} \tag{9.8}$$

这个平均激活度也可以看作一个概率，用来表示该神经元真实的激活概率。若 $\hat{\rho}_j=\rho$，则认为编码 $\boldsymbol{h}$ 是稀疏的。也就是说，应当使得预设的神经元激活概率分布与真实的神经元激活概率分布尽可能接近，而衡量两个概率分布差异的方法可以采用 KL 散度，即

$$\mathrm{KL}(P_\rho\parallel P_{\hat{\rho}_j})=\rho\log\frac{\rho}{\hat{\rho}_j}+(1-\rho)\log\frac{1-\rho}{1-\hat{\rho}_j} \tag{9.9}$$

式中：P_ρ 代表预设参数为 ρ 的伯努利分布；$P_{\hat{\rho}_j}$ 代表神经元的真实分布。

则稀疏编码器的训练目标为

$$\mathcal{L}_{\mathrm{SAE}}=\mathbb{E}\left[\Delta(\boldsymbol{x},g(f(\boldsymbol{x})))\right]+\beta\sum_{j=1}^{D_h}\mathrm{KL}(P_\rho\parallel P_{\hat{\rho}_j}) \tag{9.10}$$

式中：β 为模型的超参数，用来平衡两个子项在目标函数中的权重。

9.2.2 降噪自编码器

降噪自编码器并没有在损失函数中增加惩罚项,而是通过改变损失函数的重构误差的计算方法,来迫使自编码器学习到更多有用信息。在降噪自编码器中,输入层接收的数据不是原始的样本,而是经过人为修改过的样本,重构误差衡量的不再是输入与输出之间的差异,而是无修改的原始数据与输出之间的差异。或者如图 9-5 所示,也可以认为输入层接收的是原始样本,但是在输入层与隐含层之间增加了一个数据修改模块,对原始数据进行随机破坏,那么重构误差仍然是通过输入与输出之间的差异来计算。通过这样的设计,使得自编码器具有类似降噪的功能,这也是降噪自编码器名称的由来。早在 1987 年,杨立昆等就提出了降噪自编码器的思想,但是基于神经网络的降噪自编码器是文森特(Vincent)和班乔(Bengio)等在 2008 年提出的[5]。降噪自编码器一般用于鲁棒特征的提取,但是最新的研究表明其在生成模型中也有较好的应用。

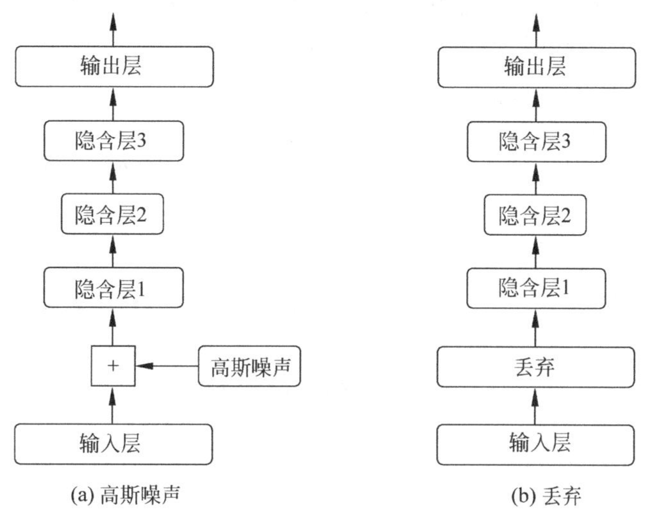

图 9-5 降噪自编码器

在图 9-5 中,降噪自编码器对数据的修改有两种方式:一种是加入高斯噪声,另一种可以随机丢弃样本某些维度的信息。第二种方法其实就是丢弃方法,通过随机丢弃一些信息,有效防止模型过拟合。第一种方法在特征提取中的应用与第二种方法相比并没有特别之处,但是这种方法的最优解可以显式地表示出来,并且这个最优解有着优良的特性,可以用于构造生成模型[6]。

假设自然样本 $\boldsymbol{x}\sim p(\boldsymbol{x})$,各向同性的加性噪声$\boldsymbol{\varepsilon}\sim u(\boldsymbol{\varepsilon})$,并且 $u(\boldsymbol{\varepsilon})=\mathcal{N}(0,\sigma^2\boldsymbol{I})$,那么降噪自编码器的训练损失函数为

$$\underset{r}{\operatorname{argmin}}\boldsymbol{E}_{\boldsymbol{x}\sim p(\boldsymbol{x}),\boldsymbol{\varepsilon}\sim u(\boldsymbol{\varepsilon})}[\|r(\boldsymbol{x}+\boldsymbol{\varepsilon})-\boldsymbol{x}\|^2] \tag{9.11}$$

式中:r 为重构函数,即为式(9.1)中 f 和 g 组成的复合函数 $r(\boldsymbol{x})=g(f(\boldsymbol{x}))$。

$$\mathcal{L}_{\mathrm{DAE}}=\mathbb{E}_{\boldsymbol{x}\sim p(\boldsymbol{x}),\boldsymbol{\varepsilon}\sim u(\boldsymbol{\varepsilon})}[\|r(\boldsymbol{x}+\boldsymbol{\varepsilon})-\boldsymbol{x}\|^2]=\int \mathbb{E}_{\boldsymbol{\varepsilon}\sim u(\boldsymbol{\varepsilon})}[\|r(\boldsymbol{x}+\boldsymbol{\varepsilon})-\boldsymbol{x}\|^2 p(\boldsymbol{x})]\mathrm{d}\boldsymbol{x} \tag{9.12}$$

利用辅助函数$\tilde{\boldsymbol{x}}=\boldsymbol{x}+\boldsymbol{\varepsilon}$进行变量代换,可得

$$\mathbb{E}_{\boldsymbol{x}\sim p(\boldsymbol{x}),\boldsymbol{\varepsilon}\sim u(\boldsymbol{\varepsilon})}[\|r(\boldsymbol{x}+\boldsymbol{\varepsilon})-\boldsymbol{x}\|^2]=\int \mathbb{E}_{\boldsymbol{\varepsilon}\sim u(\boldsymbol{\varepsilon})}[\|r(\tilde{\boldsymbol{x}})-\tilde{\boldsymbol{x}}+\boldsymbol{\varepsilon}\|^2 p(\tilde{\boldsymbol{x}}-\boldsymbol{\varepsilon})]\mathrm{d}\tilde{\boldsymbol{x}} \tag{9.13}$$

那么,对于自编码器的每一个输入$\tilde{\boldsymbol{x}}$,其对应的损失为式(9.13)中积分的内部,求该部分损失关于重构函数r的导数,并令其等于0,则可以得到重构函数的最优解$r^*(\tilde{\boldsymbol{x}})$:

$$\mathbb{E}_{\boldsymbol{\varepsilon}\sim u(\boldsymbol{\varepsilon})}[(r^*(\tilde{\boldsymbol{x}})-\tilde{\boldsymbol{x}}+\boldsymbol{\varepsilon})p(\tilde{\boldsymbol{x}}-\boldsymbol{\varepsilon})]=0 \tag{9.14}$$

移项并整理,可得

$$r^*(\tilde{\boldsymbol{x}})=\frac{\mathbb{E}_{\boldsymbol{\varepsilon}\sim u(\boldsymbol{\varepsilon})}[(\tilde{\boldsymbol{x}}-\boldsymbol{\varepsilon})p(\tilde{\boldsymbol{x}}-\boldsymbol{\varepsilon})]}{\mathbb{E}_{\boldsymbol{\varepsilon}\sim u(\boldsymbol{\varepsilon})}[p(\tilde{\boldsymbol{x}}-\boldsymbol{\varepsilon})]}=\tilde{\boldsymbol{x}}-\frac{\mathbb{E}_{\boldsymbol{\varepsilon}\sim u(\boldsymbol{\varepsilon})}[\boldsymbol{\varepsilon}p(\tilde{\boldsymbol{x}}-\boldsymbol{\varepsilon})]}{\mathbb{E}_{\boldsymbol{\varepsilon}\sim u(\boldsymbol{\varepsilon})}[p(\tilde{\boldsymbol{x}}-\boldsymbol{\varepsilon})]} \tag{9.15}$$

式(9.15)表明,对于每一个输入样本,降噪自编码器的最优重构函数的输出其实是该样本一个邻域的加权平均,这个邻域的大小由噪声的标准差σ决定。进一步,可以将$u(\boldsymbol{\varepsilon})=\mathcal{N}(0,\sigma^2\boldsymbol{I})$代入式(9.15),那么分子可以推导为

$$\begin{aligned}\mathbb{E}_{\boldsymbol{\varepsilon}\sim u(\boldsymbol{\varepsilon})}[\boldsymbol{\varepsilon}p(\tilde{\boldsymbol{x}}-\boldsymbol{\varepsilon})]&=\int \boldsymbol{\varepsilon}p(\tilde{\boldsymbol{x}}-\boldsymbol{\varepsilon})u(\boldsymbol{\varepsilon})\mathrm{d}\boldsymbol{\varepsilon}\\&=-\sigma^2\int p(\tilde{\boldsymbol{x}}-\boldsymbol{\varepsilon})\nabla u(\boldsymbol{\varepsilon})\mathrm{d}\boldsymbol{\varepsilon}\\&=-\sigma^2\nabla \mathbb{E}_{\boldsymbol{\varepsilon}\sim u(\boldsymbol{\varepsilon})}[p(\tilde{\boldsymbol{x}}-\boldsymbol{\varepsilon})]\end{aligned} \tag{9.16}$$

式中

$$\nabla u(\boldsymbol{\varepsilon})=-(1/2\sigma^2)\times 2\boldsymbol{\varepsilon}\cdot u(\boldsymbol{\varepsilon})=-\boldsymbol{\varepsilon}/\sigma^2\cdot u(\boldsymbol{\varepsilon})$$

所以

$$\begin{aligned}r^*(\tilde{\boldsymbol{x}})&=\tilde{\boldsymbol{x}}+\sigma^2\frac{\nabla \mathbb{E}_{\boldsymbol{\varepsilon}\sim u(\boldsymbol{\varepsilon})}[p(\tilde{\boldsymbol{x}}-\boldsymbol{\varepsilon})]}{\mathbb{E}_{\boldsymbol{\varepsilon}\sim u(\boldsymbol{\varepsilon})}[p(\tilde{\boldsymbol{x}}-\boldsymbol{\varepsilon})]}\\&=\tilde{\boldsymbol{x}}+\sigma^2\nabla\log \mathbb{E}_{\boldsymbol{\varepsilon}\sim u(\boldsymbol{\varepsilon})}[p(\tilde{\boldsymbol{x}}-\boldsymbol{\varepsilon})]\\&=\tilde{\boldsymbol{x}}+\sigma^2\nabla\log[u*p](\tilde{\boldsymbol{x}})\end{aligned} \tag{9.17}$$

式中:“$*$”表示卷积运算。

并且当$\sigma\to 0$时,有

$$r^*(\tilde{\boldsymbol{x}})=\tilde{\boldsymbol{x}}+\sigma^2\frac{\partial \log p(\tilde{\boldsymbol{x}})}{\partial \tilde{\boldsymbol{x}}}+o(\sigma^2) \tag{9.18}$$

式中,$o(\cdot)$表示高阶无穷小。可以看出,当噪声不存在时,最优重构函数的输出就等于输入。它给出了一种样本分布导数的估计方法,或者说得分匹配方法[7],即有

$$\frac{\partial \log p(\tilde{\boldsymbol{x}})}{\partial \tilde{\boldsymbol{x}}}=(r^*(\tilde{\boldsymbol{x}})-\tilde{\boldsymbol{x}})/\sigma^2+o(1) \tag{9.19}$$

9.2.3 收缩自编码器

收缩自编码器[8]与稀疏自编码器一样,都是通过在损失函数中增加正则项来约束重

构误差，避免自编码器成为恒等变换，进而学习到数据中更有用的信息。在收缩自编码器中，其正则项的形式为编码器 f 关于输入 $\boldsymbol{x}$ 的雅可比(Jacobian)矩阵的 F 范数(Frobenius Norm)，即

$$\|\boldsymbol{J}_f(\boldsymbol{x})\|_F^2=\left\|\frac{\partial f(\boldsymbol{x})}{\partial \boldsymbol{x}}\right\|_F^2=\sum_{i,j}\frac{\partial h_j}{\partial x_i} \tag{9.20}$$

式中：$f(\boldsymbol{x})=\boldsymbol{h}=[h_1,\cdots,h_j,\cdots,h_{D_h}]$。

所以，收缩自编码器的损失函数为

$$\mathcal{L}_{\mathrm{CAE}}=\mathbb{E}\left[\Delta(\boldsymbol{x},g(f(\boldsymbol{x})))+\lambda\|\boldsymbol{J}_f(\boldsymbol{x})\|_F^2\right] \tag{9.21}$$

式中：λ 为惩罚项权重。

式(9.21)中的正则项迫使自编码器学习到的变换函数 f 对于输入的梯度都很小，只有一小部分的隐藏单元对应的输入数据某些维度上可能有较大的梯度值。这样，在输入具有小扰动时，小梯度会减小这些扰动，因此可以增强自编码器对输入扰动的鲁棒性。

阿兰(Alain)和班乔等证明采用方差 σ^2 的噪声破坏输入数据时，降噪自编码器其实就等价于惩罚项权重 $\lambda=\sigma^2$ 的收缩自编码器[9]，称其为重构收缩自编码器(Reconstruction Contractive Auto-Encoder，RCAE)。RCAE 与一般的收缩自编码器不同之处在于，其惩罚项不仅是对编码器 f 进行约束，而且是对整个重构函数 r 进行约束，即

$$\mathcal{L}_{\mathrm{RCAE}}=\mathbb{E}\left[\Delta(\boldsymbol{x},g(f(\boldsymbol{x})))+\sigma^2\left\|\frac{\partial r(\boldsymbol{x})}{\partial \boldsymbol{x}}\right\|_F^2\right] \tag{9.22}$$

事实上，收缩自编码器的惩罚项也是有作用于解码器的，但是在这种情况中编码器 f 和解码器 g 的参数是绑定的。降噪自编码器等价于 RCAE 这个结论的证明过程也很简单，下面给出证明过程。首先将 $r(\boldsymbol{x}+\boldsymbol{\varepsilon})$在 $\boldsymbol{x}$ 位置进行泰勒展开

$$r(\boldsymbol{x}+\boldsymbol{\varepsilon})=r(\boldsymbol{x})+\frac{\partial r(\boldsymbol{x})}{\partial \boldsymbol{x}}\boldsymbol{\varepsilon}+o(\sigma^2) \tag{9.23}$$

将式(9.23)代入式(9.12)，并利用噪声与样本相互独立以及$\mathbb{E}[\boldsymbol{\varepsilon}]=0$ 和$\mathbb{E}[\boldsymbol{\varepsilon}\boldsymbol{\varepsilon}^{\mathrm{T}}]=\sigma^2\boldsymbol{I}$等性质，可得

$$\begin{aligned}
\mathcal{L}_{\mathrm{DAE}}&=\mathbb{E}\left[\left\|\left(r(\boldsymbol{x})+\frac{\partial r(\boldsymbol{x})}{\partial \boldsymbol{x}}\boldsymbol{\varepsilon}+o(\sigma^2)\right)-\boldsymbol{x}\right\|^2\right]\\
&=\left(\mathbb{E}[\|r(\boldsymbol{x})-\boldsymbol{x}\|^2]-2\,\mathbb{E}[\boldsymbol{\varepsilon}]^{\mathrm{T}}\,\mathbb{E}\left[\frac{\partial r(\boldsymbol{x})}{\partial \boldsymbol{x}}^{\mathrm{T}}(\boldsymbol{x}-r(\boldsymbol{x}))\right]\right)+\\
&\quad\mathrm{tr}\left(\mathbb{E}[\boldsymbol{\varepsilon}\boldsymbol{\varepsilon}^{\mathrm{T}}]\,\mathbb{E}\left[\frac{\partial r(\boldsymbol{x})}{\partial \boldsymbol{x}}^{\mathrm{T}}\frac{\partial r(\boldsymbol{x})}{\partial \boldsymbol{x}}\right]\right)+o(\sigma^2)\\
&=\left(\mathbb{E}[\|r(\boldsymbol{x})-\boldsymbol{x}\|^2]+\sigma^2\left\|\frac{\partial r(\boldsymbol{x})}{\partial \boldsymbol{x}}\right\|_F^2\right)+o(\sigma^2)
\end{aligned} \tag{9.24}$$

式(9.24)与式(9.22)表明降噪自编码器等价于 RCAE。

9.3 变分自编码器

从数学理论上看，变分自编码器[10-11]与 9.2 节中介绍的三类自编码器的相关性很

小，变分自编码器之所以称为自编码器，只是因为它的训练目标函数经过推导后，可以表示成编码器和解码器结合的形式。在目标函数的推导过程中，VAE 应用了变分贝叶斯的理论，这也是 VAE 名称中“变分”的由来。VAE 是一种无监督的生成模型，并且可以通过随机梯度下降法来训练，因此它也成为了一种重要的数据生成技术，在众多领域中得到应用。

生成模型主要是对数据的分布 $P(\boldsymbol{x})$ 进行建模，得到分布 $P(\boldsymbol{x})$ 之后，可以用来判别一个具体的样本是否真实，或者说与训练集 $\boldsymbol{X}$ 中样本是否是同类型的数据，但是生成模型更重要的是从 $P(\boldsymbol{x})$ 中采样得到与数据集中样本类似但又有区别的新样本。生成模型的学习训练一直是机器学习中的难题，为了训练一个生成模型，可能需要对数据的结构进行很强的假设，或者计算过程中进行一定的近似，得到模型的次优解，或者需要采用运算复杂度较高的算法（如马尔可夫链-蒙特卡洛算法）进行推理，这些问题在 VAE 中都能得到不同程度的缓解。

9.3.1 目标函数

对于一个生成模型的训练来说，直接估计样本的概率 $P(\boldsymbol{x})$ 是十分困难的，因为 $\boldsymbol{x}\in\mathbb{R}^{D_{\text{in}}}$ 的维度一般较高，并且各维之间存在复杂的依赖关系。因此，一般需要引入一个隐变量 $\boldsymbol{z}\in\mathbb{R}^{h}$ 来保证概率可计算，即

$$P(\boldsymbol{x})=\int P(\boldsymbol{x}\mid\boldsymbol{z};\boldsymbol{\theta})P(\boldsymbol{z})\mathrm{d}\boldsymbol{z} \tag{9.25}$$

式中：$\boldsymbol{\theta}$ 为模型参数；$P(\boldsymbol{x}|\boldsymbol{z};\boldsymbol{\theta})$ 为给定隐变量 $\boldsymbol{z}$ 和模型参数 $\boldsymbol{\theta}$ 的条件下的样本似然概率，在 VAE 中，一般选择高斯分布，即

$$P(\boldsymbol{x}\mid\boldsymbol{z};\boldsymbol{\theta})=\mathcal{N}(\boldsymbol{x}\mid g(\boldsymbol{z};\boldsymbol{\theta}),\sigma^2\boldsymbol{I}) \tag{9.26}$$

式中：$g:\mathbb{R}^{D_h}\rightarrow\mathbb{R}^{D_{\text{in}}}$ 为以 $\boldsymbol{\theta}$ 为参数的变换函数，将隐变量 $\boldsymbol{z}$ 变换到样本空间，得到与训练样本相似的新样本，在之后的表达式中将参数 $\boldsymbol{\theta}$ 省略。

VAE 的目标就是最大化式(9.25)，但需要明确两个问题：一是如何定义隐变量 $\boldsymbol{z}$，它到底包含哪些信息；二是如何对式中 $\boldsymbol{z}$ 进行积分。对于第一个问题，VAE 并不需要人为规定隐变量的某一维代表什么信息，也没有对隐变量的结构（各维变量的相关性）进行限制。事实上，VAE 对隐变量的假设是 $\boldsymbol{z}$ 服从单位高斯分布，即

$$P(\boldsymbol{z})=\mathcal{N}(0,\boldsymbol{I}) \tag{9.27}$$

由于任意分布都可以由一个高斯分布经过一个足够复杂的函数变换得到，因此简单将隐变量的先验分布假设为单位高斯分布也是合理的。如果 g 是一个多层的神经网络，那么这个网络前几层的作用是将服从单位高斯分布的 $\boldsymbol{z}$ 映射成一个能够更加准确描述样本隐藏结构的随机变量，这个变量的分布也更加复杂；网络的后几层则根据这个复杂的变量生成新样本。

对于第二个问题，如何最大化式(9.25)。一种思路是将 $P(\boldsymbol{x})$ 看作似然概率 $P(\boldsymbol{x}|\boldsymbol{z})$ 关于先验概率 $P(\boldsymbol{z})$ 的期望，那么在 $P(\boldsymbol{z})$ 中采样得到足够多的样点 $\boldsymbol{z}_i(i=1,2,\cdots,M)$

后，$P(\boldsymbol{x})$就可以近似为似然概率关于这些样本的算术平均值，即

$$P(\boldsymbol{x})=\int P(\boldsymbol{x}\mid z)P(z)\mathrm{d}z=\mathbb{E}_{z\sim P(z)}[P(\boldsymbol{x}\mid z)]\approx\frac{1}{M}\sum_i P(\boldsymbol{x}\mid z_i)\tag{9.28}$$

但是，在高维的情况下，为了得到 $P(\boldsymbol{x})$准确的估计值，样点的规模 M 往往需要大到无法忍受的数量级。原因是从一个与 $\boldsymbol{x}$ 完全无关的分布中采样 z，必然导致采样过程十分盲目，对于绝大多数的样点 z_i，$P(\boldsymbol{x}|z_i)$的值都接近 0，对 $P(\boldsymbol{x})$的估计贡献不大。

为了提升训练效率，VAE 并不是从 $P(z)$中进行采样，而是利用一个辅助函数 $Q(z|\boldsymbol{x})$来采样出更有目的性的样点 z，因为分布 $Q(z|\boldsymbol{x})$是给定 $\boldsymbol{x}$ 的条件下隐变量的概率分布，因此该分布的采样空间会远小于隐变量 z 的先验分布 $P(z)$。所以，计算$\mathbb{E}_{z\sim Q(z|\boldsymbol{x})}[P(\boldsymbol{x}|z)]$比计算$\mathbb{E}_{z\sim P(z)}[P(\boldsymbol{x}|z)]$要简单得多，并且通过这个期望可以得到 $P(\boldsymbol{x})$的近似解。具体推导过程需要应用变分贝叶斯的知识，假设 $Q(z|\boldsymbol{x})$与后验概率 $P(z|\boldsymbol{x})$之间的 KL 散度为

$$\mathrm{KL}(Q(z\mid\boldsymbol{x})\parallel P(z\mid\boldsymbol{x}))=\mathbb{E}_{z\sim Q(z|\boldsymbol{x})}[\log Q(z\mid\boldsymbol{x})-\log P(z\mid\boldsymbol{x})]\tag{9.29}$$

利用贝叶斯公式，可以将后验概率用似然概率 $P(\boldsymbol{x}|z)$、先验概率 $P(z)$和证据因子 $P(\boldsymbol{x})$替换掉，即

$$\begin{aligned}&\mathrm{KL}(Q(z\mid\boldsymbol{x})\parallel P(z\mid\boldsymbol{x}))\\&=\mathbb{E}_{z\sim Q(z|\boldsymbol{x})}[\log Q(z\mid\boldsymbol{x})-\log P(\boldsymbol{x}\mid z)-\log P(z)]+\log P(\boldsymbol{x})\end{aligned}\tag{9.30}$$

将等号右边的期望拆开，并进行移项整理，可得

$$\begin{aligned}&\log P(\boldsymbol{x})-\mathrm{KL}(Q(z\mid\boldsymbol{x})\parallel P(z\mid\boldsymbol{x}))\\&=\mathbb{E}_{z\sim Q(z|\boldsymbol{x})}[\log P(\boldsymbol{x}\mid z)]-\mathrm{KL}(Q(z\mid\boldsymbol{x})\parallel P(z))\end{aligned}\tag{9.31}$$

这个式子就是 VAE 的核心，在等号左边包含了需要最大化的目标 $\log P(\boldsymbol{x})$以及一个误差项，当 $Q(z|\boldsymbol{x})$等于后验概率 $P(z|\boldsymbol{x})$时，误差项等于 0。当然，误差项不可能等于 0，但是当 Q 的表达能力足够强时，误差项将趋近于 0。等号右边是 VAE 实际优化的目标函数，可以通过随机梯度下降法进行求解，由于误差项的存在，优化该目标函数只能得到 $\log P(\boldsymbol{x})$的近似解。从等号右边也能看出 VAE 的自编码器形式，变换 Q 将 $\boldsymbol{x}$ 编码为 z，而 P 则将 z 解码为 $\boldsymbol{x}$。

9.3.2 优化过程

首先需要明确 $Q(z|\boldsymbol{x})$的分布形式，在 VAE 中，$Q(z|\boldsymbol{x})$也服从高斯分布，即

$$Q(z\mid\boldsymbol{x})=\mathcal{N}(z\mid\mu(\boldsymbol{x};\boldsymbol{\vartheta}),\Sigma(\boldsymbol{x};\boldsymbol{\vartheta}))\tag{9.32}$$

其中，高斯分布的均值 μ 和方差矩阵 Σ 是以$\boldsymbol{\vartheta}$ 为参数的变换函数（为了简洁，之后的表达式中均省略符号$\boldsymbol{\vartheta}$），可以通过神经网络来实现，且方差 Σ 为对角矩阵。需要注意的是，μ 与 Σ 都和 $\boldsymbol{x}$ 相关。因此，式(9.31) 等号右边的第二项可以直接计算，即

$$\begin{aligned}\mathrm{KL}(Q(z\mid\boldsymbol{x})\parallel P(z))&=\mathrm{KL}(\mathcal{N}(z\mid\mu(\boldsymbol{x}),\Sigma(\boldsymbol{x}))\parallel\mathcal{N}(0,\boldsymbol{I}))\\&=\frac{1}{2}(\mathrm{tr}(\Sigma(\boldsymbol{x}))+\mu(\boldsymbol{x})^{\mathrm{T}}\mu(\boldsymbol{x})-D_{\mathrm{in}}-\log\det(\Sigma(\boldsymbol{x})))\end{aligned}\tag{9.33}$$

式中：tr(·)表示矩阵的秩；det(·)表示求行列式值。

式(9.31)中等号右边的第一项是一个期望，可以通过在 $Q(\boldsymbol{z}|\boldsymbol{x})$ 上采样，并利用样点在 $\log P(\boldsymbol{x}|\boldsymbol{z})$ 上的算术平均值来近似期望值。这种方法仍然需要采足够多的样本才能得到准确的近似值，因此计算花销很大。事实上，如果采样随机梯度下降算法来进行参数更新，首先是从训练集 $\boldsymbol{X}$ 中采样一个样本 $\boldsymbol{x}$，通过一个神经网络估计隐变量 $\boldsymbol{z}$ 的分布 $Q(\boldsymbol{z}|\boldsymbol{x})$，因此在计算 $\log P(\boldsymbol{x}|\boldsymbol{z})$ 关于 $Q(\boldsymbol{z}|\boldsymbol{x})$ 的期望中，也可以只考虑一个样本 $\boldsymbol{z}$，并将其对应的 $\log P(\boldsymbol{x}|\boldsymbol{z})$ 作为 $\mathbb{E}_{\boldsymbol{z}\sim Q(\boldsymbol{z}|\boldsymbol{x})}[\log P(\boldsymbol{x}|\boldsymbol{z})]$ 的近似值。所以 VAE 可以通过下面目标函数来进行优化，即

$$\begin{aligned}&\mathbb{E}_{\boldsymbol{x}\sim\boldsymbol{X}}[\log P(\boldsymbol{x})-\mathrm{KL}(Q(\boldsymbol{z}\mid\boldsymbol{x})\parallel P(\boldsymbol{z}\mid\boldsymbol{x}))]\\&=\mathbb{E}_{\boldsymbol{x}\sim\boldsymbol{X}}[\mathbb{E}_{\boldsymbol{z}\sim Q(\boldsymbol{z}|\boldsymbol{x})}[\log P(\boldsymbol{x}\mid\boldsymbol{z})]-\mathrm{KL}(Q(\boldsymbol{z}\mid\boldsymbol{x})\parallel P(\boldsymbol{z}))]\end{aligned}\tag{9.34}$$

式中：$\log P(\boldsymbol{x})$ 为证据因子；$\mathrm{KL}(Q(\boldsymbol{z}|\boldsymbol{x})\parallel P(\boldsymbol{z}|\boldsymbol{x}))\geqslant 0$。

因此，式(9.34)即为变分推断中的证据下界(Evidence Low Bound，ELBO)。当计算式(9.34)的梯度时，梯度算子可以移动到期望内部，所以可以首先从 $\boldsymbol{X}$ 中采样一个样本 $\boldsymbol{x}$，从 $Q(\boldsymbol{z}|\boldsymbol{x})$ 中采样一个样本 $\boldsymbol{z}$，然后计算下式的梯度，即

$$\log P(\boldsymbol{x}\mid\boldsymbol{z})-\mathrm{KL}(Q(\boldsymbol{z}\mid\boldsymbol{x})\parallel P(\boldsymbol{z}))\tag{9.35}$$

接着，可以利用多组样本的梯度平均值来近似式(9.34)。

从这个角度来看 VAE，它的结构如图 9-6(a)所示。从图中可以看出，对于前向运算来说，这样的结构可以正常执行。但是在误差反向传播时，由于采样操作是非连续的，所以梯度在采样隐变量的那层网络将无法继续向后传播。这个问题可以通过“再参数化技巧”解决，即将采样操作放到输入层，在输入层采样得到 $\boldsymbol{\varepsilon}\sim\mathcal{N}(0,\boldsymbol{I})$，则隐变量可以通过 $\boldsymbol{\varepsilon}$ 的线性变换得到

$$\boldsymbol{z}=\boldsymbol{\mu}(\boldsymbol{x})+\Sigma^{1/2}(\boldsymbol{x})\cdot\boldsymbol{\varepsilon}\tag{9.36}$$

VAE 的结构如图 9-6(b)所示，并且最终 VAE 的目标函数为

$$\mathbb{E}_{\boldsymbol{x}\sim\boldsymbol{X}}[\mathbb{E}_{\boldsymbol{z}\sim\mathcal{N}(0,\boldsymbol{I})}[\log P(\boldsymbol{x}\mid\boldsymbol{z}=\boldsymbol{\mu}(\boldsymbol{x})+\Sigma^{1/2}(\boldsymbol{x})\cdot\boldsymbol{\varepsilon})]-\mathrm{KL}(Q(\boldsymbol{z}\mid\boldsymbol{x})\parallel P(\boldsymbol{z}))]\tag{9.37}$$

从图 9-6 进一步分析可以看出，两者的差异在于是否使用了“再参数化技巧”，二者在前向传播时均可以工作，但在反向传播时图 9-6(a)无法求得梯度，主要是因为不可微分的采样操作；而图 9-6(b)由于使用了“再参数化技巧”使得不可微分变成可微分，从而能够使用梯度下降法进行求解。

从式(9.37)所示的目标函数中可以看出，由于第二项是 $Q(\boldsymbol{z}|\boldsymbol{x})$ 与 $P(\boldsymbol{z})$ 的 KL 散度，所以当模型达到最优之后，$Q(\boldsymbol{z}|\boldsymbol{x})$ 应该十分接近 $P(\boldsymbol{z})$，即 $Q(\boldsymbol{z}|\boldsymbol{x})\approx\mathcal{N}(0,\boldsymbol{I})$。因此，在测试阶段编码器部分可以被去除，只需要采样得到 $\boldsymbol{z}\sim\mathcal{N}(0,\boldsymbol{I})$，并将其输入解码器就可以得到新样本。

9.3.3 条件变分自编码器

变分自编码器能够生成与训练集中样本极其类似的新样本，但是这些样本的内容十

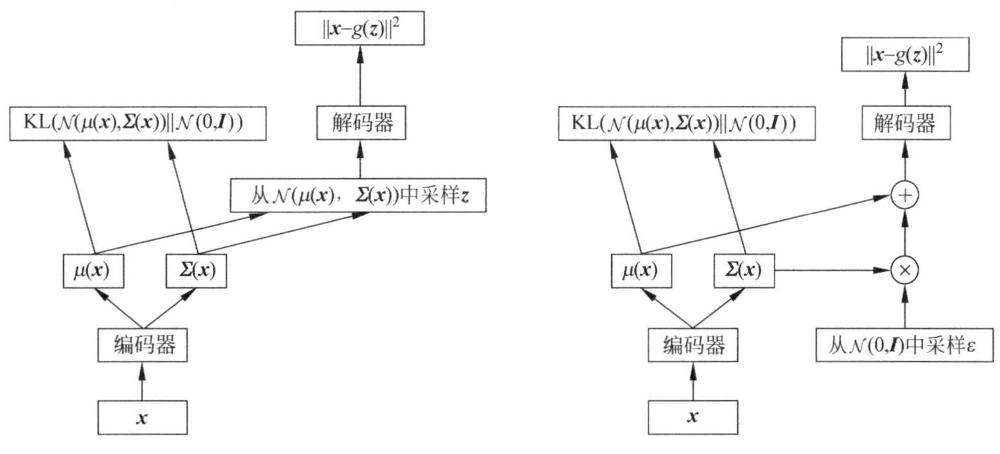

(a) 直接从$\mathcal{N}(\mu(\boldsymbol{x}),\ \Sigma(\boldsymbol{x}))$采样$z$　　(b) 从$\varepsilon\sim\mathcal{N}(0,\boldsymbol{I})$采样经过再参数化得到$z$

图 9-6　基于神经网络的 VAE 结构

分随机，无法根据需要生成特定的样本。条件变分自编码器（Conditional Variational Auto-Encoder，CVAE）[12-13]可以实现这个目标，但是 CVAE 不再是无监督学习方法，在训练阶段需要提供样本的标签。与其他监督学习方法不同之处，CVAE 中标签并不是作为输出目标，而是作为输入的一个部分馈入网络，其网络输出目标仍是样本本身。

给定样本 $\boldsymbol{x}$ 及其对应的标签 y，CVAE 需要建模不再是 $P(\boldsymbol{x})$ 而是 $P(\boldsymbol{x}|y)$。同样，引入一个单位高斯分布的隐变量 $\boldsymbol{z}\sim\mathcal{N}(0,\boldsymbol{I})$，那么

$$P(\boldsymbol{x}\mid y,\boldsymbol{z})=\mathcal{N}(\boldsymbol{x}\mid g(\boldsymbol{z},y),\sigma^2\boldsymbol{I}) \tag{9.38}$$

与 VAE 类似的推导过程，首先给出辅助函数 $Q(\boldsymbol{z}|\boldsymbol{x},y)$ 与 $P(\boldsymbol{z}|\boldsymbol{x},y)$ 之间的 KL 散度为

$$\mathrm{KL}(Q(\boldsymbol{z}\mid\boldsymbol{x},y)\parallel P(\boldsymbol{z}\mid\boldsymbol{x},y))=\mathbb{E}_{\boldsymbol{z}\sim Q(\boldsymbol{z}|\boldsymbol{x},y)}[\log Q(\boldsymbol{z}\mid\boldsymbol{x},y)-\log P(\boldsymbol{z}\mid\boldsymbol{x},y)] \tag{9.39}$$

其次，由贝叶斯公式可知

$$\begin{aligned}\log P(\boldsymbol{z}\mid\boldsymbol{x},y)&=\log\frac{P(\boldsymbol{x}\mid\boldsymbol{z},y)P(\boldsymbol{z},y)}{P(\boldsymbol{x},y)}=\log\frac{P(\boldsymbol{x}\mid\boldsymbol{z},y)P(\boldsymbol{z}\mid y)P(y)}{P(\boldsymbol{x}\mid y)P(y)}\\&=\log P(\boldsymbol{x}\mid\boldsymbol{z},y)+\log P(\boldsymbol{z}\mid y)-\log P(\boldsymbol{x}\mid y)\end{aligned} \tag{9.40}$$

将式(9.39)右边进行分解，即

$$\begin{aligned}&\mathrm{KL}(Q(\boldsymbol{z}\mid\boldsymbol{x},y)\parallel P(\boldsymbol{z}\mid\boldsymbol{x},y))\\&=\mathbb{E}_{\boldsymbol{z}\sim Q(\boldsymbol{z}|\boldsymbol{x},y)}[\log Q(\boldsymbol{z}\mid\boldsymbol{x},y)-\log P(\boldsymbol{x}\mid\boldsymbol{z},y)-\log P(\boldsymbol{z}\mid y)]+\log P(\boldsymbol{x}\mid y)\end{aligned} \tag{9.41}$$

最后移项整理得到 CVAE 的目标函数，即

$$\begin{aligned}&\log P(\boldsymbol{x}\mid y)-\mathrm{KL}(Q(\boldsymbol{z}\mid\boldsymbol{x},y)\parallel P(\boldsymbol{z}\mid\boldsymbol{x},y))\\&=\mathbb{E}_{\boldsymbol{z}\sim Q(\boldsymbol{z}|\boldsymbol{x},y)}[\log P(\boldsymbol{x}\mid\boldsymbol{z},y)]-\mathrm{KL}(Q(\boldsymbol{z}\mid\boldsymbol{x},y)\parallel P(\boldsymbol{z}\mid y))\end{aligned} \tag{9.42}$$

CVAE 的模型结构如图 9-7 所示，与图 9-6(b)非常类似，只是在编码器和解码器都增加

了条件 y，所以式(9.42)和式(9.31)的差异是每一项都多了一个条件 y。在测试阶段，只需要采样 $\boldsymbol{z}\sim\mathcal{N}(0,\boldsymbol{I})$，并给定标签 y 后，CVAE 就可以生成指定内容的样本。

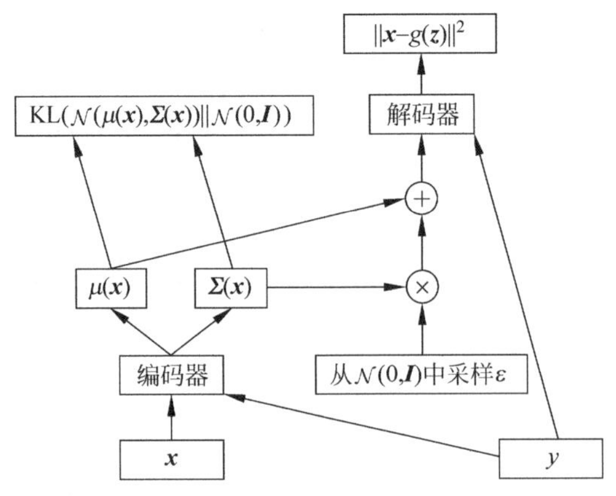

图 9-7 基于神经网络的 CVAE 结构

9.4 VAE 的改进算法

虽然变分自编码器解决了原自编码器的很多问题，但从其原理可知，其仍然存在可以改进的空间，下面从解耦能力和互信息角度给出两种 VAE 的改进算法。

9.4.1 beta-VAE

在机器学习中，数据的表达方式能够深刻地影响任务学习的效率，根据近些年的研究，众多学者认为解耦表征能够在各种领域不同任务中提升学习性能。解耦表征指的是从数据中学习到的表达能够分解为若干个可解释的独立部分，也就是说原始空间中各个维度互相纠缠的数据经过解耦变换到新的表征空间后，一些维度的信息呈现为相互独立的，并且往往能够与可解释的语义信息相对应。例如，对于手写数字图片，经过解耦表征可以得到 3 个维度的独立信息，一个离散取值的维度表示图片中的数字，另外两个连续取值的维度分别表示笔画的粗细和旋转角度。在 VAE 中，隐变量 $\boldsymbol{z}$ 是各向同性的单位高斯分布，在这个假设下，$\boldsymbol{z}$ 的各维之间是相互独立的，因此可以认为 VAE 是一种解耦表征方法[14]。但在 VAE 模型中，解耦仅仅作为一种附带功能，能力是相对较弱的。下面从提升其解耦能力着手给出 VAE 的改进算法。

beta-VAE 是希金斯(Higgins)和伯吉斯(Burgess)等提出的 VAE 的一种改进模型[15]，重点增强了模型的解耦能力。与 VAE 一样，在 beta-VAE 中 $\boldsymbol{x}\in\mathbb{R}^{D_{\text{in}}}$ 为观测样本，但是隐变量 $\boldsymbol{z}$ 包含两个部分：条件独立的因子 $\boldsymbol{v}\in\mathbb{R}^k$ $(\log P(\boldsymbol{v}\mid\boldsymbol{x})=\sum_{i=1}^{k}P(v_i\mid\boldsymbol{x}))$ 和条件依赖的因子 $\boldsymbol{w}\in\mathbb{R}^m$。同样，为了得到一个生成模型，目标函数是最大化似然函数

$P(\boldsymbol{x}|\boldsymbol{z})$关于隐变量分布 $P(\boldsymbol{z})$的期望,即

$$\max \boldsymbol{E}_{\boldsymbol{z}\sim P(\boldsymbol{z})}[P(\boldsymbol{x}\mid\boldsymbol{z})] \tag{9.43}$$

为了提升计算效率,引入辅助函数 $Q(\boldsymbol{z}|\boldsymbol{x})$来近似 $P(\boldsymbol{z})$,同时需要保证 $Q(\boldsymbol{z}|\boldsymbol{x})$能够将生成因子$\boldsymbol{v}$ 解耦出来。为了实现这个目标,假设隐变量 $\boldsymbol{z}$ 的先验分布为单位高斯分布,即 $P(\boldsymbol{z})=\mathcal{N}(0,\boldsymbol{I})$,并让 $Q(\boldsymbol{z}|\boldsymbol{x})$尽可能地接近 $P(\boldsymbol{z})$,所以在目标函数中引入约束条件,有

$$\begin{gathered}\max \boldsymbol{E}_{\boldsymbol{x}\sim X}[\boldsymbol{E}_{\boldsymbol{z}\sim Q(\boldsymbol{z}|\boldsymbol{x})}[\log P(\boldsymbol{x}\mid\boldsymbol{z})]] \\ \text{s.t.}\ \mathrm{KL}(Q(\boldsymbol{z}\mid\boldsymbol{x})\parallel P(\boldsymbol{z}))<\zeta\end{gathered} \tag{9.44}$$

根据 KKT 条件,可以利用拉格朗日乘数法将式(9.44)中的约束条件去除,则有

$$\boldsymbol{E}_{\boldsymbol{x}\sim X}[\boldsymbol{E}_{\boldsymbol{z}\sim Q(\boldsymbol{z}|\boldsymbol{x})}[\log P(\boldsymbol{x}\mid\boldsymbol{z})]-\beta(\mathrm{KL}(Q(\boldsymbol{z}\mid\boldsymbol{x})\parallel P(\boldsymbol{z}))-\zeta)] \tag{9.45}$$

又因为 $\beta,\zeta\geqslant 0$,所以最终的目标函数为

$$\boldsymbol{E}_{\boldsymbol{x}\sim X}[\boldsymbol{E}_{\boldsymbol{z}\sim Q(\boldsymbol{z}|\boldsymbol{x})}[\log P(\boldsymbol{x}\mid\boldsymbol{z})]-\beta\mathrm{KL}(Q(\boldsymbol{z}\mid\boldsymbol{x})\parallel P(\boldsymbol{z}))] \tag{9.46}$$

对比式(9.34)与式(9.46)可以看出,beta-VAE 与 VAE 目标函数的差别只在于 beta-VAE 引入了一个超参数 β 来改变 KL 散度项的权重;或者说当 $\beta=1$,beta-VAE 退化为 VAE。

也可以从信息瓶颈的角度来理解 beta-VAE。假设首先对 $\boldsymbol{x}$ 进行编码得到 $\boldsymbol{z}$,然后利用 $\boldsymbol{z}$ 来预测 $\boldsymbol{y}$,那么信息瓶颈指的是在对 $\boldsymbol{x}$ 进行编码过程中,生成 $\boldsymbol{z}$ 之前增加一个“瓶颈”,用来限制 $\boldsymbol{z}$ 中包含的信息量。为了保证后续预测 $\boldsymbol{y}$ 的性能,模型将被迫保证最重要的信息优先通过瓶颈。因此,信息瓶颈的目标函数为

$$\max[I(\boldsymbol{z},\boldsymbol{y})-\beta I(\boldsymbol{z},\boldsymbol{x})] \tag{9.47}$$

式中:$I(\cdot,\cdot)$表示两个随机变量的互信息。

在这个目标函数中,第一项要求 $\boldsymbol{z}$ 与 $\boldsymbol{y}$ 的互信息应当尽可能多,这样才能更好地完成预测任务,第二项要求 $\boldsymbol{z}$ 应当抛弃 $\boldsymbol{x}$ 中与预测任务无关的信息。

那么对应到 beta-VAE 的目标函数,由于 beta-VAE 的预测目标是 $\boldsymbol{x}$ 本身,所以式(9.47)中的 $\boldsymbol{y}=\boldsymbol{x}$。式(9.46)中的第一项是重构误差,用来衡量 $\boldsymbol{z}$ 预测 $\boldsymbol{x}$ 的能力,$\boldsymbol{z}$ 中包含 $\boldsymbol{x}$ 的信息越多,预测能力就越强,这与信息瓶颈的目标函数一致。式(9.46)中的第二项 KL 散度则可以看作是 $\boldsymbol{z}$ 中信息量的上界,当 $Q(\boldsymbol{z}|\boldsymbol{x})$越接近 $P(\boldsymbol{z})$(单位高斯),$\boldsymbol{z}$ 中包含 $\boldsymbol{x}$ 的信息就越少。

从信息瓶颈来看,超参数 β 十分重要,其值越大,信息瓶颈的约束越强,$\boldsymbol{z}$ 中包含 $\boldsymbol{x}$ 的信息就越少,模型的重构能力也就越差。因此,β 不是越大越好,并且在整个模型训练阶段,将 β 设为固定值也不合适。伯吉斯等认为,若模型训练之初采用较强的信息瓶颈约束,那么 $\boldsymbol{z}$ 中信息量虽然少,但编码的是 $\boldsymbol{x}$ 中最重要的信息;之后逐步放宽信息瓶颈的约束,则 $\boldsymbol{z}$ 中信息量慢慢增加,逐步融入其他的重要信息,进而提升重建能力。因此,改进后的 beta-VAE 的目标函数为

$$\boldsymbol{E}_{\boldsymbol{x}\sim X}[\boldsymbol{E}_{\boldsymbol{z}\sim Q(\boldsymbol{z}|\boldsymbol{x})}[\log P(\boldsymbol{x}\mid\boldsymbol{z})]-\gamma\mid\mathrm{KL}(Q(\boldsymbol{z}\mid\boldsymbol{x})\parallel P(\boldsymbol{z}))-C\mid] \tag{9.48}$$

式中:$\gamma,C\geqslant 0$,并且 γ 是一个很大的数,C 是一个逐步增大的数。

9.4.2 info-VAE

在 VAE 的训练过程中,模型倾向于拟合数据分布而不是进行正确的推断。一些研究认为,由于辅助函数 $Q(\boldsymbol{z}|\boldsymbol{x})$ 是一个高斯分布,用它来近似真实的后验分布 $P(\boldsymbol{z}|\boldsymbol{x})$ 往往存在较大的差异,因此可以采用更灵活的变分分布族来进行更好的近似。但是,信息最大化变分自编码器(Information Maximizing VAE,info-VAE)认为这个问题是 VAE 目标函数固有的,改变变分分布的形式并不能从根本上解决这个问题。另外,VAE 还存在的问题是,当解码器 $P(\boldsymbol{x}|\boldsymbol{z})$ 的重构能力足够强时,隐变量 $\boldsymbol{z}$ 的作用将被忽略,或者说隐变量 $\boldsymbol{z}$ 与观测变量 $\boldsymbol{x}$ 之间的互信息太小,无法学习到样本的显著表达。

针对这两个问题,info-VAE 设计了全新的目标函数:

$$\begin{aligned}\mathcal{L}_{\text{info-VAE}}=&\mathbb{E}_{\boldsymbol{x}\sim\boldsymbol{X}}[\mathbb{E}_{\boldsymbol{z}\sim Q(\boldsymbol{z}|\boldsymbol{x})}[\log P(\boldsymbol{x}\mid\boldsymbol{z})]]-\\&(1-\alpha)\mathbb{E}_{\boldsymbol{x}\sim\boldsymbol{X}}[\mathrm{KL}(Q(\boldsymbol{z}\mid\boldsymbol{x})\,\|\,P(\boldsymbol{z}))]-(\alpha+\lambda-1)\mathrm{KL}(Q(\boldsymbol{z})\,\|\,P(\boldsymbol{z}))\end{aligned}\tag{9.49}$$

下面将具体分析式(9.49)所示目标函数的组成。首先利用对数和积分的性质,将式(9.34)所示的证据下界改写为

$$\begin{aligned}\mathcal{L}_{\text{ELBO}}&=\mathbb{E}_{\boldsymbol{x}\sim\boldsymbol{X}}[\mathbb{E}_{\boldsymbol{z}\sim Q(\boldsymbol{z}|\boldsymbol{x})}[\log P(\boldsymbol{x}\mid\boldsymbol{z})]-\mathrm{KL}(Q(\boldsymbol{z}\mid\boldsymbol{x})\,\|\,P(\boldsymbol{z}))]\\&=-\mathbb{E}_{\boldsymbol{z}\sim Q(\boldsymbol{z})}[\mathrm{KL}(Q(\boldsymbol{x}\mid\boldsymbol{z})\,\|\,P(\boldsymbol{x}\mid\boldsymbol{z}))]-\mathrm{KL}(Q(\boldsymbol{z})\,\|\,P(\boldsymbol{z}))+\text{const}\end{aligned}\tag{9.50}$$

式中:$Q(\boldsymbol{x}|\boldsymbol{z})$ 为与 $Q(\boldsymbol{z}|\boldsymbol{x})$ 相对应的后验概率。

令 $P_X(\boldsymbol{x})$ 为训练集的概率分布,则有

$$Q(\boldsymbol{x}\mid\boldsymbol{z})=\frac{P_X(\boldsymbol{x})Q(\boldsymbol{z}\mid\boldsymbol{x})}{Q(\boldsymbol{z})}=\frac{Q(\boldsymbol{x},\boldsymbol{z})}{Q(\boldsymbol{z})}\tag{9.51}$$

式中:$Q(\boldsymbol{z})$ 为隐变量的聚合后验分布,即

$$Q(\boldsymbol{z})=\int P_X(\boldsymbol{x})Q(\boldsymbol{z}\mid\boldsymbol{x})\mathrm{d}\boldsymbol{x}\tag{9.52}$$

从式(9.50)中可以看出,VAE 的目标函数其实是同时对观测变量空间 $\mathcal{X}$ 建模误差(式(9.50)第一项)和隐变量空间 $\mathcal{Z}$ 建模误差(式(9.50)第二项)进行优化的,并且误差都是通过 KL 散度来衡量,而 KL 散度的大小与空间的维度正相关,因此训练过程中,式(9.50)中的第一项作用远大于第二项,这也是 VAE 第一个问题的根源所在。为了解决这个问题,info-VAE 在式(9.50)的第二项中加入一个规整参数 λ,借此来调整 $\mathcal{X}$ 和 $\mathcal{Z}$ 中建模误差的不平衡。另外,为了解决 VAE 的第二问题,info-VAE 同时在目标函数引入了互信息项 $I_{Q(\boldsymbol{x},\boldsymbol{z})}(\boldsymbol{x},\boldsymbol{z})$,用来衡量 $\boldsymbol{x}$ 和 $\boldsymbol{z}$ 之间的互信息,即

$$\mathcal{L}_{\text{info-VAE}}=-\mathbb{E}_{\boldsymbol{z}\sim Q(\boldsymbol{z})}[\mathrm{KL}(Q(\boldsymbol{x}\mid\boldsymbol{z})\,\|\,P(\boldsymbol{x}\mid\boldsymbol{z}))]-\lambda\mathrm{KL}(Q(\boldsymbol{z})\,\|\,P(\boldsymbol{z}))+\alpha I_{Q(\boldsymbol{x},\boldsymbol{z})}(\boldsymbol{x},\boldsymbol{z})\tag{9.53}$$

这个目标函数无法直接优化,可以转化为式(9.49)所示的等价形式。式(9.49)所示的目标函数的前两项与 VAE 一样,可以采用“再参数化技巧”来优化,但是其中的第三

项，由于 $Q(z)$ 难以估计，$\mathrm{KL}(Q(z)\parallel P(z))$ 的计算并不容易。可以证明，采用其他的容易计算的散度替代 KL 散度并不会影响优化结果。所以，在 info-VAE 中采用最大平均差异(Maximum-Mean Discrepancy，MMD)来衡量 $Q(z)$ 与 $P(z)$ 的差异。

当 $\alpha=0$ 且 $\lambda=1$ 时，模型退化为标准的 VAE。当 $\lambda>0$，$\alpha+\lambda-1=0$，并且仍然使用 KL 散度时，模型等价于 beta-VAE。当 $\alpha=1$，$\lambda=1$，使用 Jensen-Shannon 散度时，info-VAE 等价于对抗自编码器。

9.5 对抗自编码器

对抗自编码器[18]包含了自编码器和生成对抗网络的思想，生成对抗网络的详细介绍见第 12 章。AAE 的目标函数包括重构误差准则和对抗训练准则两部分，通过这样的目标函数促使聚合后验分布 $Q(z)$ 与先验 $P(z)$ 相匹配。AAE 的结构如图 9-8 所示，图中上半部分是一个标准的自编码器，将采用编码器 $f(\boldsymbol{x})$ 将样本 $\boldsymbol{x}$ 编码为 $\boldsymbol{z}$，然后通过解码器 $Q(z)$ 将 $\boldsymbol{z}$ 还原为样本 $\boldsymbol{x}$。图中下半部分的神经网络用来判别输入其中的是自编码器生成的隐变量，还是从一个随机分布中采样得到的。将该网络与自编码器中的编码网络联合起来就是一个生成对抗网络，其中编码器就是生成器，该网络就是判别器。

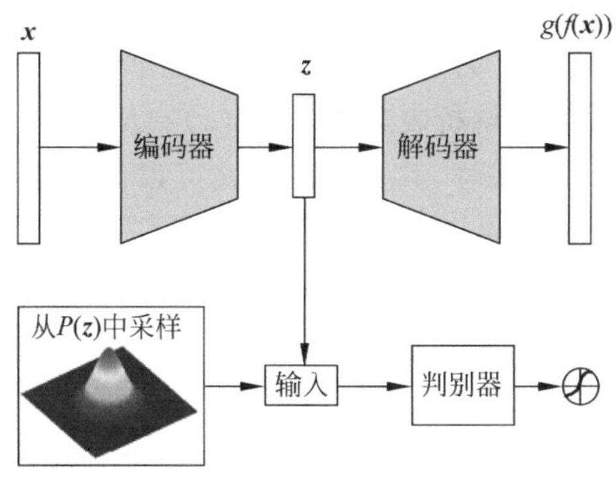

图 9-8　对抗自编码器结构

AAE 中的对抗网络和自编码器都是通过随机梯度下降法来联合训练的，每一个小批次迭代训练都分为重建阶段和正则阶段。在重建阶段，自编码器通过最小化重构误差来更新编码器和解码器。在正则阶段，对抗网络首先更新判别器来提升其区分真实隐变量(从 $P(z)$ 中采样得到)与生成隐变量的能力(自编码器编码层的输出)；然后更新生成器，以提升其迷惑判别器的能力。

在 AAE 中，编码器可以与正则自编码器一样，选择确定性函数来实现；也可以与变分自编码器一样，假设其为高斯分布，网络输出为高斯分布的均值和方差，隐变量则从该高斯分布中采样得到。

9.5.1 AAE与VAE

AAE也是一种概率化的自编码器，它利用对抗网络使得隐变量的聚合后验分布与其先验分布相匹配，从而实现变分推断。AAE与VAE的思想是相通的，VAE是通过一个KL散度惩罚项来促使隐变量的后验分布逼近先验分布。可以对式(9.34)所示的VAE的目标函数进行改写得到

$$\begin{aligned}\mathcal{L}_{\text{VAE}} &= \mathbb{E}_{\boldsymbol{x}\sim\boldsymbol{X}}[\mathbb{E}_{z\sim Q(z|\boldsymbol{x})}[\log P(\boldsymbol{x}\mid z)] - \text{KL}(Q(z\mid\boldsymbol{x})\parallel P(z))] \\ &= \mathbb{E}_{\boldsymbol{x}\sim\boldsymbol{X}}[\mathbb{E}_{z\sim Q(z|\boldsymbol{x})}[\log P(\boldsymbol{x}\mid z)]] + \mathbb{E}_{\boldsymbol{x}\sim\boldsymbol{X}}[H(Q(z\mid\boldsymbol{x}))] - \mathbb{E}_{z\sim Q(z)}[-\log P(z)] \\ &= \mathbb{E}_{\boldsymbol{x}\sim\boldsymbol{X}}[\mathbb{E}_{z\sim Q(z|\boldsymbol{x})}[\log P(\boldsymbol{x}\mid z)]] + \\ &\qquad \mathbb{E}_{\boldsymbol{x}\sim\boldsymbol{X}}\left[\sum_i \log\Sigma_i^{1/2}(\boldsymbol{x})\right] - \mathbb{E}_{z\sim Q(z)}[-\log P(z)] + \text{const} \\ &= \text{Reconstruction} - \text{Entropy} + \text{CrossEntropy}(Q(z), P(z))\end{aligned} \tag{9.54}$$

在这个表达式中，VAE的目标函数包含三项，第一项为重构误差，后两项为正则项。第二项迫使隐变量的后验分布拥有较大的方差，第三项用来最小化$Q(z)$和$P(z)$的交叉熵。无论是KL散度还是交叉熵，其目的都是促使$Q(z)$与$P(z)$相匹配。那么在AAE中，这两个正则项的作用可以被对抗训练取代。

VAE与AAE的不同之处：为了保证KL散度能够计算并且反向传播能够顺利进行，隐变量的先验分布必须给定解析表达式，即$P(z)=\mathcal{N}(0,\boldsymbol{I})$。但是，在AAE中，只需要保证能够从先验分布中进行采样，其具体的形式可以十分复杂，甚至不需要有明确的函数表达式。

9.5.2 intro-VAE

VAE的优势是理论自洽、便于训练，但它生成的样本往往比较模糊，缺乏细节信息。生成对抗网络能够生成非常逼真的样本，但是它在训练稳定性和样本多样性上存在缺陷。那么很自然的思路是将二者结合起来，实现优势互补，自省变分自编码器(Introspective VAE，intro-VAE)[19]就是这样的一种方法。这种方法具备自省的能力，能够对生成样本进行自评价，进而提升其样本生成能力。一方面，与VAE一样，intro-VAE的编码器和解码器需要完成对输入样本的重构任务；另一方面，intro-VAE的编码器充当GAN的判别器的任务，而解码器则是生成器。也就是说，虽然intro-VAE借鉴了GAN的思想，但是与AAE不同之处在于它并不需要引入新的网络结构。

VAE的目标函数可以分解为重构误差项$\mathcal{L}_{\text{AE}}$和一个正则项$\mathcal{L}_{\text{REG}}$，为了与GAN相对应，这里的目标函数是原目标函数的相反数：

$$\mathcal{L}_{\text{AE}}(\boldsymbol{x}) = -\mathbb{E}_{z\sim Q(z|\boldsymbol{x})}[\log P(\boldsymbol{x}\mid z)] \tag{9.55}$$

$$\mathcal{L}_{\text{REG}}(\boldsymbol{x}) = \text{KL}(Q(z\mid\boldsymbol{x})\parallel P(z)) \tag{9.56}$$

首先将模型看作一个生成对抗网络，为了通过对抗训练实现真实样本与生成样本分布的匹配，可以将$\mathcal{L}_{\text{REG}}$作为对抗训练的损失函数。那么生成对抗网络中的判别器（编码器）应当最小化真实样本的$\mathcal{L}_{\text{REG}}$，促使后验分布$Q(\boldsymbol{z}|\boldsymbol{x})$与先验分布$P(\boldsymbol{z})$相匹配；同时最大化生成样本的$\mathcal{L}_{\text{REG}}$，保证生成样本对应隐变量的分布$Q(\boldsymbol{z}|\text{G}(\boldsymbol{z}'))$与先验分布$P(\boldsymbol{z})$的差异，其中$\boldsymbol{z}'$从$P(\boldsymbol{z})$中采样得到，$G(\boldsymbol{z}')$表示解码器生成的样本。而生成器（解码器）的训练目标是生成$\mathcal{L}_{\text{REG}}$尽可能小的新样本$G(\boldsymbol{z}')=P(\boldsymbol{x}|\boldsymbol{z}')$，来迷惑判别器。也就是说，给定一个真实样本$\boldsymbol{x}$和一个生成样本$G(\boldsymbol{z})$，判别器$E(\boldsymbol{x})=Q(\boldsymbol{z}|\boldsymbol{x})$和生成器$G(\boldsymbol{z})$的训练目标分别为

$$\mathcal{L}_E(\boldsymbol{x},\boldsymbol{z})=\mathcal{L}_{\text{REG}}(\boldsymbol{x})+\max(0,m-\mathcal{L}_{\text{REG}}(G(\boldsymbol{z}))) \tag{9.57}$$

$$\mathcal{L}_G(\boldsymbol{z})=\mathcal{L}_{\text{REG}}(G(\boldsymbol{z}))=\text{KL}(Q(\boldsymbol{z}\mid G(\boldsymbol{z}))\parallel P(\boldsymbol{z})) \tag{9.58}$$

其中，$m>0$。当$\mathcal{L}_G(\boldsymbol{z})\leqslant m$时，上面两个式子在判别器$E$和生成器$G$之间构造了最小-最大游戏，即对生成器最小化$\mathcal{L}_G(\boldsymbol{z})$，等价于最大化判别器训练目标函数的第二项。

若直接使用式(9.57)和式(9.58)来训练模型，那么与GAN并没有区别。为了解决GAN作为生成模型的一些缺陷，intro-VAE的思路是将GAN与VAE相结合，方法也很简单，就是在上面两个目标函数中引入重构误差项

$$\mathcal{L}_E(\boldsymbol{x},\boldsymbol{z})=\mathcal{L}_{\text{REG}}(\boldsymbol{x})+\max(0,m-\mathcal{L}_{\text{REG}}(G(\boldsymbol{z})))+\mathcal{L}_{\text{AE}}(\boldsymbol{x}) \tag{9.59}$$

$$\mathcal{L}_G(\boldsymbol{z})=\mathcal{L}_{\text{REG}}(G(\boldsymbol{z}))+\mathcal{L}_{\text{AE}}(\boldsymbol{x}) \tag{9.60}$$

增加重构误差项之后，可以看出模型变成了GAN和VAE的混合模型：对于训练集中的真实样本$\boldsymbol{x}$，intro-VAE的训练目标与VAE的完全一致，因此可以保留VAE的优点；对于新生成的样本$G(\boldsymbol{z})$，intro-VAE则在判别器E和生成器G之间构造了最小-最大游戏，因此与GAN一样可以促使生成样本更加真实。

intro-VAE的模型结构如图9-9所示。与VAE一样，这里选择单位高斯分布作为隐

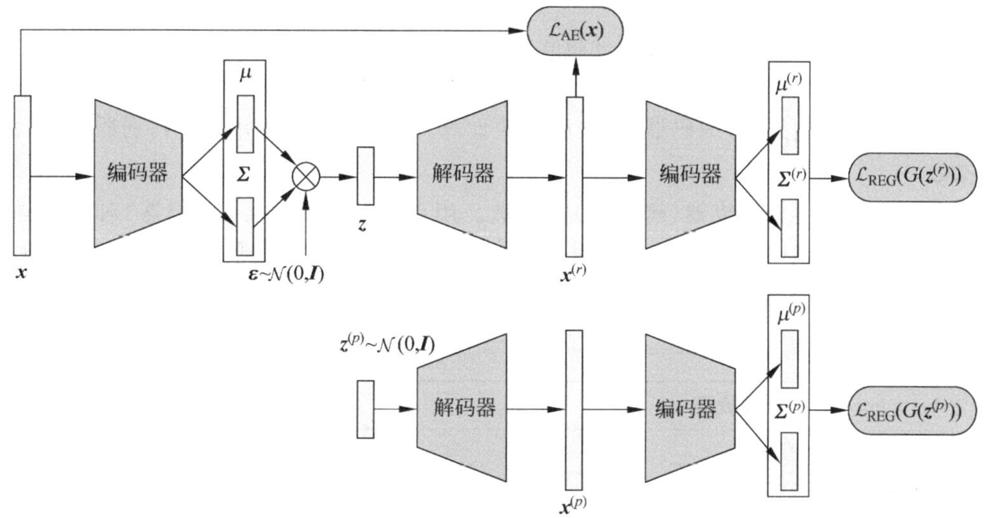

图9-9 intro-VAE模型的结构

变量的先验分布，$P(\boldsymbol{z})=\mathcal{N}(\boldsymbol{z}\mid 0,\boldsymbol{I})$。判别器(编码器)的输出为后验分布的均值 μ 和方差 Σ，$Q(\boldsymbol{z}\mid\boldsymbol{x})=\mathcal{N}(\boldsymbol{z}\mid\mu,\Sigma)$，生成器(解码器)的输入为$\mathcal{N}(\boldsymbol{z}\mid\mu,\Sigma)$中采样得到的 $\boldsymbol{z}$，并且采用“再参数化技巧”：$\boldsymbol{z}=\mu+\Sigma\odot\boldsymbol{\varepsilon}$，其中$\boldsymbol{\varepsilon}\sim\mathcal{N}(0,\boldsymbol{I})$。模型中，$\mathcal{L}_{\mathrm{REG}}$ 的计算与式(9.33)一致，而对于重构误差，可以使用均方误差函数，即对于样本 $\boldsymbol{x}_i$ 及其对应的重构样本 $\boldsymbol{x}_i^{(r)}$：

$$\mathcal{L}_{\mathrm{AE}}(\boldsymbol{x},\boldsymbol{x}^{(r)})=\sum_{i=1}^{n}\left\|x_i^{(r)}-x_i\right\|_{\mathrm{F}}^2 \tag{9.61}$$

式中，n 为样本个数。

除了重构样本之外，还有一类合成样本 $\boldsymbol{x}^{(p)}$，它是从 $P(\boldsymbol{z})$中采样 $\boldsymbol{z}^{(p)}$ 输入生成器 G 后得到的，那么判别器和生成器的总损失函数为

$$\mathcal{L}_E=\sum_{X}\mathcal{L}_{\mathrm{REG}}(\boldsymbol{x})+\alpha\sum_{s=r,p}\sum_{Z^{(s)}}\max(0,m-\mathcal{L}_{\mathrm{REG}}(G(\boldsymbol{z}^{(s)})))+\beta\sum_{X}\mathcal{L}_{\mathrm{AE}}(\boldsymbol{x},\boldsymbol{x}^{(r)}) \tag{9.62}$$

$$\mathcal{L}_G(\boldsymbol{z})=\alpha\sum_{s=r,p}\sum_{Z^{(s)}}\mathcal{L}_{\mathrm{REG}}(G(\boldsymbol{z}))+\beta\sum_{X}\mathcal{L}_{\mathrm{AE}}(\boldsymbol{x},\boldsymbol{x}^{(r)}) \tag{9.63}$$

式中：α、β 为超参数($\boldsymbol{x}$ 为真实样本子集，$Z^{(r)}$为重构样本对应的隐变量集合，$Z^{(p)}$为从先验分布中采样得到的隐变量集合。)具体训练步骤如算法 9-1 所示，其中 $ng(\cdot)$表示梯度反向传播在该位置中止。

首先初始化生成器(解码器)参数 θ_G 和判别器(编码器)参数 ϕ_E，然后开始迭代训练。每次迭代中，也分为两步：首先更新判别器(第 3～10 行)，然后更新生成器(第 11～13 行)。从训练集中随机采样小批量数据构成真实样本子集 X，然后将其中的样本输入编码器构造出真实样本对应的隐变量集合 Z；接着从先验分布 $P(z)=\mathcal{N}(\boldsymbol{z}|0,\boldsymbol{I})$中采样一批隐变量构成隐变量集合 $Z^{(p)}$；分别将真实样本对应的隐变量集合 Z 和先验分布采样得到的隐变量集合 $Z^{(p)}$ 中的元素输入解码器，得到重构样本集合 $X^{(r)}$ 和合成样本集合 $X^{(p)}$，并用真实样本和重构样本计算得到重构损失$\mathcal{L}_{\mathrm{AE}}$；将重构样本和合成样本分别输入编码器，得到重构样本对应的隐变量集合 $Z^{(r)}$ 和合成样本对应的隐变量集合 $Z^{(pp)}$，这里使用了梯度停止算子；用 Z、$Z^{(r)}$ 和 $Z^{(pp)}$ 计算得到式(9.62)所示损失函数的前两项；到这里就完成了判别器(编码器)损失函数的计算，可以计算梯度并更新判别器(编码器)的参数。

接下来开始更新生成器(解码器)的参数。用更新后的判别器(编码器)对重构样本和合成样本进行编码得到新的 $Z^{(r)}$ 和 $Z^{(pp)}$，然后用它们计算得到式(9.63)所示损失函数的第一项，这样生成器(解码器)的损失函数也计算完毕，可以使用梯度下降算法更新它的参数。

算法 9-1　intro-VAE 训练流程

```
1  θ_G,ϕ_E←初始模型参数;
2  while not convergent,do
3      X←从训练集中随机采样小批量数据;
```

$Z = E(X)$；

$Z^{(p)} \leftarrow$ 从先验 $\mathcal{N}(0, \boldsymbol{I})$ 中采样

$X^{(r)} \leftarrow G(Z)$，$X^{(p)} \leftarrow G(Z^{(p)})$

$\mathcal{L}_{\text{AE}} \leftarrow \sum_{X} \mathcal{L}_{\text{AE}}(\boldsymbol{x}, \boldsymbol{x}^{(r)})$

$Z^{(r)} \leftarrow E(ng(X^{(r)}))$，$Z^{(pp)} \leftarrow E(ng(X^{(p)}))$

$\mathcal{L}_{E}^{(\text{adv})} \leftarrow \sum_{X} \mathcal{L}_{\text{REG}}(\boldsymbol{x}) + \alpha \sum_{s=r,p} \sum_{X^{(s)}} \max(0, m - \mathcal{L}_{\text{REG}}(\boldsymbol{x}^{(s)}))$

$\phi_E \leftarrow \phi_E - \eta \nabla_{\phi_E}(\mathcal{L}_{E}^{(\text{adv})} + \beta \mathcal{L}_{\text{AE}})$

$Z^{(r)} \leftarrow E(X^{(r)})$，$Z^{(pp)} \leftarrow E(X^{(p)})$

$\mathcal{L}_{G}^{(\text{adv})} \leftarrow \alpha \sum_{X^{(r)}} \mathcal{L}_{\text{REG}}(\boldsymbol{x}^{r}) + \alpha \sum_{X^{(p)}} \mathcal{L}_{\text{REG}}(\boldsymbol{x}^{p})$

$\theta_G \leftarrow \theta_G - \eta \nabla_{\theta_G}(\mathcal{L}_{G}^{(\text{adv})} + \beta \mathcal{L}_{\text{AE}})$

end while

自省自编码器的训练流程如图 9-10 所示，其中实线和虚线分别代表前向运算和后向运算。从图中可以明显看出，训练可以分为两个阶段，首先更新判别器，然后更新生成器。并且从图中也可以看到梯度停止算子的作用，在更新判别器时，损失函数中 $\max(0, m - \mathcal{L}_{\text{REG}})$ 这项的影响在 $\boldsymbol{x}^{(r)}$ 和 $\boldsymbol{x}^{(p)}$ 处停止，误差不会再继续回传。

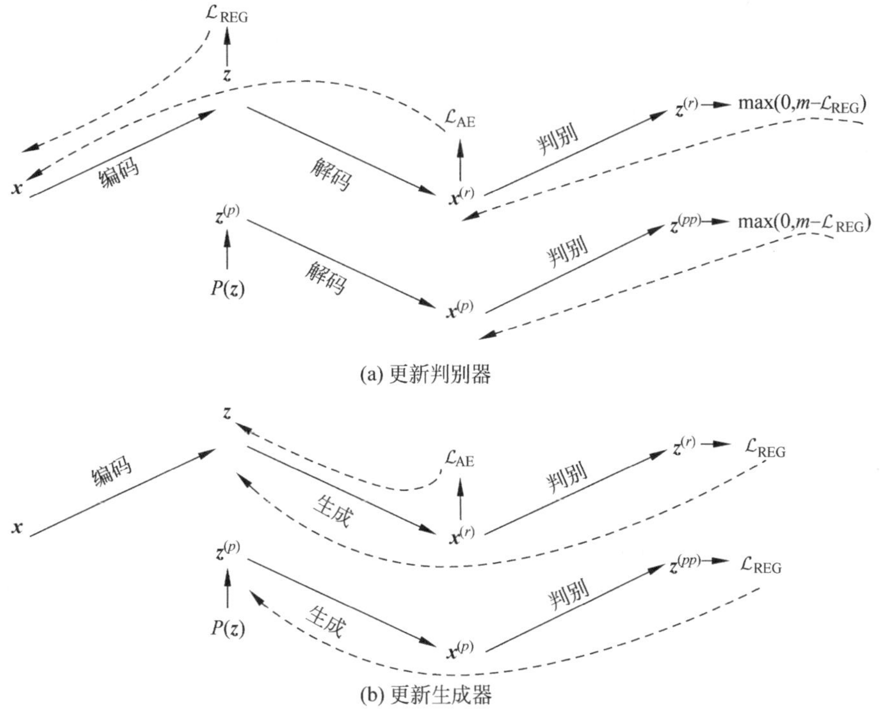

图 9-10　自省自编码器训练流程

9.6 本章小结

本章首先学习自编码器的一般形式；然后具体介绍三种正则自编码器，即稀疏自编码器、降噪自编码器和收缩自编码器；接着介绍一种更为通用的一种自编码器，即变分自编码器，详细推导变分自编码器的目标函数和优化过程，并给出 beta-VAE 和 info-VAE 两种改进算法；最后介绍对抗自编码器，以及生成对抗网络与变分自编码器的混合模型 intro-VAE。

参考文献

[1] Rumelart D E, Hilton G E, Williams R J. Learning representation by back-propagation errors [J]. Nature, 1986, 323(6088), 533-536.

[2] Bengio Y, Lamblin P, Popovici D, et al. Greedy layer-wise training of deep networks [C]. In: Proceedings of International Conference on Neural Information Processing Systems (NIPS), 2007: 153-160.

[3] Ranzato M, Poultney C, Chopra S, et al. Efficient learning of sparse representations with energy-based model [C]. In: Proceedings of International Conference on Neural Information Processing System (NIPS), 2007: 1137-1144.

[4] Ranzato M, Boureau Y, LeCun Y. Sparse feature learning for deep belief networks [C]. In: Proceedings of International Conference on Neural Information Processing System (NIPS), 2007: 1185-1192.

[5] Vincent P, Larochelle H, Bengio Y, et al. Extracting and composing robust features with denoising autoencoders [C]. In: Proceedings of International Conference on Machine Learning (ICML), 2008: 1096-1103.

[6] Bigdeli S, Lin G, Portenier T, et al. Learning Generative Models using Denoising Density Estimators [J]. arXiv preprint arXiv: 2001.02728.

[7] Li Z, Chen Y, Friedrich T. Annealed Denoising score matching: learning Energy based model in high-dimensional spaces [C]. In: Proceedings of International Conference on Learning Representations(ICLR), 2020.

[8] Rifai S, Vincent P, Muller X, et. al. Contractive auto-encoders: explicit invariance during feature extraction [C]. In: Proceedings of International Conference on Machine Learning (ICML), 2011: 833-840.

[9] Guillaume Alain, Yoshua Bengio. What regularized auto-encoders learn from the data-generating distribution [J]. Journal of machine learning research, 2015, 15: 3743-3773.

[10] Kingma D P, Welling M. Auto-encoding variational Bayes [J]. arXiv preprint arxiv: 1312.6114, 2014.

[11] Carl Eoersch. Tutorial on variational auto-encoders [J]. arXiv preprint, arxiv: 1606.05908v2, 2016.

[12] Sohn K, Lee H, Yan X. Learning structured output representation using deep conditional generative models [C]. In: Proceedings of International Conference on Neural Information

Processing Systems (NIPS),2015: 3483-3491.

[13] Walker J,Doersch C,Gupta A,et al. An uncertain future: Forecasting from static images using variational auto-encoders [C]. In: Proceedings of European Conference on Computer Vision (ECCV),2016: 835-851.

[14] Burgess C,Higgins I,Pal A,et al. Understanding disentangling in β-VAE [C]. In: Proceedings of the International Conference on Neural Information Processing Systems(NIPS), 2017.

[15] Higgins I,Matthey L,Pal A,et al. Beta-VAE: Learning Basic Visual Concepts with a Constrained Variational Framework [C]. In: Proceedings of International Conference on Learning Representations(ICLR),2017.

[16] Zhao S,Song J,Ermon S. Info-VAE: information maximizing variational auto-encoders[J]. arXiv preprint arXiv: 1706.02262,2017.

[17] Zhao S J,Song J M,Ermon S. InfoVAE: Balancing Learning and Inference in Variational Auto-encoders [J]. arXiv preprint arXiv: 1706.02262v3,2017.

[18] Makhzani A,Shlens J,Jaitly N,et al. Adversarial Auto-encoders[J]. arXiv preprint arXiv: 1511.05644,2015.

[19] Huang H B,Li Z H,Sun Z N, et al. IntroVAE: Introspective Variational Auto-encoders for Photographic Image Synthesis [J]. arXiv preprint arXiv: 1807.06358v2,2018.

第10章 迁移学习

迁移学习的目的是利用一项任务中学习到的知识去提升另一项任务的泛化能力[1-3]，一般而言，迁移学习包括所有使用源任务中某种资源(数据、模型、标注等)来提升模型目标任务泛化能力的技术。该技术的关键在于找到两项任务之间的相似性，并利用这种相似性将源任务中学到的知识应用于目标任务中指导目标任务的学习。

对于人类而言，迁移学习是一种天生的能力，也是使得人类快速掌握新技能的重要能力。很多人学会了骑自行车，掌握了控制两轮车平衡的技能，那么在学习骑电动自行车或者摩托车时会很自然应用这种平衡技能，帮助他们更快地掌握其他两轮车的骑行方法。在人工智能领域，迁移学习也发挥着不容小觑的作用。

以语音识别为例，根据2017年世界语言大全网站Ethnologue①公布的数据，不计各地方言，目前全球仍在使用的语种超过7000，其中，使用人口数过亿的语种有汉语、西班牙语、英语、阿拉伯语、印地语、孟加拉语、葡萄牙语、俄语、日语、旁遮普语，且这些语言的使用人口占世界总人口的40%以上，而对于排名前397、使用人口超过百万的语种(约占语言总数的5.6%)，其对应人口总数占世界总人口的94%以上。其余的6000多种小语种的使用人口不到世界总人口的6%。即使是在那些使用人口超过百万的“大语种”中，能够方便地为语音信号处理与识别研究提供足够资源(如语音波形、文本数据、字典、语法句法规则等)的语种也是少之又少，更不用考虑各种方言的数据。但是不难想象，不同的语种之间共享着不少相同的模式，例如根据国际音标(International Phonetic Alphabet，IPA)的定义，不同语种之间或多或少都存在相同的元音或辅音。由于语言种类的多样性以及数据资源的不均衡，而语言之间具备相似性，因此在语音相关的研究中迁移学习显得尤为重要。迁移学习在计算机视觉、文本分类、行为识别、自然语言处理、室内定位、视频监控、舆情分析、人机交互等诸多领域都发挥着重要作用。

本章首先给出迁移学习的定义、原理和分类；其次介绍基于特征的迁移学习方法，包括分布差异矩阵、特征增强、特征选择和特征对齐方法；再次介绍基于模型的迁移学习方法，包括基于KL散度(Kullback-Leibler Divergence，KLD)和知识蒸馏的迁移学习；最后介绍迁移学习的发展前沿，指出了最新的发展方向。

10.1 迁移学习的基本原理

本节将给出迁移学习的基本定义、分类②，并在此基础上通过一些具体的场景和实例说明迁移学习的重要作用。

10.1.1 迁移学习的定义

在迁移学习中，有两个最基本的概念是领域和任务。

① https://www.ethnologue.com/statistics.

② 本节内容部分参考王晋东博士编写的《迁移学习简明手册》，现已公开出版为《迁移学习导论》。

1. 领域

领域主要由特征空间和样本集合的边缘概率分布两部分构成。通常用$\mathcal{D}\{\mathcal{X},P(\boldsymbol{X})\}$表示一个领域，其中$\mathcal{X}$表示数据的特征空间，$P(\boldsymbol{X})$表示样本集合的概率分布；$\boldsymbol{x}$ 表示一个具体的数据样本，$\boldsymbol{X}=\{\boldsymbol{x}\mid \boldsymbol{x}_i\in\mathcal{X},i=1,2,\cdots,n\}$表示一个样本集合，其中 n 表示样本数。在迁移学习中存在两个基本的领域，即源领域和目标领域。源领域就是有知识、有大量数据标注的领域，是要迁移的对象；目标领域就是最终要赋予知识、赋予标注的对象。知识从源领域传递到目标领域就完成了迁移。用上标 s 和 t 来区分源领域和目标领域，例如$\mathcal{D}^{\mathrm{s}}$表示源领域，$\mathcal{D}^{\mathrm{t}}$表示目标领域。两个领域不同，指的是当且仅当$\mathcal{X}$或 $P(\boldsymbol{X})$中至少有一个不同。

需要注意的是，边缘概率分布 P 通常不可知，虽然不同领域有各自的边缘概率分布，但是很难明确地给出这些概率分布的形式。

2. 任务

任务主要由标签空间和标签对应的决策函数两部分组成。通常用$\mathcal{T}=\{\mathcal{Y},f(\cdot)\}$表示任务，其中用$\mathcal{Y}$表示标签空间，用 $f(\cdot)$表示决策函数，这个决策函数是理想的、未知的，需要从样本集合中学习的目标函数。迁移学习中，源领域和目标领域的标签空间可以分别表示为$\mathcal{Y}^{\mathrm{s}}$和$\mathcal{Y}^{\mathrm{t}}$，其中的元素 y^{s} 和 y^{t} 分别表示源领域和目标领域的实际标签。决策函数 f: $\mathcal{X}\rightarrow\mathcal{Y}$实现数据样本由特征空间向标签空间的映射，并且可以根据训练样本$\{(\boldsymbol{x}_i,y_i)\mid \boldsymbol{x}_i\in\mathcal{X},y_i\in\mathcal{Y}\}$学习得到。从概率的角度分析，$f$ 可以认为是条件概率$Q(y\mid \boldsymbol{x})$，因此，两个任务不同，当且仅当标签空间$\mathcal{Y}$或者条件概率 $Q(y\mid \boldsymbol{x})$至少有一个不同。

明确领域和任务的定义后，就可以给出迁移学习的数学表示：给定一个源领域$\mathcal{D}^{\mathrm{s}}$和源任务$\mathcal{T}^{\mathrm{s}}$，以及一个目标领域$\mathcal{D}^{\mathrm{t}}$和目标任务$\mathcal{T}^{\mathrm{t}}$，迁移学习的目标就是借助源领域$\mathcal{D}^{\mathrm{s}}$中的知识来提升目标任务$\mathcal{T}^{\mathrm{t}}$的决策函数 $f^{\mathrm{t}}(\cdot)$的性能。

进一步，迁移学习的定义需要进行如下的考虑：

(1) 特征空间的异同，即$\mathcal{X}^{\mathrm{s}}$和$\mathcal{X}^{\mathrm{t}}$是否相等；

(2) 边缘概率分布的异同，即 $P(\boldsymbol{X}^{\mathrm{s}})$和 $P(\boldsymbol{X}^{\mathrm{t}})$是否相等；

(3) 类别空间的异同，即$\mathcal{Y}^{\mathrm{s}}$和$\mathcal{Y}^{\mathrm{t}}$是否相等；

(4) 条件概率分布的异同，即 $Q(y^{\mathrm{s}}\mid \boldsymbol{x}^{\mathrm{s}})$和 $Q(y^{\mathrm{t}}\mid \boldsymbol{x}^{\mathrm{t}})$是否相等。

事实上，迁移学习的过程中源领域和源任务的数量并不仅限于一个，可以同时从多个领域中进行知识的迁移，称源领域数量大于 1 的迁移学习为多源迁移学习，否则称为单源迁移学习。甚至，目标领域和目标任务的数量也不需要进行限制，但是目前大部分迁移学习的研究都关注于单源单目标的场景。

结合迁移学习的定义，可以给出迁移学习的热门子方向——领域自适应的定义：给定源领域样例集 $D^{\mathrm{s}}=\{(\boldsymbol{x}^{\mathrm{s}},y^{\mathrm{s}})\mid \boldsymbol{x}_i^{\mathrm{s}}\in\mathcal{X}^{\mathrm{s}},y_i^{\mathrm{s}}\in\mathcal{Y}^{\mathrm{s}},i=1,2,\cdots,n^{\mathrm{s}}\}$与目标领域样例集 $D^{\mathrm{t}}=\{(\boldsymbol{x}^{\mathrm{t}},y^{\mathrm{t}})\mid \boldsymbol{x}_i^{\mathrm{t}}\in\mathcal{X}^{\mathrm{t}},y_i^{\mathrm{t}}\in\mathcal{Y}^{\mathrm{t}},i=1,2,\cdots,n^{\mathrm{t}}\}$，其中 y_i^{t} 可以已知，也可以是未知，或者部分已知。在领域自适应里，源领域和目标领域的特征空间相同，即$\mathcal{X}^{\mathrm{s}}=\mathcal{X}^{\mathrm{t}}$，并且它们

的标签空间也相同，即$\mathcal{Y}^s=\mathcal{Y}^t$，以及它们的条件概率分布也相同，即$Q(y^s|\boldsymbol{x}^s)=Q(y^t|\boldsymbol{x}^t)$，但是它们的边缘分布不同，即$P(\boldsymbol{X}^s)\neq P(\boldsymbol{X}^t)$。领域自适应的目标就是利用$D^s$的知识去学习一个目标函数$f:\mathcal{X}^t\rightarrow\mathcal{Y}^t$，用来预测目标域$\mathcal{D}^t$中样本$\boldsymbol{x}^t$的标签$y^t\in\mathcal{Y}^t$。

迁移学习的总体思路可以概括为开发算法最大限度地利用源领域的知识，来辅助目标领域的知识获取和学习。但知识的迁移不是没有限制的，在完全没有关联的两个域中进行迁移学习，往往会对目标任务的决策函数产生负面影响，这种现象称为负迁移。

10.1.2 迁移学习的分类

对于迁移学习的分类目前没有统一的方法，一般而言，迁移学习的分类可以按照标签状况、学习方法、领域异同、迁移模式四个准则进行分类，不同的分类方式对应着不同的专业名词(图 10-1)。

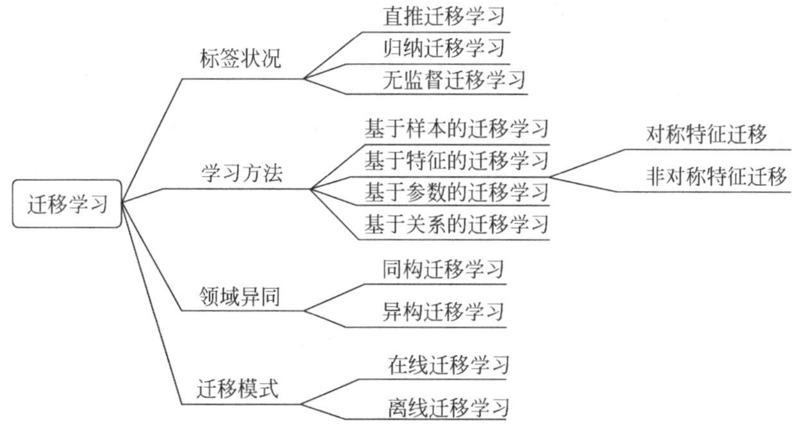

图 10-1　迁移学习的研究领域与研究方法分类

1. 按标签状况进行分类

这种分类方式最为直观。类比机器学习，按照源领域和目标领域的数据集有无标签，迁移学习可以分为直推迁移学习、归纳迁移学习和无监督迁移学习。其中：直推迁移学习中只有源领域的数据集有标签；归纳迁移学习中目标领域的数据集有标签，源领域的数据集可以有标签也可以没有标签；而无监督迁移学习中源领域和目标领域的数据集都没有标签。显然，直推迁移学习和无监督迁移学习要难于归纳迁移学习，是研究的热点和难点。

2. 按学习方法进行分类

按学习方法进行分类，最早是 Pan 和 Yang 等在其综述文章中给出的方法[3]。它将迁移学习方法分为基于样本的迁移学习、基于特征的迁移学习、基于参数的迁移学习和基于关系的迁移学习。这是一个很直观的分类方式，按照样本、特征、模型参数这几个机器学习构件进行区分,再加上不属于这三者中的“关系”类型。在这四类方法中,研究最热的是基于特征和基于参数的迁移学习方法。

基于样本的迁移简单来说就是通过对样例进行加权的方式,将源域中的样例向目标域迁移。换句话说,就是直接对不同的样本赋予不同权重,例如源域中与目标域越相似的样本,其对应的权值越高。

基于特征的迁移假设源域和目标域的特征在特征分布、特征结构等方面存在一定的差异,通过特征变换或者特征选择的方法,将源域和目标域的特征进行规整。在这类方法中,又可以进一步分为对称特征迁移学习和非对称特征迁移学习,其中非对称特征迁移学习仅对源领域的特征进行变换,使其与目标领域的特征相匹配,而对称特征迁移学习则将源领域和目标领域的特征同时变换到一个共同的隐藏特征空间中,即用一种新的特征来表示源领域和目标领域的数据。

基于参数的迁移通过构建参数共享的模型实现迁移。模型参数迁移方法主要在神经网络中应用,因为神经网络的结构可以直接进行迁移。例如,神经网络中最经典的微调就是一种简单的模型参数迁移方法。

基于关系的迁移主要用于解决相关领域中的问题,通过将源领域中学习到的逻辑关系或者规则迁移到目标领域。例如老师上课、学生听课的场景就可以类比为公司开会的场景,这两个场景中的人物之间的逻辑关系或者动作规则是有一定的相似性的。这类迁移方法的相关研究较少。

3. 按领域异同进行分类

按源领域与目标领域是否相同,迁移学习可以分为同构迁移学习和异构迁移学习。源领域与目标领域的特征空间和标签空间都相同则为同构迁移学习,特征空间与标签空间中至少一个不同则为异构学习,例如不同类型图片的迁移是同构迁移,图片到文本的迁移则是异构迁移。在同构迁移学习中,源领域和目标领域的差异在于特征空间中不同类别样本的边缘概率或条件概率不同,只需要对分布进行自适应即可完成迁移;而异构迁移学习更为复杂,不仅需要对分布进行调整,还需要对特征空间进行自适应。

4. 按迁移模式进行分类

按迁移模式的不同,迁移学习可以分为在线迁移学习和离线迁移学习。目前,绝大多数的迁移学习方法都采用了离线方式,即源领域和目标领域均是给定的,只需要进行一次迁移。这种方式的缺点是算法无法对新加入的数据进行学习,模型也无法得到更新。与之相对的,是在线的方式,即随着数据的动态加入,迁移学习算法也可以不断地更新。

10.1.3 迁移学习的意义

人工智能是当前社会的热门话题,无论是国家政策,还是学术研究,或是商业计划,人工智能以多种形式出现在众多场合。在这次人工智能的热潮中,迁移学习是一个热门的研究分支。迁移学习引起众多研究机构、商业公司的重视,主要有以下三方面的原因。

1. 数据资源方面

即使处在大数据时代,能够用于模型训练的数据资源仍然明显不足。用于模型训练的数据应当具备完善的标注,然而对数据标注是一个费时、费力、费钱的大工程。但主流深度学习技术的性能极其依赖于数据资源的支撑,数据资源的缺乏给模型训练学习带来了新的挑战。

语音识别领域中,数据资源丰富的应用场景,例如汉语普通话和英语的连续语音识别已经基本达到实用水平,这很大程度上是由于这些语言的使用人口众多,相应的数据收集标注更加廉价便利,因此模型训练时有大量的标注数据可供使用。但是,在另一些应用场景,比如,方言或小语种识别,数据的收集标注需要专门的语言人才,投入成本更高,产出效率低;又如,一些应用单位的数据涉密级别较高,禁止引入社会力量进行标注,仅依靠内部人员难以完成标注任务;另外,数据的某些属性可能难以准确标注,例如通过互联网收集的语音数据的说话人属性未知。

利用迁移学习可以将数据资源丰富的任务中学习到的知识应用于数据资源贫乏的任务中;或者在其他任务中寻找与目标任务需求相近的有标注数据,将其迁移到目标任务中,增加可用的数据资源。

2. 计算资源方面

随着集成电路产业的发展,GPU芯片、集群服务器、分布式计算等技术使得计算机的运算能力有了极大的飞跃。算力提升使得高时间复杂度的机器算法应用不再受限,在足够的数据支撑下,各种原来不敢想象的复杂模型变得可以实现。然而,强大的计算能力普通用户难以负担。例如,Facebook研究人员提出了一个鲁棒优化的BERT预训练模型(a Robustly Optimized BERT Pretraining Approach,RoBERTa)[4],在RoBERTa模型训练中,采用1024块Tesla V100 GPU芯片进行预训练,花费约1天时间,而一块PCIe版本Tesla V100 GPU的双精度计算能力为7TeraFLOPS(每秒可进行7万亿次双精度浮点运算),其报价为5万~7万人民币,这样强大而又昂贵的计算能力让人艳羡不已。

对于普通用户而言,想要复现这些复杂模型是不切实际的想法,但是利用迁移学习可以将它们作为目标任务的初始模型,在这些充分训练的模型基础上针对目标任务进行更新,就可以取得更好的性能。

3. 应用需求方面

机器学习的目标是构建一个尽可能通用的模型,使得这个模型能够更好地满足不同用户、不同设备、不同环境和不同需求。这就要求在构建机器学习模型的过程中应当尽可能地提升模型的泛化能力,使之适应不同的数据情形。但在实际应用中往往个性化需求种类繁多,并不存在一个普适的模型能够同时满足所有用户的需求。

例如,在语音合成或语音转换中,现有的系统只能提供若干说话人的或者几种特定音色的合成语音,高德地图提供林志玲、郭德纲等的语音导航,而小度音箱则提供4种不同音色的回复语音。仅有寥寥几种的可选项显然无法满足广大用户的需求,但是开发人员也无法针对每一个用户的需求提供一个特定模型。因此,通过迁移学习,利用少量的用户数据,将通用模型自适应加载到用户指定的环境中,满足用户的个性化需求,也是迁移学习重要的用武之地。

10.2 基于特征的迁移学习

基于特征的迁移方法是指通过特征变换的方式,减少源域和目标域之间的差距,进而实现知识的迁移。变换可以仅针对源领域,也可以同时针对源领域和目标领域。构造新特征的目标函数可以是最小化原特征与新特征边缘概率或者条件概率之间的差异;或者是保留数据的重要特性或者内在结构;或者是寻找新特征与原特征的对应关系。特征变换的操作可以分为特征增强、特征降维和特征对齐。特征降维又可以分为多种形式,如特征映射、特征聚类、特征选择和特征编码等。

10.2.1 分布差异矩阵

基于特征的迁移学习中,特征变换的一个主要目的是降低不同领域之间特征分布的差异。最简单的方法是均值方差规整(Mean and Variance Normalization,MVN),这种方法将特征分布标准化,以消除不同领域特征之间的差异。但是MVN简单地假设各领域中数据服从单高斯分布,不同领域数据分布分差异只在于均值和方差的不同,这样的简化条件往往不符合实际情况。

为了更有针对性地进行分布自适应,在基于特征的迁移学习中最重要的是如何有效衡量不同领域的数据之间的差异性或者相似性。常用的衡量概率分布之间距离的指标有KL散度、JS(Jensen-Shannon)散度、Bregman散度、HS(Hilbert-Schmidt)独立性准则等。在迁移学习中,广泛应用的一种衡量指标是最大均值差异(Maximum Mean Discrepancy,MMD)[5],其定义如下:

$$\mathrm{MMD}(X^{\mathrm{s}},X^{\mathrm{t}})=\left\|\frac{1}{n^{\mathrm{s}}}\sum_{i=1}^{n^{\mathrm{s}}}\Phi(\boldsymbol{x}_i^{\mathrm{s}})-\frac{1}{n^{\mathrm{t}}}\sum_{i=1}^{n^{\mathrm{t}}}\Phi(\boldsymbol{x}_i^{\mathrm{t}})\right\|_{\mathcal{H}}^2 \tag{10.1}$$

式中:上标s和t分别代表源领域和目标领域;n为样本数量;$\boldsymbol{x}_i$为特征向量;$\Phi(\cdot)$为非线性变换。MMD通过计算再生核希尔伯特空间中不同领域样本的均值差来衡量不同分布之间的差异,具体可以通过核函数$k(\boldsymbol{x},\cdot)$实现。

MMD只使用一个核函数来衡量分布之间的差异,但是核函数的选择往往比较困难,因此,Greton等提出多核MMD(Multiple Kernel MMD,MK-MMD)准则[6],用多个核函数加权去构造最终的核函数,即

$$\mathcal{K} \triangleq \left\{k = \sum_{u=1}^{m} \beta_u k_u : \sum_{u=1}^{m} \beta_u = 1, \beta_u \geqslant 0, \forall u\right\} \tag{10.2}$$

式中，β_u 为权重，k_u 为核函数。

10.2.2 特征增强

特征增强是一种应用比较广泛的特征变换方法，特别是在对称特征迁移学习中。这类方法可以通过特征重复或者特征堆叠的方式来实现特征增强。例如，在 Daum 提出的特征增强方法(Feature Augmentation Method，FAM)[7]中，通过特征重复的方式，将增强后的特征维度扩展为原始特征的 3 倍。新增强后的特征由原始特征、源领域相关特征、目标领域相关特征三部分组成，具体来说，如式(10.2)所示，对于源领域中的特征，其增强特征中目标领域相关特征设为 0，而对于目标领域，其增强特征中源领域相关特征设为 0。

$$\Phi^{s}(\boldsymbol{x}_i^{s}) = \langle \boldsymbol{x}_i^{s}, \boldsymbol{x}_i^{s}, \boldsymbol{0} \rangle, \Phi^{t}(\boldsymbol{x}_i^{t}) = \langle \boldsymbol{x}_i^{t}, \boldsymbol{x}_i^{t}, \boldsymbol{0} \rangle \tag{10.3}$$

式中：Φ^{s}、Φ^{t} 分别代表从源领域和目标领域到增强特征空间的变换方法，$\boldsymbol{0}$ 为全零向量。特征增强之后，就可以将两个领域的数据合并起来进行机器学习。

FAM 之所以能够采用这样简单的特征增强方法实现迁移学习，底层原因是其认为机器学习算法性能足够优秀，能够帮助人们实现领域自适应。当然，FAM 必然会引入冗余信息，基于 FAM 也有许多的改进算法。

10.2.3 特征映射

特征映射，如主成分分析(Principal Component Analysis，PCA)等，是机器学习中常用的方法。但这些特征映射方法通常是根据数据的方差来设计变换矩阵，对数据分布的差异并不关注。因此，在迁移学习中提出许多匹配不同领域数据条件分布的特征映射方法。

迁移成分分析(Transfer Component Analysis，TCA)[8]是一种基于特征映射的迁移学习方法。该方法将 MMD 中 $\Phi(\cdot)$定义为待确定的特征变换，通过最小化 MMD 来寻找最优的特征变换达到迁移学习的目的。但直接搜索最优的非线性变换十分困难，因此需要将该问题转换为核学习形式。定义核函数 $k(\boldsymbol{x}_i, \boldsymbol{x}_j) = \Phi(\boldsymbol{x}_i)^{\mathrm{T}} \Phi(\boldsymbol{x}_j)$，那么

$$\mathrm{MMD}(X^{s}, X^{t}) = \mathrm{tr}(\boldsymbol{KL}) \tag{10.4}$$

式中：$\boldsymbol{K}$ 为维度$(n^{s}+n^{t}) \times (n^{s}+n^{t})$的核矩阵，

$$\boldsymbol{K} = \begin{bmatrix} \boldsymbol{K}_{s,s} & \boldsymbol{K}_{s,t} \\ \boldsymbol{K}_{t,s} & \boldsymbol{K}_{t,t} \end{bmatrix} \tag{10.5}$$

式中：$\boldsymbol{K}_{s,s}$、$\boldsymbol{K}_{t,t}$ 和$\boldsymbol{K}_{s,t}$ 分别为根据核函数 k 在源领域、目标领域和交叉领域中计算得到的核矩阵。

$\boldsymbol{L} = [L_{ij}]$，且有

$$L_{ij}=\begin{cases}1/(n^{\mathrm{s}})^2, & \boldsymbol{x}_i,\boldsymbol{x}_j\in X^{\mathrm{s}}\\ 1/(n^{\mathrm{t}})^2, & \boldsymbol{x}_i,\boldsymbol{x}_j\in X^{\mathrm{t}}\\ 1/n^{\mathrm{s}}n^{\mathrm{t}}, & \text{其他}\end{cases}\tag{10.6}$$

事实上，在上述定义下，核函数 k 的学习可以通过核矩阵 $\boldsymbol{K}$ 的学习得到。但是，这样学习得到的核矩阵 $\boldsymbol{K}$ 并不能用于处理未知数据，因此，TCA 采用了一种参数化的核映射方法。

首先对 $\boldsymbol{K}$ 进行分解：

$$\boldsymbol{K}=(\boldsymbol{K}\boldsymbol{K}^{-1/2})(\boldsymbol{K}^{-1/2}\boldsymbol{K})$$

假设有一个$(n^{\mathrm{s}}+n^{\mathrm{t}})\times m$ 维的矩阵 $\widetilde{\boldsymbol{W}}$ 可以将 $\boldsymbol{K}$ 映射到一个 m 维的空间，$m\ll n^{\mathrm{s}}+n^{\mathrm{t}}$。那么，定义一个新的核矩阵$\widetilde{\boldsymbol{K}}$：

$$\widetilde{\boldsymbol{K}}=(\boldsymbol{K}\boldsymbol{K}^{-1/2}\widetilde{\boldsymbol{W}})(\widetilde{\boldsymbol{W}}^{\mathrm{T}}\boldsymbol{K}^{-1/2}\boldsymbol{K})=\boldsymbol{K}\boldsymbol{W}\boldsymbol{W}^{\mathrm{T}}\boldsymbol{K}\tag{10.7}$$

式中：$\boldsymbol{W}=\boldsymbol{K}^{-1/2}\widetilde{\boldsymbol{W}}\in\mathbb{R}^{(n^{\mathrm{s}}+n^{\mathrm{t}})\times m}$。

$\widetilde{\boldsymbol{K}}$ 对应的核函数为

$$\tilde{k}(\boldsymbol{x}_i,\boldsymbol{x}_j)=\boldsymbol{k}_{\boldsymbol{x}_i}^{\mathrm{T}}\boldsymbol{W}\boldsymbol{W}^{\mathrm{T}}\boldsymbol{k}_{\boldsymbol{x}_j}\tag{10.8}$$

式中

$$\boldsymbol{k}_x=[k(\boldsymbol{x}_1,\boldsymbol{x}),\cdots,k(\boldsymbol{x}_{n^{\mathrm{s}}+n^{\mathrm{t}}},\boldsymbol{x})]^{\mathrm{T}}\in\mathbb{R}^{n^{\mathrm{s}}+n^{\mathrm{t}}}$$

显然，$\tilde{k}$ 定义的核函数可以用于未知的样本，并且

$$\mathrm{MMD}(X^{\mathrm{s}},X^{\mathrm{t}})=\mathrm{tr}((\boldsymbol{K}\boldsymbol{W}\boldsymbol{W}^{\mathrm{T}}\boldsymbol{K})\boldsymbol{L})=\mathrm{tr}(\boldsymbol{W}^{\mathrm{T}}\boldsymbol{K}\boldsymbol{L}\boldsymbol{K}\boldsymbol{W})\tag{10.9}$$

为了控制 $\boldsymbol{W}$ 的复杂度，可以在优化目标中增加一个正则项 $\mathrm{tr}(\boldsymbol{W}^{\mathrm{T}}\boldsymbol{W})$，因此 TAC 的目标函数为

$$\begin{gathered}\min_{\boldsymbol{W}}=\mathrm{tr}(\boldsymbol{W}^{\mathrm{T}}\boldsymbol{W})+\mu\,\mathrm{tr}(\boldsymbol{W}^{\mathrm{T}}\boldsymbol{K}\boldsymbol{L}\boldsymbol{K}\boldsymbol{W})\\ \text{s. t. }\boldsymbol{W}^{\mathrm{T}}\boldsymbol{K}\boldsymbol{H}\boldsymbol{K}\boldsymbol{W}=\boldsymbol{I}\end{gathered}\tag{10.10}$$

式中：μ 用来控制两个分项在目标函数中的作用，$\boldsymbol{I}\in\mathbb{R}^{m\times m}$ 为单位矩阵；$\boldsymbol{H}$ 为

$$\boldsymbol{H}=\boldsymbol{I}_{n^{\mathrm{s}}+n^{\mathrm{t}}}-\frac{1}{n^{\mathrm{s}}+n^{\mathrm{t}}}\boldsymbol{1}\boldsymbol{1}^{\mathrm{T}}\tag{10.11}$$

式中：$\boldsymbol{1}\in\mathbb{R}^{n^{\mathrm{s}}+n^{\mathrm{t}}}$ 为全 1 向量。

增加约束 $\boldsymbol{W}^{\mathrm{T}}\boldsymbol{K}\boldsymbol{H}\boldsymbol{K}\boldsymbol{W}=\boldsymbol{I}$ 的目的是避免出现 $\boldsymbol{W}=0$ 解。通过求解上述优化问题，可以得出 $\boldsymbol{W}$ 为$(\boldsymbol{I}+\mu\boldsymbol{K}\boldsymbol{L}\boldsymbol{K})^{-1}\boldsymbol{K}\boldsymbol{H}\boldsymbol{K}$ 的 m 个最大的特征值对应的特征向量组成的矩阵。

10.2.4 特征选择

如图 10-2 所示，在特征选择方法中，假设源领域和目标领域包含部分公共特征，并且这些特征在不同领域分布是相同的。可以通过特征选择方法将这部分共享的特征挑选出来，利用源领域中的数据来帮助提升目标领域的任务性能。

结构化相似性学习(Structural Correspondence Learning, SLT)[9]是这类方法的典型代表,它可以通过以下步骤实现新特征构造:

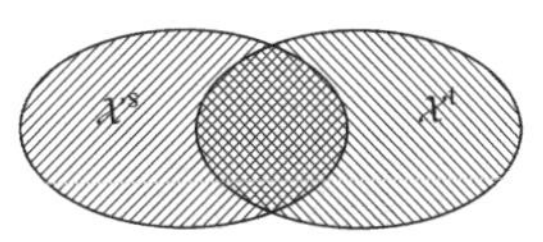

图 10-2 特征选择法示意图

(1) 特征选择。SLT 首先通过特征选择算法挑选出关键特征。

(2) 映射学习。通过结构化学习技术找到关键特征的一个低维内在特征空间。

(3) 特征拼接。通过将原特征与步骤(2)中得到的低维特征拼接起来,构造得到新特征。

以词性标注问题为例,关键特征应该是源领域和目标领域中出现最频繁的单词。这些关键特征被确定之后,一系列的线性二分类器被训练出来,用于预测每一个关键特征是否在样本中出现。不失一般性,假设用于预测第 i 个关键特征的分类器为 $f_i(\boldsymbol{x})=\text{sign}(\boldsymbol{\theta}_i\boldsymbol{x})$,其中 $\boldsymbol{x}$ 是二值特征向量。使用所有样本来训练第 i 个分类器,并且输入特征中不包含第 i 个关键特征,分类器参数$\boldsymbol{\theta}_i$ 的训练准则如下:

$$\boldsymbol{\theta}_i=\underset{\theta}{\operatorname{argmin}}\frac{1}{n}\sum_{j=1}^{n}\mathcal{L}(\boldsymbol{\theta}\boldsymbol{x}_{j\backslash i},\text{Row}_i(\boldsymbol{x}_j))+\lambda\|\boldsymbol{\theta}\|^2 \tag{10.12}$$

式中:$\boldsymbol{x}_{j\backslash i}$ 为第 j 样本去除第 i 个关键特征后的特征向量;$\text{Row}_i(\boldsymbol{x}_j)$为 $\boldsymbol{x}_j$ 的第 i 个关键特征的特征值。

将所有的$\boldsymbol{\theta}_i$ 拼接成矩阵 $\widetilde{\boldsymbol{W}}$,然后通过奇异值分解,用 k 个最大奇异值对应的奇异向量构造变换矩阵 $\boldsymbol{W}$。最后,用特征拼接后的样例($[\boldsymbol{x}_i;\boldsymbol{W}^{\mathrm{T}}\boldsymbol{x}_i],y_i$)来训练词性分类器。

10.2.5 特征对齐

特征对齐在特征变换过程中可以发挥多种不同作用,例如,生成一个新的特征表达,或者构造一种特征变换。用于对齐的特征种类主要有子空间特征、谱特征和统计特征。以子空间特征对齐为例,其主要的步骤如下:

(1) 子空间生成。在该步骤中,源领域和目标领域的样例分别用于生成其对应的子空间。假设 M^{s} 和 M^{t} 分别为源领域和目标领域的子空间的正交基,那么可以通过对这些正交基进行偏移实现子空间对齐的目的。

(2) 子空间对齐。学习一种映射方式实现子空间对齐,然后将样例的特征映射到对齐后的子空间中,生成新的特征。

(3) 学习器训练。用变换后的特征训练目标学习器,实现机器学习的目的。

子空间对齐(Subspace Alignment, SA)算法就是一种典型的方法[10]。在 SA 中,通过主成分分析生成子空间,子空间的基 $\boldsymbol{M}^{\mathrm{s}}$ 和 $\boldsymbol{M}^{\mathrm{t}}$ 则是最大特征值对应的特征向量,对齐子空间的变换矩阵 $\boldsymbol{W}_{\mathrm{SA}}$ 则可以通过如下优化目标实现:

$$\boldsymbol{W}_{\mathrm{SA}}^{*}=\underset{\boldsymbol{W}_{\mathrm{SA}}}{\operatorname{argmin}}\|\boldsymbol{M}^{\mathrm{s}}\boldsymbol{W}_{\mathrm{SA}}-\boldsymbol{M}^{\mathrm{t}}\|_{\mathrm{F}}^{2} \tag{10.13}$$

该目标函数的目的是通过 $\boldsymbol{W}$ 将源领域的子空间对齐到目标领域的子空间。由于 F 范数是正交化操作的一种变体,因此

$$\| \boldsymbol{M}^{s}\boldsymbol{W}_{SA} - \boldsymbol{M}^{t} \|_{F}^{2} = \| (\boldsymbol{M}^{s})^{-1}\boldsymbol{M}^{s}\boldsymbol{W}_{SA} - (\boldsymbol{M}^{s})^{-1}\boldsymbol{M}^{t} \|_{F}^{2} = \| \boldsymbol{W}_{SA} - (\boldsymbol{M}^{s})^{-1}\boldsymbol{M}^{t} \|_{F}^{2} \tag{10.14}$$

即最优变换矩阵 $\boldsymbol{W}_{SA}^{*} = (\boldsymbol{M}^{s})^{-1}\boldsymbol{M}^{t}$。

在SA算法的基础上，许多新的子空间对齐算法被提出，例如子空间分布对齐(Subspace Distribution Alignment between Two Subspace,SDA-TS)算法[11]。与SD算法不同之处在于，SDA算法的变换矩阵 $\boldsymbol{W}_{SDA} = \boldsymbol{W}_{SA}\boldsymbol{Q}$，增加的 $\boldsymbol{Q}$ 矩阵用于消除两个子空间分布的差异。一般而言，两组数据分布的差异可以通过数据的均值和方差来衡量，在该问题中，由于PCA步骤中对数据进行零均值的预处理，因此两个子空间的均值都为零，仅需要考虑方差的差异。假设投影到源领域和目标领域子空间的数据协方差矩阵分别为 $\boldsymbol{\Sigma}^{s}$ 和 $\boldsymbol{\Sigma}^{t}$，那么显然 $\boldsymbol{Q} = (\boldsymbol{\Sigma}^{s})^{-1}\boldsymbol{\Sigma}^{t}$。因此，$\boldsymbol{W}_{SDA}^{*} = (\boldsymbol{M}^{s})^{-1}\boldsymbol{M}^{t}(\boldsymbol{\Sigma}^{s})^{-1}\boldsymbol{\Sigma}^{t}$。

10.2.6 基于深度学习的特征迁移

近年来，基于特征的迁移学习方法大多与神经网络进行结合，在神经网络的训练中进行学习特征的迁移。例如，在网络的某个位置增加一个线性变换层，将上一层神经元输出的特征进行映射，输入下一层神经元。根据线性变换层所处的位置，这些技术可以分为线性输入层网络(Linear Input Network,LIN)、线性输出层网络(Linear Output Network,LON)以及线性隐含层网络(Linear Hidden Network,LHN)。在这些方法的自适应阶段，通常将线性变换层的权值矩阵和偏移向量初始化单位矩阵和零向量，然后固定原始网络的参数，在自适应数据集上对线性变换层的参数进行估计。这类方法通过某种线性变化，消除不同领域特征之间的差异。此外，还有一些方法通过对非线性的方法对特征进行映射。

除了特征映射的方法外，在深度学习领域还可以通过自编码器、AlexNet等网络实现特征迁移学习。例如，在文本情感分析领域，格洛特(Glorot)基于堆叠降噪自编码器(Stacked Denoising Autoencoder,SDA)实现了的领域自适应[12]。该方法首先利用所有领域的数据训练一个SDA；然后将编码器的输出作为新的特征表征方式，并将目标领域的数据进行特征编码；最后利用这些编码后的新特征训练一个线性分类器，实现文本情感分类。其他典型的算法还有深度自编码器迁移学习(Transfer Learning with Deep Autoencoders,TLDA)[13-14]、深度自适应网络(Deep Adaptation Network,DAN)[14-15]、联合自适应网络(Joint Adaptation Network,JAN)[16]等。

1. 深度自编码器迁移学习

从命名中可以显然看出TLDA算法也是基于自编码器的迁移学习算法，但是与SDA不同的是TLDA对源领域和目标领域各使用一个自编码器，这两个自编码器共享相同的参数。

自编码器的编码器和解码器都由两层网络组成，如图10-3所示。

其训练目标函数包含多个部分，即

$$\min_{\Theta} \mathcal{L}_{\text{REC}}(\mathcal{X},\hat{\mathcal{X}}) + \lambda_1 \Gamma(Q^{\text{s}},Q^{\text{t}}) + \lambda_2 \Omega(\boldsymbol{W},\boldsymbol{b},\boldsymbol{W}',\boldsymbol{b}') + \lambda_3 \mathcal{L}_{\text{REC}}(\mathcal{Z}^{\text{s}},\mathcal{Y}^{\text{s}}) \tag{10.15}$$

其中：第一项为自编码器的重建误差，即解码器的输出应当与编码器的输入尽可能接近，换句话说，就是$\mathcal{X}^{\text{s}}$与$\hat{\mathcal{X}}^{\text{s}}$之间的距离、$\mathcal{X}^{\text{t}}$与$\hat{\mathcal{X}}^{\text{t}}$之间的距离都应当最小化。

第二项为分布自适应项，最小化ξ^{s}和ξ^{t}之间的KL距离即是最小化源领域和目标领域之间的分布差异，即

$$\Gamma(Q^{\text{s}},Q^{\text{t}}) = \text{KL}(Q^{\text{s}} \parallel Q^{\text{t}}) + \text{KL}(Q^{\text{t}} \parallel Q^{\text{s}}) \tag{10.16}$$

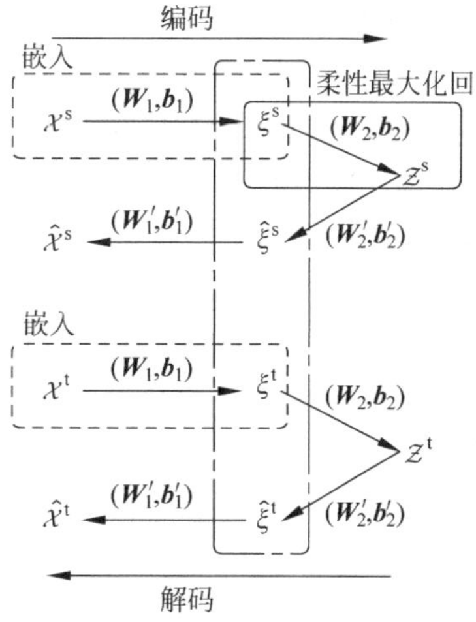

图 10-3　TLDA 结构

式中

$$Q^{\text{s}} = \frac{1}{n^{\text{s}}}\sum_{i=1}^{n^{\text{s}}} \xi_i^{\text{s}}, \quad Q^{\text{t}} = \frac{1}{n^{\text{t}}}\sum_{i=1}^{n^{\text{t}}} \xi_i^{\text{t}}$$

第三项为模型参数正则项，即

$$\Omega(\boldsymbol{W},\boldsymbol{b},\boldsymbol{W}',\boldsymbol{b}') = \|\boldsymbol{W}_1\|^2 + \|\boldsymbol{b}_1\|^2 + \|\boldsymbol{W}_2\|^2 + \|\boldsymbol{b}_2\|^2 + \|\boldsymbol{W}_1'\|^2 + \|\boldsymbol{b}_1'\|^2 + \|\boldsymbol{W}_2'\|^2 + \|\boldsymbol{b}_2'\|^2 \tag{10.17}$$

第四项为回归误差，即对于源领域中有标注的样例，编码器的输出$\mathcal{Z}^{\text{s}}$与其标签$\mathcal{Y}^{\text{s}}$之间的误差应当尽可能小，即

$$\mathcal{L}_{\text{REC}}(\mathcal{Z}^{\text{s}},\mathcal{Y}^{\text{s}}) = -\frac{1}{n^{\text{s}}}\sum_{i=1}^{n^{\text{s}}}\sum_{j=1}^{c} 1\{y_i^{\text{s}} = j\} \log \frac{\mathrm{e}^{\boldsymbol{W}_{2,j}^{\text{T}}\xi_i^{\text{s}}+\boldsymbol{b}_2}}{\sum_{l=1}^{c}\mathrm{e}^{\boldsymbol{W}_{2,l}^{\text{T}}\xi_i^{\text{s}}+\boldsymbol{b}_2}} \tag{10.18}$$

式中：$1\{y_i^{\text{s}}=j\}$为指示函数，当花括号内的表达式成立时取值为1，否则为0。

TLDA也是通过梯度下降来进行训练，模型训练完成后，可以使用编码器的输出$\mathcal{Z}^{\text{t}}$进行预测，也可以将自编码器作为特征提取器，将编码器第一层的输出ξ^{t}作为新的特征，然后利用新特征训练目标分类器。

2. 深度自适应网络

DAN也是一种基于分布差异的领域自适应方法，如图10-4所示，其采用AlexNet作为骨干网络，不同之处在于后端前馈网络包含两个子网络，分别对应源领域和目标领域。该网络的前五层卷积网络用于特征提取，提取出的高层特征将根据其来源的领域，输入对应的前馈神经网络中。

DAN的目标函数如下：

$$\min_{\Theta}\max_{\kappa}\sum_{i=1}^{n^{\text{L}}} \mathcal{L}(f(\boldsymbol{x}_i^{\text{L}}), y_i^{\text{L}}) + \lambda \sum_{l=6}^{8} \text{MK-MMD}(R_l^{\text{s}}, R_l^{\text{t}}, \boldsymbol{\kappa}) \tag{10.19}$$

式中：l 为网络层数索引；$f(\cdot)$为网络最终输出；n^{L} 为源领域和目标领域中有标注的样例数；κ 为核函数；R_l^* 为前馈神经层的输出。

目标函数的第一项为分类误差项，可以采用交叉熵损失函数来衡量；第二项为分布自适应项，该项用 MK-MMD 指标对源领域和目标领域的多个隐含层输出的分布差异进行评估。同时该目标函数包含最大化和最小化两个步骤，最大化针对的是 MK-MMD 的核函数，其目的是使得 MK-MMD 对分布差异的衡量能力最大化。

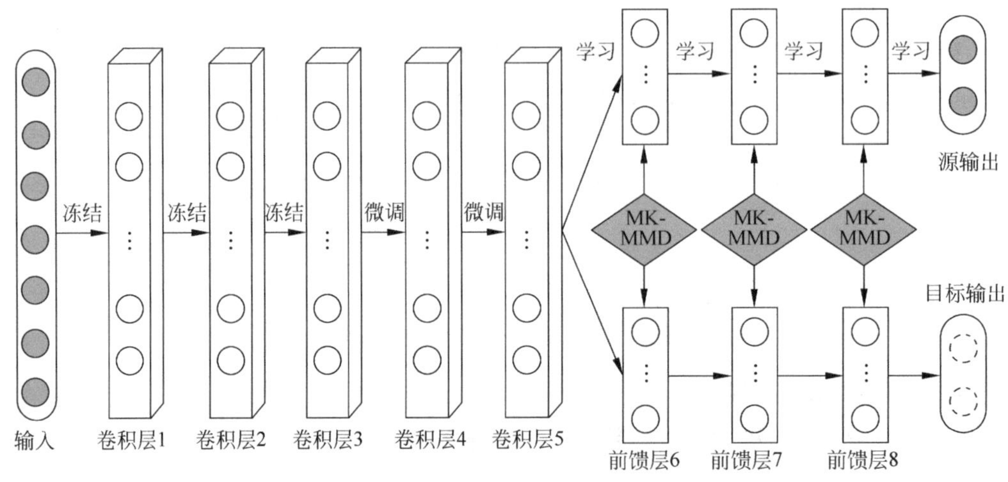

图 10-4　DAN 结构

网络的训练中需要学习神经网络的参数和多核函数的权值参数。DAN 假设网络的前三层卷积网络的输出是可迁移的通用特征，因此训练中首先用一个预训练的 AlexNet 来初始化 DAN，然后冻结这几个卷积层的参数，微调后两层卷积网络以及全链接神经网络。

10.3　基于模型的迁移学习

10.3.1　深度网络的可迁移性

随着深度学习在多个领域得到广泛应用，深度迁移学习也受到了越来越多研究人员的关注。虽然深度神经网络是一个黑盒子，很多时候目前的理论无法对其内部的运行机理进行解释，但是现有的研究表明，由于神经网络具有良好的层次结构，一般认为神经网络前若干层学习到的都是通用特征，而越靠后的神经层越偏重学习任务相关的特征。因此，通过迁移学习，将源领域中学习到的通用特征提取技术应用于目标领域，可以很好地克服数据之间的差异。相比于重新训练一个网络，深度迁移网络要比随机初始化权重效果好；通过迁移还可以加快网络的收敛速度。

在深度网络的迁移学习中，需要解决两个问题：一是确定网络的哪些神经层应该进行调整；二是确定采用什么样的自适应方法对网络进行调整。第一个问题决定了网络的学习程度，第二个问题决定了网络的泛化能力。因此，深度网络迁移学习的基本准则是：首先决定自适应神经层，然后通过特定的自适应方法对这些神经层的参数进行微调。

10.3.2 基于 KL 散度的迁移学习

在基于模型的迁移学习中，最简单、最直接的方法就是微调，即利用目标域数据、采用原目标函数，以较低的学习率对源模型的所有参数进行调整。但是，这种方法容易导致出现过拟合，特别是当网络参数规模较大时过拟合更为严重。KL 散度正则项方法在一定程度上可以减轻过拟合的问题，该方法最早用于说话人自适应当中，随后有研究人员将其用于领域自适应。KLD 正则项方法的自适应准则可以表示如下[17-18]：

$$J_{\text{KLD}}(\theta_{\text{adapt}};\mathcal{D}^{\text{t}})=(1-\rho)J(\theta_{\text{adapt}};\mathcal{D}^{\text{t}})+\rho R_{\text{KLD}}(\theta_{\text{source}},\theta_{\text{adapt}};\mathcal{D}^{\text{t}}) \tag{10.20}$$

式中：θ_{source} 和 θ_{adapt} 分别为源模型和自适应模型参数集；$\mathcal{D}^{\text{t}}$为自适应数据集合；$J(\theta_{\text{adapt}};\mathcal{D}^{\text{t}})$为自适应准则，可以采用交叉熵准则，或是其他序列鉴别性训练准则，如最大互信息(Maximum Mutual Information，MMI)准则等；ρ 为正则化权重；$R_{\text{KLD}}(\theta_{\text{source}},\theta_{\text{adapt}};\mathcal{D}^{\text{t}})$为 KLD 正则项，且有

$$R_{\text{KLD}}(\theta_{\text{source}},\theta_{\text{adapt}};\mathcal{D}^{\text{t}})=\frac{1}{T}\sum_{j=1}^{T}\sum_{i=1}^{K}p(i\mid \boldsymbol{x}_j;\theta_{\text{source}})\log p(i\mid \boldsymbol{x}_j;\theta_{\text{adapt}}) \tag{10.21}$$

式中：$p(i|\boldsymbol{x}_j;\theta_{\text{source}})$、$p(i|\boldsymbol{x}_j;\theta_{\text{adapt}})$分别为源模型和自适应模型输出的第 j 个观测样本属于输出类别 i 的概率；K 为总输出类别数；T 为总输入特征数。

KLD 正则项方法的思想是通过强制自适应模型的输出概率与源模型的输出概率尽可能接近，以此来保留在源领域中学习到的知识，防止自适应模型过拟合。

10.3.3 基于知识蒸馏的迁移学习

知识蒸馏最初是在模型压缩中提出的算法，其目的是训练一个小而灵活的模型(学生模型)来近似一个大而精确的模型(教师模型)的输出。该算法不仅可以用于降低模型的复杂度，还可以用于 RNN 模型的初始化。

如图 10-5 所示，与一般的损失函数定义不同，知识蒸馏的损失函数引入了教师模型的输出，用于指导学生模型的训练。其具体定义如下：

$$J_{\text{KDA}}=(1-\rho)J_{\text{hard}}(\boldsymbol{p}_j,\boldsymbol{y}_j)+\rho J_{\text{soft}}(\boldsymbol{p}_j,\boldsymbol{q}_j) \tag{10.22}$$

式中，ρ 为二者的平衡因子；$\boldsymbol{p}_j\in\mathbb{R}^K$ 为经过柔性最大化函数规整后的学生模型的第 j 个输出；$\boldsymbol{y}_j$ 为对应的输出标注，通常为一个独热向量；$\boldsymbol{q}_j$ 为经过调温柔性最大化函数规整后的教师模型的输出；$J_{\text{hard}}(\boldsymbol{p}_j,\boldsymbol{y}_j)$、$J_{\text{soft}}(\boldsymbol{p}_j,\boldsymbol{q}_j)$为交叉熵，即

$$J_{\text{hard}}(\boldsymbol{p}_j,\boldsymbol{y}_j)=-\sum_{j=1}^{T}\sum_{i=1}^{K}y_{i,j}\log p_{i,j} \tag{10.23}$$

$$J_{\text{soft}}(\boldsymbol{p}_j,\boldsymbol{q}_j)=-\sum_{j=1}^{T}\sum_{i=1}^{K}q_{i,j}\log p_{i,j} \tag{10.24}$$

其中：T 为输入特征向量的总数；$p_{i,j}$、$y_{i,j}$ 和 $q_{i,j}$ 分别为$\boldsymbol{p}_j$、$\boldsymbol{y}_j$ 和$\boldsymbol{q}_j$ 的第 i 个元素，且有

$$p_{i,j}=\frac{\exp(z_i^{\text{s}}(\boldsymbol{x}_j)/M')}{\sum_{k=1}^{K}\exp(z_k^{\text{s}}(\boldsymbol{x}_j)/M')} \tag{10.25}$$

$$y_{i,j}=\begin{cases}1, & \boldsymbol{x}_j \text{ 属于第 } i \text{ 个类别}\\ 0, & \text{其他}\end{cases} \tag{10.26}$$

$$q_{i,j}=\frac{\exp(z_i^{\text{t}}(\boldsymbol{x}_j)/M)}{\sum_{k=1}^{K}\exp(z_k^{\text{t}}(\boldsymbol{x}_j)/M)} \tag{10.27}$$

式中：$\boldsymbol{x}_j$ 为第 j 个观测样本；$z_i^{\text{s}}(\boldsymbol{x}_j)$和 $z_i^{\text{t}}(\boldsymbol{x}_j)$分别为学生模型和教师模型输出向量的第 i 个元素；M 和 M'为调温因子，用于控制$\boldsymbol{q}_j$ 和 $\boldsymbol{p}_j$ 的平滑度，当计算 J_{hard} 时 $M'=1$，当计算 J_{soft} 时 $M'=M$。

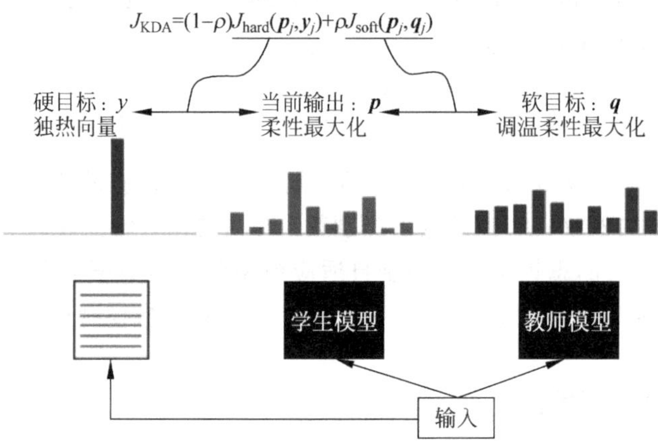

图 10-5　基于知识蒸馏的迁移学习示意图

基于知识蒸馏的领域自适应（Knowledge Distillation-based Domain Adaptation，KDA）[19]可以通过两个步骤实现：一是将教师模型的配置和参数作为学生模型的初始值；二是通过在自适应数据集上最小化式(10.22)所示损失函数来训练学生模型。

从式(10.22)所示的目标函数中可以看出，KDA 与基于 KLD 的模型迁移方法十分相似，假如将 J_{soft} 看作是损失函数中的正则项，将教师模型和学生模型分别看作是源模型和自适应模型，那么知识蒸馏可以看作是一种基于正则化的自适应方法。不同之处在于：KDA 方法中，教师模型的输出经过调温柔性最大化函数规整。经过调温函数的规整，KDA 方法能够发现自适应数据在源领域的各个类别之间的关联性，进而更好地指导学生模型训练。当令调温因子 $M=1$ 时，基于知识蒸馏的迁移学习即为基于 KLD 正则项的自适应方法。

10.4 基于样例的迁移学习

基于样例的迁移学习仅仅将源领域的样例加权之后，直接用于目标领域的任务训练中，这个过程中样本权值的设置是关键。假设源领域包含大量的有标注样例，而目标领域的样例有限，并且两个领域的差异只在边缘概率不同，即 $P(\boldsymbol{X}^{\mathrm{s}})\neq P(\boldsymbol{X}^{\mathrm{t}})$ 而 $Q(y^{\mathrm{s}}|\boldsymbol{x}^{\mathrm{s}})=Q(y^{\mathrm{t}}|\boldsymbol{x}^{\mathrm{t}})$。那么根据

$$\begin{aligned}\mathbb{E}_{(\boldsymbol{x},y)\sim P^{\mathrm{t}}}[\mathcal{L}(\boldsymbol{x},y;f)]&=\mathbb{E}_{(\boldsymbol{x},y)\sim P^{\mathrm{s}}}\left[\frac{P^{\mathrm{t}}(\boldsymbol{x},y)}{P^{\mathrm{s}}(\boldsymbol{x},y)}\mathcal{L}(\boldsymbol{x},y;f)\right]\\&=\mathbb{E}_{(\boldsymbol{x},y)\sim P^{\mathrm{s}}}\left[\frac{P^{\mathrm{t}}(\boldsymbol{x})}{P^{\mathrm{s}}(\boldsymbol{x})}\mathcal{L}(\boldsymbol{x},y;f)\right]\end{aligned}\tag{10.28}$$

基于样例的迁移学习算法的通用目标函数可以表示为

$$\min_{f}\frac{1}{n^{\mathrm{s}}}\sum_{i=1}^{n^{\mathrm{s}}}\beta_i\,\mathcal{L}(f(\boldsymbol{x}_i^{\mathrm{s}}),y_i^{\mathrm{s}})+\Omega(f)\tag{10.29}$$

式中：$\beta_i(i=1,2,\cdots,n^{\mathrm{s}})$ 为每个样例的权值参数。

理论上，有

$$\beta_i=P^{\mathrm{t}}(\boldsymbol{x}_i)/P^{\mathrm{s}}(\boldsymbol{x}_i)\tag{10.30}$$

但是根据 10.1.1 节中关于领域的介绍，样例的边缘概率分布往往未知，因此 β_i 难以直接给出，许多方法都在尝试对其进行估计，例如核均值匹配（Kernel Mean Matching，KMM）[20]。

在式(10.30)中，β_i 衡量的其实是样本 $\boldsymbol{x}_i$ 在源领域边缘概率分布和目标领域边缘概率分布的差异，如果源领域的所有样本经过对应的 β_i 加权，那么 P^{s} 和 P^{t} 这两个分布的差异就应该很小。KMM 用 MMD 来衡量两个分布之间的差异，其目标函数如下：

$$\begin{aligned}&\underset{\beta_i}{\operatorname{argmin}}\left\|\frac{1}{n^{\mathrm{s}}}\sum_{i=1}^{n^{\mathrm{s}}}\beta_i\Phi(\boldsymbol{x}_i^{\mathrm{s}})-\frac{1}{n^{\mathrm{t}}}\sum_{j=1}^{n^{\mathrm{t}}}\Phi(\boldsymbol{x}_j^{\mathrm{t}})\right\|_{\mathcal{H}}^2\\&\text{s.t.}\left|\frac{1}{n^{\mathrm{s}}}\sum_{i=1}^{n^{\mathrm{s}}}\beta_i-1\right|\leqslant\delta,\quad\beta_i\in[0,B]\end{aligned}\tag{10.31}$$

第一个约束条件确保了 P^{s} 经过加权后仍然符合概率形式，第二个约束条件限制了 P^{s} 和 P^{t} 这两个分布差异的取值范围。令

$$\boldsymbol{\beta}=[\beta_1,\beta_2,\cdots,\beta_{n^{\mathrm{s}}}],\quad\boldsymbol{K}=[K_{ij}]\in\mathbb{R}^{n^{\mathrm{s}}\times n^{\mathrm{s}}},\quad\boldsymbol{\kappa}=[\boldsymbol{\kappa}_i]\in\mathbb{R}^{n^{\mathrm{s}}}$$

式中

$$K_{ij}=k(\boldsymbol{x}_i^{\mathrm{s}},\boldsymbol{x}_j^{\mathrm{s}}),\quad\boldsymbol{\kappa}_i=\frac{n^{\mathrm{s}}}{n^{\mathrm{t}}}\sum_{j=1}^{n^{\mathrm{t}}}k(\boldsymbol{x}_i^{\mathrm{s}},\boldsymbol{x}_j^{\mathrm{t}})\tag{10.32}$$

式中：k 为核函数。

则式(10.31)中的优化目标可以改写为矩阵形式，即

$$\left\| \frac{1}{n^{s}} \sum_{i=1}^{n^{s}} \beta_i \Phi(\boldsymbol{x}_i^{s}) - \frac{1}{n^{t}} \sum_{j=1}^{n^{t}} \Phi(\boldsymbol{x}_j^{t}) \right\|_{\mathcal{H}}^2 = \frac{1}{(n^{s})^2} \beta^{\mathrm{T}} \boldsymbol{K\beta} - \frac{2}{(n^{s})^2} \boldsymbol{\kappa}^{\mathrm{T}} \boldsymbol{\beta} + \text{const} \quad (10.33)$$

因此,式(10.31)可以转换为凸二次规划问题,即

$$\begin{gathered} \underset{\beta}{\operatorname{argmin}} \frac{1}{2} \boldsymbol{\beta}^{\mathrm{T}} \boldsymbol{K\beta} - \boldsymbol{\kappa}^{\mathrm{T}} \boldsymbol{\beta} \\ \text{s. t.} \left| \sum_{i=1}^{n^{s}} \beta_i - n^{s} \right| \leqslant n^{s} \delta, \quad \beta_i \in [0, B] \end{gathered} \quad (10.34)$$

该优化问题可以通过内点法或者其他凸优化方法来求解。

10.5 迁移学习前沿

总体来看,迁移学习到目前为止仍然是一个活跃的领域。虽然近年来已经取得了大量的研究成果,但是仍然有大量的问题没有被很好地解决。本节简要介绍一些迁移学习领域较新的研究成果,并且展望迁移学习未来可能的研究方向。

10.5.1 混合智能迁移学习

一般的人工智能指的是机器不依赖于人的指导操作自行进行决策的能力。而混合智能主要指通过人机互补、人机协同和人机融合等形式实现混合增强智能。在许多领域,人类的经验是现阶段机器无法取代的,或者说必须付出大量的时间和巨大的计算代价才能获得的。这种情况下,在模型训练阶段进行人工干预,将人类的经验赋予模型,则可以极大地提升机器的学习速度。例如,斯坦福大学 2017 年关于神经网络用于枕头下落轨迹预测的研究中[21],将物体沿抛物线运动这种简单的物理知识引入模型训练过程中,不仅实现了无监督训练,而且加速了网络的收敛速度。因此,将机器智能与人类经验相结合必然是人工智能的发展方向之一,也会是迁移学习的未来方向之一。

10.5.2 传递式迁移学习

在 10.1.1 节介绍迁移学习的定义时强调,知识的迁移必须在两个相似的领域之间进行,如果迁移学习涉及的两个领域毫无关联,那么将出现负迁移的现象。一般而言,领域的相似性体现为不同领域样本自身的内在特性相同或者样本之间的连接关系相近。显然,对于样本差异较大两个领域,很难建立它们之间的相似性,但是通过一个或多个中间领域的桥接间接确立这两个领域之间的关联。这就是传递式迁移学习[22]的内在思想。假设领域 A 和领域 B 毫不相关,无法在它们之间进行迁移学习,但是它们都与一个共同的中间领域 C 存在一定的相似性,那么借助领域 C 可以间接实现知识从领域 A 迁移到领域 B,也就是先将知识从 A 迁移到 C 再迁移到 B。

传递式迁移学习是香港科技大学杨强教授团队在 2015 年提出的[22],这种框架需要

两个步骤：首先寻找合适的中间领域；接着进行领域间知识的迁移。对于中间领域的选择，应当对领域的复杂度和领域间的距离进行量化，然后在二者之间权衡，选择迁移效率最高的领域作为中间领域。而在知识的迁移过程中，并不是中间领域所有的样本都能用于传递源领域的知识，需要设计一个适合的选择学习算法。在杨强教授团队的研究中，通过将人脸识别的模型迁移用于识别飞机图像的实验，进一步验证了理论的可行性。目前传递式迁移学习的研究比较少，但这是迁移学习的一个可能发展方向。

10.5.3 终身迁移学习

迁移学习的方法多种多样，不同方法的适用范围各不相同。对于一个特定的任务，在进行迁移学习之前，往往并不知道哪类算法最适用。只能通常都通过人为地不断尝试来确定要用的方法。这个过程无疑是浪费时间，而且充满了不确定性。俗话说“失败是成功之母”，人类总是可以从前人的经验中学习知识。那么，既然已经对各种迁移学习算法进行了实验验证，那么能不能让机器根据实验结果自动选择最合适的迁移学习方法?

针对这个问题，学习迁移(Learning to Transfer，L2T)[23]的框架是一种解决思路，该框架由算法自主确定需要迁移的知识和用于迁移的方法，其目的在于总结过去迁移学习的经验，并将其应用于新的迁移任务中。迁移学习的经验指的是特定迁移任务中领域差异性对迁移效果的影响，以及不同的迁移算法的适用性，也就是性能有多大的提升。例如，在香港科技大学杨强教授团队的研究中，将迁移学习的经验定义为一个三元组，即源领域-目标领域对、迁移学习算法以及迁移学习效果，其含义就是在一个特定的迁移任务中选择某个迁移学习算法对性能的提升程度。那么对于一个新的迁移任务，则根据过去的经验选择使得迁移性能最优的方法，并总结本次迁移的经验，使之能用于下一次迁移学习中。

10.5.4 对抗迁移学习

生成对抗网络是一类生成式模型，但是GAN中不仅包含一个生成模型，用于生成服从领域边缘概率分布的样本(特征向量)，还包含了一个判别模型，用于判别输入其中的特征是来自真实样本还是生成样本。通过这两个模型的动态的博弈过程，即对抗训练，最终生成模型能够生成足以“以假乱真”的样本。

对抗迁移学习将对抗训练的思想引入迁移学习中[24]，目标是寻找适用于从源领域到目标领域知识迁移的特征表示方法。这类方法一般在深度神经网络上进行，假设迁移学习中的“好”特征应当为对目标领域的任务提供具有足够的鉴别性，并且源领域和目标领域的特征具有相同的分布。而在这种假设下，可以通过引入域自适应正则化项，或增加单独的特征来源判别模块并在反向传播过程中进行梯度翻转，迫使迁移网络发现更多具有可迁移性的通用特征。

10.5.5 迁移强化学习

强化学习是用于解决智能体在与环境的交互过程中通过学习策略实现收益最大化

的问题，这是机器学习与人工智能领域最新的研究方向之一。强化学习根据环境的反馈不断调整模型参数，在推荐系统、机器人交互系统、人机对抗游戏等场景有着广泛的应用前景。但是，强化学习需要大量的数据来给予模型反馈，这在很多应用场景中是无法保证的，这也是强化学习目前主要应用于上述场景的原因——这些场景能够产生大量的模拟数据。将迁移学习的思想应用于强化学习中，也就是迁移强化学习[25]，从源任务选择、知识迁移、任务映射等多个角度解决强化学习的问题，也是一个不错的研究方向。

例如在任务导向型对话系统中，它可以在与用户的交互过程中改进模型，因此通过用户满意度最大化来进行强化学习是十分自然的。但是，这类系统的目标是为每一个用户提供个性化的服务，而单个用户的数据显然不足以进行强化学习，因此迁移学习就可以发挥作用。

10.5.6 迁移学习的可解释性

尽管深度学习技术突飞猛进，在许多任务上的表现超越了大部分传统算法，但是其结构上的"黑盒"特性，掩盖了模型中间层知识存储、处理及末端决策机制，使人们无法窥探神经网络内部特征，从而无法真正为外部决策提供过程依据。这在一定程度上影响了其应用价值，甚至面临多种安全威胁——恶意构造的对抗性样本可以轻易让深度模型分类出错，而他们针对对抗样本的脆弱性同样也缺乏可解释性。因此，缺乏可解释性已经成为机器学习在现实任务中的进一步发展和应用的主要障碍之一。

迁移学习算法也存在可解释性的问题[26]，现有的算法均只是完成了一个迁移学习任务，但是在迁移过程中知识是如何进行抽象的、怎样进行转移的，这些问题无法直接回答。算法的可解释性不仅是可信性、可控性的基本要求，也可以帮助人们理解并量化哪些因素会影响知识的迁移，进而指导迁移算法的设计。

10.6 本章小结

迁移学习是人工智能领域的热点之一，近几年在各个领域获得了巨大的发展，归结其原因，就是在"金数据"的匮乏、计算资源不足和应用需求多样化等多方面背景下，希望能够将已有的知识以某种特定的形式继承，然后在实际应用中获得更好的效果。为此，本章首先介绍迁移学习的定义与分类，并且分析迁移学习重要意义；其次介绍两大类重要的迁移学习方法，即特征迁移学习和模型迁移学习，特征迁移主要介绍数据分布自适应、特征选择和特征对齐方法，模型迁移学习包括基于KL散度和基于知识蒸馏的迁移学习；迁移学习作为一个新兴前沿领域近几年发展极为迅速，因此最后给出迁移学习的六个方面最新发展方向，为后期的拓展应用提供一定参考。

参考文献

[1] Zhuang F Z, Qi Z Y, Duan Z Y, et al. A Comprehensive survey on transfer learning[J]. arXiv

preprint arXiv: 1911.02685v2,2019.

[2] Weiss K,Khoshgoftaar T M,Wang D. A survey of transfer learning[J]. Journal of Big Data,2016,3(1). 1-40.

[3] Pan S J,Yang Q. A survey on transfer learning[J]. IEEE Transaction on Knowledge and Data Engineer,2010,22(10): 1345-1359.

[4] Liu Y,Ott M,Goyal N,et al. RoBERTa—A robustly optimized BERT pretraining approach[J]. arXiv preprint arXiv: 1907.11692.

[5] Borgwardt K M,Gretton A, Rasch M J, et al. Integrating structured biological data by kernel maximum mean discrepancy[J]. Bioinformatics,2006,22(14): 49-57.

[6] Gretton A,Sejdinovic D, Strathmann H, et al. Optimal kernel choice for large-scale two-sample tests[C]. In: Proceedings of International Conference on Neural Information Processing System (NIPS),2012: 1205-1213.

[7] H Daumé Iii. Frustratingly Easy Domain Adaptation[C]. In: Proceedings of Annual Meeting of the Association for Computational Linguistics (ACL),2007: 256-263.

[8] Pan S J,Tsang I W,Kwok J T,et al. Domain adaptation via transfer component analysis[J]. IEEE Transaction on Neural Network,2011,22(2): 199-210.

[9] Blitzer J,McDonald R,Pereira F. Domain adaptation with structural correspondence learning[C]. In: Proceedings of International Conference on Neural Information Processing System (NIPS),2006: 120-128.

[10] Fernando B,Habrard A,Sebban M,et al. Unsupervised visual domain adaptation using subspace alignment[C]. In: Proceedings of IEEE International Conference on Computer Vision(ICCV),2013: 2960-2967.

[11] Sun B,Saenko K. Subspace distribution alignment for unsupervised domain adaptation[C]. In: Proceedings of British Machine Vision Conference(BMVC),2015,24: 1-10.

[12] Glorot X,Bordes A,Bengio Y. Domain adaptation for large-scale sentiment classification: A deep learning approach[C]. In: Proceedings of International Conference on Machine Learning(ICML),2011: 513-520.

[13] Zhuang F,Cheng X,Luo P,et al. Supervised representation learning: Transfer learning with deep autoencoders[C]. In: Proceedings of International Joint Conference on Artificial Intelligence (IJCAI),2015: 4119-4125.

[14] Zhuang F,Cheng X, Luo P, et al. Supervised representation learning with double encoding-layer autoencoder for transfer learning[J]. ACM Transaction on. Intelligent System. Technology,2018,9(2): 1-17.

[15] Long M,Cao Y,Wang J,et al. Learning transferable features with deep adaptation networks[C]. In: Proceedings of International Conference on Machine Learning(ICML),2015: 97-105.

[16] Long M,Zhu H,Wang J, et al. Deep transfer learning with joint adaptation networks[C]. In: Proceedings of International Conference on Machine Learning(ICML),2017: 2208-2217.

[17] Huang Y,Yu D,Liu C,et al. Multi-accent deep neural network acoustic model with accent-specific top layer using the KLD-regularized model adaptation [C]. In: Proceedings of the Annual Conference of the International Speech Communication Association(INTERSPEECH),2014: 2977-2981.

[18] Toth L,Gosztolya G. Adaptation of DNN acoustic models using KL-divergence regularization and multi-task training [C]. In: Proceedings of the International Conference on Speech and Computer

(SPECOM), 2016: 108-115.

[19] Asami T, Masumura R, Yamaguchi Y, et al. Domain adaptation of DNN acoustic models using knowledge distillation [C]. In: Proceedings of International Conference on Acoustics, Speech and Signal Processing(ICASSP), 2017: 5185-5189.

[20] Huang J, Smola A J, Gretton A, et al. Correcting sample selection bias by unlabeled data[C]. In: Proceedings of International Conference on Neural Information Processing System (NIPS), 2006: 601-608.

[21] Stewart R, Ermon S. Label-free supervision of neural networks with physics and domain knowledge [C]. In: Proceedings of Annual Meeting of American Association for Artificial Intelligence(AAAI), 2017: 2576-2582.

[22] Tan B, Song Y, Zhong E, et al. Transitive transfer learning [C]. In: Proceedings of SIGKDD Conference on Knowledge Discovery and Data Mining (ACM SIGKDD), 2015: 1155-1164.

[23] Wei Y, Zhang Y, Yang Q. Learning to transfer[J]. arXiv preprint arXiv: 1708.05629, 2017.

[24] Yaroslav G, Evgeniya U, et al. Domain-adversarial training of neural networks [J]. Journal of Machine Learning Research, 2016, 17: 1-35.

[25] Taylor M E, Stone P. Transfer learning for reinforcement learning domains: A survey [J]. Journal of Machine Learning Research, 2009, 10: 1633-1685.

[26] Liu T, Yang Q, Tao D. Understanding how feature structure transfers in transfer learning[C]. In: Proceedings of International Joint Conference on Artificial Intelligence(IJCAI), 2017: 2365-2371.

第11章 终身学习

在迁移学习中新模型在目标领域能够获得较好的性能，但是在源领域的性能往往会下降，因为在同一个模型中用新数据调整模型参数必然导致模型“遗忘”原本的知识。这个问题不仅存在于迁移学习中，绝大多数的人工神经网络都不可避免地出现类似问题。目前，深度学习训练中常用的是随机梯度下降，每次迭代随机选取小批量的样本进行训练，通过在相同训练集上随机打乱样本次序进行多轮训练，使得模型获得对新样本的决策能力。事实上，在每一次小批量样本迭代训练都会改写模型之前学到的知识，但是通过这种随机打乱样本次序、重复进行多轮训练的方式，这些丢失的知识可以被恢复。如果采用固定样本次序进行训练，即使重复进行多轮训练，也无法学习到训练集中的全部知识。新训练样本与之前的训练样本差异较大，导致“新”知识覆盖“旧”知识，这种现象称为灾难性遗忘[1-2]。

面对持续不断的信息流，能够从动态变化的数据中学习知识并掌握处理多种任务的能力，是对实用智能系统的基本要求。也就是说，一个能够感应环境变化、自主做出决策的智能系统，应当具备长时间内归纳自身经验，从中不断获取、优化并迁移知识的能力，这种学习能力称为持续学习或终身学习。终身学习是机器学习中另一个十分活跃的研究方向，与迁移学习一样，终身学习也关注跨领域的学习问题，但是不同之处在于迁移学习中“新”知识往往会替换“旧”知识，而终身学习在保留“旧”知识的同时接受“新”知识。不幸的是，由于灾难性遗忘现象的存在，终身学习一直是机器学习中悬而未决的挑战。

本章系统介绍终身学习的相关知识，首先介绍终身学习的定义，以及美国国防部的终身学习项目以及终身学习的关键问题；其次介绍深度学习与终身学习的关系，重点阐述现有终身学习方法的分类；最后介绍三种典型的终身学习方法，包括弹性权值巩固、自组织增量学习神经网络和梯度情景记忆等。

11.1 终身学习原理

本节重点阐述终身学习的基本定义和原理，并且分析终身学习需要解决的关键问题，为后续章节作基础铺垫。

11.1.1 终身学习的定义

终身学习最早由特伦(Thrun)在1996年提出[3]，假设在某个时刻系统已经掌握了处理 N 个任务的能力，当面对一个新任务系统能够利用之前 N 个任务中学到的知识来辅助第 $N+1$ 个任务的学习。在陈志源和刘兵的《终身机器学习》[4]中对该定义进行了扩展，给出了更加细化的终身学习定义，并明确了终身学习的特性。

终身学习是一个持续学习的过程，假设在某个时刻系统已经掌握了来自不同领域不同类型的 N 个任务 $\mathcal{T}_1,\mathcal{T}_2,\cdots,\mathcal{T}_N$，称这些任务为前序任务，它们对应的数据集为 D_1，$D_2,\cdots,D_N$。当面对一个新任务 $\mathcal{T}_{N+1}$ 及其对应的数据集 D_{N+1} 时，系统可以利用知识仓库中的现有知识来辅助学习 $\mathcal{T}_{N+1}$；并且这个新任务 $\mathcal{T}_{N+1}$ 可能是人类指定的，也可能是系统主动发现的。一般来说,终身学习的目标是使得新任务T_{N+1}的性能最优,但是也应当具备优化任意一个前序任务$T_i(i\in\{1,2,\cdots,N\})$性能的能力,即把前序任务$T_i$当作新任务,剩余的任务$T_{j\neq i}$作为前序任务进行学习。知识仓库中存储着从前序任务中学到的知识,当T_{N+1}学习完成后,知识仓库将被新知识更新,更新的操作包括一致性检测、推理以及高层次知识的挖掘等。

可以看出,这并不是一个规范具体可直接操作的定义,但是它明确了终身学习的关键特性,指出了终身学习与迁移学习、多任务学习等其他机器学习方法的不同之处。终身学习具备以下五个关键特性:

(1) 持续学习的过程;

(2) 知识不断在知识仓库中累积存储;

(3) 具备利用现有知识辅助新任务学习的能力;

(4) 具备主动发现新任务的能力;

(5) 具备边工作边学习的能力。

对照这五个特性,本章可以给出终身学习与其他相类似的机器学习方法的区别,例如:迁移学习,它能够利用现有知识辅助新任务的学习,但是这个过程往往是单向的,不需要考虑目标领域中的知识是否能够反过来提升源领域的学习;迁移学习不关注持续学习或者知识累积,知识迁移之后,目标领域的知识往往会替换源领域的知识;并且迁移学习不具备主动发现新任务和边工作边学习的能力。多任务学习是机器学习的一个子领域,可以同时解决多个学习任务,同时利用各个任务之间的共性和差异。与单独训练模型相比,这可以提高特定任务模型的学习效率和预测准确性。多任务学习是归纳传递的一种方法,它通过将相关任务的训练信号中包含的域信息用作归纳偏差来提高泛化能力。通过使用共享表示形式并行学习任务来实现,每个任务所学的知识可以帮助更好地学习其他任务。从上面五个特性也可以发现,多任务学习和持续学习差异很大,二者都是可以适应多个任务;但是多任务学习不具备持续学习、知识持续累积,以及主动发现新任务等能力。

11.1.2 DARPA的L2M项目

2017年,美国国防高级研究计划局(DARPA)发布了终身学习机器(Lifelong Learning Machine,L2M)项目,目标是创建一台可以像人一样主动思考、持续学习的计算机。这样的计算机起初学习速度较慢,但是随着知识的累积,学习能力会变得越来越强,能够学习的内容也会越来越丰富。DARPA的终身学习机器的架构如图11-1所示[5]。

根据DARPA的终身学习机器项目,可以将终身学习机器分为以下五部分。

1. 知识仓库

知识仓库的主要作用是存储前序任务中学到的知识,但是该模块应当具备一些更高级的功能:一是知识的一致性检测功能,即每当有新的知识输入之前,检查其与现有知识

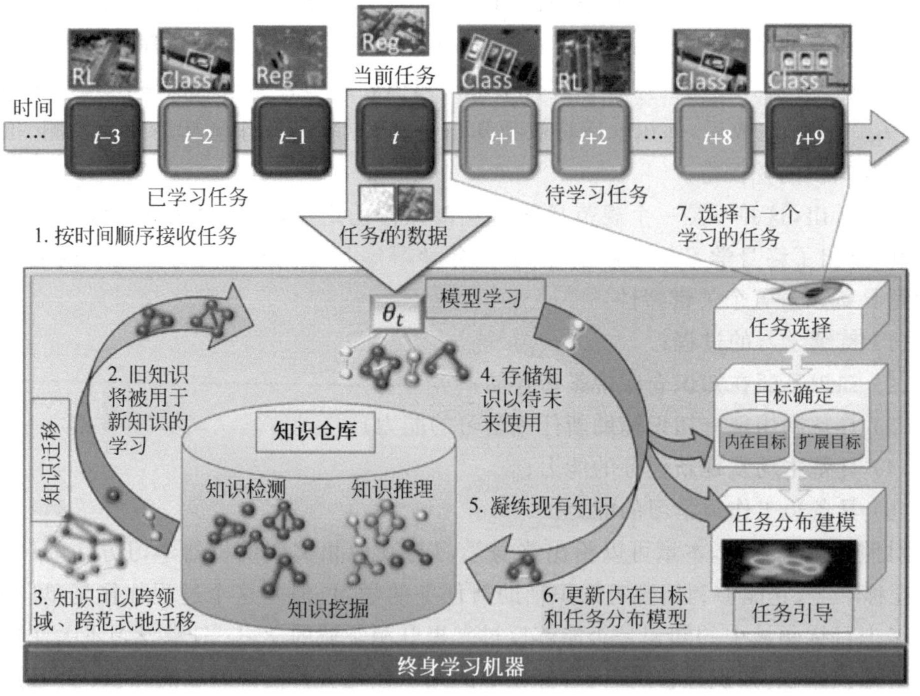

图 11-1　DARPA 终身学习机器架构

之间是否存在相互矛盾的地方，并剔除其中错误的部分；二是知识的推理功能，即根据现有知识进行推理，生成更多的知识；三是高层次知识的挖掘功能，即对现有知识进行归纳总结，得到更具一般性的元知识。

2. 模型学习

模型学习模块针对当前任务利用任务数据和现有知识进行学习获得性能更优的模型，模型学习不仅具备使用现有知识进行学习的能力，还必须具备从在学习中挖掘当前任务知识并存入知识仓库，用于将来的学习任务。

3. 知识迁移

知识迁移模块从知识仓库中挖掘与当前任务相关的知识，用于帮助当前任务的学习。由于知识仓库中包含所有之前掌握任务对应的知识，其中必然存在与当前任务无关的知识。与迁移学习中“负迁移”类似，当使用与任务完全无关的知识来指导模型学习时，不会提升性能，可能会导致性能恶化。

4. 任务引导

任务引导模块主要功能是管理终身学习机器的任务队列，随时调整队列中任务的位置，求解出合理的任务学习顺序从而提升系统的学习性能和效率。该模块的作用不仅限于对队列中待学习的任务进行排序，还应当在适当时机安排对已经掌握的任务进行再学习。例如，机器从当前任务 A 中学到了能够提升之前某个任务 B 性能的知识，则可以在下一步对任务 B 的模型进行更新。

5. 实际应用

实际应用模块是终身学习机器价值的体现，但是终身学习机器不仅要能够用于解决实际问题，还应当具备在应用中学习知识的能力，在应用中发现新任务的能力。只有具备这两种能力，终身学习机器才具有自主智能，能够不依赖人类的指导进行主动的学习。尤其是在很多行业纵深领域，已有的智能模型虽然能够一定程度地解决问题，在使用过程中会不断出现新情况，而新情况的出现最终会导致之前的模型性能出现偏差，因此更需要终身学习在应用中不断自我发现、自我调整。

DARPA 的 L2M 项目构想了终身学习的终极目标，事实上现有的终身学习算法都比较初级，尚没有完整包含上述五个模块的算法，甚至目前没有通用的终身学习算法，能够像支持向量机或深度学习一样，用于解决不同领域中的所有可能的任务。

11.1.3 终身学习的关键问题

尽管终身学习已经提出超过 20 年，但是与迁移学习或多任务学习相比，终身学习并没有得到更加广泛的研究。现有的机器学习研究多关注于算法层面，而终身学习是一套系统的方法，是一个包含多个模块、多种算法的整体工程，研究难度较大，并且终身学习并不是解决简单的、涉及少量相似领域的问题，它的研究需要准备大量的任务，因为只有学习足够多的跨领域知识，才能验证终身学习的性能，而往往这样的研究难以灵活开展。

1. 知识

在上述对终身学习的介绍中并没有给出知识的具体定义，因为在现有的研究中都是根据具体问题来确定知识的类型。例如，模型参数、先验概率甚至是前序任务的数据都可以认为是知识的一种，并不存在被广泛认可的关于知识的定义，更没有通用的知识表达方式。但是对于一个具体的终身学习系统，知识的定义和表示方法不仅关系到知识仓库的设计，还影响知识的获取、更新和迁移的方法。在人工智能领域中，知识表示方法可以分成一阶谓词逻辑、框架表示法、状态表示法、语义图等多种方式，这些知识的表示千差万别。对于终身学习显然需要在一个框架下将有用知识都能充分利用，因此需要给知识进行统一的定义和表征。尽管没有明确知识的定义，但是可以根据知识的共享方式对知识进行分类。

(1) 全局知识：指的是所有任务共享的特征空间或者模型参数空间的全局隐藏结构，可以从前序任务中发现这个全局结构，并用于当前任务的学习。这种全局结构与多任务学习中的共享网络结构类似，适用于针对相同领域中的相似任务的持续学习。

(2) 局部知识：当前任务学习过程中，从前序任务序列的多个任务中分别挑选一部分知识用于辅助新任务的学习。相比于全局知识,不同新任务利用的是知识仓库中不同部分的知识,因此称为局部知识,它适用于不同领域的相关任务之间的持续学习。

除了知识的定义和表示之外,终身学习中还需要对知识的正确性和适用性进行研究。由于终身学习是一个持续、自动的过程,如果前序任务中生成了错误的知识,那么随着学习的持续进行,错误会不断累积。另外,即使知识是正确的,但是与当前任务学习完全无关,那么极有可能导致“负迁移”,所以知识是否适用于当前任务需要给出具体的指标进行量化。

2. 任务

在终身学习的定义中,新任务可以由人类或外部系统指派,也可以由终身学习系统在与环境交互过程中主动发现。根据新任务与前序任务的关系,可以将它分为两类:

(1) 无关任务:指的是学习目标与前序任务无关的新任务。当然这种新任务仅是目标与前序任务不同,它仍然可以利用前序任务的相关知识进行辅助学习。

(2) 相关任务:指的是学习目标与前序任务中某些任务的学习目标互相重叠的新任务。例如,前序任务中某个任务的目标是识别所有品牌型号的化石燃料汽车,而某个时刻新增任务的目标不仅要识别化石燃料汽车,还需要识别不同型号的新能源汽车,那么新任务与旧任务的目标存在交叠——化石燃料汽车。这类任务主要出现在开放环境学习领域。

11.2 深度学习与终身学习

作为机器学习与人工智能领域中重要的子领域,终身学习更是一种学习的思想和过程,并不限于使用联结学派的技术。但是,本书的主题是深度学习理论与技术,因此下面主要针对深度神经网络中的终身学习展开介绍。

11.2.1 生物学依据

人类大脑是一个高级智能系统,具有极强的适应性、调整性和自学习能力,因此了解人类大脑的生物学依据对于持续学习的发展也尤为重要。

1. 稳定性-可塑性困境

通过有效积累经验、及时更新经验并灵活应用经验,人类拥有极强的环境适应能力。虽然人类随着年龄渐长,不可避免地会逐渐遗忘过去熟练掌握的知识或技能,但是接受了新的信息导致现存的记忆突然被遗忘(灾难性遗忘)是很少发生的。例如,人类并不会因为学会了骑摩托车而忘记了如何骑自行车。神经生理学中的许多研究表明,大脑可持续学习的功能受到其不同区域稳定性和可塑性的平衡调控,这种平衡性促使认知系统根据躯体感官经验不断发展和特化。稳定性和可塑性呈现出此消彼长的变化趋势,二者的变化关系可以通过格罗斯伯格(Grossberg)和卡彭特(Carpenter)提出的稳定性-可塑性困境来描述[6,8]。即在试图构造一个能够实时适应环境不断变化的自适应学习系统时,如果一个系统过于稳定,则不善于适应快速变化的环境[9];反之,系统对外界的刺激过于敏感,就会导致系统本身没有办法稳定地保存先前学习到的知识,甚至无法收敛到一个稳定的状态。

突触可塑性是大脑的一个重要特性,它保证了神经系统的结构可以根据需要进行调整,进而确保人类能够学习、记忆并适应动态变化的环境。大脑在早期发育的关键期更多呈现出的是可塑性,在这个时期神经系统需要在躯体感官经验的驱动下建立特定的结构。经过一系列的特化发展之后,神经系统的稳定性增加,可塑性降低,并最终仅保留一定程度的可塑性以满足其具有少量自适应和自组织的能力[10]。虽然不同生物的可塑性变化不尽相同,但是都有一个共同的趋势,即随着年龄的增长可塑性逐渐降低[11]。

2. 赫布理论

观察大脑适应环境变化的过程是了解大脑皮层如何连接和作用的重要手段。例如,在视觉发育的研究中[12-14],休伯尔(Hubel)与威塞尔(Wiesel)发现人类出生后视觉神经系统的发育会存在一个短暂而关键的时期,在此阶段异常的视觉经验会导致弱视甚至可以产生不可逆性的损害,而尽早的发现、干预、治疗对于恢复正常的视功能具有重要的意义。也就是说,尽管视觉系统在胎儿出生前已经基本形成,但是出生后外部的视觉刺激是视觉系统正常发育的重要因素。因此,至少在生物发育的早期,外部环境的刺激能够促使大脑皮层的结构和功能发生显著的改变。

外界刺激对大脑可塑性的神经机制的研究中,最经典的是赫布理论(Hebbian Theory)[15],它描述了突触可塑性的基本原理,即突触前神经元向突触后神经元的持续重复的刺激,可以导致突触传递效能的增加。换句话说,若突触连接的两个神经元被同步激活,则这个突触的强度被选择性增强;若这两个神经元被异步激活,则这个突触的强度被选择性地减弱。通过这个过程,大脑可以改变和调整神经元结构,以巩固最优的神经回路。研究表明,人类自出生后神经元连接数随着年龄的增长逐渐增多,但到8岁左右会达到神经元连接数的极值,而后连接数会随之变少,而留下来的神经回路就是相对较优的神经连接。根据赫布理论,突触间传递作用 w(也称为突触权重)的变化值等于突触前神经元的刺激强度 x 乘以突触后神经元的刺激强度 y,即

$$\Delta w = xy\eta \tag{11.1}$$

式中:η 为学习率。

当然,这种简单形式的赫布学习很不稳定,当不断重复给予突触前神经元外部刺激时,将导致突触后神经元的刺激不断增强,进而引发突触权重的指数增长,使得突触连接进入饱和状态。引入协方差假设是克服这种学习形式的不稳定问题的方法之一[16],即令突触连接的两个神经元的刺激信号分别减去它们各自在一定时间内的均值:

$$\Delta w = (x - \bar{x})(y - \bar{y})\eta \tag{11.2}$$

式中:$\bar{x}$、$\bar{y}$ 分别为突触前神经元和突触后神经元刺激信号的均值。

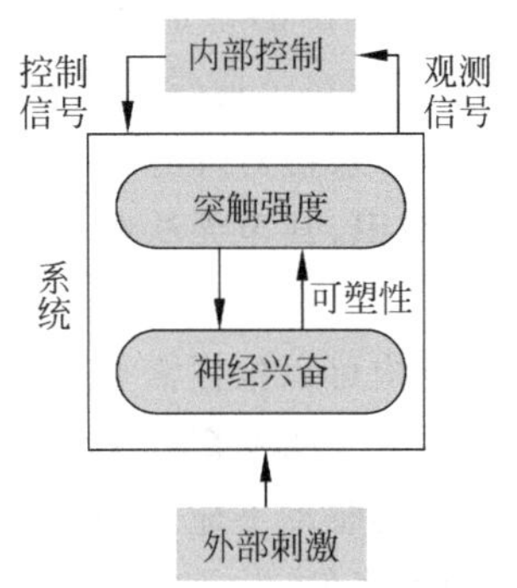

图 11-2　赫布学习与稳态可塑性

因此，仅有可塑性无法构建稳定的系统，需要一个补偿机制来稳固学习的过程。在神经学中，稳态可塑性是赫布可塑性的改进理论，如图 11-2 所示，通过引入一个反馈控制信号来对突触权重进行补偿性调节[17]，进而保证系统的稳定性。这种反馈控制机制根据神经元的兴奋性直接影响突触的强度，它最简单的形式可以表示为

$$\Delta w = mxy\eta \tag{11.3}$$

式中：m 为反馈控制信号。

对大脑皮层功能的研究表明，大脑多个区域神经元的兴奋性是由自底向上的感官刺激、自顶向下的反馈调节以及先验知识或经验共同作用的结果。在这种假设下，复杂的神经动力学行为可以看作是从分层排列的神经回路的密集相互作用中，以神经元自组织的方式产生。

3. 互补学习系统

大脑具备学习和记忆的功能，学习功能指的是对过去感知的事件进行汇总，从中归纳经验用于应对新情况；而记忆功能则相反，它要求大脑对过去的经历进行单独存储。这种复杂的认知功能需要多个区域的神经回路相互配合，尽管这些神经回路的结构比较类似，但是它们作用的时间尺度和学习率不尽相同，因此功能上存在显著差异[18]。一个典型的例子是大脑新皮层与海马体组成的互补学习系统（Complementary Learning System，CLS）[1]。图 11-3 给出了互补学习系统框图，在该系统中海马体通过快速学习，形成短期记忆，如情景记忆；新皮层进行慢速学习，实现长期记忆，如语义记忆；而海马体通过记忆回放，在快速眼动睡眠中辅助新皮层进行学习。下面具体分析海马体和新皮层的作用机制。

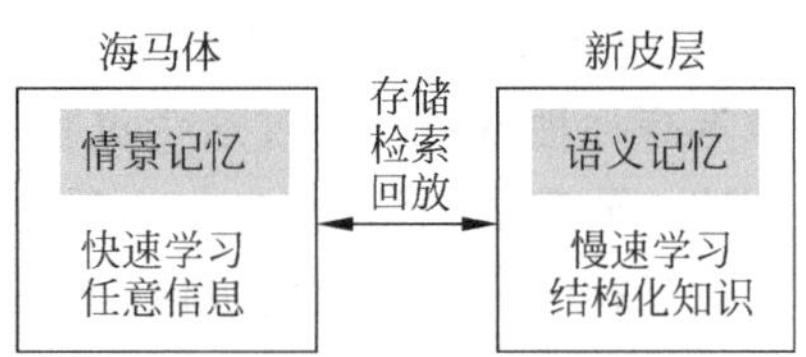

图 11-3　互补学习系统

海马体是哺乳动物大脑的重要组成部分，在学习和记忆过程中发挥着关键作用。人类尝试学习新知识、新技能时，首先发挥作用的是海马体，它不断地快速编码新信息，形成短期的记忆；但是海马体的记忆容量有限，它也在不断遗忘不重要的信息。例如，在集中注意力背单词时，通过几次默念人类就能记住单词的拼写，但是如果不加以复习，几天之后这个单词就会被遗忘。并且海马体没有明显的功能区划分，同一个区域既能用于学习乐器演奏，也能用于学习汽车驾驶。显然，同一个区域用于两种不同技能的学习之后，该区域存储的前一种技能相关的信息将被后一种技能所覆盖。

相比之下，大脑新皮层系统的结构更加明晰，虽然新皮层的功能很多，但是每种功能都在特定的分区上实现，因此当人类在新皮层中形成长期记忆之后，就能避免学习新知识而导致的灾难性遗忘现象。新皮层的学习速率很慢，难以满足人类快速适应环境的生存需求，因此新皮层的学习需要在海马体的辅助下进行。海马体快速对新信息进行编

码，并且这些信息在快速眼动睡眠中被回放，或在有意识或无意识的回忆中被激活，这样的过程重复多次之后，新皮层将整合这些信息，形成长期记忆。大脑新皮层约占成年人整个大脑皮层表面的 94%，容量很大。但是人的一生要学习的任务是非常多的，若新皮层各个分区独立的记忆将极大地浪费脑容量，大脑会将相似的知识关联起来进行存储，一个直接的证据就是如果新信息与现有知识相关，则其整合到新皮质中的速度将比无关信息要快[19]。

11.2.2 现有方法的分类

在 11.2.1 节介绍了神经科学的研究成果，从中归纳出一些人类大脑避免灾难性遗忘、实现终身学习的策略。这些研究可以为人工神经网络的终身学习提供理论依据，但也不能忽视人工系统与生物系统的差异。人脑已经进化出突触可塑性机制和复杂的神经认知功能，这些特性保证在环境短期快速变化或长期缓慢变化中人类都能够适应性地做出正确反应。而生物系统内在的神经结构目前远还没有研究透彻，因此现有的人工系统的结构都比较初级。

另外，人工系统与生物系统的差异还体现在接受外部刺激的方式上。真实世界是一个极其复杂的动态发展的环境，人类自出生以来就无时无刻不在接受外界刺激，在这样丰富的感知经验的锻炼下，神经认知功能逐渐发展，从婴儿时期有限的认知能力开始，慢慢学会处理越来越复杂的事件，进而发展出十分高级复杂的感知行为能力。由于同时接受到来自多个事件的不同感官刺激，生物系统能够对这些事件进行关联学习。而人工系统的训练样本是分批输入，并且经过随机打乱次序后进行多次迭代训练。在深度学习里，这种随机梯度下降的训练方法是有效的，但是这种信息输入方式并不能实现终身学习的目标。

根据现有的研究可以发现，将终身学习用于深度神经网络中，可以在一定程度上避免灾难性遗忘，这些方法可以分为三类[20]。

(1) 正则约束方法：通过网络重训的方法来学习新知识，但是为了避免灾难性遗忘，需要在参数更新时，对在目标函数中添加正则项。这些正则项可以通过限制参数的更新或者降低学习速率的方式直接作用于网络参数，避免其变化过快；或者与知识蒸馏一样，用于限制新任务相关的模型输出，使其不会与现有任务相关模型的输出差异过大。这类方法不需要改变网络结构，但是新任务的训练复杂度与现有任务的数量线性相关。

(2) 动态结构方法：可以根据需要自动地为新任务的学习扩展网络结构，例如增加神经元的数量或者附加隐含层等操作，在新增的结构上学习新任务，避免损害模型中现存的知识。

(3) 互补学习方法：是一类利用互补学习理论构造的终身学习框架，它们借鉴情景记忆（经验）和语义记忆（结构化的知识）的相互作用可以巩固记忆这一理论，在算法中引入保存情景记忆的机制，并在新任务学习中“回放”这些记忆，避免灾难性遗忘。

11.3 弹性权值巩固

弹性权值巩固(Elastic Weight Consolidation,EWC)算法[21]是终身学习中非常经典的方法,其原理可以用神经科学的研究来解释。当小鼠学会一项技能后,一部分接受刺激的突触会增强,具体表现为神经元某个树突的体积变大;在之后的任务学习中,这些长大的树突并不会消失,小鼠也依然掌握那项技能;而当这些树突被人为地切除后,相应的技能就会被遗忘。证明这些增强的突触对记忆的保护至关重要,因为该项任务相关的知识被这些增强的突触编码存储,而为了避免灾难性遗忘,保护已经习得的知识,这些突触的稳定性增强、可塑性降低。

深度神经网络往往是过度参数化的模型,其中存在不少冗余信息,因此相同的网络结构即使参数取值不同,也能取得相同的性能。假设在任务 A 的学习中,已经得到了模型的最优参数$\boldsymbol{\theta}_{\mathrm{A}}^{*}$,那么在任务 B 的学习中,可以在$\boldsymbol{\theta}_{\mathrm{A}}^{*}$ 的附近找到一组参数$\boldsymbol{\theta}_{\mathrm{B}}^{*}$,使得任务 A 和 B 的性能都令人满意。在 EWC 算法里,通过在目标函数中增加一个惩罚项,使得在任务 B 的学习中参数$\boldsymbol{\theta}$ 只在$\boldsymbol{\theta}_{\mathrm{A}}^{*}$ 为中心的一个小范围内变化,进而保证模型在任务 A 上维持应有的性能。这种方法可以想象成用一条弹簧将模型参数$\boldsymbol{\theta}$ 锚定在$\boldsymbol{\theta}_{\mathrm{A}}^{*}$ 上,并且弹簧对不同参数具有不同的弹性,对任务 A 越重要的参数弹性越小。图 11-4 给出了 EWC 算法的弹簧锚定示意图,图中给出了任务 A 和 B 最优参数的邻域,当不受约束时,任务 B 学习的参数如无约束箭头所指方向进行调整,而当出现惩罚项l_2 正则化时,任务 B 学习的参数沿着l_2 箭头所指方向进行调整。在这样的算法里,目标函数中的惩罚项如何设定、参数对任务的重要性如何衡量是应当考虑的问题。

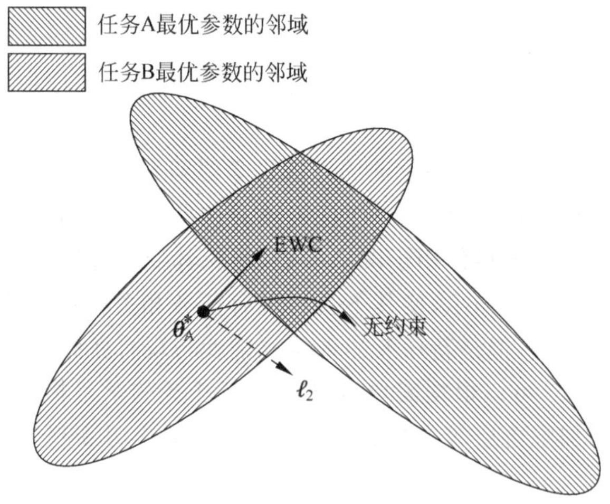

图 11-4 EWC 的弹簧锚定示意图

11.3.1 EWC中的贝叶斯理论

在贝叶斯学派的机器学习方法中，模型训练就是找到使得后验概率 $p(\boldsymbol{\theta} \mid \mathcal{D})$最大的那组参数。根据贝叶斯公式，可以将后验概率展开：

$$\log p(\boldsymbol{\theta} \mid \mathcal{D}) = \log p(\mathcal{D} \mid \boldsymbol{\theta}) + \log p(\boldsymbol{\theta}) - \log p(\mathcal{D}) \tag{11.4}$$

假设数据集$\mathcal{D}$可以分为相互独立的两个部分：$\mathcal{D}_{\mathrm{A}}$对应于任务 A，$\mathcal{D}_{\mathrm{B}}$对应于任务 B。那么，式(11.4)可以改写为

$$\begin{aligned}\log p(\boldsymbol{\theta} \mid \mathcal{D}) &= \log p(\mathcal{D}_{\mathrm{A}}, \mathcal{D}_{\mathrm{B}} \mid \boldsymbol{\theta}) + \log p(\boldsymbol{\theta}) - \log p(\mathcal{D}_{\mathrm{A}}, \mathcal{D}_{\mathrm{B}}) \\ &= \log p(\mathcal{D}_{\mathrm{A}} \mid \boldsymbol{\theta}) + \log p(\mathcal{D}_{\mathrm{B}} \mid \boldsymbol{\theta}) + \log p(\boldsymbol{\theta}) - \log p(\mathcal{D}_{\mathrm{A}}) - \log p(\mathcal{D}_{\mathrm{B}}) \\ &= \log p(\mathcal{D}_{\mathrm{B}} \mid \boldsymbol{\theta}) + \log p(\boldsymbol{\theta} \mid \mathcal{D}_{\mathrm{A}}) - \log p(\mathcal{D}_{\mathrm{B}})\end{aligned} \tag{11.5}$$

也就是说，为了得到在任务 A 和 B 上同时最优的参数，应当同时最大化任务 B 的似然概率 $p(\mathcal{D}_{\mathrm{B}} \mid \boldsymbol{\theta})$和任务 A 的后验概率 $p(\boldsymbol{\theta} \mid \mathcal{D}_{\mathrm{A}})$。需要注意的是，任务 B 的似然概率一般都可以等价于该任务训练时损失函数$\mathcal{L}_{\mathrm{B}}(\boldsymbol{\theta})$的相反数$-\mathcal{L}_{\mathrm{B}}(\boldsymbol{\theta})$。所以，式(11.5)中重点关注的是任务 A 的后验概率，因为它集合了所有与任务 A 相关的信息，其中必然包含衡量参数对任务 A 的重要性的方法。但是，对于这样的后验概率，通常很难确定它的解析表达，也很难计算出它的数值。因此，需要对其进行近似，假设

$$p(\boldsymbol{\theta} \mid \mathcal{D}_{\mathrm{A}}) = \frac{1}{Z} f(\boldsymbol{\theta}) \tag{11.6}$$

其中，Z 为配分函数，用于保证概率的积分等于 1。接着将 $\log f(\boldsymbol{\theta})$在$\boldsymbol{\theta}_{\mathrm{A}}^{*}$ 处进行泰勒级数展开

$$\begin{aligned}\log f(\boldsymbol{\theta}) = {} & \log f(\boldsymbol{\theta}_{\mathrm{A}}^{*}) + \boldsymbol{J}_{\log f}(\boldsymbol{\theta}_{\mathrm{A}}^{*})(\boldsymbol{\theta} - \boldsymbol{\theta}_{\mathrm{A}}^{*}) + \\ & \frac{1}{2}(\boldsymbol{\theta} - \boldsymbol{\theta}_{\mathrm{A}}^{*})^{\mathrm{T}} \boldsymbol{H}_{\log f}(\boldsymbol{\theta}_{\mathrm{A}}^{*})(\boldsymbol{\theta} - \boldsymbol{\theta}_{\mathrm{A}}^{*}) + R_{n}(\boldsymbol{\theta})\end{aligned} \tag{11.7}$$

式中：$\boldsymbol{J}_{\log f}$、$\boldsymbol{H}_{\log f}$ 分别为 $\log f(\boldsymbol{\theta})$的一阶导数和二阶导数，$R_{n}(\boldsymbol{\theta})$为泰勒级数的高阶项。

由于$\boldsymbol{\theta}_{\mathrm{A}}^{*}$ 是任务 A 的最优参数，所以 $\log f(\boldsymbol{\theta})$在该点取极值，即 $\boldsymbol{J}_{\log f}(\boldsymbol{\theta}_{\mathrm{A}}^{*}) \approx 0$。同时，泰勒级数的高阶项 $R_{n}(\boldsymbol{\theta})$可以忽略，因此

$$\log f(\boldsymbol{\theta}) \approx \log f(\boldsymbol{\theta}_{\mathrm{A}}^{*}) + \frac{1}{2}(\boldsymbol{\theta} - \boldsymbol{\theta}_{\mathrm{A}}^{*})^{\mathrm{T}} H_{\log f}(\boldsymbol{\theta}_{\mathrm{A}}^{*})(\boldsymbol{\theta} - \boldsymbol{\theta}_{\mathrm{A}}^{*}) \tag{11.8}$$

所以根据式(11.8)可以推出

$$p(\boldsymbol{\theta} \mid \mathcal{D}_{\mathrm{A}}) \approx \frac{1}{Z} f(\boldsymbol{\theta}_{\mathrm{A}}^{*}) \cdot \exp\left(-\frac{1}{2}(\boldsymbol{\theta} - \boldsymbol{\theta}_{\mathrm{A}}^{*})^{\mathrm{T}} \boldsymbol{F}_{\log f}(\boldsymbol{\theta}_{\mathrm{A}}^{*})(\boldsymbol{\theta} - \boldsymbol{\theta}_{\mathrm{A}}^{*})\right) \tag{11.9}$$

式中，$\boldsymbol{F}_{\log f}(\boldsymbol{\theta}_{\mathrm{A}}^{*}) = -\boldsymbol{H}_{\log f}(\boldsymbol{\theta}_{\mathrm{A}}^{*})$称为 Fisher 信息矩阵。

从式(11.9)可以看出，任务 A 的后验分布 $p(\boldsymbol{\theta} \mid \mathcal{D}_{\mathrm{A}})$可以近似为均值向量为$\boldsymbol{\theta}_{\mathrm{A}}^{*}$、精度矩阵为 $\mathrm{F}_{\log f}(\boldsymbol{\theta}_{\mathrm{A}}^{*})$的高斯分布。这种近似方法称为拉普拉斯近似，在这种假设下，由于$\frac{1}{\mathrm{Z}} f(\boldsymbol{\theta}_{\mathrm{A}}^{*})$与参数$\boldsymbol{\theta}$ 无关，则最大化 $p(\boldsymbol{\theta} \mid \mathcal{D}_{\mathrm{A}})$等价于

$$\min \frac{1}{2}(\boldsymbol{\theta}-\boldsymbol{\theta}_{\mathrm{A}}^{*})^{\mathrm{T}}\boldsymbol{F}_{\log f}(\boldsymbol{\theta}_{\mathrm{A}}^{*})(\boldsymbol{\theta}-\boldsymbol{\theta}_{\mathrm{A}}^{*}) \tag{11.10}$$

11.3.2 EWC 的目标函数

采用拉普拉斯近似后，由式(11.5)可知，EWC 的损失函数为

$$\mathcal{L}(\boldsymbol{\theta})=\mathcal{L}_{\mathrm{B}}(\boldsymbol{\theta})+\frac{\lambda}{2}(\boldsymbol{\theta}-\boldsymbol{\theta}_{\mathrm{A}}^{*})^{\mathrm{T}}\boldsymbol{F}_{\log f}(\boldsymbol{\theta}_{\mathrm{A}}^{*})(\boldsymbol{\theta}-\boldsymbol{\theta}_{\mathrm{A}}^{*}) \tag{11.11}$$

式中：$\mathcal{L}_{\mathrm{B}}(\boldsymbol{\theta})$为任务 B 的损失函数；$\lambda$ 为任务权重因子，用于权衡两项任务的重要性。由于深度神经网络中参数的规模十分庞大，所以损失函数的第二项的计算复杂度非常高。通常假设各维参数之间相互独立，则 $p(\boldsymbol{\theta}|\mathcal{D}_{\mathrm{A}})$的精度矩阵 $\boldsymbol{F}_{\log f}(\boldsymbol{\theta}_{\mathrm{A}}^{*})$为对角阵，其对角线元素即为 Fisher 信息矩阵的对角线元素。最终，EWC 的损失函数为

$$\mathcal{L}(\boldsymbol{\theta})=\mathcal{L}_{\mathrm{B}}(\boldsymbol{\theta})+\sum_{i}\frac{\lambda}{2}F_{i}(\theta_{i}-\theta_{\mathrm{A},i}^{*})^{2} \tag{11.12}$$

式中：θ_i、$\theta_{\mathrm{A},i}^{*}$ 分别为$\boldsymbol{\theta}$、$\boldsymbol{\theta}_{\mathrm{A}}^{*}$ 的第 i 个元素；F_i 为 Fisher 信息矩阵的第 i 个对角线元素。

11.3.3 参数重要性的估计

在式(11.12)所示的损失函数中，用一个二阶导数 F_i 来定义参数 θ_i 对任务 A 的重要性，其计算公式为

$$F_{i}=\frac{1}{|\mathcal{D}_{\mathrm{A}}|}\sum_{d\in\mathcal{D}_{\mathrm{A}}}\frac{\partial^{2}\mathcal{L}_{\mathrm{A}}(\boldsymbol{\theta},d)}{\partial\theta_{i}^{2}} \tag{11.13}$$

式中：$\mathcal{L}_{\mathrm{A}}(\boldsymbol{\theta},d)$为任务 A 上样本 d 的损失，对其求二阶导数的计算复杂度也比较高。

式(11.12)可以看作$\mathcal{L}_{\mathrm{A}}(\boldsymbol{\theta},d)$二阶导数的期望，因此可以将其近似为

$$F_{i}=\frac{1}{|\mathcal{D}_{\mathrm{A}}|}\sum_{d\in\mathcal{D}_{\mathrm{A}}}\left(\frac{\partial\mathcal{L}_{\mathrm{A}}(\boldsymbol{\theta},d)}{\partial\theta_{i}}\right)^{2} \tag{11.14}$$

也就是一阶导数的平方的期望近似二阶导数的期望。在一阶导数计算时，令$\boldsymbol{\theta}=\boldsymbol{\theta}_{\mathrm{A}}^{*}$。

11.4 自组织增量学习神经网络

基于竞争学习的神经网络模型一般用于解决无监督学习问题，典型的算法包括：自组织映射(Self-Organizing Map，SOM)[22-23]神经气(Neural Gas，NG)网络[24]、拓扑表示网络(Topology Representing Network，TRN)[25]。相比于基于梯度反向传播的方法，这类模型与生物神经系统更相似。神经生物学的研究表明，尽管大脑皮层的结构极其复杂，其中的神经元却是有序排列的，特定的外部感官刺激只会引起大脑皮层的特定区域产生兴奋，而处理相似信息的神经元的位置十分接近并且通过突触互相连接。大脑皮层的这种结构是通过侧向抑制机制在后天学习过程中自组织形成而来。侧向抑制机制指

的是一个神经元细胞兴奋后，会对其他神经元产生抑制作用。

竞争型神经网络在初始阶段具有很强的可塑性，能够在无监督的条件下拟合数据的分布，但是为了保证知识不被遗忘，需要不断降低模型的可塑性，因此难以用于终身学习中。

11.4.1 自组织映射

自组织映射通过学习输入空间中的数据，生成一个低维、离散的映射，从某种程度上也可看成一种降维算法。SOM是一种无监督的人工神经网络。不同于一般神经网络基于损失函数的反向传递来训练，它运用竞争学习策略，依靠神经元之间互相竞争逐步优化网络。且使用近邻关系函数来维持输入空间的拓扑结构。维持输入空间的拓扑结构，意味着二维映射包含了数据点之间的相对距离，输入空间中相邻的样本会被映射到相邻的输出神经元。由于基于无监督学习，这意味着训练阶段不需要人工介入(不需要样本标签)，因此可以在不知道类别的情况下对数据进行聚类，或者可以识别针对某问题具有内在关联的特征。

如图11-5所示，自组织映射网络一般包含两层神经网络，输入层和输出层(也称竞争层)。输入层用来模拟外界刺激，其中的神经元个数与输入样例的特征维度相同。输出层通常是一个一维或二维的网络，其中二维最常见。竞争层也可以有更高的维度，不过出于可视化的目的，高维竞争层用得比较少。自组织映射网络中的神经元与常见的神经网络(如前馈神经网络、卷积神经网络和循环神经网络)中的神经元不同，它模拟的不是神经系统中信息传递的过程，而是表示大脑皮层对外部刺激的竞争学习过程。这些神经元只有权值参数，可以表示各神经元在特征空间的位置。SOM采用的竞争学习策略与神经生物学里的侧向抑制机制类似，对于每一个输入样例只能激活输出层的一个神经元，称其为优胜节点或最佳匹配单元。除了竞争关系，相邻的神经元还有合作的关系，表现为优胜节点激活后会同步引起其拓扑邻域内的神经元兴奋。

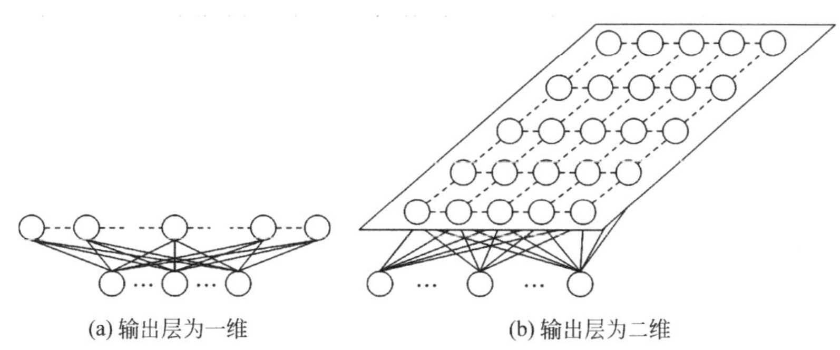

图11-5 自组织映射网络结构

因此，SOM的竞争学习包含竞争、合作以及更新三个过程。假设 $\boldsymbol{x}\in\mathbb{R}^{D_{\text{in}}}$ 为输入样例，第 j 个神经元的权重为 $\boldsymbol{w}_j\in\mathbb{R}^{D_{\text{in}}}$，$j=1,2,\cdots,M$，其中 M 为输出层神经元的个数，

D_{in} 为输入样例特征维数。

1. 竞争

在竞争阶段,遍历输出层的每一个节点,计算其与输入样例 $\boldsymbol{x}$ 的相似度,即

$$d_j = \| \boldsymbol{x} - \boldsymbol{w}_j \|, \quad j = 1, 2, \cdots, M \tag{11.15}$$

式中:$\|\cdot\|$ 表示欧几里得距离;d_j 表示第 j 个神经元与输入样例 $\boldsymbol{x}$ 的距离。

选取与输入样例 $\boldsymbol{x}$ 最相似的神经元作为优胜节点 $i(\boldsymbol{x})$,即

$$i(\boldsymbol{x}) = \underset{j=1,2,\cdots,M}{\operatorname{argmin}} \| \boldsymbol{x} - \boldsymbol{w}_j \| \tag{11.16}$$

2. 合作

来自神经生物学的证据表明,已经兴奋的神经元倾向于激活与它距离近的神经元。因此,合作阶段的关键在于如何定义获胜节点的拓扑邻域。如果通过一个函数来定义拓扑邻域,这个邻域函数应当满足两个条件。条件一,该函数是一个以获胜节点为中心的对称函数;条件二,该函数在获胜节点处取最大值,距离获胜节点越远该函数值越小。可以选择高斯函数来定义拓扑邻域,对于获胜节点 $i(\boldsymbol{x})$,一个与它拓扑距离为 $d_{j,i(\boldsymbol{x})}$ 的神经元 j 的合作度表示为

$$h_{j,i(\boldsymbol{x})}(n) = \exp\left(-\frac{d_{j,i(\boldsymbol{x})}^2}{2\sigma(n)^2}\right) \tag{11.17}$$

式中:n 为迭代次数;$\sigma(n)$可以看作是拓扑邻域的有效宽度,该值随着迭代次数 n 的增加而收缩,一般采用指数衰减,即

$$\sigma(n) = \sigma_0 \cdot \exp\left(-\frac{n}{\tau_1}\right) \tag{11.18}$$

其中:σ_0 为初值;τ_1 为时间常数。

对于二维的网络,σ_0 可以等于网络边长的一半,$\tau_1 = 1000/\log\sigma_0$。需要注意的是,拓扑距离 $d_{j,i(\boldsymbol{x})}$ 指的是神经元在输出层网络上的距离,而不是特征空间上的距离。对于一维的输出层,$d_{j,i(\boldsymbol{x})} = |j - i(\boldsymbol{x})|$;对于二维的情况

$$d_{j,i(\boldsymbol{x})} = \| \boldsymbol{r}_j - \boldsymbol{r}_{i(\boldsymbol{x})} \|^2 \tag{11.19}$$

式中:$\boldsymbol{r}_j$、$\boldsymbol{r}_{i(\boldsymbol{x})}$ 分别为神经元 j 和 $i(\boldsymbol{x})$在网络上的坐标。

3. 更新

在更新阶段,根据输入样例计算获胜节点及其拓扑邻域内的神经元的权重变化量,并更新权重参数。根据赫布理论可以知道,突触权重的变化值等于突触前神经元的刺激强度乘以突触后神经元的刺激强度。这里可以将整个输入层看作是一个突触前神经元,它接收到的刺激强度为 $\boldsymbol{x}$,而输出层中的神经元 j 可以看作突触后神经元,并且该神经元接收到的刺激强度就可以用它们对应的邻域函数值 $h_{j,i(\boldsymbol{x})}(n)$来表示,因此,突触权重的变化可以表示为 $\eta(n) \cdot h_{j,i(\boldsymbol{x})}(n) \cdot \boldsymbol{x}$。但是,如果只有正向激励,神经元的权重很快就会趋于饱和。为了避免这个问题,需要引入反馈信号。SOM 为权重改变量的计算增加

了一个遗忘项 $g_{j,i(\boldsymbol{x})}(n)\cdot \boldsymbol{w}_j$，这里 $g_{j,i(\boldsymbol{x})}(n)$用来控制遗忘的程度，它的取值永远大于或等于 0，并且当神经元受到的刺激 $h_{j,i(\boldsymbol{x})}(n)=0$ 时，神经元不会遗忘任何信息，即 $g_{j,i(\boldsymbol{x})}(n)=0$。因此，可以简单地选择线性函数 $g_{j,i(\boldsymbol{x})}(n)=\eta(n)\cdot h_{j,i(\boldsymbol{x})}(n)$作为遗忘函数，那么有

$$\begin{aligned}\Delta \boldsymbol{w}_j &= \eta(n)\cdot h_{j,i(\boldsymbol{x})}(n)\cdot \boldsymbol{x} - g_{j,i(\boldsymbol{x})}(n)\cdot \boldsymbol{w}_j \\ &= \eta(n)\cdot h_{j,i(\boldsymbol{x})}(n)(\boldsymbol{x}-\boldsymbol{w}_j)\end{aligned} \tag{11.20}$$

更新后的权重为

$$\boldsymbol{w}_j(n+1)=\boldsymbol{w}_j(n)+\eta(n)\cdot h_{j,i(\boldsymbol{x})}(n)(\boldsymbol{x}-\boldsymbol{w}_j(n)) \tag{11.21}$$

式中：$\eta(n)$为学习率，也应当随着迭代次数的增加而降低，即

$$\eta(n)=\eta_0\cdot \exp\left(-\frac{n}{\tau_2}\right) \tag{11.22}$$

式中：η_0 为学习率的初始值；τ_2 为时间常数。

4. SOM 算法流程

SOM 算法的步骤如算法 11-1 所示。注意，在初始化中，$\boldsymbol{w}_j(0)$可以用伪随机数发生器直接产生，也可以在训练集$\mathcal{D}$中随机选择样例进行赋值。

算法 11-1　SOM 算法流程

令 $n\leftarrow 0, \forall j=1,2,\cdots,M$，随机初始化 $\boldsymbol{w}_j(0)$；
while not convergent, do
　　随机取样 $\boldsymbol{x}(n)\in\mathcal{D}$；
　　$i(\boldsymbol{x})=\underset{j=1,2,\cdots,M}{\operatorname{argmin}}\ \|\boldsymbol{x}(n)-\boldsymbol{w}_j\|$
　　$\boldsymbol{w}_j(n+1)=\boldsymbol{w}_j(n)+\eta(n)\cdot h_{j,i(\boldsymbol{x})}(n)(\boldsymbol{x}(n)-\boldsymbol{w}_j(n))$
　　$n\leftarrow n+1$
end while

5. SOM 算法的解释

上面详细分析了 SOM 算法的竞争、合作和更新步骤，并且给出了算法的流程图，为了便于对算法有更深入的了解，下面从两种角度来进一步解释 SOM 算法的具体物理意义和出发点。

第一种解释：SOM 本质是在逼近输入数据的概率密度。在训练阶段，整个邻域中节点的权重往相同的方向移动。因此，SOM 形成语义映射，其中相似的样本被映射得彼此靠近，不同的样本被分隔开。这可以通过归一化距离矩阵（Unified distance matrix，U-matrix）来可视化。U-matrix 包含每个节点与它的邻居节点（在输入空间）的欧几里得距离，在矩阵中较小的值表示该节点与其邻近节点在输入空间靠得近；在矩阵中较大的值表示该节点与其邻近节点在输出空间离得远。因此，U-matrix 可以看作输入空间中数据点概率密度在二维平面上的映射。通常使用 Heatmap 来可视化 U-matrix，且用颜色编

码(数值越大,颜色越深)。图 11-6 给出了 SOM 的第一种解释示意图,浅色区域可以理解为簇的簇心,深色区域可以理解为分隔边界。当然也可以用彩色图像来可视化 U-matrix,此时根据颜色不同将样本空间划分成不同的区域。

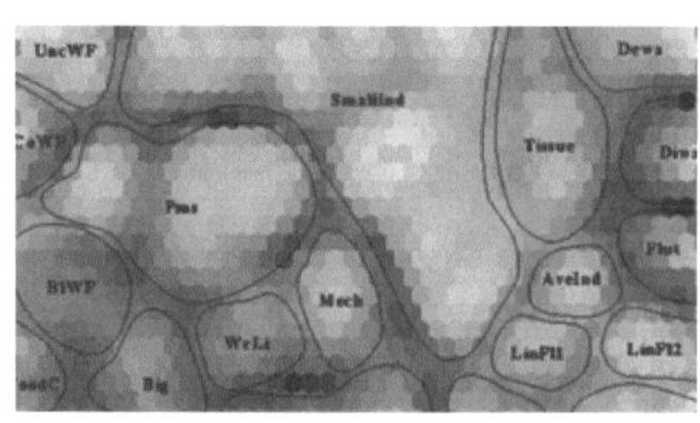

图 11-6　自组织映射第一种解释示意图

第二种解释:将神经元权重视为输入空间的指针。它们形成对训练样本分布的离散近似。更多的神经元指向的区域,训练样本浓度较高;而较少神经元指向的区域,样本浓度较低。图 11-7 给出了“维基百科”中自组织映射训练的过程示例,其中阴影区域是训练数据的分布,而小白色斑点是从该分布中抽取得到的当前训练数据。首先算法初始状态,SOM 节点被任意地定位在数据空间中,如图 11-7 左侧所示;然后选择最接近训练数据的节点作为获胜节点(用黑色实心圆表示),训练过程中该节点被移向训练数据,同时移向训练数据的也包括其网格上的相邻节点(在较小的范围内)。经过多次迭代后,网格趋于接近数据分布,如图 11-7 右侧所示。

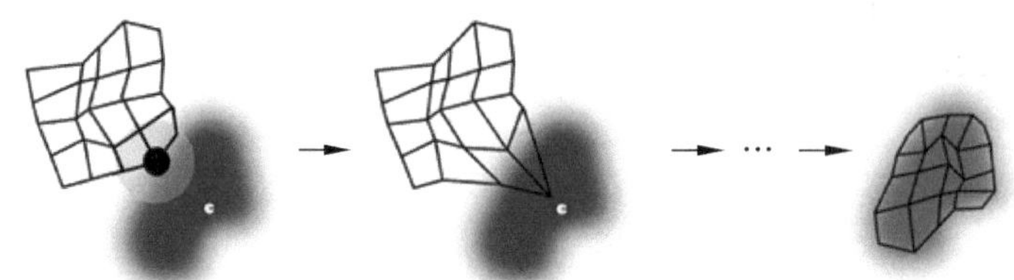

图 11-7　自组织映射第二种解释示意图

11.4.2　自组织增量学习神经网络

从 11.4.1 节介绍可以看出,SOM 算法采用固定的拓扑结构,通过调整神经元的权值实现无监督学习。自组织增量学习神经网络(Self-Organizing Incremental Neural Network,SOINN)[26-27]除输入层之外,包含两个竞争层,即第一层的输入为实际样例,第二层的输入为第一层中神经元的权重,第一层用于表示输入数据的概率密度,第二层用于给出聚类数及每个聚类的代表性拓扑节点。每一个竞争层都没有固定拓扑结构,它不仅可以调整神经元的权值,还可以改变神经元之间的连接关系,并且根据需要增加新的神经元,或者删除冗余的神经元。这种设计形式极大地增强了模型的可塑性,并且保证了知识的稳定性。具体来说,SOINN 在 SOM 的基础上进行了以下改进。

1. 拓扑连接的调整

SOINN采用竞争赫布学习(Competitive Hebbian Learning,CHL)规则来建立神经元之间的连接,简单来说就是对于任意一个输入样例,利用式(11.16)中的方法,找到权重与它最相似的神经元,即优胜节点 $i(\boldsymbol{x})$;然后利用式(11.23)找到次优节点 $i'(\boldsymbol{x})$,并将这两个神经元连接起来,即 $\mathcal{C} \leftarrow \mathcal{C} \cup \{i(\boldsymbol{x}) \rightleftharpoons i'(\boldsymbol{x})\}$,其中 $\mathcal{C}$ 为网络的边集。

$$i'(\boldsymbol{x}) = \underset{j=\mathcal{A} \backslash \{i(\boldsymbol{x})\}}{\operatorname{argmin}} \|\boldsymbol{x} - \boldsymbol{w}_j\| \tag{11.23}$$

式中:$\mathcal{A}$ 表示该竞争层的神经元集合;$\mathcal{A} \backslash \{i(\boldsymbol{x})\}$ 表示集合 $\mathcal{A}$ 与 $\{i(\boldsymbol{x})\}$ 的差集。

经过多次迭代之后,这两个原本在特征空间相邻的两个神经元的距离可能会越来越远,这时候它们之间就不应该存在连接。SOINN为神经元之间的每一条边都定义了一个参数 T_{age},用来记录这条边从上一次激活到目前为止所经历的迭代中有多少次仅有其中一个端点被激活。也就是说,每当一条边两端的神经元被同时激活时,令参数 $T_{\text{age}}=0$;如果只有其中一个神经元被激活,则令参数 T_{age} 加1;当参数 T_{age} 超过一定的阈值之后,则将这条边删除。

2. 新节点的插入

随着输入模式的变化,SOINN能够根据需要在网络中发现新的神经元,以提升现有模式的拟合精度,或在不影响现有模式表达的前提下对新模式进行建模,这是SOINN实现终身学习的关键。根据目的不同,SOINN定义了类内插入和类间插入两种操作。

类内插入操作是为了更好地拟合现有的模式,尽可能地降低神经元的量化误差。量化误差 ε_j 定义为神经元 j 权重 $\boldsymbol{w}_j$ 与输入样例 $\boldsymbol{x}$ 之间的欧几里得距离,即

$$\varepsilon_j(\boldsymbol{x}) = \|\boldsymbol{x} - \boldsymbol{w}_j\| \tag{11.24}$$

在每一次迭代中,获胜节点 $i(\boldsymbol{x})$ 需要累积其对输入样例 $\boldsymbol{x}$ 的量化误差

$$E_{i(\boldsymbol{x})} \leftarrow E_{i(\boldsymbol{x})} + \varepsilon_{i(\boldsymbol{x})}(\boldsymbol{x}) \tag{11.25}$$

每经过 λ 次迭代之后,在网络中找到累积量化误差最大的节点 i_E,即

$$i_E = \underset{j \in \mathcal{A}}{\operatorname{argmax}} E_j \tag{11.26}$$

然后在其近邻节点中选择累积量化误差最大的节点 $\bar{i}_E$,即

$$\bar{i}_E = \underset{j \in N(i_E)}{\operatorname{argmax}} E_j \tag{11.27}$$

式中:$N(i_E)$ 表示节点 i_E 的近邻集合,即所有与节点 i_E 有边相连的节点集合。

在 i_E 和 $\bar{i}_E$ 之间插入一个新的神经元 $\hat{i}_E$,其权重 $\boldsymbol{w}_{\hat{i}_E} = (\boldsymbol{w}_{i_E} + \boldsymbol{w}_{\bar{i}_E})/2$,且 $\mathcal{A} \leftarrow \mathcal{A} \cup \{\hat{i}_E\}$。

为了避免神经元数量过度增加,造成模型过拟合,SOINN在每一次类内插入之后都会评估该次插入操作的有效性。若插入的有效性达不到要求,则撤销该次操作。SOINN通过将 $\hat{i}_E$ 插入后神经元 i_E 和 $\bar{i}_E$ 的累积量化误差 E 与它们的固有误差半径 R 进行比较,来评估插入的有效性。神经元 j 的固有误差半径 R_j 即为其量化误差的平均值 $R_j=$

E_j/t_j，其中 t_j 为神经元 j 成为获胜节点的次数。

在 $\hat{i}_E$ 插入后，令其累积量化误差 $E_{\hat{i}_E}=\alpha_1(E_{i_E}+E_{\bar{i}_E})$，优胜次数 $t_{\hat{i}_E}=\alpha_2(t_{i_E}+t_{\bar{i}_E})$，以及固有误差半径 $R_{\hat{i}_E}=\alpha_3(R_{i_E}+R_{\bar{i}_E})$。然后分别以 β 和 γ 的比例降低 i_E 和 $\bar{i}_E$ 的累积量化误差 E 和优胜次数 t，即

$$E_{i_E}\leftarrow\beta E_{i_E},\quad E_{\bar{i}_E}\leftarrow\beta E_{\bar{i}_E} \tag{11.28}$$

$$t_{i_E}\leftarrow\lambda t_{i_E},\quad E_{\bar{i}_E}\leftarrow\lambda t_{\bar{i}_E} \tag{11.29}$$

若 $\forall j\in\{i_E,\bar{i}_E,\hat{i}_E\}$，都满足条件

$$E_j/t_j\leqslant R_j \tag{11.30}$$

则本次插入有效，根据当前累积量化误差和优胜次数更新相应神经元 i_E、$\bar{i}_E$ 和 $\hat{i}_E$ 的固有误差半径，并在网络边集 $\mathcal{C}$ 中删除边 $i_E\rightleftharpoons\bar{i}_E$，增加边 $i_E\rightleftharpoons\hat{i}_E$ 和 $\bar{i}_E\rightleftharpoons\hat{i}_E$；否则，本次插入无效，撤销 $\hat{i}_E$ 的插入操作以及式(11.28)和式(11.29)的赋值操作。这里可以设置 $\alpha_1=1/6$，$\alpha_2=1/4$，$\alpha_3=1/4$，$\beta=2/3$，$\gamma=3/4$，这是一组经验参数，并且算法对它们的数值并不敏感。

如果一个输入样例与现有的节点差异都很大，那么它很可能来源于一个新的模式，应当增加一个新节点来拟合该类数据，这就是类间插入操作。类间插入中，最重要的是如何设定相似度阈值，用于判断是否应该执行类间插入操作。如果相似度阈值过大，那么所有样点都会归于一个聚类；如果相似度阈值太小，那么每一个样点都可能成为一个单独的聚类。因此，相似度阈值应当大于类内距离，并且小于类间距离。SOINN 中，每一个竞争层都有不同的相似度阈值设置算法。

对于第一个竞争层，每一个节点都有一个独立的自适应的相似度阈值。对于每一个新生成的节点，其相似度阈值都被初始化为 $+\infty$。当一个节点 j 被选中为优胜节点或者次优节点时，采用如下方法更新其相似度阈值 Th_j：

当节点 j 的近邻集合 $N(j)\neq\varnothing$ 时，找到节点 j 邻域中与节点 j 最远的距离设为阈值，即

$$\mathrm{Th}_j=\max_{c\in N(j)}\|\boldsymbol{w}_c-\boldsymbol{w}_j\| \tag{11.31}$$

否则，从该竞争层的神经元集合去掉 j 后的集合 $\mathcal{A}\backslash\{j\}$ 中选择最小距离设为阈值，即

$$\mathrm{Th}_j=\min_{c\in\mathcal{A}\backslash\{j\}}\|\boldsymbol{w}_c-\boldsymbol{w}_j\| \tag{11.32}$$

对于第二个竞争层，其所有节点共享同一个相似度阈值，并且该相似度阈值的计算依赖于第一个竞争层的拓扑结构。假设第一个竞争层的边集为 $\mathcal{C}_1$，定义类内距离为

$$d_w=\frac{1}{|\mathcal{C}_1|}\sum_{i\rightleftharpoons j\in\mathcal{C}_1}\|\boldsymbol{w}_i-\boldsymbol{w}_j\| \tag{11.33}$$

式中：$|\mathcal{C}_1|$ 为连接的个数。

定义聚类 C_i 与聚类 C_j 之间的类间距离为

$$d_b(C_i,C_j)=\min_{k\in C_i,l\in C_j}\|\boldsymbol{w}_k-\boldsymbol{w}_l\| \tag{11.34}$$

假设第一个竞争层中有 Q 个聚类，可以得到 $Q(Q-1)/2$ 个类间距离，将它们由小到大排序之后，将任意节点 j 的相似度阈值 Th_j 都设置为第一个大于类内距离 d_w 的类间距离，然后进行阈值计算，即

$$\begin{gathered}\mathrm{Th}_j=\min_{C_k,C_l,k\neq l}d_b(C_k,C_l)\\ \text{s.t.}\ d_b(C_k,C_l)>d_w\end{gathered} \tag{11.35}$$

对于输入样例 $\boldsymbol{x}$，若其与优胜节点 $i(\boldsymbol{x})$ 或者次优节点 $i'(\boldsymbol{x})$ 的距离大于相似度阈值，则需要插入一个新的神经元。即若 $\|\boldsymbol{x}-\boldsymbol{w}_{i(\boldsymbol{x})}\|>\mathrm{Th}_{i(\boldsymbol{x})}$ 或 $\|\boldsymbol{x}-\boldsymbol{w}_{i'(\boldsymbol{x})}\|>\mathrm{Th}_{i'(\boldsymbol{x})}$，则 $\mathcal{A}\leftarrow\mathcal{A}\cup\{r\}$，$\boldsymbol{w}_r=\boldsymbol{x}$。

3. 噪声节点的删除

在类间插入操作中，模型往往会为数据噪声或离群点也生成新的节点，这些节点的存在会模糊聚类的边界，应当将它们删除。显然，噪声节点一般分布于节点稀疏的区域，可以利用这种特性搜索并删除噪声节点。简而言之，就是找到节点集合中只拥有一个近邻节点的节点，若它被选为获胜节点的次数低于平均值的一定比例，则将其删除，然后删除孤立节点。具体步骤如下：

首先，$\forall j\in\mathcal{A}$，若 $|N(j)|=1$ 且

$$t_j<\kappa\frac{1}{|\mathcal{A}|}\sum_{i\in\mathcal{A}}t_i \tag{11.36}$$

则 $\mathcal{A}\leftarrow\mathcal{A}\backslash\{j\}$。其中 $0<\kappa\leqslant1$，当数据噪声较大时，选择较大的 κ，反之亦然。t_i 为节点 i 的优胜次数。

其次，$\forall j\in\mathcal{A}$，若 $|N(j)|=0$，则 $\mathcal{A}\leftarrow\mathcal{A}\backslash\{j\}$。

4. 神经元的学习率

SOM 算法为了保证收敛性，神经元的学习率随着迭代次数不断降低，并且所有神经元的学习率都保持同步。这样可以避免灾难性遗忘，但是根据稳定性-可塑性困境，它同时也限制了模型继续学习的能力。在 SOINN 中，每一个神经元的学习率都不相同，并且与该神经元成为优胜节点的次数 t 呈反比。为了保证神经元趋于稳定的前提下仍能保持一定的学习能力，学习率的形式还需要满足条件

$$\sum_{t=1}^{\infty}\eta(t)=\infty,\quad \sum_{t=1}^{\infty}\eta^2(t)<\infty \tag{11.37}$$

令优胜节点 $i(\boldsymbol{x})$ 的学习率 $\eta(t_{i(\boldsymbol{x})})$ 和次优节点 $i'(\boldsymbol{x})$ 的学习率 $\eta'(t_{i'(\boldsymbol{x})})$ 分别为

$$\eta(t_{i(\boldsymbol{x})})=\frac{1}{t_{i(\boldsymbol{x})}},\quad \eta'(t_{i(\boldsymbol{x})})=\frac{1}{100t_{i(\boldsymbol{x})}} \tag{11.38}$$

所以，优胜节点和次优节点的更新公式为

$$\boldsymbol{w}_{i(\boldsymbol{x})}\leftarrow\boldsymbol{w}_{i(\boldsymbol{x})}+\eta(t_{i(\boldsymbol{x})})(\boldsymbol{x}-\boldsymbol{w}_{i(\boldsymbol{x})}) \tag{11.39}$$

$$w_{i'(x)} \leftarrow w_{i'(x)} + \eta'(t_{i(x)})(x - w_{i'(x)}) \tag{11.40}$$

5. SOINN 算法流程

根据上面所述的拓扑连接调整、节点插入、噪声节点删除、学习率设置等关键技术，可以得到 SOINN 算法的整体流程，如算法 11-2 所示。该算法展示的只是单个竞争层的训练步骤，当第一个竞争层训练完成后，将训练数据集替换为第一个竞争层的节点集合，即可采用同样的步骤训练第二个竞争层。在初始化和类间节点插入中，新生成节点 r 的累积量化误差 $E_r=0$，优胜次数 $t_r=0$，以及固有误差半径 $R_r=+\infty$。训练完成后，可以通过如下步骤得到网络中的聚类数目以及各聚类对应的神经元：

(1) 将$\mathcal{A}$所有节点都标记为未分类，令 $c=1$；

(2) 在$\mathcal{A}$中随机选取一个未分类的节点 j，将其归为第 c 类；

(3) 对$\mathcal{A}$进行遍历，搜索所有与节点 j 存在路径的节点，将它们都归为第 c 类；

(4) 如果$\mathcal{A}$中仍存在未分类的节点，令 $c \leftarrow c+1$，返回步骤(2)继续迭代；否则，聚类结果统计完毕。

算法 11-2　SOINN 算法流程

```
初始化 \mathcal{A}=\{a_1, a_2\}, \mathcal{C}=\varnothing, n=0;
while not convergent, do
    随机抽样 x, n ← n+1;
    确定优胜节点 i(x) 和次优节点 i'(x);
    if ||x - w_{i(x)}|| > Th_{i(x)} or ||x - w_{i'(x)}|| > Th_{i'(x)}, do
        \mathcal{A} ← \mathcal{A} ∪ {r}, w_r = x;
        continue;
    end if
    if i(x) ⇌ i'(x) ∉ \mathcal{C}, do
     \mathcal{C} ← \mathcal{C} ∪ {i(x) ⇌ i'(x)};
 end if
 T_{age}(i(x) ⇌ i'(x)) = 0; t_{i(x)} ← t_{i(x)} + 1
 for j ∈ N(i(x)) \ i'(x), do
    T_{age}(i(x) ⇌ j) ← T_{age}(i(x) ⇌ j) + 1;
    if T_{age}(i(x) ⇌ j) > T_{dead}; do
        \mathcal{C} ← \mathcal{C} \ {i(x) ⇌ j}
    end if
 end for
 E_{i(x)} ← E_{i(x)} + ε_{i(x)}(x);
 w_{i(x)} ← w_{i(x)} + η(t_{i(x)})(x - w_{i(x)});
 w_{i'(x)} ← w_{i'(x)} + η'(t_{i(x)})(x - w_{i'(x)});
 if n < λ, do
    continue;
 end if
```

$n\leftarrow n-\lambda$；

确定 i_E 和 $\bar{i}_E$，$\mathcal{A}\leftarrow\mathcal{A}\cup\{\hat{i}_E\}$，$w_{\hat{i}_E}=(w_{i_E}+w_{\bar{i}_E})/2$；

设置 E_{i_E}，t_{i_E}，$E_{\bar{i}_E}$，$t_{\bar{i}_E}$，$E_{\hat{i}_E}$，$t_{\hat{i}_E}$，$R_{\hat{i}_E}$；

if $\forall j\in\{i_E,\bar{i}_E,\hat{i}_E\}$，有 $E_j/t_j\leqslant R_j$，do

  $\mathcal{C}\leftarrow\mathcal{C}\setminus\{i_E\rightleftharpoons\bar{i}_E\}$，$\mathcal{C}\leftarrow\mathcal{C}\cup\{i_E\rightleftharpoons\hat{i}_E,\bar{i}_E\rightleftharpoons\hat{i}_E\}$；

  更新 R_{i_E}，$R_{\bar{i}_E}$，$R_{\hat{i}_E}$；

else

  $\mathcal{A}\leftarrow\mathcal{A}\setminus\{\hat{i}_E\}$，恢复 E_{i_E}，t_{i_E}，$E_{\bar{i}_E}$，$t_{\bar{i}_E}$；

end if

for $j\in\mathcal{A}$，do

  if $|N(j)|=1$ 且 $t_j<\kappa\sum_{i\in A}t_i/|\mathcal{A}|$，do

    $\mathcal{A}\leftarrow\mathcal{A}\setminus\{j\}$；

  end if

end for

for $j\in\mathcal{A}$，do

  if $|N(j)|=0$，do

    $\mathcal{A}\leftarrow\mathcal{A}\setminus\{j\}$；

  end if

end for

end while

11.4.3 算法优、缺点

SOINN 是一种能够对数据进行无监督学习的竞争型神经网络，并且其优势不仅体现在拓扑结构的自组织性上，更重要的是其具备终身学习的能力。但是这种终身学习的能力是有限制的，只能在同一个领域中的模式或者类别进行持续的学习，难以进行跨领域、跨任务的终身学习。并且 SOINN 是一种经过精心设计的算法，但是整体上看，很难给出与之完全贴合的生物学依据或者物理意义。另外，SOINN 对数据的输入顺序也比较敏感，不同的输入顺序可能会导致模型性能产生巨大差异。

对于 SOINN 算法的其他缺点，例如两个竞争层不适合用于在线学习、类内节点插入操作效果不显著等，在 E-SOINN(Enhanced-SOINN)、LB-SOINN(Load Balancing SOINN)等 SOINN 的改进算法中都有相应的解决方案。

11.5 梯度情景记忆

在 EWC 和 SOINN 算法里，现有任务的知识都混杂着存储于模型参数中，并没有另外设置存储结构用于分别保存每个任务的信息。梯度情景记忆（Gradient Episodic Memory，GEM）算法[28]则不同，现有任务的知识不仅存储于模型参数中，它还为每个任务都单独开辟了一个空间，用于存储各个任务训练数据的一个子集，称为情景记忆。在新任务的学习中，这些“旧”任务的情景记忆都会被访问，避免发生灾难性遗忘。

11.5.1 知识的前向迁移与后向迁移

在梯度情景记忆的设定里，模型需要学习的任务非常多，而每一个任务可用的数据比较少，并且模型对各任务的数据只能观察一次。在终身学习里，模型一个接一个地对任务进行学习，并且这个任务学习的顺序不应当事先设定，新任务的学习必须保证旧任务的知识不被遗忘，旧任务中的知识应当能用于辅助新任务的学习。因此，对模型性能的衡量中，不仅要考虑它在处理各个任务的性能，还要考虑它对知识的迁移能力，这种能力包含后向迁移和前向迁移两个部分。

1. 后向迁移

后向迁移指的是模型在学习第 t 个任务之后，会对前序任务产生影响。如果对于任务 $k<t$，学习完第 t 个任务之后其性能提升，则称任务 t 的学习对任务 k 产生了正面后向迁移；反之，如果任务 k 的性能下降，则称任务 t 的学习对任务 k 产生了负面后向迁移。如果负面后向迁移的影响较大，则表示模型发生了灾难性遗忘。

2. 前向迁移

前向迁移指的是学习第 t 个任务之后，会对后续任务产生影响。具体的迁移作用与第 10 章“迁移学习”介绍的内容一致，这里不再赘述。

11.5.2 情景记忆损失函数

在 GEM 里，假设系统里开辟了一个大小为 M 的情景记忆空间，可以为每一个任务分配 m 个位置，用于存储该任务最新的 m 个训练数据。也就是说，对于第 k 个任务，其对应的场景记忆空间 $\mathcal{M}_k$ 的大小为 m。并且若总任务数量 T 已知，则 $m=M/T$；否则 m 随着新任务的增加自动地减小。

假设模型 f_θ 的参数为 $\theta\in\mathbb{R}^p$，那么定义在第 k 个任务的情景记忆 $\mathcal{M}_k$ 上的损失函数为

$$\ell(f_\theta,\mathcal{M}_k)=\frac{1}{|\mathcal{M}_k|}\sum_{(\boldsymbol{x}_i,k,y_i)\in\mathcal{M}_k}\ell(f_\theta(\boldsymbol{x}_i,k),y_i) \tag{11.41}$$

式中：三元组$(\boldsymbol{x}_i, k, y_i)$表示$\mathcal{M}_k$中的第$i$个元素，$k\in\mathcal{T}$为任务标记，$\boldsymbol{x}_i\in\mathcal{X}_k$为特征向量，$y_i\in\mathcal{Y}_k$为真实标注，$\mathcal{T}$、$\mathcal{X}_k$、$\mathcal{Y}_k$分别表示任务空间、第$k$个任务的特征空间和标注空间。

为了避免学习新任务的过程中丢失"旧"任务的知识，可以直接将情景记忆损失函数添加到当前任务训练的损失函数中，同时最小化当前任务的损失函数和情景记忆损失函数。但是，情景记忆的空间有限，其中存储的样本数目相较于模型参数而言显然太少，因此必然会导致模型在$\mathcal{M}_k$上过拟合。或者可以借鉴知识蒸馏的思想，将情景记忆损失函数定义为"硬"损失和"软"损失的加权均值：

$$\ell(f_\theta, \mathcal{M}_k) = \frac{1}{|\mathcal{M}_k|}\sum_{(\boldsymbol{x}_i, k, y_i)\in\mathcal{M}_k}(1-\lambda)\ell(f_\theta(\boldsymbol{x}_i, k), y_i) + \lambda\ell(f_\theta(\boldsymbol{x}_i, k), \hat{y}_i) \tag{11.42}$$

式中：$\hat{y}_i$为在当前任务的初始模型对$\boldsymbol{x}_i$的预测输出。

但是，这种知识蒸馏的方法只适用于前向迁移，难以实现后向迁移。

为了避免过拟合并实现反向迁移，GEM 算法训练中并不直接最小化式(11.41)中的情景记忆损失函数，而是将它作为目标函数的约束条件，训练过程中不需要情景记忆损失函数取极小值，只要求其损失值不再增加即可。此时的目标函数为

$$\begin{cases}\underset{\theta}{\operatorname{argmin}} \sum\limits_{(\boldsymbol{x}, t, y)} \ell(f_\theta(\boldsymbol{x}, t), y) \\ \text{s.t. } \forall k < t, \ell(f_\theta, \mathcal{M}_k) \leqslant \ell(f_\theta^{t-1}, \mathcal{M}_k)\end{cases} \tag{11.43}$$

式中：t为当前任务编号；f_θ^{t-1}为第$t-1$个任务训练得到的模型，也是第t个任务训练的初始模型；$(\boldsymbol{x}, t, y)$为第t个任务的训练样例。

式(11.43)表明，训练目标是在情景记忆损失函数不增加的基础上，使得任务t的损失函数最小，或者说新学习到的参数f_θ在前面任务k上的损失要小于f_θ^{t-1}在任务k上的损失。事实上，在 GEM 算法里每一次迭代只输入一个样例，因此式(11.43)中的累加运算可以省略。

11.5.3 模型求解

由于后向传播算法中，模型的更新方法是在前一次迭代得到的模型参数基础上叠加一定的负梯度得到，当更新步长足够小时，可以认为损失函数是一个局部线性函数。那么当损失函数关于情景记忆$\mathcal{M}_k$的梯度$\boldsymbol{g}_k=\nabla_\theta\ell(f_\theta, \mathcal{M}_k)$与损失函数关于当前训练样例$(\boldsymbol{x}, t, y)$的梯度$\boldsymbol{g}=\nabla_\theta\ell(f_\theta(\boldsymbol{x}, t), y)$的夹角为锐角时，可以认为采用$g$来更新模型参数$\theta$不会引起情景记忆损失函数值增加，即满足$\ell(f_\theta, \mathcal{M}_k)\leqslant\ell(f_\theta^{t-1}, \mathcal{M}_k)$。因此，GEM 的目标函数可以改写为

$$\begin{cases}\underset{\theta}{\operatorname{argmin}} \ell(f_\theta(\boldsymbol{x}, t), y) \\ \text{s.t. } \forall k < t, \langle \boldsymbol{g}, \boldsymbol{g}_k \rangle \geqslant 0\end{cases} \tag{11.44}$$

式中：$\langle \boldsymbol{g}, \boldsymbol{g}_k \rangle$表示余弦距离。

显然，不是所有训练样例$(\boldsymbol{x}, t, y)$的梯度$\boldsymbol{g}$都能够满足约束条件，因此 GEM 采用一种变通的方法，当一个训练样例的梯度$\boldsymbol{g}$满足约束条件时，直接用该梯度更新参数；否

则，在 $\boldsymbol{g}$ 的邻域中找到一个满足所有约束条件的向量 $\tilde{\boldsymbol{g}}$，用 $\tilde{\boldsymbol{g}}$ 来更新参数，即

$$\begin{cases}\underset{\tilde{g}}{\operatorname{argmin}} \dfrac{1}{2}\|\boldsymbol{g}-\tilde{\boldsymbol{g}}\|_2^2 \\ \text{s.t. } \forall k<t,\langle\tilde{\boldsymbol{g}},\boldsymbol{g}_k\rangle \geqslant 0\end{cases} \tag{11.45}$$

将式(11.45)中的范数展开，并令 $\boldsymbol{G}=-[\boldsymbol{g}_1,\boldsymbol{g}_2,\cdots,\boldsymbol{g}_{t-1}]^{\mathrm{T}}, z=-\tilde{\boldsymbol{g}}$ 则有

$$\begin{cases}\underset{\tilde{g}}{\operatorname{argmin}} \dfrac{1}{2}\boldsymbol{z}^{\mathrm{T}}\boldsymbol{z}+g^{\mathrm{T}}\boldsymbol{z} \\ \text{s.t. } G\boldsymbol{z} \geqslant 0\end{cases} \tag{11.46}$$

式(11.46)是一个包含不等式约束的二次规划问题，可以将其转化为对偶问题来求解。式(11.46)的拉格朗日函数为：

$$\frac{1}{2}\boldsymbol{z}^{\mathrm{T}}\boldsymbol{z}+\boldsymbol{g}^{\mathrm{T}}\boldsymbol{z}+\boldsymbol{v}^{\mathrm{T}}\boldsymbol{G}\boldsymbol{z}=\frac{1}{2}\boldsymbol{z}^{\mathrm{T}}\boldsymbol{z}+(\boldsymbol{g}^{\mathrm{T}}+\boldsymbol{v}^{\mathrm{T}}\boldsymbol{G})\boldsymbol{z} \tag{11.47}$$

对于式(11.47)所示的二次函数，当 $\boldsymbol{z}=-(\boldsymbol{g}+\boldsymbol{G}^{\mathrm{T}}\boldsymbol{v})$ 时取得极值，所以式(11.46)的对偶问题为

$$\begin{cases}\underset{\tilde{g}}{\operatorname{argmin}} \dfrac{1}{2}\boldsymbol{v}^{\mathrm{T}}\boldsymbol{G}\boldsymbol{G}^{\mathrm{T}}\boldsymbol{v}-\boldsymbol{g}^{\mathrm{T}}\boldsymbol{G}^{\mathrm{T}}\boldsymbol{v} \\ \text{s.t. } \boldsymbol{v} \geqslant 0\end{cases} \tag{11.48}$$

若 $\boldsymbol{v}^*$ 是上式的最优解，则 $\tilde{\boldsymbol{g}}=\boldsymbol{G}^{\mathrm{T}}\boldsymbol{v}^*+\boldsymbol{g}$。

根据上述论述，可以得到 GEM 算法的训练流程如算法 11-3 所示。

算法 11-3　GEM 算法流程

$\forall t=1,2,\cdots,T,\mathcal{M}_t \leftarrow \{\ \}$;
for $t=1,2,\cdots,T$, do
　　for$(\boldsymbol{x},t,y)\in\mathcal{D}$;
　　　　$\mathcal{M}_t \leftarrow \mathcal{M}_t \cup \{(\boldsymbol{x},t,y)\}$
　　　　$\boldsymbol{g} \leftarrow \nabla_\theta \ell(f_\theta(\boldsymbol{x},t),y)$
　　　　$\boldsymbol{g}_k \leftarrow \nabla_\theta \ell(f_\theta,\mathcal{M}_k), \forall k<t$
　　　　$\tilde{\boldsymbol{g}} \leftarrow \boldsymbol{G}^{\mathrm{T}}\boldsymbol{v}^*+\boldsymbol{g}$
　　　　$\theta \leftarrow \theta-\alpha\tilde{\boldsymbol{g}}$
　　end for
end for

11.6　本章小结

本章阐述了一种新的学习范式——终身学习方法。首先介绍终身学习的定义、生物学依据以及分类方法，并分别介绍各类终身学习方法中的典型算法。通过弹性权值巩固、自组织增量学习网络和梯度情景记忆算法的学习，可以看出，现有的终身学习算法离 DARPA 在 L2M 项目中设想的终身学习机器还有很大的差距，终身学习的研究还处于十

分初级的阶段。但终身学习作为一种能力不断提升、环境不断适应的学习算法是未来人工智能走向实用的一个必然途径，因此后续还需要投入更多精力研究终身学习技术。

参考文献

[1] McClelland J L, McNaughton B L. Why there are complementary learning systems in the hippocampus and neocortex: Insights from the successes and failures of connectionist models of learning and memory[J]. Psychological Review, 1995, 102: 419-457.

[2] McCloskey M, Cohen N J. Catastrophic interference in connectionist networks: The sequential learning problem[J]. The Psychology of Learning and Motivation, 1989, 24: 104-169.

[3] Thrun S, Mitchell T. Lifelong robot learning[J]. Robotics and Autonomous Systems, 1995, 15: 25-46.

[4] Chen Z Y, Liu B. Lifelong machine learning[M]. Second Edition. Williston, VT, USA: Morgan & Claypool Publishers, 2018.

[5] Anthes G. Lifelong learning in artificial neural networks[J]. Science, 2019, 62(6): 13-15.

[6] Grossberg S. How does a brain build a cognitive code[J]. Psychol. Rev., 1980, 87: 1-51.

[7] Carpenter G A, Grossberg S. The ART of adaptive pattern recognition by a self-organizing neural network[J]. Computer, 1988, 21(3): 77-88.

[8] Ditzler G, Roveri M, Alippi C, et al. Learning in nonstationary environments: A survey[J]. IEEE Computational Intelligence Magazine, 2015, 10(4): 12-25.

[9] Power J D, Schlaggar B L. Neural plasticity across the lifespan[J]. Wiley Interdisciplinary Reviews-Developmental Biology, 2017, 6(1): 10.1002/wdev.216.[doi: 10.1002/wdev.216].

[10] Quadrato G, Elnaggar M Y, Di Giovanni S. Adult neurogenesis in brain repair: Cellular plasticity vs. cellular replacement[J]. Frontiers in Neuroscience, 2014, 8: 17.

[11] Hensch T. Critical period regulation[J]. Annual Review of Neuroscience, 2004, 27: 549-579.

[12] Hubel D H, Wiesel T H. Receptive fields, binocular and functional architecture in the cats visual cortex[J]. Journal of Physiology, 1962, 160: 106-154.

[13] Hubel D H, Wiesel T H. Cortical and callosal connections concerned with the vertical meridian of visual fields in the cat[J]. Journal of Neurophysiology, 1967, 30: 1561-1573.

[14] Hubel D H, Wiesel T H. The period of susceptibility to the psychological effects of unilateral eye closure in kittens[J]. Journal of Physiology, 1970, 206: 419-436.

[15] Hebb D. The Organization of Behavior[J]. John Wiley & Sons, 1949.

[16] Abbott L F, Nelson S B. Synaptic plasticity: taming the beast[J]. Nature Neuroscience, 2000, 3: 1178-1183.

[17] Astrom K J, Murray R M. Feedback Systems: An Introduction for Scientists and Engineers[M]. Princeton, New Jersey, USA: Princeton University Press, 2010.

[18] Douglas R J, Koch C, Mahowald M, et al. Recurrent excitation in neocortical circuits[J]. Science, 1995, 269: 981-985.

[19] Tse D, Takeuchi T, Kakeyama M, et al. Schema-dependent gene activation and memory encoding in neocortex[J]. Science, 2011, 333: 891-895.

[20] Parisi G I, Kemker R, Part J L, et al. Continual Lifelong Learning with Neural Networks: A Review[J]. Neural Networks, 2019, 113: 54-71.

[21] Kirkpatrick J, Pascanu R, Rabinowitz N, et al. Overcoming catastrophic forgetting in neural networks[J]. Proceedings of the National Academy of Sciences, 2017, 114(13): 3521-3526.

[22] Kohonen T. The self-organizing map[C]. In Proceedings of the IEEE, 1990, 78(9): 1464-1480. [doi: 10.1109/5.58325].

[23] Kohonen T. Self-Organized formation of topologically correct feature maps [J]. Biological Cybernetics, 1982, 43(1): 59-69. [doi: 10.1007/BF00337288].

[24] Martinetz T M, Berkovich S G, Schulten K J. Neural-Gas network for vector quantization and its application to time-series prediction[J]. IEEE Trans. on Neural Networks, 1993, 4(4): 558-569. [doi: 10.1109/72.238311].

[25] Martinetz T M, Schulten K J. Topology representing networks[J]. Neural Networks, 1994, 7(3): 507-522. [doi: 10.1016/0893-6080(94) 90109-0].

[26] Shen F, Ogura T, Hasegawa O. An enhanced self-organizing incremental neural network for online unsupervised learning[J]. Neural Networks, 2007, 20(8): 893-903. [doi: 10.1016/j.neunet.2007.07.008].

[27] Shen F, Hasegawa O. Self-Organizing incremental neural network and its application[C]. In: Proceedings of International Conference on Artificial Neural Networks(ICANN), 2010: 535-540. [doi: 10.1007/978-3-642-15825-4_74].

[28] Lopez-Paz D, Ranzato M. Gradient episodic memory for continual learning[C]. In: Proceedings of International Conference on Neural Information Processing System (NIPS), 2017: 7225-7234.

[29] Tictoc 正方形网络模型_SOM(自组织映射神经网络)[EB/OL]. https://blog.csdn.net/weixin_39774219/article/details/110494512.

第12章 生成对抗网络

生成对抗网络(Generative Adversarial Networks,GAN)是蒙特利尔大学伊恩·古德费罗(Ian Goodfellow)等[1-2]在2014年提出的一种生成模型。GAN背后基本思想是受博弈论中的二人零和博弈的启发,从训练库里获取很多训练样本,从而学习这些训练案例生成的概率分布。GAN模型中的两位博弈方分别由生成模型和判别模型充当。生成模型Generator捕捉样本数据的分布,判别模型Discriminator是一个二分类器,估计一个样本来自训练数据(而非生成数据)的概率。生成模型和判别模型一般都是非线性映射函数,例如多层感知机、卷积神经网络等。2016年以来,GAN热潮席卷人工智能领域的顶级会议,呈现井喷式的发展态势。人工智能的著名学者杨立昆(Yann LeCun)更是评价GAN是"20年来机器学习领域最酷的想法"。分析其原因,是因为GAN为无监督学习提供了一个崭新的方法,而无监督学习又是机器学习的发展方向。因此,GAN备受学术界和工业界的关注。

本章首先从无监督学习以及生成模型的角度出发,给出生成对抗网络的引入缘由,并简单介绍生成对抗网络的产生背景;其次介绍生成对抗网络的基本原理及训练过程;再次介绍生成对抗网络工程实现中的主要问题及解决办法;最后介绍一些生成对抗网络的常用变体。

12.1 生成对抗网络引入

12.1.1 无监督学习与生成模型

前述章节介绍的很多深度学习模型都属于有监督学习。在这类方法中,训练数据是成对的样本$\{(\boldsymbol{x},y)\}$,其中$\boldsymbol{x}$为模型的输入,y为对应的真实标签。有监督学习的目标是要得到一个函数f,给定输入数据$\boldsymbol{x}$,输出正确的标签$y=f(\boldsymbol{x})$。有监督学习的例子很多,如在图像识别中,输入一幅图像,要求输出其中的物体类别,可以通过卷积神经网络实现;在股价预测问题中,输入过去几天的股价,要求输出未来的股价,可以通过循环神经网络实现;对于机器翻译问题,输入一种语言的句子,要求输出另外一种语言的句子,可以通过序列到序列模型实现。有监督学习的主要缺点是需要大量的标注样本,模型越复杂、网络越深、参数越多,需要的标注数据越多。然而实际中,对数据进行标注的人力成本是很高的。

与有监督学习相对应的是无监督学习。在无监督学习中,训练数据是不带标签的原始数据$\{(\boldsymbol{x})\}$,学习的目标是要得到数据的内在结构,这一内在结构通常可以用一个数学模型来表示。无监督学习的例子也有很多,例如:聚类问题,根据数据在空间中的分布,自动聚为若干类;数据降维问题,将高维空间中数据投影到某个低维空间,以利于分类或可视化;概率密度函数估计问题,根据训练样本,得到样本在空间中的分布函数。无监督学习的主要优点是不需要对数据进行标注,训练数据的获取相对比较容易,如互联网上就充斥着大量的无标注语音、图像、视频、文本数据资源。

在无监督学习算法中,有一类模型称为"生成模型",与本章接下来要讲述的生成对抗网络密切相关。这类模型可以根据大量的训练样本，通过无监督学习得到与训练样本分布相同的数学模型，从而生成新的样本。假设我们的目标是得到一个可生成真实鸟类图像的模型，训练样本是从真实世界中收集的一些鸟的图像，它服从某个分布 P_{data}；假设对它建立一个数学模型 P_{model}，对这个模型进行采样，可以生成新的鸟类图像，因此生成模型学习的目标是使得 P_{model} 与 P_{data} 越相近越好。因此，从本质上看，生成模型的训练过程是一个优化过程，优化目标就是使得模型的分布 P_{model} 与真实分布 P_{data} 的某种距离越小越好。

总的来说，生成模型可以用在三个方面：

一是用来生成与真实世界相同的数据，例如艺术创造，给定一些艺术作品的实例，让机器模拟它们生成新的艺术作品；在超分辨率图像重建中，输入一个低分辨率图像，让机器生成一幅内容相同的、真实的高分辨率图像；在语音合成中，输入文本让机器生成像人类一样的自然语音。

二是用来模仿真实世界、构建虚拟现实，从而创造更多的真实训练样本。如前所述，有监督学习的缺点是标注数据获取困难，而通过生成模型可以生成大量带标注的真实样本，从而弥补有监督学习的缺点。

三是发现高维数据的低维流形结构。事实上，真实世界观测到的数据往往都处于高维空间中，具有低维流形结构，而生成模型可以以显式或隐式的方式对该低维流形结构进行建模，从而得到更为稳健的特征。另外，通过真实数据在低维流形结构某些维度的坐标，可以完成图像内容的编辑、声音的篡改等，因此生成模型具有广阔的应用前景。

12.1.2 生成对抗网络简介

生成模型是一大类模型的总称，图 12-1 给出了生成模型的一个“分类图谱”。总的来说，生成模型分为显式模式和隐式模型两大类。显式模型会对数据的概率密度函数进行显式建模；隐式模型不对数据的概率密度函数进行显式建模，而是通过某种间接方式来生成真实数据。显式模型又分为精确模型与近似模型两种。精确模型指的是模型中概率密度函数有解析表达式，可以进行精确推理计算；近似模型指的是模型中概率密度没有解析表达式不能精确计算，只能进行近似计算（如变分模型），或者进行某种采样（如马尔可夫链模型）。隐式的生成模型又分为基于采样的马尔可夫链模型和直接模型。本章后面将要讨论的生成对抗网络就是隐式模型中的一种直接模型。也就是说，该模型不对概率密度函数进行直接的建模，而是通过某种变换方法直接生成与真实数据分布相同的数据。

下面从生成对抗网络的名称上来分析其具体思想。生成对抗网络英文全称为 Generative Adversarial Network(GAN)，名称里有三个关键词：“Generative”表示这个模型是生成模型，采用的是无监督学习的方法；“Adversarial”表示其训练是一种对抗学习的方式；而“Network”则表示该模型是由深度神经网络来构成。第一个和第三个关键词都比较好理解，那么什么是“对抗学习”呢？

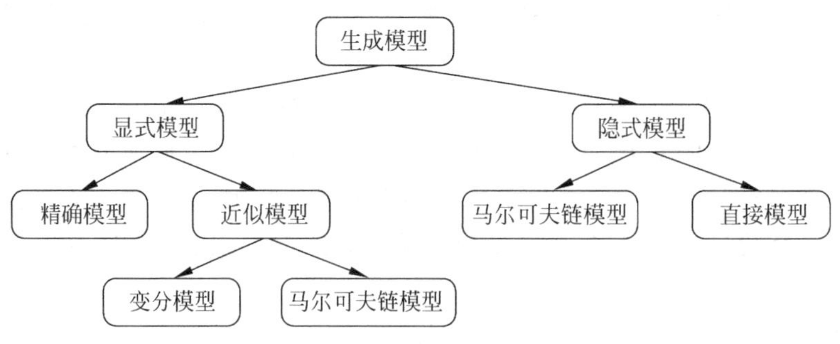

图 12-1 生成模型的分类图谱

“对抗学习”是指模型训练过程通过一个对抗博弈过程来完成。在 GAN 的原始文献[1]中,将这一过程比喻为造假币者与警察之间的博弈。造假币者的目标是要造出能够骗过警察的假币;警察的目标是要尽可能地识别出假币。造假币者和警察不断博弈,在博弈过程中,造假币者的造假水平和警察的鉴别水平都不断提高,最终造假币者能造出与真币一模一样的假币。这里造假币者就是模型中的生成模型,而警察对应于区分模型。在生成对抗网络中,生成模型和区分模型相互对抗,最终训练得到最优的生成模型。生成对抗网络具有独特的训练方式,可以得到非常好的生成模型,是近年来深度学习领域的研究热点之一。

12.2 生成对抗网络的基本原理

在生成对抗网络中,面临的问题是要对一个复杂的高维空间中的分布进行采样。由于问题的复杂性,直接进行采样往往是不可行的。因此,在生成对抗网络中采用一种间接的方法,基本思想是首先对一个简单分布进行采样,如均匀分布的随机噪声等,然后学习一个变换,将这个简单分布变换为期望的复杂分布。那么余下的问题就是如何表示这个变换,如何学习得到这个变换。

根据前面章节已知,对于一个神经网络,只要网络层数足够深、神经元个数足够多,可以逼近任意复杂的函数,自然可以用一个神经网络来逼近任意复杂的变换。在生成对抗网络中,这个复杂变换所对应的网络称为“生成器网络”。这个网络输入一个随机噪声,输出得到一个真实样本。图 12-2 给出了生成器网络示意图。

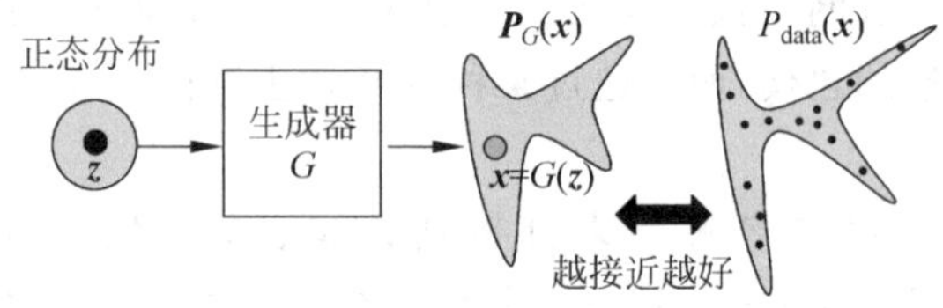

图 12-2 生成器网络示意图

如图 12-2 所示,从一个正态分布采样得到一个随机数 $\boldsymbol{z}$,然后通过生成器网络 G 变换得到需要的输出图像 $\boldsymbol{x}$。$\boldsymbol{z}$ 服从正态分布，$\boldsymbol{x}$ 是 $\boldsymbol{z}$ 的函数，其概率分布 $P_G(\boldsymbol{x})$ 由变换 G 决定，根据概率论中随机变量函数的概率分布计算方法可以得到其数学表达式为

$$P_G(\boldsymbol{x})=\int_{\boldsymbol{z}} P(\boldsymbol{z}) I_{[G(\boldsymbol{z})=\boldsymbol{x}]} \mathrm{d}\boldsymbol{z} \tag{12.1}$$

式中：$\boldsymbol{I}_{[G(\boldsymbol{z})=\boldsymbol{x}]}$ 为指示函数，当 $G(\boldsymbol{z})=x$ 时其值为 1，否则其值为 0。

由于期望的目标是要让 P_G 与实际数据的分布 P_{data} 越接近越好，理论可以通过计算某种距离测度如 KL 距离等来衡量 P_G 与 P_{data} 之间的距离，进而利用最优化方法找到最佳的生成器网络。然而，这里的难点是由于变换 G 的复杂性，式(12.1)中 P_G 的计算十分困难，难以得到其解析解。

在 GAN 中，采用了“对抗训练”的特殊训练方法。这种训练方法本质上是一种包含两个参与者的对抗游戏，一个是生成器，另一个是区分器。生成器的目标是通过生成看起来像是真实数据的数据，以欺骗区分器；区分器的目标是尽可能地将真实数据与生成器伪造的数据区分开。生成对抗网络的工作原理如图 12-3 所示。

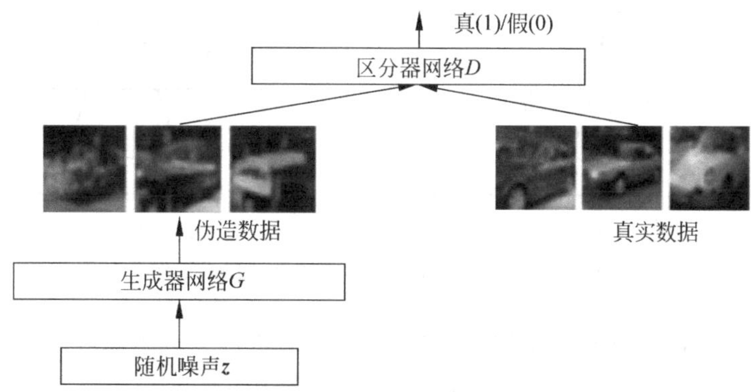

图 12-3　生成对抗网络的工作原理

通过图 12-3 中的示例来详细分析生成对抗网络的训练过程：首先对生成器网络和区分器网络均进行随机初始化，得到初始第 0 代的生成器 G_0 和区分器 D_0。

其次固定生成器网络 G_0，调整区分器网络使得它能够正确区分 G_0 生成的伪造图片和真实图片。具体做法是从一个低维正态分布中生成若干个随机噪声样本，将其输入第 0 代的生成器网络 G_0 中生成伪造图像。随机地再采若干幅真实图片，将其类别标签设置为 1，将 G_0 生成的伪造图像的类别标签设置为 0。以上述两类图像为训练样本，更新区分器网络参数，使得其能够正确分类。由于训练之初，G_0 是比较弱的，因此这两类样本是比较容易分开的，很容易对区分器网络进行训练得到第一代的区分器网络 D_1。

再次固定区分器网络 D_1 来调整生成器网络 G_0 的参数，使得区分器 D_1 认为生成器生成的图像是真实图像，即生成的伪造图片能够欺骗 D_1。具体做法是将图 12-3 中生成器网络和区分器网络合起来构成一个大网络，固定区分器网络参数 D_1，调整生成器网络的参数，使得输入若干个随机噪声，生成器和区分器组合而成的大网络的输出类别标签为 1，从而得到第一代的生成器网络 G_1，G_1 生成的图像比 G_0 生成图像的质量更高。

接着固定生成器网络 G_1，调整区分器网络 D_1，使得它能够将 G_1 生成的伪造图像识

别出来，从而得到第二代的区分器网络 D_2；固定区分器网络 D_2，调整生成器网络 G_1，使得输入任意的随机噪声，生成器和区分器组合而成的大网络的输出类别标签为 1，从而得到第二代的生成器网络 G_2。

这个过程不断地迭代下去，就可以得到越来越好的生成器网络，最终收敛得到的生成器网络可以生成非常接近于真实图像的伪造图像。

下面通过函数图像来直观分析生成对抗网络的训练过程，如图 12-4 所示。

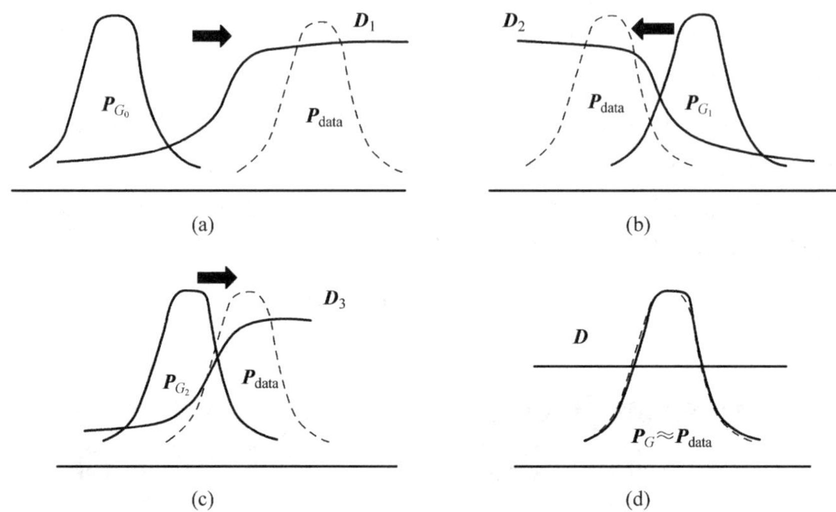

图 12-4　一维 GAN 的对抗学习过程示意图

假定期望生成的数据是一维的，图 12-4(a)～(d)给出了该生成对抗网络的训练过程示意图，其中虚曲线为真实数据的分布 P_{data}，实曲线为生成器生成数据的分布 P_G，中间 S 形曲线为区分器 D。首先，在第一轮迭代时，生成器网络 G_0 生成的数据分布如图 12-4(a)中实曲线 P_{G_0} 所示，此时很容易训练一个区分器网络将生成的数据和真实数据区分开，如图 12-4(a)中 S 形曲线 D_1 所示。该曲线表示区分器判定为真实数据的概率，因此，它在真实数据的区域接近于 1，而在伪造数据的区域接近于 0。

在第二轮迭代时，固定区分器 D_1，调整生成器 G_0，也就是使得图 12-4(a)中实曲线移动以使得区分器 D_1 误认为其生成的样本为真实数据，因此实曲线将会向区分器 D_1 输出概率高的方向移动，也就是向右侧移动。图 12-4(b)中实曲线即对应更新后的新一代生成器网络 G_1，它移到了虚曲线的右侧。接下来，固定生成器网络 G_1，调整区分器参数以区分 G_1 生成的数据(实曲线)和真实数据(虚曲线)，从而得到第二代的区分器 D_2，也就是图 12-4(b)中间的 S 形曲线。

第三轮迭代中，实曲线又会向左侧移动，得到第二代的生成器 G_2(图 12-4(c)中实曲线)，重新训练区分器得到第三代的区分器 D_3(图 12-4(c)中间的 S 形曲线)。

如此迭代下去，每一轮迭代都会使得实曲线向虚曲线靠近一点，多轮迭代之后，两者将会重叠在一起，如图 12-4(d)所示，这意味此时生成器将会生成与真实数据一模一样的数据，而区分器无法区分伪造数据与真实数据。这就是整个生成对抗网络的训练过程。

由上述过程可以看到，这里区分器实际上起了一个引导的作用，引导生成器生成数据的概率分布向着真实数据概率分布的方向移动。

12.3 生成对抗网络训练过程的数学推导

下面从数学推导的角度说明生成对抗网络训练过程。生成对抗网络本质上是一个概率模型，讲到概率模型的参数估计就要提及最大似然估计方法，下面首先介绍最大似然估计的本质内涵。

12.3.1 最大似然估计

假设真实数据的分布是 $P_{\text{data}}(\boldsymbol{x})$，定义一个参数为$\boldsymbol{\theta}$的概率模型 $P_G(\boldsymbol{x};\boldsymbol{\theta})$，从真实数据分布中采样一组独立同分布的样本 $\boldsymbol{x}_1,\boldsymbol{x}_2,\cdots,\boldsymbol{x}_m \sim P_{\text{data}}$，计算模型 $P_G(\boldsymbol{x};\boldsymbol{\theta})$生成这组数据的似然函数如下：

$$L(\boldsymbol{\theta})=\prod_{i=1}^{m}\boldsymbol{P}_G(\boldsymbol{x}_i;\boldsymbol{\theta}) \tag{12.2}$$

采用最大似然估计准则，目标是找到使得似然函数最大的一组参数：

$$\boldsymbol{\theta}^*=\underset{\boldsymbol{\theta}}{\arg\max}L(\boldsymbol{\theta}) \tag{12.3}$$

下面对式(12.3)进行变形，看看最大似然估计的本质。将式(12.2)代入式(12.3)，并对右侧连乘积取 log 运算，将概率的连乘积转化为对数概率的累加和：

$$\boldsymbol{\theta}^*=\underset{\boldsymbol{\theta}}{\arg\max}\log L(\boldsymbol{\theta})=\underset{\boldsymbol{\theta}}{\arg\max}\sum_{i=1}^{m}\log\boldsymbol{P}_G(\boldsymbol{x}_i;\boldsymbol{\theta}) \tag{12.4}$$

由于每一个样本 $\boldsymbol{x}_i$ 都是从真实概率分布 P_{data} 中独立采样得到，因此式(12.4)右侧的累加和等价于对 $\log\boldsymbol{P}_G(\boldsymbol{x}_i;\boldsymbol{\theta})$关于 P_{data} 求期望：

$$\begin{aligned}\boldsymbol{\theta}^*&=\underset{\boldsymbol{\theta}}{\arg\max}\sum_{i=1}^{m}\log\boldsymbol{P}_{\boldsymbol{G}}(\boldsymbol{x}_i;\boldsymbol{\theta})\\&=\underset{\boldsymbol{\theta}}{\arg\max}E_{x\sim P_{\text{data}}}[\log\boldsymbol{P}_{\boldsymbol{G}}(\boldsymbol{x}_i;\boldsymbol{\theta})]\\&=\underset{\boldsymbol{\theta}}{\arg\max}\int_x P_{\text{data}}(\boldsymbol{x})\log P_{\boldsymbol{G}}(\boldsymbol{x};\boldsymbol{\theta})\mathrm{d}\boldsymbol{x}\end{aligned} \tag{12.5}$$

进一步，对式(12.5)右侧加上一个特殊常数，这个特殊的常数就是概率分布 P_{data} 的熵，不改变$\boldsymbol{\theta}^*$的大小，即有

$$\begin{aligned}\boldsymbol{\theta}^*&=\underset{\boldsymbol{\theta}}{\arg\max}\int_{\boldsymbol{x}} P_{\text{data}}(\boldsymbol{x})\log P_G(\boldsymbol{x};\boldsymbol{\theta})\mathrm{d}\boldsymbol{x}-\int_x P_{\text{data}}(\boldsymbol{x})\log P_{\text{data}}(\boldsymbol{x})\mathrm{d}\boldsymbol{x}\\&=\underset{\boldsymbol{\theta}}{\arg\max}\int_{\boldsymbol{x}} P_{\text{data}}(\boldsymbol{x})\log\frac{P_G(\boldsymbol{x};\theta)}{P_{\text{data}}(\boldsymbol{x})}\mathrm{d}\boldsymbol{x}\\&=\underset{\boldsymbol{\theta}}{\arg\min}\int_{\boldsymbol{x}} P_{\text{data}}(\boldsymbol{x})\log\frac{P_{\text{data}}(\boldsymbol{x})}{P_G(\boldsymbol{x};\boldsymbol{\theta})}\mathrm{d}\boldsymbol{x}\end{aligned}$$

$$=\underset{\boldsymbol{\theta}}{\arg\min}\mathrm{KL}(P_{\mathrm{data}}(\boldsymbol{x})\|P_G(\boldsymbol{x};\boldsymbol{\theta})) \tag{12.6}$$

式中：KL(·)表示两个概率分布之间的 KL 距离。由信息论相关知识可知，KL 距离衡量了两个概率分布之间的距离：当两个概率分布相同时，其 KL 距离等于 0；当两个概率分布不同时，KL 距离大于 0。

因此式(12.6)表明，最大似然估计的本质是找一个概率分布函数 $P_G(\boldsymbol{x};\boldsymbol{\theta})$，使得其与真实概率分布 $P_{\mathrm{data}}(\boldsymbol{x})$ 的 KL 距离最小。

12.3.2 生成对抗网络的训练准则函数

本节给出生成对抗网络的训练准则函数的定义和分析，试图从目标函数角度来看其如何实现对抗训练。

首先定义一些数学符号。定义生成器网络 $\boldsymbol{x}=G(\boldsymbol{z})$，它输入一个随机噪声 $\boldsymbol{z}$，生成一个伪造样本 $\boldsymbol{x}$。定义区分器网络 $y=D(\boldsymbol{x})$，它输入一个样本 $\boldsymbol{x}$，输出这个样本是真实样本的概率 y，$y=0$，表示伪造样本，$y=1$，表示真实样本。

在原始的生成对抗网络中，优化的准则函数用 $V(G,D)$ 表示，它与生成器网络 G 和区分器网络 D 都相关，其数学表达式为

$$V(G,D)=E_{\boldsymbol{x}\sim P_{\mathrm{data}}}[\log D(\boldsymbol{x})]+E_{\boldsymbol{x}\sim P_G}[\log(1-D(\boldsymbol{x}))] \tag{12.7}$$

式(12.7)等号右边分为两个部分：第一个部分是对真实数据 $\boldsymbol{x}\sim P_{\mathrm{data}}$，计算区分器的输出 $D(\boldsymbol{x})$，取 log 之后求期望；第二部分对伪造数据 $\boldsymbol{x}\sim P_G$，计算 $1-D(\boldsymbol{x})$，取 log 然后求期望。

在训练生成对抗网络过程中，要调整区分器网络 D 的参数让 $V(G,D)$ 尽量大，意味着真实数据的输出概率大，伪造数据的输出概率小；而调整生成器网络 G 的参数让 $V(G,D)$ 尽量小，意味着生成的数据足够真实，能够使得判别器难以分辨真实数据和生成数据。因此，最终的优化问题是一个最小-最大问题，得到最优的生成器网络如下：

$$G^*=\underset{G}{\arg\min}\max_{D}V(G,D) \tag{12.8}$$

下面首先从直观角度来分析上述准则函数对于区分器网络和生成器网络的作用。

(1) 对于区分器网络，它要最大化 $V(G,D)$，式(12.7)等号右边第一部分最大，意味着真实数据对应的 $D(\boldsymbol{x})$ 要尽量大，即接近于 1；式(12.7)等号右边第二部分最大，意味着伪造数据对应的 $1-D(\boldsymbol{x})$ 要尽量大，也就是 $D(\boldsymbol{x})$ 要尽量小，接近于 0。因此，最佳区分器将会将真实数据与伪造数据完全分开，这与本章前面描述的区分器目标一致。

(2) 对于生成器网络，它要最小化 $V(G,D)$，由于式(12.7)等号右边第一部分与生成器无关，因此只看式(12.7)等号右边第二部分，要让它最小，也就是使得伪造数据对应的 $1-D(\boldsymbol{x})$ 要尽量小，也就是说 $D(\boldsymbol{x})$ 要尽量大，即越接近于 1 越好。换句话说，区分器 D 认为由 G 生成的伪造数据是真实数据，输出概率 1，因此 G 成功地欺骗了区分器 D，这与本章前面描述的生成器目标是完全一致的。

下面从严格数学证明的角度来分析式(12.8)的最优解具有的特性。

首先，当固定生成器 G，通过优化获取最佳区分器 D 的过程来分析其特点。最优区

分器 D 的获取即求解如下的优化问题：

$$V(G,D^*)=\max_D V(G,D) \tag{12.9}$$

将期望的定义代入式(12.7)可得

$$\begin{aligned}V(G,D)&=E_{\boldsymbol{x}\sim P_{\text{data}}}[\log D(\boldsymbol{x})]+E_{\boldsymbol{x}\sim P_G}[\log(1-D(\boldsymbol{x}))]\\&=\int_{\boldsymbol{x}}P_{\text{data}}(\boldsymbol{x})\log D(\boldsymbol{x})\mathrm{d}\boldsymbol{x}+\int_{\boldsymbol{x}}P_G(\boldsymbol{x})\log(1-D(\boldsymbol{x}))\mathrm{d}\boldsymbol{x}\\&=\int_{\boldsymbol{x}}[P_{\text{data}}(\boldsymbol{x})\log D(\boldsymbol{x})+P_G(\boldsymbol{x})\log(1-D(\boldsymbol{x}))]\mathrm{d}\boldsymbol{x}\end{aligned} \tag{12.10}$$

假设 $D(\boldsymbol{x})$可以取任意的函数形式，在这个假设前提下，只要式(12.10)积分式里面的被积分项 $P_{\text{data}}(\boldsymbol{x})\log D(\boldsymbol{x})+P_G(\boldsymbol{x})\log(1-D(\boldsymbol{x}))$在任意一个点 $\boldsymbol{x}$ 处都达到最大值，那么整个积分式将会达到最大值。因此，式(12.9)的最佳解 D^* 必将满足

$$D^*(\boldsymbol{x})=\arg\max_D\{P_{\text{data}}(\boldsymbol{x})\log D(\boldsymbol{x})+P_G(\boldsymbol{x})\log(1-D(\boldsymbol{x}))\} \tag{12.11}$$

对式(12.11)等号右边的目标函数关于 $D(\boldsymbol{x})$求导，并令导数等于 0，可得

$$D^*(\boldsymbol{x})=\frac{P_{\text{data}}(\boldsymbol{x})}{P_{\text{data}}(\boldsymbol{x})+P_G(\boldsymbol{x})} \tag{12.12}$$

将式(12.12)代入式(12.7)可得

$$\begin{aligned}V(G,D^*)&=E_{\boldsymbol{x}\sim P_{\text{data}}}\left[\log\frac{P_{\text{data}}(\boldsymbol{x})}{P_{\text{data}}(\boldsymbol{x})+P_G(\boldsymbol{x})}\right]+E_{\boldsymbol{x}\sim P_G}\left[\log\frac{P_G(\boldsymbol{x})}{P_{\text{data}}(\boldsymbol{x})+P_G(\boldsymbol{x})}\right]\\&=\int_{\boldsymbol{x}}P_{\text{data}}(\boldsymbol{x})\log\frac{P_{\text{data}}(\boldsymbol{x})/2}{(P_{\text{data}}(\boldsymbol{x})+P_G(\boldsymbol{x}))/2}\mathrm{d}\boldsymbol{x}+\\&\quad\int_{\boldsymbol{x}}P_G(\boldsymbol{x})\log\frac{P_G(\boldsymbol{x})/2}{(P_{\text{data}}(\boldsymbol{x})+P_G(\boldsymbol{x}))/2}\mathrm{d}\boldsymbol{x}\\&=2\log\frac{1}{2}+\int_{\boldsymbol{x}}P_{\text{data}}(\boldsymbol{x})\log\frac{P_{\text{data}}(\boldsymbol{x})}{(P_{\text{data}}(\boldsymbol{x})+P_G(\boldsymbol{x}))/2}\mathrm{d}\boldsymbol{x}+\\&\quad\int_{\boldsymbol{x}}P_G(\boldsymbol{x})\log\frac{P_G(\boldsymbol{x})}{(P_{\text{data}}(\boldsymbol{x})+P_G(\boldsymbol{x}))/2}\mathrm{d}\boldsymbol{x}\\&=-2\log 2+\mathrm{KL}\left(P_{\text{data}}(\boldsymbol{x})\left\|\frac{P_{\text{data}}(\boldsymbol{x})+P_G(\boldsymbol{x})}{2}\right.\right)+\\&\quad\mathrm{KL}\left(P_G(\boldsymbol{x})\left\|\frac{P_{\text{data}}(\boldsymbol{x})+P_G(\boldsymbol{x})}{2}\right.\right)\\&=-2\log 2+2\mathrm{JSD}(P_{\text{data}}(\boldsymbol{x})\parallel P_G(\boldsymbol{x}))\end{aligned} \tag{12.13}$$

式中：JSD 表示 JS 散度函数。对于两个概率分布函数 p_1 和 p_2，令 $p_m=(p_1+p_2)/2$，则这两个概率分布之间的 JS 散度定义为

$$\mathrm{JSD}(p_1\parallel p_2)=\frac{1}{2}[\mathrm{KL}(p_1\parallel p_m)+\mathrm{KL}(p_2\parallel p_m)] \tag{12.14}$$

事实上，与 KL 距离类似，JS 散度也可以用于两个概率分布之间的距离，且具有对称性，即 $\mathrm{JSD}(p_1\parallel p_2)=\mathrm{JSD}(p_2\parallel p_1)$，可以证明 $0\leqslant\mathrm{JSD}(p_1\parallel p_2)\leqslant\log 2$。

式(12.13)表明，当固定生成器 G 时，最佳区分器 D^* 所对应的准则函数值 $V(G,D^*)$ 与生成器所决定的分布 P_G 和真实数据分布 P_{data} 之间的 JS 散度有关。本质上，也是衡量 P_G 与 P_{data} 之间的某种距离，因此下一步固定区分器 D^*，更新生成器的过程等价于求解下列优化问题：

$$
\begin{aligned}
G^*(\boldsymbol{x}) &= \underset{G}{\operatorname{argmin}} V(G,D^*) \\
&= \underset{G}{\operatorname{argmin}}\{-2\log 2 + 2\text{JSD}(P_{\text{data}}(\boldsymbol{x}) \,\|\, P_G(\boldsymbol{x}))\}
\end{aligned} \tag{12.15}
$$

由式(12.15)可见，找到的 P_G 将会与 P_{data} 更为接近。

因此，在对抗学习的过程中，固定生成器 G、优化区分器 D 的过程，是在计算生成器 G 所对应的分布 P_G 与真实分布 P_{data} 之间的 JS 散度距离；而固定区分器 D、更新生成器 G 的过程，就是使得该 JS 散度减少的过程。

12.3.3 生成对抗网络的训练过程

原始的 GAN 的训练过程：首先固定初始的生成器模型 G_0，通过最大化 $V(G_0,D)$ 来找到第一代的区分器模型 D_1；其次固定 D_1，通过在 $G=G_0$ 附近最小化 $V(G,D_1)$ 得到第一代的生成器 G_1，这一优化过程可以通过梯度下降算法实现。接下来，固定生成器 G_1，再次通过最大化 $V(G_1,D)$ 来找到第二代的区分器模型 D_2；再接下来，固定区分器模型 D_2，通过最小化 $V(G,D_2)$ 得到第二代的生成器 G_2，这一优化过程可以通过梯度下降算法实现。

上述过程不断迭代，就可以找到最佳的生成器模型 G^*。其中，每一步固定 G，最大化 $V(G,D)$ 的过程本质上就是计算 P_G 和真实分布 P_{data} 之间的 JS 散度距离的过程。这里必然有一个问题，就是通过这种最大化、最小化交替优化的过程一定能保证该 JS 散度下降吗？也就是说，P_{G_1} 对应的 JS 散度一定小于 P_{G_0} 对应的 JS 散度吗？事实上，从数学上是无法保证的，因为 P_{G_0} 对应的 JS 散度为 $V(G_0,D_1)$，而 P_{G_1} 对应的 JS 散度为 $V(G_1,D_2)$。如果相邻两次迭代过程中，D 的变化不大，即 $D_1 \approx D_2$，则可以保证 $V(G_1,D_2) < V(G_0,D_1)$。但是，D 的变化完全取决于 G 的变化。因此，在原始提出 GAN 的文献中指出[1]，在对 G 最小化过程中，G 的更新不要太大，从而保证相邻两次迭代中 D 的变化不会太大，保证 JS 散度值是一直在下降。

12.4 生成对抗网络的工程实现及主要问题

12.4.1 生成对抗网络的工程实现

12.3 节虽然给出了生成对抗网络的优化目标函数和过程，但生成对抗网络的优化并不容易，有很多实际问题需要解决，本节来分析阐述生成对抗网络的具体工程实现。

首先是区分器的更新训练，训练的目标是要固定生成器 G，更新区分器参数以使得

$V(G,D)$最大。根据式(12.7),工程上用采样平均代替期望值的计算,因此需要从真实数据中采 m 个样本$\{\boldsymbol{x}_1,\boldsymbol{x}_2,\cdots,\boldsymbol{x}_m\}$,从生成器中也采 m 个样本$\{\tilde{\boldsymbol{x}}_1,\tilde{\boldsymbol{x}}_2,\cdots,\tilde{\boldsymbol{x}}_m\}$,然后最大化下式所示的目标函数,即

$$V_D=\frac{1}{m}\sum_{i=1}^{m}\log D(\boldsymbol{x}_i)+\frac{1}{m}\sum_{i=1}^{m}\log(1-D(\tilde{\boldsymbol{x}}_i)) \tag{12.16}$$

由于标准的神经网络训练算法中都是最小化一个误差函数,因此,这里可以对式(12.16)中的目标函数取负号,将最大化 V_D 转化为最小化$-V_D$,从而可以直接采用现有的神经网络优化工具箱直接进行优化,得到新的区分器 D。

更新完区分器 D 后并将其固定,更新生成器参数以使得 $V(G,D)$最小。式(12.7)等号右边第一项与生成器 G 没有关系,因此只需要采样 m 个随机噪声样本$\{\boldsymbol{z}_1,\boldsymbol{z}_2,\cdots,\boldsymbol{z}_m\}$,最小化下式所示的目标函数,即

$$V_G=\frac{1}{m}\sum_{i=1}^{m}\log(1-D(G(\boldsymbol{z}_i))) \tag{12.17}$$

实际中,如果直接按式(12.17)进行优化计算,就会发现,从迭代开始训练过程非常缓慢,可以从目标函数 $\log(1-D(\boldsymbol{x}))$的特点找到答案。

如图 12-5 中,横轴表示 $D(\boldsymbol{x})$,下方曲线显示了 $\log(1-D(\boldsymbol{x}))$关于 $D(\boldsymbol{x})$的变化情况,可以看到,当 $D(\boldsymbol{x})$在 0 附近时,曲线的梯度接近于 0。而在更新生成器之初,生成器生成的样本都会被区分器正确分类,也就是说大部分样本的 $D(\boldsymbol{x})$都是接近于 0 的,因此总的目标函数的梯度就会接近于 0,进而导致训练生成器的过程很慢。

解决上述问题的方案是将$-\log(D(\boldsymbol{x}))$作为最小化目标函数,最小化这个新目标函数和最小化原目标函数 $\log(1-D(\boldsymbol{x}))$所得到的生成器网络是完全相同的;但是,从图 12-5 中上方曲线可以看到,当 $D(\boldsymbol{x})$接近于 0 的时候,$-\log(D(\boldsymbol{x}))$的梯度很大,因此可以大大快速收敛速度。

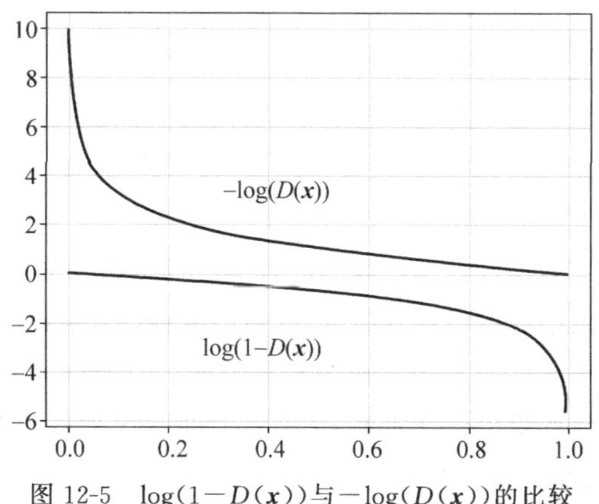

图 12-5 $\log(1-D(\boldsymbol{x}))$与$-\log(D(\boldsymbol{x}))$的比较

总结起来,训练生成对抗网络的工程实现过程如算法 12-1 所示。

算法 12-1　生成对抗网络训练的工程实现过程

1 步骤 1：初始化区分器网络参数 θ_d 和生成器网络参数 θ_g
2 步骤 2：重复下述步骤 3 和步骤 4 直至收敛
3 步骤 3：更新区分器网络参数 θ_d：
4 　　从真实数据中采样 m 个样本 $\{\boldsymbol{x}_1,\boldsymbol{x}_2,\cdots,\boldsymbol{x}_m\}$
5 　　根据概率密度函数 $P_{\text{prior}}(\boldsymbol{z})$随机采样 m 个样本 $\{\boldsymbol{z}_1,\boldsymbol{z}_2,\cdots,\boldsymbol{z}_m\}$，送入生成器
　　网络产生伪造样本$\{\tilde{\boldsymbol{x}}_1,\tilde{\boldsymbol{x}}_2,\cdots,\tilde{\boldsymbol{x}}_m\}$，其中$\tilde{\boldsymbol{x}}_i=G(\boldsymbol{z}_i)$
6 　　根据梯度上升算法更新区分器网络 θ_d，具体计算如下：
7 　　$V_D=\frac{1}{m}\sum_{i=1}^{m}\log D(\boldsymbol{x}_i)+\frac{1}{m}\sum_{i=1}^{m}\log(1-D(\tilde{\boldsymbol{x}}_i))$
8 　　$\theta_d \leftarrow \theta_d+\eta\,\nabla V_D$
9 步骤 4：更新生成器网络 θ_g：
10 　　根据概率密度函数为 $P_{\text{prior}}(\boldsymbol{z})$重新采样 m 个样本 $\{\boldsymbol{z}_1,\boldsymbol{z}_2,\cdots,\boldsymbol{z}_m\}$
　　通过梯度上升算法更新生成器网络 θ_g，具体计算如下：
11 　　$V_G=\frac{1}{m}\sum_{i=1}^{m}-\log(D(G(\boldsymbol{z}_i)))$
12 　　$\theta_g \leftarrow \theta_g-\eta\,\nabla V_G$

在算法 12-1 中，为了保证训练过程更好收敛，通常更新区分器的过程(步骤 3：第 3～8 行)会重复多次，而更新生成器的过程(步骤 4：第 9～12 行)只更新一次。

12.4.2　生成对抗网络的工程实现中的问题

1. 训练过程缓慢问题

算法 12-1 中的训练过程看起来是与理论相符合的，但是工程实现过程中存在训练困难的问题，也就是实际训练收敛速度较慢。图 12-6 给出采用不同类型的生成器进行训练，所得到的目标函数值的变化情况[3]。

图 12-6(a)采用一个简单的前向网络进行图像生成，图 12-6(b)采用一个卷积网络进行图像生成，可以看到无论生成器网络是简单还是复杂，目标函数的值的变化似乎都比较缓慢，然而网络生成的图像质量确实在变好。因此，与前面章节给出的其他网络不同，GAN 训练过程中的目标函数值似乎不能指导整个训练过程，因为无法从目标函数值的变化中观察整个训练过程是否接近结束。

上面的现象与前面的理论讲述似乎有些矛盾。理论告诉我们，优化过程的第一步，固定生成器网络 G，调整区分器网络 D，以最大化 $V(G,D)$，所得到的目标函数值与 P_G 和 P_{data} 的 JS 散度相关。在训练过程中，$V(G,D)$值应该是不断下降的，表明训练过程获得越来越好的生成器。但是实际中，该目标函数值并没有明显下降。换句话说，通过优

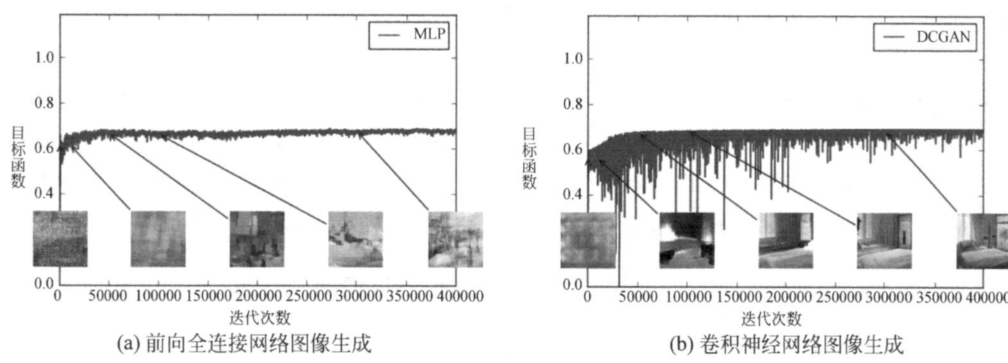

(a) 前向全连接网络图像生成 (b) 卷积神经网络图像生成

图 12-6 不同生成器网络的目标函数值随迭代次数的变化曲线

化区分器所得到 JS 散度值似乎对训练过程没有指导意义。

上述问题的根源还得从目标函数本身上去找。在实际计算目标函数时，是通过采样样本的均值去计算的，在生成器还不够好的时候，通过生成器生成的伪造数据与真实数据很容易分开，此时所有真实数据对应的 $D(\boldsymbol{x})$输出为 1，伪造数据对应的 $D(\boldsymbol{x})$输出为 0，因此计算得到的目标函数值固定为 0。下面通过一个形象的简单例子来了解问题的根源，如图 12-7 所示。

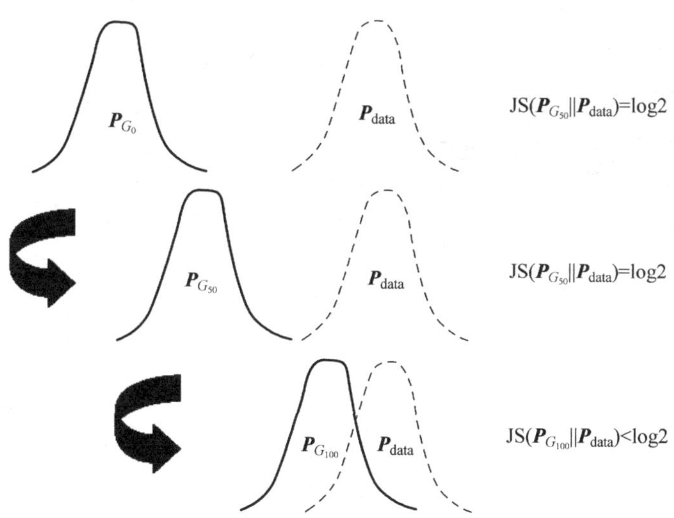

图 12-7 生成器网络对应的 JS 散度随迭代次数的变化

图 12-7 中，实曲线表示 P_G，虚曲线表示 P_{data}。两者一开始离得比较远，随着迭代过程，两者越来越近，但是只要没有重叠，两者的 JS 散度值都将是其最大值 log2。因此，尽管 P_G 离 P_{data} 越来越近，但计算得到的目标函数都是一个常数，而生成器网络的优化是靠目标函数的导数驱动的，如果前后两次迭代目标函数没有变化，导数值就会比较小，无法驱动生成器网络朝更好的方向变化，因此训练过程就比较慢。

从工程实现角度上而言，问题的根源可以归结为两个原因：一是在生成器还不够好的时候，采样得到的伪造数据很容易被区分器区分开，因此每次训练好区分器后，目标函数值都变为 0。解决这一问题的方法是让区分器变弱,使用弱分类器,让两种数据不是非常容易分开,因此目标函数就不为 0,但计算得到的目标函数就可能不再对应 JS 散度。二是在很多实际问题中,P_{data} 和 P_G 都是高维空间中的低维流形,本身二者就不容易重叠,因此计算得到的目标函数为 0。解决这一问题的方法是随机地对数据加噪声,让不重叠的数据重叠起来。噪声可以对类别标签加,也可以对输入数据加,目的就是让两种数据有相交的部分,使得区分器无法区分开,这样计算得到的目标函数就不为 0。

图 12-8 真实数据分布(虚线)和 GAN 生成的模式分布(实线)

2. 模式坍塌问题

除了上述收敛速度较慢的问题外,GAN 在工程实现中还存在一个重要问题,即"模式坍塌"。模式坍塌通俗地说,就是生成的数据比较单一,无法像真实自然界一样生成丰富多彩的样本。

如图 12-8 所示,如果真实分布是含有两个峰的分布,那 GAN 网络可以很好地生成其中一个峰的分布,但是难以得到同时包含两个峰的分布。从实际生成的数据来看,会发现很多数据在某些方面是重复的。

如图 12-9 给出一个 GAN 网络生成的人脸图像示例。从图中可以看到,很多人脸是很像的,只是肤色或图像的明暗程度有变化。这就是 GAN 的模式坍塌问题的具体体现。

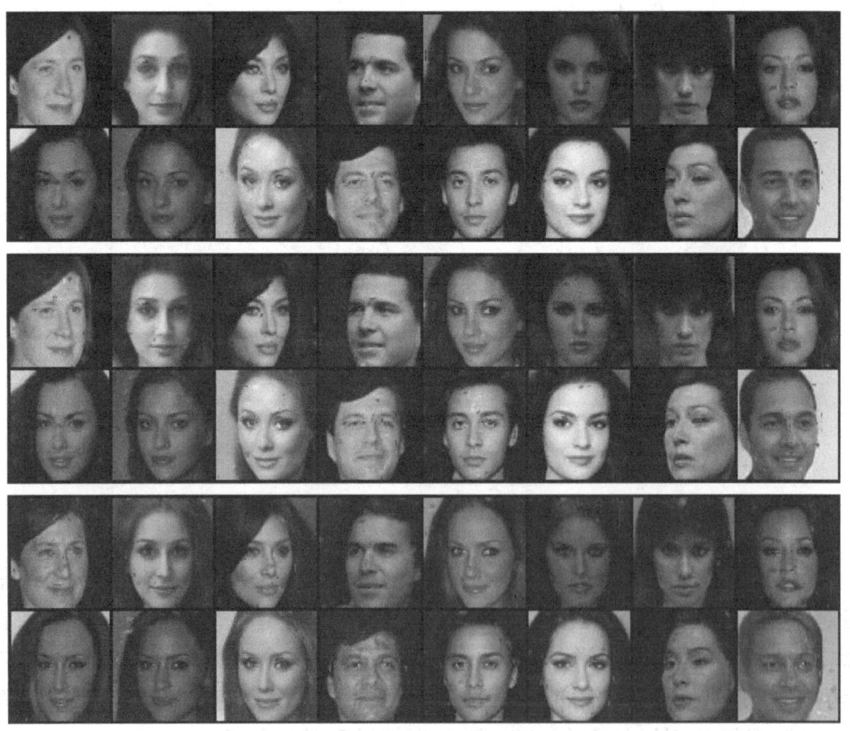

图 12-9 原始 GAN 网络生成的人脸图像

如图 12-10 所示例子[4]更直观形象地说明模式坍塌问题。这个例子中真实分布包含 8 个中心区域(图 12-10(a))。希望训练过程像图 12-10(b)所示那样,逐渐生成 8 个中心区域的分布。但是 GAN 实际训练到最后,结果却是像图 12-10(c)所示那样,每次只能生成其中一个中心区域的分布,迭代很长时间后,生成器网络会在 8 个中心区域之间随机的跳转,但是很难生成同时包含 8 中心区域的分布。

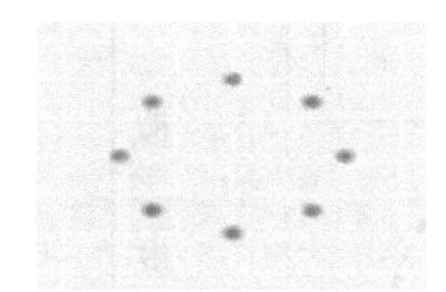

(a) 目标数据分布P_{data}

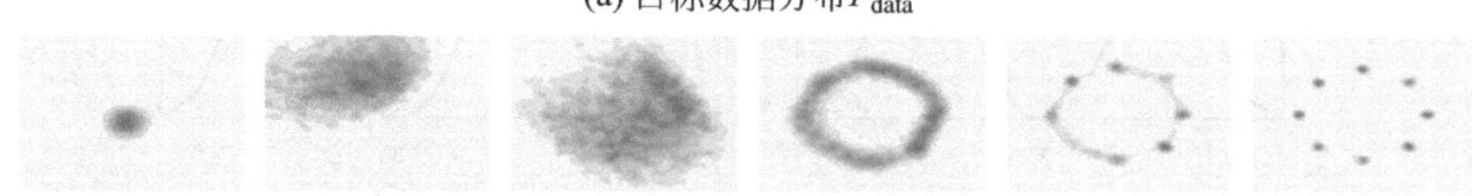

(b) 比较理想的训练过程

(c) 实际出现的训练过程

图 12-10 模式坍塌示例

事实上,模式坍塌问题的根源也可以从目标函数上去找。在一般的概率密度函数估计中采用的是最大似然估计,根据 12.3.1 节的结论,最大似然估计本质上就是最小化 P_G 与 P_{data} 之间 KL 距离,根据 KL 距离的表达式

$$\text{KL}(P_{\text{data}}, P_G) = \int P_{\text{data}} \log \frac{P_{\text{data}}}{P_G} \mathrm{d}x$$

可以看到,为了让 KL 距离最小,在 P_{data} 有值的地方,P_G 都不能为 0,否则 $\log\left(\frac{P_{\text{data}}}{P_G}\right)$必然为无穷大,乘以 P_{data} 后也是无穷大。也就是说,在最大似然估计(最小化 KL 距离)中,估计得到的分布必须要覆盖真实分布所有不为 0 的区域。如果像图 12-11(a)所示一样,真实分布 P_{data} 是一个双高斯分布,而采用的模型 P_G 是一个单高斯分布,最终的 P_G 必然是如图 12-11(a)所示的一样,试图以一个峰去覆盖两个峰,因此生成的图像是模糊的。

而在生成对抗网络中,目标函数是 JS 散度,根据式(12.14),JS 散度是 KL 距离和反向 KL 距离的均值。根据反向 KL 距离的表达式

$$\text{反向 KL}(P_{\text{data}}, P_G) = \int P_G \log \frac{P_G}{P_{\text{data}}} \mathrm{d}x$$

可以看到,要让它最小,要尽量避免 P_G 非 0,而 P_{data} 为 0 的情况,也就是说,对于图 12-11(a)中的最大似然估计的结果而言,它的反向 KL 距离是无穷大的,要尽量避免。

事实上,只要 P_G 有值的地方与 P_{data} 吻合得较好就行了,而在 P_{data} 有值的地方,P_G 为 0 也无所谓。换言之,P_G 只要把 P_{data} 的某个局部拟合好就行,不要求每个局部都拟合到。因此,如果最小化反向 KL 距离,最终的结果可能是图 12-11(b)所示那样。这就是模式坍塌问题的一个可能的来源。

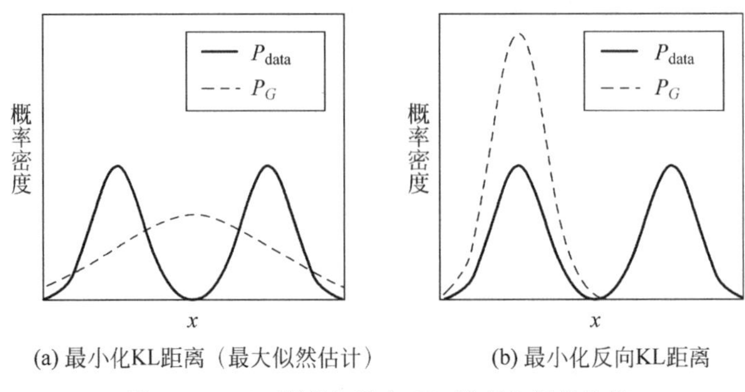

(a) 最小化KL距离（最大似然估计） (b) 最小化反向KL距离

图 12-11 KL 距离与反向 KL 距离之间的比较

解决模式坍塌问题的思路有很多,最根本的方法是不采用 JS 散度作为目标函数,而是采用其他的、性质更好的目标函数。近年来出现的许多新型的 GAN 网络如 WGAN 等就是基于这一点,本章后面将会介绍。另一种思路是仍然采用 JS 散度作为目标函数,既然一个 GAN 会有模式坍塌问题现象,会得到一个峰,那么训练多个不同的 GAN,让每个 GAN 去拟合不同的峰,最终将所有 GAN 的结果集起来,这就是“集成”方法。

12.5 GAN 的变体

GAN 自从 2014 年首次提出以来得到了快速发展,各种不同的变体和应用层出不穷,目前已有上百种 GAN。这些各式各样不同的 GAN 网络或者是对原始的 GAN 进行改进,克服其训练不稳定、模式坍塌等问题;或者是对其网络结构进行变化,赋予其更强的生成能力;或者是与其他的模型如自编码器、变分自编码器等相结合,使得不同的模型取长补短、相互加强。本节将简要介绍其中几种较为典型的 GAN 的变体,分别是 Wasserstein GAN(WGAN)[3-5]、条件 GAN(Conditional GAN, cGAN)[6-7]、CycleGAN[8]、InfoGAN[9]和 BiGAN[10-11],完整的 GAN 的列表可以参考“GAN 动物园”(The GAN Zoo,https://github.com/hindupuravinash/the-gan-zoo)。

12.5.1 WGAN

根据 12.4.2 节的分析可知,原始的 GAN 的训练目标其实是最小化 P_G 和 P_{data} 的 JS 散度,而实际问题考虑的往往是在高维空间中低维流形上的分布,P_G 与 P_{data} 往往在训练之初是难以重合的,二者之间的 JS 散度为最大值,而且这个最大值在迭代的相当长的一段时间内是保持不变的,从而导致生成器参数的导数接近于 0,训练过程很慢,甚至难以收敛。尽管实际中前后两次迭代生成器的确在变好，却难以通过目标函数值来体现这一改变。WGAN[3]就是针对原始的GAN的这一问题，通过改变训练的目标函数来试图提高GAN训练过程的稳定性和收敛速度。

WGAN并没有改变原始GAN的网络结构，只是采用一种特殊的“推土机距离”来代替JS散度距离。推土机距离也是衡量两个概率分布之间的一种距离。如图12-12所示，将同一个概率空间中的概率分布函数 P 和 Q 视为两堆土，推土机距离就是使用推土机将 P 改变为 Q 时推土机所走过的最短距离。这一距离的重要好处在于，即使 P 和 Q 没有重叠，推土机距离仍能很好地衡量二者之间的差异，二者越相近，距离越短。将其最小化作为生成器网络的目标函数，可以很好地指导生成器生成数据的分布越来越接近于真实数据的分布。

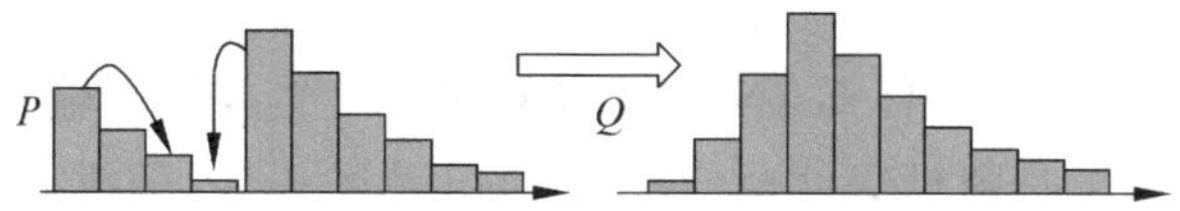

图12-12 概率分布函数 P 和 Q 之间的推土机距离示意图

实际中，推土机距离的计算是很复杂的，涉及求解另外一个最小化问题。原始WGAN论文[3]的作者经过一番复杂的数学推导，最终得到的训练目标函数却非常简单，甚至比原始GAN还要简单：

$$V(G,D)=\max_{D\in 1\text{-Lipschitz}}\{E_{x\sim P_{\text{data}}}[D(\boldsymbol{x})]-E_{x\sim P_G}[D(\boldsymbol{x})]\} \tag{12.18}$$

式(12.18)中，区分器 D 是某一种满足1-Lipschitz连续的函数，其数学含义是 D 为一个连续函数，且其一阶导数处处小于或等于1。实际中难以满足这一约束条件，因此采用一种权重削减的经验性做法来近似这一约束。具体做法：对于区分器 D 的参数 w，每次更新后将其强制限定在某一个范围 $[-c,c]$ 内，对参数 w 做如下变换，即

$$w=\begin{cases}-c, & w\leqslant -c\\ w, & -c<w<c\\ c, & w\geqslant c\end{cases} \tag{12.19}$$

再后来，改进的WGAN[5]采用更为合理的导数约束方式来近似上述约束条件。此时的目标函数变为

$$V(G,D)=\max\{E_{\boldsymbol{x}\sim P_{\text{data}}}[D(\boldsymbol{x})]-E_{\boldsymbol{x}\sim P_G}[D(\boldsymbol{x})]-\lambda E_{\boldsymbol{x}\sim P_{\text{Penalty}}}[(\|\nabla_x D(\boldsymbol{x})\|-1)^2]\} \tag{12.20}$$

式中：等号右边第三项是一个关于 $D(\boldsymbol{x})$ 导数 $\nabla_{\boldsymbol{x}}D(\boldsymbol{x})$ 的一个惩罚项，当 $\|\nabla_{\boldsymbol{x}}D(\boldsymbol{x})\|=1$ 时，惩罚项消失，当 $\|\nabla_{\boldsymbol{x}}D(\boldsymbol{x})\|\neq 1$ 时，惩罚项将起作用；λ 是一个可调节的权重因子。

由于实际中这个惩罚项不可能对所有的 $\boldsymbol{x}$ 都施加影响，更关心的是介于真实数据分布 P_{data} 和伪造数据分布 P_G 之间的数据(图12-13中间区域)，因此通过采样这部分数据来计算惩罚项，这就是 P_{Penalty} 的作用。

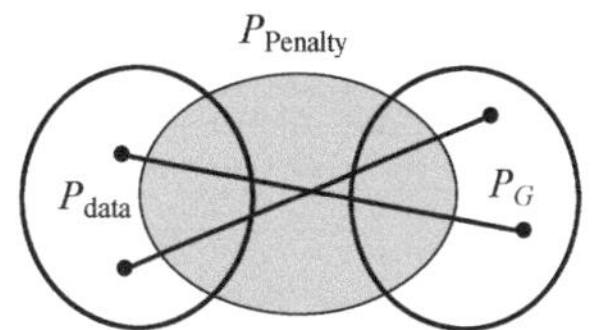

图12-13 P_{Penalty} 数据的采样示意图

综上所述,WGAN 及改进的 WGAN 本质上是对原始 GAN 的训练目标函数的改进,分别采用式(12.18)和式(12.20)进行优化即可。需要指出的是,在原始 GAN 中区分器的最后一层采用了 Sigmoid 得到二分类输出,而在 WGAN 及改进的 WGAN 中区分器的最后一层是线性层,需要把 Sigmoid 函数去掉。

12.5.2 条件 GAN

尽管原始的 GAN 可以生成很好的真实图片,然而实际中直接应用却不多。其原因在于:原始的 GAN 是根据一个随机噪声来生成真实图片的,无法对生成的图片的内容等特性进行控制。这就是提出条件 GAN[6-7] 的出发点,通过在随机噪声之外增加一个人为控制的条件参数以更好地控制生成的对象,使其具有某种特性。

如图 12-14 所示为一个条件 GAN 的生成器网络。生成器的输入包含两个部分,一个是条件变量 c,另一个是随机变量 $\boldsymbol{z}$。同原始的 GAN 一样,随机变量 $\boldsymbol{z}$ 仍服从一个简单分布,如高斯分布,它表示图像生成中的随机因素;而条件变量是一个确定性的矢量,控制最终生成的对象 $\boldsymbol{x}$。例如,对于手写数字图像的生成中,可以将数字作为条件 c 输出,从而控制最终生成的手写数字图像对应哪一个具体的数字。

图 12-14 条件 GAN 的生成器结构

相应地,对于区分器来说,其输入也包含确定性的条件变量 c 和对应的图像 $\boldsymbol{x}$ 两个部分。在条件 GAN 中,区分器的目标不仅要将真实图像 $\boldsymbol{x}$ 和伪造图像 $\tilde{\boldsymbol{x}}$ 区分开,还需要判断输入图像 $\boldsymbol{x}$ 和对应的条件 c 是否对应。目前在已有文献的条件 GAN 中,区分器的结构有两种:一种如图 12-15(a)所示,通过一个网络同时输入条件变量 c 和图像 $\boldsymbol{x}$,网络输出的分数越大,表示图像 $\boldsymbol{x}$ 越真实且和条件 c 的对应关系越强;另一种结构如图 12-15(b)所示,区分器网络包含两个部分,上面部分只判断图像的真实性,下面部分结合上面部分的结果和输入的条件 c 判断二者的对应关系。理论上讲,图 12-15(b)的结构将区分器的两个目标分离开,更为合理;然而实际中更多采用图 12-15(a)所示的结构。

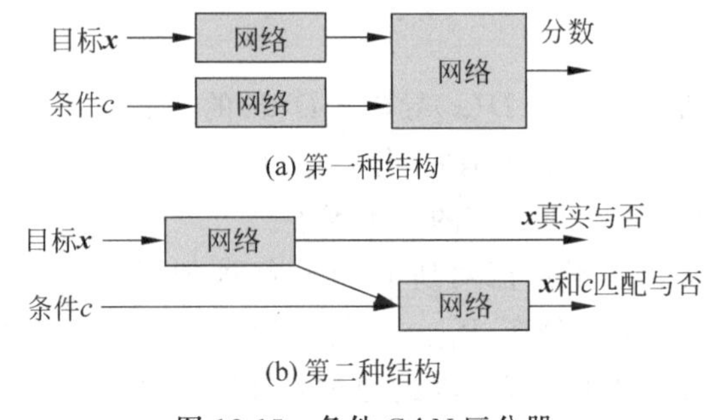

(a) 第一种结构

(b) 第二种结构

图 12-15 条件 GAN 区分器

12.5.3 CycleGAN

条件 GAN 在训练过程中需要大量的由条件和真实输出组成的成对样本,可以视为一种有监督的学习方式。然而实际很多应用场景中,这种成对样本的获取是很困难的。如在图像风格转换中,想要得到大量内容相同、风格不同的成对样本图像几乎不可能。但是可以轻易地找到大量单一风格的图像样本。因此,能否在这种情况下,采用一种类似于无监督学习的方式训练得到条件 GAN 呢? 这就是 CycleGAN[8] 所要解决的问题,本质是一种无监督的条件 GAN。

假设输入一种风格为 X 的图像,想要训练一个条件生成器网络将其转换为风格为 Y 的图像。在 CycleGAN 中同时训练两个条件生成器网络: 一个是 $G_{X\to Y}$ 实现 X 到 Y 的转换; 另一个是 $G_{Y\to X}$ 实现 Y 到 X 的转换,如图 12-16 所示。对一个属于风格 X 的样本 $\boldsymbol{x}$,首先通过 $G_{X\to Y}$ 将其转换为对应风格 X 的图像 $\boldsymbol{y}$,然后再通过 $G_{Y\to X}$ 得到恢复的风格 X 的样本$\tilde{\boldsymbol{x}}$。如果两个条件生成器网络足够好,则这一过程中将有两个关键的要求: 一是图像 $\boldsymbol{y}$ 应该是真实风格 Y 的图像; 二是恢复的样本$\tilde{\boldsymbol{x}}$ 应该与真实输入的样本 $\boldsymbol{x}$ 几乎一样。前一个要求可以通过像原始 GAN 一样构建一个鉴别图像风格 Y 真实性的区分器 D_Y 来保证,后一个要求可以用类似于自编码器的重建误差最小来保证。这两个目标通过某种权重合起来就称为回环一致性。同样地,这种回环一致性的要求对于风格 Y 的真实样本也应该满足。上述计算回环一致性的过程如图 12-16 所示,图中有两个生成器 $G_{X\to Y}$ 和 $G_{Y\to X}$,也有两个鉴别器 D_X 和 D_Y。

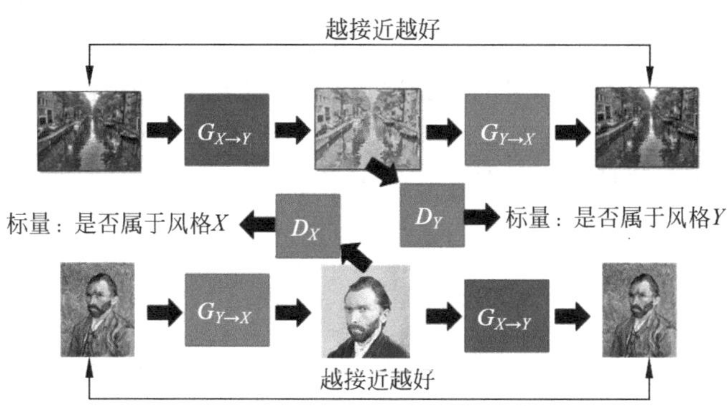

图 12-16　CycleGAN 中回环一致性计算示意图

12.5.4 InfoGAN

条件 GAN 和 CycleGAN 均是为了实现条件生成器,其条件是外部预先定义的、具有明确的物理意义。能否可以从训练数据本身出发,完全无监督地自动发现这些有意义的、具有可解释性的“条件”呢? 这就是 InfoGAN[9] 所要实现的目标。它也是将生成器 G

的输入分为随机噪声部分 $\boldsymbol{z}$ 和可解释性的部分 c，其训练目标为

$$\min_G \max_D V_I(D,G) = V(D,G) - \lambda I(c; G(\boldsymbol{z},c)) \tag{12.21}$$

式中：$V(D,G)$是原始 GAN 的目标函数；$I(c; G(\boldsymbol{z},c))$为条件 c 和生成器 G 输出之间的互信息，其物理含义是对生成器而言其输出应含有尽可能多的条件 c 的信息，即 $I(c; G(\boldsymbol{z},c))$越大越好；$\lambda$ 为权重因子。

然而，实际中由于后验概率 $p(c|\boldsymbol{x})$难以直接计算，导致互信息 $I(c; G(\boldsymbol{z},c))$无法计算。一种可行的方法是采一个网络对其进行近似，这样得到如图 12-17 的具体实现。

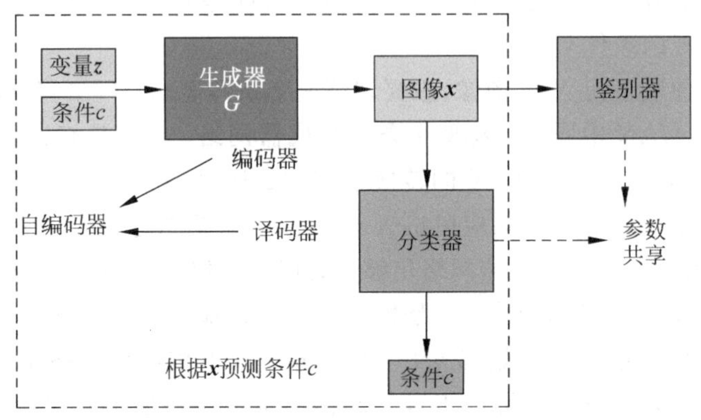

图 12-17 InfoGAN 的一种具体实现

图 12-17 中，除了 GAN 对应的生成器网络和区分器网络外，还构建了一个分类器网络，该网络输入生成器生成的样本 $\boldsymbol{x}$，输出条件 c 的后验概率。这里的内在逻辑在于：如果 $\boldsymbol{x}$ 是由条件 c 决定的，则由 $\boldsymbol{x}$ 应该可以很好地恢复出条件 c。如果将生成器视为一种编码器，分类器网络视为一种解码器，那么二者组合起来就构成了一种自编码器。在实现中，将区分器网络和分类器网络的参数进行共享，二者仅在最后一层不同，前面几层完全相同。InfoGAN 网络的对抗训练过程中，在训练生成器网络时，除了要“迷惑”区分器网络，还应让分类器网络输出正确条件 c 的概率尽量大。

12.5.5 BiGAN

与 InfoGAN 类似，BiGAN[10-11]是另外一种具有“分离式特征提取”功能的 GAN 网络，可以通过无监督的方式从数据中提取有意义的信息，可以作为一种特征提取的网络。BiGAN 中也可以视为一种结合了自编码器和 GAN 的一种网络，其中包含编码器网络(本质上就是 GAN 中的生成器网络)、解码器网络和区分器网络，如图 12-18 所示。

图 12-18 中，编码器输入一幅图像 $\boldsymbol{x}$，生成其对应的编码 $\boldsymbol{z}$；解码器输入某个编码 $\boldsymbol{z}$，输出图像 $\boldsymbol{x}$。然而，与自编码器不同，在 BiGAN 中并没有将编码器的输出连接到解码器的输入，也不考虑“重建误差”，而是通过区分器来判断输入的成对数据$(\boldsymbol{x},\boldsymbol{z})$是来自编码器还是解码器。其内在原理：如果编码器和解码器都做得足够好，其对应的成对数据$(\boldsymbol{x},\boldsymbol{z})$的概率分布应该是完全一样的；借助 GAN 中对抗学习的思想，区分器会将编码器

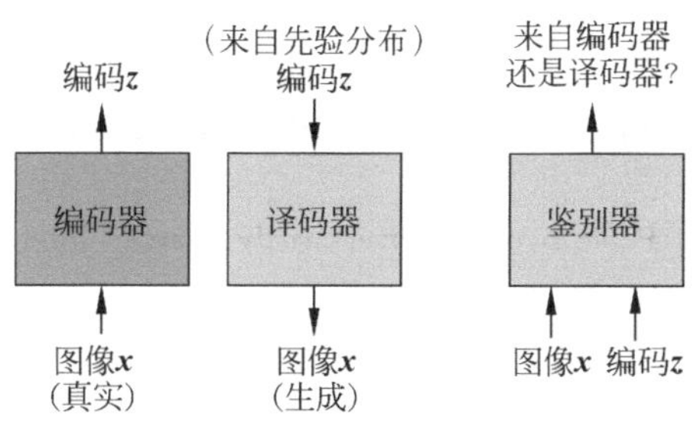

图 12-18 BiGAN 的组成

和解码器的数据分开，而编码器和解码器会尽量向生成相同分布数据的目标调整参数，最终二者将达成一致。

12.6 本章小结

本章介绍无监督学习、生成模型与生成对抗网络的关系，深入介绍 GAN 的一般原理，推导其训练目标函数的物理意义，并给出具体工程实践的算法。原始的 GAN 在训练过程中容易出现训练不稳定、模式崩塌等问题，本章详细分析这两个主要问题的根源，给出工程上的解决思路。最后还给出几种实用化的 GAN 的变体。总之，生成对抗网络是一种重要的生成模型，由于其可以通过间接方式生成几乎以假乱真的伪造数据，因而有着广泛的应用前景，近年来成为深度学习领域的研究热点，并在图像、文本、语音等智能处理方面得到很好应用。

参考文献

[1] Goodfellow I，Pouget-Abadie J，Mirza M，et al. Generative Adversarial Nets[C]. In：Proceedings of International Conference on Neural Information Processing System (NIPS)，2014：2672-2680.

[2] 王坤峰，苟超，段艳杰，等. 生成对抗网络 GAN 的研究进展与展望[J]. 自动化学报，2017，43(3)：321-332.

[3] Arjovsky M，Chintala S，Bottou L. Wasserstein Generative Adversarial Networks [C]. In：Proceedings of International Conference on Machine Learning (ICML)，2017：214-223.

[4] Metz L，Poole B，Pfau D，et al. Unrolled Generative Adversarial Networks[J]. arXiv preprint arXiv：1611.02163，2016.

[5] Gulrajani I，Ahmed F，Arjovsky M，et al. Improved Training of Wasserstein GANs[J]. arXiv preprint arxiv：1704.00028，2017.

[6] Mirza M，Osindero S. Conditional Generative Adversarial Nets[J]. arXiv preprint arxiv：1411.1784，2014.

[7] Reed S，Akata Z，Yan X，et al. Generative Adversarial Text to Image Synthesis[J]. arXiv preprint arxiv：1605.05396，2016.

[8] Zhu J Y，Park T，Isola P，et al. Unpaired Image-to-Image Translation using Cycle-Consistent Adversarial Networks[J]. arXiv preprint arxiv：1703.10593，2017.

[9] Chen X,Duan Y, Houthooft R, et al. InfoGAN: Interpretable Representation Learning by Information Maximizing Generative Adversarial Nets[J]. arXiv preprint arxiv: 1606.03657,2016.

[10] Donahue J, Krähenbühl P, Darrell T. Adversarial Feature Learning[J]. arXiv preprint arxiv: 1605.09782,2016.

[11] Dumoulin V,Belghazi I,Poole B,et al. Adversarially Learned Inference[J]. arXiv preprint arxiv: 1606.00704,2016.

第13章 深度强化学习

强化学习[1]是最接近于人类和动物的、最自然的一种学习方式。人类在学习某项技能时，会进行不断的尝试，在不断的试错过程中吸取失败的教训，积累成功的经验，最终达到掌握某项技能的目标；在马戏表演中，驯兽师以动物喜爱的食物为奖励，引导动物在不断尝试中，做到驯兽师所要求的特定动作。

强化学习利用智能体来模拟人和动物的上述行为，在智能体与环境的不断互动过程中进行学习。与有监督学习不同，在强化学习过程中，智能体没有明确的指导信号，而是以最大化某种奖励函数为目标进行自主学习。

在2017年度的《麻省理工科技评论》给出的全球十大突破性技术榜单中，强化学习高居榜首，表明了强化学习技术的重要性，其落地应用将给人类生活和生产带来重要影响。在著名的围棋机器人AlphaGo中，使用的关键技术就是强化学习，特别是深度强化学习。在2016年AlphaGo的第一个版本"AlphaGo-Li"中，采用"有监督学习＋强化学习"的两阶段学习方式。第一阶段，利用大量的人类棋谱进行学习得到初始的AlphaGo；在第二阶段，让不同版本的AlphaGo进行对弈，自动寻找最优下棋策略。由于人类棋谱给出了在不同盘面下的最佳落子方案，即给出了不同的输入（盘面）下的最佳输出（落子方案），因此第一阶段的学习是一种有监督学习方法，可以利用深度学习方法得到一个具有人类经验的AlphaGo。然而，这一阶段的学习是以人类为教师，学习得到的AlphaGo永远也无法超越人类的水平。因此，第二阶段的强化学习才是AlphaGo打败人类棋手的关键，在自我对弈过程中，通过不断地随机试错，AlphaGo有机会找到不同于人类的、更高效的下棋方式，通过不断积累新的经验，最终超越人类棋手。

这一点在后续的AlphaGo版本中进一步得到了印证。2017年5月，AlphaGo-Master以3比0的总比分战胜世界排名第一的柯洁，它已弱化了人类棋谱的作用，主要依赖于自我博弈进行学习。2017年10月发布的AlphaGo-Zero完全抛弃了人类棋谱，直接从零开始进行自我博弈，经过40天的自我训练，打败了AlphaGo-Master。2018年12月发布的AlphaZero中完全通过自我对弈，同时掌握国际象棋、日本将棋和围棋。

本章内容安排如下：13.1节介绍强化学习的基本概念和原理；13.2节介绍强化学习的数学模型、常用的求解框架及算法分类；13.3节介绍基于值函数的深度强化学习算法；13.4节介绍基于策略函数的深度强化学习方法；13.5节介绍基于Actor-Critic的深度强化学习算法；13.6节给出本章小结。

13.1 强化学习基本概念与原理

强化学习的基本过程如图13-1所示。在某一个时刻t，智能体观测到环境状态s_t，采取某一个动作a_t，这一动作将作用于环境，从而导致在下一时刻$t+1$，环境状态转换为s_{t+1}；同时，环境还会反馈给智能体一定的收益r_{t+1}，智能体根据新的环境状态s_{t+1}，按某种策略选择一个新的动作a_{t+1}。上述过程不断重复，直至到达某一个终止状态s_T。强化学习的目标就是寻找一个最佳策略，使得智能体的积累总收益达到最大。

例如，在AlphaGo中，智能体就是AlphaGo围棋机器人，环境则包含围棋盘面、规则及对手，状态就是当前的盘面，动作就是在某一个空白位置下一个棋子。在当前局没有结束前，奖励都为 0；在当前局结束时，若 AlphaGo 赢得此局则奖励为 1，若输掉此局则奖励为 −1，若是平局则奖励为 0。

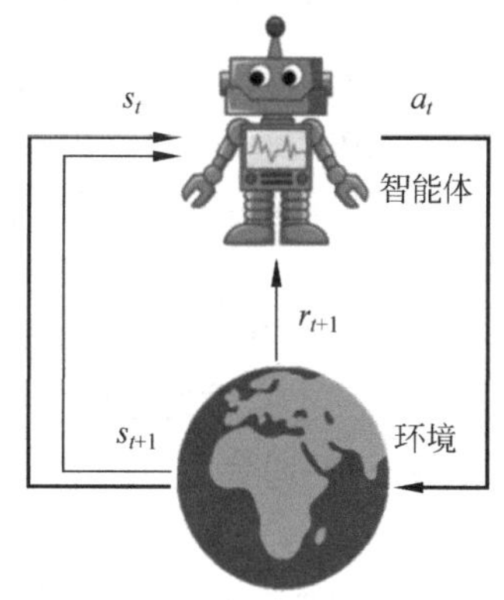

图 13-1 强化学习示意图

从上述过程中不难发现，与有监督学习相比，强化学习具有以下特点：

(1) 依靠奖励信号进行学习，没有明确指导。在强化学习过程中观测到某一状态时，最佳的动作是未知的，也就是说在学习过程中是没有"正确动作"提供明确指导。智能体仅依靠奖励信号、以最大化总奖励为目标进行自主学习。因此，在强化学习中，如何设计和选择奖励信号是成功的关键。

(2) 动作对总收益的影响是有延时的。在强化学习中，智能体关注的是长期收益而非短期收益，而某一时刻动作的影响可以持续多个时间步，奖励信号本身只能反映短期收益，不能反映当前动作的长期效应。在棋类游戏中，某一个时刻的落子可能会影响后续的整个棋局，某些时候智能体甚至可能会通过牺牲短期利益来换取长期收益，如智能体可能通过"设局"来引诱对手落入圈套，从而在后续的时间步获取更大的收益。

(3) 序列决策过程，观测样本非独立同分布。在强化学习中，由于其序列决策的特点，当前时刻的观测与下一时刻的观测具有很强的相关性，因此相邻几个时间步的观测数据是非独立同分布的，这一点与一般的机器学习方法有很大的差异。在统计机器学习的基本假设中，不论是训练样本还是测试样本之间都必须是独立同分布的，否则学习的可行性无法保证。因此，在强化学习中，针对其序列决策的特点，往往需要一些特别设计的采样算法，使得同一个 minibatch 的训练数据尽可能独立。

13.2 强化学习的数学模型、求解框架及分类

本节首先介绍强化学习的数学模型——马尔可夫决策过程（Markov Decision Process，MDP），给出值函数、策略函数的定义；然后给出强化学习问题的两种求解框架——值迭代及策略迭代；最后给出强化学习算法的分类。

13.2.1 马尔可夫决策过程

一个马尔可夫决策过程由五元组$\langle \mathcal{S}, \mathcal{A}, P, R, \gamma \rangle$构成，其中，$\mathcal{S}$为状态集合，$\mathcal{A}$为动作集合，$P$ 为状态转移矩阵，R 为奖励函数，γ 为折扣因子(满足 $0<\gamma\leqslant 1$)。

状态转移矩阵的每一个元素定义为

$$P_{ss'}^{a} = P(S_{t+1} = s' \mid S_t = s, A_t = a) \tag{13.1}$$

式中：S_t 表示 t 时刻的观测状态；A_t 表示 t 时刻智能体采取的动作；$P_{ss'}^{a}$ 表示在给定状

态 s 的条件下采取动作 a 下一时刻状态转移为 s' 的概率。由此可见，在给定动作 a 时，状态之间的转移具有马尔可夫性，即下一时刻的状态 S_{t+1} 只与当前状态 S_t 有关而与之前的状态无关。

令 R_{t+1} 表示 $t+1$ 时刻智能体观测到的奖励，则奖励函数可以定义为

$$R(s,a)=\mathbb{E}[R_{t+1} \mid S_t=s, A_t=a] \tag{13.2}$$

式中：$\mathbb{E}[\cdot]$表示求随机变量的期望。

对于一个存在终止状态的马尔可夫决策过程，从起始状态到终止状态的一次采样过程称为一个“回合”。定义回合轨迹为

$$\tau=(s_0,a_0,r_1,s_1,a_1,r_2,\cdots,s_T,r_{T+1}) \tag{13.3}$$

式中：T 为该回合持续时间长度；s_t、a_t、r_{t+1} 分别为 t 时刻的状态 S_t、动作 A_t 及收益 R_{t+1} 的具体取值。

定义从 t 时刻开始的总收益为

$$G_t=R_{t+1}+\gamma R_{t+2}+\cdots=\sum_{k=0}^{\infty}\gamma^k R_{t+k+1} \tag{13.4}$$

式中：γ 为折扣因子，$\gamma\in(0,1]$。其作用有两个方面：一方面，从数学上保证总收益 G_t 的收敛性；另一方面，实际中对于很多具体问题，由于环境的不确定性，相比于远期利益人们更关心短期利益，所以对远期收益需要打一定的折扣，时间越远（k 越大），折扣（γ^k）应该越多。

13.2.2 值函数与策略函数

对于某一个 MDP，定义智能体的策略函数为

$$\pi(a \mid s)=P(A_t=a \mid S_t=s) \tag{13.5}$$

上述策略函数给出了在观测状态 $S_t=s$ 时智能体采取不同动作的概率分布，这种策略函数称为随机策略。实际中，当 $S_t=s$ 时，若智能体采取固定的某一动作 $a=f(s)$，则称智能体的策略为确定性策略。确定性策略视为随机策略的一种特例，可以写为

$$\pi(a \mid s)=\begin{cases}1, & a=f(s)\\0, & \text{其他}\end{cases} \tag{13.6}$$

给定马尔可夫决策过程$\langle\mathcal{S},\mathcal{A},P,R,\gamma\rangle$和策略函数 π，值函数用来对不同状态的好坏（平均总收益）进行评估。常用的值函数有两种，即状态值函数和动作值函数。

1. 状态值函数

状态值函数定义为在当前状态 $S_t=s$ 之后，采取策略函数 π 所能获得的期望总收益，即

$$V_\pi(s)=\mathbb{E}_\pi[G_t \mid S_t=s] \tag{13.7}$$

状态值函数 $V_\pi(s)$给出了处于状态 s 时、采取策略函数 π 所能获得总收益的一种预期。由总收益 G_t 的定义有

$$G_t = R_{t+1} + \gamma R_{t+2} + \gamma^2 R_{t+3} + \cdots$$
$$= R_{t+1} + \gamma(R_{t+2} + \gamma R_{t+3} + \cdots)$$
$$= R_{t+1} + \gamma G_{t+1} \quad (13.8)$$

对式(13.8)左右两边取期望值，可以得到相邻两个状态之间的状态值函数满足：

$$V_\pi(s) = \mathbb{E}_\pi[R_{t+1} + \gamma V_\pi(S_{t+1}) \mid S_t = s] \quad (13.9)$$

式(13.9)所示的方程称为状态值函数的贝尔曼期望方程。

图13-2给出了连续两个状态的值函数的计算关系。在$S_t = s$(根结点)之后，动作A_t(图中实心结点)有多种选择，不同选择$A_t = a$的概率由策略函数$\pi(a|s)$决定；而下一时刻的状态$S_{t+1} = s'$(图中叶子空心结点)则由环境状态转移矩阵$P^a_{ss'}$决定。图13-2中右侧也同时给出了各结点对应的值函数之间的关系，即根结点状态的值函数为$V_\pi(s)$，采取动作$A_t = a$后结点的动作值函数为$Q(s,a)$，最后状态转移到$S_{t+1} = s'$后的值函数为$V_\pi(s')$。因此，式(13.9)右边的期望主要针对动作变量A_t和状态变量S_{t+1}进行，可以展开写为

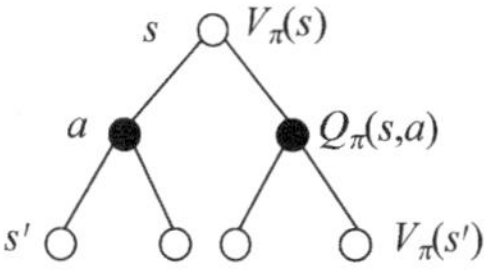

图13-2 状态值函数的计算关系

$$V_\pi(s) = \sum_{a \in \mathcal{A}} \pi(a \mid s)[R(s,a) + \gamma \sum_{s' \in S} P^a_{ss'} V_\pi(s')] \quad (13.10)$$

2. 动作值函数

动作值函数定义为在当前状态$S_t = s$时，采取动作$A_t = a$，之后采取策略函数π所能获得的期望总收益，即

$$Q_\pi(s,a) = \mathbb{E}_\pi[G_t \mid S_t = s, A_t = a] \quad (13.11)$$

动作值函数$Q_\pi(s,a)$给出了处于状态s时，采取动作a，之后采取策略函数π所能获得的总收益一种预期。由于在$S_t = s$时，根据策略函数π采取动作a的概率为$\pi(a|s)$，由式(13.7)和式(13.11)可以得到状态值函数与动作值函数之间的关系为

$$V_\pi(s) = \sum_{a \in \mathcal{A}} \pi(a \mid s) Q_\pi(s,a) \quad (13.12)$$

根据式(13.8)，同理可得相邻时刻状态、动作对的动作值函数的贝尔曼期望方程为

$$Q_\pi(s,a) = \mathbb{E}_\pi[R_{t+1} + \gamma Q(S_{t+1}, A_{t+1}) \mid S_t = s, A_t = a] \quad (13.13)$$

图13-3给出了连续两个动作的值函数的计算关系。根结点的动作值函数为$Q_\pi(s,a)$，状态转移至s'后的值函数为$V_\pi(s')$，在新的状态采取动作a'后的动作值函数为$Q_\pi(s',a')$。由图中关系不难得到，动作值函数的贝尔曼期望方程可以展开写为

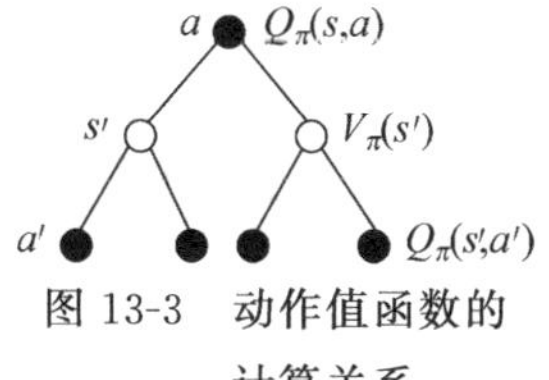

图13-3 动作值函数的计算关系

$$Q_\pi(s,a) = R(s,a) + \gamma \sum_{s' \in S} P^a_{ss'} \sum_{a' \in \mathcal{A}} \pi(a' \mid s') Q_\pi(s',a') \quad (13.14)$$

定义最佳状态值函数与最佳动作值函数分别为

$$V_*(s) = \max_\pi V_\pi(s) \quad (13.15)$$

$$Q_*(s,a) = \max_\pi Q_\pi(s,a) \quad (13.16)$$

对于任意一个 MDP,可以证明必然存在至少一个最佳策略函数 π_*,使得其所对应的值函数等于最佳值函数,即 $V_{\pi_*}(s)=V_*(s)$,$Q_{\pi_*}(s,a)=Q_*(s,a)$,注意这里最佳策略函数可能不是唯一的。

不难证明,类似于值函数的贝尔曼期望方程,对于最佳值函数存在如下方程:

$$V_*(s)=\max_{a\in A}[R(s,a)+\gamma\sum_{s'\in\mathcal{S}}P_{ss'}^{a}V_*(s')] \tag{13.17}$$

$$Q_*(s,a)=R(s,a)+\gamma\sum_{s'\in\mathcal{S}}P_{ss'}^{a}\max_{a'\in\mathcal{A}}Q_{\pi}(s',a') \tag{13.18}$$

上述方程称为最佳值函数的贝尔曼最佳方程。在已知最佳状态值函数 $V_*(s)$或动作值函数 $Q_*(s,a)$时,可分别得到一个确定性的最佳策略函数为

$$a=f_*(s)=\underset{a\in\mathcal{A}}{\arg\max}[R(s,a)+\gamma\sum_{s'\in\mathcal{S}}P_{ss'}^{a}V_*(s')] \tag{13.19}$$

$$a=f_*(s)=\underset{a\in\mathcal{A}}{\arg\max}Q_*(s,a) \tag{13.20}$$

13.2.3 策略迭代与值迭代求解框架

强化学习的目标就是通过智能体与环境的互动,寻找最佳策略函数 π_*,常用求解框架有两种,即策略迭代与值迭代。

1. 策略迭代算法

策略迭代的求解思路是,给定一个初始策略 π^0,通过一个迭代过程对其不断改进,得到一系列更好的策略 $\pi^0<\pi^1<\pi^2<\cdots$,其中 $\pi^k<\pi^{k+1}$ 表示第 $k+1$ 次迭代所得到的策略 π^{k+1} 优于第 k 次迭代所得到的策略 π^k。

在每一次迭代过程中,策略的改进过程又分为策略评估和策略改进两步。策略评估即对当前的策略 π^k 进行评估,计算其对应的动作值函数 Q_{π^k};策略改进则是基于当前的策略评估结果 Q_{π^k},对策略 π^k 进行改进,得到新的策略 π^{k+1}。

1) 策略评估

给定当前策略,策略评估利用该策略与环境进行互动获取观测数据,进而评估在该策略下,面对每一个状态、采取不同动作的好坏,具体来说就是计算状态值函数或动作值函数。通常采用迭代的方法进行计算,即给定值函数的初值,在与环境互动的过程中不断对其进行更新,最终使其收敛至正确的值函数。

常用的策略评估方法有两种:一是蒙特卡洛(Monte-Carlo,MC)算法;二是时间差分(Time-Difference,TD)算法。

蒙特卡洛算法是一种基于采样的算法,利用当前策略与环境进行互动,获得 N 个回合的状态-动作轨迹 $\{\tau^n=(s_0^n,a_0^n,r_1^n,s_1^n,a_1^n,\cdots,s_{T^n}^n,r_{T^n+1}^n)\}_{n=1}^{N}$,其中 T^n 表示第 n 个回合的时长。在每个回合结束,计算每个状态-动作对(s_t^n,a_t^n)的总收益 G_t^n,进而更新当前策略的动作值函数如下:

$$Q(s_t^n,a_t^n)\leftarrow Q(s_t^n,a_t^n)+\alpha(G_t^n-Q(s_t^n,a_t^n)) \tag{13.21}$$

式中：α 为更新的步长，$\alpha>0$。

蒙特卡洛算法在每个回合结束才能更新值函数，其更新的效率较低，且对于没有终止状态的马尔可夫决策过程无法计算。相比之下，时间差分算法则利用了状态的马尔可夫性，利用后续状态的当前值函数估计来更新前续状态的值函数，无须等到回合结束，即可实现值函数的单步更新。

常用的时间差分算法是 TD(0)算法，在 t 时刻观测到数据$(s_t, a_t, r_{t+1}, s_{t+1}, a_{t+1})$后，更动作值函数如下：

$$Q(s_t, a_t) \leftarrow Q(s_t, a_t) + \alpha(r_{t+1} + \gamma Q(s_{t+1}, a_{t+1}) - Q(s_t, a_t)) \tag{13.22}$$

对比式(13.21)和式(13.22)可知，$r_{t+1}+\gamma Q(s_{t+1}, a_{t+1})$等价于利用下一步状态-动作总收益的估计值 $Q(s_{t+1}, a_{t+1})$来对当前状态-动作对(s_t, a_t)总收益 G_t 进行估计，在强化学习文献[1]中通常将其称为时间差分目标。

2) 策略改进

在计算得到当前策略 π 的动作值函数 Q_π 后，就可以对其进行改进以得到更好的策略 π'。常用的改进方法是采用贪婪策略，即对状态 s，根据当前的动作值函数 Q_π 选择最佳的动作如下：

$$a = f(s) = \underset{a \in \mathcal{A}}{\operatorname{argmax}} Q_\pi(s, a) \tag{13.23}$$

上述方法得到的改进后的策略是一种确定性策略，它是根据当前的策略评估信息(Q 函数)所得到的最佳策略。然而，用这种贪婪策略取代当前策略进行策略更新不是最佳的。这就涉及强化学习中著名的“探索”与“利用”的平衡问题。

由式(13.23)所得到的确定性策略是对过去信息的一种“利用”，它是基于当前获取的关于环境的信息得到的结果；然而，如果后续只是利用这一结果，而不去尝试“探索”新的可能性，则智能体可能永远无法找到最佳的策略。以人们日常生活中的“找餐馆”为例：假如我们到了某一个城市，想要尽量每次都吃到美味的饭菜，如果在此之前已经尝试了 10 家不同的饭店，那么在下一次应该去已经尝试过的饭店中最好的那一个，还是选择一个新的饭店呢？如果始终根据以往的经验，去曾经去过的最好的饭店(只“利用”)，就丧失了机会去那 10 家饭店之外更好的饭店；如果始终选择一家新的饭店(只“探索”)，就可能吃到一家比过去 10 家饭店还要差的饭店。因此，任何一种固定的选择都是不完美的，最佳的方案或许是在下一次吃饭前抛一下硬币，如果出现正面，就选择“利用”过去的经验；否则，随机“探索”一家新的饭店。

回到前面的策略改进问题，单纯的贪婪策略仅仅只是“利用”了历史信息，更好的策略应该是包含一定的探索可能性的随机策略。实际中常用一种改进的贪婪策略，即“ε 贪婪”策略，它以概率 $1-\varepsilon$ 选择贪婪策略给出的最佳动作，以概率 ε 随机选择任意动作。其策略函数定义如下：

$$\pi'(a \mid s) = \varepsilon\text{-greedy}(Q_\pi) = \begin{cases} 1 - \varepsilon + \dfrac{\varepsilon}{|\mathcal{A}|}, & a = \underset{a \in \mathcal{A}}{\operatorname{argmax}} Q_\pi(s, a) \\ \dfrac{\varepsilon}{|\mathcal{A}|}, & \text{其他} \end{cases} \tag{13.24}$$

式中：$|\mathcal{A}|$为动作集合$\mathcal{A}$中所有可能动作的个数；ε 为正实数。

完整的基于策略迭代的强化学习总体框架如算法 13-1 所示。

算法 13-1　基于策略迭代的强化学习框架

1　初始化策略 π^0，令 $k=0$；

2　（策略评估）利用当前策略 π^k 与环境进行互动，采用蒙特卡洛(MC)算法或时间差分(TD)算法对当前策略 π^k 进行评估，得到对应的动作值函数 Q_{π^k}；

3　（策略改进）采用 ε 贪婪策略对当前策略进行更新：

$$\pi^{k+1}=\varepsilon\text{-greedy}(Q_{\pi^k});$$

4　令 $k=k+1$，返回步骤 2。

2. 值迭代求解算法

求解最佳策略函数的另一种框架是"值迭代"。与"策略迭代"不同，在"值迭代"过程中，没有显式的策略函数，而是直接从一个初始值函数 Q^0 出发，利用某种策略函数（如 ε 贪婪策略）与环境进行互动，根据互动过程中的观测数据和贝尔曼最佳方程（式(13.18)）对值函数进行不断更新，得到一个值函数序列 $Q^1,Q^2,\cdots$，最终希望这一值函数序列收敛于最佳动作值函数 Q_*，最后利用式(13.23)得到确定性的最佳策略 π_*。

典型的值迭代算法有 SARSA 算法和 Q 学习算法。两者的主要区别：SARSA 是一种"在轨"学习算法，即用来与环境进行互动的策略与正在学习的策略是同一个策略；而 Q 学习是一种"离轨"学习算法，即用来与环境进行互动的策略与正在学习的策略是不同的策略。

1) SARSA 算法

在 SARSA 算法中，首先根据当前动作值函数 Q 对应的 ε 贪婪策略来与环境进行互动，当观测到数据 $(s_t,a_t,r_{t+1},s_{t+1},a_{t+1})$ 时，采用时间差分算法（式(13.22)）来更新动作值函数；其次根据新的动作值函数诱导的 ε 贪婪策略来与环境进行互动；最后当回合数达到某一个预先设定的数量 M 时，返回对应的 ε 贪婪策略作为最佳策略。具体过程如算法 13-2 所示。

算法 13-2　SARSA 算法

1　初始化 $Q(s,a)$，$\forall s\in\mathcal{S},a\in\mathcal{A}$；对于终止状态 s，令 $Q(s,\cdot)=0$；

2　对于接下来的 M 个回合，执行步骤 3～10：

3　　初始化状态 s 为任意起始状态；

4　　根据当前 Q 函数导出的 ε 贪婪策略选择起始动作 a；

5　　对于回合中的后续时间步，执行步骤 6～10：

6　　　执行动作 a，观测到新的环境状态 s' 和收益值 r；

7　　　根据新的状态 s' 和当前 Q 函数导出的 ε 贪婪策略选择动作 a'；

8　　　$Q(s,a)\leftarrow Q(s,a)+\alpha[r+\gamma Q(s',a')-Q(s,a)]$；

9　　　$s\leftarrow s',a\leftarrow a'$；

10　　　若 s 是非终止状态，则转至步骤 6；否则结束本回合。

2）Q 学习算法

在 Q 学习算法中，与环境进行互动的策略也是根据当前动作值函数 Q 诱导的 ε 贪婪策略，而待估计的策略却是贪婪策略。因此，在观测到数据 $(s_t, a_t, r_{t+1}, s_{t+1})$ 后，采用时间差分算法更新动作值函数时，时间差分算法的目标是利用贪婪策略估计得到的。动作值函数的更新公式为

$$Q(s_t, a_t) \leftarrow Q(s_t, a_t) + \alpha(r_{t+1} + \gamma \max_a Q(s_{t+1}, a) - Q(s_t, a_t)) \tag{13.25}$$

注意，与 SARSA 算法的 TD 更新式(13.22)不同，在 Q 学习算法中，状态 s_{t+1} 之后的总收益的估计是基于当前动作值函数诱导的贪婪策略得到的（$\max_a Q(s_{t+1}, a)$），这一贪婪策略对应动作并没有实际与环境进行交互。Q 学习算法的具体流程如算法 13-3 所示。

算法 13-3　Q 学习算法

1　初始化 $Q(s,a), \forall s \in \mathcal{S}, a \in \mathcal{A}$；对于终止状态 s，令 $Q(s, \cdot)=0$；
2　对于接下来的 M 个回合，执行步骤 3～9：
3　　初始化状态 s 为任意起始状态；
4　　对于回合中的后续时间步，执行以下操作：
5　　　根据当前 Q 函数推导出的 ε 贪婪策略选择起始动作 a；
6　　　执行动作 a，观测到新的环境状态 s' 和收益值 r；
7　　　$Q(s,a) \leftarrow Q(s,a) + \alpha[r + \gamma \max_{a'} Q(s', a') - Q(s,a)]$；
8　　　$s \leftarrow s'$；
9　　　若 s 是非终止状态，则转至步骤 5；否则结束本回合。

13.2.4　强化学习的分类

图 13-4 给出了强化学习算法的分类。首先，根据是否对环境进行建模，强化学习分为基于模型的强化学习和模型无关的强化学习。在基于模型的强化学习算法中，通常会对环境建立数学模型，包括状态转移概率及奖励函数，进而可以高效地利用贝尔曼方程进行策略评估或者最优值函数计算。而在模型无关强化学习中，假设环境模型是未知的，利用智能体与环境进行互动以隐式地获取环境信息。由于实际中，环境通常非常复杂，状态空间的维度很多甚至是不可数的，因此建立精确的环境模型非常困难，模型无关强化学习方法更为实用。

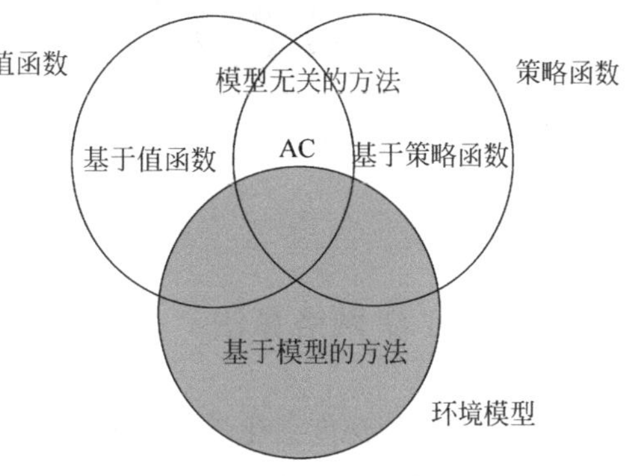

图 13-4　强化学习算法分类

另外，根据求解算法不同，强化学习

分为基于值函数的方法、基于策略函数的方法及参与者-评价者(Actor-Critic,AC)的方法三大类。基于值函数的方法采用的是值迭代的求解思路,通过对最佳值函数进行函数逼近,间接求解最佳策略;基于策略函数的方法则采用直接寻找最佳策略函数的求解思路,对策略函数建立优化目标函数,采用最优化的方法求解最优策略;而基于 AC 的方法则采用策略迭代的求解思路,将值函数与策略函数相结合,通过不断对现有策略进行评估来更高效地寻找最优策略。

基于值函数的方法起源于控制论中的最优控制理论,最终要通过最佳值函数来恢复最优策略,只能得到确定性策略;基于策略函数的方法来源于机器学习的函数优化思想,可以得到随机策略,然而其求解效率较低。将两者相结合的 AC 方法具有更稳定的求解过程、更高的求解效率,是目前强化学习中的主流算法。

强化学习中智能体通过不断试错进行自主学习,其关键在于计算值函数或策略函数。实际问题中,值函数和策略函数是非常复杂的,难以用穷举法或简单函数来表示。而深度神经网络具有高度非线性的特点,理论上可以对任意的函数进行逼近,因此深度学习与强化学习具有天然的互补性,将二者相互结合可以得到的深度强化学习算法正是 AlphaGo、AlphaStar 等智能体的核心技术。本章接下来将分别介绍基于值函数、基于策略函数和基于 AC 的深度强化学习算法。

13.3 基于值函数的深度强化学习

在基于值函数的深度强化学习算法中,利用深度神经网络对最佳动作值函数进行逼近,这一神经网络称为价值网络。

图 13-5 给出了价值网络的两种常用形式。图 13-5(a)中网络的输入是状态 s,同时输出所有动作 $a \in \mathcal{A}$的值函数 $Q_w(s,a)$,其中 w 表示网络的参数,这种网络适合于动作空间是离散且有限的情况;图 13-5(b)中网络同时输入状态 s 和动作 a,输出值函数 $Q_w(s,a)$,这种网络适合于动作空间是连续的情况。下面主要以动作空间是离散的情况为例,即采用图 13-5(a)所示的网络结构。

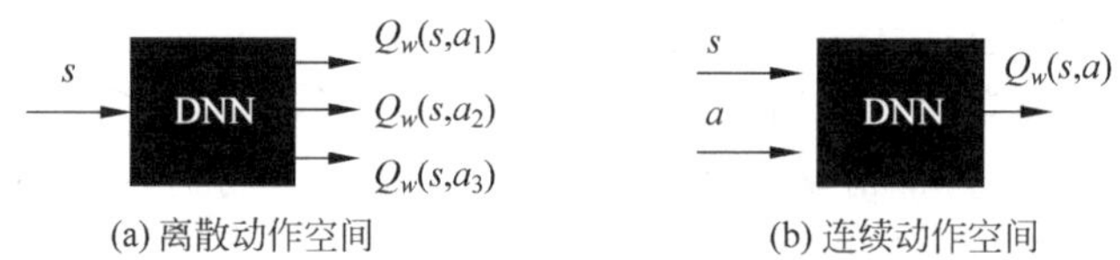

图 13-5　动作价值网络结构

13.3.1 深度 Q 网络算法

基于值函数的深度强化学习中最具代表性的算法是深度 Q 网络(Deep Q Network, DQN)[2],最早由 Mnih 等在 *Nature* 上发表。其针对的是 Atari 游戏问题,设计一个游戏智能体,像人类玩家一样通过观看视频画面来玩各种视频游戏,其价值网络(Q 网络)

结构如图 13-6 所示。

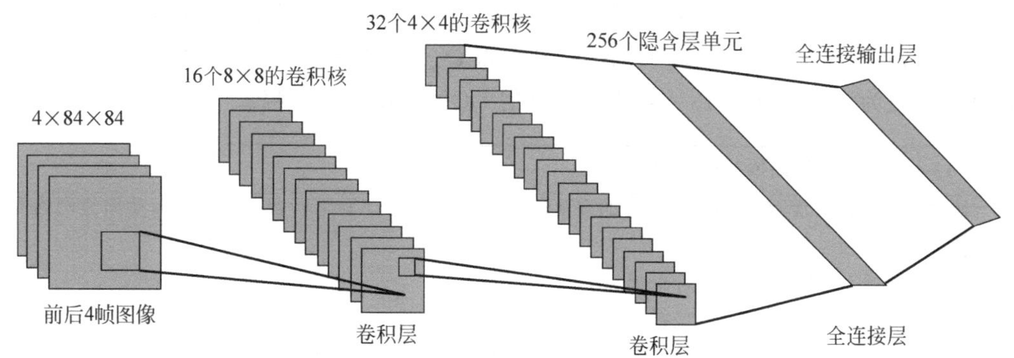

图 13-6 玩 Atari 游戏智能体的 DQN 网络结构

在图 13-6 所示网络中，输入为 4 张连续的、大小为 84×84 的视频画面，采用了两个卷积层和两个全连接层，第一个卷积层包含 16 个 8×8 卷积核，第二个卷积层包含 32 个 4×4 的卷积核，接下的全连接层包含 256 个神经元、采用 ReLU 激活函数，最终通过一个线性层得到 Q 网络的输出。

为了求解最佳 Q 函数，在观测到样本(s,a,r,s')之后，根据当前 Q 函数，下一状态 s' 之后的总收益估计为 $\max_{a'} Q_w(s',a')$，因此，可以退回一步反推状态动作对(s,a)的总收益估计：

$$Q_{\text{target}} = r + \gamma \max_{a'} Q_w(s',a') \tag{13.26}$$

可以将式(13.26)给出的 Q_{target} 视为当前状态动作对(s,a)的值函数 $Q_w(s,a)$的调整目标，构造目标函数如下：

$$l_w(s,a,r,s') = (Q_{\text{target}} - Q_w(s,a))^2 \tag{13.27}$$

对式(13.27)所示的目标函数求期望即为最终的目标函数。在深度学习中通常采用随机梯度下降训练算法，则针对一个 minibatch 的训练样本，计算目标函数如下：

$$\begin{aligned} L(w) &= \frac{1}{|\mathcal{B}|} \sum_{(s,a,r,s') \in \mathcal{B}} l_w(s,a,r,s') \\ &= \frac{1}{|\mathcal{B}|} \sum_{(s,a,r,s') \in \mathcal{B}} (r + \gamma \max_{a'} Q_{w^-}(s',a') - Q_w(s,a))^2 \end{aligned} \tag{13.28}$$

式中：$\mathcal{B}$表示一个 minibatch 的训练样本数据；$|\mathcal{B}|$表示 minibatch 的大小；w^- 表示用于计算 Q_{target} 的网络参数。

目标函数式(13.28)关于网络权重 w 的梯度可以采用反向传播算法进行计算。

实际工程实践中，为了避免由于相邻时刻样本之间的强相关性及计算 Q_{target} 的网络权重 w^- 快速变化导致的训练不稳定，DQN 采用经验回放和固定目标 Q 网络技术提高训练效果。

经验回放指的是在与环境互动过程中，当前收集到的样本(s,a,r,s')不是立即用于训练更新 Q 网络，而是将其放入一个固定大小的经验回放记忆池$\mathcal{D}$中；在更新 Q 网络时，随机从$\mathcal{D}$中采样一个 minibatch 样本计算目标函数的梯度。

固定目标 Q 网络指的是在迭代过程中，将计算 Q_{target} 的网络权重 w^- 固定若干个迭代周期后，再更新为当前的 Q 网络权重，从而得 Q_{target} 在一定时间范围内保持不变，使得训练过程更为稳定。算法 13-4 给出了完整的 DQN 网络训练流程。

算法 13-4　DQN 网络训练算法流程

1 初始化经验回放缓存$\mathcal{D}$为长度为 N 的空队列；随机初始化 Q 网络参数 w；令目标动作值网络参数 $w^-=w$；

2 对于接下来的 M 个回合，执行步骤 3～9：

3 　初始化状态 s 为任意起始状态；

4 　根据当前 Q 函数导出的 ε 贪婪策略选择起始动作 a；

5 　执行动作 a，观测到新的环境状态 s'和收益值 r，将样本(s,a,r,s')放入经验回放缓存$\mathcal{D}$中；

6 　从$\mathcal{D}$中随机采样一个 minibatch 的训练数据$\mathcal{B}$，$\forall(s_i,a_i,r_{i+1},s_{i+1})\in\mathcal{B}$，计算其目标 Q 值如下：

$$y_i=\begin{cases}r_{i+1}, & s_{i+1}\text{ 是终止状态}\\ r_{i+1}+\gamma\max\limits_{a'}Q_{w^-}(s_{i+1},a'), & s_{i+1}\text{ 是非终止状态}\end{cases}$$

7 　计算目标函数 $\sum\limits_{(s_i,a_i,r_{i+1},s_{i+1})\in\mathcal{B}}(y_i-Q_w(s_i,a_i))^2$ 关于权重 w 的梯度，执行一次梯度下降；

8 　每隔 C 步更新目标动作值网络参数 $w^-=w$；

9 　令 $s\leftarrow s'$，若 s 为结束状态，则当前回合结束，否则转至步骤 4。

13.3.2　DQN 算法的变种

原始的 DQN 算法虽然通过经验回放、固定目标 Q 网络等技术增强了学习的稳定性，但仍存在目标 Q 值估计过高、样本利用率低等问题，因此出现了很多基于 DQN 算法的变体，如双深度 Q 网络(Double DQN)、优先级经验回放、决斗深度 Q 网络(Dueling DQN)、分布式 DQN 等。

1. 双深度 Q 网络

由于原始的 DQN 算法在计算 Q_{target}(式(13.26))时，采用的是当前 Q 函数的最大值，没有考虑环境等的随机因素，因此是一种过于乐观的估计，往往估计值比实际值大得多。双深度 Q 网络[3]的基本思想是：在计算 Q_{target} 时，将用于选择后续动作的 Q 网络与计算目标值函数的 Q 网络分开，用当前的 Q 网络 Q_w 来选择动作，用目标 Q 网络 Q_{w^-} 来计算目标 Q 值。即 Q_{target} 的计算公式可写为

$$Q_{\text{target}}=r+\gamma Q_{w^-}(s',\operatorname{argmax}_{a'}Q_w(s',a'))\tag{13.29}$$

2. 优先级经验回放

在原始的 DQN 算法中，经验回放记忆池$\mathcal{D}$中的所有样本是同等对待的，并没有优劣

之分；然而记忆池的大小有限，随着智能体与环境的不断交互，新样本不断增加，就有可能使得记忆池中过去的重要样本被丢弃。而且，在很多实际问题中，重要样本的数量是相对较少的，大量样本都是低价值样本，在更新 Q 网络时，从记忆池中进行均匀采样有可能得到都是低价值样本，使得学习效率低下。

优先级经验回放 DQN 算法[4]的基本思想是：计算不同样本的重要性系数，使得重要样本在记忆池中保持较长的时间；同时以更大的概率被采样到，从而提高学习效率。

因此可以看出，该算法的关键问题是如何计算样本(s,a,r,s')的重要性系数。一种常用的方法是使用该样本对应的 DQN 学习目标 Q_{target} 与当前 Q 值的差的绝对值作为其重要性衡量指标 p，即

$$p=|r+\gamma\max_{a'}Q_{w^-}(s',a')-Q_w(s,a)| \tag{13.30}$$

对于经验回放记忆池$\mathcal{D}$中的第 i 个样本，令其重要性系数为 p_i，则根据下式给出的概率对其进行采样：

$$P(i)=\frac{p_i}{\sum_k p_k} \tag{13.31}$$

实际应用中，为了更好地控制采样概率，将式(13.31)修正如下：

$$P(i)=\frac{(p_i+\delta)^a}{\sum_k (p_k+\delta)^a} \tag{13.32}$$

式中：δ 为正常数。其引入目的是对重要性系数 p_i 进行数值修正，避免出现重要性系数过小、采样概率为零的情况。$a\in[0,1]$用于控制采样概率中优先级的作用：当 $a=0$ 时，采样算法退回到原始 DQN 采用的均匀采样；当 $a=1$ 时，完全依赖于重要性系数进行采样；当 $0<a<1$ 时，使得采样概率取二者之间折中值。

根据式(13.32)对经验池中的样本进行采样后，虽然可以提高重要样本的利用率，却使得优化目标的计算出现偏差，需要采用重要性采样方法对单个样本进行加权修正。在重要性采样中，需要对样本进行加权，其权重大小为真实概率除以采样概率；在上述优先级经验回放过程中，真实概率为 $1/N$，根据优先级采样的概率为 $P(i)$，因此实际中可采用下式计算单个样本的权重：

$$\beta_i=\left(\frac{1}{N}\cdot P(i)\right)^b \tag{13.33}$$

式中：β_i 为第 i 个样本的权重系数；N 为经验池中样本的个数；$(1/N)\cdot(1/P(i))$即为重要采样权重；$0\leqslant b\leqslant 1$，用于控制重要性采样的程度，当 $b=0$ 时，$\beta_i=1$，表示不使用重要性采样，当 $b=1$ 时，表示完全使用重要性采样，当 $0<b<1$ 时则使得重样性采样程度控制在二者之间。

3. 决斗深度 Q 网络

决斗 DQN[5]算法从网络结构设计的角度对 DQN 算法进行改进，增强其训练稳定性。其基本出发点是，对于同一个状态、不同动作的动作值函数 $Q(s,a)$，其值大小基本

相近。事实上，从动作值函数$Q(s,a)$与状态值函数$V(s)$的关系式(13.12)可知，在给定随机策略π条件下，$V(s)$就是不同动作值函数$Q(s,a)$关于π的均值。因此，在决斗DQN中将动作值函数分解为

$$Q(s,a)=V(s)+A(s,a) \tag{13.34}$$

式中：$A(s,a)$为优势函数，表示了在同一状态s下，不同动作的动作值函数相对于其平均值的优势(偏差)大小。

图13-7给出了DQN和决斗DQN网络结构的对比。由图13-7可见，与DQN不同，决斗DQN用两个子网络分别对$V(s)$和$A(s,a)$进行建模，二者共享相同的底层网络结构，最终的动作值函数的输出是二者之和。由于$V(s)$的输出是一个标量，其训练所需要的数据量比直接训练$Q(s,a)$的少得多，因此更易于训练；而以$V(s)$作为基准后，即便优势函数$A(s,a)$的估计不够准确，最终输出的$Q(s,a)$也可以得到一个相对不错的估计。

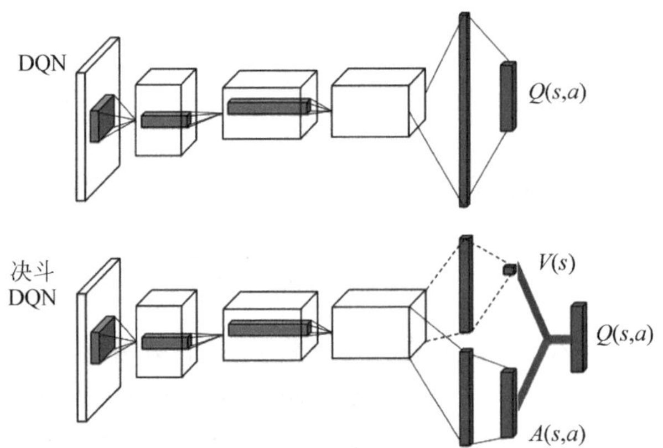

图13-7　DQN与决斗DQN的网络结构对比

尽管决斗DQN通过上述网络结构的设计可以提高训练的速度和稳定性，然而实际训练过程中，式(13.34)的分解是不唯一的，对$V(s)$和$A(s,a)$添加一个常数扰动后得到$V'(s)=V(s)+\text{const}$、$A'(s,a)=A(s,a)-\text{const}$仍满足式(13.34)，从而导致训练过程又变得不稳定。为了解决这一问题，可以对最终的网络输出的计算做如下修正：

$$Q(s,a)=V(s)+A(s,a)-\max_{a'}A(s,a') \tag{13.35}$$

经过式(13.35)的调整后，使得$\max\limits_{a}Q(s,a)=V(s)$，从而使得分解具有唯一性。

4. DQN的其他变体

除了上述方法外，DQN还有很多其他变体，如噪声DQN(Noisy DQN)[6]、分布式DQN[7]、Rainbow[8]等。其中Noisy DQN通过对网络参数增加噪声扰动来进一步提高强化学习过程中互动策略的探索随机性；分布式DQN则考虑了动作收益的不确定性，将动作值函数用一个分布来进行估计，从而能够利用更多的信息，使得动作价值的估计更为精确；Rainbow算法则将上述几种技巧综合利用，以期融合所有DQN变体的优势，得到更好的基于价值函数的深度强化学习算法。由于篇幅所限，这里不再对上述算法进行深入介绍。

13.4 基于策略函数的深度强化学习

基于策略函数的深度强化学习方法，利用深度神经网络直接对策略函数进行建模，该网络称为策略网络。其输入为状态 s，在动作空间为离散时，其输出为每一个动作 a 的概率。

下面考虑存在终止状态的强化学习问题。令某一条回合轨迹 $\tau=(s_0,a_0,r_1,s_1,a_1,r_2,\cdots,s_T,r_{T+1})$，取折扣因子 $\gamma=1$，则其总回报为

$$R(\tau)=\sum_{t=0}^{T}r_{t+1} \tag{13.36}$$

根据马尔可夫决策过程的定义，回合轨迹 τ 的概率为

$$\begin{aligned}P_\theta(\tau)&=P(s_0)\prod_{t=0}^{T-1}P(a_t\mid s_t)P(s_{t+1}\mid s_t,a_t)\\&=P(s_0)\prod_{t=0}^{T-1}\pi_\theta(a_t\mid s_t)P(s_{t+1}\mid s_t,a_t)\end{aligned} \tag{13.37}$$

式中：θ 为策略网络的权重参数。

回合轨迹的期望总回报为

$$J(\theta)=\sum_{\tau}P_\theta(\tau)R(\tau) \tag{13.38}$$

式中：$J(\theta)$为策略网络训练的目标函数。

基于策略的深度强化学习就是要寻找最优的网络权重 θ，使得 $J(\theta)$达到最大。与最小化问题类似，上述最大化问题可以采用梯度上升算法，其关键是计算 $J(\theta)$关于 θ 的梯度。

对式(13.38)求导，可得

$$\begin{aligned}\nabla_\theta J(\theta)&=\nabla_\theta\sum_{\tau}P_\theta(\tau)R(\tau)\\&=\sum_{\tau}\nabla_\theta P_\theta(\tau)R(\tau)\\&=\sum_{\tau}\frac{P_\theta(\tau)}{P_\theta(\tau)}\nabla_\theta P_\theta(\tau)R(\tau)\\&=\sum_{\tau}P_\theta(\tau)R(\tau)\frac{\nabla_\theta P_\theta(\tau)}{P_\theta(\tau)}\\&=\sum_{\tau}P_\theta(\tau)R(\tau)\nabla_\theta\log P_\theta(\tau)\\&=\mathbb{E}_\tau[R(\tau)\nabla_\theta\log P_\theta(\tau)]\end{aligned} \tag{13.39}$$

因此，计算$\nabla_\theta J(\theta)$的关键在于$\nabla_\theta\log P_\theta(\tau)$的计算。由式(13.37)可得

$$\nabla_\theta\log P_\theta(\tau)=\nabla_\theta\left[\log P(s_0)+\sum_{t=0}^{T-1}\log\pi_\theta(a_t\mid s_t)+\sum_{t=0}^{T-1}\log P(s_{t+1}\mid s_t,a_t)\right] \tag{13.40}$$

由于起始状态概率 $P(s_0)$ 与状态转移概率 $P(s_{t+1}|s_t,a_t)$ 都是由环境决定的，与策略网络参数 θ 无关，因此式(13.40)可以简化为

$$\nabla_\theta \log P_\theta(\tau)=\sum_{t=0}^{T-1}\nabla_\theta \log\pi_\theta(a_t \mid s_t) \tag{13.41}$$

将式(13.41)代入式(13.39)可得

$$\begin{aligned}\nabla_\theta J(\theta)&=\mathbb{E}_\tau[R(\tau)\ \nabla_\theta \log P_\theta(\tau)]\\&=\mathbb{E}_\tau\left[R(\tau)\sum_{t=0}^{T-1}\nabla_\theta \log\pi_\theta(a_t \mid s_t)\right]\\&=\mathbb{E}_\tau\left[\sum_{t=0}^{T-1}R(\tau)\ \nabla_\theta \log\pi_\theta(a_t \mid s_t)\right]\end{aligned} \tag{13.42}$$

式中，由于 $\pi_\theta(a_t|s_t)$ 是策略网络给定输入 s_t 的条件下的输出，因此导数 $\nabla_\theta \log\pi_\theta(a_t|s_t)$ 可以利用反向传播算法进行计算。

给定当前网络参数 θ，利用当前策略 $\pi_\theta(a_t|s_t)$ 与环境进行互动，采样得到 N 条轨迹 $\{\tau_i\}_{i=1}^N$，则式(13.42)可以近似计算为

$$\nabla_\theta J(\theta)\approx\frac{1}{N}\sum_{i=1}^{N}\sum_{t=0}^{T_i-1}R(\tau_i)\ \nabla_\theta \log\pi_\theta(a_t^i \mid s_t^i) \tag{13.43}$$

式中：T_i 为第 i 条轨迹的持续时间；s_t^i、a_t^i 分别为第 i 条轨迹 t 时刻的状态和动作。

式(13.43)表明，目标函数关于 θ 的梯度等于用轨迹总收益 $R(\tau_i)$ 对单步动作对数概率 $\nabla_\theta \log\pi_\theta(a_t^i|s_t^i)$ 进行加权求和。这里总收益 $R(\tau_i)$ 可视为一种对轨迹中每个动作的好坏的评价：若 $R(\tau_i)>0$，则每个动作对应的权重为正，采用梯度上升算法将会提高动作的概率 $P(a_t^i|s_t^i)=\pi_\theta(a_t^i|s_t^i)$，即下一次智能体遇到相同的状态 s_t^i，将会增加采取动作 a_t^i 的概率(重复以前成功的经验)；若 $R(\tau_i)<0$，则该条轨迹中每个动作对应的权重均为负值，采用梯度上升算法将会降低条件概率 $P(a_t^i|s_t^i)=\pi_\theta(a_t^i|s_t^i)$，即下一次智能体遇到相同的状态 s_t^i，将会减少采取动作 a_t^i 对应的概率(避免以前失败的经验)。

然而实际中某些问题对应的收益 $R(\tau_i)$ 始终是正的，直接采用式(13.43)会使得所有采样到的动作概率都会增加，而没有采样到的动作概率将会相对减少，因此需要对总收益引入一个基线值 b。将式(13.43)改写为

$$\nabla_\theta J(\theta)\approx\frac{1}{N}\sum_{i=1}^{N}\sum_{t=0}^{T_i-1}(R(\tau_i)-b)\ \nabla_\theta \log\pi_\theta(a_t^i \mid s_t^i) \tag{13.44}$$

式(13.44)将使得权重 $R(\tau_i)-b$ 有正有负，避免上述问题。采用式(13.44)计算策略网络权重 θ 的导数，进而利用梯度上升算法更新网络参数，这一算法称为策略梯度算法。

13.5 基于参与者-评价者的深度强化学习

在 13.2.4 节中给出了强化学习的分类，其中第三类就是基于参与者-评价者(AC)的强化学习方法，其中利用值函数来表示评价者，而利用策略函数表示参与者。显然，深度

学习也可以用于该类强化学习方法中，下面将给出两种基于 AC 的深度强化学习方法。

13.5.1 A2C 与 A3C 算法

13.4 节给出的策略梯度算法在实际应用中，由于在每次更新参数时都需要采样多条轨迹，因此学习效率较低。另外，由前面分析可知，策略梯度算法的本质是采用整条轨迹的总收益来评价轨迹中每个动作的"好坏"，这一点从直观上也是不合理的：实际中某条轨迹的总收益较高并不意味其中每一个动作都是"好"动作，而收益较低也不见得其中每一个动作都是"不好"的动作，因此需要一种更好的方法对动作进行评价。

事实上，在经典的强化学习理论中，更一般的策略函数梯度计算如下：

$$\nabla_\theta J(\theta)=\mathbb{E}_{\pi_\theta}[Q_{\pi_\theta}(s,a)\,\nabla_\theta \log\pi_\theta(a \mid s)] \tag{13.45}$$

式(13.45)表明，在特定状态 s 的条件下，动作 a 的好坏应该用其对应的动作值函数 $Q_{\pi_\theta}(s,a)$ 来进行评价。因此，将这一结论与深度学习相结合，可以同时采用两个深度神经网络分别对策略函数 $\pi_\theta(a|s)$ 和动作值网络 $Q_{\pi_\theta}(s,a)$ 进行建模，这样得到的强化学习算法称为 AC 算法。

同 13.4 节中的策略梯度算法类似，为了提高 AC 算法的稳定性，可以对每一个状态引入一个基线函数，得到的策略梯度计算：

$$\nabla_\theta J(\theta)=\mathbb{E}_{\pi_\theta}[(Q_{\pi_\theta}(s,a)-b(s))\,\nabla_\theta \log\pi_\theta(a \mid s)] \tag{13.46}$$

式中：$b(s)$ 为与状态 s 相关的函数，可以证明式(13.46)与式(13.45)是等价的[1]。

取 $b(s)$ 为状态值函数 $V(s)$，则式(13.46)可以写为

$$\nabla_\theta J(\theta)=\mathbb{E}_{\pi_\theta}[A_{\pi_\theta}(s,a)\,\nabla_\theta \log\pi_\theta(a \mid s)] \tag{13.47}$$

式中：$A_{\pi_\theta}(s,a)=Q_{\pi_\theta}(s,a)-V(s)$ 为前面定义的优势函数，这样得到的改进的 AC 算法称为优势 Actor-Critic(Advantage Actor-Critic，A2C)算法[9]。

在实际实现中，给定样本 (s,a,r,s') 和状态值函数 $V(s)$，$Q_{\pi_\theta}(s,a)$ 可以利用时间差分算法估计如下：

$$Q_{\pi_\theta}(s,a)\approx r+\gamma V(s') \tag{13.48}$$

因此，优势函数可以近似计算为

$$A_{\pi_\theta}(s,a)\approx r+\gamma V(s')-V(s) \tag{13.49}$$

利用式(13.49)，只需要两个神经网络就可以实现 A2C 算法，其中一个网络对应策略函数 $\pi(a|s)$，另一个网络对应状态值函数 $V(s)$；将策略网络和值网络的低层网络参数进行共享，可大大降低网络参数数量，则相应的网络结构如图 13-8 所示。

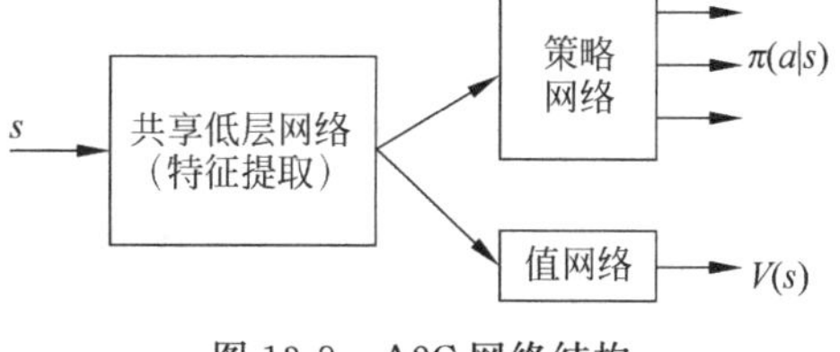

图 13-8　A2C 网络结构

为了进一步提高学习的速率，可以利用多个并行的智能体与环境进行互动，每一个智能体都拥有当前网络参数的复制，各自与环境进行互动以分别计算网络参数的导数，

将导数以异步的方式回传给一个全局共享策略进行网络参数更新，同时将更新的网络参数复制给当前的智能体，这样得到的算法称为异步优势 Actor-Critic（Asynchronous Advantage Actor-Critic，A3C）算法[9]，图 13-9 给出了具体的算法示意图。图中，各智能体独立地与各自的环境进行交互，计算策略网络参数，并将其回传给全局共享策略进行更新，之后将各自的策略更新为最新的策略。由于各智能体独立地进行梯度计算，采用异步更新的方式，即梯度的计算是基于各自的当前策略，而更新的策略则是最新的全局共享策略，因此上述算法称为异步优势 Actor-Critic 算法。

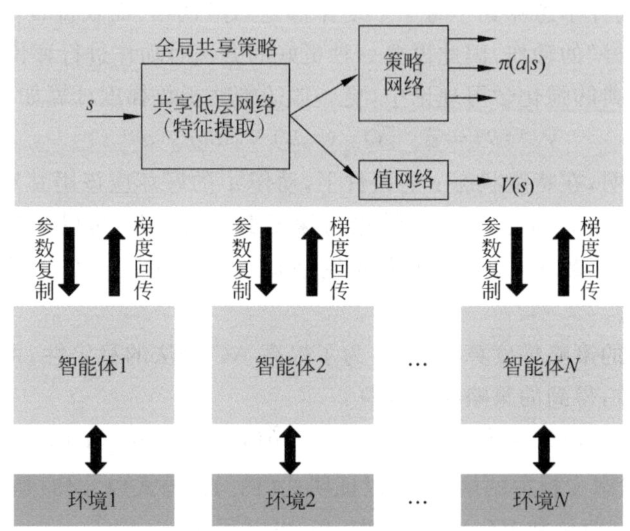

图 13-9　A3C 算法示意图

13.5.2　PPO 算法

无论是策略梯度算法还是 A2C 与 A3C 算法，都是属于在轨学习算法，即与环境互动的策略和正在学习的策略是同一个策略。正如 13.3.3 节所述，在轨学习算法无法利用过去的样本，其样本利用率较低；而离轨学习算法不要求与环境互动的策略和当前策略一致，可以利用“过去策略”的采样数据进行学习，从而重复利用过去的大量样本，学习效率更高。

事实上，利用重要性采样法可以将原始的策略梯度算法和 A2C、A3C 算法转换为离轨学习算法，从而利用经验回放等技术来提高强化学习的效率。

下面针对策略梯度算法推导如何将其转化为离轨学习算法。引入重要性采样后，轨迹 τ 的重要性采样权重为 $\frac{P_\theta(\tau)}{P_{\theta'}(\tau)}$，其中 θ 为当前正在估计的策略网络参数，θ' 为得到样本 $(s_t, a_t, r_{t+1}, s_{t+1})$ 的策略网络参数。则式(13.43)可写为

$$\nabla_\theta J(\theta) \approx \frac{1}{N}\sum_{i=1}^{N}\sum_{t=0}^{T_i-1}\frac{P_\theta(\tau_i)}{P_{\theta'}(\tau_i)}R(\tau_i)\,\nabla_\theta \log\pi_\theta(a_t^i \mid s_t^i)$$

$$=\frac{1}{N}\sum_{i=1}^{N}\sum_{t=0}^{T_i-1}\cdots\frac{\pi_\theta(a_t^i\mid s_t^i)}{\pi_{\theta'}(a_t^i\mid s_t^i)}\cdots R(\tau_i)\nabla_\theta\log\pi_\theta(a_t^i\mid s_t^i)$$

$$\approx\frac{1}{N}\sum_{i=1}^{N}\sum_{t=0}^{T_i-1}\frac{\pi_\theta(a_t^i\mid s_t^i)}{\pi_{\theta'}(a_t^i\mid s_t^i)}R(\tau_i)\nabla_\theta\log\pi_\theta(a_t^i\mid s_t^i)$$

$$=\frac{1}{N}\sum_{i=1}^{N}\sum_{t=0}^{T_i-1}\frac{\pi_\theta(a_t^i\mid s_t^i)}{\pi_{\theta'}(a_t^i\mid s_t^i)}R(\tau_i)\frac{\nabla_\theta\pi_\theta(a_t^i\mid s_t^i)}{\pi_\theta(a_t^i\mid s_t^i)}$$

$$=\frac{1}{N}\sum_{i=1}^{N}\sum_{t=0}^{T_i-1}\frac{\nabla_\theta\pi_\theta(a_t^i\mid s_t^i)}{\pi_{\theta'}(a_t^i\mid s_t^i)}R(\tau_i)\tag{13.50}$$

在上述推导中，对于每一个求和项，为了简化计算，根据式(13.37)，对每条轨迹的重要性权重进行了如下近似：

$$\frac{P_\theta(\tau_i)}{P_{\theta'}(\tau_i)}\approx\frac{\pi_\theta(a_t^i\mid s_t^i)}{\pi_{\theta'}(a_t^i\mid s_t^i)}$$

由式(13.50)可见，采用重要性采样后，等价的目标函数可以写为

$$J(\theta)=\frac{1}{N}\sum_{i=1}^{N}\sum_{t=0}^{T_i-1}\frac{\pi_\theta(a_t^i\mid s_t^i)}{\pi_{\theta'}(a_t^i\mid s_t^i)}R(\tau_i)=\frac{1}{N}\sum_{i=1}^{N}\sum_{t=0}^{T_i-1}r_\theta(a_t^i\mid s_t^i)R(\tau_i)\tag{13.51}$$

式中：$r_\theta(a_t^i|s_t^i)=\dfrac{\pi_\theta(a_t^i|s_t^i)}{\pi_{\theta'}(a_t^i|s_t^i)}$为第 i 条轨迹 t 时刻样本的重要性权重；τ_i 是由权重参数为 θ' 的策略网络与环境进行互动得到轨迹。

将式(13.51)中 $R(\tau_i)$ 替换为对应的优势函数 $A(a_t^i,s_t^i)$，则得到离轨版的 A2C 和 A3C 算法。式(13.51)关于权重参数 θ 的导数可以利用反向传播算法计算得到。

上述算法在实际使用中，若互动策略 $\pi_{\theta'}$ 与当前优化策略 π_θ 偏差过大，则会导致采样样本出现偏差，即利用互动策略 $\pi_{\theta'}$ 采样得到轨迹 τ 对应的概率 $P_\theta(\tau)$ 过小，从而导致样本无效。因此，需要要求 $\pi_{\theta'}$ 与 π_θ 尽可能接近，才能保证样本的有效性。近端策略优化(Proximal Policy Optimization，PPO)算法[10]通过约束互动策略 $\pi_{\theta'}$ 与优化策略 π_θ 的 KL 距离来满足这一要求，并将该要求与目标函数式(13.51)相结合，得到新的目标函数如下：

$$J_{\text{PPO}}(\theta)=\frac{1}{N}\sum_{i=1}^{N}\sum_{t=0}^{T_i-1}r_\theta(a_t^i\mid s_t^i)R(\tau_i)-\beta\cdot\text{KL}(\pi_\theta,\pi_{\theta'})\tag{13.52}$$

式中：$\text{KL}(\pi_\theta,\pi_{\theta'})$ 为策略函数 π_θ 与 $\pi_{\theta'}$ 的 KL 距离；β 为其权重系数，$\beta>0$。

相比于式(13.51)，式(13.52)的形式更为复杂，其存在一种高效的、基于阈值的简化实现算法，称为 PPO2 算法。其对应的目标函数为

$$J_{\text{PPO2}}(\theta)=\frac{1}{N}\sum_{i=1}^{N}\sum_{t=0}^{T_i-1}\min(r_\theta(a_t^i\mid s_t^i)R(\tau_i),\text{clip}(r_\theta(a_t^i\mid s_t^i),1-\varepsilon,1+\varepsilon)R(\tau_i))\tag{13.53}$$

式中

$$\text{clip}(r_\theta(a_t^i \mid s_t^i),1-\varepsilon,1+\varepsilon)=\begin{cases}1-\varepsilon, & r_\theta(a_t^i \mid s_t^i)<1-\varepsilon\\ r_\theta(a_t^i \mid s_t^i), & r_\theta(a_t^i \mid s_t^i)\in[1-\varepsilon,1+\varepsilon]\\ 1+\varepsilon, & r_\theta(a_t^i \mid s_t^i)>1+\varepsilon\end{cases} \tag{13.54}$$

clip 函数的作用在于将重要性权重 $r_\theta(a_t^i|s_t^i)$的大小限制在$[1-\varepsilon,1+\varepsilon]$范围内。

式(13.53)的物理含义：当 $R(\tau_i)>0$ 时，重要性权重不超过 $1+\varepsilon$，防止条件概率 $P(a_t^i|s_t^i)$增加过大；当 $R(\tau_i)<0$，重要性权重不低于 $1-\varepsilon$，防止条件概率 $P(a_t^i|s_t^i)$减小过大，从而避免策略更新过大。众多实际应用表明，PPO2 算法性能优异，是目前 DeepMind 推荐的深度强化学习首选算法。

13.6 本章小结

本章介绍强化学习的数学模型、基本原理及将其与深度学习相结合的三类典型深度强化学习算法：以 DQN 为代表的基于值函数的算法、以策略梯度为代表的基于策略函数的算法及以 A2C/A3C/PPO 为代表的基于 Actor-Critic 的深度强化学习算法。与有监督和无监督深度学习算法不同，深度强化学习算法不需要人工标注数据，而是借由环境反馈的奖励信号进行自主学习，是最接近于人和动物的、最自然的学习算法。2021 年 DeepMind 的科学家在一篇名为 *Reward is enough*[11] 的文章甚至提出，合理的奖励足以驱动自然和人工智能领域所有的智能行为，强化学习有望实现真正的"通用人工智能"(Artificial General Intelligence，AGI)。

参考文献

[1] Sutton R S，Barto A G. Reinforcement Learning：An Introduction[M]. Second Edition，MIT Press，Cambridge，MA，2018.

[2] Mnih V，Kavukcuoglu K，Silver D，et al. Human-level control through deep reinforcement learning [J]. Nature，2015，518：529-533.

[3] Hasselt H，Guez A，Silver D. Deep Reinforcement Learning with Double Q-learning [C]. In：Proceedings of Annual Meeting of American Association for Artificial Intelligence(AAAI)，2016，30(1)：2094-2100.

[4] Schaul T，Quan J，Antonoglou I，et al. Prioritized experience replay [C]. In：Proceedings of International Conference on Learning Representations(ICLR)，2016.

[5] Ziyu Wang，Tom Schaul，Matteo Hessel，et al. Dueling network architectures for deep reinforcement learning [C]. In：Proceedings of International Conference on Machine Learning (ICML)，2016，48：1995-2003.

[6] Fortunato M，Azar M G，Piot B，et al. Noisy Networks for Exploration[J]. arXiv preprint arXiv：1706.10295，2017.

[7] Bellemare M G，Dabney W，Munos R. A distributional perspective on reinforcement learning[C].

In: Proceedings of International Conference on Machine Learning(ICML),2017,70: 449-458.

[8] Hessel M,Modayil J,Hasselt H,et al. Rainbow: Combining Improvements in Deep Reinforcement Learning[J]. arXiv preprint arXiv: 1710.02298,2017.

[9] Mnih V,Badia A P,Mirza M,et al. Asynchronous Methods for Deep Reinforcement Learning[C]. In: Proceedings of International Conference on Machine Learning(ICML),2016,48: 1928-1937.

[10] Schulman J,Wolski F, Dhariwal P, et al. Proximal Policy Optimization Algorithms[J]. arxiv preprint arxiv: 1707.06347,2017.

[11] Silver D,Singh S, Precup D, et al. Reward is enough [J]. Artificial Intelligence, 2021, (299): 103535.

第14章 元学习

在引入元学习之前，不妨从人工智能发展的总体脉络来回顾技术发展轨迹。机器学习时代，基于数据驱动的统计学习方法在很多类型的问题中获得良好效益，但当问题变复杂时，其性能难以得到保证。深度学习的出现基本解决了一对一映射的问题。比如图像分类，每一张图片与其类别标签相对应，因此在2012年AlexNet深度学习网络获得了里程碑式的突破。随后各种卷积网络在此基础上层出不穷，2017年ImageNet上Top-5的错误率已经达到3%以下，深度学习算法的识别性能已经超越人类。但面对更加复杂的问题，如输入与输出序列相互影响，即序列判别问题时，单一的深度学习技术难以解决。此时强化学习出现，并与深度学习深入结合，形成深度增强学习。深度增强学习使得序列决策卓有成效，其标志性事件是2016年Google DeepMind的AlphaGo成功击败世界围棋大师李世石。在深度强化学习技术的推动下，AlphaGo的不同版本更迭，出现了能下快棋的AlphaGo-Master，实现“无师自通”的AlphaGo-Zero，以及擅长多种棋类的Alpha-Zero。但技术的发展的脚步并没有因为这些里程碑的结果而迟缓，新的问题又展现在人工智能从业者面前。深度强化学习太依赖于巨量的训练，并且需要精确的奖励，对于现实世界的很多问题，比如机器人学习，如何设定奖励的策略；此外，不具备开展无限量训练的条件时，怎样实现快速学习等。人类之所以能够快速学习，关键是人类具备学会学习的能力，能够充分利用以往的知识经验来指导新任务的学习，业界把这种学习方式称为“元学习”，它正在成为人工智能研究者新的攻克方向。

从近几年的人工智能发展态势上来讲，人工智能的应用场景正从无噪对称向复杂实战环境演化。虽然AlphaGo的成功令人欣喜，但AlphaGo的场景还是相对理想和简单的。一是AlphaGo的输入为无噪图片，条件相对理想；二是围棋的动作空间只有几百个选择，非常有限。研究发现，《星际争霸2》中采用现有深度增强学习算法DeepMind难以达到期望性能，因为《星际争霸2》的场景更加复杂，动作空间也复杂，动作空间选择呈指数级增长(按屏幕分辨率 * 鼠标加键盘的按键＝1920×1080×10约等于20000000种选择)。由此可以推断，目前深度增强学习算法很难应对过于复杂的动作空间，特别是需要真正意义的战略战术思考的问题，因此需要人工智能自己学会思考、学会推理，而这正是实现通用人工智能的核心问题。仍然以游戏为例，在如此复杂和巨量选择的情况下，人类玩家却可以进行有效决策，关键是人类通过确定的战略战术大幅度降低了选择范围，因此如何使人工智能能够学会思考，构造战术非常关键，这个问题甚至比快速学习还要困难。但是，元学习因为具备学会学习的能力，或许也可以学会思考，因此可以预见，元学习将成为学会思考这种高难度问题的潜在解决方法之一。

本章首先介绍元学习的定义、原理及系统组成；然后重点介绍三大类典型的元学习方法，一是针对初值优化的模型无关元学习方法，二是自适应梯度更新规则元学习方法，三是基于度量学习的元学习方法；最后进行本章小结。

14.1 元学习的定义及原理

当前，元学习已经成为继强化学习之后又一个重要的研究分支。人工智能的理论研究，呈现出从人工智能到机器学习，其次到深度学习，再到深度强化学习，再到元学习发展的趋势。

14.1.1 元学习的定义

元学习或者称为"学会学习"，它是要"学会如何学习"，即利用以往的知识经验来指导新任务的学习，具有学会学习的能力[1]。让机器去学习如何进行学习，就是使用一系列的任务来训练模型，模型根据在这些任务上汲取的经验，成为一个强大的学习者，能够更快地学习新任务。如图 14-1 给出了元学习示意图，即机器通过学习任务 1、任务 2 等一直到任务 n 的数据进行学习，然后能够将学习到的技巧用于解决第 $n+1$ 个任务。通常而言，训练任务和测试任务是不同的。

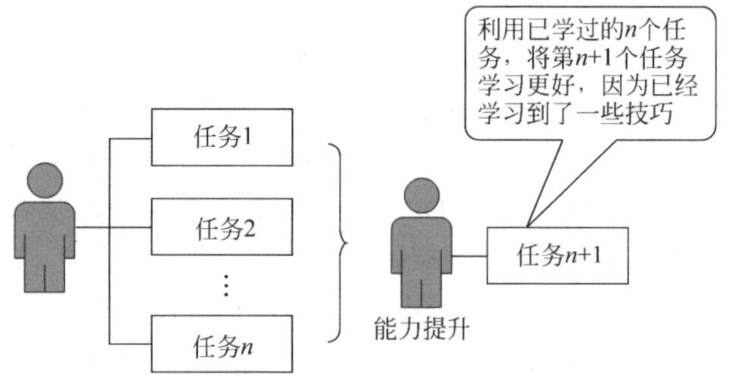

图 14-1 元学习示意图

当前的深度学习大部分情况下只能从头开始训练，使用精调整来学习新任务，效果往往也不稳定，而元学习就是研究如何让网络利用以往的知识，使得能根据新任务的调整自己。为了更加深刻理解元学习内涵，下面从本质上来描述下元学习与传统机器学习的区别。从第二章内容可知，机器学习是机器通过数据获得技巧的过程，即利用训练数据对 $D_{\text{train}}=\{\boldsymbol{x}_i,\boldsymbol{y}_i\}_{i=1}^{N}$ 来获取输入 $\boldsymbol{x}$ 和输出 $\boldsymbol{y}$ 之间的函数关系 f，然后利用 f 对未知输入进行判别的过程，如图 14-2(a)所示。也可以写成数学表达式，即

$$\boldsymbol{y}=f(\boldsymbol{x}) \tag{14.1}$$

下面从机器学习角度描述元学习。元学习本质上也是一个学习算法，元学习通过训练任务数据 D'_{train} 来获得一个函数 F，然后 F 作用于目标任务的训练数据 D_{train}，得到函数 f^*，最后利用 f^* 对目标任务的测试数据进行判别，即

$$f^*=F(D_{\text{train}}) \tag{14.2}$$

因此从本质上来讲，普通的机器学习算法是通过数据获得函数 f 的过程，而元学习是通过数据获得一个能找到函数 f 的函数 F 的能力。

同时也要注意，元学习与终身学习也有很大的差别[2]。终身学习是通过不断的学习，让机器自身的智能和技巧不断提升，能适应不同类型的任务，即一个模型适合所有的任务；而元学习侧重点不同，元学习是通过不同任务的学习，学到一种学习的能力，这种

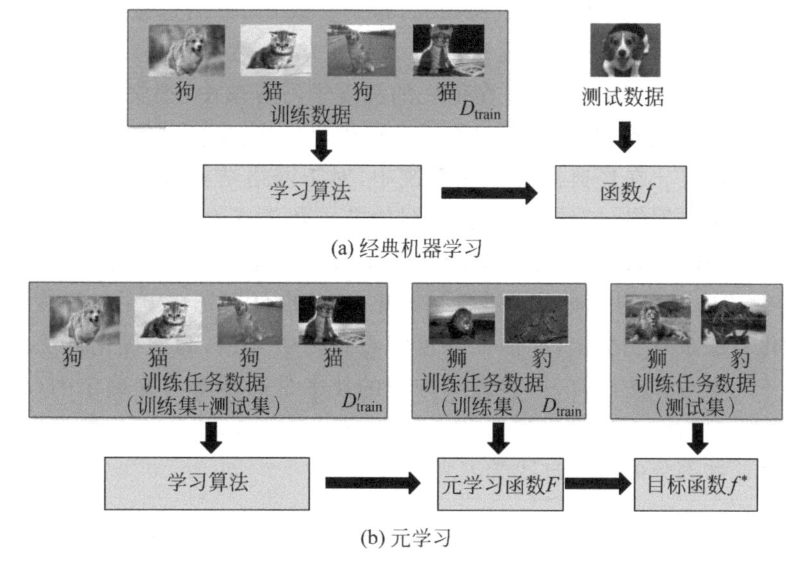

图 14-2 元学习与机器学习示意图

学习的能力使之在面临新问题时,能够获得很好的性能。

由于元学习通常遇到现实任务训练数据很少的情况,因此元学习经常和零样本学习、单样本学习、小样本学习等称谓同时出现[3-4]。零样本学习是指训练集中没有某个类别的样本,但是仍然可以通过学习得到一个映射,这个映射即使在训练的时候没看到这个类,依然能通过这个映射得到这个新类的特征。单样本学习是指训练集中,每个类别都只有一个样本。小样本学习是单样本学习的扩展,就是每个类别有少量样本(一个或几个)[5-7],经常实际应用中。单样本学习也可以扩展到少量样本,因此二者经常等同。零样本学习、单样本学习、小样本学习也可以称为零次学习、一次学习及少量学习。

14.1.2 元学习系统的组成

从第 2 章可知,深度学习系统可以泛化成一个普通的机器学习系统,包括三个部分,即设定函数集合、目标函数选择和优化算法。从这个角度而言,元学习仍然是这样一个过程,同样包括这三个部分(图 14-3),只不过每个部分的函数不再是指普通的函数 f,而是能寻找普通函数 f 的函数 F[8-9]。

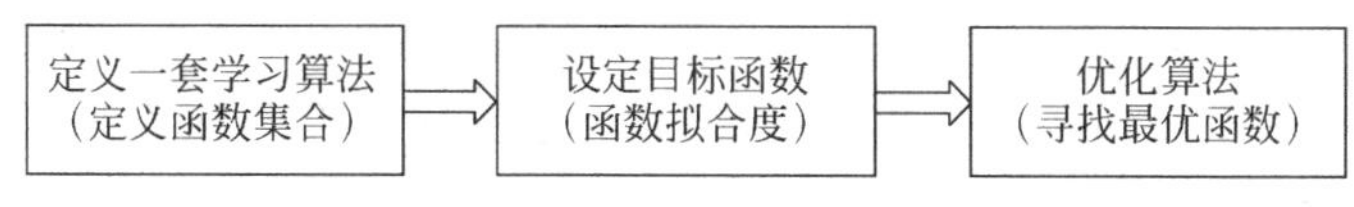

图 14-3 元学习设计的三个核心问题

1. 学习算法定义

图 14-4 给出了元学习系统中学习算法定义的流程图。与传统 DNN 算法的过程类

似，首先设定网络的结构并进行参数初始化，得到参数 θ^0，然后选定优化算法（或者说确定更新规则），如动量法、自适应梯度法或者 Adam 方法，然后根据计算相应的更新项 $\boldsymbol{g}$ 进行参数更新，得到 $\theta^1, \theta^2, \cdots, \theta^k$。在传统的深度学习算法中，通常图 14-4 中给定的虚线方框是人工进行设定的，并不是学习算法自行优化寻找，包括网络结构选择、参数初始化方法和优化算法等。在经典深度学习系统中，对于网络结构选择，采用前向全连接网络还是采用卷积神经网络、网络的层数、每层的节点数等通常需要提前设定。对于参数初始化，偏置向量通常初始化为 **0** 向量，但权重向量既不要初始化成相同的值，也不要初始化成 0，而往往采用均匀分布采样进行初始化，这些也是事先选定的。梯度更新的方法由采用的优化算法来事先决定，如前面深度学习技巧中介绍，确定优化算法则确定优化公式。但对于元学习算法而言，这些虚线方框的技术是通过学习来确定的（对其中的一项或几项进行学习），而不是事先选定的。元学习很多方法，出发点虽然不一样，但核心思想都是围绕这些部分的机器自我学习来展开。

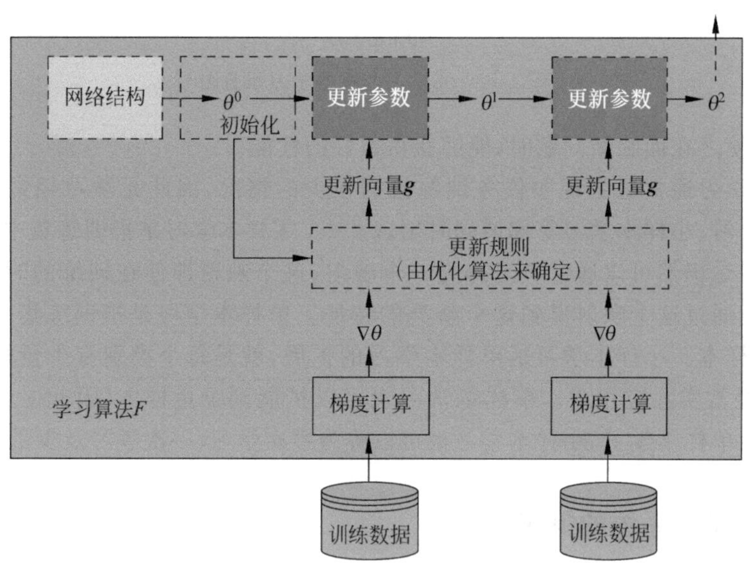

图 14-4　元学习算法定义的流程图

2. 元学习目标函数设定

从元学习定义可知，元学习就是找到一个能学习函数 f 的函数 F 的过程。衡量所找到的函数 F 的优劣需要定义目标函数。前面定义中提到，元学习的训练是围绕训练任务展开的，而且由于元学习涉及多个数据集，因此为了更加准确区分数据，在介绍目标函数之前首先对一些术语进行说明。

假设训练中涉及 N 个训练任务，包括任务 1、任务 2 一直到任务 N，其中每个任务都包括自己的训练数据和测试数据，为了更好区分传统方法的数据称谓，将元学习训练任务的训练集和测试集分别称为支持集和查询集，而对于目标的测试任务，其相应的数据分别称为训练集和测试集，如图 14-5 所示。

图 14-5　训练任务与测试任务

元学习训练目标函数为所有训练任务损失函数之和，即

$$L=\sum_{n=1}^{N} l^{n} \tag{14.3}$$

式中：l^n 为任务 n 训练后的查询误差；N 为训练任务数。

那么 l^n 的计算与传统的机器学习任务相类似，l^n 是任务 n 的累积误差，不是单个样本误差。通常而言，对于数据拟合问题，单个样本误差采用均方误差准则，对于分类问题，单个样本误差采用交叉熵准则。

3. 寻找最优函数

由于训练过程是找到最优函数，元学习需要通过算法找到最优的 F 函数 F^*，采用的准则是最小误差准则，即

$$F^{*}=\underset{F}{\operatorname{argmin}} L(F) \tag{14.4}$$

需要注意，F^* 只是能够找到适合目标任务函数的函数，还不是最终用到目标任务的目标函数。因此，对于目标任务而言，将目标任务的训练数据送给 F^*，经过适应性调整得到 f^*，然后用 f^* 完成目标测试数据的验证。其具体过程如图 14-2(b)中所示。

14.1.3　元学习的主要现状

元学习的最早文献出现在 1987 年[10]，是由施米德胡贝(J. Schmidhuber)和杰夫·

辛顿(G. Hinton)两个学者分别独立提出的。施米德胡贝[10]提出了一种新的学习理论框架来指导“如何进行学习”，该框架下的方法可采用自参照学习(Self-referential Learning，SRL)来完成学习。自参照学习是指通过接收自己的权重并预测所属权重的更新来训练神经网络。后来，施米德胡贝进一步提出模型本身可以用进化算法来学习。而辛顿等提出对每个神经网络连接使用两个权值来完成学习，第一个权重是标准的慢权重，它通过优化器更新缓慢地获取知识(称为慢知识)，第二个权重或快速权重在推理期间快速地获取知识(称为快速知识)。快速权重的职责是能够消除模糊或恢复过去学习的缓慢权重，这些权重由于优化器更新而被遗忘。这两篇论文都介绍了一些基本概念，这些概念后来逐步延伸并发展成为当代的元学习。

元学习概念提出后，很快在多个领域得到广泛拓展。班乔(Bengio)等提出了元学习生物上看似合理的学习规则[11-12]。施米德胡贝等在随后的工作中继续探索自我参照系统和元学习。特伦(Thrun)等创造了“学会学习”一词作为元学习的替代[13]，并继续探索和剖析元学习中可用的文献，以寻找一个通用的元学习定义，并且给出了初始的理论证明和实际实现细节。使用梯度下降和反向传播来训练元学习系统最早在 1991 年提出[14-15]，并且在 2001 年进行拓展[15]，在 2002 年出现了元学习的文献综述[16]。元学习最早在施魏格霍费尔(Schweighofer)等的著作中用于强化学习[17]。之后，拉罗谢勒(Larochelle)等在零起点学习中首次使用元学习。在 2012 年特伦等重新引入了现代深度神经网络时代的元学习，标志着现代元学习的开始。

从历史的角度来看，机器学习的成功之处在于难度适中模式下人工进行特征选择及其学习器设计。深度学习实现了特征和模型的联合建模，使得如图像识别、语音识别、机器翻译等领域的很多任务性能都得到巨大提升。可以将神经网络中的元学习视为旨在迈出了集成联合特征、模型和算法学习的后续一步。神经网络元学习有着悠久的历史，然而，其作为推动当代深度学习行业前沿的潜在强大驱动力，导致了近期研究的爆炸式增长。业界期望通过元学习来解决当代深度学习中的许多瓶颈问题。下面从四个方面来总结元学习的发展现状。

1. *深度学习基础要素元学习方法*

通常一个深度学习网络通过四部分来构建：一是确定网络的结构，选择网络的层数、每层的节点数目或者是卷积核的个数；二是确定网络的目标函数，用于衡量网络性能的优劣；三是选择初始模型参数，通过一些实际技巧来确定模型参数的初值；四是选择优化算法，比如随机梯度下降法、自适应梯度法、动量法或自适应动量法等。在传统的深度学习网络中，这四个部分通常都是根据先验知识进行人工设定，而后在已经设定的范围内进行优化，获得最优的网络参数。但由于这些条件的限定，在实际应用中往往获得的网络与最终应用场景目标最优网络还有很大差距。而元学习中最核心的一类算法就是深度学习要素元学习方法，即通过元学习自动获取上述四方面信息，即网络构架选择元学习、网络目标函数元学习、参数初始化元学习和自适应梯度优化规则元学习四种。这种类型的元学习包括外层优化和内层优化两个部分，外层元学习器利用多任务分布对深度神经网络上述的基础要素进行优化，而内部的普通学习机在这些元学习要素基础上再进行普通的优化，获得当前配置条件下最好的参数。

在网络构架选择元学习方面，在神经网络结构的自动获取搜索是深度学习基础要素元学习方法的重要方面[18-20]。通常，外部元学习通过优化验证集上的性能来获得好的网络结构，内部普通学习器通过优化指定网络结构上的性能来获得最优参数。深度学习架构自动选择与搜索通常从搜索空间、搜索策略和性能评估策略等角度来研究，即对应着元学习假设空间、元学习优化策略和元学习目标函数，因此网络架构元学习方法总体而言是一个相对完整的领域。早期，研究人员探索利用进化算法来学习 LSTM 单元的拓扑[23]，随后利用强化学习来获得更优的 CNN 架构描述[20]，其次采用进化算法[19-22]来尝试学习架构中的块结构，这些架构被建模为图形，可以通过编辑它们的图形来进行改变。网络架构搜索是一个非常具有挑战的研究方向，主要原因有两点：一是全面评估内环通常非常昂贵，因为它需要训练多样本神经网络才能完成。这导致了近似情况，诸如对训练集进行次采样、内部环路提前终止，以及在线元学习模型参数 ω 和任务模型参数 θ 的交错下降。二是搜索空间难以界定和优化。这是因为大多数搜索空间都很宽，并且结构空间是不可微的。这导致了对很多因素的依赖性，如执行单元级搜索[18,20]、限制搜索空间，强化学习[20]、进化算法[19,22]等。

在网络目标函数元学习方面，与优化设计的元学习方法类似，这些方法旨在学习基本模型的内部任务损失$\mathcal{L}_{\omega}^{\text{task}}(\cdot)$。传统损失函数根据不同的建模问题，可以采用交叉熵或者最小均方误差等，而损失函数的元学习意味着不用采用固定的模式，而是通过网络来自动学习损失。损失函数元学习方法通常定义一个小的神经网络，该网络输入通常是损失相关量(如预测、特征或模型参数)，并输出一个标量作为内部(任务)优化器的损失。这有潜在的好处，例如比常用的损失更容易优化的学习损失，导致更快的学习和泛化能力的提升[24]，或获得更优的极小值，优化的极小值可以对域偏移具有更稳健的学习建模[27]。此外，还使用损失学习方法来元学习从未标记的样本[28]，或者对真实不可微任务损失(如精确召回曲线下的区域)将任务损失函数$\mathcal{L}_{\omega}^{\text{task}}(\cdot)$作为其可微逼近进行学习[29-30]。损失函数学习也可以扩展到自监督学习或辅助任务学习中。在这些问题中，无监督预测任务是以多任务的方式与主任务一起定义和优化，但目的是改进支持主任务的表示。在这种情况下，使用的最佳辅助任务及其损失很难预先预测，因此元学习可以根据它们对主任务学习性能提升影响的角度，在几个辅助损失中进行选择。即此时元学习任务 ω 是每个辅助任务的权重[31]。更一般地，人们可以元学习辅助任务生成器，该生成器使用辅助标签为要预测的主多任务模型进行样本标注[32]。

在参数初始化元学习方面，将元学习内容 ω 对应于神经网络的初始参数。由于这种方法与神经网络的模型参数无关，因此称为模型无关的元学习(Mode-Agnostic Meta-Learning，MAML)。在 MAML 中，也分成外层元学习优化和内部普通学习器优化。外部元学习优化器采用元训练集对模型的初始条件进行优化，而内部优化器采用任务训练数据对模型进一步优化。由于在整个学习进程中所使用的数据具有独立性，因此具有更好的泛化性能，即一个好的初始化离从任务分布 $p(\mathcal{T})$得到的任一任务$\mathcal{T}$的解只有几个梯度步骤。这些方法广泛应用于小样本学习，在给定这样一个精心选择的初始条件的情况下，目标问题可以在不使用过多示例的情况下学习。与其他元学习算法相比，MAML在设计结构上体现出更好的通用性和潜力，在多个数据集之间切换成本低，因此使得MAML很容易扩展到多个领域。关于MAML的改进很多，主要表现在两个方面：一是合并特定于任务的信息进行初始化。由于MAML为所有任务提供相同的初始化，但忽略了任务特有信息，故对于任务集都非常相似的场合比较适用。为了解决这个问题，文献[33]试图从好的初始化参数的子集中进行选择优化，为新任务提供更好的初值化参数值。二是分离参数子集进行元学习优化。由于外部优化需要求解与内部优化一样多的参数，例如在大型CNN中可能有数亿个参数，对所有参数进行初始化元学习量级太大，不便于优化，因此可以分离一个参数子集进行元学习。例如，按子空间、按层或通过分离比例和移位等[34-35]。三是对元学习中的初始化参数的不确定性建模。学习一些样本不可避免地会导致模型具有更高的不确定性[36]。因此，学习的模型可能无法以高置信度对新任务进行预测，测量这种不确定性的能力为主动学习和后续数据收集提供了指导信息[36]，不确定性的建模研究包括初始化参数 θ_0 元学习的不确定性[36-37]、任务特定的不确定性[38-39]以及任务特定类参数 $\phi_{s,n}$ 的不确定性。四是改进内部优化过程程序。通过几个梯度下降步骤进行细化或许不可靠，正则化可用于校正下降方向。模型回归网络用于将任务 T_s 的参数 ϕ_s 正则化，使其更接近于使用大规模样本训练的模型[40]。

在自适应梯度优化规则元学习方面，元学习优化策略来替代传统深度神经网络中事先指定的优化方法。通常，以参数为中心的方法依赖于现有的优化器，如带动量的SGD或自适应动量法；自适应梯度优化规则元学习方法以优化器为中心，不再依赖传统手工设计的优化过程，而是通过训练一个函数实现迭代来关注学习的内部优化器[41-42]。该函数以优化状态如 θ 和$\nabla_\theta \mathcal{L}^{\text{task}}$作为输入，产生每个基础学习迭代的优化步骤。可训练的组件 ω 能跨越简单的超参数如固定步长[43-44]，拥有更复杂的预处理矩阵[45-46]。最终元学习参数 ω 可定义成一个完整的梯度优化器，该优化器通过对输入的梯度和其他元数据进行一个复杂的非线性转换来实现[41,42,47]。如果优化器跨权重进行协调应用，这里要学习的参数可能很少[41]。以初始化为中心的方法和以优化为中心的方法可以通过联合学习来合并，即让前者学习后者的初始条件。优化学习方法已应用于少样本学习[29]和加速改善多样本学习[41,47]。最后，人们还可以元学习零序优化器，它只需要$\mathcal{L}^{\text{task}}$的评估，而不需要梯度等优化器状态。这些方法已经被证明可以与传统的贝叶斯优化方法相媲美。

2. 广义超参数元学习方法

在基于深度学习网络的系统构建中，除了上述四个基本的构建要素外，还有很多因素也决定着系统性能的好坏，可以将这些因素统称为广义超参数。超参数可以包括深度网络优化中的一些要素，如正则化强度、每个参数正则化，多任务学习中的任务相关性、数据的拓展策略。也可以广义地将一些映射变换当作广义超参数来看待。这里所指的广义超参数元学习包括三大类：一是经典超参数元学习方法；二是基于度量学习或嵌入表示的元学习方法；三是数据及环境等因素元学习方法。

在经典超参数元学习方面，元学习用来优化指定的超参数，如正则化强度或学习速率。通常有两种方式来进行经典超参数学习：一是在任务分布上学习超参数来改进训练；二是在单个任务上进行超参数学习。前一种情况通常与小样本应用相关，特别是在基于优化的方法中。例如，可以通过学习每一层每一步的学习速率来改进 MAML 方法[44]。而在单个任务上进行超参数学习的场合，通常与多样本应用密切相关[48,49]，其中一些验证数据可以从训练数据集中提取。然而，值得注意的是，与网格或随机搜索交叉验证[50]、贝叶斯优化[51]等进行几十个超参数优化的经典方法相比，基于端到端梯度的元学习方法，如 MAML[52]和数据集蒸馏[49,53]，已经证明了其对数百万个参数具有良好的可扩展性。

在度量学习或嵌入表示的元学习方面，这类方法就是将元学习优化过程用于生成一个完成变换的嵌入网络，实现一种高层次抽象表示。这种元学习可以大致分成度量元学习方法和前馈模型方法。度量元学习的基本思想是通过比较验证点和训练点并预测匹配训练点的标签，在内部(任务)级别执行非参数“学习”。换言之，外层元学习对应于度量学习，即寻找将数据编码为适合比较表示的特征提取器，该特征提取器在源任务上学习并用于目标任务。到目前为止，度量学习在很大程度上局限在目前热点小样本应用领域。实现度量学习的方法主要包括孪生网络[54]、匹配网络[55]、典型网络[56]、关系网络[57]和图形神经网络[58]等。前馈模型方法与度量元学习思想类似，区别是：度量元学习在于找到适合比较的特征提取器或者特征映射表示器；前馈模型方法在于将当前元学习数据集嵌入到某种激活状态，并根据该状态对测试数据进行预测，是一种更广义的嵌入映射方法。典型的体系结构包括递归网络、卷积网络或超网络，它们嵌入给定任务的训练实例和标签，以定义输入测试示例并预测其标签的预测器。在这种情况下，所有的内部学习都包含在模型的激活状态中，并且完全是前馈的，外部层学习由包含循环神经网络[42,59]、卷积神经网络[60]或超网络参数[61-62]的元学习来完成。当元学习内容 ω 和 $\mathcal{D}$ 直接指定具体任务的模型参数 θ 时，内外层优化紧密耦合。记忆神经网络使用显式存储缓冲区，也可以用作基于模型的算法[63]。据观察，与基于优化的方法相比，该方法无须计算二阶梯度，优化流程比较简单；但基于模型的方法通常不太能够推广到分布外任务。此外，尽管它们擅长数据高效的小样本学习，但由于难以将大型训练集嵌入到丰富的基础模型中，呈现逐渐衰退的态势[64]。

3. 元优化器算法

深度学习基本要素元学习方法和广义超参数元学习方法本质上都是确定需要元学习的内容，或者说用元学习需要学习的内容。元学习优化算法是指在确定了需要元学习优化的内容 ω 后，元学习器设计的考虑角度是将训练的实际外部(元)优化策略用于调优 ω，因此称为元优化器算法。元优化器算法目前的进展主要体现在三个方面：一是基于梯度的元优化器算法。基于梯度的方法就是在元参数 ω 上使用梯度下降[42,50,69]。这就需要计算外目标的导数 $\mathrm{d}\mathcal{L}^{\text{meta}}/\mathrm{d}\omega$，它通常通过链式规则连接到模型参数 θ，$\mathrm{d}\mathcal{L}^{\text{meta}}/\mathrm{d}\omega=$

$(\mathrm{d}\mathcal{L}^{\mathrm{meta}}/\mathrm{d}\theta)(\mathrm{d}\theta/\mathrm{d}\omega)$。由于这些方法利用 ω 的解析梯度，因此可能是最有效的方法。然而，这种类型的方法面临的主要挑战：①通过内部优化的许多步骤进行有效的微分，例如通过设计微分算法[48,67-68]和隐式微分算法[49,69-70]，并简单地处理所需的二阶梯度[71]；②减少了随着内环优化步骤数目增加而不可避免的梯度退化问题；③当基线学习器 ω 或$\mathcal{L}^{\mathrm{task}}$包括离散或其他不可微操作时的计算梯度问题。

二是基于强化学习的元优化器算法。当基础学习者包含不可微步骤[72]或元目标 $\mathcal{L}^{\mathrm{task}}$ 本身不可微[73]时，许多方法[74]使用强化学习来优化外部目标。通常使用策略梯度定理来估计梯度$\nabla_{\omega}\mathcal{L}^{\mathrm{meta}}$，然而以这种方式减轻对可微性的要求通常是非常昂贵的。针对$\nabla_{\omega}\mathcal{L}^{\mathrm{meta}}$ 的高方差策略梯度估计意味着需要许多外部级优化步骤来收敛，并且由于将任务模型优化包装在这些步骤中，每个步骤本身都是代价高昂的。

三是基于进化算法的元优化器算法[10,75-76]。许多进化算法与强化学习算法有很强的联系[77]。然而，相对强化学习而言，进化算法的性能并不依赖于内部优化的长度和报酬稀疏性。进化算法之所以具有吸引力，主要有三个原因[76]：一是它们可以优化任何类型的基模型和元目标，而不需要可微性。二是它们不依赖于反向传播，既解决了梯度退化问题，又避免了上述基于梯度的传统方法所需的高阶梯度计算成本；它们高度可并行化，使元训练更容易扩展。三是通过保持解的多样性，它们可以避免影响基于梯度的方法的局部极小值[75]。然而，进化算法也存在其特有的缺陷：一是训练模型所需的种群数量随着可学习参数的数量迅速增加；二是它们对突变策略(如噪声的大小和方向)敏感，因此可能需要仔细地超参数优化；三是它们的拟合能力通常不如基于梯度的方法，特别是对于 CNN 等大型模型。EA 更常用于强化学习应用中[78-79](模型通常较小，内部优化较长且不可微)。然而，它们也应用于监督学习中来学习规则[80]、优化器[81]、体系结构[75,82]和数据增强策略[83]。它们在学习人类可解释的符号元表示方面也特别重要[84]。

4. 元目标$\mathcal{L}^{\mathrm{meta}}$设计及学习方法

与普通的深度学习网络设计一样，所有的学习方法需要设定目标函数，因此通过选择元目标$\mathcal{L}^{\mathrm{meta}}$，以及内环事件和外部优化之间的关联数据流来定义元学习方法的目标。在用 ω 更新任务模型之后，大多数方法都依赖于在验证集上计算的某种形式的性能度量，并将此度量作为元目标。这与基于验证集的超参数优化和体系结构选择的经典方法是一致的。但是，在这个框架中有五个设计选项需要重点关注：一是多样本还是小样本回合设计。根据目标是提高小样本或多样本的性能，每个任务的内循环学习回合可以定义为多样本[47,66]或者是小样本[42,50]。二是快速适应及渐近性能。当内在学习阶段结束计算验证损失时，元训练鼓励最终更好地完成基础任务。当验证损失为每个内部优化步骤后的验证损失之和时，元训练还鼓励在基本任务中更快地学习[44,47]。其实，大多数强化学习方法也使用后一种设置。三是多任务与单任务设计。当优化学习器目标是更好地解决来自给定范围的任何任务时，内环学习回合对应于整个任务分布 $p(\mathcal{T})$ 中随机抽取的任务[50,56,65]。当目标只是简单调整学习器适应一个特定任务时，那么内环学习回合事件都从相同的底层任务提取数据[41,66]。值得注意的是，这两个元目标往往有不同的假设和价值取向。多任务目标显然需要一个任务族 $p(\mathcal{T})$ 来处理,而单个任务不需要。同时,对于多任务,元训练的数据和计算成本可以通过在元测试中潜在地提高多个目标任务的性能来分摊;但是对于单任务而言,由于没有新的待分摊任务,因此需要改进当前任务的最终解或渐近性能,或者元学习足够快地可以在线学习。四是在线与离线设计。虽然经典的元学习管道将元优化定义为内部基础学习器的外环[41,50],但一些研究试图在单个基础学习回合中在线进行元优化[65]。在这种情况下,基本模型 θ 和元学习器 ω 在单个事件中共同进化。由于现在没有一组学习操作可供分摊,元学习需要比基础模型学习更快,以便提高样本或计算效率。五是回合设计的其他因素。可以将其他操作符插入事件生成管道中,以自定义特定应用程序的元学习。例如,可以在域偏移的情况下模拟训练和验证之间的域偏移以获得良好性能的元优化[65,85-86];模拟训练和验证之间的量化等网络压缩以获得良好的网络压缩性的元优化[87];在元训练期间提供噪声标签以优化标签噪声稳健性[88],或生成对抗性验证集以优化对抗性防御[89]等。

14.2 模型无关的元学习方法

元学习的目标是使用大量的学习任务来学习模型,使得模型可以使用少量的训练样本就可以解决新的任务。在深度学习中,已经被提出的元学习模型有很多,包括学习好的初始化权重、学习能够产生其他模型参数的元模型以及学习可迁移的优化器等。本节介绍一种元学习算法,这种算法与模型无关,可以用于任何模型,因此该方法称为模型无关的元学习方法[3]。该方法唯一的要求是模型使用梯度下降的方式来训练,由于算法与模型无关,所以可以用于大量的学习问题,比如分类、回归和强化学习等。MAML 方法的基本思想是学习一个好的初始化权重,从而在新任务上实现快速自适应,即在小规模的训练样本上迅速收敛并完成精确调整。

14.2.1 相关概念

在了解 MAML 算法之前,首先介绍该方法中用到的或相关的一些概念。

1. N-way K-shot

它是小样本学习中常见的实验设置,N-way 指训练数据中有 N 个类别,K-shot 指每个类别下有 K 个被标记数据。

2. 模型无关

模型无关是指算法框架与模型无关。MAML 相当于一个框架,提供一个元学习器用于训练普通学习器。元学习器是元学习算法的精髓,它实现学会学习;而普通学习器是在目标数据集上被训练,并实际用于预测任务的真正数学模型。这种思想不是仅适用某几个模型,绝大多数深度学习模型都可以作为学习器无缝嵌入 MAML 框架中,甚至

MAML 框架也可以用于强化学习中。因此,模型无关是指算法框架具有很强的通用性。

3. 元学习任务概念

(1) 元训练任务类别:训练任务中的任务类别。

(2) 元测试任务类别:测试任务中的任务类别。

(3) 元训练器训练集:用来训练元学习器的数据集合,包括训练任务中的所有支持数据集和查询数据集。

(4) 元训练器测试集:测试任务的所有数据,包括训练数据和测试数据。

下面通过具体场景来分析这些概念的含义。假设目标任务是对未知标签图片做分类,是通过 MAML 方法训练一个该具体任务的精确调整数学模型。未知图片数据有 5 个类别($P_1, P_2, \cdots, P_5$),每个类别有 20 个样本,其中 5 个样本用于训练,15 个样本用于测试。上述 100 个样本数据集构成的任务就是一个普通的机器学习任务,然而仅仅通过 25 个数据来训练 5 个类别的分类器性能难以达到要求。上述 100 个样本的数据集就是元训练器测试集,而元测试任务类别就是($P_1, P_2, \cdots, P_5$)。

为了更好完成训练,需要其他的数据来帮助训练。构造其他 10 个类别($C_1, C_2, \cdots, C_{10}$)的数据集,每类有 30 个已标注样本,共有 300 个样本,这就是元训练器训练集,元训练任务类别为($C_1, C_2, \cdots, C_{10}$)。

MAML 算法实验设置为 5-way 5-shot,因此在元学习阶段,从($C_1, C_2, \cdots, C_{10}$)中随机选取 5 个类别,每个类别再随机选取 20 个已标注样本,组成一个任务,其中的 5 个已标注样本称为任务的支持集,另外 15 个样本称为任务的查询集。这个任务就等同于一个普通深度学习模型训练过程的一个数据。从前面元学习系统组成可知,元学习器需要反复在训练数据分布中抽取若干个任务组成批量数据 batch,才能使用随机梯度下降法进行优化。

14.2.2 MAML 算法原理

MAML 算法本身是基于梯度下降法的,由前面可知,元学习可以对网络结构、参数初始化、参数更新方法等很多传统机器学习人工设定部分进行自动学习。而 MAML 的本质就是学习好的初始化参数 ϕ,该初始化参数易于微调适合新任务,如图 14-6 所示。本算法中,模型的参数被显式地训练,希望使用来自新任务的少量训练数据进行几步梯度下降就可以在这个新任务上取得很好的泛化性能。

假设模型参数初始化 ϕ,模型 $\hat{\theta}^n$ 是从训练任务 n 上学习得到的模型,因此 $\hat{\theta}^n$ 取决于 ϕ,假设 $l^n(\hat{\theta}^n)$是训练任务 n 的损失,那么最终 MAML 算法的整体损失为

$$L(\phi) = \sum_{n=1}^{N} l^n(\hat{\theta}^n) \tag{14.5}$$

同样,采用梯度下降法进行参数更新,参数更新式为

$$\phi \leftarrow \phi - \eta \nabla_{\phi} L(\phi) \tag{14.6}$$

需要说明的是，MAML算法思想与广泛用于迁移学习的预训练技术非常类似，但区别在于后者是预训练技术的损失函数，即

$$L(\phi)=\sum_{n=1}^{N} l^{n}(\phi) \tag{14.7}$$

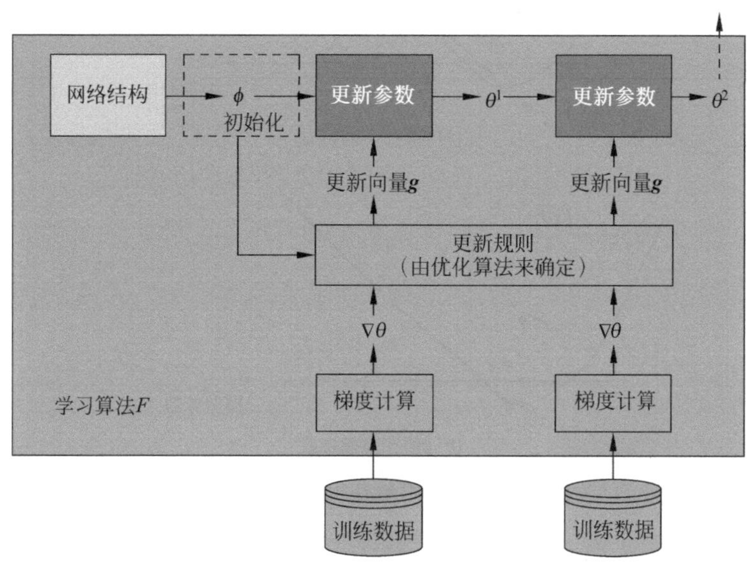

图 14-6　MAML 算法示意图

下面通过具体分析来了解MAML算法的一些特点[8]。图14-7给出了MAML算法的损失函数的示意图，图中实线曲线代表任务1的损失函数随参数变化情况，虚线曲线代表任务2的损失函数随参数变化情况。图14-7(a)、(b)分别给出了不同的ϕ值模型优化后的结果。当ϕ值为图14-7(a)所示，经过梯度下降法优化，任务1的模型参数可以优化到实线曲线的最小值$\hat{\theta}_1$位置，任务2的模型参数优化到虚线曲线的最小值$\hat{\theta}_2$位置，那么此时任务1和任务2的损失函数都很小。当ϕ值为图14-7(b)所示，经过梯度下降法优化，任务1的模型参数可以优化到实线曲线的最小值$\hat{\theta}_1$位置，任务2的模型参数优化到虚线曲线的左侧局部极小值位置。显然，图14-7(a)的性能更好。

需要说明的是，图14-7(a)中ϕ值位置的两个任务的损失和，相比于图14-7(b)ϕ值位置的两个任务的损失和，显然图14-7(b)更小，或者说式(14.7)所示的损失在图14-7(b)ϕ值位置处更小。而式(14.5)所示的损失在图14-7(a)ϕ值位置处更小。这里说明，相对于迁移学习的预训练技术而言，MAML技术考虑的不是当前初始值情况下得到的模型好坏，而是在当前初始值情况下优化后模型的优劣；而迁移学习的预训练技术更注重找到使得所有任务都是最好的ϕ值，并不保证从ϕ值训练后的$\hat{\theta}_n$是否更好。从这一点上来讲，模型预训练技术更注重当时表现，而MAML更能挖掘后续潜力，注重未来表现。

下面具体总结MAML算法和预训练方法的差异，即对于MAML算法，由于模型$\hat{\theta}_n$

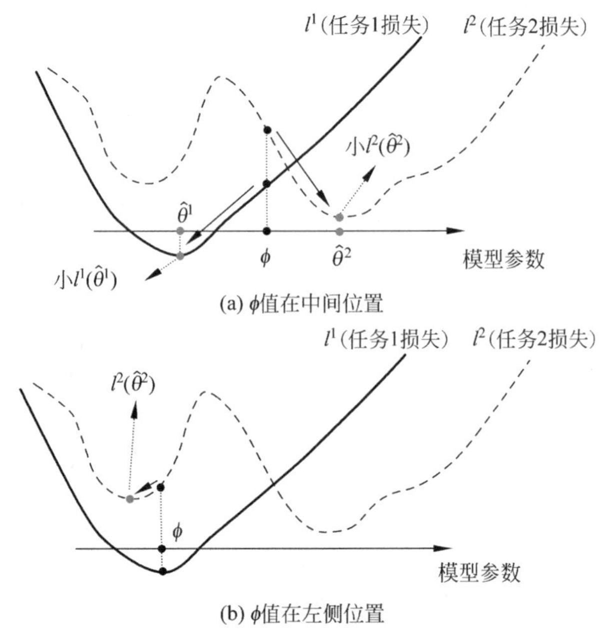

图 14-7　MAML 算法损失函数变化[8]

是从训练任务 n 上学习得到的模型，$l^n(\hat{\theta}_n)$是训练任务 n 的损失，且 $\hat{\theta}_n$ 取决于 ϕ，则 MAML 算法的迭代公式为

$$\text{MAML:}\begin{cases}L(\phi)=\sum_{n=1}^{N} l^n(\hat{\theta}^n)\\ \phi \leftarrow \phi-\eta \nabla_{\phi} L(\phi)\end{cases} \tag{14.8}$$

对于预训练方法，模型的损失函数是由预训练模型 ϕ 直接计算得到，即

$$\text{预训练:}\begin{cases}L(\phi)=\sum_{n=1}^{N} l^n(\phi)\\ \phi \leftarrow \phi-\eta \nabla_{\phi} L(\phi)\end{cases} \tag{14.9}$$

从式(14.8)和式(14.9)可以看出，二者最大区别在于：MAML 模型需要在每个任务上都更新一个任务模型，然后利用新任务模型计算误差；预训练方法直接用预训练模型直接计算。二者之间对比如图 14-8 所示，主要区别在于：目标函数的定义不同，即 MAML 方法的损失函数的目的是挖掘现有模型 ϕ 的潜力，即从 ϕ 出发训练后获得的模型 $\hat{\theta}^n$ 具有更好的性能；模型预训练方法主要关注当前 ϕ 的表现能力，即当前 ϕ 能够获得更好的性能。或者说，MAML 方法针对每个具体任务就有微调的能力，而预训练方法没有针对任务进行微调和处理。

14.2.3　MAML 算法流程

MAML 的算法流程如算法 14-1 所示。

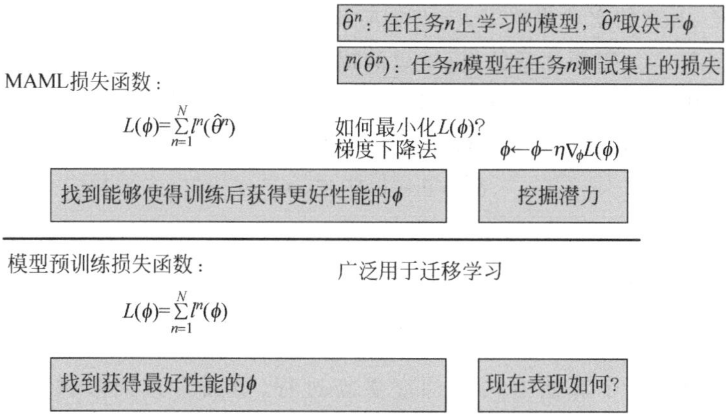

$\hat{\theta}^n$：在任务n上学习的模型，$\hat{\theta}^n$取决于ϕ

$l^n(\hat{\theta}^n)$：任务n模型在任务n测试集上的损失

MAML损失函数：

$L(\phi)=\sum_{n=1}^{N} l^n(\hat{\theta}^n)$

如何最小化$L(\phi)$?

梯度下降法 $\phi \leftarrow \phi-\eta\nabla_\phi L(\phi)$

找到能够使得训练后获得更好性能的ϕ

挖掘潜力

模型预训练损失函数：

广泛用于迁移学习

$L(\phi)=\sum_{n=1}^{N} l^n(\phi)$

找到获得最好性能的ϕ

现在表现如何?

图 14-8 MAML 算法损失函数变化

算法 14-1 模型无关的元学习算法

条件 任务分布 $p(\mathcal{T})$

超参数 α,β，是参数更新的步长

1 随机初始化参数 θ

2 While

3 采样批量任务 $\mathcal{T}_i \sim p(\mathcal{T})$

4 for all $\mathcal{T}_i$ do

5 利用每个任务的 K 个样本计算 $\nabla_\theta \mathcal{L}_{\mathcal{T}_i}(f_\theta)$

6 利用梯度下降法计算自适应参数

$$\theta_i'=\theta-\alpha\nabla_\theta \mathcal{L}_{\mathcal{T}_i}(f_\theta)$$

7 end for

8 更新参数 $\theta \leftarrow \theta-\beta\nabla_{\theta_i'}\sum_{\mathcal{T}_i\sim p(\mathcal{T})}\mathcal{L}_{\mathcal{T}_i}(f_{\theta_i'})$

9 end while

首先是两个前提条件：第一个条件是元训练器训练集中任务的分布，可以反复随机抽取任务，形成一个由若干个任务组成的任务池，作为 MAML 的元训练集；第二个条件是学习率，MAML 是基于二重梯度的，每次迭代包含两次参数更新的过程，所以有两个学习率可以调整，学习率分别用参数 α,β 表示。

算法具体过程如下：

步骤 1：随机初始化模型参数 θ。

步骤 2：是一个循环，可以理解为一轮迭代过程或一个 Epoch。当然，预训练过程也可以有多个 Epoch，相当于设置 Epoch。

步骤 3：随机对若干个任务进行采样，形成一个批量任务数据。

步骤 4：开始 for 循环，对批量任务中的每个任务进行循环。

步骤 5：利用批量任务中的某个任务的支持集计算每个参数的梯度。

N-way K-shot 的实验设置下，支持集应该有 $N \times K$ 个样本，其中 N 个类别，每个类别有 K 个训练样本。需要注意的是，这里的损失计算方法与传统机器学习方法类似，在回归问题中采用均方误差函数，在分类问题中采用交叉熵函数。

步骤 6：第一次参数更新，获得每个任务 T_i 的自适应模型 θ_i'，即

$$\theta_i' = \theta - \alpha \nabla_\theta \mathcal{L}_{T_i}(f_\theta) \tag{14.10}$$

步骤 7：结束 for 循环。

步骤 8：第二次更新参数，获得新的随机初始化参数，即

$$\theta \leftarrow \theta - \beta \nabla_{\theta_i'} \sum_{T_i \sim p(T)} \mathcal{L}_{T_i}(f_{\theta_i'}) \tag{14.11}$$

需要强调的是整个算法有两个梯度更新过程，下面对这两步梯度更新过程进行解释。

步骤 4～步骤 7：第一次梯度更新过程。这里可以理解为复制了一个原模型，计算出新的参数 θ_i'，将 θ_i'用在第二轮梯度的计算。MAML 是多次嵌入梯度的方法，有两次梯度更新的过程。步骤 4～步骤 7 中，利用批量梯度中的每一个任务，分别对每个任务模型的参数进行更新。注意：这个过程在算法中是可以反复执行多次的，但是伪代码没有体现这一层循环。

步骤 8 是第二次梯度更新的过程。这里的损失函数计算方法，大致与步骤 5 相同，不同点是不再分别利用每个任务的损失函数更新梯度，而是像常见的模型训练过程一样，计算一个批量数据(这里指批量任务)的损失总和，对梯度进行随机梯度下降。这里参与计算的样本是任务集合中的查询集合元素。在例子中，即随机采样某个任务中的 5 个类别 $C_j \in C = \{C_1, C_2, \cdots, C_{10}\}$，每类查询集有 15 个样本，因此每个任务 75 个样本，而每类查询集也是采样得到的。因为训练任务每个类别总共各 30 个样本，采样出 20 个样本，5 个用于支持集、15 个用于查询集。通过查询集来训练是增强模型在任务上的泛化能力，避免过拟合支持集。步骤 8 结束后，模型结束在该批量任务的训练，开始回到步骤 3，继续采样下一个批量任务。第二次梯度更新时计算出的梯度，直接通过 SGD 作用于原模型上，也就是真正用于更新其参数的梯度。

14.2.4 MAML 算法具体实现

1. 一次更新简化算法

下面分析 MAML 算法的具体流程。对于 MAML 算法，由于模型 $\hat{\theta}_n$ 是从训练任务 n 上学习得到的模型，$l^n(\hat{\theta}_n)$是训练任务 n 的损失，且 $\hat{\theta}_n$ 取决于 ϕ，则有

$$\begin{cases} L(\phi) = \sum_{n=1}^{N} l^n(\hat{\theta}^n) \\ \phi \leftarrow \phi - \eta \nabla_\phi L(\phi) \end{cases} \tag{14.12}$$

在实际运行过程中，往往考虑一次训练之后对初始化参数的梯度更新，即

$$\hat{\theta}=\phi-\eta\nabla_{\phi}l(\phi) \tag{14.13}$$

式(14.12)求出的是元学习模型的通用参数,式(14.13)求出的是每个任务的最佳参数,具体过程如图 14-9 所示。

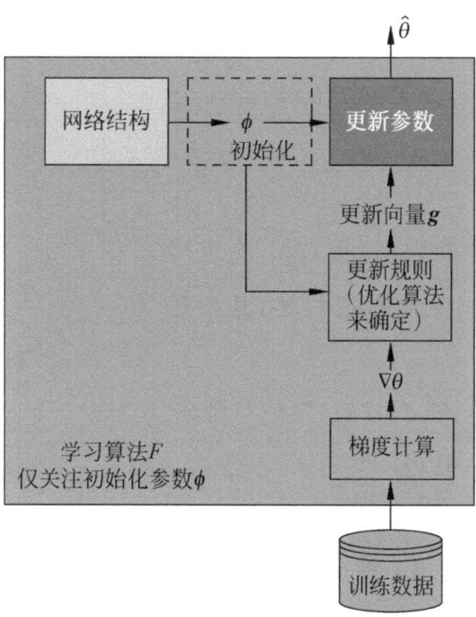

图 14-9 MAML 算法一次更新算法

只取进行一次梯度更新后的参数作为当前任务的最佳参数主要有如下考虑:

(1) 能加快模型的适应速度。对于特定任务更新,希望能够从元学习初始化参数很快得到特定任务的参数。

(2) 可以得到更好的能力。虽然使用特定任务的模型时可以进行若干次更新,但可以假设只进行一次更新,迫使模型学习到更好的初始化参数 ϕ,这样后期使用时可以获得更好的性能。

(3) 一定程度上减轻过拟合。由于经常面临的特定任务都是小样本情况,因此只进行一次更新,可以避免过拟合现象。

2. 二阶微分与一阶近似

简化算法的训练过程的参数更新公式为

$$L(\phi)=\sum_{n=1}^{N}l^{n}(\hat{\theta}^{n}) \tag{14.14}$$

$$\phi\leftarrow\phi-\eta\nabla_{\phi}L(\phi) \tag{14.15}$$

$$\hat{\theta}=\phi-\eta\nabla_{\phi}l(\phi) \tag{14.16}$$

下面给出$\nabla_{\phi}L(\phi)$的计算:

$$\nabla_{\phi}L(\phi)=\nabla_{\phi}\sum_{n=1}^{N}l^{n}(\hat{\theta}^{n})=\sum_{n=1}^{N}\nabla_{\phi}l^{n}(\hat{\theta}^{n}) \tag{14.17}$$

为了简便表示，将第 n 个训练任务参数 $\hat{\theta}^n$ 一般化为 $\hat{\theta}$，而将 $l^n(\hat{\theta}^n)$ 一般化表示为 $l(\hat{\theta})$，则有

$$\nabla_{\phi} l(\hat{\theta}) = \begin{bmatrix} \partial l(\hat{\theta})/\partial \phi_1 \\ \partial l(\hat{\theta})/\partial \phi_2 \\ \vdots \\ \partial l(\hat{\theta})/\partial \phi_i \\ \vdots \end{bmatrix} \tag{14.18}$$

式中：ϕ_i 表示模型的各个参数(权重)，ϕ_i 决定当前任务 $\hat{\theta}$ 的第 j 个参数 $\hat{\theta}_j$，从而影响 $l(\hat{\theta})$，其相互依赖关系如图 14-10 所示。

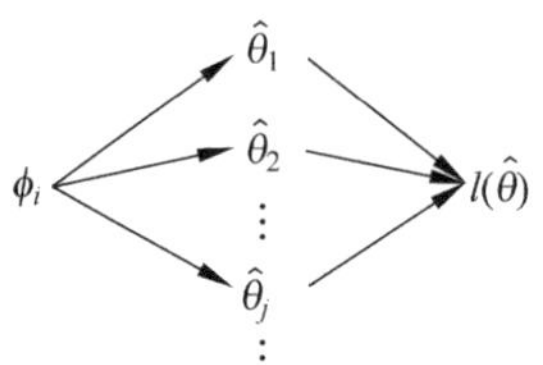

图 14-10　初值 ϕ 的每个参数 ϕ_i 与当前任务 $\hat{\theta}$ 的第 j 个参数 $\hat{\theta}_j$ 及 $l(\hat{\theta})$ 的相互依赖关系

根据三者之间的关系，即 $\phi_i \to \hat{\theta}_j \to l(\hat{\theta})$，则有

$$\frac{\partial l(\hat{\theta})}{\partial \phi_i} = \sum_j \frac{\partial l(\hat{\theta})}{\partial \hat{\theta}_j} \frac{\partial \hat{\theta}_j}{\partial \phi_i} \tag{14.19}$$

根据式(14.16)，取 $\hat{\theta}$ 的第 j 维 $\hat{\theta}_j$，则有

$$\hat{\theta}_j = \phi_j - \eta \frac{\partial l(\phi)}{\partial \phi_j} \tag{14.20}$$

$\hat{\theta}_j$ 对 ϕ_i 求偏导，可得

$$\frac{\partial \hat{\theta}_j}{\partial \phi_i} = \begin{cases} -\eta \dfrac{\partial l(\phi)}{\partial \phi_j \partial \phi_i}, & i \neq j \\ 1 - \eta \dfrac{\partial l(\phi)}{\partial \phi_j \partial \phi_i}, & i = j \end{cases} \tag{14.21}$$

将式(14.21)代入式(14.19)中，得到 $\dfrac{\partial l(\hat{\theta})}{\partial \phi_i}$，再代入式(14.17)对所有 N 个任务求和，就得到 $\nabla_{\phi} L(\phi)$。需要说明的是，由于式(14.21)中有二次微分的计算，会极大地影响运算效率。

为此，可以用一次微分来近似代替二次微分。由于不考虑二次微分，则式(14.21)变为

$$\frac{\partial \hat{\theta}_j}{\partial \phi_i} = \begin{cases} -\eta \dfrac{\partial l(\phi)}{\partial \phi_j \partial \phi_i} \approx 0, & i \neq j \\ 1 - \eta \dfrac{\partial l(\phi)}{\partial \phi_j \partial \phi_i} \approx 1, & i = j \end{cases} \tag{14.22}$$

式(14.19)变为

$$\frac{\partial l(\hat{\theta})}{\partial \phi_i} = \sum_j \frac{\partial l(\hat{\theta})}{\partial \hat{\theta}_j} \frac{\partial \hat{\theta}_j}{\partial \phi_i} = \frac{\partial l(\hat{\theta})}{\partial \hat{\theta}_i} \tag{14.23}$$

式(14.18)变为

$$\nabla_{\phi} l(\hat{\theta}) = \begin{bmatrix} \partial l(\hat{\theta})/\partial \phi_1 \\ \partial l(\hat{\theta})/\partial \phi_2 \\ \vdots \\ \partial l(\hat{\theta})/\partial \phi_i \\ \vdots \end{bmatrix} = \begin{bmatrix} \partial l(\hat{\theta})/\partial \hat{\theta}_1 \\ \partial l(\hat{\theta})/\partial \hat{\theta}_2 \\ \vdots \\ \partial l(\hat{\theta})/\partial \hat{\theta}_i \\ \vdots \end{bmatrix} = \nabla_{\hat{\theta}} l(\hat{\theta}) \tag{14.24}$$

式(14.17)变为

$$\nabla_{\phi} L(\phi) = \nabla_{\phi} \sum_{n=1}^{N} l^n(\hat{\theta}^n) = \sum_{n=1}^{N} \nabla_{\phi} l^n(\hat{\theta}^n) = \sum_{n=1}^{N} \nabla_{\hat{\theta}^n} l^n(\hat{\theta}^n) \tag{14.25}$$

这种改进的一阶梯度近似方法称为 FOMAML 算法(First-Order MAML)。实验结果表明,将二阶微分近似为一阶微分,提升运算效率的同时对模型预测的准确率没有太大的影响。

3. 实验结果及分析

为了验证算法模型效果,文献[3]进行了两个实验,一个是回归任务,另一个是分类任务。

对于回归任务,每个任务都来自 sin 曲线的输入和输出,其中 sin 曲线的幅度和相位是变化的,这样 $p(\mathcal{T})$是连续的,其中幅度在[0.1,5.0]、而相位在[0,π]范围内变化,且输入和输出维度都是 1。在训练和测试时,数据点 x 在[−5.0,5.0]内均匀采样。损失函数采用真实值和与预测值 $f(x)$的均方误差。回归任务采用一个 2 个隐含层、每层 40 个单元的神经网络,激活函数为 ReLU 函数。MAML 算法训练时,采用一次梯度更新且 $K=10$ 个样本,固定步长 $\alpha=0.01$,采用 Adam 算法进行更新。基线系统同样也用 Adam 算法优化。为了评估性能,在变化的 K 样本上精调整一个单一的元学习模型,并且将其与两个基线系统进行比较。一个系统是在所有任务上进行预训练,即训练一个随机 sin 函数的回归,然后在测试时,利用 K 个样本采用自动调整的步长进行梯度下降调整;另外一个系统接受真实的幅度和相位作为输入。

为了评估性能,在 $K=\{5,10,20\}$数据点上精调整 MAML 学习的模型和预训练模。在精调整过程中,每个梯度都利用相同的 K 个样本进行计算。图 14-11 给出了不同方法的拟合效果图。上面两张图,MAML 能够估计曲线上没有数据点的部分,这表明该模型已了解正弦波的周期性结构。下面两张图,在没有 MAML 的情况下对经过相同任务分配预训练的模型进行微调,并调整了步长。由于在预训练任务中经常会产生矛盾的输出,因此该模型无法恢复合适的表示,并且无法从少量的测试时间样本中推断出来。

图 14-12 给出了不同方法的拟合效果图。可以看出,采用均方误差准则进行对比,MAML 算法的拟合误差远低于预训练方法。

为了便于对比,将 MAML 用于两个图片小样本分类任务 Ominglot 和 MiniImageNet 去测试性能[3]。Ominglot 数据含有 50 个不同字母表的 1623 字符,每个字符 20 个例子,每

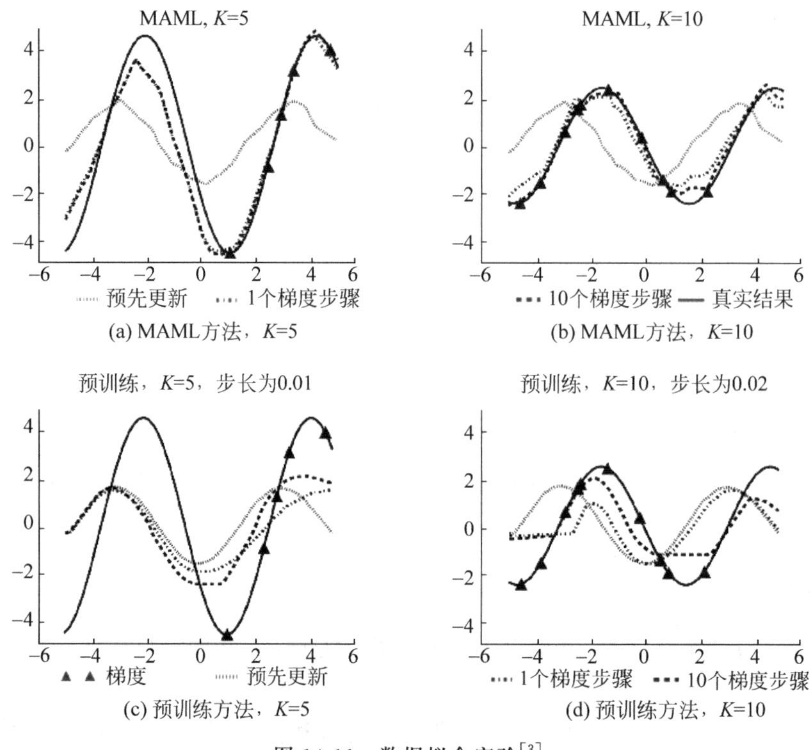

图 14-11　数据拟合实验[3]

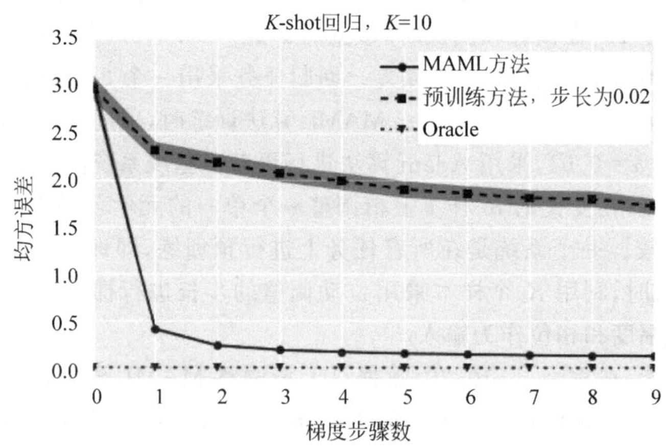

图 14-12　数据拟合误差不同方法对比图[3]

个例子由不同的人画成。MiniImageNet 包括 64 个训练类别、12 个验证类别和 24 个测试类。目前，Ominglot 和 MiniImageNet 成为小样本学习最通用的基准库。实验的设置采用 N-way K-shot 类型设置，选择 N 个未见过的类，每个类别提供 K 个不同样本，在 N 个类别中其他未见过的新样本上评估模型的能力。对于 Ominglot 数据集随机选择 1200 个字符用于训练集，其他用于测试。

在 Ominglot 和 MiniImageNet 数据集上进行训练与测试，实验结果分别如表 14-1

和表 14-2 所示。对于 Ominglot 数据集，将 MAML 模型与其他的一些方法，如孪生网络以及后面即将介绍的匹配网络等多种方法进行对比，从两个表中的数据可以看出，模型性能在不同的任务设置下都获得了提升。类似地，将 MAML 模型与最近邻方法、匹配网络方法、元学习 LSTM 方法等进行对比，其性能也获得了显著提升。另外，从表 14-4 中还可以看到，采用了 MAML 的一阶近似方法，算法的性能没有明显下降，因此可以对 MAML 算法进行一阶近似来简化算法。

表 14-1 Ominglot 上的结果

Omniglot	5-way 精度		20-way 精度	
	1-shot	5-shot	1-shot	5-shot
MANN	82.8%	94.9%	—	—
MAML(无卷积)	**89.7%(1±1.1%)**	**97.5%(1±0.6%)**	—	—
孪生网络	97.3%	98.4%	88.2%	97.0%
匹配网络	98.1%	98.9%	93.8%	98.5%
神经统计法	98.1%	99.5%	93.2%	98.1%
记忆方法	98.4%	99.6%	95.0%	98.6%
MAML	**98.7%(1±0.4%)**	**99.9%(1±0.1%)**	**95.8%(1±0.3%)**	**98.9%(1±0.2%)**

表 14-2 MiniImageNet 上的结果

MiniImagenet	5-way 精度	
	1-shot	5-shot
精调整基线系统	28.86%(1±0.54%)	49.79%(1±0.79%)
最邻近准则基线系统	41.08%(1±0.70%)	51.04%(1±0.65%)
匹配网络	43.56%(1±0.84%)	55.31%(1±0.73%)
元学习 LSTM	43.44%(1±0.77%)	60.60%(1±0.71%)
MAML 一阶近似	**48.07%(1±1.75%)**	**63.15%(1±0.91%)**
MAML	**48.70%(1±1.84%)**	**63.11%(1±0.92%)**

14.3 一阶模型无关元学习方法 Reptile

OpenAI 的学者提出了 Reptile 元学习方法[1]，该算法通过重复采样任务，对任务执行随机梯度下降，将初始参数更新为在该任务上学习的最终参数。与 MAML 一样，Reptile 会为神经网络的参数寻求初始化，以便可以使用来自新任务的少量数据对网络进行微调。Reptile 是最短下降算法在元学习设置中的应用，在数学上类似于一阶 MAML（这是众所周知的 MAML 算法的版本），不是展开计算图或计算任何二阶导数。这使得 Reptile 比 MAML 占用更少的计算和内存。

14.3.1 Reptile 算法的基本原理

为了便于和 MAML 算法对比，首先对比总结 MAML 算法的核心。在 MAML 算法中，训练数据集分为支持集和查询集，而在 Reptile 算法中并不需要对数据集进行这样的划分。在 MAML 算法中，目标需要学习到一个好的初始化权重。学习这个初始化权重需要两个更新(或者称为两个梯度下降)：

第一个更新/梯度下降为内循环更新，即采用多个采样的任务(利用支持集数据)不断从初始化的权重 ϕ 开始进行梯度下降，下降到 $\theta_i'=\phi-g_1-g_2-g_3-\cdots-g_n$，其中 i 为任务索引，θ_i' 为快速权重。

第二个更新/梯度下降为外循环更新，即采用多个任务的查询集去计算总的损失函数 $L=\sum_{i=1}^{\text{task}} l(\text{查询集 } i;\ \theta'_i)$；然后求解总损失函数对初始化权重的梯度即可实现第二个更新，即 $\phi=\phi-\lambda\cdot\partial(L)/\partial\phi$，其中 ϕ 为慢速权重，λ 为学习率。

Reptile 算法中并没有进行支持集和查询集的划分，而是采用了一种更简单的方式进行初值更新，具体的算法流程如算法 14-2 所示。

算法 14-2　模型无关的元学习算法 Reptile

随机初始化参数 ϕ
for Iteration=1,2,…,
　随机采样一个任务 T
　从参数 ϕ 开始，在任务 T 上执行 $k(k>1)$ 步 SGD 或 Adam，得到参数为 $\boldsymbol{W}$
　更新 $\phi\leftarrow\phi+\varepsilon(\boldsymbol{W}-\phi)$ 或 $\phi\leftarrow\phi-\varepsilon(\phi-\boldsymbol{W})$
end for
返回 ϕ

给了多个任务，不断地从每个任务中(采用子集 k 个)进行内循环更新，更新快速权重。那么当该任务的 k 个子集全部训练结束后，网络初始化的参数 ϕ 就更新为 $\boldsymbol{W}$，其中 $\boldsymbol{W}=\phi-\boldsymbol{g}_1-\boldsymbol{g}_2-\cdots-\boldsymbol{g}_k$，则得到 $\boldsymbol{W}$ 的过程本质上就是快速权重更新，$\boldsymbol{W}$ 就是快速权重。该过程与 MAML 中快速权重的更新类似，就是在同一个任务中随机采样的 k 个子集(每个子集包含 N-way K-shot 个数据)进行训练来更新参数。在 Reptile 算法中，更新慢速权重的方向并不是像 MAML 中由所有任务的总损失 Loss 对初始化参数的导数决定，因为 Reptile 中并不需要查询集，所以无法计算总损失，因此可以直接使用 $\boldsymbol{W}$-ϕ 的方向，也就是用 $\boldsymbol{g}_1+\boldsymbol{g}_2+\cdots+\boldsymbol{g}_k$ 来决定慢速权重更新的方向。其具体过程如图 14-13 所示。从图中可以看出，某次迭代中采样到任务 1，进行了 $k=4$ 步 SGD 或 Adam 进行更新得到参数 $\boldsymbol{W}$。需要注意的是，4 步迭代所用到的权重分别为 $\boldsymbol{g}_1$、$\boldsymbol{g}_2$、$\boldsymbol{g}_3$、$\boldsymbol{g}_4$，这也是快速权重更新的过程。在 Reptile 算法中，慢速迭代的更新方向为 $\boldsymbol{W}-\phi$，即采用 $\boldsymbol{g}_1+\boldsymbol{g}_2+\boldsymbol{g}_3+\boldsymbol{g}_4$ 的方向。因此可以看出，Reptile 要比 MAML 简单很多，甚至比简化后的一阶 MAML 简单。

值得注意的是,图中的 Task1(1)、Task1(2)、Task1(3)、Task1(4)都是同一个任务中随机采样的 4 个子集(每个子集 N-way K-shot 个数据)。因此可以看出,Reptile 算法相对 MAML 而言,无须将数据分成支持集和查询集。

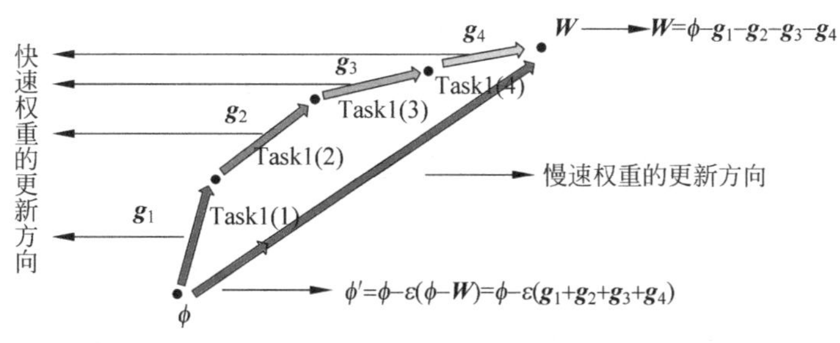

图 14-13 Reptile 算法示意图

在 Reptile 的算法中,每次迭代抽样了一个任务,图 14-13 给出的是基于一个任务的算法,从任务的角度而言,这个算法相当于单个样本的随机梯度下降法,因此还可以按照随机梯度下降法的思想通过一批任务来更新。区别在于:算法 14-2 中的第 5 行更新公式变成批量任务,即

$$\begin{cases}\phi \leftarrow \phi + \varepsilon(\boldsymbol{W} - \phi) & (14.26)\\ \phi \leftarrow \phi + \varepsilon\sum_{i=1}^{n}(\boldsymbol{W}_i - \phi) & (14.27)\end{cases}$$

式(14.26)为采样单个任务的更新算法,相当于单个样本的随机梯度下降法;式(14.27)为采样 n 个任务的更新算法,相当于随机批量梯度下降法。

14.3.2 Reptile 算法理论分析

1. 更新过程的领阶项展开

使用泰勒展开近似 Reptile 和 MAML 的更新,均含有同样的领阶项。领阶项(第一项)起着最小化期望损失的作用,次领阶项(第二项)及后续项最大化任务内的泛化性。特别是,最大化同一任务中不同 minibatch 之间梯度的内积,对其中一个 batch 进行梯度更新会显著改善另一个 batch 的表现。

与 MAML 算法中每个任务中都有训练集和测试集不同,这里假设每个任务产生 k 个损失函数 $L_1, L_2, \cdots, L_k$,例如在不同小批量上的分类损失。

下面进行具体分析,设 i 为 minibatch 序号,有 $i \in [1, k]$,假设存在如下变量:

$$g_i = L_i'(\phi_i) \quad \text{(在 SGD 过程中获得的梯度)} \tag{14.28}$$

$$\phi_{i+1} = \phi_i - \alpha g_i \quad \text{(参数更新序列)} \tag{14.29}$$

$$\bar{g}_i = L_i'(\phi_1) \quad \text{(起始点梯度)} \tag{14.30}$$

$$\bar{H}_i = L_i''(\phi_1) \quad \text{(起始点 Hessian 矩阵,即二阶梯度)} \tag{14.31}$$

式中：$L'_i(\phi_i)$为损失函数L_i对ϕ_i的梯度；$L''_i(\phi_1)$为损失函数L_i对ϕ_i的二阶梯度。

将 SGD 过程中获得的梯度，按照泰勒公式展开，可得

$$
\begin{aligned}
g_i &= L'_i(\phi_i) = L'_i(\phi_1) + L''_i(\phi_1)(\phi_i - \phi_1) + \underbrace{O(\|\phi_i - \phi_1\|^2)}_{=O(\alpha^2)} \\
&= \bar{g}_i + \bar{H}_i(\phi_i - \phi_1) + O(\alpha^2)\text{（根据}\bar{g}_i\text{、}\bar{H}_i\text{的定义）} \\
&= \bar{g}_i - \alpha\bar{H}_i\sum_{j=1}^{i-1} g_j + O(\alpha^2)\text{（根据 }\phi_i - \phi_1 = -\alpha\sum_{j=1}^{i-1} g_j\text{）} \\
&= \bar{g}_i - \alpha\bar{H}_i\sum_{j=1}^{i-1} \bar{g}_j + O(\alpha^2)\text{（根据 }g_j = \bar{g}_j + O(\alpha)\text{）}
\end{aligned}
\tag{14.32}
$$

假设U_i表示在第i个批量数据(minibatch)上对参数向量的更新操作，从初始值出发进行k次更新，即第i次得到的模型参数为ϕ_i，且$\phi_i = U_{i-1}(\phi_{i-1})$意味着其参数值由$\phi_{i-1}$更新得到。若采用最经典的随机梯度下降法，则有

$$
U_i(\phi) = \phi - \alpha L'_i(\phi) \tag{14.33}
$$

对于 MAML 算法，近似表示 MAML 的梯度，则有

$$
\begin{aligned}
g_{\text{MAML}} &= \frac{\partial}{\partial\phi_1} L_k(\phi_k) \\
&\underline{\underline{\phi_i = U_{i-1}(\phi_{i-1})}} \frac{\partial}{\partial\phi_1} L_k(U_{k-1}(\phi_{k-1})) \\
&= \frac{\partial}{\partial\phi_1} L_k(U_{k-1}(U_{k-2}(\cdots U_1(\phi_1)))) \\
&= U'_1(\phi_1)U'_2(\phi_2)\cdots U'_{k-1}(\phi_{k-1})L'_k(\phi_k)\text{（利用链式求导准则）} \\
&= (I - \alpha L''(\phi_1))\cdots(I - \alpha L''_{k-1}(\phi_{k-1}))L'_k(\phi_k)\begin{pmatrix}\text{利用 } U_i(\phi) = \phi - \alpha L'_i(\phi) \\ \Rightarrow U'_i(\phi) = I - \alpha L''_i(\phi)\end{pmatrix} \\
&= \left(\prod_{j=1}^{k-1}(I - \alpha L''_j(\phi_j))\right) g_k
\end{aligned}
\tag{14.34}
$$

将式(14.32)代入式(14.34)可得

$$
\begin{aligned}
g_{\text{MAML}} &= \left(\prod_{j=1}^{k-1}(I - \alpha L''_j(\phi_j))\right)\left(\bar{g}_k - \alpha\bar{H}_k\sum_{j=1}^{k-1}\bar{g}_j + O(\alpha^2)\right) \\
&= \left(\prod_{j=1}^{k-1}(I - \alpha\bar{H}_j)\right)\left(\bar{g}_k - \alpha\bar{H}_k\sum_{j=1}^{k-1}\bar{g}_j\right) + O(\alpha^2) \\
&= \left(I - \sum_{j=1}^{k-1}\alpha\bar{H}_j + O(\alpha^2)\right)\left(\bar{g}_k - \alpha\bar{H}_k\sum_{j=1}^{k-1}\bar{g}_j\right) + O(\alpha^2) \\
&= \left(I - \alpha\sum_{j=1}^{k-1}\bar{H}_j\right)\left(\bar{g}_k - \alpha\bar{H}_k\sum_{j=1}^{k-1}\bar{g}_j\right) + O(\alpha^2) \\
&= \bar{g}_k - \alpha\sum_{j=1}^{k-1}\bar{H}_j\bar{g}_k - \alpha\bar{H}_k\sum_{j=1}^{k-1}\bar{g}_j + O(\alpha^2)
\end{aligned}
\tag{14.35}
$$

为了更清晰地展示三种算法的区别，当 $k=2$ 时，对三种算法的梯度更新进行泰勒展开：

$$\begin{cases} g_{\text{MAML}}=\bar{g}_2-\alpha\bar{H}_2\bar{g}_1-\alpha\bar{H}_1\bar{g}_2+O(\alpha^2) \\ g_{\text{FOMAML}}=g_2=\bar{g}_2-\alpha\bar{H}_2\bar{g}_1+O(\alpha^2) \\ g_{\text{Reptile}}=g_1+g_2=\bar{g}_1+\bar{g}_2-\alpha\bar{H}_2\bar{g}_1+O(\alpha^2) \end{cases} \tag{14.36}$$

类似于 $\bar{g}_1$、$\bar{g}_2$ 的项是领阶项，用于最小化联合训练损失；而类似于 $\bar{H}_2\bar{g}_1$ 的项是次领阶项，用于最大化不同批次数据上得到梯度的内积。

进行 minibatch 采样，求取 g_{MAML}、g_{FOMAML}、g_{Reptile} 三种算法梯度的期望，定义 AvgGrad 为期望损失的梯度，即

$$\text{AvgGrad}=E_{T,1}[\bar{g}_1] \tag{14.37}$$

式中，$E_{T,1}[\cdot]$为在任务 T 和定义了 L_1 的批次上求期望。AvgGrad 使 ϕ 向联合训练损失的最小方向迈进。

其次定义 AvgGradInner 项，即

$$\begin{aligned} \text{AvgGradInner}&=E_{T,1,2}[\bar{H}_2\bar{g}_1] \\ &=E_{T,1,2}[\bar{H}_1\bar{g}_2] \\ &=\frac{1}{2}E_{T,1,2}[\bar{H}_2\bar{g}_1+\bar{H}_1\bar{g}_2] \\ &=\frac{1}{2}E_{T,1,2}\left[\frac{\partial}{\partial\phi_1}(\bar{g}_1\cdot\bar{g}_2)\right] \end{aligned} \tag{14.38}$$

式中，$E_{T,1,2}[\cdot]$为在任务 T 和定义了 L_1 和 L_2 的两个批次上求期望。AvgGradInner 项给定特定任务内不同 batch 的梯度内积增加的方向，可提升泛化能力。回顾梯度表示式，对于 SGD 算法，当 $k=2$ 时，三种算法的梯度期望：

$$\begin{cases} E[g_{\text{MAML}}]=(1)\text{AveGrad}-(2\alpha)\text{AvgGradInner}+O(\alpha^2) \\ E[g_{\text{FOMAML}}]=(1)\text{AveGrad}-(\alpha)\text{AvgGradInner}+O(\alpha^2) \\ E[g_{\text{Reptile}}]=(2)\text{AveGrad}-(\alpha)\text{AvgGradInner}+O(\alpha^2) \end{cases} \tag{14.39}$$

实际上，三个梯度表示式首先最小化所有任务的期望损失，然后高阶 AvgGradInner 能够最大化给定某个任务中的梯度间内积来实现快速学习。

更一般情况下，当 $k\geqslant 2$ 时，将这些公式进行扩展，得到三种算法的期望：

$$g_{\text{MAML}}=\bar{g}_k-\alpha\sum_{j=1}^{k-1}\bar{H}_j\bar{g}_k-\alpha\bar{H}_k\sum_{j=1}^{k-1}\bar{g}_j+O(\alpha^2) \tag{14.40}$$

$$E[g_{\text{MAML}}]=(1)\text{AvgGrad}-(2(k-1)\alpha)\text{AvgGradInner} \tag{14.41}$$

$$g_{\text{FOMAML}}=g_k=\bar{g}_k-\alpha\bar{H}_k\sum_{j=1}^{k-1}\bar{g}_j+O(\alpha^2) \tag{14.42}$$

$$E[g_{\text{FOMAML}}]=(1)\text{AvgGrad}-((k-1)\alpha)\text{AvgGradInner} \tag{14.43}$$

$$g_{\text{Reptile}}=-(\phi_{k+1}-\phi_1)/\alpha=\sum_{i=1}^{k}g_i=\sum_{i=1}^{k}\bar{g}_i-\alpha\sum_{i=1}^{k}\sum_{j=1}^{i-1}\bar{H}_i\bar{g}_j+O(\alpha^2) \tag{14.44}$$

$$E[g_{\text{Reptile}}]=(k)\text{AvgGrad}-\left(\frac{1}{2}k(k-1)\alpha\right)\text{AvgGradInner} \tag{14.45}$$

可以看到，三者 AvgGradInner 与 AvgGrad 之间的系数比的关系是 MAML＞FOMAML ＞ Reptile，这个比例与步长 α、迭代次数 k 正相关。

2. 找到一个接近所有解流形的点

用 ϕ 表示网络初始化，$\boldsymbol{W}_{\mathcal{T}}$ 表示任务$\mathcal{T}$上的最优参数集，优化过程的最终目标是找到一个 ϕ 使得其与所有任务的 $\boldsymbol{W}_{\mathcal{T}}$ 之间的距离最小，即

$$\min_{\phi} E_{\mathcal{T}}\left[\frac{1}{2}D(\phi,\boldsymbol{W}_{\mathcal{T}})^2\right] \tag{14.46}$$

我们将呈现出 Reptile 算法对应于在该目标上执行 SGD。

给定非变态集合 $S\subset\mathbb{R}^d$，对于几乎所有的点 $\phi\in\mathbb{R}^d$，均方距离 $D(\phi,S)^2$ 的梯度是 $2(\phi-P_S(\phi))$，其中 $P_S(\phi)$为 ϕ 到 S 的投影，也是 ϕ 到 S 最近距离点。因此，对参数 ϕ 的梯度为

$$\begin{aligned}\nabla_{\phi}E_{\mathcal{T}}\left[\frac{1}{2}D(\phi,\boldsymbol{W}_{\mathcal{T}})^2\right]&=E_{\mathcal{T}}\left[\frac{1}{2}\nabla_{\phi}D(\phi,\boldsymbol{W}_{\mathcal{T}})^2\right]\\&=E_{\mathcal{T}}[\phi-P_{\boldsymbol{W}_{\mathcal{T}}}(\phi)]\end{aligned}$$

式中

$$P_{\boldsymbol{W}_{\mathcal{T}}}(\phi)=\arg\min_{p\in\boldsymbol{W}_{\mathcal{T}}}D(p,\phi) \tag{14.47}$$

在 Reptile 中每一次迭代相当于采样一个任务$\mathcal{T}$，然后在上面执行一侧 SGD 更新，即

$$\begin{aligned}\phi&\leftarrow\phi-\varepsilon\nabla_{\phi}\frac{1}{2}D(\phi,\boldsymbol{W}_{\mathcal{T}})^2\\&=\phi-\varepsilon(\phi-P_{\boldsymbol{W}_{\mathcal{T}}}(\phi))\\&=(1-\varepsilon)\phi+\varepsilon P_{\boldsymbol{W}_{\mathcal{T}}}(\phi)\end{aligned} \tag{14.48}$$

实际情况下，很难直接计算出 $P_{\boldsymbol{W}_{\mathcal{T}}}(\phi)$，即使 $L_{\mathcal{T}}$ 取得最小值的 p。因此，在 Reptile 中，用初始化参数 ϕ 在 $L_{\mathcal{T}}$ 上执行 k 步梯度下降后得到的结果来代替最优化参数 $\boldsymbol{W}_{\mathcal{T}}^*(\phi)$。

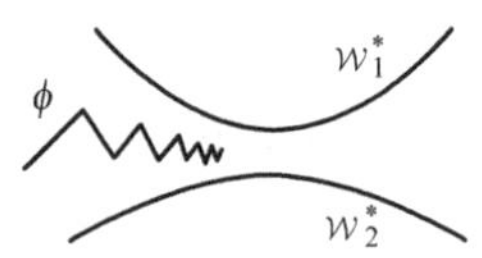

图 14-14 Reptile 算法示意图[1]

图 14-14 给出了迭代序列不断朝着两个最优解$\mathcal{W}_1$ 和 $\mathcal{W}_2$前进，并且收敛到最小化均方误差距离点。有人可能会以收敛到同一点为理由而反对这张图片，而无论执行一个步骤还是执行多个步骤的梯度下降。该说法是正确的，但是注意最小化预期距离目标 $E_{\mathcal{T}}[D(\phi,\boldsymbol{W}_{\mathcal{T}})]$与最小化预期损失目标 $E_{\mathcal{T}}[L_{\mathcal{T}}(f_{\phi})]$是不同的。特别地，存在预期损失最小化器 $L_{\mathcal{T}}$ 的高维流形(例如在 sin 曲线情况下，很多神经网络参数给出了零函数 $f(\phi)=0$)，但是预期距离目标的最小化器通常是单个点。

3. 相关实验结果

为了验证模型的实验结果，对小样本分类任务进行测试，在该类任务中存在一个元

数据集,包含了许多类的数据,每类数据由若干个样本组成,如前面所述 N-way K-shot 分类任务。

实验一:小样本分类任务。

为了便于对比,在 MAML 和 Reptile 任务中建立了相同的 CNN 训练模型,在 Ominglot 和 MiniImageNet 数据集上进行训练与测试,实验结果分别如表 14-3 和表 14-4 所列。从两个表中的数据可以看出,MAML 与 Reptile 在加入了转导(Transduction)后,在 MiniImageNet 上进行实验,Reptile 的表现要更好一些,而 Omniglot 数据集上正好相反。

表 14-3 MiniImageNet 上的结果[1]

算　　法	5 way 1-shot	5 way 5-shot
MAML+Transduction	48.70%(1±1.84%)	63.11%(1±0.92%)
1 阶 MAML+Transduction	48.07%(1±1.75%)	63.15%(1±0.91%)
Reptile	47.07%(1±0.26%)	62.74%(1±0.37%)
Reptile+Transduction	49.97%(1±0.32%)	65.99%(1±0.58%)

表 14-4 Ominglot 上的结果[1]

算　　法	5-way 1-shot	5-way 5-shot	20-way 1-shot	20-way 5-shot
MAML+Transduction	98.7%(1±0.4%)	99.9%(1±0.1%)	95.8%(1±0.3%)	98.9%(1±0.2%)
1 阶 MAML+Transduction	98.3%(1±0.5%)	99.2%(1±0.2%)	89.4%(1±0.5%)	97.9%(1±0.1%)
Reptile	95.39%(1±0.09%)	98.90%(1±0.10%)	88.14%(1±0.15%)	96.65%(1±0.33%)
Reptile+Transduction	97.68%(1±0.04%)	99.48%(1±0.06%)	89.43%(1±0.14%)	97.12%(1±0.32%)

实验二:不同的内循环梯度组合比较。

通过在内循环中使用四个不重合的 minibatch,产生梯度数据 g_1、g_2、g_3、g_4,然后将它们以不同的方式进行线性组合(等价于执行多次梯度更新)用于外部循环的更新,进而比较它们之间的性能表现,实验结果如图 14-15 所示。从曲线可以看出,仅使用一个批次数据产生的梯度 g_1 的效果并不显著,因为相当于让模型用少量的数据去优化所有任务;进行了两步更新的 Reptile(绿线)的效果明显不如进行了两步更新的 FOMAML(红线),因为两步 Reptile 算法在 AvgGradInner 上的权重比 AvgGrad 上的权重小(式 14.39)。随着 mini-batch 数量的增多,所有算法的性能也在提升。通过同时利用多步的梯度更新,Reptile 的表现要比仅使用最后一步梯度更新的 FOMAML 的表现好。这也表明 Reptile 算法可以从许多内循环步骤中受益,这与表 14-3 和表 14-4 给出的最佳超参数是一致的。

实验三:内循环中 minibatch 重合比较。

Reptile 和 FOMAML 在内循环过程中都是使用 SGD 进行的优化,在这个优化过程

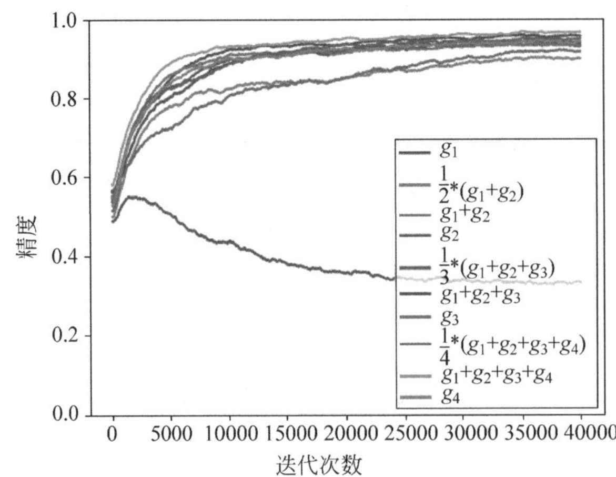

图 14-15　Omniglot 数据 5-shot 5 way 任务上不同的内循环梯度组合[1]

中任何微小的变化都将导致最终模型性能的巨大变化，因此这部分的实验主要是探究两者对于内循环中的超数的敏感性，同时也验证了 FOMAML 算法在 mini-batch 以错误的方式选取时会出现显著的性能下降情况。mini-batch 的选择有两种方式：

(1) 共尾方式：最后一个内循环的数据来自以前内循环批次的数据。

(2) 分尾方式：最后一个内循环的数据与以前内循环批次的数据不同。

图 14-16 给出了 Omniglot 数据 5-shot 5 way 任务上测试集准确率随超参数变化情况。图 14-16(a)为测试结果随内循环次数的变化，图 14-16(b)为测试结果随内循环 batch 尺寸的变化，图 14-16(c)为 FOMAML 算法共尾方式且批量尺寸为 100 时，测试结果随外循环次数(log 次数)的变化。从图 14-16(a)看出，FOMAML 算法二次迭代就获得好的性能，且随着内循环迭代次数的增多，采用分尾方式的 FOMAML 模型的测试准确率要高一些。因为在这种情况下，测试的数据选取方式与训练过程中的数据选取方式更接近。而 Reptile 算法循环方式与 FOMAML 算法分尾循环方式的结果相当，但该算法在三次迭代后才能上升到较好的结果。当采用不同的批次大小时，采用共尾方式选取数据的 FOMAML 的准确性会随着批次大小的增加而显著减小，而分尾方式却得到较好的效果。当采用 full-batch 时，共尾 FOMAML 的表现会随着外循环步长的加大而变差。共尾 FOMAML 的表现如此敏感的原因可能是最初的几次 SGD 更新让模型达到了局部最优，以后的梯度更新就会使参数在这个局部最优附近波动。

Reptile 有效的原因有两个：

(1) 通过用泰勒级数近似表示更新过程，发现 SGD 自动给出了与 MAML 计算的二阶项相同的项。这一项调整初始权重，以最大限度地增加同一任务中不同小批量梯度之间的点积，从而增大模型的泛化能力。

(2) Reptile 通过利用多次梯度更新，找到了一个接近所有最优解流形的点。

当执行 SGD 更新时，MAML 形式的更新过程就已经被自动包含在其中，通过最大化模型在不同批次数据之间的泛化能力，从而使得模型在微调时能取得显著的效果。

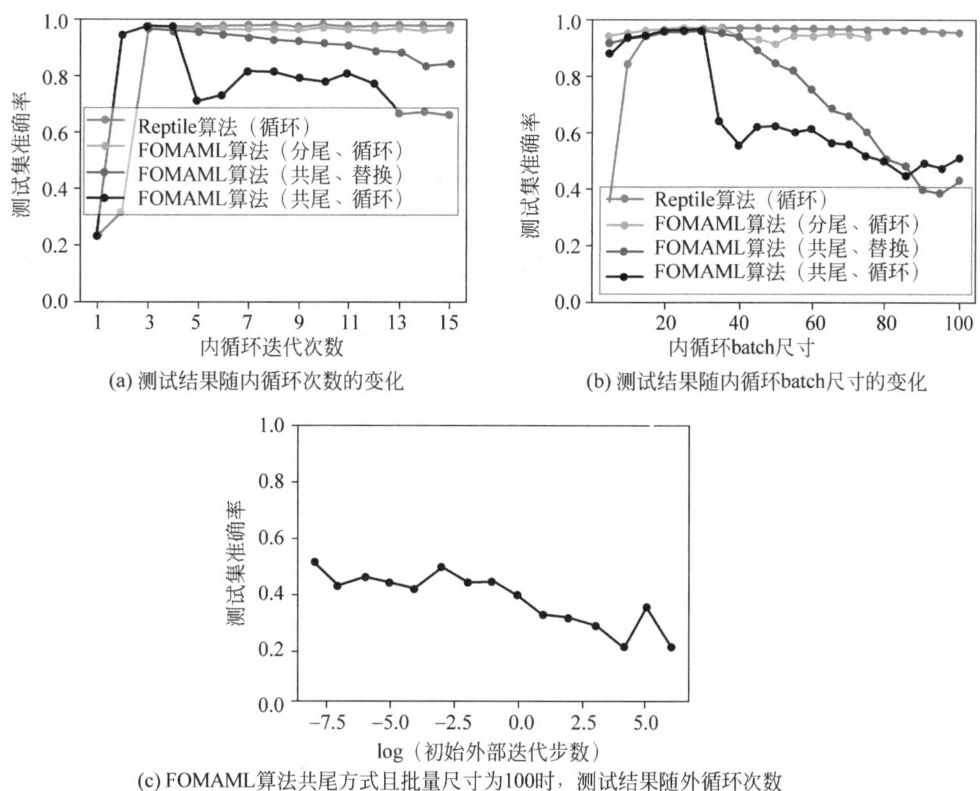

(a) 测试结果随内循环次数的变化

(b) 测试结果随内循环batch尺寸的变化

(c) FOMAML算法共尾方式且批量尺寸为100时，测试结果随外循环次数（log次数）的变化

图 14-16　Omniglot 数据 5-shot 5 way 任务上的超参数变化情况[1]

14.4　自适应梯度更新规则元学习方法

14.4.1　简单 LSTM 方法

前面章节讲到，深度学习优化问题通常归结为一个目标函数的优化问题，即

$$\theta^* = \underset{\theta}{\operatorname{argmin}} f(\theta) \tag{14.49}$$

而常用的优化算法就是采用梯度下降方法，即

$$\theta_{t+1} = \theta_t - \alpha_t \nabla_{\theta_t} f(\theta_t) \tag{14.50}$$

梯度下降法衍生了很多改进算法，如动量法、RMSProp 算法、自适应梯度方法、自适应动量法等。这些优化更新策略是根据主观经验或者实际条件来设计，具有较好的通用性，*No Free Lunch Theorems for Optimization*（Wolpert and Macready，等）[90]表明组合优化设置下，没有一个算法可以绝对好过一个随机策略。一般来讲，对于一个子问题，特殊化其优化方法是提升性能的唯一方法。但特定优化器可以不经人工预先设定，而是通过优化器本身根据模型与数据自适应进行调节，这就是元学习的思想。即采用一个可学习

的梯度更新规则,替代传统人工设计的梯度更新规则:

$$\theta_{t+1}=\theta_t+g_t(f(\theta_t),\phi) \tag{14.51}$$

其中,函数 $g(\cdot)$代表梯度更新规则函数,通过参数 ϕ 来确定,其输出是目标函数 f 当前迭代的更新梯度值,函数 $g(\cdot)$可以通过循环神经网络来表示,保持状态的动态变化。

上述方式使得优化器可以根据历史经验来调解自身优化策略,因此一定程度上做到了自适应,而传统优化方法(如 Adam、momentum、RMSprop 等)只是改变步长和方向,但其梯度更新规则还是固定方式,而不是自适应地改变其梯度更新规则。自适应梯度更新规则元学习方法,可以从一个历史的全局视野去适应这个特定的优化过程,做到"CoordinateWise",即循环神经网络的参数对每个时刻节点都保持"聪明",是一种"全局性的聪明",适应每个时刻。这种方法的实现思想也非常简单,就是使用循环神经网络(如普通 RNN 或者长短时记忆网络)优化器来替代传统优化器(如 SGD、RMSProp、Adam 等),然后使用梯度下降来优化优化器本身。

1. 训练神经网络优化器

如何训练神经网络呢,如何评价其性能优劣。这里引用一个损失函数:

$$L(\phi)=E_f[f(\theta^*(f,\phi))] \tag{14.52}$$

即最优化参数下的函数期望值。将更新值 g_t 作为 RNN m 的输出,g_t 输出是目标函数 f 当前迭代的更新梯度值; RNN m 由 ϕ 参数化,ϕ 的状态由 h_t 显性表示。虽然式(14.52)目标函数仅依赖于最终的参数值,但为了训练优化器,对于一些水平时间 T,需要一个依赖于整个优化轨迹的目标,即

$$L(\phi)=E_f\left[\sum_{t=1}^{T}w_t f(\theta_t)\right] \tag{14.53}$$

式中

$$\begin{cases}\theta_{t+1}=\theta_t+g_t\\ \begin{bmatrix}g_t\\ h_{t+1}\end{bmatrix}=m(\nabla_t,h_t,\phi)\\ \nabla_t=\nabla_\theta h(\theta_t)\end{cases} \tag{14.54}$$

式中: m 为优化器,w_t 为任意的时间权重,当 $w_t=1[t=T]$时,式(14.54)等价于式(14.53),但后续会描述采用不同的权重更为有效。

图 14-17 展示了元优化器和普通学习器的关系。元优化器在本书中就是一个 LSTM,它为普通学习器学习出一个优化方法。而普通学习器可以是任意一种使用梯度更新的模型。以下将使用 θ 来表示普通学习器中的参数,使用 ϕ 表示元优化器中的参数。

可以对式(14.53)采用的 ϕ 梯度下降法来最小化。梯度$\partial L(\phi)/\partial\phi$ 可以通过采样一个随机函数 f,且将后向传播算法应用在图 14-18 所示的计算图来获得。允许梯度沿着图中实线流动,但是梯度沿着虚线下降。忽略沿着虚线的梯度量,假设普通优化器的梯度不依赖元优化器的参数,即$\partial\nabla_t/\partial\phi=0$。这个假设使得不用计算 f 的二阶导数。

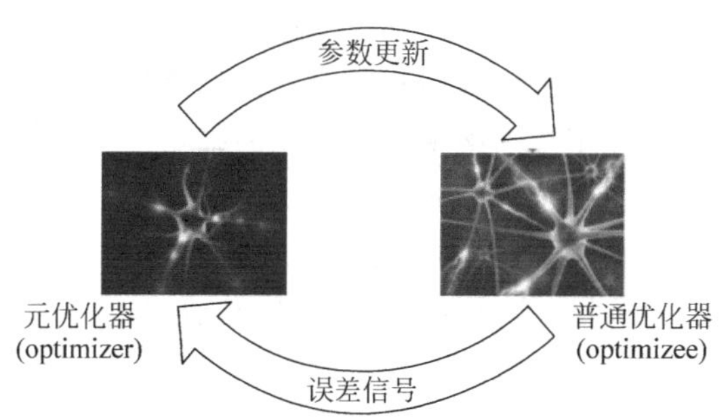

图 14-17　普通学习器与元优化器之间的关系[41]

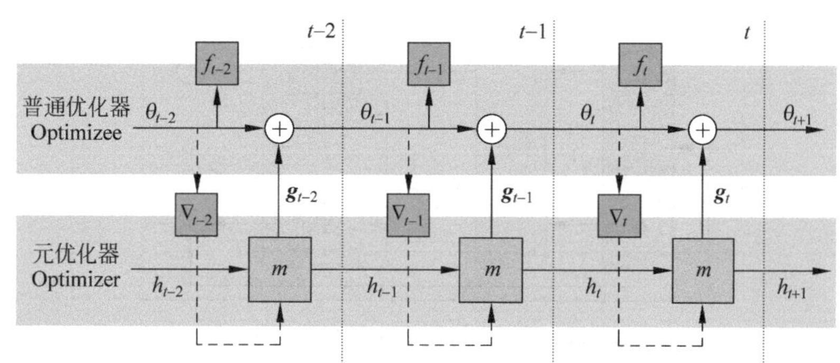

图 14-18　用于计算元优化器的计算图

考察式(14.54)的目标函数中,可以看到对于 $w_t \neq 0$ 项的梯度是非零的。如果 $w_t = 1[t=T]$来匹配原始问题,那么轨迹前面的梯度为 0,且只有最后的优化步为训练优化器提供了信息。这使得通过时间的反向传播效率低下。通过放宽目标使轨迹上的中间点上 $w_t > 0$ 来解决这一问题。这里改变了目标函数,但允许在部分轨迹上训练优化器。为了简单起见,在所有的实验中,对所有 t 使用 $w_t = 1$。

2. coordinatewise LSTM 优化器

在设置中应用 RNN 的一个挑战是希望优化至少数万个参数。对于一个输入参数张量$\boldsymbol{\theta} = (\theta^1, \theta^2, \cdots, \theta^n)$,对于每个维度 θ^i 都会有一个对应的 LSTM 来学习其最佳参数更新值。一般情况下,一个模型可能有 10 万或者 100 万个参数,如果为每个参数都配备一个独有的 LSTM,整个网络就会变得非常庞大,以至于无法训练。为了避免这个困难,使用一个优化器 m 对目标函数的参数进行 coordinatewise 优化,类似于常见的更新规则 RMSprop 和 ADAM 等,coordinatewise 优化即对每个时刻点都保持“全局聪明”。这种“全局聪明”的网络结构允许人们使用一个非常小的网络来定义优化器,即元优化器中的 LSTM 都是全部共享参数 ϕ,但是它们的各自隐含状态 h_t 不共享。由于每个参数维度上的 LSTM 的输入 h_t 和$\nabla L(\theta)$都不同,所以即使 ϕ 相同,输出也不相同。实际上,这也与常规的优化方法相类似,如 RMSprop 和 ADAM 等,它们也是为每个维度的参数实施同样的梯度更新规则。

每个 coordinate 的不同体现在对每个目标函数参数使用单独的激活函数。除了为这个优化器使用一个小网络外,这种设置还有一个很好的效果,在每个 coordinate 上独立使用相同的更新规则,使优化器不受网络中参数顺序的影响。

使用两层的 LSTM 来实现每个 coordinate 的更新。网络将单个 coordinate 的优化梯度和前一个隐藏状态作为输入,相关优化参数的更新作为输出,这个架构称为 LSTM 优化器,如图 14-19 所示。递归允许使用 LSTM 学习动态更新规则,该规则集成了梯度历史中的信息,类似于动量,这在凸优化中有许多理想的性质。所有 LSTM 共享参数,但隐含状态独立。其实每次训练只取普通优化器中一个维度的 loss 值来更新元优化器的参数。

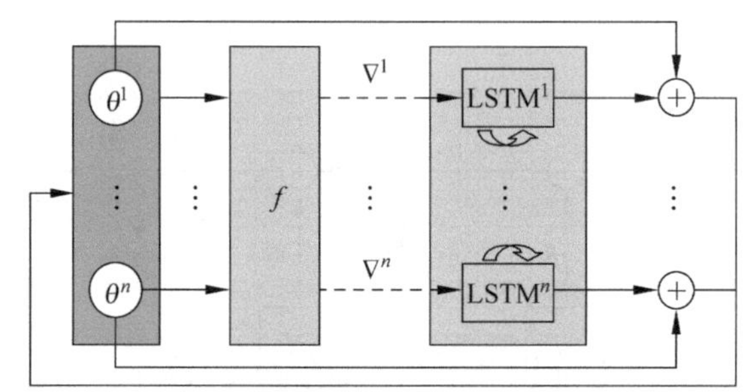

图 14-19　LSTM 优化器的一步(所有 LSTM 都有共享的参数,但隐藏状态分开)

预处理和后处理:优化器的输入与输出可以有不同的尺寸,取决于被优化函数的类别,但是神经网络通常对不是过大或过小的输入与输出有效。在实践中,使用合适的常量(对所有时间步和函数 f 共享)重新调节 LSTM 优化器的输入与输出,可以避免这一问题。

3. coordinate 之间信息共享

前一节给出一种 coordinatewise 结构,通过类比与 RMSprop 或 ADAM 的学习机制相对应。虽然对角方法在实践中是非常有效的,但同样可以考虑学习更多、更复杂的优化器,将 coordinate 之间的相关性考虑在内。为此,引入一种允许不同的 LSTM 彼此通信的机制。

全局平均神经元(Global Average Cell,GAC):最简单的解决方案是在每个 LSTM 层中指定一个神经元子集进行通信,这些神经元像普通 LSTM 神经元一样工作,但是它们的输出激活值在每个时间步对全部 coordinate 进行平均。假设每个 LSTM 可以计算梯度的平方,这些全局平均神经元足以让网络实现 L_2 梯度裁剪。该架构可以记为 LSTM+GAC 优化器。简单地说,就是每一个 LSTM 中的神经元输出平均化,即共用每个 LSTM 中的记忆。

NTM-BFGS 优化器:还考虑使用 coordinate 间共享外部存储扩展 LSTM+GAC 架构。如果适当设计内存,可以让优化器去学习类似于牛顿的方法(Newton Method,NTM),如(L-)BFGS。BFGS 方法是常用的一种最优化算法,以四个学者名字的首字母来命名,即布罗依丹(C. G. Broy-den)、弗莱彻(R. Fletcher)、戈德福布(D. Goldforb)和香诺(D. F. Shanno)。这样的方法可以看成一组独立工作进程,但是通过存储在内存中的逆 Hessian 近似进行了通信。设计了一个存储架构,允许网络模拟(L-)BFGS,这个架构对外部存储的使用类似神经图灵机[91],称为 NTM BFGS 优化器。这种结构和 NTM 的区别:一是这种方法的内存仅允许低 rank 更新;二是控制器在 coordinatewise 运行。

14.4.2 复杂 LSTM 方法

1. 模型描述

对一个单一任务来说,任务学习器的参数 θ 是在支持集上面训练的。一种常规的梯度下降优化方法形式为

$$\theta_t = \theta_{t-1} - \alpha_t \nabla_{\theta_{t-1}} L_t \tag{14.55}$$

式中:θ_t 为第 t 次更新迭代之后的参数;α_t 为第 t 步时的学习率,$\nabla_{\theta_{t-1}} L_t$ 为使用第 $t-1$ 次参数 θ_{t-1} 时候的损失函数相对于 θ_{t-1} 的梯度,这里损失函数的下标 t 其实只是代表这个损失函数是第 t 次更新时候的损失函数,而损失函数的计算和求梯度都是相对于上一次迭代完之后的参数 θ_{t-1} 的。

式(14.53)与 LSTM 中的单元状态的更新很类似:

$$c_t = f_t \odot c_{t-1} + i_t \odot \tilde{c}_t \tag{14.56}$$

只要令 $f_t = 1, c_{t-1} = \theta_{t-1}, i_t = \alpha_t, \tilde{c}_t = -\nabla_{\theta_{t-1}} L_t$。

下面给出典型 LSTM 与元 LSTM 的主要区别。图 14-20 给出了典型 LSTM 图,在经典 LSTM 中,单元状态 c_{t-1} 与 x_i 无关的,而元 LSTM 的单元状态 θ 会影响输入 $-\nabla_{\theta_{t-1}} L_t$。

因此,可以使用一个 LSTM 的元学习者来学习一个更新规则,其实这个更新规则可以看成一种新的类似于但不同于梯度下降的优化算法,因为常用的基于梯度的优化面对少样本学习问题会崩溃。而新优化方法(更新规则)将在少样本学习任务上使用少量的样本和少量的更新迭代产生良好的效果。

LSTM 的单元状态就是任务学习者的参数 $c_t = \theta_t$,候选的单元状态 $\tilde{c}_t = -\nabla_{\theta_{t-1}} L_t$。给出 i_t 和 f_t 的参数化形式,这样元学习可以通过更新过程确定最佳的值,即

$$\begin{cases} c_t = f_t \odot \theta_{t-1} + i_t \odot -\nabla_{\theta_{t-1}} L_t \\ i_t = \sigma(\boldsymbol{W}_I [\nabla_{\theta_{t-1}} L_t, L_t, \theta_{t-1}, i_{t-1}] + \boldsymbol{b}_I) \\ f_t = \sigma(\boldsymbol{W}_F [\nabla_{\theta_{t-1}} L_t, L_t, \theta_{t-1}, f_{t-1}] + \boldsymbol{b}_F) \end{cases} \tag{14.57}$$

这样,学习率 $i_t = \alpha_t$ 就成了一个关于 $t-1$ 迭代次时的参数值 θ_{t-1}、当前的损失函数 L_t,当前损失函数 L_t 相对于 θ_{t-1} 的梯度以及上一个学习率 i_{t-1} 的函数。这样元学习者就可以控制任务学习者在少样本学习任务上快速学习同时避免发散。

对于 f_t,之前的梯度下降都是一个常数 1。但是,假设参数限于一个糟糕的局部最优解中,因此需要收缩当前的参数并忘掉部分之前的参数,才能更快地逃离这个局部最优解。例如,在这个局部最优解附近,出现损失函数很大梯度却很小的情况。

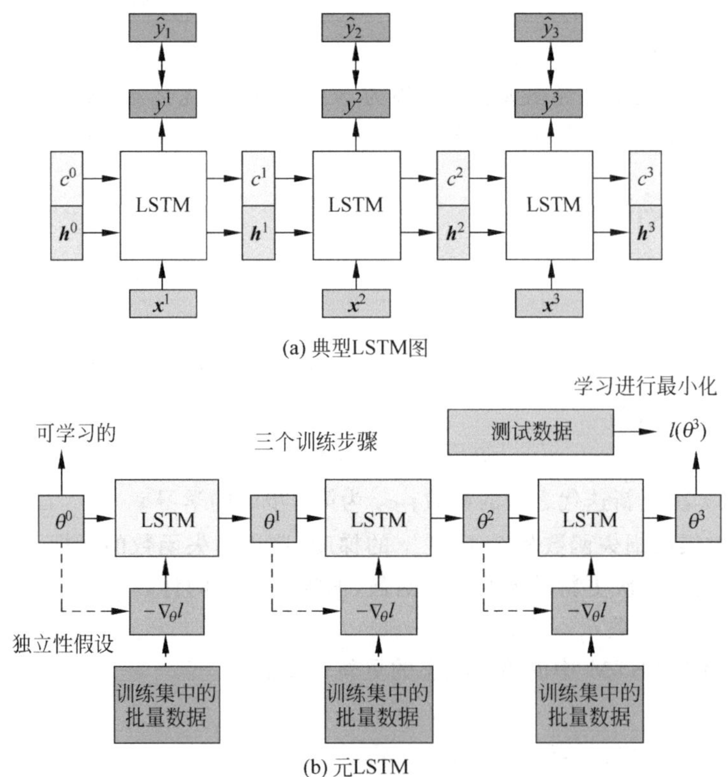

图 14-20 典型 LSTM 图与元 LSTM 对比图

通过这样的过程，不仅学习了一个新的优化过程，还学习了一个 c_0 作为任务学习者的初始化参数，这个初始化参数可以作为一个最佳的训练起点加快优化过程。

这样一个元学习过程不仅可以看成 LSTM，还可以看成 GRU，除了遗忘门和输入门的和不恒为 1。

2. 参数共享和预处理

因为模型需要一个元学习者 LSTM 学习更新一个深度神经网络。为了避免元学习者的参数爆炸，使用了一种参数共享——在任务学习者的梯度坐标上共享参数。这意味着每个坐标有自己的隐藏状态和单元状态值，但是 LSTM 的参数在所有的坐标之间是一样的。这样就可以使用一个紧凑的 LSTM，并且这样做具有一个额外的优点是所有的坐标共享一个更新规则，但更新规则又依赖于每个坐标在优化过程中各自的历史。参数共享的实施方法是将输入作为一批梯度坐标和每个维度的损失输入$(\nabla_{\theta_{t-1,i}}L_t, L_t)$。

又由于不同坐标的梯度和损失大小可能不一样，所以需要进行标准化处理，以便元学习者训练的时候恰当地使用它们。这个预处理可以调整梯度和损失，同时也能分类它们大小和符号所包含的信息(后者主要用于梯度)：

$$x \to \begin{cases} \left(\dfrac{\log(|x|)}{p}, \mathrm{sign}(x)\right), & |x| \geqslant e^{-p} \\ (-1, e^{p}x), & \text{其他} \end{cases} \tag{14.58}$$

3. 训练

标准的元学习训练过程：元测试任务和元训练任务相匹配。即在多个元训练任务上进行训练，然后学到需要的更新规则和初始化参数。面对一个新的小样本任务时，在这个任务的支持集上面使用更新规则对这个初始化参数进行优化更新，在查询集上面进行性能评估。

具体算法分析：

首先是输入：元学习训练集，任务学习者 M 参数为 θ，元学习者 R 参数为 Θ。

其次随机初始化 Θ，Θ 可以理解为包含更新规则和初始化参数。

再次遍历 n 个元学习任务：从每个任务中采样出支持集和查询集，从支持集中批采样 T 次。

每次过程：使用任务学习者当前参数计算损失函数，然后用当前的元学习者指导的更新规则来更新任务学习者的参数，迭代 T 次。

在查询集中，使用上面最后一次，也就是第 T 次更新之后的参数来计算损失函数，来更新元学习者的参数。

注意：支持集上只更新任务学习者的参数，不更新元学习者参数；查询集上则相反。可以理解为支持集上用当前的更新规则去试验一下效果好不好，然后在查询集上再来更新修改这个更新规则。相当于支持集中的信息会帮助人们来更新规则。

图 14-21 表示了元学习器的计算流图。将样本数据分成训练集和测试集，$(\boldsymbol{X}_t, \boldsymbol{Y}_t)$ 表示每个来自训练集的第 t 个 batch，而$(\boldsymbol{X}, \boldsymbol{Y})$是测试集样本。虚线箭头表示当训练元学习器时并不沿着后向步骤传播。将学习器表示为 M，$M(\boldsymbol{X};\theta)$是参数 θ 的学习器 M 对于输入 $\boldsymbol{X}$ 的输出，利用∇_t 作为$\nabla_{\theta_{t-1}} L_t$ 的缩写。训练元学习的算法如算法 14-3 所示。

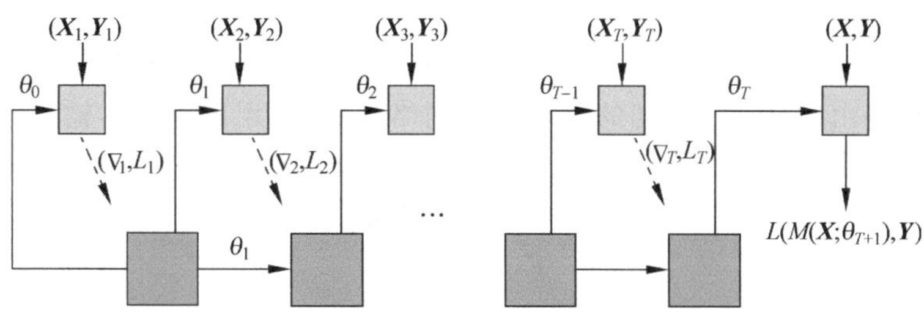

图 14-21 元学习器的计算流图

算法 14-3 训练元学习的算法

输入：元训练集$\mathcal{D}_{\text{meta-train}}$，学习器 M 参数为 θ，元学习器 R 参数为 Θ

1 Θ_0 随机初始化

---

for $d=1,n$ **do**

　利用$\mathcal{D}_{\text{meta-train}}$随机初始化$\mathcal{D}_{\text{train}}$,$\mathcal{D}_{\text{test}}$

　$\theta_0 \leftarrow c_0$　　//初始化学习器 M

　for $t=1,T$ **do**

　　$\boldsymbol{X}_t,\boldsymbol{Y}_t \leftarrow$来自$\mathcal{D}_{\text{train}}$随机批量(batch)　　//在训练 batch 上获得学习器损失

　　$\mathcal{L}_t \leftarrow \mathcal{L}(M(\boldsymbol{X}_t;\theta_{t-1}),\boldsymbol{Y}_t)$　　//利用式获得元学习器输出

　　$c_t \leftarrow R((\nabla_{\theta_{t-1}}\mathcal{L}_t,\mathcal{L}_t);\Theta_{d-1})$　　//更新学习器参数

　　$\theta_t \leftarrow c_t$

　end for

　$\boldsymbol{X},\boldsymbol{Y} \leftarrow \mathcal{D}_{\text{test}}$

　$\mathcal{L}_{\text{test}} \leftarrow \mathcal{L}(M(\boldsymbol{X};\theta_T),\boldsymbol{Y})$　　//在测试 batch 上获得学习器损失

　利用$\nabla_{\Theta_{d-1}}\mathcal{L}_{\text{test}}$更新$\Theta_d$　　//更新元学习器参数

end for

4. 梯度独立性假设

前面公式包含一个隐藏假设,即任务学习者损失和梯度依赖于元学习者的参数。元学习者参数的梯度应该考虑这种依赖性,但会导致计算更加复杂。因此,通常对此做简化假设,即这些对梯度的贡献不重要且可以忽略,避免求二阶导数。

14.5 度量元学习方法

在元学习中,度量学习是指从广泛的任务空间中学习相似性度量,从而将过去的学习任务中提取的经验用于指导学习新任务,达到学会如何学习的目的。它的基本思想是:学习器(元学习器)在训练集的每个任务上通过支持集距离度量学习目标集,最终学习得到一个度量标准;然后对于测试集的新任务,只需借助支持集少量样本就可以快速对目标集进行正确分类。

目前,基于度量学习的少样本图像分类方法有孪生网络、匹配网络、原型网络和关系网络。孪生网络由两个完全相同的卷积神经网络组成,采用成对样本输入,通过对比损失函数来计算两个图像之间的相似度。而其他三种方法没有采用成对的样本输入,而是通过设置支持集和目标集的形式计算两个图像之间的相似度。

14.5.1 匹配网络

匹配网络提出了一个通用的网络框架,可以将小的数据集和未标记的示例映射到其所属标签[55]。首先对于小样本数据集,可能会遇到过拟合和欠拟合的问题,虽然可以采用正则化、数据增强等方法来缓和这些问题,但无法解决根本性问题。其次,参数学习过程非常缓慢,需要使用随机梯度下降法进行各种权重更新。而许多非参数模型(如 KNN 方法)甚至不需要任何形式的训练,仅仅是利用数据集并根据预先设定的参数指标来做

出决策。因此,可以在元学习的框架下构造一种端到端训练的小样本分类器。该方法是对样本间距离分布进行建模,使得同类样本靠近,异类样本远离。匹配网络建模过程的创新之处在于,提出了基于记忆和注意力的匹配网络,使得网络可以快速学习。

总体而言,该非参数化的方法基于两点:一是模型架构基于具有记忆增强的神经网络,给定一个小的支持集 S,模型定义了一个函数(或者称为分类器)c_S 来映射 S;二是采用一种特殊的单样本学习的训练策略。

1. 模型架构

该算法借鉴了具有外部存储的记忆增强网络的想法,这些网络的模型通常是完全可微的,定义了一个"读取/访问"的矩阵,其中存储了对于解决目前任务很有帮助的信息。

该方法将单样本学习问题看成一个集合到集合问题,通过制定一个集合到集合框架解决单样本学习问题。假设 $S=\{(\boldsymbol{x}_i,y_i)\}_{i=1}^k$ 是 k 个图片-标签对,$\hat{\boldsymbol{x}}$ 是测试图片,y 是预测标签。将映射 $S\rightarrow c_s(\hat{\boldsymbol{x}})$ 改为 $P(\hat{y}|\hat{\boldsymbol{x}},S)$,匹配网络结构如图 14-22 所示,左边若干个图片形成一组,称为支持集;右下 1 张图片为测试样本,全部图片称为 1 个任务。该模型用函数可表示为 prediction$=f$(support_set,test_example),即模型有两个输入。P 是一个参数化的神经网络。这里用元学习解释,S 就是某个任务的支持集,$\hat{\boldsymbol{x}}$ 和 y 一起组成该任务查询集中的一个测试样本。对于另外一个任务,S 变为 S'。这样需要测试的元测试任务时,就只需要改变 S 和对应的$\hat{\boldsymbol{x}}$ 即可,而神经网络 P 不用进行改变。预测过程为 $\underset{\hat{y}}{\operatorname{argmax}}P(\hat{y}|\hat{\boldsymbol{x}},S)$。

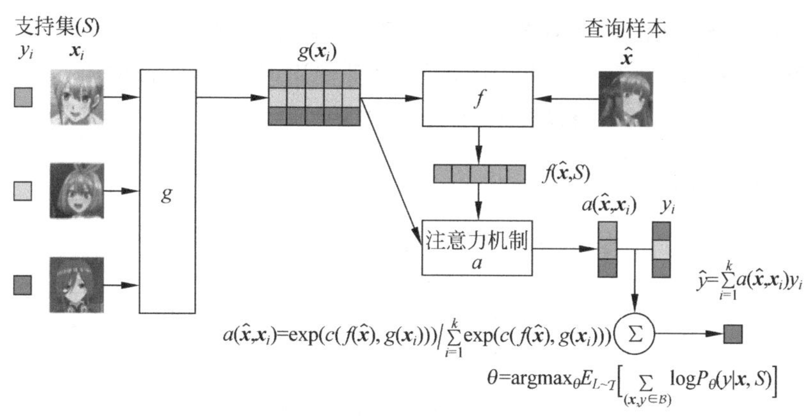

图 14-22 匹配网络结构[55]

模型计算 $\hat{y}$ 最简单的形式为

$$\hat{y}=\sum_{i=1}^{k}a(\hat{\boldsymbol{x}},\boldsymbol{x}_i)y_i \tag{14.59}$$

式中:$\boldsymbol{x}_i$ 和 y_i 来自支持集;$a(\hat{\boldsymbol{x}},\boldsymbol{x}_i)$是后续讨论的注意力机制。

等式(14.59)本质上描述了一个新类的输出是支持集 S 中标签的线性组合。注意力机制 $a(\hat{\boldsymbol{x}},\boldsymbol{x}_i)$可以有不同的解释,根据解释方式的不同,可以将式(14.59)分成 KDE 和 KNN 两种方法:

(1) 将 $a(\hat{\boldsymbol{x}},\boldsymbol{x}_i)$作为核函数，则 $a(\hat{\boldsymbol{x}},\boldsymbol{x}_i)$是输入特征向量 $\boldsymbol{X}$ 空间上的一个核函数，则此时式(14.59)类似于核密度估计(Kernel Density Estimation，KDE)算法，此时模型理解为，前面深度学习网络构成嵌入层，后端用 KDE 作分类层。

(2) 将 $a(\hat{\boldsymbol{x}},\boldsymbol{x}_i)$作为一个 0-1 函数，根据某个距离测度和适当常量，距离$\hat{\boldsymbol{x}}$ 最远的 b 个 $\boldsymbol{x}_i$ 的注意力机制为 0，那么式(14.59)等价于 $k-b$ 个最相邻邻居。此时模型理解为，前面深度学习网络构成嵌入层，后端用 KNN 作分类层。

除了上述的理解方式，还可以从另外一种角度来描述式(14.59)，即将其看成一种关联存储器，同样 $a(\hat{\boldsymbol{x}},\boldsymbol{x}_i)$看成一种注意力机制，而对应 y_i 作为一种与对应的 $\boldsymbol{x}_i$ 绑定的记忆存储，模型的预测结果就是支持集中注意力最多的图片的类别标签。给定一个测试样本，可以找到 S 中对应的样本，然后索引它的标签作为获得预测值。但是，这与其他的注意力记忆存储机制不同。原因在于：该模型本质上是非参数化的，随着 S 大小的增加，使用的内存也在增加。因此，函数形式定义下的分类器 $c_S(\hat{\boldsymbol{x}})$可以很灵活、很容易地适应新的支持集。

2. 注意力机制

算法中核心判断主要依赖于 $a(\cdot)$的选择，注意力机制完全决定了分类器。最简单的一种形式是使用余弦距离 c 的 Softmax 函数，即

$$a(\hat{\boldsymbol{x}},\boldsymbol{x}_i)=\mathrm{e}^{(c(f(\hat{\boldsymbol{x}}),g(\boldsymbol{x}_i)))}\Big/\sum_{j=1}^{k}\mathrm{e}^{(c(f(\hat{\boldsymbol{x}}),g(\boldsymbol{x}_j)))} \tag{14.60}$$

式中：f、g 是两个适当的神经网络且可能是同一个网络来嵌入$\hat{\boldsymbol{x}}$、$\boldsymbol{x}_i$。通常 f 和 g 的选择也比较容易，例如图像任务选择 CNN，语言任务使用词向量，图像中的 CNN 常常选择 VGG 网络或者 Inception 网络提取单个样本的原始特征。

3. 完全上下文嵌入方法

该方法的一个创新点是重新解释了一个广泛使用的框架(具有外部存储的神经网络)，从度量学习的角度而言，可以认为 f 和 g 是一种广义的特征映射，形成一个新的特征空间。从某种意义上讲，对 $\boldsymbol{x}_i$ 的映射和 S 中其他元素的映射相独立，并且 S 应该能够通过 y_i 改变对于$\hat{\boldsymbol{x}}$ 的嵌入。

采用一个函数来映射集合中的元素，即 Embeding$(\boldsymbol{x}_i)=g(\boldsymbol{x}_i)\leftarrow g(\boldsymbol{x}_i,S)$，该函数的输入是整个 S 和 $\boldsymbol{x}_i$，所以其输出同时与对应的 $\boldsymbol{x}_i$ 和整个支持集 S 有关。支持集由于是每次随机选取，嵌入函数同时考虑支持集和 $\boldsymbol{x}_i$ 可以消除随机选择造成的差异性。类似机器翻译中单词和上下文的关系，S 可以看作 $\boldsymbol{x}_i$ 的上下文，所以可以将普通嵌入输出再次经过循环神经记忆网络来进一步加强上下文和个体之间的关系。即在嵌入函数中加入 LSTM 网络，用一个具有读注意力机制的双向长短期记忆网络来在 S 的上下文的情况下编码 $\boldsymbol{x}_i$：

$$f(\hat{\boldsymbol{x}},S)=\mathrm{attLSTM}(f'(\hat{\boldsymbol{x}}),g(S),Q) \tag{14.61}$$

式中：f'为一个 CNN；g 是以集合 S 为输入的 CNN 再经过双向 LSTM；Q 为固定的展

开步数,等于支持集图片个数,$Q=K$。

下面通过完全条件嵌入函数 g 和 f 来看式(14.59)的具体实现。

1) 完全条件嵌入函数 g

完全条件嵌入函数 g 训练集编码函数,采用双向 LSTM,该双向 LSTM 输入序列 S 中的各个样本,将各个样本组成一个序列,然后对每个 $\boldsymbol{x}_i$ 进行编码得到 $g'(\boldsymbol{x}_i)$,再进行时序建模,即支持集中的 $\boldsymbol{x}_i$ 在经过多层卷积网络后,再经过一层双向 LSTM。需要注意的是,这里并没有提到该序列 S 如何生成,可以随机生成,也可以按照某种顺序进行生成。则可以得到

$$\begin{cases}\overrightarrow{\boldsymbol{h}}_i,\overrightarrow{\boldsymbol{c}}_i=\text{BiLSTM}(g'(\boldsymbol{x}_i),\overrightarrow{\boldsymbol{h}}_{i-1},\overrightarrow{\boldsymbol{c}}_{i-1})\\ \overleftarrow{\boldsymbol{h}}_i,\overleftarrow{\boldsymbol{c}}_i=\text{BiLSTM}(g'(\boldsymbol{x}_i),\overleftarrow{\boldsymbol{h}}_{i+1},\overleftarrow{\boldsymbol{c}}_{i+1})\\ g(\boldsymbol{x}_i,S)=\overrightarrow{\boldsymbol{h}}_i+\overleftarrow{\boldsymbol{h}}_i+g'(\boldsymbol{x}_i)\end{cases}\tag{14.62}$$

其中:$g'(\boldsymbol{x}_i)$为把 $\boldsymbol{x}_i$ 输入到神经网络后的普通嵌入编码,嵌入网络可以选择如 VGG、Inception 模型进行编码;$\overrightarrow{\boldsymbol{h}}_i$、$\overrightarrow{\boldsymbol{c}}_i$ 和$\overleftarrow{\boldsymbol{h}}_i$、$\overleftarrow{\boldsymbol{c}}_i$ 分别为双向 LSTM 中的输出;$\boldsymbol{x}_i$ 通过双向 LSTM 进行信息互通。

2) 完全条件嵌入函数 f

对于测试样本,其嵌入函数 f 也同样要考虑上下文影响,设 LSTM($\boldsymbol{x}$;$\boldsymbol{h}$;$\boldsymbol{c}$)表示输入 $\boldsymbol{x}$ 经过 LSTM 网络,其中 $\boldsymbol{h}$ 是输出,$\boldsymbol{c}$ 是细胞核内部。所以可得

$$\begin{cases}a(\boldsymbol{h}_{k-1},g(\boldsymbol{x}_i))=\text{Softmax}(\boldsymbol{h}_{k-1}^{\mathrm{T}}g(\boldsymbol{x}_i))\\ =\exp(\boldsymbol{h}_{k-1}^{\mathrm{T}}g(\boldsymbol{x}_i))/\sum_{j=1}^{|S|}\exp(\boldsymbol{h}_{k-1}^{\mathrm{T}}g(\boldsymbol{x}_j))\\ \boldsymbol{r}_{k-1}=\sum_{i=1}^{|S|}a(\boldsymbol{h}_{k-1},g(\boldsymbol{x}_i))g(\boldsymbol{x}_i)\\ \hat{\boldsymbol{h}}_k,\boldsymbol{c}_k=\text{LSTM}(f'(\hat{\boldsymbol{x}}),[\boldsymbol{h}_{k-1},\boldsymbol{r}_{k-1}],\boldsymbol{c}_{k-1})\\ \boldsymbol{h}_k=\hat{\boldsymbol{h}}_k+f'(\hat{\boldsymbol{x}})\end{cases}\tag{14.63}$$

式中:$f'(\hat{\boldsymbol{x}})$为把$\hat{\boldsymbol{x}}$ 输入到神经网络后的普通嵌入编码,如 CNN 网络;$\boldsymbol{r}_{k-1}$ 为 $\boldsymbol{h}_{k-1}$ 的注意力输出;g 采用式(14.62)的表示。

则可以得到 LSTM 的输出,通常进行 K 步读取,即 $f(\hat{\boldsymbol{x}},S)=\boldsymbol{h}_K$。通过式(14.62)和式(14.63)实现了式(14.61),由于采用了注意力机制,因此将其表示为 attLSTM 形式。

上面已经实现了匹配网络的核心技术建模,无论是训练集嵌入函数 g 还是测试集嵌入函数 f,都采用了 LSTM 网络形式。本质原因是各个类别的样本作为序列输入到 LSTM 中,是为了使模型从所有样本中自动选择合适的特征去度量,从而使得通过这种方式训练出的度量方式更加适应于具体的问题。

4. 训练策略

匹配网络模型为 $P_\theta(\cdot|\hat{\boldsymbol{x}},S)$,其中 θ 是 f 和 g 的所有参数的综合,即整个模型的参

数。匹配网络训练的目标是，希望可以在测试任务中的支持集 S' 中的类是训练时没有见过类的情况下仍能表现良好。

下面给出匹配网络的具体训练策略。为了便于与前面元学习算法相对应，假设 L_{all} 是训练的类，整体样本集包括 L_{all} 个类别的大量样本，可以认为是一个大型数据集。N 是从 L_{all} 中采样出来的部分类作为一个任务的类别（采样 N 个类可以构成 N-way 任务）；然后采样属于 N 类的样本，每个类采样 K 个样本作为支持集，这就是一个 K-shot 的任务，也就是文中的 S；然后再在属于 N 类的样本中采样样本作为查询集，也就是一个批量的尺寸（B）。测试的时候面对的是新类（不属于 L_{all} 中的任何一类），可以记为 L'。训练参数 θ 的过程为

$$\theta=\underset{\theta}{\operatorname{argmax}} E_{L\sim L_{\text{all}}}\left[\sum_{(\boldsymbol{x},y\in B)}\log P_{\theta}(y\mid \boldsymbol{x},S)\right] \tag{14.64}$$

利用式(14.64)训练的模型，在遇到训练集中没有遇到的任务时仍然获得较好的性能。通常情况下，整体样本集的类别数远大于任务类别数，即 $L_{\text{all}}\gg N$；而整体样本集中的每类样本数也远大于 K。

简单地说，匹配网络学习的是正确的嵌入表示，并使用余弦相似度度量来确保测试数据点已知。匹配网络是一种神经网络模型，可实现将特征提取和可微 KNN 与余弦相似性相结合的端到端训练过程。匹配网络的体系结构主要受到注意力模型和记忆网络的启发，在所有的模型中都定义了一种神经注意机制来访问记忆矩阵，该矩阵存储了解决手头任务所需的有用信息。

14.5.2 原型网络

原型网络的思路非常简单，对于分类问题，原型网络将其看作在语义空间中寻找每一类的原型中心[56]。根据少样本情况下的任务定义，原型网络训练时学习如何拟合中心。学习一个度量函数，该度量函数可以通过少量的几个样本找到所属类别在该度量空间的原型中心。测试时，用支持集中的样本来计算新类别的聚类中心，再利用最近邻分类器的思路进行预测。

图 14-23 给出了原型网络示意图。原型网络将各个样本投影同一空间中，对于支持集每种类型的样本提取其中心点作为原型，然后通过计算目标集和支持集每个类别的原型的距离来进行分类。

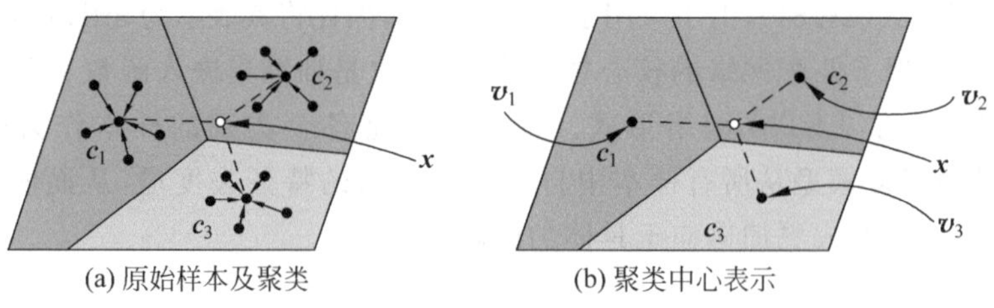

图 14-23　原型网络示意图

假设 N 为训练集样本的个数，K 是训练集类别数；训练集合 $\mathcal{D}=\{(\boldsymbol{x}_1,y_1),(\boldsymbol{x}_2,y_2),\cdots,(\boldsymbol{x}_N,y_N)\}$，每个 $y_i\in\{1,2,\cdots,K\}$。$\mathcal{D}_k$ 表示集合 $\mathcal{D}$ 中元素标签 $y_i=k$ 的所有元素 $(\boldsymbol{x}_i,y_i)$ 子集。原型网络是以回合为单元来进行训练的，这里的回合就是构造一个小样本的任务，即随机取其中的 $N_C\leqslant K$ 类别构造训练任务。

对于每个回合(或训练任务)，N_C 个类别中的每一类，都随机抽取一定数量的样本来构造支持集和查询集，N_S 是该训练任务中每个类别支持样本的个数，N_Q 是每个类别查询样本的个数。对于每个回合任务，则支持集的总样本数为 $N_S\times N_C$，而查询集的总样本数为 $N_Q\times N_C$。利用支持集中的数据去训练原型中心，利用查询集中的数据计算损失函数实现训练。则支持集每个类别的原型 $\boldsymbol{c}_k$ 的计算公式为

$$\boldsymbol{c}_k=\frac{1}{|S_k|}\sum_{(\boldsymbol{x}_i,y_i)\in S_k}f_\phi(\boldsymbol{x}_i) \tag{14.65}$$

式中：k 为从总训练类别 K 类中随机抽取的 N_C 类中的一个；f_ϕ 代表嵌入函数，嵌入到统一的表征空间；$|S_k|=N_s$ 表示支持集的样本个数。

从式(14.65)中可以得出，类别的原型就是对支持集中的所有样本向量取均值。测试时，使用归一化指数函数计算测试样本与原型之间的距离，计算公式为

$$p_\phi(y=k\mid\boldsymbol{x})=\frac{\exp(-d(f_\phi(\boldsymbol{x}),\boldsymbol{c}_k))}{\sum_j\exp(-d(f_\phi(\boldsymbol{x}),\boldsymbol{c}_j))} \tag{14.66}$$

式中：$d:R^M\times R^M$ 表示距离度量公式。

因此在训练时，训练目标函数是通过计算查询集样本与原型之间的损失函数(式(14.64))来实现的。算法 14-4 给出了原型网络的算法流程。

算法 14-4　原型网络的训练任务损失计算

N 为训练集样本的个数，K 为训练集类别数；$N_C\leqslant K$ 为每个回合类别数，N_S 为每个类别支持样本的个数，N_Q 为每个类别查询样本的个数。随机采样 RandomSample(S,N)表示在训练集 S 中不放回地随机均匀选择 N 个元素。

输入：训练集合 $\mathcal{D}=\{(\boldsymbol{x}_1,y_1),(\boldsymbol{x}_2,y_2),\cdots,(\boldsymbol{x}_N,y_N)\}$，每个 $y_i\in\{1,2,\cdots,K\}$，$\mathcal{D}_k$ 表示集合 $\mathcal{D}$ 中元素标签 $y_i=k$ 的所有元素 $(\boldsymbol{x}_i,y_i)$ 子集。

输出：随机产生的训练回合的损失函数 J

$V\leftarrow$ RandomSample$(\{1,\cdots,K\},N_C)$　　//选择回合的类别数 N_C，随机在 K 类中选择

for k in $\{1,\cdots,N_C\}$ do

　$S_k\leftarrow$ RandomSample$(\mathcal{D}_{V_k},N_S)$　　//选择 N_C 类中的每类 V_k 中的支持样本集 S_k

　$Q_k\leftarrow$ RandomSample$(\mathcal{D}_{V_k}\backslash S_k,N_Q)$　　//选择 N_C 类中的每类 V_k 中的查询样本集 Q_k

　$\boldsymbol{c}_k\leftarrow\frac{1}{N_S}\sum_{(\boldsymbol{x}_i,y_i)\in S_k}f_\phi(\boldsymbol{x}_i)$　　//利用每类支持样本计算类别原型

end for

$J \leftarrow 0$ //初始化损失

for k in $\{1,\cdots,N_C\}$ do

  for$(\boldsymbol{x}_i, y_i)$ in Q_k do

  $J \leftarrow J + \frac{1}{N_C N_Q}\left[d(f_\phi(\boldsymbol{x}), \boldsymbol{c}_k) + \log\sum_{k'}\exp(-d(f_\phi(\boldsymbol{x}), \boldsymbol{c}_k))\right]$ //更新损失

  end for

end for

下面从三个角度对模型进行理论分析：

(1) 原型网络的学习过程可以理解为混合概率估计。对于距离的度量属于 Bregman 散度，其中就包括平方欧几里得距离和 Mahalanobis 距离。该方法使用了平方欧几里得距离。在此距离度量的基础上，在支持集上利用向量均值所找到的则为最优的聚类中心。

(2) 原型网络可解释为线性模型。在应用欧几里得距离 $d(\boldsymbol{z},\boldsymbol{z}')=\|\boldsymbol{z}-\boldsymbol{z}'\|^2$ 时，式(14.66)可以等价于一个特定参数的线性模型。首先扩展指数项，即

$$-\|f_\phi(\boldsymbol{x})-\boldsymbol{c}_k\|^2=-f_\phi(\boldsymbol{x})^{\mathrm{T}}f_\phi(\boldsymbol{x})+2\boldsymbol{c}_k^{\mathrm{T}}f_\phi(\boldsymbol{x})-\boldsymbol{c}_k^{\mathrm{T}}\boldsymbol{c}_k \tag{14.67}$$

式(14.67)第一项相对于 k 来说是常量，不影响式(14.66)中 Softmax 的概率结果，对式(14.67)后两项展开写成线性形式：

$$2\boldsymbol{c}_k^{\mathrm{T}}f_\phi(\boldsymbol{x})-\boldsymbol{c}_k^{\mathrm{T}}\boldsymbol{c}_k=\boldsymbol{w}_k^{\mathrm{T}}f_\phi(\boldsymbol{x})+b_k \tag{14.68}$$

式中：$\boldsymbol{w}_k=2\boldsymbol{c}_k$；$b_k=-\boldsymbol{c}_k^{\mathrm{T}}\boldsymbol{c}_k$。

该方法原始文献中[56]，主要关注平方欧几里得距离(对应于球面高斯密度)。研究结果表明，欧几里得距离尽管等价于一个线性模型，但该方法仍然简单有效，其主要原因是问题中所有需要的非线性都可以在嵌入函数中学习。

(3) 原型网络与匹配网络。原型方法与匹配网络方法在单样本识别情况下等价。匹配网络在给定支持集的情况下生成一个加权最近邻分类器；原型网络使用欧几里得距离生成一个线性分类器。当支持集中每个类只有一个样本时，$\boldsymbol{c}_k=\boldsymbol{x}_k$。

若每个类的原型数目不是一个而是多个，则需要使用额外的分割方法将支持集中同一类别样本聚成多类。两种方法都需要一个与权重更新过程完全独立的分割方法，但原型网络方法只需要用简单的梯度下降方法去学习。目前，匹配网络有相对复杂的结构，可以融合到原型网络中，却增加了参数。原型网络研究表明，用简单的设计也能达到相当的效果。

14.5.3 关系网络

人类具有利用少量样本进行学习的能力。之所以具备这种能力，是因为人类的视觉系统天生地能够对任意物体提取特征，并进行比较学习。通常提取特征很容易理解，而

比较学习本质上就是学习到了一种元知识,或者说具备了一种元学习能力。在人工智能领域,少样本学习一直和元学习关系紧密。元学习的目标是通过学习大量的任务,从而学习到内在的元知识,从而能够快速处理新的同类任务,这和少样本学习的目标设定相同。因此,需要研究如何通过元学习的方式来让神经网络学会比较这个元知识能力。从通用近似定理可知,任意一个复杂的函数都可以通过具有足够多隐含单元的单层神经网络来实现,对于任意复杂的知识或函数都可以通过神经网络来表示。因此,可以用神经网络来实现比较学习这种元学习能力。

1. 算法原理

关系网络的基本思想是模拟人识别物体的过程[57],图 14-24 为一个典型的 5-way 1-shot 的少样本学习问题,即对 5 个新类别的物体进行识别,但是每一类物体只给出一个训练样本。图 14-24 中最左侧的 5 张图片就是支持集训练样本,而旁边的一个图片则是测试样本。首先构造一个嵌入单元来提取每一张图片的特征信息,然后把要测试的图片特征和训练样本的图片特征连起来输入到关系单元中做比较,最后根据比较的结果来判断该测试图片属于哪一个类。比如,图中测试图片是狗,那么它跟训练样本中狗的图片相似度比较高,那么就判断新图片种类为狗。上述嵌入单元和关系单元合起来统称为关系网络。

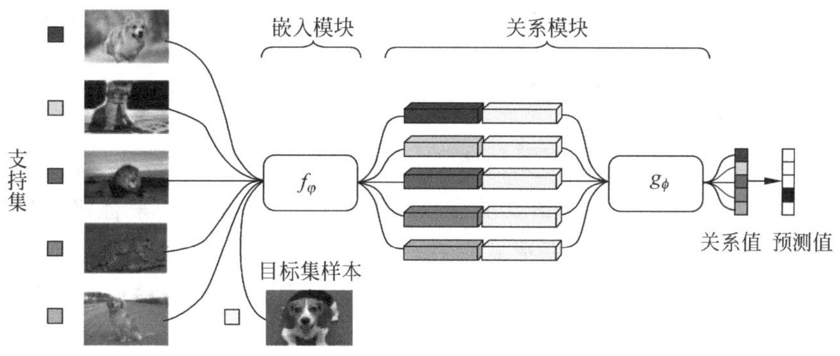

图 14-24　关系网络示意图[57]

假设 N 为训练集样本的个数,K 为训练集类别数;训练集合 $\mathcal{D}=\{(\boldsymbol{x}_1,y_1),(\boldsymbol{x}_2,y_2),\cdots,(\boldsymbol{x}_N,y_N)\}$,每个 $y_i\in\{1,\cdots,K\}$。$\mathcal{D}_k$ 为集合 $\mathcal{D}$ 中元素标签 $y_i=k$ 的所有元素 $(\boldsymbol{x}_i,y_i)$ 子集。与原型网络相类似,关系网络也是以回合为单元来进行训练的,这里的回合就是构造一个小样本的任务,即随机取其中的 $N_C\leqslant K$ 类别构造训练任务。

对于每个回合(或训练任务),N_C 个类别中的每一类,都随机抽取一定数量的样本来构造支持集和查询集,N_S 为该训练任务中每个类别支持样本的个数,N_Q 为每个类别查询样本的个数。对于每个回合任务,则支持集的总样本数为 $N_S\times N_C$,而查询集的总样本数为 $N_Q\times N_C$。与前面 N-way K-shot 介绍的任务类似,本方法给出的 N_C-way N_S-shot 任务。图 14-24 中给出的是 5-way 1-shot 的构造方式,即每个回合任务中,选择了 5 个类别,而每个类别的支持向量仅为 1 个。

1）单样本训练

从图 14-24 可以看出，关系网络包括两个部分，即嵌入单元 f_φ 和关系单元 g_ϕ。假设对于每个回合任务，有支持集样本 $\boldsymbol{x}_i$ 和查询集样本 $\boldsymbol{x}_j$，将其都送入嵌入单元 f_φ 进行编码得到特征图 $f_\varphi(\boldsymbol{x}_i)$ 和 $f_\varphi(\boldsymbol{x}_j)$。然后将支持集和目标集的特征图在深度方向进行拼接，最后通过关系模块学习拼接特征得到关系分数，从而确定支持集和目标集样本是否属于同一类别。关系分数的计算公式为

$$r_{i,j}=g_\phi(C(f_\varphi(\boldsymbol{x}_i),f_\varphi(\boldsymbol{x}_j))),\quad i=1,2,\cdots,N_C \tag{14.69}$$

式中：$C(f_\varphi(\boldsymbol{x}_i),f_\varphi(\boldsymbol{x}_j))$代表特征图拼接运算符；$g_\phi$ 代表关系模块。

由于 $i=1,2,\cdots,N_C$，所以式(14.69)为单样本训练任务。

2）多样本训练

关系网络不仅可以用于单样本情况，还可以扩展到多样本训练，即 K-shot($K>1$)的情况。此时需要对每个训练类别的所有样本嵌入模块输出进行元素求和，形成该类的特征图，并将池化后的类级特征图与查询图像特征图相结合。因此，对于一个查询样本而言，其关系分数在单样本训练和多样本训练时都是 N_C 维向量。此时，关系分数为

$$r_{c,j}=g_\phi\left(C\left(\frac{1}{N_s}\sum_{i=1}^{N_s}f_\varphi(\boldsymbol{x}_i^c),f_\varphi(\boldsymbol{x}_j)\right)\right),\quad c=1,2,\cdots,N_C \tag{14.70}$$

式中：$\boldsymbol{x}_i^c$ 表示第 c 个类别的支持样本($i=1,2,\cdots,N_S,c=1,\cdots,N_C$)；$\frac{1}{N_s}\sum_{i=1}^{N_s}f_\varphi(\boldsymbol{x}_i^c)$ 可以认为是每类支持集特征图的均匀池化。

3）零样本训练

在零样本学习的场景下，由于无法将支持集的样本提供给模型，因而关系网络需要为每个任务的每个类别给定一个语义类嵌入向量 $\boldsymbol{v}_c$($c=1,\cdots,N_c$)来替代支持集。从更广义上讲，支持集不是以训练数据形式存在，而是以完全不同的语义向量形式存在。既然支持集和查询集的数据形式异质，那么嵌入单元也需要采用两种不同的异质映射方式。此时，关系分数为

$$r_{c,j}=g_\phi(C(f_{\varphi_1}(\boldsymbol{v}_c),f_{\varphi_2}(\boldsymbol{x}_j))),\quad c=1,2,\cdots,N_c \tag{14.71}$$

式(14.70)和式(14.71)类似但也有差别。类似之处是，从广义上讲，两种情况的支持集都用类别语义向量表示。区别是两种情况的类别语义向量的获取方式和表示形式都不同。从获取方式上而言，多样本时的类别语义向量直接从所有支持集样本获得，是支持集样本映射后的特征图均匀池化；零样本的类别语义向量是从其他先验或者已有结论借鉴的知识$\boldsymbol{v}_c$。从表示形式上而言，多样本的类别语义向量与查询样本特征图具有同质性，因为都是利用特征变换 f_φ 得来；零样本的类别语义向量与查询样本特征图具有异质性，因此二者后面进行串接时还需要采用不同的映射方式，即 f_{φ_1} 和 f_{φ_2}。

4）目标函数

采用均方误差最小(Mean Square Error，MSE)准则来训练模型。对关系分数 $r_{i,j}$ 与标准类别标签进行回归，若相似度为 1 则匹配，相似度为 0 则不匹配，即

$$\varphi,\phi \leftarrow \underset{\varphi,\phi}{\operatorname{argmin}} \sum_{i=1}^{N_S} \sum_{j=1}^{N_Q} (r_{i,j} - 1(y_i = y_j))^2 \tag{14.72}$$

由于问题本身是0-1二分类问题,MSE的选择有些不规范。然而从概念上而言,尽管对于真实标签只能自动生成0-1目标,但由于预测的是关系得分,可以认为这是一个回归问题。

关系网络不同于匹配网络和原型网络,它没有预先定义一个度量,而是尝试在学习嵌入函数的同时也去学习一个用于比较支持集和目标集的深度非线性距离度量,因此关系网络能够取得更好的实验性能。

2. 网络结构

关系网络的结构如图14-25所示,包括嵌入单元和关系单元两部分,其中嵌入单元网络采用了卷积神经网络来实现,由4个卷积块和2个最大池化层组成,关系单元采由2个卷积块、2个最大池化层和2个全连接层组成。其中,每个卷积块都包含一个64个3×3

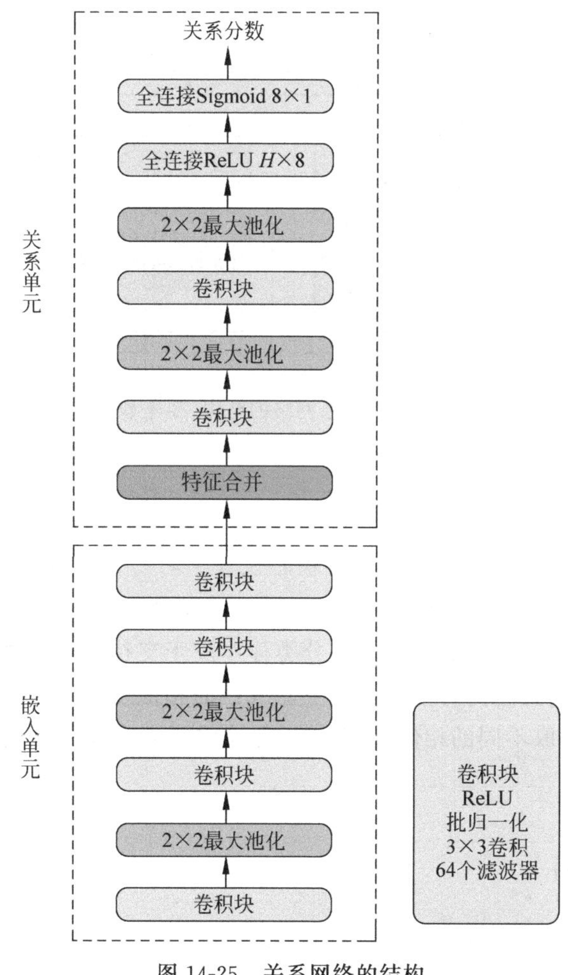

图14-25 关系网络的结构

卷积的滤波器，经过批处理归一化和 ReLU 非线性层，前两个卷积块和后两个卷积块后还跟随着 2×2 的最大池化层。对于 Omniglot 和 MiniImageNet 两个数据库，最后一个最大池化层的输出大小分别为 $H=64$ 和 $H=64\times3\times3=576$，两个全连接层分别为 8 维和 1 维。所有的全连接层都采用 ReLU 函数，输出层采用 Sigmoid 函数。需要注意，在嵌入单元，前两个卷积块后面跟随最大池化层，而后两个卷积块没有进行最大池化，这样做是因为卷积层的输出特征需要在关系模块中进一步映射。

零样本训练情况下关系网络的结构如图 14-26 所示。在该网络中，DNN 是在 ImageNet 数据集上预训练的网络（如 Inception 或者 ResNet）的子网络。

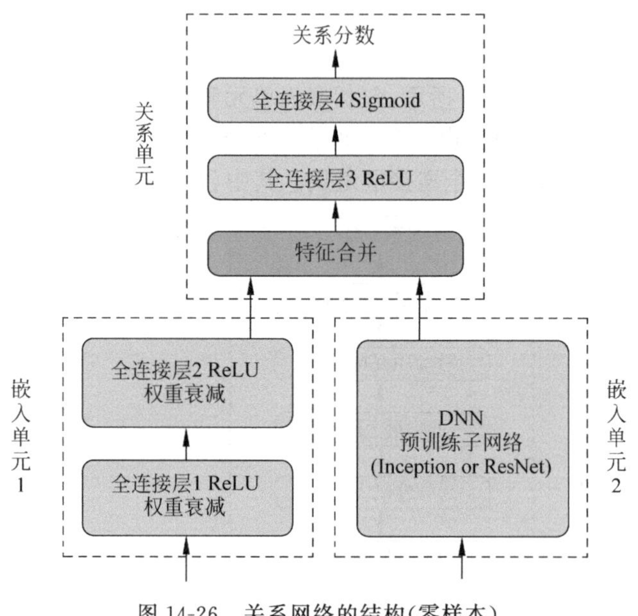

图 14-26　关系网络的结构（零样本）

3. 与前面度量元学习方法的对比分析

对于原型网络和匹配网络而言，模型核心仅仅学习一个嵌入层不同，而最后的判决分类分别采用余弦距离和平方欧几里得距离。而关系网络尝试学习嵌入单元和关系单元，其中关系单元尝试正确“判别”当前待分类样本属于支持集样本集中哪一类样本的子网络，因此将关系网络理解为自动学习一个非线性的相似度度量。这样可以不需要再针对特定的分类任务选取不同的相似度度量，而是自动学习一个与问题相适应的相似度度量方法。

14.6　本章小结

本章首先介绍元学习的定义、原理及系统组成，并给出目前元学习的发展现状和趋势。然后重点介绍三大类典型的元学习方法，一是针对初值优化的模型无关元学习方法，包括 MAML 和 Reptile 两种算法；二是自适应梯度更新规则元学习方法，包括简单 LSTM 和复杂 LSTM 方法；三是度量学习元学习方法，包括匹配网络、原型网络和关系网络等。元学习作为一种新的学习范式和思想，可以将其与已有的其他深度学习方法结合，进而扩展出新的方法。由于篇幅限制，本章仅介绍上述三大类。元学习作为一种新的技术，是未来实现真正意义的通用人工智能的必由之路，其发展必将带动人工智能进入更高发展阶段。

参考文献

[1] Nichol A,Achiam J,Schulman J. On first-order meta-learning algorithms[J]. arXiv preprint arXiv: 1803.02999,2018.

[2] Hospedales T,Antoniou A,Micaelli P,et al. Meta-learning in neural networks: a survey[J]. arXiv preprint arXiv: 2004,05439v2,2020.

[3] Finn C,Abbeel P,Levine S. Model-agnostic meta-learning for fast adaptation of deep networks[J]. arXiv preprint arXiv: 1703.03400,2017.

[4] Veagau. Reptile 一阶元学习算法笔记[EB/OL]. https://www.cnblogs.com/veagau/p/11816163.html.

[5] Hsu J Y,Chen Y J,Lee H Y. Meta learning for end-to-end low-resource speech recognition[C]. In: Proceedings of International Conference on Acoustics, Speech and Signal Processing(ICASSP), 2019: 7844-7848.

[6] Winata G I, Cahyawijaya S, Liu Z, et al. Learning fast adaptation on cross-accented speech recognition[J]. arXiv preprint arXiv: 2003.01901v1,2020.

[7] Klejch O,Fainberg J,Bell P. Learning to adapt: a meta-learning approach for speaker adaptation [C]. In: Proceedings of the Annual Conference of the International Speech Communication Association(INTERSPEECH),2018: 867-871.

[8] 李宏毅. 台湾大学机器学习课程课件(元学习部分) [EB/OL]. http://speech.ee.ntu.edu.tw/~tlkagk/courses/ML_2019/Lecture/Meta1%20(v6).pdf.

[9] 李宏毅. 台湾大学机器学习课程课件(元学习部分) [EB/OL]. http://speech.ee.ntu.edu.tw/~tlkagk/courses/ML_2019/Lecture/Meta2%20(v4).pdf.

[10] Schmidhuber J. Evolutionary Principles In Self-referential Learning: on learning how to learn [D]. Munich. Institute of Information Technology University,1987.

[11] Bengio Y,Bengio S,Cloutier J. Learning A Synaptic Learning Rule[C]. In: Proceedings of International Joint Conference on Neural Networks(IJCNN),1992,2: 969.

[12] Bengio S,Bengio Y,Cloutier J,On The Search For New Learning Rules For ANNs[J]. Neural Processing Letters,1995,2(4): 26-30.

[13] Thrun S,Pratt L. Learning To Learn: Introduction And Overview. Learning To Learn[M]. MA: Kluwer Academic Publishers MA,1998.

[14] Schmidhuber J. A possibility for implementing curiosity and boredom in model-building neural controllers[M]. MIT Press,1991.

[15] Hochreiter S,Younger A S,Conwell P R. Learning to learn using gradient descent[C]. In: Proceedings of International Joint Conference on Neural Networks(IJCNN),2001: 87-94.

[16] Vilalta R,Drissi Y. A perspective view and survey of meta-learning[J]. Artificial intelligence

review,2002,18(2): 77-95.

[17] Storck J,Hochreiter S, Schmidhuber J. Reinforcement driven information acquisition in non-deterministic environments[C]. In: Proceedings of International Conference on Artificial Neural Networks(ICANN),1995,2159: 164.

[18] Liu H,Simonyan K,Yang Y. DARTS: Differentiable Architecture Search[C]. In: Proceedings of International Conference on Learning Representations(ICLR),2019.

[19] Real E,Aggarwal A,Huang Y,et al. Regularized evolution for image classifier architecture search [C]. In: Proceedings of AAAI Conference on Artificial Intelligence,2019,33: 4780-4789.

[20] Zoph B,Le Q V. Neural architecture search with reinforcement learning[C]. In: Proceedings of International Conference on Learning Representations(ICLR),2017.

[21] Elsken T,Metzen J H,Hutter F. Neural architecture search: a survey[J]. Journal of Machine Learning Research,2019,55: 1-21.

[22] Stanley K O,Clune J,Lehman J,et al. Designing Neural Networks Through Neuroevolution[J]. Nature Machine Intelligence,2019,1: 24-35.

[23] Bayer J,Wierstra D,Togelius J,et al. Evolving memory cell structures for sequence learning[C]. In: Proceedings of International Conference on Artificial Neural Networks (ICANN), 2009: 755-764.

[24] Denevi G,Stamos D,Ciliberto C,et al. Online-within-online meta-learning[C]. In: Proceedings of International Conference on Neural Information Processing System (NIPS),2019,32: 7179-7189.

[25] Gonzalez S,Miikkulainen R. Improved training speed,accuracy,and data utilization through loss function optimization[J]. arXiv preprint arXiv: 1905. 11528,2019.

[26] Bechtle S,Molchanov A,Chebotar Y,et al. Meta-learning via learned loss[J]. arXiv preprint arXiv: 1906. 05374,2019.

[27] Li Y,Yang Y,Zhou W,et al. Feature-critic networks for heterogeneous domain generalization [C]. In: Proceedings of International Conference on Machine Learning (ICML), 2019: 3915-3924.

[28] Rinu Boney A. I. Semi-supervised few-shot learning with MAML [C]. In: Proceedings of International Conference on Learning Representations(ICLR) 2018.

[29] Huang C,Zhai S, Talbott W, et al. Addressing the loss-metric mismatch with adaptive loss alignment[C]. In: Proceedings of International Conference on Machine Learning(ICML),2019: 2891-2900.

[30] Grabocka J, Scholz R, Schmidt-Thieme L. Learning surrogate losses[C]. In: Proceedings of Internation Conference on Computing Research Repository(CoRR),2019.

[31] Lin X,Baweja H,Kantor G,et al. Adaptive auxiliary task weighting for reinforcement learning [C]. In: Proceedings of International Conference on Neural Information Processing System (NIPS),2019: 2672-2683.

[32] Liu S,Davison A,Johns E. Self-supervised generalisation with meta auxiliary learning[C]. In: Proceedings of International Conference on Neural Information Processing System (NIPS),2019: 941-951.

[33] Yoonho Lee S C. Gradient-based meta-learning with learned layerwise metric and subspace[C]. In: Proceedings of International Conference on Machine Learning(ICML),2018: 2933-2942.

[34] Vuorio R,Sun S H, Hu H, et al. Multimodal model-agnostic meta-learning via task-aware modulation[C]. In: Proceedings of International Conference on Neural Information Processing

System (NIPS),2019: 5-16.

[35] Yao H,Wei Y,Huang J,et al. Hierarchically Structured Meta-learning[C]. In: Proceedings of International Conference on Machine Learning(ICML),2019: 7045-7054.

[36] Finn C,Xu K,Levine S. Probabilistic model-agnostic meta-learning [C]. In: Proceedings of International Conference on Neural Information Processing System (NIPS),2018: 9537-9548.

[37] Yoon J,Kim T,Dia O, et al. Bayesian model-agnostic meta-learning[C]. In: Proceedings of International Conference on Neural Information Processing System (NIPS),2018: 7343-7353.

[38] Grant E,Finn C,Levine S,et al. Recasting gradient-based meta-learning as hierarchical Bayes[C]. In: Proceedings of International Conference on Learning Representations(ICLR) 2018.

[39] Ravi S,Beatson A. Amortized Bayesian meta-learning [C]. In: Proceedings of International Conference on Learning Representations(ICLR),2019.

[40] Wang Y X,Hebert M. Learning to learn: Model regression networks for easy small sample learning[C]. In: Proceedings of European Conference on Computer Vision (ECCV). 2016: 616-634.

[41] Andrychowicz M,Denil M,Colmenarejo S G, et al. Learning to learn by gradient descent by gradient descent [C]. In: Proceedings of International Conference on Neural Information Processing System (NIPS),2016: 3981-3989.

[42] Ravi S,Larochelle H. Optimization as a model for few-shot learning[C]. In: Proceedings of International Conference on Learning Representations(ICLR),2016.

[43] Li Z,Zhou F,Chen F,et al. Meta-SGD: Learning to learn quickly for few shot learning[J]. arXiv preprint arXiv: 1707.09835v2,2017.

[44] Antoniou A,Edwards H, Storkey A J. How to train your MAML [C]. In: Proceedings of International Conference on Learning Representations(ICLR),2018.

[45] Park E,Oliva J B. Meta-curvature[C]. In: Proceedings of International Conference on Neural Information Processing System (NIPS),2019: 1842-1852.

[46] Flennerhag S,Rusu A A,Pascanu R,et al. Meta-learning with warped gradient descent[C]. In: Proceedings of International Conference on Learning Representations(ICLR),2020.

[47] Bello I,Zoph B,Vasudevan V,et al. Neural optimizer search with reinforcement learning[C]. In: Proceedings of International Conference on Machine Learning(ICML),2017: 459-468.

[48] Micaelli P,Storkey A. Non-greedy gradient-based hyper-parameter optimization over long horizons[J]. arXiv preprint arXiv: 2007.07869v1,2020.

[49] Lorraine J,Vicol P, Duvenaud D. Optimizing millions of hyper parameters by implicit differentiation[C]. In: Proceedings of International Conference on Artificial Intelligence and Statistics (AISTATS),2020: 1540-1552.

[50] Bergstra J,Bengio Y. Random search for hyper-parameter optimization[J]. Journal of Machine Learning Research,2012,13: 281-305.

[51] Shahriari B,Swersky K,Wang Z,et al. Taking the Human out of the Loop: A Review of Bayesian Optimization[C]. In: Proceedings of the IEEE,2016,104(1): 148-175.

[52] Finn C,Abbeel P,Levine S. Model-agnostic meta-learning for fast adaptation of deep networks [C]. In: Proceedings of International Conference on Machine Learning(ICML),2017: 1126-1135.

[53] Wang T,Zhu J,Torralba A, et al. Dataset Distillation [C]. In: Proceedings of Internation Conference on Computing Research Repository(CoRR),2018.

[54] Kosh G,Zemel R,Salakhutdinov R. Siamese neural networks for one-shot image recognition[C].

In: Proceedings of International Conference on Machine Learning(ICML),2015.

[55] Vinyals O,Blundell C,Lillicrap T, et al. Matching networks for one shot learning[C]. In: Proceedings of International Conference on Neural Information Processing System (NIPS),2016: 3630-3638.

[56] Snell J,Swersky K,Zemel R S. Prototypical networks for few shot learning[C]. In: Proceedings of International Conference on Neural Information Processing System (NIPS),2017: 4077-4087.

[57] Sung F,Yang Y,Zhang L,et al. Learning to compare: relation network for few-shot learning[C]. In: Proceedings of IEEE Conference on Computer Vision and Pattern Recognition(CVPR),2018: 1199-1208.

[58] Garcia V,Bruna J. Few-shot learning with graph neural networks[C]. In: Proceedings of International Conference on Learning Representations(ICLR),2018.

[59] Hochreiter S,Younger A S, Conwell P R. Learning to learn using gradient descent[C]. In: Proceedings of International Conference on Artificial Neural Network(ICANN),2001.

[60] Mishra N, Rohaninejad M, Chen X, et al. A Simple Neural Attentive Meta-learner[C]. In: Proceedings of International Conference on Learning Representations(ICLR),2018.

[61] Qiao S,Liu C, Shen W, et al. Few-shot image recognition by predicting parameters from activations[C]. In: Proceedings of IEEE Conference on Computer Vision and Pattern Recognition (CVPR),2018: 7229-7238.

[62] Gidaris S,Komodakis N. Dynamic few-shot visual learning without forgetting[C]. In: Proceedings of IEEE Conference on Computer Vision and Pattern Recognition(CVPR),2018: 4367-4375.

[63] Munkhdalai T, Yu H. Meta Networks[C]. In: Proceedings of International Conference on Machine Learning(ICML),2017: 2554-2563.

[64] Finn C,Levine S. Meta-learning and universality: deep representations and gradient descent can approximate any learning algorithm[C]. In: Proceedings of International Conference on Learning Representations(ICLR),2018.

[65] Li Y,Yang Y,Zhou W. et al. Feature-critic networks for heterogeneous domain generalization [C]. In: Proceedings of International Conference on Machine Learning(ICML),2019: 3915-3924.

[66] Franceschi L,Donini M,Frasconi P,et al. Forward and reverse gradient-based hyper parameter optimization[C]. In: Proceedings of International Conference on Machine Learning(ICML),2017: 1165-1173.

[67] Franceschi L,Frasconi P,Salzo S,et al. Bilevel programming for hyper parameter optimization and meta-learning[C]. In: Proceedings of International Conference on Machine Learning (ICML), 2018: 1563-1572.

[68] Maclaurin D,Duvenaud D, Adams R P. Gradient-based hyper parameter optimization through reversible learning[C]. In: Proceedings of International Conference on Machine Learning(ICML), 2015: 2113-2122.

[69] Rajeswaran A,Finn C,Kakade S,et al. Meta-learning with implicit gradients. In: Proceedings of International Conference on Neural Information Processing System(NIPS),2019: 60-72.

[70] Russell C,Toso M, Campbell N. Fixing implicit derivatives: trust-region based learning of continuous energy functions[C]. In: Proceedings of International Conference on Neural Information Processing System (NIPS),2019: 837-847.

[71] Nichol A,Achiam J, Schulman J. On first-order meta-learning algorithms[J]. arXiv preprint arXiv: 1803.02999v3,2018.

[72] Cubuk E D,Zoph B,Mane D,et al. AutoAugment: learning augmentation policies from data[C]. In: Proceedings of Internation Conference on Computing Research Repository (CoRR),2018.

[73] Huang C,Zhai S,Talbott W, et al. Addressing the loss-metric mismatch with adaptive loss alignment[C]. In: Proceedings of International Conference on Machine Learning(ICML),2019: 2891-2900.

[74] Duan Y,Schulman J,Chen X,et al. RL2: Fast Reinforcement learning via slow reinforcement learning[J]. arXiv preprint arXiv: 1611.02779,2016.

[75] Stanley K O,Clune J,Lehman J,et al. Designing neural networks through neuroevolution[J]. Nature Machine Intelligence,2019. https://doi.org/10.1038/s42256-018-0006-z.

[76] Salimans T,Ho J,Chen X,et al. Evolution strategies as a scalable alternative to reinforcement learning[J]. arXiv preprint arXiv: 1703.03864,2017.

[77] Stulp F,Sigaud O. Robot skill learning: from reinforcement learning to evolution strategies[J]. Paladyn,Journal of Behavioral Robotics,2013,4(1): 49-61.

[78] Houthooft R,Chen R Y,Isola P,et al. Evolved Policy Gradients[C]. In: Proceedings of International Conference on Neural Information Processing System (NIPS),2018: 5405-5414.

[79] Song X,Gao W,Yang Y,et al. ES-MAML: Simple hessian-free meta learning[C]. In: Proceedings of International Conference on Learning Representations(ICLR),2020.

[80] Soltoggio A,Stanley K O,Risi S. Born to learn: the inspiration,progress,and future of evolved plastic artificial neural networks[J]. Neural Networks,2018,108: 48-67.

[81] Cao Y,Chen T,Wang Z,et al. Learning to optimize in swarms[C]. In: Proceedings of International Conference on Neural Information Processing System(NIPS),2019: 8583-8393.

[82] Real E,Aggarwal A,Huang Y,et al. Regularized evolution for image classifier architecture search[C]. In: Proceedings of Annual Meeting of American Association for Artificial Intelligence (AAAI),2019: 4780-4789.

[83] Volpi R,Murino V. Model vulnerability to distributional shifts over image transformation sets[C]. In: Proceedings of IEEE International Conference on Computer Vision(ICCV),2019: 33-35.

[84] Gonzalez S,Miikkulainen R. Improved training speed,accuracy,and data utilization through loss function optimization[J]. arXiv preprint arXiv: 1905.11528,2019.

[85] Li D,Hospedales T. Online meta-learning for multi-source and semi-supervised domain adaptation[C]. In: Proceedings of ECCV,2020,16: 382-403.

[86] Balaji Y,Sankaranarayanan S,Chellappa R. MetaReg: towards domain generalization using meta-regularization[C]. In: Proceedings of International Conference on Neural Information Processing System (NIPS),2018: 1006-1016.

[87] Chen S,Wang W,Pan S J. MetaQuant: learning to quantize by learning to penetrate non-differentiable quantization[C]. In: Proceedings of International Conference on Neural Information Processing System (NIPS),2019: 2171-2181.

[88] Li J,Wong Y,Zhao Q,et al. Learning to learn from noisy labeled data[C]. In: Proceedings of IEEE Conference on Computer Vision and Pattern Recognition(CVPR),2019: 5051-5059.

[89] Goldblum M,Fowl L,Goldstein T. Adversarially robust few-shot learning: a meta-learning approach[J]. arXiv preprint arXiv: 1910.00982,2019.

[90] Wolpert D H,Macready W G. No free lunch theorems for optimization[J]. IEEE Transactions on Evolutionary Computation (TEVC),1997,1(1): 67-82.

[91] Graves A,Wayne G,Danihkela I. Neural Turing machines[J]. arXiv Report 1410.5401,2014.

第15章

自监督学习

随着深度学习技术的发展，有监督学习在各种机器学习任务中都展现出优越的性能。但是有监督学习存在一些难以克服的缺陷，例如性能严重依赖于昂贵的人工标注、泛化性差、存在伪相关等问题。近年来，自监督学习(Self-Supervised Learning，SSL)在计算机视觉、自然语言处理等领域受到广泛的关注。与有监督学习方法相比，自监督学习给出一种在大数据时代充分利用海量的无标注数据的方法，可以帮助深度学习摆脱人工标注，转而注重数据自身的监督信息。可以说，自监督学习成为了一个新兴的研究方向。

以语音识别为例，在对资源稀缺的语言构建语音识别系统时，往往需要付出极大的代价来收集和标注语音数据。为了解决这一问题，许多学者转向使用"自监督预训练+微调"的方法来构建小语种语音识别系统，即首先在大量无标注的语音数据上学习一个好的语音表示模型，然后利用少量的标注数据对下游任务进行微调。这种方法得到的识别模型与直接使用大量标注数据监督训练得到的模型性能相当。

本章首先给出自监督学习的定义、原理和分类；其次以计算机视觉中的自监督学习方法为例，具体介绍对比式自监督学习的各类对比式方法，包括有负例的自监督学习和无负例的自监督学习；再次介绍语音任务中的自监督学习方法，包括 wav2vec、HuBERT 等；最后总结自监督学习重点关注的科学问题。

15.1 自监督学习的基本原理

本节将给出自监督学习的基本定义、分类，并分析生成式、对比式和对抗式自监督学习方法的异同点和优缺点。

15.1.1 自监督学习的定义

"自监督学习"这个术语最早来源于机器人科学，其本意是利用不同传感器信号的相关性来自动标注训练数据。其后，机器学习领域借鉴该思想并对其内涵进行了深化，在 AAAI 2020 会议上，图灵奖得主杨乐昆将自监督学习定义为："the machine predicts any parts of its input for any observed part"。从这个定义可以归纳自监督学习的特性：①自监督的标签是通过人为制定合适的辅助任务，以半自动的方式从数据本身之中获取的。②自监督使用数据的某些部分来预测数据的另一部分。一般来说，自监督学习中用于预测的这部分数据信息可能会被掩蔽、变换、畸变或者污染，机器必须学会从这些受损的数据信息中重建全部或者部分的原始输入。同时，辅助任务决定了自监督学习的标签，因此辅助任务的有效性会显著影响自监督学习的性能。

由于在学习过程中不需要使用人工标注，自监督学习可以看作无监督学习的一个分支。但是，狭义上看，无监督学习更关注的是挖掘特定的数据模式，例如聚类、异常检测、社区发现等。而自监督学习的基本思想是通过构造辅助任务，从数据自身出发构造监督信息进行训练，从而学习到对下游任务有价值的表示。因此，也可以认为自监督学习仍然属于有监督学习的范畴，只不过监督信息来源于数据本身。近年来，国内外的学者在自监督学习相关方面开展了广泛而丰富的研究，并取得了不错的研究进展。

15.1.2 自监督学习的分类

根据模型结构和目标函数的区别，计算机视觉、自然语言处理等领域中的自监督学习可以分为生成式、对比式和对抗式三大类[1]：

(1) 生成式(Generative)：训练一个编码器和一个解码器，编码器将输入 $\boldsymbol{x}$ 编码为一个显式的隐向量 $\boldsymbol{z}$，解码器用 $\boldsymbol{z}$ 来重建 $\boldsymbol{x}$。这类方法中最典型的是自回归模型和自编码器模型。自回归模型主要使用自回归预测编码(Auto-regressive Predictive Coding，APC)，编码历史信息并预测未来信息，如自然语言处理中的 GPT[2] 和 GPT-2[3] 或计算机视觉中的 PixelCNN[4] 和 PixelRNN[5] 等。与自回归模型不同，自编码器模型是对样本自身进行编码并重建，如增加稀疏约束的正则自编码器[6-7]，去除噪声干扰的降噪自编码器[8]，引入概率分布的变分自编码器[9-11]等。

(2) 对比式(Contrastive)：训练一个编码器将输入 $\boldsymbol{x}$ 编码为显式向量 $\boldsymbol{z}$，用 $\boldsymbol{z}$ 来衡量数据不同部分的相似度。这类方法是自监督学习的研究热点，对比学习(Contrastive Learning)的快速发展也促使了自监督学习成为主流研究方向。对比学习的目的是让模型学会对比，即最小化噪声对比估计(Noise Contrastive Estimation，NCE)损失函数[12]或互信息 NCE(简称 InfoNCE)损失函数[13]，使得模型得到的样本表示方法在正例表示上尽可能相似，而在负例表示上差异尽可能大。在对比学习中，负例可以选用不同样本来构造，正例则需要通过辅助任务来构造，例如计算机视觉中可以通过颜色变换任务、几何变换任务或者拼图任务来构造正例[14、19]。尽管对比学习相关研究中提出了各种不同的辅助任务，并且许多研究也证明选择正确的辅助任务对表示学习有非常大的帮助，但是选择哪种辅助任务依旧无具体的理论支撑[20]。对比式自监督学习容易出现模型坍塌问题，如何避免该问题也是研究的重点。根据是否使用负例，对比学习可以分为有负例模型(如 SimCLR[21、22]、MoCo[24、26] 和 AdCo[27] 等)和无负例模型(如 SwAV[28]、BYOL[29]、SimSiam[30] 和 Barlow Twins[31] 等)不同方法。

(3) 生成对比式或对抗式(Adversarial)：训练一对编码器-解码器来产生虚假样本，再用一个鉴别器来将这些虚假样本与真实样本区分开。这类方法中最主要的模型就是生成对抗网络[32]，它虽然能够生成非常逼真的样本，但是生成对抗网络对隐变量的建模是隐式的。因此，即使生成器可以是包含多个隐含层的卷积神经网络，并且理论上任意一个隐含层的输出都可以当作编码结果，但是生成器中哪一个隐含层的输出可以用于表示学习并不明确。为了更好地进行表示学习，可以采用对抗自编码器[33]。

这三类自监督学习方法的区别主要在于模型结构和目标函数。如图 15-1 所示，不同类别的自监督学习可以用相同的框架统一表示，这个框架分为生成器和鉴别器两个部分，其中生成器又可以分解为编码器和解码器。在这个框架下，三类自监督学习方法的区别可以概括为：

(1) 对于隐变量 $\boldsymbol{z}$：在生成式和对比式方法中，$\boldsymbol{z}$ 是显式的，并且通常用于下游任务；而对于对抗式方法，$\boldsymbol{z}$ 被隐式建模。

(2) 对于鉴别器：生成式方法没有鉴别器，而对抗式和对比式方法有鉴别器，通常对比式方法的鉴别器是参数规模更小的轻量级分类器(例如 2、3 层的多层感知器)，对抗式的鉴别器则更加复杂(例如标准残差网络)。

(3) 目标函数:生成式方法使用重建损失,对比式方法使用对比相似度矩阵(如InfoNCE),而对抗式方法则使用分布散度(如 JS 散度、Wasserstein 距离等)作为损失函数。

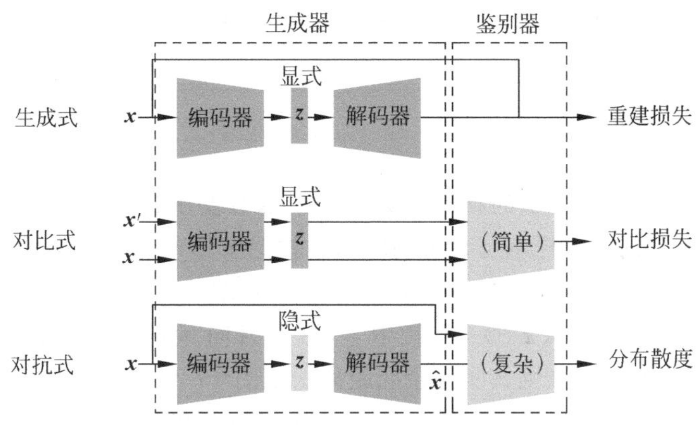

图 15-1 三类自监督学习方法对比[1]

对比三类自监督学习算法,生成式方法不需要对下游任务做出任何假设,并且有能力恢复原始数据,因此在分类任务和生成任务中都有广泛应用。但是,对于表示学习,生成式方法并不适用,因为生成式方法过分关注样本重建,因此得到的嵌入向量中包含的多是低层次特征(如像素级、词级等)。而对抗式自监督学习在图像生成等计算机视觉领域取得了巨大成功,但是在自然语言处理、图神经网络等领域性能不如生成式模型。对抗式自监督学习容易发生模型坍塌问题,并且由于隐变量 z 被隐式建模,所以并不适用于表示学习。对比式自监督学习一般假设下游应用为分类任务,因此能够获得数据的高层次特征,并且隐变量 z 被显式建模,能够十分方便地将嵌入特征用于下游任务。

生成式和对抗式的自监督学习在第 8 章、第 9 章和第 12 章已经分别做了介绍,本章主要关注对比式自监督学习方法。

15.2 对比式自监督学习

本节主要介绍对比式自监督学习的研究进展。对比式自监督学习的基本思想是:通过自动构造相似实例(正例)和不相似实例(负例),训练得到一个表示模型(编码器),使得相似实例在编码器对应的投影空间中比较接近,而不相似实例在投影空间中距离较远。若表示模型能够发现正例和负例之间的不同,则可以认为编码器得到的抽象特征中包含了样本的本质信息。编码器的训练可以通过最小化 NCE[12] 来实现,即

$$\mathcal{L}=\mathbb{E}_{\boldsymbol{x},\boldsymbol{x}^{+},\boldsymbol{x}^{-}}\left[-\log\left(\frac{\mathrm{e}^{f(\boldsymbol{x})^{\mathrm{T}}f(\boldsymbol{x}^{+})}}{\mathrm{e}^{f(\boldsymbol{x})^{\mathrm{T}}f(\boldsymbol{x}^{+})}+\mathrm{e}^{f(\boldsymbol{x})^{\mathrm{T}}f(\boldsymbol{x}^{-})}}\right)\right] \tag{15.1}$$

式中,$\boldsymbol{x}$ 为原始样本,称为锚(Anchor);$\boldsymbol{x}^{-}$ 为 $\boldsymbol{x}$ 对应的负例;$\boldsymbol{x}^{+}$ 为 $\boldsymbol{x}$ 对应的正例;f 为编码器对应的表示函数。

当使用更多的负例时，可以采用 InfoNCE 损失函数[13]来实现，即

$$\mathcal{L}=\mathbb{E}_{x,x^+,x_k^-}\left[-\log\left(\frac{e^{f(x)^{\mathrm{T}}f(x^+)}}{e^{f(x)^{\mathrm{T}}f(x^+)}+\sum_{k=1}^{K}e^{f(x)^{\mathrm{T}}f(x_k^-)/\tau}}\right)\right] \tag{15.2}$$

式中，x_k^- 表示第 k 个负例且 $k=1,2,\cdots,K$；τ 为温度系数。

15.2.1 模型坍塌问题

式(15.1)和式(15.2)所示的损失函数的分子部分要求样本与其正例之间的相似度尽可能高，分母部分则要求样本与其负例之间的相似度尽可能低。这里相似度的衡量准则是向量内积，事实上在计算向量内积之前一般会对编码器输出向量长度进行归一化，即 $f(x^*)\leftarrow f(x^*)/\|f(x^*)\|$，其中 $\|\cdot\|$ 为向量的 L_2 范数。所以，NCE 和 InfoNCE 中的相似度衡量准则其实是余弦距离。如图 15-2 所示为 InfoNCE 函数物理意义示意图，可以看出，这两个损失函数的物理意义可以简单理解为通过编码器将样本均匀地映射到一个单位超球面上，且相似样本距离较近。从这个角度看，一个性能优异的对比学习系统应当具备两个属性：对齐(Alignment)和均匀化(Uniformity)。对齐是指相似样本映射到超球面后的位置比较接近；而均匀化是指样本映射后在超球面上是均匀分布的，由于均匀分布对应的熵最大，因此这个属性可以保证系统能够保留尽可能多样化的样本。

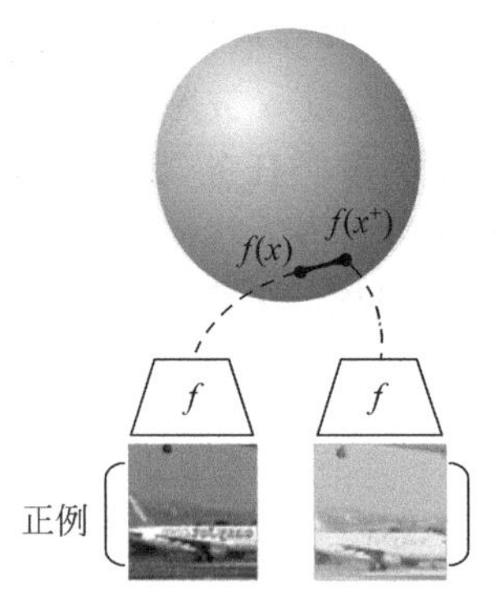

(a) 对齐：相似样本有类似表示

(b) 均匀化：尽可能保留多样性信息

图 15-2 InfoNCE 函数物理意义示意图

如图 15-3 所示，均匀化反向极端示例是所有样本映射到单位超球面的同一个点上，即所有样本经过编码器后，都收敛到同一个常数解，一般将这种异常情况称为模型坍塌(Model Collapse)，此时对比系统没有保留样本的任何信息，可以认为均匀化属性出了问题。如果对比学习的损失函数定义不好，非常容易出现模型坍塌的情形。显然，在 InfoNCE 准则中正是通过负例来防止模型坍塌，该准则的分母要求负例之间的距离越远越好，这些负例相互作用，会让样本映射后均匀分布在单位超球面上。

如图 15-4 所示，以计算机视觉中的对比式自监督学习方法为例，根据抑制模型坍塌

方法的不同,现有对比式自监督表示学习可分成有负例的对比学习和无负例的对比学习。

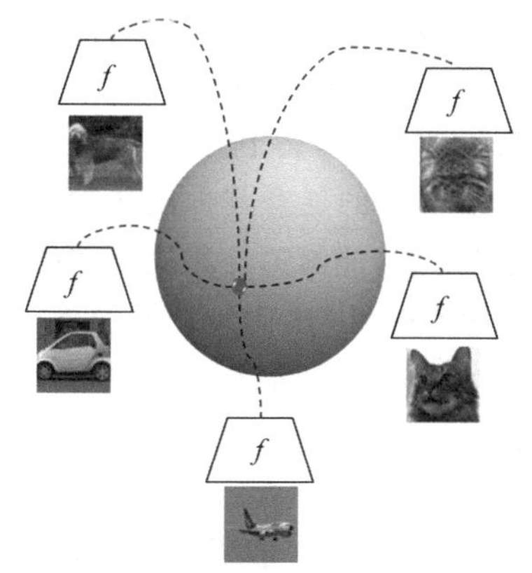

图 15-3 模型坍塌

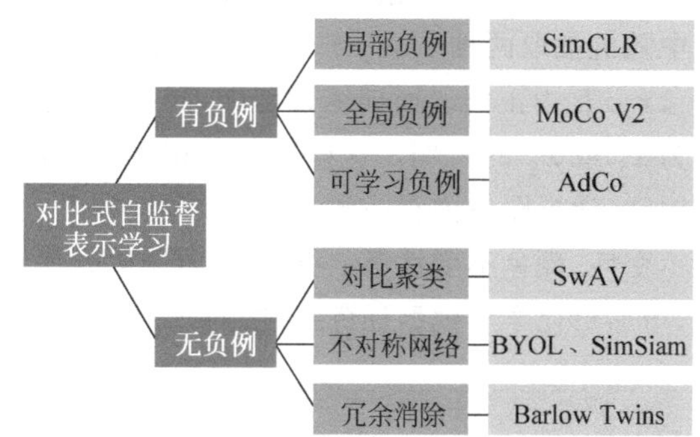

图 15-4 对比式自监督学习方法分类

15.2.2 有负例的对比学习

对比学习通过两个样例互相对比来学习样本的本质特性,这样的学习系统显然非常适合使用孪生网络[35]来构造。如图 15-5 所示以 SimCLR 为例进行分析。SimCLR 命名来自于谷歌研究中心脑科学团队华人学者的文章 *A simple framework for contrastive learning of visual representations*,即关于视觉对比学习表示的简单框架,简称 SimCLR。在该方法中,孪生网络由两个完全相同(或几乎完全相同)的分支构成,它们分别对不同输入进行编码,并对它们的输出进行对比。在使用 InfoNCE 准则进行对比学习时,由于样本没有标签,因此如何构造正例和负例需要精心设计。根据负例构造方法的不同,基于负例的对比学习可以分为局部负例、全局负例以及可学习负例等方法。

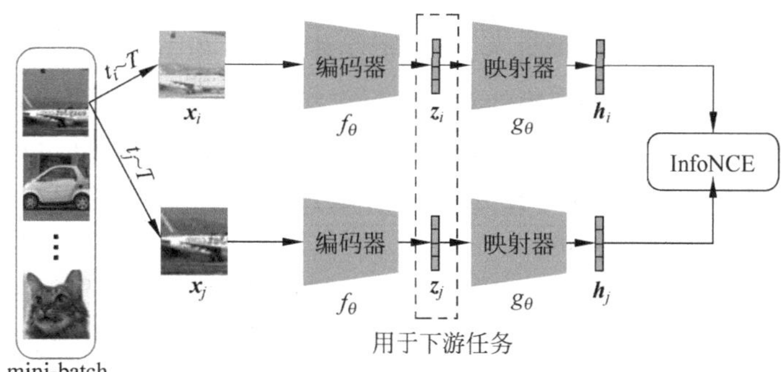

图 15-5 SimCLR 模型结构

1. 局部负例

局部负例最典型算法就是原始 SimCLR[21]，如图 15-6 所示，在该算法首先确定一个包含拉伸、裁剪、旋转、遮挡、加噪、平滑、锐化、色彩偏移等图像增强操作的集合 T，然后从中随机抽取两种 $t_i, t_j \sim T$ 操作对同一张图片 $\boldsymbol{x}$ 进行增强，这样得到的两幅新图像 $\langle \boldsymbol{x}_i, \boldsymbol{x}_j \rangle$ 互为正例。而训练过程中，同一个小批次(mini-batch)中的任意其他图像都可以作为 $\boldsymbol{x}_i$ 或 $\boldsymbol{x}_j$ 的负例。这样构造的正例和负例经过对比学习后，能够迫使编码器忽略表面因素，学习图像内在一致的结构信息，即学会某些类型的不变性，比如遮挡不变性、旋转不变性、颜色不变性等。并且 SimCLR 方法证明，如果能够同时融合多种图像增强操作，增加对比学习模型任务难度，对于对比学习效果有明显提升作用。

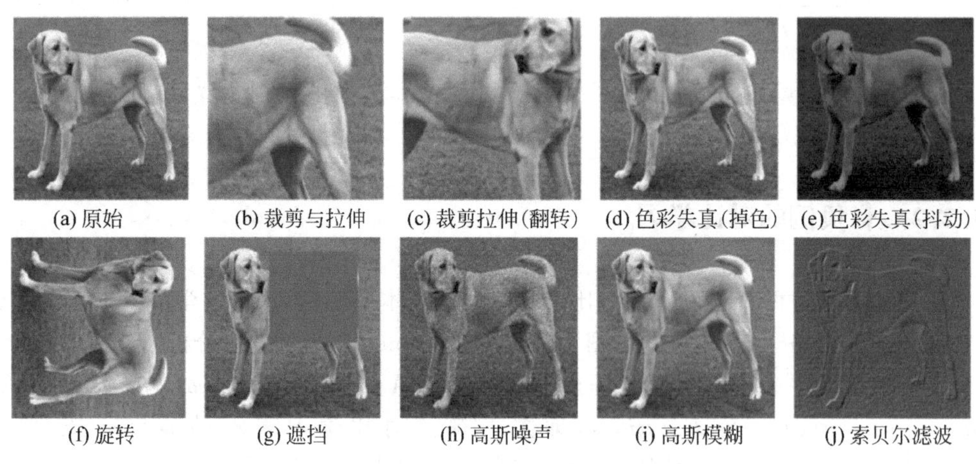

图 15-6　融合多种图像增强操作构造正例对[21]

如图 15-5 所示，SimCLR 的编码器为残差网络，用 f_θ 表示，编码器将图像 $\boldsymbol{x}_i$ 编码为 $\boldsymbol{z}_i$；与图 15-1 中对比式自监督学习模型结构不同，SimCLR 在编码器之后增加了一个映射器(Projector)g_θ，其网络结构为两层前馈全连接神经网络，映射器将 $\boldsymbol{z}_i$ 变换为 $\boldsymbol{h}_i$。在 SimCLR 方法中 $\boldsymbol{h}_i$ 只用于计算 InfoNCE 损失函数，而 $\boldsymbol{z}_i$ 作为嵌入特征用于下游任务。

相比于只使用一次非线性变换的对比学习方法，SimCLR 使用两次非线性变换得到的特征 $\boldsymbol{z}$ 在下游任务中性能更好，其原理目前只能通过实验论证，并没有理论依据。直观上，深度神经网络用于机器学习任务时，所有隐含层都可以看作特征提取器，但是靠近输入层的隐含层偏向抽取通用的、与任务无关的低层次特征；靠近输出层的隐含层更倾向于提取任务相关的高层次特征。因此，如果不使用映射器，编码器得到的嵌入特征将更多包含的是与对比学习任务相关的信息。增加映射器之后，与对比任务相关的特征信息将集中于 $\boldsymbol{h}_i$，编码器得到的嵌入特征 $\boldsymbol{z}_i$ 会包含更多与对比任务无关的通用细节信息。对于下游任务，如果使用对比学习任务相关的特征，可能会带来负面影响。因此，增加映射器保证编码器输出包含更通用的细节特征，可以明显提升表示学习的性能。

2. 全局负例

基于负例的对比学习是通过负例构建来防止模型坍塌,因此负例数量越多,对比学习模型效果越好。SimCLR 的负例是在同在一个小批次内构造,因此为了保证算法性能,每一个批次训练中都需要选取较多的样本。但是,由于硬件计算能力有限,每一个批次并不能无限制地使用任意多的样本,因此一个很自然的想法就是构造负例时不再局限于同一个批次的样本。例如,动量对比(Momentum Contrast,MoCo)V1 算法[24]通过维护一个负例队列来保证对比学习中拥有足够多的负例,将 SimCLR 与 MoCo 技术整合就得到模型 MoCo V2。

MoCo V2 的模型结构如图 15-7 所示。可以看出,当需要负例进行对比学习时,MoCo V2 算法就从负例队列中抽取 K 个负例。而队列里的负例是来源于模型下分支的输出。负例队列采用先入先出的策略进行维护,即每一个批次训练结束后,MoCo V2 会将下分支在该批次所有样本上的输出放入队列,若队列已满,则将队列中最早的负例删除。与 SimCLR 上下分支参数共享不同,MoCo V2 模型的上、下分支结构一致,但是参数不一致。下分支的参数 ϑ 更新不是通过梯度反向传播实现,而是采用动量更新机制,对下分支的参数 ϑ 进行滑动平均,即

$$\vartheta \leftarrow m\vartheta + (1-m)\theta \tag{15.3}$$

式中,m 为滑动平均系数。

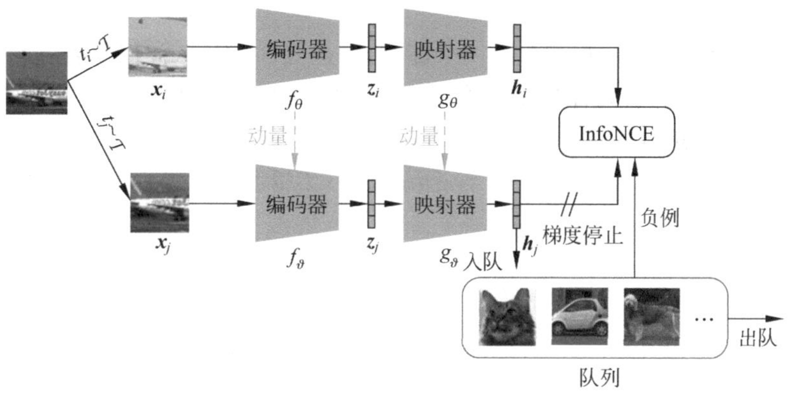

图 15-7　MoCo V2 模型结构

具体而言,MoCo V2 模型训练开始时,随机初始化 ϑ 和 θ;当一个批次计算完毕,上分支模型参数 θ 经过反向传播梯度更新;接着,使用式(15.3)来更新下分支对应的参数 ϑ,一般 m 会取较大数值(0.9 甚至 0.99)。这意味着,相对上分支参数,下分支的参数变动缓慢而稳定,从随机初始值逐渐朝着 θ 移动。若提供负例的下分支的参数不采用滑动平均方法,而是与 SimCLR 一样通过参数共享的方式进行更新,则下分支的输出在不同批次之间会存在很大差异,即负例之间会有很大差异,并且这些差异不是由于样本不同而产生,而是由模型参数不同所导致。因此,若采用参数共享的方式进行下分支训练,则对比学习得到的将是不同批次之间模型参数的变化信息。

也可以从教师模型和学生模型的角度理解 MoCo V2 上下分支参数不一致。下分支可以看作教师模型，上分支就是学生模型；由于教师模型利用不同批次的样本来指导学生模型，因此教师模型的输出应当在不同批次之间具有一致性，否则学生模型的学习就没有稳定的目标，难以收敛；同时由于教师模型并不是一个已经训练收敛的，而是一个随机初始化的模型，所以教师模型也必须不断地学习。

可以看出，与 SimCLR 相比，MoCo V2 是一种在整个训练集中选择负例的方法，它不需要设置较大批次尺寸超参数，就可以获得足够多的负例。另外，目前的研究表明编码器的建模能力越强，表示学习的效果越好，因此在最新版本的 SimCLR[22] 和 MoCo[25] 中，都选择使用模型结构更加复杂的编码器，SimCLR 采用更深更宽的残差网络，而 MoCo 则采用视觉变换器模型(Vision Transformer，ViT)替换残差网络。

3. 可学习负例

在基于负例的对比学习里，多个负例的对比可以提供更多的样本分布信息，因此在一个批次的训练过程中负例的个数越多越好。SimCLR 这类使用局部负例的对比学习方法，需要设置一个较大的批次尺寸超参数。虽然 MoCo 这类采用全局负例对比学习的方法能够将批次尺寸超参数设置得更小，但不断地维护一个负例队列也并不简单。除上述两类方法外，对比学习的最新研究中还有另外一类负例构造方法，它将负例作为模型参数的一部分去自动学习，该方法称作对抗对比(Adversarial Contrast，AdCo)[27] 学习方法。

如图 15-8 所示，AdCo 模型包含两个部分，一是与 SimCLR 类似的表示网络，其参数为$\boldsymbol{\theta}$；另一个是对抗负例集合$\mathcal{N}$，其中包含了 K 个可学习的负例。模型的两个部分可以通过式(15.4)的对抗对比损失函数来联合训练。

$$\boldsymbol{\theta}^*, \mathcal{N}^* = \underset{\boldsymbol{\theta}}{\arg\min}\, \underset{\mathcal{N}}{\max}\, \mathcal{L}(\boldsymbol{\theta}, \mathcal{N}) \tag{15.4}$$

其中，$\mathcal{L}(\boldsymbol{\theta}, \mathcal{N})$为 InfoNCE 损失，即

$$\mathcal{L}(\boldsymbol{\theta}, \mathcal{N}) = \frac{1}{N}\sum_{n=1}^{N} -\log\left(\frac{\mathrm{e}^{\boldsymbol{h}_{n,i}^{\mathrm{T}}\boldsymbol{h}_{n,j}/\tau}}{\mathrm{e}^{\boldsymbol{h}_{n,i}^{\mathrm{T}}\boldsymbol{h}_{n,j}/\tau} + \sum_{k=1}^{K}\mathrm{e}^{\boldsymbol{h}_{n,i}^{\mathrm{T}}\boldsymbol{n}_k/\tau}}\right) \tag{15.5}$$

式中，$\boldsymbol{h}_{n,i}$ 和$\boldsymbol{h}_{n,j}$ 为批量第 n 个样本由随机操作 $t_i, t_j \sim \mathcal{T}$ 经编码器和映射器后得到的表示，N 为批次尺寸，可以看出 N 与负例的个数 K 无关。因此，与 MoCo 一样，AdCo 也可以使用较小的批次尺寸。

对于式(15.4)所示的极小极大问题，可以通过梯度下降和上升算法来进行优化，即如式(15.6)和式(15.7)所示，参数$\boldsymbol{\theta}$ 通过梯度下降算法更新，参数$\mathcal{N}$通过梯度上升算法更新。

$$\boldsymbol{\theta} \leftarrow \boldsymbol{\theta} - \eta_\theta \frac{\partial \mathcal{L}(\boldsymbol{\theta}, \mathcal{N})}{\partial \boldsymbol{\theta}} \tag{15.6}$$

$$\boldsymbol{n}_k \leftarrow \boldsymbol{n}_k + \eta_{\mathcal{N}} \frac{\partial \mathcal{L}(\boldsymbol{\theta}, \mathcal{N})}{\partial \boldsymbol{n}_k} \tag{15.7}$$

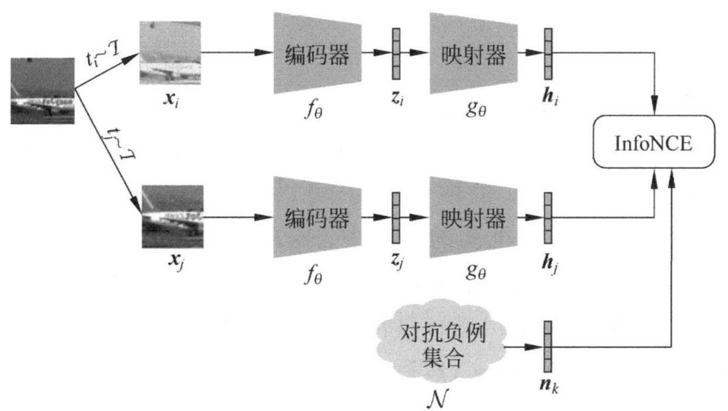

图 15-8　AdCo 模型结构

式中，η_θ 和 $\eta_\mathcal{N}$ 分别为参数$\boldsymbol{\theta}$ 和$\mathcal{N}$的学习率。

可以看出，AdCo 采用了对抗学习的思路来同时训练表示模型和负例集合，InfoNCE 损失函数可看作对抗学习里的鉴别器，其目的是将表示模型得到的“真实样例”与对抗负例集合中的“虚拟样例”区分开，对抗样本集合可以看作对抗学习里的生成器，其目的是生成与“真实样例”尽可能一致的“虚拟样例”。当然，InfoNCE 损失还有另一个作用，就是让正例表示尽可能接近。与对抗学习不同之处在于 AdCo 通过更新表示模型来提升鉴别器能力。

另外，在式(15.7)中，损失函数对负例的梯度具有明确的物理含义：该梯度是当前批次中所有正例的加权平均(如式(15.8)所示)，其中权值为给定正例的条件下负例的后验概率 $p(\boldsymbol{n}_k|\boldsymbol{h}_{n,i})$(如式(15.9)所示)，可以理解为正例与负例的相似度。通过对正例进行加权求和可以最大限度地引导负例不断地靠近正例，增加对比学习的难度，进而能够提高对比学习的效率。

$$\frac{\partial \mathcal{L}(\boldsymbol{\theta},\mathcal{N})}{\partial \boldsymbol{n}_k}=\frac{1}{N\tau}\sum_{n=1}^{N} p(\boldsymbol{n}_k \mid \boldsymbol{h}_{n,i}) \times \boldsymbol{h}_{n,i} \tag{15.8}$$

其中，

$$p(\boldsymbol{n}_k \mid \boldsymbol{h}_{n,i})=\frac{\mathrm{e}^{\boldsymbol{h}_{n,i}^{\mathrm{T}}\boldsymbol{n}_k/\tau}}{\mathrm{e}^{\boldsymbol{h}_{n,i}^{\mathrm{T}}\boldsymbol{h}_{n,j}/\tau}+\sum_{k'=1}^{K}\mathrm{e}^{\boldsymbol{h}_{n,i}^{\mathrm{T}}\boldsymbol{n}_{k'}/\tau}} \tag{15.9}$$

15.2.3　无负例的对比学习

在对比学习中，除了使用负例来防止模型坍塌之外，还有另一类方法通过修改目标函数或者模型结构，不使用负例也能达到对比学习的效果，这类对比学习可以分为对比聚类、不对称结构以及冗余消除等方法。

1. 对比聚类

基于对比聚类的自监督学习方法以 SwAV[28] 为代表，SwAV 模型全称为相同图像的多视图交换分配（Swapping Assignments between multiple Views of the same images）。图 15-9 给出了 SwAV 的模型结构，可以看出 SwAV 的模型结构与 SimCLR 基本一致，不同之处在于每一个批次的迭代中，SwAV 并没有将映射器的输出用于计算 InfoNCE 损失，而是对上下分支的输出 $\boldsymbol{h}$ 分别进行在线聚类，即利用一个可训练码本$\boldsymbol{C}=[\boldsymbol{c}_1,\boldsymbol{c}_2,\cdots,\boldsymbol{c}_K]$对表示模型的输出进行量化，通过将聚类问题转换为最优运输问题，应用 Sinkhorn-Knopp 算法将 $\boldsymbol{h}$ 量化为$\boldsymbol{v}$，然后定义一个交换预测（Swapped Prediction）损失函数。

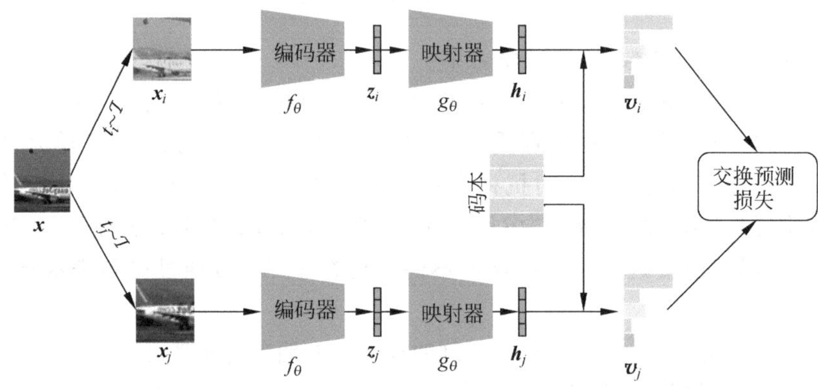

图 15-9　SwAV 模型结构

交换预测是指先用上分支的输出对下分支进行预测，然后用下分支的输出对上分支进行预测。预测的方法是计算表示模型的输出与码本的内积，然后对结果进行 Softmax。每次预测的损失可以用交叉熵来衡量，例如用上分支的输出 $\boldsymbol{h}_i$ 对下分支的量化结果$\boldsymbol{v}_j$进行预测的损失如下：

$$\ell(\boldsymbol{h}_i,\boldsymbol{v}_j)=-\sum_{k=1}^{K} v_j^{(k)}\log p_i^{(k)} \tag{15.10}$$

其中，

$$p_i^{(k)}=\frac{\mathrm{e}^{\boldsymbol{h}_i^{\mathrm{T}}\boldsymbol{c}_k/\tau}}{\sum_{k'=1}^{K}\mathrm{e}^{\boldsymbol{h}_i^{\mathrm{T}}\boldsymbol{c}_{k'}/\tau}} \tag{15.11}$$

最终交换预测损失函数只需要对所有正例之间的预测损失进行累加，即

$$\mathcal{L}=-\frac{1}{N}\sum_{n=1}^{N}\sum_{i,j\sim\mathcal{T}}\left[\frac{1}{\tau}\boldsymbol{h}_{n,i}^{\mathrm{T}}\boldsymbol{C}\,\boldsymbol{v}_{n,j}+\frac{1}{\tau}\boldsymbol{h}_{n,j}^{\mathrm{T}}\boldsymbol{C}\,\boldsymbol{v}_{n,i}-\log\sum_{k=1}^{K}\mathrm{e}^{\boldsymbol{h}_{n,i}^{\mathrm{T}}\boldsymbol{c}_k/\tau}-\log\sum_{k=1}^{K}\mathrm{e}^{\boldsymbol{h}_{n,j}^{\mathrm{T}}\boldsymbol{c}_k/\tau}\right] \tag{15.12}$$

从式(15.12)所示的损失函数中可以看出，码本 $\boldsymbol{C}$ 中的码字 $\boldsymbol{c}_k$ 类似于 AdCo 中的负例，它是防止模型坍塌的关键。为了保证码本能够有效防止坍塌，SwAV 在聚类的过程

中增加了约束条件(如式(15.13)所示),促使每一个批次中的样本能够比较均匀地聚类到不同的类别中。

$$\max_{\boldsymbol{V}\in\mathcal{V}} \operatorname{tr}(\boldsymbol{V}^{\mathrm{T}}\boldsymbol{C}^{\mathrm{T}}\boldsymbol{H})+\varepsilon\mathcal{H}(\boldsymbol{V}) \tag{15.13}$$

式中,ε 为超参数;$\boldsymbol{H}=[\boldsymbol{h}_{1,*},\boldsymbol{h}_{2,*},\cdots,\boldsymbol{h}_{N,*}]$为同一个批次内同一个分支映射器的输出;$\boldsymbol{V}=[\boldsymbol{v}_{1,*},\boldsymbol{v}_{2,*},\cdots,\boldsymbol{v}_{N,*}]$为 $\boldsymbol{H}$ 对应的聚类结果;$\mathcal{H}$为熵函数

$$\mathcal{H}(\boldsymbol{V})=-\sum\nolimits_{i,j} v_{i,j}\log v_{i,j} \tag{15.14}$$

2. 不对称网络

虽然 SwAV 没有直接从样本构造负例,但是其模型中的码本 $\boldsymbol{C}$ 发挥了负例防止模型坍塌的作用,它可以看作使用了隐式负例。从对比学习均匀化属性来看,在上下分支网络结构一样的情况下,不使用负例似乎很难保证模型不坍塌。因此,最新对比学习的研究里,引导自身隐变量法(Bootstrap Your Own Latent,BYOL)[29]和简单孪生网络(Simple Siamese,SimSiam)[30]方法通过构造不对称的表示模型网络结构,在不使用负例的前提下,实现对比学习,并避免模型坍塌问题的出现。

BYOL 的模型结构如图 15-10 所示。可以看出,BYOL 模型同样分为两个分支,与 SimCLR 模型的不同之处在于,两个分支的模型结构不相同,上分支增加了一个预测器(Predictor),其网络结构与映射器类似,为多层前馈全连接神经网络;下分支与 MoCo V2 类似,使用了梯度停止算子,编码器和映射器的参数是通过对上分支参数滑动平均来更新。在 BYOL 中上分支称为在线(Online)网络,下分支称为目标(Target)网络,BYOL 使用在线网络的输出$\boldsymbol{v}_i$ 来预测目标网络的输出 $\boldsymbol{h}_j$。预测的损失函数为$\boldsymbol{v}_i$ 和 $\boldsymbol{h}_j$ 的均方误差(如式(15.15)所示),并且一般会对网络的输出长度进行单位化,因此均方误差等价于余弦相似度。

$$\mathcal{L}(\boldsymbol{v}_i,\boldsymbol{h}_j)=\|\boldsymbol{v}_i-\boldsymbol{h}_j\|_2^2 \tag{15.15}$$

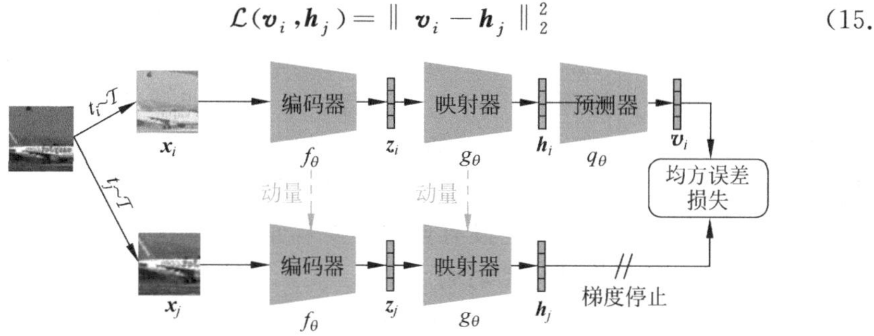

图 15-10 BYOL 模型结构

在同一个批次中,可以交换两种数据增强的方法输入的分支,则用$\boldsymbol{v}_j$ 来预测 $\boldsymbol{h}_i$,因此 BYOL 的损失函数为$\mathcal{L}=\mathcal{L}(\boldsymbol{v}_i,\boldsymbol{h}_j)+\mathcal{L}(\boldsymbol{v}_j,\boldsymbol{h}_i)$。

从式(15.15)所示的目标函数中可以看出,BYOL 希望正例在在线网络和目标网络上的表示尽可能接近,目标函数中没有与负例作用类似的,将不相似样例的表示距离拉远的约束。那么,BYOL 保证模型不坍塌的原因就在于在线网络和目标网络的结构不一

致。新增加的预测器可以看作一个码本，其网络参数就是对应的码字，需要通过对码字进行组合来对目标分支的输出进行预测，为了达到精确预测的目的，则码本中的码字应当尽可能分散，这样才能包含更多的信息。

可以看出，在 BYOL 中预测器是对比学习结果均匀化的关键，它起到了负例的作用。BYOL 的目标网络的参数更新方式与 MoCo V2 一样，通过滑动平均来更新。但是之所以 MoCo V2 采用这种方式来更新下分支参数，是因为下分支的输出用来构造负例，为了减小不同批次的负例之间的差异，就需要限制下分支参数的更新速度。而在 BYOL 中，与负例类似的预测器对目标网络的参数没有任何约束，因此目标网络可采用参数共享方式与在线网络同时更新，这就是 SimSiam 方法（如图 15-11 所示），它可以看作 BYOL 的简化版本。

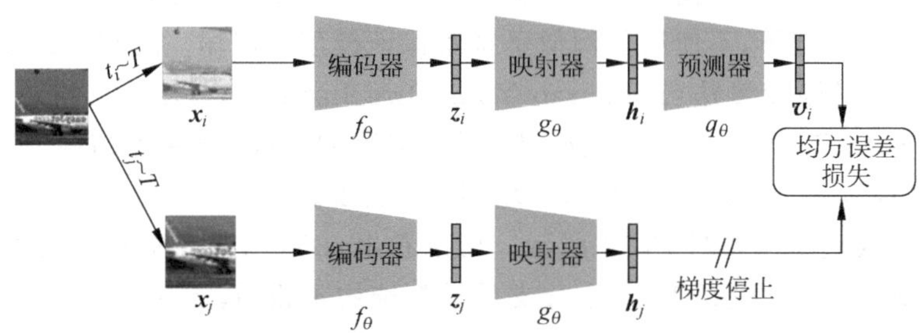

图 15-11　SimSiam 模型结构

3. 冗余消除

除了修改模型结构之外，脸书人工智能研究院（Facebook AI Research，FAIR）还提出了巴洛孪生网络（Barlow Twins）[31]算法，一种仅修改目标函数就能够在不使用负例的前提下防止模型坍塌的对比学习方法。该方法受英国神经科学家霍勒斯·巴洛（Horace Barlow）在 1961 年发表的文章的启发，Barlow Twins 方法将“减少冗余”（一种可以解释视觉系统组织的原理）应用于自我监督学习，其也是感官信息转化背后的潜在原理。如图 15-12 所示，Barlow Twins 的基本模型结构与 SimCLR 一致，上下分支的结构相同且参数共享，不同之处在于每个分支的映射器输出之后紧接一个批归一化层。Barlow Twins 既没有使用负例，也没有使用不对称结构，而是提出一个新的损失函数 $\mathcal{L}_{\mathrm{BT}}$（如式（15.16）所示）来防止模型坍塌。

$$\mathcal{L}_{\mathrm{BT}}=\underbrace{\sum_{d}(1-C_{dd})^{2}}_{\text{不变项}}+\lambda\underbrace{\sum_{d}\sum_{d'\neq d}C_{dd'}^{2}}_{\text{冗余消除项}} \tag{15.16}$$

式中，$\boldsymbol{C}\in\mathbb{R}^{D\times D}$ 为对各批次中样本在两个分支上输出 $\boldsymbol{h}$ 之间的互相关，即

$$C_{dd'}=\frac{\sum_{n}h_{n,i}^{(d)}h_{n,j}^{(d')}}{\sqrt{\sum_{n}(h_{n,i}^{(d)})^{2}}\sqrt{\sum_{n}(h_{n,j}^{(d')})^{2}}} \tag{15.17}$$

式中，n 为样本索引，i，j 分别指示上下分支。

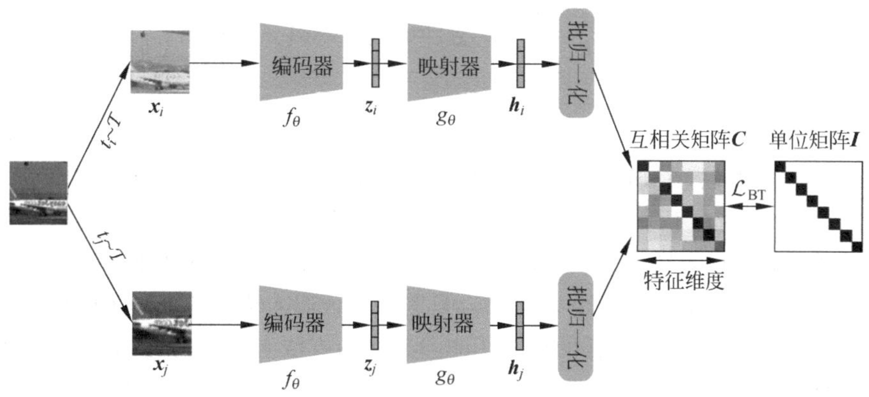

图 15-12　Barlow Twins 模型结构

式(15.16)所示的$\mathcal{L}_{\mathrm{BT}}$中第一项为目标不变项，通过让互相关矩阵的对角线元素趋近于 1，迫使表示模型学习到样本对干扰的不变性；第二项为冗余消除项，通过让互相关的非对角线元素等于 0，降低表示模型学到的特征各维之间的相关性，去除特征内的冗余信息可以促使特征保留样本的更多信息。在对比学习的两个属性中，均匀化的另一层含义是保留样本尽可能多的信息，因此可以看出，$\mathcal{L}_{\mathrm{BT}}$损失函数的第二项起到了类似负例的作用，可以保证对比学习均匀化的属性，进而避免模型坍塌。

还可以从信息瓶颈(Information Bottleneck，IB)准则的角度来理解 Barlow Twins 的目标函数。在自监督学习中，IB 准则要求一个理想的表示方法尽可能保留样本信息，同时尽可能与干扰(例如数据增强方法)无关，即

$$\mathcal{L}_{\mathrm{IB}}=I(\boldsymbol{h}_i,\boldsymbol{x}_i)-\beta I(\boldsymbol{h}_i,\boldsymbol{x}) \tag{15.18}$$

式中，i 为数据增强方法 $t_i \sim \mathcal{T}$ 的索引；$I(\cdot,\cdot)$为互信息，β 为权值，用于在保留信息和去除干扰之间折中。

根据互信息的定义，式(15.18)所示的损失函数可以改写为

$$\mathcal{L}_{\mathrm{IB}}=[\mathcal{H}(\boldsymbol{h}_i)-\mathcal{H}(\boldsymbol{h}_i \mid \boldsymbol{x}_i)]-\beta[\mathcal{H}(\boldsymbol{h}_i)-\mathcal{H}(\boldsymbol{h}_i \mid \boldsymbol{x})] \tag{15.19}$$

用于 $\boldsymbol{h}_i=g(f(\boldsymbol{x}_i))$，且 g 和 f 为确定性函数，因此$\mathcal{H}(\boldsymbol{h}_i|\boldsymbol{x}_i)=0$。又由于损失函数的优化对正实数缩放不敏感，因此$\mathcal{L}_{\mathrm{IB}}$可以进一步改写为

$$\mathcal{L}_{\mathrm{IB}}=\mathcal{H}(\boldsymbol{h}_i \mid \boldsymbol{x})+\frac{1-\beta}{\beta}\mathcal{H}(\boldsymbol{h}_i) \tag{15.20}$$

由于估计高维变量的熵需要大量的数据，远超每一个批次中的样本数目。为了降低难度，可以假设 $\boldsymbol{h}$ 服从高斯分布。高斯分布的熵可以由变量协方差矩阵行列式的对数得到，因此$\mathcal{L}_{\mathrm{IB}}$可以简化为

$$\mathcal{L}_{\mathrm{IB}}=E\left[\log|\boldsymbol{C}_{\boldsymbol{h}_i|\boldsymbol{x}}|+\frac{1-\beta}{\beta}\log\boldsymbol{C}_{\boldsymbol{h}_i}\right] \tag{15.21}$$

再经过一系列的简化和近似之后，式(15.21)所示的信息瓶颈损失可以等价为$\mathcal{L}_{\mathrm{BT}}$。

事实上，InfoNCE 损失也可以改写为由两部分组成的形式：

$$\mathcal{L}_{\text{infoNCE}}=\underbrace{-\sum_{n}\frac{\boldsymbol{h}_{n,i}^{\mathrm{T}}\boldsymbol{h}_{n,j}}{\tau\|\boldsymbol{h}_{n,i}\|_2\|\boldsymbol{h}_{n,j}\|_2}}_{\text{相似度项}}+\underbrace{\sum_{n}\log\left(\sum_{n'\neq n}\exp\left(\frac{\boldsymbol{h}_{n,i}^{\mathrm{T}}\boldsymbol{h}_{n',j}}{\tau\|\boldsymbol{h}_{n,i}\|_2\|\boldsymbol{h}_{n',j}\|_2}\right)\right)}_{\text{对比项}} \tag{15.22}$$

可以看出，与$\mathcal{L}_{\mathrm{BT}}$类似，在 InfoNCE 损失中，第一项的目的是保证嵌入特征对干扰具有不变性，第二项的目的在于最大化嵌入特征的变化性，即尽可能多地保留信息。两个损失函数都需要根据批次内样本嵌入特征的统计量来估计，但是为了防止模型坍塌，InfoNCE 损失需要最大化所有负例对的距离，而$\mathcal{L}_{\mathrm{BT}}$只需要保证嵌入特征各维之间相互独立。

另外，InfoNCE 中嵌入特征的熵是用非参数化的方法来计算的，数据量需求大，且非常容易导致维度灾难。因此，在基于 InfoNCE 的对比学习方法中，嵌入特征的维度都不能太高，并且需要较多的负例。而在 Barlow Twins 方法中，通过简单假设嵌入特征服从高斯分布，可以用更少的样本估计熵，并且嵌入特征的维度可以设得非常高。

15.3 基于对比预测的自监督语音表示学习

自监督学习方法不仅在计算机视觉领域获得巨大发展，在其他领域也生机勃勃。在语音表示学习中，许多研究人员都提出了各种自监督学习方法，本节主要介绍对比式自监督语音表示学习的研究现状，其中典型的代表有对比预测编码、wav2vec 系列和 HuBERT 系列等。

15.3.1 对比预测编码

对比式自监督语音表示学习使用的损失函数也是 InfoNCE，最典型的方法是对比预测编码(Contrastive Predictive Coding，CPC)[13]。CPC 通过当前帧来预测邻近几帧，同时对比来自其他序列的帧或来自更遥远时间的帧。换句话说，对比损失将时间上距离相近的表示拉得更近，而将时间上距离较远的表示推得更远。从神经科学来看，预测编码也有着相应的生物学依据。

1. 预测编码

早在 19 世纪中期，德国物理学家、心理学家赫尔曼·冯·亥姆霍兹(Hermann von Helmholtz)，以及哲学家伊曼努尔·康德(Immanuel Kant)就提出了预测编码的基本假设——无意识推理，他们认为人类在有意识地感知事物之前，大脑对这一事物的过往印象及处理模式就已“先入为主”，从而影响人类感知。感知从来不是完全客观的，而是自上而下、自下而上两种方式协同产生的，最简单的例子便是各类视觉错觉。

那么，人类的既有经验究竟是通过怎样的物理实现方式影响感知的？1999 年，拉杰什·拉奥(Rajesh Rao)和达娜·巴拉德(Dana Ballard)通过对视觉皮层中神经元之间的交互作用进行研究，提出了分层预测模型[36]。事实上，自从大卫·休伯尔(David Hubel)

和托斯坦·威塞尔(Torsten Wiesel)发现初级视觉皮层简单细胞以来,神经科学对初级视觉皮层的研究,极大地促进了人类对大脑工作机制的理解。例如在初级视觉皮层的研究中提出了"方向选择性""感受野""皮层功能柱""大脑发育关键期""视觉特征提取""信号的分级处理"等概念和思想。对视觉神经元各种活动的研究阐释了人类视觉产生的过程,但是神经科学家们也发现了"不寻常"视觉神经元的活动,如图 15-13 所示,有时当一个恰好处在某个初级视觉皮层神经元感受野的视觉刺激(比如实验经常使用的,一个长方形的光栅)延伸出感受野时,该神经元反而活跃度降低了。注意在此时,视觉刺激在感受野内的面积没有改变。

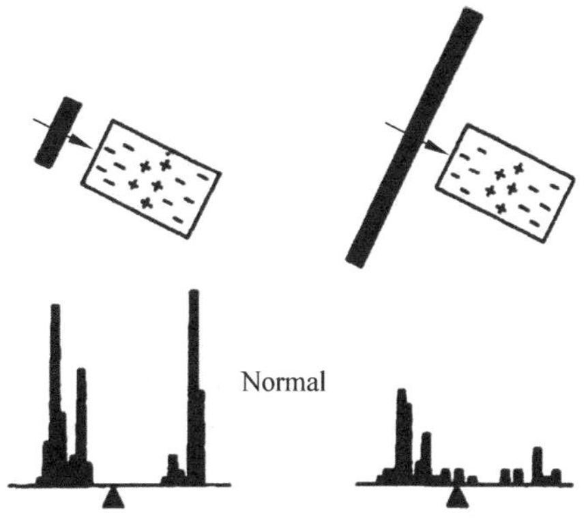

图 15-13 不寻常的视觉神经元活动[37]

这个现象表明在同一层级的神经元有可能互相作用,使得某个神经元在其相邻的神经元被激活时反而不再兴奋。但这一过程是如何实现的呢?休伯尔和威塞尔研究认为:神经元的输出不仅是对来自底层神经元的输入信号加以整合的结果,同时还受到来自上层神经元的预测信号的影响。因为神经元放电是一个很耗能的过程,大脑为了节省算力,会通过一种预测机制,使得神经元只对与预测不符的事物产生更强的反应。

2. 对比预测编码

预测编码是信号处理中用于数据压缩的常用技术,在无监督学习中它也是一种常用的策略,在自然语言处理和计算机视觉中都有许多应用。这些方法能够取得成功的原因,可能是因为用于预测的上下文相关信息,通常与样本内部不同部分之间共享的高层次隐含信息条件相关。对比预测编码的目的,就是要学习一种能够在编码样本内部不同部分之间共享信息,同时丢弃样本中局部的低层次信息或者噪声信息的表示方法。当对未来某个时刻进行预测时,其距当前时刻越远,预测者与被预测者之间的相关信息就越少,模型就需要对更全局的结构进行推理。这种横跨多个时刻的缓变特征往往更加重要。但是在对高维数据进行预测时,均方误差或者交叉熵这类单模的损失函数往往不起作用,因此需要使用能力更强的生成模型,如生成对抗网络、变分自编码器等。但是这类模型会对数据中的每一个细节都进行重建,运算复杂度高,并且绝大多数的计算都浪费在对未来时刻被预测数据 $\boldsymbol{x}$ 复杂分布的建模上,往往忽视了当前时刻的上下文信息 $\boldsymbol{c}$。因此,为了提取 $\boldsymbol{x}$ 和 $\boldsymbol{c}$ 之间的共享信息,使用生成模型来直接对 $p(\boldsymbol{x}|\boldsymbol{c})$ 进行建模(或者说用 $\boldsymbol{c}$ 来预测生成 $\boldsymbol{x}$)可能并不是最优的方法。

CPC 没有使用生成模型,其在对未来信息进行预测时,通过尽可能地保留 $\boldsymbol{x}$ 与 $\boldsymbol{c}$ 之间的互信息,来将它们编码为一个有着紧致分布的向量表示。通过最大化编码后的特征表示之间的互信息,CPC 能够提取到输入之间共享的高层次隐含信息。

如图 15-14 所示,CPC 首先通过一个非线性编码器 g_{enc} 将输入的观测序列 $\boldsymbol{x}_t$ 映射

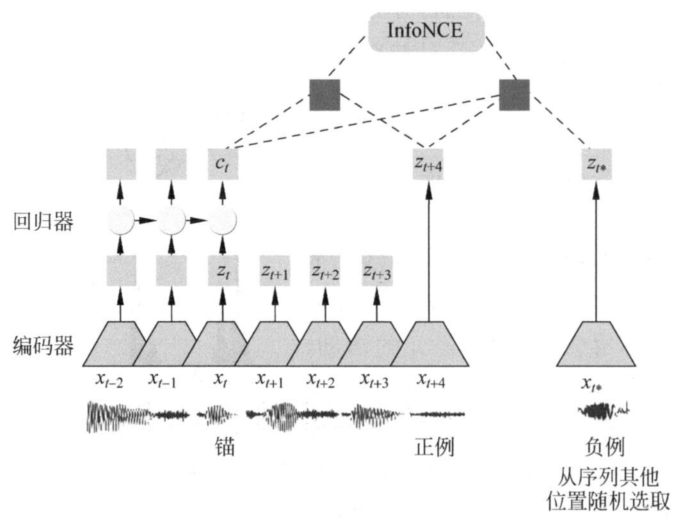

图 15-14　CPC 模型结构

为隐含表示序列 $\boldsymbol{z}_t = g_{\text{enc}}(\boldsymbol{x}_t)$，$\boldsymbol{z}_t$ 的时间分辨率更低。然后，使用自回归模型 g_{ar} 将隐含空间中所有 t 时刻之前的 $\boldsymbol{z}_{\leqslant t}$ 聚合起来，得到一个上下文隐含表示 $\boldsymbol{c}_t = g_{\text{ar}}(\boldsymbol{z}_{\leqslant t})$。接着，使用一个简单的对数双线性模型来对概率密度函数的比值进行建模，

$$f_k(\boldsymbol{x}_{t+k}, \boldsymbol{c}_t) = \exp(\boldsymbol{z}_{t+k}^{\mathrm{T}} \boldsymbol{W}_k \boldsymbol{c}_t) \propto \frac{p(\boldsymbol{x}_{t+k} \mid \boldsymbol{c}_t)}{p(\boldsymbol{x}_{t+k})} \tag{15.23}$$

对于不同时刻 $t+k$，使用不同的线性变换 $\boldsymbol{W}_k$ 来进行预测。最终，编码器和自回归模型可以通过 InfoNCE 损失来联合优化。给定一个样本集合 $\mathcal{X} = \{\boldsymbol{x}_1, \boldsymbol{x}_2, \cdots, \boldsymbol{x}_N\}$，其中只有一个正样本是从 $p(\boldsymbol{x}_{t+k} | \boldsymbol{c}_t)$ 中采样得到的，其他 $N-1$ 个负样本都是来自于参考分布 $p(\boldsymbol{x}_{t+k})$，则 InfoNCE 损失定义如下：

$$\mathcal{L}_N = -\mathbb{E}_{\mathcal{X}} \left[\log \frac{f_k(\boldsymbol{x}_{t+k}, \boldsymbol{c}_t)}{\sum_{\boldsymbol{x}_j \in \mathcal{X}} f_k(\boldsymbol{x}_j, \boldsymbol{c}_t)} \right] \tag{15.24}$$

从图 15-14 中可以看出，CPC 是一种基于负例的对比学习，但是它的模型结构却与 BYOL 或 SimSiam 类似，上下分支的模型结构并不一致。CPC 并没有通过数据增强操作来构造正例，而是直接将同一段语音中 t 时刻和 $t+k$（图中 $k=4$）时刻的波形作为正例，该语音段中其他时刻的波形作为负例。

15.3.2　wav2vec 系列

wav2vec[38]、vq-wav2vec[39]和 wav2vec 2.0[40]是 Facebook 人工智能研究院提出的一系列的自监督语音预训练算法。从命名上可以看出，该系列算法是实现语音波形的表示学习，即将波形转换成矢量形式。

1. wav2vec

wav2vec 是一种对比式自监督预训练模型，如图 15-15 所示其包含两个网络，分别称为编码器和聚合器。编码器将原始语音波形的采样点映射到一个隐藏特征空间中，聚合器按时序将多个时刻的编码输出组合起来，得到上下文相关的长时特征。而模型的训练目标是根据长时特征对未来时刻的隐藏特征进行辨识。

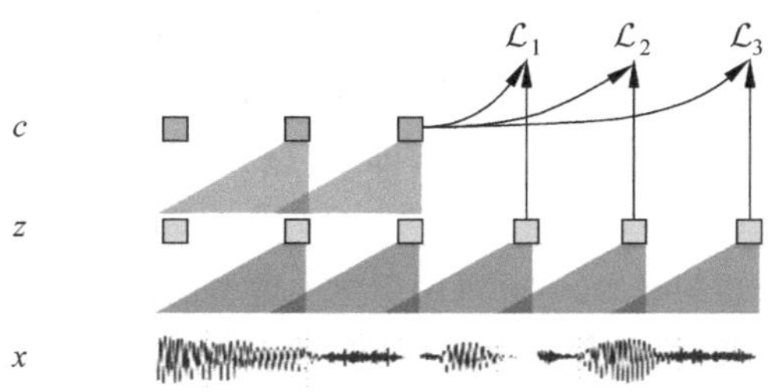

图 15-15　wav2vec 模型结构

令 $x_i \in \mathcal{X}$为原始语音波形的采样点，应用一个由 5 个卷积层构成的编码器 $f: \mathcal{X} \mapsto \mathcal{Z}$，将其映射到一个帧级特征空间中，5 个卷积层的核函数尺寸分别为(10,8,4,4,4)，步幅分别为(5,4,2,2,2)。由文献可知，感受野计算公式为

$$\begin{aligned} j_{\text{out}} &= j_{\text{in}} \times \text{stride} \\ r_{\text{out}} &= r_{\text{in}} + (\text{size} - 1) j_{\text{in}} \end{aligned} \tag{15.25}$$

式中，size 为每个卷积核尺寸，stride 为对应的步幅，j_{in} 与 j_{out} 代表相邻层输入与输出跳跃点，r_{in} 与 r_{out} 代表该卷积层的输入与输出感受野。当语音的采样率为 16kHz 时，根据卷积网络感受野的计算公式，不难得出，编码网络的输出的每一帧特征 $\boldsymbol{z}_i \in \mathcal{Z}$ 的帧长约为 30ms(465 个样点)，帧移为 10ms(160 个样点)。

通过聚合器 $g: \mathcal{Z} \mapsto \mathcal{C}$ 将多个连续的编码器输出 $\boldsymbol{z}_{i-v}, \cdots, \boldsymbol{z}_i$ 映射为一个包含上下文信息的张量 $\boldsymbol{c}_i = g(\boldsymbol{z}_{i-v}, \cdots, \boldsymbol{z}_i)$，其中 v 为聚合器对 $\boldsymbol{z}$ 的感受野。聚合器包含 9 个卷积层，卷积核尺寸都为 3，步幅都为 1。那么，聚合器的输出 $\boldsymbol{c}_i$ 对 x 的总感受野约为 210ms(19 帧帧移 190ms+未交叠 20ms)。

编码器和聚合器的每一层网络都由一个包含 512 个通道的因果卷积层、一个组归一化(group normalization，GN)层和一个 ReLU 非线性变换构成。对于 GN 层，同时在特征维度和时间维度上进行规整，即只使用一个规整群。

当数据集的规模比较大时，可以考虑使用模型的变体(wav2vec large)，该变体在编码器中增加两个线性变换层，而聚合器包含 12 个卷积层，每一层卷积核的尺寸为(2,3,…,13)，并且引入跳层连接来加速模型收敛。该模型聚合器输出的感受野约为 810ms。

wav2vec 的训练目标是通过最小化对比损失，让模型能够将 $\boldsymbol{z}_{i+k}$ 与$\tilde{\boldsymbol{z}}$ 区分开来，其中 $\boldsymbol{z}_{i+k}$ 为距当前时刻 $k=1,\cdots,K$ 个步长的未来时刻的编码器输出，$\tilde{\boldsymbol{z}}$ 为从参考分布 p_n 中采样得到的负样本，

$$\mathcal{L}_k = -\sum_{i=1}^{T-k}\left(\log\sigma(\boldsymbol{z}_{i+k}^{\mathrm{T}} h_k(\boldsymbol{c}_i)) + \lambda \mathop{\mathbb{E}}_{\tilde{\boldsymbol{z}} \sim p_n}[\log\sigma(\tilde{\boldsymbol{z}}^{\mathrm{T}} h_k(\boldsymbol{c}_i))]\right) \tag{15.26}$$

式中,$\sigma(\cdot)$为 sigmoid 函数,$\sigma(\boldsymbol{z}_{i+k}^{\mathrm{T}} h_k(\boldsymbol{c}_i))$表示$\boldsymbol{z}_{i+k}$为正类样本的概率。$h_k$为与步长$k$相关的仿射变换,即$h_k(\boldsymbol{c}_i)=\boldsymbol{W}_k\boldsymbol{c}_i+\boldsymbol{b}_k$。最终损失函数为将所有步长(文中$K=12$)对应对比损失的累加和,即

$$\mathcal{L} = \sum_{k=1}^{K} \mathcal{L}_k \tag{15.27}$$

对于$\mathcal{L}_k$中的期望,可以通过采样 10 个负样本来近似计算。负样本的采样方法为:在当前语音对应的编码器输出序列中均匀采样,即$p_n(z)=1/T$,其中T为序列的长度,λ为负样本的个数的倒数。

训练完成之后,聚合器的输出$\boldsymbol{c}_i$可以用于声学模型的训练。对比图 15-14 和图 15-15,可以发现 wav2vec 与 CPC 并没有太大的区别,两者的差别在于生成上下文相关的长时特征$\boldsymbol{c}$时,CPC 使用的是基于 RNN 的自回归模型,而 wav2vec 使用的是基于 CNN 的聚合器。

2. vq-wav2vec

vq-wav2vec 采用与 wav2vec 类似的结构和训练目标来学习语音段的离散表示。该方法使用 Gumbel-Softmax 或者在线k均值聚类来对稠密表示进行量化,离散化后的语音表示可以使用自然语言处理领域的许多优秀算法来进一步处理。

如图 15-16 所示为 vq-wav2vec 模型结构。从图中可以看出,vq-wav2vec 模型也包含一个编码器$f: \mathcal{X} \mapsto \mathcal{Z}$和一个聚合器$g: \hat{\mathcal{Z}} \mapsto \mathcal{C}$。编码器包含 8 个卷积层,每个卷积层都有 512 个卷积核,各层卷积核的尺寸分别为(10,8,4,4,4,1,1,1),步幅分别为(5,4,2,2,2,1,1,1)。聚合器由 12 个卷积层构成,每个卷积层有 512 个卷积核,卷积核的步幅都为 1,各层卷积核的尺寸为(2,3,…,13)。每层网络都包含一个卷积层、一个 dropout 层、一个 GN 层和一个 ReLU 非线性变换,聚合器还引入了跳层连接。

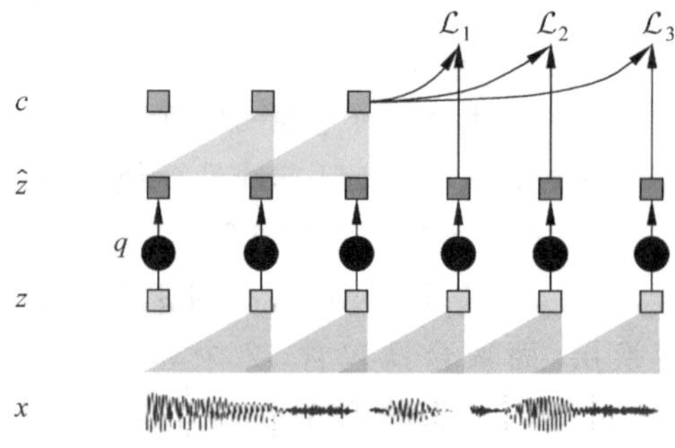

图 15-16　vq-wav2vec 模型结构

另外,与 wav2vec 不同之处还在于,vq-wav2vec 增加了一个量化器$q: \mathcal{Z} \mapsto \hat{\mathcal{Z}}$来构造离散表示。模型的前向处理过程如下:首先利用编码器f将原始语音波形样点映射为

帧长约为 30ms、帧移为 10ms 的稠密特征 $\boldsymbol{z}$；然后利用量化器 q 将这些稠密特征转换为离散索引，并根据索引在包含 V 个码字的码本 $\boldsymbol{e}\in\mathbb{R}^{V\times d}$ 中找到重建特征 $\hat{\boldsymbol{z}}$(d 为码字的维度)；将重建特征输入聚合器，并通过最小化对比损失来优化上下文预测任务。

在 vq-wav2vec 的量化器中，需要将稠密特征转换为定类变量，以获得离散特征表示。但是对于神经网络而言，这样的定类变量不可导，因此会阻断梯度的反向传播，可以采用 Gumbel-Softmax[41]解决这个问题。Gumbel-Softmax 分布是一类连续型概率分布，通过一个在训练阶段逐渐减小的温度常数来促使 Gumbel-Softmax 分布趋近于离散分布。Gumbel-Softmax 分布可导，并且在训练的初始阶段，由于温度常数大，梯度的方差小但是有偏，在训练的末期，温度常数降低，梯度的方差大但无偏。

如图 15-17 所示，对于稠密表示 $\boldsymbol{z}$，首先将其顺序输入第一个线性层、ReLU 层、第二个线性层，得到输出 $\boldsymbol{l}\in\mathbb{R}^{V}$。在推理阶段，直接选择 $\boldsymbol{l}$ 最大元素的索引号 $v_{\max}=\underset{j}{\operatorname{argmax}}\, l_j$ 对应的码字 $\boldsymbol{e}_{v_{\max}}$ 作为重建特征 $\hat{\boldsymbol{z}}$。但是，在训练阶段，为了保证梯度能够进行反向传播，在前向运算中用 Gumbel-Softmax 将 $\boldsymbol{l}$ 转换为概率形式

$$p_j=\frac{\exp((l_j+v_j)/\tau)}{\sum_{j'=1}^{V}\exp((l_{j'}+v_{j'})/\tau)} \tag{15.28}$$

式中，$v=-\log(-\log(u))$，$u\sim\text{Uniform}(0,1)$，τ 为温度常数，训练时从 2 逐步减小到 0.5。然后，选择 $v_{\max}=\underset{j}{\operatorname{argmax}}\, p_j$ 对应的码字 $\boldsymbol{e}_{v_{\max}}$ 作为重建特征 $\hat{z}$，即将 $\boldsymbol{p}$ 转换为独热向量，

$$\boldsymbol{o}=\text{one\_hot}(\underset{j}{\operatorname{argmax}}\, p_j) \tag{15.29}$$

则 $\hat{\boldsymbol{z}}=\boldsymbol{eo}$。

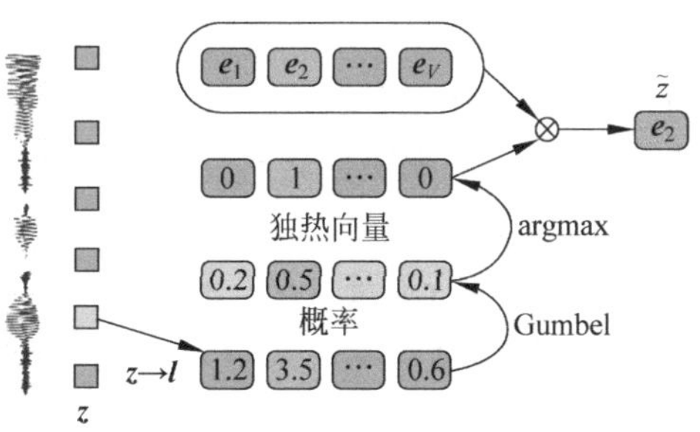

图 15-17 Gumbel Softmax 矢量量化

在后向运算中，利用梯度直通估计(Straight-through estimator)[41-42]忽略 argmax 运算，将 Gumbel-Softmax 的真实梯度进行反向传播，即

$$\frac{\partial\mathcal{L}}{\partial\boldsymbol{z}}\approx\frac{\partial\mathcal{L}}{\partial\hat{\boldsymbol{z}}} \tag{15.30}$$

在矢量量化变分自编码器中(Vector Quantized-Variational AutoEncoder, VQ-VAE)，使用矢量量化的方法在保证运算完全可导的前提下获取离散的索引。在 vq-wav2vec 中也采用了类似的方法，根据欧式距离，选择码本中与稠密表示 $\boldsymbol{z}$ 距离最近的码

字 $\boldsymbol{e}_{v_{\text{nn}}}$ 作为重建特征$\hat{\boldsymbol{z}}$，即

$$v_{\text{nn}}=\underset{j}{\operatorname{argmin}}\|\boldsymbol{z}-\boldsymbol{e}_j\|_2^2 \tag{15.31}$$

如图 15-18 所示，在前向运算中，首先计算稠密特征 $\boldsymbol{z}$ 与各码字之间的距离，并将这些距离构成向量 $\boldsymbol{d}$，然后 $\boldsymbol{d}$ 将转换为独热向量，

$$\boldsymbol{o}=\text{one\_hot}(\underset{j}{\operatorname{argmin}} d_j) \tag{15.32}$$

则$\hat{\boldsymbol{z}}=\boldsymbol{eo}$。

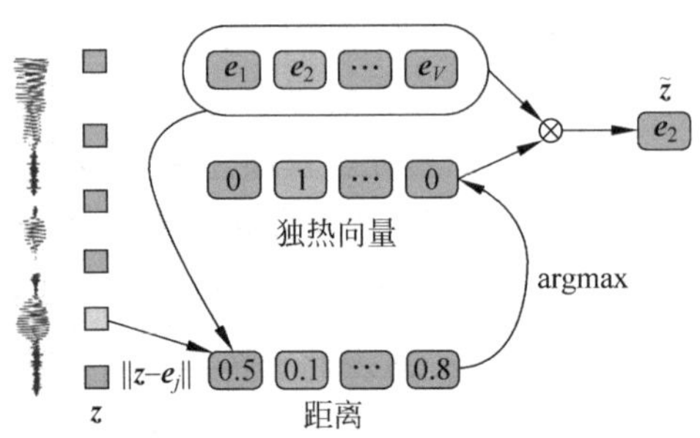

图 15-18　k 均值矢量量化

对于后向运算，argmin 运算同样不可导，因此，同样利用式(15.30)所示的梯度直通估计进行反向传播。

利用 Gumbel-Softmax 或者 k 均值，可以将编码器输出的稠密特征 $\boldsymbol{z}$ 转换为码本中的一个码字 $\boldsymbol{e}_j$。但是，这些方法容易产生模式坍缩(mode collapse)，即码本中仅会有少部分的码字被使用。在 vq-wav2vec 中，采用了与乘量化(Product Quantization)[43]类似的方法，通过独立地对 $\boldsymbol{z}$ 中不同部分进行量化，避免这个问题，保证了码本的规模，使得下游任务的性能得到提升。

将稠密特征 $\boldsymbol{z}\in\mathbb{R}^d$ 中的元素分为 G 个组，并构造成矩阵形式 $\boldsymbol{z}'\in\mathbb{R}^{G\times(d/G)}$。$\boldsymbol{z}'$的每一行都用一个整型索引表示，则完整的稠密特征 $\boldsymbol{z}$ 可以表示为一个 G 维矢量 $\boldsymbol{i}$，矢量中的每一个元素的取值为 $1,2,\cdots,V$，即 $\boldsymbol{i}\in[V]^G$。对于每一个组中的变量都用 Gumbel-Softmax 或者 k 均值中的一种方法进行矢量量化。

码本中的码字可以在组间共享，则码本的大小为 $\boldsymbol{e}\in\mathbb{R}^{V\times(d/G)}$；若码字不共享则码本大小为 $\boldsymbol{e}\in\mathbb{R}^{G\times V\times(d/G)}$。实验表明，共享码字策略的性能优于不共享码字。

vq-wav2vec 的损失函数由三部分构成，如下所示：

$$\mathcal{L}=\sum_{k=1}^{K}\mathcal{L}_k+(\|\text{sg}(\boldsymbol{z})-\hat{\boldsymbol{z}}\|_2^2+\gamma\|\boldsymbol{z}-\text{sg}(\hat{\boldsymbol{z}})\|_2^2) \tag{15.33}$$

式中，$\mathcal{L}_k$ 同式(15.26)，γ 为超参，sg 表示梯度终止算子(Stop gradient operator)，该算子的操作数可以看作一个不需要更新的常量，即在前向运算中为恒等操作($\text{sg}(\boldsymbol{z})\equiv\boldsymbol{z}$)，后向运算中偏微分为零($\partial\text{sg}(\boldsymbol{z})/\boldsymbol{z}\equiv\boldsymbol{0}$)。

损失函数的第一项同 wav2vec 的损失函数，通过最小化对比损失来完成上下文预测任务，但是由于使用了梯度直通估计，用$\hat{\boldsymbol{z}}$ 的梯度近似 $\boldsymbol{z}$ 的梯度，因此该项只能更新编码

器和聚合器的参数，无法更新量化器中的码本。为了能够学习到这个隐藏的离散嵌入空间，利用损失函数第二项所示的矢量量化的目标函数，促使码字 $\boldsymbol{e}_j$ 朝稠密特征 $\boldsymbol{z}$ 的方向更新。最后，通过第三项促使编码器的输出与码字尽可能接近，来保证码本与编码器训练速度一致。

3. wav2vec 2.0

wav2vec 2.0(以下简写为 wav2vec2)是在 wav2vec 和 vq-wav2vec 的基础上进一步改进得到的自监督语音表示学习模型。相比于之前的两个模型，wav2vec2 用 Transformer 替换卷积网络来作为聚合器，充分利用了整个语音段的上下文信息，不再局限于长度为 v 的感受野；相比于 vq-wav2vec，新版模型中 Transformer 的输入为稠密特征，而不是离散的码字；训练中对比损失不是对未来时刻稠密特征的辨识任务进行优化，而是根据 Transformer 的输出对量化器输出的离散语音表示进行辨识；量化器码本更新用的不是矢量量化的损失函数，而是通过最大化码字选择概率分布的交叉熵来实现。

在使用无标注数据预训练之后，wav2vec2 利用有标注数据以连接时序分类器损失函数微调模型，即可用于下游语音识别任务。

如图 15-19 所示，wav2vec2 模型利用一个由多个包含卷积层的模块构成的编码器 $f: \mathcal{X} \mapsto \mathcal{Z}$，其将原始语音波形采样点作为输入，输出语音信号的帧级表示 $\boldsymbol{z}_1, \boldsymbol{z}_2, \cdots, \boldsymbol{z}_T$，其中 T 为语音段的总帧数。这些帧级特征接着被输入一个 Transformer $g: \mathcal{Z} \mapsto \mathcal{C}$，以获取包含整个特征序列信息的上下文表示 $\boldsymbol{c}_1, \boldsymbol{c}_2, \cdots, \boldsymbol{c}_T$。同时，帧级特征还被输入量化器 $q: \mathcal{Z} \mapsto \mathcal{Q}$，得到语音信号的离散表示 $\boldsymbol{q}_t$，用于构造自监督学习中的正、负样例。

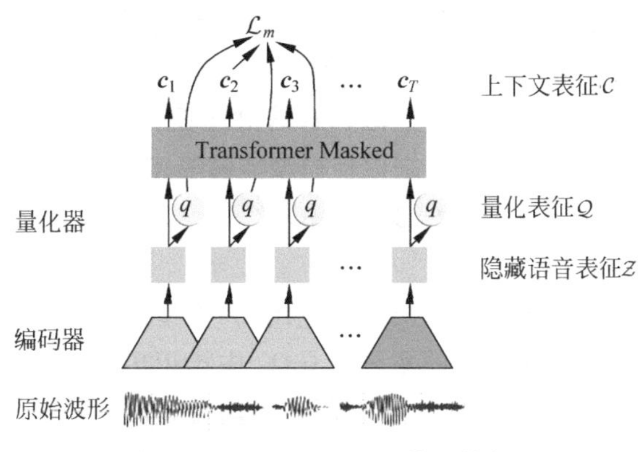

图 15-19 wav2vec 2.0 模型结构

编码器包含 7 个模块，每个模块都包含一个卷积层、一个层归一化和一个 GELU 激活函数。各模块的卷积层都包含 512 个卷积核，每个卷积层中卷积核的尺寸分别为 (10,3,3,3,3,2,2)，步幅分别为(5,2,2,2,2,2,2)。编码器输出的帧长为 25ms，帧间重叠约 20ms。语音波形在输入编码器之前被规整为零均值单位方差。

Transformer 使用两种配置参数：BASE 和 LARGE。BASE 模型包含 12 个 Transformer 模块，模型维度为 768，前馈全链接神经网络(FFN)的维度为 3072，8 头注意力机制。LARGE 模型包含 24 个 Transformer 模块，模型维度为 4096，16 头注意力机制。两个模型都没有使用固定的位置嵌入来编码绝对位置信息，而是使用一个卷积层来编码相对位置信息[44,46]，该卷积层之后接一个 GELU 激活函数，然后进行层归一化。

为了实现自监督学习，需要通过将编码器输出的稠密特征 $\boldsymbol{z}$ 映射到一个仅包含有限个语音表示的离散空间中。具体实现与 vq-wav2vec 中的量化器类似，给定 G 个码本 $\boldsymbol{e}^{(1)},\boldsymbol{e}^{(2)},\cdots,\boldsymbol{e}^{(G)}$，每个码本都包含 V 个码字，即 $\boldsymbol{e}^{(g)}\in\mathbb{R}^{V\times d/G}$。使用 Gumbel-Softmax 方法从每一个码本中挑选出一个码字，然后将它们拼接起来，再通过一个线性变换 $\mathbb{R}^d\mapsto\mathbb{R}^f$ 得到量化结果 $\boldsymbol{q}\in\mathbb{R}^f$。

编码器的输出 $\boldsymbol{z}$ 被映射为 $\boldsymbol{l}\in\mathbb{R}^{G\times V}$，在第 g 个码本中选中第 j 个码字的概率为

$$p_{g,j}=\frac{\exp((l_{g,j}+v_j)/\tau)}{\sum_{j'=1}^{V}\exp((l_{g,j'}+v_{j'})/\tau)}\tag{15.34}$$

在前向运算中，选中概率最大的码字；在后向运算中，利用梯度直通估计来进行反向传播。

在预训练中，与 BERT 模型类似，将有一定比例编码器输出的特征被掩蔽。训练的目标是：在每一次掩蔽中，将语音量化表示的正样例与负样例区分开。最终的模型需要在标注数据上进行微调。

编码器的输出特征在输入 Transformer 之前将有一部分被掩蔽，而在输入量化器时不掩蔽。在掩蔽时，掩蔽位置的特征将被一个训练好的特征向量替换掉，这个训练好的特征向量对所有掩蔽帧是共享的。掩蔽位置的选取方法如下：首先在所有帧中随机挑选一定比例作为掩蔽起始位置，然后从这些起始位置分别向后连续取 M 帧（这样的扩展会有重叠），将所有被选中的帧即为需掩蔽的特征。

在预训练中，通过一个辨识语音量化表示的对比任务 $\mathcal{L}_m$ 来学习语音的隐藏表示方法。同时，通过一个码本差异损失 $\mathcal{L}_d$ 来促使模型能够等概率地使用码本中的码字，

$$\mathcal{L}=\mathcal{L}_m+\alpha\,\mathcal{L}_d\tag{15.35}$$

式中，α 为可调节的超参。

给定 Transformer 在第 t 个掩蔽时刻的输出 $\boldsymbol{c}_t$，模型需要将真实的语音量化表示 $\boldsymbol{q}_t$ 从一个包含 $K+1$ 个候选量化表示的集合 $\tilde{\boldsymbol{q}}_t\in\boldsymbol{Q}_t$ 中辨识出来，集合中除了 $\boldsymbol{q}_t$ 之外的 K 个元素都为负样本。负样本是从同一段语音的量化器在其他掩蔽时刻的输出中均匀采样得到。对比损失 $\mathcal{L}_m$ 定义如下：

$$\mathcal{L}_m=-\log\frac{\exp(\mathrm{sim}(\boldsymbol{c}_t,\boldsymbol{q}_t)/\kappa)}{\sum_{\tilde{\boldsymbol{q}}\in\boldsymbol{Q}_t}\exp(\mathrm{sim}(\boldsymbol{c}_t,\tilde{\boldsymbol{q}})/\kappa)}\tag{15.36}$$

式中，$\mathrm{sim}(\boldsymbol{a},\boldsymbol{b})=\boldsymbol{a}^{\mathrm{T}}\boldsymbol{b}/\|\boldsymbol{a}\|\|\boldsymbol{b}\|$ 为余弦相似度。

对比任务需要使用码本来表示正、负样例，而差异损失 $\mathcal{L}_d$ 则是用来对码本进行学习，其通过最大化平均 softmax 分布 $\boldsymbol{l}$ 的交叉熵来促使每个码本中的每个码字都能均等地被使用：

$$\mathcal{L}_d=\frac{1}{GV}\sum_{g=1}^{G}-\mathcal{H}(\bar{\boldsymbol{p}}_g)=\frac{1}{GV}\sum_{g=1}^{G}\sum_{j=1}^{V}\bar{\boldsymbol{p}}_{g,j}\log\bar{\boldsymbol{p}}_{g,j} \tag{15.37}$$

式中，$\bar{\boldsymbol{p}}_g$ 为各批语音段上的均值。

对于语音识别任务的模型微调，在预训练模型的基础上，在 Transformer 的输出之后，添加一个随机初始化的线性映射。这个线性映射输出包含 C 个类别，对应语音识别任务的词表。例如，在 Librispeech 中，$C=29$，对应 28 个英文字母和一个单词分隔符。微调中，通过 CTC 损失来进行优化。同时可以使用 SpecAugment 来避免过拟合。

4. 其他改进

在 wav2vec2 的基础上，跨语言语音表示（cross-lingual speech representation，XLSR）模型[47]被提出。XLSR 通过从多种语言的原始语音波形中预训练单个模型来学习跨语言语音表示。模型的特征编码器基于卷积层实现，上下文网络遵循 BERT 结构实现。通过多语言共享量化模块，将特征编码器的输出量化为潜在语音单元。通过学习跨语言的共享离散表示，模型可以发现不同语言之间的联系。

进一步 FAIR 与 Google 联合提出一种基于 wav2vec2 无监督语音识别系统（wav2vec2 Unsupervised，wav2vec-U）[48]。如图 15-20 所示，该系统首先利用预训练 wav2vec2 模型从波形中提取得到语义表征帧序列，然后通过聚类、单元化等步骤，分割得到语义表征单元序列，接着通过使用无监督对抗训练的生成器由单元序列生成音素序列。用上述步骤生成的音素序列可以作为语音识别训练的标签进行监督训练。

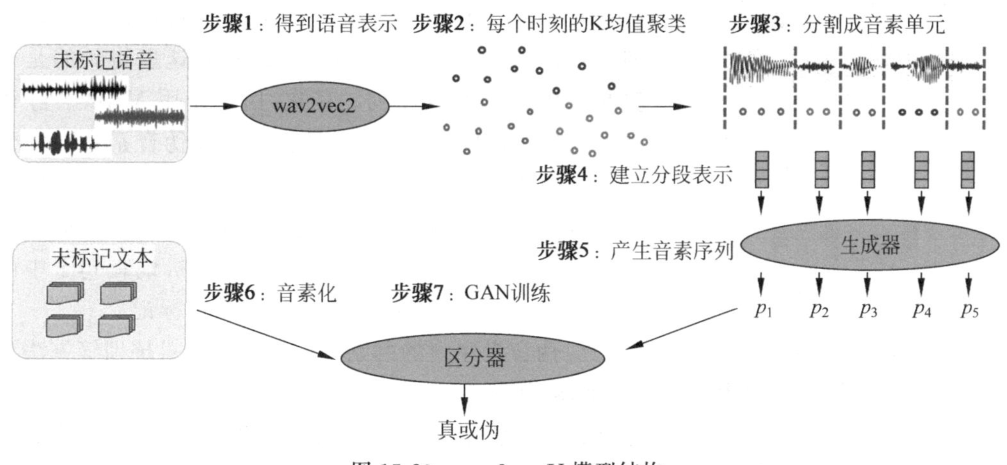

图 15-20　wav2vec-U 模型结构

具体而言，wav2vec-U 模型训练过程分成 7 个步骤：

步骤 1：从语音中提取语义表征序列。由于无标注语音中包含大量静音，故需要首先使用 VAD（voice activity detection）模型检测并去除静音片段，需要说明的是，这里的 VAD 也是无监督模型；将其切分为多个时长较短的段，使用预训练的 wav2vec 2 large 模型得到每段语音的表征序列。其中 wav2vec 2 是在无监督模型上进行下游监督音素识别获得。

步骤 2：k-means 将所有语义表征进行聚类并量化。使用简单 k-means 聚类方法将所有无标注语音数据上的所有的语义表征训练得到包含 128 个类别的 k-means 模型。于是可将语义表征序列中的每一个语义表征进行量化，从 128 个类别中找到向量距离最近的类别标签，与此类别标签对应的量化语义表征。

步骤 3：从量化的语义表征序列确定单元化分割边界。对于量化语义表征序列，可以将彼此相邻具有相同量化类别标签的语义特征归为一个单元，由此确定单元化分割的边界。如图 15-20 所示，若量化的语义表征序列对应的类别标签为[i,i,i,j,j,i,i,k,k,k,j,j]，则可以确定单元化分割后的类别标签序列为[i,j,i,k,j]，以及每个标签在原序列中的边界为[1,3]，[4,5]，[6,7]，[8,10]，[11,12]。

步骤 4：通过单元内合并得到单元表征序列。当得到单元化分割边界后，对于每个单元内多个连续位置上的语义表征，首先计算每个语义表征的 512 维 PCA 向量得到其中最重要的特征信息，再平均所有 PCA 向量得到此单元的表征。由此，可得到比语义特征序列明显更短的单元表征序列。

步骤 5：生成器由单元表征序列得到伪音素序列。给定单元表征序列，通过生成器(如单层 CNN)得到相应的伪音素序列，其中每个音素表示为在音素全集上的概率分布向量，对应着输入序列中的每个单元。若相邻两个单元上预测概率值最大的音素相同，则只随机选择并保留其中一个单元的概率分布向量，其处理过程如图 15-21 所示。最终得到伪音素序列长度会比单元表征序列的长度更短。

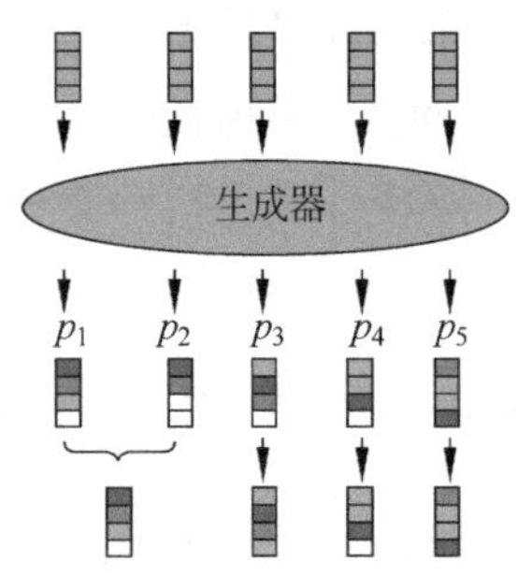

图 15-21　伪音素序列生成过程

步骤 6：将无标注文本转为真音素序列。首先，使用 Phonemizer 工具将每个文本的单词序列转化为音素序列。相比于步骤 5 中得到伪音素序列，这里得到的是真实文本中的真音素序列。其次，由于使用 VAD 去除语音中的静音片段时无法做到完美，所以伪音素序列中仍会包含一些表示为静音的单元。为了在下一步对抗训练时使得伪音素序列与真音素序列更加接近，每句话的前后都加上表示静音的 SIL 标记，还会随机地在句子中的每个词表示的音素序列的前后加上 SIL 标记。

步骤 7：用 GAN 方法训练区分真/伪音素序列的判别器。使用生成对抗训练方法训练 wav2vec-U 模型中的生成器和判别器，如图 15-22 所示。给定从无标注的文本数据中得到的真音素序列，和从无标注语音数据中使用生成器得到的伪音素序列，判别器的训练目标是区分输入音素序列是“真”还是“伪”。判别器可采用单层 CNN 模型，输入是来自于文本 one-hot 向量序列或者来自语音概率分布向量序列，输出是一个判断真伪的概率值。wav2vec-U 模型训练的优化目标函数为

$$\min_{G}\max_{D}\mathbb{E}_{P^r\sim\mathcal{P}^r}\left[\log D(P^r)-\mathbb{E}_{S\sim S}\left[\log(1-G(S))\right]\right]-\lambda L_{gp}+\gamma L_{sp}+\eta L_{pd} \tag{15.38}$$

式中，前两项为 GAN 训练目标，判别器 D 被训练区分来自文本真音素序列 P^r 和来自语音伪音素序列 $G(S)$，而生成器 G 被训练来逼近真音素序列。后三项为正则项，有

$$L_{gp}=E_{\widetilde{P}\sim\widetilde{P}}[\|\nabla D(\widetilde{P})-1\|^2]$$
$$L_{sp}=\sum_{(p_t,p_{t+1})\in G(S)}\|p_t-p_{t+1}\|^2 \quad (15.39)$$
$$L_{pd}=\frac{1}{|B|}\sum_{S\in B}-\mathcal{H}_G(G(S))$$

式中，L_{gp} 为梯度范数惩罚项来稳定 GAN 训练过程；L_{sp} 表示通过 L_2 正则让相邻位置生成的音素更为相近；L_{pd} 表示通过最大化当前 Batch 中生成音素概率分布的熵值来增加音素生成的多样性。

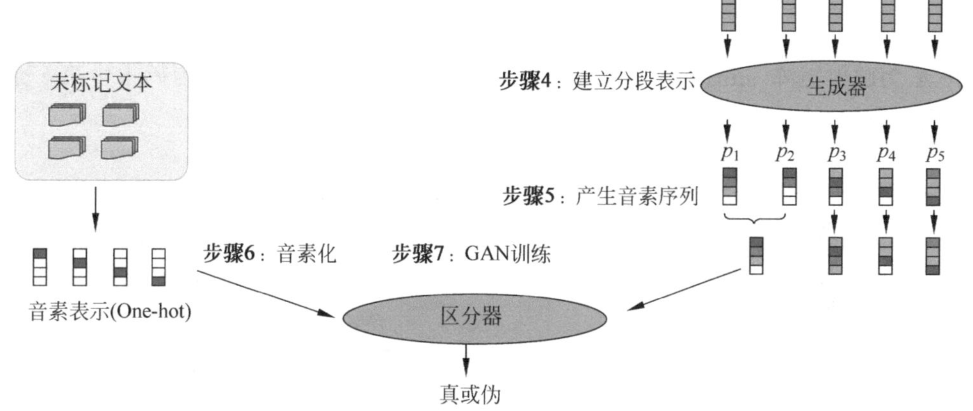

图 15-22 GAN 区分器模型及其输入产生

15.3.3 HuBERT 系列

隐含单元 BERT(Hidden unit BERT，HuBERT)[49]是一种通过预测离散化索引方式进行预训练的自监督学习方法，虽然 HuBERT 系列的学习方法是鉴别式训练策略，但是它们可以看作一类无负例的对比学习方法。

1. HuBERT

如图 15-23 所示，HuBERT 借鉴了 BERT 当中的掩蔽语言模型(Mask Language Model，MLM)的损失函数，并使用 Transformer 模型来预测被遮盖位置的离散索引。HuBERT 使用了迭代方式生成训练标签(每一帧的离散索引)，即在初始化阶段对语音的 MFCC 特征进行 k-means 聚类来生成每一帧的标签，训练开始后利用最新

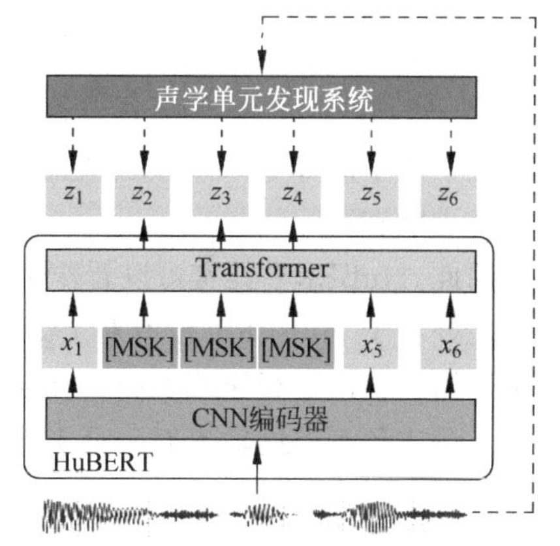

图 15-23 HuBERT 模型结构

一轮迭代得到的模型输出表示，聚类得到新的离散索引，用于下一轮的训练中。

具体来说，令$\mathcal{M}\subset[T]$为长度为T编码器输出序列$\boldsymbol{X}=[\boldsymbol{x}_1,\boldsymbol{x}_2,\cdots,\boldsymbol{x}_T]$对应的掩蔽索引集合，$\widetilde{\boldsymbol{X}}=r(\boldsymbol{X},\mathcal{M})$为掩蔽后的特征序列，并且掩蔽的方式与 wav2vec2 相同。令$h(\boldsymbol{X})=\boldsymbol{Z}=[\boldsymbol{z}_1,\boldsymbol{z}_2,\cdots,\boldsymbol{z}_T]$为隐藏单元序列，且$\boldsymbol{z}_t\in[K]$是一个$K$类别的定类变量，$h$为聚类器，其生成的聚类中心构成码本$\boldsymbol{C}=[\boldsymbol{c}_1,\boldsymbol{c}_2,\cdots,\boldsymbol{c}_K]$。如图 15-24 所示，预测器$g$以$\widetilde{\boldsymbol{X}}$为输入，输出特征序列$\boldsymbol{O}=[\boldsymbol{o}_1,\boldsymbol{o}_2,\cdots,\boldsymbol{o}_T]$。根据预测器的输出，计算每一帧属于各个隐藏单元的概率$p_g(k|\widetilde{\boldsymbol{X}},t)$，

$$p_g(k\mid\widetilde{\boldsymbol{X}},t)=\frac{\exp(\mathrm{sim}(\boldsymbol{A}\boldsymbol{o}_t,\boldsymbol{c}_k)/\tau)}{\sum_{k'=1}^{K}\exp(\mathrm{sim}(\boldsymbol{A}\boldsymbol{o}_t,\boldsymbol{e}_{k'})/\tau)} \tag{15.40}$$

式中，$\boldsymbol{A}$为映射矩阵，$\mathrm{sim}(\boldsymbol{a},\boldsymbol{b})=\boldsymbol{a}^{\mathrm{T}}\boldsymbol{b}/\|\boldsymbol{a}\|\|\boldsymbol{b}\|$为余弦相似度，$\boldsymbol{c}_k$为码本中第$k$个类别对应的码字。

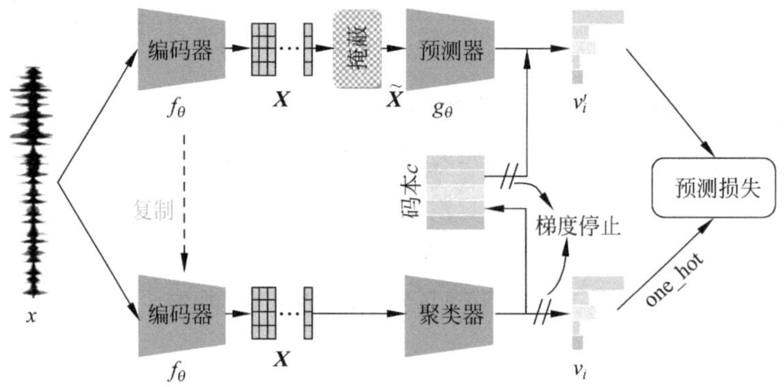

图 15-24　HuBERT 模型的孪生网络形式

分别对被掩蔽帧和未被掩蔽帧计算交叉熵$\mathcal{L}_m$和$\mathcal{L}_u$，其中

$$\mathcal{L}_m(g;\boldsymbol{X},\mathcal{M},\boldsymbol{Z})=\sum_{t\in M}\log p_g(k\mid\widetilde{\boldsymbol{X}},t) \tag{15.41}$$

$\mathcal{L}_u$与$\mathcal{L}_m$形式相同，只需要对$t\in\mathcal{M}$进行累加。最终的损失函数为$\mathcal{L}_m$和$\mathcal{L}_m$的加权和：$\mathcal{L}=\alpha\mathcal{L}_m+(1-\alpha)\mathcal{L}_u$。为了提升标签的性能，可以集成多个聚类器进行学习，例如使用不同大小码本的 k-means 模型，它们的码字可以分别对应不同颗粒度的声学单元（音素或三音子状态）。

因此，HuBERT 其实可以看作类似于 SwAV 架构的无负例对比式自监督学习方法，不同之处在于 HuBERT 没有对上下分支的输入采用不同的数据增强方法，而是对上分支编码器的输出进行掩蔽。因此在定义损失函数时，不需要对上下分支进行交换，只需要用上分支预测器的输出对下分支聚类器的输出进行预测。

2. WavLM

在 HuBERT 的基础上，微软亚洲研究院提出了一种通用语音预训练模型 WavLM，

将语音预训练模型的有效性从语音识别任务延伸到了非内容识别的语音任务(如说话人识别、说话人聚类等)。

图 15-25 为 WavLM 的模型结构,从图中可以看出,其与 HuBERT 的区别在于:预测器为使用门控相对位置编码的 Transformer,该位置编码方法将相对位置引入到注意力网络的计算中,以便更好地对局部信息进行建模;另外在训练中,WavLM 会随机地对输入语音进行变换,例如:将两段语音进行混合,或者加入背景噪音,随机遮盖约 50%的音频信号。在标签自动生成上,WavLM 沿用了 HuBERT 所提出的思想,通过 k-means 方法聚类出离散索引,并将离散索引当作标签进行建模。但是在损失函数的定义上,WavLM 只对被掩蔽帧的交叉熵损失进行累加。

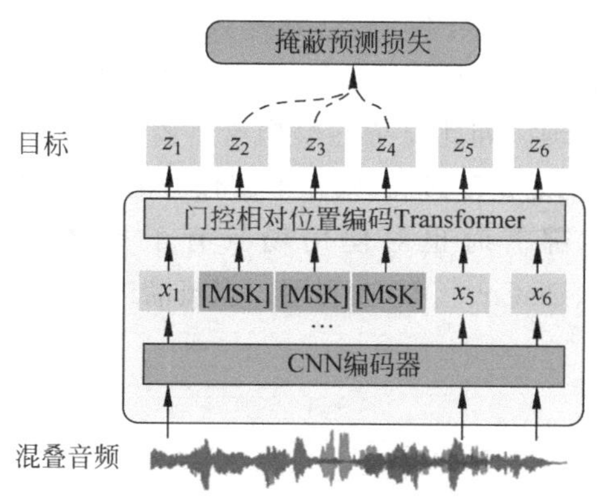

图 15-25　WavLM 模型结构

15.4　自监督学习中的关键科学问题

15.4.1　任务相关表示学习

自监督学习通过辅助任务来获取监督信息,这样的辅助任务往往难以与下游任务直接相关。因此,自监督学习得到的特征表示往往包含了原始数据中各方面的信息。而对于各种特征表示方法,当特征维度确定之后,其信息容量就必然存在上限。因此,特征中包含数据所有的信息并不一定是好事,一些信息对于特定任务来说可能会成为干扰。例如,在语音识别里,语音中的说话人信息对于内容识别来说就是干扰,传统的连续语音识别中研究人员提出了各种说话人自适应算法,就是为了消除不同说话人的差异性,以提升语音识别系统的鲁棒性。

因此,为了提升表示模型在特定任务上的性能,必然应当增加特征中下游任务相关的信息。同时,在自监督学习得到的预训练模型必须经过微调,才能更好地用于解决特定任务。当特定任务上的数据稀缺时,在模型微调中应当考虑以下三个问题:如何进行迁移学习、如何避免模型过拟合、如何保证特定任务上的信息不流失。

15.4.2 模型轻量化

一般来说，在深度学习领域，模型结构越复杂模型的能力越强，在有监督学习中，为了避免模型过拟合，需要根据标注数据的规模限制模型结构的复杂度。但是，在自监督学习中，由于无标注数据的获取十分容易，数据的规模并不是模型复杂度的限制条件。并且现有的自监督学习研究都表明：模型容量越大，自监督学习的效果越好。因此，绝大多数的自监督学习算法倾向于使用十分复杂的编码器，例如，wav2vec2 和 HuBERT 都使用了 7 个卷积模块和 24 个 Transformer 模块，模型参数规模都达到三亿以上，而 BigSSL 算法[51]使用了 Conformer 编码器，其参数量更是达到八十亿的规模。但是，依赖模型复杂度来保证算法性能容易使得研究人员忽略算法的运行规律，难以进一步挖掘自监督学习的深层作用机理。如此复杂的模型给自监督学习的实际应用带来极大的困难，因为若特征表示方法的复杂度过高，则在下游任务的训练中，需要极大的算力才能保证训练效率；而在应用部署时也对使用场景有了更高的要求。现有的研究（如 SEED[52]、CompRess[53]、DisCo[54]等）在利用知识蒸馏进行轻量化自监督学习上进行了不少有益的尝试。

15.5 本章小结

由于能够充分利用海量的无标注数据，自监督学习成为人工智能领域的最新的热点研究方向，近两年在各个领域都有大量的研究成果。为此本章首先介绍自监督学习的定义与分类，并且对不同类别的自监督学习方法进行分析；其次介绍计算机视觉领域中的对比式自监督方法，可以分为有负例的方法和无负例的方法，有负例的方法又包含局部负例、全局负例和可学习负例等技术，无负例的方法主要有对比聚类、不对称网络、冗余消除等研究成果；再次介绍语音表示学习中的自监督学习方法，包括 CPC、wav2vec 系列和 HuBERT 系列等；最后给出自监督学习的研究中需要重点关注的科学问题，为该技术的实用化提供一定参考。

参考文献

[1] Liu X, Zhang F J, Hou Z Y, et al. Self-supervised Learning: Generative or Contrastive [J]. arXiv, abs/2006.08218, 2020.

[2] Radford A, Narasimhan K, Salimans T, et al. Improving language understanding by generative pre-training [J]. Technical Report, OpenAI. 2018.

[3] Radford A, Wu J, Child R, et al. Language models are unsupervised multitask learners [J]. OpenAI Blog, 2019, 1(8): 9.

[4] Van Oord A, Kalchbrenner N, Espeholt L, et al. Conditional image generation with PixelCNN decoders [C]. Proceedings of International Conference on Neural Information Processing System

(NIPS),2016: 4790-4798.

[5] Van Oord A,Kalchbrenner N,Kavukcuoglu K. Pixel recurrent neural networks [C]. Proceedings of International Conference on Machine Learning (ICML),2016: 1747-1756.

[6] Ranzato M,Boureau Y,LeCun Y. Sparse feature learning for deep belief networks [C]. Proceedings of International Conference on Neural Information Processing System (NIPS),2007: 1185-1192.

[7] Alain G,Bengio Y. What regularized auto-encoders learn from the data-generating distribution [J]. Journal of machine learning research,2014,15(1): 3563-3593.

[8] Vincent P,Larochelle H,Bengio Y,et al. Extracting and composing robust features with denoising autoencoders [C]. Proceedings of International Conference on Machine Learning (ICML),2008: 1096-1103.

[9] Eoersch C. Tutorial on variational autoencoders [J]. arXiv,abs/1606. 05908v2,2016.

[10] Sohn K,Lee H,Yan X C. Learning structured output representation using deep conditional generative models [C]. Proceedings of International Conference on Neural Information Processing System (NIPS),2015: 3483-3491.

[11] Burgess P C,Higgins I,Pal A,et al. Understanding disentangling in β-VAE[C]. Proceedings of International Conference on Neural Information Processing System (NIPS),2017.

[12] Gutmann M, Hyvarinen A. Noise-contrastive estimation: A new estimation principle for unnormalized statistical models[C]. Proceedings of the Thirteenth International Conference on Artificial Intelligence and Statistics (ICAIS),2010: 297-304.

[13] Van Oord A,Li Y,Vinyals O. Representation learning with contrastive predictive coding [J]. arXiv,abs/1807. 03748,2018.

[14] Doersch C,Gupta A,Efros A A. Unsupervised visual representation learning by context prediction [C]. Proceedings of IEEE International Conference on Computer Vision (ICCV), 2015: 1422-1430.

[15] Gidaris S, Singh P, Komodakis N. Unsupervised representation learning by predicting image rotations [C]. arXiv,abs/1803. 07728,2018.

[16] Kim D,Cho D Y,Kweon I. S. Learning image representations by completing damaged jigsaw puzzles [C]. Proceedings of IEEE Winter Conference on Applications of Computer Vision (WACV),2018: 793-802.

[17] Misra I,van der Maaten L. Self-supervised learning of pretext-invariant representations [J]. arXiv,abs/1912. 01991,2019.

[18] Noroozi M,Favaro P. Unsupervised learning of visual representations by solving jigsaw puzzles [C]. In: Proceedings of European Conference on Computer Vision(ECCV),2016: 69-84.

[19] Wei C,Xic L,Ren X,et al. Iterative reorganization with weak spatial constraints: Solving arbitrary jigsaw puzzles for unsupervised representation learning [C]. In: Proceedings of IEEE Conference on Computer Vision and Pattern Recognition(CVPR),2019: 1910-1919.

[20] Cai Z,Jiang Z,Yuan Y. Task self-supervised learning for remote sensing image change detection [J]. arXiv,abs/2105. 04951,2021.

[21] Chen T,Kornblith S,Norouzi M,et al. A simple framework for contrastive learning of visual representations [J]. arXiv,abs/2002. 05709,2020.

[22] Chen T,Kornblith S,Swersky K,et al. Big Self-Supervised Models are Strong Semi-Supervised Learners [J]. arXiv,abs/2006. 10029,2020.

[23] He K M,Fan H Q,Wu Y X,et al. Momentum Contrast for Unsupervised Visual Representation

Learning [J]. arXiv,abs/1911.05722,2019.

[24] Chen X L,Fan H Q,Girshick R,et al. Improved Baselines with Momentum Contrastive Learning [J]. arXiv,abs/2003.04297,2020.

[25] Chen X L, Xie S N, He K M. An Empirical Study of Training Self-Supervised Vision Transformers [J]. arXiv,abs/2104.02057,2021.

[26] He K,Fan H,Wu Y,et al. Momentum contrast for unsupervised visual representation learning [J]. arXiv,abs/1911.05722,2019.

[27] Hu Q J,Wang X,Hu W,et al. AdCo: Adversarial contrast for efficient learning of unsupervised representations from self-trained negative adversaries [J]. arXiv,abs/2011.08435,2021.

[28] Caron M,Misra I,Mairal J,et al. Unsupervised learning of visual features by contrasting cluster assignments [C]. In: Proceedings of International Conference on Neural Information Processing System (NIPS),2020.

[29] Grill J B,Strub F,Altché F,et al. Bootstrap your own latent a new approach to self-supervised learning [J]. arXiv,abs/2006.07733,2020.

[30] Chen X L,He K M. Exploring simple siamese representation learning[J]. arXiv, abs/ 2011.10566,2020.

[31] Zbontar J,Jing L,Misra I,et al. barlow twins: self-supervised learning via redundancy reduction [J]. arXiv,abs/2103.03230,2021.

[32] Radford A,Metz L,Chintala S. Unsupervised representation learning with deep convolutional generative adversarial networks [J]. arXiv,abs/1511.06434,2015.

[33] Makhzani A,Shlens J,Jaitly N,et al. Adversarial autoencoders [J]. arXiv,abs/1511.05644,2015.

[34] Wang T Z, Isola P. Understanding contrastive representation learning through alignment and uniformity on the hypersphere [J]. arXiv,abs/2005.10242,2020.

[35] Chopra,Hadsell R,LeCun Y. Learning a similarity metric discriminatively,with application to face verification [C]. Proceedings of IEEE Conference on Computer Vision and Pattern Recognition (CVPR),2005: 539-546.

[36] Rao R,Ballard D. Predictive coding in the visual cortex: a functional interpretation of some extra-classical receptive-field effects [J]. nature neuroscience,1999,2(1): 79-87.

[37] Bolz J,Gilbert C D. Generation of end-inhibition in the visual cortex via interlaminar connections [J]. Nature,1986,320: 362-365.

[38] Schneider S, Baevski A, Collobert R, et al. Wav2vec: unsupervised pre-training for speech recognition [J]. arXiv,abs/: 1904.05862,2019.

[39] Baevski A, Schneider S, Auli M. Vq-wav2vec: self-supervised learning of discrete speech representations [J]. arXiv,abs/1910.05453,2019.

[40] Baevski A,Zhou H,Mohamed A,et al. wav2vec 2.0: A framework for self-supervised learning of speech representations[J]. arXiv,abs/2006.11477,2020.

[41] Jang E,Gu S X,Poole B. Categorical reparameterization with gumbel-softmax [J]. arXiv,abs/1611.01144,2016.

[42] Bengio Y, Leonard N, Courville A. Estimating or propagating gradients through stochastic neurons for conditional computation [J]. arXiv,abs/1308.3432,2013.

[43] Jegou H,Douze M,Schmid C. Product quantization for nearest neighbor search. IEEE Transaction on Pattern Analasis. Machchine Intellgence [J]. 2011,33(1): 117-128.

[44] Mohamed A, Okhonko D, Zettlemoyer L. Transformers with convolutional context for ASR.

arXiv,abs/1904.11660,2019.

[45] Wu F,Fan A,Baevski A,et al. Pay less attention with lightweight and dynamic convolutions. Proceedings of International Conference on Learning Representations (ICLR),2019.

[46] Baevski A, Auli M, Mohamed A. Effectiveness of self-supervised pre-training for speech recognition. arXiv,abs/1911.03912,2019.

[47] Conneau A,Baevski A,Collobert R,et al. Unsupervised cross-lingual representation learning for speech recognition [J]. arXiv,abs/2006.13979,2020.

[48] Baevski A,Hsu W N,Conneau A,et al. Unsupervised Speech Recognition [J]. arXiv,abs/2105.11084,2021.

[49] Hsu W N,Bolte B,Tsai Y H,et al. HuBERT: Self-Supervised Speech Representation Learning by Masked Prediction of Hidden Units [J]. arXiv,abs/2106.07447,2021.

[50] Chen S Y,Wang C Y,Chen Z Y,et al. WavLM: Large-scale self-supervised pre-training for full stack speech processing[J]. arXiv,abs/2110.13900,2021.

[51] Zhang Y,Park D S,Han W,et al. BigSSL: Exploring the frontier of large-scale semi-supervised learning for automatic speech recognition [J]. arXiv,abs/2109.13226,2021.

[52] Fang Z Y,Wang J F,Wang LJ,et al. SEED: self-supervised distillation for visual representation [J]. arXiv,abs/2101.04731,2021.

[53] Koohpayegani S A, Tejankar A, Pirsiavash H. CompRess: Self-supervised learning by compressing representations [J]. arXiv,abs/2010.14713,2020.

[54] Gao Y T,Zhuang J X,Lin S H,et al. DisCo: remedy self-supervised learning on lightweight models with distilled contrastive learning [J]. arXiv,abs/2104.09124,2022.

图书资源支持

感谢您一直以来对清华大学出版社图书的支持和爱护。为了配合本书的使用，本书提供配套的资源，有需求的读者请扫描下方的“书圈”微信公众号二维码，在图书专区下载，也可以拨打电话或发送电子邮件咨询。

如果您在使用本书的过程中遇到了什么问题，或者有相关图书出版计划，也请您发邮件告诉我们，以便我们更好地为您服务。

我们的联系方式：

地　　址：北京市海淀区双清路学研大厦 A 座 714

邮　　编：100084

电　　话：010-83470236　010-83470237

资源下载：http://www.tup.com.cn

客服邮箱：tupjsj@vip.163.com

QQ：2301891038（请写明您的单位和姓名）

教学资源 · 教学样书 · 新书信息

人工智能科学与技术
人工智能|电子通信|自动控制

资料下载 · 样书申请

书圈

用微信扫一扫右边的二维码，即可关注清华大学出版社公众号。